Bodenuntersuchungen für Ingenieurbauten

Bodenuntersuchungen für Ingenieurbauten

Von

Edgar Schultze Heinz Muhs

Zweite völlig neubearbeitete und erweiterte Auflage

Mit 782 Abbildungen im Text
und einer Tafel

Springer-Verlag Berlin Heidelberg GmbH 1967

Dr.-Ing. EDGAR SCHULTZE
o. Professor an der Technischen Hochschule Aachen,
Direktor des Instituts für Verkehrswasserbau,
Grundbau und Bodenmechanik

Dr.-Ing. HEINZ MUHS
Direktor der Deutschen Forschungsgesellschaft
für Bodenmechanik (Degebo),
Technische Universität Berlin

ISBN 978-3-662-11263-2 ISBN 978-3-662-11262-5 (eBook)
DOI 10.1007/978-3-662-11262-5

Ursprünglich erschienen bei Springer-Verlag, Berlin/Heidelberg 1967

Library of Congress Catalog Card Number: 67-15613

Titel Nr. 0945

Vorwort zur zweiten Auflage

Als vor reichlich 15 Jahren die erste Auflage dieses Buches erschien, mußte sie sich im wesentlichen auf den Stand der Bodenuntersuchungen im Deutschland der ersten Nachkriegsjahre beziehen. Die Verbindungen zum Ausland begannen damals erst langsam wiederaufzuleben. Die Ergebnisse des 2. Internationalen Kongresses für Bodenmechanik und Grundbau in Rotterdam (1948) konnten wegen der damals noch schwierigen Beschaffung ausländischer Literatur erst im letzten Augenblick und nur auf das Wichtigste beschränkt eingearbeitet werden. Was in jener Zeit an Unterlagen zu wenig verfügbar war, ist heute zu viel vorhanden. Die bodenmechanische Literatur des In- und Auslands ist in früher unvorstellbarer Weise angewachsen. Neben den kaum mehr übersehbaren Einzelveröffentlichungen liegen jetzt auch die Berichte von vier weiteren internationalen Tagungen (Zürich 1953, London 1957, Paris 1961, Montreal 1965) der International Society of Soil Mechanics and Foundation Engineering vor. Für den planenden, entwerfenden, berechnenden und die Bauausführung überwachenden Ingenieur ist diese Fülle an Buch-, Zeitschriften- und Institutsveröffentlichungen nicht mehr zu bewältigen, zumal die Fachliteratur immer mehr Einzelheiten, Sonderfragen und Verfeinerungen enthält, die für die Praxis ohne Bedeutung sind.

Es konnte daher nicht die Aufgabe dieser Neuauflage sein, alles zu registrieren, was inzwischen neu und nicht immer unwidersprochen herausgebracht worden ist, und damit eine entmutigende Sammlung von Material zu bieten, sondern es mußte in der gebotenen Kürze das herausgesucht werden, was für die Schaffung von Ingenieurbauten in erster Linie wichtig ist.

Dabei kam der Neubearbeitung der Aufschwung des Bauwesens in Deutschland während der letzten 15 Jahre sehr zustatten, der zu einer starken Betätigung und damit verbunden zu einer reichen Sammlung von Erfahrungen in den bodenmechanischen Instituten führte. Während die Beschreibung der Durchführung der Bodenuntersuchungen in der ersten Auflage noch überwiegend auf den Erfahrungen der Degebo (Deutsche Forschungsgesellschaft für Bodenmechanik) in Berlin, als einer der ältesten deutschen Anstalten für Baugrunduntersuchungen, beruhte, wurden die Unterlagen für die zweite Auflage nicht nur durch die Fort- und Neuentwicklung der Untersuchungsverfahren, die Ergebnisse ausgeführter Forschungsarbeiten und die in weiteren 15 Jahren Praxis gesammelten Erfahrungen und Meßergebnisse dieser Institution bereichert, sondern auch durch die Ergebnisse der entsprechenden Arbeiten des Instituts für Verkehrswasserbau, Grundbau und Bodenmechanik der Technischen Hochschule Aachen, das im Jahre 1950 seine Tätigkeit aufnahm und in dem seitdem nicht nur Tausende von Bodenproben für die verschiedensten Bauvorhaben untersucht und ausgewertet wurden, sondern auch gerade im Hinblick auf die praktische Anwendung viele grundsätzliche Fragen geklärt werden konnten, wie aus den Mitteilungen dieses Instituts hervorgeht. Da naturgemäß jedes Laboratorium seine eigene Entwicklung durchmacht, seiner Örtlichkeit wegen mit anderem Baugrund zu tun und sich mit anderen Fragen zu befassen hat, ergibt sich durch die Beteiligung zweier Anstalten der Vorteil, daß die Verfahren zur Baugrunduntersuchung aus verschiedenen Gesichtswinkeln gesehen werden und daß dadurch eine zu einseitige Beurteilung vermieden wird. Fast immer konnte so aus den Erfahrungen der beiden Institute eine von beiden Verfassern getragene Ansicht abgeleitet werden.

Natürlich wurde dieses Ausgangsmaterial durch zahlreiche Überlegungen aus der in- und vor allem ausländischen Literatur ergänzt, wobei zu beachten ist, daß die Gestaltung der beiden Laboratorien selbst schon stark durch die im Ausland getätigten Entwicklungsarbeiten beeinflußt worden ist, so daß sich die dortigen Fortschritte auch in den eigenen Versuchseinrichtungen und Untersuchungsverfahren niedergeschlagen haben. Eine weitere Notwendigkeit zur Umgestaltung des Textes ergab sich durch die rege Bearbeitung von DIN-Vorschriften, die durch den Fachnormenausschuß Bau im Deutschen Normenausschuß und durch die Deutsche Gesellschaft für Erd- und Grundbau e.V. gerade in den Jahren seit 1950, d. h. nach Erscheinen der ersten Auflage, betrieben worden ist. So wurden z. B. die Formelzeichen im Text weitgehend, wenn auch nicht immer, der DIN 4015 angepaßt.

Die Neuauflage bedeutet somit eine gründliche Umarbeitung und Ergänzung des alten Textes, so daß sie mit diesem nur noch in einzelnen Abschnitten übereinstimmt. Bei einer Reihe von Versuchsbeschreibungen wurden dabei Textauszüge und Abbildungen des 1957 erschienenen Buches „MUHS — Die Prüfung des Baugrundes und der Böden" aus der zweiten Auflage des „Handbuches der Werkstoffprüfung" (Band III) übernommen. Nicht mehr behandelt wurden die in der Erstauflage enthaltenen Kapitel über die Messung von ruhenden und dynamischen Kräften, Dehnungen und Spannungen, da der rasante Fortschritt in der Meßtechnik ein auch nur einigermaßen erschöpfendes Eingehen auf dieses Thema im Rahmen dieses Buches nicht mehr gestattet hätte.

Während sich also der Inhalt des Buches als Folge der raschen Entwicklung der Bodenmechanik nach dem letzten Kriege wesentlich verändert hat, ist die Aufteilung des Textes die gleiche geblieben. Das Verfahren einer stereotypen Unterteilung der meisten Kapitel hat sich bewährt, da es die Übersicht erleichtert. Die Literatur ist hingegen in etwas anderer Form angegeben worden. Da es heute einschlägige Bibliographien gibt — in Deutschland z. B. das Werk von PETERMANN und seinen Mitarbeitern „Schrifttum über Bodenmechanik", von dem jetzt der 4. Band vorliegt —, kann es nicht mehr als Aufgabe des vorliegenden Buches angesehen werden, eine möglichst vollständige Zusammenstellung aller Quellen zu liefern. Vielmehr mußte auch hier das ausgewählt werden, was nach Ansicht der Verfasser für den Leser von besonderem Interesse sein könnte. Dabei wurden die eigentlichen Literaturverzeichnisse an das Ende der Kapitel gesetzt. Am Schluß des Buches befinden sich nur Angaben über Werke mehr umfassenden Inhalts, die über den Stoff der einzelnen Kapitel hinausgehen.

Ebenso wie bei der ersten Auflage sind die Verfasser bei der Abfassung einzelner Kapitel von einigen besonderen Kennern des betreffenden Stoffs wirksam unterstützt worden. So haben bei der Überarbeitung und Erweiterung der Kapitel 2.2 bis 2.213 (Setzungs- und Verschiebungsmessungen) Herr Professor Dr. rer. nat. HILBIG und seine Mitarbeiter, Herr Dipl.-Ing. HIRSCH und Herr Dr.-Ing. KRATZSCH, von der Technischen Universität Berlin mitgewirkt. Die Neufassung der Kapitel 1.313 und 1.314 (Geophysikalische Messungen und Untersuchungen des Schwingungsverhaltens) wurde unter Verwendung von Unterlagen von Herrn Dr.-Ing. VIERING, Düsseldorf, von Herrn Dipl.-Ing. ELMIGER, wissenschaftlicher Mitarbeiter der Degebo, und diejenige des Kapitels 1.412.4 (Dreiaxialversuch) von Herrn Dr.-Ing. HORN, damals Oberingenieur am Lehrstuhl für Verkehrswasserbau, Grundbau und Bodenmechanik der TH Aachen, bearbeitet. Ihnen allen sei an dieser Stelle der besondere Dank der Verfasser ausgesprochen. Ebenso sei der großen Zahl von Kollegen, Instituten und Firmen gedankt, die durch Überlassen von Untersuchungsergebnissen, Versuchsunterlagen und Abbildungsvorlagen dazu beigetragen haben, das Buch inhaltsreicher werden zu lassen. Die Herkunft von Fremdmaterial ist jeweils bei den Abbildungen und im Text angegeben worden. Soweit dies nicht geschehen ist, handelt es sich um Unterlagen aus den Instituten der beiden Verfasser.

Ferner haben in dankenswerter Weise an der Durchsicht des Textes und der Abbildungen, an der Zusammenstellung und einheitlichen Abfassung der Literaturangaben und an der Aufstellung des Sachregisters in Aachen die Herren Dipl.-Ing. ALTES und Dipl.-Ing. SCHORMANN, in Berlin die Herren Dipl.-Ing. WEISS und Dipl.-Geol. MEYER sowie Frau SCHÜMANN mitgearbeitet. Gerade ihre Mitwirkung bei diesen zeitraubenden und undankbaren Arbeiten hat den Verfassern geholfen, die Herausgabe der Neuauflage im vorgesehenen Zeitraum zu bewältigen.

Schließlich sei dem Springer-Verlag wiederum für die schon zu einem Qualitätsbegriff gewordene mustergültige Ausstattung und die stets erfreuliche und entgegenkommende Zusammenarbeit besonders gedankt.

Aachen und Berlin, im Frühjahr 1967

Edgar Schultze **Heinz Muhs**

Aus dem Vorwort zur ersten Auflage

Die Boden- und Grundwasseruntersuchungen vor Beginn eines größeren Bauvorhabens und die Verfahren zur Beobachtung der Bauwerke nach ihrer Fertigstellung sind in den letzten beiden Jahrzehnten immer weiter entwickelt und verfeinert worden, da man eingesehen hat, daß durch die so erworbenen Kenntnisse die aufgewendeten Mittel oft um ein Vielfaches bei den Bau- und Unterhaltungskosten wieder eingespart werden können. Durch die Vermehrung der Aufgaben, die den Versuchsanstalten und den an der Bauausführung beteiligten Ingenieuren dabei gestellt wurden, sind auch die Erfahrungen über die verschiedenen Untersuchungsmethoden und -geräte bedeutend bereichert worden. Der hierbei zurückgelegte Weg ist in einer großen Zahl von Einzelveröffentlichungen des In- und Auslands sowie auch in umfangreichen Gesamtdarstellungen beschrieben worden. Wenn trotzdem das Thema wieder aufgegriffen wird, so geschieht das nicht nur deshalb, weil die neuere Literatur fast ausnahmslos im Ausland erschienen und die ältere in Deutschland vergriffen ist, sondern vor allem deshalb, weil die Vielheit der neueren Vorschläge oftmals verwirrend wirkt und vergessen läßt, daß es sich bei der praktischen Durchführung der Voruntersuchungen im Grunde doch um verhältnismäßig konservative Methoden handelt, die sich im großen und ganzen auf stets gleiche Grundversuche beschränken und mit einer begrenzten Anzahl von Geräten arbeiten. Wichtiger als eine Aufzählung der bald kaum mehr übersehbaren Zahl von Spezialanfertigungen und nur für einen ganz begrenzten Zweck gedachten Untersuchungsvorschläge ist eine bis ins letzte deutliche Beschreibung der stereotyp wiederkehrenden Verfahren zur Prüfung des Baugrundes vor und nach dem Bau.

Die folgenden Ausführungen wollen deshalb einen Überblick über die derzeitige Praxis der Bodenuntersuchungen für Bauvorhaben geben, der sich weniger auf die Vielfalt der Erscheinungen als auf die gründliche Erörterung der immer wiederkehrenden Grundversuche erstreckt. Dabei werden diejenigen Untersuchungen des Bodens und Grundwassers berücksichtigt, die für die Planung und Errichtung eines Ingenieurbauwerks aus Erde, Holz, Beton oder Stahl wesentlich sind. Die Gewinnung der Angaben über Baugrund und Grundwasser, die dem entwerfenden Ingenieur je nach der Ausdehnung, der Gliederung und der Lage des Baus zum Wasser in mehr oder weniger großer Zahl bekannt sein müssen, ehe er mit seiner eigentlichen Arbeit beginnen kann, wird in erster Linie behandelt. Außerdem wird auf die Meßverfahren am fertigen Bauwerk eingegangen, da man sich heute nicht mehr damit begnügen sollte, größere Ingenieurbauten nach Fertigstellung sich selbst zu überlassen, sondern sie in verschiedener Weise beobachten sollte, um etwaige Schäden rechtzeitig erkennen, beseitigen und darüber hinaus die gewonnenen Erfahrungen bei späteren Ausführungen verwerten zu können.

Zwar sind Geräte und Meßverfahren für Baugrundprüfungen schon mehrfach beschrieben worden, jedoch hört die Beschreibung meist dort auf, wo sie für den entwerfenden Ingenieur ein besonderes Interesse besitzt, nämlich vor der detaillierten Wiedergabe der während der Messung vorhandenen Bedingungen und der zur Darstellung der Ergebnisse gemessenen Werte. Die praktische Behandlung der einzelnen Bodenuntersuchungen, in der viele Erfahrungen der damit betrauten Stellen ihren Niederschlag gefunden haben, ist meist nur einem engen Kreis von Mitarbeitern geläufig. Die mitgeteilten Ergebnisse sind für die Bauvorbereitung jedoch oft nur dann voll verwertbar, wenn ihre Entstehung Schritt für Schritt verfolgt werden kann. Es kommt dabei nicht so sehr auf den im Einzelfall benutzten Gerätetyp, als vielmehr auf das Prinzip des Versuchs an. Der Versuch, und zwar gerade seine äußeren, z.T. in Zahlen ausdrückbaren Umstände, wie der Zustand des untersuchten Materials, die Wahl der Belastungsstufen usw. und seine unmittelbaren Ergebnisse sind deshalb der Ausgangspunkt der vorliegenden Betrachtungen, die dann unter möglichst weitgehender Vermeidung jeder rein theoretischen Deutung darauf hinauslaufen, zu zeigen, wie man aus dem unmittelbaren Meßergebnis durch systematische Auswertung zu den Kennziffern gelangt, die für den Entwurf einer Bauwerksgründung notwendig sind. Aus diesem Grunde wird das Arbeiten der heute verwendeten Geräte bzw. Meßverfahren sowie die Darstellung und Auswertung der unmittelbaren Meßergebnisse durch einfache Skizzen wiedergegeben, während die genauen Konstruktionspläne der Apparate unberücksichtigt bleiben.

Bei der Darstellung haben sich die Verfasser bemüht, den Stoff gerade für solche Leser verständlich zu machen, die nicht in dem behandelten Spezialgebiet zu Hause sind. Es werden keine besonderen Vorkenntnisse in der Bodenmechanik und in ihren Grenzgebieten vorausgesetzt. Fachausdrücke, die nicht jedem Ingenieur geläufig sind, werden erklärt. Formeln werden auf das Unumgängliche — und das ist in dieser Darstellung wenig — beschränkt. Die Arbeit ist sowohl als Leitfaden für Studierende als auch für alle diejenigen gedacht, die mit Hoch-, Grund-, Wasser-, Straßen- und Bahnbauten zu tun haben. Sie soll denen, die in der Praxis auf ihnen unbekannte oder wenig vertraute Fragen über die Voruntersuchung des Baugrundes stoßen, als Einführung dienen und beim Nachschlagen schnell eine Auskunft geben.

Die beiden Verfasser haben den gesamten Stoff gemeinsam durchgearbeitet, so daß die auf die einzelnen Urheber entfallenden Anteile nicht zu trennen sind. Sie sind Herrn Prof. Dr.-Ing. H. Lorenz, Berlin, für ergänzende Mitteilungen über die geophysikalischen Untersuchungsverfahren sowie über die Bohrungen und die Entnahmen von ungestörten Bodenproben, Herrn Dr. H. J. Hellmers, Berlin, für Hinweise zu den Kapiteln über die chemischen Untersuchungen und die Sonderversuche, Herrn Regierungs-Vermessungsrat a. D. Dipl.-Ing. K. ANSORGE, Hamburg, für die Mitarbeit im Kapitel über die Messung der Bewegung der Bauwerke, Herrn Direktor Dipl.-Ing. C. RAPPERT, Hamburg, von der Johann Keller KG für die liebenswürdige Prüfung und Ergänzung der Kapitel über das Grundwasser und Herrn Direktor Dr.-Ing. PH. EBERT, München, i. Fa. Dyckerhoff & Widmann KG für die kritische Durchsicht des gesamten Manuskripts vom Standpunkt des in der Praxis stehenden Bauingenieurs zu besonderem Dank verpflichtet.

Da das Manuskript des Buches während der ersten Nachkriegsjahre in Berlin entstanden ist, wurden naturgemäß in erster Linie die Erfahrungen der Berliner Versuchsanstalten, insbesondere der Deutschen Forschungsgesellschaft für Bodenmechanik (Degebo) und der früheren Preußischen Versuchsanstalt für Wasser-, Erd- und Schiffbau, in einzelnen Punkten auch der früheren Baugrund GmbH, berücksichtigt. Mit dem lebhafter werdenden Austausch zwischen den deutschen Stellen, die mit der Durchführung und Auswertung von Bodenuntersuchungen zu tun haben, im Rahmen des Deutschen Baugrundausschusses ergab sich jedoch die Möglichkeit, die Basis zu verbreitern.

Berlin, im April 1950

Edgar Schultze **Heinz Muhs**

Inhaltsverzeichnis

Seite

2. Untersuchungen am fertigen Bauwerk

Grundlegendes Schrifttum zum Thema des Buches

Einführung

Wenn die Verfasser im Gegensatz zu früheren Arbeiten über bodenmechanische Voruntersuchungen die Messungen in den Vordergrund ihrer Betrachtungen gestellt haben, so deshalb, weil die Entwicklung der Bodenmechanik zu einem großen Teil eine Sache der Theorie gewesen ist und in Spezialarbeiten zu einem mathematischen Aufwand geführt hat, der oft über die Bedürfnisse der Praxis hinausgeht, aber trotz allem nicht zu zuverlässigen Ergebnissen geführt hat. Die Bodenmechanik befindet sich heute an einem Punkt, wo eher durch Messungen ein Fortschritt erwartet werden kann. Der bisherige Bestand muß an Hand der Beobachtungen beim Versuch oder am fertigen Bauwerk überprüft und eine Auslese unter den theoretischen Überlegungen getroffen werden, deren Wert heute noch unentschieden ist.

Das bedingt, daß nicht nur gemessen wird, sondern auch, daß die Versuchs- und Meßergebnisse nicht als totes Kapitel, das nur für einen eng begrenzten Zweck verwendet wird, betrachtet, sondern systematisch ausgewertet werden. Bei der Behandlung eines so umfangreichen Zahlenmaterials, wie es bei den Voruntersuchungen des Grundbaus anfällt, kommt man ohne statistische Forschungsverfahren nicht aus. Einer derartigen Bearbeitung stehen allerdings gerade beim Untergrund verschiedene Hindernisse entgegen, vor allem die Tatsache, daß sich die Zusammensetzung und Beschaffenheit des Bodens nicht durch eine einfache Zahl wiedergeben läßt, außerdem aber die Abhängigkeit der ermittelten Kennziffern von den verschiedensten Veränderlichen. Dadurch bleiben Versuchsergebnisse, die mit verschiedenen Apparaten und auf verschiedenen Baustellen oder in verschiedenen Anstalten gewonnen wurden, unvergleichbar.

Aus diesem Grunde muß jede Veröffentlichung von Meß- und Versuchsergebnissen begrüßt werden, auch wenn sie kommentarlos ohne den Versuch zu einer Auswertung geschieht. Auf diese Weise wird der Fachwelt Gelegenheit gegeben, eigene Überlegungen an Hand des veröffentlichten Materials nachzuprüfen. Eins muß aber bei der Veröffentlichung von Versuchen und Messungen gefordert werden, wenn sie wirklich für diesen Zweck verwendbar sein sollen, nämlich, daß sie vollständig wiedergegeben werden, d. h. unter Angabe sämtlicher Größen, die für die Kennzeichnung der äußeren Umstände notwendig sind. Jede Veröffentlichung sollte deshalb eine Beschreibung des Geräts und der Meßeinrichtung sowie des Vorgangs der Untersuchung enthalten. Die vorliegende Arbeit hat eine programmatische Tendenz, indem sie dazu beitragen möchte, eine gewisse Ordnung in die zahllosen, oft von entgegengesetzten Gesichtspunkten aus diktierten Wiedergaben von Versuchen und Beobachtungen zu bringen. Dazu gehört auch, daß sich, soweit Auftragungen von Meßergebnissen veröffentlicht werden, eine einheitliche Form einbürgert. Auf eine Normung der Auftragungen wurde besonderer Wert gelegt, damit hier eine allen gemeinsame Sprache gefunden wird. Es hat sich dabei wiederholt als zweckmäßig erwiesen, die Beziehungen zwischen den gemessenen Größen durch ein dreiachsiges Koordinatensystem als Raumkurve wiederzugeben und ihre Projektionen auf die drei Normalebenen zu betrachten. Man gewinnt dann drei Diagramme für drei unabhängige Veränderliche, was gerade für Messungen im Baugrund und am Bauwerk in vielen Fällen wertvoll ist.

Um dem Leser die Übersicht zu erleichtern, wurden die einzelnen Kapitel einheitlich in Unterabschnitte aufgeteilt, die regelmäßig wiederkehren. Sie sind durch Stichworte bezeichnet, deren Bedeutung im folgenden erläutert wird.

Definition: Hierunter wird angegeben, was die in dem betreffenden Kapitel behandelte Eigenschaft bedeutet oder welche Eigenschaft durch den betreffenden Versuch festgestellt wird.

Gerät: Die Beschreibung des Geräts und der Meßeinrichtungen wird nur durch schematische Skizzen und einige kennzeichnende Fotos, aus denen das Grundsätzliche des Verfahrens hervorgeht, erläutert, damit die nachfolgenden Punkte ohne Schwierigkeiten verständlich sind. Lediglich bei einigen im Ausland eingebürgerten, in der deutschen Fachliteratur aber noch nicht beschriebenen Geräten wurde eine Ausnahme gemacht.

Vorgang: Die zeitliche Reihenfolge des Vorgangs der Untersuchung und der Messung wird mit Ausnahme der mit Bestimmtheit als bekannt vorauszusetzenden Handhabungen ausführlich beschrieben, so daß über dessen genauen Ablauf keine Unklarheiten verbleiben.

Meßgrößen: Die während der Untersuchung unmittelbar gemessenen Größen, d. h. diejenigen Werte, die vom Instrument abgelesen, in Listen notiert oder selbsttätig mit einem Schreibgerät aufgetragen werden, werden aufgezählt. Die Aufzeichnung der Meßgrößen, die den Ausgangspunkt für die weiteren Unterabschnitte bilden, wird — wo es zweckmäßig erscheint — durch Versuchsprotokolle vor Augen geführt.

Auftragungen: Meist werden die Meßergebnisse auf Grund der aufgeschriebenen Ablesungen in Kurvenform aufgetragen. Die Bedeutung der Kurven und die Art ihrer Auftragung wird an Hand von Mustern diskutiert.

Kennziffern: Aus den Kurven, deren Verlauf sich nicht immer in Kürze charakterisieren läßt, werden zur Kennzeichnung bestimmte Beiwerte, wie z. B. Tangentenneigungen, Abschnitte auf der x- oder y-Achse, arithmetische Mittel, Exponenten oder Parameter abgeleitet, die sich besser zur Beschreibung der untersuchten Eigenschaft eignen. In manchen Fällen werden nicht die unmittelbar gemessenen Größen, sondern aus ihnen gebildete Verhältniszahlen oder sonstige Kennziffern in Kurvenform aufgetragen. Dann wird dieser Abschnitt vor den Auftragungen gebracht, um die Bedeutung der Kennziffern zu erläutern.

Auswertung: Die durch Kurven oder Kennziffern wiedergegebenen Untersuchungsergebnisse werden im Hinblick auf allgemeine Schlüsse ausgewertet, die man aus ihnen auf das Verhalten des Bodens oder Bauwerks ziehen kann.

Zahlenwerte: Die Kennziffern erweisen sich vielfach als Eigenschaften einer bestimmten Bodenart oder als Abhängige von anderen Umständen. Es wird daher angegeben, in welchen Grenzen sie unter gegebenen Verhältnissen schwanken.

Fehler: Bei der praktischen Verwendung der Untersuchungsergebnisse ist deren Genauigkeit wichtig. Es wird daher soweit irgendmöglich auf die Fehler und die dadurch hervorgerufene Streuung der Meßergebnisse eingegangen, damit sich an Hand dieser ein Urteil darüber bilden läßt, wie zuverlässig die auf ihnen aufgebauten Schlüsse sein können.

Verwendung: In diesem Abschnitt wird angegeben, zu welchem Zweck die betreffende Eigenschaft überhaupt untersucht wird und bei welchen Entwurfsüberlegungen, Berechnungen oder sonstigen Entscheidungen sie benutzt wird.

Beispiele: Da bei Bodenuntersuchungen nicht schematisch vorgegangen werden kann, sondern jede einzelne Bauaufgabe ihre besondere Behandlung erfordert, wurde Wert auf die Wiedergabe von Beispielen gelegt. Gerade an diesen kann der Gang des eingeschlagenen Verfahrens besonders klar verfolgt und erkannt werden, welche Überlegungen im Einzelfall angestellt wurden. Dem Zweck der Arbeit, in erster Linie praktische Fingerzeige zu geben, entsprechend, ist auf die Wiedergabe von erdachten oder willkürlich vereinfachten, sogenannten „typischen" Beispielen verzichtet worden. Die Beispiele sollen vielmehr zeigen, wie in bestimmten Fällen, die der Wirklichkeit entnommen wurden, vorgegangen worden ist. Sofern die Beispiele alle anzustellenden Überlegungen enthalten, können sie oft besser als jede ausführliche Beschreibung als Muster für ähnliche Untersuchungen dienen.

Literatur: Mit Rücksicht darauf, daß viele Ausführungsarten der Geräte und Untersuchungen nicht genannt werden, folgen Hinweise auf die Literatur, die eine ausführlichere Beschreibung derselben und sonstige Ergänzung bringt. An vielen Stellen ist das Schrifttum kurz charakterisiert und auf besonders wichtige Veröffentlichungen hingewiesen. Die einzelnen Aufsätze sind in der Reihenfolge ihres Erscheinens aufgeführt. Das Literaturverzeichnis erhebt aber keinen Anspruch auf Vollständigkeit. Dazu gibt es Bibliographien. Vielmehr wurden durchweg nur solche Werke aufgenommen, bei deren Durchsicht die Verfasser den Eindruck erhielten, daß sie in unmittelbarem Zusammenhang mit den Ausführungen des betreffenden Kapitels stehen.

Dieser Feinunterteilung der einzelnen Kapitel steht eine Gesamtgliederung des Stoffs gegenüber, die zwei Hauptteile enthält. Im ersten werden diejenigen Untersuchungen behandelt, die *vor* Baubeginn abgeschlossen werden, in Sonderfällen aber auch noch *während* der Bauausführung andauern können. Der zweite Teil befaßt sich mit den Untersuchungen am *fertigen* Bauwerk, in Sonderfällen auch schon am *entstehenden* Bauwerk. Vor Baubeginn wird zwischen Untersuchungen im *Gelände* und den Arbeiten in der *Versuchsanstalt* unterschieden, bei den Untersuchungen am fertigen Bauwerk zwischen der Beobachtung von Bauten aus *Erde* sowie von Bauten aus *Mauerwerk, Beton, Holz oder Stahl.* Die bei beiden Gruppen vorkommenden Messungen des *Grundwassers* werden wegen ihrer Besonderheit in eigenen Kapiteln gebracht.

Das vorliegende Buch ist jedoch nicht lediglich zu dem Zweck geschrieben, um die heutigen Versuchsverfahren für den Feld- und Laborgebrauch zu beschreiben und deren einheitliche Ausführung anzuregen, sondern auch, um dem in der Praxis stehenden Ingenieur die Beurteilung des notwendigen Untersuchungsumfangs und der ihm von den Laboratorien und Baugrundsachverständigen gelieferten Auskünfte zu erleichtern. So soll das Buch vor allem nicht dazu beitragen, den Umfang der Baugrunduntersuchungen und die Anzahl der Versuche zu vermehren, sondern es soll dazu dienen, sinnvoll mit möglichst Wenigem möglichst Viel zu erreichen. Die Verfasser konnten oft beobachten, daß auf verhältnismäßig kleinen Baustellen oder bei einfachen Baugrundverhältnissen eine unverhältnismäßig große Zahl von Bohrungen und Probenuntersuchungen veranlaßt wurde, die die Aufschlußkosten unnötig in die Höhe trieben. Dazu gehört auch die leidige Gewohnheit, ein Gelände ohne Hinzuziehung eines wirklichen Fachmanns von Bohrfirmen mit Bohrlöchern übersäen zu lassen, statt durch Beteiligung eines Sachverständigen einen Teil der Bohrungen zu sparen und das Geld für wirklich geeignete Sonderuntersuchungen auszugeben. Durch solch ein unvernünftiges Bohren wird heute leider noch viel Geld vergeudet, weil offenbar die Meinung weit verbreitet ist, daß eine spezielle Baugrunduntersuchung die Kosten in die Höhe treibt. Dabei kann jeder, der einmal solche Arbeiten in Auftrag gegeben hat, feststellen, daß die Rechnung des Bohrunternehmers — zumindest bei Hochbauten — fast immer höher ausfällt als diejenige des untersuchenden Instituts.

Beachtet werden sollte ferner, daß Untersuchungsergebnisse von Bodenproben – ganz besonders beim Scherversuch und Dreiaxialversuch – nur dann für den Auftraggeber einen Wert haben, wenn von seiten der Bodenprüfstelle der Versuchsvorgang genau angegeben wird. Diese einfache und eigentlich selbstverständliche Forderung wird aber leider oft nicht erfüllt. Dabei können Bodenkennwerte, deren Herkunft man nicht ganz genau kennt, zu schwerwiegenden Irrtümern beim Entwurf und der Bauausführung führen. Der Auftraggeber sollte daher diese erläuternden Angaben stets verlangen, wenn sie von der Versuchsanstalt nicht von vornherein geliefert worden sind.

1. Untersuchungen vor Baubeginn

1.1 Arbeitsprogramm und Gang der Untersuchungen

Der Umfang und die Abwicklung der erforderlichen Arbeiten hängen davon ab, welche Unterlagen über den Untergrund vor Beginn der Voruntersuchungen vorhanden sind. In vielen Fällen, besonders bei Projekten in einem dicht besiedelten Gelände, liegen bereits geologische Karten in größerem Maßstabe, Baugrundkarten, Ergebnisse von Bohrungen für benachbarte Bauwerke, Aufzeichnungen über die Grundwasserverhältnisse und die Stände des freien Wassers aus dem normalen Pegelnetz und andere Beobachtungen vor. Diese Unterlagen reichen vielfach aus, um einen ersten Vorentwurf aufzustellen, so daß man die eigentlichen Voruntersuchungen auf den engen Bereich des von der Planung erfaßten Geländes beschränken kann.

Bei anderen Bauwerken hingegen werden oft nicht einmal einigermaßen zuverlässige geologische Karten, selbst nicht in kleinem Maßstabe, zur Verfügung stehen, geschweige denn irgendwelche Bodenuntersuchungen und Angaben über den Wasserhaushalt. In solchen Fällen ist die Aufstellung eines allgemeinen Bauentwurfs nicht möglich, ehe nicht wenigstens in weiten Abständen die notwendigsten Beobachtungen des Wassers, Grundwassers und Bodens in die Wege geleitet sind. Die Reihenfolge: Vorentwurf – Voruntersuchungen liegt also nicht fest, sondern hängt von den vorgefundenen Unterlagen ab.

Abgesehen von den Fällen, bei denen wegen der Einfachheit des Bauvorhabens und der Übersichtlichkeit und günstigen Beschaffenheit des Untergrundes keine besonderen Voruntersuchungen notwendig sind, sollte sich der Bauherr wegen der vorzunehmenden Untersuchungen von Anfang an an einen Fachmann oder an ein Fachinstitut wenden, die die Gewähr für eine ordnungsgemäße Planung und Durchführung bieten. Nur in den genannten Fällen kann empfohlen werden, die notwendigen Untersuchungen vom Bauherrn oder einer Baufirma durchführen zu lassen. Selbst wenn das in Frage kommende Objekt derart umfangreich ist, daß die Beschaffung der erforderlichen Geräte gerechtfertigt erscheint, sollte in Kenntnis der Schwierigkeiten einer einwandfreien Versuchsdurchführung und der zutreffenden Auswertung der Versuchsergebnisse gerade auf dem Gebiete der Bodenuntersuchungen davon Abstand genommen werden, diese Arbeiten ohne Hinzuziehung von Spezialisten durchzuführen.

Es hat sich ferner immer wieder herausgestellt, daß die Fachinstitute gar nicht früh genug herangezogen werden können, weil nur dadurch die Kosten auf ein Mindestmaß beschränkt werden. Oft werden die Institute erst verhältnismäßig spät zu speziellen Untersuchungen aufgefordert und die allgemeinen Untersuchungen einer Baufirma oder der die Bohrungen ausführenden Firma übertragen, allenfalls unter Aufsicht eines besonders hierfür abgestellten, aber bisweilen nicht ausreichend geschulten Baubeamten. Es zeigt sich dann aber vielfach, daß entweder die Zahl der Bohrungen unnötig groß gewählt wurde, oder aber, daß sie nicht tief genug oder mit ungenügender Probenentnahme ausgeführt wurden, so daß Nachbohrungen nötig werden.

Der Gang der Untersuchungen sollte sich etwa in folgender Weise abwickeln: Falls ein Vorentwurf bereits aufgestellt ist, wird das Fachinstitut diesen und alle anderen erreichbaren Unterlagen zur allgemeinen Orientierung und ersten Einarbeitung, evtl. auch zur Beschaffung weiterer Unterlagen (z. B. geologischer Karten), bei anderen Stellen anfordern, bevor eine Besichtigung der Baustelle zusammen mit dem Bauherrn verabredet wird. Bei der Besichtigung wird je nach der Art des Bauvorhabens und der Geologie des Geländes die zweckmäßigste Art der Gesamtdurchführung aller Untersuchungen festgelegt. Da sich fast stets die Notwendigkeit von Bohrungen herausstellen wird, sollte der Bohrunternehmer bei der Besichtigung zugegen sein. Er wird in seine Aufgaben eingeführt und erhält Anweisungen über die Anzahl, Lage und Tiefe der Bohrlöcher, über die etwaige Anlage von Schürfgruben und die Entnahme von Boden-, evtl. auch von Wasserproben sowie über die etwaige Durchführung von Sondierungen, falls er die hierzu erforderlichen Geräte besitzt.

Sobald der Bohrunternehmer mit seinen Arbeiten begonnen hat, wird das Fachinstitut einen seiner Ingenieure auf die Baustelle schicken, um die Führung der Schichtenverzeichnisse und Probenentnahmen zu überprüfen. Gleichzeitig sollen Vorschläge über den Abbruch oder die Tieferführung einzelner Bohrungen gemacht werden, bei denen auf Grund der ersten Bohrergebnisse die ursprünglichen Dispositionen nicht mehr gerechtfertigt erscheinen. Gegebenenfalls kann die Fortlassung einiger Bohrungen oder Sondierungen angeregt oder die Durchführung einer oder mehrerer Zwischenbohrungen oder -sondierungen gefordert werden.

Wenn die Bohrfirma mit der Probenentnahme vertraut ist, ist bei Untersuchungen kleineren Umfangs die Mitarbeit des Fachinstituts auf der Baustelle nicht unbedingt notwendig, und es genügt die ausführliche Besprechung mit dem Bohrunternehmer bei der ersten Baustellenbesichtigung. Doch sollte dieser Fall, bei dem der Bohrmeister während der Bohrarbeiten nicht überprüft wird, eine Ausnahme bilden. Stets muß dann aber der Bauleitung eine Anweisung für Bodenprobenentnahmen und evtl. auszuführende Sondierungen im Bohrloch mit dem Bemerken übersandt werden, von sich aus für eine geordnete Protokollführung und Entnahme sowie einen einwandfreien Probenversand zu sorgen. Da die einwandfreie Durchführung der Bohrarbeiten, d. h. die gewissenhafte Einmessung der angetroffenen Schichten und die exakte Entnahme und Aufbewahrung der Proben, die Voraussetzung für jede nachfolgende Baugrunduntersuchung im Laboratorium ist, muß der Arbeit der Bohrfirma in jedem Fall die größte Aufmerksamkeit gewidmet werden. Hierauf kann nicht nachdrücklich genug hingewiesen werden.

Im allgemeinen ist es notwendig, alle entnommenen Proben an die Untersuchungsstelle einzuschicken. Nur in den Fällen, wo die Zahl der Proben sehr groß ist, so daß durch den Transport eine ins Gewicht fallende Arbeit oder übermäßig hohe Kosten (Lufttransport) entstehen, kann es zweckmäßig sein, die Bodenproben auf der Baustelle durchzusehen, hiernach die von den Bohrmeistern aufgestellten Schichtenverzeichnisse zu berichtigen und dann die Proben auszusuchen, die dem Fachinstitut zugeleitet werden sollen. Da aber bei schwierigen Bodenverhältnissen oft nur durch wiederholten Vergleich der Proben aus verschiedenen Bohrlöchern eine einwandfreie Aufstellung eines Schichtenplans möglich ist und beim Durchsehen der Proben auf der Baustelle die Bohrergebnisse meist noch nicht in ihrer Gesamtheit vorliegen, sollte letzteres nach Möglichkeit vermieden werden. Eine

Ausnahme bilden nur die seltenen Fälle, in denen man sich aus besonderen Gründen zur Anlage eines Feldlaboratoriums entschließt.

Gleichzeitig mit den Bohrungen werden bei Bedarf auch etwaige andere Untersuchungen des Untergrundes (geophysikalische Untersuchungen, Grundwasseruntersuchungen, Probebelastungen u. a.) von den hierfür in Frage kommenden Stellen durchgeführt. Hierzu gehören auch die Sondierungen, sofern diese nicht schon vom Bohrunternehmer vorgenommen werden.

Nach dem Eintreffen der Bodenproben im Laboratorium wird entschieden, welche Untersuchungen mit jeder einzelnen Probe vorgenommen werden müssen. In vielen Fällen wird diese Frage dadurch beantwortet, daß bereits bestimmte Anweisungen des Bauherrn vorliegen. So kann z. B. bei der Anlage einer neuen Kaimauer in einem bestehenden Hafen allein nach der Scherfestigkeit und dem Raumgewicht des Bodens gefragt werden, wenn alle übrigen Gründungsverhältnisse bereits ausreichend geklärt sind und man lediglich den Erddruck berechnen will. Es sind dann also nur die genannten Kennwerte zu liefern. Derartige Aufträge stellen jedoch nicht die eigentliche Aufgabe der Institute dar. Sie sollen nicht nur die Ergebnisse bestimmter Versuche mitteilen, sondern dem entwerfenden Ingenieur, dem Bauherrn und dem Unternehmer bei sämtlichen Baugrund- und Gründungsfragen beratend zur Seite stehen. Es sollte deshalb als Normalfall angesehen werden, dem hinzugezogenen Institut oder Fachmann die Entscheidung zu überlassen, welche Art von Untersuchungen mit den eingesandten Bodenproben vorzunehmen ist, ja auch darüber, welche von ihnen überhaupt untersucht werden sollen. Umgekehrt soll der Auftraggeber auf alle wichtigen Nebenumstände des Bauvorhabens, z. B. auf die durch das Bauwerk oder den Bauvorgang hervorgerufenen Veränderungen des Grundwasserstands oder auf Bergbausenkungen, aufmerksam machen.

Bei der Auswahl der Versuche muß berücksichtigt werden, daß die Zahl derjenigen Punkte des Untergrundes, die wirklich auf ihre Eigenschaften hin bestimmt werden, nur spärlich ist. Die erste Beschränkung tritt dadurch ein, daß die Bohrlöcher eine gewisse Entfernung voneinander besitzen, daß also aus der waagerechten Ebene nur einige Punkte herausgegriffen werden. Die zweite Beschränkung besteht darin, daß aus den senkrecht hinabgetriebenen Bohrlöchern nur an bestimmten Stellen, also nicht kontinuierlich, Proben entnommen werden. Selbst diese Proben können aber nicht sämtlich geprüft werden, da ihre Anzahl meist zu groß ist. Als dritte Beschränkung kommt also die Auswahl derjenigen Proben hinzu, die im Laboratorium zu untersuchen sind. Bei der geringen Zeit, die oft für die Planung und den Entwurf eines Bauvorhabens gewöhnlich zur Verfügung steht, ist die Beschränkung auf das Wesentliche bei den Bodenuntersuchungen eine Hauptforderung. Es wäre falsch, hier zu schematisch vorzugehen und etwa die Entfernung der Bohrlöcher und die Anzahl der zu entnehmenden und zu untersuchenden Bodenproben zu genau vorschreiben zu wollen.

Die Zeit, die für die Untersuchung der Bodenproben benötigt wird, muß dem Bauherrn bekannt sein, weil er mit der Aufstellung der endgültigen Entwürfe so lange warten muß, bis die Ergebnisse vorliegen. Der für die Arbeiten in den Laboratorien notwendige Zeitbedarf ist so lange schwer zu schätzen, als kein Anhalt über die Zahl der vorkommenden Schichten und die Art der Böden vorhanden ist. Sollen z. B. für die Berechnung einer Spundwand die Reibungswinkel des Bodens ermittelt werden, so kann sich die Untersuchung auf *eine* Scherfestigkeitsprüfung beschränken, wenn bei den Bohrungen nur *eine* Bodenart angetroffen wurde. Sie kann aber einen vielfachen Aufwand erfordern, wenn der Tiefe nach mehrere Bodenschichten anstehen und die Schichten auch noch im Längsschnitt des Bauwerks ihre Beschaffenheit ändern. Die Dauer der Voruntersuchungen hängt zudem von der Größe des Laboratoriums und dem Umfang seiner jeweiligen Beschäftigung ab, so daß allgemeingültige Angaben über die Dauer der Voruntersuchungen sehr schwer sind. Die Voruntersuchungen nehmen aber meist längere Zeit in Anspruch, als der Außenstehende denkt, weil der Fortgang der wichtigsten bodenmechanischen Versuche von dem Ausgleich der inneren Spannungen im Boden, der sogenannten Konsolidierung, abhängt, die bei bindigen Böden wegen ihrer geringen Durchlässigkeit nur langsam vor sich geht. Für die übliche Bearbeitung eines mittleren Bauvorhabens, z. B. für die Gründung eines Hochbaus, muß man bei Unkenntnis des Untergrundes mindestens etwa drei bis vier Wochen vom Eintreffen der Bodenproben bis zur Abgabe des Abschlußberichts

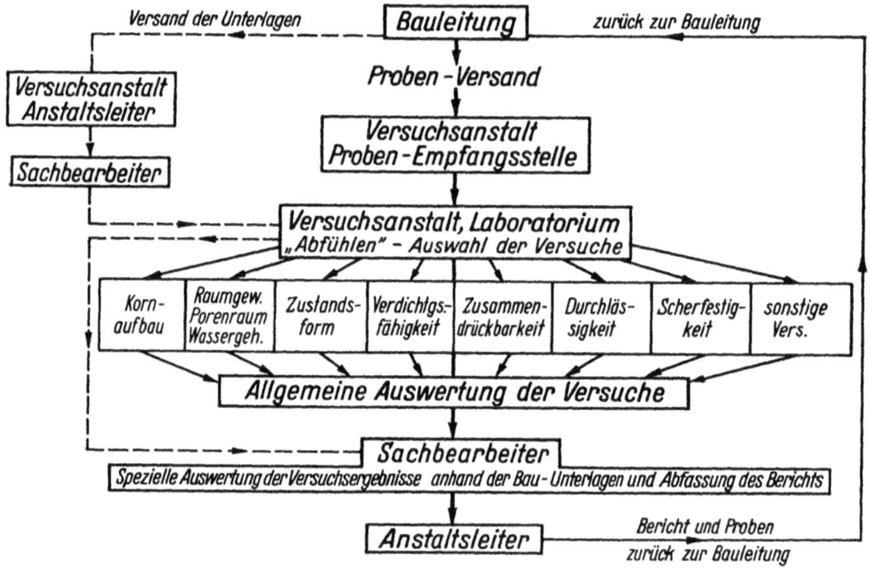

Abb. 1. Gang einer bodenmechanischen Untersuchung in einer Versuchsanstalt.

rechnen. Diese Zeit kann sich bei sehr günstigen Bodenverhältnissen auf etwa ein bis zwei Wochen ermäßigen, bei sehr ungünstigen Bodenverhältnissen dagegen bis auf mehr als das Doppelte ausdehnen. Für Großbauten allgemeine und auch nur einigermaßen zuverlässige Angaben zu machen, ist nicht möglich.

Die Laboratoriumsuntersuchungen werden etwa nach Abb. 1 abgewickelt. Die eintreffenden Bodenproben werden registriert und an Hand der Schichtenverzeichnisse und der Probenbezeichnung zur Durchsicht aufgestellt, wobei die Bodenart durch Abfühlen nach der bodenmechanischen Terminologie bezeichnet wird. Die vom Sachbearbeiter gewählte Bezeichnung, die meistens von der ursprünglich im Schichtenverzeichnis enthaltenen, vom Bohrmeister gebrauchten Benennung abweicht, wird in die Schichtenverzeichnisse eingetragen. Während des Abfühlens gibt der Sachbearbeiter auf Grund der ihm durch die Baustellenbesichtigung und voraufgegangenen Besprechungen vertrauten Einzelheiten des Bauobjekts gleichzeitig an, welche Versuche mit den einzelnen Proben vorgenommen werden sollen, wobei er sich durch Einsicht in die ihm zur Verfügung stehenden Entwurfsunterlagen und Ergebnisse etwaiger Feldversuche überzeugt, daß er nur die notwendigsten Untersuchungen anordnet.

In den einzelnen Laboratorien werden die angeordneten Versuche anschließend unter Aufsicht der Versuchsingenieure durchgeführt und ausgewertet. Die Versuchsprotokolle werden zusammen mit den bei der Auswertung gewonnenen Auftragungen und den Schichtenverzeichnissen dem Sachbearbeiter zugeleitet. Er

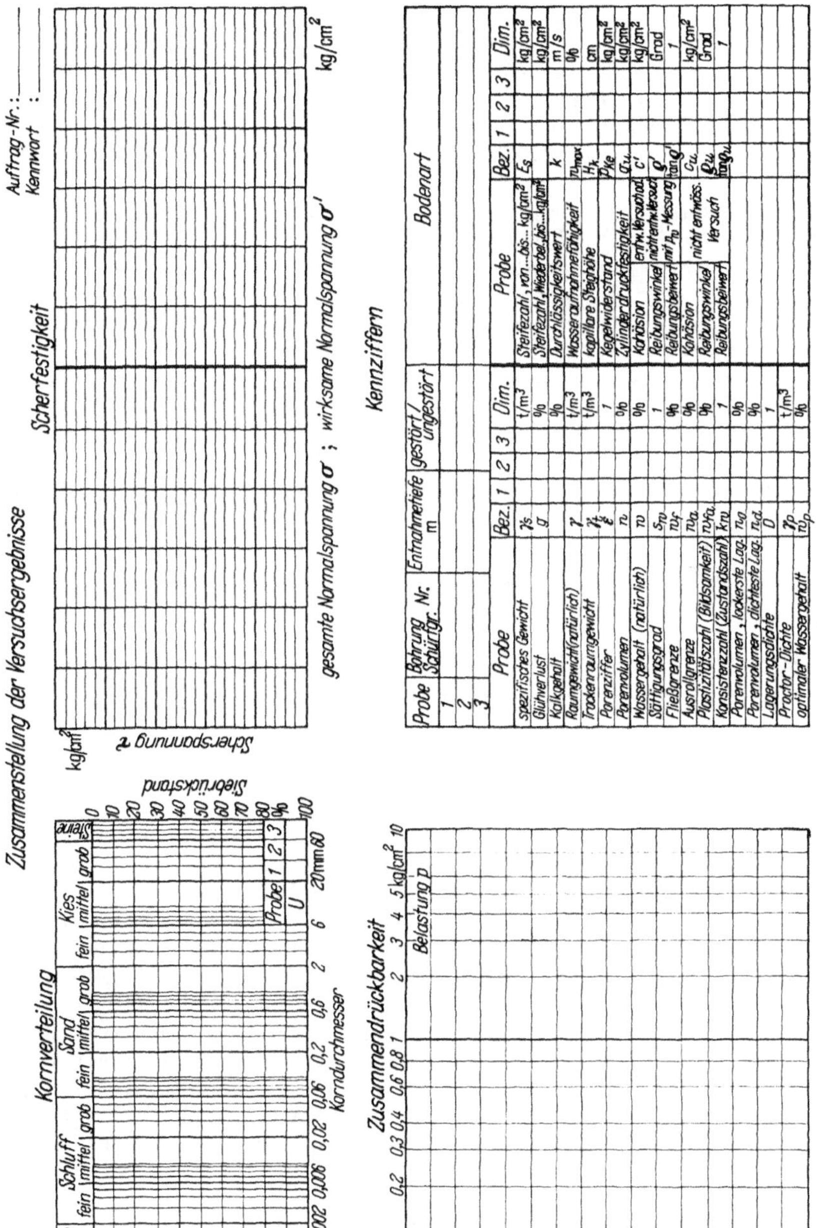

Abb. 2. Zusammenstellung der Versuchsergebnisse von Laboruntersuchungen.

berichtigt an Hand der Versuchsergebnisse zunächst die bis dahin ja nur nach dem Abfühlen getroffenen Bezeichnungen der einzelnen Schichten und leitet die endgültigen Schichtenverzeichnisse dem Zeichenbüro zu, wo die Schichtenpläne aufgetragen werden. Sie bilden für den Sachbearbeiter die wichtigste Unterlage für seine weitere Tätigkeit.

Mit Hilfe der einwandfreien Schichtenpläne vergleicht der Sachbearbeiter zunächst die Versuchsergebnisse der einzelnen Schichten, bestimmt die verschiedenen Bodenkennziffern, berücksichtigt die Ergebnisse etwaiger Feldversuche, führt die für den Einzelfall notwendigen Rechnungen durch und arbeitet schließlich den Abschlußbericht aus. Diesem werden die Versuchsergebnisse, in Diagrammen geordnet oder in Tabellenform zusammengefaßt, als Anlage beigefügt (Abb. 2).

Die Darstellung der Versuchsergebnisse hat in den einzelnen Laboratorien eigene Formen erhalten, die voneinander abweichen, was zum Teil daran liegt, daß die Apparaturen und Anordnungen für die Bodenuntersuchungen in Deutschland noch nicht endgültig genormt sind; nur für einige der gängigsten Versuche sind bisher Richtlinien erschienen [DIN 4016 (Entwurf 1958) ,,Baugrund. Untersuchungen von Bodenproben'', Blatt 1 bis 4][1]. Verschiedene Versuchsanordnungen bedingen aber oft auch verschiedene Protokollarten. Noch schwieriger liegen die Dinge dann, wenn verschiedene Versuchsanordnungen sich in der gleichen Weise protokollieren lassen, so daß aus der Auftragung der Ergebnisse in Zahlen- oder Kurvenform nicht ohne weiteres zu ersehen ist, auf welchem Wege sie gewonnen wurden. Es wäre deshalb erwünscht, wenn den Protokollen Erklärungen beigefügt würden, aus denen für den Entwurfsbearbeiter und für den Bauleiter eindeutig hervorgeht, wie die niedergelegten Bodeneigenschaften definiert sind und auf welchem Wege sie gewonnen wurden.

1.2 Die Bodenarten und ihre Einteilung, Beschreibung und Darstellung für bautechnische Zwecke

Die in den zur Aufnahme von Bauwerkslasten wichtigen Tiefen vorkommenden geologischen Ablagerungen können aus ,,Fels'' oder aus ,,Boden'' bestehen, wofür vielfach auch die Ausdrücke ,,Festgestein'' bzw. ,,Lockergestein'' üblich sind. In der Natur kommen zwischen diesen beiden Hauptgruppen Übergänge sowohl in der einen als auch in der anderen Richtung vor; z. B. gibt es gerade als Baustoff sehr wichtige, teilweise oder völlig verwitterte Festgesteine (z.B. verwitterter Granit), auf der anderen Seite aber auch verfestigte Lockergesteine (z. B. Ortsteinbildungen). Im Bauwesen wird der Ausdruck ,,*Boden*'' auf die unverfestigten Lockergesteine sowie auf diejenigen verwitterten Festgesteine angewendet, die einen solchen Verwitterungsgrad besitzen, daß sie hinsichtlich ihrer Festigkeit, Porosität und Prüfbarkeit mehr den Lockergesteinen als den Festgesteinen gleichen. Als Boden im bautechnischen Sinne gelten also Ablagerungen von Kies, Sand, Schluff, Ton, Torf, Faulschlamm u. ä. sowie deren Mischungen, wobei es gleichgültig ist, ob diese Vorkommen als Absatz des Wassers oder Windes oder als Ablagerung des diluvialen Inlandeises entstanden sind oder ob sie an ihrer Entstehungsstätte als Verwitterungsgut anstehen.

1.21 Einteilung der Böden (Hauptbodenarten)

Bei den Böden werden zur Feststellung ihrer Hauptmerkmale und zum Zwecke der bautechnischen Untersuchung drei Hauptarten unterschieden:

Nichtbindige Böden, bindige Böden und organische Böden.

[1] Inzwischen (1965/67) als DIN (Entwurf) 18121 bis 18123 und 18125 erschienen.

1.211 Die nichtbindigen Böden

Die nichtbindigen Böden unterscheiden sich von den bindigen Böden dadurch, daß zwischen ihren Einzelteilchen keine gegenseitigen Anziehungskräfte herrschen. Die Einzelteilchen der nichtbindigen Böden liegen deshalb im unbelasteten und trockenen Zustand lose aneinander („*Einzelkornstruktur*" Abb. 3) und bilden ein Haufwerk von mehr oder weniger gedrungenen rolligen Körnern (Abb. 4) mit verhältnismäßig großen Korndurchmessern (> 0,06 mm). Es handelt sich um Sand, Kies und Steine.

Man unterscheidet dabei (Abb. 4) zwischen mehr eckigen und mehr runden Körnern, was ein Hinweis auf einen kurzen oder langen Transport des Materials vor seiner Ablagerung ist. Abb. 5 zeigt z. B. die Korngröße 0,5 bis 1,0 mm eines diluvialen Sandes, d. h. eines Wassersediments mit langem Transportweg, Abb. 6 dagegen die gleiche Korngruppe eines an seiner Entstehungsstätte verwitterten Granits, d. h. eines Bodens ohne

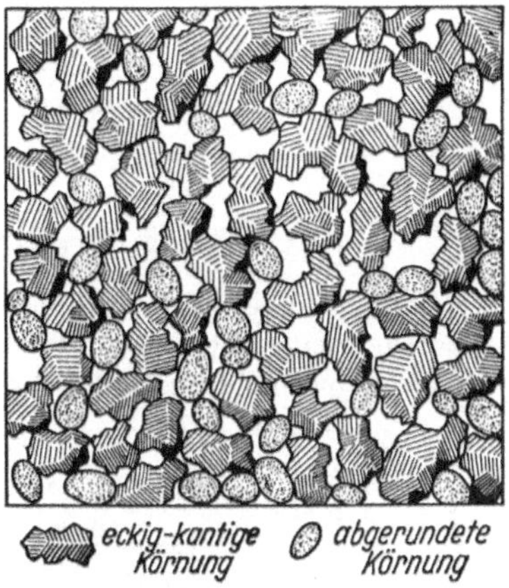

Abb. 3. Einzelkornstruktur eines nichtbindigen Bodens.

Abb. 4. Diluvialer Mittel- und Feinsand in ungestörter Lagerung.

Abb. 5. Korngröße 0,5 bis 1,0 mm eines sedimentären Sandes.

Abb. 6. Korngröße 0,5 bis 1,0 mm eines verwitterten Granits.

jeden Transport. Die Form der Körner ist für verschiedene Bodeneigenschaften (Reibungswiderstand, Zusammendrückbarkeit, Durchlässigkeit) von Bedeutung. Eine einheitliche Bezeichnungsweise der Kornform ist deshalb angebracht (Abb. 7).

Abb. 7. Bezeichnung der Kornform gedrungener Körner.

1.212 Die bindigen Böden

Bei den bindigen Böden haften im Gegensatz zu den rolligen Böden die Einzelteilchen aneinander und bilden eine zusammenhängende formbare Masse. Sie sind außerdem wesentlich kleiner als die Einzelteilchen der nichtbindigen Böden. Sie reichen bis in den Bereich der Kolloide (< 0,0002 mm) hinein.

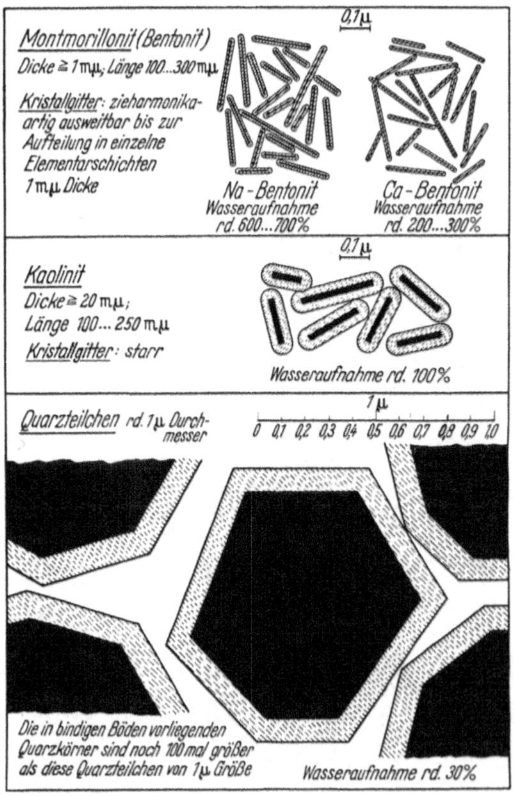

Abb. 8. Korngröße und Wasserhüllendicke bei bindigen und nichtbindigen Bodenteilchen.

Für den Zusammenhang der Einzelbestandteile der bindigen Böden ist vor allem der Gehalt an Feinstbestandteilen (< 0,002 mm) von Bedeutung, im weiteren aber auch der Gehalt an Teilchen mit einer Größe von 0,06 bis 0,002 mm. Für die Bestandteile < 0,002 mm sind die Ausdrücke „*Feinstes*", „*Rohton*", „*Tonkorn*" und auch lediglich „*Ton*" gebräuchlich. Der Ausdruck „Ton" in diesem Sinne muß von der Bodenart „Ton" (s. S. 12) streng unterschieden werden.

Die *Tonteilchen* weisen nicht mehr — wie die Einzelteilchen der nichtbindigen Böden — eine mehr oder weniger gedrungene Kornform auf, sondern besitzen eine flache, gestreckte, schuppenförmige Gestalt mit sehr ungleichem Seitenverhältnis (Abb. 8). Ihre gegenseitige Haftung ist durch ihr Wasserbindevermögen bedingt, das auf elektrostatischen Vorgängen beruht und mit abnehmender Korngröße zunimmt, außerdem aber von der chemischen Zusammensetzung und dem mineralogischen Aufbau der Tonteilchen abhängt (Keil 1963). Jedes Tonteilchen ist dadurch mit einer „gebundenen" Hülle von verdichtetem Wasser umgeben, die eine vielfach größere Dicke besitzen kann als das Teilchen selbst (Abb. 8). Die Hüllen sind untereinander wiederum durch Oberflächenkräfte verbunden. Zu ihnen treten noch die von der Größe und vom gegenseitigen Abstand abhängenden

Massenanziehungskräfte der Teilchen selbst (Bernatzik 1947). Neben den Anziehungskräften sind aber auch Abstoßungskräfte wirksam, da jedes Teilchen durch die an der Oberfläche nach außen hin nicht gebundenen elektrischen Kräfte elektrisch geladen ist. Die Ladungen sind an den Ecken und vorspringenden Stellen der Teilchen konzentriert und bewirken eine Orientierung der Einzelteilchen in bevorzugte Lagen. Es kommt dadurch zur Ausbildung der sehr hohlraumreichen Waben- und Flockenstruktur (Abb. 9).

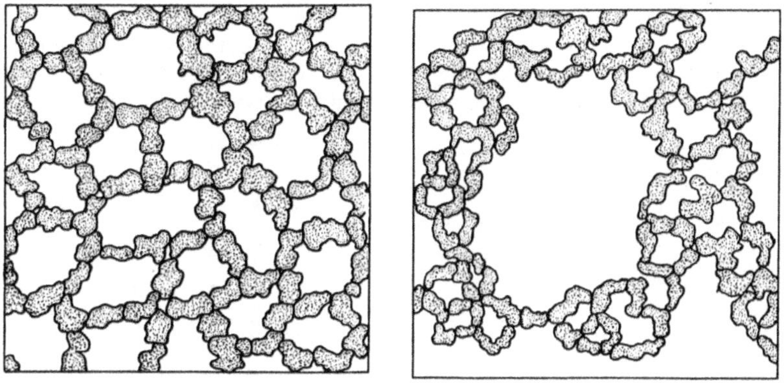

a b

Abb. 9a u. b. Wabenstruktur (a) und Flockenstruktur (b) eines bindigen Bodens nach Terzaghi.

In chemischer Hinsicht unterscheiden sich die Einzelteilchen der nichtbindigen Böden von den Tonteilchen dadurch, daß sie chemisch inaktive Kristalle (alle Gesteinsarten, vorwiegend Quarz) darstellen, die als Bruchstücke einer ausschließlich *physikalischen* Verwitterung anzusehen sind, während die Tonteilchen aus Resten oder Neubildungen einer *chemischen* Verwitterung von Feldspat-Mineralen bestehen und in der Regel bei der Verwitterung silikatischer, d. h. silizium- und aluminiumreicher Eruptivgesteine entstanden sind (Correns 1928). Der Quarzanteil der Tiefen- und Ergußgesteine der Erdrinde bildet also die Basis der nichtbindigen Böden, der Feldspatanteil die Basis der bindigen Böden.

Je nach dem Ausgangsprodukt und den während der Verwitterung herrschenden Einflüssen sind chemisch verschieden aufgebaute ,,*Tonminerale*" entstanden, deren Aufbau und Eigenschaften heute noch nicht völlig durchforscht sind und die vorläufig in drei Hauptgruppen zusammengefaßt werden (Schwiete 1957):

1. Der *Kaolinit-Gruppe;* hauptsächlich entstanden durch Verwitterung von Gesteinen mit Alkali-Feldspaten;

2. der *Montmorillonit-Gruppe;* hauptsächlich entstanden durch Verwitterung von basischen Gesteinen mit Kalzium-Feldspaten;

3. einer dritten Gruppe, die die glimmerartigen Tonminerale umfaßt. Für sie ist noch keine einheitliche Bezeichnung gefunden worden. Teilweise wird der Name *Illit-Gruppe* gebraucht (Knight 1948). In sie gehört z. B. der Glimmerton.

Die in einem Tonboden vertretenen Tonminerale bestimmen seine bodenmechanischen Eigenschaften (Endell 1938 und 1941). Die bei weitem am häufigsten vertretene Tonmineralgruppe ist die Kaolinit-Gruppe. Die aus ihr aufgebauten Tonböden werden ,,*Kaolin-Tone*" genannt. Sie sind verhältnismäßig wenig plastisch. Im Gegensatz dazu sind die aus Mineralen der Montmorillonit-Gruppe gebildeten Tonböden hochplastisch, quellfähig und im allgemeinen thixotrop. Aus Montmorillonit ist z. B. der bautechnisch in den letzten Jahrzehnten wichtig gewordene Bentonit-Ton aufgebaut.

Der Aufbau und die Eigenschaften der Tonminerale werden von der Schichtstruktur und vom chemischen Verhalten ihrer Kristalle bestimmt.

Die Schichtstruktur der Tonmineralkristalle entsteht dadurch, daß die wesentlichsten Bauelemente, nämlich Silizium- und Aluminiumionen, mit Sauerstoff- bzw. Hydroxylionen — in Ionengruppen (SiO_4-Tetraeder bzw. $Al(OH)_6$-Oktaeder) zu zweidimensionalen Netzen verknüpft — wie Schichten übereinander liegen. Je nach dem Mengenverhältnis Si:Al der einzelnen Tonminerale ist eine Schicht von Aluminiumgruppen entweder mit *einer* Schicht von Siliziumgruppen (Abb. 10) oder mit *zwei* Schichten von Siliziumgruppen (Abb. 11) zu einem Schichtpaket verbunden. Dadurch kann man die Zweischichtminerale der Kaoli-

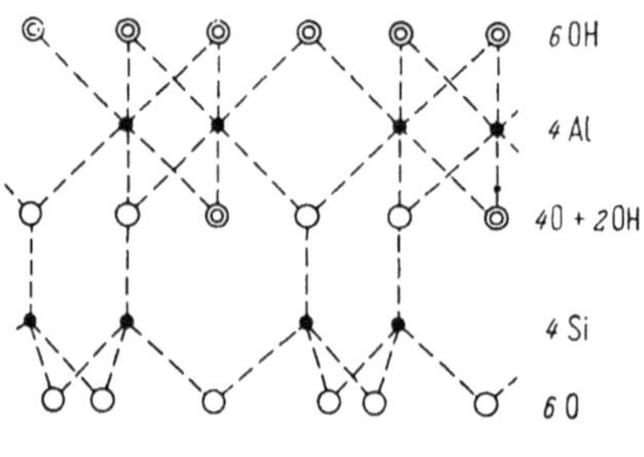

Abb. 10. Struktur des Kaolinits.

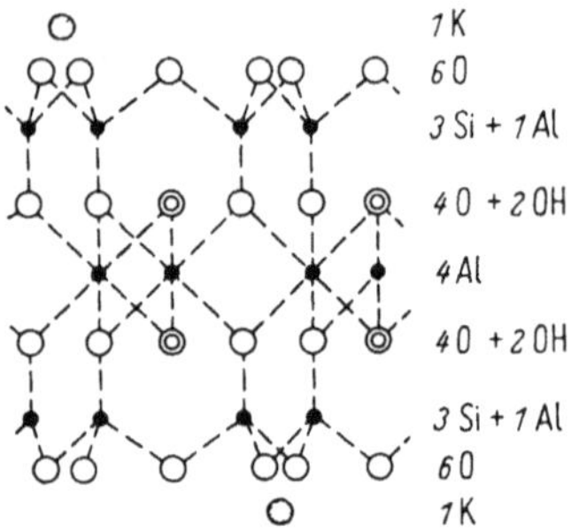

Abb. 11. Struktur des Muskovits.

Tabelle 1. *Einteilung der Tonminerale* (nach JASMUND 1955)

Zweischichtminerale mit elektrisch neutraler Oberfläche	Dreischichtminerale mit vorwiegend elektrisch nicht neutraler Oberfläche		
1. Kaolin-Gruppe	2.1 Dioktaedrische Montmorin-gruppe	3. Glimmerähnliche Tonminerale	4. Tonmineralien mit Wechsellagerungs-struktur
Kaolinit Nakrit Dickit „Fireclay"-Mineral Halloysit Antigorit Chrysolit Cronstedtit Chamosit	Montmorillonit Beidellit Nontronit	Hydrophyllit Vermiculit Hydromuskovit Hydrobiotit Glaukonit Seladonit Illit	Anauxit Faratsihit Bravaisit Vermiculit-glimmer Rektorit u. a.
	2.2 Trioktaedrische Montmorin-Gruppe		
	Hektorit Saponit Saukonit		
Chlorite	2.3 Tonminerale mit Faserstruktur		
	Attapulgit Sepiolith		
Gitter nicht quellfähig	Gitter quellfähig	Gitter aufweitbar u. z. T. quellfähig	Gitter z. T. quellfähig

nitgruppe von den Dreischichtmineralen der Illitgruppe und ebenso der Montmorillonitgruppe trennen (Tab. 1).

Während die Zweischichtminerale relativ stabile und elektrisch neutrale Verbindungen darstellen, aus deren Struktur die chemische Formel des Kaolinits ($Al_2O_3 \cdot 2\,SiO_2 \cdot 2\,H_2O$) direkt abgelesen werden kann, ist bei den Dreischichtmineralen ein mannigfaltiger Wechsel im eigenschaftsbestimmenden Chemismus, d. h. ein Austausch der Ionen („*Substitution*"), möglich. Infolge der Ähnlichkeit in der Größe der Ionenradien kann z. B. das Si^{4+} z. T. durch Al^{3+} und das Al^{3+} wiederum durch Fe^{++}, Mg^{++}, Li^{+}, Cr^{3+}, Zn^{++} u. a. ersetzt werden (Abb. 12). Durch die Unterschiede in den Wertigkeiten der Austauschionen wird der Ladungshaushalt im Gitter verändert, z. T. aber durch Anlagerung großer Ionen zwischen den Schichten „*Adsorption*" — wie z. B. K^+, Na^+, Ca^{++} u. a. — wieder ausgeglichen. Diese Ionen sind untereinander austauschbar und für die Tonminerale ebenfalls eigenschaftsbestimmend.

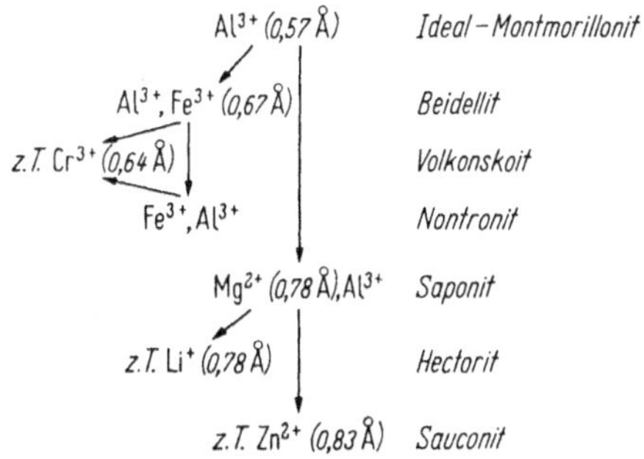

Abb. 12. Kationenaustausch beim Montmorillonit (SCHWIETE 1957).

Das Phänomen der Substitution von Ionen ähnlicher Ionenradien erschwert innerhalb der Dreischichtminerale die exakte Angabe ihrer chemischen Zusammensetzung. Während man z. B. für den Montmorillonit die Idealformel $Al_2O_3 \cdot 4\,SiO_2 \cdot H_2O \cdot NaH_2O$ angeben kann, weichen die natürlichen Vorkommen dieser Tonmineralart im allgemeinen mehr oder weniger stark von diesem Aufbau ab (Tab. 2).

Tabelle 2
Chemische Analysen und daraus berechnete Formeln von drei Montmorilloniten
(nach SCHWIETE 1957)

	Montmorillonit Wyoming %	Nontronit Washington %	Hectorit Californien %
SiO_2	60,96	40,54	53,95
Al_2O_3	18,27	5,19	0,14
Fe_2O_3	2,83	31,24	0,03
FeO	0,14	0,39	—
MgO	2,96	0,06	25,89
CaO	0,10	1,92	0,16
TiO_2	0,08	—	sp.
Na_2O	1,44	0,14	3,04
K_2O	0,31	0,24	0,23
Li_2O	—	—	1,22
H_2O^+	6,56	6,00	5,61
H_2O^-	6,78	14,75	9,29
	$(Al_{1.54}\,Fe_{0.16}\,Mg_{0.33})$ $(Al_{0.09}\,Si_{3.91})\,O_{10}\,(OH)_2$ $(Na_{0.20}\,Ca_{0.02})$	$(Al_{0.03}\,Fe_{2.02}\,Mg_{0.01})$ $(Al_{0.50}\,Si_{3.50})\,O_{10}\,(OH)_2$ $(Na_{0.02}\,Ca_{0.35})$	$(Mg_{2.71}\,Li_{0.34}\,Al_{0.01})$ $Si_4\,O_{10}\,(F,OH)$ $Na_{0.35}$

Die Wasseraufnahme bzw. die Quellfähigkeit der Dreischichtminerale, insbesondere der Montmorillonite, wird durch innerkristalline Einlagerung von H_2O-Dipolen zwischen den elektrisch nicht neutralen Schichtpaketen des Kristallgitters hervorgerufen. Dabei tritt eine eindimensionale Gitteraufweitung bis auf das Doppelte des normalen Schichtabstands ein.

Der *Übergang von den nichtbindigen Bodenteilchen zu den Tonteilchen* ist nicht an eine einzige, bestimmte Korngröße gebunden, sondern erfolgt stetig im Bereich der Korngrößen von etwa 0,06 bis 0,002 mm. In ihm beginnt sich der Einfluß der Wasserbindefähigkeit der Einzelteilchen mit abnehmender Korngröße immer mehr bemerkbar zu machen. Dieser Korngrößenbereich wird „*Schluff*" genannt. Es handelt sich um physikalisch zerkleinerte, unzersetzte feinste Gesteinsfragmente (Gesteinszerreibsel, Windsedimente) mit keinen oder nur schwachbindigen Eigenschaften im gröberen Bereich (Grobschluff) und dem Ton bereits ähnlicher werdenden bindigen Eigenschaften im feineren Bereich (Feinschluff).

Die *bindigen Böden* bestehen nun meist nicht nur aus Einzelteilchen der Ton- oder Schluff-Fraktion, sondern aus einer Mischung von Ton- und Schluffteilchen und auch aus Mischungen mit nichtbindigen Bestandteilen.

Schon ein Anteil von nur einigen Prozent Feinschluff- oder Tonteilchen verleiht einem nichtbindigen Boden bereits geringe bindige Eigenschaften. Man spricht dann von einem schwachbindigen Boden (z. B. toniger Sand). Die Gegenwart eines kleinen Prozentsatzes von „aktiven" Tonteilchen, wie z. B. Bentonit, in einem nichtbindigen Boden oder Schluff übt die gleiche Wirkung auf die bodenmechanischen Eigenschaften eines solchen Bodens aus wie das Vorhandensein einer weit größeren Menge eines „nichtaktiven" Tons. Die alleinige Ermittlung des Kornaufbaus kann also nicht immer eine erschöpfende Auskunft über seine Eigenschaften geben, sondern muß durch geeignete Untersuchungen, die quasi die Aktivität des Tonanteils feststellen, ergänzt werden. In den USA ist man in dem im Jahre 1952 zwischen maßgebenden Baubehörden und Wissenschaftlern vereinbarten neuen Klassifikationssystem für die natürlichen Böden („Unified Soil Classification System", s. S. 22) deshalb so weit gegangen, nach der Korngröße überhaupt keinen Unterschied mehr zwischen Schluff und Ton zu machen, sondern unterscheidet zwischen Schluff und Ton nur noch auf Grund der Plastizität (Bureau of Reclamation 1960). Es bleibt abzuwarten, ob sich diese Auffassung allgemein durchsetzen wird; es erscheint zweifelhaft, da, im großen gesehen, Tone oder tonhaltige Böden, die aus Montmorillonit-Mineralen aufgebaut sind, verhältnismäßig selten sind und Tone bzw. tonhaltige Böden, die aus Kaolinit-Mineralen aufgebaut sind, in der Natur überwiegen. Die Kornverteilung der feinen Bestandteile harmoniert deshalb in der Regel doch mit den sonstigen kennzeichnenden Eigenschaften für die Plastizität; die Trennung zwischen Schluff und Ton nach der Korngröße besteht dann zu Recht.

In der Hauptsache hat man, wenn man von den rein geologischen Bezeichnungen absieht, die sich auf die Zugehörigkeit zu den geologischen Perioden beziehen (z. B. Keupermergel), in der bautechnischen Bodenkunde die folgenden bindigen Mineralböden zu unterscheiden:

Ton, Schluff, Lehm, Mergel.

Ton als Bodenart ist ein Gemisch von Rohton, also Verwitterungsresten von Feldspaten, und feinstem unzersetztem Gesteinsstaub (Quarz, Feldspat, Glimmer). Auch ein hoher Gehalt von Schluffteilchen (etwa 50%) nimmt einem solchen Boden nicht seinen Charakter als Tonboden. Reine Tonböden mit 80% oder mehr Anteilen $< 0{,}002$ mm sind in der Natur verhältnismäßig selten.

Ton kann als Verwitterungsprodukt eines quarzarmen Gesteins an primärer Lagerungsstätte vorkommen. Gewöhnlich aber tritt Ton als Sediment in fast ruhendem Meerwasser auf (mariner Ton).

Schluff — bisweilen ist auch der Ausdruck „*Silt*" gebräuchlich — als Bodenart ist ein Gemisch von feinem Gesteinsstaub ohne einen oder mit einem nur kleinen Gehalt an Ton. Es ist als Sediment vom Wasser oder vom Wind abgesetzt worden (KOTZIAS 1959).

Lehm ist die geologische Bezeichnung für ein Gemisch von Sand, Schluff und Ton, für den seine durch Eisenbeimengungen verursachte gelblichbraune Farbe charakteristisch ist. Lehm kann als Sediment im Alluvium entstanden sein und ist dann verhältnismäßig gleichförmig, d. h. aus nur wenig verschiedenen Korngrößen aufgebaut (z. B. Auelehm, Seebodenlehm, Lößlehm). Er ist dann oft dem Schluff ähnlich. Lehm kann aber auch sehr ungleichförmig entwickelt sein, d. h. alle Korngrößen vom Ton bis zum Grobsand enthalten. Es handelt sich dann um eine Moränenablagerung des Inlandeises der Diluvialzeit (Geschiebelehm). Der Gehalt an Feinbestandteilen kann sehr verschieden sein (sandiger Lehm, lehmiger Sand).

Mergel sind ganz allgemein kalkhaltige bindige Böden. Man spricht deshalb von Ton- und Schluffmergel. Man kann die Mergel aber auch als kalkhaltige Lehme

Abb. 13. Geschiebemergel in ungestörter Lagerung.

bezeichnen, woraus sich ergibt, daß sie wie diese als Sediment oder als Moränenablagerung [Geschiebemergel (Abb. 13)] entstanden sein können. Überwiegt der Kalkgehalt, so werden die Ausdrücke Kalkmergel und — bei noch höherem Kalkgehalt — Mergelkalk gebraucht. Oft wird der Name Mergel auch für geologisch ältere Mergelböden verwendet (z. B. Geschiebe- und Keupermergel).

Zu diesen vier hauptsächlichen bindigen Mineralbodenarten tritt dadurch noch eine weitere Gruppe, daß diese Böden organische Beimengungen enthalten können. Man hat es dann mit den organisch verunreinigten oder organischen bindigen Böden zu tun.

1.213 Die organischen Böden

Bei den organischen Böden hat man zu unterscheiden zwischen den Torfböden, die durch die Vermoderung und Zersetzung von Pflanzen entstanden sind, und den Faulschlammböden (Mudden), die im wesentlichen aus der Zersetzung tierischer Substanz unter Wasser hervorgegangen sind (KADO/REUTER 1963).

Als rein organische Böden sind die verschiedenen Torfe (Flachmoortorf, Hochmoortorf) anzusehen, die kaum irgendwelche Mineralbestandteile zu besitzen brauchen. Hierzu gehört auch die Braunkohle. Dagegen enthalten die Faulschlammböden ihrer Entstehung als Sediment gemäß fast stets einen mehr oder weniger großen Mineralanteil, meist Feinsand, Schluff und Ton oder auch Kalk (Faulschlammkalk, Wiesenkalk, Seekreide). Oft ist auch eine starke Beimengung von pflanzlichen Resten vorhanden.

Überwiegt der Gehalt an mineralischen Bestandteilen, so spricht man von organischem oder organisch verunreinigtem Ton (Klei), Schluff (Schlick) oder Sand. Hier sind alle nur denkbaren Übergänge möglich (Abb. 14 und 15).

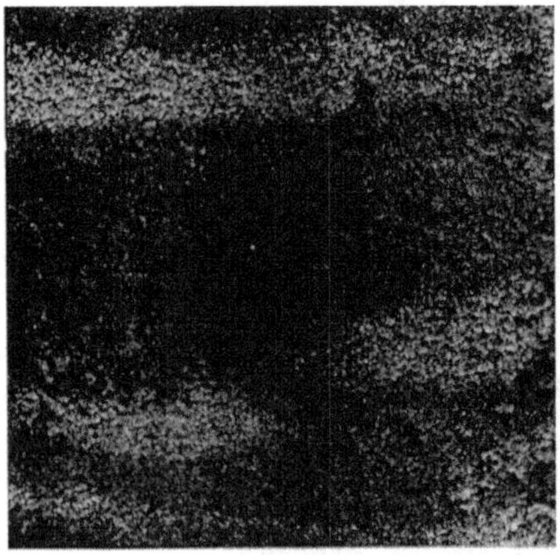

Abb. 14. Faulschlammstreifiger Sand in ungestörter Lagerung.

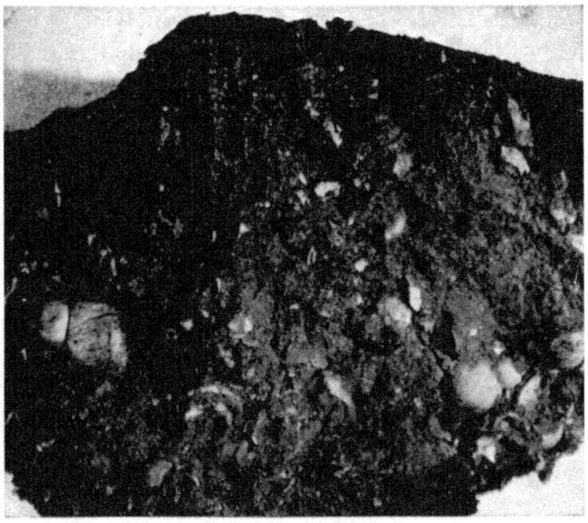

Abb. 15. Interglazialer Schluff, mit Schneckenresten durchsetzt, in ungestörter Lagerung.

Literatur

Bureau of Reclamation (1960): Earth manual. Denver.
CORRENS (1928): Die Tone. Geol. Rdsch. 29, S. 201.
SCHEIDIG (1934): Der Löß und seine geotechnischen Eigenschaften. Dresden/Leipzig.
ENDELL/LOOS/MEISCHEIDER/BERG (1938): Über Zusammenhänge zwischen Wasserhaushalt der Tonminerale und bodenphysikalischen Eigenschaften bindiger Böden. Mitt. Degebo H. 5.
ENDELL (1941): Die Quellfähigkeit der Tone im Baugrund und ihre bautechnische Bedeutung. Bautechnik 19, S. 201.
BERNATZIK (1947): Baugrund und Physik. Zürich.
KNIGHT (1948): Soil mechanics for civil engineers. London.
BICZÓK (1955): Untersuchung der Böden organischen Gehaltes mit Rücksicht auf den Grundbau. Gedenkbuch f. Prof. Jáky. Budapest. S. 63.
JASMUND (1955): Die silicatischen Tonmineralien. Weinheim/Bergstr. S. 41.
SCHWIETE (1957): Die Tonmineralien in Böden und ihre Bestimmung. Mitt. Inst. Verkehrswasserbau, Grundbau u. Bodenmech. TH Aachen H. 18, S. 45.
NEUMANN (1957): Die Beeinflussung der bodenphysikalischen Eigenschaften bindiger Böden durch die Kornfraktion < 0,002 mm und Wasseraufnahme. Bauingenieur 32, S. 6.
KOTZIAS (1959): Der rheinische Schluff als Baugrund. Mitt. Inst. Verkehrswasserbau, Grundbau u. Bodenmech. TH Aachen H. 20.
v. V. (1960): Clays and clay minerals. Proc. IX. Nat. Conf. on Clays and Clay Minerals. Purdue University, Lafayette/USA.
KEIL (1963): Die Bedeutung der mineralchemischen Eigenschaften für die bodenphysikalischen und bodenmechanischen Kennwerte bindiger Erdarten. Bautechnik 40, S. 422.
KADO/REUTER (1963): Beziehungen zwischen Wassergehalt und Rohdichte bei organogenen Lockergesteinen. Ztschr. f. Angew. Geol. 9, S. 410.
v. V. (1963): Proc. Int. Clay Conf. Stockholm.
BREWER (1964): Fabric and mineral analysis of soils. New York/London/Sidney.

1.22 Beschreibung der Böden

Die Beschreibung der Böden für bautechnische Zwecke muß sich auf die folgenden Punkte erstrecken:

Grenzen und Bezeichnung der einzelnen Korngruppen;
Bezeichnung von zusammengesetzten Bodengruppen;
Form des Kornaufbaus der nichtbindigen und schwachbindigen Böden;
Grad der Plastizität der bindigen Böden und des Feinanteils der schwachbindigen Böden.

1.221 Grenzen und Bezeichnungen der einzelnen Korngruppen

Die Grenzen und die Bezeichnung der einzelnen Bodengruppen gemäß der Korngröße sind in Deutschland in DIN 4022 (1955)[1] „Schichtenverzeichnis und Benennen der Boden- und Gesteinsarten" festgelegt worden[2]:

Steine		> 60 mm
Kies	60	bis 2 mm
Grobkies	60	bis 20 mm
Mittelkies	20	bis 6 mm
Feinkies	6	bis 2 mm
Sand	2	bis 0,06 mm
Grobsand	2	bis 0,6 mm
Mittelsand	0,6	bis 0,2 mm
Feinsand	0,2	bis 0,06 mm

Schluff	0,06	bis 0,002 mm
Grobschluff	0,06	bis 0,02 mm
Mittelschluff	0,02	bis 0,006 mm
Feinschluff	0,006	bis 0,002 mm
Ton (Feinstes)		< 0,002 mm

Hiernach ist die frühere Bezeichnung „*Mehlsand*", die in der älteren Ausgabe der DIN 4022 für die Korngrößen zwischen 0,1 und 0,02 mm noch vorhanden war, fortgefallen. Mehlsand entspricht heute etwa dem Grobschluff.

Diese Einteilung stimmt in den Hauptgrenzen mit der Einteilung des British Standard 1377 „Methods of testing soils for civil engineering purposes" überein; jedoch ist dort der Kies nicht in „grob", „mittel" und „fein" unterteilt.

In den USA sind verschiedene Einteilungen gebräuchlich. Der ASTM[3] Standard (1950) benutzt als Grenze zwischen Sand und Schluff die Korngröße 0,05 mm und unterteilt den Sand nur einmal (bei 0,25 mm) in „grob" und „fein". Schluff und Ton werden bei 0,005 mm getrennt und der Kies und der Schluff nicht in Untergruppen unterteilt.

Das 1952 zwischen dem US Bureau of Reclamation und dem US Corps of Engineers vereinbarte „Unified Soil Classification System" (s. S. 22) geht bei der Festlegung der Korngruppen allein von der Größe der in den USA vorhandenen Normsiebe aus. Ferner wird zwischen Schluff und Ton aus den auf S. 12 behan-

---

[1] Wird (1967) als Entwurf neu erscheinen.

[2] Die Grenzen halten sich allein an die Zahlen 2 bzw. $6 \cdot 10^n$. In der 1965 im Entwurf erschienenen DIN 66100 „Körnungen", die mit den internationalen ISO-Normen (International Organisation for Standardization) abgestimmt ist und genaue, nach rein mathematischen Gesichtspunkten festgelegte Prüfkorngrößen enthält, ist dies nicht der Fall. Insbesondere erscheinen dort nicht die Zahlen $6 \cdot 10^n$, sondern die Zahlen $6{,}3 \cdot 10^n$. Nach DIN 323 „Normzahlen. Hauptwerte, Genauwerte, Rundwerte; Blatt 1 und 2" (1952 und 1959) können jedoch statt der Hauptwerte der Normzahlreihe in geeigneten Fällen zur Vereinfachung auch die Rundwerte benutzt werden. Dies erscheint bei der Einteilung der Körnungen für die Bodenarten angebracht, wo die Verwendung der Hauptwertreihe $6{,}3 \cdot 10^n$ einen unnötigen Aufwand bedeuten würde. In dem vorliegenden Buch wird deshalb die abgerundete, der zur Zeit gültigen DIN entsprechende Einteilung verwendet, die auch mit dem englischen Standard 1377 „Methods of testing soils for civil engineering purposes" und der Schweizer Norm SNV 70005 „Klassifikation der Lockergesteine" übereinstimmt.

[3] American Society for Testing Materials.

delten Gründen nach der Korngröße nicht mehr unterschieden. So ergibt sich die folgende Einteilung:

Kies	76,2 bis 4,76 mm	(3 bis $^3/_{16}$ in.)
Grobkies	76,2 bis 19,1 mm	(3 bis $^3/_4$ in.)
Feinkies	19,1 bis 4,76 mm	($^3/_4$ bis $^3/_{16}$ in.)
Sand	4,76 bis 0,074 mm	($^3/_{16}$ in. bis US-Sieb Nr. 200)
Grobsand	4,76 bis 2,00 mm	($^3/_{16}$ in. bis US-Sieb Nr. 10)
Mittelsand	2,00 bis 0,42 mm	(US-Sieb Nr. 10 bis Nr. 40)
Feinsand	0,42 bis 0,074 mm	(US-Sieb Nr. 40 bis Nr. 200)
Schluff und Ton	$<$0,074 mm	($<$US-Sieb Nr. 200)

Neben diesen zur Zeit wichtigsten Korngrößeneinteilungen gibt es noch einige andere. Doch kann angenommen werden, daß diese gegenüber den vier angegebenen Einteilungen allmählich immer mehr an Bedeutung verlieren, sofern sie eine solche heute überhaupt noch besitzen.

1.222 Bezeichnung zusammengesetzter Korngruppen

Die Bezeichnung der aus zwei oder mehreren Korngruppen zusammengesetzten Bodenarten erfolgt nach DIN 4023 (1955) „Baugrund- und Wasserbohrungen. Zeichnerische Darstellung der Ergebnisse" in der Weise, daß die Bodenhauptart durch ein Substantiv und eine Beimengung durch ein vorgesetztes Adjektiv gekennzeichnet werden. Der Grad der Beimengung wird gekennzeichnet durch die Bezeichnung:

„*schwach*" bei einem Anteil von 15% oder weniger;
„*stark*" bei einem Anteil von 30 bis 50%.

Bei einem Anteil von 15 bis 30% wird kein zusätzliches Attribut verwendet:

Schwach sandiger Kies	Sandgehalt unter 15%
Sandiger Kies	Sandgehalt zwischen 15 und 30%
Stark sandiger Kies	Sandgehalt zwischen 30 und 50%

Die Ausdehnung des Bereichs „stark" von 30% bis auf 50% kann nicht als sehr zweckmäßig angesehen werden. Dadurch ist z. B. im obigen Beispiel ein Boden mit 45% Sandgehalt als „stark sandiger *Kies*" zu bezeichnen. Die Bezeichnung „Sand *und Kies*" wäre zweifellos glücklicher. Es erscheint richtiger, den Bereich „stark" auf einen Anteil der Beimengung von 30 bis 40% zu beschränken und bei einem Gehalt von 40 bis 60% zwei durch das Wort „und" verbundene Substantive zu verwenden[1].

Die Bezeichnungsweise gemäß DIN 4023 ist ferner nur bei den nichtbindigen und schwachbindigen Böden angebracht bzw. überhaupt zulässig, weil bei den bindigen Böden der mengenmäßige Anteil der einzelnen Korngrößengruppen gar nicht mehr ausschlaggebend für das Verhalten dieser Böden ist, sondern die Art der im Feinmaterial vertretenen Tonminerale (s. S. 12). Ein Gehalt von z. B. nur 30% $<$0,06 mm kann einem Boden deshalb bereits eindeutig bindige Eigenschaften verleihen, so daß die Bezeichnung gemäß der Bodenhauptart „Sand" dem tatsächlichen Verhalten eines solchen Bodens wenig entsprechen würde. Hier ist die Bezeichnung gemäß der Plastizität zu wählen (s. Kap. 1.224).

1.223 Form des Kornaufbaus

Die Form des Kornaufbaus ist bei den nichtbindigen und schwachbindigen Böden von Bedeutung. Im Hinblick auf ihre bautechnischen Eigenschaften ist

[1] In der Neufassung der DIN 4022 (Entwurf 1967) wird entsprechend verfahren.

es wichtig, ob sie nur aus verhältnismäßig wenig Korngrößen bestehen, d. h. „gleichförmig“ sind, oder ob sie viele verschiedene Korngrößen enthalten, d. h. „ungleichförmig“ sind. Ungleichförmig aufgebaute Böden weisen, da die kleineren Bodenteilchen die Hohlräume zwischen den größeren ausfüllen, eine größere Dichte und damit eine Reihe vor allem für eine Verwendung als Baustoff besonders günstiger Eigenschaften auf und sind deshalb einem gleichförmig aufgebauten Material gleichen Mineralbestands überlegen.

Die größte Dichte wird erreicht, wenn der Kornaufbau der Gleichung für die „FULLER-*Kurve*“ folgt, die für die Zusammensetzung der Zuschlagstoffe für den Beton entwickelt wurde (FULLER/THOMPSON 1907):

$$\% \text{ Durchgang durch das Sieb } x = 100 \sqrt{\frac{d_x}{d_{100}}}\,, \tag{1}$$

d_x Maschenweite des Siebs x, d_{100} Korngröße des gröbsten Anteils.

Jeder gröbsten Korngröße eines Bodens entspricht also *eine* FULLER-Kurve, die den zu dieser Korngröße gehörigen dichtesten Kornaufbau liefert (Abb. 16).

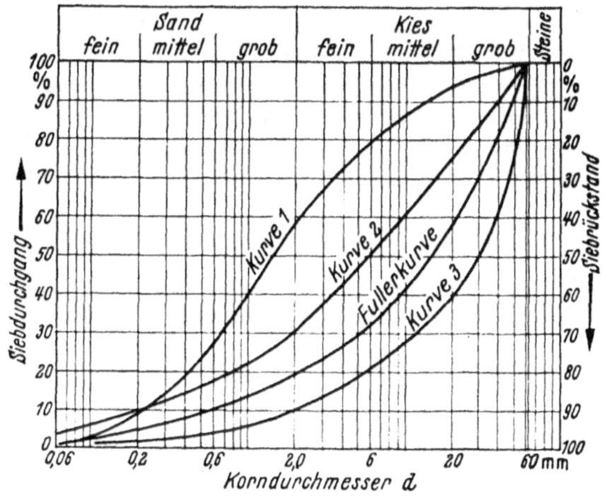

Abb. 16. Beispiele für „*gut*“ und „*schlecht*“ gekörnte Sand-Kies-Gemische mit einem größten Korndurchmesser von 60 mm.

Kurve 1 $U = \dfrac{2{,}2}{0{,}23} = 9{,}6$

$C = \dfrac{0{,}7^2}{2{,}2 \cdot 0{,}23} = 0{,}97$

Schlecht gekörnt

Kurve 2 $U = \dfrac{10}{0{,}2} = 50$

$C = \dfrac{2{,}0^2}{10 \cdot 0{,}2} = 2$

Gut gekörnt

Kurve 3 $U = \dfrac{40}{2{,}2} = 18{,}2$

$C = \dfrac{12^2}{40 \cdot 2{,}2} = 1{,}64$

Gut gekörnt

Fuller-Kurve $U = \dfrac{21{,}5}{0{,}6} = 35{,}8 \sim 36$

$C = \dfrac{5{,}4^2}{21{,}5 \cdot 0{,}6} = 2{,}26 \sim 2{,}25$

Für baupraktische Aufgaben ist es nicht nötig, einen so strengen Maßstab an einen Erdstoff anzulegen. Nach dem „Unified Soil Classification System“ (s. S. 22) können nichtbindige Böden und Böden mit weniger als 5% Anteilen $< 0{,}074$ mm als „*gut gekörnt*“ angesehen werden, wenn die *beiden* folgenden

Bedingungen erfüllt sind:

$$U = \frac{d_{60}}{d_{10}} \begin{matrix} > 4 \text{ im Kies} \\ > 6 \text{ im Sand,} \end{matrix} \tag{2}$$

$$C = \frac{(d_{30})^2}{d_{60}\, d_{10}} = 1 \text{ bis } 3, \tag{3}$$

d_{10}, d_{30} und d_{60} Korndurchmesser bei 10, 30 und 60% Siebdurchgang der Kornverteilungskurve (Abb. 16),
Für die FULLER-Kurve ist stets $U = 36$ und $C = 2{,}25$.

Die Formulierung für U wird schon lange als „*Ungleichförmigkeitsgrad*" benutzt. Böden mit einem Ungleichförmigkeitsgrad:

$U < 5$ werden als „*gleichförmig*",
$U = 5$ bis 15 als „*ungleichförmig*",
$U > 15$ als „*sehr ungleichförmig*"

bezeichnet. Durch Einführung der Bedingung für C wird der für die Verwendung als Baustoff entscheidend wichtige Bereich „gut gekörnt" ganz erheblich eingeschränkt, wie die Beispiele auf Abb. 16 zeigen.

Es besteht keine Veranlassung, das Kriterium für eine gute Körnung auf die nichtbindigen Böden zu beschränken und es nicht auch auf die für den Erdbau besonders wichtigen schwachbindigen Böden auszudehnen. Mit zunehmendem Gehalt an bindigen Bestandteilen gewinnt allerdings die Beschaffenheit der Feinanteile immer mehr an Bedeutung, und die Frage, ob „gut gekörnt" oder „schlecht gekörnt", tritt zunehmend gegenüber der Frage zurück, ob die Feinanteile Schluff oder Ton darstellen bzw. von niedriger, mittlerer oder hoher Plastizität sind.

1.224 Grad der Plastizität

Über den Grad der Plastizität der bindigen Böden bzw. des Feinanteils der schwachbindigen Böden kann nach A. CASAGRANDE (1948) an Hand der ATTERBERGschen Konsistenzgrenzen[1] auf Grund der statistischen Auswertung einer großen Zahl von Versuchen entschieden werden. Gemäß den Festsetzungen im „Unified Soil Classification System" (s. S. 22), das in diesem Punkt auch in die deutsche Normung übernommen worden ist, handelt es sich vorwiegend um:

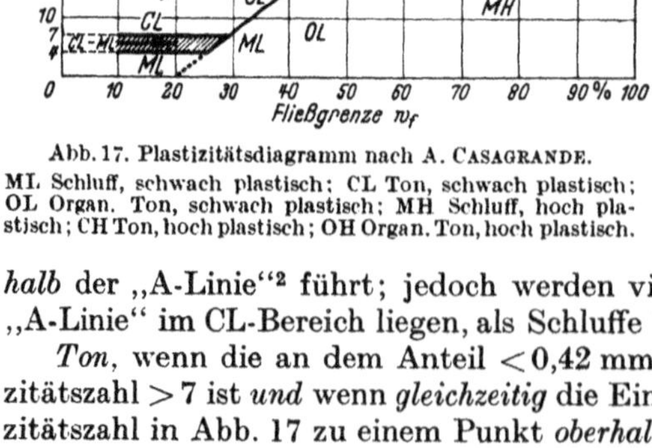

Abb. 17. Plastizitätsdiagramm nach A. CASAGRANDE.
ML Schluff, schwach plastisch; CL Ton, schwach plastisch; OL Organ. Ton, schwach plastisch; MH Schluff, hoch plastisch; CH Ton, hoch plastisch; OH Organ. Ton, hoch plastisch.

Schluff, wenn die an dem Anteil $< 0{,}42$ mm (US-Sieb Nr. 40) ermittelte Plastizitätszahl[2] < 4 ist *oder* wenn die Eintragung von Fließgrenze[1] und Plastizitätszahl in Abb. 17 zu einem Punkt *unterhalb* der „A-Linie"[2] führt; jedoch werden vielfach auch Böden, die oberhalb der „A-Linie" im CL-Bereich liegen, als Schluffe bezeichnet (KOTZIAS 1963, Abb. 20).

Ton, wenn die an dem Anteil $< 0{,}42$ mm (US-Sieb Nr. 40) ermittelte Plastizitätszahl > 7 ist *und* wenn *gleichzeitig* die Eintragung von Fließgrenze und Plastizitätszahl in Abb. 17 zu einem Punkt *oberhalb* der „A-Linie" führt.

---

[1] Näheres hierüber s. S. 383. [2] Näheres hierüber s. S. 389.

Besitzt hierbei die Fließgrenze des Schluffs oder Tons einen Wert:

von weniger als 50%, so handelt es sich um einen „*schwach*" plastischen Feinanteil,

von mehr als 50%, so handelt es sich um einen „*hoch*" plastischen Feinanteil.

Böden mit Plastizitätszahlen zwischen 4 und 7 stellen Übergänge von Schluff zum Ton dar.

Organische Beimengungen machen sich, wenn sie in kolloidaler Form auftreten, auch in kleinen Mengen durch einen Anstieg der Fließgrenze und Ausrollgrenze, d. h. ohne gleichzeitigen Anstieg der Plastizitätszahl, bemerkbar. Sie liegen deshalb in Abb. 17 gewöhnlich unterhalb der „A-Linie".

Andere Festsetzungen gehen von drei Fließgrenzenbereichen aus und unterscheiden hiernach zwischen einem Feinanteil von niedriger, hoher und mittlerer Plastizität, je nachdem, ob die Fließgrenze kleiner als 35% oder größer als 50% ist bzw. zwischen 35 und 50% liegt.

Literatur

DIN 4023 (1955): Baugrund- und Wasserbohrungen. Zeichnerische Darstellung der Ergebnisse.

DIN 4022 (Entwurf 1967): Schichtenverzeichnis, Benennen und Beschreiben von Bodenarten und Fels bei Baugrunduntersuchungen und Wasserbohrungen.

Schweizerische Normenvereinigung – SNV 70005 (1959): Klassifikation der Lockergesteine. Feldmethode.

Schweizerische Normenvereinigung – SNV 70008 (1959): Klassifikation der Lockergesteine. Laboratoriumsmethode.

British Standard 1377 (1961): Methods of testing soils for civil engineering purposes.

FULLER/THOMPSON (1907): The laws of proportioning concrete. Trans. Am. Soc. Civ. Eng. 59, S. 67.

CASAGRANDE (1948): Classification and identification of soils. Trans. Am. Soc. Civ. Eng. 113, S. 901.

Waterways Experiment Station (1953): The unified soil classification system. Techn. Memorandum 3–357. Vicksburg/Miss.

Bureau of Reclamation (1960): Earth manual. Denver.

KOTZIAS (1963): Die Zusammendrückbarkeit von Schluff. Mitt. Inst. Verkehrswasserbau, Grundbau u. Bodenmech. TH Aachen H. 28.

1.23 Erkennen der Böden

Die erste Aufgabe an den entnommenen gestörten und ungestörten Bodenproben ist, die Schichten, aus denen sie stammen, zutreffend zu kennzeichnen, d. h. die Proben zunächst zu identifizieren und dann eindeutig zu beschreiben. Unter Umständen sind sie dann einer Bodenklasse zuzuordnen, d. h. zu klassifizieren. Hinzu kommt die Beschreibung ihrer Beschaffenheit (weich, fest, trocken usw.).

Diese Aufgabe wird vom Bohrmeister vorgenommen, und die von ihm gewählte Beschreibung ist in all den Fällen, wo keine Korrektur seiner Bezeichnungen durch einen Fachmann stattfindet, für die Beurteilung der Gründungsverhältnisse maßgebend. Hieraus geht hervor, wie ungemein wichtig diese Aufgabe ist. Der Deutsche Baugrundausschuß[1] hat deshalb auch bereits im Jahre 1935 in der DIN Vornorm 4022, die im Jahre 1955 neu gefaßt wurde – „Schichtenverzeichnis und Benennen der Boden- und Gesteinsarten" – und in zwei Blättern – „Baugrunduntersuchungen" (Blatt 1) und „Wasserbohrungen" (Blatt 2) – erschien[2], Richt-

[1] Jetzt „Arbeitsgruppe Baugrund im Fachnormenausschuß Bauwesen" des Deutschen Normenausschusses.

[2] Wird (1967) als Entwurf neu erscheinen.

linien für ein einheitliches Benennen der Bodenarten und ein einheitliches Formblatt für die notwendigen Aufschreibungen (Abb. 109) herausgegeben.

Bei der Identifizierung der Proben ist von den im Kap. 1.22 behandelten Bodengruppen und ihren dort angegebenen, versuchsmäßig bestimmten Hauptmerkmalen auszugehen. Auf der Baustelle kann aber nicht an Hand von Kornanalysen oder Versuchsdaten entschieden, sondern es muß mit Hilfe des Auges und der Hand gearbeitet werden[1].

Für die *nichtbindigen* Böden ist das Erkennen ihrer unteren Grenze dadurch gegeben, daß der Feinsand im Gegensatz zum Schluff für das bloße Auge noch gerade erkennbar ist. Mittelsand hat etwa die Korngröße von Grieß, während Kies alles das umschließt, was größer als ungefähr ein Streichholzkopf und kleiner als etwa 6 cm ist.

In zusammengesetzten nichtbindigen Böden hat man durch Ausbreiten der Proben auf einer schwarzen Unterlage zunächst nach der Bodenhauptart zu fragen, dann nach der Beimengung. Hierauf ist abzuschätzen, in welchem Prozentsatz die Beimengung vertreten ist, um dann gemäß DIN 4023 (s. S. 16) die Bezeichnung zu wählen. Es hat sich aber leider gezeigt, daß schon allein das richtige Ansprechen der Bodenhauptart schwierig ist.

Bei den *bindigen Böden* können Schluff und Ton nicht mehr mit dem Auge unterschieden werden. Zur Feststellung, ob die Bodenhauptart mehr aus Schluff oder mehr aus Ton besteht, dienen einige schnell durchführbare Feldversuche (DÜCKER 1957).

Druckprüfung. Man versucht, eine an der Luft getrocknete, etwa walnußgroße Probe mit den Fingern zu zerdrücken. Ist dies wegen zu großer Festigkeit nur schwer oder überhaupt nicht möglich, so handelt es sich um Ton bzw. organischen Ton; ist es dagegen mehr oder weniger leicht möglich, so handelt es sich um Schluff.

Rollprüfung. Eine kleine Menge feuchten Bodens wird zwischen den Handflächen zu etwa 3 mm starken Röllchen ausgerollt. Dies wird wiederholt, bis die Probe infolge Austrocknens und Krümeligwerdens sich nicht mehr ausrollen läßt („Ausrollgrenze" s. Kap. 1.411. 322). Ein stark plastischer Boden ist daran zu erkennen, daß er sich wieder zu einem Klumpen ballen läßt, ohne zu zerkrümeln, während dies bei einem weniger stark plastischen Boden nicht möglich ist. Außerdem verhalten sich die Röllchen eines stark plastischen Bodens in einem etwas feuchteren Zustand als dem der Ausrollgrenze wie ein zäher fester Faden, der zu Kügelchen von Nadelspitzengröße zusammengerollt werden kann, während ein wenig plastischer Boden beim Ausrollen weich ist, leicht zerkrümelt und deshalb sehr vorsichtig gerollt werden muß.

Eine hohe Plastizität weist auf einen hohen Tonanteil hin, während eine niedrige Plastizität für einen überwiegenden Schluffanteil kennzeichnend ist.

Schüttelprüfung. Man füllt die Handfläche mit einer Probe feuchten Bodens und schüttelt sie schnell hin und her. Im Schluff erscheint hierbei das Porenwasser auf der dadurch etwas glänzend erscheinenden Oberfläche, um aber bei einem leichten Quetschen der Probe wieder zu verschwinden. Im Ton bzw. organischen Ton ruft das Schütteln und Quetschen dagegen keine Veränderung der Beschaffenheit der Probe hervor. Je langsamer das Wasser beim Schütteln aus der Probe austritt, desto niedriger ist der Schluffgehalt und um so höher ist der Tongehalt des Bodens.

Schnittprüfung. Man zerschneidet eine feuchte Probe mit einem Messer. In einem Ton ergibt sich hierbei eine glatte, glänzende Oberfläche, während diese in einem Schluff matt und stumpf ist.

[1] Hierbei ist nach der 1967 erschienenen DIN 18196 (Entwurf) „Bodenklassifikation für bautechnische Zwecke und Methoden zum Erkennen von Bodengruppen" vorzugehen.

Die Feststellung, ob der Feinanteil des Bodens Schluff oder Ton darstellt, ist natürlich auch für die schwachbindigen Böden von Bedeutung, u. U. auch, ob dieser schwach, mittelmäßig oder hoch plastisch ist. In gemischten Böden sind deshalb die obengenannten Versuche ebenfalls durchzuführen, und zwar gemäß DIN 4016 (Entwurf 1958) „Baugrund. Untersuchung von Bodenproben" an dem Material $\leqq 0{,}5$ mm, gemäß dem British Standard 1377 „Methods of test for Soil Classification and Compaction" und dem „Unified Soil Classification System" (s. S. 22) an dem Material $< 0{,}42$ mm. Je nach dem einzuschätzenden Anteil der bindigen Bestandteile ist dann die Bezeichnung „schwach", „stark" oder auch lediglich „schluffig" bzw. „tonig" (s. S. 18 und 19) zu wählen und – soweit möglich – durch eine Angabe über den Grad der Plastizität zu ergänzen.

Zu diesen Angaben über die Bodenart selbst tritt die Beschreibung der Beschaffenheit, d. h. in erster Linie ihrer Festigkeit beim Bohren (s. S. 113), ferner der Farbe und sonstiger besonderer Kennzeichen sowie die Angabe der etwaigen ortsüblichen und geologischen Bezeichnungen (Abb. 109).

Literatur

DIN 4220 Blatt 2 (Vornorm 1963): Richtlinien zur Untersuchung meliorationsbedürftiger Standorte; Beschreibung der Feldmethoden.

DIN 4022 (Entwurf 1967): Schichtenverzeichnis, Benennen und Beschreiben von Bodenarten und Fels bei Baugrunduntersuchungen und Wasserbohrungen.

DIN 18196 (Entwurf 1967): Bodenklassifikation für bautechnische Zwecke und Methoden zum Erkennen von Bodengruppen.

Post/Londe (1955): Der Erdstaudammbau – Amerikanische Praxis. Deutsche Übersetzung. München. S. 79.

Dücker (1957): Feldmäßige Erkennungsverfahren zum Benennen der natürlichen, mineralischen Bodenarten nach DIN 4022. Bohrtechnik-Brunnenbau 8, S. 284 u. 308.

1.24 Einteilung der Böden in Bodenklassen

In den USA und den meisten englisch sprechenden Ländern neigt man dazu, die Böden in einzelne, ihren Eigenschaften nach genau definierte Bodenklassen einzureihen und sie nur mit der Nummer bzw. den Symbolen der entsprechenden Klasse zu benennen, ohne sie genau gemäß ihrem Kornaufbau zu beschreiben. Der Vorteil liegt darin, daß die Eingruppierung in eine kleine Zahl von Standardklassen für den Nichtspezialisten einfacher als die Beschreibung ist und daß beim Auftragen der Bohrprofile durch Verwendung der Symbole Zeit gespart wird. Selbstverständlich aber gibt die genaue Beschreibung eine umfassendere Auskunft über die Bodeneigenschaften als die doch stets nur mehr oder weniger zusammenfassende und deshalb nicht immer voll zutreffende Aussage der Bodenklasse.

Die älteste, auch heute noch im amerikanischen Straßenbau angewandte Bodenklasseneinteilung ist das aus dem Jahre 1928 stammende „*Public Roads Classification System*", das acht Hauptklassen (A 1 bis A 8) unterscheidet (Hogentogler/Terzaghi 1929). Es wurde mehrmals, zuletzt 1945, vom Highway Research Board gemäß den mit ihm inzwischen gemachten Erfahrungen und den Fortschritten der Bodenmechanik verbessert („Revised Public Roads System" oder „Highway Research Board System"; Allen 1945).

Von den anderen vorgeschlagenen Klassifizierungssystemen hat vor allem das von A. Casagrande (1948) entwickelte und vom US Corps of Engineers im Jahre 1942 eingeführte „*Airfield Classification System*" größere Verbreitung und Bedeutung erlangt. Die Böden sind hier in 15 Klassen unterteilt und die sechs

Hauptbodenarten mit charakteristischen Buchstaben benannt:

Kies	G	(gravel)
Sand	S	(sand)
Schluff	M	(für Mo – Mehlsand)
Ton	C	(clay)
Organischer Ton oder Schluff	O	(organic)
Torf und andere rein organische Böden	Pt	(peat)

Zur Kennzeichnung der wichtigsten weiteren Eigenschaften dienen die fünf Symbole:

Guter (ungleichförmiger) Kornaufbau	W	(well graded)
Schlechter (gleichförmiger) Kornaufbau	P	(poorly graded)
Starker Gehalt an Feinbestandteilen	F	(excess of fines)
Hohe Zusammendrückbarkeit bzw. Plastizität (Fließgrenze > 50%)	H	(high)
Niedrige Zusammendrückbarkeit bzw. Plastizität (Fließgrenze < 50%)	L	(low)

Jede der 15 Bodenklassen des Airfield Classification System wird durch Zusammensetzen von zwei Buchstaben gebildet. Die so geschaffenen Bodenklassen sind: GW, GP, SW, SP; GC, GF, SC, SF, ML, MH, CL, CH; OL, OH, Pt.

Das US Corps of Engineers und das US Bureau of Reclamation einigten sich 1952 unter Mitwirkung von A. Casagrande auf das „*Unified Soil Classification System*" (US Bureau of Reclamation 1960), das seitdem wohl als das maßgebende Klassifizierungssystem anzusehen ist (Tab. 3). Es enthält ebenfalls 15 Klassen, sieht aber für die Grenzfälle das Zusammensetzen von zwei Klassensymbolen vor, so daß sich dadurch die Zahl der Klassen erheblich vermehren kann (z. B. GW–GF, SC–CL, SP–SC). Auf die Korngrenzen, die diesem System zugrunde liegen, und die Definitionen für eine „gute" und eine „schlechte" Körnung sowie für die Unterscheidung von Schluff und Ton und einen schwach- oder hochplastischen Feinanteil ist bereits auf S. 16 bis 19 eingegangen.

In Deutschland war lange nur eine Bodenklasseneinteilung gebräuchlich, und zwar zur *Bestimmung der Lösungsfestigkeit bei Erdarbeiten* zum Zweck der Bereitstellung einwandfreier Ausschreibungsunterlagen. Die schon im Jahre 1925 aufgestellte DIN 1962 wurde 1955 als DIN 18300 „Erdarbeiten" neu herausgegeben. Sie unterscheidet in der letzten Ausgabe (1958) die folgenden acht Klassen:

1. Mutterboden.
2. Wasserhaltender Boden: Schlamm, Schluff, Schlick, Klei, Faulschlamm, Moor.
3. Leichter Boden: Sande und Kiese ohne wesentliche bindige Bestandteile bis 60 mm Korngröße.
4. Mittelschwerer Boden: Böden der Klasse 3 über 60 mm Korngröße.
5. Mittelschwerer bindiger Boden: Böden mit Kohäsion, wie Lehm, Mergel, Löß bzw. sandiger Lehm usw.; mit dem Spaten lösbar.
6. Schwerer Boden: Böden mit hoher Kohäsion, wie fetter Ton; Böden der Klasse 5, die mit dem Spaten nicht mehr bearbeitet werden können, sondern besonders aufgelockert werden müssen; Böden der Klasse 4 und 5, die mit Geröllen und Steinen bis Kopfgröße (etwa 200 mm) stark durchsetzt sind; Bauschutt und Schlacke.
7. Leichter Fels: Locker gelagerte Gesteinsarten; chemisch verfestigte Sande oder Kiese; Böden der Klasse 6, die mit Steinen über Kopfgröße (etwa 200 mm) stark durchsetzt sind.
8. Schwerer Fels: Fest gelagerte Gesteinsarten; üblicherweise mit Bohr- und Sprengarbeit zu lösen; Findlinge bzw. Gesteinstrümmer über 0,1 m³ Inhalt.

Für die Erdarbeiten im Straßenbau, wo eine Klassifizierung der Bodenarten wegen der Größe der zu bewegenden Erdmassen natürlich von besonderer Bedeutung ist, wurde in Deutschland 1959 ein Klassifizierungssystem eingeführt, das sich weitgehend an das „Unified Soil Classification System" anlehnt und 16 Klassen enthält (ZTVE – StB 1959; neue Ausgabe 1965). Auch für den Landes-

Tabelle 3. *Bodenklassifizierung gemäß dem Unified Soil Classification System*

Erkennungsmerkmale (ausschließlich der Anteile > 76,2 mm)				Symbol	Typische Bezeichnungen
Grob-Böden Mehr als 50% des Bodens > 0,074 mm	*Kiese* Mehr als 50% des Grobanteils > 4,8 mm	*Reine Kiese* Weniger als 5% < 0,074 mm	Ungleichförmiger Kornaufbau „Gut gekörnt"[1]	GW	„Gut" gekörnte Kiese und Kies-Sand-Gemische
			Vorherrschen einer Korngröße „Schlecht gekörnt"[2]	GP	„Schlecht" gekörnte Kiese und Kies-Sand-Gemische
		Verunreinigte Kiese Mehr als 12% < 0,074 mm	Der Feinanteil ist schluffig[3]	GM	Schluffige Kiese; „schlecht" gekörnte Kies-Sand-Schluff-Gemische
			Der Feinanteil ist tonig[3]	GC	Tonige Kiese; „schlecht" gekörnte Kies-Sand-Ton-Gemische
	Sande Mehr als 50% des Grobanteils < 4,8 mm	*Reine Sande* Weniger als 5% < 0,074 mm	Ungleichförmiger Kornaufbau, „Gut gekörnt"[1]	SW	„Gut" gekörnte Sand und Sand-Kies-Gemische
			Vorherrschen einer Korngröße, „Schlecht gekörnt"[2]	SP	„Schlecht" gekörnte Sande und Sand-Kies-Gemische
		Verunreinigte Sande Mehr als 12% < 0,074 mm	Der Feinanteil ist schluffig[3]	SM	Schluffige Sande; „schlecht" gekörnte Sand-Schluff-Gemische
			Der Feinanteil ist tonig[3]	SC	Tonige Sande; „schlecht" gekörnte Sand-Ton-Gemische
Fein-Böden Mehr als 50% des Bodens < 0,074 mm	*Schwachplastische Schluffe und Tone* Fließgrenze < 50%		Der Feinanteil ist Schluff[3]	ML	Schluffe und sehr feine Sande, Gesteinsmehl, schluffige oder tonige Feinsande mit geringer Plastizität
			Der Feinanteil ist Ton[3]	CL	Tone mit geringer bis mittlerer Plastizität, kiesige oder sandige Tone, schluffige Tone, leichte Tone
				OL	Organische Schluffe und organische Schluff-Tone mit geringer Plastizität
	Plastische und hochplastische Schluffe und Tone Fließgrenze > 50%		Der Feinanteil ist Schluff[3]	MH	Schluffe und schluffige Böden mit mittlerer bis hoher Plastizität
			Der Feinanteil ist Ton[3]	CH	Tone mit sehr hoher Plastizität
				OH	Organische Tone mit mittlerer bis hoher Plastizität
Stark organische Böden			Dunkle Farbe, Geruch, schwammiges Anfühlen, faserige Textur	Pt	Torf und andere stark organische Böden

[1] Gln. (2) und (3) erfüllt. [2] Gln. (2) und (3) nicht erfüllt. [3] Gemäß der Definition auf S. 18 und 19.

Tabelle 4. *Deutsches Bodenklassifizierungssystem*[1]
Gruppeneinteilung der Böden für bautechnische Zwecke

			Erkennungsmerkmale des Kornaufbaus		Symbol
Grob-körnige Böden mehr als 60% > 0,06mm	*Kiese* (G) mehr als 40% > 2,0mm	*Reine Kiese und Kies-Sand-Gemische* weniger als 5% < ,006mm	eng gestufte Kieskorngemische bis extrem gestufte Kiese mit steiler Kornverteilungslinie infolge Vorherrschens eines Kornbereichs		GE
			weit gestufte Kies-Sandkorn-Gemische mit über mehrere Korngrößenbereiche kontinuierlich verlaufender Kornverteilungslinie		GW
			intermittierend gestufte Kies-Sandkorn-Gemische mit treppenartig verlaufender Kornverteilungslinie infolge Fehlens eines oder mehrerer Korngrößenbereiche		GI
	Sande (S) mehr als 60% < 2,0 mm	*Reine Sande und Sand-Kies-Gemische* weniger als 5% < 0,06mm	eng gestufte Sandkorn-Gemische bis extrem gestufte Sande mit steiler Kornverteilungslinie infolge Vorherrschens eines Sandkornbereichs		SE
			weit gestufte Sand-Kies-Gemische mit kontinuierlich verlaufender Kornverteilungslinie infolge gleichmäßigen Vorhandenseins mehrerer Korngrößenbereiche		SW
			intermittierend gestufte Sand-Kies-Gemische mit treppenartig verlaufender Kornverteilungslinie infolge Fehlens eines oder mehrerer Korngrößenbereiche		SI
Grob- und feinkörnig gemischte Böden mehr als 60% > 0,06mm	*Kies-Schluff- und Kies-Ton-Gemische* mehr als 5% < 0,06mm	*Kiese* (G) mehr als 40% > 2,0 mm	weit oder auch intermittierend gestufte Kies-Schluff-Gemische; der Feinkornanteil ist schluffig	Der Feinkornanteil < 0,06 mm beträgt 5–15%	GU
				Der Feinkornanteil < 0,06 mm beträgt 15–40%	$G\bar{U}$
			weit oder auch intermittierend gestufte Kies-Ton-Gemische; der Feinkornanteil ist tonig	Der Feinkornanteil < 0,06 mm beträgt 5–15%	GT
				Der Feinkornanteil < 0,06 mm beträgt 15–40%	$G\bar{T}$
	Sand-Schluff- und Sand-Ton-Gemische mehr als 5% < 0,06 mm	*Sande* (S) mehr als 60% < 2,0 mm	weit oder auch intermittierend gestufte Sand-Schluff-Gemische; der Feinkornanteil ist schluffig	Der Feinkornanteil < 0,06 mm beträgt 5–15%	SU
				Der Feinkornanteil < 0,06 mm beträgt 15–40%	$S\bar{U}$
			weit oder auch intermittierend gestufte Sand-Ton-Gemische; der Feinkornanteil ist tonig	Der Feinkornanteil < 0,06 mm beträgt 5–15%	ST
				Der Feinkornanteil < 0,06 mm beträgt 15–40%	$S\bar{T}$

[1] Entwurf der Deutschen Gesellschaft für Erd- und Grundbau e.V., 1964. Siehe Fußnote auf S. 26.

Tabelle 4 (1. Fortsetzung)

			Feldmäßige Erkennungsmerkmale der Kohäsion			Symbol
			Trockenfestigkeit	Dilatanzreaktion	Kohärenz bei der Ausrollgrenze	
Feinkörnige Böden mehr als 40% an Korngrößen < 0,06 mm	*Schluffe* Plastizitätszahl < 4 *oder* unterhalb der A-Linie im Plastizitätsdiagramm	leicht plastisch Fließgrenze < 35%	keine bis leichte	mittlere bis schnelle	mürbe	UL
		mittel- bis hochplastisch Fließgrenze > 35%	mäßige	mittlere	weiche	UM
	Tone Plastizitätszahl > 7 *und* oberhalb der A-Linie im Plastizitätsdiagramm	leicht plastisch Fließgrenze < 35%	mäßige bis große	keine bis sehr langsame	harte	TL
		mittelplastisch Fließgrenze > 35%	große	keine	harte bis sehr harte	TM
		hochplastisch > 50%	ausgezeichnete	keine	sehr harte	TA
			Erkennungsmerkmale			Symbol
Organogene, unter Mitwirkung von Organismen gebildete und *anorganische Böden mit organischen Beimengungen,* meist nicht brennbar	grob- bis gemischtkörnige Böden mit oder ohne Feinkornanteil < 0,06 mm bis 40%	Beimengungen pflanzlicher (humoser) Art bis 20%*	Kiese, Sande, Sand-Kies-Gemische mit oder ohne Feinkornanteil von meist dunkler Färbung, Modergeruch			OH
		Beimengungen nicht pflanzlicher Art wie kalkige, kieselige oder ähnliche Bildungen	Kiese, Sande, Sand-Kies-Gemische mit oder ohne Feinkornanteil von meist heller Färbung, von oft leichtem Gewicht und großer Porosität			OK
	leicht- bis hochplastische, fein körnige Böden meist unterhalb der A-Linie im Plastizitätsdiagramm mit einem Feinkornanteil unter 0,06 mm über 40%	Schluffe mit organischen Beimengungen und organogene Schluffe $w_f < 50\%$	mäßige Trockenfestigkeit, langsame bis sehr schnelle Dilatanzreaktion, Ausrollkrümel mürbe bis weich			OU
		Tone mit organischen Beimengungen und organogene Tone $w_f > 50\%$	hohe Trockenfestigkeit, keine Dilatanzerscheinung, Ausrollkrümel hart			OT

* Bezogen auf den Glühverlust.

(*Forts. s. nächste Seite*)

Tabelle 4 (2. Fortsetzung)

		Erkennungsmerkmale	Gruppen-Symbol
Organische Böden, meist brennbar	An Ort und Stelle aufgewachsene (sedentäre), aus verschiedenen Pflanzengesellschaften bestehende Humusbildungen = Torfe	faserige oder holzreiche Torfe von hellbrauner bis brauner Farbe, nicht bis mäßig zersetzt (Zersetzungsgrad 1–5)	HN
		zersetzte bis völlig zersetzte Torfe von schwarzbrauner bis schwarzer Farbe (Zersetzungsgrad 6–10)	HZ
	Unter Wasser abgesetzte (sedimentäre), aus Pflanzenresten, Kot und Mikroorganismen bestehende, oft von Sand, Ton u. Kalk durchsetzte Schlamme = Mudden (Faulschlamm, Gyttja, Dy, Saprobel)	meist dunkel bis blauschwarz gefärbte oder grünlich bis gelbbraune Schlamme von meist federnder Konsistenz; in dieser Hinsicht verhalten sie sich wie Gelatinepudding bzw. wie nasser Quark	F
Auffüllungen	Auffüllungen aus Böden. Zu klassifizieren nach der Bodeneinteilung; die jeweiligen Symbole sind in [ ] zu setzen		[ ]
	Auffüllungen aus Fremdstoffen (Müll, Schlacke, Bauschutt, Abfälle u. ä.)		A

kulturbau wurde ähnlich verfahren (ZTVE – LK 1959). Von der Deutschen Gesellschaft für Erd- und Grundbau ist seitdem daran gearbeitet worden, zu einem für sämtliche Bauaufgaben gültigen, einheitlichen Bodenklassifizierungssystem[1] zu kommen, das als Symbole für die einzelnen Bodenklassen Buchstaben benutzt, die für die Hauptbodenarten in den geologischen Karten seit langem in Gebrauch sind (Tab. 4). Auch dieses System (Dücker 1964) hält sich trotz einer größeren Zahl von Bodenklassen im großen und ganzen an die Einteilung und die Definitionen des „Unified Soil Classification System". Die größere Zahl von Bodenklassen (insgesamt 28) ergibt sich durch die ausführlichere Untergliederung der gemischtkörnigen Böden und die wesentlich eingehendere Klassifizierung der organischen Böden.

Literatur

DIN 18196 (Entwurf 1967): Bodenklassifikation für bautechnische Zwecke und Methoden zum Erkennen von Bodengruppen.
ZTVE-Lk (1959): Zusätzliche Technische Vorschriften für Erdarbeiten im Landeskulturbau. Hrsg. v. Deutschen Normenausschuß.
ZTVE-StB (1965): Zusätzliche Technische Vorschriften und Richtlinien für Erdarbeiten im Straßenbau. Hrsg. v. Bundesmin. f. Verkehr.
Schweizerische Normenvereinigung – SNV 70005 (1959): Klassifikation der Lockergesteine. Feldmethode.
Schweizerische Normenvereinigung – SNV 70008 (1959): Klassifikation der Lockergesteine. Laboratoriumsmethode.

[1] Wird (1967) als DIN 18196 (Entwurf) „Bodenklassifikation für bautechnische Zwecke und Methoden zum Erkennen von Bodengruppen" erscheinen.

HOGENTOGLER/TERZAGHI (1929): Interrelationship of load, road and subgrade. Publ. Roads 10, S. 37.
ALLEN (1945): Report of committee on classification of materials for subgrades and granular type roads. Proc. Highway Res. Board 25.
CASAGRANDE (1948): Classification and identification of soils. Trans. Am. Soc. Civ. Eng.113, S. 901.
Waterways Experiment Station (1953): The unified soil classification system. Technical Memorandum 3–357. Vicksburg/Miss.
KÜHN (1958): Bodenuntersuchungen im maschinellen Erdbau. Baumaschine u. Bautechnik 5, S. 33.
Bureau of Reclamation (1960): Earth manual. Denver.
DÜCKER (1964): Vorschlag einer Einteilung und Kennzeichnung der Lockergesteine (Erdstoffe) für erdbautechnische Zwecke. Straße u. Autobahn 15, S. 1.

1.25 Darstellung der Bodenaufschlüsse

Die Bohrergebnisse werden an Hand der Schichtenverzeichnisse zu „*Bohrprofilen*" aufgetragen. Die dabei einzuhaltenden Bezeichnungen, Abkürzungen, Zeichen und Farben für die verschiedenen Boden- und Gesteinsarten sind in der 1955 erschienenen DIN 4023 „Baugrund- und Wasserbohrungen. Zeichnerische Darstellung der Ergebnisse" zusammengefaßt. Für die Darstellung können wahlweise Schraffuren oder Farben benutzt werden (Tab. 5). Auch die Darstellung der ungestörten Proben, der Grundwasserstände und anderer wichtiger Feststellungen ist vereinheitlicht. Doch sind auch hier für den Straßenbau (ZTVE-StB 1959 und 1965) und für den Landeskulturbau (ZTVE-LK 1959 und DIN Vornorm 4220 Blatt 1, 1963) wieder andere Symbole usw. eingeführt worden. An einer Vereinheitlichung für alle im Bauwesen vorkommenden Aufgaben wird seitens der Deutschen Gesellschaft für Erd- und Grundbau gearbeitet.

Über die Auftragung der Bohrprofile zu Schichtenplänen siehe Kap. 1.321.2.

Tabelle 5. *Abkürzungen, Zeichen und Farben der hauptsächlichen Bodenarten nach DIN 4023* (Ausg. 1955)

Als Bodenart (I)		Als Beimengung (II)	Abkürzung[1] für I	Abkürzung[1] für II	Darstellung: Zeichen[1] für I	Darstellung: Zeichen[1] für II	Darstellung: Flächenfarbe	Farben nach OSTWALD	Entspricht Stabilo-Nr.:
1		*2*	*3*	*4*	*5*	*6*	*7*	*8*	*9*
a) Bodenhauptarten									
Steine, Blöcke	über 63 mm	steinig, mit Blöcken	St	st			hellgelb	1 ia	*8744*
Kies (Grand)	2 bis 63 mm	kiesig	Ki	ki			hellgelb	2 ia	*8744*
Grobkies	20 bis 63 mm	grobkiesig	gKi	gki			hellgelb	2 ia	*8744*
Mittelkies	6 bis 20 mm	mittelkiesig	mKi	mki			hellgelb	2 ia	*8744*
Feinkies	2 bis 6 mm	feinkiesig	fKi	fki			hellgelb	2 ia	*8744*
Sand	0,06 bis 2 mm	sandig	S	s			orangegelb	3 ia	*8734*
Grobsand	0,6 bis 2 mm	grobsandig	gS	gs			orangegelb	3 ia	*8734*
Mittelsand	0,2 bis 0,6 mm	mittelsandig	mS	ms			orangegelb	3 ia	*8734*
Feinsand	0,06 bis 0,2 mm	feinsandig	fS	fs			orangegelb	3 ia	*8734*
Schluff	0,002 bis 0,06 mm	schluffig	Su	su			kreß(orange)	6 la	*8754*
Ton[2]	unter 0,002 mm	tonig	T	t			violett	12 na	*8755*
Torf[3]	—	—	Tf	—		—	dunkelbraun	4 ni	*8745*
Kohle	—	—	Ko	—		—	weiß	—	—

[1] Abkürzungen, Zeichen und Schraffuren stets in Schwarz.

[2] Der Ausdruck „Letten" ist zu vermeiden, da darunter je nach der Gegend ein schluffiger Lehm, fetter Ton oder ein durch sandige Einlagerungen geschichteter oder geschieferter Ton verstanden wird.

[3] „Moor" ist ein geographischer Begriff für ein nasses Gelände mit einer bestimmten Pflanzengemeinschaft, „Torf" ist die aus dieser entstandene Bodenart.

Tabelle 5 (Fortsetzung)

b) Weitere Bodenarten[4]

Lehm (Auelehm), Gehängelehm, Verwitterungslehm	lehmig	L	l	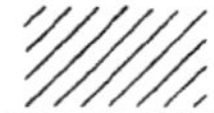	—	hellbraun	5 gc	*8739*
Geschiebelehm	—	GL	—	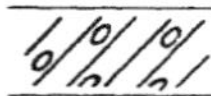	—	hellbraun	5 gc	*8739*
Geschiebemergel	—	GMe	—	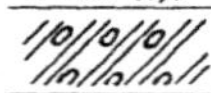	—	hellbraun	5 gc	*8739*
Löß	—	Lö	—	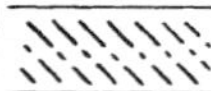	—	kreß(orange)	4 pa	*8754*
Lößlehm	—	Löl	—		—	kreß(orange)	4 pa	*8754*
Mergel (als Lockergestein)	—	Me	—		—	blau	15 ea	*8731*
Schlick (Klei)	schlickig	Sl	sl			violett	12 na	*8755*
Faulschlamm (Mudde)	faulschlammhaltig, muddig	Fa	fa		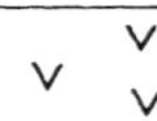	grau	i	*8749*
Wiesenkalk, Seekalk, Seekreide	—	WK	—	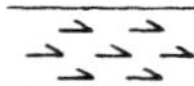	—	blau	15 ea	*8731*
Humus[5]	humos	H	h	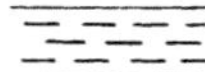		dunkelbraun	4 ni	*8745*
—	kalkig[6]	—	k	—	—	—	—	—

Mutterboden[2] und *Auffüllung* können je nach ihrer Zusammensetzung stark humoser Sand (hS), stark humoser Lehm (hL) usw. bzw. steiniger Ton (stT), Sand (S), kiesiger Lehm (kiL) usw. sein. Sie werden mit den hierüber gegebenen Abkürzungen und Zeichen dargestellt; in die Zeichen sind die Abkürzungen Mu bzw. A einzuschreiben.

[4] Hierunter werden Abkürzungen und Zeichen für die nach DIN 4022 im Schichtenverzeichnis nicht in der Spalte für Bodenhauptarten, sondern in der für übliche und geologische Benennungen aufgeführten Bodenarten gebracht.

[5] „Mutterboden" ist der humushaltige, durchwurzelte und durchlüftete, Kleinlebewesen enthaltende Teil des Bodenprofils. Reiner „Humus" kommt als Mutterboden nur selten vor. Jedoch ist im allgemeinen die oberste Torfschicht in Mooren als Humus zu bezeichnen. Für tiefere Bodenschichten ist der Ausdruck Humus nicht anzuwenden; in diesem Falle handelt es sich z. B. um Torf, Faulschlamm, Mudde. „Moorerde" ist sandiger Humus.

[6] Der Kalkgehalt wird nicht durch Zeichen oder Farbe, sondern nur durch Beifügung eines „k" vor die Abkürzung angegeben, z. B. kT = kalkiger Ton.

1.3 Untersuchungen im Gelände

Da die Untersuchungen im Laboratorium immer nur einige ausgesuchte Punkte des Erdreichs erfassen, ist es erwünscht und oft auch notwendig, sich wenigstens einen überschläglichen Eindruck von dem Gesamtcharakter des Baugrundes zu verschaffen. So ist es z. B. bei der Untersuchung für ein Staubecken erforderlich, wegen der Undichtigkeiten des Untergrundes nicht nur einzelne Punkte, sondern den gesamten Taluntergrund im näheren Bereich der Sperre zu prüfen. Außerdem ist man oft gezwungen, sich ohne zeitraubende Laboratoriumsversuche schnell ein, wenn auch nur überschlägliches, Bild für erste Erwägungen zu machen. Bevor man daher Bodenproben im Laboratorium untersuchen läßt, sieht man zu, eine möglichst große Anzahl von Auskünften über das Verhalten des Baugrundes dem Gelände selbst zu entnehmen. Eine besonders wichtige Auskunftsquelle ist hierbei das Verhalten vorhandener Bauwerke auf dem gleichen oder benachbarten Gelände (s. 2. Teil: Untersuchungen am fertigen Bauwerk). Ferner dienen hierzu die geologischen, die ingenieurbiologischen und die geophysikalischen Voruntersuchungen. Sie können als Flächenuntersuchungen des Untergrundes bezeichnet werden, im Gegensatz zu den Punktuntersuchungen, wie Bohrungen, Sondierungen, Probebelastungen usw.

1.31 Flächenuntersuchungen des Untergrundes

1.311 Geologische Voruntersuchung

Die geologische Voruntersuchung, die am aufschlußreichsten bei Bauten im Gebirge oder im Hügelland ist, aber auch bei Bauten an der Küste und im Flachland wertvolle Erkenntnisse vermittelt, besteht darin, die Formation des Geländes allein durch eine Begehung, evtl. mit Hilfe einer geologischen Karte und einfacher geologischer Hilfsgeräte (Hammer, Meißel, Lupe), festzustellen. Die geologische Prüfung von Boden- und Gesteinsproben aus Bohrlöchern oder Schürfgruben soll hier nicht erörtert werden.

Der Ingenieurgeologe, dem die geologische Voruntersuchung übertragen wird, zieht aus der von ihm erkannten Formation Rückschlüsse auf die Entstehung des Geländes und auf dessen Eigenschaften. Aus dem geologischen Befund lassen sich Ablagerungen, Verwerfungen, Klüfte, Dolinen u. a. voraussagen und oft Schlüsse auf die Eigenschaften des Baugrundes ziehen. Allein durch Studium der Morphologie, der Schichtung, der Tektonik, der Petrographie und der Paläontologie der Landschaft läßt sich z. B. angeben, ob ein Taluntergrund aus porösen Sandsteinen oder aus dichten Tonen aufgebaut ist. Es kann hierdurch ohne weitere Untersuchungen die Eignung des Tals als Staubecken beurteilt oder ein erstes Bild von den Grundwasserverhältnissen entworfen werden. Aus den Geländeformen und der daraus sich ergebenden Kenntnis der geologischen Zeitalter und den in ihnen zur Ablagerung gekommenen Bodenarten läßt sich entnehmen, ob

z. B. in einem Hang, in dem ein Werkkanal eingeschnitten werden soll, rutschgefährliche Tonböden, zum Zerfall neigende Mergel, klüfte- und spaltenreicher Muschelkalk oder aber dichter und standfester Fels zu erwarten sind. Bei Hinzuziehung eines Geologen wäre wahrscheinlich der Fehler vermieden worden, den man in dem Beispiel der Abb. 18 gemacht hat, als man den zu bauenden Stollen nicht auf seine ganze Länge in den standfesten, allerdings nicht völlig undurchlässigen Muschelkalk legte, sondern z. T. in den zwar undurchlässigen, aber nicht standfesten Röthton. Am Übergang erhielt man hierdurch einen besonders feuchten Raum, dessen Benutzung nur durch Ausmauerung, also durch Aufwendung erheblicher Mittel, gesichert werden konnte.

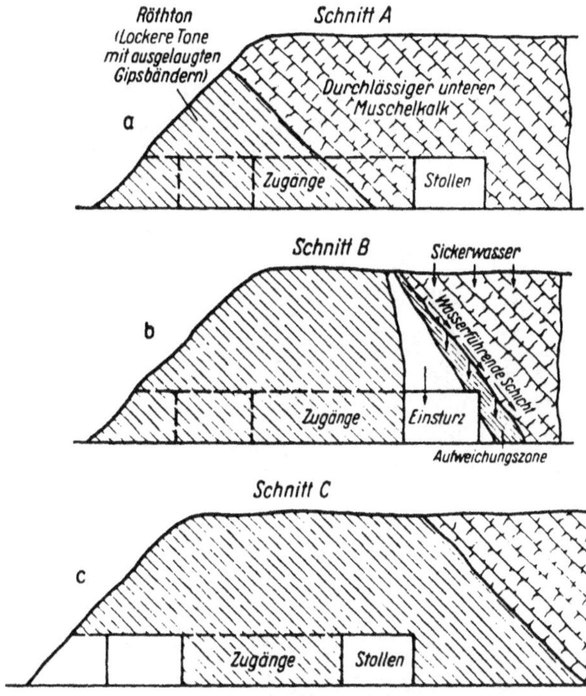

Abb. 18a—c. Unzweckmäßige Anlage eines Schutzstollens und hierauf zurückzuführender Einsturz.

a) Schnitt *A*: Stollen im Muschelkalk. Standfest, aber sehr feucht.
b) Schnitt *B*: Stollen am Übergang von Muschelkalk zum Röthton. Anschneiden des aufgeweichten Röthtons. Einsturz.
c) Schnitt *C*: Stollen im Röthton. Trocken, doch ungenügend standfest.

Auch im Flachland und an der Küste spielen geologische Unterschiede, wie z. B. der Unterschied von alluvialem und diluvialem Sand, bei vielen Entscheidungen eine Rolle. Während der alluviale Sand durch Wasser und in den Dünen durch Wind abgelagert wurde und insbesondere im letzten Fall eine lockere Lagerung besitzt, ist der diluviale Sand — abgesehen von den sog. „Talsanden" — infolge der während der Eiszeiten auf ihm lastenden großen Pressungen vorbelastet und dadurch tragfähiger. Ein weiteres bedeutendes Tätigkeitsfeld findet der Geologe bei Bauten im Marschengebiet vor, wo seine Kenntnis von der Entstehung der Moore beim Bau von Deichen, Straßen- und Eisenbahndämmen, Vorflutkanälen u. a. die Beurteilung eines Bebauungsplans erleichtert.

Desgleichen beeinflußt die geologische Vergangenheit auch die Festigkeit von Geschiebemergel, der nicht etwa ein überall gleich guter Baugrund ist, sondern je nachdem, wie viele Eiszeiten das Gebiet betroffen haben, eine unterschiedliche Festigkeit aufweist (Kahl/Mauz/Neumann 1941).

Aber auch scheinbar sehr fester und standsicherer Geschiebemergel kann ihm durch seine geologische Vergangenheit aufgeprägte Eigenschaften besitzen, die auf Grund reiner Festigkeitsuntersuchungen an ungestörten Proben üblicher Größe kaum erkannt werden können und dadurch unter Umständen zu großen Bauschwierigkeiten führen.

So war z. B. für einen Hafenbau an der Ostsee durch eine große Anzahl von Bohrungen und die Untersuchung einer sehr großen Anzahl ungestörter Proben im Untergrund einheitlich ungewöhnlich fester, fast spröder Geschiebemergel ($\varepsilon = 0{,}275$, $w = 10\%$, $\gamma = 2{,}3$ t/m³) mit sehr hoher Scherfestigkeit (die Bruchfestigkeit betrug z. B. im Mittel 10,4 kg/cm²) festgestellt worden. Wegen der hiernach zu erwartenden Rammschwierigkeiten einerseits und der vermuteten großen Standsicherheit von Böschungen in diesem Geschiebemergel andrerseits wurde

Abb. 19. Mit fast senkrechter Böschung (5:1) im scheinbar festen Geschiebemergel ausgehobenes Hafenbecken.

Abb. 20. Böschungsabbruch im scheinbar festen Geschiebemergel nach Abb. 19.

der zunächst aufgestellte Entwurf, der ein Rammen von Spundbohlen von Geländehöhe aus vorsah, geändert und das Hafenbecken mit freien Böschungen (Neigung 5:1) ausgehoben, um die Spundbohlen für die Uferwand dann nur noch in die Hafensohle einzurammen (Abb. 19). Überraschenderweise erwies sich der Geschiebemergel aber schon nach kurzer Zeit nicht überall als standfest, sondern verursachte erhebliche Böschungsabbrüche (Abb. 20), was zu einer zeitraubenden und kostspieligen Änderung des Entwurfs der im Bau befindlichen Kaimauer führte. Der Grund für die Böschungsabbrüche lag im wesentlichen darin, daß der Geschiebemergel infolge einer besonders starken Beanspruchung durch die

Gletschermassen der Eiszeit in diesem Gebiet quer zur Schubrichtung gefaltet und dadurch von alten Scherflächen und Klüften durchsetzt war. In diesen Schwächezonen lösten sich, als durch den Aushub des Hafenbeckens die ur-

Abb. 21. Steinbruchartige Blöcke im abgerutschten, scheinbar festen Geschiebemergel nach Abb. 19 u. 20.

Abb. 22. In der Sohle des Hafenbeckens von Abb. 19 u. 20 aus dem scheinbar festen Geschiebemergel für großmaßstäblichen Zylinderdruckversuch herausgearbeitete Probe.

a b

Abb. 23a u. b. Bei Zylinderdruckversuchen infolge geologisch bedingter Klüfte in dem scheinbar festen Geschiebemergel in völlig anomaler Weise zu Bruch gegangene Proben nach Abb. 22.

sprünglich große horizontale Verspannung im Boden ($\lambda_0 > 1$) in Schubrichtung des Gletschers verlorengegangen war, von der Böschungskante beginnend immer neue massive Blöcke, wodurch allmählich ganze Böschungsteile zerstört wurden und einen fast steinbruchartigen Eindruck erweckten (Abb. 21).

Diese Erscheinungen waren an den ungestörten Proben aus den festen Zonen des Geschiebemergels nicht zu erkennen gewesen. Sie zeigten sich auch später, als auf Grund der Schäden großmaßstäbliche Zylinderdruckversuche (Probendurchmesser 0,50 m) ausgeführt wurden, beim Ausarbeiten der Probenzylinder im gewachsenen, ungestörten Boden nicht überall (Abb. 22), doch gingen diese Proben bei der Belastung in – für einen homogenen Boden – ganz anomaler Weise zu Bruch, d. h., der Bruch trat nicht in einer unter $45° + \varrho/2$ *geneigten* Gleitfläche auf, sondern die Probe klaffte in den vorgezeichneten *senkrechten* Schwächezonen auf (Abb. 23). Dadurch ergab sich bei drei Großmodellversuchen eine im Mittel um genau 50% kleinere Bruchfestigkeit (im Mittel 5,2 kg/cm²) als bei den Laborversuchen mit kleinen Proben und einem Material, das durch schon vorhandene Scherflächen nicht von vornherein geschwächt war. Dieser Fall zeigt sehr deutlich, wie entscheidend die geologische Vorgeschichte die Eigenschaften des Untergrundes – besonders bei stark vorbelasteten bindigen Böden – beeinflussen kann.

Schließlich sei noch als besonderes Arbeitsgebiet der geologischen Voruntersuchung die Herstellung von geologischen Sonderkarten erwähnt, die für Großbauvorhaben oder Planungszwecke notwendig werden kann, z. B. bei der Untersuchung der Abflußverhältnisse des Einzugsgebiets einer geplanten Stauanlage. Beim Bau der Autobahnen wurden gelegentlich derartige geologische Spezialkarten angelegt

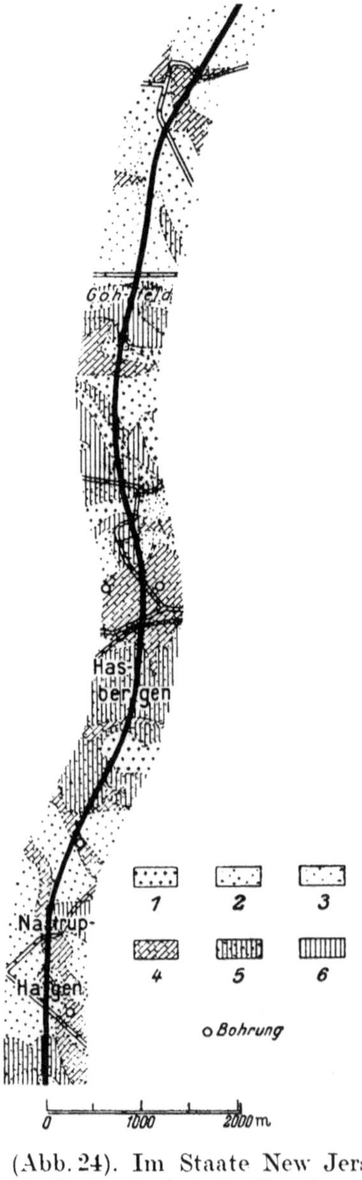

Abb. 24. Straßenbaugeologische Karte eines Bauabschnitts der geplanten Autobahn Bremen—Münster (DIENEMANN 1936).

1 Felsige Bodenarten (Kalk, Dolomit, Mergel, Sandstein). Gut tragfähig, standfest, gut geklüftet, Sprengarbeit nötig, nur die obersten Meter lockerer. Grundwasser tief.

2 Sandige Bodenarten. Tragfähig, standfest, gut schüttbar, leicht lösbar. Grundwasser tief.

3 Feinsandige und tonig-feinsandige Bodenarten (Lößlehm und Flugsand). Tragfähig, meist standfest und gut schüttbar (falls nicht zu lehmig), leicht lösbar. Frostsicherheit prüfen. Grundwasser tief.

4 Sandige und sandig-lehmige Bodenarten der Täler. Tragfähig für geringere Dammhöhen.

5 Sandig-tonige Bodenarten (sandiger Schieferton, steiniger Lehm). Tragfähig, bei nicht zu steiler Böschung standfest, nicht besonders gut schüttbar. Meist frostsicher. Grundwasser tief.

6 Tonige Bodenarten (Schieferton). Tragfähig, bei flacher Böschung noch standfest, schlechter Schüttboden. Frostgefährdung möglich. Grundwasser tief.

(Abb. 24). Im Staate New Jersey (USA) ist in den Jahren 1946 bis 1955 für straßenbautechnische Zwecke eine vollständige ingenieurgeologisch-bodenmechanische Kartierung vorgenommen worden (HOLMAN/McCORMACK/MINARD/JUMIKIS 1946–1955). Auch einzelne Städte haben für ihr Stadtgebiet besondere „*Baugrundkarten*" unter verschiedenen Gesichtspunkten aufgestellt (GRAUPNER 1953. BREDDIN/BRÜHL/DIELER 1963). Ein Beispiel zeigt Tafel I (S. 36/37.).

Literatur

Aus der umfangreichen geologischen Literatur werden nur die Veröffentlichungen angegeben, die sich auf die Sonderfragen der Ingenieurgeologie erstrecken und diese Fragen einigermaßen umfassend behandeln oder auf interessante Einzelfälle und Beispiele eingehen.

Über Landschaftsformen und Untergrund:

WAHNSCHAFFE/SCHUCHT (1921): Geologie und Oberflächengestaltung des norddeutschen Flachlandes. Stuttgart.
SAPPER (1930): Das Landschaftsbild in seiner Abhängigkeit vom Boden (Landschaftsformen). Aus Blanck: Handbuch der Bodenlehre. Berlin. Bd. V.
WAGNER (1931): Einführung in die Erd- und Landschaftsgeschichte. Öhringen.
MÜLLER (1941): Deutschlands Erdoberflächenform. Stuttgart.

Über Ingenieurgeologie:

SNV 40311 (1961): Geotechnische Untersuchungen zum Straßenprojekt. Schweizerische Normenvereinigung (SNV).
KEILHACK (1922): Lehrbuch der praktischen Geologie. Stuttgart.
STINY (1922): Technische Geologie. Stuttgart.
REDLICH/TERZAGHI/KAMPE (1929): Ingenieurgeologie. Wien/Berlin.
SINGER (1932): Der Baugrund. Wien.
LEGGET (1939): Geology and engineering. New York/London.
BENDEL (1944): Ingenieurgeologie. Wien. Bd. I.
v. MOOS/DE QUERVAIN (1948): Technische Gesteinskunde. Brüssel.
STINI (1950): Tunnelbaugeologie. Wien.
TRASK (1950): Applied sedimentation. New York.
KEIL (1954): Ingenieurgeologie und Geotechnik. Halle.
SCHULTZ/CLEAVES (1955): Geology in engineering. New York.
LEHMANN (1960): Praktische Geologie, Gesteins- und Grundwasserkunde für Bauingenieure. Wiesbaden/Berlin.
ZARUBA/MENCL (1961): Ingenieurgeologie. Prag/Berlin.
SCHUMANN (1962): Grundlagen des geologischen Wissens für Techniker. Göttingen.
WALTERS (1962): Dam geology. London.
NEUMANN (1964): Geologie für Bauingenieure. Berlin/München.

Allgemeine Betrachtungen, Einzelfragen und Beispiele:

TERZAGHI (1930): Über den Einfluß untergeordneter geologischer Einzelheiten auf die Sicherheit von Dammbauten. Wasserwirtschaft 23, S. 159.
FLÖRKE/FREBOLD/ILSEMANN (1936): Erdfälle, ihr Auftreten und ihre Gefahren für den Straßenbau. Schriftenreihe der Straße H. 3, S. 86.
KAHL/MAUZ/NEUMANN (1941): Der Geschiebemergel als Baugrund. Bautechnik 19, S. 113.
TERZAGHI (1955): Influence of geological factors on the engineering properties of sediments. Harvard Univ. Soil Mech. Series No. 50. Aus Economic Geology 50, S. 557.
JUMIKIS (1959): Engineering aspects of glacial soils of the Newark Metropolitan Area of New Jersey. New Brunswick/N.J.
v. MOOS (1959a): Aus dem Alltag eines Baugeologen. Geologie u. Bauwesen 24, S. 192.
— (1959b): Geologische Voraussetzungen bei der Erstellung von Flachfundationen. Aus: Hoch- und Tiefbau d. Schweiz. Baumeisterzeitung Nr. 11/12.
TERZAGHI (1961): Engineering geology on the job and in the classroom. Harvard Univ. Soil Mech. Series No. 62. Aus Jour. Boston Soc. Civ. Eng. 48, S. 97.
v. MOOS/HAEFELI (1962): Schweizerische Probleme auf dem Grenzgebiet von Bodenmechanik, Geologie und Glaziologie. Mitt. Inst. Verkehrswasserbau, Grundbau u. Bodenmech. TH Aachen H. 25, S. 237.
v. MOOS (1963): Geotechnische Probleme beim Bau der Schweizer Nationalstraßen. Straßenbau 54, S. 391 u. 459.
VALLEMONT (1965): Un exemple d'étude géologique et géotechnique d'autoroute. Bulletin de Liaison des Laboratoires Routiers Ponts et Chaussées No. 13.

Über Baugrundkarten:

DIENEMANN (1936): Die Auswertung geologischer Karten für den Straßenbau. Schriftenreihe der Straße H. 3, S. 89.

HOLMAN/MCCORMACK/MINARD/JUMIKIS (1946–1955): Engineering soil survey of New Jersey. Bericht 1–22. New Brunswick/N.J.
LOOS (1949): Baugrundkarten. Bauplanung u. Bautechnik 3, S. 287.
TUEBBESING (1952): Über die hydrologische Baugrundkarte von Hannover. Mitt. Franzius-Inst. TH Hannover H. 1, S. 151.
GRAUPNER (1952): Die Baugrundkarte von Hildesheim als Beispiel einer Baugrundkartierung. Mitt. Franzius-Inst. TH Hannover H. 1, S. 25.
— (1953): Beispiele ingenieurgeologischer Baugrundkarten. Vorträge der Baugrundtagung Hannover, S. 64.
— (1955/56): Inhalt und Bedeutung von Baugrundübersichtkarten für Planungsaufgaben. Neues Archiv für Niedersachsen Bd. 8 (13), S. 232.
ASSMANN (1957): Der geologische Aufbau der Gegend von Berlin. Erläuterung zur geologischen Karte und Baugrundkarte von Berlin (West). Hrsg. v. Senator für Bau- und Wohnungswesen Berlin.
BREDDIN (1963): Praktisch-geologische Karten auf der Basis der Deutschen Grundkarte 1:5000. Geol. Mitt. d. Geol. Inst. TH Aachen Bd. 1, H. 2–4, S. 123.
BREDDIN/DIELER (1963): Einführung in die Baugrundkarte 1:5000 des Aachener Stadtgebiets. Geol. Mitt. d. Geol. Inst. TH Aachen Bd. 1, H. 2–4, S. 145.
BREDDIN/BRÜHL (1963): Das Blatt Aachen-Nordwest der praktisch-geologischen Grundkarte 1:5000 des Aachener Stadtgebiets. Geol. Mitt. d. Geol. Inst. TH Aachen Bd. 1, H. 2–4, S. 251.
GRASSHOFF (1964): Baugrundkarten. Mitt. Inst. Verkehrswasserbau, Grundbau u. Bodenmech. TH Aachen H. 33, S. 33.

1.312 Ingenieurbiologische Voruntersuchungen

Die Ingenieurbiologie befaßt sich mit dem Verhalten der einzelnen Pflanzen zum Boden und zum Wasser. Sie versucht, insbesondere den Bodenaufbau und -zustand aus den Feuchtigkeitsansprüchen der Pflanzen zu erkennen. Außerdem gehört zur Ingenieurbiologie das Beobachten der Bakterien- und Tiertätigkeit. Jedoch tritt dieses Gebiet gegenüber dem der Beobachtung des Pflanzenlebens an Bedeutung zurück.

Die für den Ingenieurbiologen in Frage kommenden Untersuchungen können in drei Hauptgebiete unterteilt werden. Bei der ersten Aufgabe handelt es sich darum, die in der Natur zur Verfügung stehenden Hilfsmittel zur Beurteilung des Bodenaufbaus auszunutzen, bei der zweiten um die Prüfung der Frage, in welcher Weise die Landschaft in kulturwirtschaftlicher Hinsicht durch die geplanten Baumaßnahmen beeinflußt wird. Die dritte Aufgabe umfaßt Untersuchungen über die Möglichkeiten, durch Anbau von Pflanzen den Boden gegen die verschiedenen Naturkräfte zu festigen.

1.312.1 Pflanzenwelt und Bodenaufbau

Die Pflanze als „*Standortkennzeichner*" für bestimmte Boden- und Wasserverhältnisse ist in ihrer Bedeutung für Voruntersuchungen von Bauten aller Art immer mehr anerkannt worden. Aus der Art, der Häufigkeit, der Verbreitung, der Üppigkeit und der Farbe der Flora lassen sich Rückschlüsse auf die anstehenden Bodenarten, deren Feuchtigkeitsgehalt, die Wasserverhältnisse u. a. ziehen und daraus Anhaltspunkte für die Planung eines Bauwerks gewinnen. Die erhaltenen Aufschlüsse reichen etwa bis zu einer Tiefe von 2 m.

Die Grundlagen für die ingenieurmäßige Auswertung der Feststellungen über den Bewuchs sind systematisch in einem „Atlas standortkennzeichnender Pflanzen" (VON KRUEDENER/BECKER 1941) zusammengestellt, der für die verschiedenen Gewächse unter Beifügung einer Anzahl von charakteristischen Abbildungen alle wichtigen Angaben enthält, so z. B. (Abb. 25 und 26):

'afel I

Baugrundkarte vom Stadtzentrum Berlin.

(Ausschnitt aus der Baugrundkarte von Berlin, entnommen mit Genehmigung des Senators für Bau- und Wohnungswesen -V-)

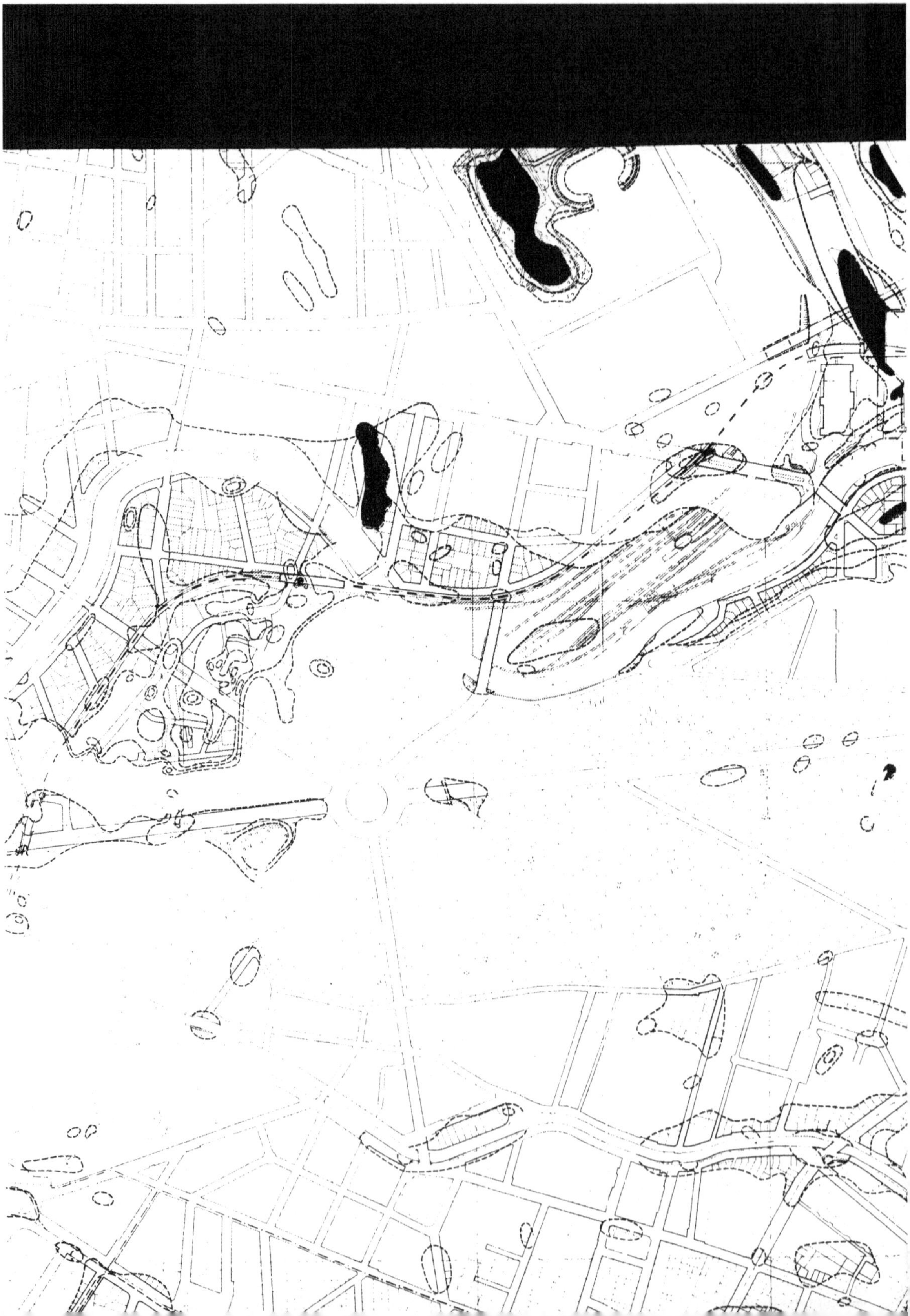

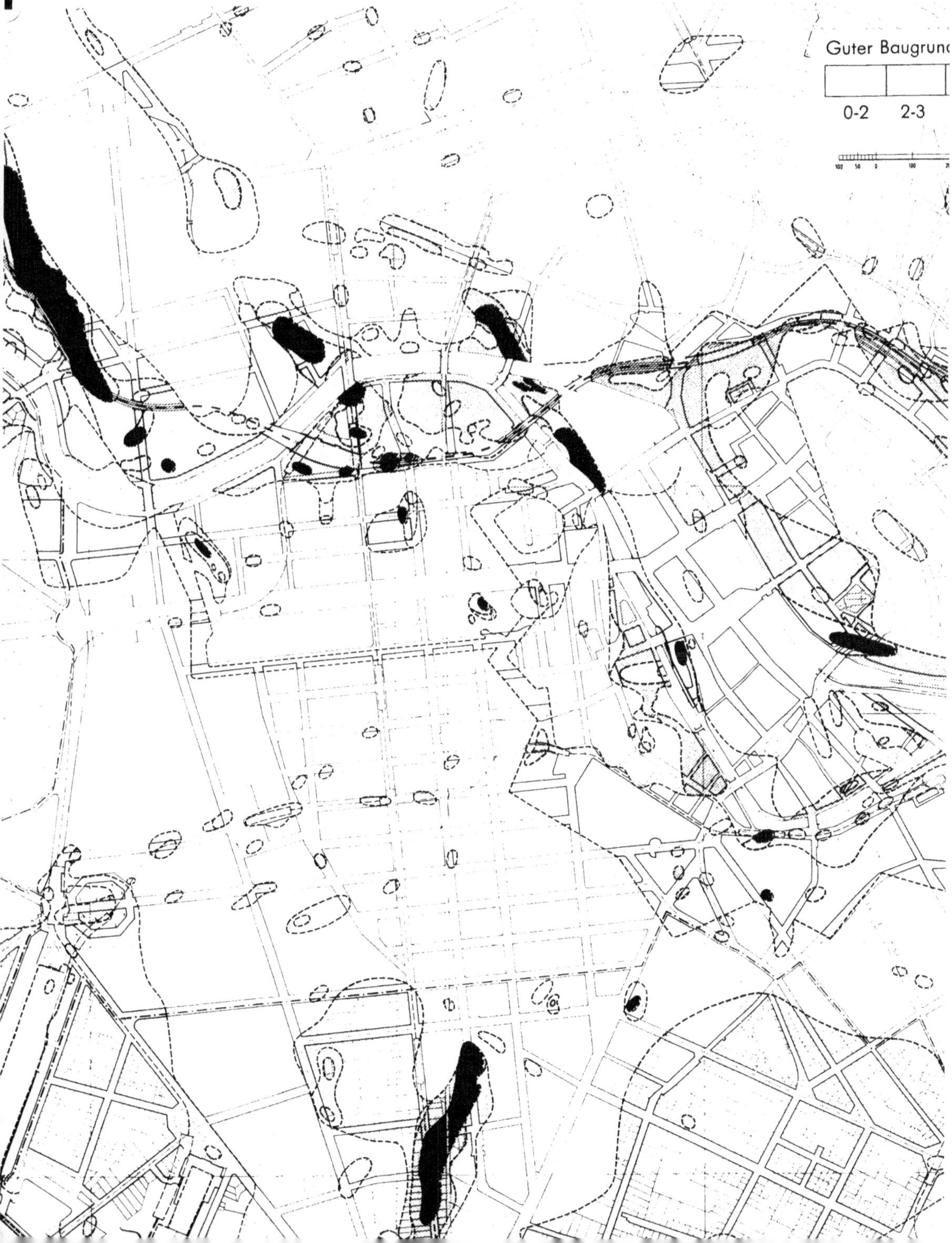

Guter Baugrund
0-2
2-3

Phalaris arundinacea, Rohrglanzgras

Familie: Gramineae, Gräser
Untergruppe: Rispengräser

1. Namenserklärung: *Phalaris*: kommt wohl von *phálaros* (gr.) = glänzend, wegen der glänzenden Spelzen.

arundináceus = schilfartig, von *arúndo* (lat.) = das Rohr, wegen der Ähnlichkeit des Grases mit dem Schilfrohr.

Glanzgras bezieht sich auf die glänzenden, rötlich schimmernden Deckspelzen dieses Grases. Weitere Namen: *Schniedgras*, wegen der scharf schneidenden Blätter (Schweiz), *Piepenschulp*, wegen der Eignung der Halme zu Hirtenpfeifen (Mecklenburg).

2. Kennzeichnende Wachstumsansprüche: Fließendes bis raschfließendes Wasser, kein Stauwasser, wobei jedoch ein lockerer Boden (im Gegensatz zum Schilfrohr) Voraussetzung ist.

3. Anzeiger: Von lebhafter Wasserbewegung, sowohl ober- als auch unterirdisch.

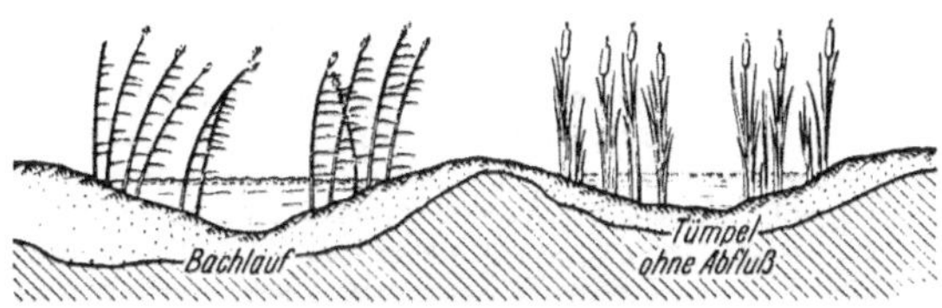

Abb. 25. Standort der Phalaris arundinacea an Gewässern mit lebhafter Wasserbewegung (links), nie im Stauwasser; dort (rechts) gedeiht von Schilfarten nur Typha latifolia (von KRUEDENER/BECKER 1941).

4. Bedeutung für den Ingenieur:

a) Bei Entwässerung ist mit lebhaft nachdrängendem Wasserzug zu rechnen. Pumpanlagen werden noch leistungsfähiger sein müssen als beim Vorkommen von Schilfrohr. Wasser ist zu Brauchzwecken geeignet. Beim Betonieren auf humose Beimengungen achten. Bei mehrschichtigen Böden Rutschgefahr in starkem Maße. Um eine umfangreiche Wasserableitung wird nicht herumzukommen sein.

In tieferen Standorten ist mit Nebelzonen und Dunstglätte auf der Straße zu rechnen. Phalaris-Gebiete am besten in leichter Dammlage queren und dabei Vorflutverhältnisse aufrechterhalten sowie die Bildung von Luftstau verhindern.

Bei Dammschüttungen in Hanganlagen besonders talseitig Erdmassen durch tiefgreifende Wurzelsysteme (Erlen, Weiden, Birken, u. U. auch Eschen) mit dem tieferen Bodenstockwerk verzahnen. Vorhandenen Pflanzenwuchs schonen. Wurzelstöcke nicht roden.

Straßenoberhalb pumpende Holzarten anlegen und Bodendecke geschlossen halten.

Im Hochbau auf Wasser im inneren Relief, besonders Grundwasser, achten. (Wasserhaltung und Kellerdichtung!)

b) Ähnlich wie Rohrschilf als Uferschutz geeignet, jedoch entsprechend den schwächeren Rhizomen in geringerem Maße. Dient auch als Wellenbrecher.

5. Allgemeine landeswirtschaftliche Gesichtspunkte:

a) *Für die Landwirtschaft*: Bedeutung als Futtergras dort, wo es an geeigneteren Gräsern mangelt, verträgt mehrere Schnitte. Wird auf Streuwiesen gerne gesehen, liefert hier eine bessere Streu als *Phragmites*. Zum Dachdecken hingegen ist es weniger geeignet als das Schilfrohr. Beim Abfangen, Einfassen und Weiterleiten des Wassers, um es vorflutabwärts dienstbar zu machen, muß von vornherein mit stärkerem und luftreicherem Druckwasserzug gerechnet werden, als dies z. B. beim Waldschilf der Fall ist.

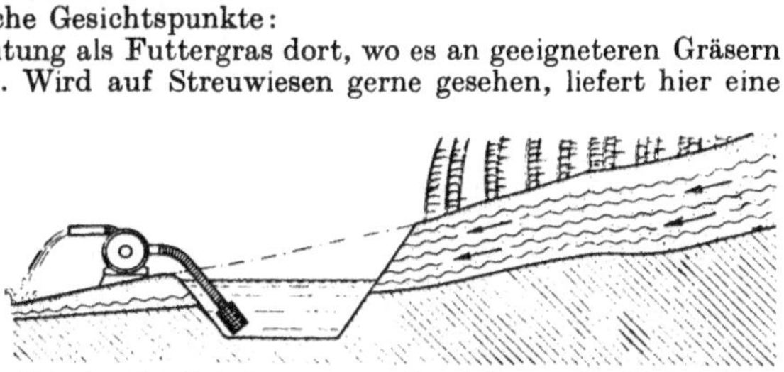
Abb. 26. Bei Entwässerung von Baustellen in der Phalaris-Zone muß mit kräftigem Wassernachschub gerechnet werden; leistungsfähige Pumpanlagen, meist Abspundung, ist notwendig (von KRUEDENER/BECKER 1941).

b) Für die *Forstwirtschaft*: Das Rohrglanzgras kann bei allen Meliorationsfragen als Hinweis stärkeren Wasserdrucks dienen. Daher Ausnutzung dieses Umstands für Berieselung vorflutabwärts, für Quellfassungen und Suhlenanlagen. Auch maßgebend für die Frage der Holzartenwahl und der planmäßigen Erweiterung von bruchartigen Standorten in einförmigen Nadelholzrevieren.

6. Vorkommen: Es verträgt helles Sonnenlicht, ist aber auch im schattigen Wald anzutreffen (im Gegensatz zum Schilfrohr), auf flachgründigen Brüchen, die noch gute Standorte für Erlen und Birken abgeben. Je nach den Wasserverhältnissen häufig auch auf Wiesen (anbruchigen Standorten), in Anauen und Auen, an Hängen, auf Schotterböden, nicht auf Flachmoosmooren und Hochmooren. Es kommt oft noch in Gemeinschaft mit dem Schilfrohr (*Phragmites communis*) vor, in den Fällen, wo der Wasserzug lebhafter wird. Es meidet

jedoch Staunässe, die das Schilfrohr noch verträgt. Am Rande von fließenden Wasseradern und Seen mit Wasserzug.

7. Weitere Ausführungen: Dem Ingenieur gibt das Gras Aufschluß über Bodenaufbau und Wasserhaushalt. Hierbei ist es charakteristisch vor allem wegen der größeren Lebhaftigkeit des Wasserzugs, die durch sein Vorkommen angezeigt wird.

Bei seinem Vorkommen auf *flachgründigen Brüchen* u. U. zusammen mit Erle und Birke sowie auf *anbruchigen Standorten* (Wiesen) haben wir es mit einem Wasserzug des inneren Reliefs zu tun, denn in der oberen Bodenschicht verlangt das Glanzgras weit mehr Lockerheit als das Schilfrohr. Man wird also auch hier meist schon auf geringer Tiefe von unter 1 m auf eine *wassertragende Schicht* stoßen, beim Vorkommen auf *tiefen, sandigen Böden*, die jedoch stets von besserer mineralischer Beschaffenheit sein müssen, haben wir es mit einem breiten Grundwasserstrom zu tun. An *Hängen* zeigt das Vorkommen von *Phalaris* einen bereits lebhafteren Wasseraustritt an. Es zieht dann in geschlungenen Beständen mit dem Laufe des Bach- oder Rieselwassers in einer Erosionsrinne hangabwärts. Im lichten Gehölz wächst es in Gemeinschaft mit Eschen, Ahorn, Ulmen, Birken, Schwarzerlen; es zieht sich als Begleiter des Wasserstroms durch die Wiese. In allen diesen Fällen haben wir fast immer verschiedene geologische Facies, Stufen oder gar Formationen vor uns liegen, von denen die eine wasserdurchlässig (damit wasserführend), die andere wasserundurchlässig (damit wassertragend) ist.

Als Beispiel dieser Schichtenfolge seien genannt: Durchlässiger Weißjura β über weniger durchlässigem Weißjura α (Impressamergel) oder über dem undurchlässigen Ornatenton im Jura, Räth auf Feuerletten (Knollenmergel, Zanclodonletten), Sande der Brauneisen-Sandsteinstufe über Opalinuston, Schilfsandstein über bunten Mergeln des Keupers, aber auch Sande über Geschiebemergeln.

In *Anauen* und *Auen* mit den aus zahlreichen Laubhölzern (Bäumen und Sträuchern) zusammengesetzten Beständen ist es zerstreut anzutreffen oder zieht im grünen Dickicht durch den Wald. Sind hier Vertiefungen vorhanden (meist von Altwässern oder früheren erodierenden Überschwemmungen herrührend), so siedelt es sich oft an, gegebenenfalls zusammen mit dem Schilfrohr, für welch letzteres die hier häufig angetroffenen Muldenbildungen mit Neigung zu Stauwasseransammlungen noch erträgliche Wachstumsbedingungen bieten. Auf Schotterböden zeigt das Vorkommen des Rohrglanzgrases einen nahen stärkeren Grundwasserzug an, an Felshängen und Hängen mit Terrassenbildungen weist es auf lebhafte, andauernde Kluftwässer und quellige Stellen hin und läßt damit Rückschlüsse über den inneren Aufbau und den Wasserhaushalt dieser Hänge zu. An Wasserläufen mit lebhafterem Wasserzug kann das Rohrglanzgras an Stelle des Rohrschilfs (s. dort) den Uferschutz übernehmen. Es ist jedoch seinem zarteren Aufbau entsprechend den Aufgaben nicht in gleicher Güte gewachsen.

8. Morphologische und andere Merkmale: Ausdauerndes 0,5 bis $2^1/_2$ m hohes Gras. Die unterirdisch kriechenden Ausläufer endigen in einzelstehenden oberirdischen Halmen. Stengel ähnlich wie bei *Phragmites*, rohrartig, glänzend, glatt. Die Blätter mit langen Blatthäutchen (im Gegensatz zum Schilfrohr, das keine besitzt, bestes Unterscheidungsmerkmal). Die Halmknoten sind wulstig (Bündelknoten wie beim Roggen) im Gegensatz zum Schilfrohr (bei dem die Knotenringe mehr Querschotten ähneln und kaum vorspringen). Halme oft in den Knoten knickig geführt. Die Ährchen sind kurz gestielt, in der Blüte weit ausgebreitet, nachher zusammengezogen. Im Gegensatz zur fahnenförmigen Rispe des Schilfrohres büschelig struppige Rispe.

9. Zur Mutterbodenwirtschaft: Wo *Phalaris* gedeiht, ist der organische Boden gut zu gebrauchen. Es bedarf jedoch einer Kalkung, ausgenommen in den Fällen, wo das Wasser und daher auch der Boden kalkhaltig war.

Zwei Beispiele veranschaulichen den praktischen Wert der biologischen Voruntersuchung:

1. Bei *Trassierung einer Straße* wurde, um Massen zu gewinnen, ein Einschnitt von 0,5 m ausgeführt. Das Ergebnis waren starke Frostschäden. Das Gelände war mit einem Gras (*Molinia caerules*) bewachsen, das auf nahes Bodenwasser hindeutet. Dieses Gras hätte selbst in verwelktem Zustande dem Kundigen verraten, daß Gefahren infolge Bodenwassers bestanden. Die Straße hätte nicht tiefer als in das Planum gelegt werden dürfen.

2. Bei der *Trassierung eines Entwässerungskanals* durch ein weites Sandgebiet ergaben Schürfgruben bis in mehrere Meter Tiefe reinen Sand. Beim Bau stieß man unvermutet auf Kalksteinfelsen in bizarrer Lagerung. Die Schürfgruben waren unglücklicherweise in die Zwischenräume des Felsgesteins zu liegen gekommen. An Stelle leichten Ausbaggerns des Sandes mußten daraufhin Sprengarbeiten und Lösen mit Spitz- und Breithacke treten. Die Kenntnis nur einer einzigen Pflanze (*Brachypodium silvaticum = Waldzwenke*), deren Vorkommen untrüglich an Kalk gebunden ist und die in kleinen Inseln mitten unter den sonst wachsenden Sandpflanzen auftrat, hätte erkennen lassen, daß unterirdische Kalksteinfelsen bis nahe an die Oberfläche reichten.

1.312.2 Tierwelt und Bodenaufbau

Die ingenieurbiologische Untersuchung des Bakterien- und Tierlebens ist besonders im Wasserbau von Bedeutung. Das Auftreten des Bohrwurms ist an gewisse Eigenschaften des Seewassers, vor allem an einen bestimmten Salzgehalt, geknüpft und stellt, wenn diese erfüllt sind, die Ausführung von Gründungen auf Holzpfählen in Frage. Das Faulen der Pfahlköpfe bei wechselnden Grundwasserständen hängt ebenfalls davon ab, ob die Lebensbedingungen der Bakterien, in erster Linie eine ausreichende Menge von Bodenluft, vorhanden sind. Auch hier kann der Ingenieurbiologe rechtzeitig feststellen, wieweit die geplanten Bauwerke durch die Bakterien oder Kleintiere gefährdet werden.

In Wattgebieten werden die dort lebenden Bodentiere (Muscheln, Schnecken, Würmer, Krebse) zum Erkennen der Schichten herangezogen. Es handelt sich hierbei um eine Reihe von standortgebundenen, meist gar nicht oder nur wenig beweglichen Tieren. Auch Kothaufen und Löcher, die von Tieren herrühren, dienen zur Orientierung. Die Bodenfauna erfüllt also den gleichen Zweck wie die standortkennzeichnenden Pflanzen. Man kann durch sie ohne andere Hilfsmittel reine Sandböden, schluff- oder tonhaltige Sande und Schlickböden, d. h. äußerlich ähnlich erscheinende Wattböden, verhältnismäßig genau und sehr schnell voneinander trennen. Dabei wird nicht allein von dem Vorkommen der Tiere, sondern auch von ihrer Häufigkeit ausgegangen. Hierzu werden Profile abgesteckt und an eingemessenen Punkten Blechkästen in den Boden gedrückt. Ihr Inhalt wird in ein Sieb von 1 mm Maschenweite ausgeleert und der Boden fortgespült; die Tiere werden ausgesucht und gezählt.

Mit Hilfe der biologischen Voruntersuchung sind weite Gebiete der friesischen Küste kartiert worden (Plath 1943).

1.312.3 Auswirkungen von Bauten auf die Landschaft

Der Ingenieur kann in dem von ihm in Anspruch genommenen Gebiet größten Schaden auslösen, wenn er die Lebensgesetze des Gesamtraums mißachtet. Bei Kenntnis der biologischen Zusammenhänge aber kann er — meist ohne Mehrkosten — seinerseits zur Steigerung der landwirtschaftlichen Ertragskraft beitragen. Besonders für den Wasserbauer ergeben sich in dieser Hinsicht reizvolle Aufgaben. Bekannt sind mannigfache Grundwasserschäden infolge zu tiefer Absenkungen bei Kanalbauten, aber ebenso Schäden infolge Hebens des Grundwassers durch Rückstau bei Wehranlagen. Auch das Problem der Versteppung gehört hierher. Nachteilige Folgen können auf den Lufthaushalt und durch Änderung der Wärmebewegung auf das Bodenklima und dadurch auf die Lebensbedingungen der Bodenbakterien und der Pflanzenwelt ausgeübt werden. Es gehört zu den Voruntersuchungen für größere Bauvorhaben, auch hierüber Erhebungen vor Beginn der Bauarbeiten anzustellen. Die Grundlagen für ein erfolgreiches Arbeiten auf diesem Gebiet sind die gründliche Kenntnis der Pflanzenwelt und ihrer Lebensbedingungen und die Kenntnis geologisch-bodenkundlicher Zusammenhänge.

1.312.4 Pflanzen als Baustoff

Die Verwendung natürlicher, lebender Baustoffe zur Verfestigung des Erdreichs ist besonders im Wasserbau häufig. Ein Beispiel ist die Ansiedlung bestimmter Pflanzenarten bei der Landgewinnung. Auch für den Bewuchs der Böschungen von Kanälen und Flüssen sind einige Pflanzengruppen besonders geeignet. Gegen die aus Gründen der Standsicherheit und der Landschaftsgestaltung erwünschte, früher in Dichtungsstrecken von Kanälen meist vermiedene

Anpflanzung von Schilf oder sonstigen Wasserpflanzen in der Wasserlinie hat man heute bei Auswahl geeigneter, insbesondere flachwurzelnder Arten keine Bedenken mehr. Ebenso sind ingenieurbiologische Maßnahmen für die Sicherung von Rutschhängen und für die natürliche Entwässerung nasser Böden geeignet. Besondere Aufgaben stellt die Verhinderung der Bodenerosion durch Pflanzenbewuchs.

Literatur

Über standortkennzeichnende Pflanzen:

von Kruedener (1936): Zusammenhang zwischen Pflanzenwelt und Bauschäden an der Straße. Straße 3, S. 648.

von Kruedener/Becker (1940): Stammendform und Wurzelwerk. Rationelle Hilfsmittel des Ingenieurs für die Beurteilung von Baugrund und Boden und deren Wasserhaushalt. Schriftenreihe der Straße H. 19, S. 20.

von Kruedener (1941): Atlas standortkennzeichnender Pflanzen. Hrg. v. d. Forschungsstelle für Ingenieurbiologie des Generalinsp. f. d. dtsch. Straßenwesen. Berlin.

v. V. (1941): Ingenieurbiologisches Arbeiten, Grundsätze und Beispiele. Schriftenreihe der Straße H. 22.

Becker (1942a): Die standortkennzeichnende Pflanze im Rahmen ingenieurbiologischen Gestaltens. VDI-Ztschr. 86, S. 81.

— (1943a): Wehrtechnischer Einsatz der Ingenieurbiologie. Schriftenreihe der Organisation Todt H. 15.

Über biologisches Ingenieurwesen:

Lorenz (1938): Der Einsatz biologischer Erkenntnisse beim Bauen. Dtsch. Wasserwirtschaft 33, S. 192.

von Kruedener/Becker (1941): Biologisches Ingenieurwesen und Wasserbau. Dtsch. Wasserwirtschaft 36, S. 121.

Müller (1942): Ingenieurwissenschaftliche Geländeuntersuchung in der Stadt- und Landesplanung. Dtsch. Wasserwirtschaft 37, S. 113

Heuson (1946): Biologischer Wasserbau und Wasserschutz. Berlin.

Über die lebenden Baustoffe:

Wohlenberg (1934): Biologische Landgewinnungsarbeiten im Wattenmeer. Biologe 3, S. 182.

— (1938): Biologische Kulturmaßnahmen mit dem Queller zur Landgewinnung im Wattenmeer. Westküste 1, S. 52.

Becker (1942b): Die Pflanze als Baustoff im Dienste ingenieurbiologischer Wasserführung und Böschungssicherung. Bautechnik 20, S. 205.

Preising (1942): Die Begrünung offener Sandböden im ostdeutschen Flachland. Straße 9, S. 105.

Lohmeyer (1942): Fäulniserscheinungen an unter Wasser eingebautem Holz. Bautechnik 20, S. 270.

Plath (1943): Die biologische Bestandsaufnahme als Verfahren zur Kennzeichnung der Wattsedimente und Kartierung der nordfriesischen Watten. Westküste 3, S. 7.

König (1943): Vergleichende Bestandsaufnahmen an bodenbewohnenden Watt-Tieren im Gebiet des Sicherungsdammes vor dem Friedrichskoog Süderdithmarschen in den Jahren 1935–1939. Westküste 3, S. 120.

Becker (1943b): Über die lebenden Baustoffe. Bautechnik 21, S. 14.

1.313 Geophysikalische Voruntersuchungen

Bei den Untersuchungen des Baugrundes mit eigens hierfür konstruierten Geräten kann zwischen „*Flächen-*" und „*Punktuntersuchungen*" unterschieden werden. Eine Flächenuntersuchung gibt in einem einzigen Meßvorgang Auskunft über die Bodenverhältnisse unter einer größeren Fläche, während die Punktuntersuchung lediglich die Feststellung der Zusammensetzung des Untergrundes unter dem Punkte der Oberfläche erlaubt, an dem sich das Prüfgerät befindet. Die

Flächenuntersuchung liefert also Angaben über einen verhältnismäßig großen Bereich des Baugrundes, ohne daß deswegen viele Messungen angesetzt zu werden brauchen. Dieses ist der Hauptvorteil derartiger Verfahren, denen der Nachteil gegenübersteht, daß sie in mancher Beziehung ungenauer arbeiten und daß zur Analyse der Meßergebnisse verwickeltere Verfahren, die eine theoretische Spezialausbildung verlangen, verwendet werden müssen.

Als Flächenuntersuchungen sind neben den geologischen und biologischen Voruntersuchungen, bei denen keine besonderen Meßgeräte verwendet werden, allein die geophysikalischen Verfahren anzusehen. Für Baugrunduntersuchungen scheiden von den verschiedenen, für die Dienste des Bergbaus, der Geologie und der reinen Geophysik entwickelten Methoden das gravimetrische und das magnetische Verfahren aus. Auf der anderen Seite kann das im letzten Jahrzehnt in den Vordergrund getretene radioaktive Verfahren (Isotopensonde) nicht als Flächenuntersuchung angesehen werden. Es bleiben das seismische und das geoelektrische Verfahren sowie das eigens für die Zwecke der Baugrundforschung entwickelte dynamische Verfahren übrig. Mit ihnen sind im Laufe der letzten Jahrzehnte viele praktische Aufgaben erfolgreich bearbeitet worden.

Wegen des Vorteils, mit den geophysikalischen Untersuchungen größere Bereiche des Untergrundes ohne eine zu große Anzahl von Messungen untersuchen zu können, werden diese vor allem dann angewendet, wenn der Baugrund ausgedehnter Baustellen in großen Zügen und in kurzer Zeit erkundet werden soll. Nachdem auf Grund der geophysikalischen Untersuchung ein erster Überblick gewonnen und ein erster Bebauungsplan aufgestellt ist, können die Bodenuntersuchungen für die Einzelbauwerke — wenn notwendig — punktförmig ausgeführt werden. Geophysikalische Untersuchungen sind also dann am Platze, wenn auf einem ausgedehnten Baugelände der günstigste Ort für die Errichtung eines Bauwerks gesucht wird, wie dies z. B. bei Talsperren oft der Fall ist. Die Erfahrung hat allerdings gezeigt, daß man die geophysikalischen Untersuchungen im allgemeinen nur als Vorarbeit zu den später meist unerläßlichen punktartigen Untersuchungen betrachten darf. Durch sie wird aber die Anzahl derjenigen Stellen, an denen eine Punktuntersuchung notwendig ist, stark verkleinert.

Die geophysikalischen Verfahren bieten — mit Ausnahme des geoelektrischen Verfahrens — auch die Möglichkeit, Aussagen über die *Festigkeit* des Untergrundes zu machen. Solche Aussagen ergeben sich bei der Untersuchung sogar von selbst, d. h. ohne Mehraufwand, bei der Durchführung oder Auswertung der Messungen. Allerdings darf man in den Fällen, wo eine größere Folge von Schichten im Untergrund ansteht, wegen der schwierigen Deutung der Meßergebnisse von den geophysikalischen Verfahren hinsichtlich der Angaben über die Festigkeit nicht zu viel erwarten. Da die Festigkeit außerdem in Beziehung zu den elastischen Konstanten des Bodens, die aus der Ausbreitungsgeschwindigkeit der elastischen Wellen ermittelt werden, gebracht wird, sind solche aus seismischen und dynamischen Bodenuntersuchungen gewonnenen Angaben auch nur für Belastungen brauchbar, unter denen sich der Boden wie ein elastischer Körper *(quasielastischer Körper)* verhält. Das kommt am häufigsten bei nichtbindigen Böden vor. Bei schwachbindigen Böden, wie Lehm und Mergel, ist die Verwendung allenfalls noch vertretbar, während Tone eine bodenmechanische Untersuchung im Laboratorium verlangen. Der Einwand, daß die geophysikalischen Verfahren nur die elastischen Vorgänge im Boden erfassen, ist aber gegenstandslos, solange sich deren Anwendung auf Ermittlungen über Art und Mächtigkeit der Schichten beschränkt. Dies ist bei dem seismischen Verfahren in der Regel der Fall.

Bei der Anwendung der für Baugrunduntersuchungen geeigneten geophysikalischen Verfahren ist von vornherein zu beachten, daß der Untergrund „in situ“,

d. h. an Ort und Stelle, und ohne jede Entnahme von Bodenproben auf bestimmte physikalische Eigenschaften hin geprüft wird. Es gibt dabei also keine Möglichkeit, mit diesem Verfahren die Bodenschichten direkt zu betrachten oder sie im Laboratorium zu untersuchen. Als Ergebnis erhält man allein Zahlen und Diagramme, deren Interpretation Spezialkenntnisse erfordert. Die Methode der Interpretation weist hinsichtlich der Bestimmung des Aufbaus des Untergrundes und der physikalischen Eigenschaften der einzelnen Schichten Parallelen zur Geophysik, insbesondere zur Lagerstättenforschung auf. Trotz der bei Baugrunduntersuchungen im allgemeinen gegenüber der Lagerstättenforschung geringeren Geländeausdehnung und Mächtigkeit der zu bestimmenden Schichten müssen hohe Anforderungen an die Genauigkeit der Verfahren gestellt werden.

Für die Anwendung ist ferner nachteilig, daß bei der Durchführung der Messungen ein erheblicher apparativer Aufwand erforderlich ist, so daß sich der Einsatz – mit Ausnahme des geoelektrischen Verfahrens – nur bei der Untersuchung großer Flächen ($\geqq 0{,}5\ km^2$) lohnt. Dabei ist die Entwicklung der Geräte und damit zusammenhängend der Untersuchungsverfahren keineswegs abgeschlossen. Durch Sammlung und Auswertung von Meßergebnissen und Forschungsarbeiten werden die Anwendungsgebiete ständig erweitert, die Verfahren zur Analyse der Meßergebnisse verbessert, neue Geräte entwickelt und neue Zusammenhänge aufgezeigt (Lorenz 1960).

Nach dem heutigen Wissensstand läßt sich sagen, daß mit den geophysikalischen Untersuchungsverfahren insbesondere folgende Aufgaben gelöst werden können:

1. Feststellung von Schichtgrenzen, Einlagerungen und Hohlräumen im Untergrund;
2. Ermittlung von Kennziffern der in den einzelnen Schichten anstehenden Böden, insbesondere über ihr elastisches Verhalten;
3. Überprüfung von Bohrergebnissen, insbesondere der Gültigkeit ihrer Übertragung auf den Zwischenbereich zwischen den Bohrlöchern.

1.313.1 Seismische Untersuchung

Definition. Bei der seismischen Bodenuntersuchung erzeugt man durch eine einmalige künstliche Erschütterung (Impuls) ein Impuls-Wellenfeld im Untergrund und beobachtet Art und Ausbreitungsgeschwindigkeit der durch die Erschütterung erregten elastischen Wellen.

Der Zweck der Untersuchung besteht darin, die Tiefenlage von Schichtgrenzen zwischen Böden unterschiedlicher petrographischer Ausbildung, unterschiedlicher Dichte oder stark unterschiedlichen Verwitterungsgrades sowie die Größe der Wellenfortpflanzungsgeschwindigkeit in den einzelnen Schichten zu bestimmen, was Rückschlüsse auf Art und Beschaffenheit der Schichten ermöglicht.

Es können alle für Baugrunduntersuchungen in Frage kommenden Tiefen untersucht werden.

Die theoretischen Grundlagen des Verfahrens ergeben sich aus der allgemeinen Theorie der Wellen und der Elastizitätstheorie. Eine an einer Stelle des Halbraums hervorgerufene Erschütterung pflanzt sich als seismische Welle im Halbraum fort. Die Ausbildung der Front dieser Welle läßt sich mit Hilfe des Huygensschen Prinzips beschreiben. Danach werden alle Punkte einer Wellenfront als gleichzeitige Ausgangspunkte von Kugelwellen – sogenannten Elementarwellen – betrachtet, deren Umhüllende die neue Wellenfront darstellt. Eine in einem homogenen Untergrund erzeugte Welle bildet sich demzufolge als Kugelwelle – phasengleiche Punkte liegen auf einer Kugelfläche – um das Erschütterungszentrum herum aus. Trifft im geschichteten Untergrund diese „*primäre*" Wellenfront auf eine Schichtgrenze auf, findet eine Aufspaltung der in der primären Welle transportierten Energie in reflektierte und gebrochene Anteile statt, und es kommt beiderseits der Grenzschicht zur Bildung von neuen, „*sekundären*" Wellenfronten.

Die *reflektierte* Welle läuft durch die Deckschicht zur Oberfläche zurück (Abb. 27a), wo sie beobachtet werden kann („*Reflexionsverfahren*"). Ist die Wellenfortpflanzungsgeschwindigkeit der tieferen Schicht v_2 größer als die der Deckschicht v_1, so steht die Front der gebrochenen Wellen von einem bestimmten Punkt C an (Abb. 27b) auf der Schichtgrenze dauernd senkrecht und pflanzt sich mit der Geschwindigkeit v_2 in der unteren Schicht fort, d. h., die sekundäre Wellenfront läuft der primären Wellenfront in der Schichtgrenze davon. Dabei werden nach dem HUYGENSschen Prinzip an jedem Punkt der Schichtgrenze (Punkt D)

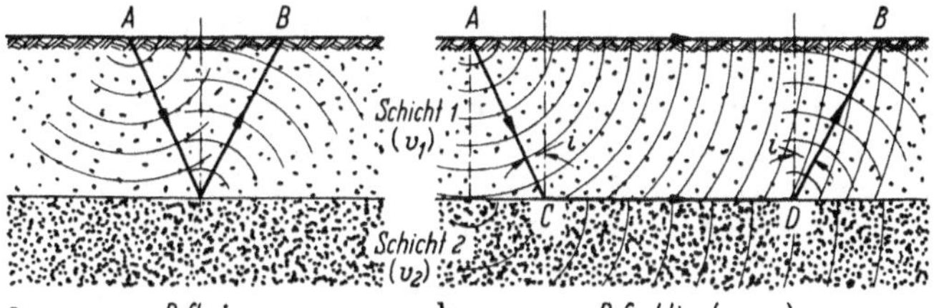

Abb. 27a u. b. Wellenlauf bei Reflexion (a) und Refraktion (b). *A* Erschütterungsherd; *B* Meßpunkt; *i* Grenzwinkel.

Elementarwellen erzeugt, die sich in der oberen Schicht mit der Geschwindigkeit v_1 ausbreiten. Diese neuen Wellen („*Tertiärwellen*") transportieren Energie zur Oberfläche (Abb. 27b) und können dort (Punkt B) ebenfalls beobachtet werden („*Refraktionsverfahren*").

Der zur Auslösung der Wellen erforderliche Impuls stellt eine zeitlich variierende Deformation dar. Aus der mechanischen Deutung einer Deformation als Summe einer reinen Volumenänderung (Kompression oder Dilatation) und einer reinen Gestaltänderung (Scherung) folgt, daß sich eine in einem Punkt des Halbraums hervorgerufene Deformation als Kompressionswelle und als Scherungswelle fortpflanzt. Von einer gewissen Entfernung vom Erschütterungszentrum ab stellt die Kompressionswelle eine reine Longitudinalwelle, die Scherungswelle eine reine Transversalwelle dar.

Die Ausbreitung der beiden Wellenarten im Untergrund spielt sich je nach Wellentyp mit unterschiedlicher Geschwindigkeit ab. Die Fortpflanzungsgeschwindigkeit der Longitudinalwelle beträgt:

$$v_L = \sqrt{\frac{G}{\varrho} \cdot \frac{2\,(m-1)}{m-2}} \quad \text{(m/s)}\,, \qquad (4)$$

G Schubmodul, g Erdbeschleunigung,
ϱ Dichte $= \gamma/g$, m POISSON-Zahl $= 1/\mu$,
γ Raumgewicht, μ Querdehnungszahl.

Dagegen pflanzt sich die Transversalwelle mit der Geschwindigkeit fort:

$$v_T = \sqrt{\frac{G}{\varrho}} \quad \text{(m/s)}\,. \qquad (5)$$

Daraus folgt, da für den Baugrund näherungsweise $m = 3$ bis $m = 4$ gesetzt werden kann:

$$\frac{v_L}{v_T} = \sqrt{3} \text{ bis } \sqrt{4}\,.$$

Die Longitudinalwellen breiten sich also schneller aus. Die Verfahren der seismischen Bodenuntersuchung beruhen deshalb auch ausschließlich auf der Beobachtung von Longitudinalwellen, deren erstes Eintreffen am Meßpunkt sich bei der Schwingungsaufzeichnung besonders deutlich hervorhebt. Für Baugrunduntersuchungen wird von den beiden in der angewandten Geophysik, insbesondere der Lagerstättenforschung, bekannten Verfahren, dem Reflexions- und Refraktionsverfahren, nur das letztere verwendet, d. h., es wird das erste Eintreffen der an einer Schichtgrenze refraktierten Longitudinalwellen an den Meßpunkten auf der Geländeoberfläche gemessen.

Gerät. Die künstliche Erschütterung des Untergrundes geschieht meist mittels einer Sprengladung, die in 1 bis 2 m Tiefe unter Geländeoberfläche zur Detonation gebracht wird. Bei Deckschichten aus grobem Geröll wird die Ladung auch in größere Tiefen, die aber noch leicht mit Hilfe eines kleinen Bohrgeräts erreicht werden können, verlegt. Als Sprengmittel wird normaler gelatinöser Sprengstoff (Gelatine-Donarit, Ammon-Gelit) verwendet. Die Ladung schwankt je nach Meßprofillänge und Energieabsorption der Bodenschichten zwischen 100 g und 2 kg. Eine Abschätzung der zu erwartenden Amplituden in Abhängigkeit von der Entfernung vom Sprengort und der Größe der Sprengladung kann anhand einer von DEFFET[1] angegebenen Formel gewonnen werden:

$$a = K\,L^{0,5}\,x^{-1} \qquad \text{(cm)}\,, \qquad (6)$$

a Amplitude,
K Faktor, abhängig von der Bodenart, dem Sprengverfahren und der Ortslage, schwankt zwischen 0,3 und 10,
L Ladung in kg,
x Abstand des Meßorts vom Sprengort in cm.

In Fällen, wo sich Sprengungen wegen der Nähe von erschütterungsempfindlichen Bauten verbieten oder wo die Untersuchung sich nur auf geringe Tiefen erstreckt, werden die Wellen auch durch fallende Gewichte oder durch Hammerschläge auf eine Stahlplatte, die satt auf dem Boden liegt („*Hammerschlagseismik*"), erregt. Der dadurch erzeugte geringe Impuls reicht für eine Meßprofillänge bis zu 60 m aus, ist also im allgemeinen für Baugrunduntersuchungen ausreichend.

Die Bewegung des Untergrundes wird durch Seismographen — im Sprachgebrauch der Seismik Geophone oder Erschütterungsaufnehmer genannt —, die im Gelände auf den vorgesehenen Meßpunkten aufgestellt werden, aufgenommen. Die früher üblichen mechanisch-optischen Geräte, bei denen Seismograph und Registriervorrichtung zusammen in einem Gehäuse untergebracht waren, seien hier nur noch erwähnt; sie sind durch die Entwicklung der Meßtechnik vollständig verdrängt worden.

Eine moderne Meßapparatur besteht aus drei Hauptteilen:

Seismographen, in denen die durch die seismischen Wellen erzeugte Bodenbewegung in eine weg- oder geschwindigkeitsproportionale elektrische Wechselspannung umgewandelt wird;

Verstärkern, die die vom Seismographen abgegebene Spannung elektronisch verstärken;

Registriergerät (Oszillograph), das die am Verstärkerausgang abgegebene Spannung in Form eines Seismogramms sicht- und auswertbar aufzeichnet. Das Registriergerät enthält zusätzliche Vorrichtungen zum Anbringen von Zeitmarken auf dem Seismogramm und zum Erfassen des Sprengzeitpunkts.

Die einzelnen Seismographen werden mittels Kabelleitungen zentral zusammengefaßt und die Bodenbewegungen mehrerer Meßorte zusammen mit der für alle

[1] Nach Mitteilung von Dr.-Ing. VIERING, Düsseldorf.

Orte gültigen Sprengzeit und Zeitmarken auf einem einzigen Seismogramm aufgezeichnet.

Ein Seismograph (Abb. 28) besteht aus einem Gehäuse, das fest mit dem Untergrund verbunden ist und seine Bewegungen mitmacht, sowie einer Masse, die über Federn oder federnde Membrane mit dem Gehäuse gekoppelt ist und infolge ihrer Trägheit das Bestreben hat, in Ruhe zu verbleiben. Eine Bewegung des Untergrundes erzeugt also eine Relativbewegung zwischen dem Gehäuse und der Masse. Dämpfungsvorrichtungen, meist elektrischer Art, vervollständigen die

Abb. 28. Elektrodynamischer Erschütterungsaufnehmer (Seismograph) für vertikale Schwingungen der Firma Hottinger Baldwin Meßtechnik, Darmstadt.

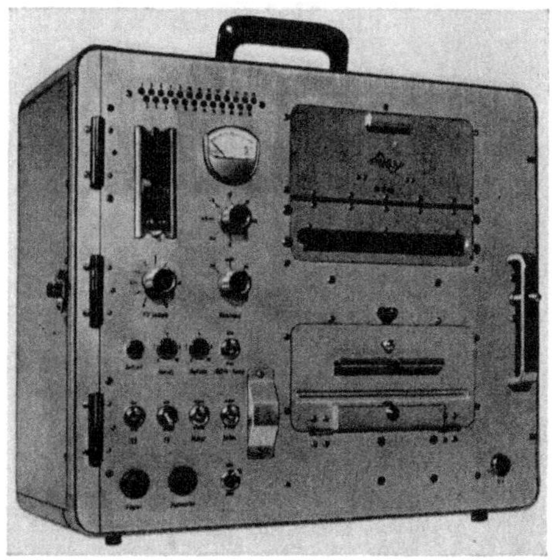

Abb. 29. Oszillograph mit 25 Galvanometern (für 25 Meßstellen) und Zeitmarkeneinheit (Prakla, Hannover).

Seismographen. Diese sind im Interesse einer über einen großen Frequenzbereich verzerrungsfreien Wiedergabe tiefabgestimmt (Eigenfrequenz zwischen 1 und 5 Hz) und weisen meist fast aperiodische Dämpfung auf.

Die Umwandlung der Relativbewegung zwischen Gehäuse und Masse in eine elektrische Wechselspannung kann auf verschiedene Weise erfolgen. Die meisten Seismographen arbeiten nach dem elektrodynamischen Prinzip; bekannt sind aber auch Ausführungen, die elektromagnetische, kapazitive, induktive oder piezoelektrische Effekte verwerten. Die von ihnen abgegebene Wechselspannung ist im allgemeinen zu gering, um damit direkt ein Registriergerät zu steuern. Die Spannung muß deshalb vorher erheblich verstärkt werden. An die Qualität der verwendeten Verstärker werden sehr hohe Anforderungen gestellt: Sie müssen bei einem hohen und veränderbaren Verstärkungsgrad in einem großen Frequenzbereich verzerrungsfrei arbeiten. Zur Aussiebung unerwünschter Frequenzen, beispielsweise von Oberflächenwellen, werden dem Verstärker oft elektronische Filter vorgeschaltet.

Schließlich werden die verstärkten Wechselspannungen in Schleifen-Oszillographen (Abb. 29) auf einem schnell ablaufenden lichtempfindlichen Papier (*„Seismogramm"*) photographisch aufgezeichnet (Abb. 30). Solche Oszillographen können bis zu 25 Schleifen (Drehspulinstrumente mit einem angestrahlten Spiegel, der den Lichtstrahl entsprechend der angelegten Spannung aus der Ruhelage ablenkt) enthalten. Für die Auswertung werden auf dem Film Zeitmarken ($^1/_{100}$ sec), die beispielsweise von einer temperaturkompensierten Stimmgabel herrühren, mitregistriert. Für die Anzeige des Sprengmoments als Nullpunkt der Zeitmessung wird der elektrische Impuls der Zündmaschine oder der Ruhestrom in einer um die Sprengladung gelegten Drahtschlinge, die bei Explosion zerrissen wird, an eine Schleife

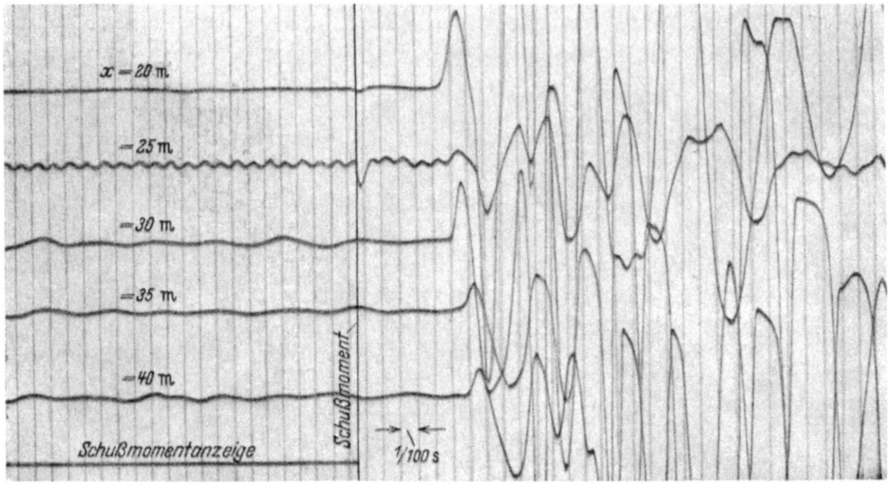

Abb. 30. Aufzeichnung einer seismischen Bodenuntersuchung für fünf Meßstellen (Seismogramm).

gelegt. Neuerdings werden mit Erfolg auch vielspurige Magnetbandgeräte verwendet. Die hier eingesetzten Verstärker können ein breiteres Frequenzband und eine größere Dynamik als die seismischen Verstärker übertragen, wodurch mehr Feinheiten aus dem Oszillogramm herausgeholt werden können.

Abb. 31. Meßstation für eine seismische Bodenuntersuchung im Felde (Prakla, Hannover).

Durch Verwendung moderner elektronischer Bauteile sind diese Geräte klein und handlich und auch in schwierigem Gelände leicht transportierbar (Abb. 31); für Daueruntersuchungen sind sie in einem Meßfahrzeug eingebaut. Gespeist werden sie aus einer Batterie. Speziell für die Hammerschlagseismik werden vollständige Gerätesätze angeboten, zu deren Bedienung zwei Personen erforderlich sind.

Vorgang. Zur Untersuchung der Tiefenlage von Schichtgrenzen und der Beschaffenheit der einzelnen Bodenschichten entlang einer vorgegebenen Geraden, dem Meßprofil, werden der Erschütterungsherd, der sogenannte Schußpunkt, und die Beobachtungspunkte auf diese Gerade gelegt (Abb. 32). Der Abstand der eingemessenen Beobachtungspunkte vom Schußpunkt und untereinander muß so groß gewählt werden, daß die einzelnen Äste der gesuchten Laufzeitkurve ausreichend mit Meßpunkten belegt sind. Für Baugrunduntersuchungen wird man mit Abständen von 2 bis 5 m beginnen und diese, da zur vollständigen Ausmessung eines Profils meist mehrere Schüsse oder Stoßerschütterungen notwendig sind, schrittweise je nach der erforderlichen Untersuchungstiefe vergrößern. Es empfiehlt sich, von einem Erschütterungszentrum aus gleichzeitig mehrere Meßprofile zu untersuchen. Pro Meßprofil werden etwa 4 bis 12 Seismographen eingesetzt.

Der eigentliche Meßvorgang läuft folgendermaßen ab: Nach Aufbau der Seismographen auf den Beobachtungspunkten und Überprüfung der Gesamt-

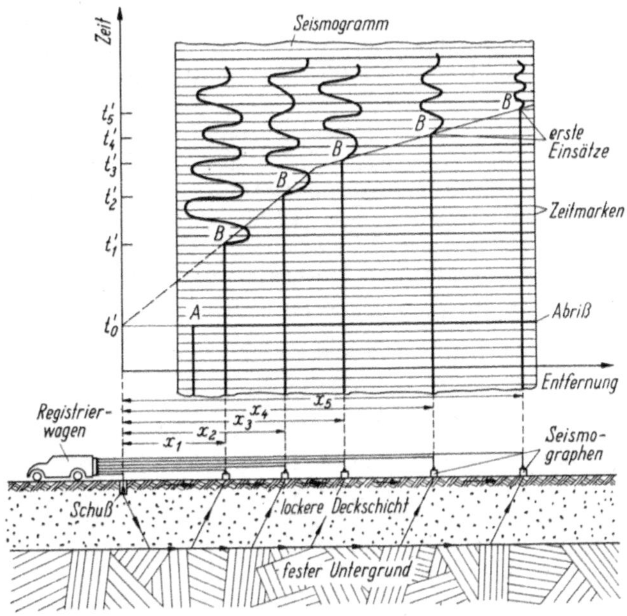

Abb. 32. Schematische Darstellung der Aufnahme eines Seismogramms.

anlage, z. B. durch probeweises Aufnehmen eines noch vor der eigentlichen Messung entwickelten Films, läßt man einige $^1/_{100}$ sec vor der Explosion alle an den Oszillographen angeschlossenen Instrumente mit der Registrierung beginnen. Sie zeichnen auf dem Seismogramm untereinander liegende waagerechte gerade Linien ab, die allenfalls kleine Schwingungen infolge des normalen Störpegels — beispielsweise aus Verkehrserschütterungen — erkennen lassen. Dann wird die Sprengladung zur Explosion gebracht oder die Erschütterung ausgelöst (Punkt *A* in Abb. 32). Die Wellen treffen an den verschiedenen Beobachtungspunkten je nach ihrer Entfernung vom Schußpunkt zu verschiedenen Zeiten ein. Die Ankunft der Wellenfront markiert sich deutlich als Ende der waagerechten Linien (Punkte *B* in Abb. 32). Die Registrierung der Schwingung wird bis zu ihrem Abklingen fortgesetzt.

Meßgrößen. Auf dem Seismogramm (Abb. 30) werden der Zeitpunkt t_0 des Schusses (Abriß), die Schwingungsbilder der einzelnen Seismographen, insbesondere der Beginn der Schwingungsvorgänge, die sogenannten „*ersten Einsätze*“

und die durch lotrechte Striche bezeichnete Zeitmarkierung aufgenommen. Außerdem werden die Entfernungen x vom Schußpunkt vermerkt.

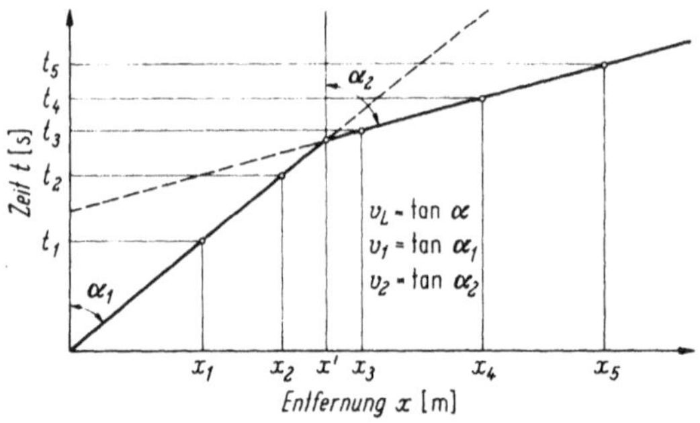

Abb. 33. Auswertung der seismischen Bodenuntersuchung.

Auftragungen. Als Abszisse wird die Entfernung x der einzelnen Seismographen vom Schußpunkt, als Ordinate die Laufzeit t der Welle, also der Zeitunterschied zwischen Auslösen der Sprengung bei t_0 und Eintreffen der Welle an den Punkten x aufgetragen (Abb. 33). Man erhält die sogenannte „*Laufzeitkurve*“.

Kennziffern. Die Laufzeitkurve ist bei homogenem Untergrund mit genügender Genauigkeit eine Gerade. Ihre Neigung α gegen die Zeitachse ergibt die Geschwindigkeit v_L, mit der sich die Longitudinalwelle im Boden fortpflanzt.

Auswertung. Der Strahlengang der Longitudinalwelle im geschichteten Untergrund kann aus dem Prinzip von Huygens (s. Abschn. Definition) oder von Fermat (Laufzeit ein Extremum) abgeleitet werden. Für den Fall des ebenen Zweischichtenproblems ergibt sich hieraus (Abb. 27b), daß der vom Erregerzentrum ausgehende Strahl unter dem „*Grenzwinkel*“ i ($\sin i = \frac{v_1}{v_2}$, $v_2 > v_1$) auf die Schichtgrenze trifft, dort abknickt und in ihr weiter verläuft. Von der Schichtgrenze laufen in jedem Punkt neue Strahlen zur Oberfläche zurück, die mit der Normalen zur Schichtgrenze wieder den Winkel i einschließen.

Für die Laufzeit der Welle folgt, daß von einer gewissen Entfernung vom Schußpunkt, dem „*Überholungspunkt*“ an, diejenige Welle, die entlang $ACDB$ in der unteren Schicht *2* mit der größeren Fortpflanzungsgeschwindigkeit v_2 gelaufen ist, eher am Beobachtungspunkt ankommt als die, die entlang AB in der oberen Schicht *1* mit der kleineren Geschwindigkeit v_1 gelaufen ist. In der Laufzeitkurve macht sich dies durch einen Knick bemerkbar. Aus dem ersten Ast ergibt sich die Geschwindigkeit v_1 der oberen, aus dem zweiten Ast die Geschwindigkeit v_2 der unteren Schicht (Abb. 33).

Die Entfernung x' vom Schußpunkt zum Überholungspunkt (Knickpunkt der Laufzeitkurve) hängt von dem Verhältnis v_1/v_2 und von der Tiefenlage der Schichtgrenze, also von der Mächtigkeit d_s der oberen Schicht ab, deren Ermittlung die Hauptaufgabe der Seismik darstellt. Bei waagerechter Schichtgrenze ist:

$$d_s = \frac{x'}{2} \sqrt{\frac{v_2 - v_1}{v_2 + v_1}} \quad \text{(m)}, \qquad (7)$$

x' Entfernung der Knickstelle vom Schußpunkt,
v_1 Fortpflanzungsgeschwindigkeit in der oberen Schicht = tan α_1,
v_2 Fortpflanzungsgeschwindigkeit in der unteren Schicht = tan α_2.

x' kann unmittelbar, v_1 und v_2 können aus der Neigung α der beiden Äste der Laufzeitkurve (Abb. 33) entnommen werden.

Sind Schichtgrenze und Oberfläche nicht parallel, so werden längs des Meßprofils nicht wahre, sondern scheinbare Geschwindigkeiten registriert, die größer oder kleiner als die wahren Geschwindigkeiten sind, je nachdem, ob die Schichtgrenze vom Schußpunkt aus zur Oberfläche hin ansteigt oder von ihr abfällt.

Bei Messung von nur einem Profil bleibt also ungeklärt, ob die untere Schicht tatsächlich eine zum Gelände parallele Oberfläche besitzt. Deshalb wird jedes Profil durch das sogenannte „*Gegenschießen*" nachgeprüft. Das Meßprofil wird hierbei von beiden Enden aus, also in der Richtung AB und in der Richtung BA (Abb. 34), untersucht. Stellt sich beim Messen in Richtung BA heraus, daß die Geschwindigkeit v_2 der unteren Schicht ebenso groß wie beim Messen in Richtung AB ist, so hat die untere Schicht eine zum Gelände parallele Oberfläche.

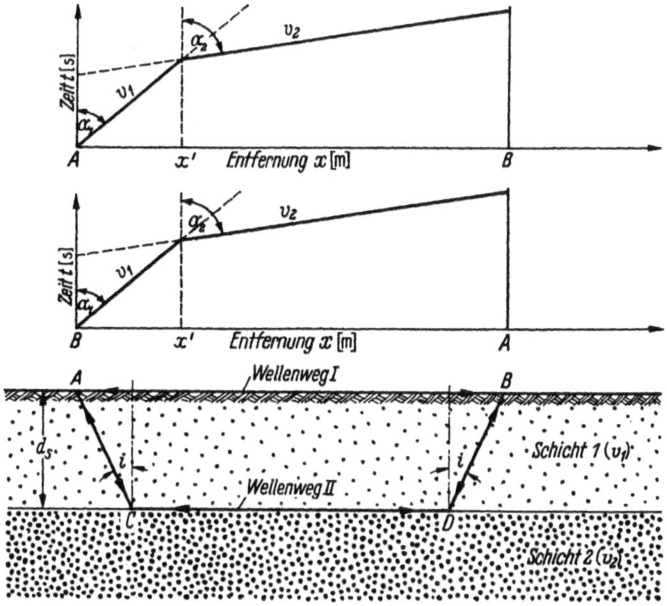

Abb. 34. Laufzeitkurve bei „Gegenschießen" im Falle einer horizontalen Schichtgrenze. i Grenzwinkel.

Unterscheiden sich dagegen die Geschwindigkeiten v_2 in beiden Meßrichtungen (Abb. 35), so hat die Oberfläche der unteren Schicht eine Neigung γ, die sich aus den Geschwindigkeiten v und den Knickpunktentfernungen x' und x'' ermitteln läßt. Ebenso wird aus diesen Daten die Tiefenlage d_{s_1} und d_{s_2} der unteren Schicht an den Punkten A und B bestimmt:

$$d_{s_1} = x' \frac{1 - \sin(i - \gamma)}{2 \cos i \cos \gamma} \quad \text{(m)}, \tag{8}$$

$$d_{s_2} = x'' \frac{1 - \sin(i + \gamma)}{2 \cos i \cos \gamma} \quad \text{(m)}, \tag{9}$$

$$\sin(i - \gamma) = \frac{v_1}{v_2'}, \tag{10}$$

$$\sin(i + \gamma) = \frac{v_1}{v_2''}, \tag{11}$$

x' und x'' Entfernung des Knickpunkts vom Schußpunkt A bzw. B,
v_1 Fortpflanzungsgeschwindigkeit in der oberen Schicht = $\tan \alpha_1$,
v_2' und v_2'' „*scheinbare*" Fortpflanzungsgeschwindigkeit in der unteren Schicht beim Schießen von A bzw. von B aus = $\tan \alpha_2'$ bzw. $\tan \alpha_2''$,
i Grenzwinkel für die betreffenden Bodenarten, $\sin i = v_1/v_2$,
γ Neigung der unteren Schicht.

Die Werte x' und x'', v_1, v_2' und v_2'' können unmittelbar bzw. aus der Neigung α der einzelnen Äste der Laufzeitkurve entnommen werden. Mit den Werten von

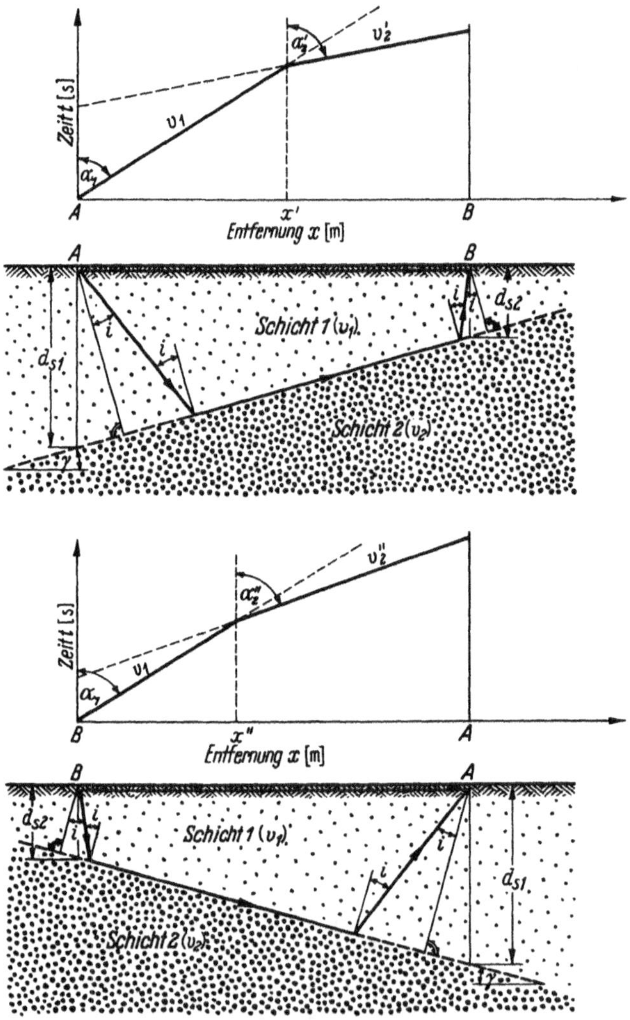

Abb. 35. Laufzeitkurve bei „Gegenschießen" im Falle einer geneigten Schichtgrenze.

v_1, v_2' und v_2'' werden die Ausdrücke für $\sin(i - \gamma)$ und $\sin(i + \gamma)$ gebildet und aus ihnen i und γ berechnet. Es sind dann alle Werte für die Benutzung der Gl. (8) und (9) gegeben.

Die „*wahre Geschwindigkeit*" in der unteren Schicht v_2, deren Kenntnis zur Beurteilung ihrer Festigkeit erforderlich ist, beträgt:

$$v_2 = \frac{v_1}{\sin i} \qquad \text{(m/s)}. \qquad (12)$$

Die wahre Geschwindigkeit der Longitudinalwellen v_L hängt mit dem Elastizitätsmodul E des Bodens entsprechend der unter Verwendung von Gl. (4) umgeformten Gl. (20) zusammen:

$$v_L = \sqrt{\frac{m\,(m-1)\,E}{(m+1)\,(m-2)\,\varrho}} \qquad \text{(m/s)}, \tag{13}$$

m POISSON-Zahl $= 1/\mu$,
μ Querdehnungszahl,
ϱ Dichte $= \gamma/g$,
γ Raumgewicht,
g Erdbeschleunigung.

Die bisher angeführten Überlegungen lassen sich analog auf den mehrfach geschichteten Untergrund übertragen. Die einfachen Berechnungsformeln für den Fall einer Schichtgrenze werden durch Übertragung auf den Fall mehrerer Schichtgrenzen allerdings sehr kompliziert (TUCHEL 1943). Man beschränkt sich deshalb in der Auswertung meist auf zwei oder drei Schichten.

Zahlenwerte. Für die Geschwindigkeit v_L der Longitudinalwellen wurden die in Tab. 6 angegebenen Werte erhalten.

Tabelle 6. *Fortpflanzungsgeschwindigkeit von Longitudinalwellen*

Bodenart	v_L (m/s)
Sande, je nach Zusammensetzung, Dichte und Feuchtigkeitsgehalt	150—1600
„Berliner" Sand	400—600
Kiese, je nach Zusammensetzung und Dichte	500—2000
Lehme und Tone, je nach Wassergehalt	750—1900
Keupersandstein, verwittert	1000
Keupersandstein, unverwittert	1700
Buntsandstein	1950
Muschelkalk	830—1500
Sandsteine	2000—3500
Kalke	3250—5500
Tonschiefer	4800—5300
Quarzschiefer	5500
Granit	4500—5800
Basalt	5000—6000
See-Eis	3200
Süßwasser	1435
Meerwasser	1485

Die Zahlenwerte vermitteln einen Überblick über den Streubereich der Wellenfortpflanzungsgeschwindigkeit für verschiedene Böden und Gesteine.

Zusammenfassend läßt sich die Fortpflanzungsgeschwindigkeit der Longitudinalwellen der Hauptbodenarten etwa in den Grenzen nach Tab. 7 angeben.

Tabelle 7. *Fortpflanzungsgeschwindigkeit der Longitudinalwellen in den Hauptbodenarten*

Bodenart	v_L (m/s)
Fels	2000—6000
Starkbindige Böden	1600—2000
Schwachbindige Böden	1000—1600
Nichtbindige Böden	200—1500

Fehler. Brauchbare Ergebnisse werden nur erzielt, wenn die tiefere Schicht dichter als die obere ist (natürliche Schichtenfolge), wenn sie also eine höhere Fortpflanzungsgeschwindigkeit aufweist. Dünne verkittete Schichten im Untergrund können zu einer Fehlinterpretation der Messungen führen.

Die Genauigkeit der Ergebnisse hängt hauptsächlich vom Verhältnis der Geschwindigkeiten der übereinander liegenden Schichten ab (s. Tab. 6). Im weiteren ist sie auch durch die Energieaufnahme des Bodens bedingt, die im allgemeinen dem Absorptionskoeffizienten proportional ist. So gelingt es beispielsweise trotz größter Ladungen nur schwer, auf bestimmten Moorarten brauchbare Ergebnisse zu erhalten. Das Auftreten eines scharfen Knicks in der Laufzeitkurve ist vom Vorhandensein einer ausgeprägten Schichtgrenze im Untergrund abhängig. Ungünstig wirkt sich auch eine zu steile Neigung der Schichten aus. Störend ist eine große allgemeine Bodenunruhe, beispielsweise aus Verkehrserschütterungen oder in der Nähe von Maschinengründungen; sie setzt die Empfindlichkeit der Messung erheblich herab und zwingt zur Vergrößerung der Schußladung, was für die Genauigkeit abträglich und für die Meßgeräte sogar schädlich sein kann. Ungenauigkeiten treten bei den Messungen ferner noch durch Geländehöhenunterschiede auf. Diese lassen sich zwar eliminieren, jedoch wird hierdurch der Rechenvorgang komplizierter. In unwegsamem Gelände sind auch Fehler in der Längenmessung unvermeidbar.

Die sich aus diesen Ursachen ergebenden Streuungen der Meßpunkte der Laufzeitkurve gehen als Fehler in die Bestimmung der Schichtgrenzen ein. Bei günstigen Verhältnissen ist diese Bestimmung mit einem Fehler von 0,5 bis 1% möglich. Messungen, die im Ergebnis Fehler von 5 bis 10% aufweisen, sind schon als ungünstig zu bezeichnen.

Einwände werden dagegen erhoben, in losen Böden (Kies, Sand, Ton usw.) mit größerer Mächtigkeit einen geradlinigen Verlauf der Wellenstrahlen mit der Tiefe anzunehmen, da dies mit der Zunahme des Elastizitätsmoduls in Widerspruch steht. Durch Berücksichtigung eines gekrümmten Verlaufs des Strahlengangs und der Laufzeitkurve kann unter besonderen Bedingungen eine Verbesserung des Verfahrens erzielt werden (Ramspeck 1939, Menzel 1958).

Verwendung. Die refraktionsseismische Untersuchung eignet sich besonders zur schnellen Bestimmung der Schichtstärke loser Böden und lockerer Felsböden über festem Gestein. Sie wird daher häufig bei Voruntersuchungen für Talsperren zur Bestimmung der Tiefenlage des Felsens, auf dem die Staumauer gegründet werden kann, verwendet. Mit dem Verfahren wurde auch die Felsoberfläche bei der Gründung von Kaimauern ermittelt. Für Wasserbauten ist die Anwendbarkeit des Verfahrens unter Wasser (bis zu 50 m) ein Vorteil. Zur Feststellung der Schichtenfolge innerhalb von Lockergesteinen (Sand, Kies, Schluff, Ton) ist es weniger geeignet, weil bei den hier meist in Frage kommenden geringen Mächtigkeiten der zu prüfenden Schichten und dem zu kleinen Unterschied in der Ausbreitungsgeschwindigkeit der Bodenwellen die Messungen im allgemeinen zu ungenau sind. Vor allem spricht gegen die Messungen mit Longitudinal-, d. h. Kompressionswellen, daß sich diese auch in Flüssigkeiten ausbreiten, wodurch ihre Ausbreitungsgeschwindigkeit vom Wassergehalt des Bodens abhängig wird.

Mit Erfolg wurde das Verfahren auch zur Verdichtungsnachprüfung von Steinschüttungen (Schäffner 1962) sowie zur Beurteilung der Bearbeitbarkeit (Reißbarkeit) der im Untergrund anstehenden Schichten an Hand der gemessenen Wellenfortpflanzungsgeschwindigkeit herangezogen.

Für Voruntersuchungen von Bauten üblicher Abmessungen eignet sich infolge seines meßtechnisch geringen Aufwands besonders das Hammerschlagverfahren.

Beispiel. Anwendungen des seismischen Verfahrens im Bauwesen sind vor allem bei Voruntersuchungen für Talsperren bekannt geworden (Flemming 1943). In einer ausführlichen Veröffentlichung beschreibt Lorenz (1949) die Durchführung und Auswertung einer ausgedehnten Untersuchung für eine Staumauer in den Karpaten, wo die Tiefe des festen Felsens unter einer oberen Deckschicht festgestellt werden mußte. Eine von den insgesamt 105 gemessenen Laufzeitkurven zeigt Abb. 36. Die Nachprüfung der Ergebnisse durch einige Kontrollbohrungen ergab bis auf eine Ausnahme, wo besonders ungünstige Verhältnisse (steile Neigung der Felsoberfläche) vorlagen, eine gute Übereinstimmung zwischen seismischer Messung und Bohrung (2,4 bis 3,8% Abweichung bei einer Felstiefe von $\sim$ 20 m). Die Kosten für die Bestimmung der Felstiefe an 105 Punkten betrugen ungefähr das 1,6fache der Kosten der sechs Kontrollbohrungen. Da durch eine Bohrung nicht mehr als durch eine seismische Messung festgestellt wurde, nämlich die Tiefenlage der Felsoberfläche, erforderte in diesem

Falle das seismische Verfahren nur $\frac{1{,}6 \cdot 6}{105} = \frac{1}{11}$ der Bohrkosten für die Messung der Felstiefe an einer Stelle des Geländes.

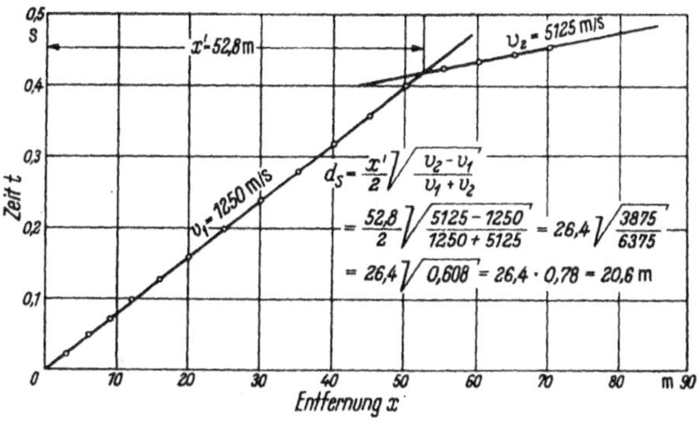

Abb. 36. Laufzeitkurve und Ermittlung der Schichtgrenze (LORENZ 1949).

Literatur

Theoretische Grundlagen:

RAMSPECK (1939): Der Einfluß eines mit der Tiefe veränderlichen Elastizitätsmoduls auf den Weg elastischer Wellen im Boden. Ztschr. Geophysik 15, S. 148.
TUCHEL (1943): Seismische Messungen. Aus: REICH/ZWERGER: Taschenbuch der angewandten Geophysik. Leipzig.
EVE/KEYS (1956): Applied geophysics. Cambridge.
KÖHLER (1958): Das refraktionsseismische Verfahren der angewandten Geophysik. Archiv techn. Messen, V 654–3.
MENZEL (1958): Seismische Aufschlußverfahren. Aus: HAALCK: Lehrbuch der angewandten Geophysik. Berlin. Bd. II.
GASSMANN/WEBER (1960): Einführung in die angewandte Geophysik. Bern.
LORENZ (1960): Grundbau-Dynamik. Berlin/Göttingen/Heidelberg.
MEISSER (1964): Praktische Geophysik. Dresden/Leipzig.

Einzelfragen und Beispiele:

FLEMMING (1943): Geophysikalische Vergleichsmessungen zur Baugrunduntersuchung im Gelände der Biggetalsperre. Dtsch. Wasserwirtschaft 38, S. 69.
LORENZ (1949): Die Anwendung des seismischen Bodenuntersuchungsverfahrens bei einem Talsperrenbau. Bautechnik-Archiv H. 3, S. 40.
SÜSSTRUNK (1953): Les procédés sismiques appliqués à l'étude du sous-sol en Suisse. Proc. III. Int. Conf. Soil Mech. Found. Eng. Zürich, Bd. I, S. 309.
SCHÄFFNER (1962): Verdichtungskontrolle eines Steinschüttdammes mit verschiedenen Verfahren. Mitt. Forschungsanst. Schiffahrt, Wasser- und Grundbau Berlin H. 6, S. 99.
MILITZER (1963): Entwicklung und Erprobung eines amplituden- und frequenzvariablen Bodenvibrators für nahseismische Untersuchungen. Freiberger Forschungshefte C 160.
LÜTKEHAUS (1964): Prüfung des Untergrundes mit dem Ingenieur-Seismographen MD 1. Straßenbautechnik 17, S. 1655.
Laboratoire Régional de Toulouse (1965): Matériel de sismique – réfraction Hunting F. S. 2. Bulletin de Liaison des Laboratoires Routiers Ponts et Chaussées Paris No. 13, S. 152.

1.313.2 Dynamische Untersuchung

Definition. Bei der dynamischen Bodenuntersuchung erzeugt man durch eine periodische Erregung ein stationäres Wellenfeld im Untergrund und beobachtet Geschwindigkeit und Art der Ausbreitung der erregten elastischen Wellen.

Der Zweck der Untersuchung besteht darin, Kenntnisse über den Aufbau und die Eigenschaften, insbesondere die elastischen, der oberen Bodenzone bei ungestörter Lagerung zu gewinnen. Mit Hilfe dieser Methode werden also – bedingt durch die Einwirkung des gesamten Baugrundes, soweit er von der Schwingungsenergie durchsetzt ist, auf das Meßergebnis — *mittlere* Werte für die resultierenden Kennziffern erhalten.

Für genaue Aussagen über die Natur des im Untergrund unter einer periodischen Erregung erzeugten Wellenfeldes bedarf es noch eingehender theoretischer Untersuchungen. Der heutige Wissensstand, soweit er theoretisch gesichert und zum Verständnis der Auswertungsmethoden erforderlich ist, läßt sich kurz wie folgt umreißen.

Unter einer periodischen Erregung (mit lotrechter Schwingungsrichtung) entstehen im unendlichen, *homogenen* Halbraum zusätzlich zu den longitudinalen und transversalen Raumwellen noch Wellen, die vorwiegend an die Oberfläche gebunden sind und deswegen auch *Oberflächenwellen* („Raleigh-*Wellen*") genannt werden. Sie stellen eine Kombination von Kompressions- und Scherungswellen dar. Die Bodenteilchen führen dabei elliptisch polarisierte Schwingungen, deren Amplituden nach der Tiefe zu schnell abklingen, senkrecht zur Wellenfortpflanzungsrichtung aus.

Im *geschichteten* Halbraum gibt es eine weitere Oberflächenwelle („Love-*Welle*"). Dabei weisen die Bodenteilchen nur transversale Verschiebungen in einer Ebene parallel zur Oberfläche auf. Zusätzlich tritt *Dispersion* auf, d. h., beide Oberflächenwellentypen zeigen eine Abhängigkeit der Ausbreitungsgeschwindigkeit von der Frequenz.

Bei stationärer Erregung entsteht also bereits im ungeschichteten Halbraum ein Gemisch aus verschiedenen Wellen. Untersuchungen (Miller/Pursey 1955) ergaben, daß der Hauptteil der in den Wellen transportierten Energie auf Oberflächenwellen entfällt und nur geringe Beträge in Raumwellen umgesetzt werden, wobei der kleinste Anteil auf die Longitudinalwellen entfällt. Durch das gleichzeitige Auftreten dieser verschiedenen Wellen gleicher Frequenz kommt es zur Überlagerung von Wellenzügen. Es treten Interferenzerscheinungen auf, die die Form der Laufzeit- und Amplitudenkurve weitgehend beeinflussen. Im geschichteten Untergrund wird die Interferenz durch das Auftreten weiterer Wellen (an Schichtgrenzen reflektierte und refraktierte Wellen, Love-Wellen) noch verstärkt.

Im bisher betrachteten elastischen Halbraum findet dabei keine irreversible Umwandlung der Energie der elastischen Wellen in andere Energieformen statt. Im Gegensatz dazu wird beim Durchgang einer Welle durch den nur teilweise elastischen Baugrund stets ein Teil der Energie absorbiert. Dies macht sich in einer zusätzlichen Amplitudenabnahme entlang des von der Welle zurückgelegten Wegs bemerkbar. Der absorbierte Energiebetrag stellt ein Maß für das Abweichen des tatsächlichen Verhaltens des Bodens von einem rein elastischen Verhalten dar.

Unter Berücksichtigung dieser Eigenschaften des stationären Wellenfeldes sind Verfahren entwickelt worden, aus Schwingungsmessungen an der Oberfläche Rückschlüsse auf die Eigenschaften des Baugrundes zu ziehen. Dazu müssen jedoch stets gewisse Annahmen über den Ausbreitungsmechanismus der Wellen getroffen werden. Dementsprechend sind die Ergebnisse mit Fehlern behaftet, deren Größe davon abhängt, wie weit die angenommenen von den wirklichen Verhältnissen abweichen.

Gerät. Zur periodischen Erregung des Untergrundes wird eine Schwingungsmaschine (Schwinger) benutzt, die auf mechanischem oder elektrischem Wege lotrechte Erregerkräfte regelbarer Frequenz und Amplitude erzeugt.

Die bei der Degebo, Berlin, bei der das Verfahren gemeinsam mit dem Geophysikalischen Institut der Universität Göttingen vom Jahre 1930 ab entwickelt wurde, benutzte Schwingungsmaschine (Grundfläche 1 m^2, Gewicht max. 2,8 t, durch Zusatzplatten veränderlich) stellt die Grundform eines mechanischen Schwingers dar. Sie enthält zwei parallele gegenläufige Wellen, die an jedem Ende Scheiben mit radial verstell- und austauschbaren Exzentergewichten tragen. Ein sinusförmiger Verlauf der Erregerkraft wird durch zweckmäßige Phasenkombination der durch die exzentrischen Massen hervorgerufenen Fliehkräfte erreicht (Abb. 37). Die Fliehkraft – und damit die Erregerkraft – ist dem Quadrat der

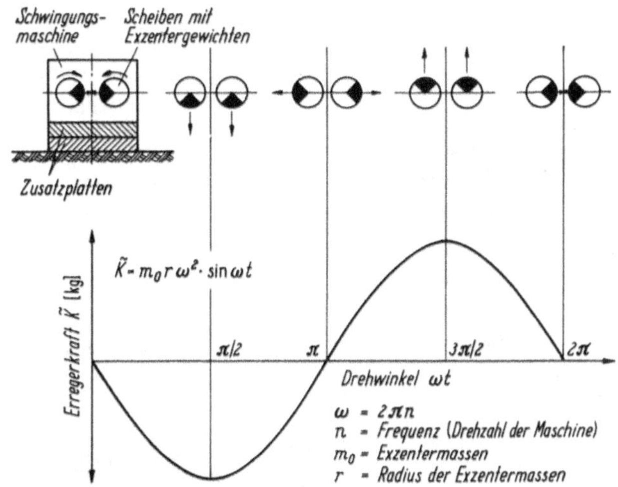

Abb. 37. Anordnung der Exzenter der Schwingungsmaschine für lotrechte Erregerkräfte.

Bei $\omega t = 0$
und $\omega t = 2\pi$: $\Sigma V = 0$, $\Sigma H = 0$;
bei $\omega t = \pi/2$: $\Sigma V = m_0 r \omega^2$, $\Sigma H = 0$;
bei $\omega t = \pi$: $\Sigma V = 0$, $\Sigma H = 0$;
bei $\omega t = 3\pi/2$: $\Sigma V = -m_0 r \omega^2$, $\Sigma H = 0$.

Umdrehungszahl proportional. Der obere Grenzwert der Drehzahl ist durch die Konstruktion des Schwingers und durch die Bedingung, daß die Fliehkraft das Eigengewicht nicht übersteigen darf, festgelegt. Moderne Bauformen weisen ein Gewicht von 100 bis 3000 kg, einen Arbeitsbereich von 3 bis 75 Hz und maximale Fliehkräfte bis 2000 kg auf.

Abb. 38. Einrichtung für die dynamische Bodenuntersuchung (Bundesanstalt für Straßenbau, Köln).

Neben diesen zweiwelligen Schwingertyp treten weitere Bauarten, wie der dreiwellige Typ des Zentrallaboratoriums der Shell, Amsterdam, ein Schwinger mit gekreuzten Halbachsen und Kegeltrieb (Schumann 1953) sowie ein Kippplattenschwinger (Bergström Linderholm 1946).

Der Antrieb erfolgt heute meist über einen Gleichstrommotor, was den Vorteil einer einfachen und stufenlosen Drehzahlregelung mit Hilfe eines Regelanlassers bietet. Der erforderliche Strom wird über einen Gleichrichter dem Netz entnommen oder von einem Gleichstromaggregat geliefert. Größe und

Gewicht des Schwingers und der Zusatzgeräte erfordern zum Transport meist einen Lastwagen oder Spezialanhänger (Abb. 38).

Der wesentliche Nachteil der mechanischen Schwinger ist neben ihrem großen Gewicht das geringe Auflösungsvermögen: Bei einer Frequenz von 50 Hz und einer Ausbreitungsgeschwindigkeit der Wellen im Untergrund von 100 bis 1000 m/s ergeben sich Wellenlängen von 2 bis 20 m. Bodenschichten mit einer Mächtigkeit von weniger als 2 bis 20 m können also bei der dynamischen Untersuchung nicht erfaßt werden. Dieser Nachteil wird durch Schwinger neuerer Bauart, die nach dem elektrodynamischen oder elektromagnetischen Prinzip arbeiten, behoben. Sie werden von einem Tonfrequenzgenerator über einen Kraftverstärker gesteuert und arbeiten – bei regelbarer Kraftamplitude – in einem Frequenzbereich von 20 bis 5000 Hz.

In dem vom Schwinger erzeugten Wellenfeld werden an den gewählten Beobachtungspunkten die Schwingungen von Bodenteilchen möglichst vollständig aufgenommen. Dazu dient eine Meßapparatur, wie sie allgemein bei der seismischen Bodenuntersuchung (Kap. 1.313.1) beschrieben ist. An die Stelle der den speziellen Auswertemethoden der Seismik angepaßten Geophone treten hier Schwingungsaufnehmer (*Absolutgeber*), wie sie auch zur Schwingungsmessung an Bauwerken und Maschinenteilen eingesetzt werden (Abb. 39, 40). Sie arbeiten nach dem gleichen Prinzip – Umwandlung der Relativbewegung zwischen Gehäuse und ruhender Masse in eine weg- oder geschwindigkeitsproportionale elektrische Wechselspannung –, sollen aber möglichst mehrere Schwingungskomponenten messen können. Liefert der Aufnehmer eine geschwindigkeitsproportionale Spannung, so muß zwischen Aufnehmer und Meßgerät ein Integrationsgerät (Abb. 41) geschaltet werden. Besonders hohe Anforderungen müssen an die Phasentreue und Verzerrungsfreiheit der Wiedergabe im Arbeitsfrequenzbereich gestellt werden. Dies läßt sich im allgemeinen durch eine Tiefabstimmung und eine dem Gebersystem angepaßte Dämpfung erreichen.

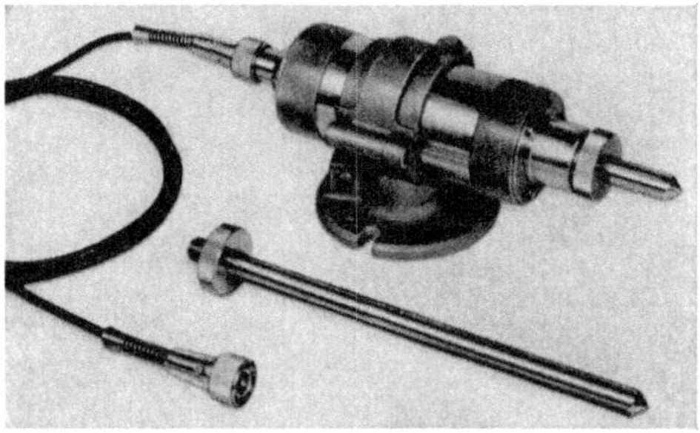

Abb. 39. Elektrodynamischer Schwingungsaufnehmer der Deutschen Philips GmbH zur Absolutmessung mechanischer Schwingungen.

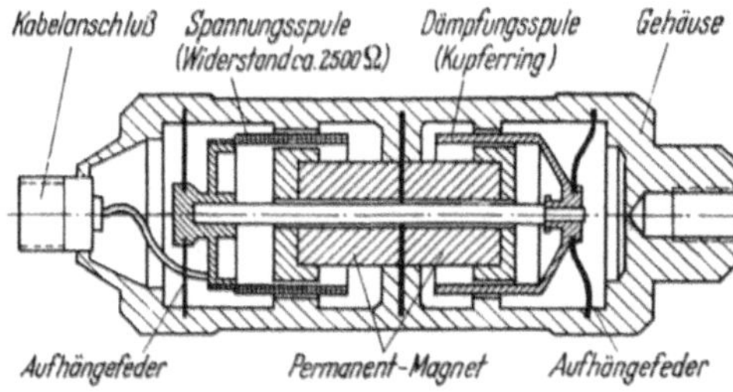

Abb. 40. Elektrodynamischer Schwingungsaufnehmer der Deutschen Philips GmbH im Schnitt.

Abb. 41. Elektrisches Integrations- und Differentiationsgerät (Amplitudeneichgerät) der Deutschen Philips GmbH.

Zur Registrierung werden neuerdings auch Geräte, die in Trockenschrift auf unpräpariertes Papier sofort sichtbare Aufzeichnungen liefern, herangezogen.

Oft genügt auch schon eine Auswertung der vom Schwingungsaufnehmer abgegebenen Wechselspannung auf dem Schirm eines Kathodenstrahloszillographen. Auf einem Zweistrahloszillographen kann die Phasenlage von zwei Schwingungsbildern besonders gut beobachtet werden.

Die Phase der Erregung, die zur Messung der Ausbreitungsgeschwindigkeit der Welle herangezogen werden kann, wird ebenfalls registriert. Zu ihrer Anzeige kann beispielsweise auf eine Schwingerwelle eine kleine Zusatzmasse angebracht werden, deren Durchgang durch das Feld eines entsprechend angebrachten elektromagnetischen Gebers in der Aufzeichnung eine Ablenkung hervorruft.

Vorgang. Die Schwingungsaufnehmer werden auf verschiedenen, vom Schwinger ausgehenden Meßprofilen im gleichen Abstand vom Schwinger aufgestellt und

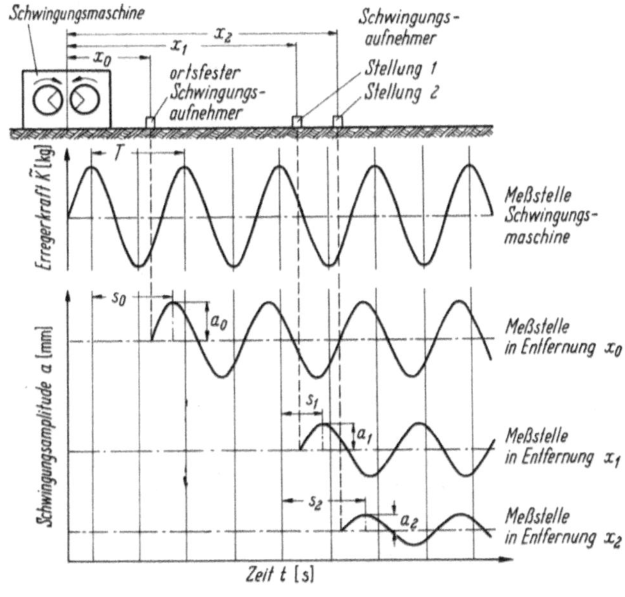

Abb. 42. Versuchsanordnung bei der dynamischen Bodenuntersuchung. T Schwingungsdauer; s Phasenverschiebung.

nach einer Messung gleichzeitig schrittweise bis zu einer Höchstentfernung, die von der Größe der vom Schwinger abgegebenen Energie abhängt, versetzt. Der Abstand zwischen den einzelnen Meßpunkten soll allgemein nicht größer als etwa eine halbe Wellenlänge λ, die je nach Frequenz und Bodenart wenige Meter bis einige zehn Meter beträgt, sein. Sobald der Schwinger mit einer bestimmten Drehzahl n läuft, werden die von den einzelnen Schwingungsaufnehmern abgegebenen Spannungen registriert oder nacheinander auf dem Oszillographen ausgewertet. Bei konstanter Drehzahl des Schwingers wird die gesamte Profillänge ausgemessen und anschließend die Untersuchung mit mindestens fünf Frequenzen wiederholt.

Da man die Drehzahl des Schwingers beliebig lange konstant halten kann, kommt man in einfachen Fällen bei der dynamischen Bodenuntersuchung besser als bei der seismischen mit wenigen, äußerstenfalls mit nur einem Schwingungsaufnehmer aus. Abb. 42 zeigt schematisch einen solchen Meßvorgang mit den dazugehörigen Schwingungsbildern eines Aufnehmers in verschiedenen Stellungen.

Meßgrößen. Registriert werden Amplitude und Phase der Schwingung eines Bodenteilchens in den gemessenen Entfernungen x vom Schwingerstandort unter der *dominierenden Welle* (Abb. 43). Über die Natur dieser Welle herrscht noch keine endgültige Klarheit, jedoch vermuten verschiedene Forscher (KARUS/PASEČNIK 1955), daß es sich um eine Oberflächenwelle handelt. Ihre Fortpflanzungsgeschwindigkeit liegt im Bereich der Geschwindigkeit von Transversal- und RALEIGH-Welle, die sich in der Geschwindigkeit jedoch nicht sehr unterscheiden.

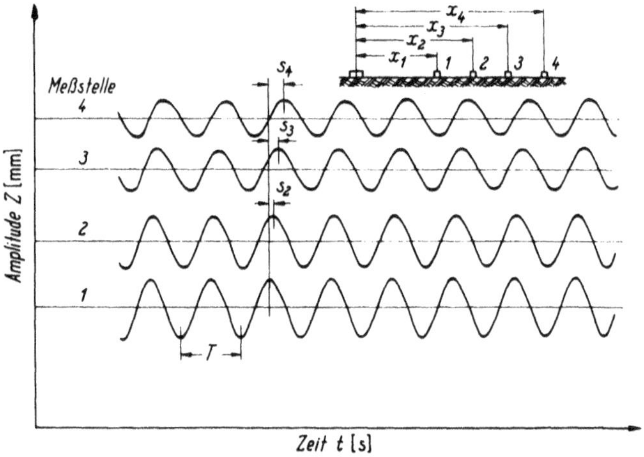

Abb. 43. Aufzeichnung einer dynamischen Bodenuntersuchung für vier Meßstellen.

Die Longitudinalwellen, die schneller laufen und die bei der seismischen Bodenuntersuchung ausgewerteten „*ersten Einsätze*" ergeben, spielen in dieser zusammengesetzten Welle keine bedeutende Rolle. Der Anteil von LOVE-Wellen am stationären Wellenfeld im geschichteten Untergrund ist noch unbekannt.

Festgehalten wird außerdem die Phase der Erregung oder das Schwingungsbild eines auf dem Meßprofil in der Nähe des Schwingers ortsfest aufgestellten Aufnehmers.

Auftragungen. Die in verschiedenen Entfernungen von der Erregung aufgenommenen Schwingungen unterscheiden sich voneinander durch ihre Phasenverschiebung. Mit Hilfe der Phasenverschiebung wird die „*Phasenlaufzeitkurve*", aus der die Wellenfortpflanzungsgeschwindigkeit bestimmt werden kann, und mit Hilfe der Amplituden die „*Amplitudenkurve*" aufgetragen.

Die Phasenverschiebung kommt in der unterschiedlichen Entfernung s einer kennzeichnenden Schwingungsphase (z.B. Scheitel) von der Markierung der Erregerphase oder des Scheitels des ortsfesten Schwingungsaufnehmers zum Ausdruck (Abb. 42). Der Abstand T zwischen zwei Markierungen der Erregerphase entspricht der Schwingungsperiode $\frac{1}{n}$ in Sekunden für eine volle Umdrehung der Schwingerwelle bei der Drehzahl n. Daraus ergibt sich an den einzelnen Meßpunkten die Verschiebung der kennzeichnenden Schwingungsphase zu: $t = \frac{s_x}{T n}$. Sie wird über der Entfernung x aufgetragen und ergibt die Phasenlaufzeitkurve (Abb. 44 und 47). Richtige Ergebnisse erhält man aber nur dann, wenn die einzelnen Meßpunkte so dicht aneinander liegen, daß nicht etwa eine Wellenlänge übersprungen wird. Dadurch erklärt sich die Forderung nach einem engen Abstand der Meßpunkte (kleiner als eine halbe Wellenlänge λ).

Die Ausbreitungsgeschwindigkeit der Welle kann auch durch Vergleich der Schwingungsbilder des ortsfesten und des längs des Meßprofils verschobenen Schwingungsaufnehmers auf einem Kathodenstrahloszillographen bestimmt werden. Bei einer Phasenverschiebung von π zwischen den beiden Schwingungsbildern entspricht der Abstand der Geber einer halben Wellenlänge.

Die Auftragung der Amplituden a in Abhängigkeit von der Entfernung x der Meßstellen liefert eine Kurve, die bei homogenem Untergrund mit der Entfernung

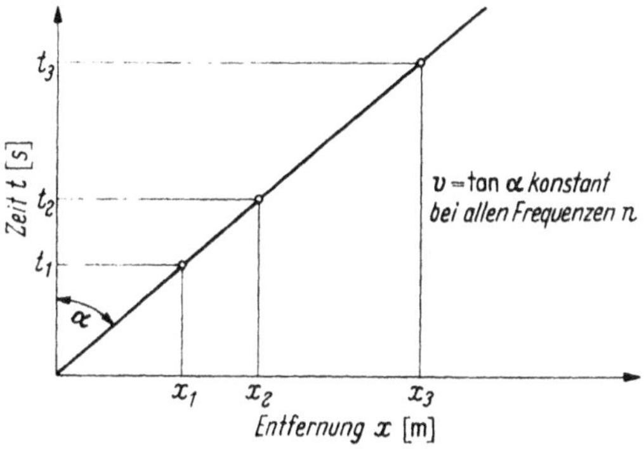

Abb. 44. Laufzeitkurve bei homogenem Untergrund.

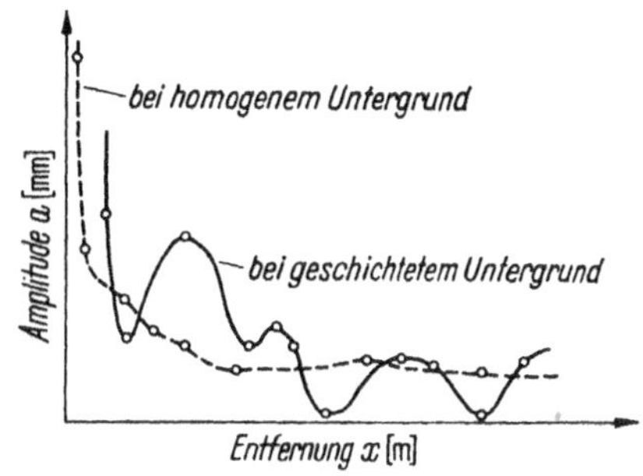

Abb. 45. Amplitudenkurve bei homogenem und bei geschichtetem Untergrund.

vom Schwinger nach einer e^{-kx}-Funktion abnimmt, wobei k den Absorptionskoeffizienten des Baugrundes darstellt (Abb. 45). Für den flächenhaften Ausbreitungsvorgang der Oberflächenwelle gilt:

$$a = a_0 \left(\frac{x_0}{x}\right)^{\frac{1}{2}} e^{-k(x - x_0)} \quad \text{(cm)}, \qquad (14)$$

a Schwingungsamplitude in der Entfernung x vom Erregerzentrum,
a_0 Schwingungsamplitude in der Entfernung x_0 (willkürlich wählbarer Bezugspunkt),
k Absorptionskoeffizient, frequenzabhängig (s. Kap. 1.314.2).

Bei inhomogenem Untergrund machen sich Interferenzerscheinungen bemerkbar (Abb. 45).

Bei jeder Laufzeit und Amplitudenkurve muß die Erregerfrequenz angegeben werden.

Kennziffern. Die Laufzeitkurve ist auf homogenem Boden eine gerade Linie, deren Neigung α gegen die Zeitachse der Fortpflanzungsgeschwindigkeit v der dominierenden Welle entspricht. Sie kann aber auch bei geschichteten Böden unter bestimmten Verhältnissen geradlinig verlaufen, also einen homogenen Untergrund vortäuschen. Es hängt dies von dem Verhältnis der Wellenlänge λ zur Schichtstärke ab (Lorenz 1948). Aus diesem Grunde muß bei der dynamischen Bodenuntersuchung stets mit mehreren Frequenzen gearbeitet werden. Ergeben sich bei allen Frequenzen gerade Laufzeitkurven mit gleicher Neigung, so ist tatsächlich nur eine einzige Bodenart vorhanden.

Auswertung hinsichtlich der Bodenschichtung. Bei geschichteten Böden ist die Laufzeitkurve der dynamischen Bodenuntersuchung in ähnlicher Weise wie bei seismischen Messungen gebrochen (Abb. 46), wenn die Wellenlänge λ kleiner als die Schichtstärke ist. Allerdings bilden sich ihre Schnittpunkte nicht so scharf aus, so daß man wohl eine zweite Schicht erkennen, jedoch nicht in allen Fällen deren Tiefenlage oder Stärke angeben kann (Giese 1957). Die Interferenz zwischen den Wellen an der Oberfläche und längs der Schichtgrenze bewirkt kleine Schwingungen um die Laufzeitgerade (Abb. 46) und mehrere Größt- und Kleinstwerte der Amplitudenkurve (Abb. 45).

Bei nicht homogenem Boden können sich auch nahezu ungebrochene Laufzeitkurven ausbilden. Jedoch erhält man infolge der Dispersion der Oberflächen-

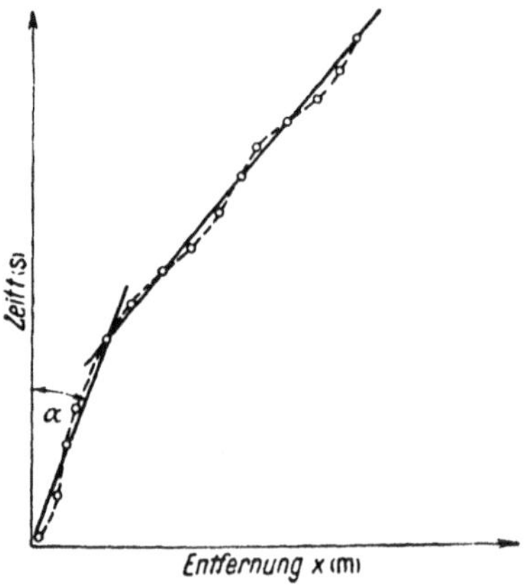

Abb. 46. Laufzeitkurve bei geschichtetem Untergrund und konstanter Frequenz.

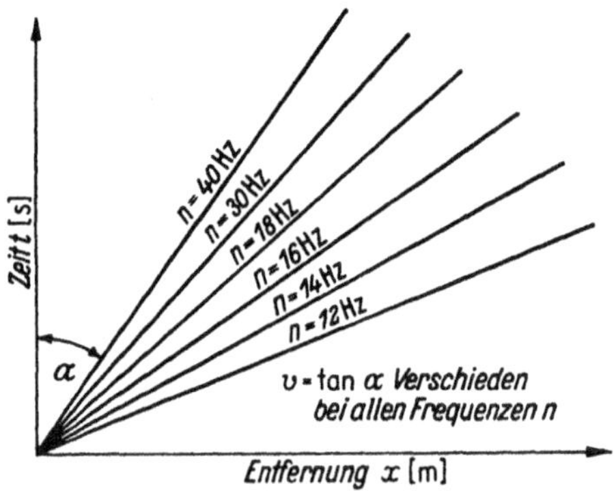

Abb. 47. Laufzeitkurven bei geschichtetem Untergrund und verschiedenen Frequenzen.

wellen für jede Frequenz eine andere Ausbreitungsgeschwindigkeit v der Wellen (Abb. 47). Aus der Abhängigkeit der Geschwindigkeit von der Frequenz läßt sich die Tiefenlage der unteren Schichten errechnen. Der Auswertung wird im allgemeinen das *Dispersionsgesetz* von LOVE, das den funktionalen Zusammenhang zwischen der Geschwindigkeit der LOVE-Wellen und der Frequenz darstellt, zugrunde gelegt. Es lautet für den Fall von zwei Schichten:

$$\tan 2\pi n \frac{d_s}{v} \sqrt{\frac{v^2}{v_1^2} - 1} = \frac{v_2^2}{v_1^2} \sqrt{\frac{1 - \frac{v^2}{v_2^2}}{\frac{v^2}{v_1^2} - 1}}\,, \tag{15}$$

n Drehzahl der Maschine,
v bei der Drehzahl n gemessene Ausbreitungsgeschwindigkeit,
v_1 Ausbreitungsgeschwindigkeit in der oberen Schicht,
v_2 Ausbreitungsgeschwindigkeit in der unteren Schicht,
d_s Schichtstärke der oberen Schicht.

In Gl. (15) sind die Drehzahl n bei den verschiedenen Messungen und die dabei gewonnene Ausbreitungsgeschwindigkeit v bekannt. Zur Ermittlung von v_1 und v_2 trägt man die zu den einzelnen Drehzahlen (Frequenzen) n zugehörigen Ausbreitungsgeschwindigkeiten v auf und erhält so die „*Dispersionskurve*" (Abb. 48), die sich bei hohen Frequenzen einer Geschwindigkeit v_1 und bei niedrigen Frequenzen einer Geschwindigkeit v_2 nähert. Die Geschwindigkeit v_1 ist durch Anwendung hoher Drehzahlen leicht zu erreichen. v_2 läßt sich dagegen nicht so einfach gewinnen, da der Arbeitsbereich des Schwingers zu niedrigen Drehzahlen hin begrenzt ist und die für die Messung erforderlichen Frequenzen bereits recht klein sind.

Die Schichtstärke d_s wird gefunden, indem man v_1 und v_2 so gut wie möglich als Asymptoten der Dispersionskurve entnimmt und damit d_s für verschiedene

Wertepaare n und v nach Gl. (15) berechnet. Streuen die mit der Anzahl der Messungen übereinstimmenden Werte für d_s wenig, so sind v_1 und v_2 genügend

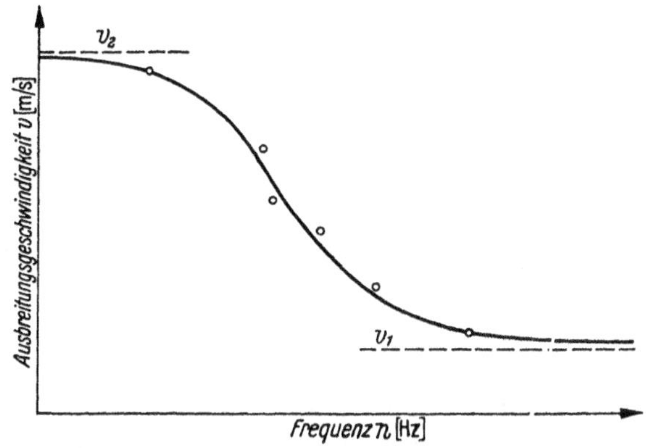

Abb. 48. Dispersionskurve bei einfach geschichtetem Untergrund.

genau aus der Dispersionskurve entnommen, und die Bestimmung der Schichtstärke ist zuverlässig. Stimmen die Werte d_s nicht ausreichend überein, muß die Rechnung mit neuen Werten von v_1 und v_2 wiederholt werden.

Für den Sonderfall, daß die untere Schicht sehr viel fester als die obere, d. h. v_2 groß gegenüber v_1 ist, nimmt das Dispersionsgesetz (RAMSPECK/SCHULZE 1938) die Form an:

$$v = \frac{4\, n\, v_1\, d_s}{\sqrt{16\, n^2\, d_s^2 - v_1^2}} \quad \text{(m/s)}. \tag{16}$$

Es wird dann:

$$d_s = \frac{\dfrac{v}{4\,n}}{\sqrt{\dfrac{v^2}{v_1^2} - 1}} \quad \text{(m)}. \tag{17}$$

Für diesen Sonderfall gibt FÖRTSCH (1954) auch ein Dispersionsgesetz für die RALEIGH-Wellen an.

Eine andere Möglichkeit zur Bestimmung der Schichtstärke besteht in der Auswertung von Interferenzerscheinungen (Abb. 45), wobei die Änderungen des Abstands zweier aufeinanderfolgender Maxima oder Minima bei verschiedenen Frequenzen benutzt werden (RAMSPECK 1936). Die Interferenzerscheinungen sind jedoch schon in einfachen Fällen bei Annahme der Überlagerung von nur zwei Wellenzügen kompliziert; die Auswertung ist daher recht problematisch. Zweckmäßig und sicherer ist im allgemeinen die Benutzung der Dispersionskurve.

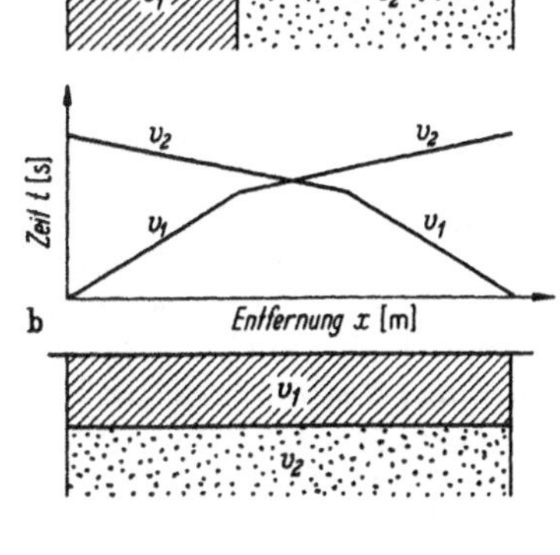

Abb. 49a u. b. Unterscheidung senkrechter und waagerechter Schichtung durch Rückwärtsmessen.
a) Senkrechte Schichtgrenze; b) waagerechte Schichtgrenze.

In gleicher Weise wie bei der seismischen Bodenuntersuchung werden die Profile von beiden Endpunkten aus durchgemessen, um die Neigung der Schichtgrenze aufzunehmen und eine senkrechte oder waagerechte Lage der Schichtung, die bei einfacher Messung beide auf gebrochene Laufzeitkurven führen können, auseinanderzuhalten. Eine senkrechte Schichtung wird durch die gleiche Lage des Knicks der Gegenlaufzeitkurve bei umgekehrter Reihenfolge der Geschwindigkeiten angezeigt (Abb. 49).

Die Neigung γ der Schichtgrenze ist:

$$\tan\gamma \simeq \frac{v_2 - v_2''}{v_2}. \quad (18)$$

Die wirkliche Geschwindigkeit in der unteren Schicht ist mit genügender Genauigkeit:

$$v_2 \simeq \sqrt{v_2' v_2''} \quad \text{(m/s)}, \quad (19)$$

v_2' scheinbare Geschwindigkeit bei aufwärts gerichteter Messung,
v_2'' scheinbare Geschwindigkeit bei abwärts gerichteter Messung.

Auswertung hinsichtlich der Bodenkennziffern. Die Fortpflanzungsgeschwindigkeit der longitudinalen und der transversalen Raumwelle hängt, wie aus den Gln. (4) und (5) hervorgeht, nur von den elastischen Konstanten E, m und der Dichte ϱ ab. Nach Bestimmung von ϱ an Hand einer ungestört entnommenen Probe lassen sich bei Kenntnis der Wellengeschwindigkeiten v_T und v_L Mittelwerte von E und m für die vorliegende Bodenart bestimmen. Aus dynamischen Untersuchungen werden aber nicht direkt v_T und v_L gewonnen, da die auftretenden Wellen keine reinen Kompressions- und Scherungswellen sind. Von GIESE (1957) stammt ein Verfahren, v_T und v_L aus der Geschwindigkeit der bei dynamischen Bodenuntersuchungen verwendeten Wellen zu bestimmen. Dabei ergibt sich durch Umformung der Gl. (5):

$$G = \varrho\, v_T^2 \quad \text{(kg/cm}^2\text{)}$$

und mit Hilfe der aus der Elastizitätstheorie stammenden Beziehung:

$$E = \frac{2G(m+1)}{m} \quad \text{(kg/cm}^2\text{)}, \quad (20)$$

weiter:

$$E = \frac{3v_L^2 v_T^2 - 4v_T^2}{v_L^2 - v_T^2} \quad \text{(kg/cm}^2\text{)}, \quad (21)$$

sowie:

$$m = \frac{v_L^2 - 2v_T^2}{2v_L^2 - 2v_T^2}, \quad (22)$$

G Schubmodul,	ϱ Dichte $= \gamma/g$,
E Elastizitätsmodul,	γ Raumgewicht,
m POISSON-Zahl,	g Erdbeschleunigung.

Die benutzten Gleichungen setzen allerdings ein mindestens teilweise elastisches Verhalten des Materials voraus, gelten also nur in nicht- oder nur schwachbindigen Böden und in Gesteinen.

Zahlenwerte. Für die Geschwindigkeit der Oberflächenwellen v ergaben sich aus Messungen die Werte nach Tab. 8.

Es ist jedoch zu beachten, daß im geschichteten Untergrund die Wellen Dispersion zeigen. Die Wellenfortpflanzungsgeschwindigkeit hängt deshalb in solchen Fällen auch von der Frequenz und der Lage der Schichtgrenzen im Boden ab. Einer Verwendung der Fortpflanzungsgeschwindigkeit der von einem Schwinger erzeugten Wellen als Bodenkennziffer stehen deshalb beträchtliche Schwierigkeiten entgegen.

Tabelle 8. *Fortpflanzungsgeschwindigkeit der Oberflächenwellen bei der dynamischen Bodenuntersuchung*

Bodenart	v (m/s)
Sande, je nach Beschaffenheit	100—250
Sand und Kies	180—550
Lehm	150—200
Tone, je nach Wassergehalt	120—700
Keupersandstein, verwittert	250
Buntsandstein, unverwittert	1100

Fehler. Außer den bereits bei den seismischen Untersuchungen aufgeführten Einflüssen tritt bei der dynamischen Untersuchung als mögliche Fehlerquelle hinzu, daß die aufgezeichneten Schwingungen selten einen rein sinusförmigen Verlauf aufweisen und deshalb vor einer Auswertung erst einer FOURIER-Analyse unterzogen werden müssen. In diesem Fall weisen auch die über ein Integrationsgerät gewonnenen Meßergebnisse meist beträchtliche Fehler auf. Streuungen der Meßwerte verursachen ferner die Frequenzschwankungen der Erregermaschine; mit einem größeren apparativen Aufwand sind diese allerdings vermeidbar.

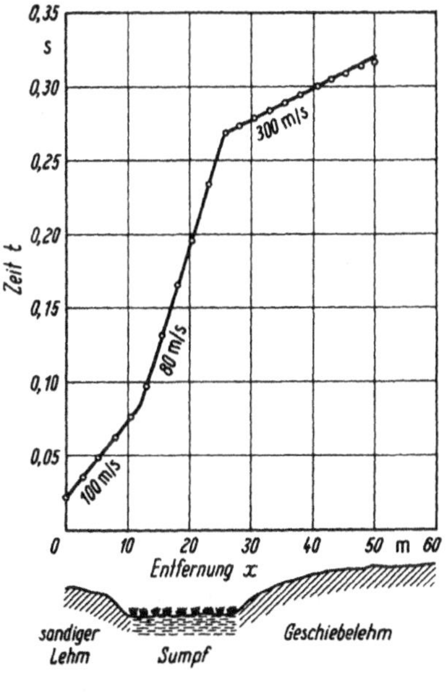

Abb. 50. Gebrochene Laufzeitkurve infolge eines versumpften Wasserlaufs in sonst homogenem Untergrund.

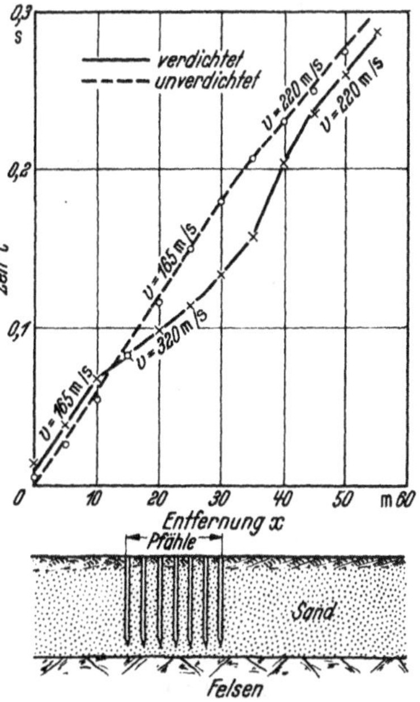

Abb. 51. Laufzeitkurven in unverdichtetem und in durch FRANKI-Pfähle verdichtetem Untergrund.

Die Bestimmung der Wellengeschwindigkeit ist infolge dieser unvermeidbaren Versuchsfehler auf etwa ± 5 m/s beschränkt, d. h. für praktische Aufgaben recht genau. Dasselbe gilt für die Bestimmung der elastischen Bodenkennziffern, die ja in erster Linie von der Geschwindigkeitsmessung abhängig sind. Die Ermittlung von Schichtgrenzen dagegen ist nur in einfachen Fällen zuverlässig. Kontrollbohrungen bei insgesamt 18 Vergleichsmessungen in den verschiedensten Böden ergaben bei 12 eine befriedigende Übereinstimmung zwischen Beobachtung und Rechnung einerseits und Bohrergebnis andrerseits (RAMSPECK/SCHULZE 1938).

Bei mehrfach geschichteten Böden ist eine genaue Auswertung ohne Kontrollbohrungen sehr schwer, oft sogar unmöglich. Die Anwendung des Verfahrens und die Auswertung der Ergebnisse setzen in jedem Fall große Erfahrung voraus.

Verwendung. Der wichtigste Verwendungszweck des dynamischen Verfahrens ist die Untersuchung eines größeren Baugeländes auf Ungleichmäßigkeiten, wie z. B. auf das Vorhandensein von Einlagerungen. Aus Knicken in der Laufzeitkurve kann das Vorkommen weicherer oder festerer Schichten in sonst homogenem Boden schnell und mit scharfer Abgrenzung erkannt werden. So wurde z. B. ein versumpfter Wasserlauf in sonst gutem Baugrund festgestellt (Abb. 50) und der

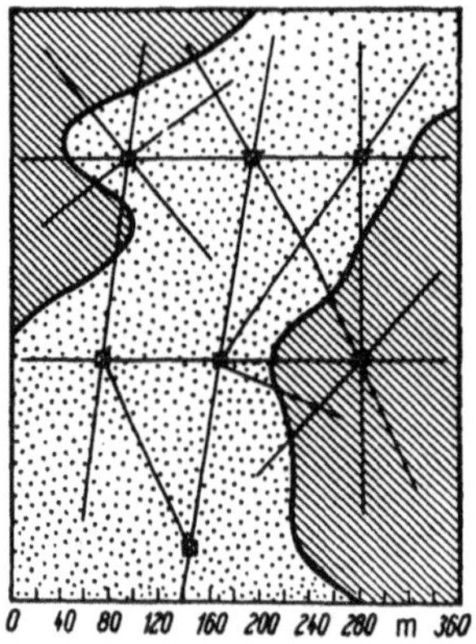

Abb. 52. Durch Vorwärts- und Rückwärtsmessungen von mehreren Standpunkten aus festgestellte Schichtgrenzen.

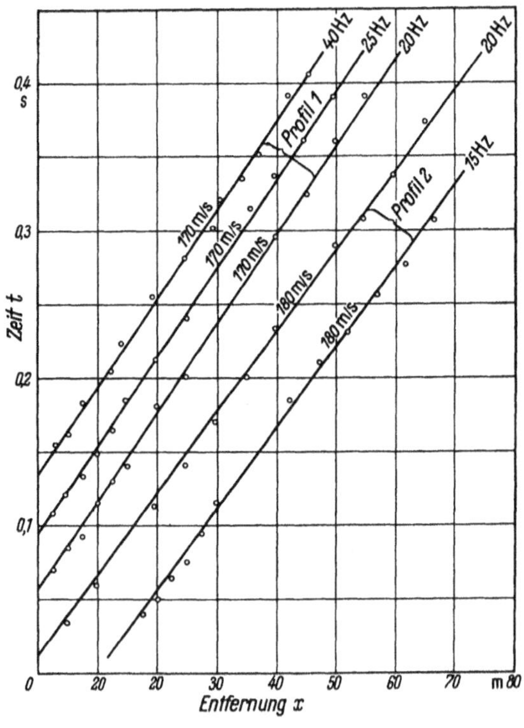

Abb. 53. Laufzeitkurven einer dynamischen Bodenuntersuchung.

Bereich eines künstlich durch Eintreiben von Pfählen verfestigten Bodens umgrenzt (Abb. 51). Dabei läßt sich durch zweckmäßige Auswahl der Maschinenstandorte eine Unterteilung des Baugeländes nach gutem und schlechtem Baugrund im Grundriß erreichen (Abb. 52). Für die Bestimmung der Art und Stärke der Bodenschichten, insbesondere für die Ermittlung von Schichtgrenzen, ist das Verfahren dagegen weniger geeignet. Die Unsicherheit bei der Interpretation der Meßergebnisse und der große apparative Aufwand führen dazu, daß das dynamische Verfahren für solche Zwecke immer mehr durch seismische Verfahren ersetzt wird.

Beispiel. Für die Gründung eines Speichers sollte der Baugrund dynamisch untersucht und ein Überblick über seine Eignung zur Aufnahme der vorgesehenen Höchstbelastung von 2,6 kg/cm² geliefert werden.

Die Ausbreitungsgeschwindigkeit wurde an zwei Profilen gemessen, die sich diagonal über das Baugelände erstreckten. Die Meßpunkte hatten Abstände von 5 m, in größerer Entfernung vom Schwinger Abstände von 10 m. Bei dem einen Profil wurde mit drei verschiedenen, bei dem anderen mit zwei verschiedenen Frequenzen gearbeitet (Abb. 53).

Die Ergebnisse stimmten auf beiden Strecken genau überein. Alle Laufzeitkurven waren Geraden ohne Knickpunkte mit nahezu gleicher Neigung (Abb. 53). Hieraus ging hervor, daß der Boden überall unter der zu bebauenden Fläche bis in größere Tiefen gleichmäßig gelagert war. Die gemessenen Geschwindigkeiten lagen zwischen 170 und 180 m/s und entsprechen den Werten, die in Sandboden mittlerer Korngröße und normaler Lagerungsdichte auftreten, für den Belastungen von 2,5 bis 3,0 kg/cm² zugelassen werden. Nachdem durch eine Bohrung bestätigt wurde, daß der Untergrund aus Sand bestand, wurde die vorgesehene Bodenpressung von 2,6 kg/cm² für zulässig erklärt.

Literatur

Theoretische Grundlagen:

Hertwig/Früh/Lorenz (1933): Die Ermittlung der für das Bauwesen wichtigsten Eigenschaften des Bodens durch erzwungene Schwingungen. Mitt. Degebo H. 1.
Ramspeck (1936): Die Interferenz elastischer Wellen im Untergrund. Mitt. Degebo H. 4, S. 17.
Ramspeck (1937): Wendepunkte in der Laufzeitkurve sinusförmiger Wellen. Ztschr. Geophysik 13, S. 1.
Ramspeck/Schulze (1938): Die Dispersion elastischer Wellen im Boden. Mitt. Degebo H. 6.
Förtsch (1954): Deutung von Dispersions- und Absorptionsbeobachtungen an Oberflächenwellen. Gerl. Beitr. Geophysik 63/1, S. 16.
Karus/Pasečnik (1955): Über die Natur der elastischen Wellen, die in realen Medien durch eine harmonische Quelle erzeugt werden (in russisch). Izv. Akad. Nauk SSSR, Ser. Geofiz. 2, S. 89.
Miller/Pursey (1955): On the partition of energy between elastic waves in a semi-infinite soil. Proc. Roy. Soc. London (A) 233, S. 55.
Smoltczyk (1955): Zusammenfassende Darstellung des Standes von Wissenschaft und Technik der dynamischen Baugrunduntersuchung. Fortschr. u. Forsch. im Bauwesen, Reihe D, H. 25.
Bernhard (1958): A study of soil wave propagation. Proc. Highway Res. Board 37.
— (1959): On determination of dynamic characteristics of soil in situ. Am. Soc. Test. Mat. Spec. Techn. Publ. No. 254.
Bornmann (1959): Grundlagen und Auswerteverfahren der dynamischen Baugrundseismik. Freiberger Forschungshefte C 65.
Lorenz (1960): Grundbau-Dynamik. Berlin/Göttingen/Heidelberg.
Schumann (1960): Die Berechnung der Deckenschichtmächtigkeit aus einer dynamischen Baugrunduntersuchung bei tiefenproportionalem Schubmodul. Bauingenieur 35, S. 167.

Einzelfragen und praktische Anwendung:

Hertwig (1931): Die dynamische Bodenuntersuchung. Bauingenieur 12, S. 457.
Köhler/Ramspeck (1936): Die Anwendung dynamischer Baugrunduntersuchungen. Mitt. Degebo H. 4.
Ramspeck (1939): Anwendung dynamischer Bodenuntersuchungen auf einige Aufgaben der Baugrundforschung. VDI-Ztschr. 83, S. 493.
Hertwig (1941): Baugrunduntersuchungen ausgedehnter Baustellen für Industrie- und Verkehrsanlagen oder Flugplätze. Schr. Dtsch. Akademie Luftfahrtforschung Berlin H. 48.
Lorenz (1943): Neue Ergebnisse der dynamischen Baugrunduntersuchung. VDI-Ztschr. 78, S. 379.
Bergström/Linderholm (1946): A dynamic method for determination of elastic properties of soil. Proc. Swedish Cement and Concrete Research Inst. No. 7.
Lorenz (1948): Stand des dynamischen Bodenuntersuchungsverfahrens. Abhandlg. ü. Bodenmech. u. Grundbau. Berlin/Bielefeld/Detmold. S. 81.
Oosterbeek (1948): Soil vibrations. Proc. II. Int. Conf. Soil Mech. Found. Eng. Rotterdam, Bd. III, S. 214.
ASTM (1953): Symposium on dynamic testing of soils Am. Soc. Test. Mat. Spec. Techn. Publ. Nr. 156.
Schumann (1953): Baugrunduntersuchungen mit geophysikalischen Verfahren. Bauplanung u. Bautechnik 7, S. 395.
Giese (1957): Die Bestimmung der elastischen Eigenschaften und der Mächtigkeit der Lockerböden mit Hilfe von speziellen Raleigh-Wellen. Gerl. Beitr. Geophysik 66/4, S. 274.
Schumann (1957): Über einige Ergebnisse dynamischer Messungen am und im Baugrund. Bauplanung u. Bautechnik 11, S. 127.

1.313.3 Geoelektrische Untersuchung

Definition. Die geoelektrischen Verfahren der angewandten Geophysik zur Untersuchung des Untergrundes beruhen auf der unterschiedlichen elektrischen Leitfähigkeit der Gesteine und Böden (Lockergesteine).

Die meisten gesteinsbildenden Minerale sind hinsichtlich ihrer elektrischen Leitfähigkeit nahezu Nichtleiter mit spezifischen Widerständen[1] ϱ von 10^{3} bis 10^{14} Ωm. Andererseits gibt es aber auch Erzminerale, die mit einem spezifischen Widerstand von 10^{-4} bis 1 Ω m ein fast metallisches Leitvermögen aufweisen.

Die Leitfähigkeit eines Festgesteins, dessen Porenvolumen im allgemeinen sehr klein ist, hängt vom Mengenanteil der einzelnen, das Gestein (Mischkörper) aufbauenden Minerale und vom Gefüge ab. Ein zusammenhängendes Gerüst leitender Minerale hat beispielsweise einen kleinen spezifischen Widerstand zur Folge. Im allgemeinen kann das Porenvolumen der Gesteine aber nicht vernachlässigt werden. Dies gilt insbesondere für die Lockergesteine, die in viel stärkerem Maße Gegenstand geoelektrischer Untersuchungen sind. Die Poren sind hier meist ganz oder teilweise mit einer wäßrigen Lösung gefüllt, deren spezifischer Widerstand von der chemischen Beschaffenheit und der Konzentration der in ihr dissoziierten Elektrolyte abhängt. Gegenüber der elektrolytischen Leitfähigkeit des Porenwassers sind die festen Bestandteile praktisch Isolatoren. Die Leitfähigkeit der Lockergesteine wird deshalb im wesentlichen durch das Flüssigkeitsgerüst bestimmt, hängt also von Porenvolumen, Sättigungsgrad und Elektrolytgehalt des Porenwassers ab. In gleichen Lockergesteinen kann demzufolge der spezifische Widerstand ϱ in Abhängigkeit von diesen Größen in weiten Grenzen schwanken. Er eignet sich aus diesem Grunde nicht als bodenmechanische Kennziffer, und Rückschlüsse aus der gemessenen Leitfähigkeit einer Schicht auf die Art des untersuchten Bodens sind im allgemeinen ohne Anschluß an Bohrungen unmöglich. Da die spezifischen Widerstände benachbarter Schichten jedoch stark voneinander abweichen können, lassen sich hingegen Schichtgrenzen und Schichtmächtigkeit meist recht genau ermitteln.

Zur Bestimmung der Leitfähigkeit der Schichtenfolge wird im Untergrund durch Zuführung von Strom künstlich ein elektrisches Feld erzeugt. Die Ausbildung dieses Feldes hängt bei Verwendung von Gleichstrom oder niederfrequentem Wechselstrom, der bis etwa 100 Hz noch unbedenklich als von einem stationären Feld begleitet angesehen werden kann, von den spezifischen Widerständen ϱ der einzelnen Schichten ab. Bei Verwendung von hochfrequentem Wechselstrom wird die Ausbildung des elektrischen Feldes zusätzlich von der frequenzabhängigen Dielektrizitätskonstanten der erfaßten Schichten beeinflußt. Für Baugrunduntersuchungen kommt überwiegend Gleichstrom oder niederfrequenter Wechselstrom zur Anwendung; dabei wird der Strom über zwei Elektroden Q_1 und Q_2 in den Baugrund geleitet. Die Verteilung des erzeugten elektrischen Feldes wird an der Oberfläche, in besonderen Fällen auch in Bohrlöchern, mit Hilfe geeigneter Verfahren gemessen.

Ein übersichtliches Bild kann dadurch gewonnen werden, daß mit Hilfe zweier Meßsonden die *Äquipotentiallinien*, d. h. die Verbindungslinien von Punkten gleicher Spannung, zwischen denen also keine Spannungsdifferenz herrscht, aufgesucht werden („*Äquipotentiallinienverfahren*"). Andererseits sind auf Grund der MAXWELLschen Gleichungen die Äquipotentiallinien für ein stationäres Feld in

---

[1] Der *Ohmsche Widerstand R* ist der Widerstand eines Leiters bei Gleichstrom. Der *spezifische Widerstand* ϱ stellt den OHMschen Widerstand eines würfelförmigen Leiters von der Kantenlänge 1 m dar. Er hat die Dimension Ωm. ϱ ist für in der Elektrotechnik übliche Leiter eine von der Temperatur abhängige Materialkonstante. Der reziproke spezifische Widerstand wird als *Leitfähigkeit* $\varkappa$ bezeichnet.

einem homogenen isotropen Medium theoretisch festlegbar. Aus den Verzerrungen der beobachteten gegenüber den berechneten Linien lassen sich Rückschlüsse auf den Aufbau des inhomogenen Untergrundes ziehen.

Für Baugrunduntersuchungen wird jedoch infolge der Möglichkeit einer quantitativen Deutung fast ausschließlich das „*Widerstandsverfahren*" herangezogen. Hierbei wird aus dem gemessenen Potentialfeld der spezifische Widerstand des Untergrundes bestimmt. Um von den Ausbreitungswiderständen der in den Untergrund eingeführten Elektroden unabhängig zu sein, bedient man sich dabei einer „*Vier-Punkt-Anordnung*". Zwei Elektroden Q_1 und Q_2 dienen zur Abgabe des Stroms J an den Punkten Q_1 und Q_2, zwei weitere P_1 und P_2 zur Messung der Spannung zwischen den Punkten P_1 und P_2 der Oberfläche (Abb. 54).

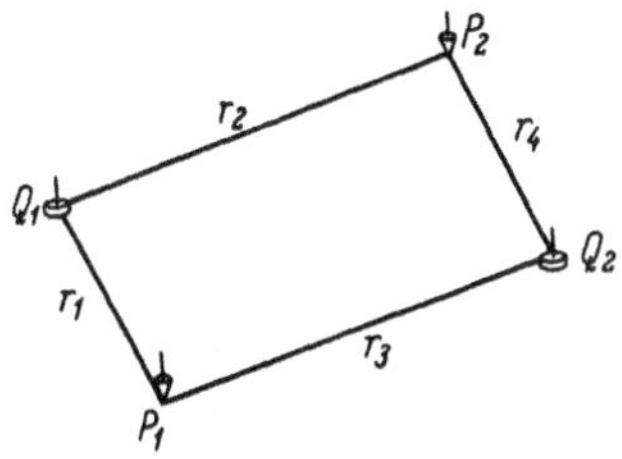

Abb. 54. Lage der Elektroden Q und Sonden P bei der Vier-Punkt-Anordnung.

Die Spannung U zwischen den Sonden P_1 und P_2 ergibt sich für einen homogenen isotropen Untergrund mit dem spezifischen Widerstand ϱ rechnerisch zu:

$$U = \frac{J\varrho}{2\pi}\left(\frac{1}{r_1} - \frac{1}{r_2} - \frac{1}{r_3} + \frac{1}{r_4}\right) = \frac{J\varrho}{L} \qquad \text{(V)}, \qquad (23)$$

U Spannung zwischen den Sonden P_1 und P_2,
J Stromstärke,
L eine nur von der Elektrodenanordnung abhängige Abstandsgröße.

Bestimmt man neben L durch direkte Messung noch U und J, so folgt aus Gl. (23) der spezifische Widerstand ϱ des anstehenden Bodens.

Bei Messungen über inhomogenem Untergrund erhält man eine Größe ϱ_s, die „*scheinbarer spezifischer Widerstand*" genannt wird. Es ist:

$$\varrho_s = \frac{U\,L}{J} \qquad (\Omega\text{m}). \qquad (24)$$

Der scheinbare spezifische Widerstand hängt von den spezifischen Widerständen der einzelnen Schichten und von der Elektrodenanordnung ab.

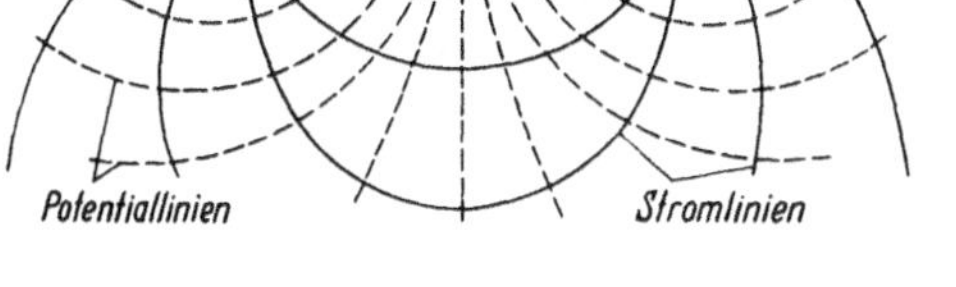

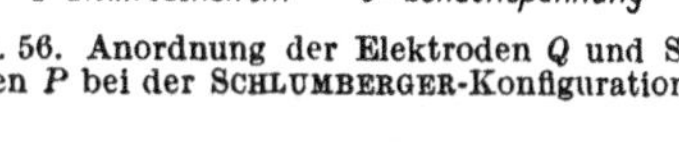

Abb. 56. Anordnung der Elektroden Q und Sonden P bei der SCHLUMBERGER-Konfiguration.

Abb. 55. Anordnung der Elektroden Q und Sonden P bei der WENNER-Konfiguration.

Für praktische Messungen werden spezielle, die Feldarbeit und die Auswertung vereinfachende Elektrodenkonfigurationen gewählt. Bei der sogenannten WENNER-Konfiguration (1916) sind die Sonden P_1 und P_2 so auf der Verbindungslinie der Elektroden Q_1 und Q_2 angeordnet, daß diese in drei gleiche Abschnitte a unterteilt wird (Abb. 55). Für diese Anordnung ergibt sich:

$$L = 2\pi a \qquad \text{(m)}. \qquad (25)$$

Bei der bei Baugrunduntersuchungen häufig angewandten sogenannten SCHLUMBERGER-Konfiguration (1930) liegen P_1 und P_2 ebenfalls auf der Verbindungsstrecke $Q_1 Q_2$ symmetrisch zum Streckenmittelpunkt (Abb. 56). Der Abstand $P_1 P_2 = 2\mathrm{b}$ ist jedoch klein im Vergleich zum Abstand $Q_1 Q_2 = 2a$. Hierdurch erhält man:

$$L = \frac{\pi}{2} \frac{a^2 - b^2}{b} \simeq \frac{\pi a^2}{2b} \quad \text{(m)}. \qquad (26)$$

Die Aufschlußtiefe, d. h. die Tiefe, bis zu der die Schichten einen (merkbaren) Einfluß auf das Meßergebnis ausüben, wird durch den Elektrodenabstand $Q_1 Q_2$ bestimmt. Je größer diese Entfernung ist, desto tiefer dringen die Stromlinien in den Boden ein und desto mehr Schichten bestimmen die Größe des scheinbaren spezifischen Widerstands (Abb. 55).

Gerät. Als Stromquelle dienen Trockenbatterien oder handbetriebene Generatoren, die Gleichstrom oder über einen Zerhacker Wechselstrom von 40 bis 70 Hz und Ausgangsspannungen von mehreren 100 V liefern. Zur Stromabgabe und zur Spannungsmessung müssen bei Anwendung von Gleichstrom, um die bei elektrolytischen Leitern auftretenden störenden Polarisationseffekte zu vermeiden, sogenannte unpolarisierbare Elektroden verwendet werden. Es sind dies Metallstäbe, die in einem auf dem Untergrund aufgestellten porösen Tonbehälter in eine gesättigte Lösung eines Salzes des gleichen Metalls eingetaucht sind. Bei Wechselstrom oder kommutiertem (zerhacktem) Gleichstrom können einfache Stahlspieße eingesetzt werden.

Gemessen werden der Elektrodenstrom J und die Sondenspannung U. Die Messung des Elektrodenstroms erfolgt in einfacher Weise über ein empfindliches Amperemeter. Die Sondenspannung U muß, um das elektrische Feld nicht durch die Meßsonden P_1 und P_2 als zusätzliche Stromquellen zu verändern, möglichst stromlos, d. h. über ein Voltmeter mit hohem Eingangswiderstand (Röhrenvoltmeter) oder nach der Kompensationsmethode, gemessen werden.

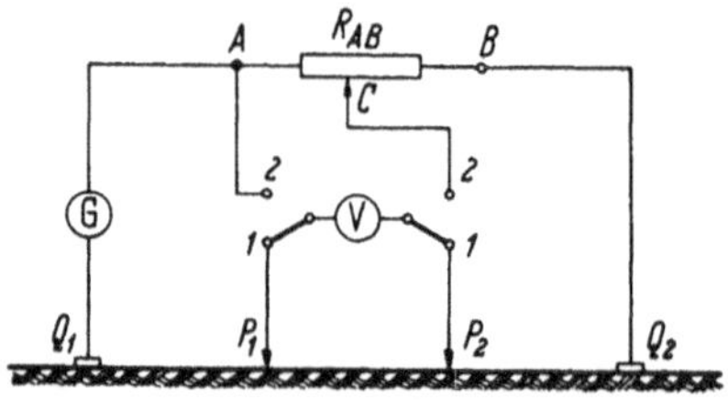

Abb. 57. Einfache Meßanordnung zur Bestimmung des spezifischen Widerstands. G Stromquelle; R_{AB} Widerstand mit veränderlichem Potentiometerabgriff; V Voltmeter.

Abb. 57 zeigt eine einfache Meßanordnung für das Widerstandsverfahren, bei der die direkte Bestimmung von J umgangen wird. Mittels der Stromquelle G wird über Q_1 und Q_2 Strom in den Boden geleitet. In diesem Stromkreis liegt der Widerstand R_{AB} mit veränderlichem Potentiometerabgriff, an dem zwischen A und C ein beliebiger Bruchteil der Spannung U_{AB} bzw. des Widerstands R_{AB} abgegriffen werden kann. Ein Voltmeter V kann in Stellung 1 zwischen die Meßsonden P_1 und P_2 zur Messung der Spannung U, in Stellung 2 parallel zu R_{AB} zur Messung der Spannung U_{AC} gelegt werden. Wird durch Veränderung von R_{AC} die Spannung $U_{AC} = U$ gemacht, so ergibt sich aus Gl. (24) und mit Hilfe des OHMschen Gesetzes:

$$U = J R_{AC} = \frac{J \varrho_s}{L} \quad \text{(V)}. \qquad (27)$$

Im Handel werden vollständige Gerätesätze, die leicht transportierbar und einfach zu bedienen sind, angeboten (Abb. 58).

Vorgang. Die Vier-Punkt-Anordnung kann entweder bei festem Elektrodenabstand translatorisch in der Erdoberfläche verschoben („*Widerstandskartieren*") oder — unter Beibehaltung vom Mittelpunkt und Achsrichtung der Anordnung — durch Vergrößerung des Elektrodenabstands expandiert werden („*Tiefenson-*

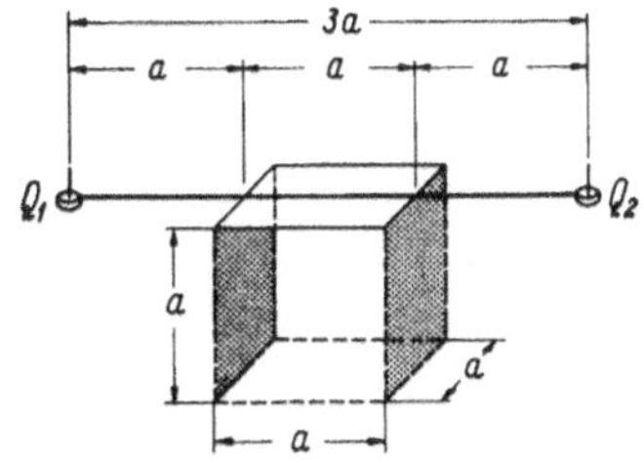

Abb. 59. Wirkungsraum bei der Vier-Punkt-Methode.

Abb. 58. Versuchseinrichtung für die geoelektrische Untersuchung nach der Vier-Punkt-Methode (Elektrisk Malmletning A.B., Stockholm).

dieren“). In beiden Fällen wird in jeder Stellung eine Messung durchgeführt; die erhaltenen Werte U, J bzw. R_{AC} (s. Gl. (27)) werden im allgemeinen dem Mittelpunkt der Anordnung zugeschrieben.

Bei der *Widerstandskartierung* werden in den Punkten eines Profils oder einer Fläche Werte für den unter gleichen Meßbedingungen aufgenommenen scheinbaren spezifischen Widerstand ϱ_s ermittelt. Durch die Wahl des Abstands $Q_1 Q_2$ wird die Aufschlußtiefe und damit das Ergebnis der Kartierung wesentlich bestimmt. Der zur Mittelbildung von ϱ_s herangezogene Raum entspricht in erster Annäherung etwa dem Inhalt des Würfels von der Kantenlänge a ($a = \frac{1}{3} Q_1 Q_2$), der in der Mitte zwischen den Elektroden Q_1 und Q_2 symmetrisch zur Verbindungsgeraden liegt (Abb. 59). Bei kleinem Abstand $Q_1 Q_2$ werden nur die Eigenschaften der Deckschicht erfaßt, bei zu großem Abstand ist das Auflösungsvermögen der Anordnung herabgesetzt; der günstigste Wert muß gewöhnlich durch Versuche bestimmt werden.

Bei der *Tiefensondierung* wird der Untergrund senkrecht unter einem Punkt des Geländes schrittweise bis zu einer beliebigen Tiefe untersucht. Hierzu wird (bei Verwendung der Wenner-Konfiguration) der Abstand $Q_1 Q_2 = 3a$, der im wesentlichen die Eindringungstiefe festlegt, durch Versetzen der Elektroden und Meßsonden schrittweise vergrößert. Der Anfangswert des Sondenabstands a beträgt etwa 2 m, die größten Werte a liegen bei normalem elektrischem Störpegel und normaler Ausrüstung bei 30 bis 50 m.

Bei der Schlumberger-Konfiguration werden nur die beiden Elektroden Q_1 und Q_2 bis zum Höchstabstand versetzt, P_1 und P_2 bleiben unverändert, wodurch sich eine gewisse Arbeitsersparnis gegenüber der Wenner-Konfiguration ergibt.

Die beiden Verfahren, Widerstandskartieren und Tiefensondieren, können auch in *einem* Meßprogramm kombiniert werden.

Meßgrößen. Für jede Stellung der Elektroden werden Spannung U und Stromstärke J, im allgemeinen in mV und mA, bei der Meßanordnung nach Abb. 57 der Widerstand R_{AC} in Ω gemessen. Beim Kartieren werden zusätzlich noch die Koordinaten des Mittelpunkts und das Azimut der Verbindungslinie $Q_1 Q_2$, beim Sondieren die Abstände $Q_1 Q_2$ bzw. a festgehalten.

Kennziffern. Aus den gemessenen Größen läßt sich der „*scheinbare spezifische Widerstand* ϱ_s“ mit Hilfe der Gl. (24) berechnen. Es ist:

$$\varrho_s = L\, R_{AC} \text{ bzw. } \varrho_s = L\, \frac{U}{J} \qquad (\Omega\text{m}).$$

ϱ_s ist beim Kartieren eine Funktion der Lagekoordinaten (und des Abstands a), beim Sondieren allein eine Funktion des Abstands a.

Auftragung. Beim Sondieren wird als Ordinate der Wert a, als Abszisse der dazugehörige scheinbare spezifische Widerstand ϱ_s, häufig auch der relative, auf die Deckschicht (mit ϱ_1) bezogene Widerstand $\frac{\varrho_s}{\varrho_1}$ aufgetragen (Abb. 60). Der Widerstand ϱ_1 der Deckschicht entspricht näherungsweise dem Meßwert bei kleinen Abständen a.

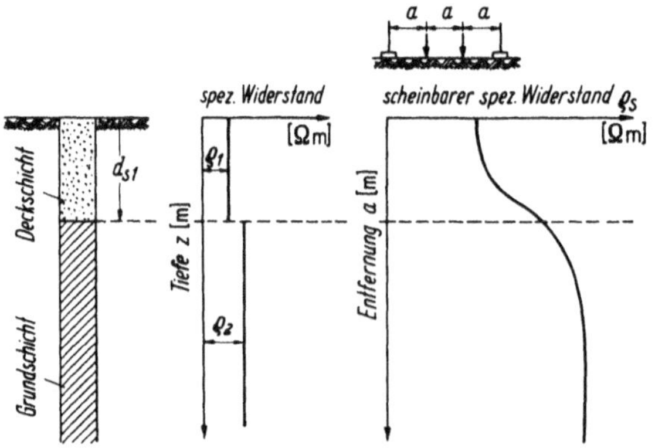

Abb. 60. Veränderung des scheinbaren spezifischen Widerstands bei Vergrößerung des Elektrodenabstands.

Beim Kartieren werden die an den einzelnen Geländepunkten gemessenen Werte des scheinbaren spezifischen Widerstands ϱ_s in eine Karte eingetragen und Punkte gleicher ϱ_s-Werte durch Kurven (Isoohmen) verbunden (Abb. 63).

Auswertung. Die beim Kartieren gewonnenen Isoohmen eignen sich sehr gut als Grundlage für die geologische und hydrologische Interpretation der Messungen (Abb. 63). Störzonen, wie verdeckte Rinnen, Hohlräume oder lokale Einschlüsse eines anderen Materials in sonst homogenem Untergrund, lassen sich leicht abgrenzen.

In der beim Sondieren gewonnenen Kurve $\varrho_s = f(a)$ geben beim Zweischichtenfall die Asymptoten an die Kurve näherungsweise die Größe des spezifischen Widerstands für beide Bodenarten an (Abb. 60). Der Anstieg der Kurve ist um so steiler, je kleiner die Schichtstärke d_{s_1} der oberen Schicht ist. Mit einer für manche Zwecke der Praxis ausreichenden Näherung kann die Schichtgrenze im Wendepunkt der Kurve vermutet werden.

Die genaue Auswertung beruht auf dem Vergleich der gemessenen mit einer theoretisch errechneten Kurve. Für den Untergrund, der aus einer Vielzahl n von planparallelen und homogen-isotropen Schichten aufgebaut ist, stehen speziell für die Zwecke der Tiefensondierung ausgearbeitete Formeln (HUMMEL 1929b, SCHLUMBERGER 1930) zur Verfügung, die bei vorgegebenem ϱ_i und d_{s_i} $(i = 1,2, n)$ den Verlauf von ϱ_s als Funktion von a angeben. Diese Kurven können in der Form:

$$\frac{\varrho_s}{\varrho_1} = f\left(\frac{d_{s1}}{a};\ \frac{d_{s2}}{a};\ \ldots\ \frac{d_{sn}}{a};\ \frac{\frac{\varrho_2}{\varrho_1}-1}{\frac{\varrho_2}{\varrho_1}+1}\cdot\frac{\frac{\varrho_3}{\varrho_2}-1}{\frac{\varrho_3}{\varrho_2}+1}\cdots\frac{\frac{\varrho_{n+1}{}^{*}}{\varrho_n}-1}{\frac{\varrho_{n+1}}{\varrho_n}+1}\right)$$

dargestellt werden.

* Die Schicht $d_{s_{n+1}}$ ist der unter den n Schichten liegende Halbraum.

Im Zweischichtenfall hängt $\frac{\varrho_s}{\varrho_1}$ also nur von den Verhältnissen $\frac{a}{d_{s1}}$ und $\frac{\varrho_2}{\varrho_1}$ ab. In einer einparametrigen Kurvenschar $\left(\text{Scharparameter } k = \frac{\frac{\varrho_2}{\varrho_1} - 1}{\frac{\varrho_2}{\varrho_1} + 1}\right)$ für $\frac{\varrho_s}{\varrho_1}$ als Funktion von $\frac{a}{d_{s1}}$, die zweckmäßigerweise auf doppeltlogarithmischem Papier aufgetragen wird, ist dieser Fall vollständig erfaßt (Abb. 61).

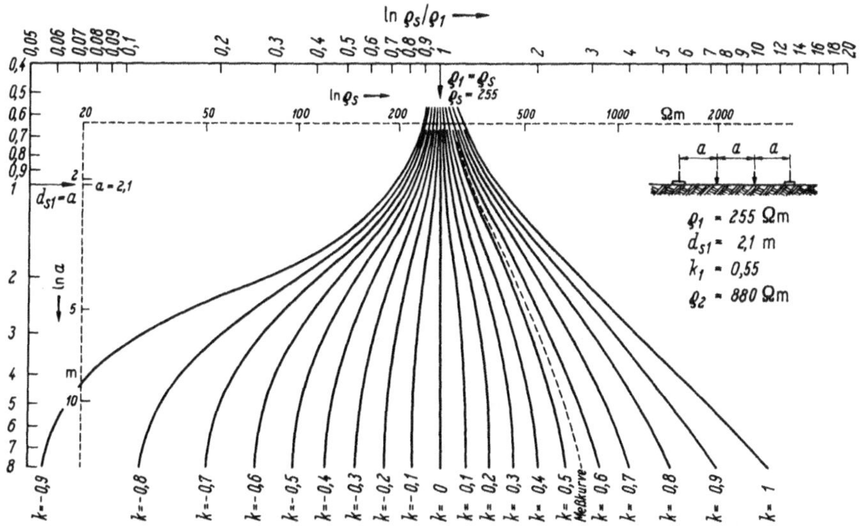

Abb. 61. Verlauf des scheinbaren spezifischen Widerstands bei zwei parallelen Schichten. Gestrichelt: Beispiel (HUMMEL/HALLENBACH 1943).

Zur Auswertung, d. h. zur Bestimmung von d_{s_1} und ϱ_1 bzw. ϱ_2 wird die ebenfalls im doppelt logarithmischen Maßstab aufgetragene Meßkurve $\varrho_s = f(a)$ so lange auf dem Musterblatt achsenparallel verschoben, bis sie sich mit einer Musterkurve mit dem Parameter k_1 deckt. Aus dieser Decklage lassen sich die gesuchten Größen entnehmen: Aus der Verschiebung der Ordinate folgt die Stärke der Deckschicht d_{s_1}, aus der Verschiebung der Abszisse ihr Widerstand ϱ_1 (s. Beispiel in Abb. 61). Den spezifischen Widerstand ϱ_2 der unteren Schicht erhält man aus dem Wert k_1 der zur Deckung benutzten Musterkurve und der Beziehung:

$$k_1 = \frac{\frac{\varrho_2}{\varrho_1} - 1}{\frac{\varrho_2}{\varrho_1} + 1}. \tag{28}$$

Liegen mehr als zwei Schichten vor, so steigt die Anzahl der Scharparameter und damit die Mannigfaltigkeit der Kurvenscharen stark an. Die Auswertung ist dementsprechend verwickelter, kann aber durch das Heranziehen von Kurvenalben (MOONEY/WETZEL 1956) erleichtert werden. Nach FLATHE (1955) lassen sich Vergleichskurven für mehr als drei Schichten in einfacher Weise aus Dreischichtenkurven berechnen.

Zahlenwerte. Die Werte für ϱ_s schwanken zwischen weit auseinanderliegenden Grenzen (Tab. 9).

Tabelle 9. *Spezifischer elektrischer Widerstand von Mineralien, Gesteinen und Böden* (nach GASSMANN/WEBER 1960)

		Spezifischer Widerstand (Ωm)
Mineralien:	Magnetit	$6 \cdot 10^{-3}$—10^{-1}
	Pyrit	$2 \cdot 10^{-4}$—10^{-3}
	Quarz	$3{,}8 \cdot 10^{9}$—$3 \cdot 10^{14}$
	Kalzit	$5{,}5 \cdot 10^{12}$
	Glimmer	$1{,}5 \cdot 10^{8}$—$9 \cdot 10^{13}$
	Hornblende	10^{7}
Gesteine:	Granit	$5 \cdot 10^{3}$—10^{6}
	Diorit	über 10^{4}
	Gabbro	10[illegible]—10^{7}
	Kalk	10^{2}—$3{,}5 \cdot 10^{3}$
	Sandstein	70—$4 \cdot 10^{2}$
	Nagelfluh	$1{,}2 \cdot 10^{2}$—$3 \cdot 10^{2}$
	Tonschiefer	20—$2 \cdot 10^{3}$
	Kohle	$2 \cdot 10^{2}$—$1{,}5 \cdot 10^{5}$
	Gneis	$3 \cdot 10^{3}$—$5 \cdot 10^{5}$
Lockergesteine:	(Böden)	
	Humusboden	40—$2 \cdot 10^{2}$, jedoch auch bis $1{,}25 \cdot 10^{3}$
	Toniger Boden	60—$4 \cdot 10^{2}$
	Trockener Sand	$2{,}5 \cdot 10^{3}$—$4 \cdot 10^{4}$
	Feuchter Lehm	5—50
	Schotter mit Grundwasser	10^{2}—$6 \cdot 10^{2}$
	Schotter ohne Grundwasser	$3 \cdot 10^{2}$—$5 \cdot 10^{3}$
	Torf	20—60
	Wasser mit Salzgehalt	2—20

Eine eindeutige Abgrenzung der Hauptbodenarten gegeneinander ist nicht möglich, weil – wie auf S. 66 ausgeführt – der spezifische Widerstand vom Porenwasser und Porenvolumen des Bodens abhängt, die sich bei den einzelnen Bodenarten weniger als innerhalb ein und desselben Bodens voneinander unterscheiden können.

Fehler. Fehler werden vor allem durch Schwankungen im Übergangswiderstand an den Elektroden und Sonden, außerdem bei Verwendung von Gleichstrom durch elektrolytische Vorgänge (Polarisationseffekte) hervorgerufen. Diese Effekte können bei Verwendung von unpolarisierbaren Elektroden ausgeschaltet werden. Zusätzliche Fehler können sich auch aus der Einwirkung von im Boden fließenden Erdströmen natürlichen oder technischen Ursprungs auf das Meßergebnis ergeben, sofern sie bei der Messung nicht kompensiert werden. Infolge der Abhängigkeit des Erdwiderstands von der, vor allem in der Deckschicht ungleichmäßigen Durchfeuchtung gibt das elektrische Verfahren bei Lockergesteinen niemals zuverlässige Auskünfte über Bodenart und Bodenfestigkeit, da sich bei einem Wechsel des Wassergehalts zu viele Bodeneigenschaften verändern. Dagegen kann der Verlauf einer Schicht recht genau ermittelt werden, vor allem, wenn es sich um Schichten von stark unterschiedlicher Leitfähigkeit handelt. Die Übereinstimmung mit Nachbohrungen ist durchweg gut, d. h., die Abweichungen bleiben im allgemeinen unter 10%.

Verwendung. Das geoelektrische Verfahren dient besonders zur Erforschung der Lage von Felshorizonten unter Deckschichten und der Beschaffenheit des Felsens sowie zur Klärung hydrologischer Fragen. In Verbindung mit Bohraufschlüssen ist das elektrische Verfahren besonders aufschlußreich, da es bei in den Grundlagen bekanntem Aufbau des Untergrundes in sehr kurzer Zeit und mit verhältnismäßig geringen Kosten Serienaufschlüsse ermöglicht und die zwischen den Bohrungen gewonnenen Ergebnisse in geologischer Hinsicht richtig gedeutet werden können. So hat z. B. die Untersuchung der Deckschicht eines 40 ha großen Geländes bei Einsatz von zwei Meßtrupps nur 30 Tage in Anspruch genommen. Ferner kann das elektrische Verfahren bei der Prüfung der Homogenität des Untergrundes angewandt werden. Hierher gehört z. B. die Untersuchung von Steinbrüchen oder großer Entnahmestellen für Schütt- oder Dichtungsmaterialien für Staudämme, deren Gleichmäßigkeit vor dem Abbau festgestellt werden soll. Daß das elektrische Verfahren örtliche Unregelmäßigkeiten ausgleicht, also keine durch Zufälligkeiten verfälschten Ergebnisse, sondern Mittelwerte liefert, wirkt sich bei allen Untersuchungen günstig aus. Das Verfahren eignet sich auch zu einer Kontrolle der Ausdehnung von Injektionen zur Verbesserung des Untergrundes.

Die elektrische Untersuchung wird häufig mit einer seismischen verbunden, da sich beide Verfahren gut ergänzen. Während das seismische Messen für geringe Tiefen nicht sehr geeignet ist, liefert das elektrische Messen schon bei kleinen Abständen a brauchbare Aufschlüsse. Im Moorboden, wo das seismische Verfahren versagt, da die Sprengenergie zu schnell verzehrt wird, erweist sich die geoelektrische Methode als besonders zweckmäßig, da die sauren Moorwässer einen sehr kleinen und daher leicht erkennbaren Widerstand des Bodens hervorrufen.

Beispiele. 1. Wie sich das Verfahren auch bei einfachen, häufig auftauchenden Fragen anwenden läßt, zeigt das folgende Beispiel.

Für den Bau eines Eisenbahndamms sollte die *Tiefe des tragfähigen Baugrundes auf einem versumpften Gelände* bestimmt werden. In der Achse des zukünftigen Damms waren einige Bohrungen niedergebracht worden, die über die Stärke der Torfschichten längs der Dammachse ungefähren Aufschluß gaben. Weil das Gelände schwer begehbar war, sollte die Mächtigkeit des Torfs zwischen den Bohrungen und senkrecht zur Dammachse auf andere Weise bestimmt werden. Da der unter dem Torf liegende Sand einen wesentlich größeren elektrischen Widerstand als der Torfboden haben mußte, waren die Bedingungen zur Anwendung des geoelektrischen Verfahrens günstig.

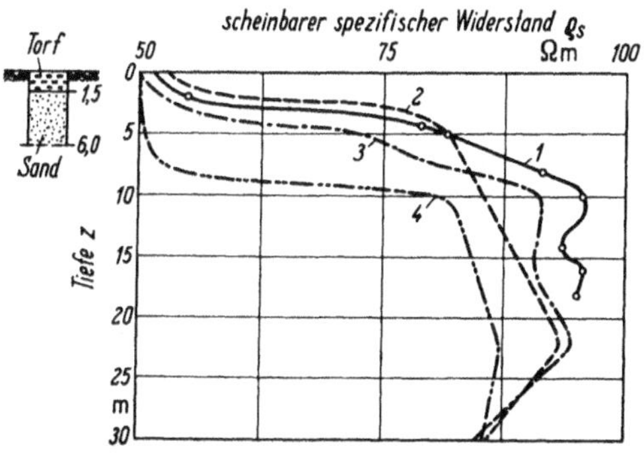

Abb. 62. Ergebnis der geoelektrischen Untersuchung einer Torfschicht.

Zunächst wurde probeweise eine Meßstrecke quer zur Dammachse an einer Stelle gelegt, deren Untergrund durch eine Bohrung bekannt war. Der spezifische Widerstand wurde durch schrittweise Vergrößerung der Elektrodenabstände a von 2 auf 18 m für verschiedene Tiefen bestimmt. Die verwendeten Stromstärken lagen zwischen rund 1 und 5 mA. Die erhaltenen Werte ϱ_s wurden in Abhängigkeit von a aufgetragen (Abb. 62, Kurve *1*). Aus der Kurve war abzulesen, daß an der Oberfläche eine Schicht lag, in der der spezifische Widerstand klein war (~ 50 Ωm). Noch ehe aber die Stromwirkung die Tiefe von 3 m erreichte, vergrößerte sich der Widerstand und wuchs allmählich auf rund 90 Ωm an. Die obere, gut leitende Schicht mußte also etwa 2 m stark sein. Nach dem Bohrergebnis reichte an dieser Stelle die Torfschicht bis in 1,5 m Tiefe. Darunter lag Sand.

Nachdem so die Brauchbarkeit des Verfahrens für die gestellte Aufgabe nachgewiesen war, wurden zwei weitere Kurven (Abb. 62, Kurve *2* und Kurve *3*) an zwei Punkten gemessen, die rund 12 m von dem zuerst untersuchten Punkt entfernt lagen. Sie sahen nicht wesentlich anders aus. An einem entfernter gelegenen Meßort (Kurve *4*) reichte der Torf bis in eine Tiefe von etwa 8 m. Der Rückgang der Kurven, der bei größeren Werten a zu sehen ist, deutete darauf hin, daß in einer Tiefe von etwa 24 m die Schicht wiederum wechselte.

2. Ein weiteres Beispiel zeigt die Anwendung des geoelektrischen *Kartierens im Küstengebiet.* Um die Bewirtschaftungsmöglichkeit und zweckmäßigste Nutzung des Gebietes nachzuweisen, wurden auf einem etwa 60 km² großen Gelände die Gebiete mit brack- und süß-

wasserführenden Sanden durch Kartieren gegeneinander abgegrenzt (Abb. 63). Durch Kontrollbohrungen und Grundwasseruntersuchungen wurde das gewonnene Ergebnis überprüft und bestätigt (THIELE 1952).

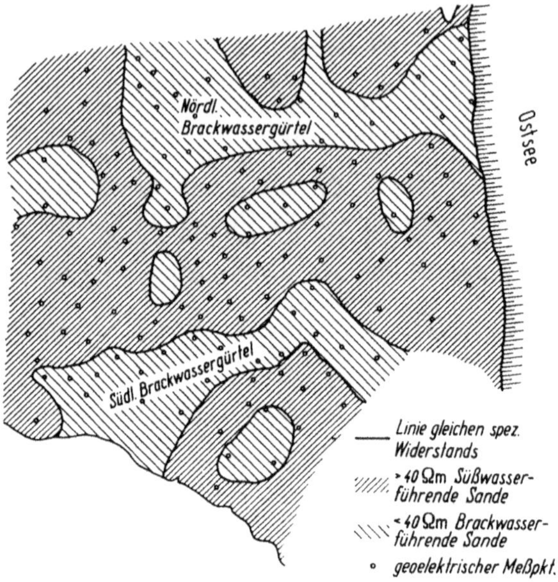

Abb. 63. Linien gleichen spezifischen Widerstands und darauf fußende Unterscheidung von Süßwasser und Brackwasser führenden Bodenschichten im Küstengebiet (THIELE 1952).

Literatur

Theoretische Grundlagen:

WENNER (1916): A method of measuring earth resistivity. US Bull Bureau of Stand. 12, No. 3.
HUMMEL (1929a): Der scheinbare spezifische Widerstand. Ztschr. Geophysik 5, H. 3/4.
— (1929b): Der scheinbare spezifische Widerstand bei vier planparallelen Schichten. Ztschr. Geophysik 5, H. 5/6.
SCHLUMBERGER (1930): Etude sur la prospection du sous-sol. Paris.
HUMMEL/HALLENBACH (1943): Elektrische Messungen. Aus: REICH/ZWERGER: Taschenbuch der angewandten Geophysik. Leipzig.
KRAJEW (1957): Grundlagen der Geoelektrik. Berlin.
BUCHHEIM (1958): Die elektrischen Aufschlußverfahren. Aus: HAALCK: Lehrbuch der angewandten Geophysik. Berlin. Bd. II.
FRITSCH (1960): Geoelektrische Baugrunduntersuchungen. Berlin.
GASSMANN/WEBER (1960): Einführung in die angewandte Geophysik. Bern.
MEISSER (1964): Praktische Geophysik. Dresden/Leipzig.

Praktische Anwendung:

FLEMMING (1943): Geophysikalische Vergleichsmessungen zur Baugrunduntersuchung im Gelände der Biggetalsperre. Dtsch. Wasserwirtschaft 38, S. 69.
PERET (1948): Electrical resistivity exploration as a complement to boring in deep alluvial deposits. Proc. II. Int. Conf. Soil Mech. Found. Eng. Rotterdam, Bd. VII, S. 80.
GORDIK/SACHAROWA (1952): Die Elektroschürfung bei ingenieurgeologischen Untersuchungen. Berlin.
THIELE (1952): Die Geoelektrik in der Wassererschließung. Dtsch. Verein Gas- u. Wasserfachmänner. Essen.
FRITSCH (1954): Geoelektrische Baugrunduntersuchungen an Talsperren. Vorträge der Baugrundtagung Stuttgart, S. 193.
FLATHE (1955): A practical method of calculating geoelectrical model graphs for horizontally stratified media. Geophysical Prospecting 3, S. 268.

SCHUMANN (1957): Geoelektrische Vermessung in einem Moorgebiet. Wasserwirtschaft — Wassertechnik 7, S. 476.

ROESCHMANN (1961): Geoelektrische Messungen an einem Lehmvorkommen. Mitt. Forschungsanst. Schiffahrt, Wasser- u. Grundbau Berlin H. 1, S. 75.

EARLY/DYER (1964): The use of a resistivity survey on a foundation site underlain by karst dolomite. Géotechnique 14, S. 341.

MÜLLER (1964): Die Anwendung der geoelektrischen Widerstandsmethode bei Baugrunderkundungen. Bautechnik 41, S. 310.

Zahlenangaben über den spezifischen Widerstand und Kurventafeln:

HUMMEL/HALLENBACH (1943): Elektrische Messungen. Aus: REICH/ZWERGER: Taschenbuch der angewandten Geophysik. Leipzig.

MOONEY/WETZEL (1956): The potentials about a point electrode and apparent resistivity curves for a two-, three- and fourlayered earth. Minneapolis.

GASSMANN/WEBER (1960): Einführung in die angewandte Geophysik. Bern.

1.314 Untersuchungen des Schwingungsverhaltens

Zu den Flächenuntersuchungen sind auch die Untersuchungen über das Schwingungsverhalten des Baugrundes zu rechnen. Sie bezwecken eine Vorhersage darüber, wie sich dieser bei einer dynamischen Beanspruchung verhalten wird. Dynamische Beanspruchungen können in Impulsform oder als periodische Erregung auftreten. Eine impulsförmige Belastung des Untergrundes ergibt sich beispielsweise aus dem Verkehr, aus Sprengungen, Pfahl- und Spundwandrammungen oder aus dem Verdichten von Schüttungen während des Bauvorgangs, eine periodische Belastung von Fundament und Baugrund aus dem Betrieb von Maschinen.

Der Baugrund als massebehafteter Körper mit elastischen (federnden) und plastischen (dämpfenden) Eigenschaften stellt ein schwingungsfähiges System dar. In Kopplung mit einer starren Masse (z. B. Blockfundament) ist dieses System für den Fall einer periodisch veränderlichen Belastung häufig Objekt einer Berechnung, deren Ziel gewöhnlich die Resonanzfreiheit des Systems ,,Baugrund-Fundament“ bei Betriebsfrequenz sowie das Auftreten von nur kleinen Schwingungswegen am Erregerort ist. Grundlage für eine solche Schwingungsberechnung sind Untersuchungen, aus denen sich die dynamischen Kennziffern des Baugrundes ermitteln lassen.

Da die über das Fundament in den Untergrund eingeleitete Schwingungsenergie sich in Form von Wellen ausbreitet, stellt sich aber auch oft die Aufgabe einer Untersuchung der raummäßigen Ausbreitung der Schwingungen und in Verbindung damit die Forderung nach einem Erschütterungsschutz von Bauwerk und Mensch in der näheren oder weiteren Umgebung von Erschütterungsquellen. Die Untersuchungen über das Schwingungsverhalten des Baugrundes unterteilen sich also in die beiden Hauptgebiete:

Untersuchung des Schwingungssystems;

Untersuchung der Ausbreitung und Absorption von Schwingungen.

1.314.1 Untersuchung des Schwingungssystems

Definition. Zur Untersuchung des Schwingungssystems werden die Bewegungen[1] $z = z(t)$ bzw. $x = x(t)$ eines auf den Baugrund gesetzten Schwingers beobachtet, die er unter der periodisch veränderlichen Belastung $\tilde{k} = \tilde{K} \cos\omega t$ als Teilkörper

[1] Im Unterschied zu Kap. 1.313 werden die Schwingungsamplituden hier, um in der für Differentialgleichungen üblichen Schreibweise zu bleiben, mit z bzw. x und ihre Scheitelwerte mit Z bzw. X bezeichnet.

des Schwingungssystems „*starre Masse auf der Oberfläche eines Halbraums mit den elastischen und plastischen Eigenschaften des Baugrundes*" ausführt.

Zur quantitativen Auswertung des Meßergebnisses bedarf es einer theoretischen Vorstellung, mit deren Hilfe die Meßergebnisse in Beziehung zu den das Schwingungsverhalten bestimmenden Eigenschaften des Untergrundes gebracht werden können. Da eine strenge Lösung des vorliegenden Problems noch nicht gefunden ist, muß der Auswertung eine vereinfachte Modellvorstellung, die das Verhalten des Baugrundes näherungsweise wiedergeben soll, zugrunde gelegt werden. Mehrere solche Modelle sind von verschiedenen Forschern vorgeschlagen worden. Um das Verständnis der nachfolgend beschriebenen Auswertungsverfahren zu erleichtern, soll kurz auf die heute gebräuchlichsten eingegangen werden. Für ein vertieftes Eindringen in dieses Spezialgebiet der Bodenmechanik muß jedoch auf die Literatur verwiesen werden.

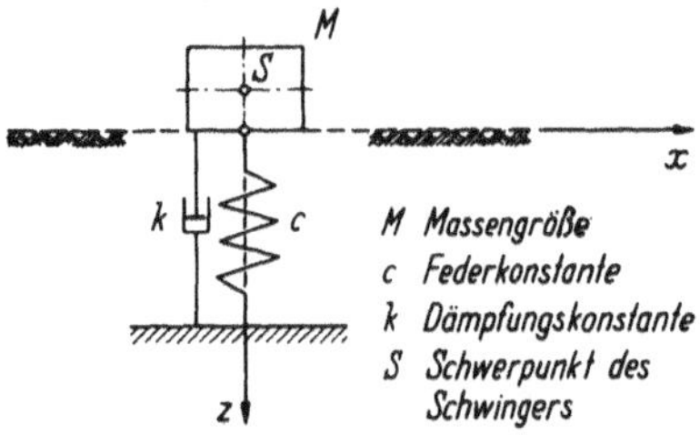

Abb. 64. Modell des schwingenden Massenpunkts mit geschwindigkeitsproportionaler Dämpfung.

Das analytisch einfachste Modell für den Schwinger auf dem Baugrund stellt der *über eine Feder an eine starre Unterlage gekoppelte Massenpunkt mit geschwindigkeitsproportionaler Dämpfung* dar (Hertwig/Früh/Lorenz 1933, Barkan 1962) (Abb. 64). Für dieses Modell mit quadratischer Erregung in vertikaler Richtung (durch umlaufende Exzentermassen, s. Abschn. „Gerät") ergibt sich die Differentialgleichung der Bewegung zu:

$$M\ddot{z} + k\dot{z} + cz = \tilde{K} \cos \omega t, \tag{29}$$

z Koordinate des Schwerpunktes S des Schwingers,
M Massengröße,
k Dämpfungskonstante,
c Federkonstante,
$\tilde{K}$ Scheitelwert der Erregerkraft $= m_0 r \omega^2$,
m_0 Exzentermasse,
r Radius der Exzentermasse,
ω Kreisfrequenz $= 2\pi n$,
n Erregerfrequenz.

Ihre Lösung $z = z(t)$ lautet:

$$z = Z \cos(\omega t - \varphi) \quad \text{(cm)}. \tag{30}$$

Hierbei ist:

$$Z = \frac{\tilde{K}}{\sqrt{(c - M\omega^2)^2 + k^2\omega^2}} \quad \text{(cm)}, \tag{30 a}$$

$$\tan \varphi = \frac{k\omega}{c - M\omega^2}, \tag{30 b}$$

φ Phasenwinkel zwischen Erregung $\tilde{k}$ und Weg z.

Die Eigenfrequenz des Systems liegt bei:

$$n_e = \frac{\omega_e}{2\pi} = \frac{1}{2\pi}\sqrt{\frac{c}{M}} \quad \text{(Hz)}. \tag{31}$$

Die in Gl. (29) auftretende Federkonstante c und der Dämpfungsfaktor k sind bei gegebener Bodenart von den Versuchsbedingungen (Grundfläche F und Gewicht G_s des Schwingers) abhängig. Nach Lorenz (1934) kann eine wesentliche Verbesserung der mit Hilfe dieses Modells erreichbaren Annäherung an die Wirklichkeit durch Einführen einer „*mitschwingenden Bodenmasse*" m_B erreicht werden, die zur Masse m_S des Schwingers zugerechnet werden muß. Dadurch soll berücksichtigt werden, daß der Baugrund nicht nur als Federung und Dämpfung, sondern auch als Masse am Schwingungsvorgang teilnimmt. Der in diesem Begriff enthaltenen Vorstellung zufolge bewegen sich der Schwinger und ein gegen den übrigen Halbraum abgegrenzter bestimmter Teil des Untergrundes — von der gedachten Form einer Druckzwiebel oder eines Kegelstumpfes — mit gleicher Amplitude und Phase. Die Größe der mitschwingenden Masse muß allgemein als von den Systemgrößen des Schwingers (Versuchsbedingungen) — in der Hauptsache als von der Grundfläche F — abhängig angesehen werden. Für die Massengröße M gilt demnach:

$$M = m_S + m_B \qquad \left(\frac{\mathrm{kgs}^2}{\mathrm{cm}}\right), \tag{32}$$

m_S Schwingermasse,
m_B mitschwingende Bodenmasse.

Die für die lotrechte Schwingungsrichtung (z-Achse in Abb. 64) angestellten Überlegungen gelten sinngemäß auch unter einer horizontalen Erregung (in x-Achsen-Richtung) oder unter einem periodischen Drehmoment mit lotrechtem Momentenvektor. Alle Fälle werden vom gleichen Differentialgleichungstyp (29) beherrscht.

Dieses Modell stellt eine nur grobe Annäherung an das tatsächliche Verhalten des Baugrundes dar. Insbesondere ist es nicht in der Lage, die versuchsmäßig festgestellte Abhängigkeit der Resonanzfrequenz des Systems vom Scheitelwert $\tilde{K}$ der Erregerkraft und das mit $\tilde{K}$ nichtlineare Anwachsen der Amplituden wiederzugeben (Abb. 67). Eine verbesserte Übereinstimmung wird durch Einführen einer *nichtlinearen Federkennlinie* („*nichtlineare Charakteristik*") $c = f(z)$ in dem durch die Gl. (29) charakterisierten Modell erreicht (LORENZ 1950, NOVAK 1957), was der Vorstellung entspricht, daß der Baugrund einen spannungsabhängigen Elastizitätsmodul besitzt. Die Differentialgleichung des verbesserten Modells lautet nach LORENZ:

$$m_S \ddot{z} + f(z) = \tilde{K} \cos \omega t. \tag{33}$$

Zur Bestimmung ihrer Lösung $z = z(t)$ stehen Näherungsverfahren (DEN HARTOG 1940) zur Verfügung. Aus allgemeinen bodenmechanischen Überlegungen ergibt sich für $c = f(z)$ ein unterlinearer Verlauf, d. h., die Federkonstante c nimmt mit der Amplitude z schwächer als linear zu. Die Charakteristik muß wieder als von den Systemgrößen des Schwingers, insbesondere von der Grundfläche F und vom Verhältnis Erregermoment zu Schwingermasse $\varkappa$ $\left(\varkappa = \frac{m_0 r}{m_S}\right)$ abhängig angesehen werden.

Eine Erweiterung und Verbesserung des durch Gl. (29) charakterisierten Modells stellt auch das Modell mit einer *frequenzabhängigen mitschwingenden Masse* m_B und linearer Federung c dar (NIJBOER 1955, BAUM 1956, HEUKELOM 1957). Nach HEUKELOM muß für die mitschwingende Bodenmasse m_B in Gl. (32) und damit in Gl. (29)

$$\text{für } \omega \leq \omega_0 : m_B = \text{const} = m_c \qquad \text{und für } \omega > \omega_0 : m_B = m_c \left(\frac{\omega_0}{\omega}\right)^3 \tag{34}$$

eingesetzt werden. Hierbei ist ω_0 ein von den Versuchsbedingungen abhängiger Frequenzwert. m_B ist also für $\omega > \omega_0$ mit der Frequenz ω stetig abnehmend.

Gerät. Für die Untersuchungen wird eine Schwingungsmaschine mit der zugehörigen Meßapparatur benutzt, wie sie auch für die dynamischen Untersuchungen (s. Kap. 1.313.2) eingesetzt wird. Durch geeignete Anordnung der Exzentermassen im Schwinger können neben periodischen Vertikalkräften auch periodische Drehmomente mit vertikalem Momentenvektor (Torsionsschwingungen) oder — zusammen mit einem Drehmoment mit horizontalem Momentenvektor (Kippschwingung) – auch periodische Horizontalkräfte erzeugt werden (Abb. 65). Außerdem müssen das Schwingergewicht G_s, die Grundfläche F und das Erregermaß $\varkappa = \frac{m_0 r}{m_s}$ verändert werden können. Auf die Möglichkeit einer stufenlosen Drehzahlregelung und einer guten Drehzahlkonstanthaltung ist besonderer Wert zu legen. Zur bequemen Frequenzmessung kann man die in Kap. 1.313.2 erwähnte Phasenregistrierung heranziehen; die periodischen Ablenkungen werden hierzu auf dem Schirm eines Kathodenstrahloszillographen mit einer Schwingung bekannter Frequenz aus einem Schwingungsgenerator verglichen.

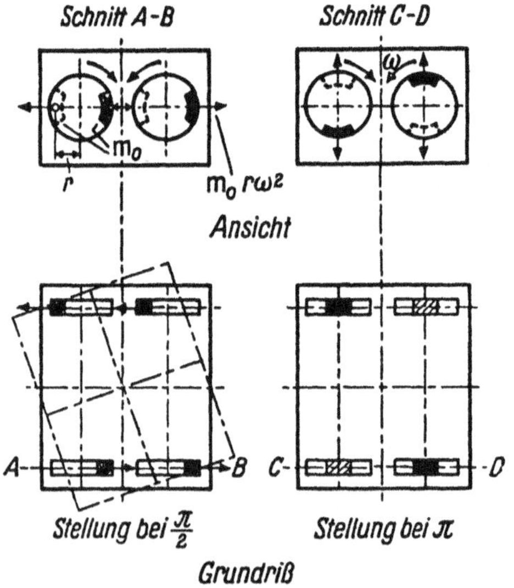

Abb. 65. Anordnung der Exzenter der Schwingungsmaschine zur Erregung von Drehschwingungen.

Die erzwungene Schwingung der Erregermaschine wird durch einen auf dem Schwinger befindlichen Aufnehmer in eine proportionale elektrische Größe umgewandelt. Hierfür geeignete Schwingungsaufnehmer und die zur weiteren Verarbeitung des Signals erforderlichen Geräte sind in Kap. 1.313.2 beschrieben. Die Auswertung der Meßergebnisse wird durch Verwendung eines wegproportionalen Aufnehmers oder durch Einschalten eines Integriergerätes hinter einem geschwindigkeits- oder beschleunigungsproportionalen Aufnehmer erleichtert. Von Vorteil ist der Einsatz eines Registriergeräts, das neben der Größe der Amplituden auch Aussagen über das Bild (Abweichung von einer Sinusform) der erzwungenen Schwingungen erlaubt.

Für eine vollständige Auswertung muß neben Frequenz und Amplitude noch der Phasenwinkel φ zwischen Erregung und Weg gemessen werden. Für diese Aufgabe stehen Phasenwinkelmeßgeräte zur Verfügung.

Die bleibende Setzung des arbeitenden Schwingers kann durch Nivellement bestimmt werden.

Vorgang. Der Schwingungsaufnehmer wird auf dem Schwinger angebracht, danach der Schwinger angelassen und die Drehzahl bis zum Sollwert gesteigert. Bei konstant gehaltener Frequenz werden – nach einer gewissen Einwirkzeit des Erregers auf den Untergrund – Amplitude und Phase der Schwingung der Erregermaschine gemessen. Das Verfahren wird mit mehreren Frequenzen wiederholt.

Das Ziel der Untersuchung ist die Bestimmung von Kennwerten am gewählten Modell, die bei einer bestimmten Bodenart (charakterisiert durch den Elastizitätsmodul E, Poisson-Zahl m und Dichte ϱ) noch von den Größen am Schwinger [*Systemgrößen:* F (Grundfläche), $\varkappa = \frac{m_0 r}{m_s}$ (Verhältnis von Erregermoment zu Masse), G_s (Schwingergewicht) und $p_{s\,\mathrm{stat}} = \frac{G_s}{F}$ (statische Sohlpressung)] abhängen. Die funktionelle Abhängigkeit der Kennwerte von diesen Größen kann nur in einem umfangreichen Meßprogramm, bei dem die Systemgrößen systematisch variiert werden, gefunden werden. In Zusammenhang mit der Entwicklung des dynamischen Bodenuntersuchungsverfahrens (s. Kap. 1.313.2) wurden beispielsweise bei der Degebo ausgedehnte Versuche mit Schwingergewichten von 675, 1350 und 2700 kg bei Grundflächen von 0,25, 0,50 und 1,00 m² ($p_{s\,\mathrm{stat}} = 0{,}27$ bis 1,08 kg/cm²) durchgeführt.

Meßgrößen. Zu jedem untersuchten Frequenzwert n bzw. Kreisfrequenzwert ω werden die Amplitude Z des Schwingerschwerpunkts (bei vertikaler Erregung) bzw. X (bei horizontaler Erregung) und der Phasenwinkel φ gemessen. Zusätzlich werden die Systemgrößen F, G_s, $p_{s\,\mathrm{stat}}$ und $\varkappa$ sowie die geologischen Daten des Untergrundes festgehalten.

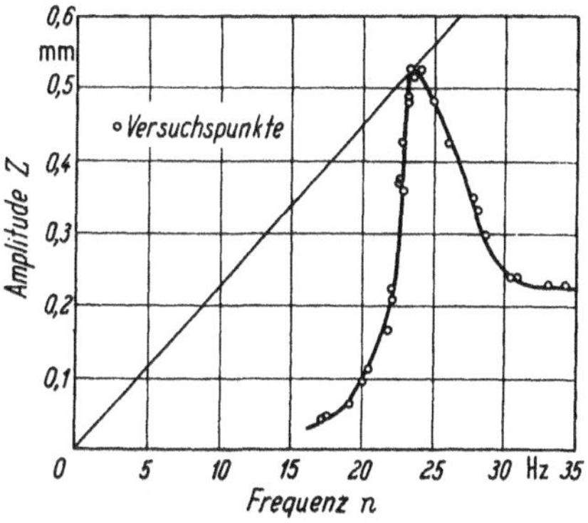

Abb. 66. Schwingungsamplituden in Abhängigkeit von der Frequenz (Resonanzkurve) (nach HERTWIG/FRÜH/LORENZ 1933).

Auftragungen. Die gemessenen Amplituden Z bzw. X werden als Funktion der Erregerfrequenz n aufgetragen. Es ergeben sich die sogenannten „*Resonanzkurven*" (Abb. 66 und 67), oft in der bekannten Form der Kurve eines Einmassenschwingers (Abb. 66). In der Regel weisen sie aber nach Überschreiten einer von $\varkappa$ abhängigen Resonanzlage einen

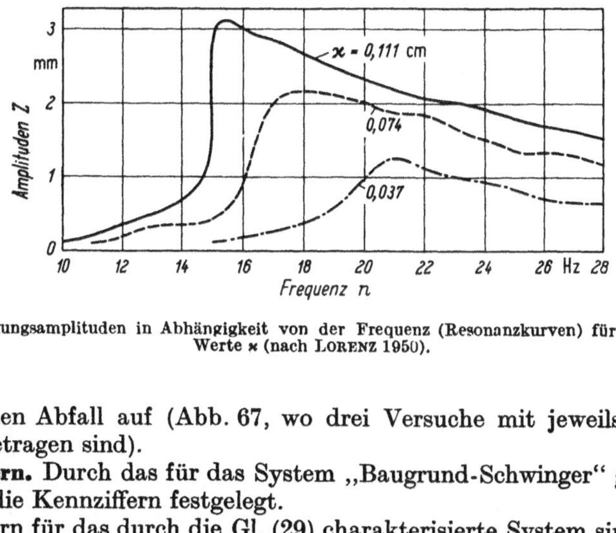

Abb. 67. Schwingungsamplituden in Abhängigkeit von der Frequenz (Resonanzkurven) für drei verschiedene Werte ϰ (nach LORENZ 1950).

nur schwachen Abfall auf (Abb. 67, wo drei Versuche mit jeweils geändertem $\varkappa$-Wert aufgetragen sind).

Kennziffern. Durch das für das System „Baugrund-Schwinger" gewählte Modell werden die Kennziffern festgelegt.

Kennziffern für das durch die Gl. (29) charakterisierte System sind die Federkonstante c, der Dämpfungsfaktor k und die mitschwingende Bodenmasse m_B. Zu ihrer Bestimmung werden für zusammengehörige Meßwerte ω, Z und φ die Größen $N_1 = \frac{m_0 r\,\omega^2}{Z} \cos\varphi$ und $N_2 = \frac{m_0 r\,\omega}{Z} \sin\varphi$ als Funktion von ω^2 aufgetragen (Abb. 68).

Für das Modell gelten andererseits die beiden Gleichungen [vgl. Gl. (30b)]:

$$\frac{m_0 r\,\omega^2}{Z} \cos\varphi = c - M\,\omega^2, \qquad (35)$$
$$\frac{m_0 r\,\omega}{Z} \sin\varphi = k.$$

Für $N_1(\omega^2)$ bzw. $N_2(\omega^2)$ ergeben sich Gerade, aus denen c, M und k in Abhängigkeit von den Systemgrößen entnommen werden können (Abb. 68). Die mitschwingende Bodenmasse m_B folgt dann aus Gl. (32).

Nach NOVAK (1957) ergibt sich das Gewicht G_B der mitschwingenden Masse m_B in Abhängigkeit von der Grundfläche F zu:

$$G_B = f F^{4/3} \quad \text{(kg)}. \tag{36}$$

Hierin ist f eine versuchsmäßig ermittelte Bodenkonstante mit der Einheit $(t/m^{8/3})$, die aus Versuchen mit verschiedener Grundfläche bestimmt werden kann.

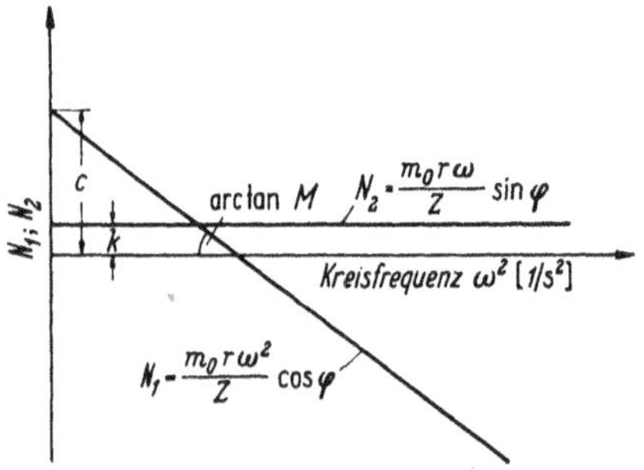

Abb. 68. Darstellung von $N_1 = \frac{m_0 r \omega^2}{Z} \cos\varphi$ und $N_2 = \frac{m_0 r \omega}{Z} \sin\varphi$ als Funktion von ω^2 zur Bestimmung der Modellkennziffern M, c und k.

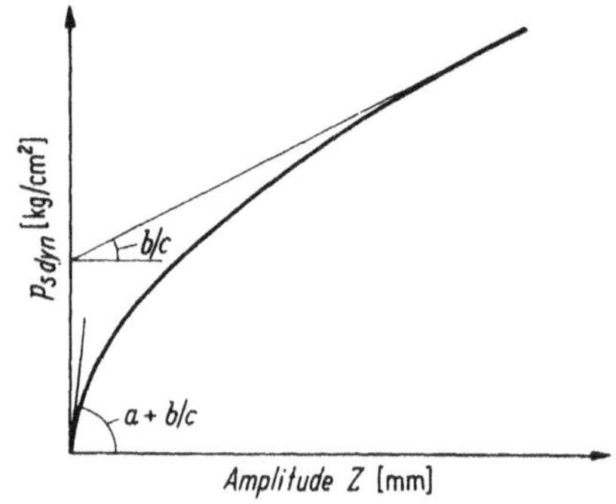

Abb. 69. Aus aufgemessenen Resonanzkurven ermittelte gekrümmte Kennlinie (nach LORENZ 1960).

Auf gleiche Weise erfolgt die Auswertung von Schwingungen in der x-Richtung. Es ergeben sich die Federkonstante c_h, die Dämpfungskonstante k_h und die mitschwingende Bodenmasse m_{Bh}.

Kennfunktion für das durch Gl. (33) charakterisierte Modell ist die Federkennlinie $c = f(z)$ bzw. die in der Sohlfuge herrschende dynamische Spannung $p_{s\,dyn} = f(z)$ (Abb. 69). Hierbei ist:

$$p_{s\,dyn} = \frac{cZ}{F} \quad \text{(kg/cm}^2\text{)}. \tag{37}$$

Nach LORENZ (1950) kann die Charakteristik mit Hilfe des Verfahrens von DEN HARTOG aus den aufgemessenen Resonanzkurven ermittelt werden. Der Tatsache, daß in Gl. (33) und bei dem Verfahren von DEN HARTOG die Dämpfung nicht berücksichtigt ist, wird näherungsweise dadurch Rechnung getragen, daß die am meisten von der Dämpfung beeinflußten Scheitelabszissen zur Auswertung nicht herangezogen werden. Für die so ermittelte Kennlinie gibt LORENZ den Funktionsansatz:

$$p_{s\,dyn} = a z + \frac{b z}{(c + z)} \quad \text{(kg/cm}^2\text{)}. \tag{38}$$

Hierin ist die Funktion $p_{s\,dyn} = f(z)$ bei gegebenem Untergrund keine Bodenkonstante, sondern hängt von den Systemgrößen F, G_s, $p_{s\,stat}$ und $\varkappa$ ab. Nach NOVAK (1957) läßt sich daraus eine nur von F und $p_{s\,stat}$ abhängige Charakteristik gewinnen.

Für das durch die Gl. (29) und die Bedingungen nach Gl. (34) charakterisierte Modell können die Kennziffern ω_0, m_c und k ebenfalls durch Auftragen der Beziehungen nach Gl. (35) als Funktion vom ω^2 erhalten werden. Für niedrige Frequenzen ω ergibt sich dann ein geradliniger Kurvenast, dem als Ordinatenabschnitt die Größe c und als Neigung m_c entnommen werden können (Abb. 70). Für höhere Frequenzen erhält man ein völlig anderes Kurvenbild. Die beiden Kurven für niedrige und hohe Frequenzen schneiden sich bei der Frequenz ω_0.

Auswertung. Zur Kennzeichnung der dynamischen Federung des Baugrundes werden die „*dynamische Bettungszahl*" C_v und — bei horizontaler Erregung — die „*dynamische Schubzahl*" C_h eingeführt. Beide Größen sind definiert als die auf die Fläche F des Schwingers bezogene Federkonstante bzw. als die dynamische Sohlpressung, die eine vertikale Setzung bzw. eine horizontale Verschiebung von 1 cm hervorruft:

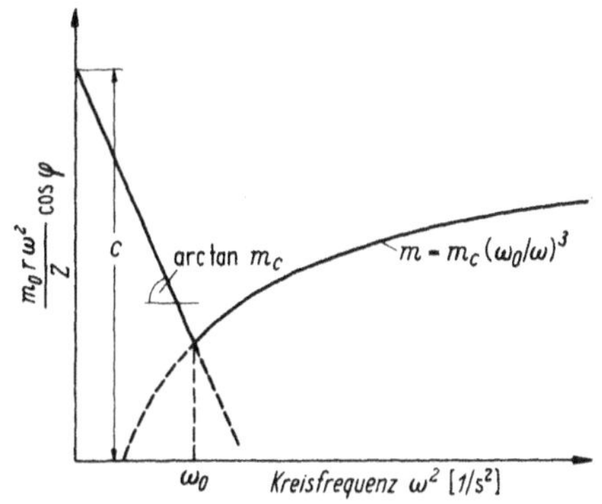

Abb. 70. Verlauf der Funktion $N = \frac{m_0 r \omega^2}{Z} \cos\varphi$ als Funktion von ω^2 (nach HEUKELOM 1957).

$$C_v = \frac{c}{F} \quad (\text{kg/cm}^3), \tag{39}$$

$$C_h = \frac{c_h}{F} \quad (\text{kg/cm}^3). \tag{40}$$

C_v und C_h sind — ebenso wie c und c_h — von den Systemgrößen F, G_s, $p_{s\,\text{stat}}$ und $\varkappa$ abhängig.

Für das durch Gl. (29) charakterisierte Modell kann C_v entweder aus Gl. (35), mit deren Hilfe c bestimmt wird, und Gl. (39) oder — bei Vernachlässigung der mitschwingenden Bodenmasse — aus der Resonanzfrequenz n_e hergeleitet werden.

Bei quadratischer Erregung wird n_e durch Anlegen der Ursprungstangente an die Resonanzkurve bestimmt (Abb. 66). Es ist [vgl. Gl. (31)]:

$$n_e = \frac{1}{2\pi}\sqrt{\frac{c}{m_s}} = \frac{1}{2\pi}\sqrt{\frac{C_v F g}{G_s}} = \frac{1}{2\pi}\sqrt{\frac{C_v g}{p_{s\,\text{stat}}}} \quad (\text{Hz}),$$

m_s Masse des Schwingers $= \frac{G_s}{g}$,
G_s Gewicht des Schwingers,
g Erdbeschleunigung,
F Grundfläche des Schwingers,
$p_{s\,\text{stat}}$ statische Sohlpressung $= \frac{G_s}{F}$.

Daraus ergibt sich die dynamische Bettungszahl C_v zu:

$$C_v = \frac{4\pi^2}{g} n_e^2\, p_{s\,\text{stat}} \quad (\text{kg/cm}^3). \tag{41}$$

Die dynamische Schubzahl C_h läßt sich aus dem unter einem periodischen Drehmoment mit vertikalem Momentenvektor aufgemessenen Verhalten des Schwingers bestimmen. Es ergibt sich, da die Ausgangsdifferentialgleichung für Translations- und Drehschwingungen von gleicher Art ist, für die Drehschwingungseigenfrequenz n'_e:

$$n'_e = \frac{1}{2\pi}\sqrt{\frac{c'}{\Theta}} \quad (\text{Hz}), \tag{42}$$

c' Torsionsfederkonstante,
Θ Massenträgheitsmoment des Schwingers um die lotrechte Schwerachse.

Mit $c' = J_p C_h$ erhält man:

$$n_e' = \frac{1}{2\pi}\sqrt{\frac{J_p C_h}{\Theta}} \qquad \text{(Hz)},$$

J_p polares Trägheitsmoment der Grundfläche des Schwingers.

Daraus ergibt sich die gesuchte Schubzahl C_h zu:

$$C_h = 4\pi^2 \frac{\Theta}{J_p} n_e'^2 \qquad (\text{kg/cm}^3). \qquad (43)$$

Für das Modell mit gekrümmter Federkennlinie wird C_v als Tangente an die Funktion $p_{s\,\mathrm{dyn}} = f(z)$ im Punkt $z = 0$ (Abb. 69) erhalten. Es ergibt sich [vgl. Gl. (38)]:

$$C_v = a + \frac{b}{c} \qquad (\text{kg/cm}^3). \qquad (44)$$

Die Untersuchung von Schwingern auf verschiedenen Böden ergab bei rolligen Böden einen großen Wert a und einen kleinen Wert b/c, während bei bindigen Böden das Umgekehrte festgestellt wurde.

Bei dem Modell mit frequenzabhängiger mitschwingender Bodenmasse muß zunächst die Federkonstante c bestimmt werden (Abb. 70). Daraus folgt mit Hilfe von Gl. (39) C_v.

Zahlenwerte. Mit dem Schwinger der Degebo (2700 kg Gewicht, 1 m² Grundfläche) wurden unter lotrechter und horizontaler Erregung die in Tab. 10 zusammengestellten Eigenfrequenzen gemessen.

Tabelle 10. *Eigenfrequenz des Schwingers der Degebo auf verschiedenen Böden*

Bodenart	Eigenfrequenz n_e (Hz)	Eigenfrequenz n_e' (Hz)
Moor von 3 m Stärke	4	—
Ton, Lehm und Mergel, je nach Festigkeit	15—28	5—18
Sand, je nach Lagerungsdichte	19—26	5—15
Kies, je nach Lagerungsdichte	23—30	7—20
Buntsandstein	32	—

Einen Überblick über gemessene Werte für die dynamische Bettungszahl C_v und die dynamische Schubzahl C_h bei einigen Bodenarten gibt Tab. 11. C_v und C_h sind am Modell des schwingenden Massenpunkts mit linearer Federung gewonnen und für drei verschiedene statische Bodenpressungen angegeben.

Die dynamische Bettungs- und Schubzahl gilt nur für dynamische Belastungen, die wie Schwingungen und andere Erschütterungen kurz andauern. Da sich der Boden – insbesondere wenn er bindig ist – bei statischen Belastungen völlig anders verhält als bei dynamischen, können aus den Werten der Tab. 11 keine Rückschlüsse auf die statischen Bettungszahlen gezogen werden.

Fehler. Die Genauigkeit bei der Messung der Schwingungsgrößen ist sehr gut. Dagegen befriedigt die Bestimmung der dynamischen Bettungs- und Schubzahlen noch nicht in vollem Umfang. Das liegt aber weniger an der Unzulänglichkeit der Meßmethoden als an den vereinfachten Annahmen über die schwingende Masse bei der theoretischen Behandlung.

Verwendung. Die dynamischen Kennzahlen des Bodens werden bei der Berechnung von Maschinenfundamenten und bei anderen dynamischen Bauaufgaben (MAJOR 1961) benötigt, um die Eigenschwingungszahlen der Gründung zu be-

Tabelle 11. *Dynamische Bettungs- und Schubzahl von Böden* (nach RAUSCH 1940)
(Meßergebnisse der früheren Baugrund GmbH, Berlin)

Bodenart	statische Boden-pressung (kg/cm²)	dynam. Bettungszahl C_v (kg/cm³)	dynam. Schubzahl C_h (kg/cm³)
Feinsand, tonig	0,27 0,54 1,08	4 — 6,5 7 14,5—16	4—5
Mittelsand mit unterschiedlichen Lagerungsdichten	0,27 0,54 1,08	5 — 8,5 8 —10,5 11,5—18,5	2—5
Mittelsand — Feinsand, tonig	0,27 0,54 1,08	5,5— 7,5 11 —11,5 17,5—20	4—5
Tertiärer Ton, feucht	0,27 0,54 1,08	5,5 9 14	4
Mergel	0,25 0,5 1,0	6 9 15	4 3 2,5
Mergel, mit der Hacke zu bearbeiten	0,3 0,6 1,1	6,5 14 26	7
Geschiebemergel, feucht	0,27 0,54 1,08	7,5 12,5 15,5	6
Mittel- bis Grobsand vor der Verdichtung	0,27 0,54 0,8 1,0 1,2	8 14 20,5 24 28	6
Mittel- bis Grobsand nach der Verdichtung	0,27 0,54 0,8 1,0 1,2	13 18 23 25,5 30	6
Trockener lehmiger Kies, mit Hacke zu bearbeiten	0,27 0,54 1,08	9 16 26	8
Sandige und kiesige Schichten	0,27 0,54 1,08	9 14 24	20 18 15
Mittelsand	0,5 0,8 1,0	9 10 12	3
Kies	0,27 0,54 1,08	9,5 13,0 25,0	4
Mittelsand	0,5 0,8 1,0	10 13 15	10

Tabelle 11 (Fortsetzung)

Bodenart	statische Boden-pressung (kg/cm²)	dynam. Bettungszahl C_v (kg/cm³)	dynam. Schubzahl C_h (kg/cm³)
Tertiärer Ton, trocken	0,27 0,54 1,08	10,5 15,0 23,0	4
Kies mit Eisensteinbändern	0,3 0,6 1,1	10—11 14—15,5 19—27	6
Geschiebemergel, trocken	0,27 0,54 1,08	11 15,5 20	8
Grober Sand, locker gelagert	0,9	11	6
Mergel	0,55 1,1	18 26	6
Mergel	0,5 0,8 1,0	18 21 25	6
Lehmiger Kies	1,0	40	12

rechnen. Dabei stellt sich das Problem der Übertragbarkeit von Versuchsergebnissen auf die meist größeren Bauwerksmaße. Für die Diskussion dieses Sachverhalts siehe LORENZ (1960).

Beispiel. Zur Berechnung der dynamischen Beanspruchung eines Dampfturbinenfundaments wurden mit einer Schwingungsmaschine die Resonanzkurven des Systems „Schwinger auf Boden" gemessen und aus ihnen die Eigenfrequenzen entnommen. Tab. 12 gibt für die verschiedenen Kombinationen von Schwingergewicht G_s und Grundfläche F die gemessene Eigenfrequenz n_e und die Ausrechnung der Bettungszahl C_v an.

Tabelle 12. *Berechnung der dynamischen Bettungszahl aus gemessenen Eigenfrequenzen*

G_s (kg)	F (m²)	$p_{s\,stat} = \frac{G_s}{F}$ (kg/cm²)	$\frac{4\pi^2}{g} p_{s\,stat}$	n_e (Hz)	n_e^2	C_v (kg/cm³)
2700	1			40,5	1640	18,0
1350	0,5	0,27	0,011	34,4	1182	13,0
675	0,25			25,6	655	7,2
5400	1			33,0	1084	23,3
2700	0,5	0,54	0,021	29,4	865	18,6
1350	0,25			25,4	646	13,9
10800	1			26,0	676	28,9
5400	0,5	1,08	0,043	24,3	590	25,3
2700	0,25			22,5	507	21,7

In Abhängigkeit von der Bodenbeanspruchung liefert Tab. 12 drei Kurven, zwischen die noch eine vierte für $p_{s\,stat} = 1{,}0$ kg/cm² interpoliert wurde (Abb. 71). Aus ihnen wurde die Bettungszahl C_v für die Grundfläche des Turbinenfundaments mit einer statischen Bodenpressung von 1,0 kg/cm² extrapoliert. Aus der Kurve $p_{s\,stat} = 1{,}0$ kg/cm² ergab sich der gesuchte Wert $C_v = 30$ kg/cm³. In gleicher Weise wurde die Schubzahl gefunden (Tab. 13).

Die Kurve für $p_{s\,stat} = 1{,}0$ kg/cm² wurde nach der Kurve für $p_{s\,stat} = 1{,}08$ kg/cm² geschätzt (Abb. 71). Danach ergab sich für die vorhandene Grundfläche des Turbinenfundaments $C_h = 0{,}8$ kg/cm³.

Tabelle 13. *Berechnung der dynamischen Schubzahl aus gemessenen Eigenfrequenzen*

G_s (kg)	F (m²)	n'_s (Hz)	n'^2_s	$4\pi^2 n'^2_s$	$\frac{\Theta}{J_p}$	C_h (kg/cm³)
10800	1,00	13,4	180	7120	$1{,}10\cdot10^{-3}$	7,7
5400	0,50	9,0	81	3200	$2{,}20\cdot10^{-3}$	7,0
2700	0,25	5,6	31,8	1250	$4{,}40\cdot10^{-3}$	5,5

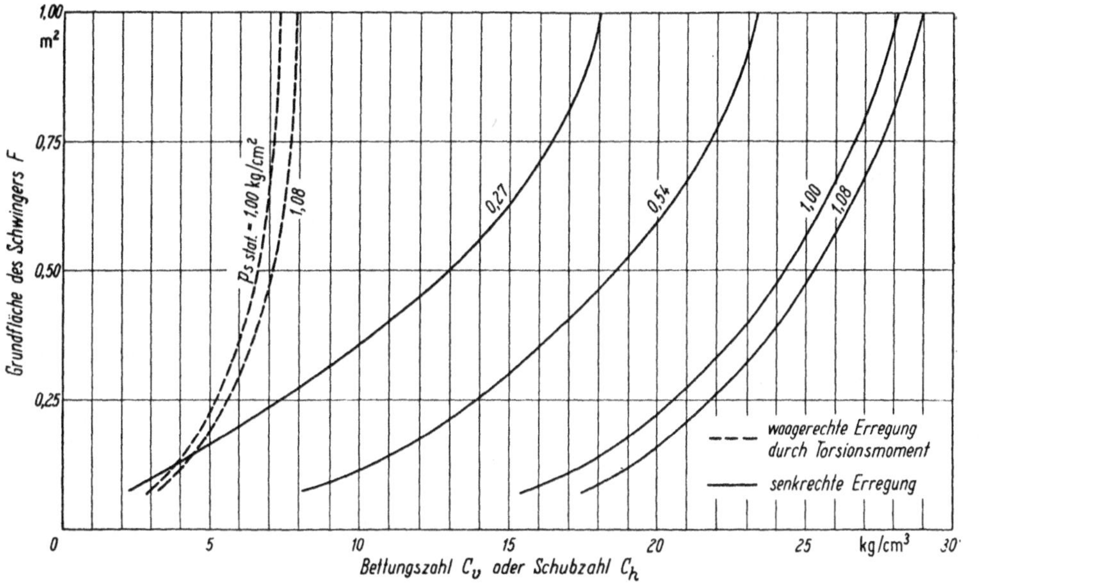

Abb. 71. Ermittlung der dynamischen Bettungs- und Schubzahl des Untergrundes für ein Dampfturbinenfundament.

Die mit den gemessenen Werten von C_v und C_h berechneten Eigenfrequenzen des Dampfturbinenfundaments stimmten mit den Kontrollmessungen am fertigen Bauwerk gut überein. Die Abweichungen der Rechen- und Meßwerte betrugen etwa 10%.

Literatur

HERTWIG/FRÜH/LORENZ (1933): Die Ermittlung der für das Bauwesen wichtigsten Eigenschaften des Bodens durch erzwungene Schwingungen. Mitt. Degebo H. 1.

LORENZ (1934): Neue Ergebnisse der dynamischen Baugrunduntersuchung. VDI-Ztschr. 78, S. 379.

DEN HARTOG (1940): Mechanical vibrations. London/New York.

RAUSCH (1940): Maschinenfundamente und andere dynamische Bauaufgaben. Berlin.

LORENZ (1950): Der Baugrund als Federung und Dämpfung schwingender Körper. Bauingenieur 25, S. 365.

KLOTTER (1951): Technische Schwingungslehre. Berlin/Göttingen/Heidelberg.

ASTM (1953): Symposium on dynamic testing of soils. Am. Soc. Test. Mat. Spec. Techn. Publ. Nr. 156.

NIJBOER (1954): A calculation method for the behaviour of bituminous pavements under dynamic loading. Koninklijke Shell-Lab. Amsterdam, Report M 23003.

— (1955): Dynamic investigations of road constructions. Shell Bitumen Monograph Bd. 2.

BAUM (1956): Beitrag zur Deutung von Schwingungsuntersuchungen an Straßen. Bundesanst. f. Straßenbau, Köln.

HEUKELOM (1957): Über die mechanischen Elemente, die die Steifigkeit von Straßenkonstruktionen beherrschen. Koninklijke Shell-Lab. Amsterdam, Report M 23020.

NOVAK (1957): Über die Nichtlinearität der Vertikalschwingung von starren Körpern auf dem Baugrund. Acta Technica, Rocnik Bd. 2. Nakladatelstvi CSAV. Prag.

LORENZ (1960): Grundbau-Dynamik. Berlin/Göttingen/Heidelberg.
MAJOR (1961): Berechnung und Planung von Maschinen- und Turbinenfundamenten. Berlin.
BARKAN (1962): Dynamics of bases and foundations. New York/San Francisco/Toronto/London.
— (1963): Méthodes de vibration dans la construction. Paris.
BAUM/BEHR/BUSECK (1965): Die Reaktion von Straßen bei zeitabhängiger Belastung. Bundesanst. f. Straßenbau H. 4.
KONDNER (1965): Effects of footing size, weight and excitation level on resonant frequencies of foundation systems on cohesive soil. Sols Soils 12, S. 11.

1.314.2 Untersuchung der Ausbreitung und Absorption von Schwingungen

Definition. Mit wachsender Entfernung vom Erregerort nehmen die Amplituden der in einem elastischen Halbraum erzeugten Wellen ab, da die Schwingungsenergie immer größere Flächen durchsetzt. Die Abnahme der Vertikalkomponente der durch eine punktförmige, lotrechte Erregung erzeugten Oberflächenwelle (s. Kap. 1.313.2) folgt dem Gesetz (s. z.B. BARKAN 1962):

$$Z = Z_0 \left(\frac{x_0}{x}\right)^{\frac{1}{2}} \qquad \text{(cm)} \qquad (45)$$

Z Vertikalamplitude der Oberflächenwelle in der Entfernung x vom Erregerort,
Z_0 Vertikalamplitude der Oberflächenwelle im willkürlich wählbaren Bezugspunkt in der Entfernung x_0 vom Erregerort.

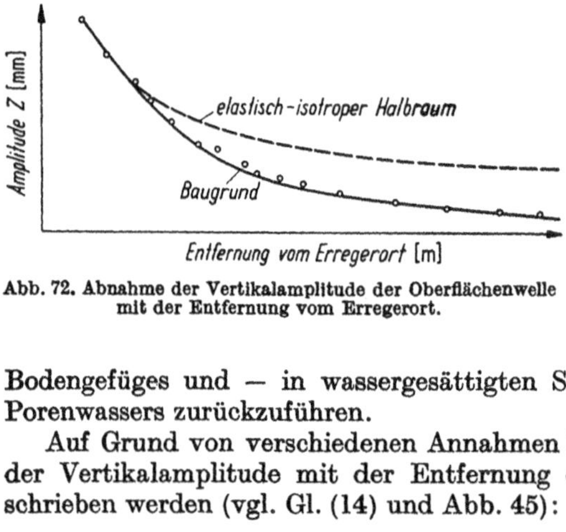

Abb. 72. Abnahme der Vertikalamplitude der Oberflächenwelle mit der Entfernung vom Erregerort.

Beim Durchgang einer Welle durch den nur teilweise elastischen Untergrund wird ein Teil der in der Welle transportierten Energie vom Boden absorbiert. Dies macht sich in einer stärkeren Abnahme der Amplituden mit der Entfernung als nach Gl. (45) bemerkbar (Abb. 72). Die Absorption[1] von Energie ist nach FÖRTSCH (1954, 1956) auf COULOMBsche Reibung innerhalb des Bodengefüges und – in wassergesättigten Schichten – auf die Viskosität des Porenwassers zurückzuführen.

Auf Grund von verschiedenen Annahmen kann im Untergrund die Abnahme der Vertikalamplitude mit der Entfernung durch die folgende Gleichung beschrieben werden (vgl. Gl. (14) und Abb. 45):

$$Z = Z_0 \left(\frac{x_0}{x}\right)^{\frac{1}{2}} e^{-k(x-x_0)} \qquad \text{(cm)}, \qquad (14)$$

k Absorptionskoeffizient.

Der Absorptionskoeffizient k, der die auf eine Länge von 1 m bezogene Energieabsorption darstellt und die Dimension $\frac{1}{\text{m}}$ besitzt, ist in hohem Maße frequenzabhängig und eignet sich in dieser Form zur Kennzeichnung des Bodens wenig. Man bezieht deshalb die Energieabsorption statt auf die Länge 1 m besser

[1] Die Absorption, die den Energieverlust einer fortschreitenden *Welle* beim Durchlaufen einer wohlbestimmten Strecke kennzeichnet, darf nicht mit der Dämpfung einer *schwingenden Masse* verwechselt werden (s. Kap. 1.314.1), die den Energieverlust im schwingungsfähigen Feder-Massesystem kennzeichnet.

auf die Wellenlänge λ, d. h., man setzt:

$$k = \frac{k'}{\lambda} \qquad \left(\frac{1}{\mathrm{m}}\right). \tag{46}$$

Hierbei ist:

$$\lambda = \frac{v}{n} \qquad (\mathrm{m}), \tag{47}$$

k' dimensionsloser Absorptionskoeffizient,
v Wellenfortpflanzungsgeschwindigkeit,
n Frequenz der lotrechten Erregung.

Man schreibt also Gl. (14) in der Form:

$$Z = Z_0 \left(\frac{x_0}{x}\right)^{\frac{1}{2}} e^{-k' \frac{(x-x_0)}{\lambda}} \qquad (\mathrm{cm}) \tag{48}$$

und erhält so nach Förtsch (1940) einen dimensionslosen *frequenzunabhängigen Absorptionskoeffizienten* k'. Der Absorptionsvorgang verläuft hiernach in der Weise, daß auf einer Wellenlänge für alle Frequenzen stets der gleiche Anteil der Gesamtenergie der elastischen Welle verbraucht wird. In k' gehen nur die Eigenschaften des Bodens ein. Dieser Wert kann demzufolge als Bodenkennziffer aufgefaßt werden. Insbesondere stellt k' ein Maß für die Abweichung des Verhaltens des Bodens von einem elastischen Verhalten dar.

Ähnliche Aussagen können über die horizontale Komponente der durch eine lotrechte Erregung erzeugten Oberflächenwelle nicht gemacht werden. Experimentelle Untersuchungen ergaben, daß die Abnahme der horizontalen Amplituden mit der Entfernung vom Erregerort nicht durch eine wie Gl. (48) aufgebaute Gleichung beschrieben werden kann.

Gerät. Am Erregerort wird der Untergrund durch einen Schwinger, durch Sprengungen, durch Hammerschläge auf eine satt auf dem Boden liegende Stahlplatte, durch Fallenlassen größerer Gewichte, durch Rammschläge, durch laufende Maschinen u. a. zu Schwingungen angeregt. Die Frequenz einer periodischen Erregung kann wie in Kap. 1.314.1 angegeben gemessen werden.

Als Schwingungsmeßgeräte werden Aufnehmer und nachgeschaltete Geräte wie bei seismischen und dynamischen Untersuchungen eingesetzt. Bei der Bestimmung des Absorptionskoeffizienten k bzw. k' verwendet man zur Ermittlung der lotrechten Komponente der Oberflächenwelle mit Vorteil Weggeber. Will man nicht allein die Absorption messen, sondern Erschütterungsvorgänge beurteilen, so ist die Bestimmung aller Komponenten der Bewegung eines Bodenteilchens erforderlich, da die ungünstigste Komponente maßgebend ist. Hier bieten sich Mehr-Komponenten-Aufnehmer an. Ob man dabei Weg-, Geschwindigkeits- oder Beschleunigungsgeber benutzt, hängt von der gestellten Aufgabe ab.

Zur bequemen und vollständigen Auswertung werden die verstärkten Schwingungsgrößen von einem Schreibgerät registriert.

Vorgang. Längs eines Meßprofils oder in konzentrischen Kreisen um den Erschütterungsherd werden auf festgelegten Punkten — mit der vorliegenden Aufgabe angepaßten Abständen vom Erschütterungsherd — die Schwingungsaufnehmer aufgestellt und die unter der Erregung auftretenden Schwingungsgrößen registriert. Zur Bestimmung des Absorptionskoeffizienten genügen zwei Meßpunkte; zur Verbesserung der Messung wird aber meist an mehreren Punkten bei verschiedenen Erregerfrequenzen gemessen.

Außerdem wird die Wellenfortpflanzungsgeschwindigkeit v bestimmt (s. Kap. 1.313.2).

Meßgrößen. Die in den gemessenen Entfernungen x vom Erschütterungsherd auftretenden Schwingungsgrößen (Weg, Geschwindigkeit oder Beschleunigung) werden registriert und ihre Amplituden und Frequenzen ausgemessen bzw. nach FOURIER analysiert. Zusätzlich werden die Daten der Erregung festgehalten, bei periodischer Erregung insbesondere Frequenz sowie Phasenlage der Schwingungen an den einzelnen Beobachtungspunkten.

Auftragung. Zur Bestimmung des Absorptionskoeffizienten k bzw. k' werden die Wegamplituden Z als Funktion der Entfernung x vom Erregerzentrum als Absorptionskurve aufgetragen (Abb. 45).

Kennziffern. Der Absorptionskoeffizient k' wird mit Hilfe von Gl. (48) berechnet. Aus Messungen an den Stellen x_0 und x läßt sich zunächst $k = \frac{k'}{\lambda}$ $\left(\text{Dimension } \frac{1}{\text{m}}\right)$ bestimmen. Doch ist eine solche Bestimmung wegen der unvermeidbaren Meßfehler und der Inhomogenität des Untergrundes nicht zuverlässig.

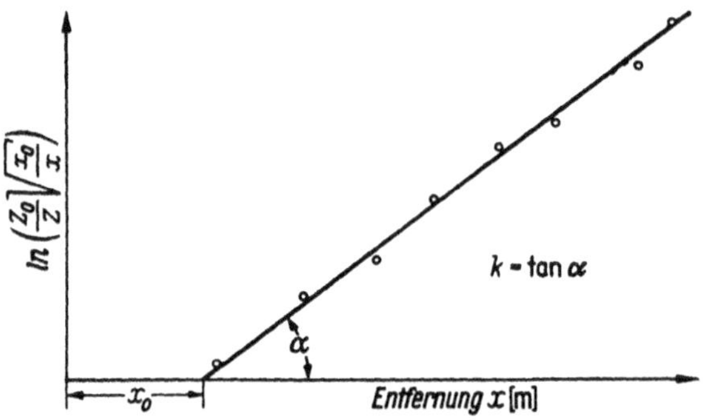

Abb. 73. Ermittlung des Absorptionskoeffizienten k.

Wesentlich genauer erhält man k, wenn die Amplituden Z in mehreren Entfernungen x gemessen und die Werte $\ln\left(\frac{Z_0}{Z}\sqrt{\frac{x_0}{x}}\right)$ in Abhängigkeit von x aufgetragen werden (Abb. 73). Es ist dann:

$$\ln\left(\frac{Z_0}{Z}\sqrt{\frac{x_0}{x}}\right) = k\,(x - x_0)$$

bei homogenem Boden eine Gerade, deren Neigung gegen die Abszisse die Größe von k anzeigt. Mit der aus der Messung der Wellenfortpflanzungsgeschwindigkeit v und der Frequenz n bestimmten Wellenlänge λ erhält man die Bodenkennziffer $k' = k\,\lambda$ als dimensionslose Zahl.

Ist der Untergrund geschichtet, so läßt sich die Amplitudenabnahme mit der Entfernung x nicht mehr durch eine einfache e-Funktion beschreiben (Abb. 45). Interferenzerscheinungen, die die Form der Amplitudenkurve weitgehend beeinflussen (s. Kap. 1.313.2), erschweren hier die Auswertung.

Für die Beurteilung von Erschütterungswirkungen am Meßort werden Frequenz und Amplitude (von Weg, Geschwindigkeit oder Beschleunigung) herangezogen. Bei sinusförmiger Schwingung gibt der Scheitelwert, bei nichtsinusförmiger Schwingung meist ein äquivalenter Scheitelwert – definiert als die Wurzel aus der Summe der zu den einzelnen Frequenzen gehörigen Amplitudenquadrate – ein Maß für die Gefährdung ab.

Zahlenwerte. Für den Absorptionskoeffizienten k' hat FÖRTSCH (1940) aus Messungen die Werte der Tab. 14 errechnet.

Bei Unterteilung der Böden in bindige und nichtbindige liegt k' für die bindigen Bodenarten in der Größenordnung 0,1 bis 0,3, für die nichtbindigen Bodenarten in der Größenordnung 0,4 bis 0,6. Für Gesteine ist k' wesentlich kleiner.

Fehler. Die Fehler bei den Messungen zur Ermittlung des Absorptionskoeffizienten sind gering. Bei einer ausreichenden Zahl von Meßpunkten auf homogenem Untergrund erhält man k' recht genau. Über die Streuung der k'-Werte in den einzelnen Bodenarten liegt noch wenig Material vor. Je inhomogener der Baugrund ist, desto schwieriger ist die Bestimmung von k' und desto weniger kann k' einer bestimmten Bodenart zugeschrieben werden. Außerdem ist die Tiefe, von der die Erschütterungen z. B. beim Rammen ausgehen, zu beachten, da streng genommen Gl. (48) nur für eine lotrechte Erregung an der Oberfläche gilt. Schätzungen der Wirkung von Erschütterungen auf benachbarte Bauwerke, die auf Tab. 14 beruhen, sind daher recht unsicher und gelten auch nur für die Vertikalkomponente der Oberflächenwelle. Zur Beurteilung einer Schwingungsgefährdung sind Messungen am Untersuchungsort unter einer definierten Erregung, die zu der späteren Beanspruchung in Beziehung gebracht werden kann, vorzuziehen.

Tabelle 14. *Absorptionskoeffizient von Böden* (nach FÖRTSCH 1940)

Bodenart	k' o. D.
Lößlehm	0,215
Diluvialer Ton	0,146
Liaston	0,350
Lehm und Sand	0,425
Lehm und Kies	0,105
Mittelsand	0,620
Berliner Sand	0,5—0,6

Verwendung. Mit Hilfe des Absorptionskoeffizienten k bzw. k' läßt sich zu einer vorgegebenen oder berechneten Erregeramplitude und Frequenz die Amplitude Z der Baugrundschwingung an einer Stelle in der Entfernung x vom Erregerzentrum ihrer Größenordnung nach berechnen. Daraus ergeben sich Hinweise für eine Beurteilung der Schädlichkeit der Erregung für Objekte in der Entfernung x vom Erregerort. Andererseits lassen sich durch solche Messungen vor und nach dem Ergreifen von Erschütterungsschutzmaßnahmen Feststellungen über die Wirksamkeit dieser Maßnahmen treffen.

Bei der Beurteilung der Einwirkung von Schwingungen, d. h. beim Herleiten von Maßstäben für eine Schwingungsgefährdung, ist zwischen der Einwirkung auf

Tabelle 15. *Beurteilungsmaßstäbe von Erschütterungen* (nach REIHER/v. SODEN 1961)

Grundgröße	Literatur	Maßstab
Beschleunigung	A. SIEBERG L. BENDEL	Beschleunigung b
Schwingleistung	C. RISCH W. ZELLER H. W. KOCH R. KÖHLER	vibrar S $S = 10 \lg \frac{b^2}{f K_0}$ mit Frequenz f und $K_0 = 0{,}1\ \text{cm}^2/\text{s}^3$
Schwinggeschwindigkeit	DIN 4150	pal = 20 lg v/v_0 $v_0 = 0{,}316$ mm/s an der Fühlschwelle
	Amerikanische Norm New Jersey	Geschwindigkeit v
	R. KÖHLER	Geschwindigkeit v
	VDI-Ausschuß für Schwingungstechnik	Geschwindigkeit v

Gebäude und der Einwirkung auf Menschen zu unterscheiden. Die Grenzen einer schädigenden Einwirkung brauchen in beiden Fällen nicht miteinander überein-

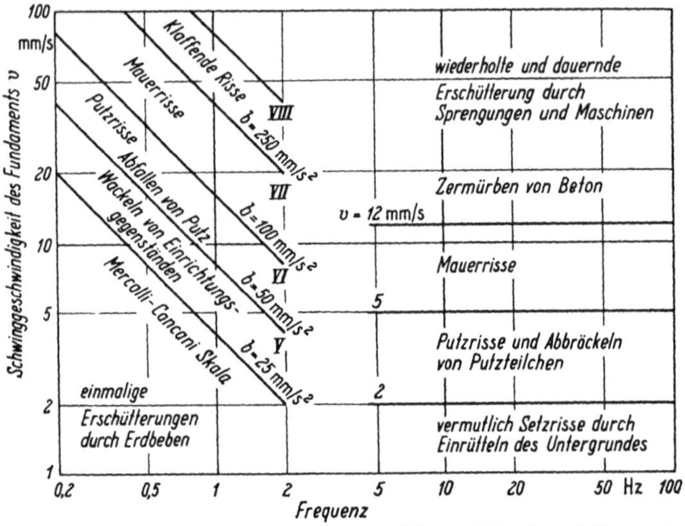

Abb. 74. Schadensgrenzen bei Gebäuden üblicher, nicht erschütterungsfester Bauart (REIHER/v. SODEN 1961).

zustimmen; für den Menschen unerträgliche Schwingungen können für das Bauwerk harmlos sein und umgekehrt.

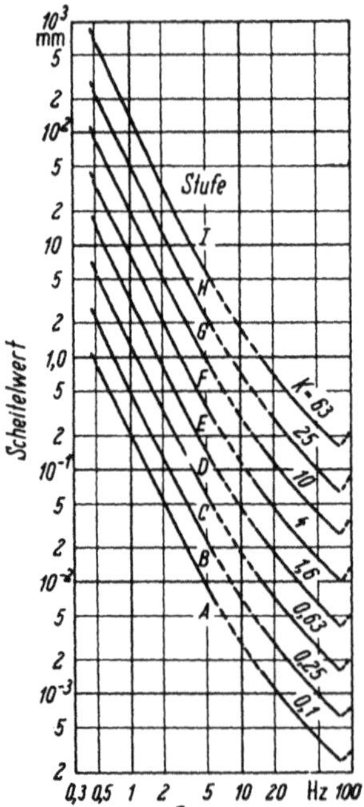

Abb. 75. Kurven gleicher *K*-Werte für Sinusschwingungen im Frequenz-Wegdiagramm (VDI-Richtlinie 2057, Entwurf 1961).

Für die Beurteilung der *Schädlichkeit von Schwingungen für ein Gebäude* gibt es noch keine allgemein anerkannten Maßstäbe. Den bisher aufgestellten Schadensskalen liegen als maßgebliche Größen die Schwingbeschleunigung ($B = 4\pi^2 n^2 Z$), die Schwingleistung ($L = 8\pi^3 n^3 Z^2$) oder die Schwinggeschwindigkeit (Schnelle; $V = 2\pi\, n\, Z$) zugrunde. Tab. 15 gibt eine Übersicht über diese Beurteilungsmaßstäbe und ihre jeweiligen Grundgrößen. Eine ausführliche Diskussion findet sich bei KÖHLER (1955).

Für Gebäude üblicher, d. h. nicht ausgesprochen erschütterungsfester Bauart lassen sich die Beurteilungsmaßstäbe nach REIHER/v. SODEN (1961) heranziehen (Abb. 74). Für niedrige Frequenzen unterhalb der Eigenresonanz der Gebäude ist die Beschleunigung der Gebäudefundamente maßgebend (Erdbebenskala nach MERCALLI/CANCANI/SIEBERG; SIEBERG 1923). Im Gebiet höherer Frequenzen ist die Schwinggeschwindigkeit der Gebäudefundamente maßgebend. Der Skalenverlauf im Zwischenbereich, in dem Gebäuderesonanzen auftreten, ist von Gebäude zu Gebäude verschieden.

Für die Beurteilung der *Einwirkung der Schwingungen auf Menschen* steht die VDI-Richtlinie 2057 „Beurteilung der Einwirkung mechanischer Schwingungen auf den Menschen" zur Verfügung. Darin wird als Kenngröße die „*Wahrnehmungs-*

stärke" K festgelegt, die für Frequenzen unter etwa 5 Hz der Beschleunigung, für Frequenzen über etwa 15 Hz der Schnelle proportional ist. Abb. 75 zeigt

Tabelle 16. *Zusammenhang zwischen gemessener Wahrnehmungsstärke und subjektiver Wahrnehmung* (aus VDI 2057, Entwurf 1961)

Wahrnehmungsstärke K	Stufe	Beschreibung der Wahrnehmung
	A	nicht spürbar
0,1		(Fühlschwelle)
	B	gerade spürbar
0,25		
	C	spürbar
0,63		
	D	gut spürbar
1,6		
	E	stark spürbar
4,0		
	F	sehr stark spürbar
10,0		
	G	(differenzierte Angaben nicht mehr möglich)
25		
	H	
63		
	I	

Tabelle 17. *Hinweise zur Erträglichkeit* (aus VDI 2057, Entwurf 1961)

Kennzeichnung		Erträglichkeit der Einwirkung bei
Wahrnehmungsstärke K	Stufe	
	A	
0,1		(Fühlschwelle)
	B	
0,25		
	C	Aufenthalt in Wohnungen bei kurzen oder ohne Unterbrechungen
0,63		
	D	Aufenthalt in Wohnungen bei längeren Unterbrechungen
1,6		
	E	Körperliche Arbeit ohne Unterbrechungen
4,0		
	F	Körperliche Arbeit mit kurzen Unterbrechungen
10,0		
	G	Längere Fahrt in Schienenfahrzeugen und Kraftwagen. Körperliche Arbeit mit längeren Unterbrechungen
25		
	H	Fahrt auf selbstfahrenden Arbeitsmaschinen. Fahrt in Schienenfahrzeugen und Kraftwagen über kürzere Zeit
63		
	I	

Kurven gleicher K-Werte im Frequenz-Schwingwegdiagramm, Tab. 16 gibt für die durch diese K-Werte festgelegten Bereiche eine Abstufung der subjektiven Wahrnehmung, die sich empirisch als zweckmäßig erwiesen hat. Tab. 17 kennzeichnet demgegenüber für diese Bereiche die ungefähre durchschnittliche Erträglichkeit der Schwingungseinwirkung für einige charakteristische Situationen.

Beispiele. 1. Zur *Bestimmung der Absorption* des Untergrundes wurden die Erschütterungen einer Großgasmaschine (FÖRTSCH 1940) an 14 verschiedenen Meßpunkten bis zu einer Entfernung von 1500 m aufgenommen. Der Versuch, nach Gl. (40) aus jeweils zwei Wertepaaren z und x den Absorptionskoeffizienten k' zu bestimmen, führte zu keinem befriedigenden Ergebnis, weil die erhaltenen Werte k' zu sehr streuten. Die Auftragung der Meßwerte (Abb. 73) und Gl. (14) dagegen lieferte annähernd eine gerade Linie, aus deren Neigung der Absorptionskoeffizient k mit 0,00107 m^{-1} entnommen werden konnte. Die Frequenz der Wellen n war 2,5 Hz, ihre Fortpflanzungsgeschwindigkeit $v = 250$ m/s, die Wellenlänge $\lambda = \frac{250}{2,5} = 100$ m. Es trat gleichzeitig noch eine Oberschwingung mit 5,0 Hz auf, aus deren Amplituden sich die Absorption in gleicher Weise wie bei der Grundschwingung ermitteln ließ. Der Absorptionskoeffizient k betrug 0,00204 m^{-1}. Bei Berücksichtigung der Wellenlänge $\lambda = \frac{250}{5,0} = 50$ m ergaben sich gut übereinstimmende Absorptionskoeffizienten k'; im ersten Fall: $k' = 0,00107 \cdot 100 = 0,107$, im zweiten Fall: $k' = 0,00204 \cdot 50 = 0,102$.

2. Ein anderes Beispiel zeigt die *Beurteilung der Erschütterungswirkung* ohne Benutzung des Absorptionskoeffizienten, lediglich durch Messung der auftretenden Amplituden z und der Frequenz n. Anläßlich eines Neubaus sollte untersucht werden, ob das Rammen einer Spundwand für eine 30 m entfernte Schleusenmauer, die starke Risse aufwies, gefährlich werden könnte.

Für die Untersuchung wäre es an sich erwünscht gewesen, eine Erschütterungsquelle zu verwenden, die ähnlich wie die spätere Ramme gewirkt hätte. Der Einfluß der Schläge einer leichten, auf der Baustelle bereits befindlichen Ramme wurde deshalb zwar nachgeprüft, die eigentlichen Untersuchungen wurden jedoch mit einer Schwingungsmaschine durchgeführt, weil man durch Untersuchung bei verschiedenen Frequenzen einen umfassenderen Einblick in die Schwingungsverhältnisse des Untergrundes und der Mauer erwartete. Sie wurde in rd. 30 m Entfernung von der Schleusenmauer auf der Rammebene, etwa 1,5 m unter Gelände, aufgestellt, und die von ihr bei Frequenzen zwischen 12 und 40 Hz hervorgerufenen Schwingungsamplituden wurden gemessen. Die Meßstellen befanden sich auf der Mauerkrone sowie dicht daneben auf dem aufgeschütteten Erdreich.

Bei einer Erregeramplitude von 20 μ betrugen die Amplituden auf der Hinterfüllung 3 μ und auf der Mauer im Mittel 5 μ. Aus dem Unterschied der Amplituden neben und auf der Mauer ging hervor, daß das Bauwerk trotz seiner Risse noch sehr steif war. Aus der Tatsache, daß sich bei den mit dem Schwinger erreichbaren Frequenzen keine Resonanz an der Mauer ergab, folgte, daß der über den Rissen befindliche Mauerteil keine selbständigen Schwingungen ausführte.

Die größte Amplitude der Mauerkrone bei einer Erregerfrequenz von 20 Hz wurde mit etwa 1 μ gemessen. Die größte Schnelle war also $v = 2\,\pi \cdot 20 \cdot 0,001 = 0,125$ mm/s.

Diese Erschütterung liegt weit unter der Gefahrengrenze (Abb. 74).

Um die Größenordnung der auf der Mauer beim Rammen auftretenden Amplituden ungefähr erfassen zu können, wurde die Erschütterung der auf der Baustelle befindlichen Ramme bei einem Schlag mit 70 kg und einer Fallhöhe von 3 m gemessen. Die größten Amplituden wurden zu 0,8 μ festgestellt. Bei Ansatz eines Bärgewichts von 500 kg und einer Fallhöhe von 4 m für die später zu benutzende Ramme und unter der Voraussetzung, daß beim Schlagen von 1000 kg schweren Spundbohlen infolge des unvollkommen elastischen Stoßes etwa die Hälfte der Fallarbeit in den Boden geleitet wird, ergab sich als dem Boden aufgezwungene Energie 1000 kg/m, d. h. etwa fünfmal soviel als bei dem Probeschlag der leichten Ramme. Die Mauerkrone konnte also voraussichtlich in Wirklichkeit höchstens mit dem fünffachen Ausschlag wie beim Proberammen, d. h. mit einer Amplitude von rund 5 μ schwingen. Hierfür ergibt sich bei einer Frequenz von 20 Hz eine Schwinggeschwindigkeit $v = 0,625$ mm/s, also ein Wert, der ebenfalls weit unter der Gefahrengrenze liegt.

Die Rammung wurde daher als ungefährlich für die Schleusenmauer bezeichnet, und es wurde davon Abstand genommen, bestimmte Rammen mit bestimmten Schlagzahlen, Bärgewichten und Fallhöhen zu empfehlen. Später wurde mit einer großen Ramme (Bärgewicht = 2800 kg, Fallhöhe = 1 m) gearbeitet. Die Nachmessung der Schwingungen auf der Mauer ergab Amplituden zwischen 4 bis 6 μ und auf der Hinterfüllung neben der Mauer von 20 μ. Diese Werte stimmten gut mit der auf Grund der Voruntersuchung angestellten Rechnung überein.

Literatur

VDI-Richtlinie 2056 (1960): Beurteilungsmaßstäbe für mechanische Schwingungen von Maschinen.

VDI-Richtlinie 2057 (1961): Beurteilung der Einwirkung mechanischer Schwingungen auf den Menschen.

Sieberg (1923): Erdbebenkunde. Jena.

Förtsch (1940): Ableitung des von der Frequenz unabhängigen Absorptionskoeffizienten aus Maschinenschwingungen. Ztschr. Geophysik 16, S. 57.

— (1954): Deutung von Dispersions- und Absorptionsbeobachtungen an Oberflächenwellen. Gerl. Beitr. Geophysik 63/1, S. 16.

Köhler (1955): Beurteilungsmaßstäbe für den Einfluß von Schwingungen auf Bauwerke. Bericht der Arbeitsgruppe „Schwingungstechnik" des VDI.

Förtsch (1956): Die Ursachen der Absorption elastischer Wellen. Ann. Geofis. 9, S. 469.

Schenk/Fink (1958): Beobachtung von Rammerschütterungen unter besonderer Berücksichtigung des U-Bahn-Baus in der Innenstadt von Hamburg (Strecke Jungfernstieg–St. Petri-Kirche–Fischmarkt). Baumaschine u. Bautechnik 5, S. 177 u. 273.

Geiger (1959): Über die Beurteilung der Gefährlichkeit von Erschütterungen bei Bauten. Bauingenieur 34, S. 19.

Lindner (1961): Die Auswirkung von Sprengerschütterungen beim Stollen- und Kavernenbau. Bauingenieur 36, S. 374.

Reiher/v. Soden (1961): Einfluß von Erschütterungen auf Gebäude. Forschungsberichte d. Landes Nordrhein-Westfalen Nr. 955.

Sior (1961): Die Schadenswirkungen von Rammerschütterungen. Bautechnik 38, S. 181.

Barkan (1962): Dynamics of bases and foundations. New York/San Francisco/Toronto/London.

1.32 Punktuntersuchungen des Untergrundes

Während die Flächenuntersuchungen des Untergrundes zum Ziel haben, eine Eigenschaft des Bodens, wie etwa seine elektrische Leitfähigkeit oder die Fortpflanzungsgeschwindigkeit von Erschütterungswellen, festzustellen und daraus Schlüsse auf die übrigen Eigenschaften zu ziehen, bezwecken die Punktuntersuchungen in erster Linie die *unmittelbare* Erkundung des Schichtenverlaufs und der Beschaffenheit des Bodens. Dies geschieht in umfassender Weise durch Schürfgruben und Bohrungen und durch die Entnahme von Bodenproben.

Daneben wird das punktartige Verfahren aber auch in ähnlicher Form wie bei den Flächenuntersuchungen angewendet. Durch Sondierungen, Probebelastungen und mit besonderen Geräten lassen sich einige Eigenschaften des Bodens indirekt bestimmen, wobei der kurze Zeitaufwand vorteilhaft ist. Dem Boden werden hierbei sowohl statische als auch dynamische Belastungen auferlegt.

1.321 Untersuchungen der Schichtenfolge

1.321.1 Schürfgruben

Definition. Schürfgruben sind Schächte von mindestens $1^1/_2$ bis $2\,m^2$ Grundfläche, die bis in begrenzte Tiefen (im allgemeinen < 5 m und oberhalb des Grundwasserspiegels) hinuntergebracht werden. Sie dienen zur unmittelbaren Einsichtnahme in den Schichtenaufbau und zur Entnahme von Bodenproben. Durch Untersuchungen von ihrer Sohle

Abb. 76. Ausgesteifte Schürfgrube.

aus mit Handbohrgeräten oder leichten Schlagsonden kann die Aufschlußtiefe vergrößert werden.

Gerät. Zum Schürfen werden Schaufel und Hacke, bisweilen auch Sprengmittel benötigt. Je nach Tiefe und Bodenart muß der Schacht entweder durch einfache Aussteifung oder durch regelrechte Getriebezimmerung gegen Einsturz gesichert werden. Hierdurch werden bei größeren Tiefen die Schürfgruben beengt (Abb. 76), so daß ein Arbeiten in ihnen, zumal beim Aushub, schwierig ist.

Dagegen läßt die *Pionieraussteifung* den ausgeschachteten Raum völlig frei. Ihr Holzverbrauch, der sich auch dadurch, daß man die benutzten Bohlen beliebig oft wiederverwenden kann, vermindert, ist zudem gering. Der Schacht wird durch einzelne Holzrahmen, die von vier sich gegenseitig abstützenden Bohlen mit Verzahnungen an drei Ecken (Abb. 77a) gebildet werden, ausgesteift. In die vierte, nicht verzahnte Ecke wird ein Keil eingetrieben (Abb. 77b), um jedem Rahmen die zur Aufnahme des Erddrucks erforderliche Verspannung zu geben. In die fertige Schürfgrube können zum Absetzen des Bodenmaterials beim Aushub Absetzdielen eingebaut werden (Abb. 77c). Stehen zum Aushub ein Kübel und ein Dreibock zur Verfügung, so kann man die Absetzdielen fortlassen. Man hat dann den ganzen Schachtquerschnitt zum Fördern des Aushubs frei.

a

b

c

Abb. 77a—c. Schürfgrube mit Pionieraussteifung.
a) Aneinanderlegen der Rahmenhölzer in Dreiecken; b) Verkeilen der vierten Ecke; c) Blick in die fertige Schürfgrube mit eingebauten Absetzbohlen.

Um aus verschiedenen Tiefen, etwa alle Meter, gestörte oder ungestörte Bodenproben zu gewinnen, müßte ein Laborant des beteiligten Instituts zur laufenden Entnahme dauernd auf der Baustelle sein. Um dies zu vermeiden, kann man bei nicht

Abb. 78. Treppenförmige Schürfgrube zur Entnahme von Bodenproben aus verschiedenen Tiefen.

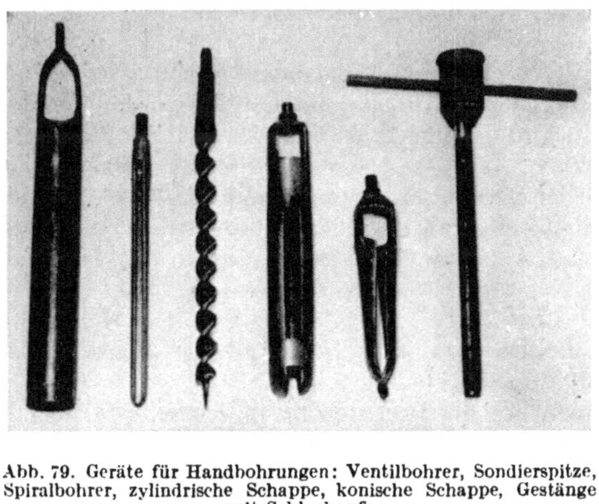

Abb. 79. Geräte für Handbohrungen: Ventilbohrer, Sondierspitze, Spiralbohrer, zylindrische Schappe, konische Schappe, Gestänge mit Schlagkopf.

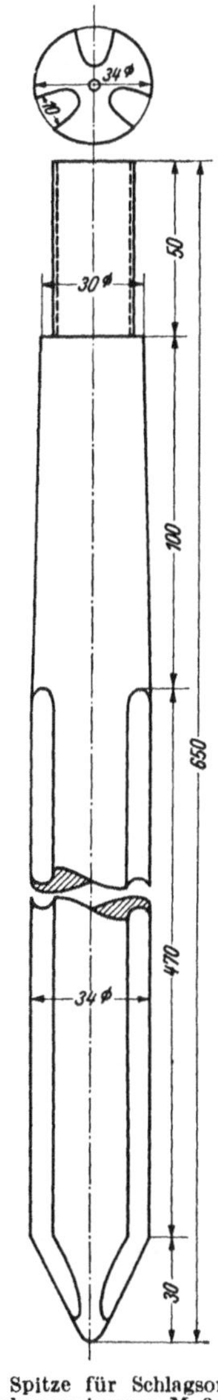

Abb. 80. Spitze für Schlagsondierungen mit Probengewinnung. Maße in mm.

zu tiefen Schürfgruben den Boden beim Aushub auf einer Seite zunächst in seiner natürlichen Böschung stehenlassen. Ist die Schürfgrube auf ihre endgültige Tiefe gebracht, so werden in der Böschung, von oben beginnend, Stufen ausgehoben (Abb. 78) und aus ihnen die Proben entnommen.

Oft ist es angebracht, den durch die Schürfgrube erhaltenen Aufschluß durch die Untersuchung mit einem geeigneten leichten Gerät der Tiefe nach noch etwas zu vervollständigen, d. h. auch noch die unterhalb der Sohle liegenden Schichten kennenzulernen. Hierfür kommen wegen der räumlichen Beschränkung allein Handbohrgeräte und leichte Schlag- und Drucksonden in Betracht.

Für *Handbohrungen*, die für die folgenden Ausführungen dadurch gekennzeichnet sein sollen, daß sie keines Bohrbocks bedürfen, werden im Prinzip die gleichen Bohrgeräte verwendet (Abb. 79), wie bei den Normalbohrungen in den Lockergesteinen (s. Kap. 1.321.2):

Schappen oder schappenähnliche Geräte, die durch Drehen in den Boden hineingebohrt werden (Gestängebohren);

Spiralbohrer, die ebenfalls durch Drehen betätigt werden;

Ventilbohrer, die im Bohrrohr durch stetiges Anheben und Fallenlassen („Pumpen") den Boden lockern und aufnehmen (Seilbohren).

Mit den Schappen kann in allen bindigen Böden, in den organischen Böden und in den nichtbindigen Böden über dem Grundwasser ohne Verrohrung gebohrt werden, sofern diese Böden standfest sind und nicht einstürzen. In wasserführendem Sand und Kies sowie in sehr wasserhaltigen schwachbindigen Böden, die mit der Schappe nicht gefördert werden können, muß mit dem Ventilbohrer und Verrohrung gearbeitet werden.

Im Zusammenhang mit den Handbohrungen ist auch die mit einer, zwei oder drei Kerben versehene *Sondierstange* (Abb. 80) zu nennen, die durch Schläge in den Boden eingetrieben wird. Nach Einrammen auf eine Länge von z. B. jeweils 30 cm ist der in den Kerben eingeschlossene Boden so zusammengepreßt, daß er nach Drehen der Stange in nicht wasserführenden Schichten ohne Schwierigkeiten gefördert werden kann.

In entsprechender Weise kann von der Bohrlochsohle aus auch mit einer leichten Schlagsonde (s. Kap. 1.322.12) oder Drucksonde (s. Kap. 1.322.13) gearbeitet werden.

In standfesten Böden ist auf diese Weise ein einwandfreier Aufschluß und ein verhältnismäßig leichtes Arbeiten bis in eine zusätzliche Tiefe von etwa 5 m möglich.

Vorgang. Durch Betrachten des Schichtenverlaufs beim Aushub, bei standfesten Böden nach Fertigstellung der Schürfgrube, stellt man die vorkommenden Bodenformationen, ihre Mächtigkeit, ihr Fallen oder Streichen, ihren Feuchtigkeitsgrad, den Grad der Verwitterung u. a. fest. Aus der Sohle, gegebenenfalls auch aus der Wandung oder aus den stehengelassenen Stufen (Abb. 78), werden u. U. ungestörte Proben ausgestochen (s. Kap. 1.342.42). Bei Ausdehnen der Untersuchung auf größere Tiefen werden die dafür ausgewählten Geräte von der Sohle der Schürfgrube aus eingesetzt.

Meßgrößen. Siehe Kap. 1.321.2 (S. 112).

Auftragungen. Der freigelegte Bodenquerschnitt wird in gleicher Weise wie bei den Bohrungen als Schichtenprofil aufgezeichnet.

Verwendung. Die aus der Betrachtung des Bodenprofils in der Schürfgrube gewonnenen Kenntnisse sind besonders wertvoll, da sie im Gegensatz zu den Bohrlöchern aus unmittelbarer Anschauung herrühren. Schürfgruben werden vorwiegend, oft auch bis in größere Tiefen, angelegt, wenn man durch Bohrungen keinen genügenden Einblick in den Baugrund gewinnt, z. B., um im Gebirge den Übergang vom verwitterten Fels und Hangschutt zum gesunden Fels genau zu erkunden. Bohrungen können in solchen Fällen versagen, da beim Meißeln der gesunde ebenso wie der verwitterte Fels zertrümmert wird und Kernbohrungen in losem Fels oder bei häufigen Wechsellagerungen von Fels und Letten auch nicht immer zum Ziel führen. Besonders vorteilhaft ist die einwandfreie Entnahme ungestörter Proben, die in Schürfgruben stets möglich ist, sofern nicht durch das

Grundwasser Schranken gesetzt sind. In diesem Fall wird in wichtigen Fällen das Grundwasser örtlich abgesenkt. Schürfgruben sind Bohrungen immer dann vorzuziehen, wenn in geringer Tiefe Schichten anstehen, deren Tragfähigkeit durch Inaugenscheinnahme geprüft oder durch Versuche an Ort und Stelle untersucht werden soll. Dadurch, daß durch den heute üblichen Einsatz maschineller Aushubgeräte die Kosten für die Erdbewegungsarbeiten niedrig gehalten werden können, ist bei Großbaustellen manchmal auch die Herstellung ausgedehnterer Schürfgruben angebracht (Abb. 81), die ein zuverlässigeres Erkennen der geologischen Verhältnisse (etwaige Verwerfungen, Kluftbildungen) ermöglichen oder auch die Durchführung von Probebelastungen oder Proberammungen in der vorgesehenen Gründungstiefe gestatten (Abb. 82).

Abb. 81. Große Schürfgrube

Der Nachteil der Schürfgruben üblicher Größe besteht darin, daß ihre Herstellung recht teuer ist und schon bei nicht einmal großen Tiefen eine Aussteifung erfordert. Trotzdem sind die Fälle nicht selten, wo allein die Anlage von Schürfschächten den gewünschten Aufschluß vermittelt.

Abb. 82. Schürfgrube für ein Großbauvorhaben mit Rammgerät für Proberammungen.

Die Handbohrungen sind wegen der Arbeitsschwierigkeiten auf verhältnismäßig geringe Tiefen, etwa 5 m, und im Normalfall auf nichtwasserführende Schichten beschränkt. Sie sind gewöhnlich nur als Hilfsmittel anzusehen und sollen in erster Linie für überschlägliche Voruntersuchungen angewendet werden. Sie können aber als Ergänzung zu den Normalbohrungen gute Dienste leisten, z. B. dazu dienen, in Fällen, wo über die Beschaffenheit der Gründungsschicht noch gewisse Zweifel bestehen, die Zuverlässigkeit der Gründungsschicht nach Aushub der Baugrube zwischen den ursprünglichen Bohrlöchern zu prüfen. Unentbehrlich sind die Handbohrungen z. B. auch beim Suchen von geeigneten Erdbaustoffen oder bei der Voruntersuchung von Straßentrassen. Ihr Hauptmangel besteht darin, daß wegen des kleinen Durchmessers und dem damit verbundenen relativ großen Bohrfortschritt ein starkes Vermischen des Bohrguts eintritt. Dem kann aber durch Verwendung von geeigneten Geräten zur Entnahme von ungestörten Proben (S. 133) begegnet werden.

Literatur

CP 2003 (1959): British Standard Code of Practice. Earthworks.
Bureau of Reclamation (1960): Earth manual. Denver.

1.321.2 Normalbohrungen

Definition. Normalbohrungen sind die bei Baugrunduntersuchungen üblichen Bohrungen in nicht gesteinsartigen Böden. Ihre Tiefe übersteigt selten 30 m, kann jedoch unter Umständen bis zum vier- bis fünffachen Betrag anwachsen.

Abb. 83. Einfaches Bohrgerät. „Pumpen" mit Ventilbohrer am Seil.

Abb. 84. Maschinenbohrgerät. Drehbohren mit Schappe am Gestänge.

Abb. 85. Maschinenbohrgerät. Eindrücken der Rohre mit Hilfe von Druckpressen.

Gerät. Untersuchungsbohrungen werden meist noch immer mit den im Brunnenbau üblichen Geräten ausgeführt. Das Gerät besteht dann aus dem Bohrbock

(Drei- oder Vierbock) mit der Seilrolle oder einer Kabelwinde, den Bohrrohren, dem Bohrgestänge bzw. dem Seil, den eigentlichen Bohrern und den Hilfsgeräten. Die Ausbildung der gesamten Einrichtung ist sehr mannigfaltig (BIESKE 1956). Vielfach werden noch sehr einfache und veraltete Geräte benutzt (Abb. 83). Der Einsatz moderner Geräte (Abb. 84) setzt sich aber allmählich durch.

Nach dem Antrieb unterscheidet man Handbohr- und Maschinenbohrgeräte (Abb. 83 und 84). Auch bei letzteren ist — neben den gelegentlich vorhandenen Pressen zum Drücken und Ziehen der Rohre (Abb. 85) — meist nur der Antrieb der Kabelwinde maschinell. Bei neueren Geräten (z. B. STIHL) kann der Motor für die Kabelwinde auch direkt zum Antrieb für die Schappe oder den Spiralbohrer dienen (Abb. 86). Verwendet wird fast stets ein Benzin- oder Dieselmotor. Eigentliche Bohrmaschinen (sogenannte *Bohrkrane*) besitzen außer-

Abb. 86. STIHLsches Bohrgerät. Maschinell betriebenes Bohrgerät für Aufschlüsse bis maximal 20 m Tiefe.

Abb. 87. Universal-Bohrgerät für Schnellaufschlüsse der Straßenbauverwaltung mit Gerätewagen und Wasseranhänger (für Spülung bei Kernbohrungen im Fels) und Laboranhänger für Sofortuntersuchungen des Bohrguts (Landesbildstelle Westfalen, Münster).

dem eine Schnellschlageinrichtung in Form eines Exzenterantriebs für den Ventilbohrer und den Meißel.

Erst im letzten Jahrzehnt sind spezielle, meist fahrbare Bohrmaschinen zur Durchführung von Aufschlußbohrungen entwickelt worden, die voll mechanisiert und auch für die, in die eigentliche Bohrarbeit einzuschaltende Entnahme ungestörter Proben eingerichtet sind (Abb. 87).

Für die zum Aufschluß des Untergrundes zu wählenden Geräte und die bei ihrem Gebrauch zu beachtenden Gesichtspunkte ist im Jahre 1955 die DIN 4021

„Baugrund und Grundwasser. Erkundung, Bohrungen, Schürfe, Probenahme, Grundsätze" neu herausgegeben worden. Für die Durchführung der Bohrungen gilt außerdem DIN 18301 „Bohrarbeiten" aus dem gleichen Jahr.

Nach den Bestimmungen der DIN 4021 sind für die Bohrgeräte kleinere Durchmesser als 134 mm zur Vermeidung eines zu schnellen Bohrfortschritts und

Abb. 88. Seilbohren im Sand. Entleeren des Ventilbohrers.

Abb. 89. Gestängebohren im Ton. Entleeren der Schappe.

Abb. 90. Gefüllte Schappe.

Abb. 91. Spiralbohrer.

Abb. 92. Kreuzmeißel.

damit zur Verminderung der Vermischung des Bohrguts unzulässig. Die DIN 4021 fordert weiterhin grundsätzlich – von mächtigen Schichten standfester bindiger Böden abgesehen – die Anordnung einer Verrohrung von mindestens 159 mm Außendurchmesser und untersagt die Anwendung des Spülbohrens sowie den Zusatz von Wasser zur Erleichterung der Bohrarbeit in den bindigen Bodenschichten.

Das eigentliche Bohrwerkzeug ist bei dem Handbohr- und Maschinenbohrverfahren das gleiche (S. 96). Es besteht im wesentlichen aus:

Dem *Ventilbohrer* (Abb. 88) für Sand und Kies;

der *Schappe* (Abb. 89 und 90) für Schluff, Ton, Lehm, Mergel, Schlick und dergleichen;

dem *Spiralbohrer* (Abb. 91) für sehr festen Ton, Mergel oder Lehm, wo die Schappe versagt;

dem *Meißel* (Abb. 92) für Fels.

Abb. 93. Bohrung mit 1100 mm Durchmesser zum Beseitigen von Steinen in 8 bis 10 m Tiefe.

Während gewachsener Fels mit Kernbohrungen durchfahren werden kann (s. Kap. 1.321.3), bereiten grober Schotter oder Gerölle große Schwierigkeiten. Man versucht, die Hindernisse durch einen Meißel zu zertrümmern, was aber dann, wenn der Gesteinsblock nicht in der Mitte des Rohrs, sondern unter der Rohrwandung liegt, nicht immer gelingt. Man wendet dann *Exzentermeißel* an. In den Fällen, wo Schotter oder Geröllschichten mit Sicherheit oder großer Wahrscheinlichkeit erwartet werden, können Bohrrohre mit großem Durchmesser benutzt werden, bei denen der Stein leichter in das Innere des Bohrlochs gezerrt und mit einem *Steinfänger* beseitigt werden kann. Abb. 93 zeigt einen Fall, wo der Bohrunternehmer es in Kenntnis einer Moränengeröllschicht in 8 bis 10 m Tiefe von Anfang an für das Richtigste hielt, die Bohrung mit einem so großen Rohr (1100 mm) zu beginnen, daß ein Mann in das Loch einsteigen und das Hindernis entfernen konnte. In nicht bebauten Gebieten kann man die Gesteinshindernisse auch sprengen.

Zur Beschleunigung des Bohrfortschritts und zur Verbesserung der Probenentnahme sind Sonderbohrverfahren entwickelt worden.

Abb. 94. Rammbohrverfahren nach BURKHARDT. Modernes Arbeitsgerät für schwere Böden (Bohrpfahl KG Rudolf Weiss, Esslingen/Neckar).

Bei der *Bohrpfahlsondierung* nach BURKHARDT (1931) wird ein Mantelrohr von 267 oder 159 mm Durchmesser zusammen mit einem Kernrohr von 2 bis 3 m

Abb. 95. Rammbohrverfahren nach BURKHARDT. Geöffnetes Kernrohr mit bindiger Bodenprobe (Bohrpfahl KG Rudolf Weiss, Esslingen/Neckar).

Abb. 93. Düsterloh-Rammbohrgerät (Stump Bohr-AG, Zürich).

Abb. 97. Rammbohrgerät für Schnellaufschlüsse bis zu 15 m Tiefe (Johann Keller GmbH, Frankfurt/Main).

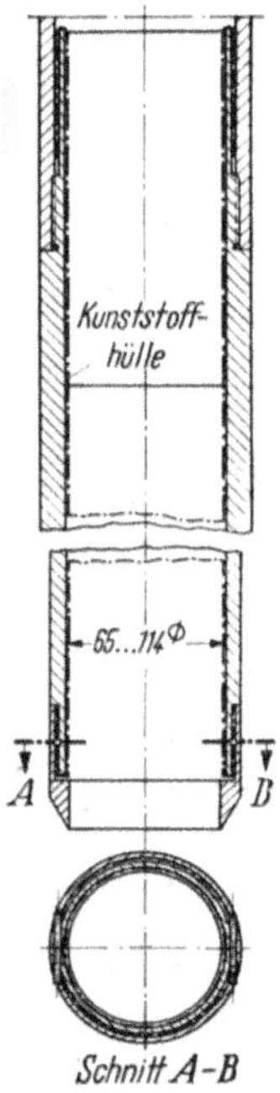

Abb. 98. Kernrohr mit eingelegter Kunststoffhülle nach STADE zur laufenden Entnahme nicht entmischter Proben.

Länge auf einem gemeinsamen Pfahlschuh mit einer Delmag-Explosionsramme (500 bzw. 400 kg) in den Boden gebracht (Abb. 94). Das Kernrohr besitzt an seiner Spitze Federn, um den eingedrungenen Boden festzuhalten. Es ist zweiteilig, so daß es nach dem Herausziehen der Länge nach aufgeklappt werden kann (Abb. 95). Das Verfahren ist bis zu Tiefen von etwa 40 m anwendbar. Es hat sich auch unter schwersten Einsatzbedingungen bewährt (ZEINDLER 1958).

In ähnlicher Weise arbeiten auch in den letzten Jahren für Aufschlußbohrungen in Lockergesteinen entwickelte Geräte, die durch Schlagen in den Untergrund eingetrieben werden und mit einem pneumatisch bedienten Rammbohrhammer versehen sind (Abb. 96 und 97). Sie besitzen – wie auch die BURKHARDTsche Bohrpfahlsondierung – den Vorteil, zu einem – wenn auch nicht ungestörten, so doch zu einem durchweg oder streckenweise kontinuierlichen – Kern zu verhelfen. Hierzu gehört hinsichtlich des Bohr- und Entnahmevorgangs auch das für den „Standard Penetration Test“ (s. Kap. 1.322.12) erforderliche Gerät. Über die Güte der mit einem neu entwickelten Gerät dieser Richtung (*„Schlagentnahmegerät“*) gewinnbaren Proben (4,37 cm Durchmesser) sind vom Otto-Graf-Institut Stuttgart eingehende Untersuchungen ausgeführt worden (HENKE/MÜLLER-WELT 1964).

Zu den Schlagentnahmegeräten gehört auch ein von STADE (1962) schon seit längerem bei Bohrungen

Abb. 99. Nach dem STADEschen Verfahren entnommene Kerne einer 10 m-Bohrung in den Kunststoffhüllen (Heinrich Stade, Heide/Holstein).

Abb. 100. Nach dem STADEschen Verfahren entnommene Kerne einer 20 m-Bohrung in den aufgeschlitzten Kunststoffhüllen im Probenkasten (Heinrich Stade, Heide/Holstein).

an der Küste erfolgreich angewandtes Gerät (Innendurchmesser 6,5 und 11,4 cm), bei dem im inneren Kernrohr eine Kunststoffhülle eingelegt ist (Abb. 98), in die die Probe durchsichtig eingehüllt wird, so daß man aus den geförderten Kernen sofort ein Bild von dem durchfahrenen Boden erhält, was vor allem bei der meist sehr reichen Wechsellagerung der Schichten in diesem Gebiet von großer Wichtigkeit ist (Abb. 99 und 100).

Zur *Gewinnung kontinuierlicher Proben* von rund 3 cm Durchmesser und Längen von 10 m oder selbst 20 m aus den wechselreichen Böden der holländischen Küste ist vom Laboratorium voor Grondmechanica Delft ein Gerät entwickelt worden, daß wie eine Drucksonde in den Untergrund gedrückt wird (Begemann 1961). Zur Vermeidung des Auftretens zu großer Reibungskräfte zwischen der Probe und der Innenwandung des Geräts wird mit einer dünnen Bentonitschlammhülle gearbeitet, die die Probe gleichzeitig horizontal belastet und sie entsprechend stützt und an einem seitlichen Ausdehnen hindert. Die Probe wird außerdem in einen Nylonstrumpf entsprechender Länge eingehüllt, an dem der Bentonitschlamm später erstarrt und dadurch einen Schutz gegen ein Austrocknen oder einen Zerfall der Probe bildet. Die Gesamtprobe wird beim Ziehen in Teilstücke von rund 1 m zerlegt. Diese werden später der Länge nach aufgeschnitten, in vorbereitete Probenkästen nebeneinandergelegt und fotografiert (Abb. 101). Die Aufnahmen geben ein praktisch lückenloses Bild

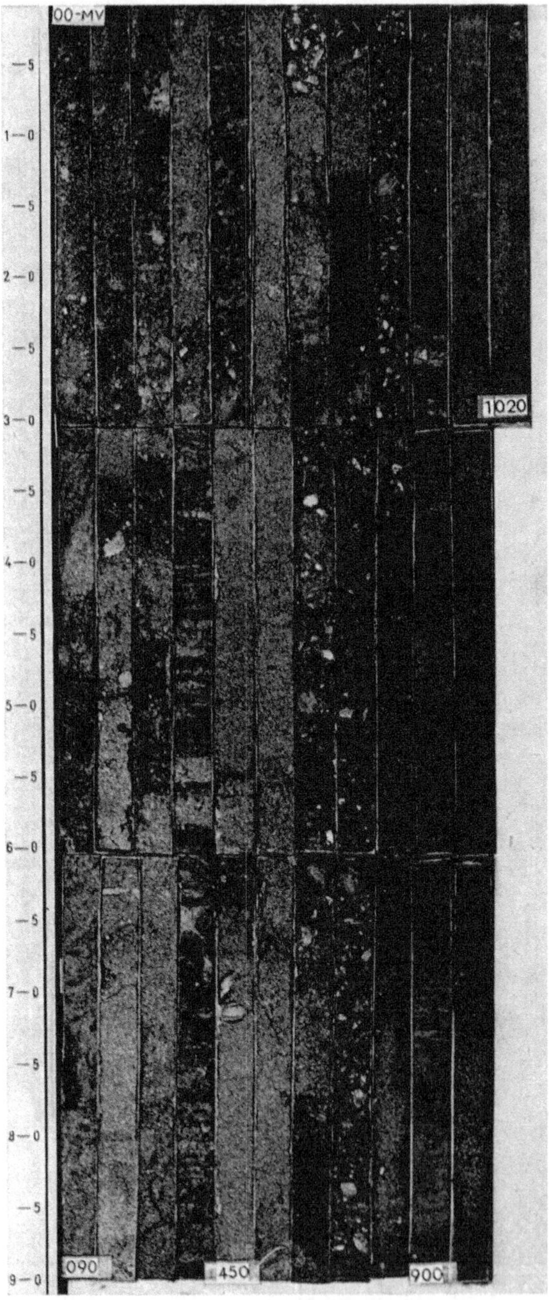

Abb. 101. Nach dem Verfahren des Laboratoriums voor Grondmechanica kontinuierlich entnommener Kern einer 10,2 m-Bohrung im Probenkasten (Laboratorium voor Grondmechanica, Delft/Holland).

von den durchfahrenen Schichten und lassen jede kleine Einlagerung oder Zwischenschicht erkennen.

Einen Überblick über die verschiedenen Bohrverfahren und ihre Eignung für Baugrundaufschlußbohrungen und die Güte der mit ihnen gewinnbaren Proben zeigt Tab. 18.

Vorgang. Durch die Bohrungen sollen alle Schichten im Setzungsbereich des Bauwerks erfaßt werden. Gewöhnlich wird die Bohrtiefe allein von der Breite des Fundaments oder des Bauwerks abhängig gemacht. Bei Einzelfundamenten oder Banketten soll sie von der Fundamentsohle ab das Dreifache der Fundamentbreite und bei Bauwerken mit mehreren Gründungskörpern, deren Einfluß sich in tieferen Schichten überlagert, sowie bei Plattengründungen das 1- bis $1^1/_2$fache der Bauwerksbreite betragen. Nach DIN 1054 ,,Gründungen. Zulässige Belastung des Baugrundes" (1953) soll — sofern nicht die geologischen Verhältnisse eine andere Bohrtiefe erfordern bzw. gestatten — mindestens bis in eine Tiefe $t = p \cdot b$ (unter Gründungssohle) gebohrt werden, wobei p die auf die gesamte Fläche des Bauwerks bezogene Last des Bauwerks in kg/cm² und b die Breite des Bauwerks in m ist; die Bohrtiefe muß aber mindestens gleich der Bauwerksbreite und darf nicht kleiner als 6 m sein; die größte Bohrtiefe kann auf die Tiefe 3b beschränkt werden. Bei Pfahlgründungen ist sie von den Pfahlspitzen an zu rechnen, darf aber um etwa $^1/_3$ gegenüber den Flachgründungen ermäßigt werden.

Der Abstand der Bohrungen läßt sich nicht genau festlegen, weil er von der Beschaffenheit des Baugrundes abhängt. Bei gleichmäßigem Schichtenverlauf genügen größere Abstände. Wenn man den Schichtenaufbau nicht kennt, beginnt man zweckmäßigerweise mit einem weitmaschigen Netz von Bohrpunkten, den sog. Hauptbohrungen, das je nach den erhaltenen Aufschlüssen entweder überall oder nur an bestimmten Punkten durch Zwischenbohrungen verengt wird. Nach DIN 1054 darf der Abstand der Bohrungen aber nicht größer als 25 m sein.

Einen Anhalt über die zu wählende Lage der Bohrlöcher geben die Abmessungen der geplanten Bauwerke. Ist der Bauwerksgrundriß rechteckig, so wird an den vier Ecken gebohrt, bei größeren Abmessungen auch noch auf den Längsseiten, auf dem Schnittpunkt der Diagonalen usw. und dort, wo besonders starke Belastungen auftreten. Handelt es sich um die Erkundung eines völlig unbekannten Geländes ohne Vorliegen eines bestimmten Bebauungsplans, so sind Abstände der Hauptbohrungen zwischen 40 und 100 m bei quadratischer Anordnung zweckmäßig.

Es muß an dieser Stelle auf die manchmal etwas zu bedenkenlose Anwendung von ,,*Baugrundkarten*" eingegangen werden. Die systematische Sammlung von Bohrergebnissen und ihre Verarbeitung zu einer flächenförmigen Darstellung der Untergrundverhältnisse in Form von Karten zum Zwecke der Einsparung von Bohrungen ist sehr zu begrüßen. Diese Karten können aber, sofern man sich nicht in großer Nähe eines Bohrlochs befindet, nur für Planungszwecke, nicht aber für die Vorbereitung einer Bauausführung herangezogen werden, es sei denn, die Baugrundkarte stützt sich in dem betreffenden Gebiet auf eine derart große Zahl von Bohrungen, daß die Bestimmungen der DIN 1054 hinsichtlich der Bohrabstände erfüllt werden. Dies ist so gut wie nie der Fall. Meist ist vielmehr die Deutung des Untergrundes in den Baugrundkarten auf recht weit auseinanderliegenden Bohrlöchern aufgebaut. Ein Verlaß auf die gewünschte Stetigkeit des Schichtenverlaufs zwischen den Bohrlöchern hat aber nicht selten auch in geologisch scheinbar einfachen und gleichmäßigen Geländeteilen zu unliebsamen Überraschungen geführt. Der Ingenieur tut deshalb in jedem Fall gut, sich zunächst an die eindeutigen Bestimmungen der DIN 1054 zu halten, sich nicht nach farbig angelegten

Bohrmethode	Geräte: Bezeichnung	Geräte: üblicher Rohr-∅ in mm	Geräte: übliche Bohrtiefe in m *Tk* = Teleskopierung	Eignung: geeignet
1	*2*	*3*	*4*	*5*
1. Verfahren mit Gewinnung durchgehender wenig gestörter Proben (Kernung), mit und ohne Verrohrung:				
1.1 Rotationskernbohrung	Rotationsbohrgerät mit variabler Drehzahl			
1.11 trocken	einfaches Kernrohr	65—150	50 (*Tk*)	feinkörnig, bindig, feucht
1.12 wenig Wasser	Doppelkernrohr	65—150	50 (*Tk*)	feinkörnig, bindig, Blöcke
1.13 Spülung	Doppelkernrohr mit Vorsatzrohr	65—150	50 (*Tk*)	feinkörnig, bindig
1.2 Rammkernbohrung	Bohrpfahl-Gerät (Antrieb pneumat. o. mech.) Schlagschappe	100—200	15 30 (*Tk*)	alle Böden mit ∅ bis D/2
1.3 Druckkernbohrung	durchgehende Probenentnahme mit geeigneten Entnahmegeräten (ohne Rotation)	60—150	je nach Verrohrungsverfahren	feinkörnig, bindig
2. Verfahren mit Gewinnung gestörter Proben (keine Kernung möglich), mit und ohne Verrohrung:				
2.1 Drehbohrung				
2.11 von Hand	Seilwinde-Gestänge mit Schappe, Spirale, Schnecke	40—400	10	locker gelagerte Tone, Schluffe, Feinsande
2.12 maschinell	Großgeräte Kleingeräte	300—2000 100—300	30 15	do. dazu Kies, Steine, jedoch mit bindigen Beimengungen
2.2 Schlagbohrung	Seilwinde oder Spill mit Ventilsonden oder Meißel			
2.21 von Hand	a) Klappsonde b) Kolbenpumpe	75—500 300—600	40 (*Tk*)	Kies und Sand lockerer Kies und Sand
2.22 maschinell	c) Kugelsonde	75—150	40 (*Tk*)	feiner Sand
2.3 Greiferbohrung	Seilwinde und Meißel	400—1000	40 (*Tk*)	Kies und Sand, Blöcke bis D/2
3. Verfahren mit Gewinnung unvollständiger gestörter Proben, mit und ohne Verrohrung:				
3.1 Rotarybohrung	Rotationsbohrgerät mit Rollenmeißel Wasser- oder Dickspülung	90—300	praktisch unbeschränkt	Ton, Schluff, Sand, Kies, Blöcke
3.2 Meißelspülbohrung	Seilwinde und Meißel	75—300	40 (*Tk*)	Kies, Sand
3.3 Einspülung	Spüllanze	30—80	15	Schluff, Feinsande leicht bindig
4. Sondierbohrverfahren mit Kleinsonden ohne Verrohrung, gestörte Proben:				
4.1 Einpressen von Hand	Schlitzstab Schlitzsonde	20 30—50	1—2 3—4	feinkörnig, bindig, feucht
4.2 Eindrehen von Hand	Klein-Spiralbohrer	30—50	3—4	feinkörnig, bindig, feucht

Bemerkungen:

1. Bei allen beschriebenen Bohrmethoden können ungestörte Bodenproben mit Entnahmegeräten entnommen werden. 2. Als feinkörnige Böden werden Böden aus Ton, Schluff und Feinsand verstanden. 3. D = Durchmesser der Verrohrung. 4. Bestimmungsgrößen im Labor, Spalte 10: G = Korn-

für Bodenarten			Proben		
über dem Grundwasser *6*	unter dem Grundwasser *7*	ungeeignet *8*	Güte (bezogen auf Spalte 5) *9*	Kennwerte (im Labor aus Bohrkernen zu bestimmen) *10*	Bemerkungen *11*
gut	gut	rolliger Kies, Blöcke, ohne Feinanteile	gut in Mitte ungestört, außen ausgetrocknet	$G, o, (\gamma, w, k_w)$	größere Tiefe möglich
gut	gut	do., feinkörnig, wenig bindig	gut	$G, o, (\gamma, w, k_w)$	
gut	gut	rolliger Kies, Blöcke, ohne Feinanteile	sehr gut	G, w, γ, o	
gut	gut	Blöcke $>D/2$ bis D	sehr gut, in bind. Böden ungestört	G, w, o, E_s, τ in besonders guten Kernen	Rammprofil durch Messung der Schlagzahl
gut	gut	rollige Kiese und Sande, Blöcke	je nach Entnahmegerät	je nach Entnahmegerät	
gut	gut sofern bindig	Blöcke, fest gelagerter Boden	gestört	G, w (aus Bohrkern, bei größerem ∅) o	selten angewendet
gut	gut sofern bindig	do., große Blöcke $> D/2$	gestört	G, w (aus Bohrkern, bei größerem ∅) o	in den USA: ∅ bis 6 m
schlecht	gut	stark bind. Böden	gest., ausgewaschen	Schätzung der Körnung	größere Tiefe möglich
nicht	gut	stark bind. Böden	gest., ausgewaschen		
nicht	gut	stark bind. Böden	gest., ausgewaschen		
gut	gut	bindige Böden, Blöcke $>D/2$ bis D	gestört	gute Schätzung der Körnung	größere Tiefe möglich
gut	gut	Blöcke und Fels, kristall. Gesteine	schlecht, aus Bohr-Schlamm zu erkennen	bodenmechanisch unbrauchbar	nur zum Durchfahren oberer nicht interessierenden Schichten
nicht	gut	bindige Böden	gestört, ausgewaschen, zerkleinert	rohe Schätzung der Körnung	größere Tiefe, möglich
gut	gut	stark bindiger Boden ∅ >Sandfraktion	schlecht Spülschlamm	bodenmechanisch unbrauchbar	nur z. Abtasten von Schichtwechsel o. Einbau von Rohren
gut	gut	Kies, Steine	gestört	bodenmechanisch unbrauchbar	zur Abtastung der oberen Schichten

verteilung, w = Wassergehalt, k_w = Konsist. Zahl, γ = Raumgewicht, o = org. Beimengungen, E_s = Steifezahl, τ = Scherfestigkeit. 5. Die Zeichen in Klammern, z. B. (w) bedeuten, daß deren Bestimmung von Fall zu Fall durch den Bodenmechaniker zu beurteilen ist. Je feinkörniger und plastischer der Boden, um so zuverlässiger die Proben.

Flächen, sondern nach tatsächlichen Bohrergebnissen zu richten und die Zahl der Bohrungen nur dann einzuschränken, wenn er dabei wirklich keine Unsicherheiten hinsichtlich der Gründungsverhältnisse seines Bauwerks in Kauf zu nehmen braucht. Eine Baugrundkarte vermag eine solche Sicherheit im Normalfall nicht zu geben.

Bohrungen sind nur dann einwandfrei ausgeführt, wenn die Bohrlöcher zu ihrem Schutz und zur sicheren Festlegung verschiedener Wasserhorizonte verrohrt werden. Es soll auch nicht mit Wasserzusatz gebohrt werden. Das läßt sich zwar nicht immer vermeiden, wird aber unnötigerweise oft von den Bohrmeistern getan, um die Arbeit in festem Lehm, Mergel oder Ton zu erleichtern.

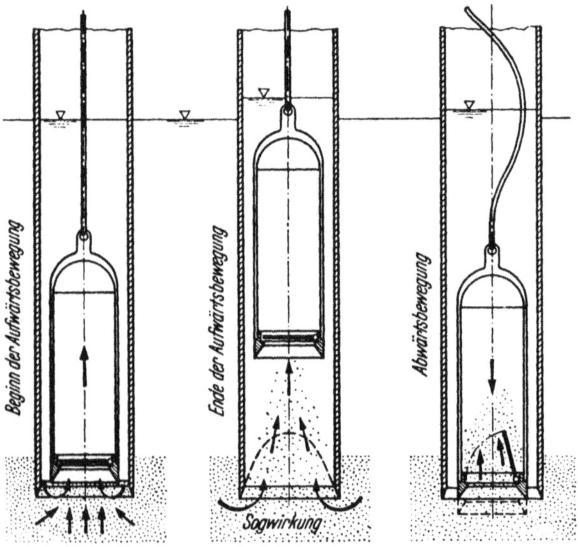

Abb. 102. Vorgänge beim „Pumpen" mit dem Ventilbohrer.

Überhaupt soll alles unterlassen werden, was zu einem schnellen Bohrfortschritt anreizt. Dazu gehört auch Akkordarbeit.

Zur Beurteilung der später zu behandelnden Beschaffenheit der beim Bohren gewonnenen gestörten Bodenproben und der zusätzlich entnommenen ungestörten Bodenproben muß hier auf den *Bohrvorgang* in den nichtbindigen Bodenschichten näher eingegangen werden. In den wasserführenden nichtbindigen Böden wird bei dem hierbei üblichen Bohrvorgang mit Hilfe des Ventilbohrers der Bohrfortschritt, d.h. das laufende Gewinnen des Bohrguts, durch das vorübergehende Breiigmachen der Sandmasse mit Hilfe einer künstlich herbeigeführten Sogwirkung (Abb. 102) erreicht. Je größer diese durch das „Pumpen" erzeugte Sogwirkung ist, desto besser ist der Bohrfortschritt (Kahl/Muhs/Spoerel 1951). Begünstigt wird die Sogwirkung — und damit der Bodeneintrieb in den Ventilbohrer — außerdem durch den Wasserspiegelunterschied, der sich im Bohrloch und neben dem Bohrloch durch die laufende Wasserentnahme einstellt (Abb. 103). Hieraus folgt, daß der Boden unter dem Bohrer immer aufgelockert ist und daß die Feststellungen des Bohrmeisters über eine „lockere" oder „feste" Lagerung eines wasserführenden Sandes oder Kieses als sehr zweifelhaft anzusehen und in der Regel viel mehr durch die beim Bohren hervorgerufenen Wasserspiegelunterschiede bedingt sind als durch die tatsächlich vorhandene Lagerungsdichte. Diese Ausführungen behalten ihre Richtigkeit in gewissem Umfang auch bei manchen schwachbindigen Böden.

In den bindigen und zum Teil auch in den schwachbindigen Böden können die Feststellungen des Bohrmeisters dagegen großen Wert besitzen, und zwar dann, wenn sie sich auf den Widerstand des Bodens beim Bohren beziehen und nicht auf die Beschaffenheit des geförderten Bohrguts. Das letzte hat infolge des Knetvorgangs stets seine ursprüngliche Festigkeit eingebüßt und ist darüber hinaus meist auch durch das auf der Bohrlochsohle stehende Wasser aufgeweicht.

Es wird oft nicht genügend klar erkannt, daß einwandfreie Bohrungen eine der wichtigsten Voraussetzungen für die zuverlässige Baugrundbeurteilung sind und daß fehlerhafte Feststellungen bei den Bohrarbeiten auch nicht durch gewissenhafteste Untersuchungen im Laboratorium ausgemerzt werden können. Bei den

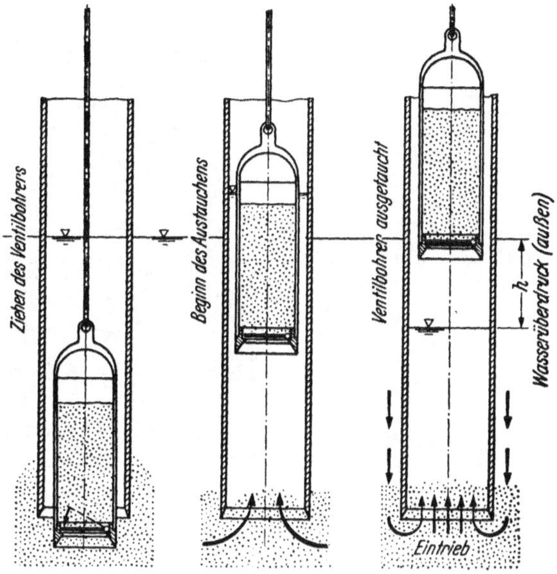

Abb. 103. Bodeneintrieb infolge des Wasserspiegelunterschieds innerhalb und außerhalb des Bohrrohrs.

nach wie vor recht primitiven Bohrmethoden, die, wie das Drehbohren (Gestängebohren) mit Schappe oder Spiralbohrer, das Seilbohren mit Ventilbohrer und das Meißeln, im Laufe der letzten 50 Jahre kaum fortgeschritten sind und eine genaue Beobachtung der Schichtgrenzen ebenso wie eine zutreffende Beurteilung der zerkneteten Bohrproben bei nicht besonders eindeutigen Untergrundverhältnissen erschweren, ist eine genaue Kontrolle der Bohrarbeiten durch die Bauleitung unumgänglich. Das ist besonders dann notwendig, wenn es nicht möglich ist, eine mit der Ausführung von Baugrundbohrungen vertraute Bohrfirma heranzuziehen, was leider aus wirtschaftlichen Gründen bei Untersuchungen kleineren Umfangs abseits größerer Städte oft der Fall ist. Denn manche Firmen können sich auch heute noch schwer von der aus dem Brunnenbau stammenden Anschauung frei machen, daß es lediglich auf das Erreichen der Solltiefe und die genaue Angabe des Grundwasserhorizonts ankommt. Die Entnahme einwandfreier Proben, besonders dann, wenn sie eine Mehrarbeit durch Trockenbohren, d. h. ohne Zusatz von Wasser, bedeutet, wird oft als unerwünschter Zeitverlust angesehen. Läßt sich die Beschäftigung einer solchen Firma nicht vermeiden, so sollte sich ein Beauftragter der Bauleitung oder des beteiligten Instituts deshalb häufig bei den Bohrböcken aufhalten. Auch der entwerfende Ingenieur sollte es nach Möglichkeit nicht versäumen, sich zu überzeugen, mit welcher Unzulänglichkeit die Feststellung der Untergrundverhältnisse eigentlich geschieht. Denn zwischen dieser und dem scheinbar einwandfreien Schichtenverzeichnis oder Schichtenplan besteht nicht selten ein viel zu wenig beachteter Unterschied.

Die bei den Bohrungen ohne zusätzliches Gerät anfallenden, durch den Bohrvorgang und das Entfernen aus den Bohrgeräten gestörten Bodenproben werden gemäß DIN 4021 aus jeder Schicht und bei jedem Wechsel der Bodenbeschaffenheit innerhalb einer Schicht in ausreichender Menge (etwa 1 l) entnommen (Abb. 88 bis 91). Weisen die Schichten größere Mächtigkeit auf, so ist gemäß

Abb. 104. Aufbewahren der gestörten Bodenproben in Gläsern.

Abb. 105. Austrocknen unsachgemäß aufbewahrter Bodenproben im Fächerkasten.

DIN 4021 mindestens alle Meter eine Probe zu nehmen. Die Proben werden sofort in Gläser oder verschließbare Büchsen geschüttet, um ein Austrocknen zu verhindern (Abb. 104). Bei dem mit dem Ventilbohrer geförderten Material ist darauf zu achten, daß bei dem Auswählen der Probe kein entmischtes Bohrgut verwendet wird. Bindiges Bodenmaterial wird aus der Mitte der Schappe, wo es am wenigsten aufgeweicht ist, möglichst ungestört entnommen.

Die Aufbewahrung der Proben in den leider auch heute noch anzutreffenden Fächerkästen (Abb. 105) soll vermieden werden, da der in ihnen binnen kurzem völlig ausgetrocknete bindige Boden sich nicht mehr beurteilen läßt. Dagegen bleibt der Wassergehalt der Proben in Gläsern und anderen Behältern mit Gummidichtung lange genug unverändert, um indessen im Laboratorium alles Notwendige festzustellen. Nach Vergleichsuntersuchungen (DIENEMANN/BERG 1947) betrug die Wassergehaltsabnahme von Geschiebelehm nach $1^1/_2$ Monaten bei mit Gummidichtung versehenen Schraubgläsern nur 0,1%.

Bei schwierigen Untergrundverhältnissen mit einer größeren Zahl wechselnder Schichten, wie sie vor allem in Küstengebieten vorkommen, ist wegen der vorstehend und im Abschn. „Fehler" beschriebenen Schwierigkeiten die Entnahme kontinuierlicher Kerne gemäß Abb. 99 bis 101 der noch üblichen Entnahme von Proben aus dem stark gestörten Bohrgut weit überlegen und dieser in allen wichtigen Fällen unbedingt vorzuziehen.

Auch die *Bohrpfahlsondierung* hat gegenüber der einfachen Bohrung den Vorteil, daß der Boden ohne Entmischung und ohne aufgeweicht und durchgeknetet zu sein, an die Oberfläche gefördert wird (Abb. 95). Er ist infolge der Rammung lediglich komprimiert oder eingerüttelt, was aber für eine zuverlässige Angabe der Zusammensetzung der einzelnen Schichten, selbst wenn diese sehr dünn sind, ohne Nachteil ist. Das gleiche gilt für die mit Schlagbohr- bzw. Schlagentnahmegeräten gewonnenen Proben (Abb. 96 und 97).

Die Gläser oder Büchsen werden durch Aufklebezettel gekennzeichnet, aus denen alle wichtigen Daten der Probe hervorgehen:

Ort der Entnahme	Schichtdicke
Datum der Entnahme	von ... bis ... m unter Geländeoberfläche
Bohrfirma	Entnahmetiefe
Bohrmeister	... m unter Geländeoberfläche, bezogen auf Probenunterkante
Bohr- / Schürf- Loch Nr.	Gestörte / Ungestörte Bodenprobe Nr.
Bodenart	

Ein Duplikat wird in das Glas oder die Büchse gelegt. Alle Proben werden ohne Ausnahme an das beteiligte Laboratorium geschickt, wenn eine Untersuchung vorgesehen ist.

Außer den Schichtgrenzen wird jeder beim Bohren angetroffene Wasserspiegel eingemessen. Um die wirklichen Grundwasserstände zu finden, muß der Wasserstand im Bohrloch jeden Morgen, d. h. nach einer langen Arbeitspause, in der sich ein stationärer Strömungszustand ausbilden konnte, neu beobachtet werden. Ein

Abb. 106. Wasserbohrung von zwei Prähmen aus.

plötzliches Absinken des Wasserspiegels beim Bohren deutet auf das Erreichen einer nicht wasserführenden, durchlässigen Schicht, ein plötzliches Ansteigen auf eine wasserführende und unter hydrostatischem Druck stehende durchlässige Schicht hin.

Bohrungen im Wasser werden in einfachen Fällen ebenso wie an Land von festen Gerüsten aus durchgeführt. Sonst werden die Geräte je nach Stärke der

Strömung oder der Wellen auf ein Floß oder zwischen zwei Flöße oder Prähme gesetzt (Abb. 106 und 107), oder es wird ein besonderes Bohrschiff (Abb. 108) mit durch den Boden oder seitlich geführtem Bohrrohr verwendet. Die schwimmende Bohrplattform muß besonders sorgfältig durch lange Ankertrossen gehalten werden, so daß die lotrechte Stellung der Rohre gewährleistet ist, was bei Wirkung von Ebbe und Flut oder in der offenen See – ebenso wie die Einmessung des Bohrlochs – besondere Maßnahmen erfordert (Johann Keller GmbH 1964).

Abb. 107. Wasserbohrung von einem Prahm aus.

Das Bohrschiff wird normalerweise mit vier Patentankern bis zu je $2^1/_2$ t Gewicht verankert. Die Anker werden u. U. von einem Schlepper ausgefahren und wieder aufgenommen. Anker dieser Ausmaße sind für normalen, aus Schlick und Sand bestehenden Meeresgrund ausreichend. Besteht der Meeresgrund aus sehr hartem Boden, wie z. B. festem Geschiebemergel, finden die Anker keinen Widerstand, und das Schiff wird schon bei mittleren Windstärken abgetrieben. In solchem Fall müssen die Anker auf der Windseite durch weitere Anker verstärkt werden. Wichtig für die Verankerung ist eine ausreichende Länge der Ankerdrähte (200 bis 300 m). Ihre Dehnung durch die Schubkraft des Windes kann durch Verschieben der Bohrbühne ausgeglichen werden.

Abb. 108. Wasserbohrung mit einem Bohrschiff in der offenen See (Johann Keller GmbH, Hamburg).

Meßgrößen. Die Beobachtungen des Bohrmeisters über die Tiefe jedes Schichtwechsels, der entnommenen Proben und der Grundwasserstände sowie *seine* Feststellungen über die Art und Beschaffenheit der angetroffenen Schichten sind in dem „*Schichtenverzeichnis*" gemäß DIN 4022 (Blatt 1) „Schichtenverzeichnis und Benennen der Boden- und Gesteinsarten. Baugrunduntersuchungen", das im

Jahre 1955 neu aufgestellt wurde[1], einzutragen (Abb. 109). Wichtig ist, daß die Formblätter *vom Bohrmeister* selbst *während* der Bohrung *voll* ausgefüllt werden und nicht erst später im Büro auf Grund kurzer Notizen des Bohrmeisters auf einem Notizblock, wie es leider noch immer häufig geschieht.

Bis ... m unter Ansatzpunkt	Beschreibung der Schicht				Feststellungen beim Bohren	Entnommene Proben		
Mächtigkeit in m	Farbe	Beschaffenheit gemäß Bohrgut	Beschaffenheit gemäß Bohrvorgang	Kalkgehalt	(Wasserführung, Bohrwerkzeuge, Werkzeugwechsel)	Art mit Gütebez.	Nr.	Tiefe in m
	Bezeichnung Ortsübliche	Bezeichnung Geologische 1)	Gruppe 1)					
1	2				3	4	5	6

1) Eintragung nimmt der wissenschaftliche Bearbeiter vor

Abb. 109. Für die Neufassung der DIN 4022 vorgesehenes Schichtenverzeichnis. Entwurf 1967.

Die Beschreibung der Schichtenfolge durch den Bohrmeister stützt sich auf seine Eindrücke über die Bodenbeschaffenheit beim Bohren, auf die Beschaffenheit des gewonnenen Bohrguts und etwaiger ungestörter Proben und auf sein Vermögen, die Böden zutreffend zu erkennen und zu beschreiben. Diese Beschreibung wird oft, besonders dann, wenn kein Sachverständiger zu Rate gezogen wird, ausschlaggebend für die gesamte Deutung des Untergrundes und der Gründungsverhältnisse des in Frage kommenden Bauvorhabens. Dies zeigt, wie ungemein wichtig die Schulung der Bohrmeister hinsichtlich der beim Bohren auftretenden

[1] Wird (1967) als Entwurf neu erscheinen.

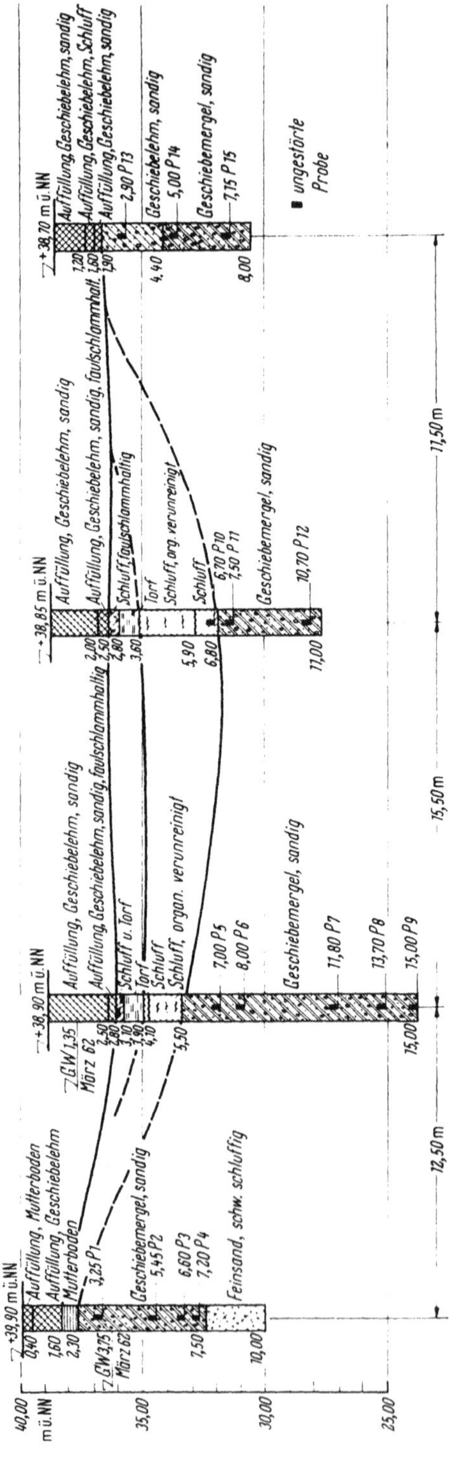

Abb. 110. Schichtenplan.

Vorgänge und hinsichtlich des Erkennens und Beschreibens der Böden an Hand der gewonnenen Proben ist.

Bei der *Bohrpfahlsondierung* werden die Rammschläge gezählt und die dabei erreichten Tiefen gemessen; außerdem wird die Höhe der Bodenoberfläche im Rohr durch ein Senklot verfolgt und die Dicke der einzelnen Schichten nach Aufklappen des Kernrohrs an der Oberfläche festgestellt.

Auftragungen. Die Bohrergebnisse werden an Hand der Schichtenverzeichnisse zu „*Bohrprofilen*" aufgetragen, die auf der Senkrechten die Höhenangaben und daneben die Art des angetroffenen Bodens sowie den bzw. die Grundwasserspiegel enthalten. Dabei muß verlangt werden, daß die Geländehöhe über Normalnull (NN) am Bohrpunkt oder an einem anderen Bezugspunkt für die Bohrtiefen angegeben ist. Die dabei einzuhaltenden einheitlichen Bezeichnungen, Abkürzungen, Zeichen und Farben für die verschiedenen Boden- und Gesteinsarten sind in DIN 4023 „Baugrund und Wasserbohrungen. Zeichnerische Darstellung der Ergebnisse" (1955) zusammengefaßt. Für die Darstellung können wahlweise Schraffen oder Farben benutzt werden (Tab. 5).

Wenn zu den Baugrunduntersuchungen ein Fachinstitut hinzugezogen ist, werden die Bohrergebnisse von diesem aufgetragen. Hierzu werden die Proben genau durchgesehen und „abgefühlt", u. U. auch mit den zugehörigen ungestörten Proben verglichen. Etwaige falsche oder nicht übereinstimmende, evtl. auch ortsübliche Bezeichnungen der Bohrmeister werden ausgemerzt und durch die zutreffenden bodenmechanischen Bezeichnungen ersetzt. Die Bohrprofile werden dann maßstabgerecht nebeneinander gezeichnet und die Schichtgrenzen *bei genügend engem Abstand der Bohrlöcher* untereinander durch gerade Linien verbunden. Hierbei ergibt sich aus dem Vergleich der einzelnen Bohrprofile und der bei ihnen vorkommenden Schichten bisweilen die Notwendigkeit zu einer weiteren Verbesserung der Bezeichnungen. Oft können auch einzelne Schichten zu Schichtabteilungen zusammengefaßt werden. Auf diese Weise entstehen dann die für die weitere Entwurfsbearbeitung der Gründung maßgebenden „*Schichtenpläne*“ (Abb. 110).

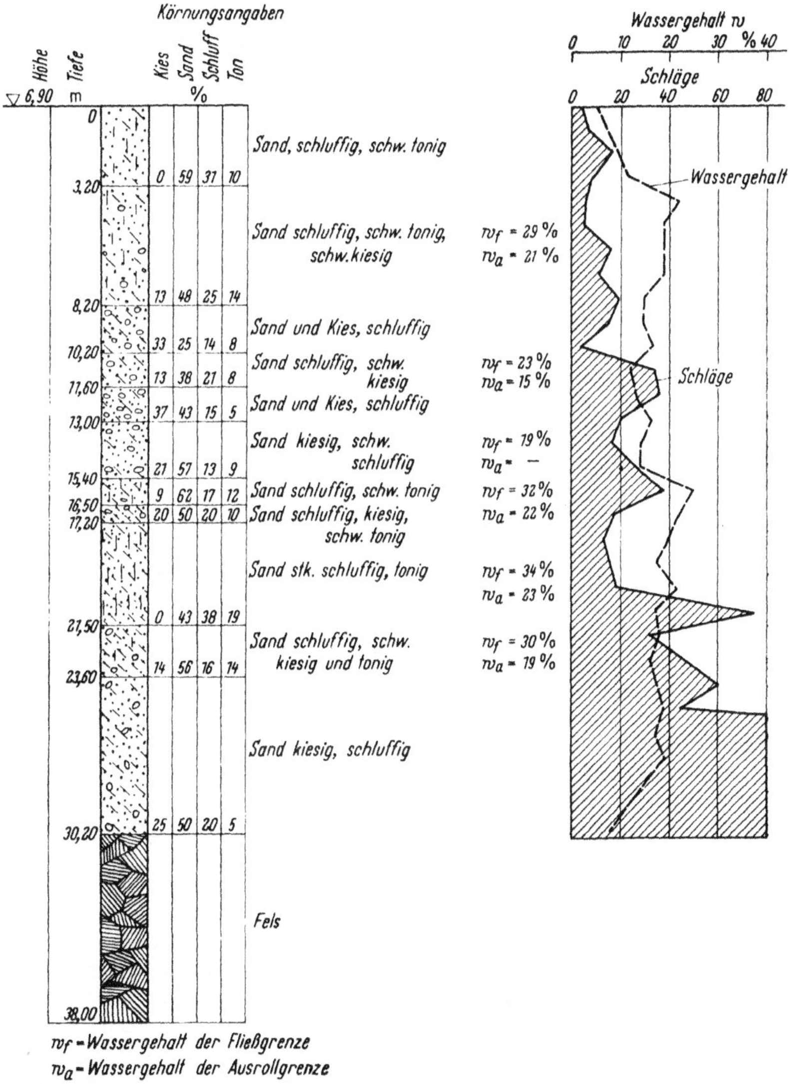

Abb. 111. Auftragung des Ergebnisses einer Aufschlußbohrung nach der Standard Penetration Test-Methode.

In wichtigen Fällen kann das Bohrprofil durch Angaben über die an den entnommenen Proben festgestellten Kennziffern vervollständigt werden. Abb. 111 zeigt das in dieser Weise dargestellte Ergebnis einer nach der Standard Penetration Test-Methode (S. 173) ausgeführten Bohrung. Angegeben sind die Körnung, der Wassergehalt und die Schlagzahl zur Entnahme *jeder* entnommenen Probe sowie die Fließ- und Ausrollgrenze für die aus den bindigen Schichten entnommenen Proben.

Bei der *Bohrpfahlsondierung* werden Eindringungstiefe der Pfahlspitze und Höhenlage der Kernoberfläche in Abhängigkeit von der Schlagzahl aufgetragen (Abb. 112). Man erhält dadurch zwei Summenlinien, die in Verbindung mit den in dem aufgeklappten Kernrohr gemessenen Dicken der durch die Rammung verzerrten Bodenschichten die Bestimmung der wirklichen Schichtmächtigkeiten im Untergrund gestatten. Man zeichnet hierzu die im aufgeklappten Kernrohr festgestellten Schichtmächtigkeiten in die Summenlinien gemäß Abb. 112 ein. Das setzt voraus, daß sich der Boden *innerhalb* des Kernrohrs nicht mehr verformt und daß sich der gesamte Zusammendrückungsvorgang vor dem Pfahlschuh abspielt.

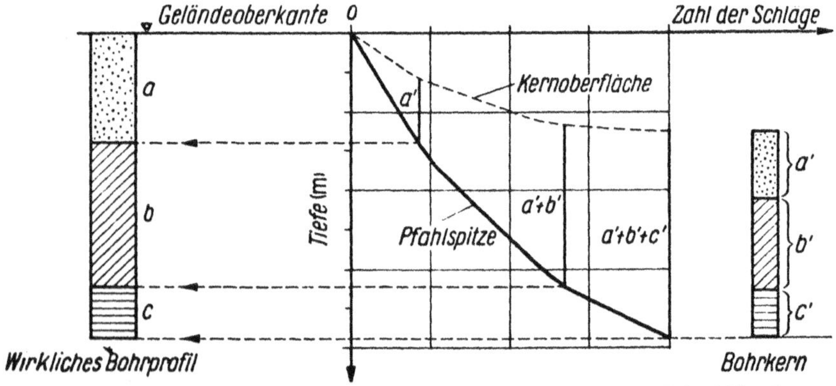

Abb. 112. Ermittlung der Schichtstärken aus dem Rammdiagramm bei der Bohrpfahlsondierung.

Die Richtigkeit dieser Annahme soll durch viele Versuche bewiesen sein, muß aber in Sandböden, die bei Rammerschütterungen eine starke Einrüttelung im Rohr erfahren, angezweifelt werden. Außerdem kann man die Rammkurve in ihren verschiedenen Formen auftragen und auswerten (s. Kap. 1.322.3).

Fehler. Wegen der rohen Arbeit der gebräuchlichen Bohrgeräte ist die Genauigkeit der erbohrten Schichtgrenzen je nach den Untergrundverhältnissen und der Güte der Bohrmannschaft auf ein Maß von etwa $\pm 0{,}10$ bis $\pm 0{,}25$ m beschränkt.

Da Proben nur in gewissen Abständen entnommen und der dazwischen liegende Baugrund diesen Proben zugeordnet werden muß, trifft die Bezeichnung der Bodenschichten oft nur in den Entnahmetiefen selbst ganz zu. Wird aus einer Schicht etwa nur eine Probe entnommen, so gelten deren Eigenschaften, meist nach dem subjektiven Empfinden des Bohrmeisters gekennzeichnet, sogar für die ganze Schicht! Alle Vergleichsuntersuchungen zeigen aber, daß die Bezeichnungsweisen der Bohrmeister stark wechseln. Als Beispiel sei die häufige Bezeichnung „scharfer" Sand angeführt, die an Stelle einer Benennung nach der Korngröße gewählt ist. Auf Bohrprofile, die von den Bohrfirmen geliefert werden und die die Bezeichnungen der Bohrmeister unverändert enthalten, ist deshalb meist wenig Verlaß.

Die Auswahl einer die betreffende Schicht wirklich treffenden Bodenprobe ist aber auch nicht immer so einfach, wie es auf den ersten Blick erscheinen mag. Eine dünne Tonschicht unter einer Sandschicht ist z. B. im oberen Bereich durch den Bohrvorgang stets mit Sand durchsetzt; umgekehrt ist das aus der oberen Zone einer Sandschicht geförderte Bohrgut infolge der Bohrschlämme stets schwach tonhaltig, wenn über ihr Ton ansteht. Bei dünnen Schichten ist es also in der Regel recht schwierig, eine wirklich charakteristische Probe zu gewinnen. Das gleiche gilt, nur mit erheblich größerer Bedeutung, für alle Schichten, d. h. auch für Schichten mit stärkerer Mächtigkeit, wenn der Bohrmeister die Probe sofort beim Antreffen einer neuen Schicht entnimmt, was leider noch immer nicht selten der Fall ist. Hierdurch erklärt sich der recht häufige Widerspruch, daß z. B. im Schichtenverzeichnis eine Schicht eindeutig als „reiner, scharfer Sand" bezeichnet ist, während sich die zugehörige Probe als toniger Sand oder noch aufklärender als Sand mit Tonstückchen erweist.

Aber auch das, was dem Auge und der Hand desselben Menschen als eine Schicht erscheint, kann in Wirklichkeit Abweichungen enthalten. Die aus bindigen Schichten entnommenen Proben eines Bohrprofils wurden z. B. in kurzen

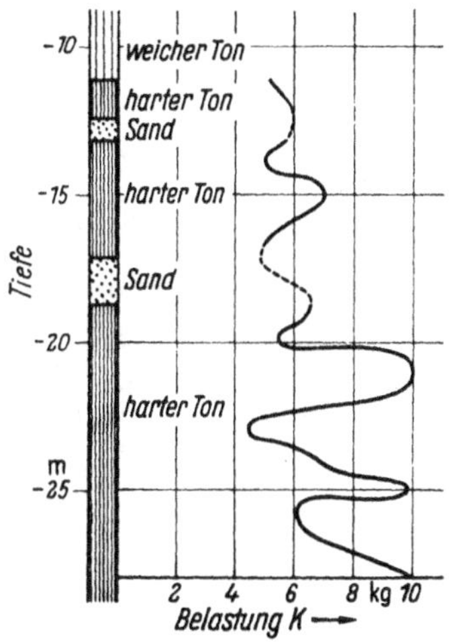

Abb. 113. Veränderung der Festigkeit in Schichten scheinbar gleicher Beschaffenheit. K Gewicht eines Kegels für eine Eindringung von 1 cm.

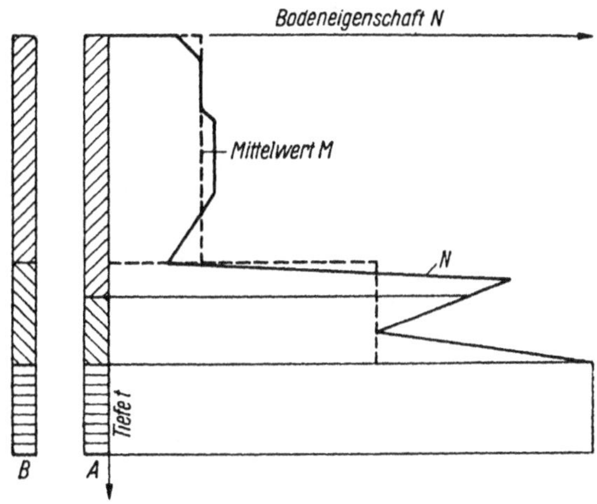

Abb. 114. Ersatz der tatsächlichen Bodeneigenschaft N durch die gemittelte Bodeneigenschaft M und Verbesserung des gebohrten Profils A durch das festgestellte Profil B.

senkrechten Abständen durch ein Schnellverfahren geprüft (Abb. 113). Danach ist eine Probe, die an einer bestimmten Stelle entnommen und der Kennzeichnung der ganzen Schicht zugrunde gelegt wird, nicht immer für die ganze Schicht maßgebend. Da man den Baugrund nicht Punkt für Punkt untersuchen kann, entfernt man sich durch die notwendige Verallgemeinerung der Eigenschaften einzelner Proben notgedrungen von der Natur. An die Stelle der Bodeneigenschaft N (Abb. 114), die durch die unregelmäßige Linie dargestellt ist, tritt die gestrichelte stufenförmige Linie M, die abschnittsweise die Mittelwerte angibt. Statt des gebohrten Profils A (Schichttrennung durch das Auge) erhält man dann das verbesserte Profil B (Schichttrennung auf Grund gemessener Bodenbeiwerte). Beide brauchen sich nicht zu decken. Die Stichproben der üblichen Bodenuntersuchung liefern also nur Mittelwerte des Bodenprofils. Die Schichten können in sich aber wechseln.

Das geradlinige Verbinden der einzelnen Bohrprofile wird bisweilen abgelehnt, da es wegen der zu großen Bohrlochentfernung nicht sicher ist, ob nicht andere unerbohrte Schichten dazwischen gelagert sind. Trotz der Richtigkeit dieses Einwands kommt man aber für die Entwurfsarbeiten nicht ohne ein Verbinden der einzelnen Bohrprofile aus. Man sollte es aber nur tun, wo man es verantworten kann, auf weitere Bohrungen zu verzichten.

Die aus den Proben gewonnenen Bodeneigenschaften, die nur für den Entnahme*punkt* gelten, erscheinen später in der statischen Berechnung als maßgebend für die Eigenschaften eines *Körpers*, der in der Länge, Höhe und Breite durch die Schichtenpläne bestimmt ist. Von den unendlich vielen Punkten eines solchen Schichtraums sind also immer nur wenige, allerdings besonders kennzeichnende, geprüft. Aus ihnen wird auf den Verlauf und die mittleren Eigenschaften einer Schicht geschlossen. Das ist desto wirklichkeitsferner, je größer die Abstände der Punkte untereinander sind. Daraus ergibt sich, daß alle Werte über den Verlauf und die Eigenschaften der Schichten, die sich aus den Bohrungen und dabei entnommenen Proben ergeben und in die Berechnung eingehen, nur Stichproben sind. Sie haben als solche den Nachteil, daß sie einem wenig umfangreichen Beobachtungsmaterial angehören, das eigentlich keine Mittelbildung erlaubt.

Beispiel. Ein gutes Beispiel für den Wert eingehender Bohrungen stellt der Schichtenplan auf Abb. 110 dar.

Literatur

DIN 4021 (1955): Baugrund und Grundwasser. Erkundung, Bohrungen, Schürfe, Probenahme, Grundsätze.

DIN 4022 (Entwurf 1967): Schichtenverzeichnis, Benennen und Beschreiben von Bodenarten und Fels bei Baugrunduntersuchungen und Wasserbohrungen.

DIN 4023 (1955): Baugrund- und Wasserbohrungen. Zeichnerische Darstellung der Ergebnisse.

Alle mit der Untergrunderkundung durch Bohrungen und Probenentnahme zusammenhängenden Fragen sind in einer mehrjährigen Forschungsarbeit von der American Society of Civil Engineers eingehend untersucht worden. Der umfassende Abschlußbericht von Hvorslev enthält alles Wissenswerte über Geräte, Proben und die damit zusammenhängenden Probleme.

Hvorslev (1949): Subsurface exploration and sampling of soils for civil engineering purposes. Vicksburg.

Über die Bohrgeräte des Brunnenbaus:

Bieske (1956): Handbuch des Brunnenbaus. Berlin.

Über Anordnung und Durchführung von Aufschlußbohrungen:

Agatz (1936): Der Kampf des Ingenieurs gegen Erde und Wasser im Grundbau. Berlin.

Cambefort (1955): Forages et sondages. Paris.
Deutsche Bearbeitung von:
Neumeuer/Schaper (1964): Bohrtechnik – Tief-, Gründungs- und Erkundungsbohrungen. Wiesbaden/Berlin.

Über die Bohrpfahlsondierung:

Burkhardt (1931): Die Aufschließung des Untergrundes. Bautechnik 9, S. 247.

— (1933): Entnahme von Bodenproben in ungestörter Verfassung. Bautechnik 11, S. 14.

Wegenstein (1933): Einwandfreie Bodenaufschlüsse durch die Bohrpfahl-Sondierung. Schweiz. Bauzeitg. 101, H. 22.

Zeindler (1958): Sondierungen zur Untersuchung der Baumaterialien und des Untergrundes für den Staudamm Göschenenalp. Bautechnik 35, S. 238.

Über neuere Geräte:

Begemann (1961): A new method for taking samples of great length. Proc. V. Int. Conf. Soil Mech. Found. Eng. Paris, Bd. I, S. 437.

Stade (1962): Verfahren zum Gewinnen von Bohrkernen und Vorrichtung zur Durchführung des Verfahrens. Patentanmeldung.

Henke/Müller-Welt (1964): Entwicklung und Erprobung eines kombinierten Bohr- und Entnahmeverfahrens mit kleinem Durchmesser. Berichte a. d. Bauforschung H. 37, S. 29.

Über Mängel beim Bohren und bei der Probenbehandlung:

Dienemann/Berg (1947): Sünden bei Baugrunduntersuchungen. Bauplanung u. Bautechnik 1, S. 93.

Kahl/Muhs/Spoerel (1951): Über Bohrungen für Baugrunduntersuchungen und die Entnahme ungestörter Bodenproben. Bohrtechnik-Brunnenbau 2, S. 177.

1.321.3 Kernbohrungen

Definition. Bei Kernbohrungen wird mit einer rotierenden Bohrkrone ein kreisförmiger Körper, der „*Kern*", aus dem Boden geschnitten. Kernbohrungen treten an die Stelle normaler Bohrungen, wenn man mit den gebräuchlichen Bohrverfahren den Boden nicht mehr durchdringen kann.

Gerät. Kernbohrgeräte werden stets maschinell betrieben (Abb. 115). Ihre wesentlichen Bestandteile sind eine Bohrspindel mit Vorgelege und Antriebsmotor, ein Bohrgestänge mit dem Kernrohr und der Bohrkrone, eine Spüleinrichtung und beim Bohren in nicht durchweg standfestem Gestein eine Verrohrung und ein Bohrbock. Die Ausführungsformen der einzelnen Fabrikate sind sehr verschieden (PRIKEL 1957).

Beim eigentlichen Bohrwerkzeug unterscheidet man *Zahn-*, *Hartstift-*, *Schrot-* und *Diamantkronen* (Abb. 116). Die Zahnkronen bestehen aus einem einfachen, zickzackförmig gefransten Hartmetallzylinder, die Hartstiftkronen aus kleinen künstlichen Bohrsteinen (Diamantersatz) oder Vidiastahlstiften, die in einen Metallzylinder eingesetzt werden. Bei den Diamantkronen treten an Stelle der künstlichen Bohrsteine Diamanten. In sehr hartem Gestein sind Kronen, bei denen die Diamanten als Splitter oder Staub im Schneidkranz eingesintert sind, besonders geeignet. Bei den Schrotkronen wird durch eine Nut in ihrer Wandung laufend Stahlschrot von 0,5 bis 3 mm Korngröße zwischen die glatte Kronengrundfläche und das Gestein gebracht. Durch das Rotieren des Kernrohrs wird bei den Zahnkronen und den Hartstiftkronen das Gestein unter Abheben von Spänen zerschnitten, bei den Diamantkronen unter Bildung von feinstem Bohrmehl abgeschliffen und bei den Schrotkronen zermahlen. Bei der Schrotbohrung wird auch die Bohrkrone stark abgenutzt. Sie besteht deshalb aus einem verhältnismäßig langen Stahlrohr.

Abb. 115. Kernbohrgerät Longyear 34 (Johann Keller GmbH, Frankfurt/Main).

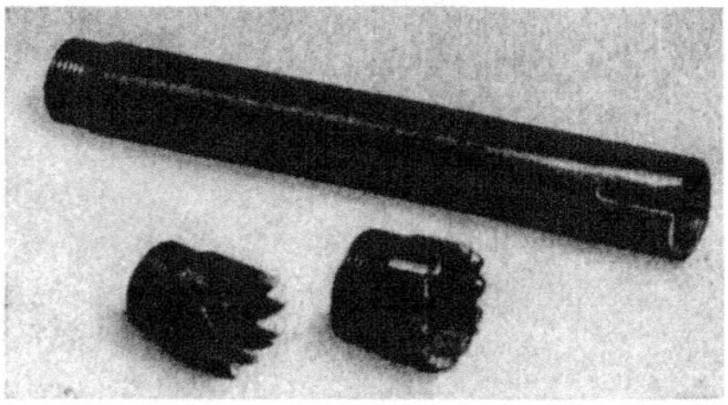

Abb. 116. Bohrkronen für Kernbohrungen. *Hinten:* Schrotkrone. *Vorn links:* Zahnkrone. *Vorn rechts:* Hartstiftkrone

Zahnkronen sind geeignet für festen Lehm, Ton und Mergel, Hartstiftkronen für harten Ton, Mergel und Tonschiefer, Schrotbohrkronen für weiche und mittelharte Gesteine und Diamantkronen für harte Gesteine.

Bei allen Bohrkronen wird das Bohrgut durch Spülung beseitigt. Das Spülwasser wird durch das Hohlgestänge dem Kernrohr oder der Bohrkrone zugeführt und befördert das Gesteinsmehl oder die Gesteinsspäne zwischen Bohrkrone und Felswandung nach oben. Da wegen der Enge dieses Raums trotz in der Außenwandung der Bohrkrone eingelassener Nute bei größeren Spänen die Gefahr des

Verklemmens und damit des Abreißens des Kerns besteht, kann über dem Kernrohr ein *Schlammrohr* angeordnet werden. Dieses ist oben offen und unten ge-

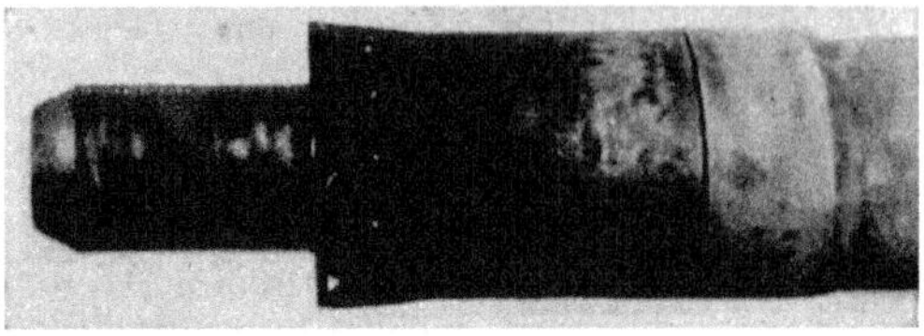

Abb. 117. Stoßbohrkrone der Firma Brechtel, Ludwigshafen, für ungestörte Probenentnahme bei Kernbohrungen in bindigem Boden.

schlossen. Es soll das gröbere abgebohrte Material aufnehmen, das durch die Spülkraft des Wassers nicht an die Oberfläche gefördert werden kann.

Als Spülflüssigkeit ist gewöhnliches Wasser nur bei Gesteinsbohrungen zweckmäßig. Für Kernbohrungen im bindigen Boden ist Dickspülung vorzuziehen, weil hiervon der Kern nicht angegriffen wird, also als ungestörte Bodenprobe gelten kann.

Als weitere Vorsichtsmaßnahme kann auch ein von der Firma Brechtel, Ludwigshafen, schon vor dem 2. Weltkrieg konstruiertes Gerät (Abb. 117) eingesetzt werden, bei dem ein innerer Zylinder der Zahnkrone um etwa 20 bis 30 cm voreilt, also einen Kern aus einem von der Spülung noch unberührten Gebiet aussticht. Dieses Gerät leitet zu den sogenannten *Doppelkernrohr*geräten über, bei denen das äußere Rohr rotierend, das innere Rohr dagegen feststehend angeordnet ist (Abb. 118). Das innere Rohr nimmt den Kern auf; da es still steht, wird der Kern durch die Drehbewegung nicht beansprucht. Er wird auch durch die Spülflüssigkeit nicht angegriffen. Die durch das Hohlgestänge eingepreßte Spülflüssigkeit – meist eine thixotrope Schlämme, die gleichzeitig das Bohrloch stabilisiert – dient als Schmiermittel zwischen innerem und äußerem Rohr einerseits und äußerem Rohr und Bohrlochwand

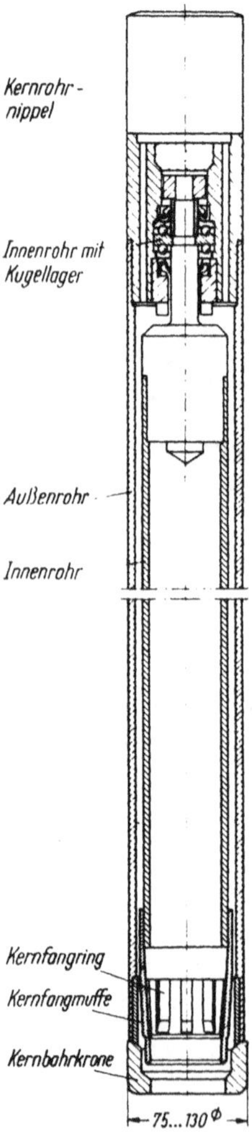

Abb. 118. Doppelkernrohrgerät.

Abb. 119. Horizontal-Kernbohrung.

andrerseits. Geräte dieser Art werden in jüngster Zeit zunehmend bei Kernbohrungen in festen und bindigen Böden benutzt.

Bei Wasserspülung ist, abgesehen von reinen Felsbohrungen, eine Verrohrung notwendig. Bei Dickspülung kann hingegen auf die Verrohrung verzichtet werden.

Mit Kernbohrgeräten können auch oft sehr erwünschte und aufschlußreiche horizontale Aufschlußbohrungen ausgeführt werden (Abb. 119).

Vorgang. Über Tiefe und Abstände der Bohrungen siehe Kap. 1.321.2.

Die Entnahme der Bodenprobe erledigt sich beinahe selbsttätig, da das Bohrgut als Kern gewonnen wird (Abb. 120). Die Länge des gewonnenen Kerns kann je nach dem Vorhandensein von lockeren Einlagerungen um 10 bis 80% von der Bohrlochtiefe abweichen („*Kernverlust*", Abb. 121). Hier helfen Dickspülung und eine Verminderung der

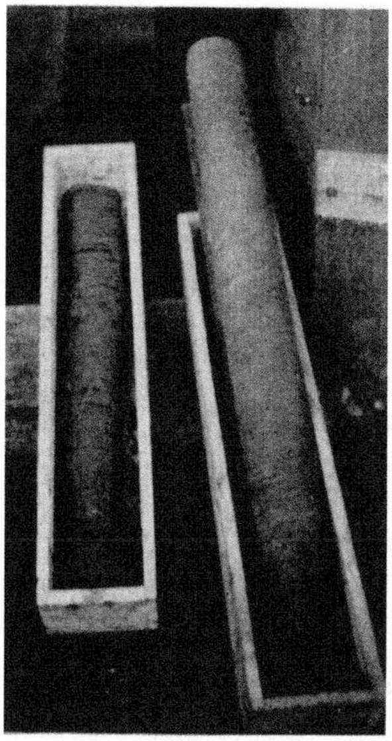

Abb. 120. Gesunder Bohrkern ohne Kernverlust.

Abb. 121. Schlechter Bohrkern mit großem Kernverlust.

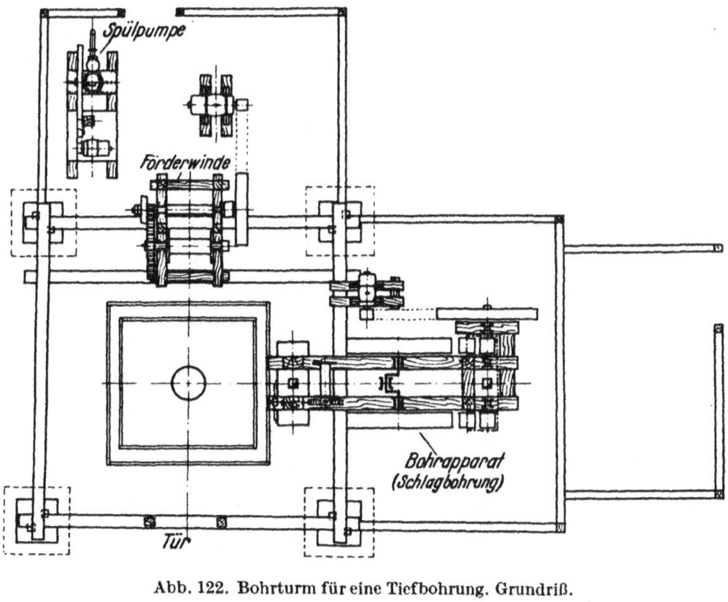

Abb. 122. Bohrturm für eine Tiefbohrung. Grundriß.

Drehzahl. Verwendet man bei Bohrungen in bindigen Böden einen Kopf nach Muster der Abb. 117 oder ein Doppelkernrohrgerät nach Abb. 118. so kann man

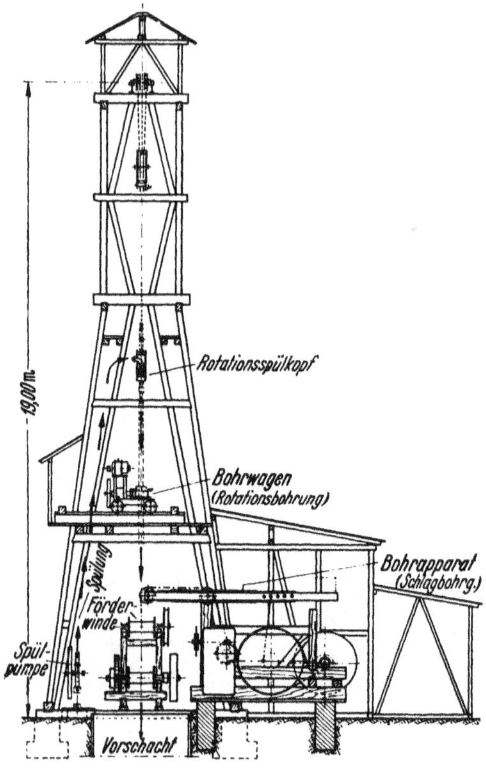

Abb. 123. Bohrturm für eine Tiefbohrung. Aufriß.

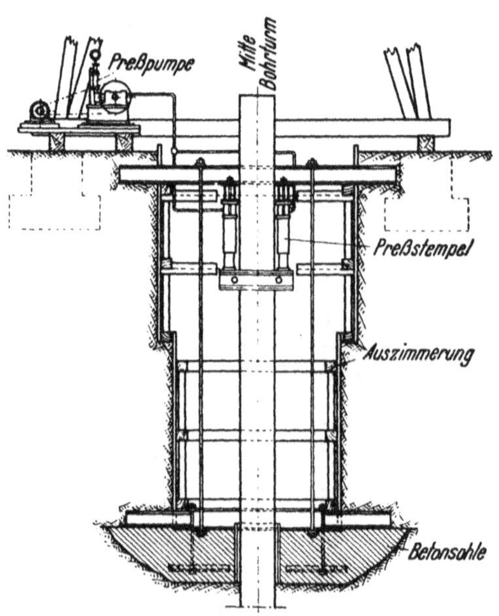

Abb. 124. Einrichtung zum Eindrücken der Verrohrung für eine Tiefbohrung.

auch ohne Dickspülung ungestörte Proben entnehmen, während die Kerne im anderen Fall bei einfacher Wasserspülung meist etwas gestört werden.

Besondere Schwierigkeiten ergeben sich bei sehr tiefen Bohrungen, wenn wechselnd bindige oder nichtbindige Böden und mürbe oder feste Gesteine angetroffen werden. In solchen Fällen ist eine große maschinelle Einrichtung notwendig, da die vielen zu erwartenden Bodenformationen verschiedene Bohrmethoden erforderlich machen und bei den großen Längen der Gestänge bedeutende Kräfte auftreten. Für Kernbohrungen muß ein Rotationsbohrgerät, für Arbeiten mit dem Ventilbohrer eine Seilbohrvorrichtung und zum Arbeiten mit der Schappe u. U. eine Drehbohrvorrichtung vorhanden sein, außerdem zum Schlagbohren und Meißeln eine Stoßvorrichtung des Gestänges. Hinzu kommen Pressen zum Drücken und Ziehen der Bohrrohre, Spülvorrichtungen, Winden u. a. (Abb. 122 bis 128).

Beispiel. Für einen Monumentalbau von ungewöhnlichen Abmessungen in Berlin wurde eine Aufschlußbohrung bis in 420 m Tiefe ausgeführt (Buchholz 1938), um die Beschaffenheit derjenigen Schichten zu erkunden, die bei den großen Abmessungen der Fundamente und bei der großen spezifischen Belastung noch Einfluß auf das Setzungsverhalten des Bauwerks haben konnten. Allerdings wäre es nicht nötig gewesen, hierzu bis in eine solche Tiefe hinabzubohren. Dies geschah zur Klärung geologischer Fragen (Mauz 1939).

Der Arbeitsplatz (Abb. 122, 123 und 124) wurde mit den Geräten für die Verwendung von Ventilbohrern (Abb. 125), Schappen, Meißeln (Abb. 126 und 127) und Bohrkronen versehen und die Bohrung unter dem Gesichtspunkt durchgeführt, „trocken“ zu bohren. Bei sandigen Schichten wurde deshalb mit dem Ventilbohrer, bei bindigen Schichten mit einer Rotationskernbohrung gearbeitet. Wurde unter den letzteren weitergebohrt, so mußte das Bohrloch zunächst durch einen Ex-

Abb. 125. Entleeren der Schappe bei einer 500 m-Bohrung.

Abb. 126. Hochgeholter Meißel nach Lösen von bindigem Boden bei einer 500 m-Bohrung.

Abb. 127. Meißel für Tiefbohrungen.

zentermeißel erweitert werden. Das gelöste Material wurde mittels Ventilbohrer oder Schappe gefördert, also unter Verzicht auf Spülung zugunsten einer einwandfreien Probengewinnung. Die Kosten stiegen hierdurch erheblich, da der wiederholte Umbau von der Kernbohrung zur Probengewinnung auf die Meißelbohrung zum Lösen und dann auf die Ventil- oder Schappenbohrung zum Fördern bei langem Bohrgestänge teuer und zeitraubend ist. Die Bohrlöcher mußten außerdem verrohrt werden. In den unteren 20 m, wo sehr standfester Räthkeuper anstand, konnte ohne Verrohrung gearbeitet werden. Trotzdem betrug

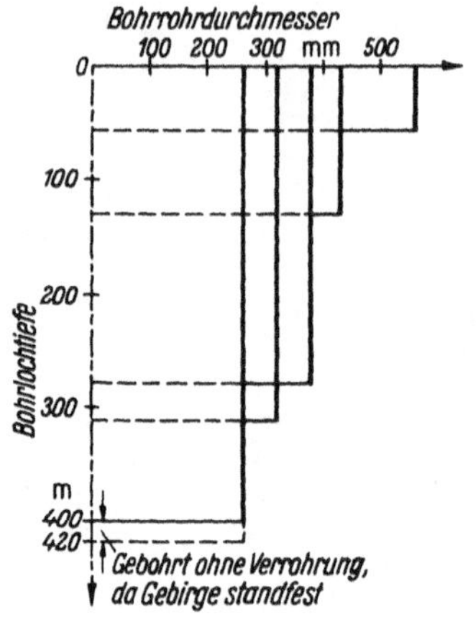

Abb. 128. Rohrdurchmesser bei einer Tiefbohrung bis 420 m Tiefe (Buchholz 1938).

die Länge der Rohre, die in fünf verschiedenen Touren in den Boden gepreßt wurden (Abb. 128), 1173,5 m. Beim Ziehen der Rohre mußten 276 m mit einem Gewicht von 14,5 t abgeschnitten und im Boden gelassen werden, weil der gequollene Ton trotz einer Zugkraft von 66 t die Rohre nicht freigab.

Literatur

Buchholz (1938): Betrieb und Leistung bei Tiefbohrungen in Groß-Berlin. Zbl. d. Bauverw. 58, S. 1095.

Mauz (1939): Tiefbohrungen als wichtige Hilfsmittel bei der Neugestaltung Berlins. Zbl. d. Bauverw. 59, S. 755.

Hvorslev (1949): Subsurface exploration and sampling of soils for civil engineering purposes. Vicksburg.

Cambefort (1955): Forages et sondages. Paris.
Deutsche Bearbeitung von:
Neumeuer/Schaper (1964): Bohrtechnik – Tief-, Gründungs- und Erkundungsbohrungen. Wiesbaden/Berlin.

Prikel (1957): Tiefbohrgeräte. Wien.

o. V. (1963): Rekord-Unterflurbohrung. Bauingenieur 38, S. 167.

1.321.4 Entnahme gestörter und ungestörter Bodenproben

Wegen der aus dem Bohrvorgang und der Art der Entnahme sich ergebenden Mängel der „*gestörten*" Bodenproben ist zur genauen Feststellung der Bodeneigenschaften, insbesondere zur Beurteilung von Gründungs- und Standsicherheitsfragen, die Entnahme von „*ungestörten*" Proben notwendig. Diese sind dadurch definiert, daß sie durch die Entnahme hinsichtlich ihres Kornaufbaus, ihrer Lagerungsdichte und ihres Wassergehalts nicht verändert werden und dem Zustand der ihnen zugehörigen Schichten im Untergrund gleichen.

Je nach der im Einzelfall gestellten Aufgabe ist die Entnahme gestörter *oder* ungestörter, für viele Fälle auch gestörter *und* ungestörter Proben notwendig.

In den meisten Fällen erstreckt sich die bautechnische Untersuchung des Untergrundes auf die beiden Hauptaufgaben:

1. Die Bestimmung der Ausdehnung — der Fläche und der Tiefe nach — und Ermittlung der bautechnischen Eigenschaften von Bodenvorkommen, die als *Baustoff* in Erddämmen, im Straßen-, Wasser- und Eisenbahnbau, bei der Anlage von Flugplätzen oder als Zuschlagstoff für den Beton Verwendung finden sollen;

2. die Bestimmung des Schichtenverlaufs und der Grundwasserverhältnisse sowie der bautechnischen Eigenschaften aller angetroffenen Schichten im Zusammenhang mit der Untersuchung der Gründung und der Standsicherheit von Bauwerken, d. h. auf die Prüfung des Untergrundes in seiner Eigenschaft als *Baugrund*.

Diesen zwei Hauptfragen muß auch die Entnahme der Bodenproben, deren weitere Untersuchung die Beurteilung der Bodeneigenschaften vermittelt, entsprechen.

Für die Beurteilung eines Bodens, der als Baustoff verwendet werden soll, ist z. B. die Untersuchung von *un*gestörten Proben aus der Entnahmestelle von geringerer Bedeutung, während für die Beurteilung eines Gründungsproblems die Untersuchung von *un*gestörten Proben fast stets die ausschlaggebende Rolle spielt. Für die Untersuchung eines Erdbaustoffs ist ferner im allgemeinen eine erheblich größere Probenmenge notwendig, da die hier erforderlichen Versuche über die geeigneten, von Dichte und Wassergehalt abhängigen Einbaubedingungen (s. S. 406) vielseitiger sind und mehr Material benötigen als die Versuche, die zur Klärung der Gründungseigenschaften eines Baugrundes dienen und sich — abgesehen von einigen Ausnahmefällen — lediglich auf den vorhandenen Zustand der Schichten zu erstrecken brauchen. Andrerseits verliert der für Gründungsfragen bei der Probenahme maßgebende Gesichtspunkt, keine Schichten, seien sie auch noch so dünn, zu mischen oder zu übergehen, bei der Probenahme für ein Erdbauvorhaben seine Gültigkeit, da hier die Schichten beim Abbau, z. B. beim Abkratzen durch den Löffelbagger, ohnehin gemischt werden. In solchen Fällen ist es sogar wesentlich, diesem Prozeß schon bei der Probenahme durch eine geeignete Entnahmemethode zu entsprechen (Abb. 129).

Abb. 129. Entnahme einer gestörten Probe aus einer späteren Erdgewinnungsstätte.

1.321.41 Entnahme gestörter Bodenproben

Zur *Beurteilung eines Bodens als Erdbaustoff* ist je nach dem Umfang der beabsichtigten Versuche eine Menge von etwa 5 bis 20 kg erwünscht. Bei der Entnahme aus Bohrlöchern muß man sich jedoch oft mit einer geringeren Menge begnügen.

Ist die aus Schürfgruben nach Abb. 129 gewonnene Menge größer als 5 bis 10 kg, so ist sie zur Sicherung, daß die groben und feinen Bestandteile in der endgültigen Probe entsprechend der Ausgangszusammensetzung enthalten sind, durch wiederholtes Vierteln des jeweiligen Kegels entsprechend zu vermindern. Hierzu wird die auf einer Blechunterlage zu einem Kegel aufgehäufte Probenmenge durch zwei senkrechte Schnitte in vier Teile zerlegt, von denen zwei diagonal gegenüberliegende Teilmengen fortgeschüttet, die zwei anderen dagegen zu einem neuen

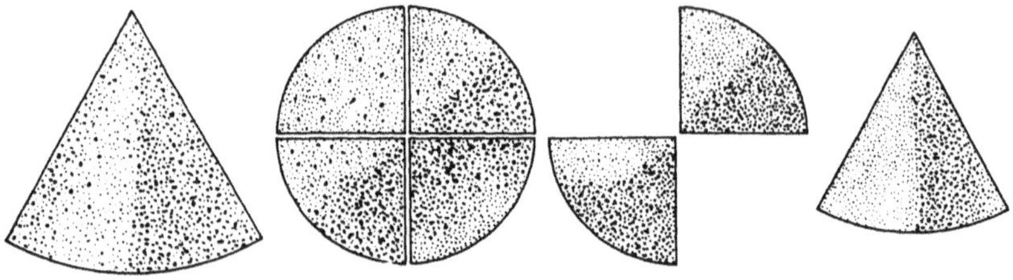

Abb. 130. Gewinnen einer repräsentativen Teilprobe aus einer größeren Probenmenge („Proben-Vierteln").

Kegel zusammengeschüttet werden (Abb. 130). Dieser Vorgang – der auch im Laboratorium bei der Auswahl von Teilmengen für die Einzelversuche in Frage kommt – wird so oft wiederholt, bis man die gewünschte kleine Probenmenge erhält. Einfacher wird dies auch mit Hilfe eines *„Probenzerteilers"* (Abb. 131) erreicht. Die Gesamtprobe wird hierzu durch die Schlitze des Geräts geleitet und die eine Hälfte stets weggeschüttet, während mit der anderen Hälfte der Prozeß wiederholt wird, bis die Probe auf die gewünschte Menge herabgesetzt ist.

Abb. 131. Gerät zum Gewinnen einer zutreffenden Teilprobe („Probenzerteiler").

Zur Aufbewahrung der Proben können einigermaßen luftdicht verschließbare Behälter entsprechender Größe aus Zinkblech verwendet werden. Bequem ist der Gebrauch von Säcken, die allerdings aus dicht gewebtem Leinen bestehen müssen, um während des Transports den Verlust von Feinstbestandteilen des Bodens zu verhindern.

Bei Bohrungen zur *Erkundung der Gründungs- oder Standsicherheitsverhältnisse* muß grundsätzlich aus jeder angetroffenen Schicht mindestens *eine* Probe, die nach Zusammensetzung und Beschaffenheit den wirklichen Verhältnissen des Bodens in der Tiefe entspricht, entnommen werden (Näheres s. Kap. 1.321.2).

1.321.42 Entnahme ungestörter Bodenproben aus Schürfgruben

Definition. Aus dem Baugrund entnommene Bodenproben sind *„ungestört"*, wenn sie bei der Entnahme keine Veränderung ihres Gefüges, ihres Wassergehalts und ihrer Kornverteilung erfahren haben, sondern dem Boden im Untergrund entsprechen.

Gerät. Die Entnahme ungestörter Proben aus Schürfgruben und Baugrubensohlen geschieht in Deutschland seit etwa 1930 mit dünnwandigen Zylindern mit 10 cm Durchmesser und 0,2 cm Wandstärke (Abb. 132). Ein etwas dickwandigeres Gerät mit einer abnehmbaren Schneide sieht der British Standard 1377 „Methods of testing soils for civil engineering purposes" vor.

Die Zylinder werden – wenn möglich – mit einem Stempel senkrecht und gleichmäßig in den Boden gedrückt, sonst eingeschlagen. Hierbei wird ein Schiefstellen oder Verkanten, was Fehler verursachen würde, durch einen Führungsrahmen verhindert (Abb. 133). Das Eindringen der Zylinder wird bei festeren

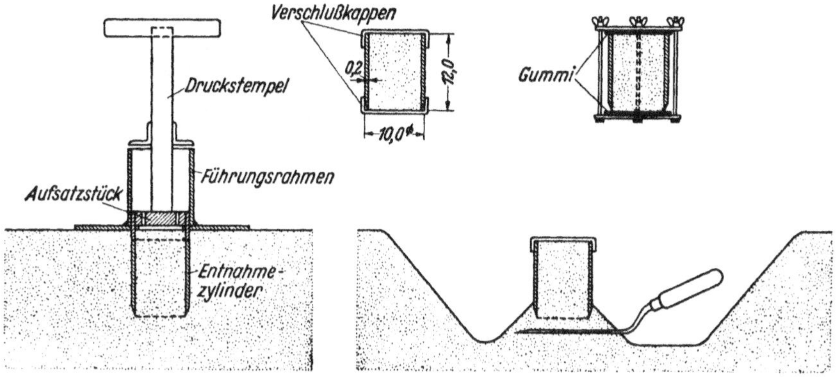

Abb. 132. Entnahme einer ungestörten Probe mit Hilfe eines Ausstechzylinders. Maße in cm.

Abb. 133. Ungestörte Probenentnahme aus einer Schürfgrube nach der Ausstechmethode.

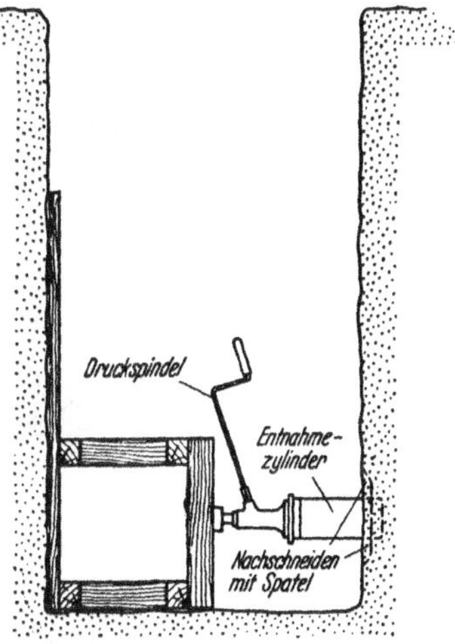

Abb. 134. Entnahme einer ungestörten Probe aus der Wand einer Schürfgrube.

Böden durch ein Fortnehmen des Bodens seitlich der Schneide erleichtert (Abb. 132). Nach dem Ausgraben werden die Proben an der Ober- und Unterfläche mit einem Spatel geebnet und mit Zelluloidkappen oder Metalldeckeln mit Gummidichtung verschlossen und gegen Austrocknen geschützt.

In ähnlicher Weise ist auch die Entnahme aus der Seitenwand einer Schürfgrube mit Hilfe eines Wagenhebers möglich (Abb. 134). Dies ist auch zweckmäßig, wenn der Boden sehr fest ist und die Zylinder nicht mehr durch Hand eingedrückt oder eingeschlagen werden können.

Enthält der Boden grobe Bestandteile, wie Kies oder Steine, die den Gebrauch der Entnahmezylinder überhaupt unmöglich machen, so muß man versuchen, die Proben durch Bearbeiten mit dem Spatel freizulegen. Sind sie fest genug, so kann man sie in Ölpapier einwickeln, im anderen Fall durch Paraffin in einem Holzbehälter gegen Austrocknen und Auseinanderfallen schützen (Abb. 135).

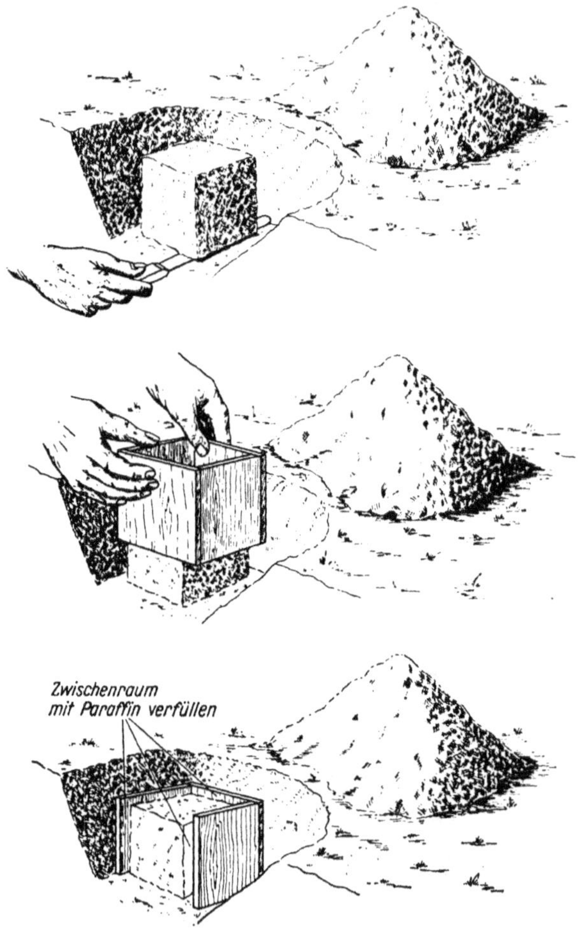

Abb. 135. Entnahme einer ungestörten Probe aus einer sehr festen oder grobkörnigen Bodenschicht.

Fehler. Beim Einschlagen des Zylinders in lockeren Sand entsteht durch die Erschütterungen ein gewisser Kornzusammenfall, so daß mit dem trotzdem voll gefüllten Zylinder eine zu große Sandmenge entnommen und eine zu große Dichte gemessen wird. Dies führt zu der Forderung, die Zylinder – soweit dies möglich ist – nicht einzuschlagen, sondern einzudrücken. Aber schon von PETERMANN (1934) ist darauf hingewiesen worden, daß sich in Sandböden auch beim Eindrücken Fehler ergeben, und zwar dadurch, daß in sehr locker gelagertem Sand nach wie vor eine Verdichtung eintritt, während im dicht gelagerten Sand der Zylinder bereits voll ist, bevor seine Oberkante mit der Bodenoberfläche bündig ist; beim weiteren Eintreiben ist dadurch ein Bodenüberschuß vorhanden, die Probe wächst also quasi aus dem Zylinder heraus. Der Bodenüberstand (Abb. 136) ist bei schlanken Zylindern größer als bei gedrungenen (MUHS 1964). Da die überstehende, der Zylinderhöhe eigentlich entsprechende Probenmenge abgestrichen,

d. h. bei der Wägung nicht berücksichtigt wird, legt man der Raumgewichtsbestimmung ein zu kleines Gewicht zugrunde und mißt eine zu geringe Dichte. Bei der Nachprüfung von verdichteten Schüttungen liegt man dann auf der „sicheren Seite", d. h., die wirkliche Dichte ist größer als die gemessene. Bei der

Abb. 136. Hebungen des Bodens beim Eindrücken der Ausstechzylinder in sehr dichtem Sand bei verschiedenen Zylinderdurchmessern
(d_1 = 96 mm, h_1 = 120 mm; d_2 = 60 mm, h_2 = 97 mm; d_3 = 36,3 mm, h_3 = 90 mm).

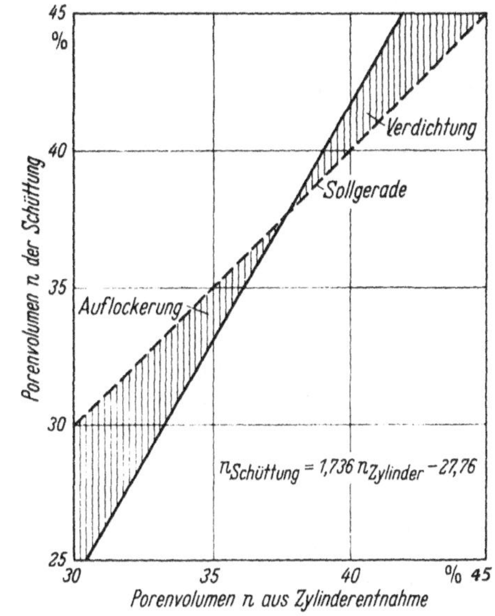

Abb. 137. Fehler bei der Bestimmung des Porenvolumens von feinkörnigem Mittelsand bei Entnahme der Proben mit Ausstechzylindern
(d = 96 mm, h = 120 mm).

Deutung und Auswertung von Versuchsergebnissen muß man hingegen eine Korrektur einführen, die man nur durch Eichversuche erhalten kann (SHOCKLEY/GARBER 1953, DÖRKEN 1960). Aus der von DÖRKEN für den von ihm benutzten „Berliner Sand" und Zylinder nach Abb. 132 angegebenen Eichgerade sowie der unter 45° verlaufenden Sollgerade (Abb. 137) lassen sich die Verdichtungs- und Auflockerungsbereiche und die wirklichen Porenvolumen in beiden Bereichen entnehmen.

Literatur

DIN 4021 (1955): Baugrund und Grundwasser. Erkundung, Bohrungen, Schürfe, Probenahme, Grundsätze.

Bureau of Reclamation (1960): Earth manual. Denver.

PETERMANN (1934): Genauigkeit von einfachen Dichtemessungen im Boden. Straße 1, S. 221.

SHOCKLEY/GARBER (1953): Correlations of some physical properties of sand. Proc. III. Int. Conf. Soil Mech. Found. Eng. Zürich, Bd. I, S. 203.

DÖRKEN (1960): Fehler bei der Entnahme von „ungestörten" Proben mit Zylindern zur Ermittlung der Lagerungsdichte von Sandschüttungen. Vervielfältigtes Manuskript. Degebo.

MUHS (1964): Entwicklung der Entnahmemethoden für ungestörte Proben in Deutschland. Baumaschine u. Bautechnik 11, S. 229.

1.321.43 Entnahme ungestörter Bodenproben aus Bohrlöchern

Definition. Zu der im Kap. 1.321.42 gegebenen Definition, wonach aus Schürfgruben, d. h. aus meist nur geringen Tiefen, stammende ungestörte Proben im Gefüge, im Wassergehalt und im Kornaufbau dem Boden im Untergrund entsprechen sollen, kommt bei ungestörten Proben, die aus Bohrlöchern, d. h. aus gewöhnlich größeren Tiefen, entnommen werden, die zusätzliche Forderung, daß auch ihr Spannungszustand durch die mit der Entnahme verbundene Entlastung (Fortfall der Auflast) nicht geändert werden soll. Sie kann nur in den bindigen Böden erfüllt werden, und zwar dadurch, daß sich die Probe wegen der Entlastung auf Null ausdehnen will, daran aber in einem wassergesättigten bindigen Boden durch den sich bildenden Unterdruck im Porenwasser gehindert wird. Durch diesen sogenannten Kapillardruck (s. Kap. 1.411.37) entsteht im Korngefüge eine zusätzliche Spannung, die der ursprünglich vorhanden gewesenen gleich ist und das Volumen der Probe konstant hält. In einem solchen Fall, der als Idealfall anzusehen ist, bleiben also auch Volumen und wirksame Spannung in der Probe erhalten. In allen anderen Fällen ist mit einer Entspannung und damit verbundenen Volumenvergrößerung der Probe zu rechnen.

Geräte. Die Entnahme von ungestörten Proben aus dem Bohrloch, bei der im Grunde nichts weiter geschieht, als daß ein Bodenzylinder in einem Stahlrohr aus der Bohrlochsohle ausgestanzt und gehoben wird, ist eine schwierige Aufgabe, besonders, wenn es sich um sehr weiche, stark wasserhaltige oder um grundwasserführende Schichten handelt.

Bei kleinem Durchmesser und ausreichender Länge des Rohrs genügt die Mantelreibung, um Proben aus fast allen Böden festzuhalten. Jedoch sind die Proben nicht mehr ungestört, da nur ihre Kornverteilung unverändert ist, ihr Gefüge aber durch das Eintreiben des Rohrs zerstört wurde, und zwar infolge der an der Wandung auftretenden Reibung um so mehr, je enger und länger das Rohr ist (Abb. 136). Man ist daher mit dem Durchmesser der Entnahmegeräte an eine untere Grenze gebunden, die von den Böden, die entnommen werden sollen, abhängt. Sie ist klein bei bindigen und größer bei sandigen Böden, zumal die letzteren durch die Erschütterungen beim Eintreiben besonders leicht eingerüttelt werden. Aber auch über die Höhe der Entnahmegeräte kann man nicht frei verfügen, weil ein Mindestmaß zum Festhalten des Bodens notwendig ist. Auch hinsichtlich der Wandstärke sind einander widersprechende Forderungen auszugleichen, da eine große Wandstärke die Störung der Probe beim Eintreiben erhöht, eine geringe Wandstärke bei größeren Widerständen aber zu sehr verformt wird.

Alle diese Einflüsse sind im Rahmen einer mehrjährigen Forschungsarbeit von der American Society of Civil Engineers untersucht worden. In dem umfassenden Schlußbericht (Hvorslev 1949) sind auf Grund der gewonnenen Ergebnisse die folgenden Empfehlungen hinsichtlich der Abmessungen von Entnahmegeräten und Proben gegeben (Abb. 138):

1. Das „*Flächenverhältnis*“ („*Area Ratio*“):

$$C_a = \frac{D_w^2 - D_e^2}{D_e^2} \cdot 100 \qquad (\%) \qquad (49)$$

soll nach Möglichkeit $\leq 10\%$ sein.

C_a stellt näherungsweise das Volumen des durch die Wandung des Geräts verdrängten Bodenvolumens zum Volumen der ungestörten Probe dar.

2. Das „*Innendurchmesserverhältnis*“ („*Inside Clearance Ratio*“):

$$C_i = \frac{D_s - D_e}{D_e} \cdot 100 \qquad (\%) \qquad (50)$$

soll ungefähr sein:

$C_i = 0$ bis 0,5% für kurze Entnahmegeräte,
$C_i = 0{,}75$ bis 1,5% für lange Entnahmegeräte.

C_i beeinflußt die Reibungsverhältnisse an der Innenwandung des Entnahmezylinders.

3. Das „*Außendurchmesserverhältnis*“ („*Outside Clearance Ratio*“):

$$C_o = \frac{D_w - D_t}{D_t} \cdot 100 \qquad (\%) \qquad (51)$$

soll ungefähr sein:

$$C_0 = 0 \text{ für Entnahmen aus nicht standfesten Böden,}$$
$$C_0 \leqq 2 \text{ bis } 3\% \text{ für Entnahmen aus standfesten Böden.}$$

C_0 beeinflußt die Reibungsverhältnisse an der Außenwandung des Entnahmezylinders.

4. Das *„Längenverhältnis“* (*„Recovery Ratio“*) $C_r = \frac{L}{H}$ der Probe, das das Verhältnis der Probenlänge L im Entnahmegerät (vor dem Ziehen) zu dessen Eindringtiefe H in den Boden (unterhalb der Bohrlochsohle) darstellt, soll möglichst $= 1$ sein, nicht aber größer als $(1 - 2C_i)$.

C_r schränkt die sogenannte „Pfropfenbildung“ im Entnahmestutzen auf ein erträgliches Maß ein.

5. Die größtzulässige Länge einer wirklich ungestörten Probe soll nicht größer sein als ungefähr:

$$L = 5 \text{ bis } 10\, D_s \text{ für nichtbindige Böden,}$$
$$L = 10 \text{ bis } 20\, D_s \text{ für bindige Böden.}$$

Der Sinn der obigen Formulierungen ist folgender:

Aus Untersuchungsgründen ist man bestrebt, die Entnahmegeräte möglichst lang zu machen, um möglichst lange Proben zu erhalten, die außerdem aus Bereichen stammen, wo keine Störungen des Bodens durch den Bohrvorgang mehr befürchtet zu werden brauchen. Dieser Wunsch wird durch die Tatsache begünstigt, daß sich lange Proben wegen der größeren Mantelreibung wesentlich leichter als kurze Proben entnehmen lassen (s.o.). In Geräten von großer Länge ist aber infolge der Mantelreibung beim Eintreiben die Störung der Probe relativ groß. Aus diesem Grunde muß in einem solchen Fall ein besonderer schneidenförmiger Vorsatzring an der Spitze benutzt werden, der einen etwas kleineren Durchmesser (D_e) als der Entnahmestutzen (D_s) besitzt (Abb. 138, links), so daß die Reibungskräfte beim Eintreiben nur längs einer kleinen Fläche wirken. Um auch die Reibungskräfte an der Außenwandung, die das Einpressen sehr erschweren, herabzusetzen, ist es bei langen Entnahmegeräten zweckmäßig, den Ring auch nach außen etwas zu verbreitern (Abb. 138, rechts). Dadurch wird der Ring aber verhältnismäßig dick, so daß das beim Einpressen des Geräts zu verdrängende Bodenvolumen und die von den Schneiden des Rings ausstrahlenden Kräfte recht groß werden (theoretische Untersuchungen hierüber s. Simon 1953), was zu einer Störung, unter Umständen zu einem grundbruchähnlichen Aufbruch und einem Eintreiben des Bodens in den Entnahmestutzen führt.

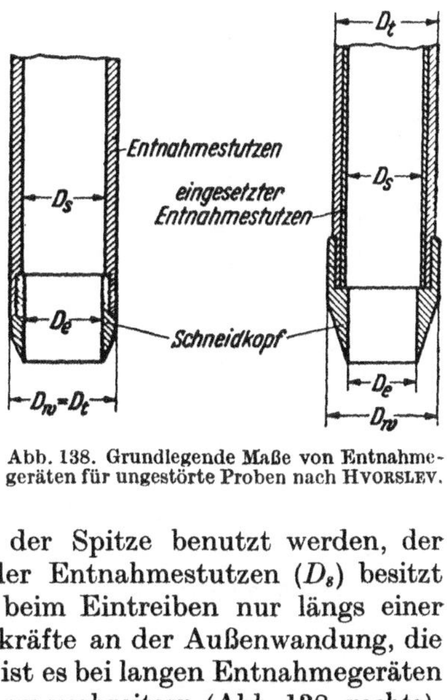

Abb. 138. Grundlegende Maße von Entnahmegeräten für ungestörte Proben nach Hvorslev.

Die von verschiedenen Gesichtspunkten zu stellenden Forderungen stimmen also nicht überein und können nur auf dem Wege des Kompromisses zu einer für die Praxis ausreichenden und befriedigenden Lösung gebracht werden. Die obigen Formulierungen stellen nach Hvorslev einen solchen Kompromiß dar, sind aber als sehr eng anzusehen. Es sei darauf aufmerksam gemacht, daß die Empfehlung $C_a \leqq 10\%$ *sehr* dünnwandige, schwer herstellbare und leicht zu beschädigende

Entnahmestutzen liefert. Gl. (49) für $C_a \leqq 10\%$ lautet in anderer Schreibweise:

$$D_w \leqq 1{,}05\, D_e \qquad \text{(mm)}\,.$$

Für $D_e = 100$ mm wäre hiernach z. B. $D_w \leqq 105$ mm, die Wandstärke des Rings also *maximal* 2,5 mm. Der zugehörige Stutzen hätte eine Wandstärke von nur 0,75 mm! Mit derartigen Geräten sollen allerdings nach den Angaben von Hvorslev Proben bis rund 2 cm Durchmesser einwandfrei entnommen werden können.

In Deutschland ist die Entwicklung wegen der hier für Baugrunduntersuchungen üblichen anderen Bohrverfahren und größeren Bohrdurchmesser einen etwas anderen, einfacheren Weg gegangen (Muhs 1964). Schon in der DIN Vornorm 4021 aus dem Jahre 1935 wurde der Mindestdurchmesser für Bohrungen zur Erschließung des Baugrundes auf 140 mm (seit 1955: 159 mm) festgesetzt und dadurch die Verwendung von Entnahmegeräten mit verhältnismäßig großen Durchmessern gefördert, bei denen die Verhältnisse hinsichtlich der Störungen der Probe natürlich günstiger als bei Geräten mit kleinem Durchmesser sind. So hat in Deutschland der Entnahmestutzen mit 120 mm Durchmesser und mit einer Länge von 300 mm schon seit rund 20 Jahren eine Monopolstellung inne (s. z. B. Loos 1936). In der Neufassung der DIN 4021 (1955) „Baugrund und Grundwasser. Erkundung, Bohrungen, Schürfe, Probenahme“ erscheint er als Standardgerät mit einem Innendurchmesser von 114 mm, einer Wandstärke von 3 mm und einer Länge von 250 mm (Abb. 139).

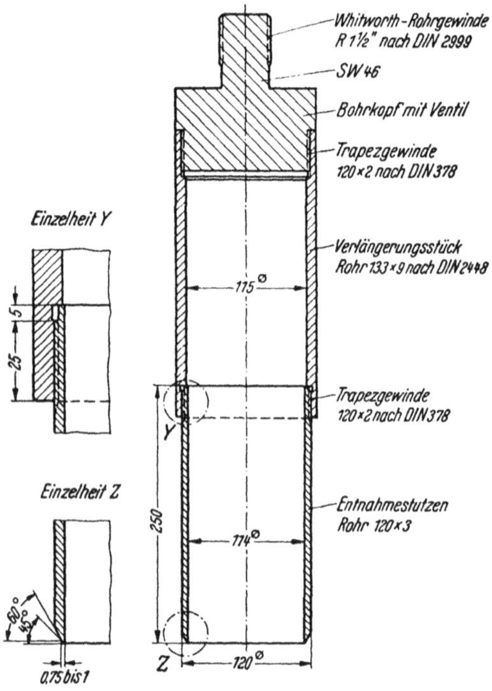

Abb. 139. Einfaches Entnahmegerät nach DIN 4021. Maße in mm.

Wegen der geringen Länge ist ein besonderer Vorsatzring zur Verminderung der Reibungswiderstände innen und außen nicht vorgesehen (d. h. C_i und $C_0 = 0$), der auch das Flächenverhältnis C_a (z.Z. = 12,3%) ungünstig beeinflussen würde und in seiner Herstellung und laufenden Abnutzung als Schneide ziemlich teuer wäre.

Die in Deutschland mit diesem dünnwandigen, aber doch stabilen, kurzen und leichten Stutzen ohne Vorsatzring gesammelten Erfahrungen sind gut. Eine Länge der ungestörten Proben von 20 bis 25 cm genügt auch den Erfordernissen der beabsichtigten Untersuchungen. Ein Bedürfnis für längere Proben liegt selten vor. Viel aufschlußreicher ist oft die häufige Entnahme in verhältnismäßig dichten Abständen von etwa 1 bis 2 m. Trotzdem sollten die Empfehlungen von Hvorslev bei dem manchmal nicht zu vermeidenden Einsatz bzw. der Konstruktion von Entnahmegeräten mit kleinerem Durchmesser oder größerer Länge nicht übersehen werden.

Um die ausgestanzte und in dem Entnahmestutzen befindliche Probe von der Bohrlochsohle zu fördern, ohne daß sie dabei herausrutscht, sind über der Probe besondere Vorrichtungen notwendig. Auf ihrer Verschiedenartigkeit beruht die außerordentliche Fülle der verschiedenen, zum Teil sehr komplizierten Entnahmegeräte, die in dem Buch von Hvorslev ausführlich behandelt sind.

Grundsätzlich ist zwischen sogenannten „*Kolben-Entnahmegeräten*" und „*offenen Entnahmegeräten*" zu unterscheiden.

Bei den *Kolbengeräten* befindet sich die Vorrichtung, die das Rutschen der Probe verhindern soll, als dichtender Kolben unmittelbar über der Probenoberfläche und kann bewegt werden, während sie bei den offenen Geräten am oberen Ende des Entnahmestutzens liegt, wo sie starr angebracht ist. Der Hauptvorteil der Kolbengeräte liegt darin, daß ein Eintreiben von Bodenmaterial in den Stutzen (bei etwaigen grundbruchähnlichen Vorgängen im Boden) infolge des festgelegten Kolbens nicht möglich ist und daß der Wasserdruck im Bohrloch nicht auf die Probenoberfläche einwirkt. Außerdem kann die Probenoberfläche beim Eintreiben des Geräts durch den Kolben stets genau verfolgt werden.

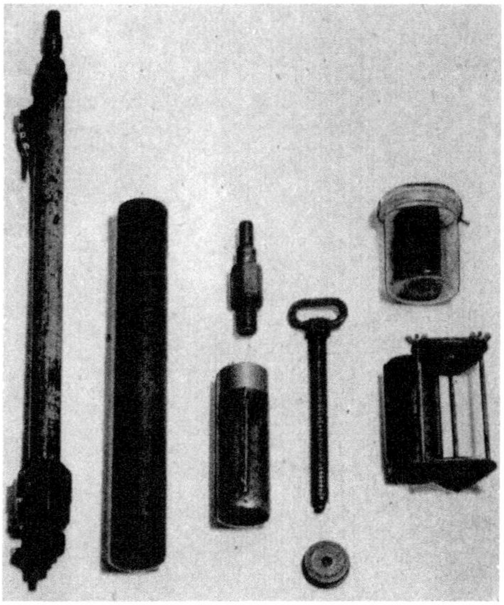

a b c

Abb. 140a—c. Geräte für ungestörte Probenentnahme bei Handbohrungen.

a) Gerät nach Körste mit Schlamm- und Entnahmestutzen; b) einfaches Entnahmegerät (gemäß DIN 4021) mit Spindel zum Ausdrücken der Probe; c) Probenaufbewahrung.

Der Hauptvorteil der *offenen Geräte* liegt in ihrer erheblich einfacheren Bauart und Bedienung.

In Deutschland werden fast ausschließlich offene Geräte benutzt. Hier soll nur auf einige verhältnismäßig einfache Geräte eingegangen werden, mit denen sich aber die in der Praxis vorkommenden Aufgaben bei günstigen Bedingungen, d. h. vor allem bei geeigneten Böden, in der Regel lösen lassen.

In nicht zu weichen, gut bindigen oder organischen Böden, wie Ton, tonigem Schluff, Lehm, Mergel, Faulschlamm, Torf u. a., also gerade den Böden, die in erster Linie eine bodenmechanische Untersuchung erfordern, genügt zur Entnahme von ungestörten Proben im allgemeinen das einfache Gerät nach Abb. 139. Es besteht aus einem an den schon beschriebenen Entnahmestutzen angeschraubten „*Schlammstutzen*" zur Aufnahme des auf der Bohrlochsohle liegenden aufgeweichten Bodens und einem Verschlußdeckel, dem sogenannten „*Entnahmekopf*", der mit einer kleinen Bohrung zum Entweichen der Luft bzw. des Wassers beim Eintreiben des Geräts in den Boden und einem Gewindeanschluß zur Verbindung mit dem Bohrgestänge versehen ist. Alle Gewindeanschlüsse des Geräts sind nach DIN 4021 genormt, um seinen Anschluß an die vielen verschiedenen Bohrgestänge zu erleichtern. Ein entsprechendes Gerät kann auch bei Handbohrungen verwendet werden (Abb. 140b).

Bei schwächer bindigen Böden, aber auch bei gut bindigen oder organischen Böden von weicher Beschaffenheit, kommt es vor, daß beim Ziehen nur ein Rest der Probe gewonnen wird oder daß sogar die ganze Probe unten bleibt. Der Grund dafür liegt an dem Sog, der beim Hochheben des Stutzens in der Abrißebene entsteht, falls nicht Wasser oder Luft in die Abrißebene gelangen. Er kann verhindert werden, wenn man vor dem Heben das Gestänge biegt, um den Stutzen

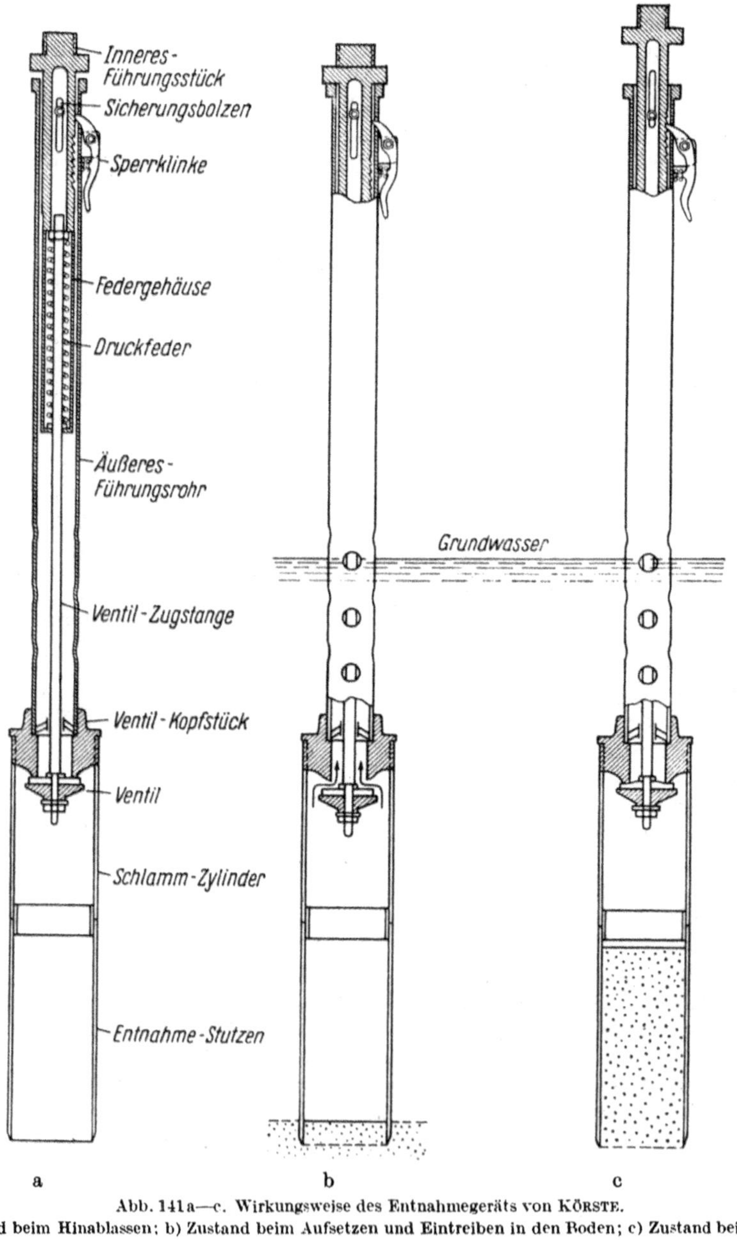

Abb. 141a—c. Wirkungsweise des Entnahmegeräts von KÖRSTE.
a) Zustand beim Hinablassen; b) Zustand beim Aufsetzen und Eintreiben in den Boden; c) Zustand beim Ziehen.

im Boden etwas zu verkanten und dadurch dem Wasser oder der Luft einen Weg in die Abrißebene zu bahnen. Noch sicherer ist es, am Stutzen außen längs der Wandung eine kleine Schweißraupe anzubringen (Abb. 140b). Sie läßt bei leichtem

Drehen des Stutzens Wasser oder Luft ungehindert bis zur Schneide vordringen und verhindert dadurch die Sogbildung.

Im Grundwasser und bei schwächer bindigen Böden versagt die Probenahme mit dem einfachen Entnahmekopf oft trotzdem, und die Probe rutscht, meist im Augenblick des Austauchens aus dem Wasser, aus dem Stutzen hinaus. In solchen Fällen ist es notwendig, etwas kompliziertere Geräte zu benutzen. Sie beruhen zum großen Teil darauf, daß die Öffnung im Verschlußdeckel des Entnahmestutzens, die beim Eintreiben des Stutzens zum Entweichen von Luft oder Wasser notwendig ist, durch ein Ventil vor dem Heben des Geräts dicht geschlossen wird. Bei einem Rutschen der Probe würde sich dadurch oberhalb der Probe ein Vakuum bilden, das ihr Herausrutschen verhindert.

Abb. 142. Ventil des Entnahmegeräts von KÖRSTE.

Die älteren Geräte (BEATTY 1932, CASAGRANDE 1934) besitzen hierfür ein in die Kopfplatte eingebautes einfaches Kugelventil, das durch den freien Fall geschlossen wird. Für eine Vakuumbildung ist aber ein völlig dichter Sitz des Ventils Voraussetzung, eine Bedingung, die im Bohrloch von einem nicht zwangsweise gesteuerten Kugelventil kaum zu erfüllen ist, weil dies ja schon von einem einzigen Sandkörnchen verhindert werden kann. Zuverlässiger arbeiten deshalb Ventile, die nicht allein durch den freien Fall geschlossen werden, sondern bei denen der feste Sitz durch eine besondere Kraft bewirkt wird.

Zum Schließen des Ventils kann die zum Losreißen der ungestörten Probe aus dem Boden und Anheben von Probe und Gerät erforderliche Kraft verwendet werden, die mit einer Feder auf eine Sperre übertragen wird und dort während des Entnahmevorgangs erhalten bleibt (Gerät *Körste*, Abb. 141, MUHS 1948). Das Ventil ist an dem unteren Ende des Bohrgestänges befestigt und steht, anders als bei den üblichen Anordnungen, auf dem Kopf. Es besteht aus einem verhältnismäßig großen Gummiventil (Abb. 142), das beim Eintreiben in den Boden offen ist (Abb. 141b) und Luft und Wasser durch die in der Wandung des oberen Teils befindlichen Löcher entweichen läßt. Beim Anheben des Gestänges wird der Rand eines Stahlrings scharfkantig in das Gummi des Ventils gepreßt (Abb. 141c) und beim Abreißen der Probe das Ventil dicht geschlossen. Da die zum Abreißen der Probe erforderliche Kraft, die mit der Querschnittsfläche des Entnahmestutzens wächst, zum Schließen der kleineren Ventilringfläche verwendet wird, ist der Schließdruck auf das Ventil sehr groß. Er ist um so kräftiger, je größer der Unterschied der beiden Querschnitte ist und wird durch eine Druckfeder mit Sperrklinke während der gesamten Dauer der Entnahme beibehalten (Abb. 141a und c; s. auch Abb. 140a).

Zum zwangsweisen Schließen des Ventils kann aber auch die Kraft dienen, die zum Abscheren der Probe unterhalb des Entnahmestutzens und zur Überwindung der dabei gleichzeitig auftretenden Reibungskraft an dessen äußerer Mantelfläche erforderlich ist (Gerät *Kahl*, Abb. 143). Dieses Gerät hat sich bei der Degebo in jetzt 20jährigem Einsatz gut bewährt und besitzt den Vorteil, sehr handlich und nicht viel größer und schwerer als der einfache Entnahmekopf zu sein. Es weist ein Ventil mit großem Durchflußquerschnitt auf, durch das Bohrschmant und Wasser beim Eintreiben des Stutzens gut nach außen abfließen können. Das Ventil beruht auf dem Prinzip des normalen Wasserhahns und wird durch Drehen geschlossen, wobei die Schließkraft durch die Kraft gegeben ist, die das Abscheren der Probe einschließlich der Reibungskräfte am Umfang des Entnahmestutzens erfordert. Auch ein dauernder fester Sitz des Ventils ist durch die Selbstsperrung der Hahnspindel gesichert.

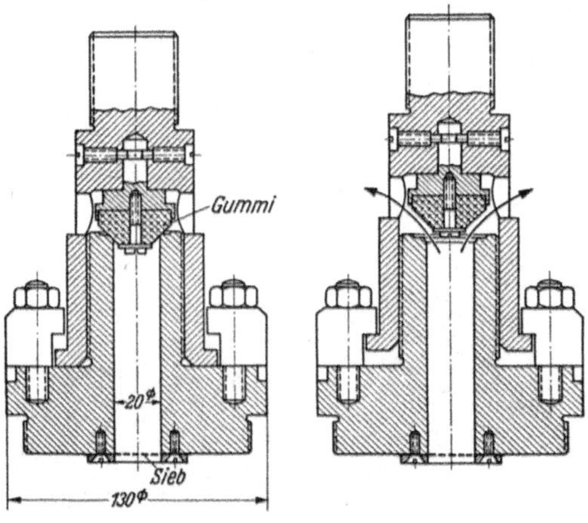

a b

Abb. 143a u. b. Kopf des Entnahmegeräts von Kahl. a) Ventil geschlossen; b) Ventil geöffnet.

Auch durch Federdruck geschlossene Ventile sind konstruiert worden (z. B. Gerät *Stein*, Abb. 144, 1953/54), die jedoch beim Eintreiben des Entnahmegeräts in die Bohrlochsohle nicht – wie die beiden vorgenannten Ventile – weit geöffnet sind, sondern erst durch die entweichen wollende Luft- oder Wassermenge über der Probe geöffnet werden müssen. Diesen Nachteil besitzt auch ein in der Konstruktion besonders einfaches Ventil, das in der Art der Fahrrad- oder Autoreifenventile arbeitet (Gerät *Spoerel*, Abb. 145). Bei einem anderen Gerät wird ein besonderes Ventil, das immer den Nachteil hat, daß es unter Umständen verschmutzt und damit undicht wird, vermieden (Gerät *Stade*, Abb. 146); die zum Entweichen von Luft oder Wasser angeordneten Austrittsöffnungen werden bei diesem Gerät beim Anheben durch ein sich davorschiebendes Rohrstück verschlossen.

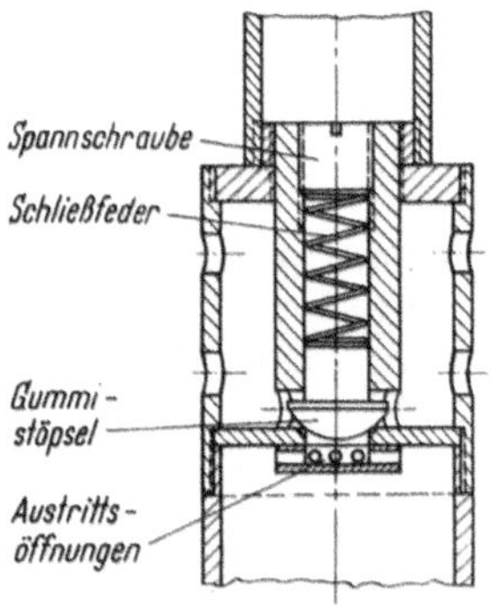

Abb. 144. Kopf des Entnahmegeräts von Stein.

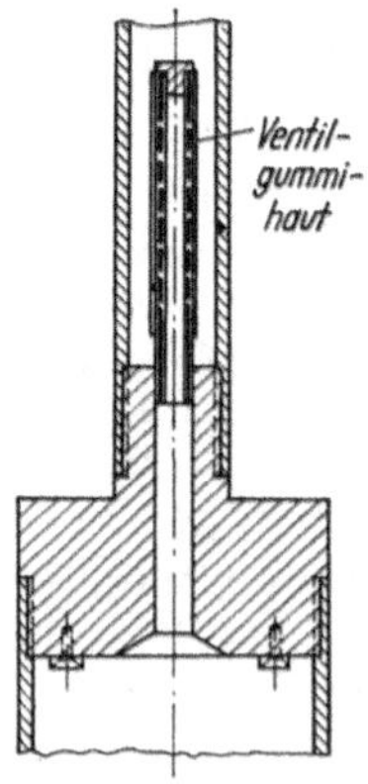

Abb. 145. Kopf des Entnahmegeräts von Spoerel.

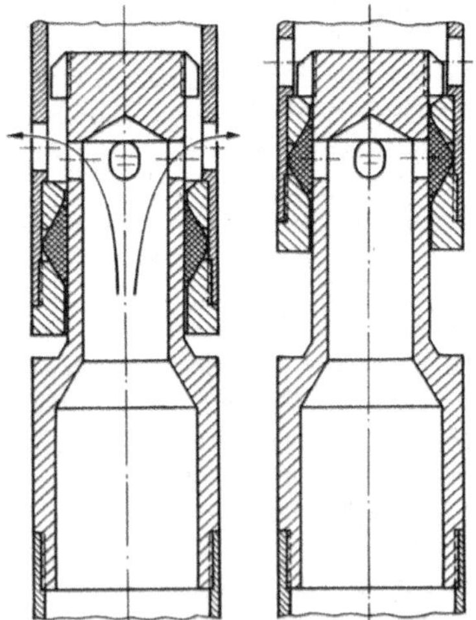

a b

Abb. 146a u. b. Kopf des Entnahmegeräts von Stade. a) Zustand beim Eintreiben, Öffnungen stehen offen; b) Zustand beim Ziehen, Öffnungen geschlossen.

Bei der Aufstellung der DIN 4021 im Jahre 1955 wurde bewußt darauf verzichtet, eins dieser Ventile besonders zu empfehlen, sondern es wurde den Erfahrungen und der Auffassung des für die Probenentnahme Verantwortlichen überlassen, den im Einzelfall zweckmäßigen Bohrkopf gemäß den vorliegenden Bodenverhältnissen zu wählen.

Der über drei Jahrzehnte andauernde Gebrauch des einfachen Geräts nach Abb. 139 mit dem einfachen, nur mit einer besonderen Durchbohrung versehenen Kopf hat sich bewährt und gezeigt, daß auf diese Weise ungestörte Proben aus steifen und festen tonigen Bodenarten, aus tonigem Schluff und aus vielen organischen Böden sowie aus Sand- und Schluffschichten, wenn diese oberhalb des Grundwassers liegen, entnommen werden können. Aus weichen tonigen Schichten und aus Schluff- und Sandschichten unterhalb des Grundwassers müssen dagegen Köpfe mit Ventil verwendet werden. Sofern der Boden steinfrei und das Entnahmegerät oberhalb der Probe wirklich dicht ist, gelingt die Entnahme dann bis etwa zum Feinsand.

Auch in mittelkörnigen und grobsandigen Sandschichten können auf diese Weise Proben entnommen werden, wenn unter der abgerissenen Probe zusätzlich mit Hilfe von Druckluft eine Luftblase erzeugt wird (SPOEREL 1942), die das Herausrutschen der Probe durch den von ihr ausgeübten Druck (unter dem Grundwasser) und infolge der durch sie an der freien Sandunterfläche (über dem Grundwasser) hervorgerufenen Kapillarspannung in der Probe verhindert (KAHL/MUHS/SPOEREL 1951).

Ein ähnliches Verfahren wurde auch in England entwickelt (BISHOP 1948). Ebenfalls mit Druckluft arbeitet ein in Holland entwickeltes Verfahren zur Entnahme von rund 2 m langen ungestörten Proben aus Sandschichten (VAN DE BELD 1953). Hierbei wird das Gerät durch leichte Schwingungen in den Sand eingetrieben.

Mit Hilfe von Druckluft gelingt die Entnahme sandiger Böden bis zu einer mittleren Korngröße von etwa 0,5 mm, d. h. bis zum Mittel- und Grobsand. Reiner Grobsand und Kies lassen sich aber durch Kapillarwirkung nicht mehr zuverlässig sichern. Hier sind zusätzliche mechanische Verschlüsse (SIEDEK 1948) oder Fangvorrichtungen erforderlich (KAHL/MUHS/SPOEREL 1951). Auch auf die Möglichkeit, die Probe durch Einspritzen von Emulsionen kohärent zu machen (VAN BRUGGEN 1936) oder sie durch künstliches Gefrieren zu stabilisieren, sei hingewiesen (KOLLBRUNNER/LANGER 1939, SIMON 1953). Im Ausland (Waterways Experiment Station) wird außerdem unter Verwendung von schwerer Bohrflüssigkeit gearbeitet, die die Unterfläche der Probe stabilisiert (HVORSLEV 1954).

Die nach dem „Kolben-Prinzip" arbeitenden Entnahmegeräte sind gegenüber den „offenen" Entnahmegeräten viel komplizierter.

Als erstes Entnahmegerät dieser Art wurde im Jahre 1925 in Schweden der sogenannte *Kolbenbohrer* von OLSSON (HOFFMANN 1930) und in Anlehnung an diesen in Deutschland die *Bodenstanze* von EHRENBERG (Abb. 147, EHRENBERG 1933) herausgebracht, die sich beide in bindigen, nicht aber in sandigen Böden gut bewährt haben. In ihrem Entnahmezylinder befindet sich ein beweglicher, dicht schließender Kolben, der bei dem EHRENBERGschen Gerät durch einen Kniehebel oder eine Zahnstange mit Sperrklinke in jeder Stellung arretiert werden kann. Beim Absenken steht der Kolben in seiner tiefsten Stellung; er liegt bündig mit der Unterkante des Entnahmezylinders, so daß der Boden beim Einbringen des Geräts satt die Unterfläche berührt. Sobald der Zylinder tief genug in den Boden eingedrungen ist und der Kolben sich in ihm relativ nach oben verschoben hat, wird der Kolben in der gerade erreichten Stellung festgehalten und das Gerät gezogen. Im Unterschied zum Kolbenbohrer besitzt die Bodenstanze als eigentlichen Probenbehälter innen einen Messingzylinder, der sich seiner Länge nach aufklappen läßt, so daß man die Probe sofort nach der Entnahme besichtigen kann.

Auch Kolbenentnahmegeräte sind im Laufe der vergangenen drei Jahrzehnte in großer Zahl entwickelt worden (ENDERS/MUHS 1962). Bei einem heute in den USA häufiger benutzten, sehr dünnwandigen Gerät (Abb. 148) wird der

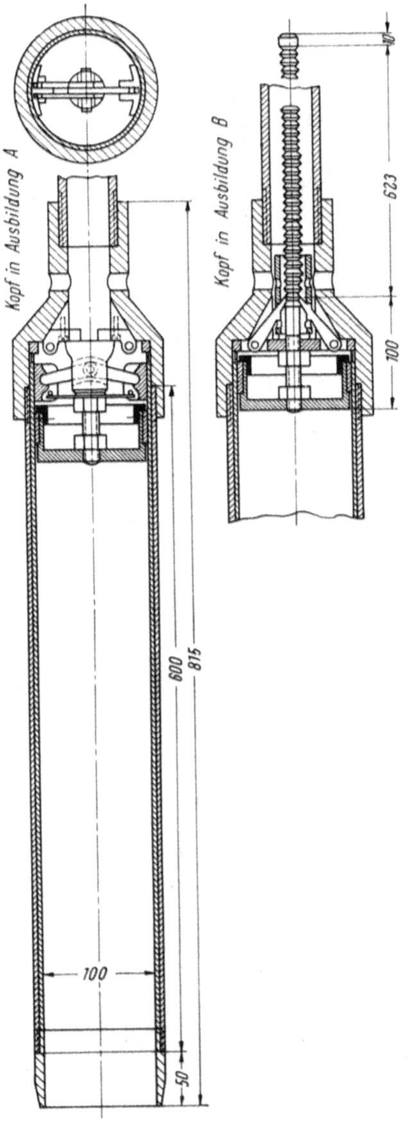

Abb. 147. Kolbenentnahmegerät von EHRENBERG (EHRENBERG 1933). Maße in mm.
Ausbildung A: Kolbenbewegung durch Kniehebel; Ausbildung B: Kolbenbewegung durch Zahnstange.

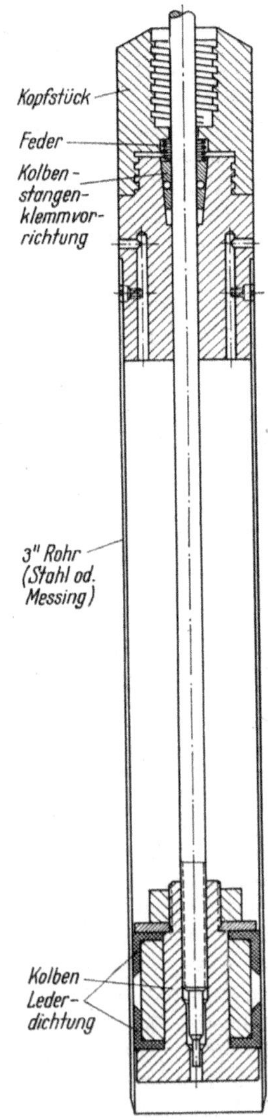

Abb. 148. Dünnwandiges amerikanisches Kolbenentnahmegerät (Sprague & Henwood Inc., Scranton/Pa.).

Kolben mit Hilfe eines kurzen Linksgewindes am Kopf des Entnahmegeräts arretiert und zu Beginn des eigentlichen Probenausstanzens durch einige Rechtsdrehungen der im hohlen Bohrgestänge hochgeführten Kolbenstange gelöst. Da letztere das Bohrgestänge stets etwas überragt, läßt sich bei der Probenentnahme an ihrer Verschiebung gegenüber dem Bohrgestänge die Eindringung des Entnahmerohrs messen.

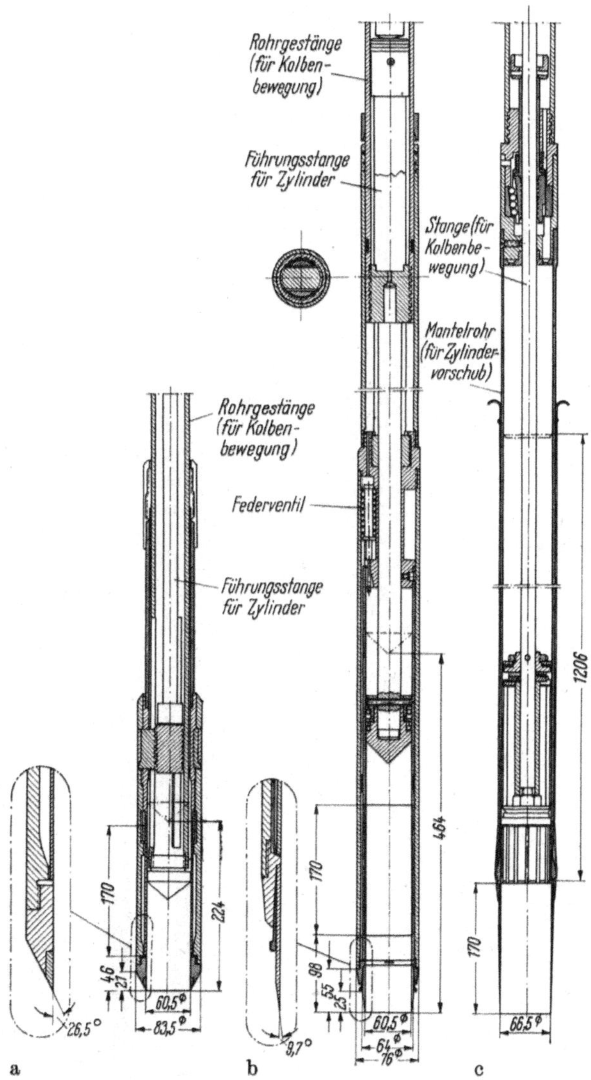

Abb. 149a—c. Kolbenentnahmegeräte des Schwedischen Geotechnischen Instituts (KALLSTENIUS 1958). a) Typ SGI IV; b) Typ SGI VIII; c) Typ SGI IX. Maße in mm.

Am vollkommensten sind die Kolbenentnahmegeräte in Schweden konstruiert worden, wo sie wegen der dortigen, sehr weichen Tonböden heute die übliche Ausführung darstellen. Einige der vom Schwedischen Geotechnischen Institut entwickelten Typen zeigt Abb. 149; Abb. 149a stellt ein Gerät üblicher Bauart, Abb. 149b ein verbessertes Gerät und Abb. 149c ein für spezielle Forschungszwecke gebautes Gerät dar (NAUJOKS 1960). Auf Grund eingehender Untersuchungen (Jakobson 1954, Kallstenius 1958) wurde 1961 ein Gerät mit einem Innendurchmesser von 50 mm (Abb. 150) als Standardgerät eingeführt (Swedish Geotechnical Institute 1961). Auch über die mit diesem Gerät verbundenen Fehler wurden umfangreiche Untersuchungen angestellt (Kallstenius 1963).

Von dem Schwedischen Geotechnischen Institut ist auch ein nach einem völlig anderen Prinzip arbeitendes Gerät entwickelt worden. Durch Verwendung von sich abwickelnden Metallfolien (Abb. 151) erlaubt es die kontinuierliche Entnahme von mehr als 10 m langen Tonproben, ohne daß die Wandung der Probe durch Reibungseinflüsse gestört wird (Kjellman/Kallstenius/Wager 1950).

In Verbindung mit dem im Kap. 1.321.2 beschriebenen Bohrverfahren des Laboratoriums voor Grondmechanica Delft, d. h. des Gewinnens kontinuierlicher Kerne von 3 cm Durchmesser, ist auch ein Entnahmeverfahren für ungestörte Proben von 6,6 cm Durchmesser und 1,0 m Länge entwickelt worden (Begemann 1961), die unmittelbar nacheinander entnommen werden und ebenfalls einen lückenlosen und unverfälschten Aufschluß über alle an der Untersuchungsstelle vorkommenden Schichten und Einlagerungen liefern.

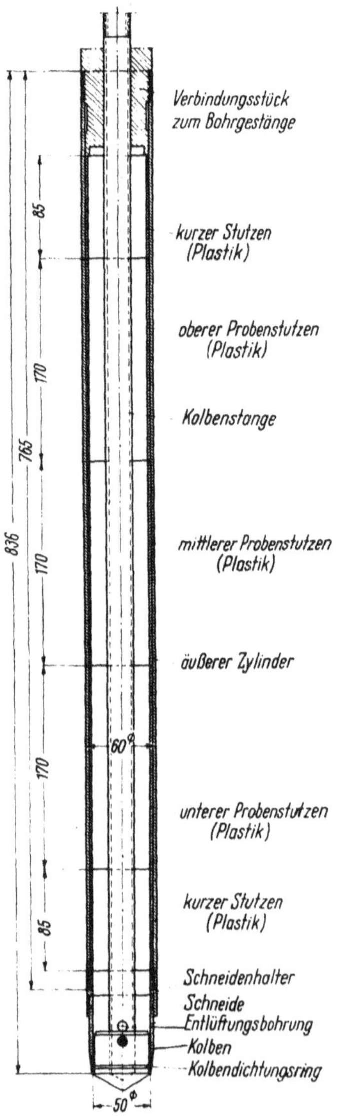

Abb. 150. In Schweden als Standardgerät eingeführtes Kolbenentnahmegerät (Schwedisches Geotechnisches Institut 1961). Maße in mm.

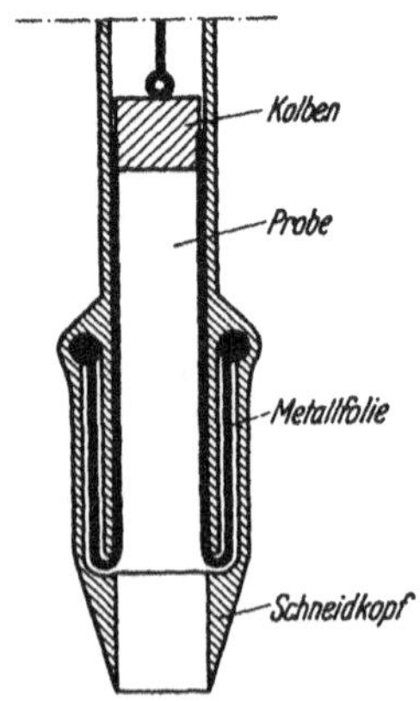

Abb. 151. Prinzip des Geräts des Schwedischen Geotechnischen Instituts zur kontinuierlichen Probeentnahme durch Umhüllen des ungestörten Bodens mit einer Metallfolie (Kjellman/Kallstenius/Wager 1950).

Eine weitere Gruppe von Entnahmegeräten ist in Verbindung mit den Kernbohrmaschinen notwendig geworden. Die ursprüngliche Form dieser sogenannten Doppelrohrentnahmegeräte ist unter dem Namen *Denison-Gerät* bekannt geworden; es wurde erstmals 1939 in Texas beim Bau des Denison-Damms eingesetzt. Es besteht aus einem äußeren rotierenden Bohrrohr und einem inneren feststehenden

Entnahmerohr (Abb. 152). Das äußere Rohr wird gedreht und gleichzeitig nach unten gedrückt. Das mit ihm durch ein Drehlager verbundene innere Rohr macht nur die Abwärtsbewegung, nicht aber die Drehbewegung mit; es eilt dabei dem äußeren Rohr – je nach der Bodenart bis zu 5 cm – voraus. Die beim Absenken durch das Gestänge eingepreßte Flüssigkeit – meist eine thixotrope Schlämme – dient als Schmiermittel, spült gleichzeitig das Bohrgut nach oben und stabilisiert unter Umständen außerdem das unverrohrt gelassene Bohrloch (s. Kap. 1.321.3). Auch diese Geräte sind noch verbessert worden.

Für die modernen Geräte und die weitere Entwicklung erscheint wichtig – ganz gleich, ob es sich um *offene* oder um *Kolben*-Entnahmegeräte handelt –, daß sie zur Verringerung der Reibung an der Innenwandung „Inside Clearance" (S. 130) aufweisen, d. h., daß die lichte Weite an der Schneide etwas kleiner (0,5 bis 1,0%) als in dem darüber liegenden Abschnitt ausgeführt ist. Zur Verminderung der das Eintreiben des Geräts erschwerenden und die Störungen der Probe verstärkenden Reibungswiderstände werden manchmal auch die Wandungen innen und außen mit einem gewöhnlichen Metallack gestrichen, wodurch gleichzeitig bei längerem Aufbewahren der Proben etwaige Korrosionserscheinungen ausgeschaltet werden. Oft wird aber mit einer besonderen inneren Hülse gearbeitet, die häufig längs der Rohrachse in zwei Teile zerlegt werden kann (Abb. 150), um das spätere Auspressen der Probe zu vermeiden und die damit verbundenen unliebsamen Störungen der natürlichen Lagerung möglichst gering zu halten. Die inneren Probenhülsen waren ursprünglich aus Messing, werden jetzt aber immer mehr aus Kunststoff (Pappe, die mit Phenolharz imprägniert ist) hergestellt, der leichter, billiger und außerdem wasserdicht sowie chemisch und elektrolytisch völlig inaktiv ist, so daß auch Tonproben oder organische Böden in ihnen lange ohne die Gefahr einer Veränderung aufbewahrt werden können. Aus ihnen werden die Proben in manchen Laboratorien zur Vermeidung der damit verbundenen Störungen nicht mehr in voller Länge ausgepreßt, sondern es wird mit einer speziellen Sägevorrichtung nur die Wandung der Zylinder an mehreren Querschnitten aufgeschnitten und die Probe dann an den verschiedenen Schnittstellen getrennt. Die einzelnen kürzeren Teilproben können anschließend entweder aus den Zylinderringen leicht und ohne die bei großen Drücken auftretende Beeinträchtigung des Bodengefüges ausgedrückt oder in den Ringen oder von den Ringen aus direkt in die Versuchsgeräte eingebaut werden. Bei einigen Entnahmegeräten sind die Probenzylinder („*Liner*") schon im Entnahmegerät in kürzere Längen unterteilt.

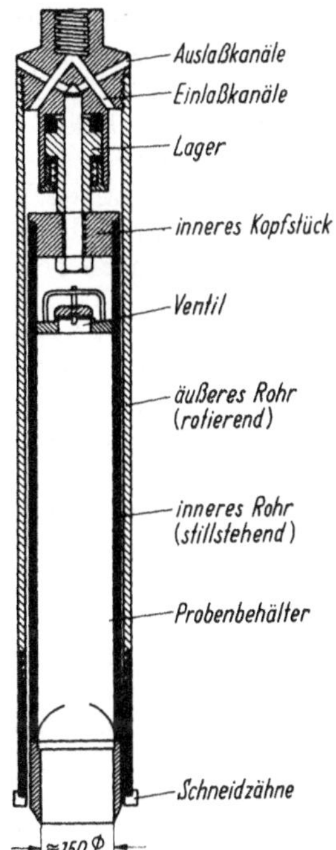

Abb. 152. Denison-Doppelkernrohrentnahmegerät.

Vorgang. Ungestörte Proben sollen aus allen bindigen Bodenschichten entnommen werden, die im Einflußbereich des Bauwerks liegen. DIN 4021 fordert deshalb bei wichtigen Bauwerken die Entnahme von mindestens *einer* ungestörten Probe aus jeder bindigen Bodenschicht, empfiehlt aber die Entnahme weiterer Proben zur Beurteilung der Gleichmäßigkeit des Vorkommens in Schichten von größerer Mächtigkeit. Wichtig sind vor allem Proben aus den oberen Schichten, weil sie am stärksten durch das Bauwerk belastet werden. Aus sandigen Böden werden gewöhnlich keine ungestörten Proben benötigt, es sei denn, es handelt sich um Fundamente mit dynamischen Lasten.

Die Zahl der Proben, die aus den einzelnen bindigen Bodenschichten entnommen werden müssen, kann nicht genau angegeben werden. Sie richtet sich nach deren Mächtigkeit, der Gleichmäßigkeit ihrer Beschaffenheit und der Zahl der Bohrlöcher, bei denen die Schicht angetroffen wird. Sie muß genügend groß sein, um ein sicheres Urteil über die Ungleichförmigkeit der Schicht in senkrechter und in waagerechter Richtung abgeben zu können. Auch die Art und Bedeutung des Bauwerks ist nicht ohne Einfluß. Bei einem empfindlichen Brückenpfeiler müssen die Setzungen genauer untersucht und die Ergebnisse durch die Prüfung einer größeren Zahl von ungestörten Proben gesichert werden als bei einem Aussichtsturm, dessen Setzungsgröße gleichgültig ist und bei dem es allein darauf ankommt, ob er sich schiefstellen kann. Grundsätzlich sollte bedacht werden, daß die Kosten für die Entnahme einer ungestörten Probe die Gesamtkosten eines Bohrlochs nur wenig erhöhen, während der Wert der Aussage, die das Bohrloch erlaubt, durch das Vorhandensein einer oder mehrerer ungestörter Proben meist ganz erheblich zunimmt.

Vor der Entnahme einer ungestörten Probe *aus einer bindigen Schicht* werden im Bohrloch noch befindliches Wasser und der aufgeweichte Schmant mit einem Ventilbohrer, u. U. auch mit einer Schappe, entfernt. Dann wird noch ein kurzes Stück mit der Schappe gebohrt, um den oberflächlich gestörten Boden vor dem Aufsetzen des Entnahmegeräts zu beseitigen. Sonst schlägt der Entnahmeversuch auch bei geeignetem Boden fehl; wenn die 30 cm hohe Probe zu 20 cm aus weichem Bohrschlamm besteht, bleibt kein Boden mehr im Zylinder, ganz abgesehen davon, daß eine solche Probe wertlos wäre.

Nach Säuberung der Bohrlochsohle wird das Entnahmegerät am Bohrgestänge befestigt und in den Untergrund gedrückt oder geschlagen. Die Bodenprobe wird durch Drehen abgeschert oder durch plötzliches Anheben abgerissen und in die Höhe gezogen.

Sowohl beim Hinablassen und Eintreiben als auch beim Emporholen des Geräts ist das Bohrgestänge hinderlich. Bei nicht sehr flachen Entnahmen dauert das Hinablassen wegen des Zusammensetzens des Gestänges geraume Zeit, in der die Bohrlochsohle oft wieder aufweicht. Beim Eintreiben stört das Bohrgestänge oft dadurch, daß es mehrere Meter über die Geländeoberfläche emporragt, so daß das Eintreiben von einem Gerüst aus erfolgen muß. Beim Emporholen ist das zeitraubende Auseinandernehmen des Gestänges nachteilig, da die schwer zu gewinnenden schwachbindigen oder sandigen Böden schnell herausgeholt werden müssen, um ein Ausfließen zu verhindern; denn viele Proben rutschen nicht beim Abreißen, sondern infolge der Erschütterungen beim Gestängeabbau, besonders wenn dieser Arbeitsvorgang bei größeren Tiefen länger andauert. Aus diesen Gründen ist der Ersatz des Gestänges durch ein Seil zweckmäßig. Der Entnahmezylinder wird dann mit einem Rammbären, der unmittelbar auf das Entnahmegerät schlägt, in den Boden getrieben (Abb. 153). Auch durch Verwendung geeigneter Rohr- und Gestängelängen, einer geeigneten Vierkantsteckverbindung, einer zweckmäßigen Winde und einer besonderen Rammvorrichtung (Abb. 154) kann der Entnahmevorgang beschleunigt und damit erleichtert werden (Kahl/Muhs/Spoerel 1951).

Der zutage geförderte Entnahmezylinder wird von dem eigentlichen Gerät vorsichtig abgeschraubt und oben und unten mit Paraffin vergossen (Abb. 155), um den natürlichen Wassergehalt unverändert zu erhalten. Vorher muß u. U. am oberen Ende der durch aufgesogenes Wasser leicht gestörte Boden entfernt werden. Der Zylinder wird mit einer genauen Kennzeichnung versehen, aus der alle wichtigen Daten hervorgehen. Die Angaben werden als Ergänzung auch in das Schichtenverzeichnis des zugehörigen Bohrlochs eingetragen (Abb. 109).

Zum Versand an die Untersuchungsstelle werden die ungestörten zusammen mit den gestörten Proben in Holzwolle, Sägespäne usw. verpackt, um sie vor Beschädigungen und Erschütterungen zu schützen. Eine solche Verpackung ist im Winter auch wegen des Frostes notwendig.

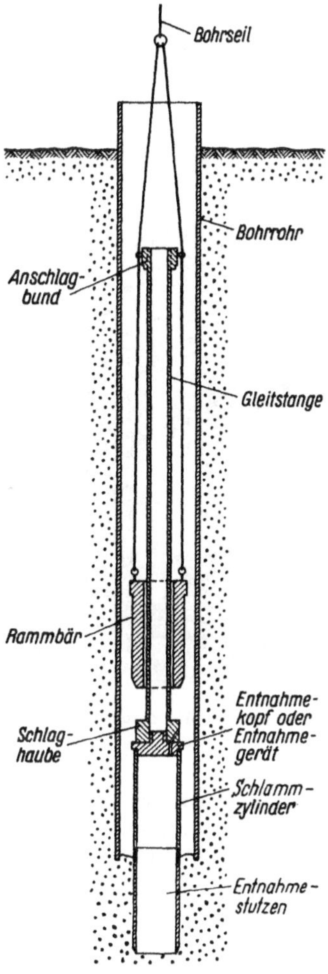

Abb. 153. Rammvorrichtung zum Eintreiben des Entnahmegeräts.

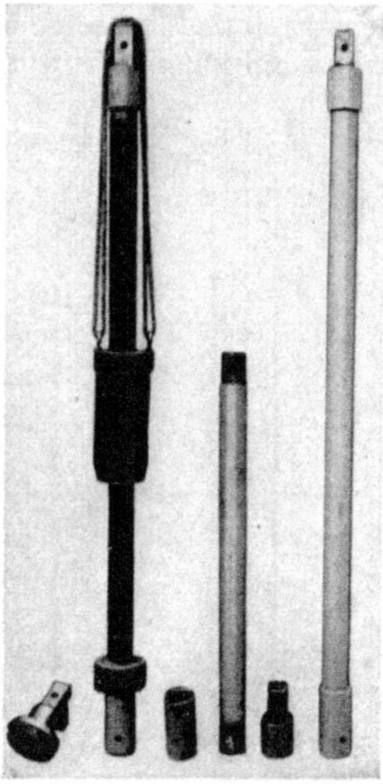

Abb. 154. Rammvorrichtung (mit Vierkantmuffen-Gestänge) zum Eintreiben des Entnahmegeräts.

Abb. 155. Durch Paraffin gegen Austrocknen geschützter Entnahmezylinder.

In *wasserführenden nichtbindigen und schwachbindigen schlammigen Böden* ist die Entnahme von ungestörten Proben erheblich schwieriger und nicht immer erfolgreich und fehlerfrei.

Im Kap. 1.321.2 ist bereits auf den Einfluß des Bohrvorgangs auf die Lagerungsverhältnisse und auf den möglichen Bodeneintrieb hingewiesen worden (Abb. 102 und 103). Die einzige Möglichkeit, den Eintrieb zu verhindern, besteht darin, während und kurz vor dem Austauchen des Ventilbohrers so viel Wasser in das Bohrrohr nachzufüllen, wie zum Konstanthalten des Grundwasserspiegels nötig ist (Abb. 156), und ständig mit einem kleinen Wasserüberdruck zu arbeiten. Um den Auflockerungsbereich klein zu halten, ist es außerdem wünschenswert, daß der Durchmesser des Ventilbohrers nur etwa halb so groß wie der Bohrdurchmesser ist, da dann die Sogwirkung entsprechend kleiner wird (Kahl/Muhs/Spoerel 1951).

Bei der Entnahme ungestörter Proben aus Sand- und Kiesschichten und unter Umständen auch aus schwachbindigen Bodenschichten ist weiter zu beachten, daß durch das Einschlagen oder Einrammen des Stutzens unter Umständen eine Einrüttelung des Bodens eintreten kann, so daß die entnommenen Proben ein zu günstiges Bild über die Lagerungsdichte ergeben. Aus diesem Grunde muß gefordert werden, daß das Eintreiben des Stutzens in solchen Fällen nicht durch Schläge, sondern durch Einpressen geschieht. Das bedingt wiederum eine zusätzliche Einrichtung (Abb. 157). Nach den umfangreichen Untersuchungen von Hvorslev (1949) sind die Fehler bzw. Störungen in den Proben am größten, wenn die Entnahmestutzen durch viele kleine Schläge eingerammt werden. Langsames Eindrücken bringt keine erheblichen Verbesserungen. Ein ununterbrochenes und schnelles Eindrücken mit einer Geschwindigkeit von etwa 15 bis 30 cm/s hat dagegen gute Ergebnisse gebracht, ist aber nur mit speziellen hydraulischen Hebeböcken möglich.

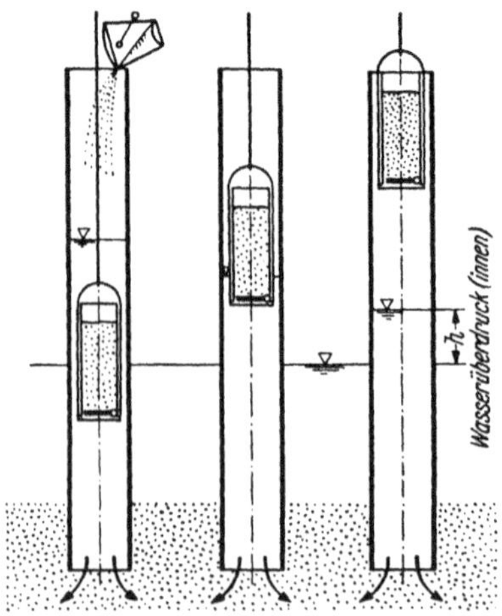

Abb. 156. Erzeugen von Wasserüberdruck im Bohrrohr zum Verhindern von Bodeneintrieb.

Abb. 157. Eindrücken des Entnahmegeräts.

Die Schwierigkeiten, die sich bei der ungestörten Entnahme nichtbindigen Bodens ergeben, beginnen mitunter schon beim Einpressen des Stutzens, und zwar dann, wenn zwischen Bohrrohrinnenwandung und Stutzenaußenwandung Boden eingetrieben ist, der sich, da der Raum zwischen Rohr und Stutzen nur klein ist, beim Vortrieb des Stutzens immer mehr verkeilt. Verhindern kann man dies durch ein kurzes Anheben des Bohrrohrs unmittelbar nach Aufsetzen des Stutzens.

Die Hauptschwierigkeiten der Entnahme nichtbindigen Bodens entstehen aber beim Heben der ausgestanzten Probe. Trotz dichten Sitzes des Kopfventils, der ein Rutschen der gesamten Probe verhindert, rieselt nämlich beim Heben der Boden allmählich in Einzelkörnern fast gleichmäßig aus dem Stutzen heraus. Besonders kritisch ist der Augenblick des Austauchens wegen der Erhöhung des Raumgewichts durch Wegfall des Auftriebs.

Das allmähliche Ausflocken des Bodens, das oft dazu führt, daß die Probe schließlich ganz herausrutscht, kann durch Einblasen von Luft unter die Probe verhindert werden (KAHL/MUHS/SPOEREL 1951). Dies geschieht nach Herausziehen des Stutzens aus dem Boden mit Hilfe einer Handluftpumpe und eines kleinen Luftkessels durch einen Gummischlauch (Abb. 158). Die Luft bildet innerhalb des Schneidenrings des Stutzens eine Blase, die an der freien Sandunterfläche eine Kapillarspannung zur Wirkung kommen läßt und dadurch das Aussedimentieren und Rutschen der Probe verhindert, wenn außerdem von oben her kein Wasser oder keine Luft durch irgendwelche Undichtigkeiten nachströmen können. Absolut dichter Sitz des Ventils und völliges Abgedichtetsein aller Gewindeverbindungen sind also für eine erfolgreiche Entnahme Voraussetzung und müssen vor Gebrauch des Geräts unbedingt geprüft werden.

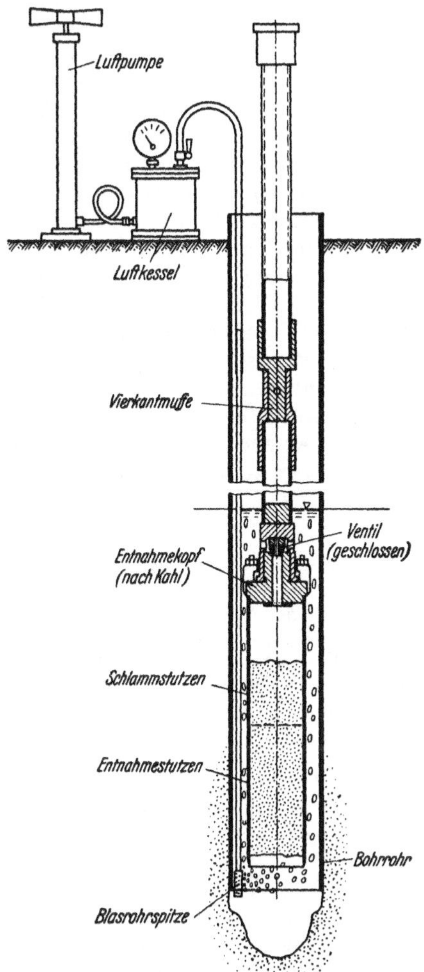

Abb. 158. Anordnung zum Erzeugen einer Luftblase unter der ausgestanzten ungestörten Probe.

Die an die Oberfläche geförderten wassergesättigten Proben müssen sofort auf der Baustelle untersucht werden, da die beim Transport entstehenden Erschütterungen zu einer Veränderung der Proben führen würden. Diese Untersuchungen, die sich in der Regel auf die Feststellung der Lagerungsdichte beschränken, bedürfen der größten Sorgfalt, um zu fehlerfreien Ergebnissen zu führen. Alles in allem ist die Entnahme und Untersuchung nichtbindiger ungestörter Proben sehr schwierig und vielen Fehlern ausgesetzt, so daß sie nur in den wirklich notwendigen Fällen vorgenommen werden sollte.

Fehler. Selbst einwandfrei in üblicher Weise entnommene Proben aus bindigen Böden sind in Wirklichkeit oft mehr oder weniger gestört (PARSONS 1948). Bei steifen Tonen, Mergeln und Lehmen ist nur die durch die Wandreibung leicht beanspruchte Randzone beeinträchtigt, während der eigentliche Kern unberührt geblieben ist. In stark vorbelasteten, festen, bindigen Böden kann dagegen durch die hier zum Eintreiben des Entnahmegeräts notwendige starke Rammenergie und die in sehr festen Böden nur noch schwer mögliche Bodenverdrängung (zur Aufnahme des Volumens der Zylinderwandung) die Bodenstruktur in der gesamten Probe verändert werden. Bei nur leicht bindigen Böden, wie tonigen Sanden, wird durch das Einrammen oder das Eindrücken die Lagerungsdichte meist verfälscht. Das kommt besonders bei völlig trockenen oder im Grundwasser liegenden lockeren Sandböden vor. Die Störungen können hier so groß sein, daß mit solchen Proben durchgeführte Versuche zur Bestimmung der bodenmechanischen Kennziffern keine zuverlässigen Ergebnisse mehr liefern. Aber auch in erdfeuchten Sanden wird die Lagerungsdichte durch den Eintrieb verändert, besonders bei ausgesprochen lockerer, aber auch bei ausgesprochen dichter Lagerung (Verdichtung bzw. Auflockerung, vgl. Kap. 1.321.42, Abb. 137). Durch die besonders in Schweden auf Grund eingehender Untersuchungen über die auftretenden Entnahmefehler (Jakobson 1954, Kallstenius 1958 und 1963) entwickelten verfeinerten, allerdings auch wesentlich komplizierteren Geräte und Verfahren können diese Fehler für die weichen, steifen und halbfesten bindigen Böden als überwunden angesehen werden, nicht aber für die stark vorbelasteten bindigen Böden und die nichtbindigen Böden.

Verwendung. Die bei den Bohrungen gewonnenen gestörten Proben sind für eine vollständige Beurteilung des Baugrundes, insbesondere für eine umfassende mechanische Untersuchung im Laboratorium, nicht ausreichend. Sie genügen nur zur Bestimmung der Kornverteilung, des spezifischen Gewichts, der Plastizitätszahl der bindigen Böden, des Glühverlusts und des Kalkgehalts sowie für die chemische Untersuchung und zur Berichtigung der Schichtenverzeichnisse durch Abfühlen der Proben. Für alle übrigen Versuche, aber auch zur Beurteilung der Beschaffenheit bindiger Böden überhaupt, sind ungestörte Bodenproben notwendig. Deshalb empfiehlt es sich, bei allen Baugrundbohrungen die Auftragserteilung an die Bohrfirmen mit der Verpflichtung zur Entnahme ungestörter Bodenproben zu verbinden.

Literatur

DIN 4021 (1955): Baugrund und Grundwasser. Erkundung, Bohrungen, Schürfe, Probenahme, Grundsätze.

Alle mit der Untergrunderkundung durch Bohrungen und Probenentnahme zusammenhängenden Fragen sind in einer mehrjährigen Forschungsarbeit von der American Society of Civil Engineers eingehend untersucht worden. Der umfassende Abschlußbericht von Hvorslev enthält alles Wissenswerte über Geräte, Proben und die damit zusammenhängenden Probleme.

Hvorslev (1949): Subsurface exploration and sampling of soils for civil engineering purposes. Vicksburg.

Ausführlicher behandeln das Gesamtthema:

Ehrenberg (1933): Geräte zur Entnahme von Bodenproben für bodenphysikalische Untersuchungen. Bautechnik 11, S. 303.

Casagrande (1934): Die Entnahme von Bodenproben im Straßenbau. Straßenbau 25, S. 67.

Loos (1936): Behandlung von Bodenproben bei Baugrunduntersuchungen. Schriftenreihe der Straße H. 3, S. 92.

Lohmeyer (1938): Der Grundbau. Berlin. Bd. 1, 1. Teil: Baugrund.

Kollbrunner/Langer (1939): Probebelastungen und Probebohrungen. Veröff. d. Privatges. f. Bodenforschung u. Erdbaumechanik. Zürich. Bericht Nr. 2.

Mohr (1943/44): Exploration of soil conditions and sampling operations. Harvard Univ. Soil Mech. Series No. 21.

Kahl/Muhs/Spoerel (1951): Die Bohrungen für Baugrunduntersuchungen und die Entnahme ungestörter Bodenproben. Bohrtechnik-Brunnenbau 2, S. 177.

Simon (1953): Schrittweises Kernen und Messen bodenphysikalischer Kennwerte des ungestörten Untergrundes. Abhandlg. d. Hess. Landesamts f. Bodenforschung. Wiesbaden. H. 6.

Cambefort (1955): Forages et sondages. Paris.
Deutsche Bearbeitung von:
Neumeuer/Schaper (1964): Bohrtechnik – Tief-, Gründungs- und Erkundungsbohrungen. Wiesbaden/Berlin.

Enders/Muhs (1962): Amerikanische Geräte und Verfahren zur Entnahme ungestörter Bodenproben. Baumaschine u. Bautechnik 9, S. 249.

Muhs (1964): Entwicklung der Entnahmemethoden für ungestörte Proben in Deutschland. Baumaschine u. Bautechnik 11, S. 229.

Über einzelne Geräte:

MUHS (1948): Ein neues Entnahmegerät für ungestörte Proben. Bauplanung u. Bautechnik 2, S. 151.
SIEDEK (1948): Gerät zur Entnahme ungestörter Sandproben. Abhandlg. ü. Bodenmech. u. Grundbau. Berlin/Bielefeld/Detmold. S. 66.
STEIN (1953/54): Entnahmegerät für sandige und schlammige Erdproben. Wissensch. Ztschr. d. TH Dresden 3, H. 4.

Über das Luftblasenverfahren:

BISHOP (1948): A new sampling tool for use in cohesionless sands below ground water level. Géotechnique 1, S. 125.
KAHL/MUHS/SPOEREL (1951): Die Bohrungen für Baugrunduntersuchungen und die Entnahme ungestörter Bodenproben. Bohrtechnik-Brunnenbau 2, S. 177.
VAN DE BELD (1953): Method of sampling in sandy layers below the (ground) water-table. Labor. voor Grondmechanica. Delft.
NIXON (1954): Some investigations on granular soils with particular reference to the compressed-air sand sampler. Géotechnique 4, S. 16.

Über die Verwendung von Emulsionen und Dickflüssigkeit:

VAN BRUGGEN (1936): Sampling and testing undisturbed sands from boreholes. Proc. I. Int. Conf. Soil Mech. Found. Eng. Cambridge/Mass., Bd. I, S. 3.
HVORSLEV (1950): Undisturbed sand sampling below the water table. Waterways Experiment Station Vicksburg No. 35.
BEGEMANN (1961): A new method for taking samples of great length. Proc. V. Int. Conf. Soil Mech. Found. Eng. Paris, Bd. I, S. 437.

Über die schwedischen Geräte und Untersuchungen:

HOFFMANN (1930): Die geotechnischen Arbeitsmethoden der schwedischen Staatsbahnen. Bauingenieur 11, S. 761.
KJELLMAN/KALLSTENIUS/WAGER (1950): Soil sampler with metal foils; device for taking undisturbed samples of very great length. Proc. Swed. Geot. Inst. Nr. 1.
JAKOBSON (1954): Influence of sampler type and testing method on shear strength of clay samples. Proc. Swed. Geot. Inst. Nr. 8.
KALLSTENIUS (1958): Mechanical disturbances in clay samples taken with piston samplers. Proc. Swed. Geot. Inst. Nr. 16.
NAUJOKS (1960): Studium skandinavischer Untersuchungsmethoden und -geräte auf dem Gebiet der Bodenmechanik sowie Information über Tragfähigkeitsprobleme. Aus: Junge Architekten und Ingenieure sehen sich um. Berlin.
Swedish Geotechnical Institute (1961): Standard piston sampling. A report by the Swedish committee on piston sampling. Proc. Swed. Geot. Inst. Nr. 19.
KALLSTENIUS (1963): Studies on clay samples taken with standard piston sampler. Proc. Swed. Geot. Inst. Nr. 21.

Über Fehler der Proben:

PARSONS (1948): Sampling disturbance and its effect on analytical solutions to soil problems. Proc. II. Int. Conf. Soil Mech. Found. Eng. Rotterdam, Bd. V, S. 63.

1.322 Untersuchungen der Festigkeit des Untergrundes

In den letzten zwei Jahrzehnten haben die Feldversuche gegenüber den vorher etwas überbetonten Laboratoriumsversuchen mit ungestörten Proben eine immer stärkere Bedeutung erlangt. Abgesehen von dem mit den Feldversuchen meist verbundenen Zeitgewinn – während der zur Entnahme ungestörter Proben zunächst einmal erforderlichen Bohrarbeiten können die Feldversuche oft bereits durchgeführt werden – liegt der Grund hierfür darin, daß man erkannt hat, daß die Untersuchung der ungestörten Proben in mancher Hinsicht nicht voll befriedigt (s. z. B. S. 128) und die Ergebnisse der Feldversuche häufig eine viel zutreffendere Auskunft liefern (s. z. B. S. 168), darüber hinaus aber auch oft zuverlässiger sind, da sie an dem untersuchten Punkt der Tiefe nach einen durchweg oder doch nahezu kontinuierlichen Aufschluß geben, was bei der Untersuchung ungestörter Proben gewöhnlich nicht der Fall ist.

In besonderem Maße haben sich die Felduntersuchungen zur Prüfung der Festigkeit des Untergrundes durchgesetzt. Hierbei werden statische oder dynamische Belastungen verwendet, die in natürlichem oder verkleinertem Maßstabe aufgebracht werden, um aus ihnen Rückschlüsse auf das Verhalten des Bodens gegenüber den späteren Bauwerksbelastungen zu ziehen. Es werden hierbei nur einzelne Eigenschaften des Bodens herausgegriffen, und zwar unter Versuchsbedingungen, die sich mehr oder weniger von denen des endgültigen Zustands unterscheiden. Für die Übertragung der Ergebnisse vom Modell auf die Wirklichkeit wäre es also notwendig, die Modellgesetze zu kennen, die dabei anzuwenden sind. Im Gegensatz zum wasserbaulichen Versuchswesen sind diese Gesetze in der Bodenmechanik aber noch wenig erforscht, so daß die Übertragbarkeit der im folgenden beschriebenen Untersuchungen auf andere Verhältnisse nur in beschränktem Umfange möglich ist. Ihre Ergebnisse haben aber auch für sich allein als Vergleichsmaßstab für die Bodeneigenschaften in verschiedener Tiefe Wert. Man muß also zwischen dem relativen und dem absoluten Charakter dieser Untersuchungen unterscheiden.

1.322.1 Sondierungen

Wegen der erheblichen Kosten und des großen Zeitaufwands, den gewissenhaft ausgeführte Bohrungen für Baugrunduntersuchungen verursachen, ist man bestrebt, nur verhältnismäßig wenige Bohrungen niederzubringen, zwischen denen der Schichtenverlauf oft aber nur geschätzt werden kann. Zur Vermeidung dieser Unsicherheit sind in den beiden letzten Jahrzehnten verschiedene Sonderverfahren entwickelt worden. Ihnen allen ist gemeinsam, daß der Untergrund durch schlanke Stäbe messend durchfahren wird.

Der Gedanke, den Baugrund nach dieser Art zu untersuchen, ist naheliegend und wegen der Einfachheit des Geräts auch schon alt. Die ursprünglichen Verfahren aus der Zeit bis etwa 1930 beschränkten sich aber darauf, unter oberflächlich anstehenden, nicht tragfähigen Schichten, wie Moor oder Faulschlamm, tragfähigen Boden festzustellen.

Als sich mit den fortschreitenden Erkenntnissen auf dem Gebiete der Bodenmechanik das Bedürfnis herausstellte, nicht nur die Schichtenfolge, sondern zusätzlich auch die Festigkeit des Untergrundes zu ermitteln, wurden die Sondierverfahren verbessert. Bei den vielen, heute bekannten Sondierverfahren hat man vor allem drei Gruppen, und zwar die Schlagsondierungen, die Drucksondierungen und die Drehsondierungen, zu unterscheiden, von denen jede ihre Vor- und Nachteile besitzt und für bestimmte Aufgabengebiete besonders geeignet ist. Wegen der praktischen Bedeutung der Sondenuntersuchungen ist in Deutschland die DIN 4094 „Ramm- und Drucksondiergeräte“ mit dem Blatt 1 „Abmessungen und Arbeitsweise“ (1964) und dem Blatt 2 „Anwendung“ (Vornorm 1965) herausgegeben worden.

1.322.11 Drucksondierungen

Definition. Der Widerstand des Bodens gegen einen in den Untergrund gedrückten schlanken Stab mit kegelförmiger Spitze besteht aus der Mantelreibung und aus dem Spitzenwiderstand. Aus der Größe der getrennt ermittelten Werte der Mantelreibung und des Spitzenwiderstands werden Rückschlüsse auf die Bodenfestigkeit, auf die Tiefenlage des tragfähigen Baugrundes und auf die durchfahrenen Bodenarten gezogen.

Gerät. Da der Gedanke, die Veränderung der Bodenfestigkeit durch den Eindringungswiderstand eines Stabs zu messen, sehr naheliegend ist, ist eine ganze Reihe von Sonden entwickelt worden. Als Vorläufer der modernen Geräte haben der schon 1917 entwickelte *Sondenbohrer* der Schwedischen Staatsbahnen und die ebenfalls bereits aus den Zwanziger Jahren stammende *Spülsonde* von TERZAGHI zu gelten.

Der *Sondenbohrer* (Abb. 159) stellt die erste Entwicklungsform einer Sonde mit ruhender Belastung dar. Er wird noch heute in den nordischen Ländern häufig und auch in Norddeutschland noch gelegentlich benutzt. Er besteht aus einer Bohrer-

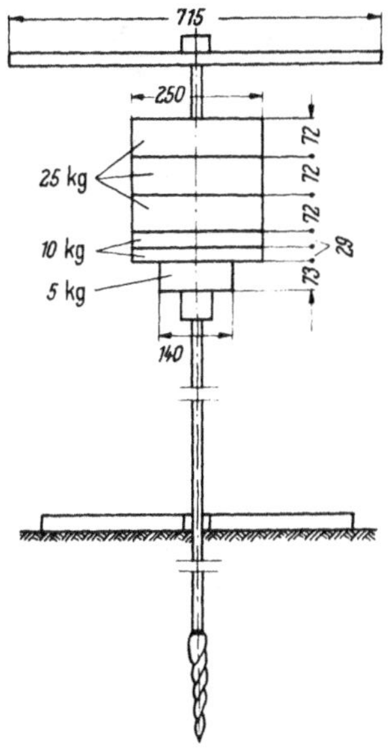

Abb. 159. Schwedischer Sondenbohrer (BRANDENBURG 1958). Maße in mm.

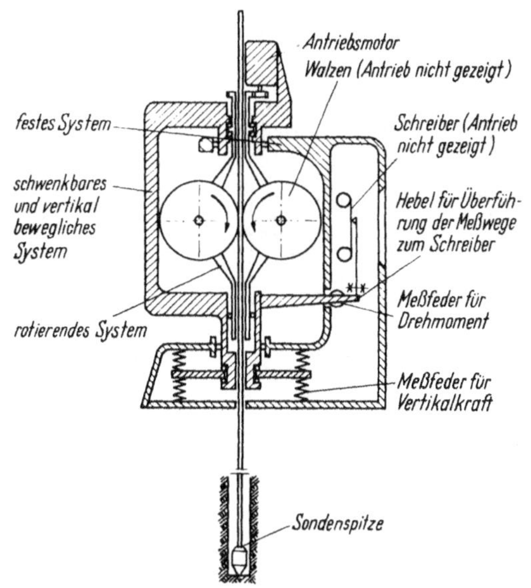

Abb. 160. Maschinensonde des Schwedischen Geotechnischen Instituts (KALLSTENIUS 1961).

spitze, die zur Ausschaltung der Mantelreibung erheblich breiter als das anschließende Gestänge ist. Sie wird mit Gewichtsplatten von 5, 10 und 25 kg nach einem genormten Arbeitsvorgang belastet (bis zur Vollbelastung von 100 kg gemäß Abb. 159 und ohne Drehung) und dann in den Boden gedreht. Die nach je 25 halben Umdrehungen erreichte Einsenkung wird als Maßstab für den Spitzenwiderstand bzw. die Festigkeit der Schicht, in der sich die Sondenspitze befindet, angesehen (HOFFMANN 1930).

Da sich der Sondenbohrer bei den in Schweden vor allem zu untersuchenden weichen bindigen Böden sehr gut bewährt hat und dadurch noch heute als das in Schweden vorherrschende Sondierverfahren angesehen werden kann, ist auch bei der in den Jahren 1948 bis 1950 vom Schwedischen Geotechnischen Institut entwickelten modernen *Maschinensonde* das Prinzip des Eindrehens des Sondengestänges beibehalten worden (KALLSTENIUS 1961 und 1962). Bei dem vollautomatischen und selbstregistrierenden Gerät (Abb. 160) wird ein Gestänge von 19 mm Durchmesser mit einer Spitze verwendet, deren Durchmesser je nach Bodenverhältnissen zu 25, 40 oder 80 mm gewählt wird (Abb. 161). Das Gestänge wird bei gleichzeitiger Rotation mit konstantem Vortrieb in den Boden gedrückt. Da die Sondenspitze durch ein zwischengeschaltetes Kugellager gegen die Sondierstange praktisch reibungsfrei verdrehbar ist, wird ein Rotieren der Spitze selbst vermieden. Während des Sondierens werden das auf die Sondierstange wirkende Torsionsmoment (Höchstwert 25 mkg) und die gesamte Vertikalkraft (Höchstwert 1000 kg) gemessen. Aus dem stets konstant gehaltenen Verhältnis zwischen Rotations- und Vorschubgeschwindigkeit und dem gemessenen Torsionsmoment läßt sich leicht die Vertikalkomponente der Mantelreibung ermitteln, die durch Subtraktion von der ebenfalls gemessenen vertikalen Gesamtkraft den Spitzenwiderstand liefert. Der sich in dieser Weise ergebende Spitzenwiderstand wird von der Maschine selbsttätig registriert.

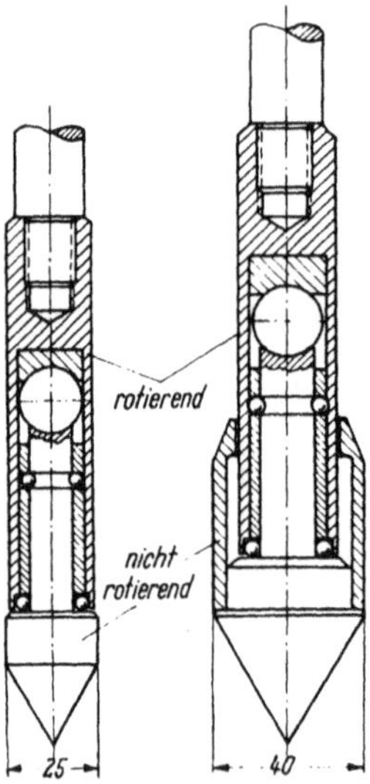

Abb. 161. Spitzen für die Maschinensonde des Schwedischen Geotechnischen Instituts (KALLSTENIUS 1961).

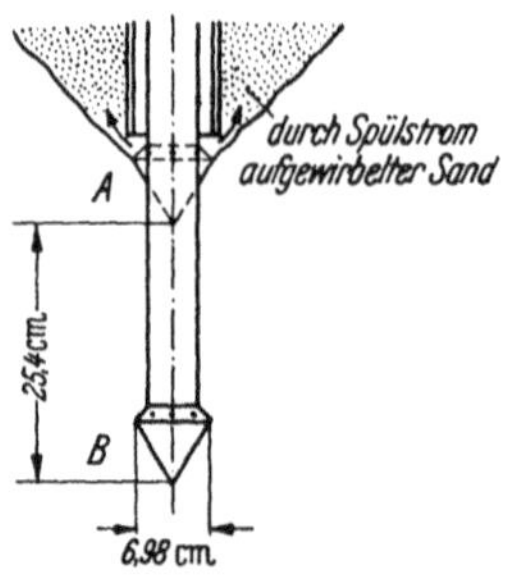

Abb. 162. Spitze der Spülsonde von TERZAGHI. *A* Aussgangsstellung vor der Messung; *B* Stellung nach der Messung.

Die *Spülsonde* wurde als erste Drucksonde für Untersuchungen bis in größere Tiefen im Jahre 1929 von TERZAGHI gebaut (TERZAGHI 1930), um die Gleichmäßigkeit einer mächtigen Sandschicht durch Messung des Spitzenwiderstands zu prüfen. Zur Ausschaltung der Mantelreibung wurde das Sondengestänge in einem Mantelrohr geführt. Die Kegelspitze war an ihrem oberen Rand mit kleinen Düsen versehen, durch die Druckwasser unter einem Winkel von etwa 45° austreten konnte (Abb. 162), um den Einfluß der Erdauflast auf den Eindringungswiderstand der Spitze auszuschalten und die Reibungswiderstände am Mantelrohr zu ermäßigen. Mit einer hydraulischen Presse wurde der Kegel aus der Stellung *A* in die Stellung *B* gedrückt, der hierzu notwendige Druck gegen das mit Erdankern im Boden festgelegte Sondiergestell mit einem Manometer gemessen und anschließend das Mantelrohr nachgepreßt. Gemessen wurde allein der Spitzenwiderstand. Sein Größtwert auf der Meßstrecke von jeweils 25 cm diente zur Beurteilung der Bodenfestigkeit.

Auch die modernen Geräte gingen zunächst davon aus, allein durch Messung des Eindringungswiderstands der Sondenspitze Aufschlüsse über die Bodenfestigkeit in der jeweils erreichten Tiefe zu erhalten. Eine besondere Förderung erfuhr die Entwicklung der Drucksondierungen durch BUISMAN in Holland, wo es wegen der zahlreichen dort auszuführenden Pfahlgründungen wichtig war, die Festigkeit des Untergrundes in größerer Tiefe zur Bestimmung der notwendigen Pfahllänge zu kennen. Zur Ausschaltung der Mantelreibung am Sondengestänge, d. h., um nicht nur den Gesamtwiderstand, sondern den Spitzenwiderstand allein messen zu können, wurde die Sonde wie die TERZAGHIsche Spülsonde mit einem Mantelrohr versehen, so daß sich Spitze und Mantel gemeinsam und gesondert bewegen und die dazu erforderlichen Kräfte einzeln messen ließen (Laboratorium voor Grondmechanica Delft 1936).

Der in Holland Anfang der dreißiger Jahre entwickelte *Tiefensondierapparat*, der wie die Spülsonde mit Tellerankern im Erdreich verankert wird (Abb. 163), besitzt ein Mantelrohr von 3,5 cm Durchmesser. Innerhalb des Mantelrohrs ist an dem für sich beweglichen Sondengestänge ein Kegel mit 3,56 cm Durchmesser ($F = 10$ cm²) und einem Öffnungswinkel von 60° befestigt. Eine neuere Ausführung der Sondenspitze, wie sie zur Verhinderung des Eindringens von Bodenteilchen zwischen innerem und äußerem Rohr üblich geworden ist, zeigt Abb. 164. Zur Messung des ausgeübten Drucks dient ein Manometer.

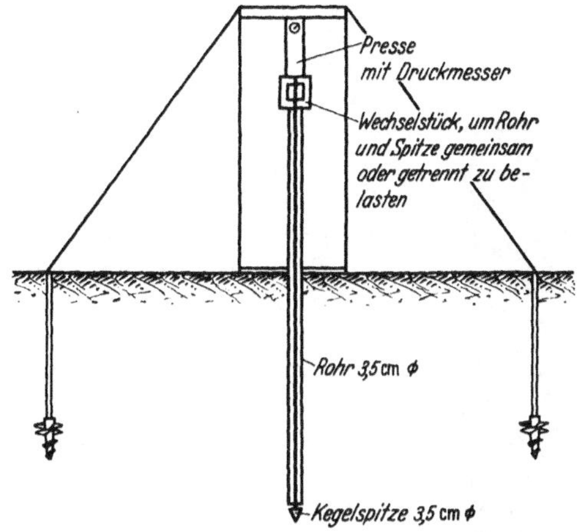

Abb. 163. Versuchsanordnung bei der Tiefensondierung.

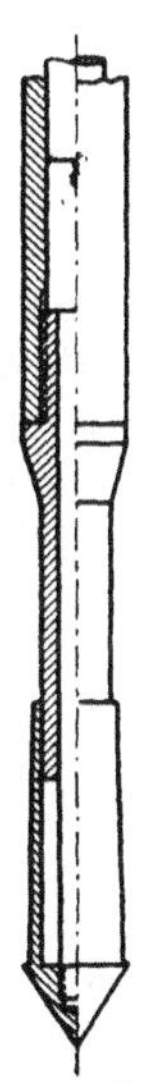

Abb. 164. Spitze von Tiefensonden mit einem Mantelrohr.

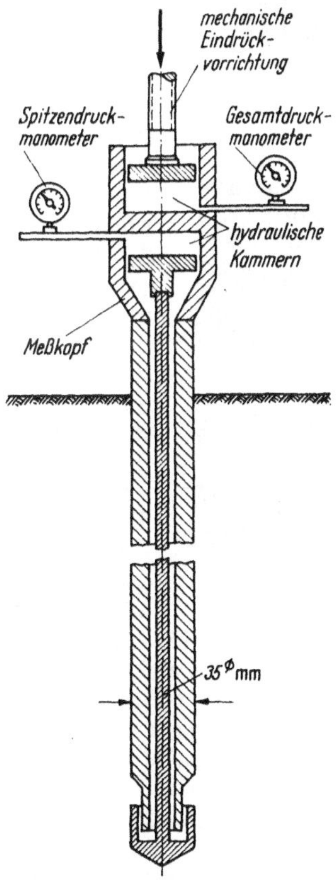

Abb. 165. Meßanordnung zur Bestimmung von Gesamtwiderstand und Spitzenwiderstand mittels Druckflüssigkeit.

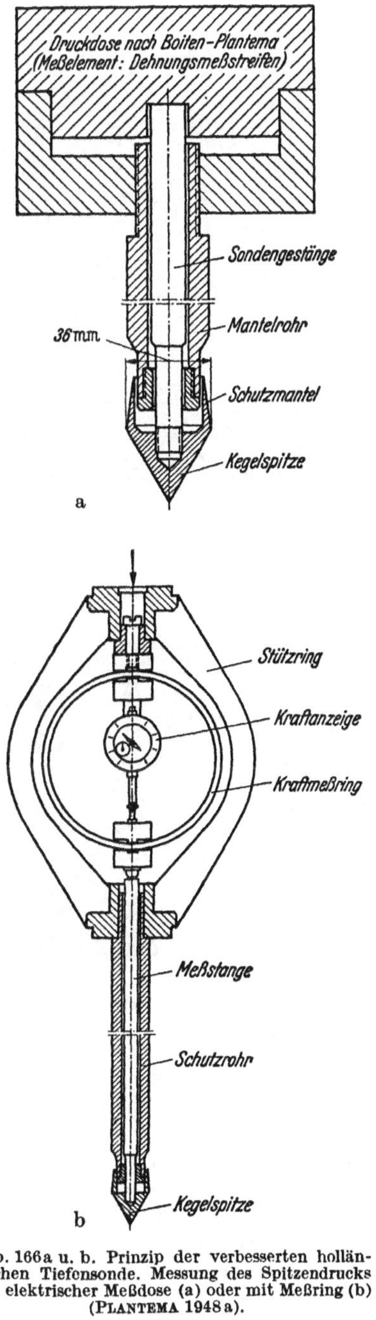

Abb. 166a u. b. Prinzip der verbesserten holländischen Tiefensonde. Messung des Spitzendrucks mit elektrischer Meßdose (a) oder mit Meßring (b) (PLANTEMA 1948a).

Der Tiefensondierapparat ist inzwischen laufend verbessert (PLANTEMA 1948a, VERMEIDEN 1948) und für Untersuchungen bis in größere Tiefen voll mechanisiert worden. Heute ist es meist üblich, Spitze und Mantel gemeinsam einzudrücken und dabei den Gesamtwiderstand und den Spitzenwiderstand oder auch den Spitzenwiderstand allein zu messen (Abb. 165), wobei neben dem Manometer auch Meßringe oder elektrisch arbeitende Druckdosen (Abb. 166) benutzt werden.

Abb. 167. Handbetriebene Sonde der Goudschen Maschinenfabrik, Gouda/Holland.

Abb. 168. Maschinell betriebene Sonde mit Ballastwagen der Frankipfahl-Baugesellschaft, Düsseldorf.

Nach diesem Prinzip arbeitende hand- oder motorgetriebene Apparate mit verschiedener Kapazität (2 t, 10 t) werden von der Goudschen Maschinenfabrik, Gouda/Holland, seit einigen Jahren gebaut und für praktische Aufgaben viel benutzt (Abb. 167). Eine völlig maschinell arbeitende Sonde für eine Höchstlast von 10 t, die auch nicht mehr im Untergrund verankert zu werden braucht, sondern über ein entsprechendes Ballastgewicht verfügt, ist von der Frankipfahl/Baugesellschaft, Düsseldorf, gebaut worden (Abb. 168).

Da bei den vorstehend beschriebenen Geräten Mantelrohr und Spitze den gleichen Durchmesser besitzen, kann aus dem Unterschied des gemessenen Eindringungswiderstands von Spitze und Mantelrohr (Gesamtwiderstand) und Spitze allein (Spitzenwiderstand) die Mantelreibung berechnet werden, jedoch nur für die gesamte durchfahrene Tiefe, nicht für die jeweilige Untersuchungsstelle und wegen der im Laufe der Sondierung auftretenden Veränderungen der Druckverhältnisse am Mantelrohr auch mit nur recht geringer Genauigkeit (Näheres s. Abschn. „Auftragungen" und „Fehler"). Um diesem Mangel zu begegnen, sind Meßanordnungen entwickelt worden, um die Mantelreibung nicht längs der gesamten Tiefe, sondern lediglich über eine bestimmte beschränkte Länge zu messen (z. B. BEGEMANN 1953). Hierzu wird über diese Länge eine besondere „*Reibungshülse*" angeordnet (Abb. 169). Die vier verschiedenen Arbeitsstellungen des Geräts von BEGEMANN dienen zum Messen:

1. Des Gesamtwiderstands von Spitze, Hülse und Mantelrohr durch Einpressen des Mantelrohrs (Stellung *1*);

2. des Spitzenwiderstands durch Einpressen des Sondengestänges um das Maß a (Stellung *2*);

3. des Spitzenwiderstands und der Mantelreibung längs der Hülse durch Einpressen des Sondengestänges um das Maß b (Stellung *3*);

4. der Mantelreibung längs der Hülse und des Mantelrohrs durch Einpressen des Mantelrohrs um das Maß $a + b$ (Stellung *4*).

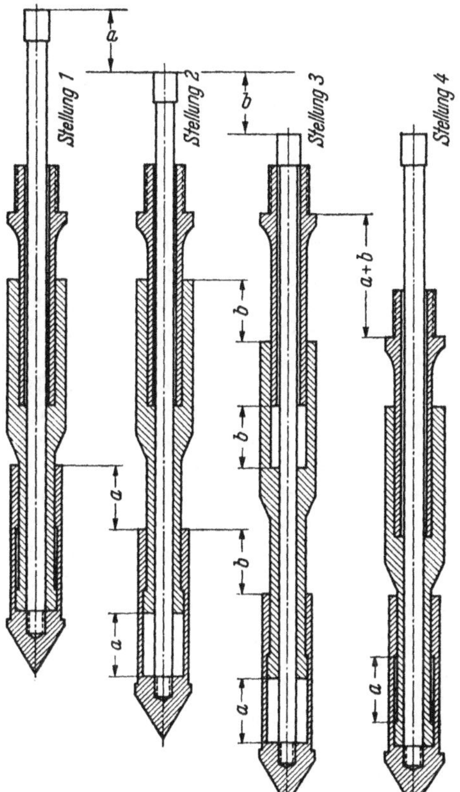

Abb. 169. Arbeitsstellungen der Tiefensonde von BEGEMANN zur gesonderten Messung der Mantelreibung mit Hilfe einer Reibungshülse (BEGEMANN 1953).

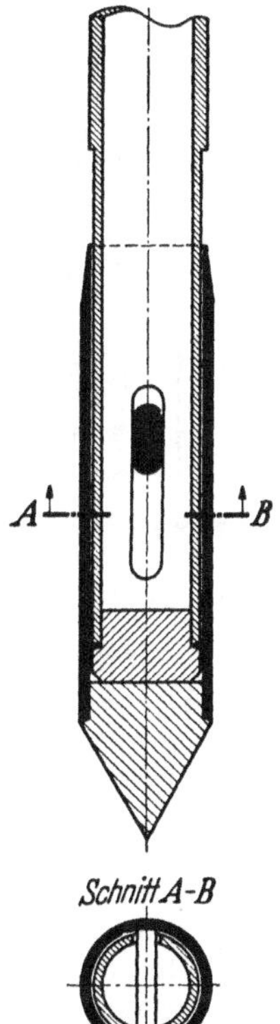

Abb. 170. Spitze der Druck-Schlag-Sonde der AG für Grundwasserbauten, Bern, mit Reibungshülse zur Messung der Mantelreibung beim Ziehen (HAEFELI/FEHLMANN 1953).

Das gleiche Ziel versucht eine von der AG für Grundwasserbauten, Bern, konstruierte Sonde in allerdings weit einfacherer Weise zu erreichen (HAEFELI/FEHLMANN 1953). Sie vereint die Vorteile der Schlag- und Drucksondierungen. Die *Druck-Schlag-Sonde* (Abb. 170) ist eine Einstabsonde (Querschnitt 25 cm²) und kann in weichere Schichten mit einer hydraulischen Presse eingedrückt (maximaler Spitzendruck = 70 kg/cm²) und in feste Schichten mit einer Rammvorrichtung eingeschlagen werden (maximaler Spitzendruck nach der STERNschen Rammformel bei einem Wirkungsgrad $\eta = 1:800$ kg/cm²). Zur Messung der Mantelreibung wird die Sonde gezogen, wobei zunächst nur die Kraft zum Ziehen des Gestänges gemessen wird. Erst wenn der untere Rand des im

Gestängefuß angeordneten Schlitzes den an der Hülse angebrachten Anschlagbolzen berührt, wird die Hülse mitgenommen und die Reibung an ihrer Mantelfläche gemessen.

In einfacher Weise wird die Messung der Mantelreibung auch mit der Anfang des zweiten Weltkriegs entwickelten *Federdrucksonde* von PAPROTH (Abb. 171) versucht. Dieses Gerät benutzt als Sonde den KÜNZELschen Prüfstab (20 mm Durchmesser, s. S. 172) und erzeugt die zum Eindrücken und Ziehen erforderliche Kraft mittels einer Winde, während die Druck- und Zugkräfte mit zwei Federn gemessen werden (PAPROTH 1943). Ein besonderes Mantelrohr ist hier ebenfalls nicht vorhanden. Statt dessen wird die Sonde von Zeit zu Zeit etwas gezogen, die hierbei auftretende Kraft gemessen und der Anteil der Mantelreibung am Gesamtwiderstand beim Eindrücken hierdurch unter der Voraussetzung, daß die Mantelreibung beim Eindrücken und Ziehen gleich groß ist, festgestellt.

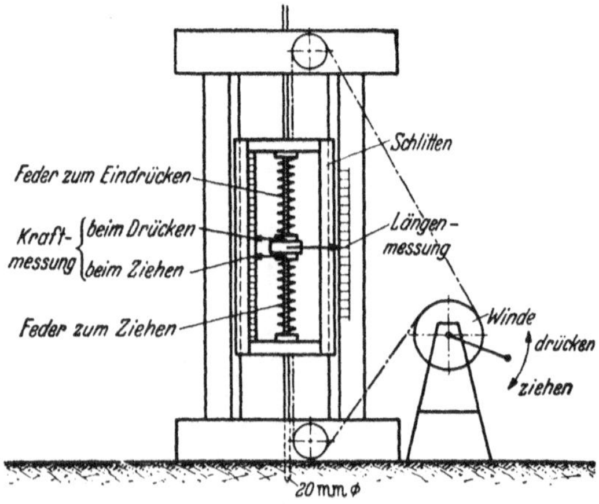

Abb. 171. Federdrucksonde von PAPROTH.

Ein Druck- und Schlagsondierungen ermöglichendes Gerät ist auch in Frankreich gebaut worden (BUISSON 1953).

Ein Gerät mit einer über dem Sondenkegel angeordneten Reibungshülse, jedoch zum Gebrauch an einem maschinellen Drehbohrgerät mit Spülung, ist von der US Waterways Experiment Station (HVORSLEV 1953) entwickelt worden. Die eigentliche Sonde eilt hierbei dem Bohrer um 65 cm voraus.

Trotz der verbesserten Form der Sondenspitzen der nach dem holländischen Meßprinzip arbeitenden Sonden birgt die getrennte Bewegung von Sondengestänge und Sondenmantel die Gefahr in sich, daß sich einzelne Bodenteilchen in Teilen des Geräts verklemmen und dadurch Fehler verursachen. Auch kann zwischen Mantel und Gestänge Reibung entstehen, die in die Meßwerte mit eingeht. Vom Gesichtspunkt der Meßgenauigkeit aus ist es deshalb richtiger, wenn der Eindringungswiderstand in der Tiefe gemessen wird und nicht an der Erdoberfläche. Die Messung ist dann unabhängig von der Mantelreibung und liefert selbst bei sehr tiefen Sondierungen mit großer Mantelreibung am Gestänge lediglich den Spitzenwiderstand.

Von HOFFMANN (MUHS 1949) wurde deshalb während des zweiten Weltkriegs bei der Degebo eine sogenannte *Spitzendrucksonde* entwickelt, bei der die Sonde nur aus einem Rohr besteht (DRP Nr. 891931). Zur Bestimmung des Spitzenwiderstands besitzt die Sondenspitze in ihrer endgültigen Form (KAHL/MUHS 1952, KAHL 1955) einen Stahlzylinder, der als Meßfeder wirkt (Abb. 172). Er wird vom Spitzendruck mehr oder weniger zusammengedrückt. Seine dem Spitzendruck proportionale Zusammendrückung wird von dem in seiner neutralen Achse angebrachten elektrischen Dehnungsmesser (schwingfähig gespannte Meßsaite der Maihak AG, Hamburg) auf dem Wege des Frequenzvergleichs mit einer im Empfangsgerät gespannten Meßsaite über das im Hohlgestänge hochgeführte Meßkabel gemessen. Bei zu großen Widerständen, die z. B. bei einem zufälligen Auftreffen auf einen Stein vorkommen können, ist eine Überbelastung der Meßsaite nicht möglich, da sie so angeordnet ist, daß sie durch den zu messenden Druck nicht belastet, sondern entlastet wird. Der Stahlzylinder des Meßelements ist dabei so dimensioniert, daß er selbst bei einer stärkeren Überbelastung (rund 50%) noch innerhalb des elastischen Bereichs bleibt.

Die Sondenspitze (Durchmesser = 3,6 cm, Querschnitt ~ 10 cm²) ist gegenüber dem Gestänge etwas verdickt, um die Mantelreibung nach Möglichkeit auszuschalten, damit Gesamtwiderstand und Arbeitsaufwand beim Eindrücken möglichst gering bleiben. Dort, wo die Sonde nicht ausschließlich zur Messung des Spitzenwiderstands benutzt wird, sondern wo die Kenntnis des Gesamtwiderstands, und zwar getrennt nach Spitzenwiderstand und Mantelreibung, wichtig ist, kann auf etwa 0,5 m Länge unmittelbar über der Spitze ein besonderes Gestänge mit gleichem Durchmesser wie die Spitze verwendet werden.

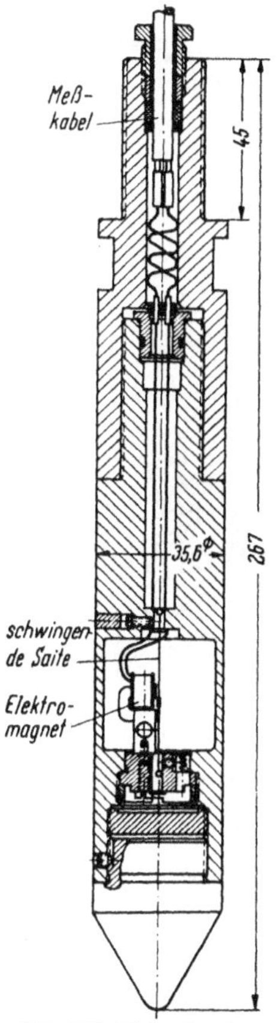

Abb. 172. Meßspitze der Maihak AG, Hamburg, für die Spitzendrucksonde der Degebo. Maße in mm.

Abb. 173. Spitzendrucksonde der Degebo; mechanischer Antrieb.

Zur Messung des Gesamtwiderstands ist dann noch ein zweites Meßgerät am Kopf des Gestänges (Meßring, Meßtopf, Meßfeder od. dgl.) notwendig (Abb. 173).

Eine ebenfalls das äußere Mantelrohr vermeidende Sonde mit einer Messung des Spitzenwiderstands in der Tiefe ist auch in Frankreich entwickelt worden (Parez 1956). Bei ihr ist hierzu die Sondenspitze als kleine Öldruckpresse ausgebildet (Abb. 174), deren vom Spitzenwiderstand abhängiger Druck durch die im Sondengestänge liegende Leitung nach oben weitergeleitet und dort von einem Manometer angezeigt wird, während ein zweites Manometer den Gesamtwiderstand angibt.

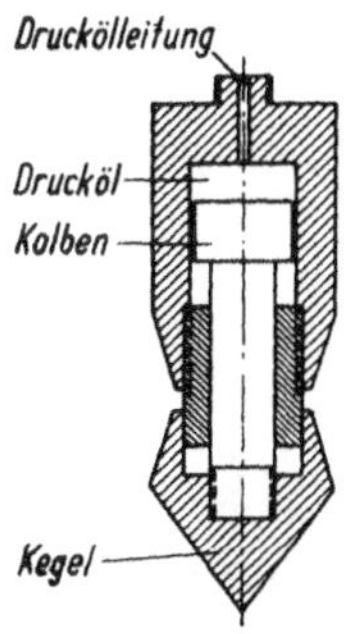

Abb. 174. Meßanordnung zur Bestimmung des Spitzendrucks mittels Druckflüssigkeit (Parez 1956).

Außer den vorstehend beschriebenen, für Untersuchungen in größerer Tiefe geeigneten Geräten sind auch kleine, handliche Geräte zur Prüfung der Bodenfestigkeit in der

Gründungssohle, an Baugrubenböschungen oder auch an ungestörten Proben entwickelt worden, die nach dem Prinzip der Drucksonden arbeiten. Sie stellen den Übergang von dem Kegelwiderstandversuch (s. Kap. 1.411.33) zu den Drucksonden dar.

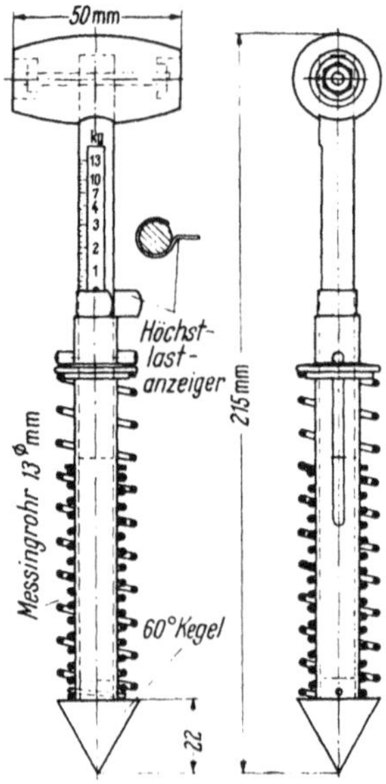

Abb. 175. Federwaagenkegel der Dänischen Staatsbahnen (GODSKESEN 1937).

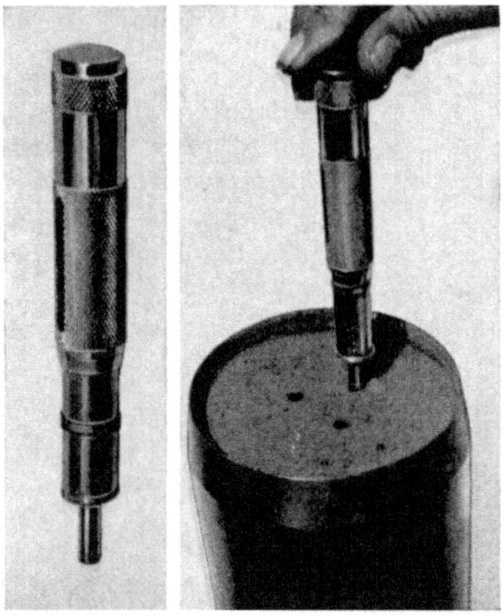

Abb. 176. Pocket-Penetrometer der Soiltest Inc., Chicago/Ill., bei der Prüfung frisch entnommener ungestörter Proben.

Abb. 177. Handsondiergerät von STEIN (1957).

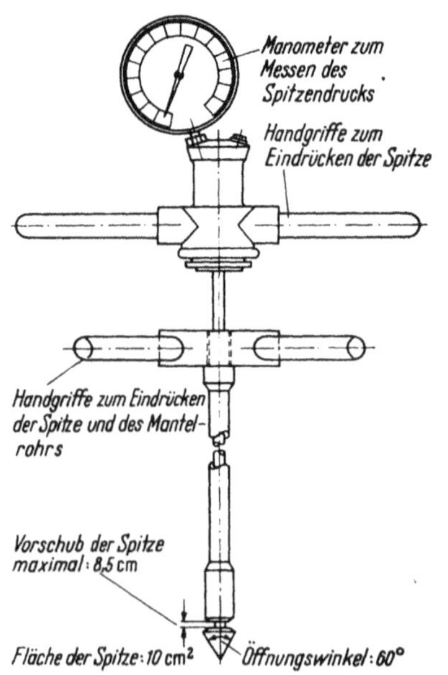

Abb. 178. Handsondiergerät von BARENTSEN.

Das älteste Gerät dieser Art ist der *Federwaagenkegel* der Dänischen Staatsbahnen (GODSKESEN 1937). Er stellt ein kleines Abtastgerät, das in der Aktentasche mitgeführt werden kann, zur Prüfung bindiger Böden dar (Abb. 175). Zur Prüfung wird ein 60°-Kegel 1 cm tief in den Boden gedrückt und die notwendige Kraft in kg mittels einer Druckfeder gemessen. Nach den in fast 20jährigem Einsatz gesammelten Erfahrungen soll diese Kraft innerhalb bestimmter Grenzen etwa doppelt so groß wie die für ein normales Gebäude erlaubte Bodenbelastung sein (GODSKESEN 1951), selbstverständlich unter der Voraussetzung, daß durch andere Untersuchungen, z. B. mit dem Schwedischen Sondenbohrer, nachgewiesen ist, daß sich in größerer Tiefe keine weicheren Ablagerungen befinden.

Ein ähnliches Gerät ist der in neuerer Zeit bekannt gewordene *Pocket-Penetrometer* (Abb. 176) der Firma Soiltest, Chicago.

Auch ein nicht nur zum Abtasten der unmittelbaren Oberfläche, sondern für Untersuchungen bis in rund 50 cm Tiefe gedachtes Handsondiergerät ist entwickelt worden (STEIN 1957). Bei ihm wird eine kegelförmige Spitze von 2 cm² Querschnitt in den Boden gedrückt (Abb. 177); die auftretende Kraft wird an einem Kraftmeßbügel (Meßbereich 50 kg) mit einer Meßuhr abgelesen.

Ein ähnliches Gerät ist die Handdrucksonde der Goudschen Maschinenfabrik, Gouda (Holland), auch Handsondiergerät von BARENTSEN genannt (Abb. 178).

Abb. 179. Spitzendrucksonde der Degebo; hydraulischer Antrieb.

Vorgang und Meßgrößen. Drucksonden müssen — wenn man von den großen maschinellen Geräten, die ein entsprechendes Gewicht besitzen oder eine entsprechende Totlast tragen (Abb. 168), absieht — im Untergrund verankert werden, um über die zum Eindrücken der Sonde notwendige Kraft verfügen zu können. Zur Verankerung dienen zwei oder vier Telleranker; im Normalfall, d. h. bei nicht zu großen Sondiertiefen in tragfähigen Böden oder bei Untersuchungen in locker bis mitteldicht gelagerten Sanden, genügt es, nur zwei Erdanker zu benutzen (Abb. 173). Bei Ausschalten der Mantelreibung (Verwenden einer verbreiterten Spitze) treten größere Widerstände als 5 t selbst in dicht gelagerten Sandschichten selten auf. Auch der höchste, bei Wirken der Mantelreibung am gesamten Gestänge zu erwartende Eindringungswiderstand in dichten Böden und großer Untersuchungstiefe bleibt gewöhnlich unter 10 t.

Das Eindrücken und Ziehen der Sonde geschieht motorisch — am besten hydraulisch — oder durch Hand mit Hilfe einer Zahnstangenwinde, die einen Hub, der der Länge der einzelnen Sondierstangen entspricht, und ein Zweiganggetriebe besitzt (Abb. 173). In neuerer Zeit setzt sich der hydraulische Antrieb immer mehr durch, d. h. das Eindrücken des Gestänges mit einer motorisch angetriebenen hydraulischen Anlage mit einem entsprechend langen Zylinder (Abb. 179). Der eine Gang (Schnellgang) kann in Böden mit geringem Eindringungswiderstand oder zum Absenken der Sonde in die gewünschte Tiefe verwendet werden. Die Dauervortriebsgeschwindigkeit soll nach DIN 4094 „Ramm- und Drucksondiergeräte" (Blatt 1) gleichbleibend sein und 0,2 bis 0,4 m/min betragen.

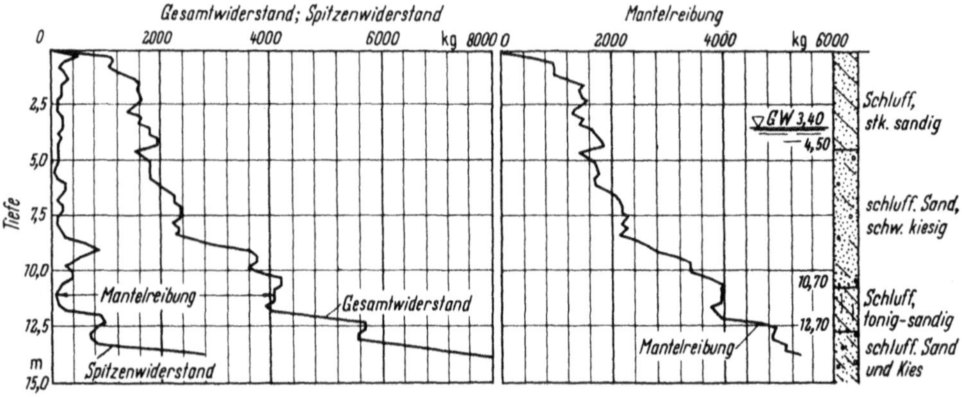

Abb. 180. Auftragung des Ergebnisses von Drucksondierungen: Gesamtwiderstand und Spitzenwiderstand (in kg).

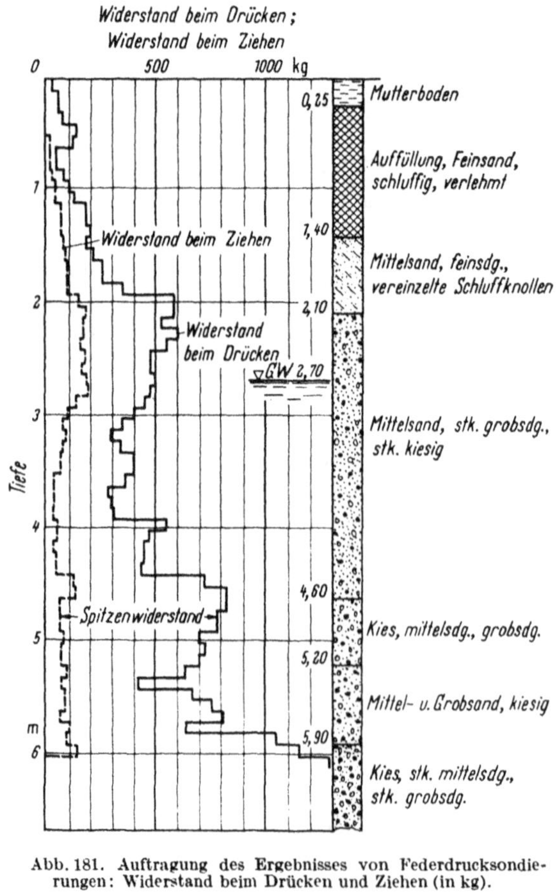

Abb. 181. Auftragung des Ergebnisses von Federdrucksondierungen: Widerstand beim Drücken und Ziehen (in kg).

Bei der eigentlichen Messung werden bei den modernen Geräten holländischer Bauart die Anzeigen für den Spitzenwiderstand oder die Anzeigen für den Gesamtwiderstand und Spitzenwiderstand praktisch gleichzeitig an den Manometern (Abb. 165) oder Meßdosen (Abb. 166) alle 10 cm oder 20 cm abgelesen.

Bei der *Federdrucksonde* und anderen, nach diesem Arbeitsprinzip gebauten Sonden wird das Gestänge durch Bewegen des Schlittens mit der Winde gleichmäßig in den Boden gepreßt und die dazu erforderliche Kraft nach Eindringen von jeweils 10 oder 20 cm an der Druckskala der Meßfeder abgelesen. In gewissen Abständen, die von der Gleichmäßigkeit der Anzeigen an der Druckfeder abhängig gemacht werden können, wird das Gestänge durch Zurückdrehen der Winde um eine kleine Strecke nach oben bewegt und die dabei auftretende Kraft an der Zugkraftskala abgelesen.

Bei der *Spitzendrucksonde* kann die Anzeige für den Spitzenwiderstand auf dem Leuchtschirm des Empfangsgeräts laufend verfolgt werden. Auch hier werden aber nur die Ablesungen nach jeweils 10 oder 20 cm Eindringung notiert. Zum etwaigen Messen des Gesamtwiderstands dient ein Preßtopf mit Feinmanometer, der durch einen Druckschlauch mit einer Öldruckpumpe verbunden ist.

In den Belastungsvorgang können bei Vorhandensein der hierfür entwickelten besonderen Versuchseinrichtungen zur Bestimmung der Steifezahl des Baugrundes auch besonders langsame Belastungen eingeschaltet werden (Haefeli/Fehlmann 1957 und 1958, Haefeli 1964).

Auftragungen. Die Ablesungen werden mit den Eichwerten der Manometer, Meßdosen oder Empfangsgeräte multipliziert und die so erhaltenen Gesamtwiderstände und Spitzenwiderstände bzw. Mantelreibungskräfte (bei der Federdrucksonde) in Abhängigkeit von der Tiefe in kg aufgetragen (Abb. 180 und 181). Sofern — was meist der Fall ist — nur die Spitzenwiderstände gemessen wurden

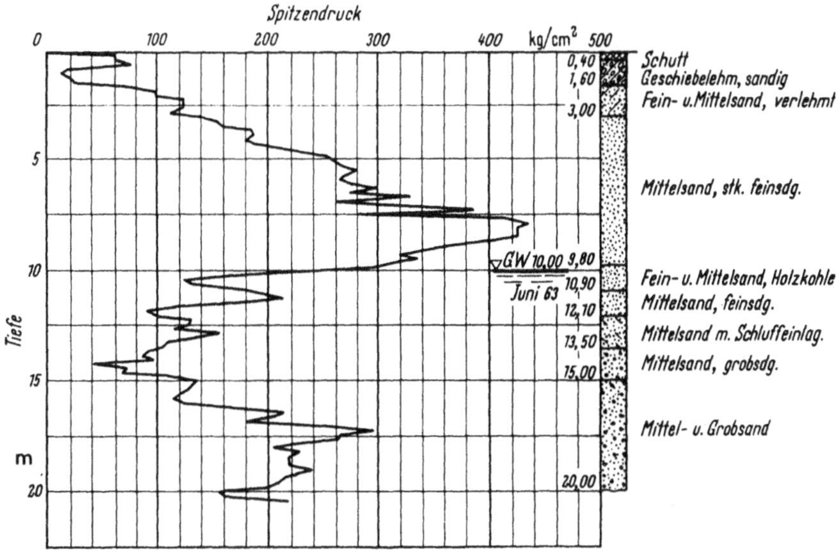

Abb. 182. Auftragung des Spitzendrucks (in kg/cm²).

oder ausgewertet werden sollen, können diese auf den Querschnitt der Sondenspitze (gewöhnlich 10 cm²) bezogen und als „*Spitzendruck*" aufgetragen werden (Abb. 182). Dies ist bei der Auftragung der Mantelreibung nicht möglich, da sich die Fläche, über die die Mantelreibung gemessen wurde, bei Nichtverwendung einer Reibungshülse ständig ändert; diese ist wegen der während der Sondierung im oberen Bereich meist unvermeidbaren Lochaufweitungen auch nicht mit der der Eindringtiefe entsprechenden Fläche identisch und deshalb gar nicht genau bekannt.

Die sich ergebenden Kurven weisen einen mehr oder weniger zickzackförmigen Verlauf auf, besonders in den nichtbindigen Böden. Der Grund hierfür liegt in den Unterschieden in der Körnung und Dichte der sedimentär abgelagerten Böden, wird zum Teil aber auch durch den Arbeitsvorgang beim Sondieren verursacht. Denn nach Absenken der Sonde um das durch den Antrieb oder die Länge der Sondierstangen zulässige Maß bzw. beim Unterbrechen des Eintreibens der Sonde zwecks Einschaltung eines Zugversuchs (bei der Federdrucksonde) tritt naturgemäß stets eine Entlastung ein.

Die Unterschiede der dargestellten Meßkurven ergeben die wirksame Mantelreibung (Abb. 180) bzw. bei der Federdrucksonde den Spitzenwiderstand (Abb. 181). Bei der ersten Auftragung (Abb. 180) ist zu beachten, daß der Spitzenwiderstand für die jeweilige Tiefenlage der Sondenspitze, die Mantelreibung dagegen gewöhnlich für die gesamte Untersuchungstiefe (oder weniger, s. o.) gemessen wird. Die zweite Auftragung (Abb. 181) gilt weiterhin nur unter der Voraussetzung, daß die Mantelreibung beim Drücken und Ziehen gleich groß ist, was durch Versuche bestätigt sein soll; es ist aber von Untersuchungen an Pfählen bekannt, daß dies nicht immer zutrifft (GEUZE 1954).

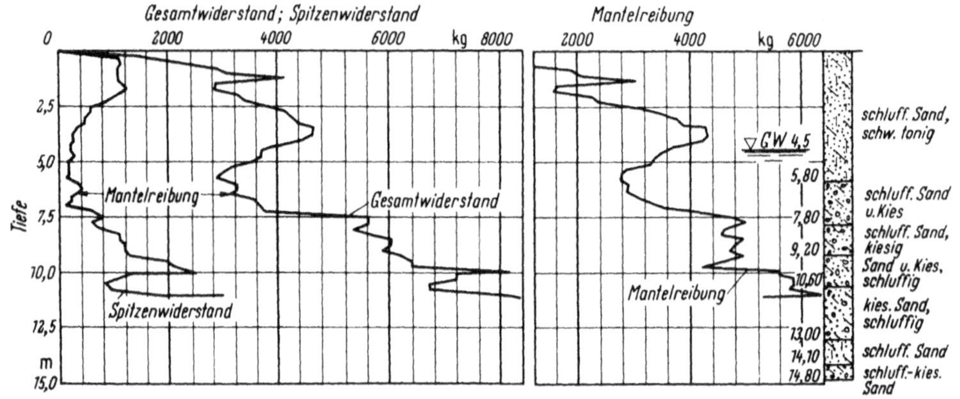

Abb. 183. Beispiel für eine fehlerhafte Mantelreibungsmessung.

Bei den ohne besondere Reibungshülse gemessenen Kurven für die Mantelreibung müssen – da es sich um eine Summenlinie handelt – für eine fehlerfreie Messung die Meßwerte mit der Tiefe zunehmen. Selbst bei Antreffen eines Hohlraums (z. B. alter Stollen) müßte die Mantelreibung konstant bleiben und dürfte nicht abnehmen. Dies ist aber häufig der Fall (Abb. 183) und weist darauf hin, daß sich durch die Sondierarbeiten das Sondierloch im oberen Teil erweitert hat, so daß dort die Berührung von Sonde und Boden verlorengegangen ist. Nur auf diese Weise ist eine Abnahme der insgesamt gemessenen Mantelreibung denkbar.

Aus dieser Betrachtung folgt, daß aus der Mantelreibungsmessung ein zuverlässiges und verwertbares Ergebnis nur bei Benutzung einer besonderen Reibungshülse zu erwarten ist, die erlaubt, die Tiefenlage und die Länge, über die die Mantelreibung gemessen wurde, zu lokalisieren. Drucksondierungen werden aus diesem Grunde meist auch nur zur Bestimmung der Spitzendrucklinie ausgeführt.

Auswertung und Zahlenwerte. Die Spitzendrucklinie ist vor allem zum Erkennen des Beginns einer tragfähigen Schicht (Spitzendruck >100 kg/cm²) unter nichttragfähigen lockeren, weichen oder organischen Deckschichten oder locker gelagerten Auffüllungen geeignet; dies macht sich meist durch einen deutlichen Anstieg der Meßwerte bemerkbar (Abb. 184). Für die Festlegung der Schichtgrenze ist wichtig, daß die ersten Änderungen in den Meßwerten wegen des der Sondenspitze vorauseilenden verdichteten Bodenkeils (KAHL/MUHS 1952) schon auftreten, wenn die Sondenspitze sich noch um das 10- bis 15fache ihres Durchmessers, also gewöhnlich 35 bis 50 cm über dem Wechsel, befindet (Abb. 185).

Der Verlauf des Spitzendrucks gibt weiterhin einen ausgezeichneten Einblick in die Lagerungsverhältnisse nichtbindiger Bodenschichten, da er in ihnen zwischen etwa 25 und 400 kg/cm² schwanken kann. Auf Grund wiederholter Eich-

Tabelle 19. *Zusammenhang zwischen dem Spitzendruck beim Sondieren und der Lagerungsdichte gleichförmiger nichtbindiger Böden*

Spitzendruck (kg/cm²)	Lagerungsdichte D	Bezeichnung
< 25	< 0,15	sehr locker
25 bis 50	0,15 bis 0,25	locker
50 bis 100	0,25 bis 0,35	locker bis mitteldicht
100 bis 150	0,35 bis 0,5	mitteldicht
> 150	> 0,5	dicht und sehr dicht

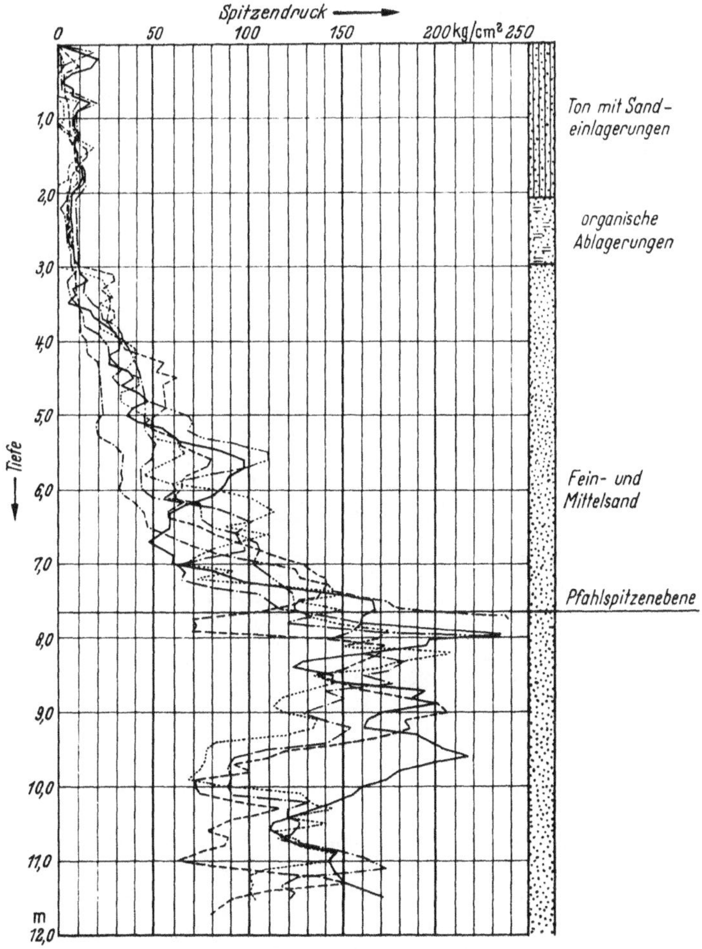

Abb. 184. Aufschluß über die Lagerungsverhältnisse nichtbindiger Ablagerungen und Festlegen der Pfahllänge durch den Verlauf des Spitzendrucks.

versuche (KAHL/MUHS 1952, KAHL 1955, WEISS 1964), die durch großmaßstäbliche Belastungsversuche und Pfahlprobebelastungen bestätigt wurden (MUHS/KAHL 1954, 1957, 1961, MUHS 1959), kann die Lagerungsdichte gleichförmiger Fein- und Mittelsande ab 1,5 bis 2,5 m Tiefe bei Messung mit einer Sondenspitze von 3,6 cm Durchmesser bestimmt werden (Tab. 19).

Oberhalb der Tiefe von 1,5 bis 2,5 m nimmt der Spitzendruck in sehr lockeren Sanden sehr schnell, in dichten Sanden nur langsam auf die oben angegebenen Werte zu (Abb. 186). Unterhalb dieser, von der Lagerungsdichte und in geringerem Umfang auch vom Sondendurchmesser abhängigen *Grenztiefen* ändert sich der Spitzendruck bei gleichbleibenden Lagerungsverhältnissen nur noch wenig (Kérisel/Adam 1962, de Beer 1963), was beweist, daß der Spitzendruck hier nahezu völlig von der Lagerungsdichte abhängig und praktisch unabhängig von

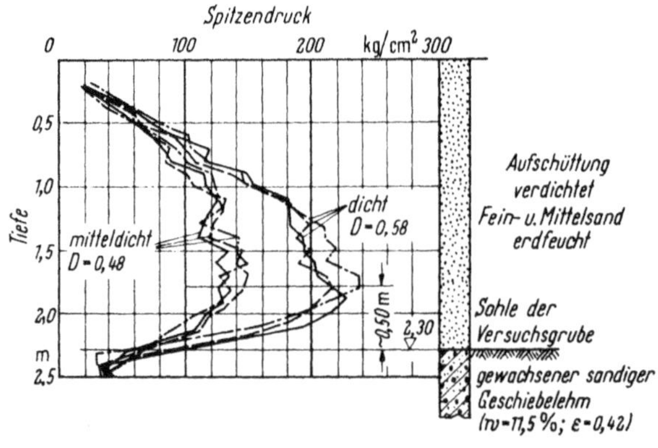

Abb. 185. Einfluß einer tiefer liegenden weichen Schicht auf den Verlauf des Spitzendrucks.

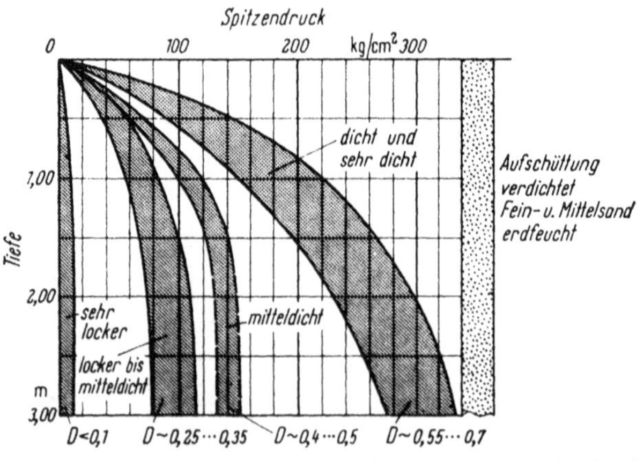

Abb. 186. Eichkurven-Bereiche für den Spitzendruck im gleichförmigen Fein- und Mittelsand („Berliner Sand").

der Überlagerung und dem Korn-zu-Korn-Druck ist. Dies bestätigen viele bis in 25 m Tiefe ausgeführte Sondierungen, bei denen in diesen Tiefen in Sandablagerungen sehr geringe Spitzendrücke gemessen wurden, und ist die Ursache für die Eignung der Spitzendruckmessung zur Untersuchung der Lagerungsdichte nichtbindiger Bodenschichten (Weiss 1964).

Bei Vorhandensein von Grundwasser ist der Spitzendruck geringer (Abb. 187). Der Unterschied beträgt in 1 m Tiefe etwa 30% (im dichten Sand) bis etwa 50% (im lockeren Sand), ist aber auf eine Tiefe von rund 3 m beschränkt.

In ungleichförmigen Sanden ist der Spitzendruck trotz höheren Trockenraumgewichts kleiner als in gleichförmigen Sanden gleicher Lagerungsdichte (Kahl/Muhs/Meyer 1964), was sich durch die größere Verdichtungsfähigkeit (s. Kap. 1.411.22) der ungleichförmigen Sande erklärt, durch die diese Sande dem Eintreiben einer Sonde weniger Widerstand zu leisten vermögen als gleichförmige Sande.

In bindigen Böden ist der Spitzendruck wegen der Verformbarkeit (Plastizität) dieser Böden meist gering (Abb. 185 und 188a). Dies ermöglicht, auch Schichtgrenzen zwischen bindigen und nichtbindigen Böden zu erkennen.

Hierbei ist die gemeinsame Messung und Darstellung von Spitzenwiderstand und (mit Reibungshülse gemessener) Mantelreibung von besonderem Wert (Abb. 188). Bei dem Vergleich der Linien für Spitzenwiderstand und Mantelreibung ist zu berücksichtigen, daß einander entsprechende Werte vom Spitzenwiderstand etwas früher erreicht werden als von der Mantelreibung. Das ist dadurch zu erklären, daß die Mantelreibung im wesentlichen an der Spitze der Sonde und der unmittelbar darüber angeordneten Reibungshülse angreift, d. h. von der Meßvorrichtung angezeigt wird, wenn diese Teile die betreffende Tiefe durchfahren, während sich eine Schichtgrenze im Spitzenwiderstand schon bemerkbar macht, wenn sich die Sondenspitze noch darüber befindet (s. S. 160). Trotzdem läßt sich der Schichtwechsel zwischen bindigen und nichtbindigen Böden gut erkennen. Während im nichtbindigen Boden der Spitzenwiderstand stets größer als die Mantelreibung ist (Abb. 188b), ist es im bindigen Boden umgekehrt (Abb. 188a). Obwohl es sich bei dem hier gezeigten bindigen Boden um einen mittelfesten Geschiebemergel handelt, dessen Belastbarkeit mit 3 kg/cm² gewählt werden dürfte, geht der Spitzenwiderstand wegen der Plastizität des bindigen Bodens auf rund 200 kg zurück, während die Mantelreibung stark zunimmt. Im übrigen läßt die Auftragung gut erkennen, daß die gemessenen Mantelreibungen im Sand zwar kleiner als die Eindringungswiderstände der Sondenspitze sind, daß sie aber trotzdem einen sehr ähnlichen Verlauf haben. Diese Verteilung bzw. Aufgliederung des Gesamtwiderstands ist für die meisten nichtbindigen und bindigen Bodenvorkommen typisch.

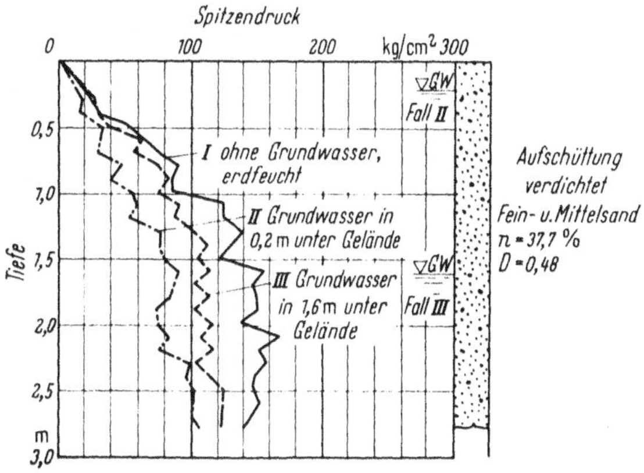

Abb. 187. Einfluß des Grundwassers auf den Spitzendruck.

Fehler. Die Messung des Spitzendrucks ist bei den modernen Geräten, bei denen eine getrennte Bewegung von Mantelrohr und Spitze vermieden wird, als fast fehlerfrei anzusehen, besonders bei der Spitzendrucksonde, bei der Verklemmungen in der Spitze oder zwischen Innen- und Außenrohr ausgeschlossen sind und selbst bei einer Verbiegung des Gestänges die Richtigkeit der Anzeige gewahrt bleibt.

Recht fehleranfällig ist dagegen die Messung der Mantelreibung, vor allem, wenn mit durchgehend gleichem Mantelrohrdurchmesser gearbeitet wird. Die Veränderung der Mantelreibung ist dann nur aus der Veränderung der Neigung der Meßkurve zu verfolgen, und diese selbst wird als Summenkurve durch nicht erkennbare Schwankungen der Mantelreibung in den oberen, schon durchfahrenen Abschnitten unter Umständen stark beeinflußt (s. Abschn. „Auftragungen").

Auch unabhängig von den bei der Messung möglichen Fehlern ist die Bestimmung der Mantelreibung kritisch zu betrachten, da sie in den bindigen Schichten in hohem Maße von etwaigen Porenwasserdruckerscheinungen längs der Gerätewandung (Schmierung) beeinflußt wird (Buisson 1953) und in den nichtbindigen

Schichten entscheidend durch die Verspannung des Bodens bedingt ist, die durch das Eintreiben des Geräts herbeigeführt wird und von dessen Volumen sowie

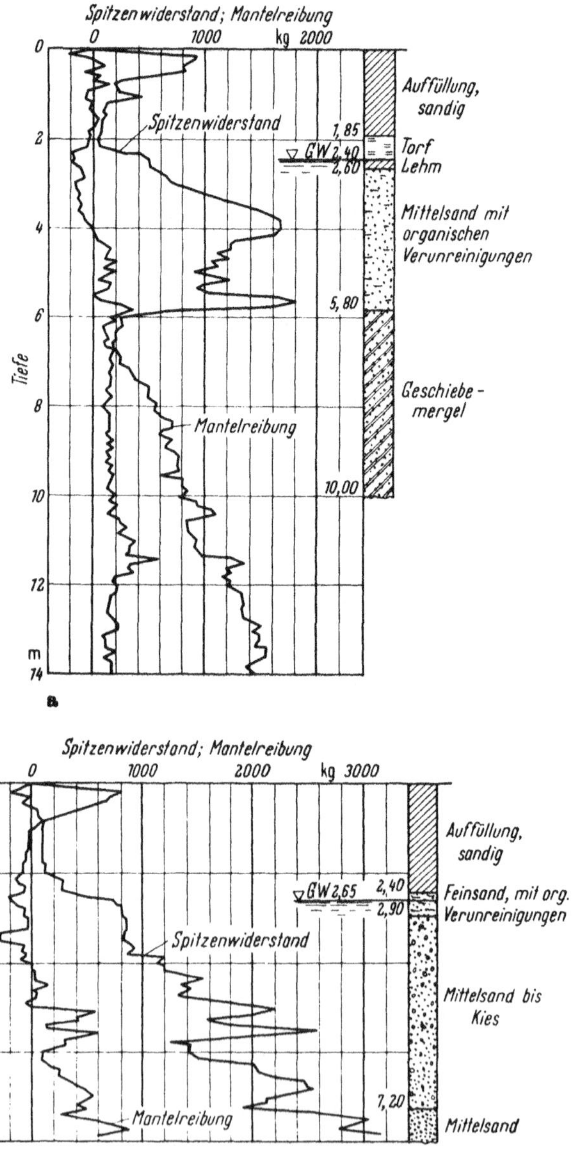

Abb. 188a u. b. Typischer Verlauf von Spitzenwiderstand und Mantelreibung in bindigem (a) und nichtbindigem (b) Boden

der Lagerungsdichte abhängt (Kahl/Muhs 1952)]. Eigenartig ist auch, daß die Mantelreibung in den bindigen Böden oft größer als in den nichtbindigen Böden gemessen wird (Abb. 188), was mit den in diesen beiden Bodengruppen vorhandenen Reibungswiderständen schwer in Einklang zu bringen ist. Der Grund für diesen Widerspruch kann unter Umständen darin liegen, daß im nichtbindigen Boden nach dem Passieren der Sondenspitze eine gewölbeartige horizontale Abstützung eintritt, so daß der Druck auf das Sondengestänge verhältnismäßig gering bleibt. In den bindigen Böden tritt diese Erscheinung nicht auf, sondern der plastisch verdrückte Boden lagert sich dicht an das Gestänge an und übt einen entsprechenden Druck und damit eine relativ hohe Mantelreibung aus. Dieser Deutung entsprechen auch die erfahrungsgemäß großen Kräfte beim Ziehen der Sonde aus bindigen und selbst aus organischen Böden, während diese Kräfte in den nichtbindigen Böden meist geringer sind.

Die Übertragung der für die Mantelreibung gemessenen Werte auf die Wirklichkeit, d. h. auf Pfähle mit anderem Baustoff und wesentlich größerem Querschnitt, bleibt deshalb stets fragwürdig.

Verwendung. Das Hauptanwendungsgebiet der Drucksondierungen liegt in dem Auffinden einer tragfähigen Schicht und der Bestimmung der Lagerungsverhältnisse nichtbindiger Bodenschichten durch den Verlauf der Spitzendrucklinie (s. Abschn. „Auswertung und Zahlenwerte"). Hierunter fällt auch die Nachprüfung verdichteter Schüttungen zwecks Feststellung des Verdichtungserfolgs.

Die Ergebnisse von Drucksondierungen werden bisweilen auch dazu verwendet, um Werte über die Scherfestigkeit und die Zusammendrückbarkeit des Bodens, vorzugsweise von stärkeren Sandschichten scheinbar gleicher Beschaffenheit, in den verschiedenen Tiefen zu erhalten (Paproth 1943, de Beer 1949, Herminier 1953, Centre Scientifique 1966). Diese Verfahren werden von Terzaghi (1954) wegen der mit den Sondierungen verbundenen Volumenänderungen, die zu einer völligen Änderung der angenommenen Spannungsverteilung führen können, zwar abgelehnt. Er betont aber, daß diese Schwierigkeiten den praktischen Wert der durch das Drucksondierverfahren erhaltenen Meßergebnisse wenig beeinträchtigen, da die Auswertung nach Kenntnis der bestimmbaren Lagerungsverhältnisse „mit hinreichender Genauigkeit auf halbempirischer Basis vorgenommen werden kann". Eine eingehende Analyse der verschiedenen Verfahren und Möglichkeiten, die Festigkeitseigenschaften des Baugrundes durch statische Sonden zu bestimmen, erfolgte von Sanglerat (1965); siehe auch Meyerhof (1956), Menzenbach (1959), Schultze/Melzer (1965). Die Anwendung der Ergebnisse von Drucksondierungen auf den Entwurf von Flach- und Pfahlgründungen in nichtbindigen Schichten behandeln Muhs (1961 a) und Centre Scientifique (1966).

Vor allem sind die Ergebnisse von Drucksondierungen wegen der offensichtlichen Modellähnlichkeit auf die Berechnung der Tragfähigkeit von Pfahlgründungen angewandt worden (de Beer 1941, Huizinga 1941). Hierbei wurde zunächst das Modellgesetz verwendet: Die auf den cm² des Versuchsgeräts umgerechneten Werte der Mantelreibung und des Spitzenwiderstands werden in gleicher Höhe auf den Mantel und die Spitze des Pfahls übertragen. Ergebnisse von Pfahlprobebelastungen schienen die Zulässigkeit der Übertragbarkeit der Drücke in dieser Weise zu bestätigen (Plantema 1948 b, Franx 1948, van Bruggen 1952). Jedoch wurden bei Pfählen auch kleinere Einheitsdrücke gefunden (Mortensen 1948). Seitdem ist die Frage, ob der beim Sondieren festgestellte Spitzendruck beim Erreichen der Bruchlast von Aufstandspfählen in gleicher oder in kleinerer Größe auftritt, wiederholt untersucht worden. Van der Veen (1950 und 1957) und Menzenbach (1961) kommen auf Grund der Auswertung einer größeren Zahl von Probebelastungen in Holland zu dem Ergebnis, daß der Spitzendruck nur in wenigen Fällen mehr als das 1,5fache der Bruchspannung unter dem Pfahlfuß betrug und meist gleich der Bruchspannung war. Demgegenüber ergaben systematische großmaßstäbliche Belastungsversuche mit Sonden verschiedenen

Durchmessers bzw. Pfählen in Frankreich (Kérisel 1961, Kérisel/Adam 1962) eine eindeutige und sehr starke Abnahme des Spitzendrucks im Bruchzustand mit zunehmendem Durchmesser, was durch Probebelastungen mit Pfählen stark wechselnden Durchmessers in dichtem Sand bestätigt wurde (Muhs 1959 und 1961 b); die Spannungen unter den Pfählen bei der als Bruchlast eingeführten Pfahlbelastung gingen hier in Abhängigkeit vom Pfahldurchmesser auf $^1/_4$ bis $^1/_{12}$ der beim Sondieren gemessenen Spitzendrücke zurück. Von de Beer (1963) wird dieser scheinbare Widerspruch durch Berücksichtigung eines „Maßstab-Effekts"

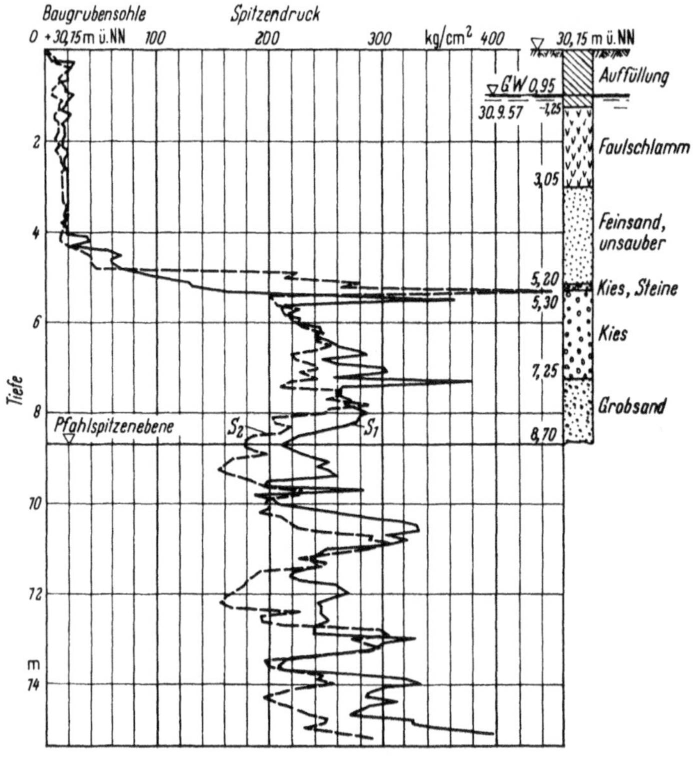

Abb. 189. Erkennen des tragfähigen Baugrundes für eine Pfahlgründung durch Spitzendrucksondierungen.

geklärt, der mit der Grenztiefe (S. 161) zusammenhängt. Diese beträgt ein Vielfaches des Sonden- oder Pfahldurchmessers und wird bei Versuchen zum Bestimmen der Bruchlast bei großen Durchmessern der Pfähle meist nicht erreicht.

Beispiele. 1. Ein Beispiel für das *Erkennen des tragfähigen Baugrundes* zeigt Abb. 189. Hier hatte bei der Probebelastung ein in 8,75 m Tiefe endender Bohrpfahl versagt, dessen Länge ohne zuvor durchgeführte Sondierungen auf Grund der Grenze zwischen Auffüllung und organischen Böden einerseits und den darunter folgenden nichtbindigen Bodenarten andrerseits festgelegt worden war. Die nachträglich vorgenommenen Drucksondierungen wiesen nach, daß die obere Sandschicht sehr locker gelagert war und der tragfähige Baugrund nicht in rund 3 m Tiefe, sondern erst in etwa 5 m Tiefe begann. Dadurch besaß der als Reibungspfahl gedachte Probepfahl für die vorgesehene Last eine zu geringe Einbindelänge in die dicht gelagerten Schichten.

2. Um die *Verteilung von Spitzendruck und Mantelreibung* in nichtbindigen und bindigen Bodenschichten zu erhalten und diese beiden Bodenarten aus den Ergebnissen von Drucksondierungen zu erkennen, wurde die Mantelreibung mit einer Reibungshülse von 30 cm Länge gemessen (Abb. 188). Der wechselnde Verlauf des Geschiebemergelhorizonts, der von

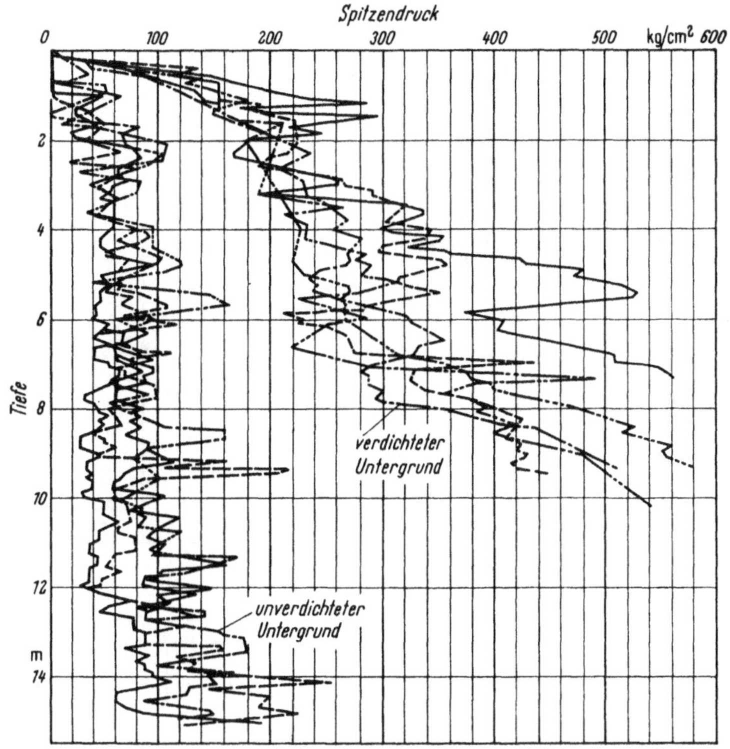

Abb. 190. Nachprüfung einer Tiefenverdichtung durch Spitzendrucksondierungen.

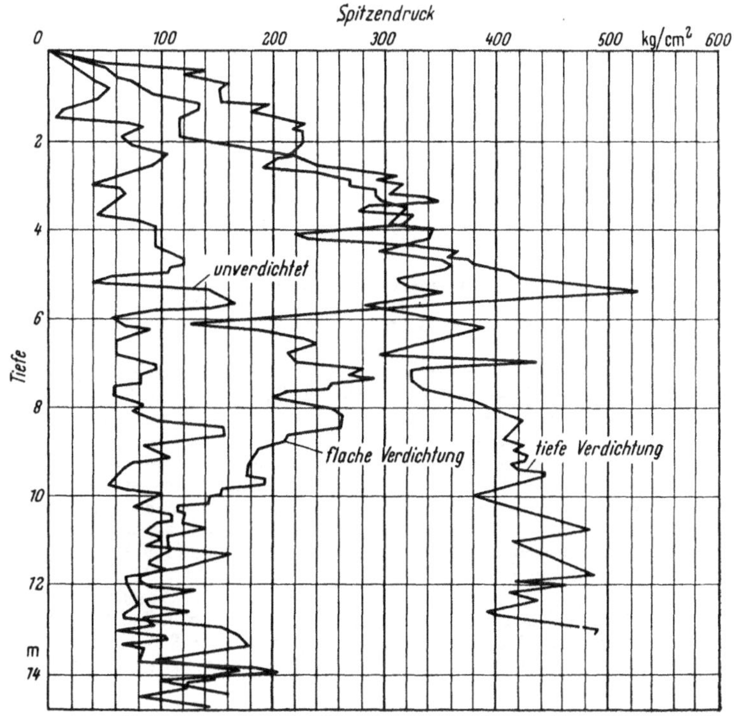

Abb. 191. Nachprüfung einer Tiefenverdichtung mit verschiedener Arbeitstiefe durch Spitzendrucksondierungen.

weit auseinanderliegenden Bohrungen her nur ungefähr bekannt war, wurde durch die Sondierungen genauer verfolgt. Dabei wurden gleichzeitig die Lagerungsverhältnisse der nichtbindigen Schichten im Hinblick auf eine unter Umständen mit Hilfe einer Pfahlgründung zu sanierenden Kaimauer erkundet. Der Geschiebemergel besaß nach den in größerer Zahl entnommenen ungestörten Proben einen mittleren Wassergehalt von 11,4% und eine mittlere Porenziffer von 0,38.

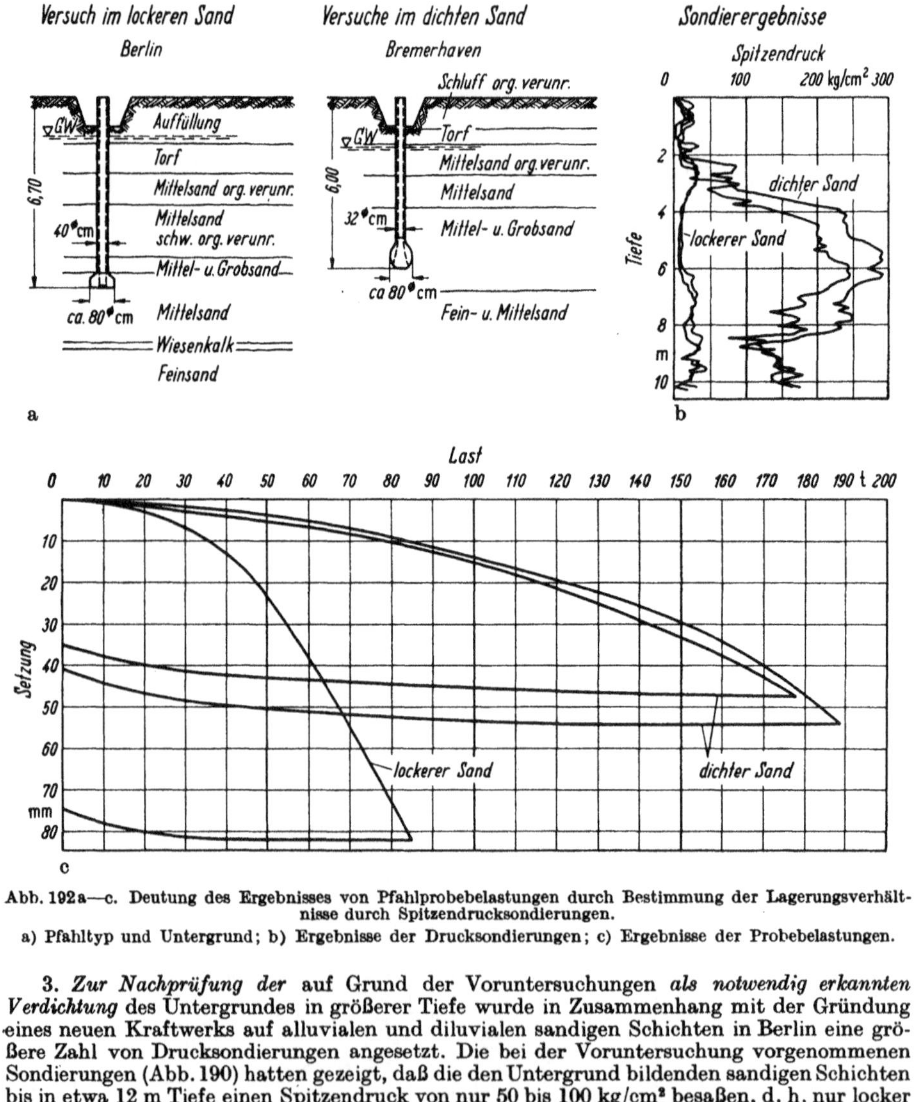

Abb. 192a—c. Deutung des Ergebnisses von Pfahlprobebelastungen durch Bestimmung der Lagerungsverhältnisse durch Spitzendrucksondierungen.

a) Pfahltyp und Untergrund; b) Ergebnisse der Drucksondierungen; c) Ergebnisse der Probebelastungen.

3. ***Zur Nachprüfung der*** auf Grund der Voruntersuchungen ***als notwendig erkannten Verdichtung*** des Untergrundes in größerer Tiefe wurde in Zusammenhang mit der Gründung eines neuen Kraftwerks auf alluvialen und diluvialen sandigen Schichten in Berlin eine größere Zahl von Drucksondierungen angesetzt. Die bei der Voruntersuchung vorgenommenen Sondierungen (Abb. 190) hatten gezeigt, daß die den Untergrund bildenden sandigen Schichten bis in etwa 12 m Tiefe einen Spitzendruck von nur 50 bis 100 kg/cm² besaßen, d. h. nur locker bis mitteldicht gelagert waren. Auch darunter war noch keine dichte Lagerung vorhanden. Zur Vermeidung großer Setzungen, die die Betriebssicherheit der Turbinen gefährdet hätten, war eine Tiefenverdichtung des Untergrundes unumgänglich. Es wurde eine Verdichtung nach dem Rütteldruckverfahren der Johann Keller GmbH, Frankfurt/Main, bis in Tiefen von 13 und 20 m unter Baugrubensohle durchgeführt. Die Abstände der Rüttelzentren betrugen 1,5 m×1,75 m. Der Erfolg der ausgeführten Arbeiten ließ sich durch die anschließend wieder vorgenommenen Drucksondierungen nachweisen. In 8 m Tiefe ist z. B. der Spitzendruck von vorher rund 75 kg/cm² auf 300 bis 450 kg/cm² angestiegen, und überall ist eine eindeutig dichte Lagerung vorhanden.

Abb. 191 zeigt den Verlauf von zwei Spitzendruckkurven in verschieden tief verdichteten Feldern: Während bei der flachen Verdichtung der Spitzendruck allmählich wieder auf die im unverdichteten Boden gemessenenen Werte abfällt, erreicht er bei der tiefen Verdichtung in 10 bis 12 m Tiefe Werte von 400 bis 500 kg/cm². Spitzendrücke dieser Größe sind nach den vorliegenden Erfahrungen das Maximum, mit dem im Sand zu rechnen ist. Auch in größerer Tiefe treten gewöhnlich keine höheren Werte auf.

4. Den *Zusammenhang zwischen Spitzendruck und der Tragfähigkeit von Aufstandspfählen* gleichen Durchmessers, die probebelastet wurden, zeigt Abb. 192. Sieht man die bei den beiden Versuchen vorhandenen Lagerungsverhältnisse mit Spitzendrücken von rund 25 bzw. 250 kg/cm² als die in der Natur im allgemeinen möglichen Grenzen für locker und dicht gelagerte fein- und mittelkörnige Sande an, so nimmt für eine Setzung von 2 cm die hierfür erforderliche Last im lockeren Sand um ~60% ab, d. h. auf den 0,4fachen Betrag der im dichten Sand für die gleiche Setzung erforderlichen Last (Muhs 1959).

Literatur

Allgemeines:

DIN 4094 (1964/65): Baugrund. Ramm- und Drucksondiergeräte. Blatt 1: Abmessungen und Arbeitsweise der Geräte. Blatt 2 (Vornorm): Hinweise für die Anwendung.
Sanglerat (1965): Le pénétromètre et la reconnaissance des sols. Paris.

Über den schwedischen Sondenbohrer:

Hoffmann (1930): Die geotechnischen Arbeitsmethoden der schwedischen Staatsbahnen. Bauingenieur 11, S. 761.
Godskesen (1936 a): Investigation of the bearing-power of the subsoil with 25×25 mm pointed drill weighted with 100 kg without samples. Proc. I. Int. Conf. Soil Mech. Found. Eng. Cambridge (Mass.), Bd. I, S. 311.
— (1937): 10 Jahre Baugrunduntersuchungen bei den dänischen Staatsbahnen. Bautechnik 15, S. 568.
Brandenburg (1958): Über die Verdichtungsprüfung von Schüttungen aus gleichförmigen Sanden. Mitt. Franzius-Institut TH Hannover H. 14, S. 1.

Über die schwedische Maschinensonde:

Kallstenius (1961): Development of two modern continuous sounding methods. Proc. Swed. Geot. Inst. Nr. 3.
— (1962): Schwedische Sondierverfahren. Mitt. Inst. Verkehrswasserbau, Grundbau u. Bodenmech. TH Aachen H. 25, S. 31.

Über die Spülsonde:

Terzaghi (1930): Die Tragfähigkeit von Pfahlgründungen. Bautechnik 8, S. 475.
— (1953): 50 Jahre Baugrunduntersuchung. Proc. III. Int. Conf. Soil Mech. Found. Eng. Zürich, Bd. III, S. 227; u. Schweiz. Bauzeitg. 72 (1954).

Über die Federdrucksonde:

Paproth (1943): Der Prüfstab Künzel, ein Gerät für Baugrunduntersuchungen. Bautechnik 21, S. 327.

Über den Tiefensondierapparat:

Laboratorium voor Grondmechanica Delft (1936): The predetermination of the required length and the prediction of the toe resistance of piles. Proc. I. Int. Conf. Soil Mech. Found. Eng. Cambridge (Mass.), Bd. I, S. 181.
de Beer (1940): Ein neues Mittel beim Entwerfen von Pfahlfundierungen, der Tiefsondierapparat. Labor. voor Grondmechanica Gent.
Plantema (1948 a): Construction and method of operating of a new deep-sounding apparatus. Proc. II. Int. Conf. Soil Mech. Found. Eng. Rotterdam, Bd. I, S. 277.
Vermeiden (1948): Improved sounding apparatus, as developed in Holland since 1936. Proc. II. Int. Conf. Soil. Mech. Found. Eng. Rotterdam, Bd. I, S. 280.

Über die Spitzendrucksonde:

Muhs (1949): Arbeiten der Degebo in den Jahren 1938–1948. Bautechnik-Archiv H. 3, S. 20.
Kahl/Muhs (1952): Über die Untersuchung des Baugrundes mit einer Spitzendrucksonde. Bautechnik 29, S. 81.

KAHL (1955): Derzeitiger Stand des Spitzendruck-Sondierverfahrens. Fortschr. u. Forsch. im Bauwesen, Reihe D, H. 25.

Über andere neuere Sonden- und Meßanordnungen:

BEGEMANN (1953): Improved method of determining resistance to adhesion by sounding through a loose sleeve placed behind the cone. Proc. III. Int. Conf. Soil Mech. Found. Eng. Zürich, Bd. I, S. 213.
BUISSON (1953): Appareils Français de pénétration enseignements tirés des essais de pénétration. Ann. Inst. Techn. Bât. Trav. Publ. 6, S. 299.
HAEFELI/FEHLMANN (1953): A combined penetration process for the exploration of the foundation soil. Proc. III. Int. Conf. Soil Mech. Found. Eng. Zürich, Bd. I, S. 232.
HVORSLEV (1953): Cone penetrometer operated by rotary drilling rig. Proc. III. Int. Conf. Soil Mech. Found. Eng. Zürich, Bd. I, S. 236.
PAREZ (1956): Zwei neue französische Feldgeräte. Vorträge der Baugrundtagung Köln, S. 93.
HAEFELI/FEHLMANN (1957): Measurements of the soil compressibility in situ by means of the model pile test. Proc. IV. Int. Conf. Soil Mech. Found. Eng. London, Bd. I, S. 225.
— (1958): Messung der Zusammendrückbarkeit in situ mit Hilfe eines Modellpfahls. Straße u. Verkehr 44, S. 83.
HAEFELI (1964): Zur Bestimmung des M_E-Wertes mittels Rammsonde, Drucksonde und Probepfählen. Straße u. Verkehr 50, S. 111.

Über Handgeräte:

GODSKESEN (1936 b): The spring-scale cone, a pocket apparatus for determining the firmness of clay. Proc. I. Int. Conf. Soil Mech. Found. Eng. Cambridge (Mass.), Bd. II, S. 39.
— (1951): Fjervaegts-Kegle-Tallet liegger ofte naerved brudbelastningen for levet byggegrund. Ingeniøren 60, H. 20.
STEIN (1957): Ein Handsondiergerät zur Ermittlung der Festigkeit des Baugrundes auf der Baustelle. Bautechnik 34, S. 483.

Über die Bestimmung der Lagerungsdichte, Tragfähigkeit und Festigkeit:

DE BEER (1948): Settlement records on bridges founded on sand. Proc. II. Int. Conf. Soil Mech. Found. Eng. Rotterdam, Bd. II, S. 111.
— (1949): Quelques examples d'application des méthodes d'investigation utilisées en Belgique pour la résolution problèmes des fondations. Ann. Inst. Techn. Bât. Trav. Publ. 2.
HERMINIER (1953): Remarques sur le poinçonnement continu des sables et graviers. Ann. Inst. Techn. Bât. Trav. Publ. 6, S. 377.
MUHS/KAHL (1954–1961): Ergebnisse von Probebelastungen auf großen Lastflächen zur Ermittlung der Bruchlast im Sand. 1.–5. Bericht. Fortschr. u. Forsch. im Bauwesen, Reihe D, H. 17, S. 57 u. 83; H. 28, S. 5. Berichte a. d. Bauforschung H. 18, S. 29 u. 53.
MEYERHOF (1956): Penetration tests and bearing capacity of cohesionless soils. Proc. Am. Soc. Civ. Eng. 82, Paper 866, S. 1.
MENZENBACH (1959): Die Anwendbarkeit von Sonden zur Prüfung der Festigkeitseigenschaften des Baugrundes. Forschungsberichte d. Landes Nordrhein-Westfalen Nr. 713.
MUHS (1961 a): Die Lagerungsdichte sandigen Untergrundes als Voraussetzung für die Gründung von Bauwerken. Bautechnik 38, S. 29 u. 54.
KAHL/MUHS/MEYER (1964): Ermittlung der Größe und des Verlaufs des Spitzendrucks bei Drucksondierungen in ungleichförmigem Sand, in Sand-Kies-Gemischen und in Kies. Forschungsbericht der Degebo.
WEISS (1964): Neuere Erkenntnisse mit der Spitzendrucksonde. Vorträge der Baugrundtagung Berlin, S. 227.
SCHULTZE/MELZER (1965): The determination of the density and the modulus of compressibility of non cohesive soils by soundings. Proc. VI. Int. Conf. Soil Mech. Found. Eng. Montreal, Bd. I, S. 354.
Centre Scientifique et Technique de la Construction (1966): Principes de la détermination de la force portante des fondations au moyen du pénétromètre statique. Note d'information technique 58. Brüssel.

Über die Beziehungen zur Tragfähigkeit von Pfählen:

DE BEER (1941): Een nieuw middel bij het outwerpen van paalfunderingen; het diepsondeerapparat. Techn. wetenschappelijk Tijdschrift, S. 108.
HUIZINGA (1941): Resultaten van diepsondeeringen als oplosing van vele paalproblemen. De Ingenieur 56, S. 31 u. 37.

PLANTEMA (1948 b): Results of a special loading-test on a reinforced concrete pile, a socalled pile sounding; interpretation of the results of deep-soundings, permissible pile loads and extended settlement observations. Proc. II. Int. Conf. Soil Mech. Found. Eng. Rotterdam, Bd. IV, S. 112.
FRANX (1948): The bearing capacity of piles as derived from deepsoundings, loading tests and formulae. Proc. II. Int. Conf. Soil Mech. Found. Eng. Rotterdam, Bd. IV, S. 118.
MORTENSEN (1948): Predetermination of the resistance of a pile on basis of field shear and loading test values. Proc. II. Int. Conf. Soil Mech. Found. Eng. Rotterdam, Bd. II, S. 180.
VAN DER VEEN (1950): De in acht te nemen veiligheids-coefficient bij het gebruik van diepsondeeringen voor het bepalen van de toeletbare paalbelasting. De Ingenieur 65, S. 67.
VAN BRUGGEN (1952): Holländische Anschauungen über die Tragfähigkeit gerammter Pfähle. Bautechnik-Archiv H. 8, S. 46.
GEUZE (1954): Fortschritte unserer Kenntnisse über die Tragfähigkeit von Pfahlspitzen. Vorträge der Baugrundtagung Stuttgart, S. 140.
VAN DER VEEN (1957): The bearing capacity of a pile predetermined by a cone penetration test. Proc. IV. Int. Conf. Soil Mech. Found. Eng. London, Bd. II, S. 72.
MUHS (1959/63): Versuche mit Bohrpfählen.Wiesbaden/Berlin. Teil 1 u. 2.
MENZENBACH (1961): The determination of the permissible point-load of piles by means of static penetration tests. Proc. V. Int. Conf. Soil Mech. Found. Eng. Paris, Bd. II, S. 99.
MUHS (1961 b): Diskussionsbeitrag. Proc. V. Int. Conf. Soil Mech. Found. Eng. Paris, Bd. III, S. 273.
KÉRISEL (1961): Fondations profondes en milieux sableux: Variation de la force portante limite en fonction de la densité, de la profondeur, du diamètre et de la vitesse d'enfoncement. Proc. V. Int. Conf. Soil Mech. Found. Eng. Paris, Bd. II, S. 73.
KÉRISEL/ADAM (1962): Fondations profondes. Ann. Inst. Tech. Bât. Trav. Publ. 15, S. 1054.
DE BEER (1963): The scale effect in the transposition of the results of deep-sounding tests on the ultimate bearing capacity of piles and caisson foundations. Géotechnique 13, S. 39.

1.322.12 Rammsondierungen

Definition. Bei den Rammsondierungen wird der dynamische Widerstand des Baugrundes gegen das Eindringen eines schlanken Stabes mit meist kegelförmiger Spitze durch die Anzahl der Schläge gemessen, welche erforderlich sind, um den Stab um ein festgelegtes Maß eindringen zu lassen. Hieraus können Schlüsse auf die Festigkeit (Lagerungsdichte bzw. Konsistenz), die Schichtung (Lage der festen Schicht und Art der durchfahrenen Schichten) und die Rammbarkeit des Untergrundes gezogen werden.

Schon bei der Feststellung der Festigkeit des Untergrundes durch Drucksondierungen hat sich gezeigt, daß die Modellgesetze zur Übertragung der Untersuchungsergebnisse auf die Wirklichkeit schwer zu finden sind. In verstärktem Maße gilt dies, wenn man den Boden durch Einschlagen von Sonden untersucht. Aus diesem Grunde liegt der Wert derartiger Versuche im wesentlichen in der Möglichkeit eines Vergleichs der Schichten untereinander. Aber auch hierbei ist zu prüfen, über welche Bodeneigenschaften etwas ausgesagt wird. Jede unzulässige Erweiterung auf andere Eigenschaften ist zu vermeiden.

Die Rammsonden haben den Drucksonden gegenüber den Vorteil, daß die Verankerung des Belastungsgestells im Boden fortfällt. Die Sonden sind daher leichter beweglich und wegen der Zeitersparnis wirtschaftlicher. Sie lassen sich auch in festeren Böden verwenden. Sie sind deshalb für die Beurteilung von Kies- und Geröllschichten, bei denen die Drucksonde versagt, besonders geeignet.

Gerät. Man unterscheidet Rammsonden, welche von der Bohrlochsohle aus vorgetrieben werden *(„Standard Penetration Test“)* und solche, welche ohne Bohrlöcher verwendet werden. Unter den letzteren gibt es leichte Rammsonden (z. B. *„Künzel-Stab“*) und schwere (Abb. 193). Zur Ausschaltung der Mantelreibung haben die meisten Sonden eine gegenüber dem Gestänge verdickte Spitze, wenige außerdem ein besonderes Mantelrohr (Abb. 194). Nach DIN 4094 Blatt 1 (1964)

„Ramm- und Drucksondiergeräte. Abmessungen und Arbeitsweise der Geräte" wird für leichte Rammsonden ein Fallgewicht von 10 kg, für schwere Rammsonden ein Fallgewicht von 50 kg und für beide eine Fallhöhe von 0,50 m empfohlen. Die Spitzenquerschnitte sollen 5 oder 10 cm² für die leichte und 15 cm² für die schwere Rammsonde ($d = 2{,}52$ cm bzw. 3,56 cm bzw. 4,37 cm) und die Gestängedurchmesser 2,2 cm bzw. 3,2 cm betragen. Der Spitzenöffnungswinkel beträgt 90°.

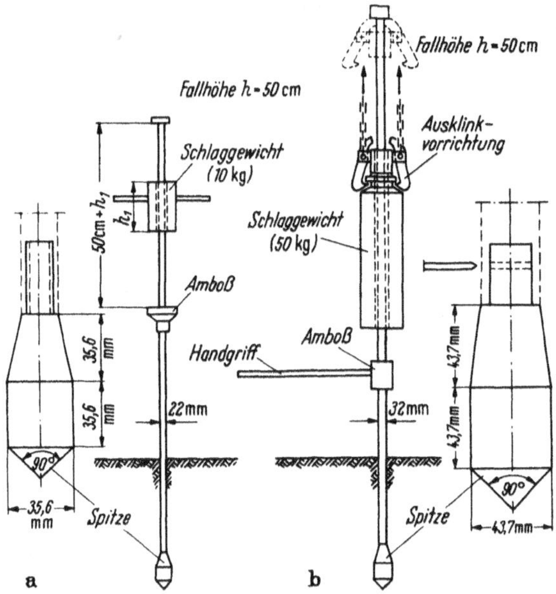

Abb. 193a u. b. Rammsondiergeräte.
a) Leichte Rammsonde; b) schwere Rammsonde.

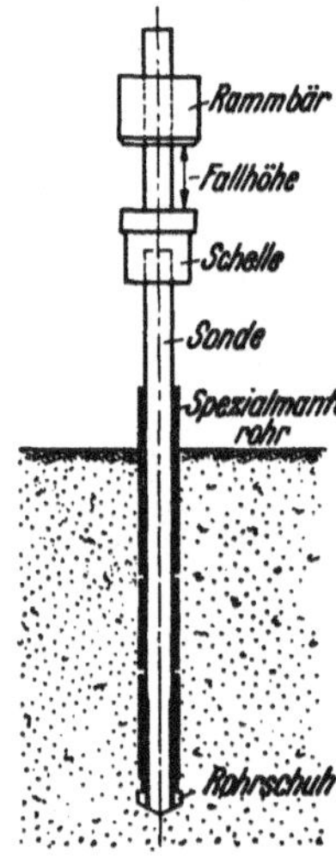

Abb. 194. Versuchsanordnung bei der Baugrundprüfung mit der Spitzenrammsonde von STUMP (STUMP 1948).

Die zur Zeit am meisten verwendeten Sondentypen sind im Bohrloch die amerikanische „*Standardsonde*" (Standard Penetration Test), vom Gelände aus die „*leichte Rammsonde*" (verbesserter KÜNZEL-Stab)[1] und die zuerst von MAAG in der Schweiz entwickelte „*schwere Rammsonde*" (Tab. 20).

Tabelle 20. *Beispiele für Rammsonden*

Sonde	Name	Durchmesser (mm) Gestänge	Spitze		Spitzenwinkel	Gewicht (kg)	Fallhöhe (cm)
Leicht	KÜNZEL	22	(25,2)	35,6	90°	10	50
Schwer	MAAG	32	43,7		90°	50	50
Hohl	Standard	36	50,8			63,5	76,2

Die *leichte Rammsonde* (Abb. 193a) hat heute eine verdickte keilförmige Spitze und ist bei weichem Boden bis etwa 7 m Tiefe einsetzbar. Sie ist leicht, kann ohne Dreibock von zwei Mann bedient (Abb. 195) und im PKW mitgenommen werden. Die *schwere Rammsonde* (Abb. 193b) hängt an einem Dreibock (Abb. 196) und erreicht auch bei nichtbindigem Untergrund Tiefen bis zu etwa 25 m. Sie ist mit einem automatisch ausklinkenden Hammer versehen und erfordert drei

[1] Der eigentliche „*Künzel-Stab*" besitzt keine gegenüber dem Gestänge (20 mm Durchmesser) verdickte Spitze.

Abb. 195. Einsatz der leichten Rammsonde.

Mann zur Bedienung. Um die Kräfte beim Ziehen der Sonde herabzusetzen, läßt man manchmal die abreißbare verdickte Spitze im Boden stecken.

Die *Standardsonde* (Abb. 197) besteht aus einem Stahlrohr mit einem Außendurchmesser von 50,8 mm, das unten einen Schneidenring besitzt. Das unterste Rohr ist längsgeteilt und kann auseinander genommen werden, so daß die gleichzeitig mit dem Sondieren entnommene Bodenprobe (Abb. 198) freigelegt wird. In nichtbindigen, besonders in grobkörnigen Böden wird die schneidenförmige Spitze durch eine geschlossene ersetzt (Abb. 199). Das Sondierergebnis ändert sich dadurch nur unwesentlich. Jedoch können damit

Abb. 196. Einsatz der schweren Rammsonde.

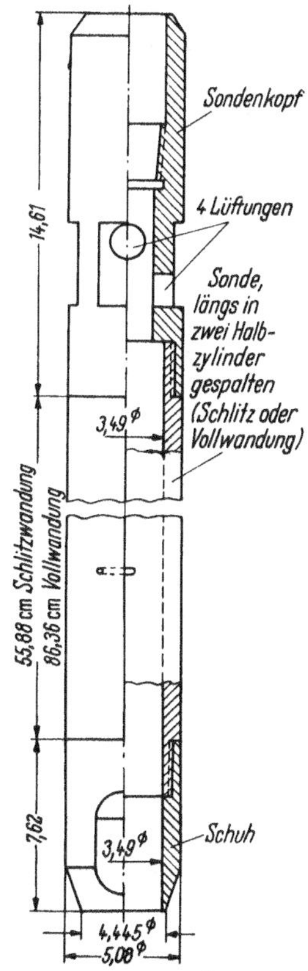

Abb. 197. Schnitt durch die Standardsonde.

keine Bodenproben gewonnen werden. Da die Sonde im Bohrloch verwendet wird, ist ein schlanker Hammer in einer wasserdichten Verrohrung entwickelt worden, mit dem auch unter Wasser gearbeitet werden kann (Abb. 199).

Während die leichte Rammsonde nur ein normales Schlaggewicht von 10 kg besitzt (Abb. 193a), verwendet man bei der schweren Rammsonde ein automatisch ausklinkendes Schlaggewicht mit Nachlaufkatze (Abb. 193b). Schon des Ziehens wegen benötigt man bei dieser Sonde einen Dreibock (Abb. 196).

Rammsonden mit besonderem Mantelrohr haben sich wegen des erheblich größeren Arbeitsaufwands beim Einschlagen nicht eingebürgert.

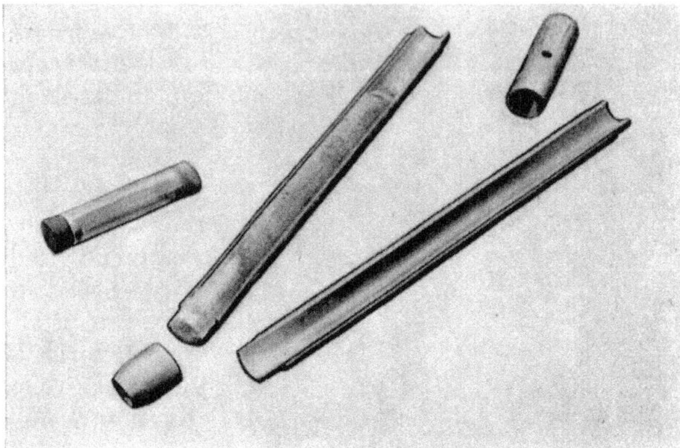

Abb. 198. Aufgeklappte Standardsonde mit Bodenprobe.

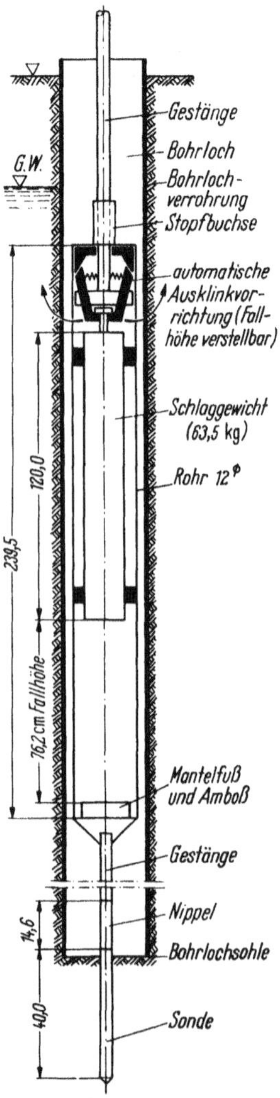

Abb. 199. Standardsonde mit automatisch ausklinkendem Fallhammer.

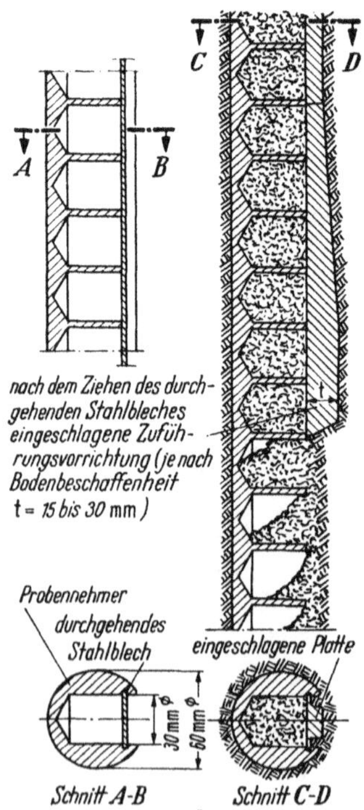

Abb. 200a u. b. Prinzipskizze des Jalousierammgeräts (NAUJOKS 1960). a) Beim Eintreiben; b) beim Füllen und Schließen.

Das Gestänge der Sonden besteht aus Stücken von 1 und 2 m Länge. Bei der schweren Rammsonde wird durch einen besonderen Querstab (Abb. 193b) dafür gesorgt, daß das sich beim Rammen lockernde Gestänge wieder festgedreht werden kann. Zur Verminderung von Gestängebrüchen dient eine besondere Ausbildung des Ambosses.

Besonders erwähnenswert ist der von KALLSTENIUS konstruierte „*Jalousiebohrer*" des Schwedischen Geotechnischen Instituts für die Entnahme gestörter Bodenproben. Dieses Gerät besteht im wesentlichen aus einer massiven Stahlstange, in die seitlich, dicht an dicht untereinander, zylindrische Öffnungen gebohrt sind. Diese Öffnungen werden während des Einrammens des Probennehmers

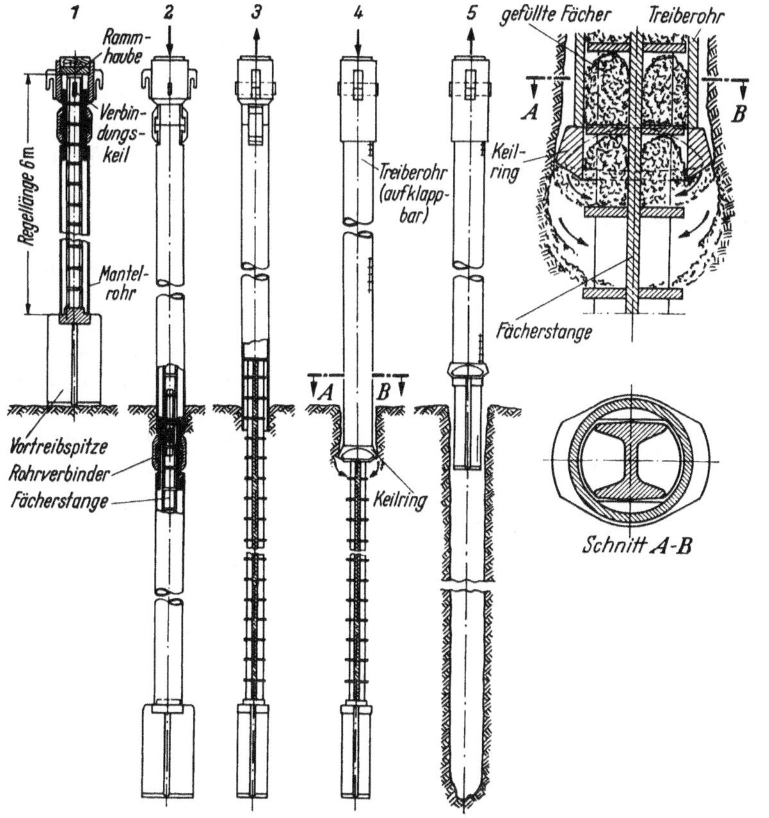

Abb. 201. Rammgerät für kontinuierliche Probenentnahme der Frankipfahl-Baugesellschaft (1958).

durch ein in zwei Nuten laufendes Stahlblech verdeckt und damit geschlossen gehalten (Abb. 200a). Nach Erreichen der gewünschten Tiefe wird dieses Blech herausgezogen und statt dessen eine Platte eingeschlagen, die an ihrem unteren Ende so ausgebildet ist, daß sie die Öffnungen des Probennehmers füllt und die gefüllten Öffnungen in gleicher Weise schließt wie das zuvor gezogene Blech (Abb. 200b). Derartige Entnahmekörper lassen sich zu nahezu jeder beliebigen Länge während des Rammens zug- und druckfest aneinander koppeln. Auf diese Weise kann mittels der gestörten Bodenproben ein praktisch kontinuierlicher Aufschluß über den geologischen Aufbau des Untergrundes gewonnen werden (NAUJOKS 1960).

Das schwedische Jalousierammgerät ist beim Einsatz in den deutschen Baugrundverhältnissen zu empfindlich, da es in erster Linie für leicht rammbare bindige Böden entwickelt wurde. Daher wurde von der Frankipfahl-Baugesell-

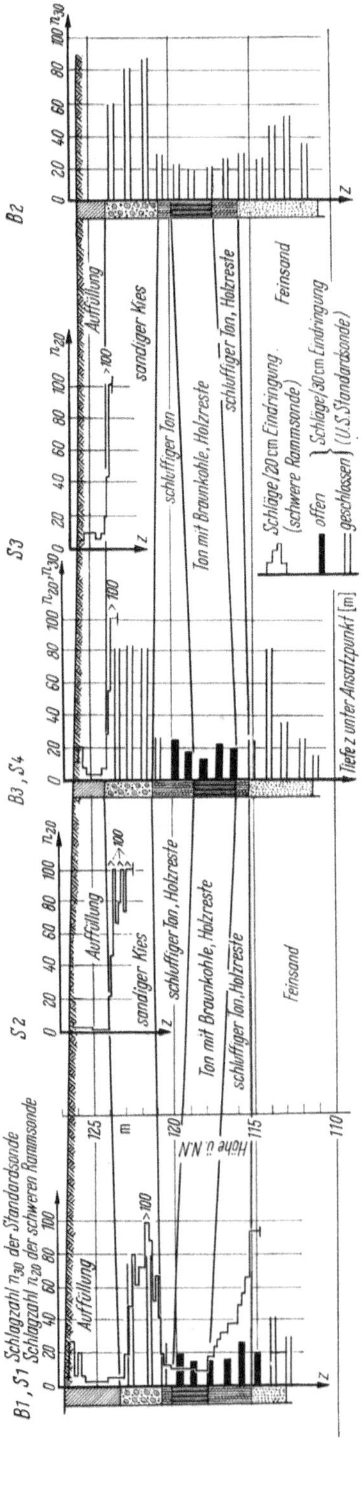

Abb. 202. Ergebnisse mit der offenen und geschlossenen Standardsonde.

schaft ein stärkeres Gerät herausgebracht, welches im Prinzip ähnlich wie das in Schweden benutzte Jalousierammgerät arbeitet (Frankipfahl-Baugesellschaft 1958).

Vorgang. Die leichte oder schwere Rammsonde wird von Hand mit gleichbleibendem Schlaggewicht und gleichbleibender Fallhöhe in den Boden gerammt.

Die Standardsonde wird in Tiefenabständen von etwa 1 m von der jeweiligen Bohrlochsohle aus eingesetzt. Dabei wird sie um 45 cm in den Boden eingetrieben. Die Anzahl der Schläge, die notwendig ist, um die Sonde von 15 auf 45 cm Tiefe unter Bohrlochsohle zu bringen, wird gezählt. Die ersten 15 cm werden nicht beachtet, da sie durch den Bohrvorgang gestört sein können. Der in die Hohlsonde eindringende Boden wird als Sondenprobe entnommen.

Die übrigen Sonden werden von der Erdoberfläche in den Boden getrieben. Die Meßabstände betragen dort 10 oder 20 cm und werden mit Kreide auf dem Gestänge markiert. Die Anzahl der Schläge, die notwendig ist, um die Spitze jeweils um 10 oder 20 cm in den Untergrund eindringen zu lassen, wird gezählt. Für den Straßenbau, also für geringere Tiefen, wurde auch eine automatisch registrierende Sonde konstruiert.

Die Rammgeschwindigkeit soll nach DIN 4094 Blatt 1 zwischen 15 und 30 Schlägen je Minute liegen.

Die einzelnen Arbeitsvorgänge bei der Rammsondierung von Franki sind die folgenden (Abb. 201):

An eine aus einem T-Profil hergestellte Fächerstange wird ein ungleichschenkliger Kreuzmeißel angesetzt. Nachdem die 6 m lange Fächerstange durch Überziehen eines Mantelrohrs von 4 mm Wandstärke verschlossen ist, wird sie vor dem etwa 8 m hohen Mäkler aufgestellt (Abb. 201, 1).

Nach Aufsetzen einer Rammhaube wird die Fächerstange mit Mantelrohr durch Kopframmung bis in die erforderliche Tiefe getrieben. Die dafür notwendigen Verlängerungen der Fächerstange werden durch Keile, die der dazugehörigen Mantelrohre mit einem Hakenverschluß verbunden (Abb. 201, 2).

Die Mantelrohre werden gezogen, wobei der etwa 30 cm lange Kreuzmeißel verhindert, daß die Fächerstange mit nach oben genommen wird. Die Fächer stehen nach Ziehen der Mantelrohre zur Aufnahme der Bodenproben offen (Abb. 201, 3).

Durch Kopframmung auf ein dickwandiges, 8 mm starkes Treiberohr wird ein untergesetzter Keilring über die Fächerstange geschlagen. Durch das Eintreiben des nur in Richtung der Fächer als Keil ausgebildeten Ringes wird der Boden bei

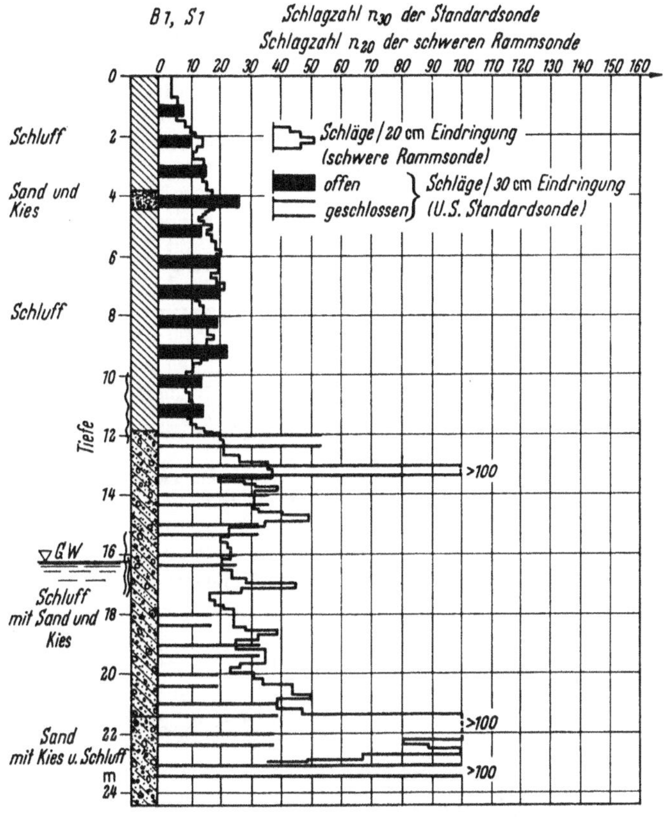

Abb. 203. Sondierdiagramm für die schwere Rammsonde und die Standardsonde.

fortlaufender Bildung von Gleitfugen in die Kammern der Fächerstange eingeschoben (Abb. 201, 4).

Die Fächerstange wird zusammen mit dem Treiberohr und Keilring gezogen. Durch Aufklappen der zweischaligen Treiberohre werden diese von der Fächerstange gelöst, so daß auf der ganzen Rammlänge die Bodenproben kontinuierlich aus den Kammern entnommen werden können (Abb. 201, 5).

Meßgrößen. Man zählt entweder die Anzahl der Schläge für die festgelegte Eindringung von 10, 20 oder 30 cm oder mißt die Eindringung nach 10 Schlägen, was etwas genauer ist. Letztere wird dann auf die Schlagzahl für die festgelegte Eindringung umgerechnet.

Auftragungen. Auf der Abszisse wird die Anzahl der Schläge für die festgelegte Eindringung und auf der Ordinate die Rammtiefe aufgetragen. Bei der in Tiefenabständen von etwa 1 m eingesetzten Standardrammsonde verwendet man oft eine Balkendarstellung [schwarze Balken bei offener, Doppelstriche bei geschlossener Sonde (Abb. 202)], bei den kontinuierlich arbeitenden Sonden gewöhnlich eine Treppenlinie (Abb. 203).

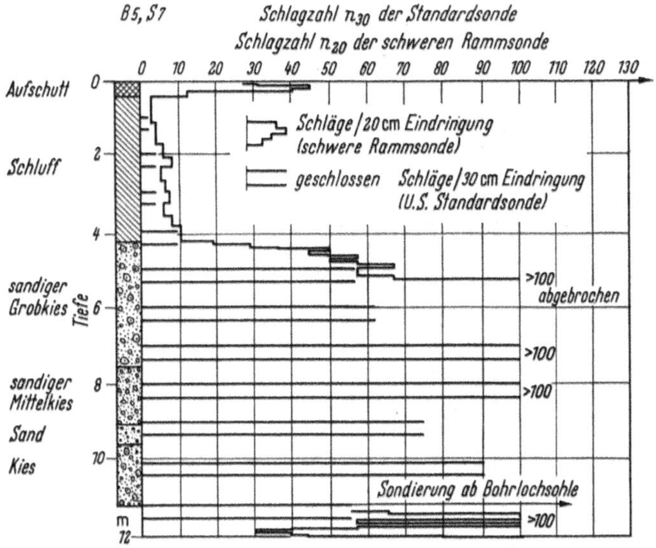

Abb. 204. Sondierdiagramm für die schwere Rammsonde und die Standardsonde. Ermittlung der festen Schicht.

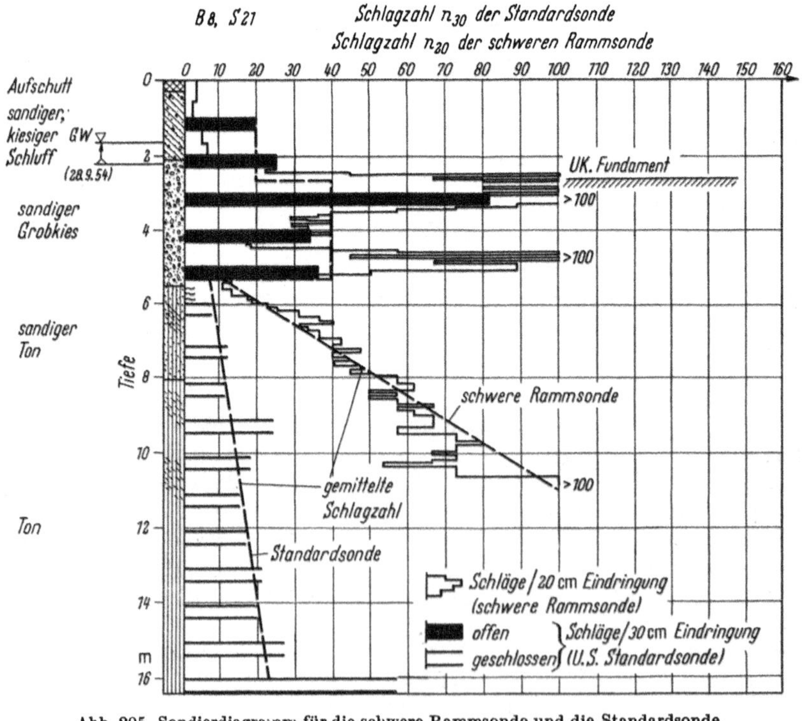

Abb. 205. Sondierdiagramm für die schwere Rammsonde und die Standardsonde. Auffinden von Schichtwechseln.

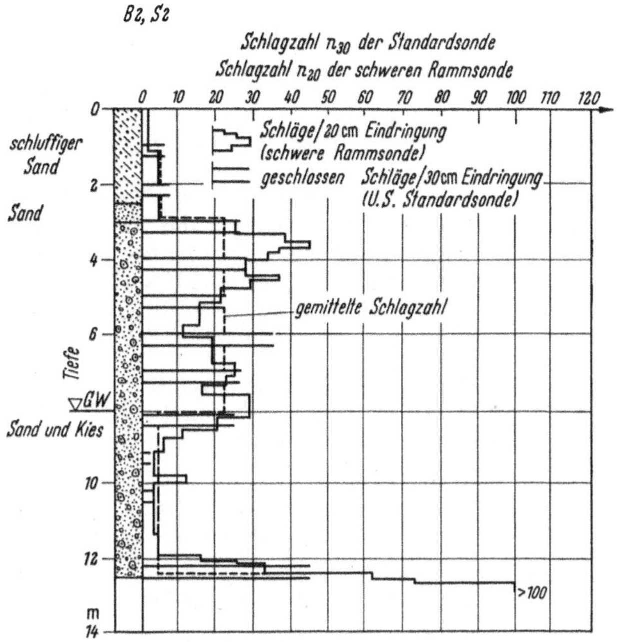

Abb. 206. Sondierdiagramm für die schwere Rammsonde und die Standardsonde. Auffinden des Grundwasserspiegels.

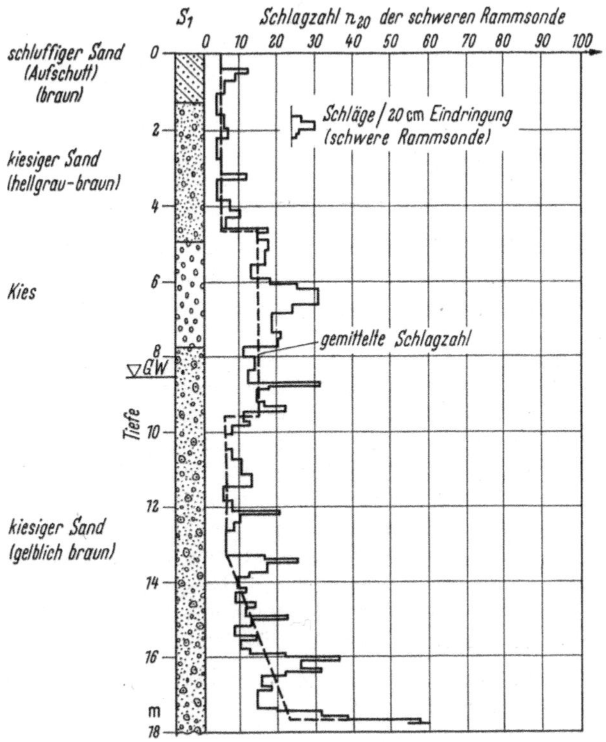

Abb. 207. Sondierdiagramm für die schwere Rammsonde.

Auswertung. Durch eine qualitative Auswertung des Sondierdiagramms läßt sich das Erreichen einer festen Schicht unter einer weichen leicht erkennen (Abb. 204). Auch Schichtwechsel treten hervor, soweit die Mantelreibung die Ergebnisse nicht verwischt. Letztere kann bei weichen bindigen Böden auftreten (Abb. 205, starke Zunahme der Schlagzahlen bei der schweren Rammsonde im Vergleich zur Standardsonde).

Bei nichtbindigen Böden macht sich der Grundwasserstand durch Abnahme der Schlagzahl bemerkbar (Abb. 206). Grobsand und Kies erkennt man an einer zackigen Rammlinie (Abb. 207), desgleichen einzelne Steine. Die Schlagzahlen in einer Schicht werden am besten gemittelt (Abb. 206 und 207). Dieser Wert gibt allgemein einen Anhaltspunkt über die Lagerungsdichte der nichtbindigen Böden und über die Konsistenz der bindigen Böden (Tab. 21 und 22, Bezeichnungen nach DIN 4015).

Tabelle 21. *Standardrammsonde. Schlagzahl n_{30} und Lagerungsdichte bei nichtbindigen Böden*

Schlagzahl n_{30}	Lagerung	D	D_r
0 bis 4	sehr locker	0 bis 0,15	0 bis 0,15
4 bis 10	locker	0,15 bis 0,30	0,15 bis 0,35
10 bis 30	mittel	0,30 bis 0,50	0,35 bis 0,65
30 bis 50	dicht	0,50 bis 0,75	0,65 bis 0,85
> 50	sehr dicht	> 0,75	> 0,85

Tabelle 22. *Standardrammsonde. Schlagzahl n_{30} und Konsistenz bei bindigen Böden*

Schlagzahl n_{30}	Zustand	k_w	q_u (kg/cm²)	σ_{zul} (kg/cm²) DIN 1054, Ausg. 1953
0 bis 2	breiig	0 bis 0,50	0 bis 0,25	0
2 bis 4	weich	0,5 bis 0,75	0,25 bis 0,5	0,4
4 bis 8	mittel		0,5 bis 1,0	
8 bis 15	steif	0,75 bis 1,00	1,0 bis 2,0	1,0
15 bis 30	halbfest	1,00 bis w_s	2,0 bis 4,0	2,0
> 30	fest	$w_s - w = 0$	> 4,0	4,0

Darüber hinausgehende Tabellen für die Abhängigkeit der zulässigen Belastung (TERZAGHI/PECK 1961, S. 449 und 456), des Reibungswinkels oder der Tragfähigkeitsbeiwerte beim Grundbruch von der Schlagzahl und der Fundamentbreite (PECK/HANSON/THORNBURN 1953, S. 222 bis 225) sind mit sehr großer Sicherheit aufgestellt und mit Vorsicht anzuwenden.

Die quantitative Auswertung von Sondierergebnissen (PARROTH 1943, SCHUBERT 1955, GIBBS/HOLTZ 1957, BRANDENBURG 1958, MENZENBACH 1959, SCHULTZE/MENZENBACH 1961) hat gezeigt, daß einigermaßen brauchbare Ergebnisse nur bei Böden zu erwarten sind, bei welchen während des Rammens keine Porenwasserdrücke auftreten (Abb. 208). Dann ist ein etwa geradliniger Zusammenhang zwischen der Schlagzahl, der Lagerungsdichte und der Steifezahl vorhanden (Abb. 209). Die Streuungen sind aber noch erheblich. Immerhin ist ein Anwachsen der Lagerungsdichte und der Steifezahl mit der Schlagzahl bei nichtbindigen und nicht wassergesättigten mittelbindigen Böden nicht zu verkennen.

Für Sande über Wasser wurde gefunden (SCHULTZE/MELZER 1965, MELZER 1967):

$$D_r = 0{,}317 \log n_{30} - 0{,}226\,\gamma\, t + 0{,}392 \pm 0{,}067\,, \tag{52}$$

D_r bezogene Dichte nach DIN 4015,
n_{30} Schlagzahl der Standardsonde,
γt Überlagerungsdruck in kg/cm².

Die Verwendung eines mit Hilfe einer Rammformel ausgerechneten Widerstands an Stelle der Schlagzahl ist nicht üblich, da durch den Mehraufwand an Arbeit kaum etwas gewonnen wird.

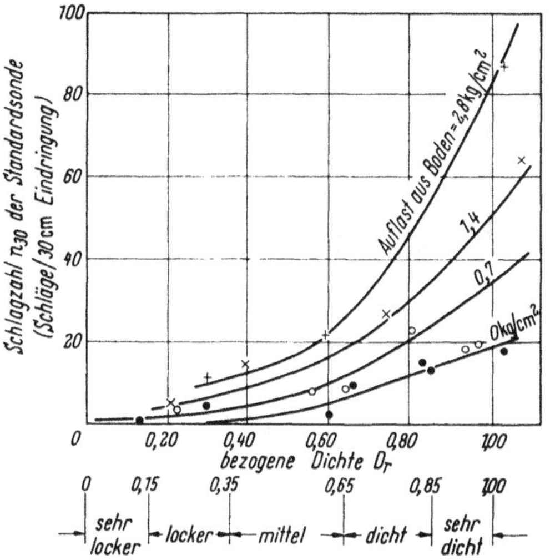

Abb. 208. Wirkung der Auflast auf die Schlagzahl n_{30} der Standardsonde in lufttrockenem grobem Sand (Bureau of Reclamation 1953).

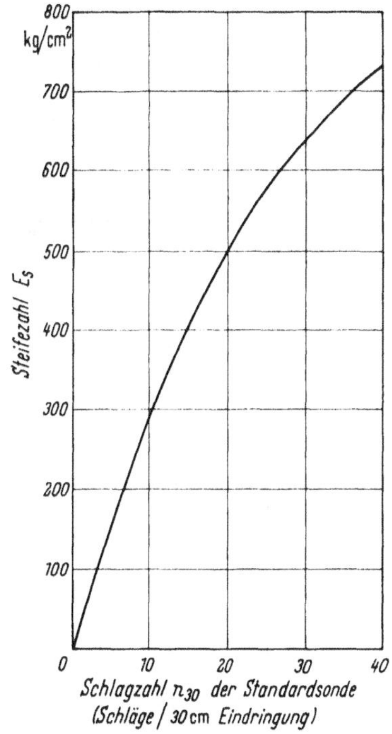

Abb. 209. Abhängigkeit der Steifezahl E_s von der Schlagzahl n_{30} der Standardsonde in kiesigem Sand bei $\gamma t = 1{,}0$ kg/cm² (MELZER 1966).

Fehler. Der Einfluß von Gestängelänge und -gewicht ist noch nicht vollkommen geklärt. Die Ansichten hierüber sind noch geteilt (HAEFELI/FEHLMANN 1953, GIBBS/HOLTZ 1957). Dagegen wirkt sich die Überlagerungshöhe durch die damit verbundenen wirksamen Spannungen dahingehend aus, daß mit zunehmender Tiefe bei gleicher Lagerungsdichte zunächst bis zur kritischen oder Grenztiefe höhere Schlagzahlen herauskommen (Abb. 208), die Schlagzahlen dann aber konstant bleiben (DE BEER 1963). Die Wassersättigung nichtbindiger Böden setzt mindestens bei lockerer Lagerung die Schlagzahl herab (Abb. 206). Porenwasserdruck verfälscht die Ergebnisse dahingehend, daß sie keinen Schluß auf die Zusammendrückbarkeit, höchstens eine Schätzung der unentwässerten Scherfestigkeit zulassen. Die Mantelreibung wird bei weichem Boden durch die verbreiterte Spitze nicht ausgeschaltet und täuscht dann eine zu hohe Festigkeit vor (Abb. 205). Wieweit die Zunahme der Schlagzahlen mit der Tiefe hierauf oder auf den Überlagerungsdruck zurückzuführen ist, läßt sich dann nur aus den Standardrammsondierungen entnehmen [siehe auch DIN 4094 Blatt 2 (Vornorm 1965) ,,Ramm- und Drucksondiergeräte. Hinweise für die Anwendung"].

Verwendung. Rammsondierungen sollten niemals ohne einige Schlüsselbohrungen von gleicher Tiefe angesetzt werden. In Bohrlöchern sollte zur besseren Ausnutzung der aufgewandten Kosten stets der Standardrammversuch ausgeführt werden.

Durch Rammsondierungen können meist erhebliche Bohrkosten gespart werden. Man erhält zudem rasch Angaben über die ungefähre Festigkeit des Untergrundes, während Laborversuche mehr Zeit erfordern. Besonders bei nicht-

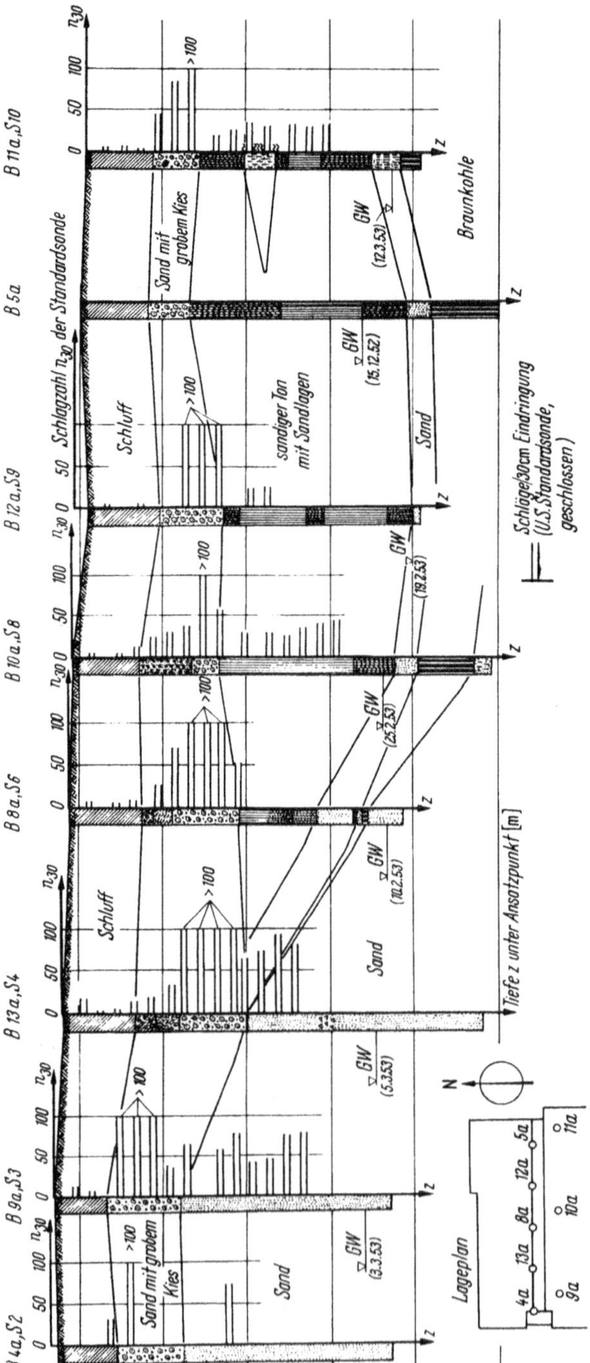

Abb. 210. Bodenschnitt zum Auffinden der tragfähigen Schicht aus Bohrungen und Rammsondierungen mit der Standardsonde.

bindigen Böden, aus denen keine ungestörten Proben entnommen werden können, liefern Rammsondierungen einen guten Anhalt für die Lagerungsdichte. Als zweckmäßig haben sich Rammsondierungen auch bei der Nachprüfung von Verdichtungsarbeiten erwiesen (s. Kap. 2.112 und Brandenburg 1958). Außerdem können die Ergebnisse dazu verwendet werden, die voraussichtlichen Rammeigenschaften des Bodens zu bestimmen, da hier eine gewisse Ähnlichkeit zwischen dem Versuch und der Rammung von Pfählen besteht. Jedoch ist ein Modellgesetz für die Übertragung der Ergebnisse der Sondierungen auf Rammungen von Pfählen bisher nicht aufgestellt worden.

Beispiele. In den Bohrungen für ein schweres Industriebauwerk wurden Standardrammsondierungen ausgeführt (Abb. 210). Die verschiedene Festigkeit der stark wechselnden Schichten kommt in den Profilen gut zum Ausdruck. In vielen Fällen lassen sich aus den Sondierungen auch ohne Bohrlöcher die Schichtenlinien für die Oberkante der tragfähigen

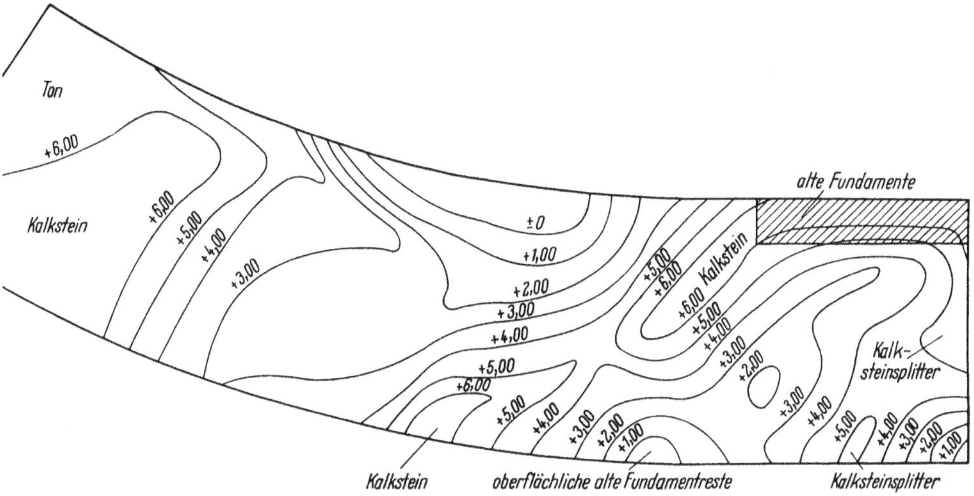

Abb. 211. Höhenlinienplan des tragfähigen Baugrundes auf Grund einer großen Zahl von Rammsondierungen.

Schicht aufzeichnen (Abb. 211). Bei den Untersuchungen für ein Hochhaus (Abb. 202) zeigten die Rammsondierungen deutlich die geringe Festigkeit der Aufschüttung, die hohe Festigkeit des darunter gelegenen sandigen Kieses, die Abnahme der Festigkeit im Ton und in der Braunkohle und die hohe Festigkeit des Feinsandes.

Literatur

Allgemeines über Rammsonden:

Burkhardt (1933): Entnahme von Bodenproben in ungestörter Verfassung. Bautechnik 11, S. 14.
Terzaghi (1954): Fünfzig Jahre Baugrundforschung. Schweiz. Bauzeitg. 72, S. 181 u. 202.
Frankipfahl-Baugesellschaft (1958): Beziehungen zwischen Probebelastungen und Drucksondierwerten. Manuskript. Düsseldorf.
Bogdanovic (1959): Odredivanje otpornosti tla na penetraciju (Die Bestimmung des Eindringwiderstandes des Bodens). Publ. Inst. za Ispitivanje Materijala NR Srbije Ljubljana Nr. 14, S. 43.
Naujoks (1960): Studium skandinavischer Untersuchungsmethoden und -geräte auf dem Gebiet der Bodenmechanik sowie Information über Tragfähigkeitsprobleme. Aus: Junge Architekten und Ingenieure sehen sich um. Berlin. S. 11.
Siedek/Voss (1960): Die Bodenprüfverfahren bei Straßenbauten. Düsseldorf. S. 90.
Sanglerat (1965): Le pénétromètre et la reconnaissance des sols. Paris.

Über die leichte Rammsonde:

Künzel (1936): Der Prüfstab, ein einfaches Mittel zur Bodenprüfung. Bauwelt 21, S. 327.
Paproth (1943): Der Prüfstab Künzel, ein Gerät für Baugrunduntersuchungen. Bautechnik 21, S. 327.
Haefeli/Amberg/Moos (1951): Eine leichte Rammsonde für geotechnische Untersuchungen. Mitt. Versuchsanst. Wasserbau und Erdbau ETH Zürich Nr. 21. Schweiz. Bauzeitg. 69, S. 497.

Über die schwere Rammsonde:

Haefeli/Fehlmann (1953): A combined penetration process for the exploration of the foundation soil. Proc. III. Int. Conf. Soil Mech. Found. Eng. Zürich, Bd. I, S. 232.
Rao (1953): Applications of soil mechanics in river structures (India). Proc. III. Int. Conf. Soil Mech. Found. Eng. Zürich, Bd. II, S. 277.
Moretto (1954): Subsoil exploration for a bridge over the Paraná River, Argentina. Géotechnique 4, S. 137.

Über die amerikanische Standardsonde:

ASTM D 1586–58 T (1958): Tentative method for penetration test and split-barrel sampling of soils.
Hvorslev (1949): Subsurface exploration and sampling of soils for civil engineering purposes. Waterways Experiment Station Vicksburg. S. 35.
Terzaghi/Peck (1961): Die Bodenmechanik in der Baupraxis. Berlin/Göttingen/Heidelberg. S. 309 u. 449.
Thorburn (1963): Tentative correction chart for the standard penetration test in non-cohesive soils. Civ. Eng. Publ. Works Review 58, S. 752.

Vereinheitlichung und Anwendung:

DIN 4094 (1964/65): Baugrund. Ramm- und Drucksondiergeräte. Blatt 1: Abmessungen und Arbeitsweise der Geräte. Blatt 2 (Vornorm): Hinweise für die Anwendung.
Muhs/Hoffmann (1944): Die mechanische Verfestigung sandigen und kiesigen Baugrundes. Bautechnik 22, S. 149.
Stump (1946): Aus der Praxis der Rammsondierung. Schweiz. Bauzeitg. 64, S. 128.
— (1948): A method for determining the resistance of the subsoil by driving. Proc. II. Int. Conf. Soil Mech. Found. Eng. Rotterdam, Bd. III, S. 212.
Peck (1953): Foundation exploration for the Denver Coliseum. Proc. Am. Soc. Civ. Eng. 79, Separate No. 326.

Auswertung:

Khanna/Varghese/Hoon (1953): Bearing pressure and penetration tests on typical soil strata in the region of the Hirakud Dam Project. Proc. III. Int. Conf. Soil Mech. Found. Eng. Zürich, Bd. I, S. 246.
Bureau of Reclamation (1953): Earth laboratory report No. EM 356.
Peck/Hanson/Thornburn (1953): Foundation engineering. New York. S. 109.
Schubert (1955): Untersuchung des sandigen Baugrundes durch Sonden. Wissensch. Ztschr. d. TH Dresden 5, H. 1, S. 49.
Meyerhof (1956): Penetration tests and bearing capacity of cohesionless soils. Proc. Am. Soc. Civ. Eng. 82, Paper 866.
Gibbs/Holtz (1957): Research on determining the density of sands by spoon penetration testing. Proc. IV. Int. Conf. Soil Mech. Found. Eng. London, Bd. I, S. 35.
Brandenburg (1958): Über die Verdichtungsprüfung von Schüttungen aus gleichförmigen Sanden. Mitt. Franzius-Inst. TH Hannover H. 14, S. 1.
Menzenbach (1959): Die Anwendbarkeit von Sonden zur Prüfung der Festigkeitseigenschaften des Baugrundes. Forschungsberichte d. Landes Nordrhein-Westfalen Nr. 713.
Schultze/Menzenbach (1961): Standard penetration test and compressibility of soils. Proc. V. Int. Conf. Soil Mech. Found. Eng. Paris, Bd. I, S. 527.
de Beer (1963): The scale effect in the transposition of the results of deep sounding tests on the ultimate bearing capacity of piles and caisson foundations. Géotechnique 13, S. 39.
Schultze/Melzer (1965): The determination of the density and the modulus of compressibility of non-cohesive soils by soundings. Proc. VI. Int. Conf. Soil Mech. Found. Eng. Montreal, Bd. I, S. 354.
Melzer (1967): Sondenuntersuchungen in Sand. Dissertation TH Aachen.

1.322.13 Drehsondierungen

Definition. Bei der Drehsondierung wird das horizontale Drehmoment zum Abscheren des Bodens durch das in den Untergrund eingetriebene Prüfgerät ermittelt. Hierzu wird die Sondenspitze mit vier um je 90° zueinander versetzten Flügeln versehen, die bei einer Drehung der Sonde ein Abscheren des Bodens längs des Umfangs und durch die Ober- und Unterfläche der betroffenen Bodensäule herbeiführen. Die Geräte werden deshalb „*Flügelsonden*" genannt („*Vane-Test*").

Gerät. Die ersten derartigen Versuche sind bereits Mitte der 20er Jahre in Schweden ausgeführt worden. In Deutschland wurde der Degebo auf ein ähnliches Gerät im Jahre 1929 ein Patent erteilt. Doch sind diese Versuche zunächst weder in Schweden noch in Deutschland systematisch weitergeführt und ausgebaut worden. Erst nach dem zweiten Weltkrieg wurde die Flügelsonde gleichsam neu entdeckt und zu einem heute für bestimmte Aufgaben unentbehrlichen Prüfgerät entwickelt, und zwar vor allem in Schweden (Cadling/Odenstad 1950, Carlson 1948, Skempton 1948a).

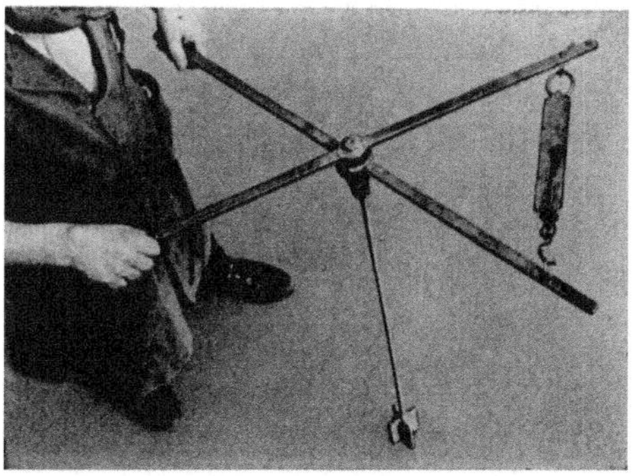

Abb. 212. Leichte Flügelsonde.

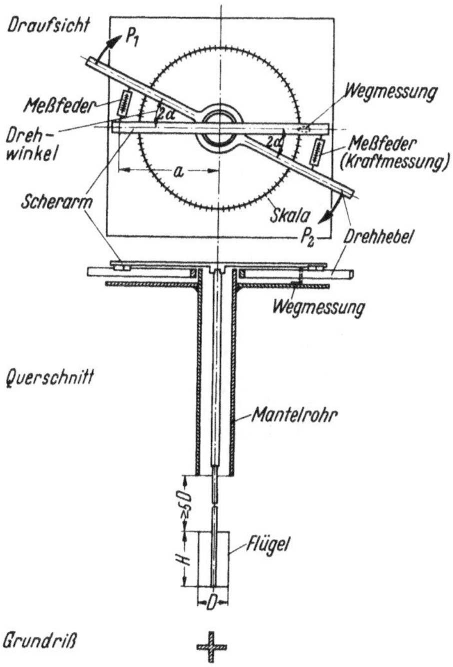

Abb. 213. Prinzip der Flügelsonden.

Im einfachsten Fall, d. h. zum Gebrauch in standfesten Böden, kann die Flügelsonde aus einem einfachen, an der Spitze mit vier Flügeln versehenen Gestänge bestehen (Abb. 212). Zur Ausschaltung der Reibung auf das Gestänge ist aber gewöhnlich ein besonderes Mantelrohr vorhanden (Abb. 213), das an seiner Spitze so ausgebildet ist, daß es beim Einrammen oder Eindrücken der Sonde — evtl. von der Sohle eines Bohrlochs aus — die Flügel aufnimmt und vor Beschädigungen schützt. Um die Kopf- und Fußfläche des abgescherten Bodenzylinders, wo noch geringe Störungen des Bodens erwartet werden müssen, möglichst klein im Verhältnis zu seiner Mantelfläche zu halten, soll die Höhe der Flügel H im Verhältnis zu ihrem Durchmesser D groß sein. Für die schwedischen Flügelsonden ist ein Verhältnis $H/D = 2$ eingeführt worden.

Die Messung des Drehmoments geschieht meist sehr einfach durch einen auf dem Gestänge *beweglich* angebrachten Drehhebel (Abb. 213), der über zwei Dynamometer oder Meßfedern mit einem auf dem Gestänge *fest* angebrachten

Scherarm verbunden ist. Die Größe der Drehbewegungen der Sonde kann auf einer auf dem Mantelrohr befestigten Ablesetafel durch einen an dem Scherarm befindlichen Zeiger gemessen werden. In Schweden ist auch ein verbessertes, selbstregistrierendes Gerät gebaut worden (CADLING/ODENSTAD 1950).

Außerdem werden auch Laborgeräte (Abb. 214) zur Untersuchung an ungestört entnommenen Proben benutzt (JAKOBSON 1954).

Vorgang. Da das Abscheren außerhalb des durch das Niederbringen des Geräts gestörten Bodenbereichs stattfinden muß, wird das Gestänge mit den Flügeln nach Erreichen der Solltiefe von der Ausgangslage an der Fußplatte des Mantelrohrs aus weiter vorgetrieben (Abb. 215). Nach den Ergebnissen der ausgedehnten Versuche des Schwedischen Geotechnischen Instituts (CADLING/ODENSTAD 1950) genügt hierfür ein lichter Abstand zwischen den Flügeln und dem Mantelrohr vom fünffachen Durchmesser des Mantelrohrs.

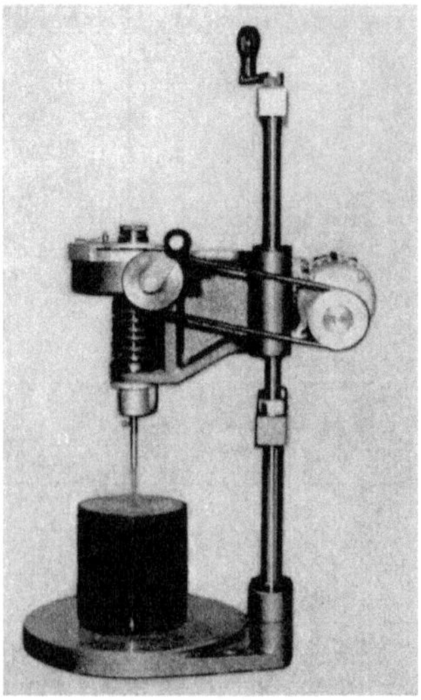

Abb. 214. Labor-Flügelsonde bei der Prüfung einer ungestörten Probe.

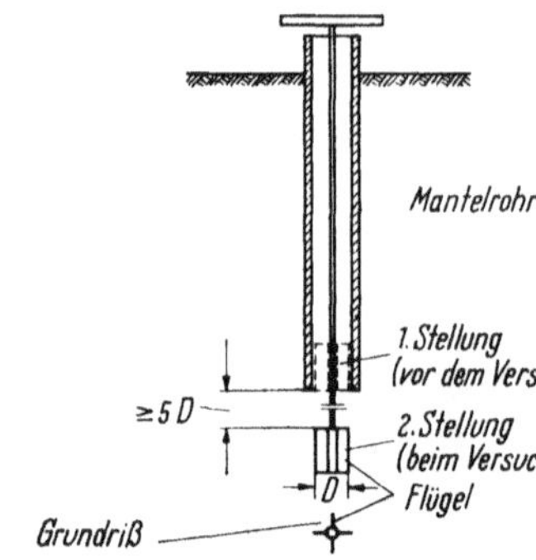

Abb. 215. Einsatz der Flügelsonde im Gelände.

Die Drehgeschwindigkeit wird mit $^1/_{10}{}^\circ$ je Sekunde gewählt und die Sonde zunächst bis zum Bruch, d. h. bis zum Abscheren des Bodens in den durch die Abmessungen der Flügel gegebenen Gleitflächen, belastet. Anschließend wird die Sonde noch weiter gedreht, um den nach Überwinden der Bruchlast etwas kleiner werdenden Widerstand zu messen.

Meßgrößen. An den Dynamometern oder Meßfedern werden die Kräfte P_1 und P_2 abgelesen und die dabei auf der Skala der Ablesetafel auftretenden Wege notiert.

Auswertung. Der Versuch dient allein zur Bestimmung der Scherfestigkeit des Bodens im Untergrund. Das einem Abscheren widerstehende Moment ist unter der Annahme, daß die maßgebende Scherfläche die durch die Flügel begrenzte Zylinderfläche ist und daß die auf diese Fläche wirkenden Schubspannungen gleichmäßig verteilt sind:

$$M_{\max} = \pi \frac{D^2}{2} H \tau_{\max} + \pi \frac{D^3}{6} \tau_{\max} . \qquad (53)$$

Hierin ist $\tau_{\max}$ der Schubwiderstand des Bodens beim Abscheren durch das am Drehhebel mit dem Hebelarm a erzeugte Drehmoment (Abb. 213):

$$M = (P_1 + P_2)\, a \cos\alpha . \qquad (54)$$

Aus $M = M_{max}$ kann die Scherfestigkeit des Bodens berechnet werden. Es ist:

$$\tau_{max} = \frac{2\,(P_1 + P_2)\,a\cos\alpha}{\pi\left(H\,D^2 + \frac{1}{3}\,D^3\right)} \quad (kg/cm^2)\,. \tag{55}$$

Für den üblichen Fall $H = 2\,D$ wird:

$$\tau_{max} = \frac{6}{7}\cdot\frac{1}{\pi\,D^3}\,(P_1 + P_2)\,a\cos\alpha \quad (kg/cm^2)\,. \tag{56}$$

Mit $\cos\alpha \cong 1$ ergibt sich dann:

$$\tau_{max} = C\,(P_1 + P_2) \quad (kg/cm^2)\,.$$

Wenn der Sondenflügel nach Erreichen des „Bruchmoments" noch einige Male (z. B. 20) weiter gedreht wird, ergibt sich ein zugehöriges kleineres Drehmoment, welches auch bei noch häufigeren Umdrehungen nicht wesentlich abnimmt. Die sich aus diesem Drehmoment ergebende Scherfestigkeit kann als die Scherfestigkeit des *gestörten* Bodens angesehen werden. Das Verhältnis der für den ungestörten Boden ermittelten Scherfestigkeit zur Scherfestigkeit des gestörten Bodens wird – wie auch bei anderen Versuchen zur Bestimmung der Scherfestigkeit – als „*Sensitivität*" des Materials bezeichnet (s. Kap. 1.412.4).

Verwendung. Die Bestimmung der Scherfestigkeit des Bodens in verschiedener Tiefe mit Hilfe der Flügelsonde ist recht einfach und nimmt wenig Zeit in An-

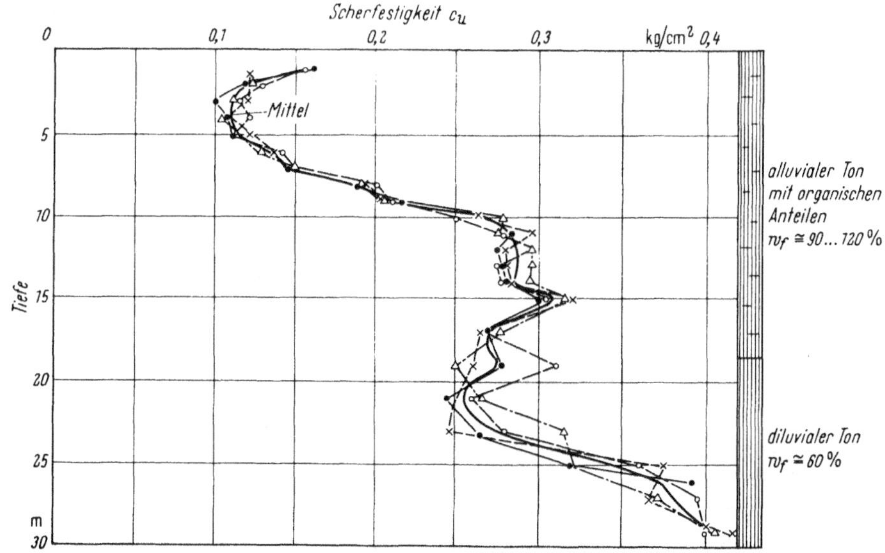

Abb. 216. Ergebnis von Drehsondierungen im Ton (JAKOBSON 1954).

spruch. Da der Boden auch verhältnismäßig wenig gestört wird und da die Spannungsverhältnisse der Wirklichkeit entsprechend erhalten bleiben, ist die Bestimmung der Scherfestigkeit durch Drehsondierungen auch recht genau.

Der Flügelversuch ist jedoch nicht in der Lage, den gemessenen Scherwiderstand in den Reibungs- und Kohäsionsanteil zu zerlegen. Hierzu müßten die auf die Zylinderflächen wirkenden Normalkräfte bekannt sein. Da dies nur unter recht vagen Annahmen der Fall ist, liefert die Flügelsonde allein dort ein in bezug auf die Scherfestigkeit eindeutiges Ergebnis, wo es sich um einen bei „schneller Belastung" nahezu reibungslosen Boden („$\varrho = 0$-Boden") handelt, wo also die Normalkräfte und die diese beeinflussenden Porenwasserspannungen keine Bedeutung haben und die Scherfestigkeit mehr oder weniger allein auf der nicht entwässerten Scherfestigkeit c_u beruht (S. 507). Wenn diese allein, d. h. die Scherfestigkeit c_u bei schneller Belastung, gebraucht wird, wie z. B. bei Dammschüttungen oder bei der Belastung von Behältern auf alluvialen wassergesättigten Tonböden, liefert die Flügelsonde alle Werte zur unmittelbaren Anwendung der sehr einfachen Stabilitätsberechnung gemäß der „$\varrho = 0$-Analyse" (Skempton 1948 b). Die in Schweden durchgeführten Vergleichsversuche (Jakobson 1954) und vor allem Stabilitätsberechnungen an aufgetretenen Rutschungen in weichen Schluff- und Tonböden haben gezeigt, daß die mit der Flügelsonde bestimmten Scherfestigkeiten in solchen Fällen zutreffend sind und mit denen, die gemäß den Rutschungen vorhanden gewesen sein müssen, befriedigend übereinstimmen (Cadling/Odenstad 1950).

Beispiel. Vergleichsmessungen in vier Bohrlöchern, die untereinander einen Abstand von 1,7 m besaßen (Abb. 216), lassen eine gute Übereinstimmung der Ergebnisse erkennen (Jakobson 1954).

Literatur

Degebo (1929): Festigkeitsprüfer für die Schubfestigkeit des Baugrundes. DRP 508711.
Carlson (1948): Determination in situ of the shear strength of undisturbed clay by means of a rotating auger. Proc. II. Int. Conf. Soil Mech. Found. Eng. Rotterdam, Bd. I, S. 265.
Skempton (1948a): Vane tests in the alluvial plain of the river Forth near Grangemouth. Géotechnique 1, S. 111.
— (1948b): The $\varrho = 0$ analysis of stability and its theoretical basis. Proc. II. Int. Conf. Soil Mech. Found. Eng. Rotterdam, Bd. I, S. 72.
Cadling/Odenstad (1950): The vane borer. Proc. Swed. Geot. Inst. Nr. 2.
Murphy (1952): Penetrometer and vane tests, applied to railway earthworks. Proc. I. Australia-New Zealand Conf. Soil Mech. Found. Eng. Melbourne, S. 135.
Swed. Geot. Inst. Stockholm (1953): Vane test. Information Sheet Nr. 5. Presented to the Europ. Conf. on Stability of Earth Slopes Stockholm 1954.
Jakobson (1954): Influence of sampler type and testing method on shear strength of clay samples. Proc. Swed. Geot. Inst. Nr. 8.
Gray (1955): Field vane shear tests of sensitive cohesive soils. Proc. Am. Soc. Civ. Eng. 81, Paper 755.

1.322.2 Untersuchungen im Bohrloch

Definition. Zu den Untersuchungen im Bohrloch gehören außer den Drehsondierungen (Kap. 1.322.13) und dem Standard Penetration Test (Kap. 1.322.12) die „*optische Bohrlochsondierung*" und lotrechte bzw. waagerechte Belastungen der Bohrlochsohle bzw. der Bohrlochwandung.

Die früher gelegentlich verwendete lotrechte Belastung der Bohrlochsohle hat sich nicht durchsetzen können, da die kleinen Belastungsplatten den Boden nicht nur zusammendrücken, sondern sich im Bohrloch auch leicht schief stellen. Außerdem wird gewöhnlich der nicht maßgebende gestörte Boden in der Bohrlochsohle belastet, wodurch sich zu große Setzungen ergeben. Dies ist besonders zu befürchten, wenn sich infolge Wasserüberdrucks ein Strömungsgefälle zum Bohrloch hin einstellt. Das kann zwar durch einen künstlichen Wasserstand im Bohrloch verhindert werden, ruft aber bei zu hohem Spiegel die umgekehrte Wirkung hervor. Die lotrechten Belastungen im Bohrloch liefern daher häufig sehr ungenaue Ergebnisse, die nur mit Vorbehalt verwertet werden können.

Gerät. Bei der *optischen Bohrlochsondierung*, die vorwiegend bei Bohrungen im Fels Anwendung findet, können drei Arten von Sonden unterschieden werden:

Die rein optischen Sonden, die verschiedene Arten von Periskopen verwenden, z. B. die optische Bergsonde B 25 von MÜLLER (1958), die bei einem Mindestdurchmesser des Bohrlochs von 40 mm bis zu Sondiertiefen von 30 m, und zwar auch unter Wasser, arbeitet (Abb. 217);

die optisch-fotografische Sonde von BURWELL/NESBITT (1954), bei der die Bohrlochwandung durch eine Filmkamera aufgenommen wird;

die optische Sonde mit Fernsehübertragung nach MÜLLER (1958), die die erste Anwendung des Fernsehens bei der Untersuchung des Untergrundes darstellt. Bei dieser Sonde benötigt man einen Sondenkörper mit einer Fernsehkamera, ein Kabel, einen Kabeleinführungsbock, eine Kabeltrommel und ein Bildschirmgerät. Die Fernsehaufnahmeröhre und

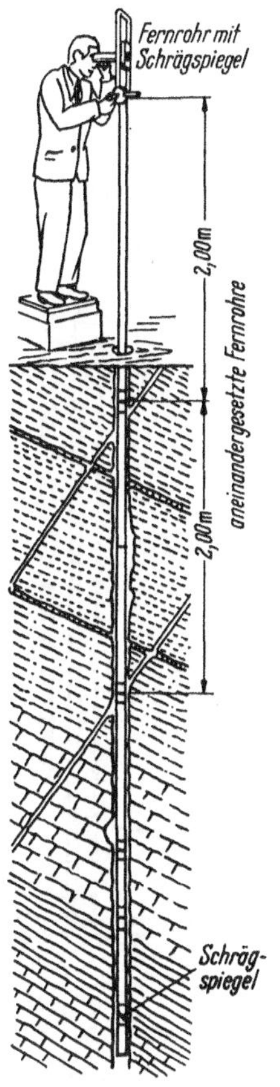

Abb. 217. Optische Bergsonde (MÜLLER 1958c).

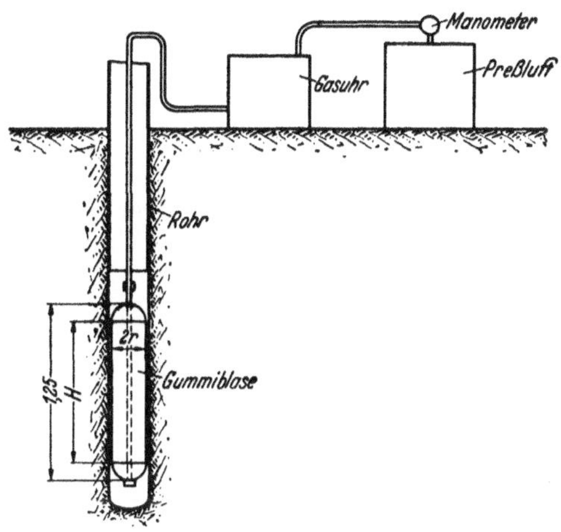

Abb. 218. Versuchsanordnung bei der Baugrundprüfung mit dem Seitendruckapparat von KÖGLER.

die zugehörige Optik sind so klein, daß die Sonde in Bohrlöcher bis zu einem Mindestdurchmesser von 64 mm eingeführt werden kann. Es sind Sondierungen bis in mehrere 100 m möglich, und zwar auch unter Wasser.

Für die *waagerechte Belastung der Bohrlochwandung* geeignete Geräte sind zuerst von KÖGLER (1933) sowie von BLATTER und LANGER (KOLLBRUNNER 1946) vorgeschlagen worden. Der „*Seitendruckapparat*“ von KÖGLER besteht aus einer Gummiblase von 1,25 m Höhe mit einem Durchmesser, der dem des Bohrlochs gleich ist, und einer Preßluftflasche mit einem Manometer und einer Gasuhr (Abb. 218).

Der Apparat von BLATTER und LANGER besitzt eine wassergefüllte Gummizelle innerhalb eines zurückziehbaren Blechmantels, die mit einem bis Geländehöhe reichenden Standrohr versehen ist (Abb. 219).

Das später in Frankreich entwickelte „*Pressiometer*“ von MÉNARD (1957a) besteht aus einer zentralen Meßzelle (Abb. 220), die in der Länge unverändert bleibt und auf die Bohrlochwandung einen gleichmäßig verteilten und im Verlauf des

Versuchs stetig anwachsenden Druck ausübt. Die durch den Druck hervorgerufene Ausdehnung der Bohrlochwandung wird automatisch durch die Zunahme des Zellendurchmessers gemessen, und zwar wird die Veränderung des Zellendurchmessers durch einen Flüssigkeitsstandsanzeiger sichtbar gemacht. Oberhalb und unterhalb der eigentlichen Meßzelle befinden sich zwei weitere Zellen, auch

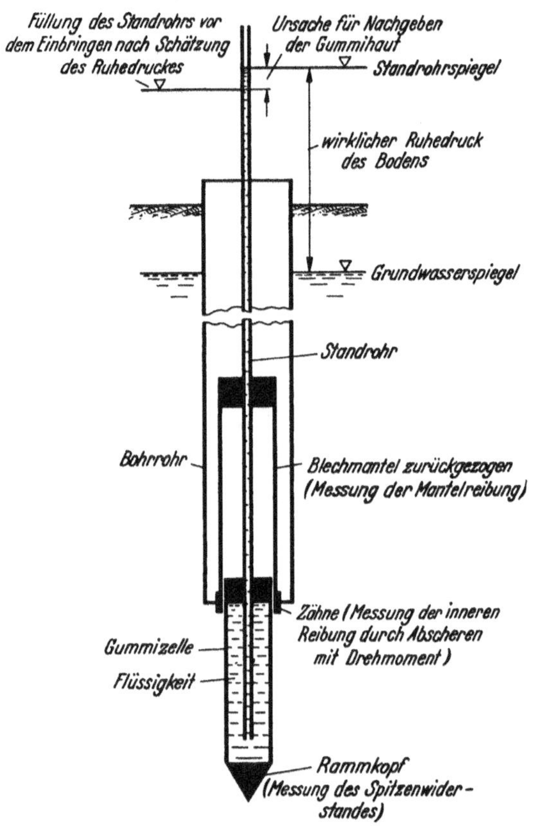

Abb. 219. Versuchsanordnung bei der Baugrundprüfung mit dem Bohrlochprüfapparat von BLATTER und LANGER.

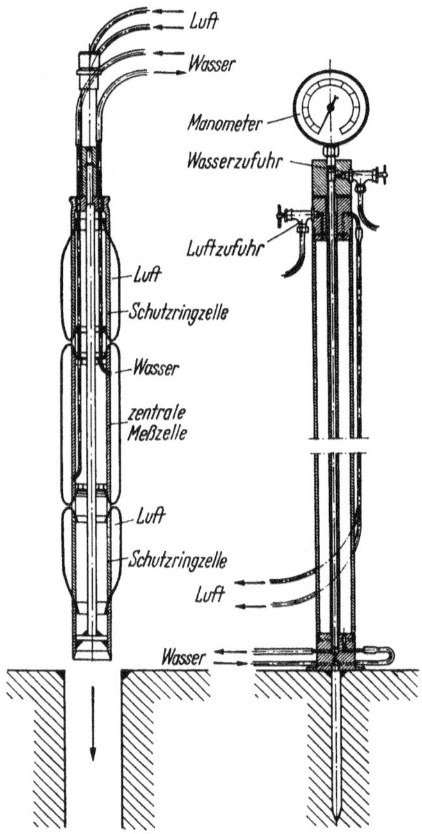

Abb. 220. Schema des Pressiometers (MÉNARD 1957 a).

„Schutzringzellen“ genannt, von gleicher Bauart. Durch sie wird die streng zylindrische Form des von der Meßzelle erzeugten Spannungsfeldes gesichert.

Vorgang. Bei den *optischen Sonden* wird das Bild der Bohrlochwandung entweder über einen drehbaren Schrägspiegel mit einem Fernrohr beobachtet, mit einer Filmkamera fotografiert oder über einen drehbaren Schrägspiegel durch eine Miniaturfernsehkamera zugleich mit dem Bild eines Kompasses und einer Libelle aufgenommen und kann auf einem Fernsehschirm betrachtet und auch fotografiert werden. Eine mit dem Spiegel umlaufende auswechselbare Beleuchtung ermöglicht durch verschiedene Licht- und Schattenverteilung Angaben darüber, ob Klüfte im Gestein geschlossen oder geöffnet, leer oder gefüllt sind.

Bei dem *Seitendruckapparat* wird das Gerät in das Bohrloch hinabgelassen, das Bohrrohr um etwa 1,5 m hochgezogen und die Blase bis zu einem bestimmten Druck aufgepumpt. Ihre Ausweitung infolge Nachgebens des Bodens wird durch Nachpumpen von Luft ausgeglichen und der Druck langsam gesteigert.

Die *Zelle von* Blatter und Langer wird etwa unter den Druck des Grundwassers gesetzt und unter dem Schutz des Mantels von der Sohle des verrohrten Bohrlochs aus in den Boden gerammt. Anschließend wird der Mantel gezogen. Bisweilen wird er durch ein Moment belastet und der Boden im Bohrloch abgeschert.

Das *Pressiometer* wird in ein unverrohrtes Bohrloch mit einem Durchmesser von 6 cm, das mit Hilfe eines Schneckenbohrers abgeteuft wird, eingeführt. Das Gerät kann in jeder Bodenart verwendet werden. Ein schwacher Druck bewirkt ein dichtes Anliegen der Zellmembrane an der Bohrlochwand und schafft ein Gleichgewicht zum natürlichen Erddruck. Anschließend wird der Druck gesteigert. Ebenso wie bei Untersuchungen im Laboratorium mit dem Dreiaxialgerät unterscheidet man hierbei einen schnellen, nichtentwässerten Versuch und einen langsamen, entwässerten Versuch, der auch „*Versuch mit kontrollierter Drucksetzung*" genannt wird. Der Schnellversuch dient zur Messung der Eigenschaften des natürlichen unbelasteten Erdreichs, während die Prüfung mit kontrollierter Drucksetzung den Zweck hat, die Endfestigkeit des Baugrundes gegenüber den Beanspruchungen aus dem Bauwerk zu bestimmen. Nachdem beim Versuch derjenige Druck erreicht ist, der vor Versuchsbeginn im Baugrund herrschte, zeichnen sich drei aufeinander folgende Phasen ab (Abb. 221). In der ersten, der sogenannten pseudoelastischen Phase nimmt der Bohrlochdurchmesser direkt proportional mit dem Druck zu. Die Spannungsverteilung folgt den Gesetzen der Elastizitätstheorie, und im Boden vollzieht sich keinerlei Bruch. In der zweiten Phase entwickeln sich örtliche Bruchflächen in der Umgebung des Bohrlochs. Das Druckformänderungsdiagramm folgt nicht mehr einem linearen Gesetz, sondern einer Exponentialfunktion. Im Verlauf der dritten Phase nimmt der Bohrlochdurchmesser beträchtlich zu, während der Druck einem Größtwert zustrebt. Die Kurve geht in eine lotrechte Asymptote über. Der Grenzwert des Drucks ist von der Zusammendrückbarkeit und vom Scherwiderstand des Bodens abhängig.

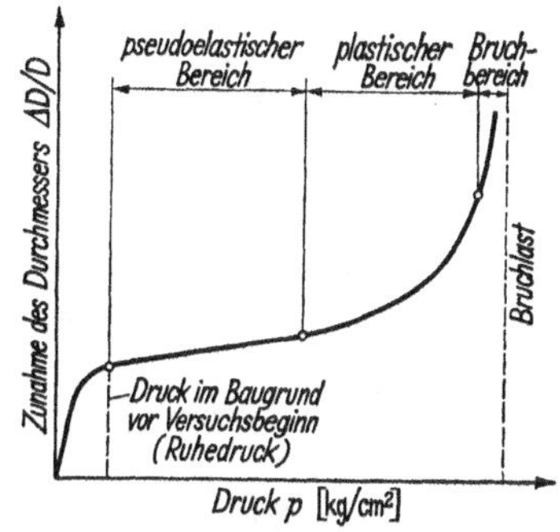

Abb. 221. Schematische Darstellung der Versuchsergebnisse mit dem Pressiometer (Rock Mechanics Limited).

Meßgrößen. Bei den optischen Sonden kann mit Hilfe des Spiegels, der Filmkamera oder der Fernsehkamera die Bohrlochwandung betrachtet und fotografiert werden. Ebenso können geologische Ebenen im Bohrloch eingemessen werden (Abb. 222).

Bei dem Seitendruckapparat werden die verbrauchte Luftmenge und der Druck, unter dem die Luft in der Gummiblase jeweils steht, gemessen. Bei dem Gerät von Blatter und Langer werden der Gesamtwiderstand beim Einrammen, die Kraft beim Ziehen des Mantels, der dabei infolge des seitlichen Erddrucks zunehmende Standrohrspiegel und zur Bestimmung des Scherwiderstands unter Umständen das zum Abdrehen des Blechmantels erforderliche Moment gemessen.

Bei dem Pressiometer wird die Zusammendrückung der Bohrlochwandung in Abhängigkeit vom Druck aufgetragen (Abb. 223).

Kennziffern. Aus den Messungen mit dem Seitendruckapparat erhält man durch Eichkurven, die den Zusammenhang zwischen der bei einem bestimmten Luftdruck verbrauchten Luftmenge und dem dazugehörigen Durchmesser der Blase vermitteln, den Durchmesser der aufgepumpten Blase und aus dessen Zunahme mit wachsendem Druck und mit wachsender Luftmenge die seitlichen

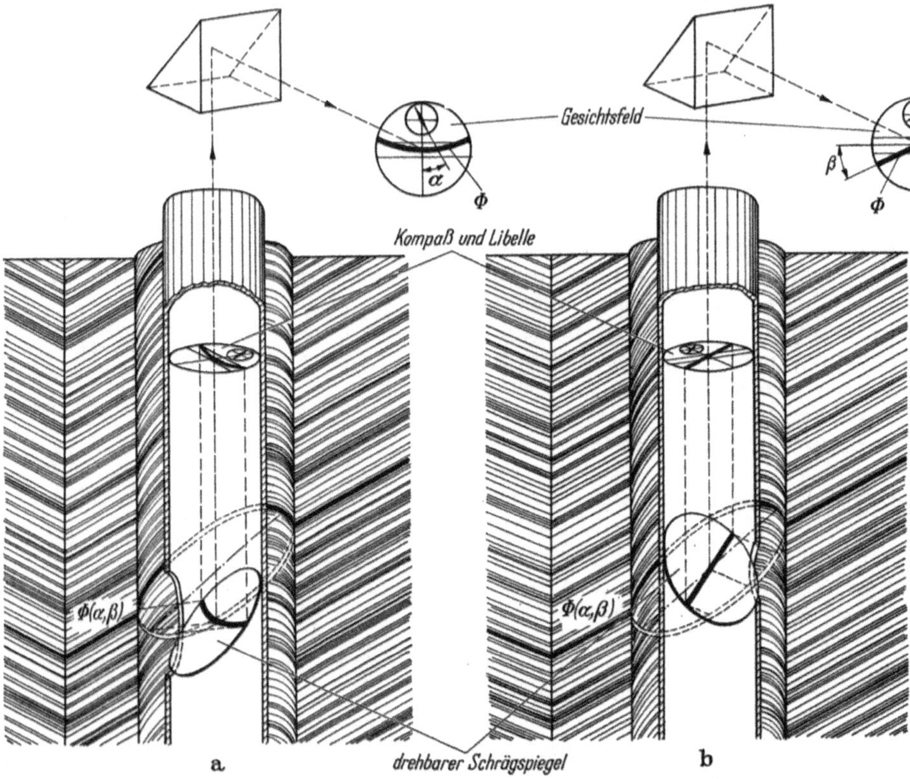

Abb. 222a u. b. Einmessen geologischer Ebenen im Bohrloch (MÜLLER 1958 c).
a) Blick in Fallrichtung; b) Blick in Streichrichtung einer geologischen Fläche.

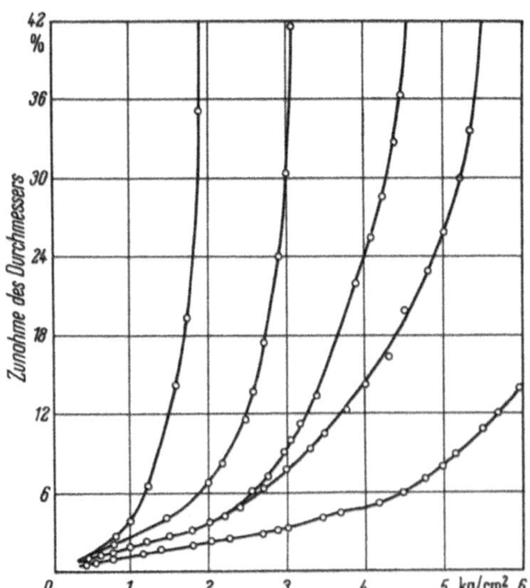

Abb. 223. Versuchsergebnisse mit dem Pressiometer. Diagramm für verschiedene Tiefen (MÉNARD 1957a).

Eindrückungen s. Das Gerät von BLATTER und LANGER liefert neben der Mantelreibung und dem Spitzenwiderstand [als Differenz zwischen Gesamtwiderstand und Reibung beim Ziehen (Abb. 181 im Kap. 1.322.11)] aus dem Druckanstieg im Standrohr die Größe des „natürlichen Erddrucks“: $\Delta h =$ Standrohrspiegel $-$ Grundwasserspiegel $= e_0$, gemittelt über die Zellenhöhe. Mit dem Pressiometer erhält man die Steifezahl (s. Abschn. „Auswertung“), die nicht entwässerte Scherfestigkeit c_u des Bodens und den Reibungswinkel ϱ', sofern keine Kohäsion und kein Porenwasserdruck vorhanden sind.

Auftragungen. Die optischen Sondierergebnisse können zeichnerisch durch eine Einzeldarstellung geologischer Flächen im tektonischen

Plan und eine statistische Darstellung innerhalb einzelner Bereiche ausgewertet werden. In letzterem Fall genügt die „*Kluftrose*" (Abb. 224a), die häufig noch gebraucht wird, den Anforderungen heute nur noch selten, da sie nur die Streichrichtung, aber nicht die Fallneigung der Gesteinsflächen angibt. Man bevorzugt daher die Darstellung der sogenannten „*Lagenkugel*" (Abb. 224b). Jede geologische Fläche ist hier durch den Berührungspunkt einer Parallelebene mit

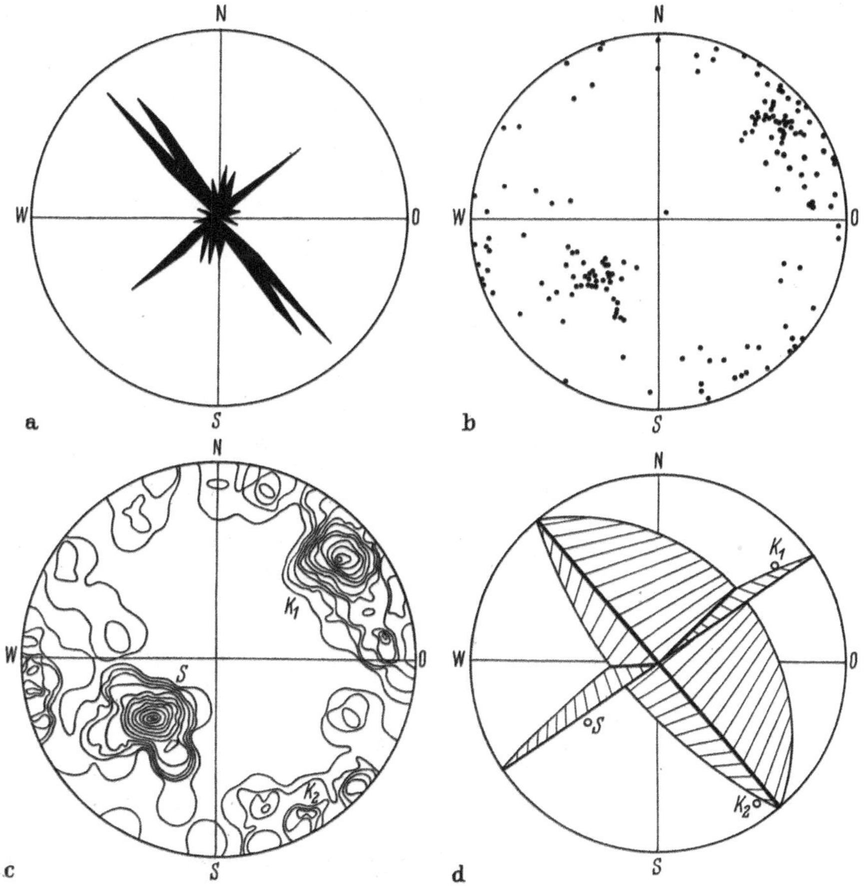

Abb. 224a—d. Zeichnerische und statistische Darstellung optischer Sondierergebnisse (MÜLLER 1958c). a) Kluftrose (Streichen der Klüfte); b) Lagenkugel; c) Häufigkeiten der Kluftstellungen; d) Darstellung der häufigsten Ebenen der Kluftstellungen durch Großkreise.

einer Einheitskugel dargestellt. Verbindet man die Orte gleicher Häufigkeit (Abb. 224c), so kann man daraus die statistische Verteilung ablesen und alle Raumwinkel leicht bestimmen. Stellt man die häufigsten Ebenen als Großkreise auf einer Kugel dar (Abb. 224d), so kann man bevorzugte Flächen deutlich erkennen.

Die Eindrückungen *s* des Seitendruckapparats werden in Abhängigkeit von dem Druck *p* aufgetragen, beim Pressiometer die Veränderungen des Durchmessers (Abb. 223). Die erste Versuchsphase ist durch eine gerade Linie gekennzeichnet, deren Neigung die Steifezahl des Bodens angibt. Die Exponentialfunktion der zweiten Phase soll die Bestimmung der Kohäsion und des Reibungswinkels ermöglichen. Der Grenzwert, der in der dritten Phase erreicht wird, hängt von der Zusammendrückbarkeit und dem Scherwiderstand ab; wenn diese beiden Bodenkennwerte im Verlauf der ersten beiden Versuchsphasen zutreffend gemessen werden, dient er zu deren Überprüfung.

Die mit den Geräten von KÖGLER bzw. BLATTER und LANGER und die mit dem Pressiometer ermittelten Größen (Mantelreibung, Spitzenwiderstand, natürlicher Erddruck bzw. Steifezahl) werden der Tiefe nach aufgetragen und liefern ein ähnliches Bild wie die Tiefensondierung (Abb. 225).

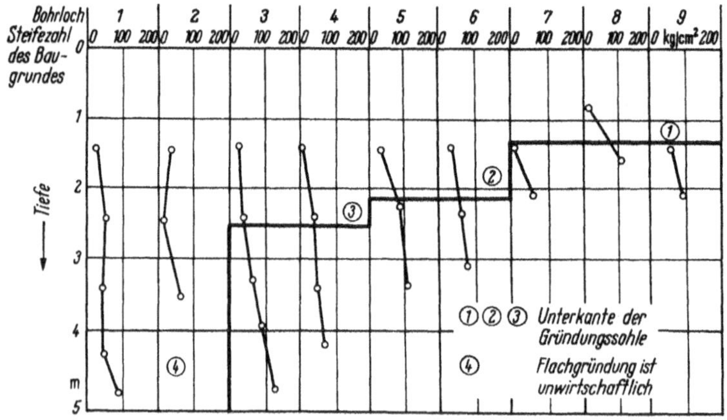

Abb. 225. Untersuchung der Gründung eines Wohngebäudes (MÉNARD 1957a).

Auswertung. Die Steifezahl E_p des Baugrundes bei behinderter Seitendehnung („*Pressiometermodul*") kann nach KÖGLER für bestimmte Druckbereiche p bestimmt werden. Es ist:

$$E_p = \frac{\Delta p\, r\, H}{\Delta s\,(H - 2r \tan\alpha)} \ln \frac{H}{2r \tan\alpha} \quad (\text{kg/cm}^2)\,, \tag{57}$$

r Bohrlochhalbmesser,
H Anliegelänge der Blase,
Δs Zunahme der Eindrückung bei Druckanstieg Δp,
α Ausbreitungswinkel der Spannungen.

Bei MÉNARD ist in der ersten Versuchsphase:

$$E_p = K \frac{\Delta p}{\Delta D/D} \quad (\text{kg/cm}^2)\,, \tag{58}$$

ΔD Änderung des Bohrlochdurchmessers D bei Druckanstieg Δp,
K Konstante, die von der geometrischen Form des Apparats abhängt.

Die für die Zusammendrückbarkeit des Bodens in seitlicher Richtung gefundenen E_p-Werte können nur bei bestimmten Böden auch für die Zusammendrückbarkeit in lotrechter Richtung benutzt werden. Sie werden in der Natur ebenso groß wie beim Versuch angenommen.

Zahlenwerte. Die Größe der aus der waagerechten Belastung der Bohrlochwandung ermittelten Steifezahlen ist kleiner als beim Zusammendrückungsversuch (Kap. 1.412.1). Über die Größe des gemessenen natürlichen Erddrucks sind noch keine Werte bekannt geworden.

Fehler. Das Verfahren von KÖGLER und MÉNARD hat starren Versuchsanordnungen gegenüber verschiedene Vorteile. Die Blase paßt sich etwaigen Unebenheiten der Bohrlochwand von selbst an und verhindert dadurch die durch nicht gleichmäßiges Anliegen bedingten Fehler. Die Belastungsfläche ist außerdem verhältnismäßig groß, so daß die durch Zufälligkeiten verursachten Störungen in der Lagerung kleiner Bodenflächen nicht stark zur Geltung kommen können. Außerdem wird das bei Belastungen mit kleinen Flächen stets zu befürchtende seitliche Aufquellen vermieden, so daß man die wirkliche Zusammendrückung mißt. Es ist allerdings fraglich, wieweit die durch die Zusammendrückung in waagerechter Richtung ermittelten Steifezahlen für die Zusammendrückbarkeit in senkrechter Richtung gelten, da durch den Sedimentationsvorgang die Lagerungsverhältnisse in beiden Richtungen verschieden sind (Bernatzik 1947, S. 212, Jelinek 1948, Helenelund 1965). Außerdem ist eine Beeinträchtigung der Meßergebnisse durch die in Lockerböden beim Ziehen des Bohrrohrs auftretende waagerechte Entspannung und damit verbundene Bohrlochverengung (Muhs 1959) und in nichtverrohrten Bohrlöchern durch die beim Bohren unvermeidbare Störung des Bodens zu erwarten. Diese Fehler lassen sich durch geeignete Bohrverfahren z. T. ausschalten. Das Pressiometer hat sich besonders bei Fels bewährt, da hier der Unterschied der Zusammendrückbarkeit in lotrechter und waagerechter Richtung geringer als in den Lockergesteinen ist. Auch stellt hier das Pressiometer das einzige Verfahren dar, nur die Änderung des Elastizitätsmoduls mit der Tiefe bestimmen zu können.

Verwendung. Die Bohrlochsondierung ermöglicht durch den Kompaß und die Libelle eine genaue Raumorientierung der im Bohrloch beobachteten Schichtflächen, Klüfte und Spalten. Sie macht dadurch das sehr umständliche Verfahren, orientierte Kerne zu entnehmen, überflüssig und vermag auch aus Bohrlochabschnitten Aufschlüsse zu geben, in denen wegen zu starker Felszerrüttung keine Kerne entnommen werden können, d. h. aus Bereichen, die für die Beurteilung oft gerade besonders wichtig sind.

Die Ergebnisse der waagerechten Belastungsversuche im Bohrloch kann man zum Vergleichen der verschiedenen Schichten benutzen. Vorteilhaft ist dabei, daß die Vergleichsziffern nur den Einfluß *einer* Bodenart umfassen, wenn die Schichtstärke etwas größer als die Anliegelänge der Blase ist. Bei den lotrechten Belastungen ist dies nicht immer der Fall. Die erhaltenen Steifezahlen können aber nur unter Vorbehalt für Setzungsberechnungen verwendet werden. Diese müssen besonders darauf zugeschnitten werden. Die Untersuchungen haben vor allem dann Vorteile, wenn es sich um Bodenarten handelt, bei denen es nicht möglich ist, ungestörte Bodenproben zu entnehmen oder Drucksondierungen durchzuführen, d. h. insbesondere bei Fels, Kies und Geröllen, oder bei Bodenarten, bei denen schon durch eine teilweise Störung der Bodenproben erhebliche Veränderungen in den Eigenschaften des Baugrundes hervorgerufen werden.

Beispiel. Bei der Gründung von Hochbauten wurden die Gründungssohlen so tief gelegt, daß überall eine Steifezahl von 50 kg/cm² erreicht wurde (Abb. 225), welche zuvor mit dem Pressiometer gemessen worden war. Man konnte auf diese Weise einen Plan für einen größeren Komplex aufstellen, in dem die Gründungstiefen der einzelnen Bauteile angegeben wurden.

Literatur

Über die optische Bohrlochsonde:

Burwell/Nesbitt (1954): The NX bore hole camera. U. S. Department of the Army, Corps of Engineers.

Müller (1958a): Optische Bohrlochsondierung als Hilfsmittel moderner Quellenforschung. Heilbad u. Kurort H. 4.

— (1958b): Eine TV Gefügesonde. Montan-Rundschau H. 4, S. 71.

— (1958c): Optische Sondierung im Festgestein und ihre Auswertung. Vorträge der Baugrundtagung Hamburg, S. 239.

Keil (1958/59): Neuere Verfahren der Tiefenuntersuchung des Baugrundes. Wissensch. Ztschr. d. Hochschule f. Verkehrswesen Dresden 6, H. 1, S. 125.

Über das Gerät von Kögler:

KÖGLER (1933): Baugrundprüfung im Bohrloch. Bauingenieur 14, S. 266.
KÖGLER/SCHEIDIG (1948): Baugrund und Bauwerk. Berlin. S. 34.

Über das Gerät von Blatter und Langer:

KOLLBRUNNER (1946): Fundation und Konsolidation. Zürich. Bd. I, S. 157.

Über das Gerät von Ménard:

MÉNARD (1957a): Un procédé moderne et économique de mesure de la force portante du sol en vue des calculs de fondation. L'Ingénieur-Constructeur 55, S. 431.
— (1957b): Mésures in situ des properiétés physiques des sols. Ann. de Ponts et Chaussées 127, S. 357.
— (1957c): Discussion of "Frictional resistance of steel H-piling in clay". Proc. Am. Soc. Civ. Eng. 83, SM 3, S. 25.
GIBSON/ANDERSON (1961): In-situ measurement of soil properties with the pressuremeter. Civ. Eng. and Publ. Works Review 56, S. 615.
MÉNARD (1962): Das Pressiometer Louis Ménard. Bautechnik 39, S. 202.
HELENELUND (1965): In-situ measurements of the compressibility and the shearing resistance of soils. The State Institute for Technical Research, Helsinki (Finland), Series III – Building, No. 89.
Rock Mechanics Limited: The Ménard pressiometer. London.

Auswertung:

BERNATZIK (1947): Baugrund und Physik. Zürich.
JELINEK (1948): Der Boden als querisotropes Medium. Abhandlg. ü. Bodenmech. u. Grundbau. Berlin/Bielefeld/Detmold. S. 19.
MUHS (1959): Versuche mit Bohrpfählen. Wiesbaden/Berlin. Teil 1, S. 63–64.

1.322.3 Proberammungen

Definition. Bei einer Proberammung werden einzelne Pfähle oder Spundbohlen gesondert geschlagen, um die Rammeigenschaften des Untergrundes festzustellen, um einen Anhalt für die günstigsten Bärgewichte und Fallhöhen zu erhalten und um Aufschluß über die zulässige Pfahlbelastung zu gewinnen. In erweitertem Sinne sind alle beim Bau vorkommenden Rammungen Proberammungen, da auch aus ihren Ergebnissen Schlüsse auf die Bodeneigenschaften und damit auf eine Verbesserung des Rammverfahrens gezogen werden können.

Gerät. Für Pfähle und Spundbohlen werden Rammbären mit einem Gewicht zwischen 0,5 und 8 t verwendet, wobei allerdings Bärgewichte über 3 t zu den Ausnahmen gehören, die nur bei besonders schweren Pfählen oder Spundbohlen vorkommen, da nach Modell- und Großversuchen (MUHS 1945) das Bärgewicht etwa das $1^1/_2$- bis 2fache des Pfahl- oder Spundbohlengewichts betragen soll. Dies ist bei schweren Pfählen meist nicht einzuhalten. Aber auch hier wird nicht unter etwa $^2/_3$ des Pfahlgewichts heruntergegangen. Alles in allem schwanken Bärgewichte und Fallhöhen bei den verschiedenen Pfahl- und Spundbohlenarten erheblich (Tab. 23).

Zu Proberammungen eignen sich wegen ihrer kleinen Schlagzahl und geringen Reibungsverluste besonders Freifallbären. Doch können auch Dampfbären verwendet werden. Schnellschlagbären kommen weniger in Betracht, weil bei ihnen die Schlüsse, die aus dem dynamischen Verhalten des Pfahls auf seine statische Tragfähigkeit gezogen werden können, noch unsicherer sind. Auch bei Dieselbären ist wegen des Verbrennungsdrucks eine zusätzliche Schlagwirkung vorhanden, die die Bestimmung der tatsächlichen Schlagenergie erschwert.

Vorgang. Der Pfahl oder die Spundbohle wird nach Möglichkeit mit konstantem Bärgewicht Q und konstanter Fallhöhe h und unter gleichbleibenden Bedin-

Tabelle 23. *Übliche Bärgewichte und Fallhöhen für Pfahl- und Spundbohlenrammungen*

Pfahlart		Bärgewicht (t)	Fallhöhe (m) bei Freifallbären	Fallhöhe (m) bei unmittelbar wirkenden Dampfbären	Fallhöhe (m) bei Dieselbären
Holzpfähle und Holzspundbohlen von 6 bis 12 m Länge		0,5—1,2			
Holzpfähle von 13 bis 22 m Länge ...		1,2—2,7			
Stahlbetonpfähle und Spundbohlen von 6 bis 12 m Länge	relativ schwere Bäre bei kleiner Fallhöhe	1,8—4,5	0,8—3,0 (vorzugsw. 1,0—1,5)	0,6—1,2	bis 2,30 für alle Bären
Stahlbetonpfähle von 13 bis 24 m Länge		4,0—6,0 (auch 10)	bei Stahlbetonpfählen und -bohlen $h = 0{,}60$—$0{,}80$		
Stahlpfähle und Stahlspundbohlen von 6 bis 15 m Länge		0,8—2,7			
Stahlpfähle und -bohlen von 16 bis 30 m Länge		1,8—6,0			

gungen bis zur gewünschten Tiefe gerammt. Die Eindringung wird nach Möglichkeit während des gesamten Rammvorgangs gemessen.

Als Meßeinrichtung dient im einfachsten Fall eine Markierung am Mäkler, mit deren Hilfe die Höhe des Pfahlkopfes während des Rammvorgangs jederzeit festgestellt werden kann. Nach den heute üblichen Verfahren wird die Oberkante des Pfahlkopfes meist nach einer sogenannten „*Hitze*" von jeweils 10 Rammschlägen in der Rammliste notiert.

Doch hat sich gezeigt, daß es zweckmäßig ist, nicht nur die endgültige Senkung des Pfahls nach dem Rammschlag zu verfolgen, sondern auch die größte Eindringung während des Schlags, die sich infolge der Elastizität des Baugrundes und des Pfahls nur in einem bestimmten Augenblick einstellt, um dann wieder auf das bleibende Maß zurückzugehen.

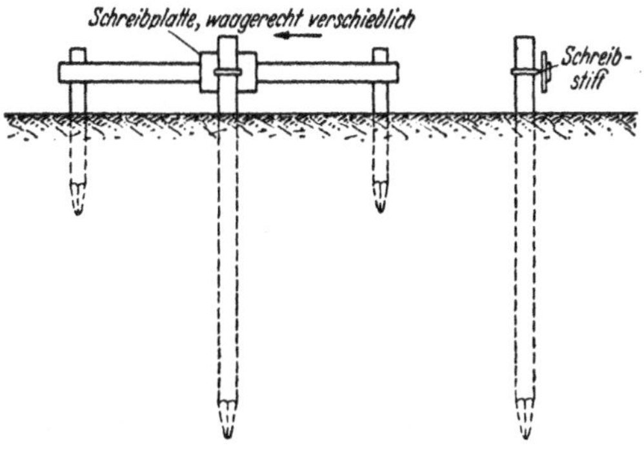

Abb. 226. Anordnung von RAUSCH zum Messen der elastischen Pfahleindringung.

Man kann die bleibenden und die elastischen Eindringungen nach einem Vorschlag von RAUSCH (1930) in einfacher Weise messen (Abb. 226). Am Pfahl befindet sich eine Schreibspitze, die den Weg des Pfahlkopfes auf einer Tafel aufzeichnet. Diese wird nach jedem Schlag von Hand seitlich verschoben, wodurch man fortlaufend die Bewegung des Pfahlkopfes während des gesamten Rammvorgangs, allerdings in einem willkürlichen Zeitmaßstab, erhält.

Diese Meßeinrichtung wurde 1927 vom Corps of Civil Engineers of the U.S. Navy (CUMMINGS 1940) und in den 30er Jahren von HOFFMANN (1943 und 1948) verbessert. Bei den neueren Meßanordnungen überträgt der Schreibstift die Bewegung des Pfahlkopfes auf eine unmittelbar mit einem Elektromotor gekoppelte Schreibtrommel, die sich mit etwa 50 bis 100 Umdrehungen je Sekunde so schnell bewegt, daß sie alle Einzelheiten des vom Pfahlkopf zurückgelegten Wegs in genügend großem Maßstab aufzeichnet (Abb. 227). Durch die bekannte Umdrehungszahl der Trommel wird die Zeit während der Bewegung des Pfahlkopfes genau gemessen (s. auch CASAGRANDE 1941/42).

Durch Anordnung eines zweiten Schreibstifts kann man auch die Bewegung des Ramm*bären* während des Schlags auftragen, und zwar auf der gleichen Trommel (Abb. 227). Dadurch ist es möglich, die Bewegungsvorgänge während des Zusammenstoßes und Abpralls von Bär und Pfahl in allen Einzelheiten zeitlich zu verfolgen. Für die Beurteilung der Tragfähigkeit des Pfahls genügt es jedoch, wenn man lediglich die Bewegung des Pfahlkopfes festhält.

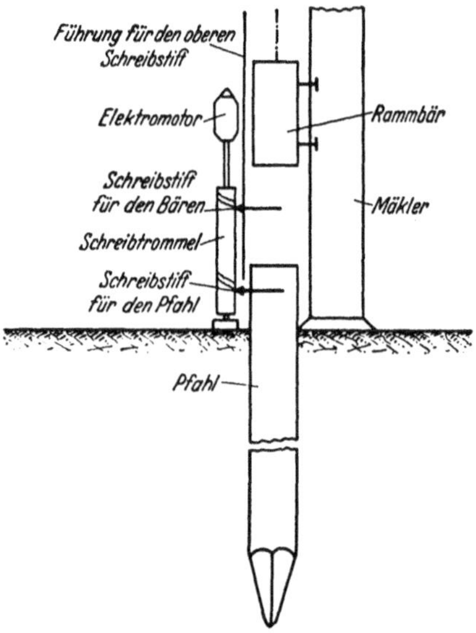

Abb. 227. Anordnung von HOFFMANN zum Messen der Bewegung des Pfahlkopfes und des Rammbären.

Dasselbe Ziel wird auch durch Zeitdehnerfilmaufnahmen der Pfahlbewegung während des Rammens erreicht (BUISSON 1953, MENZE 1957).

Meßgrößen. Bei dem üblichen Verfahren werden neben den Werten über Gewicht, Länge, Querschnitt und Umfang des Pfahls oder der Spundbohle das Gewicht der Rammbären, die Fallhöhe und die bleibende Eindringung nach meist jeweils 10 Schlägen gemessen (Abb. 228).

Bei dem Verfahren von RAUSCH erhält man eine Linie (Abb. 229), bei der jeder einzelne Rammschlag und neben der bleibenden Eindringung y_b auch die federnde Eindringung y_f sichtbar ist.

Die verbesserten Verfahren liefern die Bewegung des Pfahlkopfes mit einem genauen Zeitmaßstab versehen und außerdem unter Umständen die entsprechenden Kurven für die Bewegung des Rammbären und auch der Schlaghaube (Abb. 230), die aber nur theoretische Bedeutung haben.

Für Forschungszwecke können neben den sonst bei Proberammungen üblichen Messungen vor allem die Kraft eines jeden Schlags, das genaue Bewegungsdiagramm und die Beschleunigung des Pfahlkopfes während jeder Phase eines Schlags gemessen werden (Abb. 231, MUHS 1963). Auch lassen sich mit Hilfe eines Dehnungsoszillogramms (Abb. 232) Zug und Druck in verschiedenen Punkten des Pfahls ermitteln (EBNER 1964).

Auftragungen. Ebenso wie bei der Probebelastung lassen sich auch die Ergebnisse einer Proberammung in einem räumlichen Koordinatensystem darstellen (Abb. 233). Die in die Ebene umgeklappten Achsen sind in senkrechter Richtung nach unten die Rammtiefe z und in waagerechter Richtung die Schlagzahl n oder die Rammarbeit $A = nQh$ und in den beiden übrigen Richtungen die jeweilige bleibende Eindringung y_b nach 10 Schlägen, wobei $z = \Sigma\, y_b$ ist. Da jedoch die drei Auftragungen (n bzw. $A - y_b$: Abb. 233a; $z - y_b$: Abb. 233b; und n bzw. $A - z$: Abb. 233c) nur bei gleich großem Maßstab für z und y_b zusammenpassen und z meist in m, y_b dagegen in cm aufgetragen werden, um nicht zu steil verlaufende Rammkurven zu erhalten, werden die drei Diagramme meist getrennt.

Man kann als Rammdiagramm auch die spezifische Rammarbeit in tm/m oder die Anzahl der Schläge für eine bestimmte Eindringung statt der Eindringung für

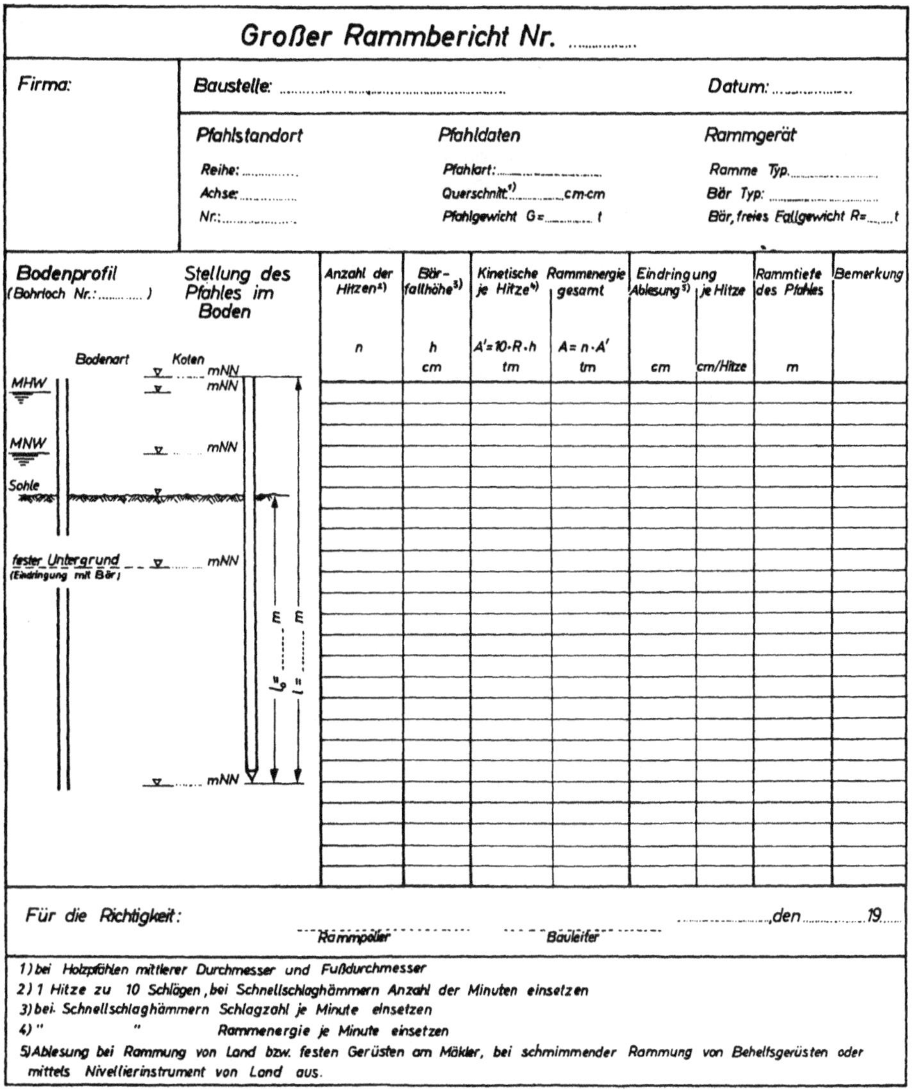

Großer Rammbericht Nr. ....

Firma:	Baustelle:		Datum: ....
	Pfahlstandort Reihe: .... Achse: .... Nr.:	**Pfahldaten** Pfahlart: .... Querschnitt[1] .... cm·cm Pfahlgewicht G = ... t	**Rammgerät** Ramme Typ .... Bär Typ: .... Bär, freies Fallgewicht R = ... t

Bodenprofil (Bohrloch Nr.: ....)	Stellung des Pfahles im Boden	Anzahl der Hitzen[2]	Bär-fallhöhe[3]	Kinetische je Hitze[4]	Rammenergie gesamt	Eindringung Ablesung[5]	Eindringung je Hitze	Rammtiefe des Pfahles	Bemerkung
		n	h	$A' = 10 \cdot R \cdot h$	$A = n \cdot A'$				
			cm	tm	tm	cm	cm/Hitze	m	

Für die Richtigkeit: .... Rammpolier .... Bauleiter ...., den .... 19 ....

1) bei Holzpfählen mittlerer Durchmesser und Fußdurchmesser
2) 1 Hitze zu 10 Schlägen, bei Schnellschlaghämmern Anzahl der Minuten einsetzen
3) bei Schnellschlaghämmern Schlagzahl je Minute einsetzen
4) " " Rammenergie je Minute einsetzen
5) Ablesung bei Rammung von Land bzw. festen Gerüsten am Mäkler, bei schwimmender Rammung von Behelfsgerüsten oder mittels Nivellierinstrument von Land aus.

Abb. 228. Großer Rammbericht nach DIN 4026 (Entwurf 1965) „Rammpfähle".

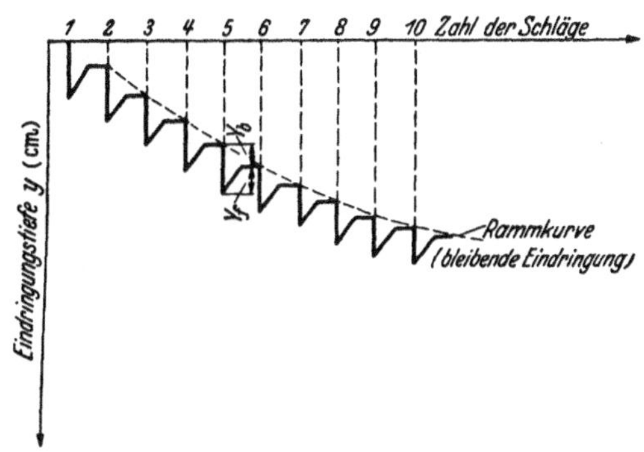

Abb. 229. Ergebnis einer Pfahlbewegungsmessung mit der Meßvorrichtung von Rausch.

eine bestimmte Anzahl Schläge in Abhängigkeit von der Tiefe auftragen (Abb. 234). Die Rammarbeit je laufenden Meter ist:

$$A = 1000 \frac{Q h}{y_b} \qquad (\text{tm/m})\,. \qquad (59)$$

Wenn Qh während des Rammens konstant bleibt, entspricht diese Darstellung der Anzahl Schläge je 10 oder 20 oder 30 cm Eindringung, wie sie bei der Auftragung von Rammsondierungen (s. Kap. 1.322.12) üblich ist.

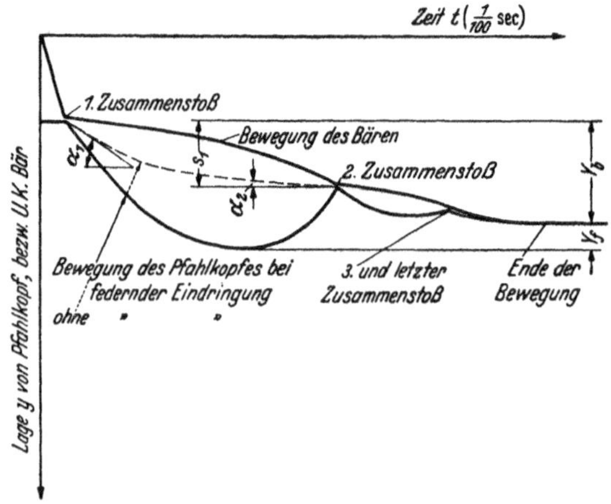

Abb. 230. Ergebnis einer Pfahlbewegungsmessung mit der Meßvorrichtung von HOFFMANN.

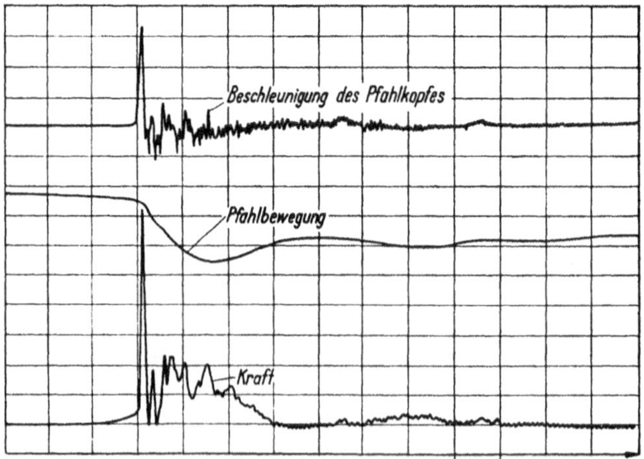

Abb. 231. Ergebnis einer Messung von Bewegung, Beschleunigung und Kraft beim Rammen eines Probepfahls.

Allgemein ist die Eindringung je Schlag $y_b/10$ und die Anzahl der Schläge je cm Eindringung $10/y_b$, also die Anzahl Schläge für e (cm) Eindringung $10\,e/y_b$; damit wird die Rammarbeit für die Eindringung e:

$$A_e = \frac{10\,e\,Q\,h}{y_b} \qquad (\text{tm/m})\,. \qquad (60)$$

Neben diesen Auftragungen stehen die genaueren Diagramme über die Bewegung des Pfahlkopfes (Abb. 229) bzw. über die Bewegung des Pfahlkopfes und des Bären (Abb. 230). In der letzten Abbildung sind die Kurven für den Weg des Pfahls und den des Bären zur Veranschaulichung so nahe aneinandergerückt, daß sie sich in dem Augenblick des Zusammenpralls von Bär und Pfahl berühren. Die Schreibstifte sind also gleichsam an der Unterkante des Bären und an der Oberkante des Pfahls angebracht. Auf dem ursprünglichen Diagramm haben die Kurven einen gewissen Abstand, der daher rührt, daß die Schreibstifte am Bären und am Pfahlkopf nicht unmittelbar übereinander befestigt werden können.

Ein Vergleich zwischen dem Weg-Zeitdiagramm von Bär und Pfahl ergibt, daß nach dem freien Fall des Bären ein erster Zusammenstoß von ganz kurzer Dauer bereits die Wirkung hat, den bisher in Ruhe befindlichen Pfahlkopf stark zu beschleunigen. Er sinkt daher mit größerer Geschwindigkeit in den Boden als der Bär. Dessen Geschwindigkeit wird durch den Zusammenstoß vermindert, so daß er sich von dem Pfahl abhebt, ohne aber dabei etwa eine nach oben gerichtete Bewegung auszuführen. In den meisten Fällen folgt auf den ersten Aufprall noch ein zweiter oder dritter, die allerdings bedeutend schwächer sind, bis schließlich Bär und Pfahl unter steter Berührung gemeinsam mit der gleichen Geschwindigkeit so lange in den Boden eindringen, bis die Bewegung zur Ruhe kommt.

Kennziffern. Es ist versucht worden, die Rammkurve (Abb. 233c) durch eine Parabelgleichung auszudrücken. In homogenem Boden ist dies möglich. Muhs (1945) hat die Koeffizienten, die die Rammparabel bei homogenem Boden kennzeichnen, benutzt, um sie zur Berechnung der voraussichtlichen Schlagzahl für Kalkulationszwecke zu verwenden. Er legt für die Rammkurve die einfache Formel:

$$n_x = C_1 z_x + C_2 z_x^2 \qquad (61)$$

zugrunde und errechnet die Koeffizienten C_1 und C_2 aus zwei Gleichungen für die

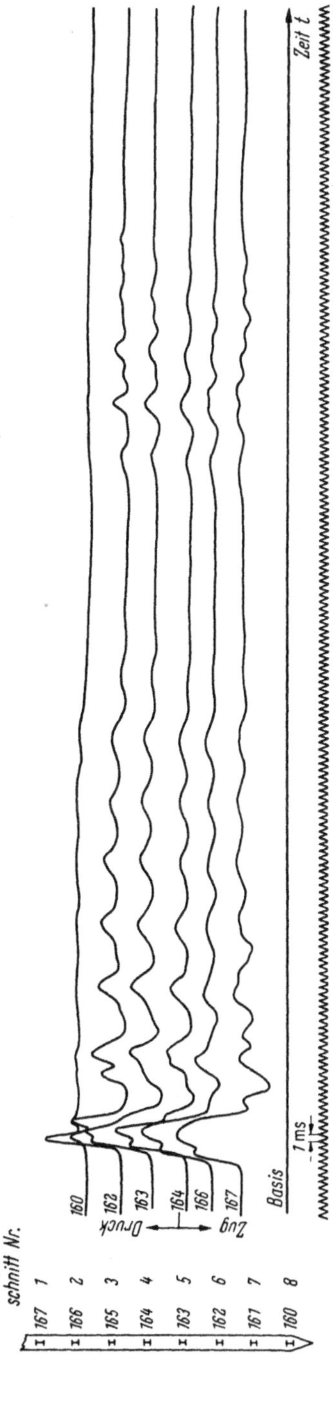

a b

Abb. 232a u. b. Bei einem Rammschlag an verschiedenen Stellen eines Probepfahls gemessene Druck- und Zugbeanspruchungen (Ebner 1964). a) Anordnung der Meßgeräte am Pfahl; b) Dehnungsoszillogramm.

zu bestimmten Rammtiefen z_v gehörigen Schlagzahlen n_v. Er hat festgestellt, daß die durch C_1 und C_2 gegebene Parabel die Rammkurve bei homogenem Boden mit genügender Genauigkeit deckt, insbesondere dann, wenn man zur Bestimmung von C_1 und C_2 nur einen Punkt der Rammkurve benutzt und für die zweite Bestimmungsgleichung den Inhalt der Rammkurve $J = \int n_x\,dx$ einführt und J durch Planimetrieren ermittelt.

Auswertung. Bei der Auftragung von y_b oder der spezifischen Rammarbeit oder der Schlagzahl für e (cm) Eindringung und z in gleichem Maßstab (Abb. 233b)

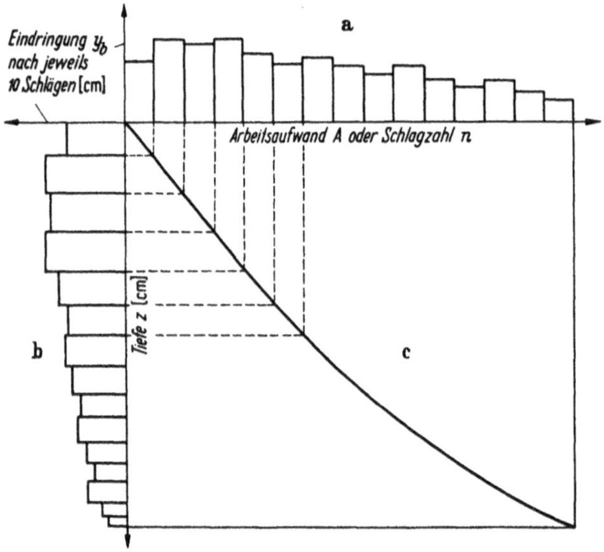

Abb. 233. Darstellung des Ergebnisses von Proberammungen.

treten die *Rammwiderstände* in den verschiedenen Schichten besonders deutlich hervor. Diese Darstellung kann deshalb zum Vergleich der Bodeneigenschaften herangezogen werden, wenngleich bei größeren Tiefen im Unterschied zu den Rammsondierungen der Anteil der Mantelreibung so sehr überwiegt, daß eine Beziehung zwischen dem Gesamt- und dem für den Vergleich maßgeblichen Spitzenwiderstand nicht mehr bestehen dürfte. Aus der Auftragung ist unter Umständen auch zu erkennen, wann eine Zerstörung des Pfahls infolge eines Hindernisses im Boden stattfindet. Hierauf deutet eine plötzliche Zunahme der Eindringung mit wachsender Tiefe hin: Sie ist nicht auf eine Eindringung der Pfahlspitze, sondern allein auf eine Bewegung des Pfahlkopfes infolge Zerstörung des Pfahls im Erdboden zurückzuführen.

Aus der Auftragung $y_b = f(z)$ (Abb. 233b) erhält man einen Anhalt über die Abnahme der Eindringung bei stets gleicher Schlagzahl oder Rammarbeit und kann daraus Rückschlüsse auf den wachsenden Eindringungswiderstand und damit auf die Tragfähigkeit des Pfahls ziehen.

Die Integrallinie (Abb. 233c) ist zwar ungenauer in bezug auf die Unterschiede in den einzelnen Bodenschichten. Sie wird aber trotzdem für die Darstellung von Rammvorgängen bevorzugt, da sie in übersichtlicher Weise den Zusammenhang zwischen der aufgewandten Arbeit und der damit erreichten Wirkung in Gestalt des Eindringens des Pfahls in den Boden zeigt.

Bei allen Untersuchungen über den Rammwiderstand in den verschiedenen Tiefen an Hand der Rammdiagramme ist der Vergleich mit dem Schichtenprofil zur Vermeidung von Irrtümern notwendig. Der Aufbau des Untergrundes muß also durch Bohrungen genau bekannt sein.

Hinsichtlich der *Tragfähigkeit* werden die Rammdiagramme meist in der Weise ausgewertet, daß aus ihnen entnommen wird, in welcher Tiefe mit der Rammung aufgehört werden kann bzw. muß. Die Baubehörden der verschiedenen Städte und Länder befolgen hierbei verschiedene Regeln, die aber alle in etwa folgender Form wiederkehren: ,,Die Pfahlspitze befindet sich im tragfähigen Boden, wenn bei einem Arbeitsaufwand von x tm bei der letzten Hitze die Eindringung des Pfahls weniger als y mm betragen hat.“ Eine derartige Festsetzung ist im Grunde genommen nur ein Vorläufer der vielen Rammformeln, die auf der Theorie des unvollkommen elastischen Stoßes aufgebaut sind und trotz ständiger Versuche zu ihrem Um- und Neubau bisher nur unter bestimmten Voraussetzungen (Flaate 1964) befriedigende Ergebnisse gebracht haben. Ihren grundsätzlich ungenauen Aufbau haben Cummings (1940), Casagrande (1941/42), Hoffmann (1943 und 1948), Grasshoff (1952 und 1953), Menze (1957) nachgewiesen: Die Stoßgesetze, die allen Rammformeln als Grundlage dienen, besitzen strenge Gültigkeit nur für zwei in *waagerechter* Richtung aufeinanderprallende Körper. Beachtet man, daß

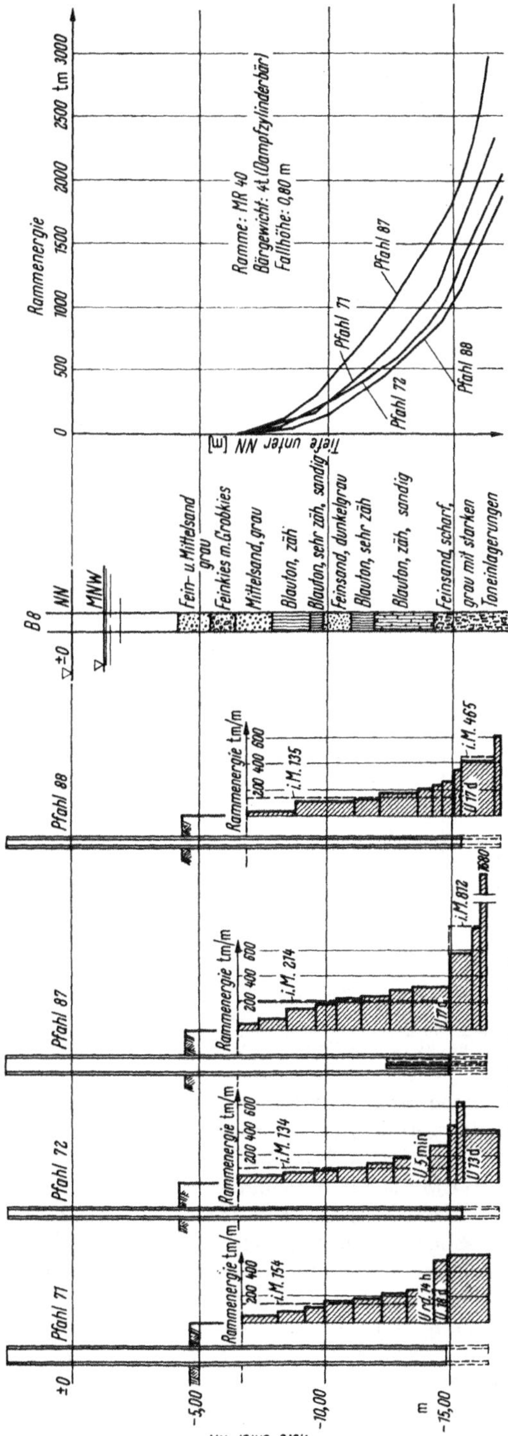

Abb. 234a u. b. Rammdiagramme für vier Versuchspfähle verschiedenen Querschnitts (Schenck 1952). a) Rammenergie je lfd. m Eindringung; b) Summenlinie der Rammarbeit.

beim Rammschlag die stoßende und die gestoßene Masse *lotrecht* gerichtet sind und daß der gestoßene Körper auch noch durch den Eindringungswiderstand einen zusätzlichen Beitrag zur Energieumsetzung liefert, so ist ersichtlich, daß schon im Aufbau der Rammformeln zu weit gehende Vereinfachungen enthalten sind. Trotzdem werden sie noch heute gern benutzt. Nach der DIN 1054 (1953) „Zulässige Belastung des Baugrundes", Abschn. 5.35 dürfen Rammformeln nur für nichtbindige Böden angewendet werden, und auch nur dann, wenn sie auf Grund örtlicher Erfahrungen von der Baupolizei zugelassen sind oder auf Grund von Probebelastungen als zuverlässig gelten können.

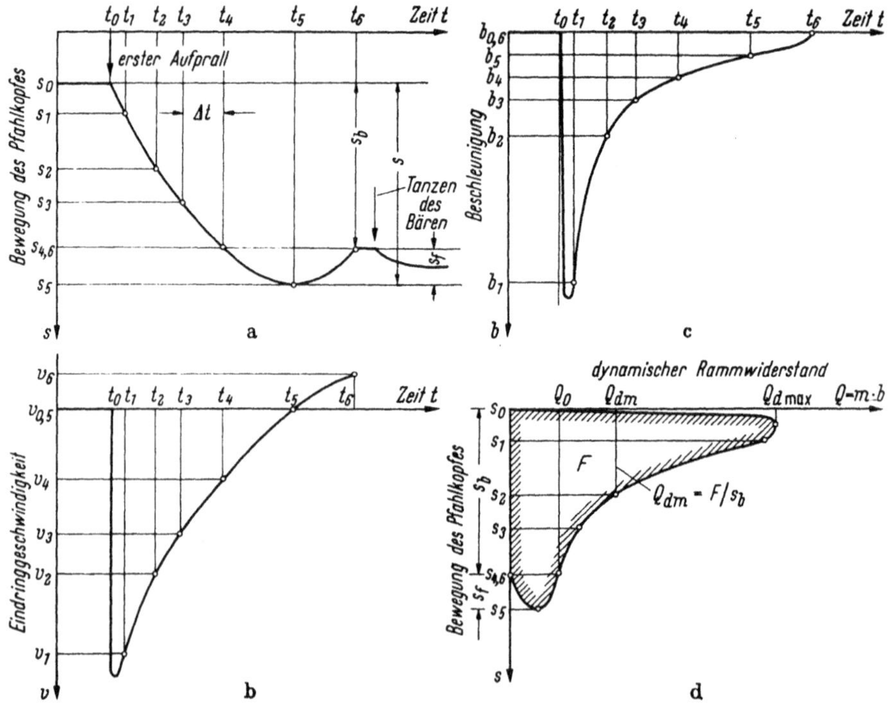

Abb. 235a—d. Ermittlung des dynamischen Rammwiderstands während eines Rammschlags.
a) Zeit-Weglinie des Pfahlkopfes bei stark vergrößertem Zeitmaßstab, durch Schreibtrommel oder Film aufgenommen; b) die daraus durch Ableitung ermittelte Zeit-Eindringungsgeschwindigkeitslinie; c) die aus b) durch Ableitung ermittelte Zeit-Beschleunigungslinie; d) dynamischer Rammwiderstand (aus a und c konstruiert).

Die nach dem Vorschlag von Rausch festgestellte federnde Eindringung wird verwandt, um die Rammformeln zu verbessern. Hieraus ergeben sich die Ansätze von Rausch (1930), Hiley (1930), Sprenger (1931) u. a.

In bestimmten feinkörnigen Böden können sich bei der Anwendung der Rammformeln auch dadurch die Ergebnisse als zu ungünstig herausstellen, daß die DIN-Bestimmungen verlangen, die in die Formel einzusetzende „*letzte Hitze*" während der Rammung ohne Einlegung einer Pause zu messen. Wartet man dagegen vor der letzten Hitze eine gewisse Zeit und treibt erst dann den Pfahl zur Messung der letzten Eindringung weiter, so erhält man infolge des Ausgleichs der hydrodynamischen Porenwasserspannungen oft um $^2/_3$ bis $^1/_2$ geringere Bewegungen und damit größere zulässige Pfahllasten (Komarowski 1930, Breth 1945). Die Rammformeln werden deshalb besser nur dann angewendet, wenn die Eindringung während der letzten Hitze nach längerer Rammpause gemessen wurde. Bei bindigen Böden, in denen der Spannungsausgleich nicht im Augenblick oder kurz nach der Beanspruchung, sondern erst mit Verzögerung abschließt, sind die Rammformeln grundsätzlich unverwendbar. Ebensowenig kann man bei derartigen Böden aus dem Rammdiagramm Schlüsse auf das Erreichen des Rammzieles ziehen.

Die genauere Auftragung der Bewegung des Pfahlkopfes (Abb. 230) ermöglicht es, aus der Zeit-Weglinie über die Weg-Beschleunigungslinie den Verlauf des dynamischen Rammwiderstands während eines Rammschlags aufzutragen (Abb. 235). Daraus ergibt sich, daß der dynamische Rammwiderstand Q_d keine konstante Größe besitzt, sondern sie während der Einsenkung des Pfahls wechselt. Am ehesten könnte man als dynamischen Eindringungswiderstand das arithmetische Mittel Q_{dm} ansehen.

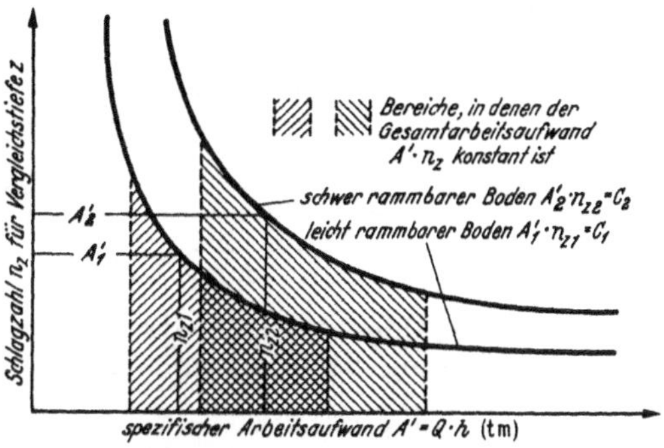

Abb. 236. Kennzeichnende Hyperbeln für die Abhängigkeit der Schlagzahl vom spezifischen Arbeitsaufwand.

Die Auswertung der Rammkurven hinsichtlich der *Rammfähigkeit* geht nach den Vorschlägen von Muhs (1945) von den sog. „*kennzeichnenden Hyperbeln*“ und den aus den Rammkurven ermittelten Koeffizienten C_1 und C_2 aus. Die kennzeichnenden Hyperbeln beruhen darauf, daß der Gesamtarbeitsaufwand $A = Qhn$ zum Erreichen einer bestimmten Tiefe bei nicht zu kleinen Bärgewichten und Fallhöhen konstant ist, gleichgültig, mit welcher Fallhöhe und mit welchem Bärgewicht gearbeitet wird. Wählt man also eine große Fallhöhe, so nimmt die Schlagzahl entsprechend ab, wählt man eine kleine Fallhöhe, so nimmt die Schlagzahl entsprechend zu, so daß das Produkt Qhn stets konstant ist. Trägt man daher in einem Koordinatensystem auf der Abszissenachse den spezifischen Arbeitsaufwand $A' = Qh$ auf, d. h. den Arbeitsaufwand für einen Schlag, und auf der Ordinatenachse die erforderlichen Schlagzahlen n_z zum Erreichen einer bestimmten Vergleichstiefe (Abb. 236), so erhält man eine gleichseitige Hyperbel mit der Gleichung:

$$A' n_z = \text{const} = C. \tag{62}$$

Diese Hyperbeln bzw. die Hyperbelkonstanten C kennzeichnen bei homogenen Bodenverhältnissen die Rammeigenschaften jedes Pfahls oder Spundwandprofils. Sie erlauben es anzugeben, wie sich eine Änderung der Fallhöhe oder des Bärgewichts auf die Schlagzahl und damit auf den Arbeitsaufwand auswirkt. Die Kenntnis der Koeffizienten C_1 und C_2 ermöglicht es, die für die Vergleichstiefe, die den kennzeichnenden Hyperbeln zugrunde liegt, ermittelten Werte auf beliebige Tiefen zu übertragen.

Wenn auch die praktische Bewährung dieser Untersuchungen noch aussteht, so geht aus ihnen doch hervor, daß eine genaue formelmäßige Festlegung des günstigsten Bärgewichts und der günstigsten Fallhöhe im allgemeinen nicht notwendig ist. Es gibt vielmehr einen größeren Bereich, in welchem der Arbeitsaufwand überall gleich ist. Es ist dies bei Spundbohlenrammungen in Sand der Fall, wenn das Verhältnis des Bärgewichts zum Bohlengewicht etwa 1,5 bis 2,0 beträgt; bei bindigen Böden kann das Verhältnis höher liegen. Aus Gründen der Zeitersparnis ist es – wenn auch der Arbeitsaufwand konstant bleibt –

natürlich am günstigsten, möglichst große Fallhöhen zu verwenden, da bei ihnen die Schlagzahl abnimmt. Doch darf die Fallhöhe nicht so hoch gewählt werden, daß die Gefahr einer Zerstörung der Pfahl- oder Spundbohlenköpfe betsteht.

Zahlenwerte. Kennzeichnend für den Rammvorgang sind die Eindringungen der letzten Hitze sowie die bereits erwähnten Koeffizienten zur näheren Beschreibung der Arbeitskurve. Bei der geschilderten Unsicherheit sämtlicher Werte kann von einer zuverlässigen Zuordnung zu bestimmten Bodenarten und Pfahlformen nicht die Rede sein. Einige, allerdings sehr auf der sicheren Seite liegende Anhaltspunkte über die etwa anzunehmenden Eindringungen in der letzten Hitze gibt DIN 1054, Abschn. 5.342 (Tab. 24).

Tabelle 24. *Zulässige Größtwerte für die Eindringung von Pfählen unter den letzten 10 Schlägen* (nach DIN 1054, Aug. 1953)

Baustoff	Bärgewicht / Pfahlgewicht	Rammarbeit (tm)	Eindringung (cm)
Holz	2	1,5	≦ 4
Stahlbeton	1	2,0	≦ 3

Fehler. Die Ungenauigkeit aller Rammformeln ist hinreichend bekannt. Obwohl die Messung der Pfahleindringung, der Fallhöhe, des Bär- und Pfahl-

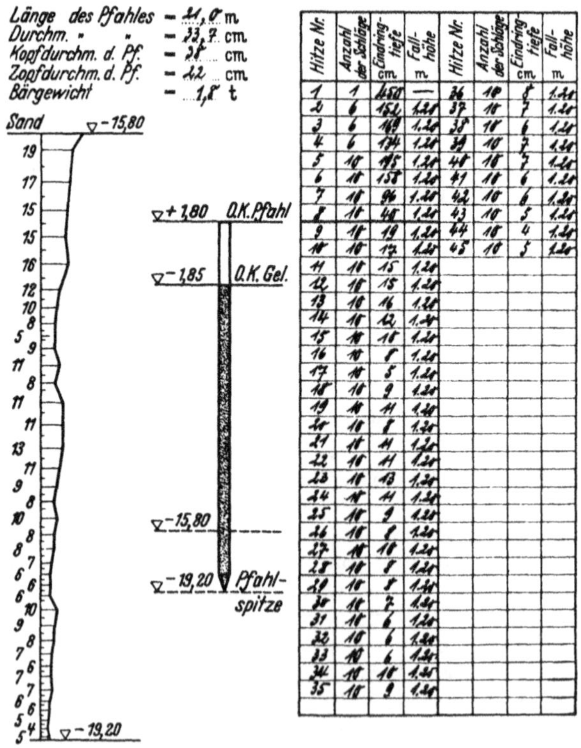

Abb. 237. Ergebnis der Proberammung eines Holzpfahls.

gewichts, der Pfahllänge und des Pfahlquerschnitts fast beliebig genau vorgenommen werden kann, bleiben die Ergebnisse der Messung dieser Werte bei Einführung in die Rammformeln unbefriedigend (Poggensee 1956).

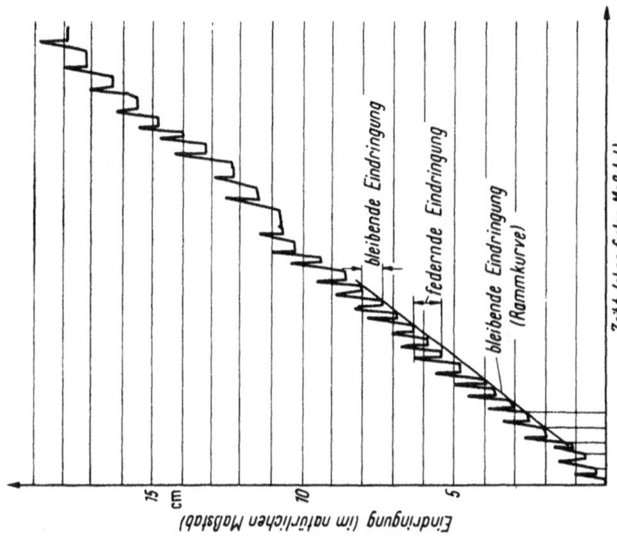

Abb. 238. Rammdiagramm eines Probepfahls mit federnder und bleibender Eindringung.

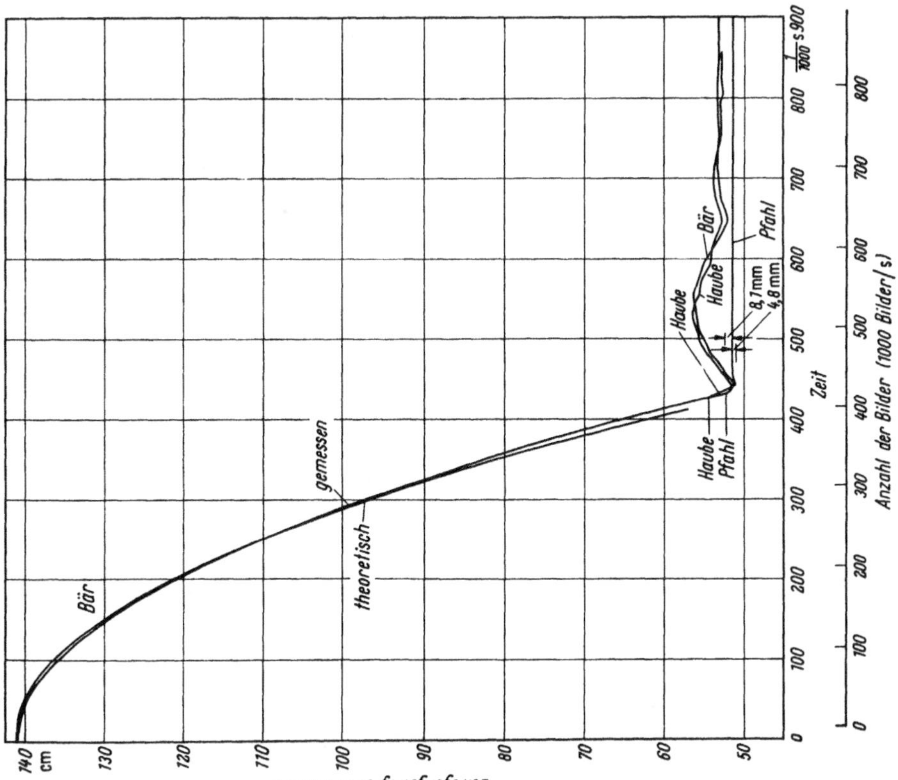

Abb. 239. Zeit-Weglinien für Bär, Rammhaube und Pfahl (MENZE 1957).

Dagegen läßt sich aus Energieberechnungen für die wichtigsten Phasen des Eindringens bei genauer Aufnahme der Pfahlbewegung der Arbeitsanteil errechnen, welcher für das Eindringen des Pfahls in den Boden zur Verfügung steht. Der hieraus abgeleitete mittlere dynamische Widerstand hat bei nichtbindigen Böden etwa den gleichen Wert wie die Grenzlast, welche durch eine statische Probebelastung erhalten wird (MENZE 1957). Der Fehler dieses Verfahrens ist somit gering.

Die Genauigkeit des Verfahrens zur Vorausbestimmung der Schlagzahl ist ebenfalls erst im Versuch untersucht. Sie wird in der Praxis naturgemäß gering sein, jedoch für Zwecke der Vorkalkulation ausreichen.

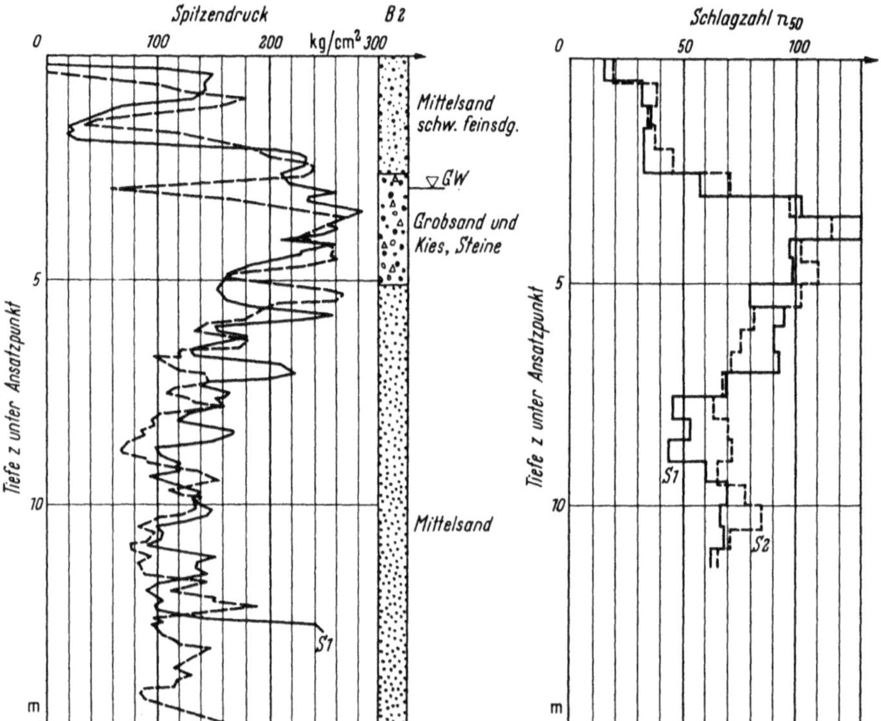

Abb. 240a u. b. Ergebnis zweier Proberammungen und Vergleich mit dem Ergebnis von Drucksondierungen. a) Ergebnis der Drucksondierungen; b) Ergebnis der Proberammungen, dargestellt durch die Schlagzahlen für 50 cm Eindringung.

Verwendung. Die Untersuchungsergebnisse werden einerseits zur Bestimmung des voraussichtlichen Gesamtaufwands an Zeit und Arbeit für die Rammung sowie der zweckmäßigsten Fallhöhe und des zweckmäßigsten Bärgewichts, andrerseits zur Schätzung der voraussichtlichen Tragfähigkeit des Pfahls verwandt. Im letzteren Fall bestimmt man meist die Tragfähigkeit einer Reihe von Pfählen nach einer Rammformel und ordnet eine oder mehrere Probebelastungen an, um die Berechnungen berichtigen zu können.

Beispiele. 1. Links neben einem Rammprotokoll eines *Holzpfahls* (Abb. 237) wurde das Diagramm, das die Eindringungen in Abhängigkeit von der Tiefe darstellt, von der 9. Hitze ab aufgetragen, und zwar wurden die Eindringungen jeweils in der Mitte der zugehörigen Tiefe

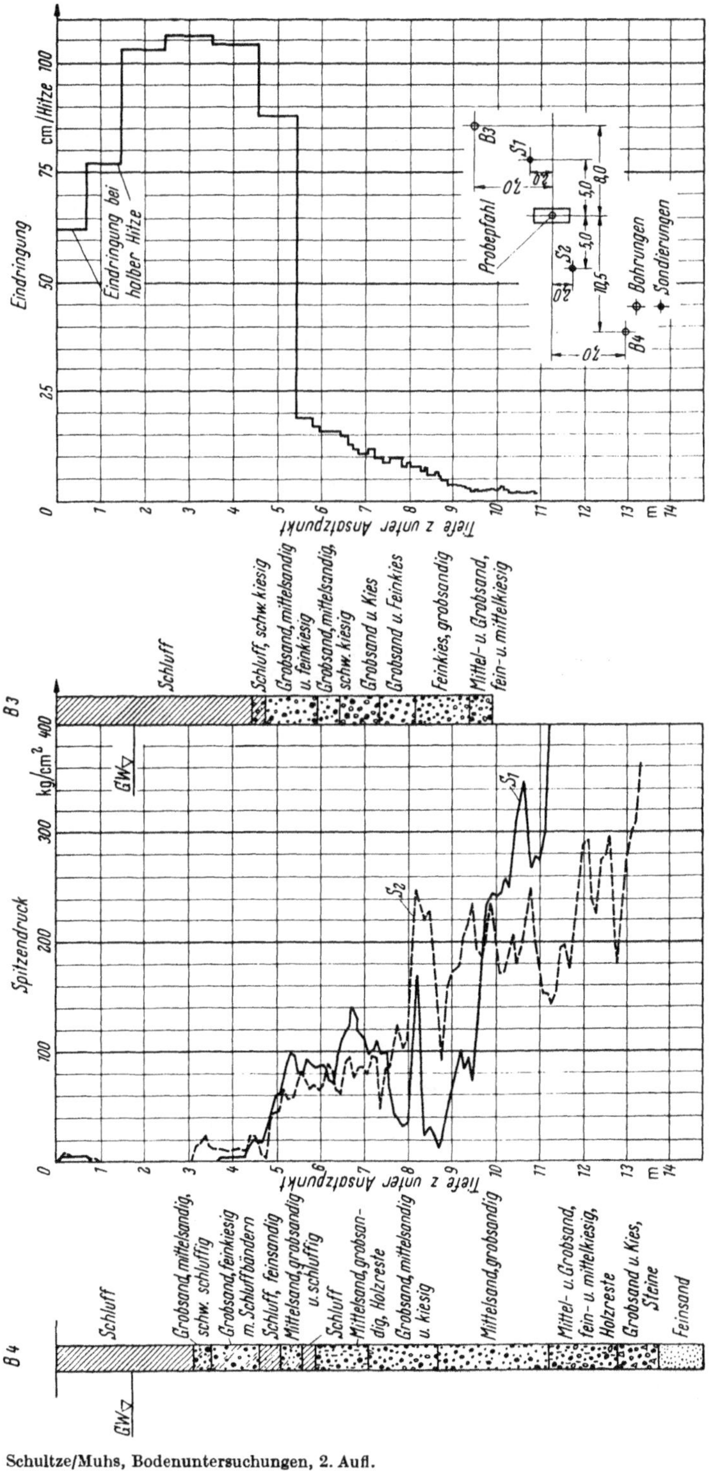

Abb. 241 a u. b. Ergebnis einer Proberammung und Vergleich mit dem Ergebnis von Drucksondierungen.
a) Ergebnis der Drucksondierungen; b) Ergebnis der Proberammung, dargestellt durch die Eindringung je Hitze.

aufgezeichnet und die Endpunkte miteinander verbunden. Die links neben der Ordinatenachse stehenden Zahlen geben die Eindringungen bei jeder Hitze an. Die Strecke, längs der sich dieses Diagramm ergab, ist in der Systemskizze des Pfahls auf der Mitte des Blattes besonders hervorgehoben.

2. Ein beim Rammen aufgezeichnetes Rammprotokoll für die Probebelastung eines *Ortbetonpfahls* (Abb. 238) zeigt die federnde und bleibende Eindringung des Pfahls.

3. Die Zeit-Weglinie für einen Rammschlag auf einen *Fertigbetonpfahl* gibt im stark verzerrten Zeitmaßstab die unterschiedliche Bewegung für Rammbär, Haube und Pfahl an (Abb. 239).

4. Bei der Probebelastung von vier *Stahlrammpfählen* (Schenck 1952) wurde sowohl die Rammenergie je laufenden Meter Eindringung (Abb. 234a) als auch die Summenlinie der Rammenergie (Abb. 234b) aufgetragen.

5. In einem anderen Fall (Abb. 240) begnügte man sich bei der Proberammung von *Ortbetonpfählen* mit einem konstanten Bärgewicht von 3 t und einer konstanten Fallhöhe von 1,30 m mit der Angabe der Schlagzahlen für je 0,50 m Eindringung. Man kann auch die Eindringung des Pfahls in cm/Hitze zur Tiefe auftragen (Abb. 241), wodurch man eine reziproke Darstellung gegenüber dem vorgenannten Fall erhält.

Literatur

DIN 4026 (Entwurf 1965): Rammpfähle. Herstellung und zulässige Belastung. Richtlinien.

Allgemeines:

Allin (1951): The resistance of piles to penetration. London.

Schenck (1952): Erfahrungen mit Stahlrammpfählen bei der Gründung des Pier „A" der Getreideanlage am Hafen III in Bremen. Bautechnik 29, S. 36.

Schultze (1953): État actuel des méthodes d'évaluation de la force portante des pieux en Allemagne. Ann. Inst. Techn. Bât. Trav. Publ. 6, S. 305.

Buisson/Chapon (1953): Relation entre le résistances statiques et dynamiques des pieux. Proc. III. Int. Conf. Soil Mech. Found. Eng. Zürich, Bd. II, S. 16.

Nanninga (1953): The problem of pile driving. Proc. III. Int. Conf. Soil Mech. Found. Eng. Zürich, Bd. II, S. 71.

v. V. (1953): La mécanique des sols et la force portante des pieux. Ann. Inst. Techn. Bât. Trav. Publ. 6, S. 285.

Fischer (1964): Proberammungen im Buntsandstein an der Schleuse Neckargemünd. Bautechnik 41, S. 86.

Über die Geräte:

Hoffmann (1943): Der Rammschlag. Forsch.-Hefte a. d. Gebiet d. Stahlbaus. Berlin. H. 6, S. 55.

Muhs (1945): Die Rammeigenschaften eiserner Spundbohlen. Mitt. Forsch.-Inst. Maschinenwesen u. Baubetrieb. Berlin. H. 12.

Hoffmann (1948): Beitrag zur Frage der statischen und dynamischen Pfahltragfähigkeit. Abhandlg. ü. Bodenmech. u. Grundbau. Berlin/Bielefeld/Detmold. S. 150.

Buisson (1953): Méthode de contrôle du battage des pieux par film. Ann. Inst. Techn. Bât. Trav. Publ. 6, S. 297.

Muhs (1963): Groß-Versuchsprogramm über die Ramm- und Tragfähigkeit von Stahlrammpfählen. Bauingenieur 38, S. 448.

Ebner (1964): Über die Tragfähigkeit von Stahlbetonpfählen. Berichte a. d. Bauforschung H. 37, S. 15.

Auswertung:

Rausch (1930): Zur Frage der Tragfähigkeit von Rammpfählen. Bauingenieur 11, S. 514.

Hiley (1930): Pile driving calculations with notes on driving forces and ground resistance. The Structural Engineer 8, July-August.

Komarowski (1930): Zur Frage der Tragfähigkeit hölzerner Rammpfähle. Zbl. d. Bauverw. 50, S. 618.

Sprenger (1931): Eenige beschouwingen over de draagkracht van heipalen. De Ingenieur, H. 12.

Cummings (1940): Dynamic pile driving formulas. Journ. Boston Soc. Civ. Eng. and Harvard Univ. Soil Mech. Series No. 11.

Casagrande (1941/42): Pile-driving-formulas. Harvard Univ. Soil Mech. Series No. 17.

BRETH (1945): Über die Tragfähigkeit von Rammpfählen. Mitteilungen aus dem Büro Prof. Dr.-Ing. Loos. Lüneburg. H. 1. Siehe a. Bautechnik 24 (1947) S. 34.
LOOS (1950): Die Beziehung zwischen Pfahlformeln und Belastungsversuchen. Bauingenieur 25, S. 63.
GRASSHOFF (1952): Zur Frage der dynamischen Rammformeln. Bautechnik 29, S. 53.
— (1953a): Die Messung schneller Bewegungen und dynamischer Kräfte bei Rammungen und ähnlichen Vorgängen. Bautechnik 30, S. 137.
— (1953b): Investigations of values of the dynamic penetration resistance to model piles in sand and clay, obtained from tests. Proc. III. Int. Conf. Soil Mech. Found. Eng. Zürich, Bd. II, S. 47.
POGGENSEE (1956): Anwendung und Kritik von Rammformeln. Mitt. Bundesanstalt Wasserbau Karlsruhe H. 6, S. 34.
MENZE (1957): Über die Tragfähigkeit von Rammpfählen unter Berücksichtigung des Kräfteverlaufs beim Rammen. Mitt. Franzius-Inst. TH Hannover H. 10, S. 120.
SCHUBERT (1957): Zur Frage der Rammformel. Wissensch. Ztschr. Hochschule f. Bauwesen Cottbus 1, S. 17.
JÄNKE (1963): Überprüfung der Brauchbarkeit von Pfahlformeln an Hand von Probebelastungen und Messungen an Stahlpfählen. Baumaschine u. Bautechnik 10, S. 47.
FLAATE (1964): An investigation of the validity of three pile driving formulas in cohesionless material. Publ. Norw. Geot. Inst. No. 56.

1.322.4 Probebelastungen

Das Verfahren, den Baugrund durch Belasten einer Versuchsplatte auf seine Tragfähigkeit zu prüfen, ist schon recht alt. Jedoch begnügte man sich in früheren Jahren — etwa bis nach dem 1. Weltkrieg — meist damit, die Setzung einer kleinen Platte unter der gewünschten Gebrauchslast festzustellen und glaubte, diese Setzung auch unter dem künftigen Bauwerk erwarten zu dürfen, sofern nur die Bodenbelastung die gleiche sei. Die Mißerfolge, die bei dieser optimistischen Auslegung des Versuchsergebnisses natürlich nicht ausblieben, haben die Probebelastungen in der Folgezeit etwas in Verruf kommen lassen. Erst seitdem durch die Bodenmechanik die bei der Durchführung und Auswertung von Probebelastungen zu beachtenden Gesichtspunkte klar herausgestellt wurden (z. B. KÖGLER 1931), gelten sie wieder als ein für bestimmte Aufgaben durchaus geeignetes Prüfverfahren.

Die Probebelastung von Pfählen und Spundbohlen ist demgegenüber wegen der hier vorhandenen größeren Modellähnlichkeit — meist liegt hier ja ein Modellmaßstab 1:1 vor — weniger fehleranfällig, und ihre Notwendigkeit ist auch nie umstritten gewesen. Doch ist auch ihr Wert durch die Erkenntnisse der Bodenmechanik erheblich gesteigert worden, zumal sich gezeigt hat, daß sie trotz aller Fortschritte in der Theorie und der experimentellen Bestimmung der Bodeneigenschaften nach wie vor den besten Weg darstellt, um die Grenztragfähigkeit von Pfählen oder Spundbohlen genau zu ermitteln.

1.322.41 Probebelastung von Pfählen und Spundbohlen

Definition. Der Widerstand gegen Druck und Zug von Pfählen und Spundbohlen, die in natürlicher Größe in den Boden gerammt sind bzw. als Bohr- oder Rammpfähle im Boden hergestellt werden, wird durch künstlich aufgebrachte Belastungen gemessen.

Gerät. Bei der Lastaufbringung wird zwischen unmittelbarer und mittelbarer Belastung unterschieden. Bei der Verwendung von Eisenbahnschienen, Ziegelsteinen, Sand- oder Wasserkästen und dergleichen als unmittelbarer Drucklast wird über dem Pfahl ein Stuhl gebaut, dessen Grundfläche so groß ist, daß sie die Lasten aufnehmen kann (Abb. 242a). Wegen der Umständlichkeit dieser Anordnung und der Gefahr einer außermittigen Belastung des Pfahls wird aber meist die mittelbare Erzeugung der Druck- und Zuglast durch eine hydraulische Presse vorgezogen (Abb. 242b und 242c). Der Träger, gegen den sich die Presse stützt, wird gegen ein Gegengewicht gepreßt, das auf seitlichen Fundamenten gelagert ist (Abb. 242b). Bei Zugversuchen ist hierzu noch die Anordnung einer besonderen Zugtraverse notwendig (Abb. 242d). Eine andere und oft bequemere Möglichkeit

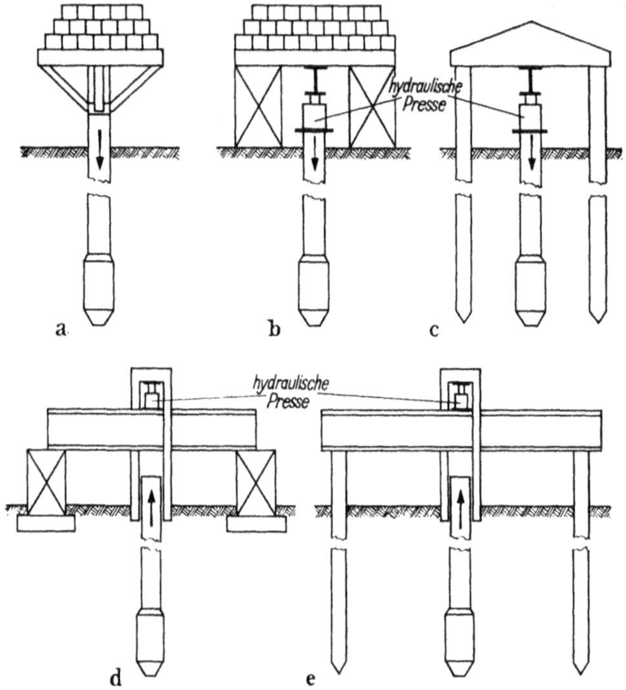

Abb. 242a—e. Belastungsvorrichtungen für Druckpfähle (a, b, c) und Zugpfähle (d, e) (Lab. Grondmech. Delft 1958).

ist das Verankern des Trägers durch mehrere auf Zug oder Druck (Abb. 242c und 242e; Beispiele: Abb. 243 und 244) beanspruchte Pfähle. Dabei dürfen die Kräfte, die die Zugpfähle erhalten, nur so groß sein, daß sie keine merkbare Hebung hervorrufen. Außerdem müssen die Zugpfähle mindestens 4d, besser 6d vom Druckpfahl entfernt sein, um ein gegenseitiges Beeinflussen während des Versuchs zu verhindern. Eine weitere Möglichkeit zum Belasten bietet ein Hebel aus Stahlträgern (Abb. 245), auf dem eine verhältnismäßig kleine Auflast in einem Wagen hin und her bewegt oder dessen Ende durch einen Kasten mit Wasser- oder Sandfüllung belastet wird. Diese Einrichtung läßt sich auch durch Austausch von Zug- und Druckpfahl für Zugversuche verwenden.

Vorgang. Die Probebelastung von Pfählen ist durch DIN 1054, Abschn. 5.4 geregelt. Mit der Pfahlbelastung soll bei nichtbindigen Böden frühestens zwei Tage und bei bindigen Böden frühestens drei Wochen nach dem Einrammen des Pfahls begonnen werden. Die Rammkurve des Pfahls (s. Kap. 1.322.3) und die Bodenverhältnisse werden aufgenommen. Der Abstand der Probepfähle soll mindestens 3 m betragen. Die Last, die genau in der Längsachse des Pfahls wirken muß, wird stufenweise gesteigert. Die Höhe der Stufen ist nicht vorgeschrieben. Zweckmäßig ist die Wahl der ersten Belastungsstufe bei etwa 15% der vorgesehenen

Pfahllast. Es folgen dann die zweite Belastungsstufe bei etwa 25% und die übrigen mit etwa 10%. Die Probebelastung wird möglichst bis zum Bruch oder bis zum Versinken des Pfahls durchgeführt. Im Bereich der Bruchbelastung können erforderlichenfalls weitere Laststufen eingeschaltet werden. Die Zahl aller Laststufen muß groß genug sein, um die Last-Setzungslinie einwandfrei angeben zu können. Manchmal ist dies nicht der Fall (Abb. 261).

Die Dauer der Belastung ist dadurch gegeben, daß jede Last möglichst so lange unverändert gehalten wird, bis der Pfahl

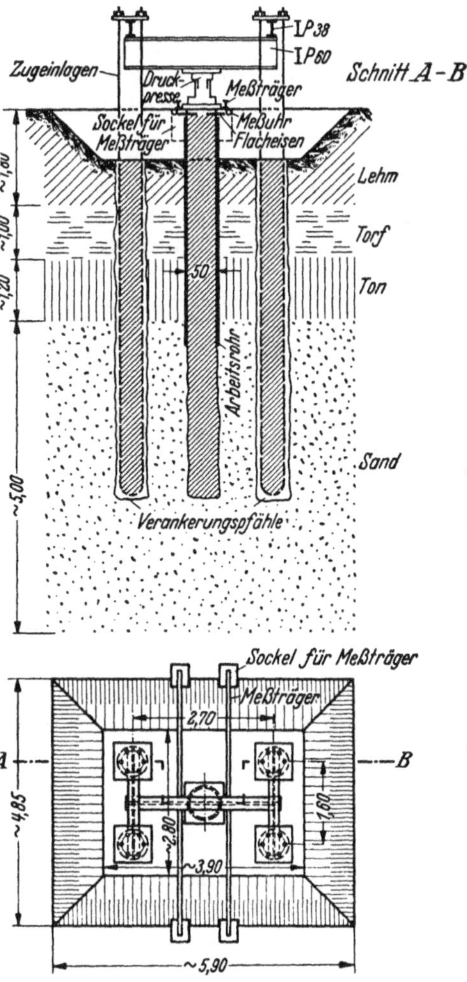

Abb. 243. Probebelastung eines Bohrpfahls. Verankerung an vier Nachbarpfählen.

Abb. 244. Belastungsvorrichtung für einen Bohrpfahl mit 60 cm Durchmesser. Verankerung an vier Nachbarpfählen.

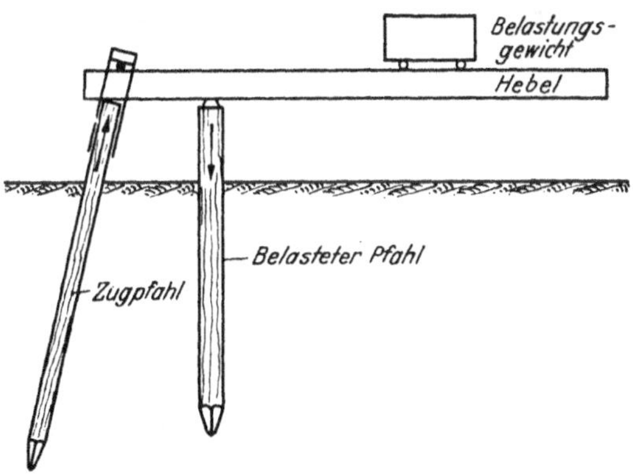

Abb. 245. Belastungsvorrichtung für Pfahlprobebelastungen mit Hebelbelastung.

nicht mehr nachgibt. Dies gilt besonders für die vorgesehene Pfahlbelastung und für die Endbelastung. Notfalls kann jedoch die Endsetzung einer Laststufe auch extrapoliert werden (Tassios 1963).

Die Belastung des Pfahls wird oft von einer oder mehreren Entlastungen unterbrochen, um das Eintreten der *bleibenden Setzung* besser zu erkennen. Zur Trennung der elastischen Setzung (= Rückgang bei Entlastung) und der bleibenden Setzung (= gesamte abzüglich elastische Setzung) wird am besten nach jeder neuen Laststufe auf Null entlastet (Széchy 1961, 1963 und 1964, Tassios

1963, Indian Standard Code of Practice 1964/65). Nach anderen Ansichten (SCHENCK 1951 und 1963) kann die elastische Setzung auch durch die Sehne einer einzigen Entlastungskurve am Ende des Versuchs genau genug wiedergegeben werden.

Die Setzung oder Hebung des Pfahls wird nach Möglichkeit an zwei Punkten durch Nivellement und zur Kontrolle gleichzeitig durch Meßuhren abgelesen, die sich gegen neutral gelagerte Träger abstützen müssen. Dies geschieht stets unmittelbar nach dem Aufbringen einer neuen Laststufe und mindestens wieder unmittelbar vor dem Aufbringen der nächsten Laststufe. Um das Zur-Ruhe-Kommen der Setzung bei jeder Laststufe verfolgen zu können, sind mehrere Ablesungen erforderlich.

Meßgrößen. Bei einer unmittelbaren Belastung wird das Gewicht der aufgebrachten Massen aus dem Volumen errechnet, bei einer mittelbaren Belastung durch Pressen der ausgeübte Druck an einem Manometer abgelesen. Dazu kommt die Messung der Bewegung des Pfahlkopfes. Außerdem werden die Zeiten vermerkt.

Auftragungen. Nach DIN 1054, Abschn. 5.48 sollen die Aufzeichnungen über die Probebelastung folgende Angaben enthalten:

a) eine Lageplanskizze des Bauwerks und der Probepfähle;

b) Boden- und Grundwasserverhältnisse, Ergebnisse benachbarter Bohrungen und etwa ausgeführter bodenkundlicher Untersuchungen;

c) Herkunft, Baustoff, Abmessungen und, soweit festgestellt, Festigkeitseigenschaften der Probepfähle; bei Stahlbetonpfählen Art und Zeit der Herstellung, Betonmischung, Zementart und Bewehrung; Gestalt und Abmessungen der Pfahlenden;

d) Ausführliche Angaben über das Einbringen des Pfahls, also z. B. bei Rammpfählen Tag und Stunde des Beginns und des Endes der Proberammung, Angaben über notwendig gewordene Rammpausen, Rammlisten und zeichnerische Auftragungen des Eindringens der Probepfähle mit Angaben über Art, Gewicht, Fallhöhe und Schlagzahl des verwendeten Rammbären oder der Rammenergie je Schlag bei Rammhämmern, über Art, Gewicht, Abmessungen und Ausfütterung der verwendeten Rammhauben, Arbeitsaufwand beim Rammen, Ziehen der Pfähle bei jeder Hitze; Höhenlage von Kopf und Fuß der eingerammten Pfähle; Beschädigungen der Pfähle infolge des Rammens; bei Ortpfählen Aufzeichnungen über den zeitlichen Verlauf der Pfahlherstellung, Art und Abmessungen der verwendeten Geräte, die durchfahrenen Bodenschichten, die etwa geförderten Bodenmengen und eingebrachten Betonmengen, Beobachtungen über Wasserstände und Wasserandrang im Pfahlschacht, Höhenlage von Kopf und Fuß der fertigen Pfähle; Witterungs- und Temperaturangaben;

e) Tag und Stunde des Beginns und des Endes der Probebelastung, Witterung und Temperatur während der Belastung;

f) Beschreibung der Belastungs- und Meßvorrichtungen unter Beigabe von Zeichnungen, Beschreibung des Auf- und Abbringens der Last, Nachweis der amtlichen Prüfung der Druck- und Dehnungsmesser;

g) Die Last-Setzungslinie und die Zeit-Setzungslinie mit sämtlichen gemessenen Zahlenwerten;

h) Besondere Ereignisse während der Belastung, z. B. Störungen an den Belastungs- und Meßvorrichtungen, Umsetzen der Meßuhren, Veränderungen der Bodenoberfläche neben dem Probepfahl, Lageänderungen der Gegengewichte und Verankerungen;

i) Angaben über das Herausziehen der Probepfähle, Zugkraft, Versuchsdauer und -verlauf, Ziehgerät.

Von der unter g) erwähnten Last-Setzungslinie und Zeit-Setzungslinie hat die Last-Setzungslinie die größere Bedeutung (Abb. 246). Sie wird zweckmäßig ge-

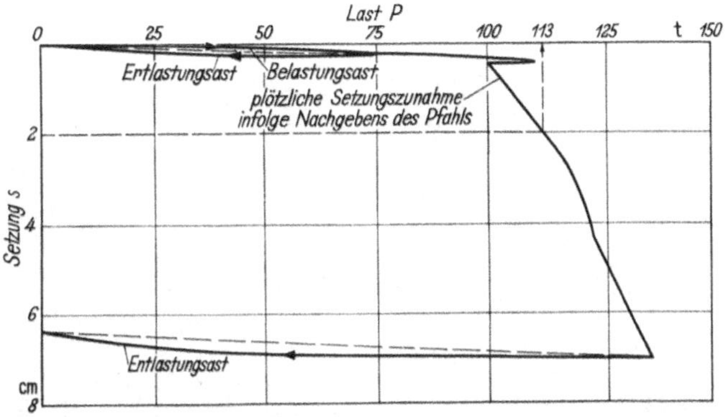

Abb. 246. Last-Setzungslinie eines Ortbeton-Rammpfahls von 8,5 m Länge. Die Unstetigkeit weist auf ein Versagen des Pfahlbetons hin.

trennt für die elastische und die bleibende Setzung gezeichnet. Aus ihrem Verlauf kann bei Holz-, Beton- und Stahlbetonpfählen unter Umständen auch auf das Verhalten des Pfahls selbst geschlossen werden. Da sich alle durch den Baugrund verursachten Pfahlsetzungen stetig und ohne schroffen Übergang abspielen, lassen Un-

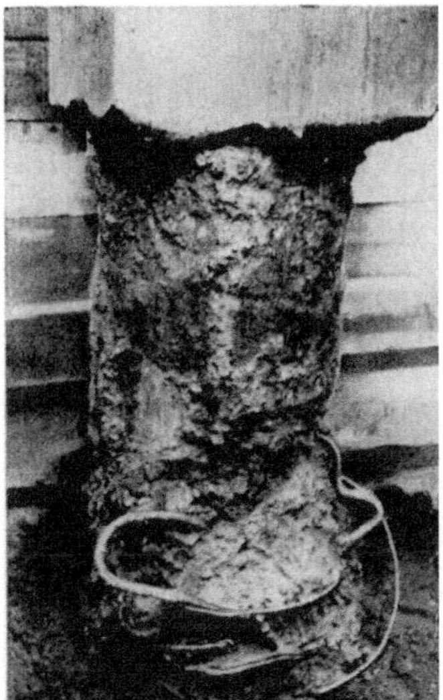

Abb. 247. Mängel am Beton des nach der Probebelastung freigelegten Pfahls von Abb. 246.

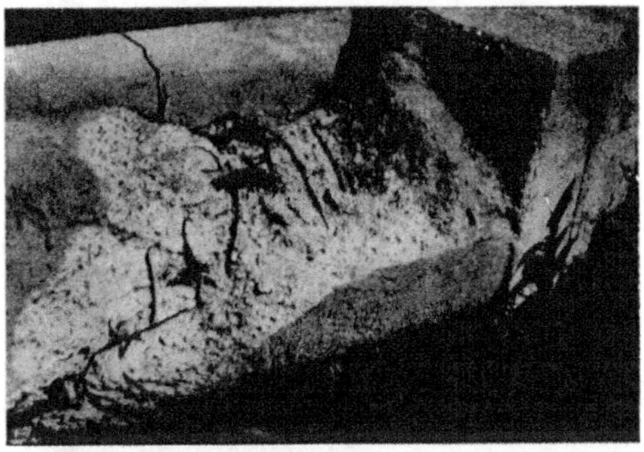

a

b

Abb. 248a u. b. Durch Druck zerstörter Beton und gestauchte Längsbewehrung eines probebelasteten Bohrpfahls.

stetigkeiten in der Last-Setzungslinie auf ein plötzliches Nachgeben des Pfahls infolge irgendwelcher Mängel im Baustoff schließen.

Die Unstetigkeit der Last-Setzungslinie (Abb. 246) eines Ortbetonrammpfahls, der nach anfänglich ausgezeichnetem Verhalten plötzlich nachgab, ließ Fehler im

Pfahlbeton und ein dadurch bedingtes Versagen des Pfahls vermuten, was sich nach Freilegen des oberen Pfahlteils bestätigte (Abb. 247). Auch die Mängel im Beton eines Bohrpfahls mit Fußverbreiterung (Abb. 248) waren aus dem Last-

Abb. 249a—d. Bei Probebelastung zerstörter Fußstumpf eines Bohrpfahls mit Fußverbreiterung.

Setzungsdiagramm erwartet worden, da der Pfahl trotz seiner Abstützung in einer dicht gelagerten Sandschicht von einer bestimmten Last ab unerwartet große Setzungen zeigte. Diese waren aber nicht auf ein Nachgeben der tragenden Schicht zurückzuführen, sondern auf die Zerstörung des Betons, wie die Stauchung der Bewehrungseisen deutlich erkennen läßt (MUHS 1963).

Auch im Pfahlfuß können bei einer Überbeanspruchung, wie sie bei der Probebelastung von Pfählen vorkommen, Schäden auftreten. Ein im dichten Sand mit 180 t probebelasteter Pfahl mit einem Fuß (65 cm Durchmesser) aus einem vermörtelten Sand-Kies-Gemisch wurde nach der Probebelastung ausgegraben (Abb. 249). Der Pfahlfuß war bei der hohen Belastung durch Aufbrechen in zwei lotrechten Ebenen, die die Pfahlschaftwandung ungefähr tangierten, in drei Teile aufgespalten worden und zeigte außerdem in einer hierzu lotrechten Ebene einen von unten nach oben abnehmend dicken Riß. Diese Schäden sind dadurch zu erklären, daß im Sand bei der sehr hohen Belastung von rund 54 kg/cm² grundbruchähnliche Verformungen auftraten. Der Sand wollte hierbei seitlich ausweichen (Abb. 250), wurde hieran aber durch die in der Berührungsfläche zwischen Pfahlfuß und Boden hohe Reibung gehindert, wobei auf den Pfahlfuß entsprechende, waagerecht nach außen gerichtete Kräfte übertragen wurden. Diese Zugkräfte konnte der außerhalb des Mittelteils unbewehrte Pfahlfuß aus vermörteltem Boden nicht aufnehmen, so daß er in bestimmten Flächen (Abb. 249) riß (Muhs 1963).

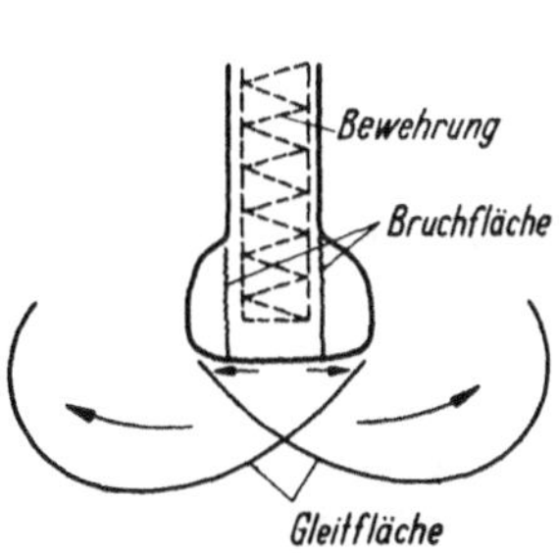

Abb. 250. Durch grundbruchähnliche Vorgänge auf die Sohlfläche des Pfahls von Abb. 249 ausgeübte, nach außen gerichtete Reibungskräfte.

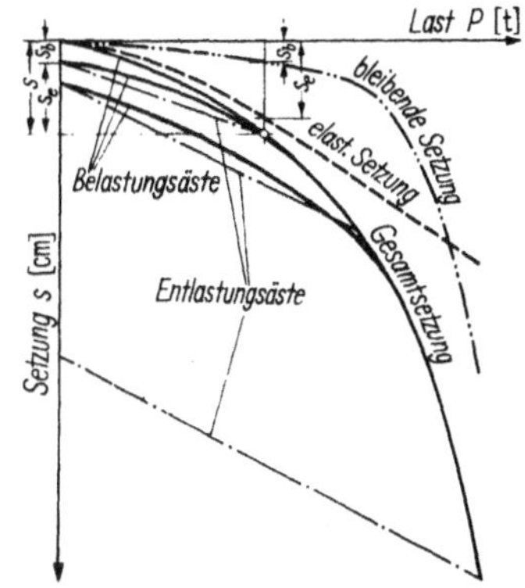

Abb. 251. Last-Setzungslinien für die elastische, die bleibende und die Gesamtsetzung eines Pfahls.

Man kann also erkennen (Abb. 246 bis 249), daß die bei Pfahlprobebelastungen eintretenden Setzungen nicht immer auf ein Nachgeben des Untergrundes zurückzuführen sind, sondern ihre Ursachen im Pfahlbaustoff selbst haben können. Vor allem bei sehr plötzlich auftretender Setzungszunahme nach vorher einwandfreiem Setzungsverlauf ist zu prüfen, ob tatsächlich die Tragfähigkeit des Untergrundes überschritten worden ist oder ob der Pfahlbaustoff bei den hohen Belastungen, wie sie nur bei den Probebelastungen vorkommen, nicht in einer Schwächezone versagt hat.

Bei Pfahlbelastungen, insbesondere bei Pfählen großer Länge, ist auch die Entlastungslinie von großer Bedeutung, da sie erlaubt, die elastische Längenänderung des Pfahls, die bei langen Pfählen viel ausmachen kann, von der bleibenden Setzung des Pfahls zu trennen. Die bleibende Setzung ergibt sich als Restsetzung bei voller Entlastung (Abb. 251). Der Unterschied der Gesamtsetzung und der bleibenden Setzung stellt die Summe der elastischen Setzung des Pfahls und des Bodens dar. Aus dem Verlauf der Belastungslinie für die bleibende Setzung können klarere Schlüsse über das Verhalten des Probepfahls als aus der üblichen Belastungslinie für die Gesamtsetzung gezogen werden.

Kennziffern. Ebenso wie bei der Probebelastung des Baugrundes ist die „*Bruchlast* P_B“ durch das Versinken oder Herausziehen des Pfahls, und zwar nach DIN 1054, Ausg. 1953, Abschn. 5.371, durch dessen Beginn (Punkt *B* oder *B'* der Abb. 252) gekennzeichnet. Dieser Punkt läßt sich jedoch aus solchen Last-

Setzungslinien nicht eindeutig entnehmen, die in eine geneigte Gerade ausmünden. Nähert sich hingegen — wie das oft der Fall ist — die Last-Setzungslinie einer senkrechten Asymptoten A, so gibt diese die Bruchlast wesentlich genauer an (gestrichelter Verlauf).

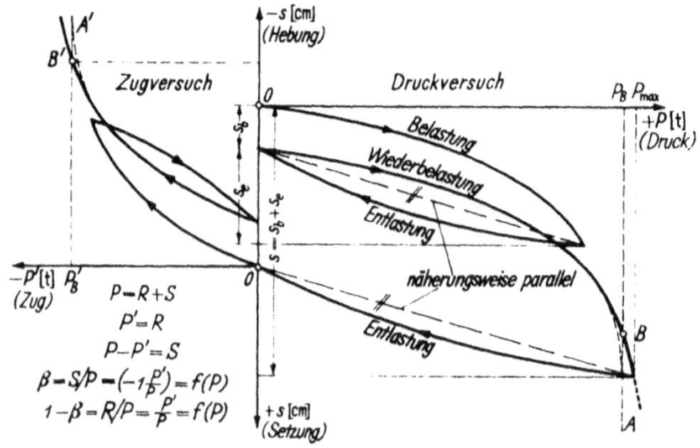

Abb. 252. Last-Setzungsdiagramm von Probebelastungen für Druck- und Zugbelastung.

Das Versinken des Pfahls (SCHULTZE 1964) beginnt etwa an derjenigen Stelle (Abb. 253a), an welcher sich die beiden Haupttangenten an den Anfang und an das Ende der Last-Setzunglinie schneiden (MANSUR/KAUFMANN 1956) oder dort, wo der Übergangsbogen der Last-Setzungslinie in eine abfallende Gerade übergeht (SCHENCK 1951). Diese Last, die noch nicht dem völligen Bruch entspricht, sondern nur die Last kennzeichnet, von welcher ab eine stärkere Setzungszunahme eintritt, ist von der Bruchlast zu unterscheiden und wird als „*Grenzlast*" bezeichnet (SCHENCK 1963). Nach VESIĆ (1963) befindet sie sich an der Stelle, wo die Zunahme der Setzungen (= Differentialquotient der Last-Setzungslinie) den Größtwert erreicht (größte Neigung der Tangente an die Last-Setzungslinie) oder nach JÖRGER (1959) dort, wo die Neigung der Tangente 1:2 bis 1:3 beträgt. Bei Spitzendruckpfählen kann nach VAN DER VEEN (1953) die Last-Setzungslinie durch eine Exponentialfunktion wiedergegeben werden (Abb. 253c). Trägt man für verschiedene, angenommene Lasten P_c die Last-Setzungslinie mit den Koordinaten $\ln\left(1 - \frac{P_s}{P_c}\right)$ und s auf, so ist die Grenzlast bei derjenigen Last vorhanden, für welche diese Linie eine Gerade wird.

Die Grenzlast wird oft — im Gegensatz zur Bruchlast, die von der Setzung unabhängig ist — von der Pfahlsetzung abhängig gemacht (Abb. 253b). Nach TERZAGHI/PECK (1961) kann bei nicht ausgeprägter Bruchgrenze als Grenzlast die bei einer Setzung von 2 in. (rund 5 cm) und nach dem New York City Building Law die bei einer Setzung von 2.5 cm vorhandene Last angesetzt werden. In Deutschland wird die Grenzlast oft bei 2 cm Gesamtsetzung (MUHS 1959, S. 85) angenommen. Die so definierte Grenzlast wird besonders für Bohrpfähle empfohlen [DIN 4014 (1960) „Bohrpfähle"]. Nach MAGNEL (1948) wird als Grenzlast die bei einer bleibenden Setzung von 0.8 cm und nach den Standard Specifications for Highway Bridges (1958) die bei 1/4 in. (etwa 0.65 cm) vorhandene Last angesetzt (Abb. 253d).

Da die Setzung vom Pfahldurchmesser abhängt — sie nimmt mit steigendem Durchmesser zu —, wird die Grenzlast aber vielfach auch vom Durchmesser (d) abhängig gemacht. So wird z. B. in manchen Ländern die Grenzlast nach TERZAGHI

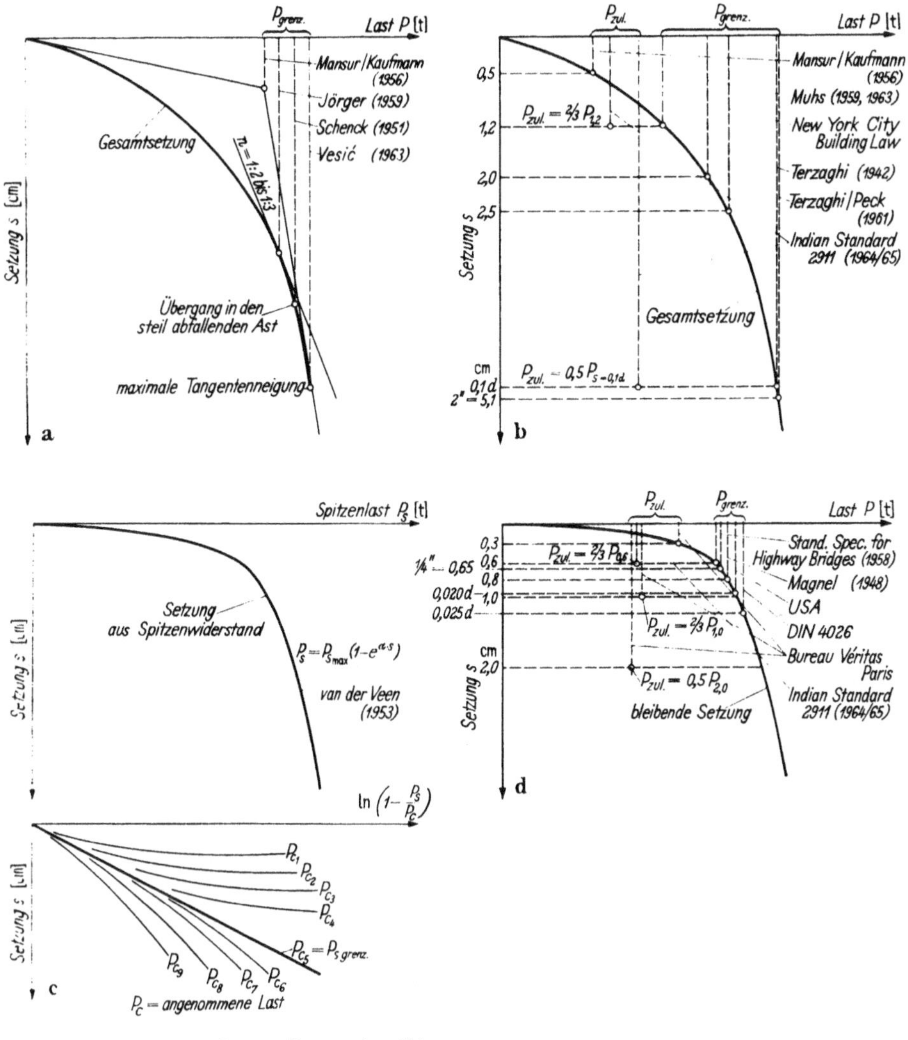

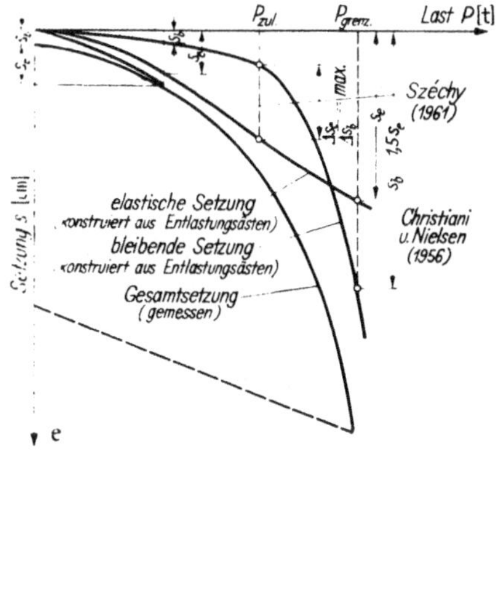

Abb. 253a—e. Verfahren zur Bestimmung der Grenzlast und der zulässigen Last von Pfählen.

Ausgegangen wird von: a) Der Form der Last-Setzungslinie für die Gesamtsetzung; b) einer bestimmten Größe der Gesamtsetzung; c) der Annahme einer Exponentialfunktion für die Last-Setzungslinie bei Spitzendruckpfählen; d) einer bestimmten Größe der bleibenden Setzung; e) dem Verhältnis zwischen elastischer und bleibender Setzung.

(1942) bei der Setzung $s = \frac{d}{10}$ angesetzt [Indian Standard 2911 (1964/65)]. In Deutschland ist als Kriterium für die Grenzlast von Rammpfählen in den Fällen, wo sich die Grenzlast aus der Last-Setzungskurve nicht einwandfrei entnehmen läßt, jene Last definiert, die eine bleibende Setzung des Pfahls von 0,025 d hervorruft [DIN 4026 (Entwurf 1965) ,,Rammpfähle"]. In den USA wird ein entsprechender Wert von 0,02 d verwendet. Diese Setzung erhält man mit genügender Genauigkeit, indem man zu der Sehne der Entlastungskurve eine Parallele durch den festgelegten Wert der bleibenden Setzung zieht und den Schnittpunkt mit der gemessenen Last-Setzungslinie sucht (Abb. 254). Die zugehörige Last ist die Grenzlast für das vereinbarte bleibende Setzungsmaß (SCHENCK 1963).

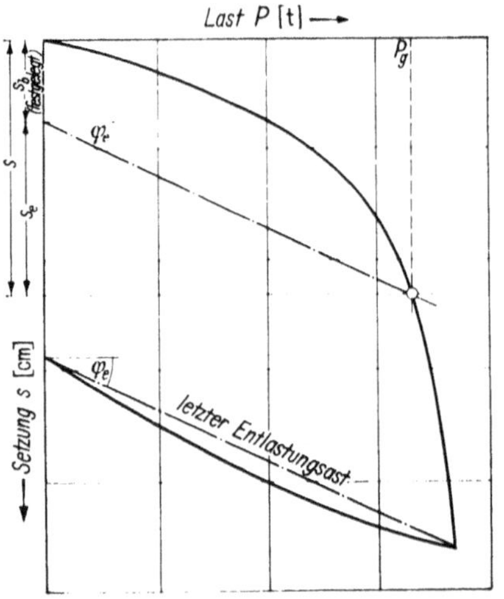

Abb. 254. Bestimmung der Grenzlast P_g, ausgehend von einer bleibenden Setzung s_b des Pfahls (SCHENCK 1963).

Die Neigung der Entlastungsgeraden $\tan \alpha_P = \tan (90 - \varphi_e) = P/s_e$ liefert die ,,*Senkungszahl*" des Pfahls C_P (kg/cm³) $= \frac{\tan \alpha_P}{F} = \frac{\sigma_b}{s_e}$, die bei der Probebelastung des Baugrundes als elastische Bettungszahl bezeichnet wird (S. 236).

Auswertung. Die Last-Setzungslinien haben im allgemeinen nicht den bisweilen verwickelten Verlauf wie bei der Probebelastung des Baugrundes. Sie sind gewöhnlich fast gleichmäßig, und zwar nach unten hohl gekrümmt (oft um etwa 6% der Gesamtsetzung, s. NUNES 1948). Die Entlastungsäste sind bei homogenem Boden annähernd gerade Linien, jedoch nicht untereinander parallel. Ihre Neigung nimmt vielmehr mit der Last zu (Abb. 251 und 258). Auch die bleibende Senkung s_b vergrößert sich fortlaufend mit der Belastung. Das Verhältnis s_e/s_b erhält beim Bruch seinen Kleinstwert.

Der Zweck der Probebelastung ist in erster Linie die Feststellung der *zulässigen Belastung* eines Pfahls. Nach DIN 1054, Aug. 1953, Abschn. 5.371 gilt als zulässige Pfahlbelastung die Hälfte der bei der Probebelastung gefundenen Bruchlast P_B oder der definitionsgemäß eingeführten Grenzlast bzw. der höchsten erreichten Last. Neben der Lage von P_B spielt bei der Festsetzung der zulässigen Pfahlbelastung aber auch die zulässige Setzung eine Rolle, deren Absolutwert nicht allgemein festgesetzt werden kann, sondern von den Bewegungen abhängt, die man dem Bauwerk ohne Schaden zumuten darf (vgl. hierüber PIETKOWSKI 1948, wonach es unzweckmäßig ist, Pfählen eine bestimmte Setzung vorzuschreiben; s. auch PLANTEMA 1948). Doch geht ein Vorschlag, der sich bei Probebelastungen oft bewährt hat, dahin, als zulässige Setzung von Pfählen 5 mm anzusetzen (MANSUR/KAUFMANN 1956). SZÉCHY (1961, 1963 und 1964) schlägt als zulässige Pfahllast diejenige Last vor, bei welcher das Verhältnis aus der Zunahme der elastischen zu der Zunahme der bleibenden Setzung einen Größtwert hat (Abb. 253e). Nach dem Indian Standard 2911 (1964/65) wird als zulässige Pfahllast der kleinste sich aus den drei Kriterien — $^2/_3$ der bei 6 mm bleibender Setzung, $^2/_3$ der bei 12 mm bzw. $^1/_2$ der bei 0,1 d Gesamtsetzung vorhandenen Last — ergebende Wert angesehen. Das Bureau Véritas in Paris nimmt als zulässige Last den kleinsten Wert der bei 0,3 cm bleibender Setzung vorhandenen Last oder $^2/_3$ der bei

1 cm bzw. $^1/_2$ der bei 2 cm bleibender Setzung vorhandenen Last an (GOULET/HULO/JEZEQUEL 1964).

Bei der Auswertung der Last-Setzungslinie wird gelegentlich die *elastische Zusammendrückung* $\Delta l \left(= \frac{Pl}{EF}\right)$ des an seiner Spitze starr gelagerten Pfahls von der Länge l mit der unter der gleichen Last beobachteten Setzung $s_b + s_e$ oder mit s_e (Abb. 252) verglichen, um daraus Schlüsse auf das Feststehen des Pfahls im Boden oder die Zusammendrückbarkeit des Bodens zu ziehen. Im allgemeinen steht jedoch der Pfahl nicht auf seiner Spitze, sondern wird durch den Spitzenwiderstand $S = \beta P$ und die Mantelreibung: $R = (1 - \beta) P$ gehalten (Abb. 255). Die Frage, ob die Komponenten der Pfahltragfähigkeit, Spitzenwiderstand und Mantelreibung, mit genügender Genauigkeit dadurch ermittelt werden können, daß man den Zugwiderstand als reine Mantelreibung und den Druckwiderstand als Summe von Mantelreibung und Spitzenwiderstand ansieht, wird verschieden beantwortet. An und für sich ist die Spannungsverteilung im Halbraum bei Zug eine andere als bei Druck, und infolgedessen ist auch zu erwarten, daß die Größe der gesamten auf den Pfahl wirkenden Kräfte bei diesen beiden Beanspruchungen sich, ungeachtet des Spitzenwiderstands, unterscheidet. Immerhin gibt der Unterschied zwischen Zug- und Druckbeanspruchung der Pfähle wenigstens einen ungefähren Anhalt über den Anteil der beiden Komponenten. Die theoretische Länge l', bei der Spitzenwiderstand und Mantelreibung als Einzelkräfte am Pfahlfuß wirkend gedacht werden, so daß der gesamte Pfahl nur an seiner Spitze aufgelagert ist, wird dann aus der Bedingung bestimmt, daß die Zusammendrückung des Gesamtpfahls die gleiche wie bei der wirklichen Verteilung der angreifenden Kräfte bleibt (Abb. 255):

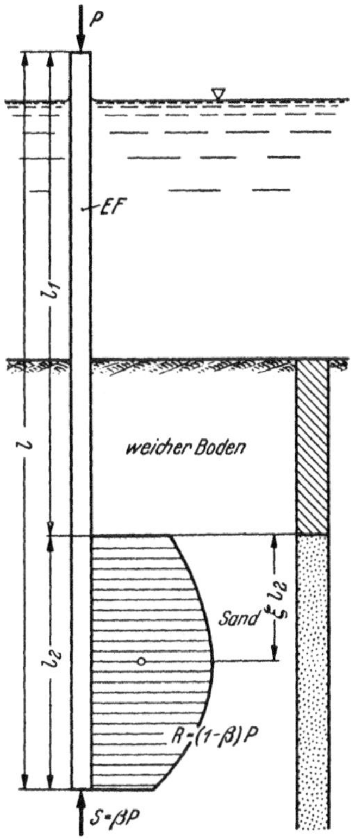

Abb. 255. Annahme über die Verteilung von Spitzenwiderstand und Mantelreibung.

$$l' = l_1 + [\beta + (1 - \beta)\,\xi]\,l_2 \quad \text{(cm)}. \tag{63}$$

Die elastische Zusammendrückung eines Pfahls von dieser Länge unter der Last P ist:

$$\Delta l = \frac{P l'}{E F} = \frac{P}{E F}\{l_1 + [\beta + (1 - \beta)\,\xi]\,l_2\} \quad \text{(cm)}. \tag{64}$$

Die gemessene elastische Einsenkung s_e des Pfahlkopfes kann nicht gleich Δl gesetzt werden, da sie außer der elastischen Zusammendrückung Δl des Pfahls auch noch diejenige des Bodens s_{eb} enthält. Gl. (64) enthält demnach die drei Unbekannten Δl, ξ und β. Selbst wenn man also durch den Zugversuch die Gesamttragfähigkeit in Spitzenwiderstand und Mantelreibung aufteilt und dadurch β bestimmt, bleiben Δl und ξ unbekannt. Es ist also im allgemeinen ausgeschlossen, die elastische Setzung in die des Pfahls und die des Bodens zu unterteilen, es sei denn, man trifft bestimmte Annahmen über ξ. Hat man z. B. durch einen Zugversuch nachgewiesen, daß der Spitzenwiderstand gleich Null ist ($\beta = 0$) und nimmt man an, daß der resultierende Bodenwiderstand in $^1/_2$ der Einbindetiefe des Pfahls in der tragenden Bodenschicht angreift ($\xi = {}^1/_2$), so wird:

$$\Delta l = \frac{P}{EF}\left(l_1 + \frac{1}{2}\,l_2\right) \qquad \text{(cm)}\,. \qquad (65)$$

Je kleiner l_2 ist, desto gerechtfertigter ist es, eine Annahme über ξ zu treffen und Δl zu bestimmen.

Nach Kenntnis von Δl wird die elastische Setzung des Bodens:

$$s_{eb} = s - s_b - \Delta l = P\tan\alpha_P - \Delta l \qquad \text{(cm)}\,. \qquad (66)$$

Weiß man ausnahmsweise genau, daß ein Pfahl ausschließlich durch den Spitzenwiderstand gehalten wird und ist außerdem $\frac{Pl}{EF} = \Delta l \approx s_e$, was durch Vergleich mit der Messung festgestellt werden kann, so wird die elastische Zusammendrückung des Bodens zu Null. Letzteres kann man stets dann annehmen, wenn die Pfähle in nachgiebigen bindigen Schichten gerammt sind, bei denen s_{eb} sehr klein gegenüber s_b ist.

Ist $\Delta l \approx s$, so kann man von einem Feststehen des Pfahls im Boden sprechen.

Ist die Entlastungsschleife des Last-Setzungsdiagramms schon nicht ohne zusätzliche Annahmen zu analysieren, so ist dies erst recht nicht bei dem Erstbelastungsast möglich. Zu den bisherigen Verschiebungen:

Δl = elastische Zusammendrückung des Pfahls,
s_{eb} = elastische Zusammendrückung des Bodens

treten hinzu:

s_t = bleibende Scherverschiebung des Pfahlfußes gegen den Boden, die zur Erzeugung der Mantelreibung beiträgt,
s_p = plastische Zusammendrückung des Bodens unter dem Pfahlfuß.

Für die Erstbelastungslinie ist die bleibende Eindringung:

$$s_b = s_t + s_p \qquad \text{(cm)}\,. \qquad (67)$$

Da s_b gemessen werden kann, erhöhen sich die drei Unbekannten der Entlastungslinie noch um zwei weitere. Die fehlenden Bedingungen zur Bestimmung der Unbekannten erhält man durch zusätzliche Messungen, etwa der Verschiebung der Pfahlspitze und der Pfahlmitte, welche in Hohlpfählen aus Stahl am ehesten möglich sind (Schenck 1951). Es zeigt sich hierbei, daß sich die Anteile von Mantelreibung und Spitzenwiderstand und die Verteilung der Mantelreibung während der Lastaufbringung verändern. Die Längskraft des Pfahls kann in verschiedenen Tiefen auch durch elektrische Dehnungsmesser bestimmt werden (Crandall 1948).

Die Größe der elastischen Senkungszahl des Pfahls C_P kann dazu dienen, die durch die Einsenkung des Pfahls in den Boden entstehende Vergrößerung der rechnerischen Pfahllänge und die sog. „*elastische Pfahllänge*" l_e zu berechnen. Man erhält:

$$l_e = l_1 + [\beta + (1-\beta)\,\xi]\,l_2 + EF\,\frac{s_{eb}}{P} = E\,\frac{1}{C_P} \qquad \text{(cm)}\,. \qquad (68)$$

l_e ist die Länge, die ein auf einer starren Unterlage stehender Pfahl besitzen müßte, damit er die gleichen elastischen Setzungen erfährt, wie sie sich aus dem Last-Setzungsdiagramm ergeben. Sie setzt sich gewöhnlich aus einer Verkürzung der Pfahllänge l infolge der Mantelreibung und aus einer Verlängerung infolge der elastischen Zusammendrückung des Bodens zusammen. Je nachdem welcher Anteil überwiegt, ist l_e größer oder kleiner als l.

Die elastische Länge wird bei der statischen Berechnung von Pfahlgründungen gebraucht.

Zahlenwerte. Tragfähigkeit und Senkungszahl sind von dem Baustoff und der Form der Pfähle abhängig. Da man im allgemeinen die Pfähle stets so tief rammt, daß zumindest die Spitze im tragfähigen Baugrund steht, spielen aber auch die Länge der Pfähle und vor allem die Beschaffenheit der Bodenschichten eine Rolle. Man setzt daher $m_P = C_P/C'_P$ (Tab. 25). Hierin ist $C'_P = E/l$ die Senkungszahl (S. 220) eines Spitzendruckpfahls bei unnachgiebiger Fußauflagerung (E = Elastizitätsmodul des Pfahlmaterials, l = Länge des Pfahls).

Tabelle 25. *Grenzwerte für die zulässige Belastung und den Senkungsbeiwert von Holz-, Stahlbeton- und Stahlpfählen*

Baustoff	Druck (t)	Zug (t)	Senkungsbeiwert m_P
Holz	10— 45	bis 30	Auflagerung vorwiegend durch:
Beton und Stahlbeton	15—100	bis 50	Spitzendruck .... 0,5—1,2
Stahl	20—200	bis 70	Mantelreibung ...... 0,6—3,0

Nach DIN 1054, Abschn. 5.346 und DIN 4026, Abschn. 9.1.2 darf bei Sand und Kies eine Mantelreibung von 2,5 t/m² eingesetzt werden. Bei Rammpfählen in Tonböden wird vielfach die Mantelreibung gleich der halben Zylinderdruckfestigkeit (s. Kap. 1.412.4) gesetzt (Converse 1948). Bei Bohrpfählen ist dieser Wert nur halb so groß (Skempton 1959). Aus zahlreichen Versuchen wurden für die Mantelreibung von Reibungspfählen je nach der Bodenart und ihrer Beschaffenheit Werte zwischen rd. 1 und 12 t/m² gefunden (Tab. 26).

Tabelle 26. *Gemessene Mantelreibung von Pfählen in t/m²* (nach Chellis 1948)

Bindiger Boden		Nichtbindiger Boden	
Bezeichnung	Mittel	Bezeichnung	Mittel
Weicher Ton	2,0 ± 1,0	Schlamm	1,2 ± 1,0
Schluffiger Ton	3,0 ± 1,0	Schluff	1,5 ± 1,0
Sandiger Ton	3,0 ± 1,0	Schluffiger Sand	4,0 ± 1,0
Mittlerer Ton	3,5 ± 1,0	Sand	6,0 ± 2,5
Sandiger Schluff	4,0 ± 1,0	Grobsand	10,0 ± 5,0
Fester Ton	4,5 ± 1,0	Kies	12,5 ± 5,0
Dichter, sandiger Ton	6,0 ± 1,5		
Harter Ton	7,5 ± 2,0		

Die Spitzenwiderstände in Sand liegen im Mittel zwischen 30 und 50 kg/cm² (Schultze/Muhs 1950, S. 111, und Fuchs 1959, S. 40). Über die zulässige Belastung von Bohrpfählen siehe DIN 4014, Abschn. 11, und von Rammpfählen DIN 4026, Abschn. 9.

Fehler. Die Probebelastungen von gleichartigen Pfählen liefern oft auch in gleichartigem Untergrund infolge von Zufälligkeiten beim Rammen und immer vorhandenen kleinen Abweichungen in der Zusammensetzung des Untergrundes unerwartete Streuungen. Außerdem ist es schwierig, eine Regel für die Feststellung der zulässigen Belastung aus der gefundenen Bruchlast oder auch aus einer irgendwie definierten Proportionalitäts- oder Elastizitätsgrenze abzuleiten. In der Praxis muß auch auf die Größe der zulässigen Setzung, die Knicksicherheit (Glick 1948) und zusätzliche Biegungsbeanspruchungen eingegangen werden. Außerdem sind die zulässigen Pfahllasten durch Beanspruchung des Baustoffs der Pfähle und des Bauwerks über den Pfahlköpfen begrenzt.

Verwendung. Die Ergebnisse der Probebelastungen dienen zur Feststellung der Belastungsfähigkeit von Pfahlgründungen, wobei ein grundsätzlicher Unterschied zwischen Pfählen mit Spitzen in nichtbindigem und bindigem Boden besteht. In letzterem Fall kann das Verhalten der Pfahlgründung nur aus sehr langen Probebelastungen mit einiger Zuverlässigkeit erkannt werden (HASSELBLAD/FUCHS 1939). Bei der Übertragung der Probebelastungen von Einzelpfählen auf Pfahlgruppen im Bauwerk ist gewöhnlich mit einer geringeren Tragfähigkeit zu rechnen, wenn die zulässigen Setzungen nicht überschritten werden sollen. Denn das Pfahlbündel setzt sich stärker als der Einzelpfahl. Das Übertragungsgesetz ist für Spitzendruckpfähle anders als für Reibungspfähle. Um die Schwierigkeiten der Anwendung der Probebelastung eines Einzelpfahls auszuschließen, werden bisweilen nicht nur Einzelpfähle, sondern Pfähle innerhalb einer Gruppe, die unter Umständen bereits Lasten trägt, untersucht. Es ist dann von besonderem Wert, festzustellen, ob und in welchem Maße die benachbarten, nicht probebelasteten Pfähle sich ebenfalls setzen. Daraus kann auf die Senkung des Bündels bei gleichzeitiger Belastung aller Pfähle geschlossen werden.

Abb. 256. Totlastkörper für die Probebelastung eines Frankipfahls mittels Druckpresse.

Wesentlich für die Übertragbarkeit der Ergebnisse am Einzelpfahl auf die Pfahlgruppe ist die Zerlegung der gemessenen Pfahlkraft in Spitzenwiderstand

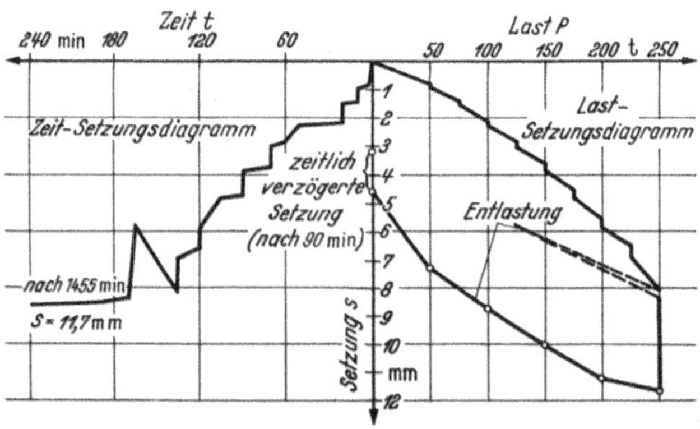

Abb. 257. Ergebnis der Probebelastung von Abb. 256.

und Mantelreibung. Sobald diese Komponenten bekannt sind, kann man das Modellgesetz für die Übertragung annähernd in die folgende Form fassen: Die Summe der Spitzenwiderstände aller Pfähle einer Gruppe wird auf den Quadratmeter der Grundfläche der Pfahlgruppe umgerechnet. Für die dann zu erwartende Setzung gelten die gleichen Überlegungen wie beim Modellgesetz für die Probebelastung des Baugrundes durch Lastplatten. Die Mantelreibung kann bei Pfahlgruppen nur auf eine Fläche angesetzt werden, die diese Gruppe von dem übrigen

Erdreich abgrenzt. Dieser Umfang ist meist bedeutend kleiner als die Summe der Umfänge der einzelnen Pfähle.

Beispiele. 1. Bei der Gründung eines Hafenspeichers wurde ein *Frankipfahl* von 16 m Länge, der 11 m in Mittel- und Feinsand einband, durch eine hydraulische Presse, jedoch ohne Zugpfähle, belastet. Als Gegengewicht diente ein mit Sand gefüllter Kasten von etwa 300 t Gewicht (Abb. 256). Die Setzung des Pfahlkopfes wurde an zwei gegenüberliegenden Meßuhren abgelesen. Sie waren an je einem Eisenträger befestigt, die auf zwei Betonfundamenten mit einer Entfernung von je 4 m von der Pfahlachse auflagen. Zur Kontrolle wurde nivelliert.

Aus dem Last-Setzungsdiagramm (Abb. 257) ging hervor, daß der Pfahl unbedenklich die vorgesehene Last von 90 bis 100 t aufnehmen konnte, da die Grenztragfähigkeit bei 250 t noch nicht erreicht war. Die Setzungen waren auch bei den hohen Belastungen verschwindend

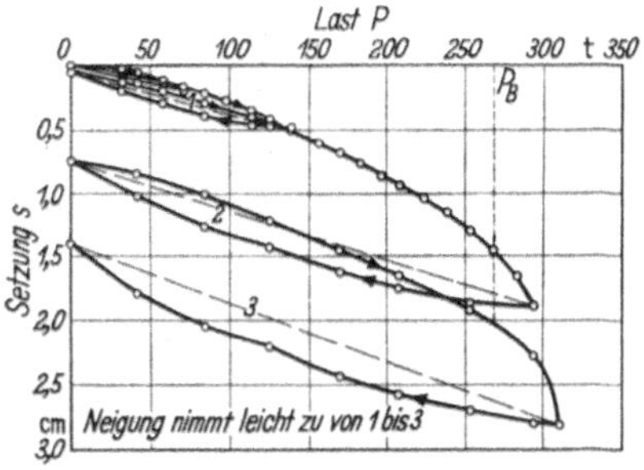

Abb. 258. Last-Setzungslinie eines Stahlpfahls (ARENS/RÖHNISCH 1937).

Abb. 259. Kopf des Probepfahls von Abb. 237 und Druckpressen.

Abb. 260. Probebelastung des Probepfahls von Abb. 237 mittels Totlastkörper und Druckpressen.

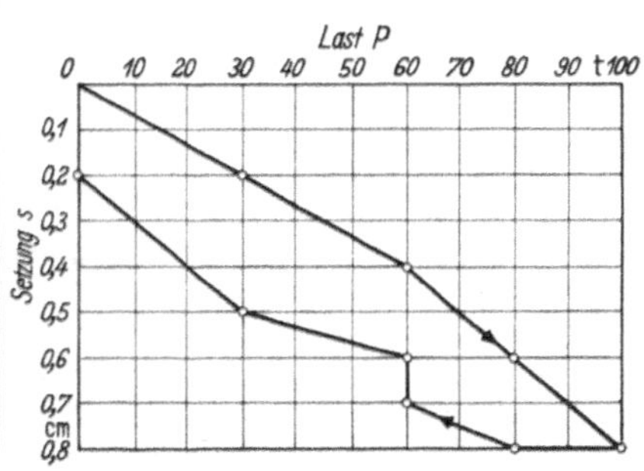

Abb. 261. Last-Setzungslinie des Probepfahls von Abb. 237.

klein. Wegen dieses günstigen Ergebnisses wurde auf Grund einiger zusätzlicher Rechnungen und der Bodenverhältnisse vorgeschlagen, die Länge der Rammpfähle um 4 m auf 12 m zu verkürzen und die zulässige Pfahlbelastung mit 100 t anzusetzen.

2. Ein aus zwei Peiner Kasten-Spundbohlen (Profil P Sp 30 L) zusammengesetzter *Stahlpfahl* von 19,3 m Länge, dessen Tragfähigkeit für die Gründung einer Kanalbrücke festgestellt werden sollte, wurde mit Hilfe einer Druckpresse und eines Zugpfahls belastet (ARENS/RÖHNISCH 1937). Der Setzungsverlauf wurde durch Nivellement gemessen.

Aus dem Last-Setzungsdiagramm (Abb. 258) des auf 8,6 m Länge in nicht tragfähigen Schichten stehenden und auf 4,7 m Länge in schwach kiesigen Feinsand einbindenden Pfahls

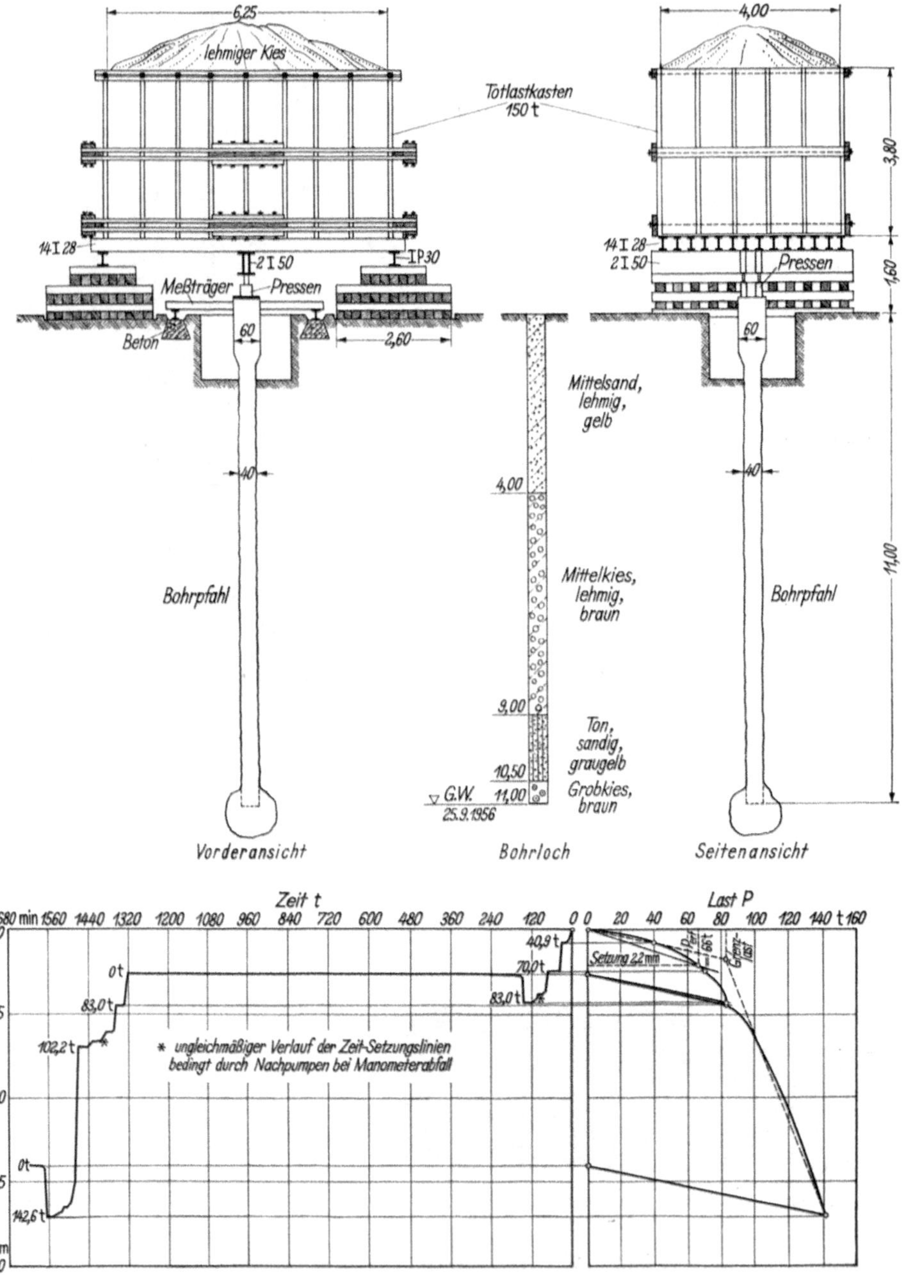

Abb. 262a u. b. Probebelastung eines Ortbetonpfahls.
a) Belastungsvorrichtung; b) Last-Setzungslinie und Zeit-Setzungslinie.

wurde die Bruchlast P_B ziemlich willkürlich mit 270 t abgegriffen. Bei Zugrundelegung einer zweifachen Sicherheit nach DIN 1054 hätte die zulässige Pfahlbelastung 135 t betragen. In Wirklichkeit wäre die Sicherheit aber größer gewesen, da die tatsächliche Bruchlast $P_B = 310$ t betrug. Von der Bauleitung wurde die Pfahlbelastung zu $0{,}8\,P_B = 215$ t festgesetzt.

3. Die Probebelastung des in Kap. 1.322.3 gezeigten *Holzpfahls* (Abb. 237) wurde mit Hilfe eines Öldruckgeräts mit sechs Drucktöpfen (Abb. 259), die sich gegen einen Sandkasten als Totlastkörper (Abb. 260) abstützten, vorgenommen, die Bewegung des Pfahls durch Nivellement gemessen und durch Zollstockmessung mit Hilfe einer Hebelübertragung, die die Bewegungen verdreifachte, kontrolliert. Die Belastungsstufen wurden bei 30, 60, 80 und 100 t gewählt. Diese Abstände waren zu groß, so daß sich der Verlauf der Last-Setzungslinie nur ziemlich unvollkommen auftragen ließ (Abb. 261). Sie lieferte bei 100 t nach $22^1/_2$ Stunden eine Gesamtsetzung von 8 mm und eine nach völliger Entlastung bleibende Setzung von 2 mm. Auf Grund dieses Ergebnisses wurde eine Pfahlbelastung von 30 t zugelassen.

4. Über das Ergebnis von Probebelastungen zweier *Bohrpfähle mit verbreitertem Fuß* in einer lockeren und in einer dicht gelagerten Sandschicht siehe Kap. 1.322.11 (Abb. 192). Die zulässige Pfahllast wurde hier auf Grund des Ergebnisses der Probebelastung im lockeren Sand mit 35 t festgesetzt, allerdings mit der Auflage, bestimmte konstruktive Maßnahmen am Gebäude vorzusehen. Im dichten Sand wurde an Hand der gemessenen Last-Setzungslinie eine Pfahlbelastung von 62 t zugelassen (Muhs 1959).

5. Die Probebelastung eines 11,0 m langen *Ortbetonpfahls* von 40 cm Schaftdurchmesser mit Fußverbreiterung nach dem System Michaelis-Mast (Abb. 262) ergab im kiesigen Untergrund eine Grenzlast nach Mansur/Kaufmann (1956) von 82 t gegenüber einer erforderlichen Last von 66 t.

Literatur

Am. Assoc. of State Highway Officials (1958) – Standard specifications for highway bridges.
DIN 4014 (1960): Bohrpfähle. Herstellung und zulässige Belastung. Richtlinien.
Indian Standard 2911 (1964/65): Indian standard code of practice for design and construction of pile foundations. Part 1: Load-bearing concrete piles. Part 2: Timber piles.
DIN 4026 (Entwurf 1965): Rammpfähle. Herstellung und zulässige Belastung. Richtlinien.

Allgemeines:

Kögler (1931): Über Baugrundprobebelastungen. Bautechnik 9, S. 357.
Kérisel (1948): Pile foundations, pile loading tests. General report. Proc. II. Int. Conf. Soil Mech. Found. Eng. Rotterdam, Bd. VI, S. 119 u. 129.
Schenck (1951): Der Rammpfahl. Berlin.
v. V. (1953): La mécanique des sols et la force portante des pieux. Ann. Inst. Techn. Bât. Trav. Publ. 6, H. 63—64.
Tassios (1963): Estimation pratique des tassements différés d'un pieu pendant un essai de chargement. Proc. Europ. Baugrundtagung Wiesbaden, Bd. I, S. 95.

Über die Versuchsdurchführung:

ASTM D 1143 – 50 T (1952): Tentative method of test for load-settlement relationship for individual piles. Book of ASTM Standards, Teil 3, S. 1481.
Thornley (1948): Pile test programs. Proc. II. Int. Conf. Soil Mech. Found. Eng. Rotterdam, Bd. V, S. 136.
Crandall (1948): Electrical resistance strain gauges for determining the transfer of load from driven piling to soil. Proc. II. Int. Conf. Soil Mech. Found. Eng. Rotterdam, Bd. IV, S. 122.
Ahrens (1948): Bericht über die Durchführung der Probebelastung eines Frankipfahles mit 500 t. Abhandlg. ü. Bodenmech. u. Grundbau. Berlin/Bielefeld/Detmold. S. 157.
Kjellmann/Liljedahl (1951): Device and procedure for loading tests on piles. Proc. Swed. Geot. Inst. Nr. 3.
Schenck (1952): Erfahrungen mit Stahlrammpfählen bei der Gründung des Pier „A" der Getreideanlage am Hafen III in Bremen. Bautechnik 29, S. 36 u. 62.
Menze (1954): Probebelastungen an Fertigbetonpfählen und Stahlpfählen. Mitt. Franzius-Inst. TH Hannover H. 5, S. 114.
Jung (1958): Probebelastung von Pfählen. Baumaschine u. Bautechnik 5, S. 55.
o. V. (1958): Proefbelastingen op Druk- en Trekpalen. Mededelingen Lab. Grondmech. Delft, Deel III, No. 1.
Backe (1962): Die Probebelastung der Gründungspfähle im Hamburger Hafen. Schiff u. Hafen, S. 451.

Über Druckversuche:

Arens/Röhnisch (1937): Belastungsproben an Stahlpfählen und deren Anwendung bei der Erweiterung des Dortmund-Ems-Kanals. Bautechnik 15, S. 586.

Hasselblad/Fuchs (1939): Die neue Straßenbrücke über den Götaälv in Gothenburg. Bautechnik 17, S. 353.
Petermann/Lackner/Schenck (1958): Tragfähigkeit von dünnen Stahlbetonpfählen. Aus: Gründungen im Wohnungsbau. Berlin. S. 1.
Muhs (1959/63): Versuche mit Bohrpfählen. Wiesbaden/Berlin. Teil 1 u. 2.
Petermann (1960): Reihenversuche an Stahlbetonpfählen in Bremen. Vorträge der Baugrundtagung Frankfurt am Main, S. 195.

Über Zugversuche:

Reimer (1953): Die Kaimauerbauten des Jahres 1952 im Hamburger Hafen. Bautechnik 30, S. 313.
Schenck (1954): Der flach geneigte, gerammte Verankerungspfahl. Bautechnik 31, S. 155.
Finke (1956): Zugversuche und Erfahrungen mit Verankerungspfählen für Uferwände. Baumaschine u. Bautechnik 3, S. 69.
Förster (1960): Auswahl und Bemessung der Gründungspfähle im Hamburger Hafen. Vorträge der Baugrundtagung Frankfurt am Main, S. 211.

Über Bruch und Grenzlastkriterien:

Terzaghi (1942): Liner-plate tunnels on the Boston (III) subway. Proc. Am. Soc. Civ. Eng. 68, S. 862.
Pietkowski (1948): Two remarks on piles. 1. The allowable settling of piles. 2. New type of concrete pile. Proc. II. Int. Conf. Soil Mech. Found. Eng. Rotterdam, Bd. II, S. 194.
Costa Nunes (1948): Discussion on paper: Pietkowski – Two remarks on piles. Proc. II. Int. Conf. Soil Mech. Found. Eng. Rotterdam, Bd. VI, S. 122.
Plantema (1948): Results of a special loading-test on a reinforced concrete pile, a so-called pile sounding; interpretation of the results of deep-soundings, permissible pile loads and extended settlement observations. Proc. II. Int. Conf. Soil Mech. Found. Eng. Rotterdam, Bd. IV, S. 112.
Glick (1948): Influence of soft ground on the design of long piles. Proc. II. Int. Conf. Soil Mech. Found. Eng. Rotterdam, Bd. IV, S. 84.
Magnel (1948): Stabilité des constructions. Gent. Bd. III, S. 136.
van der Veen (1953): The bearing capacity of a pile. Proc. III. Int. Conf. Soil Mech. Found. Eng. Zürich, Bd. II, S. 84.
Mansur/Kaufmann (1956): Pile tests, low-sill structure, Old River, La. Proc. Am. Soc. Civ. Eng. 82, SM 4, Paper 1079.
Jörger (1959): Definition der Bruchlast. Fachnormenausschuß Bauwesen, Arbeitskreis „Berechnungsverfahren" der Deutsch. Ges. f. Erd- und Grundbau.
Széchy (1961): Discussion. Proc. V. Int. Conf. Soil Mech. Found. Eng. Paris, Bd. III, S. 263.
— (1963): Der Grundbau. Wien. Bd. I.
Terzaghi/Peck (1961): Die Bodenmechanik in der Baupraxis. Berlin/Göttingen/Heidelberg. S. 184 u. 488.
Schenck (1963): 2. Bericht über die Tätigkeit des Arbeitskreises 5: „Bauart und Tragfähigkeit der Pfähle" der Deutschen Gesellschaft für Erd- und Grundbau e.V. Baumaschine u. Bautechnik 10, S. 449.
Vesić (1963): Bearing capacity of deep foundations in sand. Georgia Inst. of Technology, Ann. Meet. Highway Res. Board Washington.
Schultze (1964): Experimental method and evaluation of some loading tests on piles. Proc. Symp. Bearing Capacity of Piles Roorkee (India), Bd. I, S. 60.
Goulet/Hulo/Jezequel (1964) – Comparaison entre les résultats de chargement statique d'un pieu et les prévisions déduites des essais géotechniques. Sols-Soils 11, S. 21.
Széchy (1964): A more exact evaluation of pile test loadings. Proc. Symp. Bearing Capacity of Piles Roorkee (India), Bd. I, S. 116.

Über die Berechnung der Tragfähigkeit:

Chellis (1948): A study of pile friction values. Proc. II. Int. Conf. Soil Mech. Found. Eng. Rotterdam, Bd. V, S. 142.
Converse (1948): The determination of pile bearing capacity from sub-soil investigations and laboratory tests. Proc. II. Int. Conf. Soil Mech. Found. Eng. Rotterdam, Bd. V, S. 140.
Schultze/Muhs (1950): Bodenuntersuchungen für Ingenieurbauten. Berlin/Göttingen/Heidelberg. 1. Auflage. S. 111.
Schultze (1953): Etat actuel des méthodes d'évaluations de la force portante des pieux en Allemagne. Ann. Inst. Techn. Bât. Trav. Publ. 6, S. 305.
Skempton/Yassin/Gibson (1953): Théorie de la force portante des pieux dans le sable. Ann. Inst. Techn. Bât. Trav. Publ. 6, S. 285.

MEYERHOF (1953): Recherches sur la force portante des pieux. Ann. Inst. Techn. Bât. Trav. Publ. 6, S. 371.
ZWECK (1954): Zur Ermittlung der Tragfähigkeit von Pfählen. Mitt. Bundesanstalt Wasserbau Karlsruhe H. 3, S. 35 und H. 4, S. 38.
SKEMPTON (1959): Cast in–situ bored piles in London clay. Géotechnique 9, S. 153.
FUCHS (1959): Baugrund und Bodenmechanik. Leipzig. S. 40.
JÄNKE (1963): Überprüfung der Brauchbarkeit von Pfahlformeln an Hand von Probebelastungen und Messungen an Stahlpfählen. Mitt. Bundesanstalt Wasserbau Karlsruhe H. 19 und Baumaschine u. Bautechnik 10, S. 47.

1.322.42 Probebelastung des Baugrundes

Definition. Eine Probebelastung des Baugrundes ist die senkrechte Belastung einer begrenzten Fläche (Lastplatte) in Höhe der Geländeoberfläche oder der Gründungssohle mit oder ohne Einbindetiefe der Lastplatte.

Gerät. Die Lastplatten werden biegungsfest aus Beton oder Stahl in verschiedenen Größen — im allgemeinen nicht größer als 1 m² — mit quadratischem oder kreisförmigem Grundriß hergestellt. Zu beachten ist, daß bei zu kleinen Lastplatten — insbesondere in nichtbindigem Boden — schon bei ziemlich niedrigen Belastungen ein Ausweichen der Bodenkörner am Plattenrand auftritt, das mit der wirklichen Zusammendrückung des Baugrundes nichts zu tun hat und das Ergebnis ungünstig beeinflußt. Je kleiner die Lastplatte gewählt wird, desto geringer ist der Belastungsbereich, in dem ein einwandfreies, der tatsächlichen *Zusammendrückung* entsprechendes Verhalten des Bodens erwartet werden kann. Zu kleine Lastplatten ($d < 0{,}5$ m) sollen deshalb vermieden werden. Auch die manchmal gegebene Empfehlung, verschiedene, z.B. drei, kleinere Belastungsversuche vorzunehmen, um daraus ein Modellgesetz abzuleiten, das durch Extrapolation die Übertragung des Meßergebnisses auf das tatsächliche Fundament gestattet, führt meist nicht zu dem gewünschten Aufschluß. Viel wertvoller ist die Durchführung eines einzigen, aber entsprechend größeren Versuchs. Als Maximum für normale Fälle kann eine Lastplatte von 1 m² Größe angesehen werden.

Probebelastungen sind im übrigen nur in solchen Böden angebracht, wo die Entnahme von ungestörten Bodenproben und die einwandfreie Durchführung von Versuchen zur Prüfung der Zusammendrückbarkeit nicht möglich ist. Dies ist bei allen grobkörnigen oder grobkörnige Anteile besitzenden Böden der Fall, in gewissem Umfang auch im Sand, wo der normale Kompressionsversuch ein zu ungünstiges Ergebnis liefert. Ist in solchen Böden die Kenntnis der Zusammendrückbarkeit zur Bestimmung der Steifezahl oder der Bettungszahl oder zur Ermittlung der späteren Bauwerkssetzungen notwendig, so kann man sich diese Kenntnis am besten durch eine Probebelastung verschaffen. Die Kosten sind allerdings meist recht hoch.

Zur Belastung dienen entweder Ziegelsteine, Eisenbarren, Sand- oder Wasserkästen, Eisenbahnschienen usw. oder Pressen mit einem Druckanzeiger. Die Pressen stützen sich gegen einen oder mehrere Träger ab, die genügend weit von dem Probekörper gelagert sein müssen, um dessen Setzungsvorgang nicht zu beeinflussen, und die ihrerseits durch Totlasten in Gestalt von Sandkästen, Ziegelstapeln oder belasteten Gleisen das nötige Gegengewicht erhalten (Abb. 263). Außerdem gibt es besondere fahrbare Probebelastungsgeräte. Bei Belastungen in Schürfgruben kann als Totlast der Erdwiderstand der Schürfgrubenwand herangezogen werden (Abb. 264), wodurch der teure und zeitraubende Aufbau der sonst erforderlichen großen Gegengewichte gespart wird. Dasselbe gilt für Probebelastungen in Senkkästen, wo die Pressen sich gegen die Decke abstützen. Bei einer Brückengründung wurden auf diese Weise Flächen von 12 m² bis 26,5 kg/cm² belastet (SIEDEK 1948).

Vorgang. Von erheblicher Bedeutung für das Ergebnis ist, ob der Versuch mit oder ohne seitliche Bodenauflast ausgeführt wird. Schon eine kleine Einbindetiefe

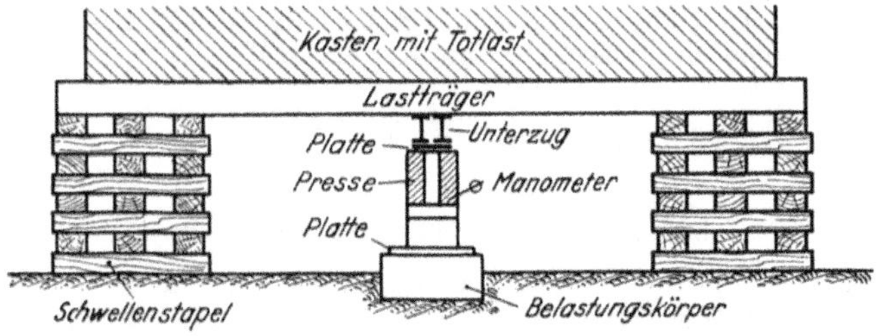

Abb. 263. Anordnung von Probebelastungen mit einer Druckpresse und einer Totlast.

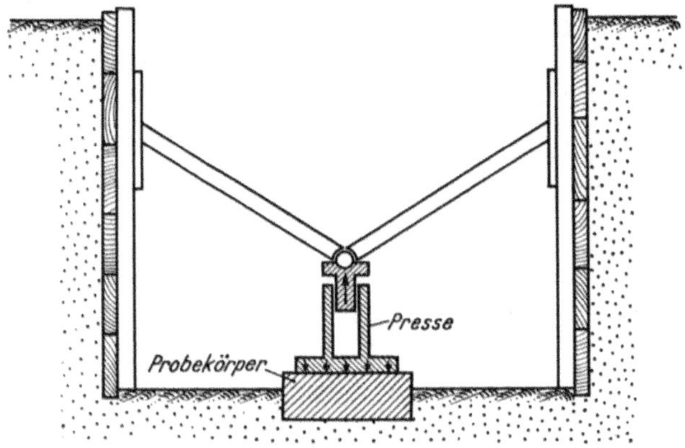

Abb. 264. Anordnung von Probebelastungen mit einer Druckpresse in tieferen Baugruben.

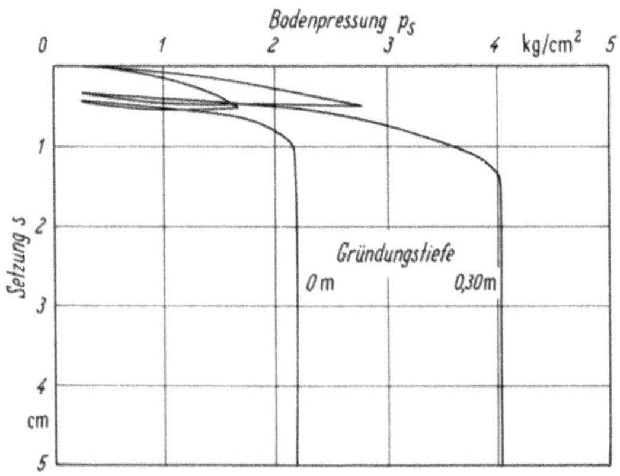

Abb. 265. Einfluß der Gründungstiefe auf die Tragfähigkeit nichtbindiger Böden. $F = 0{,}5\ \text{m} \cdot 0{,}5\ \text{m}$.

der Lastplatte im Boden, z. B. 30 cm, verbessert den Setzungsverlauf unter Umständen bedeutend (Abb. 265). Aus diesem Grunde sollte bei Versuchen, die der Ermittlung der Steifezahl für Gründungen mit Einbindetiefe dienen, die Lastplatte nicht unmittelbar an der Oberfläche des Geländes oder der Baugrube angeordnet werden.

Der Probebelastungskörper wird in Stufen von etwa 0,1 bis 0,5 kg/cm² belastet. Nach Erreichen einer bestimmten Pressung wird stufenweise auf Null ent- und dann erneut belastet. Wenn die Last aus aufgestapelten Ziegelsteinen und dergleichen besteht, ist eine Ent- und Wiederbelastung umständlich. Zweckmäßiger ist deshalb eine Anordnung, bei der die Be- und Entlastung ohne viel Mühe beliebig oft wiederholt werden kann (Abb. 263).

Die Zeiten, die zwischen den einzelnen Belastungsstufen liegen, sind nicht festgelegt. Nach Möglichkeit soll eine neue Last erst aufgebracht werden, nachdem die Setzung infolge der schon vorhandenen Belastung abgeklungen ist. Diese Forderung läßt sich aber nicht immer einhalten, da dann Probebelastungen in bindigen Böden zu lange Zeit in Anspruch nehmen würden. Nach Aufbringen der

Abb. 266. Geländepegel zum Messen der Geländebewegung neben dem Versuchskörper. $F = 0{,}5\,\text{m} \cdot 2{,}0\,\text{m}$, $t = 0{,}5$ m.

letzten Laststufe ist es jedoch unbedingt notwendig, die Belastung bis zur Konsolidierung des Bodens, d. h. in Tonböden gegebenenfalls mehrere Wochen lang, wirken zu lassen.

Die zu den einzelnen Laststufen gehörenden Setzungen werden unmittelbar nach dem Aufbringen einer neuen Last und mindestens noch unmittelbar vor dem Aufbringen der nächsten Last gemessen, besser aber so oft, wie es zum Auftragen einer Zeit-Setzungslinie notwendig ist. Man verläßt sich hierbei nicht auf *eine* Ablesungsart, sondern benutzt außerdem eine zweite als Kontrolle. Hierzu dienen entweder Meßlatten, die auf eingesetzte Beobachtungsbolzen gestellt und durch ein Nivellierinstrument abgelesen werden, oder Meßuhren, die an besonderen waagerechten Meßträgern befestigt sind und sich auf die Lastplatte abstützen. Da die Gefahr besteht, daß die Meßträger während des Versuchs von der Lastverlagerung in Mitleidenschaft gezogen werden, müssen sie außerhalb des Einflußbereichs der Probebelastung aufgelagert werden. Dieser muß mit mindestens der sechsfachen Breite der Lastplatte angenommen werden (Abb. 270).

In wichtigen Fällen, insbesondere, wenn die Bruchlast des Baugrundes bei der Untersuchung eine Rolle spielt, ist es wichtig, auch die Bewegungen des Geländes neben der Lastplatte zu verfolgen, da sie anzeigen, bei welcher Last sich die anfänglichen Setzungen infolge einer Zusammendrückung in Hebungen der Geländeoberfläche infolge eines seitlichen Ausweichens des Bodens umkehren (MUHS/KAHL 1954 und 1957); diese Messungen werden am einfachsten an kleinen Stativen, an denen Maßstäbe mit mm-Teilung angebracht sind, durch Nivellement vorgenommen (Abb. 266).

Werden durch die Probebelastung verschiedene Schichten erfaßt, d. h., wenn die Mächtigkeit der unmittelbar belasteten Schicht kleiner als 2 bis 4 d ist [vgl.

Fußnote zu Gl. (72)], kann die Steifezahl nur durch Messen der Zusammendrückung dieser Schicht, d. h. nicht aus der Gesamtsetzung allein, berechnet werden (MUHS/DAVIDENKOFF 1952). Es ist dann eine Messung der Schichten in verschiedener Tiefe mit Tiefpegeln notwendig (MUHS 1948 und 1950).

Meßgrößen. Die Zeitpunkte der Belastungen und Ablesungen, die Belastungshöhe und die gemessenen Setzungen der Lastplatte und unter Umständen des seitlichen Geländes werden in Tabellen notiert.

Auftragungen. Die gemessenen Größen werden am umfassendsten in einem vierachsigen Koordinatensystem aufgetragen (Abb. 267). Von den vier Feldern eines Achsenkreuzes wird das linke obere Feld durch die Abszisse t (Zeit) und die

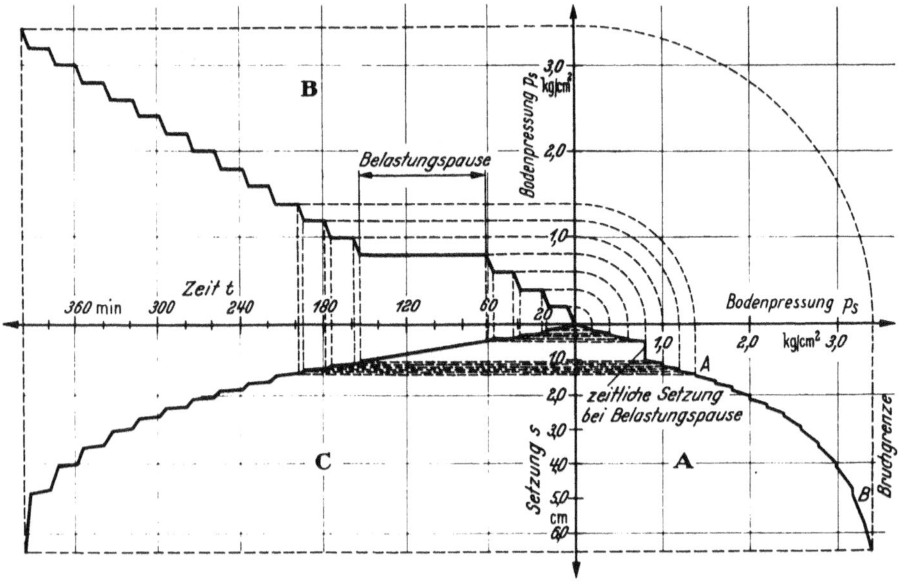

Abb. 267. Darstellung des Ergebnisses von Probebelastungen.
A Last-Setzungsdiagramm; *B* Zeit-Lastdiagramm; *C* Zeit-Setzungsdiagramm.

Ordinate p_s (Bodenpressung) begrenzt (Zeit-Lastdiagramm). Links unten wird die Beziehung zwischen der Abszisse t und der Ordinate s (Setzung) dargestellt (Zeit-Setzungsdiagramm). Das Feld rechts unten enthält als Ordinate s und als Abszisse die Bodenpressung p_s (Last-Setzungsdiagramm).

Die Zeit-Setzungslinie und die Last-Setzungslinie verlaufen bei mehreren Ablesungen für jede Laststufe unstetig, da beim Aufbringen einer neuen Last zunächst eine stärkere Setzung auftritt, die allmählich abklingt. Mit der nächsten Laststufe beginnt eine erneute Setzungszunahme, d. h. eine Einbuchtung der Zeit-Setzungs- und Last-Setzungslinie.

Durch Entlastungen und Wiederbelastungen wird das einfache Schema der Abb. 267 unübersichtlicher, aber aufschlußreicher, da dann zwischen der elastischen (s_e) und bleibenden (s_b) Setzung unterschieden werden kann (Abb. 251).

Sind auch die Bewegungen der Geländeoberfläche neben der Lastplatte gemessen worden, so werden diese als Ganglinie, d. h. in Abhängigkeit von der Zeit, dargestellt; das gleiche geschieht mit der Belastung (Abb. 268). Die zunächst fallenden Linien für die Geländebewegung, die eine Setzung des Geländes anzeigen, beginnen von einem bestimmten Lastbereich an wieder anzusteigen und kenn-

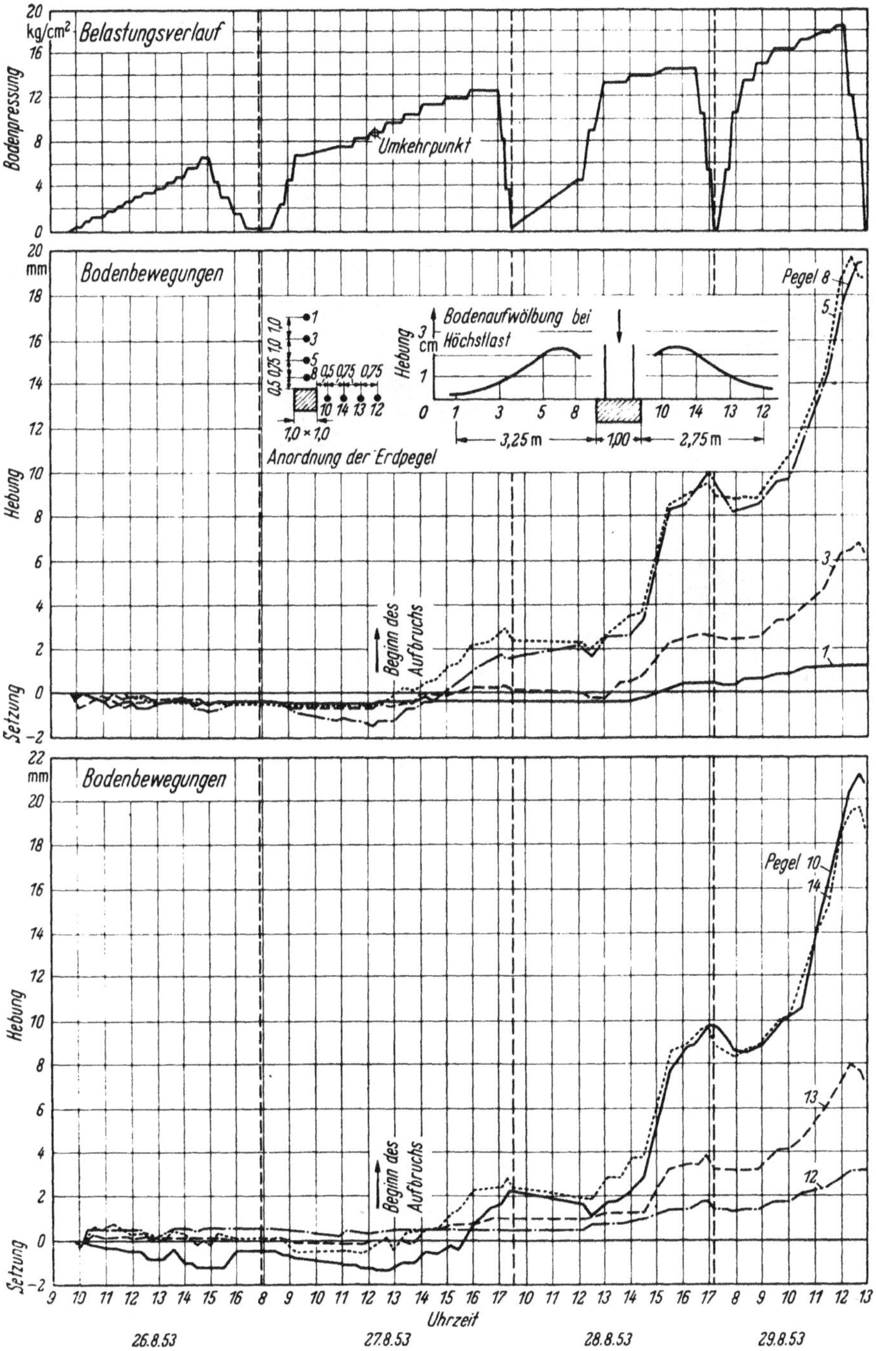

Abb. 268. Ergebnis der Messung der Geländebewegung neben dem Versuchskörper. Bestimmung des Umkehrpunkts und der Umkehrlast.

zeichnen von diesem Zeitpunkt an bzw. von diesem Lastbereich ab eine Hebung des umliegenden Geländes (Abb. 269). Dieser Lastbereich ist deshalb als „*Umkehrlastbereich*" bezeichnet worden (Muhs/Kahl 1954 und 1957). Sobald er bei der Probebelastung erreicht ist, treten größere Setzungen der Lastplatte und schließlich der sogenannte „Grundbruch" ein (Abb. 270), bei dem der Scherwiderstand des Bodens auf einer gekrümmten Gleitfläche überwunden wird (Abb. 271). Dieser Zustand des Abscherens bei praktisch unveränderter Last kommt in den Meßkurven für die Geländebewegung in einem steilen und oft fast geradlinigen Hebungsverlauf zum Ausdruck (Abb. 268). Abb. 272 zeigt in 12 Einzelphasen den Ablauf eines durch Probebelastung eines flach gegründeten Einzelfundaments erzwungenen Grundbruchs, d. h. das *allmähliche* Herausdrücken der Gleitscholle aus der aus Mittel- und Feinsand bestehenden Gründungsschicht und die damit einhergehende Setzung des Fundaments.

Abb. 269. Geländehebung neben dem Versuchskörper nach Überschreiten des Umkehrpunkts.
$F = 0{,}5\,\text{m} \cdot 0{,}5\,\text{m}$, $t = 0{,}3\,\text{m}$.

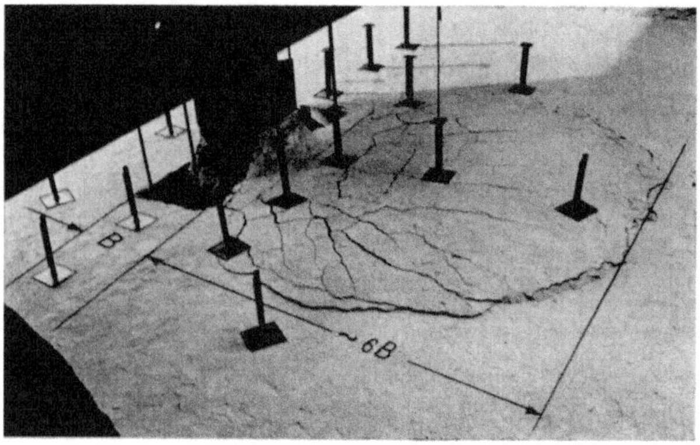

Abb. 270. Gleitscholle nach vollendetem Grundbruch.
$F = 0{,}5\,\text{m} \cdot 2{,}0\,\text{m}$, $t = 0{,}5\,\text{m}$.

Abb. 271. Aus Verschiebungsmessungen bestimmte Gleitlinie unter einem bis zum Grundbruch belasteten Versuchskörper.
$F = 0{,}5\,\text{m} \cdot 1{,}5\,\text{m}$, $t = 0{,}3\,\text{m}$.

Kennziffern. Vom Ergebnis der Probebelastung sind vor allem die Punkte A und B der Last-Setzungslinie wichtig (Abb. 267). Punkt A gibt das Ende der Proportionalität zwischen Last und Setzung an („*Proportionalitätsgrenze*" p_P des Bodens). Er ist nicht immer klar erkennbar, da der Übergang zwischen dem Proportionalitätsbereich und dem anschließenden plastischen Abschnitt meist ohne plötzlichen

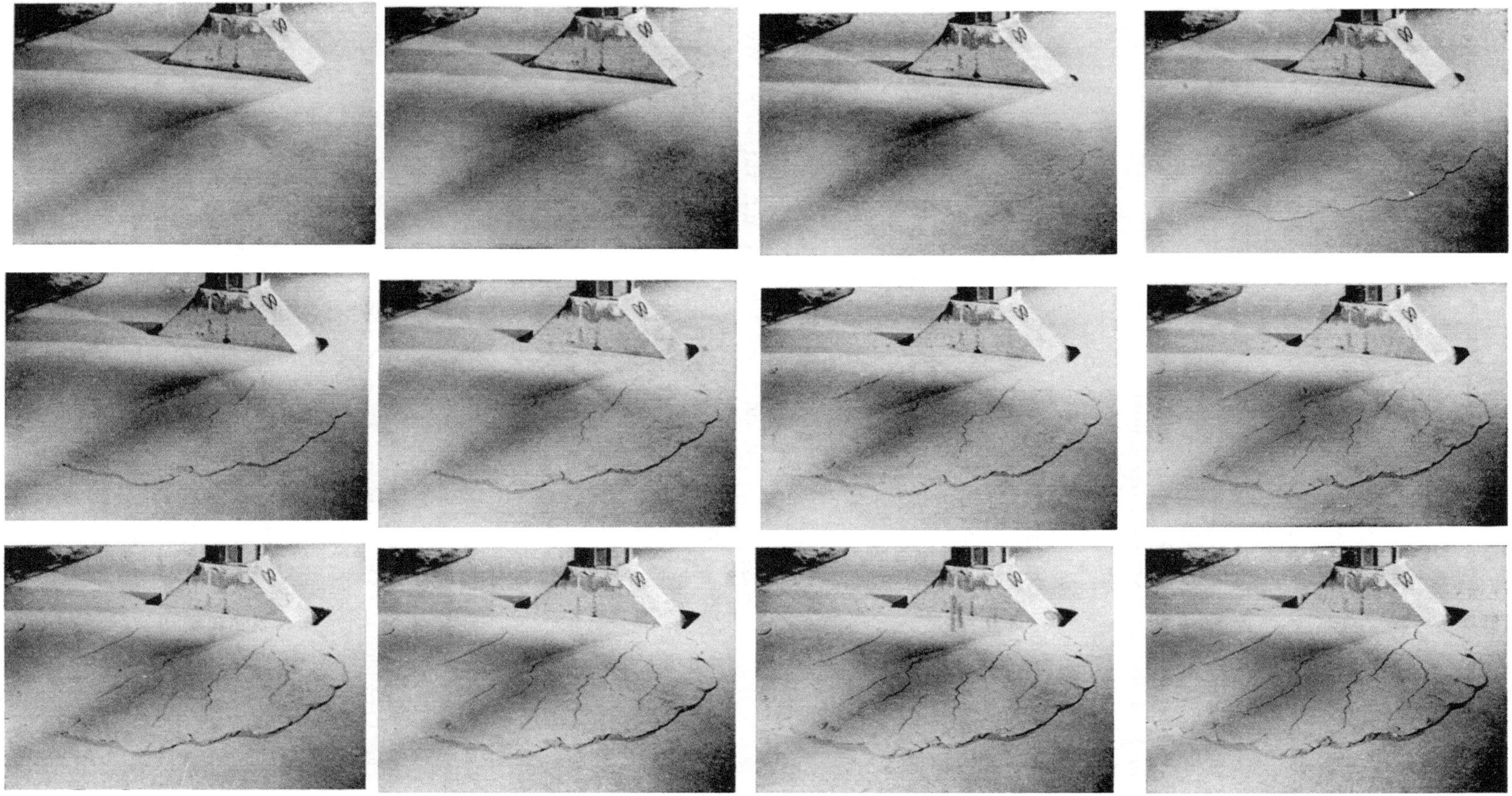

Abb. 272. Belastung eines flachgegründeten ($t = 0{,}3$ m) Versuchskörpers (0,5 m · 2,0 m) und Überschreiten der Tragfähigkeit durch Grundbruch.
(Aus dem Lehrfilm „Flächengründungen für Hochbauten“ des Instituts für Film und Bild in Wissenschaft und Unterricht, Berlin).

Knick vor sich geht und die Last-Setzungslinie gewöhnlich schon von Anfang an leicht gekrümmt ist. Punkt B zeigt, daß die „*Bruchgrenze*" p_B nahezu erreicht ist. Die Bruchgrenze wird oft durch die senkrechte Asymptote an die Last-Setzungslinie festgelegt, da diese Linie aus der Kurve eindeutig ablesbar ist, wenn die Probebelastung weit genug durchgeführt ist. Das letztere ist allerdings meist nicht der Fall. Die gemessenen Belastungslinien ergeben deshalb häufig keine eindeutige Asymptote, so daß man sich damit begnügt, die Bruchgrenze dort anzusetzen, wo die Last-Setzungslinie am Ende eine steilere Neigung annimmt, ohne daß diese senkrecht zu sein braucht. Dieser Punkt liegt nach neueren Untersuchungen stets im Umkehrlastbereich (s. oben).

Der Proportionalitätsfaktor für den Bereich der Belastungslinie zwischen 0 und p_P wird als „*Bettungszahl*" bezeichnet:

$$C_b = \tan \alpha_P = \frac{p_s}{s} \quad \text{für} \quad p_s \leqq p_P \qquad (\text{kg/cm}^3)\,. \qquad (69)$$

Die Neigung der Entlastungslinie bzw. ihrer Sekanten wird als „*elastische Bettungszahl*" C_e bezeichnet. Bei der Entlastung ist, ebenso wie bei der Wiederbelastung, schon eher ein durchgehender Proportionalitätsbereich vorhanden.

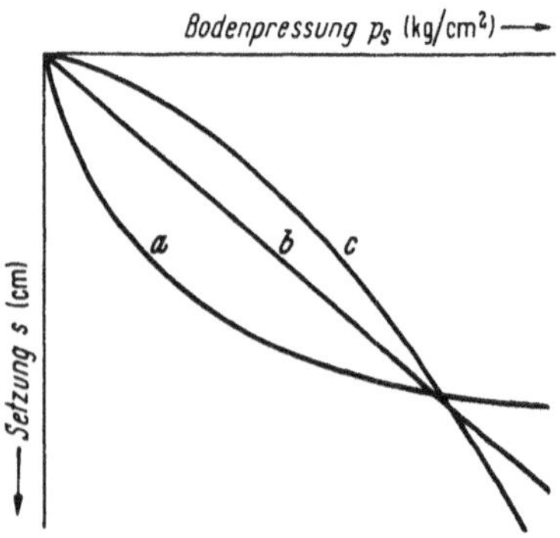

Abb. 273. Form von Last-Setzungslinien. *a* Zunehmende Steifezahl; *b* konstante Steifezahl; *c* abnehmende Steifezahl.

Auswertung. Von den drei Kurven der Abb. 267 ist die Beziehung zwischen Last und Setzung bzw. Hebung der eigentliche Zweck der Untersuchung, während die Beziehungen zwischen Zeit und Setzung sowie zwischen Zeit und Belastung nur ergänzende Angaben bedeuten, da die Beziehung zwischen Belastung und Setzung nur für solche Wertepaare aufgestellt zu werden braucht, bei denen die Setzung ihren Endwert erreicht hat.

Die Last-Setzungslinie weist eine nach oben hohle (konkave) Form (Abb. 273, Linie *a*) auf, wenn das seitliche Ausweichen des Bodens verhindert ist. Dies ist bei Belastungen an der Oberfläche, wo der Boden wegen des Fehlens jeglicher Auflasten leicht nachgeben oder aufbrechen kann, gewöhnlich nicht zu erwarten. Jedoch verläuft bei vorbelastetem Boden die Last-Setzungslinie bei geringen Auflasten mitunter auf eine kurze Strecke nach oben hohl, um dann in die entgegengesetzte Krümmung umzubiegen. Dies gilt in stärkerem Maße von den Entlastungsästen. Aber auch bei Belastungen in größerer Tiefe, wo der Probekörper von Auflasten umschlossen ist, tritt nicht nur eine senkrechte Bewegung der Bodenkörner, sondern infolge der strahlenförmigen Druckausbreitung auch eine seitliche Verschiebung ein. Konkave Formen der gesamten Erstbelastungslinie kommen daher bei Probebelastungen höchstens zu Beginn vor, während sie z. B. beim Zusammendrückungsversuch mit behinderter Seitendehnung die Regel bilden (s. Kap. 1.412.1).

Auch die zweite Art, die scheinbar nach dem HOOKEschen Gesetz verlaufende gerade Last-Setzungslinie (Abb. 273, Linie *b*), kommt bei Probebelastungen nur als Teilstrecke zu Beginn vor. Sie liefert den Proportionalitätsbereich.

Normal sind für den weitaus größten Teil der Last-Setzungslinien nach unten hohle (konvexe) Formen (Abb. 273, Linie *c*), wie sie außerdem auch beim Zusammendrückungsversuch mit unbehinderter Seitendehnung (s. Kap. 1.412.4) beobachtet werden.

Hat die Last-Setzungslinie zunächst eine annähernd geradlinige oder konkave Form und geht dann mit einem Knick in eine andere, stärkere Neigung oder in eine konvexe Form über, so liegt die Ursache in dem Überschreiten einer früheren Vorbelastung. Der Knickpunkt oder der Wendepunkt gibt deren Größe an.

In der Praxis treten oft verwickeltere Kurven als diese einfachen Fälle auf. Sie lassen sich aber aus ihnen zusammensetzen (OHDE 1942).

Die Entlastungskurven geben Auskunft, welcher Betrag auf die elastische und welcher auf die bleibende Setzung entfällt. Diese Frage ist in bindigen Böden für die Beurteilung der Abhängigkeit der Setzungen von der Zeit wichtig, da die elastischen Setzungen sofort mit der Lastaufbringung auftreten, die bleibenden dagegen meist mit starker Verzögerung. Wenn nur *eine* Schicht belastet wird, müssen die Entlastungszweige bei mehrmaliger Entlastung einander ungefähr parallel sein. Abweichungen deuten auf frühere Vorbelastungen oder auf das Vorhandensein mehrerer Schichten mit verschiedener Elastizität hin. Bei bindigem Boden nimmt die Steilheit der Entlastungskurve zudem mit wachsender Vorverdichtung aus der Probebelastung zu, was mit Vorgängen im molekular gebundenen Wasserfilm der Bodenkörner zusammenhängt (BERNATZIK 1947).

Die eigentliche Aufgabe einer Probebelastung besteht in den meisten Fällen darin, Aufschlüsse über die voraussichtlichen Setzungen eines geplanten Bauwerks zu geben. Hierzu dient neben der unmittelbar beobachteten Bettungszahl die „*Steifezahl des Baugrundes* E_s'“. Es ist:

$$E_s' = E \frac{1}{1-\mu^2} \quad (\mathrm{kg/cm^2})\,, \tag{70}$$

E Steifezahl bei unbehinderter Seitendehnung (s. Kap. 1.412.4),
μ Querdehnungszahl, 0 bis 0,5 (s. S. 239).

Aus der Probebelastung erhält man für E_s' nach SCHLEICHER (1926) bei gleichmäßigem Baugrund:

$$E_s' = \omega \frac{p_s}{s} \sqrt{F} = \omega\, C_b \sqrt{F} \quad \text{für} \quad p_s \leq p_P \quad (\mathrm{kg/cm^2})\,, \tag{71}$$

p_s Sohldruck unter dem Probebelastungskörper,
s Setzung unter der Last p_s,
F Grundfläche,
C_b Bettungszahl $= p_s/s$,
ω Beiwert von SCHLEICHER, der den für die Zusammendrückung einer unendlich tiefen gleichmäßigen Bodenschicht maßgebenden mittleren Druck $\omega\, p$ im Baugrund angibt[1].

Die Größe ω hängt von der Form der Grundfläche des Belastungskörpers und in geringerem Maße von dessen Steifigkeit ab. Für Probebelastungen werden immer starre Betonblöcke mit kreisförmigem oder quadratischem bzw. nahezu quadratischem Grundriß verwendet. Für den Kreis ist $\omega = \frac{\sqrt{\pi}}{2} = 0{,}89$. Dieser Wert kann auch für das Quadrat und für nahezu gleichseitige Rechtecke eingesetzt werden.

[1] Der Ausdruck $\omega \sqrt{F}$ entspricht der Länge l in dem Ausdruck $\Delta l/l$, so daß Gl. (71) auf den bekannten Ausdruck für den Elastizitätsmodul:

$$E = \frac{p}{\left(\frac{\Delta l}{l}\right)} = \frac{p}{\left(\frac{s}{l}\right)}$$

zurückgeführt werden kann. Der Boden wird dann durch eine Säule von der Höhe $\omega \sqrt{F}$ ersetzt, die den Druck p erhält (Abb. 274).

Einfacher ist für den Kreis die Gleichung[1]:

$$E_s' = \omega^2 C_b d = \frac{\pi}{4} \cdot \frac{p_s}{s} d = \frac{P}{s d} \qquad (\text{kg/cm}^2)\,, \qquad (72)$$

d Durchmesser,
P Belastung des Probebelastungskörpers in kg.

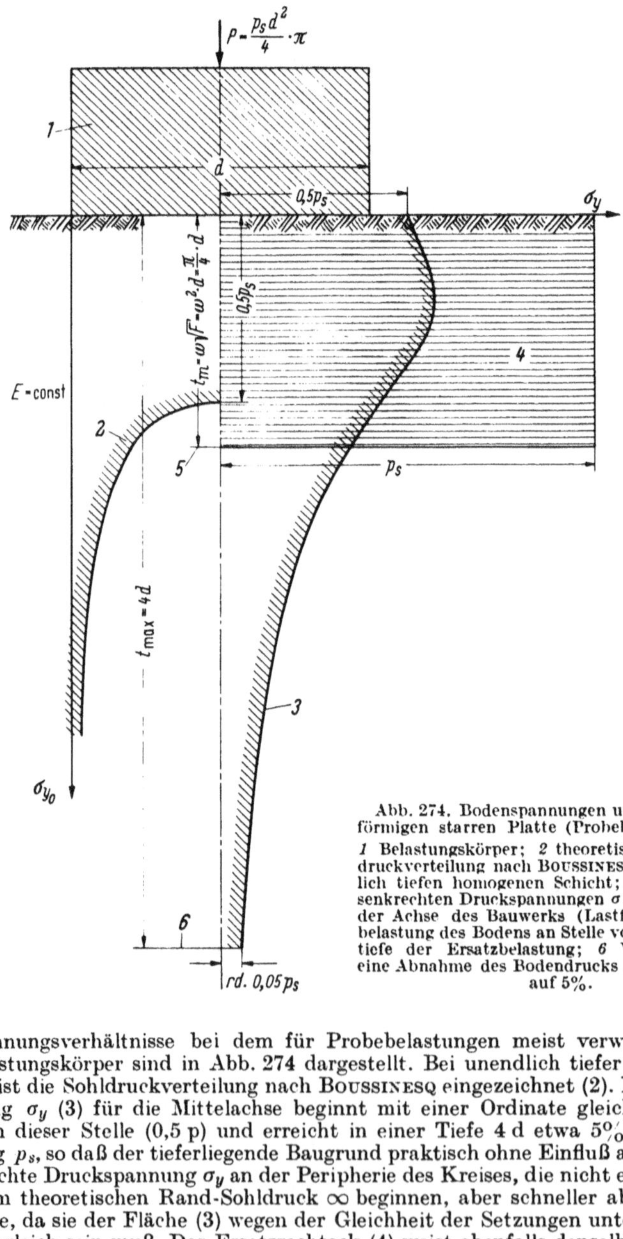

Abb. 274. Bodenspannungen unter einer kreisförmigen starren Platte (Probebelastungskörper). *1* Belastungskörper; *2* theoretische Bodengegendruckverteilung nach BOUSSINESQ bei einer unendlich tiefen homogenen Schicht; *3* Verteilung der senkrechten Druckspannungen σ nach der Tiefe in der Achse des Bauwerks (Lastfläche); *4* Ersatzbelastung des Bodens an Stelle von 3; *5* Wirkungstiefe der Ersatzbelastung; *6* Wirkungstiefe für eine Abnahme des Bodendrucks aus dem Bauwerk auf 5%.

[1] Die Spannungsverhältnisse bei dem für Probebelastungen meist verwendeten kreisförmigen Belastungskörper sind in Abb. 274 dargestellt. Bei unendlich tiefer g eichmäßiger Bodenschicht ist die Sohldruckverteilung nach BOUSSINESQ eingezeichnet (2). Die senkrechte Druckspannung σ_y (3) für die Mittelachse beginnt mit einer Ordinate gleich dem Bodengegendruck an dieser Stelle (0,5 p) und erreicht in einer Tiefe 4 d etwa 5% der mittleren Bodenpressung p_s, so daß der tieferliegende Baugrund praktisch ohne Einfluß auf die Setzung ist. Die senkrechte Druckspannung σ_y an der Peripherie des Kreises, die nicht eingetragen ist, würde mit dem theoretischen Rand-Sohldruck ∞ beginnen, aber schneller abklingen als in der Mittelachse, da sie der Fläche (3) wegen der Gleichheit der Setzungen unter dem starren Körper inhaltsgleich sein muß. Das Ersatzrechteck (4) weist ebenfalls denselben Inhalt auf, besitzt aber die waagerechte Ordinate p_s. Aus diesen Bedingungen ergibt sich dann die Ersatz-

Die Größe E_s' ist keine Bodenkonstante, sondern ebenso wie die Steifezahl E_s bei verhinderter Seitendehnung vom Druck abhängig. Sonst wäre $\frac{p_s}{p}$ = const, also die Last-Setzungslinie eine Gerade, was nur bei Beginn des Versuchs unter Umständen zutrifft. Entsprechend der Definition der Steifezahl bei verhinderter Seitendehnung (s. Kap. 1.412.1) und den Bedürfnissen der Setzungsberechnung wird Gl. (71) aber ähnlich wie bei der Definition der Bettungszahl auch für Belastungen $> p_P$ benutzt, indem gewöhnlich – möglichst vom Punkt $p = 0$ aus – die Sekante an die Erstverdichtungslinie – jedoch höchstens bis zur halben Bruchlast – oder an die Entlastungsschleife gelegt wird. Es gilt also auch:

$$E_s' = \omega \frac{p_s}{s} \sqrt{F} = \omega C_B \sqrt{F} \quad \text{für} \quad p_s > p_P \quad (\text{kg/cm}^2)\,.$$

Für E_s' bei $p_s > p_P$ erhält man für den gekrümmten Teil der Last-Setzungslinie von p_s abhängige E_s'-Werte. Ihre Veränderlichkeit mit p_s ist nicht allein auf die unmittelbare Druckabhängigkeit zurückzuführen, sondern darauf, daß mit zunehmendem p_s durch die Scherbeanspruchungen die seitlichen Ausweichbewegungen des Bodens immer mehr anwachsen. Auch kann durch die steigenden Belastungen ein Wechsel der beanspruchten Bodenschichten hervorgerufen werden: Je größer p_s ist, desto tiefer dringt die Druckwirkung in den Baugrund ein und desto mehr Bodenschichten werden an den Setzungen beteiligt. Ähnlich wie bei der geoelektrischen Untersuchung erhält man mit zunehmender Belastung also Werte, an denen immer tiefere Bodenschichten mitwirken.

Nach Gl. (70) kann aus der gemessenen Steifezahl des Baugrundes E_s' die Steifezahl bei unbehinderter Seitendehnung E, die nach der Theorie mit dem Elastizitätsmodul des Bodens identisch ist (s. Kap. 1.412.4), berechnet werden, wenn dessen „*Querdehnungszahl* μ" (Verhältnis von Querdehnung zu Längsdehnung) bekannt ist. Diese kann nach der Elastizitätstheorie zwischen $\mu = 0$ (querdehnungsfreies Material) und $\mu = 0{,}5$ (raumbeständiges Material) liegen. Zum Vergleich der aus der Probebelastung bestimmten Steifezahl E_s' mit der bei unbehinderter oder verhinderter Seitendehnung ermittelten Steifezahl E bzw. E_s (s. Kap. 1.412.4 bzw. 1.412.1) wäre also an sich eine Korrektur entsprechend einer zu wählenden Querdehnungszahl notwendig (z. B. mit dem dafür gern gebrauchten Wert $\mu = 0{,}333$; $\frac{1}{\mu} = m = 3$). Diese Korrektur wird aber meist vernachlässigt und $E_s' = E$ gesetzt, was im Hinblick auf Gl. (70) in theoretischer Hinsicht bedeutet, daß man $\mu = 0$ angenommen und damit auch $E = E_s$ eingeführt hat. Es ist dies der bei Setzungsberechnungen oder der Auswertung von Setzungsbeobachtungen gewöhnlich gewählte Weg, bei dem die bei verhinderter Seitendehnung ermittelte Steifezahl E_s unverändert zur Ermittlung von Formänderungsvorgängen im Baugrund, wo $\mu \neq 0$ ist, benutzt wird.

Für die Beziehungen zwischen E_s', E_s und E gilt:

$$E_s' = \frac{1}{1-\mu^2} E \quad (\text{kg/cm}^2)\,, \tag{73}$$

$$E_s' = \frac{1-\mu-2\mu^2}{(1-\mu)(1-\mu^2)} E_s \quad (\text{kg/cm}^2)\,, \tag{74}$$

$$E = \frac{1-\mu-2\mu^2}{1-\mu} E_s \quad (\text{kg/cm}^2)\,. \tag{75}$$

höhe t_m der gleichmäßig mit p_s belasteten Bodensäule. Bei der Probebelastung setzt sich also der Boden so, als ob er gleichmäßig mit p_s belastet und von der Tiefe t_m ab eine unnachgiebige Schicht, z. B. Fels, vorhanden wäre. Das alles gilt nur für mindestens bis zur Tiefe $4d$ gleichmäßigen Baugrund.

Benutzt man statt der Querdehnung μ den reziproken Wert $\frac{1}{\mu}$, d. h. die „*Poisson-Zahl m*", die zwischen 2 (raumbeständiges Material) und ∞ (querdehnungsfreies Material) liegen kann, so lassen sich die Gln. (73), (74) und (75) auch in der folgenden Form schreiben:

$$E_s' = \frac{m^2}{m^2 - 1} E \quad (\mathrm{kg/cm^2})\,, \tag{76}$$

$$E_s' = \frac{m^3 - m^2 - 2m}{(m-1)^2 (m+1)} E_s \quad (\mathrm{kg/cm^2})\,, \tag{77}$$

$$E = \frac{m^2 - m - 2}{m^2 - m} E_s \quad (\mathrm{kg/cm^2})\,. \tag{78}$$

Die Abhängigkeiten zwischen E_s', E_s und E für veränderliche Querdehnungszahlen μ sind in Abb. 275 dargestellt. Hiernach ist bei gleichem $\mu: E < E_s' < E_s$. Siehe hierzu auch Abb. 601.

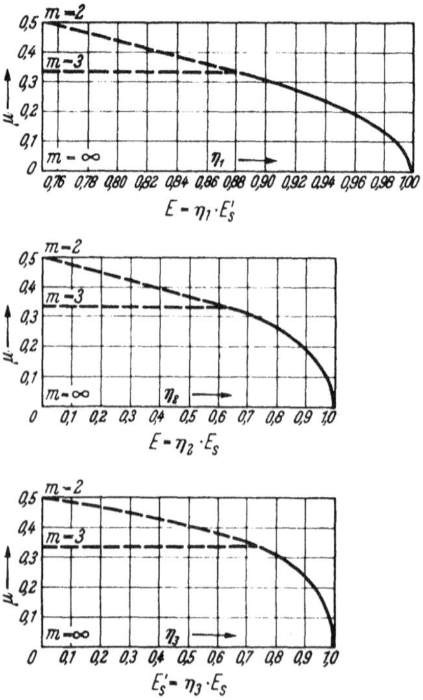

Abb. 275. Abhängigkeit der Steifezahl des Baugrundes E_s', der Steifezahl bei behinderter Seitendehnung E_s und der Steifezahl bei unbehinderter Seitendehnung E von der Querdehnungszahl μ.

Zahlenwerte. Da die Werte für die Proportionalitäts- und Bruchgrenze sowie für die Bettungs- und Steifezahlen nicht nur von der Bodenart, sondern auch von der Größe der Lastplatte und der aufgebrachten Belastung abhängen, bewegen sie sich in recht weiten Grenzen.

Tab. 27 gibt eine Zusammenstellung über die Größe der Bettungszahl bei nichtbindigen Böden nach Mitteilungen in der Literatur und einigen Ergänzungen durch die Verfasser. Für bindige Böden schwanken die Werte in noch größeren Grenzen. Für Fels werden Werte zwischen 20 und 40 kg/cm³ mitgeteilt. Für die elastische Bettungszahl C_e bei voller Entlastung fand die Degebo bei zwei Probebelastungskörpern mit $F = 9\ \mathrm{m^2}$ Werte zwischen 8 und 13 kg/cm³. Bei nur teilweiser Entlastung stiegen die Werte bis auf $\sim$ 95 kg/cm³ an.

Wegen der Steifezahl wird auf die Angaben im Kap. 1.412.1 verwiesen. Mit welcher Verschiedenheit sich die Werte C_b bzw. C_e und E_s' aus einem Versuchsprotokoll ablesen lassen, zeigt das Beispiel (Tab. 28). Hieraus geht hervor, wie unzuverlässig alle Angaben über C und E_s' ohne genaue Beschreibung der Versuchsbedingungen (Erstverdichtung, Wiederverdichtung oder Entlastung; Belastungsbereich Δp_s, für den die Werte gelten; Flächengröße) sind.

Über die Größe der Proportionalitäts- und Bruchgrenze lassen sich wegen zu großer Abhängigkeit von den verschiedenen Veränderlichen keine allgemeingültigen Grenzen angeben.

Fehler. Die Ergebnisse von Probebelastungen streuen auch unter gleichen Verhältnissen mehr, als es nach der bei der Versuchsdurchführung erreichbaren hohen Meßgenauigkeit zu erwarten ist. Dies gilt in um so stärkerem Maße, wenn die Probebelastungsflächen verschiedene Größe besitzen und versucht wird, aus

Tabelle 27. *Bettungszahlen für nichtbindigen Boden*

Quelle	Bettungszahl C_b (kg/cm³)
BENDEL: Ingenieurgeologie, S. 419	0,4—15
FRANZIUS: Grundbau, S. 40	3 —30
SCHLEICHER: Taschenbuch, S. 791	1 —15
HAYASHI: Theorie des Trägers auf elastischer Unterlage, S. 5	1 —10
SCHØNWELLER: Fundeering	2 —10
TERZAGHI: Erdbaumechanik, S. 238:	
SOLAKIAN	7 — 8
WHITE	10 —12,5
GOLDMANN	0,5— 6,5
STROHSCHNEIDER	0,5— 3,5
KONRAD	2
SCHEIDIG: Bautechn. 11 (1933), S. 206	0,5—15
KRALL/STRAUB: Vorber. 2. Kongr. Int. Ver. Brückenbau u. Hochbau Berlin 1936, S. 1204 — Berechnung Dock Neapel	0,75
Berechnung Dock Wilhelmshaven[1]	1,43
Berechnung Dock Hamburg[2]	1 —10
Messungen Dock Bremerhaven[1]	2,2
KRALL/STRAUB: Vorber. 2. Kongr. Int. Ver. Brückenbau und Hochbau Berlin 1936, S. 1203 — Messungen Dock Venedig	0,55— 0,95
MUHS: Bauingenieur 27 (1952), S. 118 — Messungen Flaktürme Berlin.	0,32— 1,48
MUHS/WEISS: Bautechnik 40 (1963), S. 377 – Messungen Hansaviertel Berlin	0,91— 1,22
MUHS/KAHL: Fortschr. u. Forsch. im Bauwesen, Heft 17 und 28 — Probebelastungsreihen auf 1 m² Grundfläche im lockeren bzw. dichten Sand	6 —15
SCHULTZE: Baugrundtagung Essen 1962, S. 343 — Verschiedene Bauwerke	1,07— 2,12
SCHULTZE: Europäische Baugrundtagung Wiesbaden 1963 — Schornstein in Duisburg	1,43
SCHULTZE: Rheinbrücke Kleve-Emmerich	0,62— 1,88

den Ergebnissen verhältnismäßig kleiner Flächen auf eine größere zu extrapolieren. Meist liegt der Grund darin, daß die Lastflächen wenig ausgedehnt sind und bei höheren Belastungen wie ein Pfahl wirken. Probebelastungen auf sehr begrenzten Flächen sind deshalb meist wertlos, wenn sie die Proportionalitätsgrenze überschreiten. Außerdem lassen sich auch nur bei einigermaßen homogenem Baugrund die Ergebnisse von Versuchen mit genügend großen Plattenflächen auf die wirkliche Fläche des Bauwerks nach der Theorie des elastisch-isotropen Halbraums übertragen.

Verwendung. Bei der Übertragung der Ergebnisse von Probebelastungen auf das wirkliche Bauwerk wird oft eine volle Modellähnlichkeit angenommen, d. h., die bei dem Versuch gewonnenen Werte s, p_B, C_b oder E_s' werden in gleicher Größe bei dem meist sehr viel größeren Fundament eingesetzt. Richtiger, wenn auch nicht ganz durch Messungen bestätigt, ist es, Gl. (71) zu benutzen.

Das Modellgesetz für gleiche Setzungen s ähnlicher Fundamente ($\omega \cong$ const) bei gleichem Boden mit gleichem E_s' lautet dann:

$$\frac{p_1}{p_2} = \frac{d_2}{d_1} = \sqrt{\frac{F_2}{F_1}}\,. \tag{79}$$

Der elastisch-isotrope Halbraum mit konstanter Steifezahl, den Gl. (71) voraussetzt, ist in Wirklichkeit nicht vorhanden. Insbesondere nimmt im Baugrund die Steifezahl mit der Tiefe infolge des Eigengewichts des Bodens zu.

[1] Nach Mitteilung von Prof. Dr.-Ing. E. h. Dr.-Ing. A. AGATZ, Bremen.
[2] Nach Mitteilung von Dr.-Ing. PH. EBERT †.

Für die Setzungen verschieden geformter und unterschiedlich belasteter Fundamente lautet das Modellgesetz:

$$\frac{s_1}{s_2} = \frac{\omega_1 \sqrt{F_1}\, p_1}{\omega_2 \sqrt{F_2}\, p_2}. \tag{80}$$

Dieses Gesetz kann man auch aus der allgemeinen Setzungsgleichung formulieren. Diese lautet:

$$s = \frac{(p - \gamma\, t)\, b}{E_s'}\, f \qquad (\mathrm{cm}). \tag{81}$$

Hierin ist f ein Funktionswert, der vom Seitenverhältnis a/b und vom Tiefenverhältnis z/b abhängt (s. z. B. Abb. 702). Durch Gleichsetzen der Setzungsgleichung für das Modell und das zu berechnende Bauwerk ergibt sich für gleiches E_s' das Modellgesetz:

$$\frac{s_1}{s_2} = \frac{(p_1 - \gamma\, t_1)\, b_1 f_1}{(p_2 - \gamma\, t_2)\, b_2 f_2}. \tag{82}$$

In dieser Gleichung sind alle verschiedenen geometrischen Verhältnisse von Modell und Gründung erfaßt.

Für die Bruchgrenze des Bodens gilt ein anderes Modellgesetz, da hier keine Zusammendrückungen mehr maßgebend sind, sondern sich Gleitflächen bilden. Bei nichtbindigem Boden und einem Fundament auf der Erdoberfläche kann man setzen (SCHULTZE 1948):

$$\frac{p_{B_1}}{p_{B_2}} = \frac{b_1}{b_2} \cdot \frac{\left(1 - \frac{n_1}{3}\right)}{\left(1 - \frac{n_2}{3}\right)}, \tag{83}$$

a breitere Seite der Belastungsfläche,
b schmalere Breite der Belastungsfläche,
n Seitenverhältnis b/a.

Bei einem Quadrat lauten die obigen Modellgesetze:

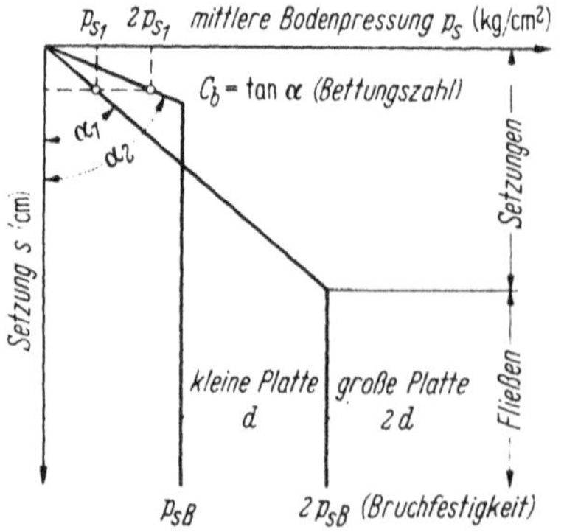

Abb. 276. Idealisiertes Verhalten einer kleinen (Durchmesser d) und einer großen (Durchmesser $2d$) Lastplatte bei Belastung.

$$\frac{p_1}{p_2} = \frac{a_2}{a_1}, \tag{79 a}$$

$$\frac{s_1}{s_2} = \frac{a_1 p_1}{a_2 p_2}, \tag{80 a}$$

$$\frac{s_1}{s_2} = \frac{(p_1 - \gamma\, t_1)\, a_1 f_1}{(p_2 - \gamma\, t_2)\, a_2 f_2}, \tag{82 a}$$

$$\frac{p_{B_1}}{p_{B_2}} = \frac{a_1}{a_2}. \tag{83 a}$$

Ist z. B. a_2 doppelt so groß wie a_1, dann geht danach die Belastung p für die gleiche Setzung auf die Hälfte zurück, während die Bruchlast p_B verdoppelt wird. Das führt zu der bekannten Schlußfolgerung, daß mit einer Vergrößerung der Lastfläche sowohl eine Erhöhung der Setzung bei gleichem Sohldruck als auch eine Erhöhung der Bruchgrenze verbunden ist (Abb. 276). Nachmessungen haben dies wiederholt bestätigt. Trotzdem gelten die angegebenen Modellgesetze nur überschläglich.

Für die Bettungszahl C_b gilt bei Annahme gleicher und mit der Tiefe unveränderter Bodensteifigkeit nach Gl. (71) das Modellgesetz:

$$\frac{C_{B_1}}{C_{B_2}} = \frac{d_2}{d_1} = \sqrt{\frac{F_2}{F_1}}\,. \tag{84}$$

Über Möglichkeiten, die mit kleinen Lastflächen ermittelten Bettungsziffern auf Einzel-, Streifen- oder Plattenfundamente zu übertragen und über die Bettungsziffer bei horizontalen Belastungen (Spundwände, Dalben) siehe Terzaghi (1955).

Das Modellgesetz für die Steifezahl E_s' des Baugrundes lautet gemäß Gl. (71), wenn im Modell und in der Natur die gleiche Setzung des Baugrundes vorausgesetzt wird:

$$\frac{E'_{s_1}}{E'_{s_2}} = \frac{d_1 p_1}{d_2 p_2} = \frac{p_1}{p_2}\sqrt{\frac{F_1}{F_2}}\,. \tag{85}$$

Wie aus den Gln. (79) bis (85) hervorgeht, können die Probebelastungen nur dann mehr als ein Vergleichsmaßstab für verschiedene Böden sein, wenn sie in größerem Maßstabe ausgeführt werden. Die Schwierigkeit hierbei liegt darin, daß bei größeren Flächen die Lasten meist ins praktisch Unerreichbare steigen. Wenn man beabsichtigt, absolute Angaben über die Tragfähigkeit des Untergrundes zu erhalten, so ist die kleinste Fläche ein Kreis mit einem Durchmesser von rund 0,5 m. Nach Möglichkeit wird bei größeren Bauwerken eine Kreisfläche mit $F = 1\ \text{m}^2$ gewählt. Die einheitliche Verwendung dieser Fläche würde dazu beitragen, die auf verschiedenen Baustellen gewonnenen Ergebnisse besser miteinander vergleichen zu können.

Noch größere Probekörper benutzt man nur in Ausnahmefällen. Eine obere Grenze ist dadurch gesetzt, daß sich der zusätzliche Druck nicht über mehrere Schichten erstrecken soll, damit die Versuchsergebnisse einigermaßen gedeutet werden können. Ist z. B. eine 2 m starke Tonschicht zu untersuchen, die auf tragfähigem Sand liegt, so wäre eine Belastungsfläche, die größer als etwa 1 m² ist, nicht zweckmäßig. Sonst würde die gemessene Setzung mit einer Unsicherheit behaftet, da man nicht weiß, wie sie sich auf die beiden Schichten verteilt. Es wäre dann nötig, in verschiedenen Tiefen Pegel zur Messung der Setzung einzulassen. Man kommt damit zwar zu wertvollen Erkenntnissen, aber zu so teuren Versuchen, daß sie nur in Ausnahmefällen angebracht sind (Muhs 1948).

Gl. (71) kann auch dazu dienen, aus Setzungsbeobachtungen die mittlere Steifezahl der durch die Bauwerkslast beanspruchten Bodenschicht zu bestimmen (Muhs 1961, Neuber 1961, Schultze 1962 u. a.). Das Bauwerk wird dann gleichsam selbst als Probebelastung angesehen. Bei nicht homogenem Untergrund erhält man die mittlere Steifezahl der verschiedenen, im Einflußbereich des Bauwerks liegenden Schichten, was bei einer regellosen Wechsellagerung, wie sie z. B. in Küstengebieten vorkommt, im Hinblick auf die mit den gewonnenen Werten später durchzuführenden Setzungsberechnungen nur von Vorteil ist, da man in solchen Fällen jede einzelne Einlagerung ohnehin nicht erfassen kann und gezwungen ist, mit einem einheitlichen Wert für das ganze Schichtenpaket zu rechnen.

Bei der Anwendung der Gl. (71) für derartige Aufgaben ist zu beachten, daß die Gleichungen für eine unendliche Ausdehnung der beanspruchten Schichten gelten. Für eine begrenzte Ausdehnung, d. h. dann, wenn z. B. durch einen Felshorizont die „weiche" Schicht nach unten begrenzt ist oder wenn die „weiche" Schicht als Einlagerung in wenig zusammendrückbaren Schichten (z. B. weicher Ton zwischen dichtem Sand) vorkommt, sind Diagramme entwickelt worden

(Kany 1959, Tafel 4; Muhs 1961, Abb. 18; Neuber 1961, Abb. 3; s. auch Erläuterungen zu DIN 4019 Blatt 1; Tafel 5.1 bis 5.4), mit deren Hilfe die Steifezahl der „weichen" Schicht mit der durch eine entsprechende Spannungsfunktion erweiterten Gl. (71) berechnet werden kann. Siehe auch Kap. 2.211, Abschn. „Auswertung", Gl. (298) und Abb. 702.

Beispiele. 1. Eine *Schüttung von Kohlenschlacke und Erzrückständen* war so hoch, daß der Druck aus den darauf gegründeten Bauwerken fast allein von ihr aufzunehmen war. Nachdem

Abb. 277. Probekörper von 1 m × 1 m Grundfläche für eine Probebelastung.

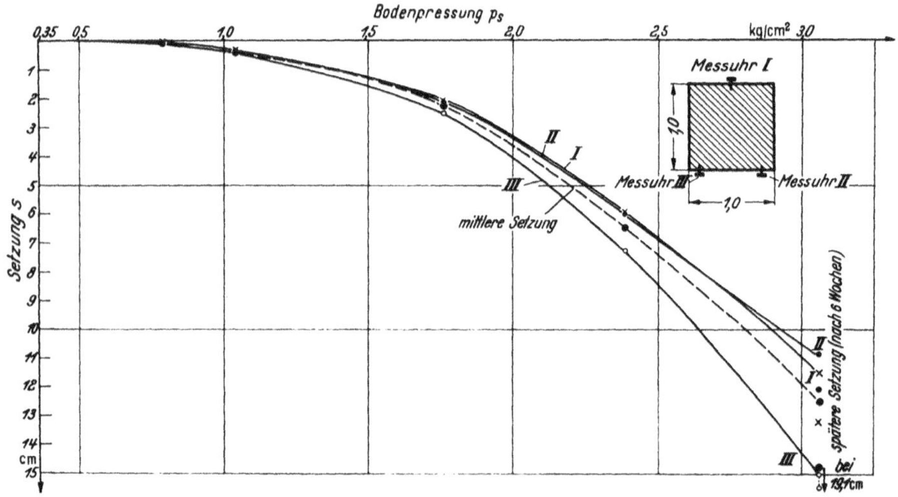

Abb. 278. Last-Setzungsdiagramm der Probebelastung nach Abb. 277. Aufgetragen nach den Ablesungen der Meßuhren.

durch eine dynamische Bodenuntersuchung (s. Kap. 1.313.2) die Gleichmäßigkeit der Schüttung untersucht worden war, wurde die Tragfähigkeit des Materials durch eine Probebelastung bestimmt.

Die starre Lastplatte hatte Abmessungen von 1 m×1 m (Abb. 277). Sie wurde durch Eisenplatten (im Hintergrund von Abb. 277 erkennbar) bis zu ungefähr 3 kg/cm² beschwert und zur Aufnahme dieser Last durch einbetonierte Träger verbreitert.

Die Setzungen wurden mit Uhren, die sich auf seitwärts liegende Träger stützten, gemessen. Zur Kontrolle wurde nivelliert. Die Bolzen zum Aufsetzen der Latte sind an der vorderen Ecke des Klotzes zu erkennen. Die Uhrenmessung und das Nivellement ergaben keine Unterschiede.

Das Ergebnis der Uhrenmessungen (Abb. 278) zeigte eine stärkere Zunahme der Setzungen von etwa 1,75 kg/cm² ab, so daß eine Belastung über max. 1,5 kg/cm² nicht in Frage kam.

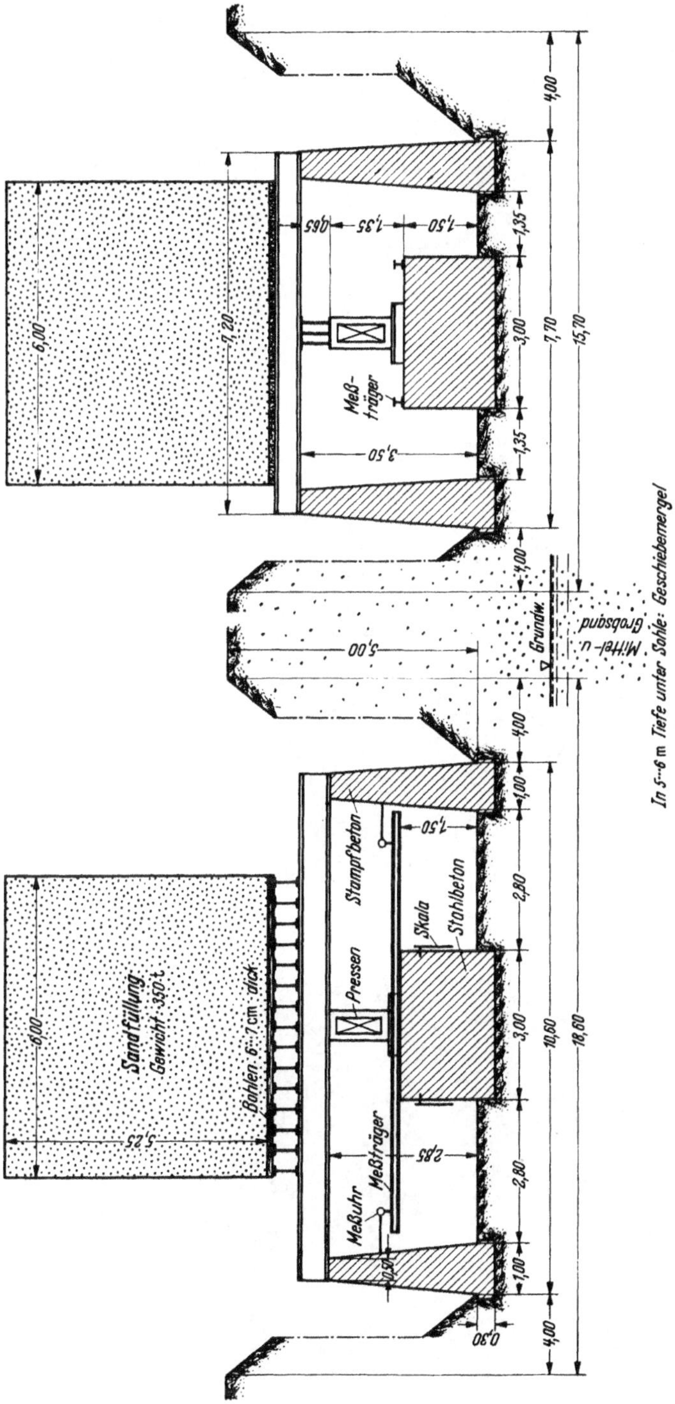

Abb. 279. Aufbau einer großen Probebelastung. $F = 3 \text{ m} \times 3 \text{ m}$, $t = 0{,}3$ m.

Abb. 280. Probefundament und Stützwände für den Totlastkörper und die Meßträger für die Probebelastung nach Abb. 279.

Abb. 281. Hilfsträger für den Totlastkörper und Unterzüge für die Probebelastung nach Abb. 279.

Abb. 282. Stützwände mit den Hilfsträgern, dem Totlastkörper und den Unterzügen für die Probebelastung nach Abb. 279.

Abb. 283. Unterzüge, Druckpressen und Preßvorrichtung für die Probebelastung nach Abb. 279.

2. Für einen sehr setzungsempfindlichen Monumentalbau sollte die gemeinsame *Tragfähigkeit eines Mittel- und Feinsandes* und eines in 5,5 m unter der Gründungssohle liegenden Geschiebemergels ermittelt werden. Die Breite der Bankettfundamente des späteren Bauwerks (3 m) wurde bei dem Probebelastungskörper durch Abmessungen von 3 m × 3 m nachgeahmt (Abb. 279 und 280).

Belastet wurde mit Druckpressen. Der Gegengewichtskasten (Abb. 282) ruhte auf 15 I-Trägern (Abb. 281). Die Presse stützte sich gegen die darunterliegenden drei P-Träger, die schließlich die gesamte Last übernahmen, ab (Abb. 283).

Die Setzungen wurden durch Nivellement von vier, an den Ecken des Probebelastungskörpers angebrachten Skalen und durch Uhren gemessen. Letztere waren an besonderen Trägern befestigt, die bis zu den nicht durch die Totlast beanspruchten Seitenwänden reichten. In diese waren kurze [-Eisen einbetoniert. Zwischen die [-Profile und die Meßträger waren die Meßuhren eingespannt. Die Unterschiede der nach den beiden Verfahren beobachteten Setzungen betrugen etwa ± 1 mm, waren also praktisch fast gleich Null.

Das Last-Setzungsdiagramm (Abb. 284) läßt eine geringe Verkippung des Probebelastungskörpers erkennen. Der Wendepunkt zwischen

0,5 und 1,0 kg/cm² deutet auf eine Vorbelastung des Bodens in diesem Bereich hin. Die stärkere Zunahme der Setzung bei Belastungen über 3,5 kg/cm² und das Andauern der Setzungen bei der folgenden Entlastung weisen außerdem auf Fließbewegungen im Boden hin. Die Setzung hierbei betrug trotzdem nur ~1 cm. Davon war rund ein Drittel elastisch.

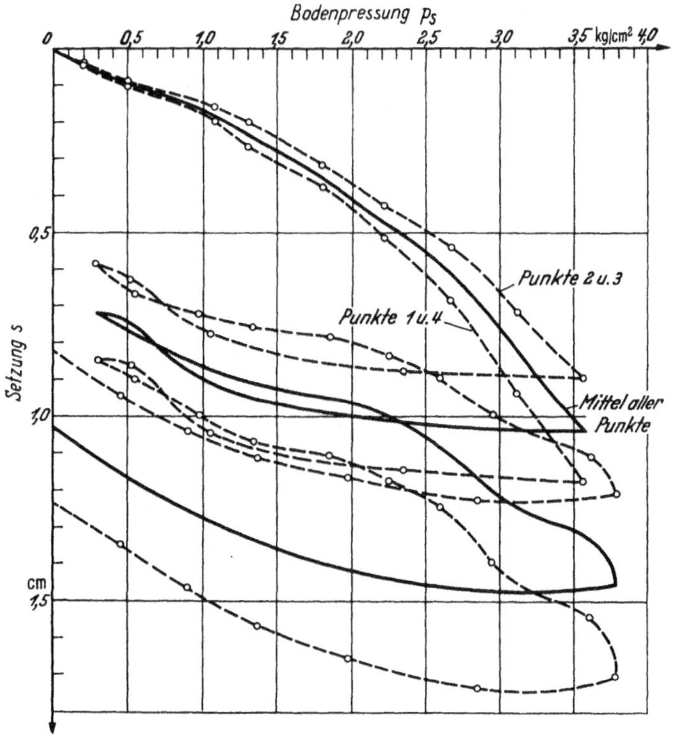

Abb. 284. Last-Setzungsdiagramm der Probebelastung nach Abb. 279 bis 283.

Die Bettungszahl C_b ergibt sich innerhalb der Vorbelastung nach Gl. (69) für den gesamten Erstverdichtungsast als Sekante durch den Nullpunkt, für den Wiederverdichtungsast als Sekante durch den Nullpunkt der Entlastungslinie.

Die Steifezahl E'_s für den quadratischen Grundriß ergibt sich nach Gl. (71) zu:

$$E'_s = 0,89 \sqrt{300 \cdot 300}\, \frac{p_s}{s} = 267\, \frac{p_s}{s} = 267\, C_b.$$

Tabelle 28. *Berechnung der Bettungszahl und Steifezahl aus der Last-Setzungslinie der Abb. 284*

Nr.	Punkt der Last-Setzungslinie	p_s (kg/cm²)	s (cm)	C_b bzw. C_e (kg/cm³)	E'_s (kg/cm²)	Art der Formänderung
1	Innerhalb der Vorbelastung....	1,00	0,17	5,9	1575	elastisch
2	Erstverdichtungslinie	2,50	0,55	4,5	1215	plastisch
3	Höchstbelastung der Erstverdichtungslinie	3,57	1,04	3,5	935	plastisch
4	Erste Entlastung	3,57	0,34	10,5	2800	elastisch
5	Wiederverdichtung	3,33	0,61	5,5	1460	elastisch-plastisch
6	Höchstbelastung der Wiederverdichtungslinie	3,81	1,46	2,6	695	plastisch
7	Zweite Entlastung............	3,81	0,43	8,9	2380	elastisch

Die Steifezahlen für die vorwiegend elastische Formänderung unter 1 und 5 sowie unter 4 und 7 stimmten miteinander annähernd überein, während die Werte für die plastischen Formänderungen mit p_s abnehmen (2, 3, 6).

Literatur

Angaben über Durchführung, Auswertungsmöglichkeiten und Beurteilung von Probebelastungen:

DIN 4020 (1953): Bautechnische Bodenuntersuchungen. Richtlinien.
PRESS (1930): Baugrundbelastungsversuche mit Flächen verschiedener Größe. Bautechnik 8, S. 641.
SCHEIDIG (1930): Belastungsversuche auf kohäsionslosen Böden mit großen Grundkörpern. Beton u. Eisen 29, S. 246.
KÖGLER (1931): Über Baugrundprobebelastungen. Bautechnik 9, S. 357.
STRECK (1933): Probebelastung und Bauwerkssenkung. Bauingenieur 14, S. 80.
JAEGER (1934): Zulässige Bodenpressung und Bettungsziffer. Bautechnik 12, S. 88.
NIEBUHR (1939): Beitrag zur Auswertung von Baugrunddruckprüfungen in körnigem Boden. Bautechnik 17, S. 292.
HAEFELI (1949): Die Zusammendrückbarkeit der Böden. Mitt. Versuchsanst. Wasserbau u. Erdbau ETH Zürich Nr. 19.
NIEBUHR (1954): Beitrag zur Auswertung von Baugrund-Probebelastungen (auf nichtbindigen Böden). Fortschr. u. Forsch. im Bauwesen, Reihe D, H. 17, S. 111.
Comité Français de Méchanique des Sols et des Fondations (1956): Projets de méthodes d'essais des sols et des fondations II: Essai statique de chargement. Ann. Inst. Techn. Bât. Trav. Publ. No. 101.

Grundsätzliches zum Modellgesetz:

o. V. (1959): Flächengründungen und Fundamentsetzungen. Erläuterungen und Berechnungsbeispiele für die Anwendung der Normen DIN 4018 und DIN 4019 Bl. 1. Berlin/Köln.
SCHLEICHER (1926): Zur Theorie des Baugrundes. Bauingenieur 7, S. 931.
OHDE (1942): Die Berechnung der Sohldruckverteilung unter Gründungskörpern. Bauingenieur 23, S. 99.
SCHULTZE (1948): Neuere Untersuchungen über die Tragfähigkeit des Baugrundes. Bauplanung u. Bautechnik 2, S. 73 u. 147.
TERZAGHI (1955): Evaluation of coefficients of subgrade reaction. Géotechnique 5, S. 297.
KANY (1959): Berechnung von Flächengründungen. Berlin.

Beispiele:

GRAF (1935): Die Dreirosen-Brücke in Basel. Bauingenieur 16, S. 70.
SCHNEIDER (1941): Ergebnisse zweier Belastungsversuche bei Fließsand mit Muddeeinlagerung. Bauingenieur 22, S. 95.
MUHS (1948): Durchführung und Ergebnis einer großen Probebelastung. Abhandlg. ü. Bodenmech. u. Grundbau. Berlin/Bielefeld/Detmold. S. 97.
SIEDEK (1948): Belastungsversuche in einem Senkkasten. Abhandlg. ü. Bodenmech. u. Grundbau. Berlin/Bielefeld/Detmold. S. 88.
ALLIN (1948): Loading tests on tanks in Persia. Proc. II. Int. Conf. Soil Mech. Found. Eng. Rotterdam, Bd. II, S. 138.
MUHS (1950): Messungen über die Setzungen des Untergrundes unter einem hochbelasteten Bauwerk. Bauingenieur 25, S. 343.
— (1952): Setzungsmessungen an den Flaktürmen in Berlin. Bauingenieur 27, S. 118.
—/DAVIDENKOFF (1952): Untersuchungen über das Setzungsverhalten des Baugrundes – Auswertung einer großen Probebelastung. Bautechnik 29, S. 25.
—/KAHL (1954–1961): Ergebnisse von Probebelastungen auf großen Lastflächen zur Ermittlung der Bruchlast im Sand. 1.–5. Bericht. Fortschr. u. Forsch. im Bauwesen, Reihe D, H. 17, S. 57 u. 83; H. 28, S. 5. Berichte a. d. Bauforschung H. 18, S. 29 u. 53.
— (1957): Über das Verhalten beim Bruch, die Grenztragfähigkeit und die zulässige Belastung von Sand. Baumaschine u. Bautechnik 4, S. 1.
WELT/PAGEL (1958): Die Berechnung der Sohlenplatte der Doppelschleuse Cannstadt als Balken auf elastischer Bettung. Bautechnik 35, S. 81.
MUHS (1961): Ergebnisse der Setzungsmessungen an den Hochhäusern im Hansaviertel und am Hochhaus „Heilsberger Dreieck" in Berlin. Berichte a. d. Bauforschung H. 18, S. 1.
NEUBER (1961): Setzungen von Bauwerken und ihre Vorhersage. Berichte a. d. Bauforschung H. 19.
SCHULTZE (1962): Probleme bei der Auswertung von Setzungsmessungen. Vorträge der Baugrundtagung Essen, S. 343 und: Mitt. Inst. Verkehrswasserbau, Grundbau u. Bodenmech. TH Aachen H. 27.

NAUJOKS (1963): Über die Tragfähigkeit von mittig vertikal belasteten Flachgründungen im Sand. Berichte a. d. Bauforschung H. 32, S. 1.

MUHS (1963 a): Über die zulässige Belastung nichtbindiger Böden. Berichte a. d. Bauforschung H. 32, S. 103.

— (1963 b): Die zulässige Belastung von Sand auf Grund neuerer Versuche und Erkenntnisse. Baumaschine u. Bautechnik 10, S. 441 u. 502.

SCHULTZE (1963): Beispiele für Setzungsbeobachtungen in bindigen und nichtbindigen Böden. Proc. Europ. Baugrundtagung Wiesbaden, Bd. I, S. 143 und: Mitt. Inst. Verkehrswasserbau, Grundbau u. Bodenmech. TH Aachen H. 29.

1.322.5 Plattendruckversuch

Definition. Der Plattendruckversuch ist eine nach festgelegten Bedingungen mit verhältnismäßig kleinen Lastplatten durchgeführte Probebelastung mit dem Ziel, die Tragfähigkeit des Bodens unter Straßen oder Rollfeldern hinsichtlich der Aufnahme der Straßen- oder Rollfelddecke und der auf sie wirkenden Lasten zu prüfen und dabei unter Umständen gleichzeitig die für eine Dimensionierung der Straßen- oder Rollfeldbefestigung erforderlichen Kennziffern zu erhalten. Er wird aber auch zur Kontrolle von Baugrubensohlen angewandt. Der Versuch ist im Ausland (USA, England) etwa seit Beginn des 2. Weltkriegs gebräuchlich (American Society for Testing Materials 1950, Road Research Laboratory 1952), in der Schweiz genormt [RUCKLI 1953; SNV 70312 (1959) „VSS-Gerät"; SNV 70317 (1959) -„Plattenversuch"] und findet jetzt auch in Deutschland ständig Anwendung (Forschungsgesellschaft für das Straßenwesen 1955 und 1963, SIEDEK/VOSS 1956 und 1960).

Gerät. Bei dem Versuch werden kreisförmige Stahlplatten von 1,2 cm Stärke mit Durchmessern von 30 cm ($\sim$ 12 in.), 40 cm, 50 cm, 60 cm und 70 cm ($\sim$ 30 in.) verwendet. Der Durchmesser der zu wählenden Platte hängt von der Stärke der zu prüfenden Schicht und deren Größtkorn ab. In Deutschland wird der Gebrauch der 30 cm- und der 60 cm-Platte bevorzugt, und zwar wird die 30 cm-Platte dann eingesetzt, wenn das Größtkorn der zu prüfenden Schicht $<$ 150 mm ist. Im anderen Fall und bei schwach schluffigen Böden, die bei höheren Wassergehalten dazu neigen, beim Versuch mit der 30 cm-Platte seitlich auszuweichen, wird mit der 60 cm-Platte gearbeitet, wo diese Erscheinung weniger stark auftritt. In den Schweizer Vorschriften sind die Plattendurchmesser mit 16 cm und 30 cm festgelegt.

Bei Probebelastungen mit derart kleinen Lastplattendurchmessern kann und soll der Untergrund nur bis in sehr geringe Tiefen untersucht werden, nämlich in den durch die Verkehrsbelastungen beanspruchten Bereichen (Abb. 274). Sollen durch die Untersuchung relativ größere Tiefen geprüft werden, so sind die größeren Platten anzuwenden. Dies ist z. B. der Fall, wenn nicht das Verhalten des Straßenunterbaus oder der Frostschutzschicht, die beide gewöhnlich nur eine begrenzte Mächtigkeit besitzen, sondern das Verhalten des Straßenplanums selbst festgestellt werden soll oder wenn es sich um die Untersuchung von Rollfeldern oder Baugrubensohlen handelt, bei denen die Lasten höher sind und auch über eine größere Fläche übertragen werden und damit auf tiefere Bereiche des Untergrundes einwirken als im Straßenbau.

Für die Belastung muß eine Anordnung vorhanden sein, die ein mehrmaliges Be- und Entlasten gestattet, d. h. eine Möglichkeit zur mittelbaren Belastung gemäß Abb. 263 mit Hilfe einer hydraulischen Druckanlage. Fast immer werden dazu schwer beladene Lastkraftwagen, Panzer o. dgl. benutzt, gegen deren Hinterachse sich der Kolben des Drucktopfes unter Zwischenschaltung einer Stahlkugel abstützt (Abb. 285).

Zur Messung der ausgeübten Kraft dient meist ein Manometer, bisweilen auch ein über dem Drucktopf angeordneter Meßbügel. Die Setzungen der Lastplatte werden an drei Stellen mit Meßuhren gemessen, die an einer in genügend weitem Abstand von der Untersuchungsstelle und den Rädern des Totlastwagens auf dem Gelände aufliegenden Meßbrücke befestigt sind.

Vorgang. Für den Versuch wird die meist an der Oberfläche liegende und genau eingeebnete Untersuchungsstelle mit einem dünnen Gipsbrei versehen und in diesen die an ihrer Unterseite eingeölte Lastplatte unter leichtem Drehen eingedrückt, um ein sattes und genau horizontales Aufliegen zu erreichen. Um das Ergebnis durch die Gipsschicht nicht zu verfälschen, soll diese unter der fertig verlegten Platte nicht stärker als 2 bis 3 mm sein. Bei Verwendung mehrerer Platten, d. h., wenn der Versuch nicht mit der kleinsten Platte durchgeführt wird, werden diese, um die Steifigkeit der jeweils untersten Platte zu erhöhen, pyramidenförmig übereinandergesetzt und stufenweise und langsam, d. h. nach Abklingen der jeweils vorhergehenden Setzung, belastet. Nach den deutschen Vorschriften (Forschungsgesellschaft für das Straßenwesen 1963) sollen dabei die Laststufen so gewählt werden, daß bei der höchsten Laststufe eine Setzung von 1,5 mm möglichst nicht unter- und eine Setzung von 10 mm nicht überschritten wird. Anschließend wird stufenweise entlastet. Dann werden zwei weitere Be- und Entlastungsschleifen angeschlossen, bei denen aber auf die letzte Laststufe der Erstbelastung verzichtet wird, um im vorbelasteten Bereich zu bleiben.

Abb. 285. Aufbau eines Plattendruckversuchs. $d = 30$ cm.

Meßgrößen. Mittels des Manometers werden die ausgeübten Kräfte (in kg), mittels der Meßuhren die dabei auftretenden Setzungen (in $^1/_{100}$ mm) und ihr zeitlicher Verlauf gemessen.

Auftragungen. Wie bei der Probebelastung des Baugrundes (Abb. 267, A) wird die mittlere Setzung der Lastplatte in Abhängigkeit von der spezifischen Belastung aufgetragen. Besonders wichtig ist hierbei die Auftragung der zwei Wiederbelastungslinien, da die Erstbelastungslinie bei der üblichen Belastung an der Erdoberfläche und den kleinen Plattendurchmessern und wegen der dadurch bedingten starken seitlichen Ausweichtendenzen des Bodens meist konvex gekrümmt verläuft (vgl. Abschn. „Auswertung“ im Kap. 1.322.42) und auch durch äußere Einflüsse (Bettungseffekte, örtliche Störungen der Bodenoberfläche unter der Lastplatte u. ä.) in ihrem Verlauf beeinträchtigt sein kann und es gewöhnlich auch ist.

Kennziffern. Als Kennziffer für die geprüfte Schicht werden vereinbarungsgemäß nur die geradlinigen Teile der Last-Setzungslinien benutzt. Bei der Zweit- und Drittbelastungslinie, die meist fast geradlinig und oft auch parallel zueinander verlaufen, ist dies gewöhnlich leicht und unter Verwendung des gesamten Belastungsbereichs möglich, bei der Erstbelastungslinie dagegen nur selten. Läßt sich aus der Erstbelastungslinie auch nicht über wenigstens drei Laststufen ein geradliniger Teil entnehmen, so wird in den deutschen Vorschriften der zwischen 0,3 $p_{\max}$ und 0,7 $p_{\max}$, in der Schweizer Norm der zwischen $p = 0{,}5$ kg/cm² und

$p = 1{,}5\ \text{kg/cm}^2$ liegende Teil durch eine Gerade ersetzt und als maßgebend angesehen.

Aus der Neigung der geradlinigen Abschnitte der drei Last-Setzungslinien werden die sogenannten „*Verformungsmaße* E_v“ (auch „*Tragfähigkeitswerte*“ oder „*Tragwerte*“) berechnet. Unter Verwendung von Gl. (72) für die Steifezahl des Baugrundes unter kreisförmigen Lastplatten (s. Kap. 1.322.42) wird hierbei wegen $\pi/4 \cong 0{,}75$ die Näherungsformel:

$$E_{v_{1,2,3}} = 0{,}75\,\frac{\Delta p_s}{\Delta s}\,d \qquad (\text{kg/cm}^2) \qquad (86)$$

benutzt. Von den drei Werten E_{v1}, E_{v2} und E_{v3} wird für die Beurteilung der geprüften Schicht der Wert E_{v2} ($\cong E_{v3}$) als besonders wichtig angesehen.

Auswertung. Da die Aufstandsflächen von Straßenfahrzeugen und Flugzeugen den Abmessungen der Platten ähnlich sind, wird angenommen, daß sich auch die Beanspruchungen des Untergrundes einander entsprechen. Die bei bestimmten Setzungen sich ergebenden Belastungen, d. h. die Bettungszahlen $C_b = \Delta p_s/\Delta s$ [s. Kap. 1.322.42, Gl. (69)], werden deshalb benutzt, um die für eine gegebene Radlast bei der jeweils vorhandenen Bettungszahl erforderliche Dicke einer starren Decke gemäß der Elastizitätstheorie und in Anlehnung an ein zuerst von WESTERGAARD (1923) angegebenes Verfahren zu ermitteln (TELLER/SUTHERLAND 1935, JELINEK 1953). Auch für nachgiebige Decken sind entsprechende Kurventafeln aufgestellt worden (McLEOD 1948 und 1953). Als Kriterium der Bodenbeschaffenheit wird bei starren Decken dabei im allgemeinen die Bettungszahl, die sich bei der geringen Setzung von 1,27 mm ($^1/_{20}$ in.) ergibt, angesehen, wobei für Rollfelder stets die Bettungszahl der 76,2 cm-Platte, für Straßen oft auch die Bettungszahl der 45,7 cm-Platte (18 in.) zugrunde gelegt wird. Die mit der größeren Platte bestimmten Bettungszahlen sind erfahrungsgemäß ungefähr ein Drittel kleiner als die mit der kleineren Platte bestimmten, was dem Modellgesetz [Gl. (84)] entspricht. Über den Einfluß der Plattengröße beim Plattendruckversuch siehe BREBNER/WRIGHT (1953).

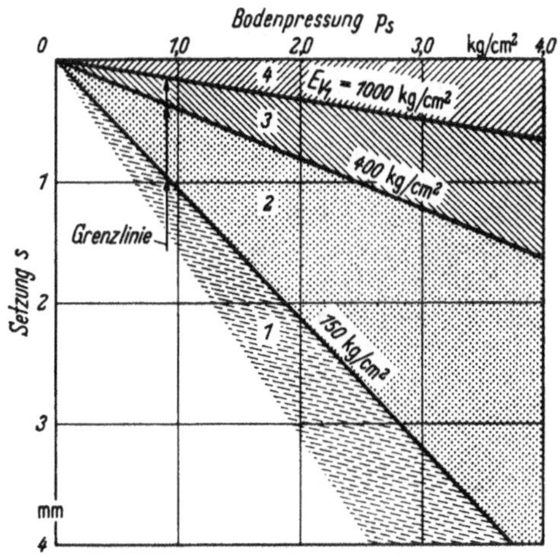

Abb. 286. Gütezonen für den Straßenuntergrund gemäß dem Ergebnis von Plattendruckversuchen ($d = 16$ cm). [Nach Schweizer Norm SNV 40317 (RUCKLI 1953)].

Neben diesen mit Hilfe der experimentell bestimmten Bettungszahlen anwendbaren Dimensionierungsverfahren können die Ergebnisse der Plattendruckversuche auch in einfacherer Form zu einer allgemeinen Beurteilung der Beschaffenheit der geprüften Schicht dienen. Die Schweizer Normen geben für die mit der 16 cm-Platte gewonnenen E_v-Werte die folgenden Qualitätsmerkmale an (Abb. 286):

Zone 1	$Ev_1 = < 150\ \text{kg/cm}^2$	Schlechter Untergrund
Zone 2	$Ev_1 = 150$ bis $400\ \text{kg/cm}^2$	Guter Untergrund oder verbesserter Untergrund
Zone 3	$Ev_1 = 400$ bis $1000\ \text{kg/cm}^2$	Untere Tragschichten des Unterbaus
Zone 4	$Ev_1 = > 1000\ \text{kg/cm}^2$	Obere Tragschichten des Unterbaus.

In den deutschen Vorschriften (ZTVE-StB 1965) sind die zu fordernden Verformungsmaße E_{v2} auf die vorgeschriebenen Werte für die Mindest-PROCTOR-

Dichte (s. Kap. 1.411.34) der Hauptbodenarten bezogen (Tab. 29). Dabei wird verlangt, daß außerdem $E_{v2}:E_{v1} \leqq 2{,}2$ ist, sofern nicht E_{v1} bereits einen Wert von 60% des Sollwerts von E_{v2} besitzt.

Tabelle 29. *Mindest-E_{v2}-Werte von Böden (nach ZTVE-StB 1965)*

Bodenart	Einfache PROCTOR-Dichte (%)	Tragwert E_{v2} (kg/cm²)
Bindige Böden	92	200
	95	250
	97	300
Gleichförmige Sande	95	450
	100	600
Ungleichförmige Kiessande	103	1200

Umfangreiche Untersuchungen sind durchgeführt worden, um den Zusammenhang zwischen Bettungszahl bzw. E_v-Wert, Lagerungsdichte und Wassergehalt zu ermitteln, damit die in die Rechnung eingeführten Werte den zu erwartenden Veränderungen des Untergrundes unter der Decke angepaßt werden können (McLeod 1948, Palmer 1947, Haefeli/Schaad 1948, Siedek/Voss 1955, Voss 1961).

Zahlenwerte. Siehe Abschn. „Auswertung".

Fehler. Fehler können sich bei den verhältnismäßig kleinen Lastplatten und Lasten vor allem bei zu groß gewählten Laststufen ergeben, die zu einer unsteten Last-Setzungslinie führen, besonders bei weichen oder lockeren Böden, bei denen die Grenztragfähigkeit schnell erreicht und vornehmlich durch ein seitliches Ausweichen des Bodens hervorgerufen wird. Der Versuch ist deshalb vor allem zur Gütekontrolle von verdichteten Böden, bei denen das seitliche Ausweichen infolge der dichten Lagerung stark behindert wird, geeignet, liefert aber auch dann zuverlässige Ergebnisse nur für die Lastbereiche, wo die gemessenen Last-Setzungslinien wenigstens annähernd geradlinig verlaufen und für die Bestimmung der Bettungszahlen oder Verformungsmaße verwendet werden können. Weitere Fehler können entstehen, wenn die Lastplatte nicht genau horizontal verlegt oder die Last nicht genau mittig aufgebracht wird. In sehr grobkörnigen Materialien, wie z. B. Schotter, kann durch den in die Hohlräume eindringenden Gipsbrei eine zusätzliche Verkittung herbeigeführt werden, die zu hohe E_v-Werte vortäuscht (Floss 1963a).

Verwendung. Der Plattendruckversuch soll nicht die mit Recht abgelehnten Baugrundprobebelastungen mit zu kleinen Lastplatten ersetzen, die zu vielen Fehlschlüssen und fast zu einer zunehmenden Ablehnung dieser Versuchsart geführt haben. Er darf also nicht in der Form angewendet werden, aus seinen Ergebnissen Aufschlüsse über das Verhalten des Baugrundes bis in größere Tiefen erhalten zu wollen. Man muß sich vielmehr darüber klar sein, daß es wegen der Spannungsabnahme mit der Tiefe (vgl. Abb. 274) unmöglich ist, durch einen Belastungsversuch eine dickere Schicht zu untersuchen als die, die etwa dem Dreifachen des Lastplattendurchmessers entspricht. So kann z. B. bei der üblichen Verwendung der Platte mit 30 cm Durchmesser nur die Zusammendrückbarkeit einer Schicht von weniger als 1 m Stärke geprüft werden. Aus diesem Grunde kann der Plattendruckversuch nur der allgemeinen Beurteilung des Straßenuntergrundes bzw. des Straßenunterbaus sowie zur Kontrolle von Baugrubensohlen und der Güte der Verdichtung von lagenweise eingebauten Schüttungen dienen. Er ist also bei Aufgaben angebracht, bei denen es sich um die Prüfung von Schichten nur sehr begrenzter Mächtigkeit handelt, wo sogar die Anwendung *kleiner* Lastplattendurchmesser notwendig ist, um die Zusammendrückbarkeit dieser dünnen Schichten unverfälscht von den Eigenschaften des darunter liegenden Bodens zu erhalten. Bei der zunehmenden Anwendung von verdichteten Sand-Kies-Gemischen und der Schotterbauweise für den Unterbau im Straßenbau, wo andere Prüfverfahren versagen, ist der Plattendruckversuch für die Gütekontrolle zu einem dringenden Bedürfnis geworden.

Beispiel. Zur Nachprüfung des Verdichtungserfolgs in einer mit Brechsand und Splitt verfüllten Rüttelschotterschicht wurde ein Plattendruckversuch mit der hierfür üblichen

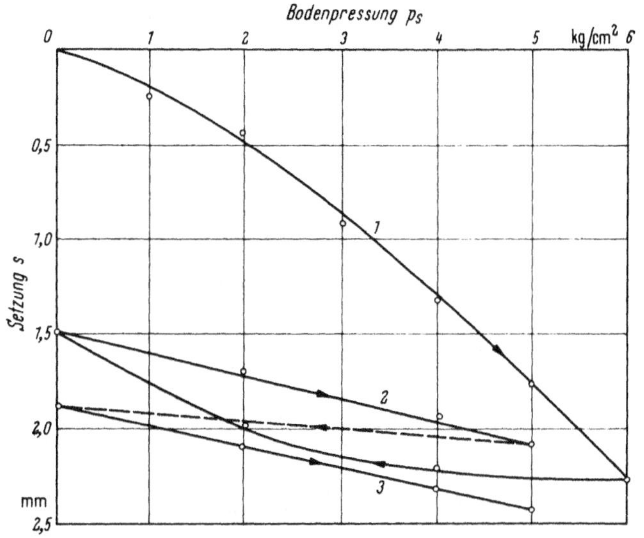

Abb. 287. Ergebnis eines Plattendruckversuchs in einer Rüttelschotterschicht.

30 cm-Platte ausgeführt (Abb. 287). Die Berechnung der bei den drei Belastungsreihen vorhandenen Verformungsmaße E_v nach Gl. (86) läßt erkennen (Tab. 30), daß die Bedingung $E_{v1} \geqq 0{,}45\,E_{v2}$ in vorliegendem Fall nicht erfüllt wurde, d. h., daß die Verdichtung ungenügend war.

Tabelle 30. *Berechnung der Verformungsmaße aus den Last-Setzungslinien der Abb. 287*

Linie	p_s''	p_s'	s''	s'	Δp_s	Δs	$E_v = 0{,}75 \cdot d \cdot \frac{\Delta p_s}{\Delta s}$
1	4,2	1,8	0,140	0,044	2,4	0,096	E_{v1} = 560 kg/cm²
2	5	0	0,209	0,148	5	0,061	E_{v2} = 1850 kg/cm²
3	5	0	0,243	0,188	5	0,055	E_{v3} = 2040 kg/cm²

Literatur

ASTM (1950): Procedures for testing soils. Philadelphia.
Road Research Laboratory (1952): Soil mechanics for engineers. London.
SNV 70312 (1959): Versuche. VSS-Gerät (M_E und CBR). VSS-Kommission 3, Ober- und Unterbau.
SNV 70317 (1959): Versuche. Plattenversuch. VSS-Kommission 3, Ober- und Unterbau.
Forschungsges. f. d. Straßenwesen (1963): Merkblatt für bodenphysikalische Prüfverfahren. Köln.
ZTVE-StB 65 (1965): Zusätzliche Technische Vorschriften und Richtlinien für Erdarbeiten im Straßenbau.
WESTERGAARD (1923): Om beregning af plaader. Ingeniøren 42, S. 513.

TELLER/SUTHERLAND (1935): The structural design of concrete pavement. Publ. Roads 16, S. 145.
PALMER (1947): Field loading tests for the evaluation of the wheel load capacities of airport pavements. 15. Ann. Meeting ASTM, Atlantic City, Spec. Techn. Publ. No. 79, S. 9.
HAEFELI/SCHAAD (1948): Erdbauliche Methoden zur Dimensionierung der Pisten beim Bau des Flughafens Kloten. Mitt. Versuchsanst. Wasserbau u. Erdbau ETH Zürich Nr. 14.
MCLEOD (1948): An investigation of airport runways in Canada. Proc. II. Int. Conf. Soil Mech. Found. Eng. Rotterdam, Bd. IV, S. 167.
PALMER/THOMPSON (1948): Pavement evaluation by loading tests at naval and marine corps air stations. Proc. II. Int. Conf. Soil Mech. Found. Eng. Rotterdam, Bd. II, S. 222.
JELINEK (1953): Berechnung der Stärke von Betondecken für Straßen- und Flugplätze. Forsch. u. Praxis im Betonstraßenbau, S. 53.
RUCKLI (1953): Anwendungen der Erdbaumechanik im schweizerischen Straßenbau. Straße u. Verkehr 39, H. 9.
MCLEOD (1953): Airport runway design and evaluation in Canada. Proc. III. Int. Conf. Soil Mech. Found. Eng. Zürich, Bd. II, S.122.
VAN DER VEEN (1953): Loading tests on concrete slabs at Schiphol Airport. Proc. III. Int. Conf. Soil Mech. Found. Eng. Zürich, Bd. II, S. 133.
BREBNER/WRIGHT (1953): An experimental investigation to determine the variation in the subgrade modulus of a sand loaded by plates of different breadths. Géotechnique 3, S. 307.
SIEDEK/VOSS (1955): Über die Lagerungsdichte und den Verformungswiderstand von Korngemischen. Straße u. Autobahn 6, S. 273.
— (1956): Beurteilung der Tragfähigkeit schwerbelasteter Straßen durch den Plattendruckversuch. Bundesanst. f. Straßenbau H. 2.
— (1960): Die Bodenprüfverfahren bei Straßenbauten. Düsseldorf.
VOSS (1961): Lagerungsdichte und Tragwerte von Böden bei Straßenbauten. Straße u. Autobahn 12, S. 115.
FLOSS (1963 a): Beitrag zur Durchführung von Plattendruck- und Proctorversuchen bei der Baukontrolle von Erdarbeiten im Straßenbau. Straße u. Autobahn 14, S. 163.
— (1963 b): Erfahrungsbericht über die Ausbildung des Plattendruckgeräts und die Versuchsdurchführung. Straße u. Autobahn 14, S. 286.
VOSS (1965): Die Neufassung der zusätzlichen Vorschriften und Richtlinien für Erdarbeiten im Straßenbau (ZTVE - StB 65). Straße u. Autobahn 16, S. 409.

1.322.6 Bestimmung der Lagerungsverhältnisse

Definition. Die Untersuchung der Lagerungsverhältnisse im Feld ist entweder als selbständiger Versuch zur Bestimmung des Hohlraumgehalts im Boden oder als Ergänzung zu anderen Versuchen zur Klärung der gewonnenen Ergebnisse fast bei jeder Bodenprüfung von größter Bedeutung und seit langem in allen Ländern üblich. Jedoch stimmen die Begriffe über das, was unter „Lagerungsverhältnissen" gemeint ist, nicht überein. In Deutschland verstand man hierunter bis vor wenigen Jahren die allein von den Hohlräumen im Boden abhängenden Kennziffern des „*Porenvolumens*" („*Porenanteil*") oder der „*Porenziffer*" (vgl. Kap. 1.411.21), im englisch sprechenden Ausland dagegen das Raumgewicht des völlig trockenen Bodens („*dry density*"), das außer vom Hohlraum des Bodens auch noch von seinem spezifischen Gewicht (Stoffgewicht) abhängt und die Dimension t/m³ bzw. lbs/in.³ besitzt (vgl. Kap. 1.411.23). Man hat hierfür in wörtlicher Übersetzung den Ausdruck „Trockendichte" geprägt. In Anpassung an den bei uns üblichen Ausdruck „Raumgewicht" (γ), worunter das Einheitsgewicht des natürlichen, also feuchten Bodens verstanden wird, sollte aber besser die freie Übersetzung „*Trockenraumgewicht*" (γ_t) benutzt werden, ein Ausdruck, der im Straßenbau auch bereits üblich geworden ist, weniger dagegen im Grundbau.

Die Verwendung des Begriffs Trockenraumgewicht an Stelle der Begriffe Porenvolumen oder Porenziffer hat den Vorteil, daß man bei seiner Bestimmung im Feld die Kenntnis des spezifischen Gewichts nicht benötigt, was die Arbeit sehr erleichtert. Für den nicht mit bodenmechanischen Fragen vertrauten Bauingenieur ist ferner die Vorstellung der Dichte eines Materials in t/m³ einfacher als die, die dimensionslos als Porenvolumen oder Porenziffer angegeben wird. Für die hier behandelte Untersuchung der Lagerungsverhältnisse im Feld wird deshalb allein auf die Ermittlung des Raumgewichts bzw. des Trockenraumgewichts eingegangen. Über die Umrechnung des Raumgewichts bzw. des Trockenraumgewichts in Porenvolumen bzw. Porenziffer siehe Kap. 1.411.23.

Gerät und Vorgang. Zur Bestimmung des Trockenraumgewichts γ_t geht man bei Feldarbeiten stets von der Bestimmung des Raumgewichts des naturfeuchten Bodens γ und des natürlichen Wassergehalts w_n aus und berechnet das Trockenraumgewicht aus der Gleichung (s. S. 376):

$$\gamma_t = \frac{\gamma}{1 + \frac{w_n}{100}} \quad (\text{t/m}^3)\,. \qquad (87)$$

Dies hat den Vorteil, daß man nicht die gesamte, bei Feldarbeiten immer verhältnismäßig große Probenmenge zu trocknen, d. h. mit in das Laboratorium oder Feldlaboratorium zu nehmen braucht, sondern lediglich eine kleine Probe zur Bestimmung des natürlichen Wassergehalts (vgl. Kap. 1.411.31).

Die Ermittlung des Raumgewichts γ im Felde stützt sich gewöhnlich auf die Entnahme ungestörter Proben aus Schürfgruben (vgl. Kap. 1.321.42). Sind die Proben mit einem Zylinder ausgestochen (Abb. 132 und 133) oder als Würfel aus dem Boden ausgeschnitten (Abb. 135), so brauchen nur das Feuchtgewicht (G_n) und das Volumen der Probe (V) gemessen zu werden, um das Raumgewicht nach der Gleichung:

$$\gamma = \frac{G_n}{V} \quad (\text{t/m}^3) \qquad (88)$$

zu bestimmen. Da die Ausstechzylinder ein festgelegtes Volumen besitzen, beschränkt sich bei ihnen die Untersuchung auf das Wiegen der feuchten Probe.

Ist die Entnahme ungestörter Proben nicht möglich, fällt aber der Boden in einzelnen unregelmäßigen, etwa faustgroßen Klumpen an, so kommen zur Volumenmessung alle im Kap. 1.411.21 beschriebenen Verfahren in Frage.

Die vorgenannten Untersuchungen können sinngemäß auch mit ungestörten Proben aus Bohrlöchern durchgeführt werden.

Enthält der Boden viel grobe Bestandteile, so ist es meist nicht möglich, eine wirklich ungestörte Probe zu entnehmen. Man bestimmt dann das Volumen, das eine in einer Schürfgrube entnommene gestörte Probenmenge im Baugrund eingenommen hat, dadurch, daß man völlig trockenen Normsand in das durch die Probennahme entstandene Loch einlaufen läßt („*Sandersatzmethode*"). Das Volumen, das der Sand dabei einnimmt, kann aus dem Gewicht des Sandes berechnet werden, wenn vorher durch Eichversuche das Trockenraumgewicht ($\gamma_{t\,\text{Normsand}}$) des Sandes beim Einlaufen in einen Behälter bestimmt worden ist. Betreffs der Eichung siehe Siedek/Voss (1960).

Nach dem British Standard 1377 „Methods of testing soils for civil engineering purposes" benutzt man dabei das Gerät (Einlaufzylinder) nach Abb. 288.

Für die Untersuchung wird die Versuchsstelle gut eingeebnet und auf ihre Oberfläche eine etwa 5 mm dicke Stahlringscheibe, deren Innendurchmesser gleich dem des Einlaufzylinders ist, gelegt. Dann wird ein etwa 10 bis 15 cm tiefes Loch mit einem Durchmesser von ungefähr 10 cm ausgehoben, einschließlich allen an der Wandung noch anhaftenden und auf der Sohle liegenden losen Bodens. Die gesamte ausgehobene Menge wird gewogen (G_n). Dann wird der mit völlig trockenem, ausgesiebtem Sand (Korngröße etwa 0,5 mm) gefüllte Einlaufzylinder gewogen (G_1) und auf das ausgehobene Probenloch gestellt. Durch Öffnen des Verschlusses läßt man den Sand in das Loch und in den im Boden des Zylinders befindlichen Trichter laufen, von dem durch Eichversuche bekannt ist, welches Volumen er (einschließlich der Ringscheibe) besitzt und welche Gewichtsmenge (G_0) er beim Aufliegen auf einer ebenen Platte aufnimmt[1]. Wenn keine Sandbewegung im Zylinder mehr festzustellen ist, wird die Auslaßöffnung geschlossen und der Zylinder mit der noch vorhandenen Sandmenge erneut (G_2) gewogen. Das der ausgehobenen Probenmenge G_n entsprechende Volumen ist:

$$V = (G_1 - G_2 - G_0)\,\frac{1}{\gamma_{t_{\text{Normsand}}}}\,. \tag{89}$$

Raumgewicht und Trockenraumgewicht erhält man dann mit Hilfe von Gl. (88) und (87).

Diese Berechnung versagt, wenn die Probe ein Gemisch von Steinen und Boden darstellt, da man dann lediglich eine Zahl für das mittlere Raumgewicht erhält, während die tatsächliche Dichte des *Erd*materials interessiert. In derartigen Fällen muß man nach Entnahme und Wägen der Gesamtprobe die Steine vom Erdmaterial durch Sieben auf einem 5 mm- oder 10 mm-Sieb trennen und für

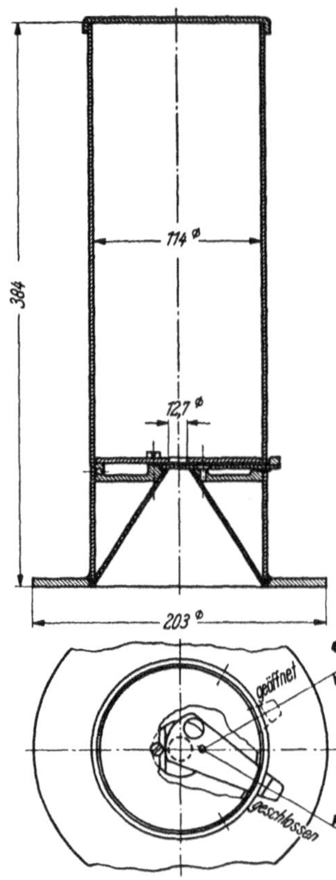

Abb. 288. Englisches Standardgerät zur Bestimmung des Raumgewichts im Feld (aus British Standard 1377). Maße in mm.

Abb. 289. Bestimmung des Raumgewichts von verdichtetem Trümmerschutt.
Links: Trennen von Fein- und Grobmaterial. *Rechts:* Füllen des Probelochs mit Normsand.

sich wiegen (G_{Steine}). Nach Bestimmung ihres spezifischen Gewichts kann ihr Volumen (V_{Steine}) und aus der Differenz gegenüber dem Gesamtvolumen (V) das Volumen des Erdmaterials (V_{Erde}) berechnet werden. So ergibt sich dann:

$$\gamma_{\text{Erde}} = \frac{G_n - G_{\text{Steine}}}{V - V_{\text{Steine}}}\,. \tag{90}$$

Eine Durchrechnung zeigt Tab. 31.

[1] Sein Hauptzweck ist, Störungen an der Oberfläche zu vermeiden, die bei einem Glattstreichen des losen Sandes mit einem Spatel u. U. eintreten könnten. Da sein Volumen bekannt ist, kann er aber auch leicht zur Kontrolle des Trockenraumgewichts des Normsandes im Felde dienen.

In derartigen Fällen, d. h. in sehr ungleichförmigen, Steine enthaltenden Böden; genügt auch das Gerät nach Abb. 288 nicht mehr, da die Störungen am Rand, wo der Normsand in die Poren zwischen den dort verbliebenen Steinen einrieselt, zu groß werden. Man hat dann die Probelöcher erheblich breiter und tiefer auszuheben und einen größeren Einlaufzylinder zu verwenden, um den Einfluß der Randstörungen klein zu halten. Abb. 289 zeigt ein entsprechendes Gerät zur Ermittlung des Raumgewichts einer Schüttung von äußerst unregelmäßigem Trümmerschutt, der in Lagen von 1,2 m eingebracht, mit rund 30 cm Sand abgedeckt und eingeschlämmt und dann mit einer Rammplatte verdichtet wurde. Das Gerät wurde auf eine Dezimalwaage gestellt und vor und nach dem Füllen der bis zu 1,20 m tiefen Probelöcher mit dem Normsand mit Hilfe eines Schlauchs, der stets so geführt wurde, daß er die Oberfläche des eingefüllten Sandes ungefähr berührte,

Tabelle 31. *Bestimmung des Raumgewichts nach der Sandersatzmethode*

Zeile		Loch 1	Loch 2	Dimension	Rechnungsgang
1	Gesamtgewicht des Aushubs	48,7	181,35	kg	Wägung
2	Gewicht des Anteils >10 mm	23,4	73,35	kg	Wägung
3	Gewicht des Anteils <10 mm	25,3	108,00	kg	1—2
4	Gehalt des Anteils <10 mm	51,9	59,6	%	3/1
5	Gewicht des verbrauchten Normsandes	37,9	141,00	kg	Wägung
6	Raumgewicht des Normsandes	1430	1430	kg/m³	Eichung
7	Volumen des verbrauchten Normsandes	0,0265	0,0986	m³	5/6
8	Raumgewicht des Gesamtmaterials	1,84	1,84	t/m³	1/7
9	Raumgewicht des Ziegelsteinmaterials	2050	2050	kg/m³	Sonderbestimmg.
10	Volumen des Anteils >10 mm	0,0114	0,0358	m³	2/9
11	Volumen des Anteils <10 mm	0,0151	0,0628	m³	7—10
12	Raumgewicht des Anteils <10 mm..	1,68	1,72	t/m³	3/11
13	Wassergehalt des Anteils <10 mm ..	10,0	10,6	%	Sonderbestimmg.
14	Trockenraumgewicht des Anteils <10 mm	1,53	1,56	t/m³	Gl. (87)

gewogen. Das Meßprotokoll (Tab. 31) bezieht sich auf diese Untersuchung, die in ähnlicher Form beim Erddamm- und Straßenbau, d. h. bei der Nachprüfung von Verdichtungsarbeiten in grobkörnigen Böden, häufig vorkommt.

Dieses für Dichtebestimmungen dann, wenn ein Ausstechen von Proben mit Entnahmezylindern (Abb. 132 und 133) nicht möglich ist, häufigste Ersatzverfahren ist gegenüber Erschütterungen, die das ungestörte Ablagern des lockeren Normsandes beeinträchtigen, sehr empfindlich. Ebenso wird die eichgerechte Ablagerung des Normsandes verhindert, wenn dieser nicht völlig trocken oder verschmutzt ist. Bei lockeren oder weichen Böden kann außerdem durch das Aufsetzen des recht schweren, mit dem Normsand gefüllten Einlaufzylinders eine Volumenverkleinerung des Lochs (teilweiser Einfall der Wand, Bodenabbruch) eintreten.

Abb. 290. Volumenmessung mittels der Gipsersatzmethode.

Diese Fehler können dadurch vermieden werden, daß das ausgehobene Loch mit einem Gipsbrei ausgegossen wird. Der nach dem Erstarren aus dem Boden gelöste Gipsklumpen kann mit ins Laboratorium genommen werden, wo sein Volumen – z. B. mit Hilfe der Tauchwägung (vgl. Kap. 1.411.21) – bestimmt wird (Abb. 290). Das Verfahren ist allerdings etwas umständlicher als die Sandersatzmethode.

In verhältnismäßig undurchlässigen Böden kann an Stelle des Normsandes auch eine Flüssigkeit, die vom Boden aber nicht kapillar aufgesogen werden darf, wie z. B. Motoröl oder Kaltasphalt, verwendet werden. Auch Wasser wird benutzt, nachdem in das Loch ein dünner Gummisack, der sich beim Füllen der Wandung anpaßt, eingelegt ist. Hierfür sind besondere Geräte konstruiert worden („*Densitometer*"), bei denen an der Unterfläche eines mit Wasser gefüllten Druckbehälters ein Gummiballon be-

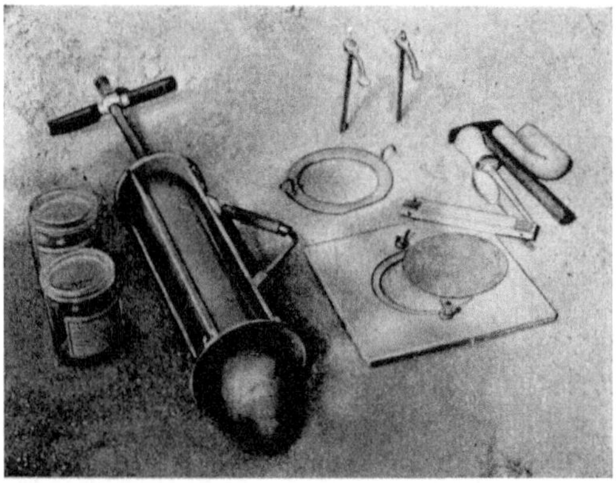

Abb. 291. Versuchsgerät für Volumenmessung mittels Densitometer.

Abb. 292. Volumenmessung mittels Densitometer.

festigt ist (Abb. 291). Durch einen Druckkolben wird der Ballon mit Wasser gefüllt, bis er bündig an der Wandung des Entnahmelochs anliegt (Abb. 292). Die hierfür erforderliche Wassermenge kann direkt an einer Skala am Druckbehälter abgelesen werden und ermöglicht die Bestimmung des Volumens der entnommenen

Tabelle 32. *Bestimmung des Raumgewichts nach der Gipsersatzmethode*

Zeile		Loch 1	Loch 2	Dimension	Rechnungsgang
1	Gesamtgewicht des Aushubs (feucht) + Tara	4838,5	5906,0	g	Wägung
2	Gesamtgewicht des Aushubs (trocken) + Tara	4651,5	5624,0	g	Wägung
3	Tara	849,5	921,0	g	Wägung
4	Gesamtgewicht (feucht) netto	3989,0	4985,0	g	1—3
5	Gesamtgewicht (trocken) netto	3802,0	4703,0	g	2—3
6	Tauchwägung des Gipsblocks Lesung nach Eintauchen	13323,0	14982,0	cm^3	Ablesung
7	Tauchwägung des Gipsblocks Lesung vor Eintauchen	10975,0	11975,0	cm^3	Ablesung
8	Volumen der Probe	2348,0	3007,0	cm^3	6—7
9	Feuchtraumgewicht	1,70	1,66	g/cm^3	4/8
10	Trockenraumgewicht	1,62	1,56	g/cm^3	5/8
11	Wassergehalt	4,9	6,0	%	$\frac{4-5}{5}$

Tabelle 33. *Bestimmung des Raumgewichts mittels Densitometer*

Zeile		Loch 1	Loch 2	Dimension	Rechnungsgang
1	Gesamtgewicht des Aushubs (feucht) + Tara	3082,0	3258,5	g	Wägung
2	Gesamtgewicht des Aushubs (trocken) + Tara	2962,0	3115,5	g	Wägung
3	Tara	869,0	849,0	g	Wägung
4	Gesamtgewicht (feucht) netto	2213,0	2409,5	g	1—3
5	Gesamtgewicht (trocken) netto	2093,0	2266,5	g	2—3
6	Densitometerablesungen, nach der Füllung	1578,0	1755,0	cm^3	Ablesung
7	Densitometerablesungen, vor der Füllung	284,0	311,0	cm^3	Ablesung
8	Volumen der Probe	1294,0	1444,0	cm^3	6—7
9	Feuchtraumgewicht	1,71	1,67	g/cm^3	4/8
10	Trockenraumgewicht	1,62	1,57	g/cm^3	5/8
11	Wassergehalt	5,7	6,3	%	$\frac{4-5}{5}$

Bodenmenge. Die Volumenmessung wird hierdurch bequemer und unter Umständen auch genauer, da ein ungleiches Ablagern der Sandkörner, das bei fehlerhaftem Arbeiten mit dem Einlaufzylinder nicht ausgeschlossen ist, nicht eintreten kann.

Sind die Untersuchungen in einer Tiefe notwendig, die durch eine Schürfgrube nur schwer oder überhaupt nicht erreicht werden kann, so müssen entweder ungestörte Proben entnommen (vgl. Kap. 1.321.43) oder Sondierungen durchgeführt werden. Die letzte Untersuchung (vgl. Kap. 1.322.1), die zwar nicht zur zahlenmäßigen Feststellung des Raumgewichts führt, jedoch zu einer für die Praxis oft genügenden begrifflichen Einstufung („locker", „mitteldicht" usw.; s. S. 161 und 180 sowie Abb. 186), ist in den nichtbindigen Böden angebracht, während in den bindigen Böden die Entnahme ungestörter Proben vorzuziehen ist.

Zahlenwerte. Siehe Kap. 1.411.23.

Beispiele. Die Ermittlung des Trockenraumgewichts mit Hilfe der Sandersatzmethode zeigt Tab. 31, mit der Gipsersatzmethode Tab. 32 und mit dem Densitometer Tab. 33.

Literatur

British Standard 1377 (1948): Methods of test for soil classification and compaction. British Standards Institution.

Forschungsges. f. d. Straßenwesen (1963): Merkblatt für bodenphysikalische Prüfverfahren im Straßenbau. Köln.

Spoerel (1952): Die Tauchwägung. Ein geeignetes Verfahren zur schnellen Ermittlung von Feststoff-, Wasseranteil, Raumgewicht und spezif. Gewicht an erdfeuchten Böden, feuchten Zuschlagstoffen und Schlämmen. Straße u. Autobahn 3, S. 329.

Voss (1956): Die Bodenverdichtung im Straßenbau. Düsseldorf.

Brandenburg (1958): Über die Verdichtungsprüfung von Schüttungen aus gleichförmigen Sanden. Mitt. Franzius-Inst. TH Hannover H. 14, S. 1.

Hilf (1959): A rapid method of construction control for embankments of cohesive soil. Bureau of Reclamation, Denver/Colorado, No. 26.

Siedek/Voss (1960): Die Bodenprüfverfahren bei Straßenbauten. Düsseldorf.

1.322.7 Isotopenmessungen

Definition. Seit etwa 1950 sind mit gutem Erfolg Versuche angestellt worden, das Raumgewicht γ von Böden an Ort und Stelle ohne Entnahme von Proben mit Hilfe der Messung des Durchgangs von Gammastrahlen zu bestimmen (Belcher

1952, Wendt 1954, Lorenz 1954). Dabei wurde festgestellt, daß mit den Gammastrahlen das *Feucht*raumgewicht γ gemessen wird, d. h., die Meßwerte sind unabhängig davon, mit welchen Anteilen die Kornfestmasse und das Wasser im Boden am Raumgewicht beteiligt sind. Eine unmittelbare Messung des *Trocken*raumgewichts ist also nicht möglich.

Um aus den ermittelten Feuchtraumgewichten die Trockenraumgewichte bestimmen zu können, die allein ein Urteil über die Lagerungsverhältnisse zulassen, muß gemäß Gl. (87) der Wassergehalt w bekannt sein. Dieser kann aber, wie die oben erwähnten Untersuchungen gezeigt haben, ebenfalls durch die Strahlung radioaktiver Stoffe bestimmt werden. Man braucht hierzu allerdings eine zweite Strahlenquelle, und zwar ein Präparat, das „schnelle" Neutronen aussendet.

Die unter dem Namen „*Isotopenmessung*" eingeführten Messungen mit Hilfe radioaktiver Elemente bestehen deshalb gewöhnlich aus zwei verschiedenen Untersuchungen: Der Feuchtraumgewichtsmessung mit Gammastrahlen und der Wassergehaltsmessung mit Neutronen.

Die Raumgewichtsmessung beruht auf der Absorption, Streuung und Reflexion von Gammaquanten, die von den radioaktiven Isotopen ausgesandt werden und mit den Elektronen im Kernfeld aller Atome im Boden in Wechselwirkung treten. Infolge der in einem dichten Boden durch die Atome in stärkerem Maße verbauten Wege nehmen die zu einem Zählrohr pro Zeiteinheit gelangenden Gammaquanten (Impulse) mit steigender Lagerungsdichte des Bodens etwa geradlinig ab (Abb. 293b). Die Wassergehaltsbestimmung ist dagegen auf die Eigenschaft von

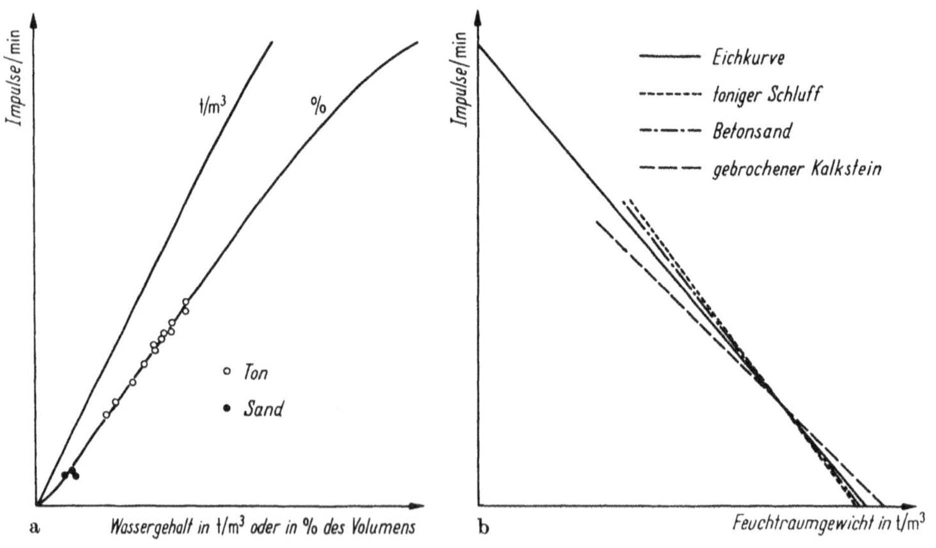

Abb. 293a u. b. Eichkurven für Isotopenmessungen mit dem Oberflächengerät zur Ermittlung von Wassergewicht (*a*) und Feuchtraumgewicht (b). (ASTM Designation *E* — 60 *T*, 1960).

„schnellen" Neutronen zurückzuführen, allein bei einem Zusammentreffen mit Wasserstoffatomen gebremst zu werden und an Energie zu verlieren, so daß sie als „langsame" Neutronen zu einem Zählrohr gelangen, das so eingerichtet ist, daß nur solche Neutronen gezählt werden. Daraus ergibt sich, daß die Zahl der pro Zeiteinheit gemessenen Impulse mit der Zahl der getroffenen Wasserstoffatome zunimmt, d. h. eine mit zunehmendem Wassergehalt steigende Kurve (Abb. 293a). Die genaue Form der Eichlinien der Abb. 293a und 293b hängt bei beiden Meßaufgaben von der jeweiligen Anordnung von Präparat und Zählrohr sowie deren Art bzw. Abmessungen ab.

Gerät. Für die in der Praxis vorkommenden Meßaufgaben sind verschiedene Verfahren und Geräte entwickelt worden. Man hat zwischen Geräten für Oberflächenmessungen bis in etwa 0,25 m Tiefe, für Messungen bis in etwa 0,7 m Tiefe und für Tiefenmessungen bis in etwa 20 m Tiefe zu unterscheiden (Abb. 294).

Bei dem Oberflächengerät für Raumgewichtsmessungen (Abb. 294a) ist die von dem Präparat ausgehende Gammastrahlung durch eine Bleimasse so abgeschirmt, daß das Zählgerät nicht von der direkten Strahlung erreicht werden

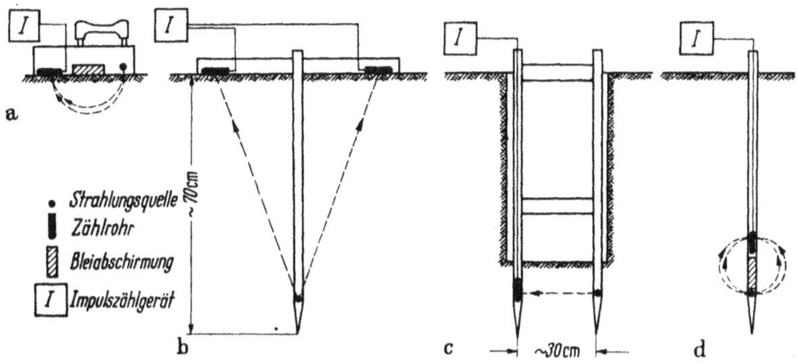

Abb. 294a—d. Versuchsanordnungen für Isotopenmessungen.
a) Oberflächenmessung; b) Messung bis rd. 70 cm; c) Doppelsonde; d) Tiefensonde.

kann, sondern allein von den unter einem bestimmten Winkel in den Boden eingeleiteten und dort aus ihrer Richtung abgelenkten, reflektierten und nur zum Teil zum Zählrohr gelangenden Gammaquanten (BROCARD 1955, VAN BAVEL 1958, STEIN 1961).

In ähnlicher Weise arbeitet auch das Gerät für Wassergehaltsmessungen, bei dem aber die Neutronenquelle vom Zählgerät nicht besonders abgeschirmt zu sein braucht (STONE/KIRKHAM/READ 1955, BROCARD 1955).

Bei den Geräten für Untersuchungen bis in etwa 0,7 m Tiefe (Abb. 294b) wird eine dünne Stahlsonde, die an ihrer Spitze das radioaktive Präparat enthält, über eine auf einer Grundplatte angebrachten Führung senkrecht in den Boden gebracht. Bei der Raumgewichtsmessung wird die von dem Präparat ausgehende direkte Gammastrahlung, soweit sie nicht absorbiert oder gestreut wird, an der Oberfläche von einem oder zwei auf der Grundplatte angeordneten Zählrohren gemessen (WENDT 1954, DOLDINGER/REUSSE 1958). Auch der Wassergehalt kann in entsprechender Weise gemessen werden.

Für Messungen in diesen (unter Umständen auch etwas größeren) Tiefen ist eine Doppelsonde entwickelt worden. Bei ihr sind zwei Sondenstangen, in denen Präparat und Zählgerät getrennt voneinander untergebracht sind, in einem Abstand von 30 cm starr miteinander verbunden (Abb. 294c). Bei dieser Meßanordnung hat man dadurch in jeder Meßtiefe eine ihrer Lage und Ausdehnung nach genau bekannte Meßstrecke, längs der die Strahlung mit dem Boden in Wechselwirkung tritt; gemessen wird die nicht absorbierte bzw. nicht gestreute direkte Strahlung (NEUBER 1954, STEIN 1961). Es ist versucht worden, diese Sonde auch von der Sohle von Bohrlöchern aus einzusetzen (GRUHLE 1957).

Bei Tiefenmessungen, d. h. für Untersuchungen, die durch das Eintreiben eines Hohlgestänges begrenzt sind (rund 20 m), wird die Meßanordnung (bei Raumgewichtsmessungen: Gammastrahlenquelle — Bleiabschirmung — Zählgerät; bei Wassergehaltsmessungen: Neutronenquelle — Zählgerät) an einem Kabel in das Hohlgestänge eingelassen (Abb. 294d). Gemessen wird hier nur die von der Strahlenquelle ausgehende, im umliegenden Boden gestreute und dadurch zum Zählgerät gelangende Strahlung (BELCHER 1952, BROCARD 1955, WENDT/WOLTERS 1956, STEIN 1961).

Als Strahlenquelle ist für die Raumgewichtsmessung bei allen Geräten das Cobaltisotop Co^{60} in fester, metallischer Form besonders geeignet, da seine Intensität, die nach einer e-Funktion abnimmt, sich erst nach 5,3 Jahren auf die Hälfte vermindert. Die Stärke des verwendeten Präparats wird so gewählt, daß bei der Messung die Leistungsfähigkeit der Zählapparatur nicht überschritten, aber doch möglichst weitgehend ausgenutzt wird. Die nach dieser Maßgabe benötigten Präparatstärken in der Größenordnung von 0,5 bis 20 mC ($^1/_{1000}$ Curie) sind so gering, daß bei nicht grob fahrlässiger Handhabung keinerlei Strahlenschäden für den Messenden zu befürchten sind und sich die Strahlenquellen auch noch bequem in Schutzbehältern aus Blei transportieren lassen. Zur Messung der Strahlungsintensität wird eine handelsübliche Zähleinrichtung (Geigerrohr; bei Oberflächenmessungen auch Szintillationszähler) verwendet. Die Meßzeit sollte stets so gewählt werden, daß dabei ein brauchbarer Mittelwert des statistischen Zählprozesses erwartet werden kann. Hierzu sollten stets mindestens etwa 10000 Impulse gezählt werden.

Als Neutronenquelle zur Messung des Wassergehalts wird meist Radium-Beryllium in einer Stärke von rund 4 bis 10 mC zusammen mit der entsprechenden Zähleinrichtung verwendet.

Vorgang. Bei Oberflächenmessungen wird die Grundplatte fest auf die sorgfältig glattgestrichene Bodenoberfläche aufgesetzt, so daß ein überall sattes Anliegen vorhanden ist, da durch das Vorhandensein von Luftspalten das Meßergebnis verfälscht wird. Bei Tiefenuntersuchungen werden — wie bei den Schlagsondierungen — Rohrlängen von meist 1 m Länge und unter 30 mm Außendurchmesser aneinandergesetzt, mit einer kegelförmigen Spitze versehen und bis auf die gewünschte Tiefe in den Boden geschlagen oder gedrückt. Dabei kommt es auf ein möglichst senkrechtes Einbringen des Hohlgestänges an, da Verbiegungen beim weiteren Vortreiben zu Luftspalten führen, die die Genauigkeit der Messung beeinträchtigen. In das auf Solltiefe gebrachte Hohlgestänge wird die Meßanordnung an einem Kabel eingeführt und beim Einführen oder Herausholen, unter Umständen auch bei beiden Vorgängen, in den vorgesehenen Tiefen über eine Dauer von gewöhnlich jeweils 1 Min. (nur in Ausnahmefällen — bei sehr geringen Zählraten — mehr; bis 4 Min.) die Anzahl der zum Zählwerk gelangenden Isotopen gemessen.

Meßgrößen. Als Meßgrößen ergeben sich sowohl bei der Raumgewichts- als auch bei der Wassergehaltsmessung die pro Zeiteinheit gezählten Impulse als statistischer Mittelwert über die Meßdauer.

Auswertung. Aus den Eichkurven (Abb. 293), die für jedes Gerät gemäß der Meßanordnung verschieden sind und durch Eichversuche bestimmt werden müssen (LORCH 1963), können mit Hilfe der gemessenen Impulse das Feuchtraumgewicht γ und das pro Volumeneinheit vorhandene Wassergewicht (in t/m^3 oder in %) direkt entnommen werden. Aus der Differenz der Gewichte in t/m^3 erhält man sofort das Trockenraumgewicht γ_t und aus dem Wassergewicht und dem Trockenraumgewicht mit Hilfe von Gl. (87) den Wassergehalt in der üblichen Angabe als Prozent des Trockengewichts des Bodens.

Falls der Boden, dessen Raumgewicht bestimmt werden soll, unter dem Grundwasserspiegel liegt, erübrigt sich die Messung des Wassergehalts, da der Porenraum dann gewöhnlich wassergesättigt ist und der Wassergehalt bei Schätzung des spezifischen Gewichts mit Hilfe von Gl. (137) berechnet werden kann. Es ist:

$$\gamma_t = (\gamma - 1)\,\frac{\gamma_s}{\gamma_s - 1} \qquad (\mathrm{t/m^3})\,. \tag{91}$$

Fehler. Durch wiederholte Vergleichsversuche ist festgestellt worden, daß der Fehler bei der Raumgewichtsbestimmung unter der Voraussetzung einer einwandfreien Eichung unter 1,5% liegt. Ein solcher Fehler erscheint sehr niedrig, doch ist zu bedenken, daß bei einem Raumgewicht von z. B. 2,0 $\mathrm{t/m^3}$ die mögliche Abweichung $\pm$ 0,03 $\mathrm{t/m^3}$ betragen kann, was für eine allgemeine Beurteilung der Lagerungsverhältnisse ohne Bedeutung ist, bei Verdichtungsnachprüfungen aber schon an die Grenze des Zulässigen herankommt, da nach den Vorschriften für Verdichtungsarbeiten im Straßenbau (ZTVE-StB 1959 und 1965) Abweichungen von 3 bzw. 5% von der verlangten PROCTOR-Dichte schon genügen, um eine eingebrachte und verdichtete Schüttung als nicht ausreichend zu bezeichnen und nachzuverdichten. Dabei ist noch zu beachten, daß die PROCTOR-Dichte ein *Trockenraumgewicht* darstellt und die zur Berechnung des Trockenraumgewichts bei ausschließlichen Verdichtungsnachprüfungen mit Isotopensonden erforderliche Neutronenmessung eine geringere Meßgenauigkeit besitzt als die Gammastrahlenmessung. Auf die Anzeigen der Neutronenmessung wirken sich vor allem humose Beimengungen im Boden oder andere chemische Verbindungen, die Wasserstoffatome aufweisen, ungünstig aus.

Ferner ist für die Deutung der Meßergebnisse der Tiefensonde wichtig, daß die im Zählrohr registrierte Gammastrahlung aus einem ungefähr ellipsoidförmigen Körper kommt, der im Umkreis der Sonde zwischen Strahlenquelle und dem Schwerpunkt des Zählrohrs gelegen ist. Da der Abstand dieser beiden Teile etwa $^1/_2$ m beträgt, kann durch die dadurch gestreckte Meßanordnung nur ein entsprechender Mittelwert für das Raumgewicht angezeigt werden, d. h., dünne Schichten werden nur schwach angedeutet und Schichtwechsel erscheinen nicht scharf, sondern mit einem Übergang.

Verwendung. Die für oberflächennahe Untersuchungen entwickelten Geräte sind vor allem für die Prüfung von lagenweise hergestellten verdichteten Schüttungen geeignet, da sie sehr schnelle Messungen und damit die Kontrolle jeder Schüttlage vor dem Aufbringen der nächsten Lage erlauben. Außerdem füllen sie durch ihre auf geringe Tiefe ($\leqq$ 0,7 m) begrenzten Meßwerte gerade die Lücke aus, die sich bei eiligen, ohne Probenentnahme vorzunehmenden Verdichtungsnachprüfungen dadurch ergibt, daß die hierfür gern benutzten Schlag- und Drucksondierungen bei geringen Eindringtiefen ($\leqq$ 0,3 m) noch recht unzuverlässige Ergebnisse liefern.

Mit der radioaktiven Tiefensonde sind mit einem ähnlichen, relativ geringen Arbeitsaufwand wie bei Schlagsondierungen Untersuchungen über das Raumgewicht der Bodenschichten bis in etwa 20 m Tiefe möglich. Hierbei wirkt sich hinsichtlich der Beurteilung der Lagerungsverhältnisse allerdings nachteilig aus, daß die mit der Gammastrahlensonde ermittelten Werte für das Feuchtraumgewicht γ noch keine Schlüsse über die wirklich vorhandene Lagerungsdichte zulassen. Denn ein locker gelagerter Boden kann durch einen hohen Wassergehalt und das dadurch bedingte höhere Feuchtraumgewicht eine nur scheinbar hohe Dichte vortäuschen. Umgekehrt kann auch in einem dichten Boden mit niedrigem Wassergehalt die wirkliche Dichte infolge des relativ niedrigen Feuchtraumgewichts zu ungünstig beurteilt werden. Aber selbst bei — durch gleichzeitig durchgeführte Neutronenmessungen gewonnener — Kenntnis der Trockenraumgewichte γ_t ist in einem hinsichtlich der vorkommenden Bodenarten unbekannten Untergrund noch keine sichere Aussage über die Lagerungs- und Tragfähigkeitsverhältnisse möglich. Denn ein zahlenmäßig niedriges Trockenraumgewicht von z. B. 1,7 t/m³ stellt für einen gleichförmigen Sand eine dichte Lagerung, für einen ungleichförmigen Sand dagegen eine ausgesprochen lockere Lagerung dar. Ebenso würde in einem bindigen Boden ein γ_t-Wert von 1,7 t/m³ eine recht weiche Beschaffenheit bedeuten.

Hieraus folgt, daß zur zuverlässigen Deutung der gemessenen γ- und γ_t-Werte die Kenntnis der Bodenart und in den nichtbindigen Bodenarten auch die Kenntnis des Ungleichförmigkeitsgrades U oder besser noch die Kenntnis der

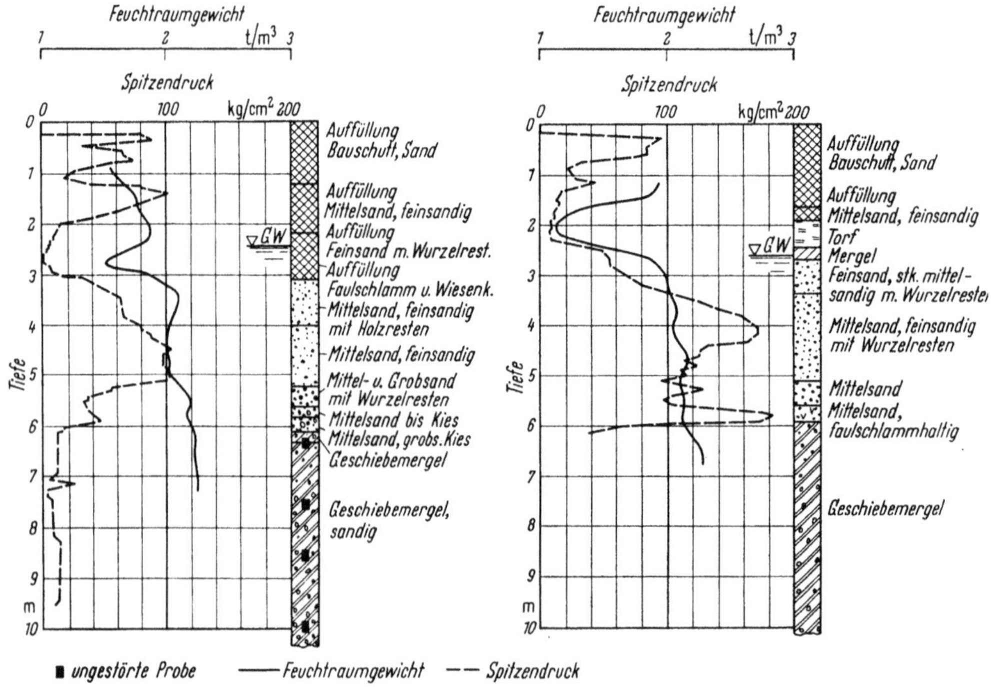

Abb. 295. Vergleichsmessungen mit der Gammastrahlen- und der Spitzendrucksonde.

Trockenraumgewichte bei lockerster oder dichtester Lagerung notwendig ist. Aus diesem Grunde sind die Isotopensonden vor allem für die Nachprüfung der Lagerungsverhältnisse von Schüttungen, von denen Körnung und Wassergehalt bekannt sind, geeignet. Für die Untersuchung der Tragfähigkeit von nichtbindigen Böden in größerer Tiefe erscheint dagegen der Einsatz der Drucksonde selbst bei Unkenntnis der Bodenart und Körnung der durchfahrenen Schichten zweckmäßiger (Homilius/Lorch/Muhs 1964).

Für alle vorgenannten Verfahren nachteilig und für das Arbeiten mit Isotopen sehr erschwerend sind die zum Schutze des Bedienungspersonals zu beachtenden Schutzvorschriften. Denn die Genehmigungspflichtgrenze für den Umgang mit ortsveränderlichen Strahlungsquellen, die bei 0,5 mC liegt, wird in jedem Fall überschritten. Alle Gammastrahlenquellen sind mit Bleiabschirmungen, alle Neutronenquellen mit Paraffinabschirmungen zu versehen. Insbesondere zu beachten ist, daß die Neutronenstrahlung Blei ungehindert passieren kann und die physiologische Wirkung der Neutronenstrahlung 10mal stärker als die einer gleich starken Gammastrahlung ist.

Beispiele.

1. Das Ergebnis von Gammastrahlenmessungen (HOMILIUS/LORCH/MUHS 1964) in einem aus aufgeschüttetem Boden sowie nichtbindigen und bindigen Bodenarten aufgebauten Untergrund (Abb. 295) läßt die Abnahme der gemessenen γ-Werte in den organischen Bodenschichten und ihre Zunahme bei Erreichen des gewachsenen reinen Mineralbodens und des Grundwassers sowie in der bindigen Bodenschicht erkennen. Die zusätzlich eingetragenen Meßkurven der in unmittelbarer Nähe durchgeführten Drucksondierungen weisen einen völlig anderen Verlauf auf, der auf die wechselnde Lagerungsdichte D (also nicht γ oder γ_t) in den nichtbindigen Bodenschichten sowie die Plastizität der bindigen Bodenschicht zurückzuführen ist, durch die dem Eindringen einer stabförmigen Sonde nur wenig Widerstand geleistet wird. Die an den ungestörten Proben aus der bindigen Schicht bestimmten Werte für den Wassergehalt, die Porenziffer und das Raumgewicht lassen erkennen, daß diese trotz des geringen Spitzendrucks eine mittelfeste Beschaffenheit und damit eine gute Tragfähigkeit besaßen.

2. Bei einer ähnlichen Untersuchung in einem aus organischen, bindigen und nichtbindigen Böden bestehenden Untergrund (HOMILIUS/LORCH/MUHS 1964), bei der aber auch Neutronenmessungen zur Bestimmung des Wassergehalts (Wassergewicht W in t/m³) durchgeführt wurden (Abb. 296), treten die extremen Werte für w, γ und γ_t in der organischen Ablagerung wieder besonders deutlich hervor.

3. Bei Gammastrahlenmessungen und Neutronenmessungen in einer lagenweise verdichteten Schüttung (MUHS/KAHL/MEYER 1964), in der zur Zeit der Messung ein Wasserstand von 2,10 m unter Gelände vorhanden war (Abb. 297), zeigen die Meßkurven für den Wassergehalt den Kapillarsaum über dem Grundwasserspiegel und die annähernd konstanten Werte für γ_t die angestrebte Gleichmäßigkeit der hergestellten Schüttung an.

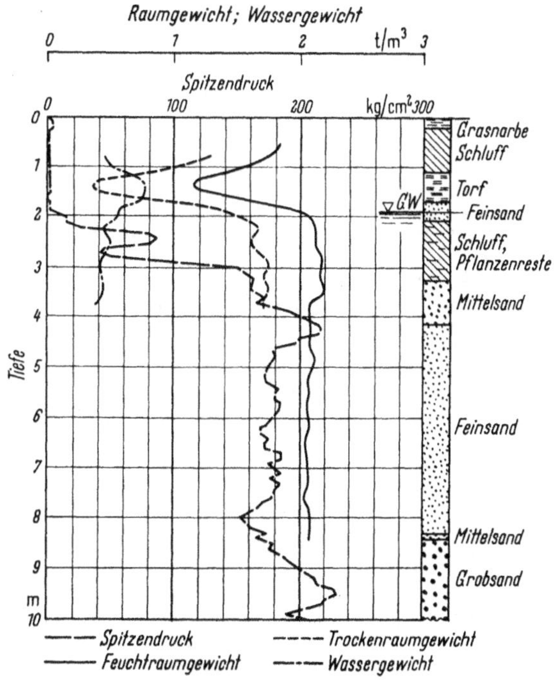

Abb. 296. Vergleichsmessungen mit der Neutronen-, der Gammastrahlen- und der Spitzendrucksonde.

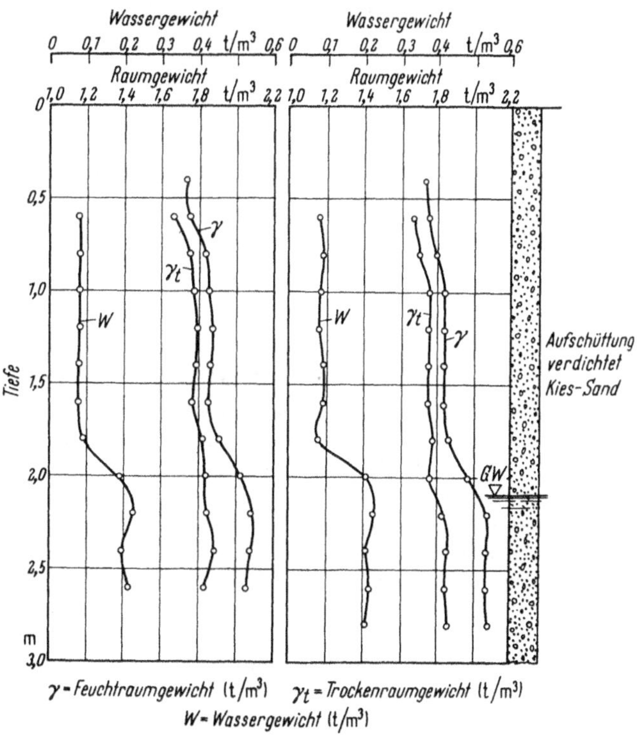

Abb. 297. Bestimmung von Feucht- und Trockenraumgewicht sowie Wassergewicht einer Versuchsschüttung.

Literatur

ASTM (1960): Tentative method for measurement by nuclear means of moisture and density in soils. Designation E 60 T.
BELCHER (1952): Measurement of soil moisture and density by neutron and γ-ray scattering. Aus: Frost Action on Soil. Highway Res. Board, Washington, Sonderheft 2, S. 98.
WENDT (1954): Versuche zur Dichtebestimmung an Sandschüttungen durch Messung der Absorption von Gammastrahlung. Geol. Jahrb. 70, S. 1.
LORENZ (1954): Über die Messung der Lagerungsdichte des Baugrundes mittels radioaktiver Isotope. Baumaschine u. Bautechnik 1, S. 173.
NEUBER (1954): Zur praktischen Anwendung atomphysikalischer Strahlungen im Bauwesen unter besonderer Berücksichtigung der Baugrunduntersuchungen. Baumaschine u. Bautechnik 1, S. 179.
STONE/KIRKHAM/READ (1955): Soil moisture determination by a portable neutron scattering moisture meter. Proc. Soil Science Soc. Amer. 19, S. 419.
BROCARD (1955): Application des isotopes radioactifs à la mesure de la densité et de la teneur en eau des matériaux et des sols. Ann. Inst. Techn. Bât. Trav. Publ. 8, No. 89.
WENDT/WOLTERS (1956): Eine weitere Methode zur Bestimmung des Raumgewichts von Böden durch Gammastrahlen. Geol. Jahrb. 72, S. 73.
GRUHLE (1957): Verwendung radioaktiver Isotope zur Bestimmung der Lagerungsdichte von Böden in großen Tiefen. Bautechnik 34, S. 81.
VAN BAVEL (1958): Soil densitometry by gamma transmission. Soil Science 87, S. 50.
DOLDINGER/REUSSE (1958): Kontrolle der Bodenverdichtung durch Strahlungsmessungen. Baumaschine u. Bautechnik 5, S. 203.
HOMILIUS/LORCH/SEITZ (1958): Radioaktive Dichtebestimmung mit der Gamma-Gamma-Sonde. Geol. Jahrb. 72, S. 73.
— (1959): Bestimmung der Lagerungsdichte des Baugrundes in größerer Tiefe mittels radioaktiver Isotope. Bautechnik 36, S. 27.
WENDT (1959): Dichte- und Feuchtigkeitsbestimmungen mit Gamma- und Neutronenstrahlen. Baumaschine u. Bautechnik 6, S. 329.
PHILLIPS/JENSEN/KIRKHAM (1960): Use of radiation equipment for plowlayer density and moisture. Soil Science 89, H. 1.
LEMM/REUSSE (1960): Kontrolle der Bodenverdichtung durch Strahlungsmessungen. Baumaschine u. Bautechnik 7, S. 201.
STEIN (1961): Radiometrische Verfahren zur Bestimmung von Dichte und Wassergehalt des Baugrundes. Wissensch. Ztschr. Hochschule f. Bauwesen Leipzig.
WOLTERS (1962): Strahlungsmeßgeräte im Erd- und Straßenbau. Bautechnik 39, S. 331.
MATTAR (1963): Das Isotopen-Bodenprüfgerät Hidrodensimeter HDM 2. Baumaschine u. Bautechnik 10, S. 467.
LORCH (1963): Messung des Wassergehaltes in Böden mit der Neutronensonde. Ztschr. f. Geophysik 29, S. 261.
HOMILIUS/LORCH/MUHS (1964): Vergleich von Meßergebnissen der Isotopensonde und der Drucksonde. Berichte a. d. Bauforschung H. 37, S. 1.
BEHR (1965): Ein Beitrag zur Erfahrungssammlung im Umgang mit Isotopensonden bei Baugrunduntersuchungen. Straßen- und Tiefbau 19, H. 10.

1.322.8 Messung des Porenwasserdrucks

Definition. Der „*Porenwasserdruck*" ist der Druck des Porenwassers im wassergesättigten Boden. Er ist gleich der Wasserspiegelhöhe h_p in einem Standrohr über dessen Fußpunkt, der von dem untersuchten Boden umgeben ist (Abb. 298). Der Porenwasser*überdruck* bzw. *-unterdruck* ist der Druck $h_{ü}$ bzw. h_u des Porenwassers über oder unter dem hydrostatischen Druck, der durch den Wasserspiegel im Versuchsgerät oder den Grundwasserstand in der Natur angezeigt wird. Der Porenwasserüber- oder -unterdruck wird auch häufig einfach als Porenwasserdruck bezeichnet.

Porenwasserdrücke treten bei Strömungsvorgängen im Grundwasser auf. Sie können durch Auspressen, Ansaugen, Verdunstung oder Überschwemmungen erzeugt oder als regelrechte Grundwasserströmungen durch Wasserstandsunterschiede in dem betrachteten Gebiet hervorgerufen werden. Porenwasserdrücke in durchlässigem Boden erscheinen als gespanntes Grundwasser. Ihre Messung ist im Kap. 1.332 behandelt. Die Beschaffenheit des Bodens wird durch sie nicht beeinflußt. In schwer durchlässigem Boden zeigt sich das Porenwasser nicht als Grundwasser, nimmt dafür aber in erheblichem Umfang an der Verformung des Bodens teil. Während im ersten Fall die Strömungen durch den Wasserhorizont hervorgerufen werden (eigentliche Grundwasserströmungen in nichtbindigem Boden, die in den meisten Fällen mit genügender Genauigkeit als stationär angesehen werden können), sind sie im zweiten Fall eine Folge der auf den Boden aufgebrachten äußeren Belastung (eigentliche Porenwasserströ-

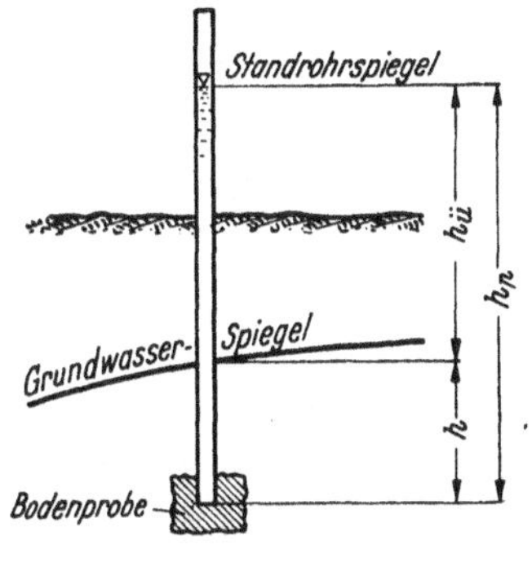

Abb. 298. Grundwasserspiegel und Porenwasserdruck.

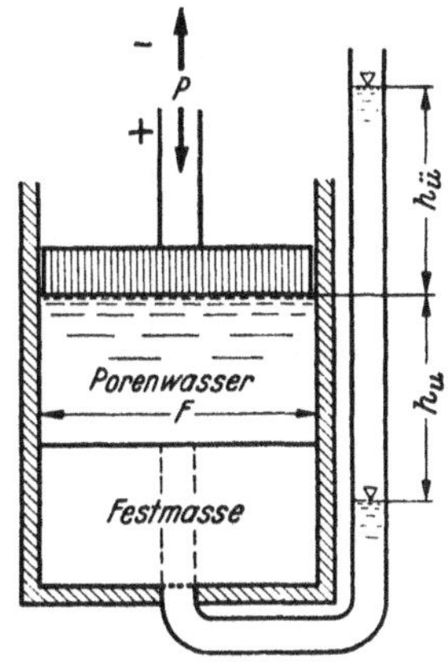

Abb. 299. Porenwasserdruck bei Be- und Entlasten einer Bodenprobe.

mungen in bindigem Boden; im Unterschied zu den Grundwasserströmungen stets zeitlich veränderlich, also nichtstationär).

In Abb. 299 ist der durch die Belastung P einer Bodenprobe erzeugte Porenwasserüberdruck durch die Höhe $h_ü$ des Wasserstands in dem Standrohr schematisch dargestellt. Er entsteht dadurch, daß bei bindigen Böden das Porenwasser sich der neuen Belastung infolge der geringen Wasserdurchlässigkeit nicht sofort anpassen, d. h. nicht schnell genug entweichen kann. Das Porenwasser erhält dadurch einen allmählich wieder abnehmenden Druck. Würde das Wasser lediglich unter dem Druck seines eigenen Gewichts stehen, so würde der Porenwasserüberdruck gleich Null sein. Umgekehrt kann der Porenwasserdruck aus der gleichen Ursache bei Ansaugen des Kolbens auch negative Werte annehmen (h_u).

Gerät. Am einfachsten wird der Porenwasserdruck bestimmt, indem man in die Bodenprobe eine bis zur Nullmarke mit Wasser gefüllte Meßröhre einführt, in der sich ein dem Druck entsprechender Wasserspiegel einstellt (Abb. 300, Rohr *a*). Dieses Verfahren (mit *offenem* Standrohr) ist aber nur bei leicht durchlässigen Böden, aus denen die zur weiteren Auffüllung der Meßröhre notwendige Wassermenge nachströmen kann, anwendbar.

Bei schwerer durchlässigen Böden ist dies nicht der Fall. Auch dauert es dann zu lange, bis die erforderliche Wassermenge abgegeben ist. Vor allem aber sinkt dabei der Porenwasserdruck ab. Aus diesem Grunde schließt man an Stelle des durch einen Hahn oben abgeschlossenen senkrechten Rohrs *a* ein Standrohr *b* an, das mit einem mit Quecksilber gefüllten U-förmigen Standrohr verbunden ist (Abb. 300, Rohr *b*). Während in das einfache Standrohr bei einer Steigerung der Belastung von P_0 auf $(P_0 + P_1)$ und des Porenwasserüberdrucks von h_0 auf h_3 eine Wassermenge $Q_1 = (h_3 - h_0) F$ fließen müßte, ermäßigt sich dieses Volumen in dem U-förmigen Standrohr infolge der Verringerung des Rohrquerschnitts von F auf f auf $Q_2 = f\frac{h}{2}$. Da nach Abb. 300:

$$h = \frac{h_3 - h_0}{13{,}6 - 0{,}5} = \frac{h_3 - h_0}{13{,}1}$$

ist, wird infolge des Unterschieds im spezifischen Gewicht von Wasser ($\gamma_w = 1{,}0$) und Quecksilber ($\gamma_Q = 13{,}6$):

$$Q_2 : Q_1 = f : 26{,}2\,F\,.$$

Diese Anordnung erlaubt deshalb die Messung des Porenwasserdrucks auch bei sehr geringen, aus den Proben ausgedrückten Wassermengen.

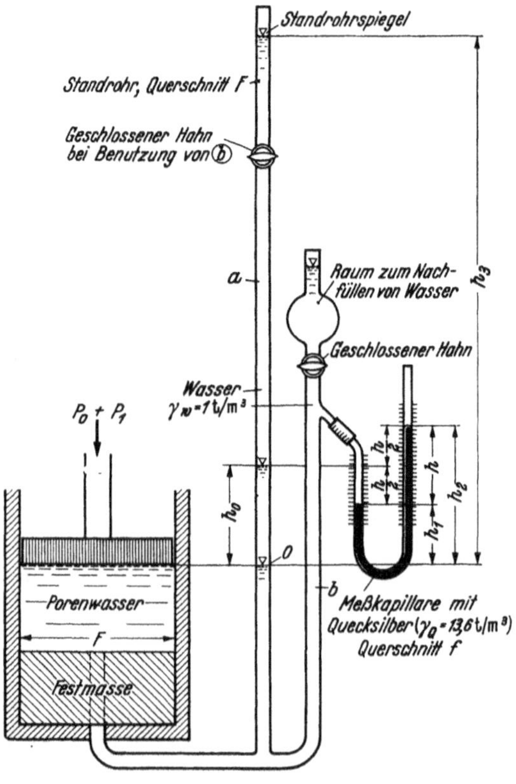

Abb. 300. Versuchsanordnung zum Messen des Porenwasserdrucks.
a Messung mit einfachem Standrohr; *b* Messung mit Quecksilbermanometer.

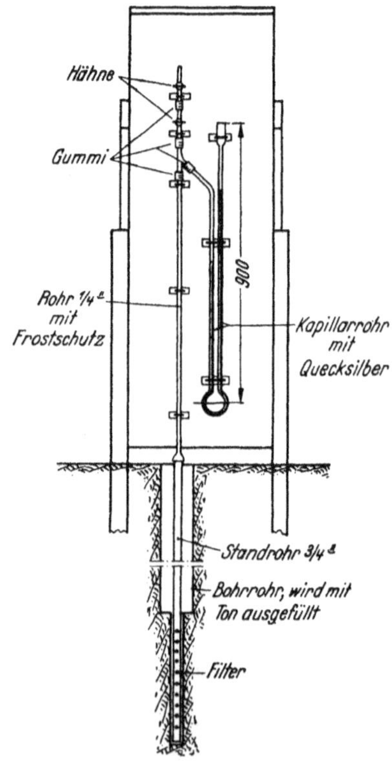

Abb. 301. Gerät zum Messen des Porenwasserdrucks im Untergrund mit geschlossenem Standrohr und Quecksilbermanometer.

In der Versuchsanstalt der Universität Gent wurde ein solcher Porenwasserdruckmesser für wenig wasserdurchlässige Schichten entwickelt (DE BEER 1942). Der Apparat (Abb. 301) besteht außer dem U-förmigen Meßrohr mit Quecksilber aus einem in den Boden eingelassenen Filter, das sich in einem wassergefüllten, senkrechten Rohr fortsetzt. Dieses kann über der Abzweigstelle des Meßrohrs gegen den atmosphärischen Druck abgeschlossen werden.

Auch in Holland sind bereits Anfang der 30 er Jahre Porenwasserdruckmessungen mit *geschlossenen* Standrohren (Abb. 302) durchgeführt worden, die mit Wasser gefüllt und mit einem Quecksilbermanometer verbunden werden konnten (RINGELING 1936). Der Porenwasserdruck wird bei diesen Geräten durch eine Wassersäule zur eigentlichen Meßstation übertragen. Die zu einer Messung notwendige Wassermenge ist deshalb und wegen des im Verhältnis zum Standrohr sehr kleinen Durchmessers des mit Quecksilber gefüllten Kapillarrohrs kleiner als im Falle eines offenen Standrohrs. Jedoch können kleine Porenwasserdrücke nicht gemessen werden, da bei Drücken, die kleiner als die Wassersäule über dem Meßpunkt sind, am Quecksilbermanometer keine Anzeige möglich ist.

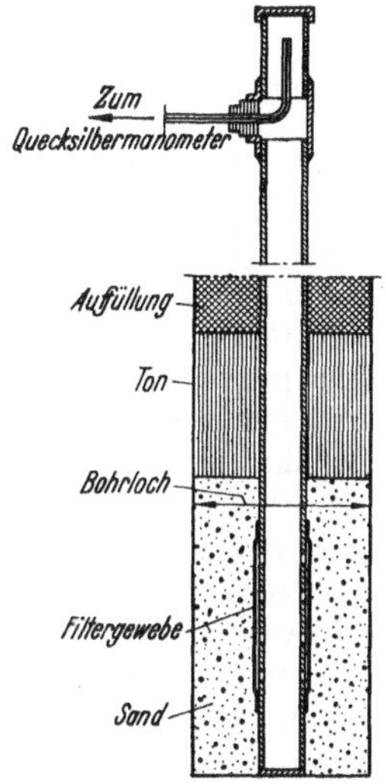

Abb. 302. Geschlossenes Standrohr zum Messen des Porenwasserdrucks im Untergrund mit Quecksilbermanometer.

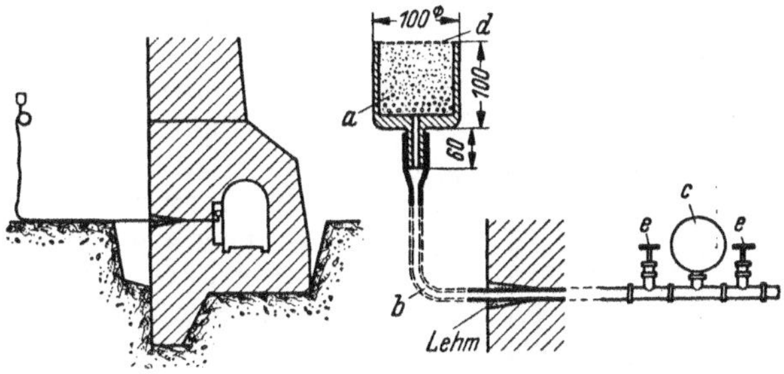

Abb. 303. Ausbildung eines Porenwasserdruck-Meßpunkts für einen Staudamm (EHRENBERG 1940).
a Metallgefäß mit Kies- und Sandfüllung; *b* Rohrleitung; *c* Druckmesser; *d* Abschlußdrahtgewebe; *e* Absperrventile.

In Deutschland hat wohl erstmals EHRENBERG – etwa 1940 – den Porenwasserdruck in ähnlicher Weise gemessen, und zwar in einem Erddamm (EHRENBERG 1940). Da dieser mit einer Kernmauer aus Beton ausgestattet war, konnten die eigentlichen Standrohre entfallen und die Ablesegeräte – an Stelle der Quecksilbermanometer wurden normale Druckmanometer benutzt – tief, im Kontrollgang an der Sohle des Damms, angeordnet werden, so daß auch die Messung kleiner Porenwasserdrücke möglich war (Abb. 303).

In jüngerer Zeit hat SIEDEK (1952) ein ähnliches Gerät mit Erfolg benutzt, um den Porenwasserdruck in organischem Ton beim Füllen von zwei großen Öltanks mit je 10000 t Fassungsvermögen zu verfolgen und zu große Porenwasserdrücke infolge eines zu schnellen Füllens der Tanks zu vermeiden. Die hier verwendeten Standrohre wurden in den Untergrund eingerammt.

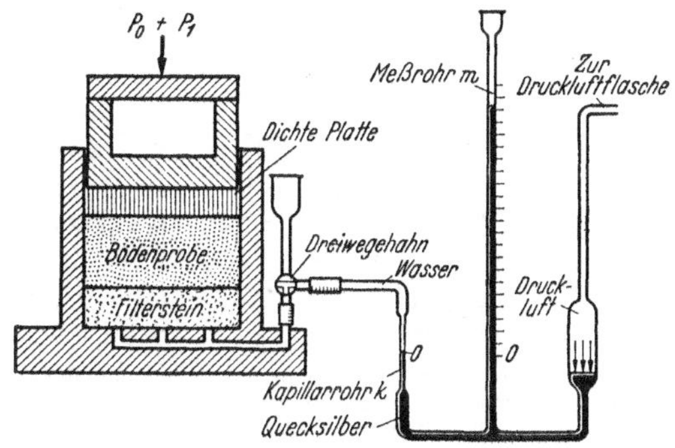

Abb. 304. Versuchsanordnung zum Messen des Porenwasserdrucks im Laboratorium nach RENDULIC.

Eine zur Anwendung im Laboratorium gedachte Meßeinrichtung, deren Prinzip aber auch bei Geräten zur Messung des Porenwasserdrucks im Felde Anwendung gefunden hat, ist von RENDULIC (1937) entwickelt worden. Ihr Hauptbestandteil ist ein sehr empfindliches Quecksilbermanometer, das eine genaue Messung des Porenwasserdrucks gestattet, ohne daß dabei Porenwasser aus der Probe in das Manometer fließt (Abb. 304). Der Quecksilberspiegel wird hierzu in einem Kapillarrohr *k* durch sehr fein einstellbaren Luftdruck konstant gehalten. Der auf das Quecksilber vom Porenwasser ausgeübte Druck äußert sich dann in einem Ansteigen des Quecksilbers im eigentlichen Meßrohr *m*.

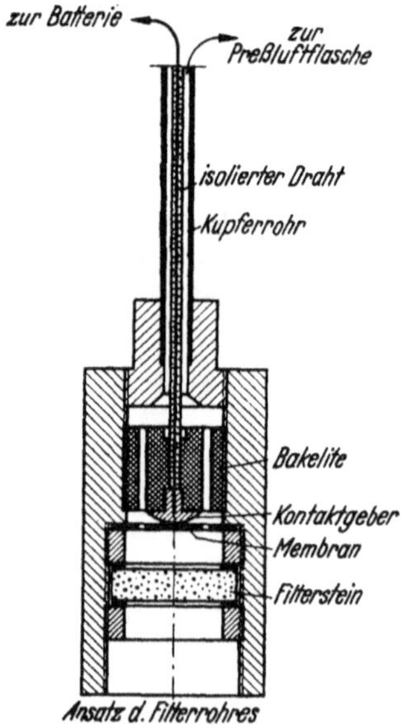

Abb. 305. Altes Gerät des US Bureau of Reclamation zum Messen des Porenwasserdrucks mit Hilfe einer Membrane.

Ein nach diesem Prinzip arbeitendes Gerät für Messungen im Feld stammt aus den USA, wo der Porenwasserdruck vor allem in Erddämmen gemessen wurde. Etwa ab 1937 wurden dort hierfür zunächst verbesserte bzw. für diesen Zweck umgebaute *Druckdosen* verwendet (Abb. 305). In ihnen wird der von außen durch ein Filter wirkende Wasserdruck auf eine Meßmembrane durch künstlichen Luftdruck im Innern der Dose ausgeglichen. Der vorsichtig gesteigerte Luftdruck verformt schließlich die Membrane gegen den Widerstand des Wasserdrucks, was durch das Unterbrechen eines elektrischen Kontakts und Erlöschen einer Glühlampe angezeigt wird. Der hierzu notwendige Luftdruck wird gleich dem Porenwasserdruck gesetzt. Obwohl eine Reihe erfolgreicher Messungen nach dieser Methode ausgeführt worden ist (SPEEDIE 1948), wurde sie schließlich aufgegeben. Sie wird vom US Bureau of Reclamation, wo sie entwickelt wurde, für Messungen im Feld nicht mehr angewendet. Dagegen wird der Porenwasserdruck im Laboratorium nach diesem Prinzip bei dem Dreiaxialversuch (s. Kap. 1.412.4) noch heute gemessen.

An Stelle der Druckdosen traten in den USA für Messungen in Staudämmen seit 1939 die sogenannten „*Piezometer-Messungen*", die im Grunde nichts anderes als Messungen mit geschlossenem Standrohr darstellen. Die Methode wurde ebenfalls vom US Bureau of Reclamation entwickelt und gilt heute in den außereuropäischen Ländern mehr oder weniger als Standardmethode (WALKER/DAEHN 1948).

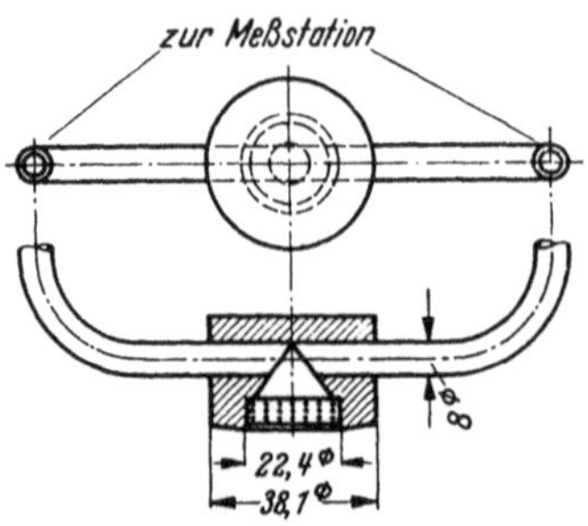

Abb. 306. Meßspitze der Piezometer-Meßmethode des US Bureau of Reclamation. Maße in mm.

Das Meßsystem besteht in seiner jetzigen Ausführung (US Bureau of Reclamation 1953) im Prinzip aus einem kleinen Eintrittsventil aus Kunstharz für das Porenwasser (Abb. 306) und zwei anschließenden Rohrleitungen aus Kupfer oder Kunststoff, die zur Meßstation führen, wo der Druck in dem mit Wasser gefüllten Leitungssystem durch ein Manometer gemessen wird. Die zweite Leitung stellte sich nach den Erfahrungen, die man zunächst mit nur einer Leitung sammelte, als notwendig heraus, da es sonst nicht möglich ist, das Rohrnetz luftfrei mit Wasser zu füllen, was zur Erzielung von guten Meßergebnissen unbedingt erforderlich ist.

Dieses an sich einfache Meßsystem wird durch die Notwendigkeit, das Rohrnetz entlüften, auf Dichtigkeit prüfen, entleeren und füllen zu können, und durch den Wunsch, alle Einzelleitungen in der Meßstation vereinigt an die hierfür notwendigen Einrichtungen anzuschließen, ziemlich verwickelt. Abb. 307 zeigt das Prinzip der Meßanordnung; die dünne Linie gibt das Rohrnetz jeder einzelnen

Meßstelle, die dick ausgezogene Linie die Einrichtungen der Sammelleitungen in der Meßstation wieder. Zur Kontrolle ist jede der zwei Leitungen jeder Meßstelle mit einem Manometer versehen. Eine Messung wird nur dann als einwandfrei angesehen, wenn sich an beiden Manometern der gleiche Druck ergibt.

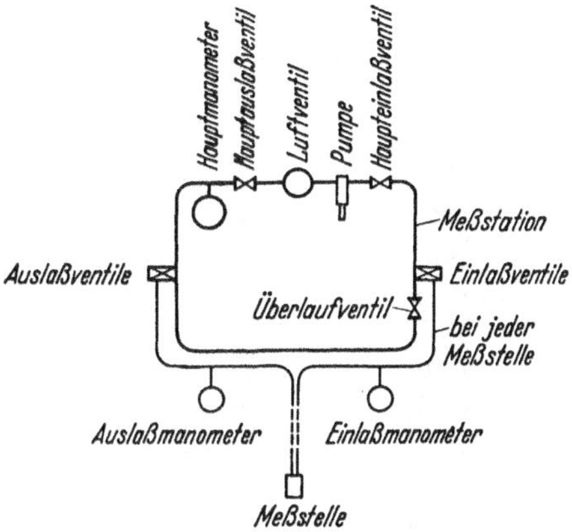

Abb. 307. Meßprinzip der Piezometer-Methode des US Bureau of Reclamation (Bureau of Reclamation 1960).

Obwohl die Meßmethode mit diesen Piezometern seit 1939 in vielen Erddämmen mit befriedigendem Erfolg benutzt worden ist (WALKER/DAEHN 1948), kann sie nicht in jeder Hinsicht als vollkommen angesehen werden. Das luftfreie Füllen des ganzen Systems, das in hohen Erddämmen Längen von 300 m und mehr besitzen kann, einschließlich aller Ventile und Manometer, ist sehr schwierig, im Erfolg oft zweifelhaft und bei dem rauhen Baubetrieb auf einer Erddammbaustelle hinderlich. Die Rohrverlegung selbst ist recht umständlich. Eine einzige Undichtigkeit des ausgedehnten Rohrnetzes macht die ganze Meßstelle wertlos. Über weitere Nachteile bei Erddämmen siehe MUHS 1954.

Nach dem 2. Weltkrieg sind unter Anwendung der Fortschritte in der Meßtechnik verschiedene *elektrisch arbeitende Geräte* zur Messung des Porenwasserdrucks entwickelt worden, bei denen elektrische Dehnungsmesser zur Bestimmung der Verformung einer Meßmembrane durch den Porenwasserdruck dienen. Während die in Holland von PLANTEMA (1953) und BOITEN/PLANTEMA (1948) und die von der US Waterways Experiment Station (1955) entwickelten Geräte mit Hilfe von Dehnungsmeßstreifen, d. h. auf dem Wege der elektrischen Widerstandsmessung, arbeiten, beruht das von den Maihak-Werken, Hamburg, herausgebrachte Gerät auf der elektrischen Frequenzmessung und ist dadurch von den Einflüssen der Kabellänge und der Temperatur unabhängig, was bei Untersuchungen mit großen Kabellängen von erheblichem Vorteil für die Messung ist (MUHS 1954).

Bei dem 1951 auf den Markt gebrachten *Maihak-Porenwasserdruckgeber* (Abb. 308) ist die durch den Porenwasserdruck belastete Meßmembrane mit einer vorgespannten Stahlsaite verbunden, die bei einer Belastung der Membrane entlastet wird. Wie aus Abb. 308 hervorgeht, ist die Verankerung der Saite derart, daß äußere lotrechte oder waagerechte Kräfte des Erdreichs keinen Einfluß auf die Spannung der Saite ausüben können, sondern allein der durch die poröse Spitze auf die Membrane einwirkende Druck des Porenwassers.

Die poröse Spitze des Geräts besteht aus einem speziellen Filtermetall von hoher Kapillarität, die im Werk unter Vakuum mit Wasser gesättigt worden ist. Die Spitze wird mit dem Meßgerät erst unmittelbar vor dessen Einbau verbunden. Hierbei wird der Raum unter bzw. über der Membrane ebenfalls mit Wasser gefüllt und dann die Spitze langsam aufgeschraubt, wobei das überschüssige Wasser durch die Spitze entweicht. Diese Maßnahmen sollen zweierlei sicherstellen: Das völlige Fehlen von Luftblasen unter der Membrane und das möglichst sofortige Ansprechen des Geräts, d. h., ohne daß zunächst eine größere Wasserbewegung notwendig ist, um die Anzeige eines Wasserdrucks zu ermöglichen.

Die eigentliche Messung am Maihak-Geber geschieht durch Anzupfen der Meßsaite mittels eines Elektromagneten und Messung der Frequenz der entstehenden Eigenschwingung, die sich mit der Spannung der Saite ändert, im Empfangsgerät.

Ein Anpassen des Geräts an die zu erwartenden Porenwasserdrücke ist durch Variieren der Dicke der Membrane ohne Schwierigkeiten möglich. Als Standardtypen werden Geräte mit einem Meßbereich von 0 bis 3,5 kg/cm², 0 bis 5 kg/cm², 0 bis 7 kg/cm² und 0 bis 10 kg/cm² hergestellt, so daß also Wasserdrücke entsprechend einer Wassersäule von max. 35 m bis max. 100 m gemessen werden können. Die Meßgenauigkeit hierbei ist nach Versuchen mit einem Gerät mit einem Meßbereich von 0 bis 5 kg/cm², d. h. 0 bis 50 m Wassersäule, derart, daß noch Wasserdruckänderungen von weniger als 10 cm nachgewiesen werden können (Muhs/Campbell-Allen 1955).

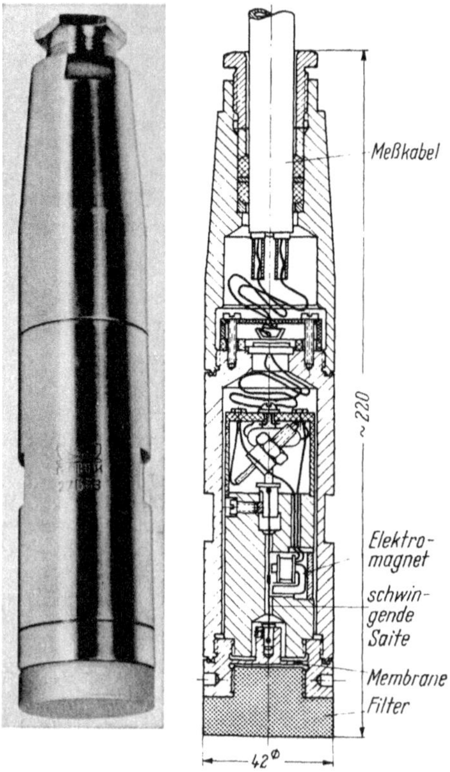

Abb. 308. Elektrisches Porenwasserdruck-Meßgerät der Maihak AG, Hamburg. Maße in mm.

Auch bei dem Schwedischen Geotechnischen Institut ist ein nach dem Prinzip der Meßmembrane arbeitendes Gerät in Gebrauch, das in die in Schweden wichtigen weichen Tonböden zunächst ohne die eigentliche Meßapparatur eingerammt wird. Letztere wird erst für die Messung in die verschiedenen, hohlen Standrohre eingesetzt (Kallstenius/Wallgren 1956).

Die vorstehend beschriebenen Geräte sind sämtlich für wenig durchlässige Böden entwickelt worden, in denen die für eine Anzeige des Porenwasserdrucks notwendige Wassermenge so klein wie nur irgend möglich gehalten werden muß. In mehr durchlässigen Böden, in denen die dem Druck entsprechende Spiegelhöhe sich in relativ kurzer Zeit einstellen kann, sind einfachere Geräte angebracht, in einfachster Weise *offene Standrohre*, in denen die Änderung des Wasserspiegels gemessen wird. Die Durchlässigkeit des Bodens muß dazu aber groß genug sein, um einerseits ein schnelles Mitgehen des Wasserspiegels im Standrohr bei Änderung des Porenwasserdrucks zu gewährleisten. Andrerseits darf der mit dem Anstieg im Standrohr verbundene Wasserverlust nicht so groß sein, daß durch ihn eine Abminderung des Porenwasserdrucks selbst eintritt.

Die ersten Messungen, die mit Hilfe offener Standrohre eigens zur Feststellung von Porenwasserdrücken und nicht etwa allein von Grundwasserspiegellinien oder des Auftriebs ausgeführt wurden, sind Anfang der 30er Jahre in Holland vorgenommen worden. Man benutzte Standrohre von 3,81 cm ($1^1/_2$ in.) Durchmesser, die an der Spitze auf eine Länge von $^1/_2$ m perforiert, mit Filtergaze umhüllt und auf eine Länge von $1^1/_2$ m in grobem Sand eingebettet waren (Biemond 1936). Um eine bei Verwendung von Metallrohren bzw. Metallfiltern in manchen Böden unvermeidbare und die Messung beeinträchtigende Gasentwicklung zu vermeiden, wurden später unglasierte Tonkörper verwendet (Abb. 309; Cuperus/de Nie 1948). Bei dem nach ausgedehnten Versuchen von A. Casagrande (1949) nach dem 2. Weltkrieg entwickelten Gerät (Abb. 310) enthalten Standrohr und Filter keinerlei Metall mehr. Sein in mehrjährigem Gebrauch erwiesenes einwandfreies Arbeiten beruht auf der guten Abstimmung seiner Abmessungen: Der aus einer porösen keramischen Masse bestehende Filterkörper besitzt eine so große Berührungsfläche mit dem Untergrund, daß sich der Standrohrspiegel rasch dem wechselnden Porenwasserdruck anpassen kann, und das Standrohr selbst ist so dünn gehalten, daß es die Messung des Wasserspiegels gerade noch erlaubt. Soweit dies nicht direkt geschehen kann, wird ein elektrisches Lot benutzt, bei dem im Augenblick der Berührung des Wasserspiegels ein Stromkreis geschlossen wird, in dem sich ein Ohmmeter als Anzeigegerät befindet. Der Gebrauch des Ohmmeters hat den Vorteil, daß die Messung mit gleicher Genauigkeit mehrere Male wiederholt werden kann, da durch den geringen Meßstrom kein Gas erzeugt wird, was bei Klingeln und Lampen möglich ist.

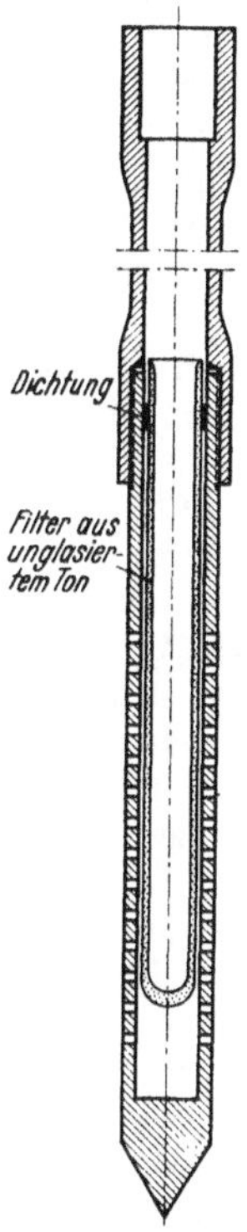

Abb. 309. Meßrohrspitze zum Messen des Porenwasserdrucks in organischen Böden.

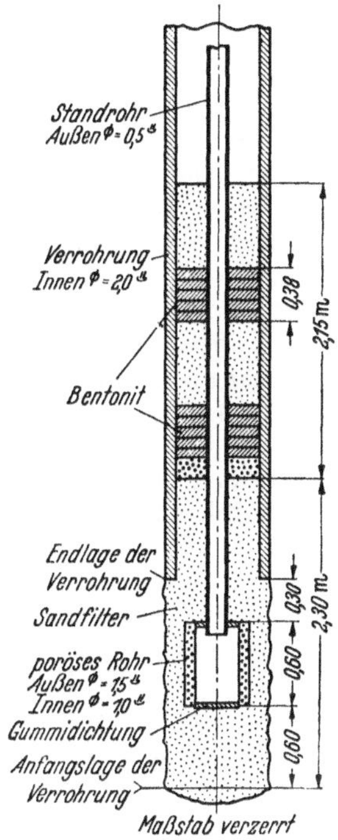

Abb. 310. Offenes Standrohr zum Messen des Porenwasserdrucks im Untergrund.

Vorgang. Bei Messungen im Gelände wird ein Standrohr bis zu der zu untersuchenden Stelle in den Boden eingebracht. Es füllt sich bei wasserdurchlässigem Boden von selbst mit Wasser. Bei weniger durchlässigem Material wird an das Standrohr ein Quecksilbermanometer (Abb. 301) angeschlossen und Wasser bis zu dem oberen Abschlußhahn so eingefüllt, daß im Meß- oder Standrohr keine Luftblasen verbleiben. Durch Nachfüllen von Wasser in den offenen Arm des Meßrohrs wird der Quecksilberspiegel wieder ausgeglichen und dann der obere Hahn geschlossen. Der untere Hahn wird benutzt, um etwaige spätere Luftblasen unterhalb des oberen Hahns entfernen zu können. Der Porenwasserdruck wirkt sich dann als Unterschied der beiden Quecksilberspiegel aus, da sich der Druck im Filter nach einer gewissen Zeit der Spannung des Porenwassers anpaßt.

Bei den Geräten, die auf dem Meßprinzip von Rendulic (Abb. 304) beruhen, werden das Standrohr und die Zuführung zum Kapillarrohr mit Wasser gefüllt, ohne daß Luftblasen in dem System verbleiben. Dann wird der Dreiwegehahn geschlossen und durch Betätigen eines Reduzierventils an der Druckluftflasche so viel Preßluft zugegeben, daß der Quecksilberspiegel in dem Kapillarrohr *k* auf Null stehenbleibt. Verändert sich der Quecksilberspiegel hier und auch im eigentlichen Meßrohr *m* zeitlich nicht mehr, wird der Spiegelunterschied zwischen beiden Rohren notiert.

Bei der Meßanordnung nach Abb. 305 wird zunächst ebenfalls das Standrohr bis unterhalb der Membrane luftfrei mit Wasser gefüllt. Zur Messung des Porenwasserdrucks wird die Membrane stufenweise durch Luftdruck etwas nach unten durchgebogen, so daß der elektrische Stromkreis unterbrochen wird und die Glühlampe erlischt. Der zu diesem Zeitpunkt herrschende Luftdruck wird an einem Manometer abgelesen.

Bei den Piezometermessungen nach dem System des US Bureau of Reclamation handelt es sich stets um eine Messung mit vielen Untersuchungsstellen in verschiedenen Querschnitten von Erddämmen, die von einer Sammelstation aus mit Hilfe von Manometern auf den in jeder Leitung vorhandenen Wasserdruck hin beobachtet werden (Abb. 307). Für die Installation, die vorbereitende Überprüfung der Anlage auf Dichtigkeit und Luftfreiheit hin und die Durchführung der eigentlichen Messungen sind vom Bureau of Reclamation bis ins einzelne gehende Instruktionen ausgearbeitet worden (Earth Manual, Designation E-24).

Der Maihak-Porenwasserdruckgeber kann bei Untersuchungen von Gründungen auf weichen, nachgiebigen Alluvialböden in ähnlicher Weise wie die Drucksonde (s. Kap. 1.322.11) an einem Gestänge in den Untergrund gedrückt werden. Bei Messungen in Schüttungen, d.h. z.B. beim Erddammbau, geschieht der Einbau der Meßspitze durch Einschlagen eines Dorns oder eines offenen Entnahmezylinders — beide von gleichem Durchmesser wie die Meßspitze — in die Sohle einer kleinen Grube der Schüttung, Ziehen dieser Teile und Einführen der Meßspitze in die entstandenen Löcher. Um eine etwaige Sickerströmung längs der Wandung und der anschließenden Kabel und einen damit verbundenen Druckabfall am Filter zu verhindern, wird der obere Teil des Geräts mit einer undurchlässigen und schnell erhärtenden Masse (Magnesium-Chlorid- und Magnesium-Oxyd-Lösung oder eine Mischung von vier Teilen Resin und drei Teilen Paraffinöl) vergossen. Der sich über das Filter auf die Meßmembrane fortpflanzende Druck des Porenwassers an der Meßstelle wird durch die der Deformation der Membrane entsprechende Veränderung der Eigenfrequenz der vorgespannten Stahlsaite gemessen.

Meßgrößen. Bei leicht durchlässigem Baugrund wird die Höhe des Standrohrspiegels auf den Grundwasserspiegel über der Meßstelle als Nullpunkt bezogen und der Unterschied gemessen. Bei schwerer durchlässigem Baugrund mißt man den Druckunterschied $h = h_2 - h_1$ zwischen den beiden Schenkeln des Quecksilbermanometers (Abb. 300) bzw. den Luft- oder Wasserdruck am Manomter. Bei den elektrisch arbeitenden Geräten wird an den Empfangsgeräten die Änderung der Eigenfrequenz der Stahlsaite bzw. die Änderung des elektrischen Widerstands der Dehnungsmeßstreifen verfolgt und hieraus mit Hilfe der Eichwerte die Durchbiegung bzw. die Belastung der Meßmembrane bestimmt.

Kennziffern. Die absolute Größe des Porenwasserdrucks wird bei dem einfachen Standrohr als Unterschied der beiden Meßgrößen (gemessener Standrohrspiegel und unbeeinflußter Grundwasserspiegel) erhalten. Bei der Verwendung von Quecksilber an Stelle von Wasser muß man die gemessene Druckdifferenz h mit dem spezifischen Gewicht des Quecksilbers (13,6) multiplizieren. Bei der Messung des Luft- oder Wasserdrucks mit Manometern erhält man den Porenwasserdruck unmittelbar, ebenso bei der Messung mit elektrischen Gebern. Zu beachten ist, daß bei der Übertragung des zu messenden Drucks durch eine Wassersäule der Druck des Porenwassers an der Meßstelle um das Gewicht der Wassersäule größer oder kleiner als an der Beobachtungsstelle, d. h. dort, wo sich das Manometer befindet, ist, je nachdem, ob die Meßstelle tiefer oder höher gelegen ist.

Auftragungen. Die gemessenen Porenwasserdrücke werden gewöhnlich mit den zugehörigen Belastungen als Ganglinie, d. h. in Abhängigkeit von der Zeit, aufgetragen (Abb. 311).

Zahlenwerte. Der Porenwasserdruck ist u. a. eine Funktion der auf den Boden aufgebrachten Last. Allgemeine Werte für seine Größe anzugeben, ist daher nicht möglich. Er kann höchstens gleich dem auf den Boden neu wirkenden Druck werden.

Fehler. Die Genauigkeit der Untersuchung hängt davon ab, daß durch die Abgabe der geringen, in die Meßeinrichtung eindringenden Wassermenge keine wesentlichen Veränderungen des Porenwasserdrucks entstehen. Man muß also eine gewisse Zeit verstreichen lassen, damit die Druckverhältnisse durch die Messung nicht mehr gestört sind. Von großer Bedeutung ist außerdem, ob es gelungen ist, das gesamte System luftfrei einzubauen und Störungen des natürlichen Bodengefüges im Bereich der Einbaustelle zu vermeiden. Die Genauigkeit guter Meßanordnungen beträgt 0,01 kg/cm², d. h., sie entspricht einem Wasserüberdruck von 10 cm.

Verwendung. Die Größe des Porenwasserdrucks gibt einen Anhalt, ob und wieweit ein Boden sich zu dem betreffenden Zeitpunkt dem äußeren Druck angepaßt hat. Bringt man z. B. in Abb. 299 auf den unter P_0 konsolidierten Boden ($p_w = 0$) eine zusätzliche Dauerlast P_1 auf, so erhält man im Zeitpunkt der Neubelastung $t = 0$ einen je nach der Bodenart mehr oder weniger hohen Porenwasserdruck p_w, der im Laufe der Zeit (theoretisch bei $t = \infty$) auf $p_w = 0$ abklingt. Ein Druck zwischen 0 und p_w gibt also an, daß der Boden sich noch setzt. Dieses Ergebnis, das sich auch, aber nicht immer so genau, durch Setzungsbeobachtungen erzielen läßt, ist wichtig wegen der daraus zu ziehenden Folgerung, daß ein solcher Boden einen verminderten Scherwiderstand besitzt, da der Normaldruck, dem die Reibung ja proportional ist, bei Vorhandensein eines Porenwasserüberdrucks nicht mehr γh, sondern nur $\gamma h - p_w$ ist (s. S. 448 und 503).

Dadurch erlaubt die Kenntnis des durch den Druck von Bauwerken erzeugten Porenwasserüberdrucks die Beantwortung der Frage, wie schnell ein schwerdurchlässiger Boden in der Natur belastet werden darf. Da die Scherfestigkeit eines solchen Bodens — und damit seine Tragfähigkeit — mit der Größe des Porenwasserüberdrucks abnimmt, dürfen größere Belastungen erst aufgebracht werden, wenn sich der Porenwasserüberdruck aus den vorhergehenden Belastungen vermindert hat. Das kommt z. B. vor, wenn man einen Damm auf weichen Tonboden schüttet. Mißt man dann einen größeren Porenwasserüberdruck, so wird man erst weiterarbeiten, wenn man sich durch eine neue Messung davon überzeugt hat, daß der Überdruck zurückgegangen ist (Siedek 1952, Pacheco Silva 1953). Bei den langen Zeiten, die schwerdurchlässiger Boden braucht, um zu konsolidieren, ist das Vorkommen eines Porenwasserüberdrucks auch in unbelasteten Böden, z. B. bei alluvialen Tonen, nicht ausgeschlossen. Eine ganz besondere Bedeutung besitzt die Porenwasserdruckmessung beim Erddammbau, da die undurchlässigen Böden, die hier wegen der notwendigen Dichtung verwendet werden müssen, die Bildung hoher Porenwasserdrücke fördern und damit die Standsicherheitsverhältnisse verschlechtern (Breth/Kückelmann 1954, Muhs 1954, Alpman 1964). Es ist deshalb verständlich, daß die Messung des Porenwasserdrucks im Felde eine zunehmende Wichtigkeit erlangt hat, zumal sie erst die Handhabe gibt, die Laboratoriumsmessungen auf ihre Richtigkeit hin zu überprüfen.

Beispiele. 1. Unter einem geplanten *Straßendamm* (Ringeling 1936) befanden sich 2 bis 3 m organischer Ton und darunter Sand. Auf einer Probestrecke wurde eine Reihe von Messungen vorgenommen, darunter auch die des Porenwasserdrucks unmittelbar nach dem Aufbringen

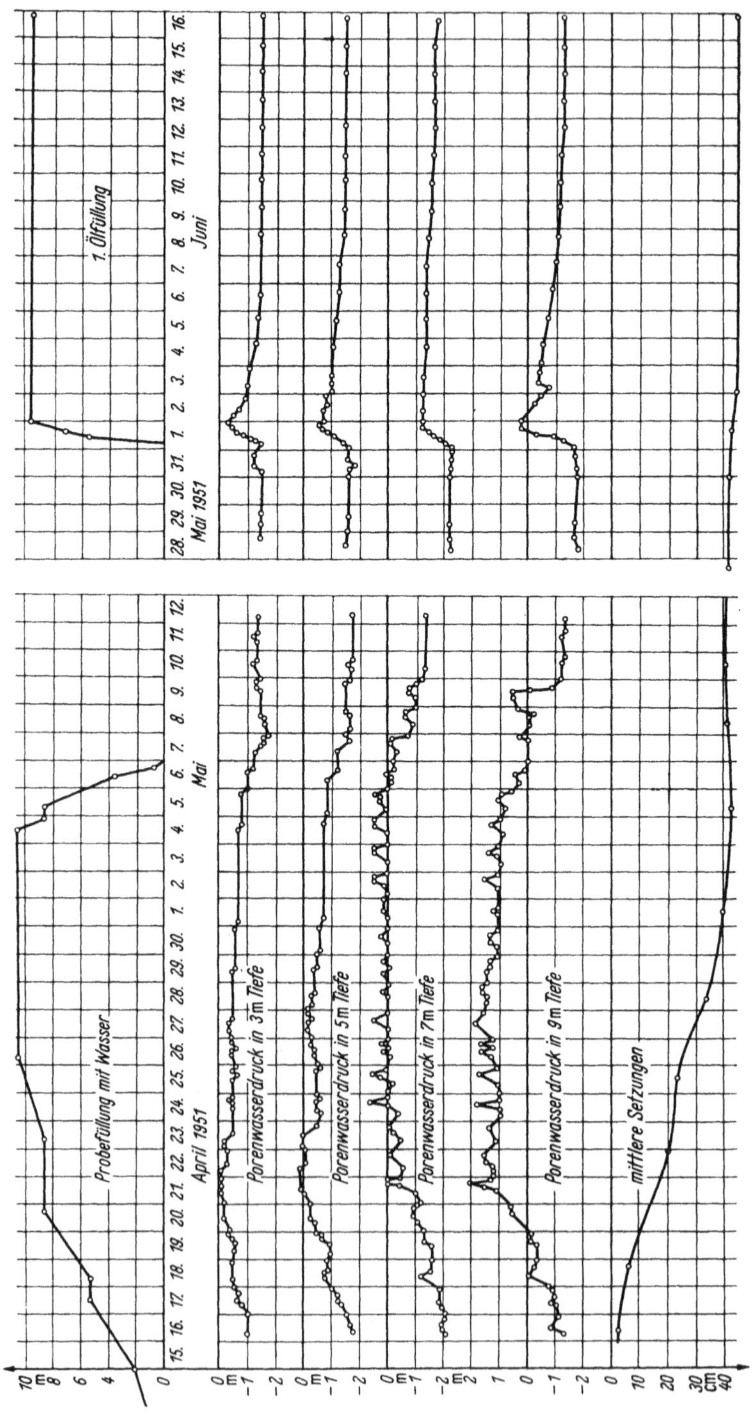

Abb. 311. Zeitlicher Verlauf der Setzungen beim Füllen eines Öltanks und der Porenwasserdrücke in verschiedenen Tiefen unter Gelände (SIEDEK 1952).

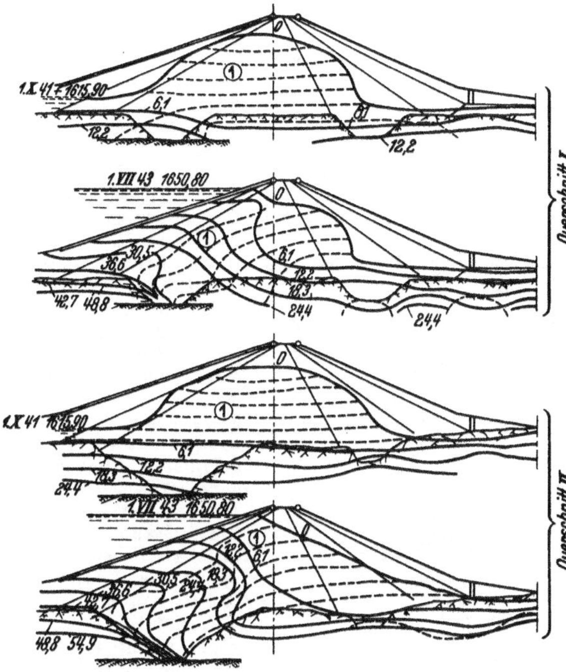

Abb. 312. Gemessene Linien gleichen Wasserdrucks (ausgezogen) und gleichen Standrohrspiegels (gestrichelt) in einem Staudamm bei verschiedenen Belastungszuständen. Spiegelunterschiede = 6,1 m (WALKER/DAEHN 1948).

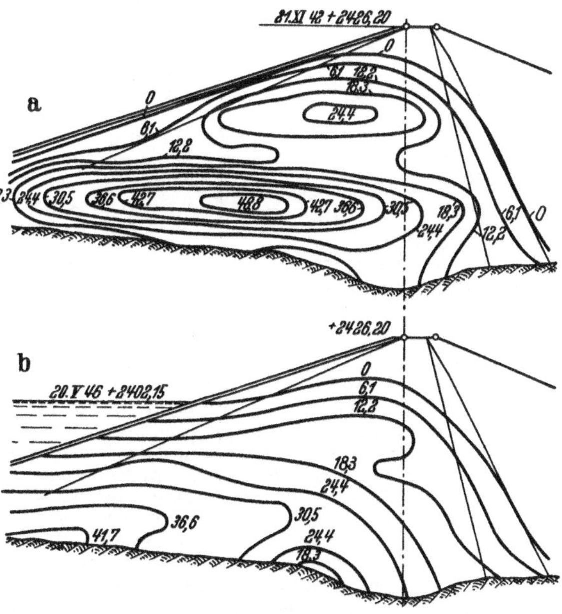

Abb. 313a u. b. Gemessene Linien gleichen Wasserdrucks in einem Staudamm nach Schüttung des Damms (a) und nach einer $3^1/_2$ Jahre späteren Spiegelsenkung (b). Spiegelunterschiede = 6,1 m (WALKER/DAEHN 1948).

der Dammschüttung. Zu diesem Zweck wurden Beobachtungsrohre über das Querprofil des Damms verteilt, die aus oben und unten geschlossenen Rohren mit einem Filter (Abb. 302) bestanden. Sie standen – was man heute zu vermeiden sucht – durch eine nachgiebige Rohrleitung mit je einem Quecksilbermanometer (Abb. 301) in Verbindung. Die Messungen zeigten eine starke, aber vorübergehende Zunahme des Porenwasserdrucks nach dem Aufbringen der Belastung, so daß anfangs etwa 75% der Last vom Wasser getragen wurde.

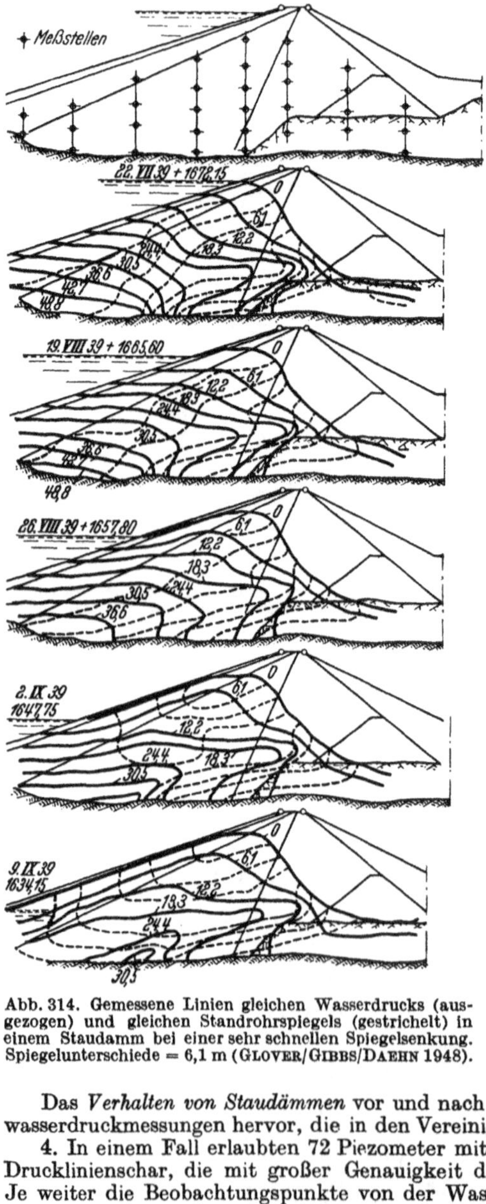

Abb. 314. Gemessene Linien gleichen Wasserdrucks (ausgezogen) und gleichen Standrohrspiegels (gestrichelt) in einem Staudamm bei einer sehr schnellen Spiegelsenkung. Spiegelunterschiede = 6,1 m (GLOVER/GIBBS/DAEHN 1948).

2. In einem ähnlich liegenden Fall (BIEMOND 1936) wurde das Ansteigen des Wasserdrucks beim *Aufbringen einer Sandschicht* von 1 bis 1,5 m Stärke auf weiche, frisch abgelagerte Tonschichten direkt in den Rohren gemessen. Der Wasserstand stieg am gleichen Tage um 2 bis 3 m, um dann allmählich wieder abzusinken.

3. Den zeitlichen Verlauf der – bei einer sich über mehrere Wochen erstreckenden Probefüllung mit Wasser – gemessenen Porenwasserdrücke und Setzungen eines auf organischem Ton gegründeten *10000 t-Öltanks* und die entsprechenden Auftragungen bei der späteren ersten Füllung mit Öl zeigt Abb. 311 (SIEDEK 1952). Die Porenwasserdrücke wurden am Rand des Tanks in verschiedener Tiefe mit eingeschlagenen Rohren von $^1/_4''$ Durchmesser und durchlöcherten Spitzen, in die poröse Keramikröhrchen eingebaut waren, nach Füllung der oben mit Manometern für Druck- und Zuganzeige versehenen Standrohre mit Wasser gemessen. Der sich nach kurzer Zeit nach Inbetriebnahme der Meßanlage einstellende Unterdruck von 1 bis 2 m Wasserhöhe entsprach ungefähr der Lage des Grundwasserspiegels bzw. dem Unterschied gegenüber den Manometern. Von diesen Nullmessungen aus ergaben sich bei der Probefüllung in den einzelnen Meßtiefen verschieden große Zunahmen des Porenwasserdrucks (am stärksten in 9 m Tiefe, wo Zunahme ~3,5 m). Die Auftragungen zeigen den Erfolg der bewußt langsam aufgebrachten und von der Größe der gemessenen Porenwasserdrücke abhängig gemachten Probefüllung sehr gut, da die Porenwasserdrücke bei der späteren Füllung des Tanks mit Öl trotz der hierbei ausgeübten sehr schnellen Belastung viel kleiner als bei der Probefüllung blieben und auch die Setzungen hierbei gegenüber der Probefüllung nur wenig zunahmen.

Das *Verhalten von Staudämmen* vor und nach der Füllung geht aus verschiedenen Porenwasserdruckmessungen hervor, die in den Vereinigten Staaten durchgeführt wurden.

4. In einem Fall erlaubten 72 Piezometer mit zentralem Meßschacht das Zeichnen einer Drucklinienschar, die mit großer Genauigkeit die Wirkung der Wasserfüllung wiedergab. Je weiter die Beobachtungspunkte von der Wasserseite des Damms entfernt waren, desto weniger wurden sie beeinflußt (Abb. 312). Auch die Wirkung der undurchlässigen Schichten, vor allem des Kernmaterials in Zone *1*, des Grabens und der Abdeckung, auf die Verringerung der Durchlässigkeit spiegelt sich in den abgebildeten Drucklinien wider.

5. Bei dem Damm der Abb. 313 waren die Porenwasserdrücke ganz besonders hoch. Am Ende der dreijährigen Bauzeit zeigten die Drucklinien aus 62 Piezometern mit zentraler Meßkammer einen Auftrieb, der $^2/_3$ der vorhandenen Auflast betrug. Der Verlauf der Druck-

linien (Abb. 313a) gibt die Verhältnisse während der dreijährigen Entstehung des Bauwerks wieder. Die Aufnahme $3^1/_2$ Jahre später (Abb. 313b) geschah nach einer Spiegelsenkung. Sie zeigt, daß 20 bis 40% der Drücke aus der Bauzeit verschwunden sind und daß sich die Drucklinien den Schwankungen des Stauspiegels anpassen.

6. Die Vorgänge beim raschen Absenken eines Stauspiegels, die für die statische Beanspruchung besonders ungünstig sind, gehen aus Abb. 314 hervor. Der Stauspiegel wurde im Jahre 1939 in 49 Tagen um 38 m abgelassen. Die größte Senkungsgeschwindigkeit betrug fast 2 m am Tag. Auch diese Messungen der Porenwasserdrücke zeigen noch Restbeanspruchungen aus der Bauzeit.

Literatur

Allgemeines über Porenwasserdruckmessungen:

MUHS (1954): Die Messung des Porenwasserdrucks im Felde, insbesondere in Erddämmen. Baumaschine u. Bautechnik 1, S. 145 u. 181.

LE MOIGNE (1958): La détermination des pressions interstitielles dans les barrages de terre. Travaux 42, S. 200.

ALPMAN (1964): Die Theorien über den Porenwasserdruck im Erddammbau und ihre Beurteilung durch Versuche und Messungen. Berichte a. d. Bauforschung H. 37, S. 57.

Über alle Fragen des Porenwasserdrucks und seiner Messung:

v. V. (1961): Pore pressure and suction in soils. Proc. Conf. Int. Soc. Soil. Mech. Found. Eng. London 1960.

Über Messungen mit offenen und geschlossenen Standrohren:

BIEMOND (1936): Direct measuring of internal water pressures in clay. Proc. I. Int. Conf. Soil Mech. Found. Eng. Cambridge (Mass.), Bd. I, S. 111.

RINGELING (1936): Measuring groundwater pressures in a layer of peat, caused by an imposed load. Proc. I. Int. Conf. Soil Mech. Found. Eng. Cambridge (Mass.), Bd. I, S. 106.

DE BEER (1942): Bodenuntersuchungen in Laboratorien. Ann. Trav. Publ. Belg. 95, S. 97.

CUPERUS/DE NIE (1948): Strengthening the road-bed of a railway, supported by soft soil situated amidst the buildings of the central part of a town. Proc. II. Int. Conf. Soil Mech. Found. Eng. Rotterdam, Bd. II, S. 1.

HUIZINGA (1948): Measurement of pore water pressure. Proc. II. Int. Conf. Soil Mech. Found. Eng. Rotterdam, Bd. I, S. 303.

CASAGRANDE (1949): Soil mechanics in the design and construction of the Logan Airport. Journ. Boston Soc. Civ. Eng. 36, S. 192.

Über Messungen mit Luftdruckdosen:

RENDULIC (1937): Ein Grundgesetz der Tonmechanik und sein experimenteller Beweis. Bauingenieur 18, S. 459.

SPEEDIE (1948): Experience gained in the measurement of pore pressures in a dam and its foundation. Proc. II. Int. Conf. Soil Mech. Found. Eng. Rotterdam, Bd. I, S. 287.

Über Messungen mit elektrisch arbeitenden Geräten:

BOITEN/PLANTEMA (1948): An electrically operating pore water pressure cell. Proc. II. Int. Conf. Soil Mech. Found. Eng. Rotterdam, Bd. I, S. 306.

PLANTEMA (1953): Electrical pore water pressure cells. Some designs and experiences. Proc. III. Int. Conf. Soil Mech. Found. Eng. Zürich, Bd. I, S. 279.

MUHS/CAMPBELL-ALLEN (1955): A laboratory examination of an electrical pore pressure gauge for use in earth dams. J. Inst. Eng. Australia 27, S. 241.

Waterways Experiment Station (1955): Pressure cells for field use. Vicksburg, Combined Series No. 40.

KALLSTENIUS/WALLGREN (1956): Pore water pressure measurement in field investigations. Proc. Swed. Geot. Inst. Nr. 13.

Über Messungen mit U.S.B.R.-Piezometern:

Bureau of Reclamation (1960): Earth manual. Denver.

WALKER/DAEHN (1948): Ten years of pore pressure measurements. Proc. II. Int. Conf. Soil Mech. Found. Eng. Rotterdam, Bd. III, S. 245.

PENMAN (1956): A field piezometer apparatus. Géotechnique 6, S. 57.

Beispiele für Porenwasserdruckmessungen im Grundbau:

DE BEER/RAEDSCHELDERS (1948): Some results of waterpressure measurements in clay-layers. Proc. II. Int. Conf. Soil Mech. Found. Eng. Rotterdam, Bd. I, S. 294.
GOULD (1949): Analysis of pore pressure and settlement observations at Logan International Airport. Harvard Univ. Soil Mech. Series No. 34.
SIEDEK (1952): Kurzbericht über das Messen des Porenwasserüberdruckes. Bautechnik-Archiv H. 8, S. 30.
PACHECO SILVA (1953): Controlling the stability of a foundation through neutral pressure measurements. Proc. III. Int. Conf. Soil Mech. Found. Eng. Zürich, Bd. I, S. 299.
MATSCHAK (1960): Porenwasserüberdruckmessungen unter fortschreitenden Tagebaukippen zur Untersuchung der Liegendgrundbrüche. Bergbautechnik 9, S. 335.

Beispiele für Porenwasserdruckmessungen im Erddammbau:

EHRENBERG (1940): Messungen an Staudämmen. VDI-Ztschr. 84, S. 495.
GLOVER/GIBBS/DAEHN (1948): Deformability of earth materials and its effect on the stability of earth dams following a rapid drawdown. Proc. II. Int. Conf. Soil Mech. Found. Eng. Rotterdam, Bd. V, S. 77.
BRETH (1953): Die Untersuchungen und Messungen für den Staudamm Roßhaupten. Vorträge der Baugrundtagung Hannover, S. 12.
MUHS (1954): Die Messung des Porenwasserdrucks im Felde, insbesondere in Erddämmen. Baumaschine u. Bautechnik 1, S. 145 u. 181.
BRETH/KÜCKELMANN (1954): Der Porenwasserdruck in Erddämmen. Bautechnik 31, S. 25.
DAEHN/ESMIOL (1957): Field measurements at Willard Dam test embankment. Bureau of Reclamation, Denver/Colorado.
GOULD (1959): Construction pore pressures observed in rolled earth dams. Bureau of Reclamation, Denver/Colorado.
BRETH (1960): Messungen und Beobachtungen bei der Erhöhung des Staudamms Schwammenauel. Vorträge der Baugrundtagung Frankfurt/M., S. 231.
SIEDEK/VON BECKER (1963): Spannungen, Porenwasserdrücke und Verformungen unter einem 23 m hohen Damm. Proc. Europ. Baugrundtagung Wiesbaden, Bd. I, S. 173.

1.33 Untersuchungen des Grundwassers

Gegenüber dem großen Umfang der Bodenuntersuchungen im Gelände beschränkt sich die Untersuchung des im Baugrund vorhandenen Grundwassers auf zwei Messungen[1]:

1. auf die Feststellung des Grundwasserstands;
2. auf die Ermittlung der mit Pumpen aus dem Boden geförderten Wassermenge.

Alle anderen Aussagen über die Grundwasserverhältnisse werden aus diesen beiden unmittelbaren Messungen abgeleitet, z. B. die Angabe der Richtung und der Größe der Geschwindigkeit des Grundwassers sowie die Wasserdurchlässigkeit k (Geschwindigkeit beim Gefälle *1*). Es gibt allerdings auch unmittelbare Verfahren zur Bestimmung der Grundwasserströmung. Doch werden diese nur gelegentlich, z. B. bei Kanalisierungsarbeiten im Flußbau, Sperrdämmen, Kulturbauarbeiten, aber auch bei Grundwasserabsenkungen und Gefriergründungen angewandt.

Die Schlüsse, die aus den Messungen des Grundwasserstands und der gepumpten Wassermenge auf die Grundwasserverhältnisse gezogen werden können, setzen voraus, daß man die Untergrundverhältnisse durch Bohrungen und Schürfgruben nach DIN 4021 (1955) „Baugrund und Grundwasser. Erkundung, Bohrun-

[1] Die Untersuchung des nicht frei beweglichen Grundwassers, sondern des an die Bodenkörner gebundenen Wassers, d. h. die Messung des Porenwasserdrucks, ist im Kap. 1.322.8 behandelt.

gen, Schürfe, Probenahme. Grundsätze" so weit erschlossen hat, daß man ein Bild über die Schichtenfolge in dem in Betracht kommenden Bereich der späteren Baustelle und deren Umgebung besitzt.

Bei der Auswertung der Bohrprofile für das Erkennen der Grundwasserverhältnisse vereinfacht man die Bodenschichtung weitgehend. Es genügt, den Boden hierfür in zwei Klassen einzuteilen: In die leicht wasserdurchlässigen Schichten, die „*Grundwasserleiter*" oder grundwasserführenden Schichten, und in die schwerdurchlässigen Schichten. In den letzteren wird mit einer Grundwasserbewegung nicht gerechnet. Sie scheiden für die Untersuchung gewöhnlich, wenn auch nicht immer, aus. So kann es z. B. wichtig sein zu wissen, ob eine schwerdurchlässige Schicht in einen darunterliegenden Grundwasserleiter entwässert und austrocknet, wenn dieser angezapft wird. Die Untersuchungen beschränken sich im wesentlichen aber doch auf die leicht wasserdurchlässigen Böden, also auf die Sande und Kiese. Deren Durchlässigkeit ist zwar stark abgestuft. Trotzdem kann man cum grano salis an Stelle des ursprünglichen ein vereinfachtes Bodenprofil setzen (Abb. 315), das aus einer Folge von Grundwasserleitern und schwerdurchlässigen Schichten besteht. Da in den schwerdurchlässigen Bodenschichten keine Grundwasserbewegung angenommen wird, so gelten diese in dem Schema als völlig wasserundurchlässig. Da der Durchlässigkeitsbeiwert des Bodens von den Kiesböden bis zu den starkbindigen Tonböden stetig abnimmt, ist es nicht möglich, eine scharfe Grenze zwischen Grundwasserleitern und undurchlässigen Schichten zu ziehen. Man kann aber etwa annehmen, daß der Übergang bei einem Durchlässigkeitsbeiwert $k = 10^{-6}$ bis 10^{-7} m/s liegt.

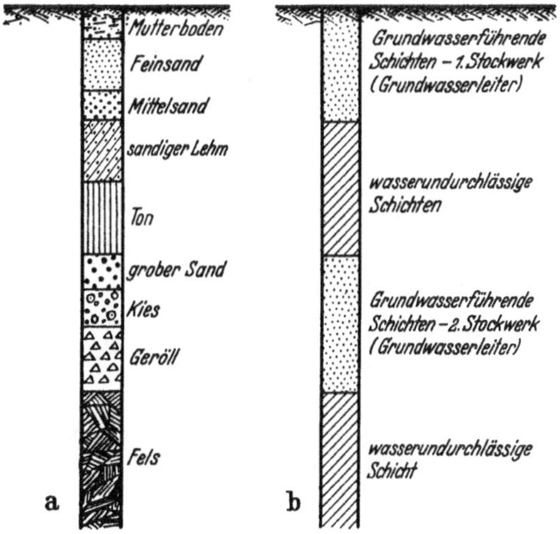

Abb. 315a u. b. Ursprüngliches und vereinfachtes Bodenprofil. a) Gebohrtes Bodenprofil; b) für Grundwasseruntersuchungen vereinfachtes Bodenprofil.

Bei den leichtdurchlässigen Böden stellt sich der Grundwasserspiegel kurz nach der Bohrung im Bohrloch ein und gibt alle Schwankungen fast ohne Zeitverlust wieder. Werden die Böden etwas undurchlässiger, so erhält man im Bohrloch ebenfalls noch einen Grundwasserspiegel. Aber es bedarf einer gewissen Zeit, ehe er seine endgültige Höhe erreicht. Ebenso wirken sich zeitliche Schwankungen der Grundwasserverhältnisse auf den Spiegel im Bohrloch erst mit einer gewissen Verzögerung aus. Bei noch weniger durchlässigen Böden bildet sich schließlich kein Grundwasserspiegel mehr im Rohr. Das im Boden vorhandene Wasser ist dann gebundenes Porenwasser, für dessen Messung die Verfahren im Kap. 1.322.8 anzuwenden sind. Man erkennt also auch in dem Verhalten des im Bohrloch entstehenden Wasserspiegels einen gleichförmigen Übergang vom Grundwasserleiter zu den schwer durchlässigen Schichten. In Grenzfällen muß es der Erfahrung des Bohrunternehmers oder der Versuchsanstalt überlassen bleiben, ob die betreffende Schicht noch als grundwasserführend anzusehen ist oder nicht. In den meisten Fällen liegen die Dinge aber einfacher, da der Unterschied zwischen nichtbindigen und bindigen Böden ziemlich ausgeprägt ist, wodurch eine verhältnismäßig scharfe

Grenze zwischen den grundwasserführenden und den undurchlässigen Schichten gegeben ist.

Beim mehrfachen Wechsel zwischen bindigen und nichtbindigen Schichten entstehen mehrere Grundwasserstockwerke. Ihre Wasserstände sind meist voneinander unabhängig. Sie können „*ungespannt*" oder „*gespannt*" sein. Diese beiden Erscheinungsformen entsprechen dem in einem Rohr mit freiem Spiegel abfließenden Wasser und dem Wasser, das in einer Druckleitung befördert wird.

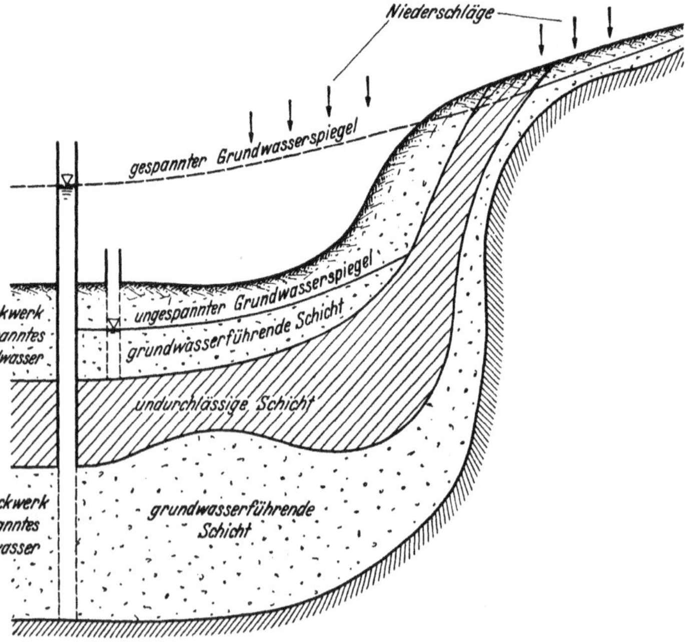

Abb. 316. Abhängigkeit des Grundwasserverhaltens vom Untergrund.

Ein freier Grundwasserspiegel des obersten Stockwerks *muß* immer dann vorhanden sein, wenn die oberste Bodenschicht durchlässig ist. Er *kann* auch in einer tiefer gelegenen, beiderseits von bindigen Böden begrenzten durchlässigen Schicht, also in dem zweiten oder dritten Stockwerk vorkommen. Sobald der Grundwasserleiter sowohl oben wie auch unten durch schwerdurchlässige Schichten begrenzt ist, hat er den Charakter eines geschlossenen Druckrohrquerschnitts. Es ist daher die Voraussetzung zum Entstehen eines gespannten Grundwasserspiegels vorhanden. Man kann dann im allgemeinen annehmen, daß dies auch tatsächlich der Fall sein wird, wenn das Gelände seitlich ansteigt. Das Auftreten von freien Grundwasserspiegeln in beiderseits eingeschlossenen durchlässigen Schichten ist verhältnismäßig selten.

Ebenso wie man bei der Untersuchung des Untergrundes schon allein aus den geologischen Verhältnissen auf die Eigenschaften des Baugrundes schließen kann, ohne daß besondere Geräte eingesetzt zu werden brauchen, läßt sich auch aus der erbohrten Schichtenfolge manches über die zu erwartenden Grundwasserverhältnisse aussagen, auch wenn noch keine eigentlichen Meßstellen vorhanden sind. Wenn man das Schichtenbild vereinfacht hat (Abb. 315), so erhält man Einblick in die Lage der verschiedenen möglichen Grundwasserstockwerke und kann aus ihrer Anzahl, ihrer Lage und dem Charakter der obersten Schicht mit ziemlicher Sicherheit annehmen, wo freie und gespannte Grundwasserspiegel auftreten. Ihre absolute Höhe hängt von der Größe und Lage sowie dem Aufbau des gesamten Einzugsgebiets, insbesondere der Stellen, an denen der Grundwasserleiter an die Oberfläche tritt, ab (Abb. 316). Da die einzelnen Schichten steigen und fallen, kann die grundwasserführende Schicht, die z. B. an der untersuchten Stelle verhältnismäßig tief liegt, an einem anderen Orte auf einem Bergrücken liegen, so daß der Druck des Grundwassers nach dem Prinzip der kommunizierenden Röhren an der Untersuchungsstelle eine beträchtliche Höhe annimmt. Es ist deshalb nicht möglich, aus dem Schichtenbild an der Baustelle selbst die Größe der zu erwartenden Grundwasserdrücke abzuleiten, da hierzu eine Kenntnis des Verlaufs der einzelnen Grundwasserstockwerke auch in der weiteren Umgebung gehören würde, die man im allgemeinen nicht besitzt.

Neben den Messungen des Grundwassers vor dem Baubeginn gibt es auch solche am fertigen Bauwerk. Sie unterscheiden sich von jenen nicht durch die verwendeten Geräte, jedoch zum Teil durch deren Anordnung und die Auswertung ihrer Ergebnisse.

Die Beobachtungen am fertigen Bauwerk haben den Zweck, die durch den Bau hervorgerufenen dauernden oder zeitweiligen Änderungen des Grundwasserstands und des Porenwasserdrucks festzustellen. Vom Ansteigen des ersten hängt sowohl die landwirtschaftliche Nutzung des Geländes als auch die unmittelbare Schädigung anderer Gebäude infolge von Durchfeuchtung und von seinem Absinken unter Umständen die Änderung der Tragfähigkeit des Baugrundes ab. Die Veränderungen des Porenwasserdrucks zeigen das Stadium der Setzung an und geben Auskunft über die zeitliche Veränderung der Festigkeit des Baugrundes. Außerdem verfolgen die Messungen das Ziel, den Wasserdruck zu ermitteln, der auf das Bauwerk ausgeübt wird, vor allem in waagerechter und senkrechter Richtung von unten. Man muß daher zwischen der Beobachtung der Wasserstände in der Umgebung des Bauwerks, die vorwiegend dem erstgenannten Zweck dienen, und der Beobachtung der Wasserstände unmittelbar am oder unter dem Bauwerk, die helfen sollen, die zuletzt genannten Ziele zu erreichen, unterscheiden.

Literatur

DIN 4021 (1955): Baugrund und Grundwasser. Erkundung, Bohrungen, Schürfe, Probenahme. Grundsätze.
Vogt (1954): Grundwasserkartierung. Berlin.
Todd (1959): Groundwater hydrologie. New York/London.
Wechmann (1964): Hydrologie. München/Wien.
Busch (1965): Geohydrologie. In Busch: Ingenieurtaschenbuch Bauwesen. Leipzig. Bd. III, S. 195.

1.331 Wünschelrute

Definition. Die physiologische Untersuchung der Grundwasserverhältnisse beruht auf der Bewegung einer Wünschelrute in der Hand eines hierfür besonders geeigneten Menschen, d. h. auf dem subjektiven Empfinden der ausführenden Person. Sie soll Aussagen über das Vorkommen des Grundwassers und auch über bestimmte Bodeneigenschaften ermöglichen. Das bereits sehr alte Verfahren war von jeher stark umstritten.

Gerät. Während die Wünschelruten ursprünglich aus einem sich gabelnden Ast bestanden, dessen zwei Zinken in die Hände genommen wurden, wobei der Stiel durch Ausschläge das Vorhandensein von Wasser und Bodenschätzen angeben sollte, bedient man sich heute verschieden geformter und aus verschiedenen

Legierungen bestehender Drahtschlingen, von denen jede auf bestimmte Reize, z. B. auf Wasseradern oder auf nicht tragfähigem Baugrund, wie Schlamm, Triebsand, Moor, oder auch auf säurehaltiges Wasser, ansprechen soll.

Vorgang. Der Rutengänger nimmt die Wünschelrute in beide Hände, hält sie waagerecht vor sich und geht langsam über das betreffende Gelände. An bestimmten Stellen des Geländes wird die Rute schlagartig aus ihrer waagerechten Lage zum Boden herabgezogen. Dieses Ausschlagen der Wünschelrute wird vom Rutengänger mit dem Vorhandensein von Grundwasser oder anderer bestimmter Stoffe im Untergrund gedeutet. Die Aussagen der Rutengänger beschränken sich nicht auf die Feststellung dieser Stoffe, sondern erstrecken sich häufig auch auf Angaben über die Breite und Tiefe der vermuteten Wasseradern, Schlammschichten usw.

Fehler. Umfangreiche Untersuchungen, die von der Degebo während des zweiten Weltkriegs zur Nachprüfung der Angaben von Rutengängern mittels Bohrungen angestellt wurden, haben zu dem Ergebnis geführt, daß sowohl die Ausschläge der Wünschelrute als auch deren Deutung als völlig unzuverlässig anzusehen sind (DIENEMANN/HOFFMANN/MAUZ 1944). Die Frage der Baugrunduntersuchungen mit der Wünschelrute wurde auf Grund der Untersuchungen durch einen Erlaß des damaligen Reichsarbeitsministers vom 25. 4. 1944 eindeutig dahingehend gelöst, daß die Wünschelrute nicht zur Herstellung von Grundlagen für die baupolizeiliche Genehmigung von Bauvorhaben verwendet werden darf. Dieser Erlaß baute auf einem Runderlaß des seinerzeitigen Generalinspektors für Wasser und Energie vom 22. 1. 1943 auf, in dem die Heranziehung von gewerbsmäßigen Wünschelrutengängern zur Feststellung von unterirdischen Wasservorkommen zu Baugrunduntersuchungen und sonstigen Zwecken im Wasserbau verboten wurde. Irgendeine baupraktische Bedeutung kommt der Wünschelrute nicht zu. Das einzige einwandfreie Mittel zur Feststellung des Grundwassers sind Bohrungen und ingenieurgeologische Untersuchungen.

Literatur

Der Wortlaut der erwähnten Erlasse findet sich in:

o. V. (1943): Runderlaß des Generalinspektors für Wasser und Energie vom 22. 1. 1943. Zbl. d. Bauverw. 63, S. 275.

— (1943): Auszug des Runderlasses des Generalinspektors für Wasser und Energie vom 22. 1. 1943. Bautechnik 21, S. 285.

— (1944): Erlaß des Reichsarbeitsministers vom 25. 4. 1944. Reichsarbeitsblatt 1944, S. 166 und Amtl. Bautechn. Mitt. 1944, S. 112.

Über die Aussagen von Wünschelrutengängern und die Überprüfung ihrer Aussagen:

MAUZ (1941): Eignet sich die Wünschelrute zu Baugrundfeststellungen? Bauwelt 32, S. 185.

DIENEMANN/HOFFMANN/MAUZ (1944): Baugrunduntersuchungen mit der Wünschelrute. Bautechnik 22, S. 32.

SCHUMANN (1952): Kritische Bemerkungen zur Wünschelrutenfrage. Wasserwirtschaft 42, S. 380.

MALTZAHN (1953): Wünschelrute und Praxis von einem Rutengänger. Wasserwirtschaft 44, S. 41.

SCHUMANN (1954): Die Klärung der Wünschelrutenfrage – Erforschung oder Dogma? Wasserwirtschaft 44, S. 73

PROKOP (1955): Wünschelrute, Erdstrahlen und Wissenschaft. Stuttgart.

1.332 Grundwasserstand

Definition. Der Grundwasserstand ist gleich der Höhe des in einem Standrohr sich einstellenden Wasserspiegels. Er gilt im allgemeinen für dasjenige Grundwasserstockwerk, bis zu dem das Rohr reicht. Bei Strömungsvorgängen des

Grundwassers können sich aber auch an verschiedenen Stellen und in verschiedenen Tiefen jedes einzelnen Stockwerks verschiedene Wasserstände ergeben, die von der Spiegellinie des Grundwassers an den betreffenden Stellen abweichen und gleich der Schnitthöhe der durch das Filter gehenden Drucklinie mit der Spiegellinie sind

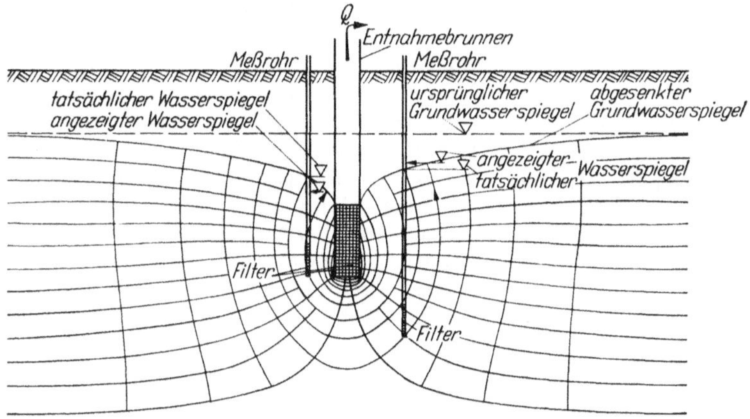

Abb. 317. Grundwasserstandmessung bei Strömungsvorgängen im Grundwasser.

Abb. 318. Grundwasserstandmessung in der Nähe eines Entnahmebrunnens mit Meßrohren in verschiedener Tiefe *einer* Schicht. Abfall der Drucklinie infolge der Grundwasserströmung zum Entnahmebrunnen (Johann Keller GmbH, Frankft/Main).

Rohr ganz links: Filterunterkante 0,4 m Tiefe. 2. Rohr von links: 1,7 m Tiefe. 2. Rohr von rechts: 7,5 m Tiefe. Rohr ganz rechts: 18 m Tiefe.

(Abb. 317). Der gemessene Grundwasserspiegel ist in solchen und ähnlichen Fällen also mit der Tiefe, bis zu der das Standrohr in den Boden hineinragt, veränderlich (Abb. 318).

Der senkrecht gerichtete Wasserdruck, der auf die Sohle eines Bauwerks wirkt, heißt Sohlenwasserdruck [DIN 19702 (1960) ,,Berechnung der Standsicherheit von Wasserbauten"]. Seine Größe ist gleich der Druckhöhe des Grundwassers unmittelbar unter der Bauwerksohle.

Zwischen ungespanntem und gespanntem Wasserspiegel besteht bei der Messung des Grundwasserstands kein Unterschied, da das gespannte Grundwasser im Standrohr in ungespanntes verwandelt wird. Der Druck des gespannten Grundwassers tritt also als Wassersäule im Standrohr in gleicher Weise wie beim entspannten Wasser in Erscheinung, nur mit der Abweichung, daß im ersten Fall die Höhenlinie des Grundwasserspiegels über der grundwasserführenden

Schicht, im zweiten Falle jedoch innerhalb derselben liegt. Die Spiegellinie des gespannten Grundwassers kann auch bis oberhalb der Erdoberkante ansteigen.

Gerät. Für die Beobachtungen des Grundwasserstands benutzt man neben den vorhandenen Wirtschaftsbrunnen und Wasserlöchern, Teichen und Tümpeln für Bauzwecke in erster Linie Grundwasserpegel, die aus stählernen Rohren bestehen. Sie werden meist im Schutz von Mantelrohren eingebaut, die durch Bohrungen niedergebracht und später — nach Einbringen einer Filterkiespackung — wieder gezogen werden (Abb. 319). Das Mantelrohr hat im allgemeinen einen Durchmesser von 20 cm, das eigentliche Standrohr einen Durchmesser von 5 bis 10 cm. Letzteres besitzt im untersten Teil ein Filter von 0,5 bis 2,0 m Höhe, in einfachster Form in Gestalt von Löchern in seiner Wandung. Um feinkörnigen Sanden den Eintritt zu verwehren, kann es mit einem Tressengewebe überzogen sein. In einem Mantelrohr von 20 cm Durchmesser kann man bis zu drei Meßrohre hinunterbringen, deren Filter in verschiedene Tiefe gelegt werden und die dadurch den Grundwasserstand in verschiedenen Stockwerken oder Tiefen anzuzeigen vermögen. Die Standrohre werden mit luftdurchlässigen Deckeln verschlossen.

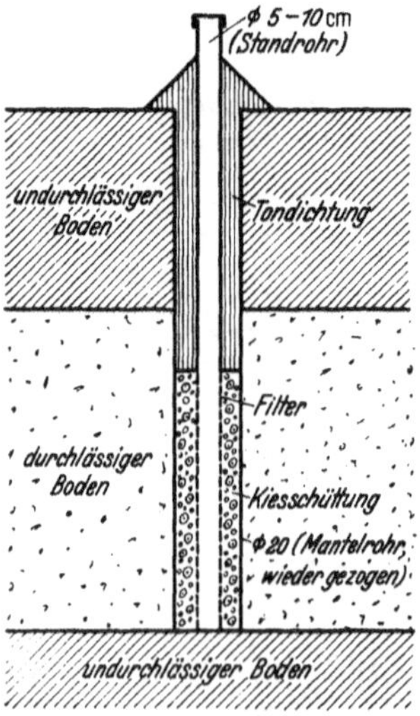

Abb. 319. Anordnung eines Grundwasserstandbeobachtungsrohrs.

Zum Messen des Wasserspiegels benutzt man in einfachen Fällen Lote, die mit Schlämmkreide bestrichen werden, so daß ihre Eintauchtiefe in das Grundwasser nach dem Herausziehen ersichtlich ist und gemessen werden kann. Sehr gebräuchlich ist die sog. *Brunnenpfeife*. Sie wird an einem Meßband in das Stahlrohr hinabgelassen. Beim Eintauchen in das Wasser wird die Luft in der unten offenen Pfeife zusammengepreßt und kann durch eine oben befindliche kleine Öffnung entweichen, wobei sie einen Pfeifton hervorbringt. Um die dadurch festgelegte Eintauchtiefe genauer zu erhalten, ist die Brunnenpfeife bisweilen von kleinen Bechern umgeben, die nach cm abgestuft sind und in denen sich das Wasser beim Eintauchen ansammelt. Man kann daher nach dem Herausziehen an der Zahl der mit Wasser gefüllten Becher ersehen, wie tief die Brunnenpfeife im Wasser gehangen hat.

Andere Ausführungen, die besonders für tiefe Rohre geeignet sind, benutzen als Anzeige für das Erreichen des Grundwassers beim Hinablassen des Geräts in das Standrohr elektrische Zeichen. Das *Lichtlot* besteht aus einem Schwimmer, den man so weit in das Standrohr hinabläßt, bis er in das Grundwasser eintaucht. Durch den dann gegen eine Feder drückenden Schwimmer wird ein Stromkreis geschlossen und eine Lampe zum Aufleuchten gebracht. Ein anderer Wasserstandsmesser (nach Sichardt) besteht darin, daß ein Kabel beim Eintauchen in das Wasser einen Stromkreis durch die Wand des Brunnens, das Wasser und das Kabel schließt. Dadurch wird ein Galvanoskop betätigt, dessen Ausschlag genau das Eintauchen der Unterkante des Lots in den Wasserspiegel anzeigt. Statt des Galvanoskops kann auch ein Summer oder eine Klingel eingeschaltet werden. Diese Anordnung hat den Vorteil, daß das Anzeigeinstrument sich nicht im tiefliegenden Teil des Rohrs befindet, sondern neben diesem gut sichtbar aufgestellt werden kann. Sie ist aber bei den neuerdings häufig angewendeten Filtern aus Holz, gummiertem Eisen, Kunststoffen und sonstigen nichtleitenden Stoffen nicht verwendbar.

Neben diesen von Hand zu bedienenden Geräten gibt es auch selbstanzeigende Instrumente. Der *Bandmaßpegel* enthält einen Schwimmer an einem Seil, das über eine drehbare Rolle läuft und von einem Gegengewicht gehalten wird. Der Wasserstand kann an einem Meßband oder an einer Uhr abgelesen werden. In dem *Fotopegel* wird der Bandmaßpegel zu einem Registriergerät ergänzt, indem das Meßband in bestimmten Zeitabständen fotografiert wird.

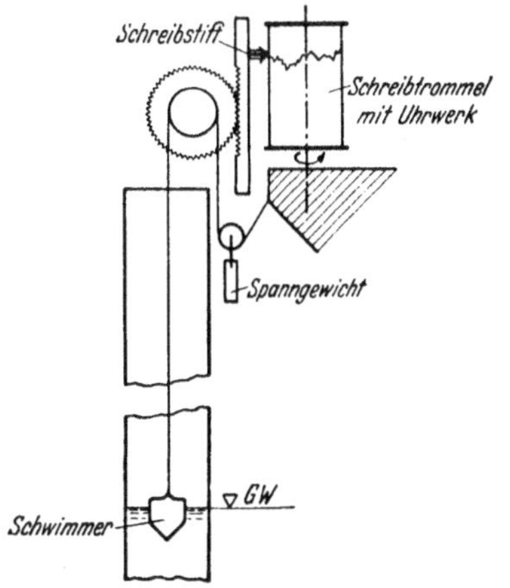

Abb. 320. Anordnung eines selbstschreibenden Grundwasserstandmessers.

Die nicht nur selbsttätig anzeigenden, sondern auch selbsttätig aufzeichnenden Geräte bestehen in der Regel ebenfalls aus einem Schwimmer, der sich auf der Oberfläche des Grundwassers befindet und durch eine gespannte Drahtsaite oder ein Kettenwerk seine Schwankungen auf den Stift einer von einem Uhrwerk betriebenen Schreibtrommel überträgt (Abb. 320). Dieses Instrument ist besonders am Platze, wenn es sich um die Beobachtung der Grundwasserstände im Tidegebiet handelt, wo kurzfristige Schwankungen auftreten. Bei den selbstschreibenden Instrumenten ist auch eine Fernübertragung in eine Beobachtungszentrale und eine selbsttätige Steuerung von Schiebern, Pumpen usw. möglich.

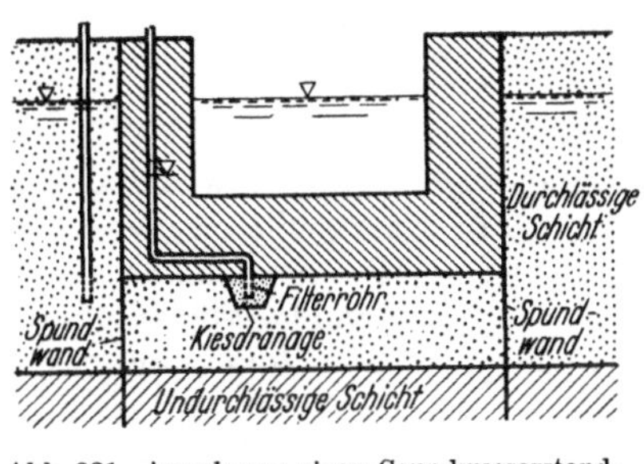

Abb. 321. Anordnung einer Grundwasserstandmessung neben und unter einem Bauwerk bei ungespanntem Grundwasser.

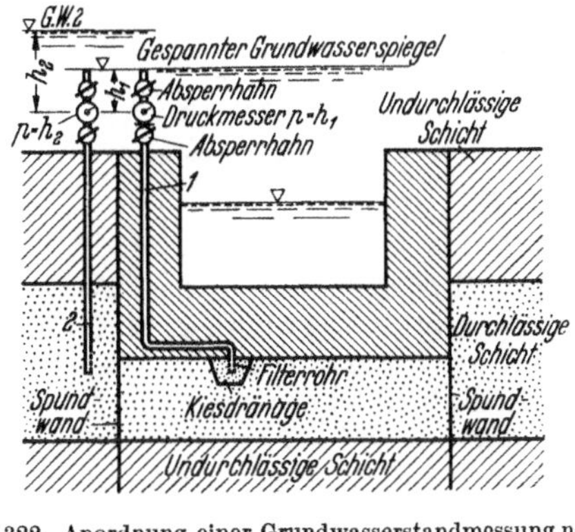

Abb. 322. Anordnung einer Grundwasserstandmessung neben und unter einem Bauwerk bei gespanntem Grundwasser.

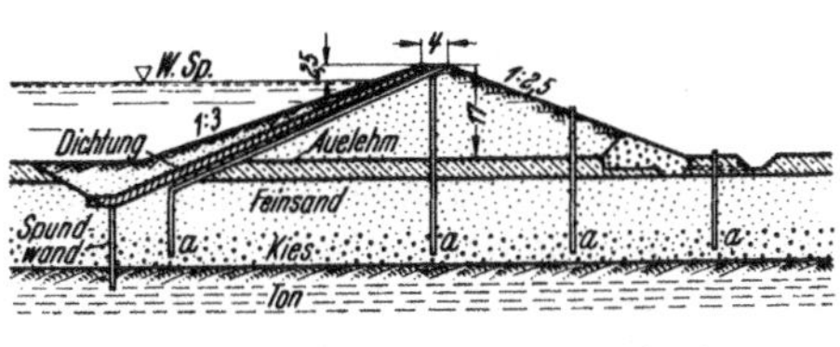

Abb. 323. Anordnung einer Grundwasserstandmessung in einem Staudamm (EHRENBERG 1940).

Die Grundform des Meßbrunnens, der für die Ermittlung des Grundwasserstands im Gelände verwendet wird, unterliegt bei der Messung des Grundwasserstands unter oder unmittelbar an Bauwerken bisweilen dadurch Veränderungen, daß der Meßbrunnen Bestandteil des Bauwerks wird. Er wird dann als kreisrundes Rohr in das Bauwerk eingelassen (Abb. 321 und 322). Sein Durchmesser hält sich in den gleichen Abmessungen wie bei den gewöhnlichen Brunnen im Gelände. Während letztere jedoch senkrecht bis zu der Schicht geführt werden, wo das Filter liegt, wird der Meßbrunnen in Bauwerken unter Umständen abgewinkelt (Abb. 321, 322 und 323). An der Stelle, wo die Meßleitung das Bauwerk verläßt, wird entweder ein Metallfilter angeschlossen oder aber der Zufluß des Grundwassers durch ein Kiesfilter, dessen Wirkungsbereich durch eine Dränageleitung vergrößert werden kann, ersetzt. Die Ausführungsarten sind im einzelnen sehr verschieden, je nachdem wie das Bauwerk gestaltet wird. Sie beruhen aber alle auf dem gleichen Prinzip, dem Grundwasser die Möglichkeit zu geben, in einem Standrohr hochzusteigen, das so angeordnet ist, daß der Wasserspiegel mit Hilfe der oben beschriebenen Meßgeräte festgestellt werden kann. In den meisten Fällen genügt die übliche Ausführung der Meßrohre.

Bei gespannten Grundwasserständen, deren Standrohrspiegel wesentlich über der Bauwerksoberkante liegt, wird

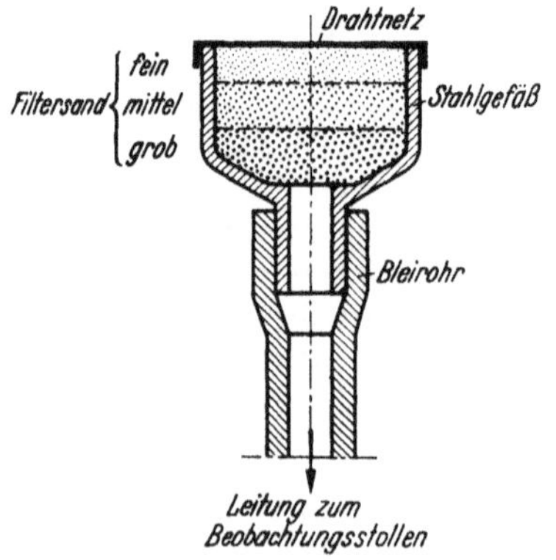

Abb. 324. Filter für Wasserstandmessungen in Staudämmen (EHRENBERG 1940).

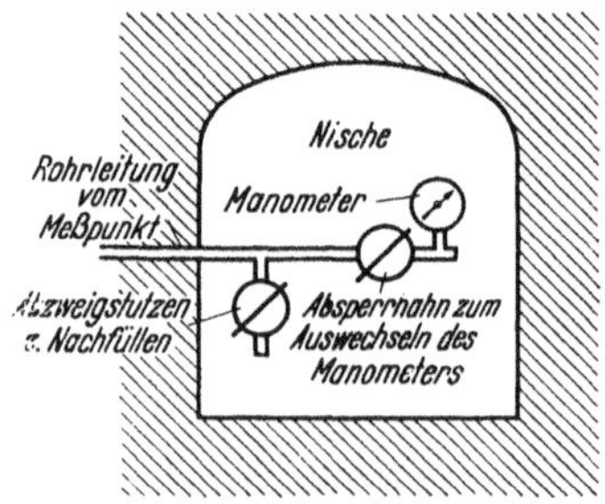

Abb. 325. Beobachtungspunkt für Wasserstandmessungen in einer Nische des Kontrollgangs von Staudämmen (EHRENBERG 1940).

die Standrohrmessung durch die Druckmessung ersetzt. Das Ende des Verbindungsrohrs zur grundwasserführenden Schicht wird hierzu oben verschlossen und mit einem Manometer in Verbindung gebracht, das entweder dauernd an Ort und Stelle bleibt oder aber von Zeit zu Zeit auf die Verschlußkapsel aufgesetzt werden kann (Abb. 322). Diese Anordnung wird gelegentlich auch bei ungespanntem Grundwasser angewendet, da hierdurch die Druckverluste infolge der Strömung im Meßrohr, die bei weniger durchlässigen Böden und zeitlich rasch veränderlichem Grundwasserspiegel (z. B. bei Setzungen unter frisch aufgebrachten Lasten und im Tidegebiet) die Ergebnisse verfälschen, vermieden werden (BEAU/LEVEQUE 1935). Solange der Grundwasserspiegel nicht um mehr als 10 m unter das Manometer sinkt, kann das Meßrohr ständig mit Wasser gefüllt gehalten werden.

Bei Talsperren, Tunneln und anderen Bauwerken, die einen Stollen unter dem Grundwasserspiegel besitzen, tritt an Stelle des normalen Filters ein mit Sand gefülltes und oben durch ein Drahtnetz überdecktes Gefäß (Abb. 324), das unten durch ein Rohr oder einen bewehrten Gummischlauch mit der Ablesestelle verbunden ist (EHRENBERG 1940). Dort befindet sich das Manometer (Abb. 325). Der Sohlenwasserdruck wird durch die Beobachtung des Grundwasserstands unter dem Bauwerk gemessen. Hierbei verfolgt man entweder den freien Grundwasserspiegel im Standrohr oder die Druckmeßgeräte an den Rohren.

Vorgang. Die Entfernung der Beobachtungspunkte wählt man im allgemeinen kleiner als 500 m und legt die Standrohre besonders dort nahe zusammen, wo man damit rechnen muß, daß der Grundwasserspiegel ein starkes Gefälle aufweist. An jedem Beobachtungspunkt ordnet man oft, aber nicht immer, für jedes Grundwasserstockwerk ein Standrohr an. Ist die Schichtstärke der Grundwasserstockwerke sehr groß, empfiehlt es sich mitunter, sie in mehrere waagerechte Abschnitte zu unterteilen und in diesen zur Messung etwaiger Strömungsvorgänge je ein besonderes Meßrohr vorzusehen.

Nach Festlegung des Orts, der Zahl und der Tiefe derjenigen Punkte, an denen Beobachtungsrohre abgesenkt werden sollen, wird das Mantelrohr in der gleichen Weise durch Bohren niedergebracht, wie dies im Kap. 1.321.2 beschrieben ist. Die angetroffenen Schichten werden nach DIN 4022 (1955) „Schichtenverzeichnis und Benennen der Boden- und Gesteinsarten" erfaßt. Besonderes Augenmerk ist darauf zu richten, daß das Mantelrohr beim Niederbringen nicht gespanntes Grundwasser durchbricht. Nur bei ausschließlich nichtbindigen Bodenschichten und ungespanntem Grundwasser und bei nicht gleichzeitiger Untersuchung des Bodens ist es deshalb möglich, den Meßbrunnen als Schlag- oder Rammfilter in den Boden zu bringen oder ihn einzuspülen, was wesentlich billiger als das Bohren ist.

In das Mantelrohr wird das Beobachtungsrohr hinabgelassen und im Bereich des Filters mit Kies und an der Oberfläche möglichst mit Ton umfüllt, um ein Eindringen von Oberflächenwasser zu verhindern. Das Mantelrohr wird dann wieder gezogen. Das Beobachtungsrohr ragt über den Erdboden hinaus und wird durch eine Kappe verschlossen. Seine Oberkante wird einnivelliert, so daß man bei den späteren Ablesungen von deren Lage als festem Bezugspunkt ausgehen und den Grundwasserstand auf Normalnull umrechnen kann.

Sehr oft werden auch gewöhnliche Bohrlöcher für Bodenuntersuchungen zur gleichzeitigen Messung des Grundwasserspiegels benutzt. Dann muß aber mit der Messung mindestens eine Nacht gewartet werden, damit sich der Grundwasserstand richtig eingespiegelt hat. Nach DIN 4021 (1955) „Baugrund und Grundwasser" soll der Wasserstand sofort nach dem ersten Antreffen und dann täglich bei Beginn und Ende der Arbeitszeit und mittags gemessen werden.

Die Zeitpunkte der regelmäßigen Messungen an Beobachtungspegeln richten sich nach der Geschwindigkeit der Wasserstandsänderungen. Man geht möglichst nicht über Fristen von einer Woche hinaus. In der Umgebung der Baustelle, wo durch Wasserzuflüsse oder Entnahmen infolge von Grundwasserabsenkungen oder von Spiegelschwankungen natürlicher Gewässer stärkere zeitliche Spiegeländerungen zu erwarten sind, müssen die Grundwasserstände bis zu stündlichen Abständen herab beobachtet werden.

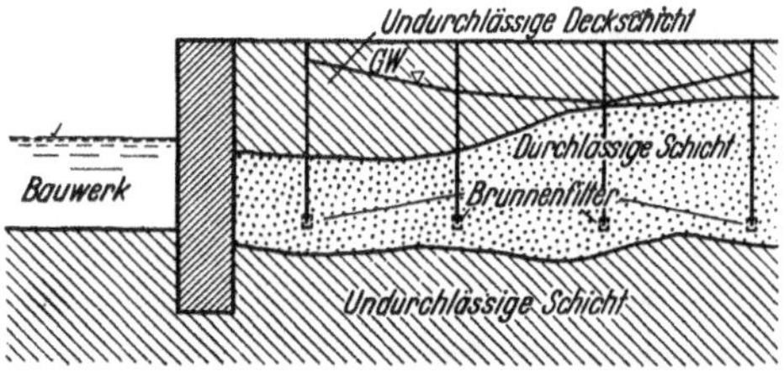

Abb. 326. Anordnung der Meßstellen bei Grundwassermessungen hinter einem Bauwerk.

Bei der Beobachtung der Grundwasserstände neben dem Bauwerk steht das erste Meßrohr unmittelbar hinter dem Bauwerk. Weitere folgen in Abständen, die zwischen 10 und 100 m schwanken (Abb. 326). Die Meßrohre werden in die wasserführenden Schichten hinuntergeführt, die vom Bauwerk geschnitten werden. Im allgemeinen genügt es, sie in einem oder wenigen Querschnitten möglichst senkrecht zur Bauwerksachse anzuordnen.

Bei Erddämmen werden die Meßpunkte über den Dichtungskern, den Dammquerschnitt oder den Untergrund je nach der Aufgabe der Untersuchung verteilt. Die Grundwasserbeobachtungsquerschnitte werden etwa alle 50 bis 100 m gelegt. Die Rohre müssen hierbei unter Umständen schräg abgebogen werden (Abb. 323). Das Filter der Beobachtungsrohre liegt bei durchlässigem Untergrund unter dem Damm, bei durchlässigen Dämmen zum Verfolgen der Sickerlinie unter Umständen auch im Damm selbst. Ein weiteres Rohr soll möglichst in 30 bis 40 m Entfernung von dem letzten Rohr am luftseitigen Dammfuß stehen.

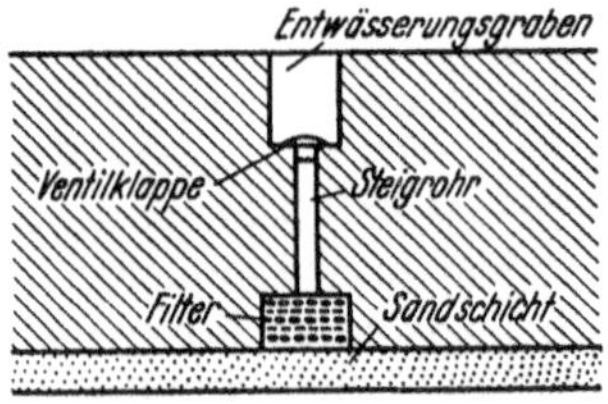

Abb. 327. Anordnung zum Messen des Sohlenwasserdrucks unter einem Bauwerk mit starker Sohle.

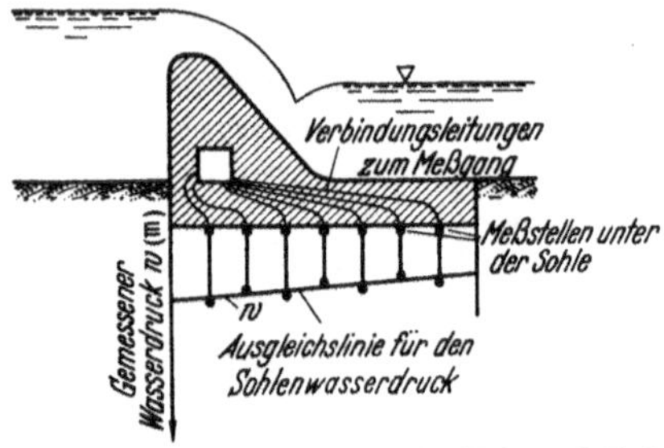

Abb. 328. Anordnung der Meßstellen zum Messen des Sohlenwasserdrucks unter einem Wehr und Eintragung des Meßergebnisses.

DIN 4022 Blatt 2 Anlage 1

Aktenzeichen: ....

Kopfblatt zum Schichtenverzeichnis
(für Wasserbohrungen)

Bohrung / Schurf Nr.: .... Ort: ....

....

Beginn: .... Beendigung: ....

Karte 1 : 25 000 Blatt [1]): .... Neue / Alte Nr.: ....

Karte 1 : 100 000 Blatt [1]): .... Nr.: ....

Gitterwerte [1]): rechts: .... hoch: ....

Höhenlage des Ansatzpunktes zu NN [1]): .... oder zu einem Festpunkt [1]): ....

Bezeichnung des Festpunktes [1]): ....

....

Höhenlage des Festpunktes zu NN [1]): ....

Ansatzpunkt liegt .... unter Gelände

Auftraggeber: ....

Auftragnehmer: ....

Bohrmeister: ....

Bohrverfahren:

a) Bohrgerät: ....

b) Verrohrung: ....

c) Anfangs- und Enddurchmesser: ....

Aufbewahrungsort der Proben: ....

Bemerkungen (auch Angaben über Erfolg): ....

....

....

....

Bearbeiter oder Einsender: ....

Ort: .... Tag: .... Unterschrift: ....

[1]) Gegebenenfalls vom Auftraggeber einzutragen.

Raum für Lageplan
(Die Lage muß so genau angegeben werden, daß die Bohrstelle jederzeit wiedergefunden werden kann. Falls der Platz nicht reicht, besondere Anlage geben.)

Abb. 329. Kopfblatt zum Schichtenverzeichnis nach DIN 4022 Blatt 2 (Ausg. 1955).

Für die Messung des Sohlenwasserdrucks werden die Beobachtungsrohre bei der Herstellung des Bauwerks an geeigneten Punkten einbetoniert. Die Anordnung eines einfachen Steigrohrs in einer Grundplatte (Abb. 327) dient mehr zur Entlastung der Sohle als zum Messen des Auftriebs. Sie kann jedoch durch Anbringen einer Verlängerung dazu umgewandelt werden. Bei Staukörpern, die von Wasser überflossen werden, aber auch bei Staudämmen und Staumauern, wird im Innern des Bauwerks ein Besichtigungsgang angeordnet, zu dem die einzelnen Meßrohre geführt werden (Abb. 328). Wenn der Auftrieb infolge einer Grundwasserströmung unter dem Bauwerk wechselt, ist eine größere Anzahl von Meßpunkten notwendig, um seinen Verlauf zu erhalten.

Meßgrößen. Von jedem Brunnen wird ein Schichtenverzeichnis mit Kopfblatt nach DIN 4022 Blatt 2 angelegt[1] (Abb. 329).

Die zu bestimmten Zeitpunkten, die möglichst an allen Rohren ungefähr gleichzeitig eingehalten werden sollen, abgelesenen Meßwerte werden in eine Liste eingetragen, die außer der Nummer des Meßrohrs, den Zeitpunkten und dem Namen des Beobachters u. a. die bekannte Höhe der Rohroberkante über NN und die Tiefe bis zum Eintauchen des Lots in den Grundwasserspiegel auf den Zentimeter genau enthält (Denner/Koehne 1949).

Bei den selbstregistrierenden Instrumenten erhält man die zeitliche Schwankung des Grundwasserspiegels fertig aufgetragen, wobei im Tidegebiet Perioden von 12,4 Stunden auftreten (Zeit zwischen Tidehochwasser und Tideniedrigwasser). Die Aufzeichnung (Abb. 330) enthält auf der Waagerechten die Zeit in Stunden und auf der Senkrechten einen Höhenmaßstab, der sich nach dem Übersetzungsverhältnis des Instruments richtet.

Auftragungen. Ausgangspunkt für die weiteren Auftragungen sind bei Beobachtungen über längere Zeiträume die Monatsmittel. Unter Umständen werden auch die Mittel für das Sommer- und Winterhalbjahr sowie für das ganze Abflußjahr berechnet. Die Mittel der Monate, Halbjahre und Jahre sowie die beobachteten Grenzwerte (höch-

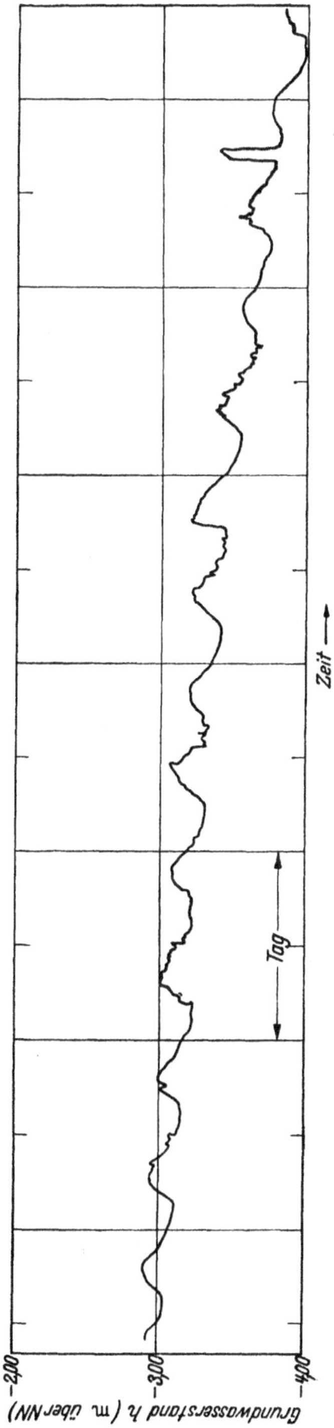

Abb. 330. Grundwasserganglinie für eine Woche.

[1] Wird (1967) als Entwurf „Schichtenverzeichnis, Benennen und Beschreiben von Bodenarten und Fels neu erscheinen.

ster und niedrigster Grundwasserstand in den genannten Zeiträumen) werden in die Grundwasser-Haupttabelle aufgenommen (DENNER/KOEHNE 1949). Alle Zahlen müssen für Bauzwecke am besten schon bei Aufstellung der Tabellen auf NN umgerechnet werden.

Zu den am meisten verwendeten Schaubildern gehört die „*Ganglinie*" des Grundwasserstands, deren waagerechte Achse die Zeit und deren senkrechte

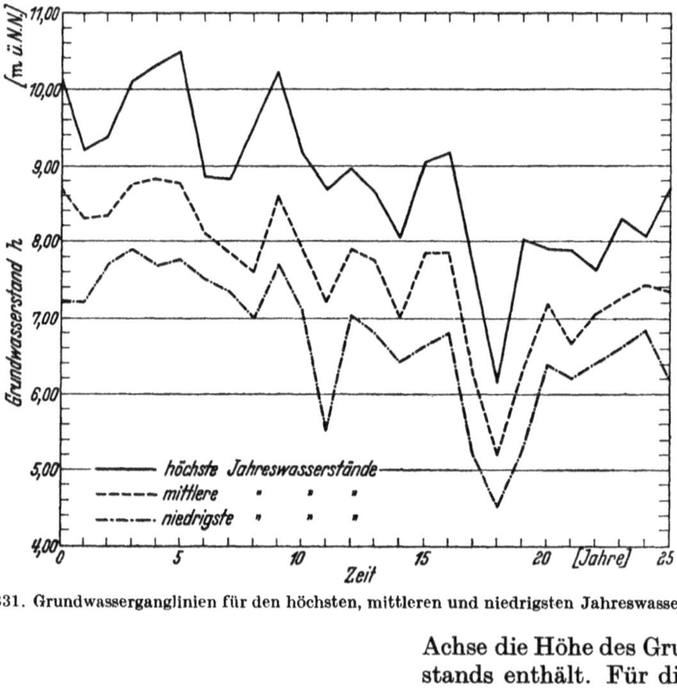

Abb. 331. Grundwasserganglinien für den höchsten, mittleren und niedrigsten Jahreswasserstand.

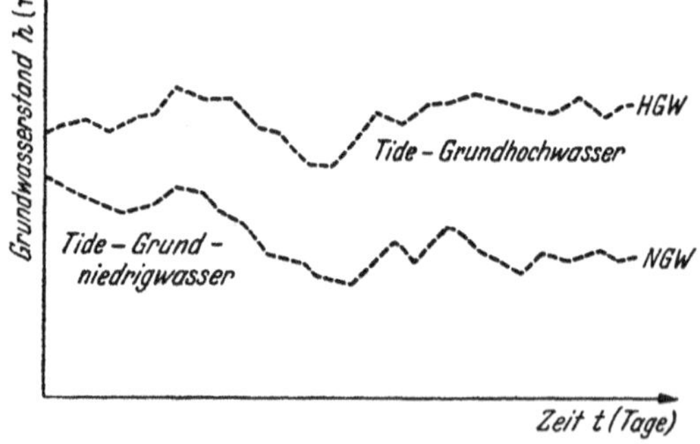

Abb. 332. Grundwasserganglinie im Tidegebiet.

Achse die Höhe des Grundwasserstands enthält. Für die Normalbeobachtungen sind hierfür Vordrucke entworfen worden (DENNER/KOEHNE 1949), in welche die Monatsmittel im Maßstab 1:20 eingetragen werden.

Bei kurzfristigen Schwankungen innerhalb der Baustelle wird hingegen der Zeitmaßstab so gewählt, daß der tägliche Grundwasserstand eingetragen werden kann (Abb. 330). Neben diesen Darstellungen werden auch die höchsten, mittleren und niedrigsten Jahreswasserstände aufgetragen (Abb. 331). Der gewählte Zeitraum ändert sich mit dem Zweck, der mit den Beobachtungen des Grundwasserstands verbunden ist.

Im Tidegebiet lassen sich die Einzelbeobachtungen dadurch über längere Zeiträume hinaus übersichtlich zusammenfassen, daß man den Verlauf der Tidehoch- und Tideniedrigwasser in Abhängigkeit von der Zeit darstellt (Abb. 332), also auf die dazwischenliegenden Wasserstände verzichtet. Man kann dann sowohl für das Tidehochwasser als auch für das Tideniedrigwasser die Monatsmittel bzw.

die höchsten Grenzwerte während eines Jahrs in der gleichen Weise wie beim gezeitenfreien Grundwasser bilden.

Für das Grundwasser sind zwei Darstellungen, die sich beim offenen Wasser nicht finden, charakteristisch. Die erste gibt die Lage der beobachteten Grundwasserstände für einen möglichst in der Fließrichtung (s. Kap. 1.333, Abb. 370) des Grundwassers durch den Baugrund gelegten senkrechten Schnitt wieder (Abb. 333). Die waagerechte Achse gibt die Entfernung der Meßstellen x in dem betreffenden Schnitt an. Auf der Senkrechten trägt man die Höhenlage h der zu einem bestimmten Zeitpunkt gemessenen Grundwasserspiegel ein, wobei es notwendig ist, anzugeben, in welcher Tiefe die Brunnenfilter liegen.

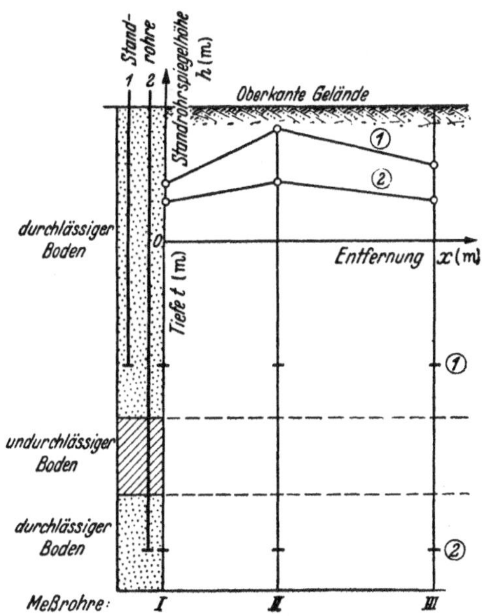

Abb. 333. Ergebnis einer Grundwasserstandmessung in verschiedenen Tiefen für mehrere Meßstellen.

Man kann diese Darstellung für jede einzelne Meßstelle dadurch übersichtlicher gestalten, daß man in der Senkrechten die Tiefenlage der Filter und waagerecht dazu die Höhe des Grundwasserspiegels h über einem festen Bezugshorizont aufträgt (Abb. 334). Gibt man gleichzeitig die Schichtenfolge des Bohrprofils an, so ermöglicht eine derartige Darstellung einen schnellen Überblick über die Abstufungen der Grundwasserdrücke in den einzelnen Schichten und damit auch über die gegebenenfalls zu erwartenden senkrechten Strömungen zwischen den verschiedenen Schichten zum Ausgleich der Druckunterschiede. Die Werte der beiden Meßstellen wurden jeweils auf die gesamte zugehörige Schicht erweitert (Abb. 334), da wegen des Vorhandenseins einer schwerdurchlässigen Zwischenschicht in den beiden durchlässigen Bodenlagen keine wesentliche Strömung und damit auch kein merkbarer Druckverlust in senkrechter Richtung entstehen kann. Der zwischen den beiden Meßstellen vorhandene Druckunterschied $h_{II_1} - h_{II_2}$ verursacht eine Durchströmung der trennenden Tonschicht und wird fast ganz auf deren Höhe verbraucht. Fehlt die schwerdurchlässige Schicht, so

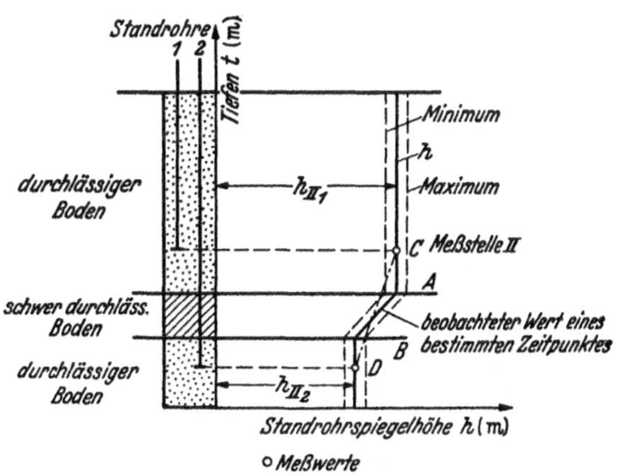

Abb. 334. Ergebnis einer Grundwasserstandmessung in verschiedenen Tiefen für eine Meßstelle.

erhält man zwischen den Meßpunkten die strichpunktierte Gerade. Der Verlauf oberhalb und unterhalb der Meßpunkte ist dann aber unsicher.

Während der Standrohrspiegel die absolute Druckhöhe über einer beliebigen Bezugsebene angibt, versteht man unter „*Wasserdruck*" den Unterschied zwischen der Standrohrspiegelhöhe und der geodätischen Höhe eines Punktes. Der Standrohrspiegel für eine Schicht, z. B. die obere Sandschicht (Abb. 334), ist für alle Lagen des Filters der gleiche. Die geodätische Höhe nimmt aber geradlinig, und zwar (in der Darstellung der Abb. 335) unter 45°, von unten nach oben zu. Infolgedessen wächst der Wasserdruck im umgekehrten, aber gleichen Verhältnis wie die geodätische Höhe, d. h. ebenfalls unter 45°. Er ist nach allen Richtungen gleich.

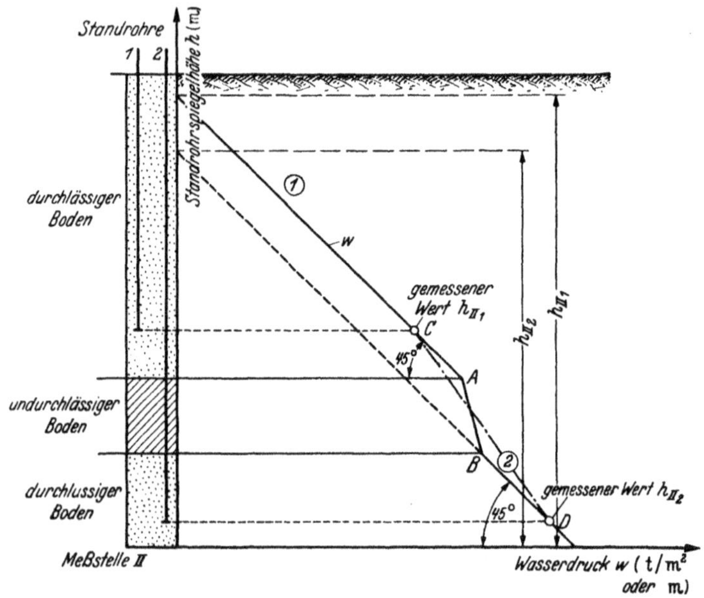

Abb. 335. Ermittlung des Wasserdrucks aus den Standrohrspiegelhöhen.

Zu den Standrohrspiegeln erhält man die Wasserdruckflächen (Abb. 335), indem man in den beiden grundwasserführenden Schichten von dem zugehörigen Standrohrspiegel aus die Verteilungslinien des Wasserdrucks unter 45° zieht. Sie gelten jeweils nur in der betreffenden Schicht (Linie *w*). Der Wasserdruckverlauf in der schwerdurchlässigen Zwischenschicht kann interpoliert werden (Linie *A*–*B* in Abb. 335).

Werden in der gleichen Bodenschicht in verschiedenen Tiefen voneinander abweichende Grundwasserspiegel gefunden, so deutet dies auf eine senkrechte Strömung hin (Abb. 336). Die im Standrohr gemessenen Wasserstände (Abb. 333) wurden im gleichen Maßstab wie dort aufgetragen (Abb. 336b). Jedoch ist im Unterschied zu dieser Abbildung mit einer einheitlichen Bodenschicht gerechnet. Die Änderung gegenüber dem geschichteten Boden ist aus einem Vergleich der Linien mit gleicher Standrohrspiegelhöhe zu erkennen (Abb. 337), die den geschichteten Untergrundverhältnissen entspricht (Abb. 333). Die gemessenen Standrohrspiegel sind in vergrößertem Maßstabe dargestellt (Abb. 336a).

Die Linien gleicher Standrohrspiegelhöhe zwischen den Meßtiefen *1* und *2* bzw. innerhalb der schwerdurchlässigen Schicht werden dadurch gewonnen, daß man im oberen Teil die Meßwerte des Horizonts *1* und die des Horizonts *2* durch gerade Linien verbindet und auf diesen Linien diejenigen Punkte heraussucht, die vollen Dezimetern oder Metern entsprechen. Diese Punkte werden nach unten

a
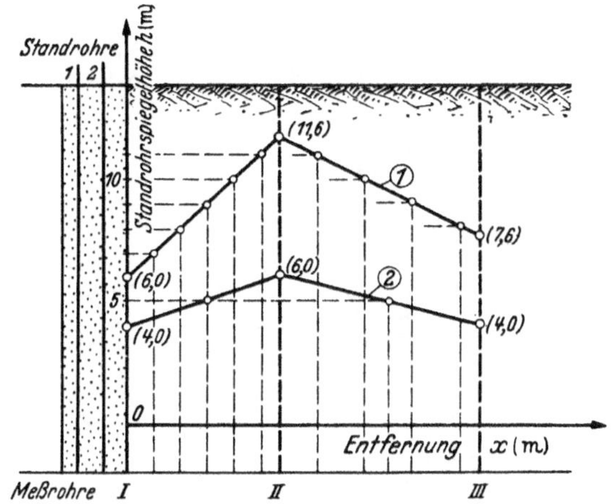

b
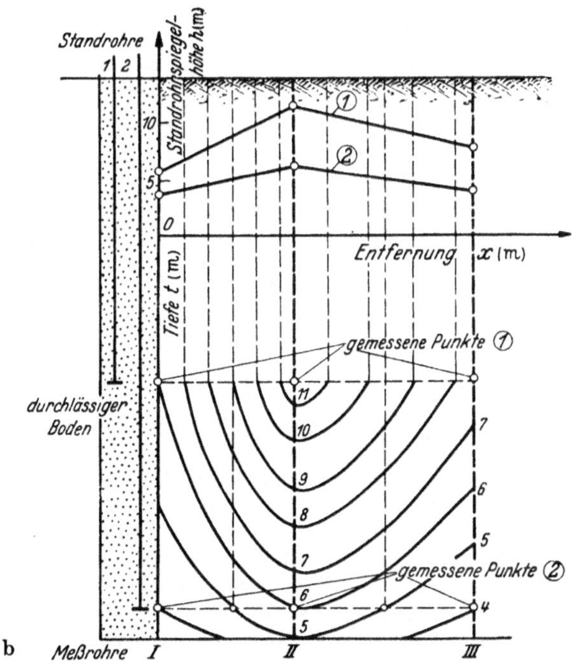

Abb. 336a u. b. Ermittlung der Linien gleicher Standrohrspiegelhöhe bei einheitlichem Boden.

auf die zugehörige Filterhöhe (Abb. 336) oder bei mehreren Schichten auf die Schichtgrenze (Abb. 337) projiziert. Zwischen den auf diese Weise gewonnenen Punkten auf den beiden Waagerechten in der Höhe der Filter oder der Schichtgrenzen werden durch Interpolation die Linien gleicher Standrohrspiegelhöhe konstruiert. Das Wasser strömt entsprechend dem Spiegelgefälle von der Linie *11* zur Linie *5*.

Den Wasserdruck längs einer Meßsenkrechten im ungespannten Grundwasser erhält man wie beim gespannten Grundwasser (Abb. 335). Nur müssen beim Fehlen einer schwerdurchlässigen Zwischenschicht die beiden Meßpunkte unmittelbar miteinander verbunden werden (in Abb. 335 strichpunktiert eingetragen, Linie *C—D*). Die Fortsetzung nach oben und unten ist unsicher.

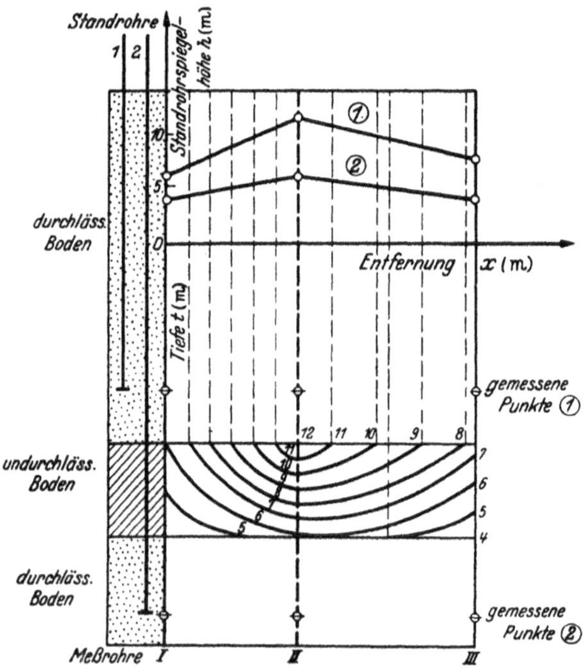

Abb. 337. Ermittlung der Linien gleicher Standrohrspiegelhöhe bei geschichtetem Boden.

Etwas schwieriger ist die Darstellung derartiger Schnitte im Tidegebiet, wo es sich darum handelt, nicht nur die Lage des Grundwasserspiegels selbst, sondern auch seine tägliche Schwankung und den Gangunterschied zwischen den Schwankungen an den einzelnen Punkten anzugeben. Man kann dies dadurch tun, daß man in dem betreffenden Schnitt außer der Tiefe, in der die Filter liegen, lediglich die *mittleren* Wasserspiegel der einzelnen Brunnen einzeichnet (Abb. 338). Die Schwankungen der Brunnen selbst werden am besten gesondert in vergrößertem Maßstab senkrecht über dem betreffenden Schnitt aufgetragen, und zwar in der Form, daß von dem Mittelwasserspiegel aus ein Kreis mit einem Durchmesser beschrieben wird, der dem Unterschied zwischen Hochwasser und Niedrigwasser („*Grundwassertidenhub*") entspricht. Der Gangunterschied der Gezeiten wird durch einen Zeiger angegeben. Der Umlauf des Zeigers beträgt im Unterschied zu den normalen Uhren nicht 12, sondern, dem Rhythmus der Gezeiten entsprechend, 12,4 Stunden. Zur Zeit des Hochwassers steht der Zeiger in jedem Kreis auf „12 Uhr". Wenn also im Schnitt *I* z. B. gerade „12 Uhr" ist, dann bedeutet „11 Uhr" im Schnitt *II*, daß das Hochwasser des Grundwassers dort eine Stunde später eintritt. Die Hochwasserwelle schreitet also von links nach rechts fort

(Abb. 338). Die Abnahme der Zeigergröße (der Tidenhübe des Grundwassers) deutet ebenfalls auf ein Fortschreiten der Welle von links nach rechts hin.

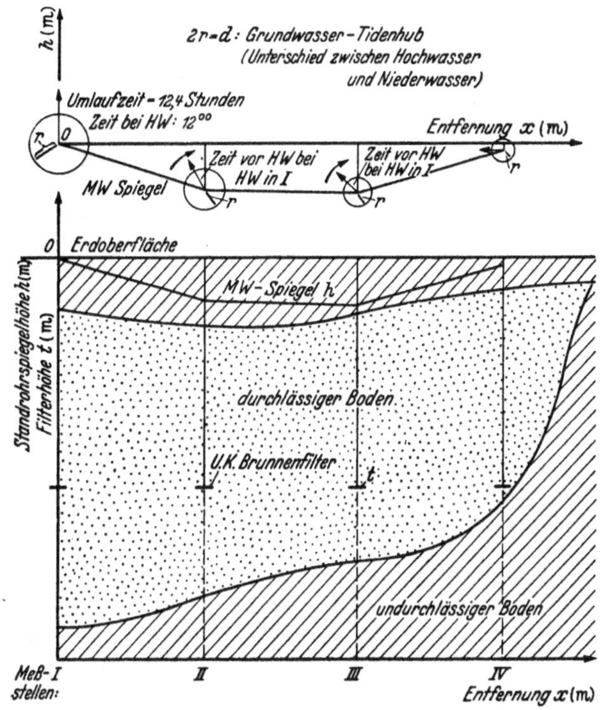

Abb. 338. Darstellung der Grundwasserbewegung im Tidegebiet.

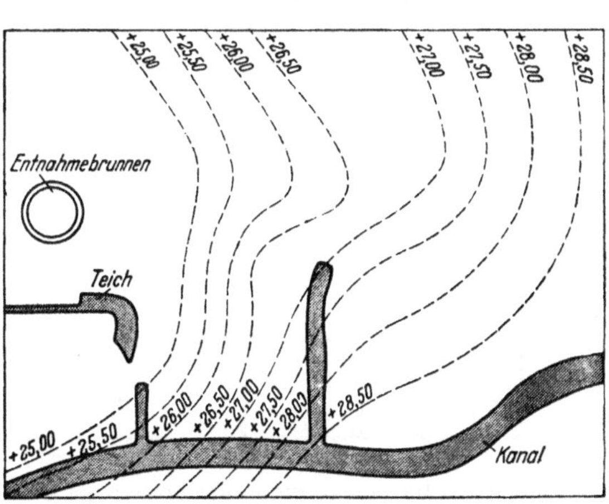

Abb. 339. Grundwasserhöhenlinien (Grundwassergleichen).

Die zweite Darstellung der Grundwasserverhältnisse, die beim freien Wasser für die Beurteilung der Grundwasserverhältnisse nicht unbedingt notwendig, aber manchmal doch recht praktisch ist, betrifft die Zeichnung von Schichtenplänen für die Spiegellage des Grundwassers. Man verbindet hierzu die Punkte gleicher

Spiegelhöhe in der *waagerechten* Ebene (entsprechend der Darstellung für die Punkte gleicher Spiegelhöhe in der *senkrechten* Ebene nach Abb. 336) durch sogenannte „*Grundwassergleichen*" oder „*Grundwasserhöhenlinien*" miteinander (Abb. 339). Hierbei geht man entweder von den Grundwasserständen zu einem bestimmten Zeitpunkt (etwa zur Zeit des Hochwassers oder Niedrigwassers) oder von den Monatsmitteln aus. Im allgemeinen wählt man als Höhenabstand der Grundwassergleichen das Maß von 1 m. Aus den bisherigen Ausführungen geht hervor, daß es bei mehreren Grundwasserstockwerken notwendig ist, für jedes Stockwerk einen besonderen Höhenlinienplan für den Grundwasserspiegel zu zeichnen. Die Grundwassergleichen der verschiedenen Stockwerke brauchen nicht miteinander übereinzustimmen. Unter Umständen ergeben sogar Brunnen, deren Filter in derselben Schicht, aber verschieden tief liegen, Abweichungen.

Bei den Messungen des Sohlenwasserdrucks werden die gleichzeitig gemessenen Standrohrspiegelhöhen oder Wasserdrücke in den Manometern in den Querschnitt des Bauwerks eingetragen. Das ergibt die Größe und Verteilung des Sohlenwasserdrucks zu dem betreffenden Zeitpunkt. Außerdem kann man ihren zeitlichen Verlauf und die Änderung des Außen- oder Grundwasserstands in der Nähe des Bauwerks für die einzelnen Zeitpunkte darstellen.

Kennziffern. Aus der Ganglinie des Grundwasserstands an einem bestimmten Punkt erhält man im Binnenlande durch Mitteln über einen genügend großen Zeitabschnitt den „*mittleren Grundwasserstand*" des betreffenden Brunnens. Außerdem lassen sich aus der Ganglinie noch die Höchst- und Mindestwerte während dieser Zeit entnehmen.

Für viele Untersuchungen ist es zweckmäßig, von der oft annähernd erfüllten Annahme auszugehen, daß der Grundwasserstand vor Baubeginn über eine begrenzte Fläche waagerecht verläuft. Die Berechtigung dieser Annahme muß von Fall zu Fall nachgeprüft werden, indem man die gemessenen Grundwasserstände der betreffenden Fläche miteinander vergleicht. Hierzu ist es notwendig, den mittleren Grundwasserstand h_m des in Frage kommenden Gebiets als arithmetisches Mittel der einzelnen Brunnen zu bilden. Aus der Auftragung der Einzelwerte (Abb. 340) geht hervor, wieweit eine Mittelbildung für alle Brunnen zulässig ist (im Beispiel der Abb. 340 z. B. nicht mehr für Brunnen *10*). Die Mittelbildung wird

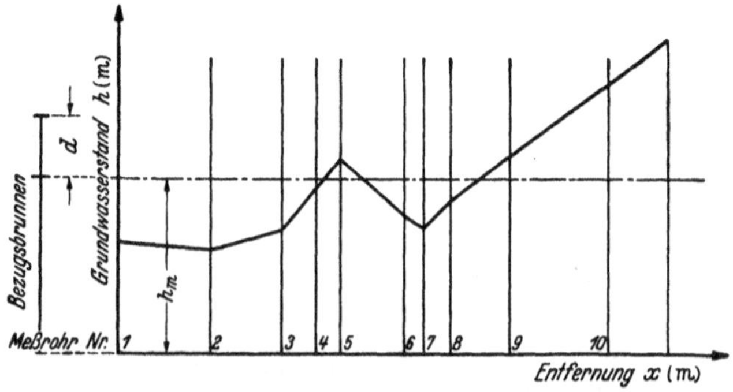

Abb. 340. Beziehung zwischen dem mittleren Wasserstand einer Brunnenreihe und einem außerhalb liegenden Bezugsbrunnen.

für verschiedene Zeitpunkte t_1, t_2, t_3 usw. wiederholt. Häufig wird man sie nicht auf eine Fläche erstrecken, sondern auf eine im Gelände abgesteckte waagerechte Achse.

Im Tidegebiet wird die Grundwasserbewegung durch den mittleren Wasserstand m_m und durch den Tidenhub $2a_m$ des Grundwassers gekennzeichnet. Der mittlere Wasserstand m_m ist wiederum das arithmetische Mittel aus einer längeren Reihe von in gleichen Zeitabständen vorgenommenen Wasserstandsbeobachtungen. Für manche Zwecke genügt es, statt dessen das jeweilige Mittelwasser („*Mittelwasserstand*") m_s oder m_f zu verwenden, das das arithmetische Mittel zwischen einem Niedrigwasser l_v und dem darauffolgenden Hochwasser h (Abb. 341) oder einem Hochwasser h_v und dem darauffolgenden Niedrigwasser l darstellt.

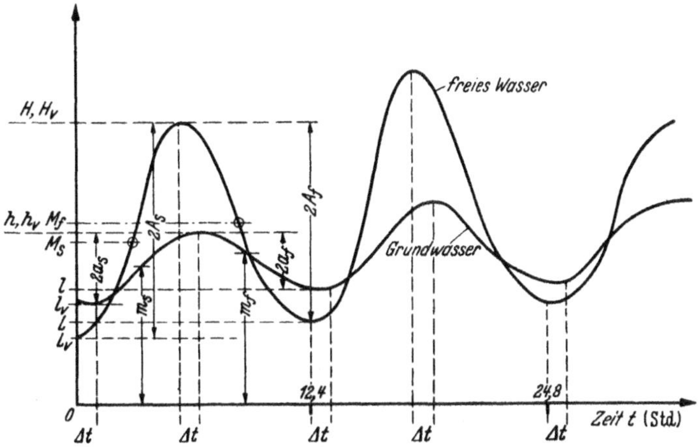

Abb. 341. Bezeichnungen für die Gezeiten-Elemente des Grundwassers und des freien Wassers.

Der Tidenhub des Grundwassers beim Steigen ist:

$$2a_s = h - l_v \qquad \text{(m)}, \qquad (92\,\text{a})$$

der Tidenhub des Grundwassers beim Fallen:

$$2a_f = h_v - l \qquad \text{(m)}, \qquad (92\,\text{b})$$

der mittlere Tidenhub des Grundwassers:

$$2a_m = \frac{2}{n} \sum_1^n (a_s + a_f) \qquad \text{(m)}, \qquad (92\,\text{c})$$

der Mittelwasserstand beim Steigen:

$$m_s = \frac{(h + l_v)}{2} \qquad \text{(m)}, \qquad (93\,\text{a})$$

der Mittelwasserstand beim Fallen:

$$m_f = \frac{(h_v + l)}{2} \qquad \text{(m)}, \qquad (93\,\text{b})$$

der mittlere Mittelwasserstand:

$$m_m = \frac{1}{n} \sum_1^n (m_s + m_f) \qquad \text{(m)}. \qquad (93\,\text{c})$$

Hierbei bedeutet n die Anzahl der Werte, über die das Mittel gebildet wird. Für eine Tide erhält man jeweils zwei Werte, einen beim Steigen und einen beim Fallen, so daß n doppelt so groß ist wie die Anzahl der Tiden, über die sich das Mittel erstreckt.

Die Größe des Sohlenwasserdrucks auf die Bauwerkssohle erhält man dadurch, daß man die Höhe der Bauwerkssohle von der Höhe des gemessenen Standrohrspiegels abzieht. Die erhaltenen Werte werden an den Meßstellen von der Bauwerksohle aus nach unten eingetragen (Abb. 328).

Auswertung. Bevor sich der Wasserspiegel in einem Bohrrohr oder Pegelrohr eingespiegelt hat, kann er aus Messungen zu verschiedenen Zeitpunkten extrapoliert werden (Abb. 342) (BOWIE 1961). Man findet:

$$h_3 = \left(\frac{k'^2}{1-k'}\right)(b-a) \qquad \text{(m)}, \qquad (94)$$

mit

$$k' = \frac{c-b}{b-a}, \qquad (94\text{a})$$

a, b, c Grundwasserstand unter dem Bezugspunkt zu drei Zeitpunkten mit zwei gleichen Zeitabständen,
$c + h_3$ gesuchter Grundwasserstand im Beharrungszustand.

Die Grundwasserstände, die vor Baubeginn gemessen worden sind, werden im Umkreis der Baustelle durch den Bauvorgang und das Bauwerk entweder zeitweise oder dauernd verändert. Um die Veränderungen angeben zu können, ist es notwendig, den Grundwasserstand zu kennen, wie er sich ohne den technischen Eingriff in die natürlichen Verhältnisse einstellen würde. Dieser Grundwasserstand ist nicht meßbar, sondern muß indirekt bestimmt werden, da der ungestörte Grundwasserstand zeitlich nicht konstant ist, sondern durch die Niederschläge und die jahreszeitlichen Klimaschwankungen mehr oder minder stark wechselt. Die Schwankungen müssen von den durch den Bauvorgang hervorgerufenen getrennt werden.

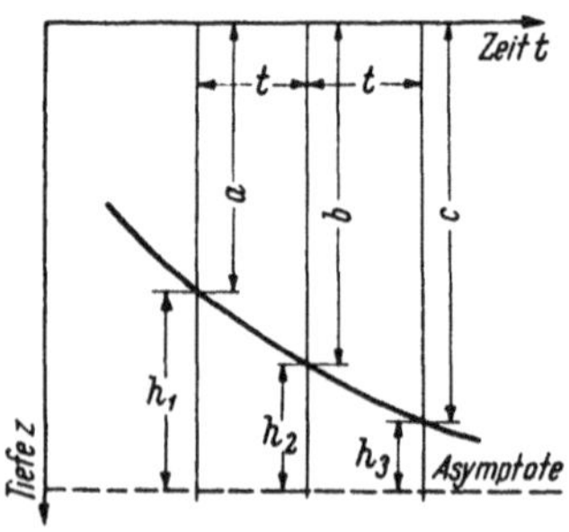

Abb. 342. Auftragung der zu verschiedenen Zeitpunkten gemessenen Wasserspiegel in einem Bohr- oder Pegelrohr (BOWIE 1961).

Man kann hierbei so vorgehen, daß man diejenigen Grundwasserstände, welche sich voraussichtlich durch den Bauvorgang ändern, in Verbindung mit Wasserständen bringt, die durch den Bau nicht beeinflußt werden. Es kann sich bei den letzteren um Grundwasserstände oder um freie Wasserstände handeln. Sie seien „*Bezugswasserstände*" genannt. Die Abhängigkeit zwischen einem freien Wasserstand, etwa in einem Fluß, und einem Grundwasserstand an dessen Ufer wird für den allgemeinsten Fall, eine Gezeitenbewegung, nach STEGGEWENTZ (1933, S. 27 und 180) durch die folgende empirische Gleichung wiedergegeben:

$$a_s = a\,A_s \qquad \text{(m)}, \qquad (95\text{a})$$

$$m_s = b\,M_s + c \qquad \text{(m)}, \qquad (95\text{b})$$

$$a_f = d\,A_f \qquad \text{(m)}, \qquad (95\text{c})$$

$$m_f = e\,M_f + f \qquad \text{(m)}, \qquad (95\text{d})$$

A_s, M_s, A_f und M_f Die a_s, m_s, a_f und m_f entsprechenden Werte des Pegels im freien Wasser (Abb. 341).

Aus diesen Ansätzen ergeben sich das Grundwasser-Tidehochwasser (GThw) und das Grundwasser-Tideniedrigwasser (GTnw) zu:

$$h = a\,A_s + b\,M_s + c = \frac{b+a}{2}\,H + \frac{b-a}{2}\,L_v + c \qquad \text{(m)}, \qquad (96\text{a})$$

$$l = -d\,A_f + e\,M_f + f = \frac{e+d}{2}\,L + \frac{e-d}{2}\,H_v + f \qquad \text{(m)}. \qquad (96\text{b})$$

Die Faktoren a, b und c bzw. d, e und f werden nach der Methode der kleinsten Quadrate für jeden Brunnen nach Gl. (95) mit Hilfe der durch die Messungen bestimmten Wertepaare für a_s, m_s, A_s und M_s usw. abgeleitet und heißen „*Brunnenfestwerte*".

Außerhalb des Tidegebiets wird A_s, A_f, a_s und $a_f = 0$. Infolgedessen gilt dort nur Gl. (95b) in der Form, daß man an Stelle von m_s und M_s den mittleren Grundwasserstand h und den mittleren Flußwasserstand H setzen kann:

$$h = bH + c \qquad \text{(m)}. \qquad (97)$$

Während die zeitliche Zugehörigkeit von a_s und A_s sowie von m_s und M_s im Tidegebiet eindeutig durch die periodischen Schwankungen der Gezeiten gegeben ist – die entsprechenden Werte des Grundwassers treten infolge der Verzögerung durch den Widerstand des Bodens nur später als die Werte des freien Wassers ein –, ist die Gangverschiebung außerhalb des Tidegebiets nicht so leicht festzustellen, weil die zueinander gehörigen Wasserstände nicht mehr deutlich markiert sind. Man geht gewöhnlich davon aus, daß die beiden Wasserstände gleichzeitig gemessen werden dürfen. Hierbei wird vorausgesetzt, daß der gleichzeitige Wasserspiegelunterschied d zweier Brunnen bei allen Wasserständen als konstant angesehen werden darf. Eine derartige Annahme bedarf der Nachprüfung. Am einfachsten läßt sich diese durchführen, indem man die Wasserstände X des einen Brunnens auf der Waagerechten und die Wasserstände Y des anderen Brunnens auf der Senkrechten eines Achsenkreuzes aufträgt (Abb. 343). Die Beobachtungswerte müssen dann auf einer Geraden unter 45° liegen, die nicht durch den Nullpunkt hindurchgeht, entsprechend der Gleichung:

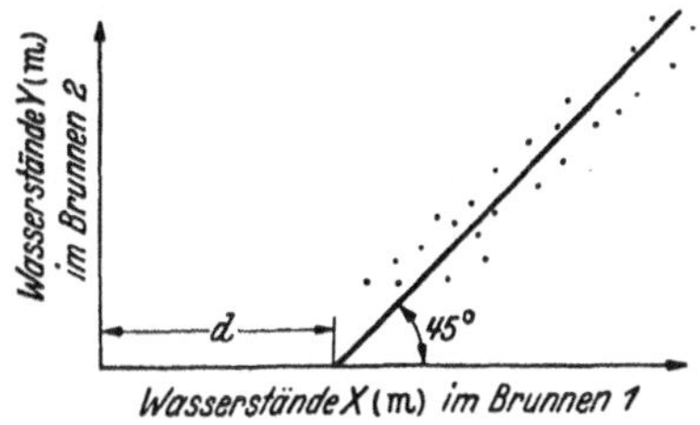

Abb. 343. Abhängigkeit der Wasserstände mehrerer Brunnen.

$$X = Y + d \qquad \text{(m)}.$$

Die Annahme, daß die Wasserstände zweier Brunnen sich ständig um einen konstanten Betrag d unterscheiden, ist nicht immer gerechtfertigt. Besser legt man daher den ungestörten Wasserstand eines Brunnens X dadurch fest, daß man ihn in Beziehung zu den Wasserständen X_2 bis X_n von *mehreren* entfernt liegenden Brunnen bringt, die außerhalb des Einflußbereichs des vorgesehenen Bauwerks liegen. Man erhält dann für den betreffenden Grundwasserstand:

$$X_1 = b_{12} X_2 + b_{13} X_3 + b_{14} X_4 + \cdots + b_{1n} X_n + b_{11} \qquad \text{(m)}. \qquad (98)$$

Durch Ablesen der Brunnenwasserstände X_1 bis X_n zu verschiedenen Zeitpunkten erhält man beliebig viele zusammengehörige Wertegruppen, die man in Gl. (98) einsetzen kann. Da infolgedessen mehr Gleichungen als Unbekannte vorhanden sind, müssen die Faktoren b_{11} bis b_{1n} mit Hilfe der Methode der kleinsten Quadrate oder mit Hilfe der Korrelationsrechnung (SCHULTZE 1936) bestimmt werden. Das letztere Verfahren hat den Vorteil, daß man im Laufe der Rechnung verfolgen kann, welche von den eingesetzten Bezugswasserständen X_2 bis X_n wirklich von Einfluß sind und welche im Laufe der Rechnung als unbedeutend herausfallen. Man erhält auch dann eine verhältnismäßig genaue Festlegung des ungestörten Grundwasserspiegels im Meßbrunnen *1*, wenn Richtung und Gefälle des Grundwasserspiegels im Laufe der Zeit wechseln. Außerdem kann man die Größe der zu erwartenden Streuung und damit die Genauigkeit des Verfahrens von vornherein angeben.

Wenn man mit einem ungestörten Grundwasserspiegel rechnet (Abb. 340) der sich im Mittel durch eine waagerechte Linie wiedergeben läßt, kann man auch diesen Mittelwert an die Stelle des festzulegenden Grundwasserspiegels X_1 setzen und dessen Abhängigkeit von einem oder mehreren Bezugsbrunnen errechnen. Im einfachsten Fall betrachtet man nur einen einzigen außerhalb des Bereichs des Bauwerks liegenden Brunnen X_2 und erhält dann wieder die Gl. (98):

$$X_1 = X_2 + d,$$

da man in einem solchen Fall mit genügender Genauigkeit annehmen kann, daß $b_{12} = 1$ ist. b_{11} wird dann gleich d. Dies ist die einfachste Form zur Festlegung des Grundwasserspiegels, aber auch die ungenaueste (Abb. 340).

Auch in Fällen, wo sich erst nach Beendigung der Bauarbeiten Veränderungen des Grundwasserstands ergeben, mit denen man ursprünglich nicht gerechnet hatte, läßt sich bestimmen, wie der Grundwasserspiegel verlaufen würde, wenn der Bau nicht vorhanden wäre. Dazu ist es notwendig, daß man die Wasserstände in einer größeren Reihe von Meßbrunnen innerhalb und außerhalb des Einflußgebiets der Baustelle schon zu einer Zeit gemessen hat, wo sie noch nicht vorhanden gewesen ist. Es lassen sich dann nachträglich aus den Messungen der Grundwasserstände vor Baubeginn die obengenannten Beziehungen herstellen und damit die Veränderung des Grundwasserspiegels errechnen. Derartige Aufgaben können gestellt werden, wenn es zweifelhaft ist, ob diese als Folge von Bauten oder als Folge von Klimaschwankungen auftreten. Ebenso läßt sich auf diesem Wege entscheiden, auf welche Ursachen sie zurückzuführen sind, wenn mehrere in der Umgebung hergestellte Bauten hierfür in Frage kommen. Der Anteil, der auf die einzelnen Bauwerke oder Baumaßnahmen entfällt, kann in den Fällen, in denen die Bauten nicht zu gleicher Zeit hergestellt worden sind, herausgesiebt werden.

Will man aus Beobachtungen am fertigen Bauwerk den Verlauf des auf das Bauwerk ausgeübten waagerechten Wasserdrucks durch die einzelnen Bodenschichten vollständig erhalten, so benötigt man mehrere Wasserstandsmessungen unmittelbar hinter dem Bauwerk (Abb. 344). Die drei Standrohre *1* bis *3* liegen in der gleichen Meßsenkrechten *5*. Die Filterunterkanten *4* und die Standrohrspiegelhöhen *6* sind neben der Meßsenkrechten durch je einen senkrechten Strich miteinander verbunden. Die drei gemessenen Spiegel *6* müssen unter Berücksichtigung der Stärke und Durchlässigkeit der einzelnen Schichten sowie der Strömungsrichtung miteinander verbunden werden. Ein Druckverlust infolge einer senkrechten Strömung um das Bauwerk herum tritt praktisch nur in den schwerdurchlässigen Schichten ein. Diese verlangsamen die Fließgeschwindigkeit so sehr, daß in den durchlässigen Schichten kaum Reibungswiderstände auftreten.

Für den Fall, daß der Boden hinter dem Bauwerk im wesentlichen senkrecht durchströmt wird, trägt man die Höhe des Standrohrspiegels *4* über der Filterunterkante für jedes Rohr senkrecht neben der Filterunterkante ab (Abb. 344, *1'* bis *3'*), am besten, indem man um die Unterkante mit den Längen der senkrechten Striche einen Viertelkreis schlägt. Man erhält dann die drei durch Kreise bezeichneten Meßpunkte M_1 bis M_3. Da in der mittleren leichtdurchlässigen Schicht der Druckverlust infolge der Strömung gleich Null gesetzt wird, gilt hier die hydrostatische Wasserdruckfläche. Man zieht deshalb durch M_2 eine Linie unter 45°. Diese schneidet die Schichtgrenzen in C und D. Legt man durch C und M_1 eine Gerade, so wird die senkrechte Achse in der Höhe A des Grundwasserspiegels geschnitten. Da der Druck im Standrohr *2* höher als im Standrohr *1* ist, wird die obere schwerdurchlässige Schicht von unten nach oben durchströmt. Der Druckverlust durch diese Strömung ist der Flächenunterschied zwischen der Linie AC und A_2C. Wenn keine Verdunstung vorhanden wäre, würde der Grundwasserspiegel langsam von A auf A_2 ansteigen und der Meßwert M_1 zeitlich veränderlich sein.

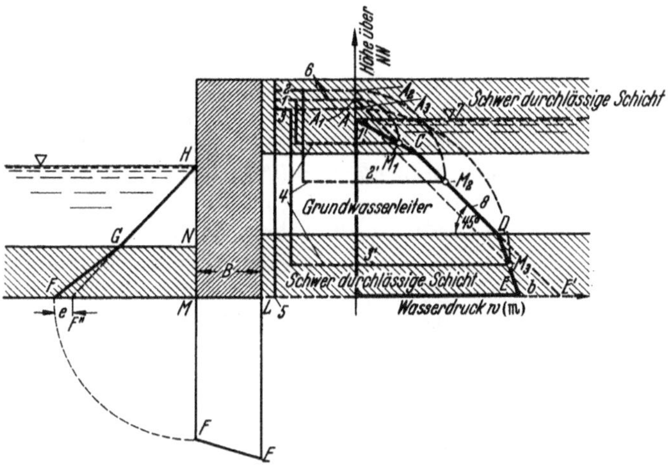

Abb. 344. Ermittlung des Wasserdrucks auf eine Mauer aus den in drei verschiedenen Bodenschichten gemessenen Standrohrspiegeln des Grundwassers.

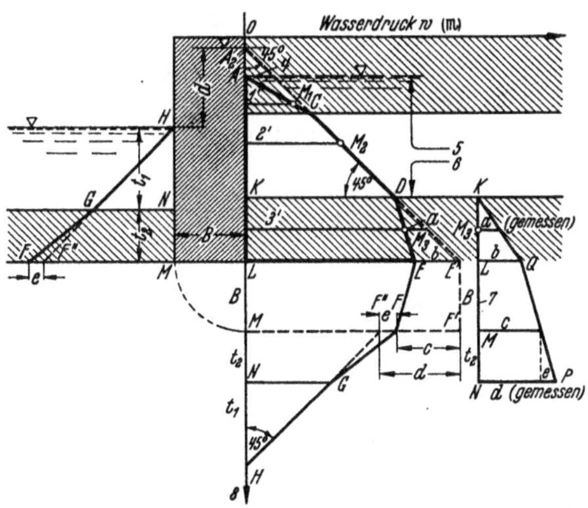

Abb. 345. Ermittlung des Wasserdrucks auf eine Mauer aus den in drei verschiedenen Bodenschichten gemessenen Standrohrspiegeln des Grundwassers bei einer längs ihres Umfangs umströmten Wand.

Um den Verlauf des Wasserdrucks unterhalb D zu finden, wurde der bisher gefundene Teil der Wasserdruckfläche AM_1CM_2D nochmals aufgetragen (Abb. 345). Da der Standrohrspiegel *2* ebenfalls höher liegt als der Spiegel *3*, muß unterhalb D das Grundwasser in entgegengesetzter Richtung, also zum Außenwasser hin, fließen. Hierfür steht ein Druckunterschied $d = A_2H$ zur Verfügung. Wickelt man die zu durchfließende Strecke $KLMN$ auf einer Senkrechten *7* ab (Abb. 345 rechts), so kann man den Gesamtdruckverlust d an deren Ende N in waagerechter Richtung antragen ($NP = d$). Wäre die Messung *3* nicht vorhanden, so würde man K und P durch eine Gerade miteinander verbinden. Da aber M_3 gegeben ist, ergibt sich der Druckverlust längs der Strecke KL dadurch, daß man durch D und M_3 eine Gerade legt, die die Schichtgrenze in E schneidet. Der Druckverlust infolge der Strömung ist wiederum der Unterschied gegen die hydrostatische Drucklinie unter 45°, also die Strecke $b = EE'$. Trägt man $b = LQ$ rechtwinklig zu *7* auf, so ist der Druckverlauf auf der Strecke LN durch die geradlinige Verbindung von Q und P gegeben. Bis zum Punkt M beträgt der Druckverlust: c und zwischen M und N: $e = d - c$.

Die Gesamtstrecke $LMNH$ wurde nochmals auf einer Geraden *8* abgewickelt (Abb. 345, links unten). Auf der Strecke $t_1 = HN$ ist der Druckverlust Null, da das Wasser nicht durch den Boden fließt. Der Druck HG verläuft also unter 45°. In M muß der Druckverbrauch e zu MF'' hinzugefügt werden. Man erhält den Punkt F. Verbindet man diesen mit E, so ist der Linienzug geschlossen. Auf der Strecke LM wird der Druck c—b verbraucht, während ohne Strömung auf dieser Strecke ein rechteckiger Wasserdruck (Auftrieb unter der Mauer) $E'F'$ vorhanden sein würde.

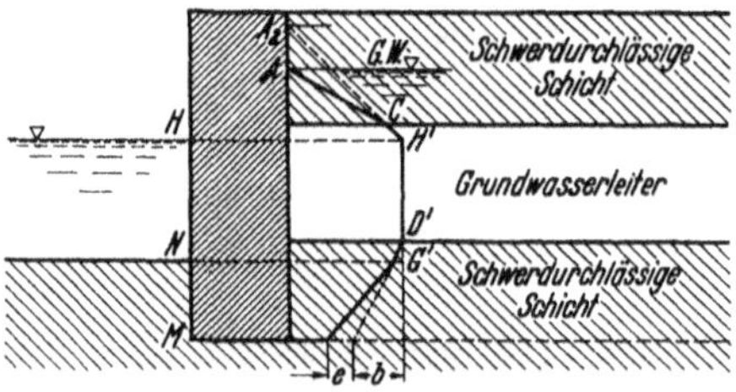

Abb. 346. Ermittlung der Wasserüberdruckfläche aus dem Wasserdruck zu beiden Seiten der Mauer nach Abb. 344.

Verlegt man die Punkte E, F, F'', G, H, N, M und H aus der umgeklappten Lage an ihren wirklichen Ort zurück, erhält man die Wasserdruckflächen zu beiden Seiten des Bauwerks sowie von unten (Abb. 344).

Um den Wasserüberdruck zu erhalten, muß man die beiden in entgegengesetzter Richtung wirkenden waagerechten Wasserdruckflächen voneinander abziehen (Abb. 346). Der senkrechte Wasserüberdruck von unten wird „*Sohlenwasserdruck*" genannt. Auf seine Bedeutung wird noch näher eingegangen (S. 305).

Aus drei unmittelbar am Bauwerk gemessenen Grundwasserspiegeln lassen sich also bereits beträchtliche Verbesserungen an der Wasserüberdruckfläche anbringen. Stehen außerdem Messungen in weiterer Entfernung hinter dem Bauwerk zur Verfügung und sind die Bodenverhältnisse einigermaßen gleichartig, so bringt eine Zeichnung des Strömungsnetzes (Abb. 371 und 372) weitere Anhaltspunkte für die Konstruktion der Wasserdrucklinien, insbesondere darüber, ob mit einem senkrechten Umfließen gerechnet werden darf. Der Druckverlauf hängt davon ab, ob das waagerecht fließende Grundwasser durch das Bauwerk gestaut wird oder ob das Grundwasser hinter dem Bauwerk hauptsächlich in senkrechter Richtung fließt. Die erste Art der Bewegung trifft man vorwiegend im Binnenland an, wo das Bauwerk einen gleichmäßig dahinfließenden Grundwasserstrom schneidet, während die zweite im Tidegebiet auftritt, wo durch das ständige Steigen und Fallen des Außenwassers auch hinter den am Ufer stehenden Bauwerken der Wasserspiegel gehoben oder gesenkt wird. Bei derartigen Bewegungen sind stärkere Unterschiede im Wasserspiegel vor und hinter der Mauer zu erwarten als bei waagerechtem Umfließen.

Bei Messungen des Wasserdrucks in Dichtungen und Erdkörpern gibt der Manometerdruck den Wasserdruck auf das Filter des Meßgeräts abzüglich des Gewichts der in der Rohrleitung zwischen Drahtnetz und Manometer vorhandenen Wassersäule an. Letzteres ist bekannt. Ersterer kann entweder durch gespanntes Porenwasser oder durch andere Strömungsvorgänge im Erdkörper oder durch einfachen hydrostatischen Druck hervorgerufen sein. Die Ursache läßt sich durch

Messungen an mehreren Punkten und zu verschiedenen Zeiten sowie durch Beobachtung der Strömungsbedingungen herausfinden.

Der Sohlenwasserdruck stellt sich in jeder Bodenart ein, auch dann, wenn das Bauwerk in einem wasserundurchlässigen Boden gegründet ist. Allerdings dauert in diesem Fall die Ausspiegelung lange, da aus der wasserführenden Schicht nur geringe Wassermengen durch die undurchlässige Schicht hindurchgedrückt werden. So füllen sich z. B. Baugruben, die in einer schwerdurchlässigen Schicht ausgehoben werden, nicht mit Grundwasser, da die Zeit, die hierzu benötigt wird, die Bauzeit meist bedeutend übersteigt.

Auch aus einer anderen Ursache braucht sich der zu erwartende Spiegel nicht einzustellen, wie schon aus der Tatsache hervorgeht, daß es auf längere Zeit gespanntes Grundwasser gibt. Eigentlich wäre zu erwarten, daß das Grundwasser allmählich durch die schwerdurchlässige Deckschicht hindurchdringt und das

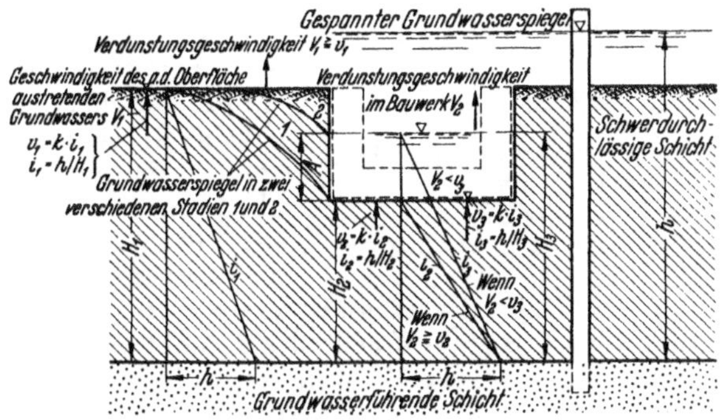

Abb. 347. Abhängigkeit des Sohlenwasserdrucks von der Verdunstungsgeschwindigkeit. *1* und *2* Grundwasserspiegel zu zwei verschiedenen Zeitpunkten.

Gelände so weit überflutet, bis der theoretische Druckspiegel erreicht ist. Daß dies nicht geschieht, liegt nicht allein daran, daß der Vorgang langsam verläuft, sondern daß die Verdunstungsgeschwindigkeit V_1 an der Erdoberfläche größer ist als die Strömungsgeschwindigkeit v_1 des durch die schwerdurchlässige Schicht gedrückten Wassers.

Ähnliche Prozesse können auch den Sohlenwasserdruck unter einem Bauwerk, das in einen schwerdurchlässigen Baugrund gesetzt ist, erheblich verringern oder ganz aufheben (Abb. 347). Allerdings ist hier die Verdunstung V_2 behindert, da die Oberfläche der Baugrube durch das Bauwerk abgedeckt ist. Wenn die Durchlässigkeit der Sohle größer als die des Tonbodens ist, geht die Verdunstung trotzdem vor sich. Aber auch sonst genügt es, daß das durch den Tonboden strömende Wasser in den seitlichen Fugen zwischen Bauwerk und Boden emporsteigt, um den Sohlenwasserdruck A im Laufe der Zeit ständig zu vergrößern (H_3). Da nur geringe Wassermengen notwendig sind, um die Fugen zwischen dem Bauwerk und dem Boden zu füllen, ist dies und damit die Wirkung des vollen Sohlenwasserdrucks unter dem Bauwerk eher zu erwarten als das Ansteigen des Wasserspiegels in einer ausgehobenen Baugrube. Sobald die geringen aus dem schwerdurchlässigen Boden austretenden Wassermengen durch Verdunstung, Abfluß, Dränage, Wasserhaltung oder auf einem anderen Wege beseitigt werden, braucht nicht mit dem vollen Sohlenwasserdruck gerechnet zu werden. Da es sich bei der Frage, wieviel Wasser durch den schwerdurchlässigen Boden hindurch nachgeschoben wird und wieviel davon der Verdunstung anheimfällt, um quantitativ sehr geringfügige Vorgänge handelt, deren Zustandekommen von Zufälligkeiten in der Zusammensetzung des Bodens und in den Abflußverhältnissen des Grundwassers abhängt, läßt sich die Größe des Sohlenwasserdrucks in einem solchen Fall schwer voraussagen. Aus diesem Grunde können Messungen des Sohlenwasserdrucks dazu beitragen, die noch unvollkommenen Unterlagen über diese Frage zu erweitern und die Notwendigkeit zu beseitigen, beim Entwurf mit dem theoretisch ungünstigsten Fall rechnen zu müssen.

Der ungünstigste Fall, der beim Fortfall jedes Abflusses oder jeder Verdunstung eingesetzt werden muß, ergibt, daß der Sohlenwasserdruck A mit der Zeit nach einer logarithmischen Kurve ansteigt (Abb. 348) und schließlich den dem gespannten Grundwasser entsprechenden Höchstwert h erreicht. Die Erfahrung lehrt aber, daß dieser Fall bei schwerdurchlässigen Böden meist nicht eintritt. Nach den Gesetzen der Porenwasserströmung (Fröhlich 1936) wird bei der Auftragung für die Abszissenachse die bezogene Zeit $t\,k/d$ eingeführt, da man dann eine von der Durchlässigkeit k und der Schichtstärke d unabhängige Kurve erhält. Neben der absoluten Standrohrspiegelhöhe wird als Ordinate auch die Größe des jeweiligen Sohlenwasserdrucks sowie eine Skala angegeben, die die Höhe des Wasserspiegels in Bruchteilen von $h - H_2$ ausdrückt, so daß H_3 durch diesen Bruchteil als Funktion von $h - H_2$ wiedergegeben werden kann, was für manche Zwecke recht übersichtlich ist.

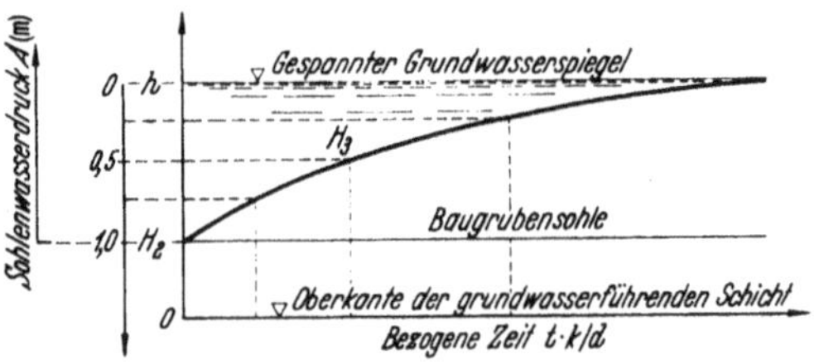

Abb. 348. Zeitlicher Anstieg des Grundwassers in einer Baugrube.

Die Zeit, die bis zum Eintritt des Sohlenwasserdrucks vergehen muß, kann bei den schwerdurchlässigen Bodenarten sehr lang werden. Wird der Grundwasserspiegel durch kurzfristige Schwankungen verändert, so wirkt sich dies auf den Sohlenwasserdruck nur bei den leichter durchlässigen Böden aus. Bei Staukörpern ist außerdem mit stärkeren Verschiedenheiten des Sohlenwasserdrucks in der Strömungsrichtung des Grundwassers zu rechnen.

Zahlenwerte. Da die Schwankungen des Grundwassers nie größer sein können als die Schwankungen des Außenwasserstands, so schwankt der Brunnenfestwert a zwischen 0 und 1. Aus Beobachtungen im Tidegebiet geht ferner hervor, daß das Mittelwasser des Grundwassers sowohl höher als auch niedriger als das Mittelwasser des Außenwassers liegen kann.

Die Wasserüberdruckwerte bei mittleren und niedrigen Außenwasserständen erreichen ihre größten Beträge im Tidegebiet. Nachgewiesen sind Wasserüberdrücke bis über 3 m. Die Anzahl zuverlässiger Messungen ist aber bisher noch gering, so daß die Größe des Wasserüberdrucks eigentlich immer geschätzt wird. Sie hängt nicht nur von der Bodenart, sondern auch von der Entwässerung des Bauwerks ab (Schultze 1948 und 1952). Da Entwässerungsöffnungen sich leicht im Laufe der Zeit verstopfen, kann sich der Überdruck mit der Zeit vergrößern. Für die üblichen Berechnungen hat sich ein Wert zwischen 0,5 und 1,0 m eingebürgert (Empfehlungen des Arbeitsausschusses „Ufereinfassungen" 1964, S. 22), der bei Sandschichten rechteckig eingesetzt wird, während man es bei senkrecht durchströmten Tonschichten häufig bei einem Dreieck beläßt, das in der Strömungsrichtung abfällt.

Fehler. Die hauptsächlichsten Fehler bei Beobachtungen des Grundwasserstands entstehen durch den von der Wasserdurchlässigkeit abhängigen Zufluß des Wassers zum Beobachtungsrohr, durch den bei wechselnden Wasserständen eine zeitliche Verzögerung der Anzeige hervorgerufen werden kann. Weitere

Fehlerquellen sind: Ungenauigkeit von Manometern, Wasserverluste in Leitungen, Temperatureinflüsse, Frost, Wasserdurchfluß entlang des Rohres, Gasblasen im Gerät und im Boden, Ablagerungen im Beobachtungsrohr, Erosion am Rohrende (HVORSLEV 1951).

Die Genauigkeit der Messung des Grundwasserstands beläuft sich bei Beobachtungen mit dem Bandmaß auf etwa 1 cm und beim elektrischen Gerät auf 1 bis 2 mm. Das reicht für praktische Bedürfnisse vollkommen aus und liegt innerhalb der täglichen Schwankungen, die mehrere Zentimeter bis Dezimeter betragen können. Streuungen der Meßwerte sind dann zu erwarten, wenn die Grundwasserstände infolge von Regengüssen oder Hochwasserwellen plötzlich ansteigen. Sie sind desto größer, je weniger durchlässig der Boden ist, da der vom Brunnen angezeigte Wasserstand sich dann um so langsamer dem in seiner Umgebung befindlichen Grundwasserstand angleichen kann.

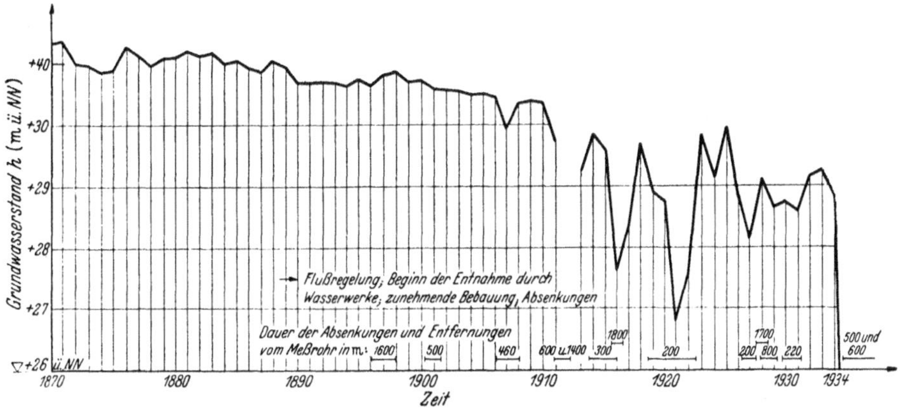

Abb. 349. Grundwasserganglinie der mittleren Jahreswasserstände eines Meßrohrs.

Die Genauigkeit der Untersuchung der Wasserstände am fertigen Bauwerk ist die gleiche wie bei der Beobachtung des Grundwasserstands. Die Meßfehler können sich im Laufe der Zeit dadurch vergrößern, daß die Filter der Beobachtungsrohre langsam zuschlämmen, so daß die Rohre einen geringeren Wasserstand anzeigen, als er in Wirklichkeit vorhanden ist.

Verwendung. Abgesehen von der gewässerkundlichen Bedeutung liegt der Wert der Grundwasserbeobachtungen für die Ausführung von Ingenieurbauten darin, daß sie es ermöglichen, den Wasserandrang bei der Bauausführung rechtzeitig zu erkennen und die für die Trockenhaltung der Baugrube erforderlichen Maßnahmen vorzubereiten. Außerdem können durch sie die durch die Bauwerke hervorgerufenen Veränderungen des Grundwasserstands geklärt und damit die Berechtigung von Schadenersatzforderungen und überhaupt die Höhe der entstehenden Schäden festgesetzt werden. Die Grundwasserbeobachtungen sind auch unentbehrlich bei allen flußbaulichen Maßnahmen, z. B. Niedrigwasserregelungen, Kanalisierungen und Dränagen, um den Einfluß der Bauarbeiten auf die Landwirtschaft zu beurteilen. Sie sind weiter nötig für Entwürfe von Wasserversorgungen aus dem Grundwasser und die Einleitung von Abwässern in das Grundwasser.

Insbesondere bezweckt die Messung der Grundwasserstände in der Umgebung eines fertigen Bauwerks die Schaffung von Unterlagen über das Strömungsbild in Erdkörpern, die Veränderung der Grundwasserverhältnisse und die dadurch hervorgerufenen Schäden, wie Verringerung des landwirtschaftlichen Ertrags, Durchfeuchtung von Kellern, Verminderung der Tragfähigkeit des Baugrundes, Veränderungen der Vorflutverhältnisse usw. Die Messung des waagerechten Wasser-

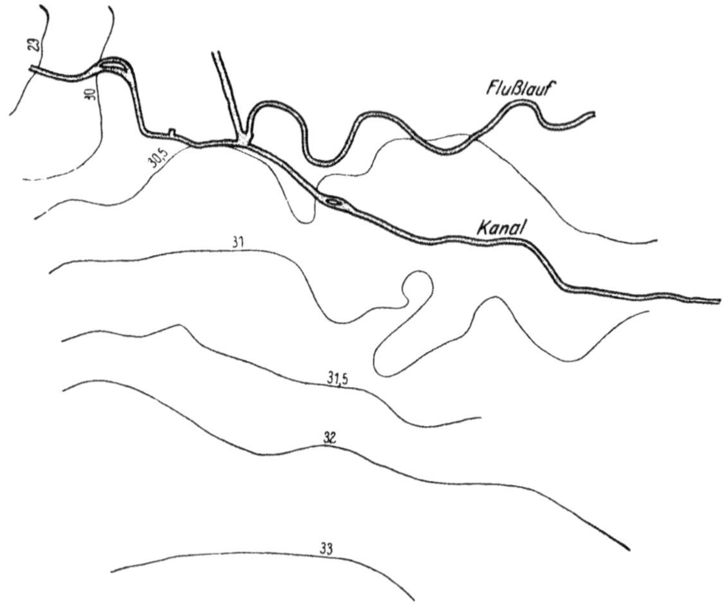

Abb. 350. Unbeeinflußter Grundwasserhöhenlinienplan.

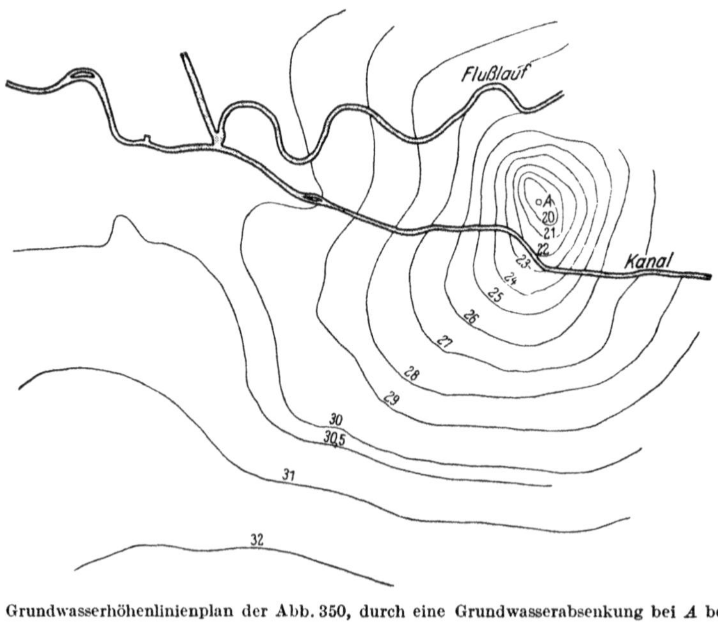

Abb. 351. Grundwasserhöhenlinienplan der Abb. 350, durch eine Grundwasserabsenkung bei *A* beeinflußt.

überdrucks und des Sohlenwasserdrucks dient zur Verbesserung der Grundlagen der statischen Berechnung von Bauwerken. Mit Hilfe der Messungen des Sohlenwasserdrucks kann man die Belastungsflächen der Bauwerkssohle durch den

Wasserdruck einwandfrei bestimmen und Einrichtungen zur Entlastung des Bauwerks entwerfen bzw. die Entlastung dauernd überprüfen und damit eine Gefährdung des Bauwerks rechtzeitig erkennen. Das ist besonders wichtig bei Staumauern und Trockendocks.

Beispiele. 1. Die *Ganglinie* eines Meßpunkts, dessen Anzeigen im Laufe der Jahre durch verschiedene Grundwasserabsenkungen in der näheren oder weiteren Umgebung stark schwankten, wurde aufgezeichnet (Abb. 349).

2. Ebenfalls wurde der *Grundwassergleichenplan* für ein größeres Gebiet vor und nach einer Grundwassersenkung dargestellt (Abb. 350 und Abb. 351). Der Verlauf des Grund-

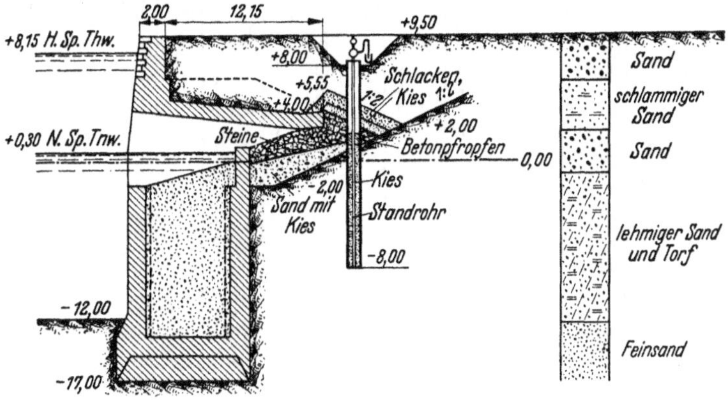

Abb. 352. Anordnung einer Messung des Grundwasserstands im Tidegebiet (BEAU/LEVEQUE 1935).

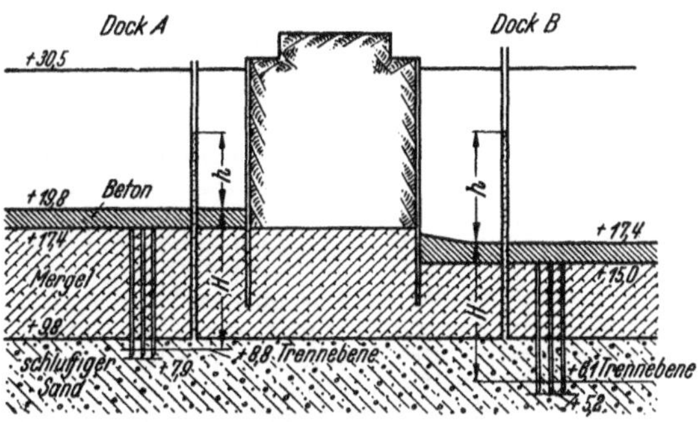

Abb. 353. Querschnitt durch ein Trockendock, den Fangedamm und den Untergrund (HUGH/MILLER/TERZAGHI 1947).

H = Abstand zwischen angenommener Trennungsschicht zwischen dem Boden, der von den Pfählen mitgerissen wird, und dem stehenbleibenden Untergrund (0,9 m über den Pfahlspitzen) und der Docksohle; h = Wasserdruckhöhe über der Docksohle.

wasserspiegels wurde durch die Wasserläufe in keiner Weise beeinflußt. Daraus ist zu schließen, daß das Bett der Wasserläufe so stark abgedichtet war, daß keine Verbindung zwischen dem freien Wasser und dem Grundwasser mehr vorhanden war.

3. Bei dem Bau einer *Schleuse an der Nordsee* (STEGGEWENTZ 1933, S. 27) stieß man auf zwei grundwasserführende Sandschichten von etwa 10 und 25 m Stärke, die durch eine schwerdurchlässige Schicht von etwa 4 m Mächtigkeit voneinander getrennt waren. In beiden Sandschichten hingen die Grundwasserstände von den Gezeiten ab. Für jedes Meßrohr konnte durch Auftragen der zueinandergehörigen Werte a_s und A_s sowie m_s und M_s zu verschiedenen Zeitpunkten je eine gerade Linie gewonnen werden, aus der die Werte a bis c der Gl. (95a) und (95b) abgelesen werden konnten. Auf entsprechende Weise ergaben sich mit Gl. (95c) und (95d) die Werte d bis f. Für einen Brunnen erhielt man z. B.:

$$a = 0{,}526, \qquad b = 0{,}750, \qquad c = -1{,}07\ \text{cm},$$
$$d = 0{,}551, \qquad e = 0{,}707, \qquad f = +0{,}4\ \text{cm}.$$

4. Auf der Baustelle eines *Flußtunnels* (Hoos 1941) begnügte man sich mit den Werten a bis c und erhielt für einen Meßbrunnen, der in 50 m Entfernung vom Ufer eines Tideflusses im gespannten Grundwasser stand, die Werte:

$$a = 0{,}460, \qquad b = 0{,}642, \qquad c = -49{,}1 \text{ cm}.$$

Mit Hilfe dieser Werte wurde der Mittelwasserstand m_m aus dem bekannten Außenwasserstand berechnet und der Unterschied zwischen diesem und dem abgesenkten Grundwasserstand als

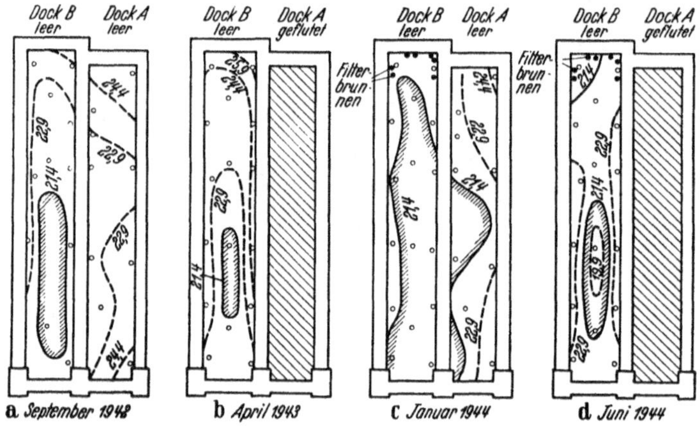

Abb. 354a—d. Gemessene Linien gleichen Standrohrspiegels in dem Bauwerk der Abb. 353 bei verschiedenen Belastungszuständen (leer, geflutet und nach Einbau von Entlastungsbrunnen) (HUGH/MILLER/TERZAGHI 1947).

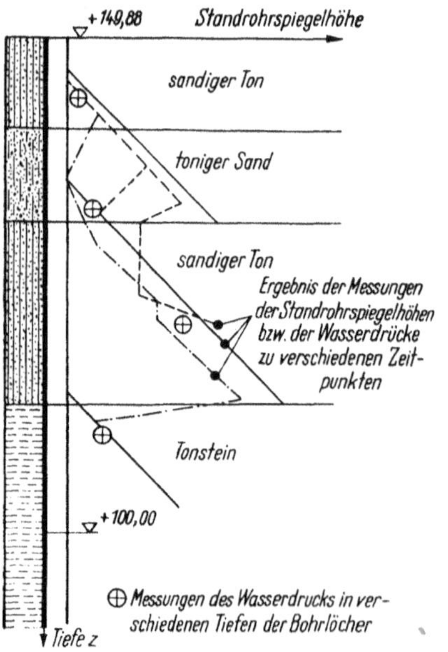

Abb. 355. Messungen der Standrohrspiegelhöhen bzw. des Wasserdrucks in einem Einschnitt, der aus Ton- und Sandschichten besteht (DE BEER/RAEDSCHELDERS 1948).

Senkung des Grundwasserspiegels angesehen. Außerdem berechnete man auf diese Weise den höchsten während der Bauausführung zu erwartenden Grundwasserstand. So erhielt man für $H = +3{,}94$ und $L_r = +2{,}42$ mittels Gl. (96a) den höchsten Grundwasserstand $h = +1{,}90$ m.

5. Im Hafen von Le Havre (BEAU/LEVEQUE 1935) wurden *die Bewegungen einer Kaimauer* und die Druckschwankungen des Grundwassers gemessen (Abb. 352). Das Meßrohr wurde oben mit einem Quecksilbermanometer von 4 mm Durchmesser, das etwa 8 m über NNW angebracht wurde, verbunden. Bei einem Tidenhub von 8 m mußte die größte Schwankung im Manometer rund 0,60 m betragen und rund 7,5 cm³ Wasser im Apparat in Bewegung setzen. Der untere Teil des Meßrohrs stand in einem Kiesfilter, das nach oben durch einen Betonpfropfen abgedichtet war, um Störungen durch Luftzutritt auszuschalten. Während ein gewöhnliches Meßrohr eine wesentliche Dämpfung der Grundwassergezeit zeigte, war die Bewegung im Vergleich zum Außenwasser bei den Druckmessungen auf $-2{,}00$ und $-8{,}00$ nur wenig verändert.

6. Während des 2. Weltkriegs wurde in den Vereinigten Staaten ein *Zwillingstrockendock mit Zellenfangedämmen* als Seitenmauern und an Pfählen verankerter Sohle gebaut (HUGH/MILLER/TERZAGHI 1947). Der Untergrund bestand aus einer Mergelschicht von wechselnder Stärke und darunterliegendem schluffigem Sand (Abb. 353). Da es zweifelhaft war, ob das Gewicht der verhältnismäßig schwachen Sohle zusammen mit dem Gewicht der Mergelschicht ausreichen würde, um den Auftrieb aufzunehmen, wurden während des Baus im Dock A 13 Meßrohre mit BOURDON-Manometern (Federmanometer) bis unter die Docksohle und

vier bis unter den Mergel und im Dock B sechs weitere bis unter den Mergel gebohrt. Außerdem erhielten die Zellenfangedämme vier Meßrohre. Nach Beendigung des Baus wurde diese provisorische Anlage durch insgesamt 31 Meßrohre auf +7,6 m ersetzt.

Ursprünglich war vorgesehen gewesen, die Docksohle lediglich durch Dränagelöcher mit 10 cm starken Entlastungsrohren, die in den Mergel getrieben werden sollten, von dem Wasserdruck zwischen Sohle und Mergel zu befreien. Da jedoch die Sicherheit während des Baus Anfang 1942 nach den Messungen im landseitigen Teil beträchtlich unter 1,5 absank, wurden dort 28 Sandbrunnen bis auf +6,0 m hinabgeführt, die eine senkrechte Dränage bedeuteten.

In diesem Zustand wurden mit der endgültigen Meßanlage bei leeren Kammern die Drucklinien aufgenommen (Abb. 354). Der Druck stieg bei geflutetem Dock A auf +24,4 bis 25,9 m an (Abb. 354, Zustand b). Die Sicherheit gegen Auftrieb sank auf 1,4 bis 1,1. Zur Entspannung wurden in der Nähe der Dockspitze B sieben weitere Brunnen bis auf +0 hinabgeführt. Ihr mittlerer Abfluß betrug etwa 60 l/h gegenüber 4 l/h durch ein Loch der Docksohle. Die Wirkung der neuen Brunnen bei leeren Kammern (Abb. 354, Zustand c) und bei geflutetem Dock A (Abb. 354, Zustand d) ist beträchtlich. Die Sicherheit stieg dadurch von 1,1 auf über 2,0.

7. Für die *Standsicherheitskontrolle eines Einschnitts*, der abwechselnd aus Ton- und Sandlagen bestand, wurden in verschiedenen Tiefen von Bohrlöchern die Wasserdrücke bzw. Standrohrspiegelhöhen gemessen (de Beer/Raedschelders 1948). Obwohl die Meßergebnisse, die zu verschiedenen Zeiten aufgenommen wurden, stark schwanken, zeigt sich für jede einzelne Schicht ein hydrostatisch mit der Tiefe zunehmender Wasserdruck, jedoch ist am Übergang von der Sand- zur unteren Tonschicht ein deutlicher Sprung in der Wasserspiegelhöhe zu verzeichnen (Abb. 355). Der Sprung ist ebenfalls am Übergang von der unteren Tonschicht zum Tonstein vorhanden.

Literatur

Normen und Empfehlungen:

DIN 4021 (1955): Baugrund und Grundwasser. Erkundung, Bohrungen, Schürfe, Probenahme. Grundsätze.
DIN 4022 (1955): Schichtenverzeichnis und Benennen der Boden- und Gesteinsarten. Blatt 1: Baugrunduntersuchungen. Blatt 2: Wasserbohrungen.
v. V. (1964): Empfehlungen des Arbeitsausschusses „Ufereinfassungen". Berlin/München.
DIN 19702 (1966): Berechnung der Standsicherheit von Wasserbauten. Richtlinien.

Alle wesentlichen Angaben über Grundwassermeßverfahren und Meßgeräte sowie über die Bearbeitung der Beobachtungsergebnisse enthält:

Denner/Koehne (1938): Richtlinien für die Erforschung der Grundwasserverhältnisse. 1949 in neuer Bearbeitung herausgegeben von der Forschungsanstalt für Gewässerkunde in Bielefeld.

Ausführlich berichtet über das Vorkommen und die Messung des Grundwassers:

Prinz (1923): Handbuch der Hydrologie. Berlin.

Zusammenfassende kurze Darstellungen der Messung des Grundwasserstands u. a. in:

Schaffernak (1935): Hydrographie. Wien. S. 45.
Brennecke/Lohmeyer (1949): Der Grundbau. Berlin. Bd. I, 1. Teil, S. 56.
Wittmann (1955): Wasserwirtschaft. In: Schleicher: Taschenbuch für Bauingenieure. Berlin. Bd. II, S. 610.

Über die Meßverfahren im einzelnen:

Grahmann (1935): Der sächsische Landesgrundwasserdienst. Abhandlg. Sächs. Geolog. Landesanstalt Bd. 16.
Koehne (1937): Grundwasserforschung. Raumforschung u. Raumordnung 1, S. 339.
Reisner (1939): Grundwassermessungen. Archiv techn. Messen V 65–10. Berlin/München.
Keller (1941): Methodisches zur geohydrologischen Erkundung der Grundwasserverhältnisse. Gas- u. Wasserfach 84, H. 21.
Köhler (1942): Beobachtungen und Erkenntnisse bei den Feldarbeiten für Grundwasseruntersuchungen in Böhmen. Gas- u. Wasserfach 85, H. 27/28.
Koehne (1948): Grundwasserkunde. Stuttgart.
Andreae (1966): Neue hydrometrische Verfahren. München/Wien.

Beispiele für Grundwasserganglinien und Grundwassergleichen:

DENNER (1937): Der Grundwasserstand in Berlin. Zbl. d. Bauverw. 57, S. 243.
—/MOSENTHIN (1938): Die Grundwasserverhältnisse in Berlin Innenstadt seit 1870. Dtsch. Wasserwirtschaft 33, S. 1.
DENNER (1947): Der Grundwasserstand als Spiegelbild der Entwicklung und Wirtschaftslage Berlins. Technik 2, S. 59.
HAHN/PETERS (1947): Die Änderung des Vorfluters als weitere Ursache für den hohen Anstieg des Berliner Grundwassers im Sommer 1945. Bautechnik 24, S. 29.

Über die Auswertung von Grundwasserstandsmessungen in verschiedenen Bodenschichten für den Entwurf und die Berechnung von Bauwerken:

AGATZ (1936): Der Kampf des Ingenieurs gegen Erde und Wasser im Grundbau. Berlin. S. 340.
TERZAGHI/FRÖHLICH (1936): Theorie der Setzung von Tonschichten. Leipzig/Wien.
SCHULTZE (1948): Zur Frage des Wasserdrucks auf Ufereinfassungen, Fangedämme und Staumauern. Abhandlg. ü. Bodenmech. u. Grundbau. Berlin/Bielefeld/Detmold. S. 124.
— (1952): Surpressions derrière les murs de quai. La Houille Blanche 7, S. 809.

Angaben über die Festlegung des ungestörten Wasserspiegels sowie über die Erscheinungsformen des Grundwassers im Tidegebiet:

SICHARDT/WEBER (1930): Hydrologische Rechnungen für die Grundwasserabsenkung beim Bau der Nordschleusenanlage in Bremerhaven. Bautechnik 8, S. 453.
STEGGEWENTZ (1933): De invloed van de getijbeweging van zeen en getijrivieren op de stijghoogte van grundwater. Dissertation Delft.
SCHULTZE (1936): Die Anwendung statistischer Untersuchungsverfahren bei bautechnischen Fragen. Bautechnik 14, S. 773.
VAN BRUGGEN (1941): Der Maastunnel zu Rotterdam. Versuche und Untersuchungen. Bautechnik 19, S. 432.
HOOS (1941): Die Grundwassersenkung beim Bau des Maastunnels in Rotterdam. Bautechnik 19, S. 517.
SCHULTZE (1942): Die Grundwasserbewegung im Tidegebiet. Bautechnik 20, S. 104.
HARDING (1948): Some recorded observations of groundwater levels related to adjacent tidal movements. Proc. II. Int. Conf. Soil Mech. Found. Eng. Rotterdam, Bd. IV, S. 317.
VINCK (1954): Über den Einfluß der Tide auf den Grundwasserstand. Wasserwirtschaft 45, S. 131.
NAHRGANG (1954): Zur Theorie des vollkommenen und unvollkommenen Brunnens. Berlin/Göttingen/Heidelberg.

Beispiele:

DE BEER/RAEDSCHELDERS (1948): Some results of waterpressure measurements in claylayers. Proc. II. Int. Conf. Soil Mech. Found. Eng. Rotterdam, Bd. I, S. 294.

Einspiegelung des Grundwasserstands:

HVORSLEV (1951): Time lag and soil permeability in groundwater observations. Waterways Experiment Station Vicksburg Bull. 36.
BOWIE (1961): Correspondence. Géotechnique 11, S. 248.

Grundwasserspiegel an Flüssen:

CAMBEFORT (1953): L'alimentation des nappes d'eau par les rivières. Proc. III. Int. Conf. Soil Mech. Found. Eng. Zürich, Bd. II, S. 204.

Einzelbeobachtungen:

WALTHER (1932/33): Beobachtungen über die Grundwasserbewegung hinter einer dichten Uferwand im Tidegebiet. Bautechnik 10, S. 495 u. 11, S. 666.
LOHMEYER (1935): Neuere Beispiele für die Gründung von Kai- und Schleusenmauern auf schlechtem Untergrund. Einfluß des Grundwasserstandes (Wasserstand hinter der Mauer) und seiner Schwankungen. Beobachtungen und Ergebnisse. XVI. Intern. Schiffahrtskongreß Brüssel, Bericht 105.
BEAU/LEVEQUE (1935): Neuere Beispiele für die Gründung von Kai- und Schleusenmauern auf schlechtem Untergrund. Einfluß des Grundwasserstandes (Wasserstand hinter der Mauer) und seiner Schwankungen. Beobachtungen und Ergebnisse. XVI. Intern. Schiffahrtskongreß Brüssel, Bericht 109.

RINGELING (1936): Measuring groundwater pressures in a layer of peat, caused by an imposed load. Proc. I. Int. Conf. Soil Mech. Found. Eng. Cambridge (Mass.), Bd. I, S. 106.
BIEMOND (1936): Direct measuring of internal water pressures in clay. Proc. I. Int. Conf. Soil Mech. Found. Eng. Cambridge (Mass.), Bd. I, S. 111.
EHRENBERG (1940): Messungen an Staudämmen. VDI-Ztschr. 84, S. 495.

Sohlenwasserdruck:

HOFFMANN (1929): Zur Frage des Auftriebs in Talsperren. Wasserwirtschaft 22, S. 562.
WIENDIECK (1929): Über Größe und Bedeutung des Grundwasserauftriebs. Zement 18, S. 12.
FILLUNGER (1929): Auftrieb und Unterdruck in Talsperren. Wasserwirtschaft 22, S. 334.
BRENNECKE/LOHMEYER (1930/34): Der Grundbau. Berlin. Bd. II u. III.
TERZAGHI (1934a): Auftrieb und Kapillardruck an betonierten Talsperren. Ber. Intern. Talsperren-Komm. Weltkraftkonferenz Stockholm, Bd. V, S. 5.
— (1934b): Beanspruchungen von Gewichtsstaumauern durch das strömende Sickerwasser. Bautechnik 12, S. 379.
TAYLOR/VAIDHIANATHAN (1936): Uplift pressure on weirs of simple and complex designes. Proc. I. Int. Conf. Soil Mech. Found. Eng. Cambridge (Mass.), Bd. I, S. 146.
WENZEL/THIEM (1940): Durchflußmenge und physikalische Erscheinungen in natürlichen und künstlichen Bodenschichten. Gas- u. Wasserfach 83, S. 150.
HUGH/MILLER/TERZAGHI (1947): Shipways with cellular walls on a marl foundation. Trans. Am. Soc. Civ. Eng. 112, S. 298.
RICHARDSON (1948): Summary of uplift pressures at Bureau of Reclamation Dams. Bureau of Reclamation Technical Memorandum 636.
KEENER (1950): Uplift pressures in concrete dams. Proc. Am. Soc. Civ. Eng. 76, H. 25.
FRANK (1952) – Sohlenwasserdruck bei Talsperren. Bauingenieur 27, S. 127.
TÖLKE (1953) – Sohlenwasserdruck in Staumauern. Bauingenieur 28, S. 283.
CARLSON (1955) – Permeability, pore pressure and uplift in gravity dams. Proc. Am. Soc. Civ. Eng. 81, Paper 700.

1.333 Wasserdurchlässigkeit

Definition. Unter „*Grundwassergeschwindigkeit*" wird im normalen Sprachgebrauch eine gedachte Geschwindigkeit verstanden. Es ist die Geschwindigkeit, mit der sich das Grundwasser bewegen müßte, wenn der Durchflußquerschnitt nicht durch die Bodenkörner eingeschränkt wäre. Fließt also auf einem Bodenquerschnitt F pro Zeiteinheit die Wassermenge Q ab, so ist die Grundwassergeschwindigkeit:

$$v = \frac{Q}{F} \qquad (\mathrm{m/s})\,. \tag{99}$$

Diese *scheinbare* Grundwassergeschwindigkeit, die für die folgenden Überlegungen verwendet wird, wird auch als „*Filtergeschwindigkeit*" bezeichnet.

Die *wirkliche* Grundwassergeschwindigkeit ist größer, da das Grundwasser zum Abfließen nicht den vollen Bodenquerschnitt, sondern nur den darin vorhandenen Porenraum zur Verfügung hat. Drückt man den Porenraum durch den Hohlraumgehalt (Porenvolumen) n aus (s. Kap. 1.411.21), so ist die „*wirkliche Geschwindigkeit*" des Grundwassers im statistischen Mittel über den betrachteten Bodenquerschnitt:

$$v_w = \frac{v}{n} \qquad (\mathrm{m/s})\,. \tag{100}$$

Von der wirklichen Grundwassergeschwindigkeit v_w wird jedoch bei der Voruntersuchung von Bauten kaum Gebrauch gemacht.

Die Grundwasserströmung um oder in Bauwerken kann wie jede andere Grundwassergeschwindigkeit nur im Modell oder auf dem Umweg über die Beobachtung des Grundwasserstands oder Porenwasserdrucks in Standrohren gemessen werden. Sie wurde bisher meist an Modellen beobachtet, da unmittelbare

Messungen in der Natur wegen der großen Anzahl von Standrohren, die hierzu benötigt werden, auf Schwierigkeiten stoßen.

Bei den geringen Geschwindigkeiten des Grundwassers und den infolgedessen ebenfalls sehr klein ausfallenden Abflußmengen ist es im allgemeinen nicht möglich, Grundwassermengen in einem bestimmten Querschnitt zu messen, es sei denn, daß zufällig an der Baustelle natürliche Quellen vorhanden sind. Dazu kommt, daß die Festlegung und Abgrenzung eines Meßquerschnitts ohne Störung der Abflußverhältnisse nicht möglich ist. Aus diesem Grunde kann man Abflußmengen des Grundwassers gewöhnlich nur dadurch messen, daß man durch künstliche Entnahme des Wassers mittels einer Pumpe ein verstärktes Gefälle und einen verhältnismäßig großen Zuflußbereich schafft und merkbare Wassermengen zutage fördert. Dies geschieht durch eine Probeabsenkung des Grundwassers, deren Zweck es ist, den Wasserdurchlässigkeitsbeiwert k des Baugrundes genauer, als es mit Hilfe einzelner Bodenproben möglich ist, zu bestimmen und dadurch ein Maß für den Wasserandrang zu erhalten („*Pumpversuch*").

Die Probeabsenkung ist auf durchlässige Bodenarten etwa bis zu einem Wert $k = 10^{-5}$ m/s beschränkt. Bei weniger durchlässigen Böden wird der Wasserandrang zu gering, um einen ständigen Betrieb der Pumpe, der zur Messung notwendig ist, zu ermöglichen. Die Wasserdurchlässigkeit muß dann nach anderen Verfahren bestimmt werden. Jedoch ist bei solchen Baugruben die Frage nach dem Wasserandrang von geringerer Bedeutung, da dann Wasserhaltungen in einfachster Form genügen, wenn sie überhaupt notwendig sind.

In einfachen Fällen kann man die Wasserdurchlässigkeit des Untergrunds näherungsweise auch durch Einfüllen von Wasser in einen Brunnen bestimmen („*Zentralbrunnenverfahren*").

Gerät. Die unmittelbare Messung der wirklichen Grundwassergeschwindigkeit ist selten. Dem Grundwasser wird in solchen Fällen ein Stoff beigemengt, dessen Verbreitung leicht feststellbar ist. Farbstoffe sind wohl verwendbar, liefern aber unbefriedigende Ergebnisse. Man bevorzugt Kochsalz oder Salmiak, die dem Boden an einer Stelle zugefügt werden. Die Veränderung der Konzentration des Grundwassers wird an anderer Stelle mit bekannter Entfernung zu verschiedenen Zeiten gemessen, indem man die elektrische Leitfähigkeit des Bodens bestimmt. Zu diesem Zweck werden in die Beobachtungsrohre für den Grundwasserstand Elektrodenpaare eingebracht, die mit einer Schwachstromquelle in Verbindung stehen. Dabei wird im allgemeinen eine Elektrode durch die Rohrwand selbst gebildet. Die Veränderung der Stromstärke mißt man mit einem Amperemeter, das in den Stromkreis eingeschaltet ist.

Nach Mansur (1957) kann man zur Messung der Grundwassergeschwindigkeit auch durch ein Bohrrohr ein Flügelmeßrad in den Untergrund einbringen.

Neuerdings werden zur unmittelbaren Messung der Strömungsgeschwindigkeit des Grundwassers auch radioaktive Isotope verwendet (Moser/Neumaier/Rauert 1957).

Bei der Probeabsenkung des Grundwassers wird der Wasserstand in einzelnen Meßrohren beobachtet. Hinzu treten Entnahmebrunnen, aus denen das Grundwasser herausgepumpt wird. Sie unterscheiden sich von den Meßrohren durch den meist größeren Durchmesser, der zwischen 150 und etwa 1000 mm schwankt. Bei Großanlagen empfiehlt es sich, die Größe der Brunnen der späteren endgültigen Anlage anzupassen.

Während es bei den Meßrohren darauf ankommt, den Grundwasserstand an einer begrenzten Stelle und in einer begrenzten Tiefe zu beobachten, und das Filter daher möglichst niedrig gehalten wird, soll sich der Zuflußbereich des Entnahmebrunnens möglichst auf die ganze grundwasserführende Schicht erstrecken.

Die Filterlänge umfaßt deshalb gewöhnlich den ganzen im durchlässigen Boden befindlichen Rohrabschnitt. Ist die durchlässige Schicht sehr stark, so richtet sich die Einführungstiefe der Entnahmebrunnen nach der gewünschten Absenkung oder der verlangten Fördermenge. Die Größe der Probeabsenkung soll mindestens 2 m, besser etwa 30 bis 40% der endgültigen Absenkung betragen. Da die Probeanlage oft bei der endgültigen Anlage verwendet wird, ergeben sich häufig schon daraus die Tiefen, bis zu welchen die Entnahmebrunnen in den Boden gebracht werden müssen. Da die Fördermenge mit der benetzten Außenfilterfläche des Brunnens, also mit dessen Tiefe ansteigt, kann man die Filterlänge

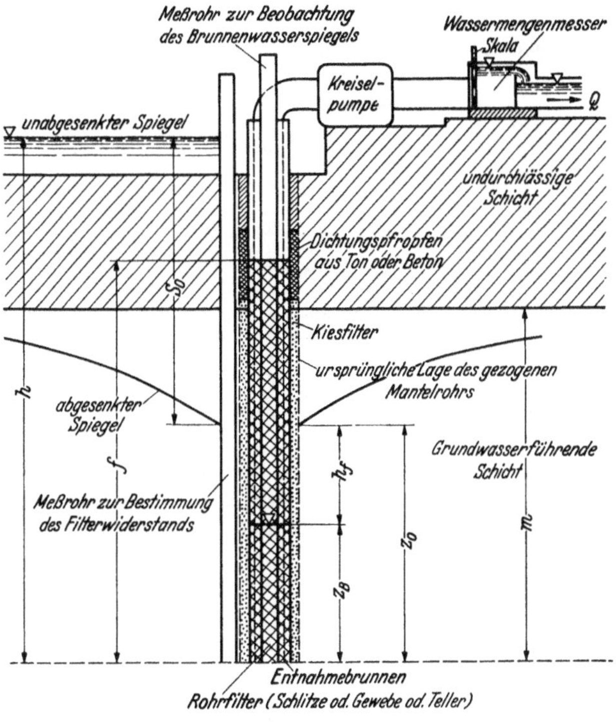

Abb. 356. Querschnitt durch eine Probeabsenkungsanlage.

auch durch Abdichtungsscheiben, die in den Brunnen eingebracht werden, während der Probeabsenkung beliebig nach unten verkürzen und damit ihren Einfluß auf die Fördermenge untersuchen.

An die Saugrohre, die in den Entnahmebrunnen hängen, werden Kreiselpumpen angeschlossen, die bei der normalen Ausführung auf der Geländeoberfläche stehen. Meist gehören mehrere Entnahmebrunnen zu einer einzigen Pumpe. Wird die hydraulische Saughöhe bei einer Aufstellung der Pumpen auf der Geländeoberkante überschritten, so verwendet man Tiefpumpen, die in die Entnahmebrunnen eingehängt werden. Wenn kein geeigneter Vorfluter erreicht werden kann, dürfen die geförderten Wassermengen erst in größerer Entfernung vom Brunnen wieder in den Boden eingeleitet werden.

Innerhalb und unmittelbar außerhalb des Entnahmebrunnens befindet sich je ein Standrohr zum Messen des Grundwasserstands (Abb. 356). Durch den Durchflußwiderstand des Filters entsteht zwischen dem Grundwasserstand z_B im

Brunnen und dem Grundwasserstand z_0 unmittelbar an seiner Außenfläche ein Druckgefälle h_f, das durch die beiden Standrohre gemessen werden kann. Für die Berechnung des Durchlässigkeitsbeiwerts k und des Wasserandrangs Q ist stets der Wasserstand z_0 an der Außenseite des Filters maßgebend.

Die Größe der zu pumpenden Wassermengen Q ist bei gleicher Tiefe und Filterlänge je nach der Durchlässigkeit k und der Absenktiefe s_0 sehr verschieden. Man kann unter normalen Verhältnissen und sofern keine grobkiesigen Schichten angeschnitten werden, mit Beträgen zwischen 20 und 100 m³/h, d. h. mit 0,005 bis 0,030 m³/s rechnen. Die von der Pumpe beförderte Wassermenge Q wird mittelbar durch einen Wassermesser gemessen. Wenn mehrere Brunnen durch eine Pumpe zusammengefaßt werden, empfiehlt es sich, die Entnahme aus jedem einzelnen Brunnen gesondert zu messen.

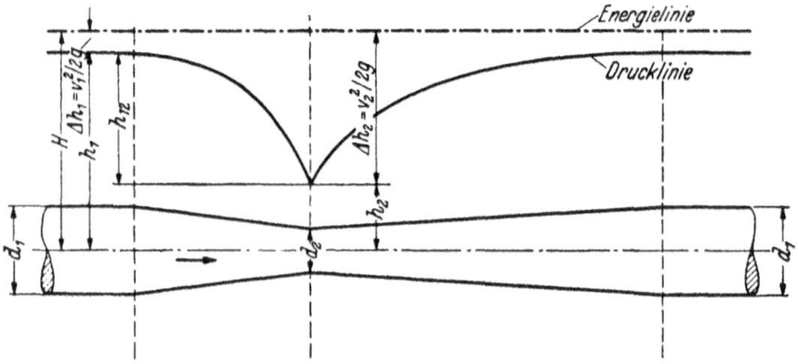

Abb. 357. Wassermengenmessung mit dem VENTURI-Rohr.

Zur Wassermengenmessung werden am häufigsten VENTURI-*Rohre* (Abb. 357) verwendet, bei denen Q aus dem Druckunterschied an den Stellen *1* (Normalquerschnitt) und *2* (engster Querschnitt des eingeschnürten Rohrs) errechnet werden kann. Es ist:

$$Q = \mu \sqrt{\frac{2g}{\left(\frac{1}{F_2^2} - \frac{1}{F_1^2}\right)}} \sqrt{h_{12}} = A \sqrt{h_{12}} \qquad (\mathrm{m^3/s}), \qquad (101)$$

μ Verlustbeiwert = 0,97 bis 0,99,
g Erdbeschleunigung,
F_1 Normalquerschnitt des Rohrs,
F_2 Querschnitt an der engsten Stelle,
h_{12} Druckunterschied zwischen 1 und 2,
A Eichkonstante des Geräts.

Kurze VENTURI-*Einsätze* (Abb. 358) werden in den Stoß der waagerechten Rohrleitung eingeschaltet. An ihre Stelle können auch genormte *Meßblenden* (Abb. 359) treten, die ebenfalls in einen Rohrstoß eingebaut werden. Sie besitzen jedoch nur geringere Genauigkeit. Bei ihnen wird der Druckunterschied h_{12} durch Differentialmanometer, die entweder tragbar sind und nur für die Messung an das Rohr angeschlossen werden, oder durch eine stationäre Anlage, welche die gemessenen Wassermengen aufzeichnet, gemessen. Der offene VENTURI-*Kanal* wird bei Grundwasserabsenkungsanlagen seltener verwendet, da hierzu eine Rinne mit ausreichend langer Beruhigungsstrecke notwendig ist. Muß wegen Fehlens anderer Geräte eine Meßrinne angelegt werden, so zieht man dem VENTURI-Kanal ein scharfkantiges Meßwehr vor.

Die Messungen können bei allen Geräten selbstregistriert und fernübertragen werden. Es können auch die Fördermengen durch ein besonderes Zählwerk laufend summiert und durch Grenzkontakte Signal- und Absperrvorrichtungen ausgelöst werden.

Die Probeabsenkung wird so angeordnet, daß ein oder mehrere Entnahmebrunnen in etwa 15 bis 20 m Entfernung mit quadratischem oder rechteckigem Grundriß in der Mitte eines Achsenkreuzes stehen, auf dem sich die einzelnen

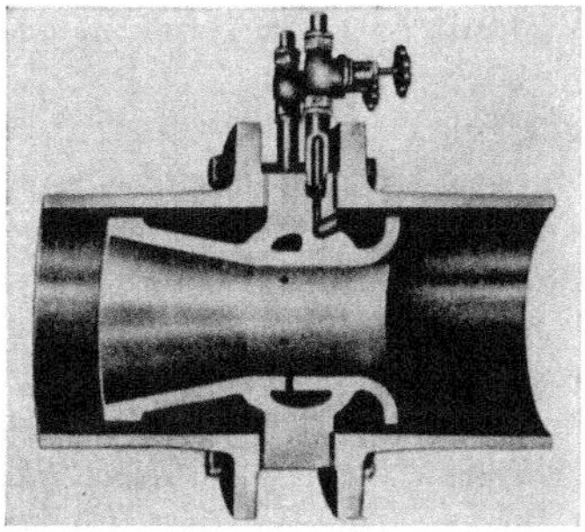

Abb. 358. VENTURI-Einsatz zur Wassermengenmessung (Pollux GmbH, Ludwigshafen/Rhein).

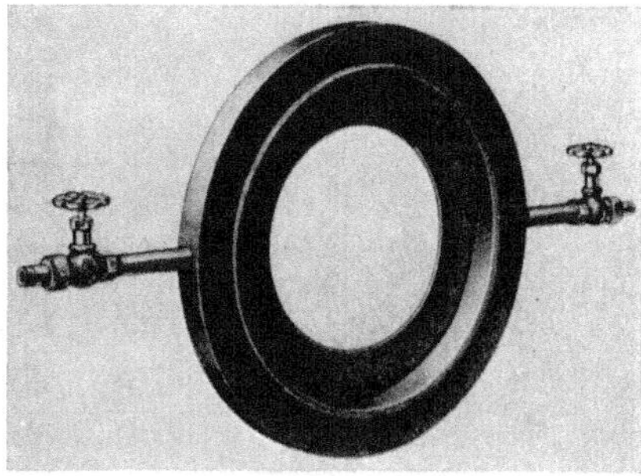

Abb. 359. Meßblende (Pollux GmbH, Ludwigshafen/Rhein).

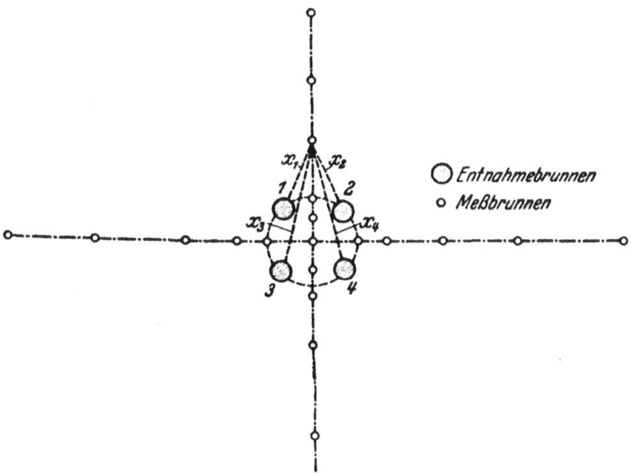

Abb. 360. Anordnung der Meßrohre zur Bestimmung des Durchlässigkeitsbeiwerts durch eine Probeabsenkung mit mehreren Entnahmebrunnen.

Meßrohre befinden (Abb. 360). Der Abstand der Meßrohre untereinander nimmt mit zunehmender Entfernung von den Entnahmebrunnen zu. Als Durchschnitt kann man bei größeren Anlagen ein Maß von etwa 10 m in der Nähe der Entnahmebrunnen und von 60 bis 70 m in größerer Entfernung ansehen. Bei kleinen Anlagen ist theoretisch mindestens ein Entnahmebrunnen mit zwei in einer Linie stehenden Meßrohren im Abstand von 5 und 20 m erforderlich. Zur Ausschaltung von Fehlern und zur Erfassung des Spiegelverlaufs in den Hauptrichtungen gilt jedoch praktisch als geringste Zahl der Meßrohre vier, besser aber sechs. Derartige Kleinstanlagen reichen für viele Zwecke aus.

Für jedes Grundwasserstockwerk wird eine besondere Probeabsenkungsanlage vorgesehen.

Vorgang. Bei der Beobachtung des Verlaufs einer Grundwasserströmung werden drei in einer geraden Linie stehende Standrohre (Abb. 361) möglichst so angeordnet, daß ihre Verbindungslinie die Grundwassergleichen senkrecht schneidet

(Abb. 339). In das erste Standrohr wird eine Kochsalz- oder Salmiaklösung eingebracht. In den Standrohren *2* und *3* wird zu verschiedenen Zeiten die jeweilige Stromstärke in Ampere gemessen.

Bei der Verwendung radioaktiver Isotope wird das Grundwasser mit einigen cm³ Lösung von z. B. J^{131} in einem Filterrohr geimpft und die Abnahme der Konzentration im gleichen Rohr in Abhängigkeit von der Zeit gemessen. Daraus kann dann auf die Filtergeschwindigkeit des Grundwasserstroms geschlossen werden.

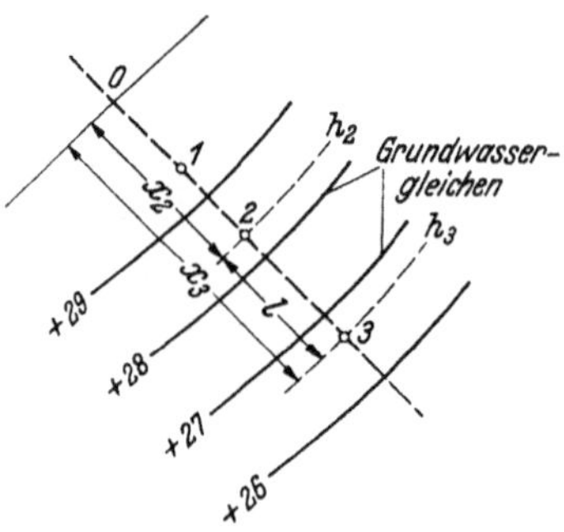

Abb. 361. Anordnung der Meßrohre zur Messung der Grundwassergeschwindigkeit.

Sind natürliche Quellen vorhanden, so wird deren Abfluß in regelmäßigen Zeitabständen gemessen (sogenannte „*Quellschüttungsmessungen*“). Solche Messungen kommen für Bauzwecke jedoch selten vor. Fast immer muß man das Grundwasser künstlich fördern. Hierbei werden die Meßrohre zur Untersuchung des ungestörten Grundwasserspiegels vor den Entnahmebrunnen gebohrt und sofort abgelesen.

Nach der Einbringung der Entnahmebrunnen kann artesisch gespanntes Grundwasser bereits ohne besondere Pumpleistung ausfließen. Dieser Vorgang ist für Zwecke der Probeabsenkung nur brauchbar, wenn man die abgegebenen Wassermengen genau erfassen und an den Meßbrunnen, die ebenfalls unter artesischem Druck stehen, eine merkbare Wasserspiegelveränderung beobachten kann. Aus diesem Grunde wird der Entnahmebrunnen sofort durch eine Leitung gefaßt und das Wasser dem Wassermesser zugeleitet.

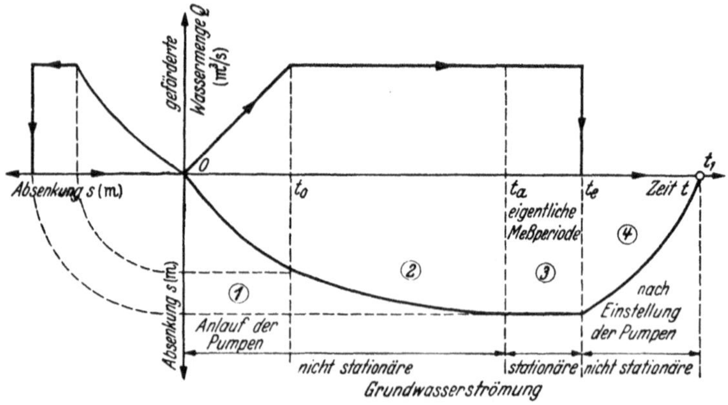

Abb. 362. Darstellung des Ergebnisses von Probeabsenkungen. Verlauf der Fördermenge und der Absenkung.

Vor Beginn der Messung des Durchlässigkeitsbeiwerts und der Ergiebigkeit muß sich im Abfluß des Grundwassers ein stationärer Zustand eingestellt haben. Es wird deshalb mehrere Tage oder auch Wochen hindurch mit unveränderter Leistung gepumpt, bis sich die Wasserstände in den einzelnen Meßbrunnen auf einen festen Mittelwert eingespielt haben. Sobald dieser Zustand erreicht ist, bei dem infolge der geringen Tagesschwankungen des Grundwasserzuflusses lediglich kleinere Abweichungen auftreten können, wird der Grundwasserspiegel, der laufend beobachtet wird, für einen solchen Zeitpunkt herausgesucht, an dem die täglichen Schwankungen besonders gering sind. Die eigentliche Meßperiode wird nicht länger ausgedehnt als zur Durchführung einer auf verläßlichen Mittelwerten beruhenden Messung notwendig ist (Abb. 362, Bereich (3)).

Füllversuche nach dem LUGEON-Verfahren (Taschenverfahren) (LUGEON 1933) werden in bindigem Boden angewendet. Der untere Teil des unverrohrten Bohrlochs wird durch einen Packer abgeschlossen (Abb. 363). Dann wird Wasser unter

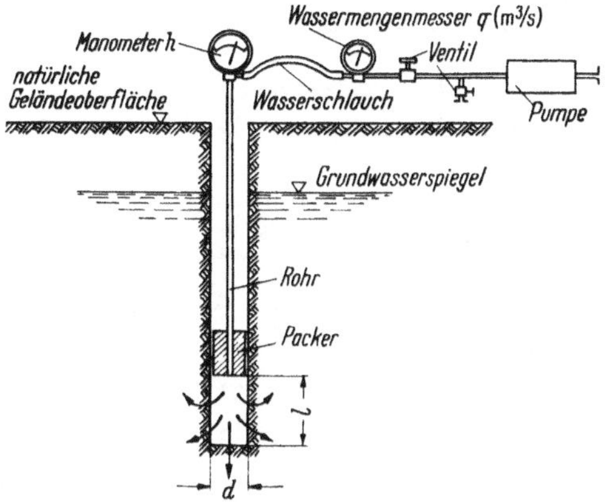

Abb. 363. Bestimmung des Durchlässigkeitsbeiwerts k nach LUGEON.

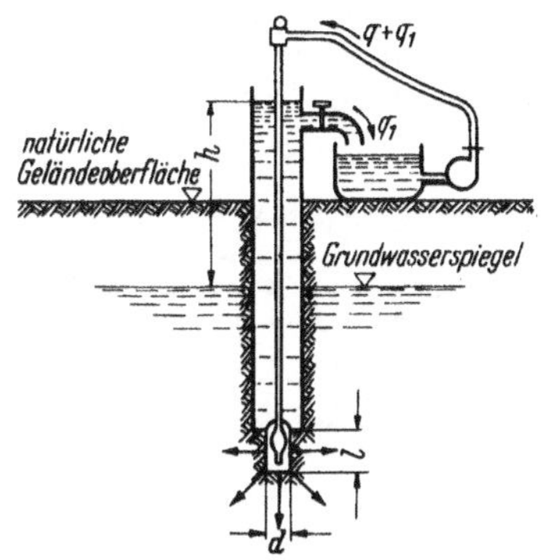

Abb. 364. Bestimmung des Durchlässigkeitsbeiwerts k nach LEFRANC.

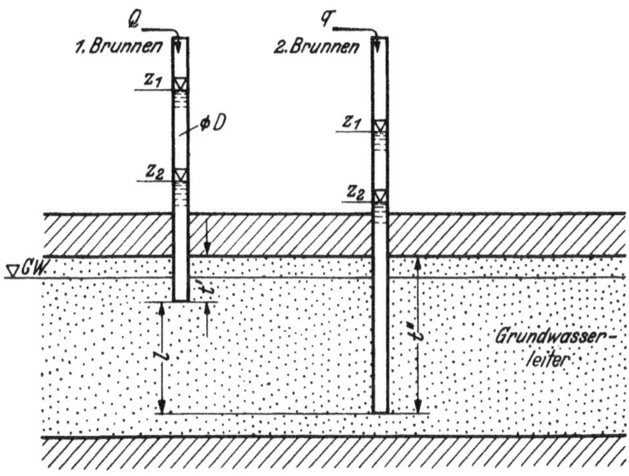

Abb. 365. Bestimmung des Durchlässigkeitsbeiwerts k nach KOZENY.

mäßigem Druck in den Boden gepreßt. Die Wassermenge und der Druck werden gemessen und müssen geradlinig voneinander abhängig sein. Aus der Neigung der wahrscheinlichsten Ausgleichsgraden der Meßpunkte ergibt sich dann der Durchlässigkeitsbeiwert k.

Bei dem LEFRANC-Verfahren (Spornverfahren) (LEFRANC 1936 und 1937), welches in lockeren Böden am Platze ist, wird das Bohrloch verrohrt (Abb. 364). In die Bohrlochsohle wird ein kleiner Sporn eingedreht, durch den Wasser unter hoher Geschwindigkeit eingepreßt werden kann. Das überschüssige Wasser fließt über den Bohrlochrand und wird gemessen. Der Unterschied der eingepreßten und oben ausfließenden Wassermengen wird vom Boden aufgenommen, und die

Höhe des Überlaufs am Bohrrohr gegenüber dem Grundwasserspiegel liefert die Druckhöhe.

Nach KOZENY rammt man einen Zylinder vom Durchmesser $D = 10$ cm, auf dem ein Standrohr vom Durchmesser d (in der Abb. 365 ist $D = d$) angebracht ist, in einer Länge $t' = 30$ cm in die grundwasserführende Schicht ein und füllt ihn bis zu einer Höhenmarke z_1 mit Wasser (Abb. 365). Nach anderen Verfahren verbleibt im Rohr unten ein Erdkern von der Länge l oder das Rohr erhält ein Filter von der Länge l.

Man kann auch ein Bohrrohr leer pumpen und die Zeit messen, in der der Wasserspiegel wieder ansteigt (siehe hierüber eine Zusammenfassung bei MIETHE 1960).

Tabelle 34. *Grundwassermessungen*[1]

FOK = Fundamentoberkante *Tag der Ablesung: 1. 1. Zeit: 18.00 Uhr*

Br. Nr.	Filteroberkante bezogen auf NN	Abstand Pumpenwelle FOK (m)	Absenkung von FOK (m)	Wasserstand im Brunnen bezogen auf NN	Bemerkungen
1	—	—	—	—	—
2	—2,72	—	1,14	— 3,86	Reservebrunnen
3	—	—	—	—	—
4	—	—	—	—	—
5	—	—	—	—	—
6	—3,94	—	1,73	— 5,67	Reservebrunnen
7	—3,71	—	6,86	—10,57	—
8	—	—	—	—	—
9	—	—	—	—	—
10	—5,52	—	5,59	—11,11	—
11	—4,19	—	—	— 4,19	Reservebrunnen
12	—3,99	—	1,97	— 5,96	Reservebrunnen
13	—6,34	—	7,83	—14,17	—
14	—4,93	—	1,22	— 6,15	Reservebrunnen
15	—	—	—	—	—
16	—4,01	—	1,78	— 5,79	Reservebrunnen
17	—5,72	—	7,15	—12,87	—
18	—	—	—	—	—
19	—	—	—	—	—
20	—5,70	—	7,27	—12,97	—
21	—7,00	—	6,84	—13,84	—
22	—	—	—	—	—
23	—5,71	—	7,78	—13,49	—
24	—	—	—	—	—
25	—7,95	—	4,68	—12,63	—
26	—5,18	—	6,78	—11,96	—
27	—5,65	—	6,58	—12,23	—
28	—6,26	—	7,42	—13,68	—
29	—	—	—	—	—
30	—6,44	—	6,55	—12,99	—
31	—6,78	—	6,15	—12,93	ab 11.00 Uhr in Betrieb
32	—	—	—	—	—
33	—	—	—	—	—
34	—	—	—	—	—

Wassermengen Pegelstände

Venturi Nr.	Wassermenge l/s	Anzahl der Br.
1	140	5
2	100	3
3	75	3
4	—	—
5	—	—
6	55	2
	370	13

Pegelstände

Pegel Nr.	Wasserstand bez. auf NN
HHW	+ 2,10
NNW	— 0,15
II	—
III	— 7,05
IV	—
V	— 4,90
VI	— 5,50
VII	—
VIII	—10,10
Elbt. 1	—
Elbt. 2	— 5,03
Elbt. 3	— 5,19
Elbt. 4	— 6,57

[1] Nach Messungen der Johann Keller GmbH, Frankfurt/Main.

Meßgrößen. Bei der elektrischen Widerstandsmessung beobachtet man die Stromstärke i zu verschiedenen Zeiten t in den Standrohren *2* und *3* (Abb. 361). Außerdem ist die Entfernung l zwischen den Standrohren *2* und *3* bekannt.

Während einer Probeabsenkung werden neben den angegebenen Größen (Tab. 34) des Entnahmebrunnens mit dem Wasserstand z_B noch der Wasserstand unmittelbar außerhalb des Entnahmebrunnens z_0 (Abb. 356) und die Wasserstände z in den einzelnen Meßrohren sowie die Außenwasserstände des freien Wassers ständig beobachtet oder selbsttätig registriert. Das wiedergegebene Formular für eine Grundwassermessung auf einer bestimmten Baustelle ist auf die Beobachtungen während der endgültigen Absenkung zugeschnitten (Tab. 34). Daher enthält es 34 Zeilen für Entnahmebrunnen und nur wenige Grundwasserpegel (II bis Elbt. 4). Bei einer Probeabsenkung ist die Anzahl der Entnahmebrunnen geringer und die der Meßrohre größer. Die vermerkten Reservebrunnen sind nicht in Betrieb und deshalb als Meßrohre zu werten. Die Außenwasserstände sind mit ihren Grenzwerten unter HHW und NNW vermerkt. Die Messungen wurden täglich um 18.00 Uhr wiederholt.

Auf einem Lageplan werden die Entfernungen x der Pegel von den Entnahmebrunnen angegeben. Für einige Auswertungen müssen die Wasserstände bekannt sein, die in den einzelnen Meßbrunnen vorhanden sein würden, wenn die gepumpte Wassermenge $Q = 0$ wäre, also die Lage des ungestörten Wasserspiegels (s. Kap. 1.332).

Beim Füllversuch mißt man die Zeit T', die vergeht, bis das Wasser auf eine zweite festgelegte Höhenmarke z_2 abgesunken ist. Das Verfahren wird unter Umständen für eine größere Rammtiefe $t'' = t' + l$ des Standrohrs wiederholt.

Auftragungen. Die Stromstärke der unmittelbaren Geschwindigkeitsmessung wird in Abhängigkeit von der Zeit für die Standrohre *2* und *3* aufgetragen (Abb. 366). Aus der zeitlichen Veränderung der Stromstärke in den beiden Standrohren,

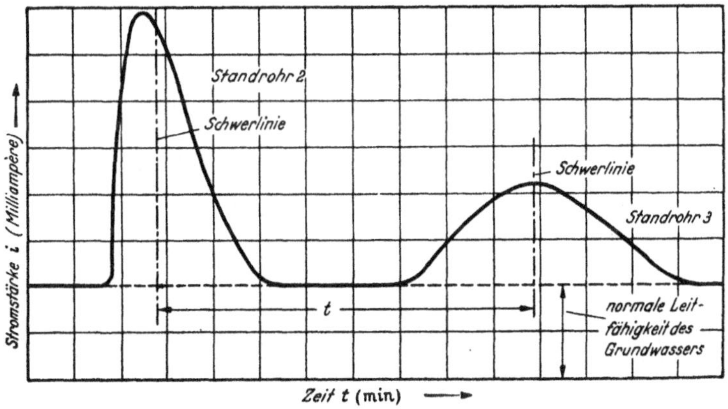

Abb. 366. Messung der Grundwassergeschwindigkeit. Auswertung der Messung nach Abb. 361.

die anschwillt und dann wieder abnimmt, erhält man ein Maximum für den Durchgang der Lösung zu bestimmten Zeitpunkten.

Bei der Probeabsenkung wird der Unterschied zwischen dem ungestörten H- und dem abgesenkten z-Wasserspiegel mit „*Absenkung*" s bezeichnet: $s = H - z$ (Abb. 367). Die Entfernung x vom Entnahmebrunnen, bei der $s = 0$ wird, bezeichnet man als „*Reichweite*" R. Bis zu diesem Punkt macht sich die Absenkung des Grundwassers bemerkbar.

Die Absenkkurve läßt sich in den verschiedenen Richtungen aufzeichnen (Abb. 367). Um eine Übersicht über die Veränderung der Reichweite der Absenkung zu erhalten, ist es vielfach üblich, ihre Größe nach den verschiedenen

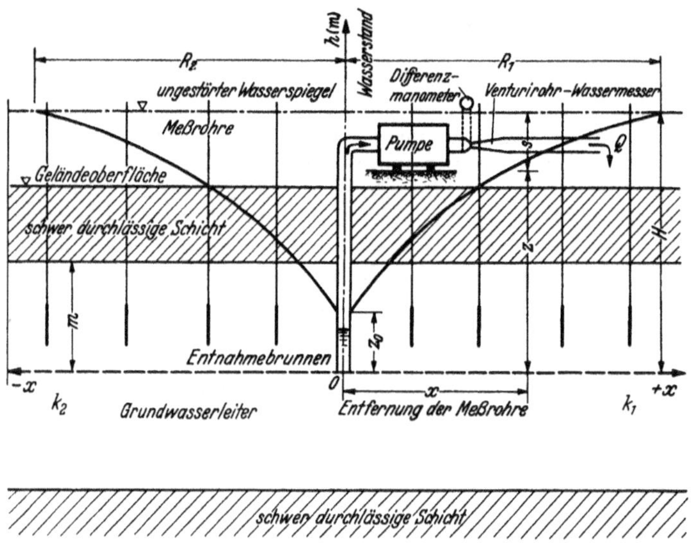

Abb. 367. Ermittlung der Reichweite einer Probeabsenkungsanlage.

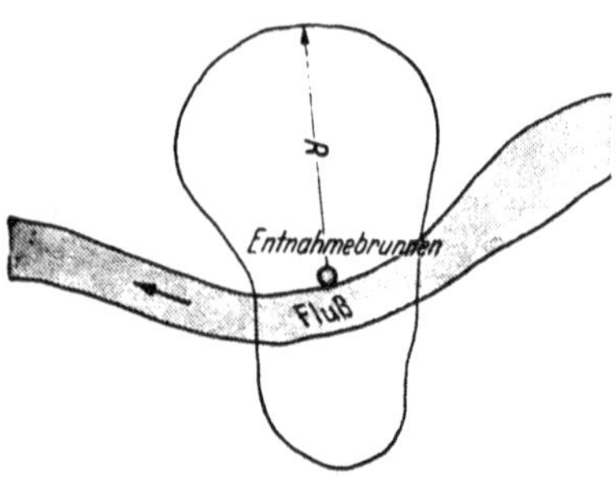

Abb. 368. Reichweite R einer Grundwasserabsenkung neben einem dichten Flußbett.

Richtungen des von dem Entnahmebrunnen ausgehenden Achsenkreuzes aufzutragen. Je nach den Baugrundverhältnissen können erhebliche Abweichungen auftreten (Abb. 368).

Eine umfassende Darstellung des Pumpversuchs erhält man durch Auftragung der Beziehung zwischen Absenkung, geförderter Wassermenge und Zeit in einem dreiaxialen Koordinatensystem (Abb. 362).

Kennziffern. Bei der Messung der Konzentration von Salzlösungen auf elektrischem Wege gibt die zeitliche Entfernung der Maxima oder auch der Schwerlinie (Schaffernak 1935, S. 159) der aufgetragenen Fläche (Abb. 366) die Laufzeit t wieder, die die betreffende Lösung vom Standrohr *2* bis zum Standrohr *3* benötigt hat. Die wahre Geschwindigkeit des Grundwasserstroms ist also:

$$v_w = \frac{l}{t} \qquad \text{(m/s)} . \qquad (102\,\text{a})$$

Die Filtergeschwindigkeit wird dann:

$$v = \frac{l}{t}\, n \qquad \text{(m/s)} , \qquad (102\,\text{b})$$

n Porenvolumen.

Nach neueren Versuchen wird wegen der durch Molekularkräfte an die Bodenkörner gebundenen Wasserfilme nur ein geringer Teil des Porenquerschnitts vom

Wasser durchflossen, so daß n kleiner als das Porenvolumen einzusetzen ist (KOLLBRUNNER 1946, S. 101).

Bei der Probeabsenkung des Grundwassers ist die rechnerische Auswertung wichtiger als die zeichnerische Auftragung der Absenkkurve. Aus den gemessenen Größen erhält man für gespanntes und ungespanntes Wasser den folgenden Ausdruck (Abb. 367):

$$z - z_0 = Q \frac{\ln A - \ln r}{2\pi m k} \quad \text{(m)}, \qquad (103\text{a})$$

und für $z = H$:

$$H - z_0 = Q \frac{\ln R - \ln r}{2\pi m k} \quad \text{(m)}, \qquad (103\text{b})$$

z abgesenkter Wasserstand an einem beliebigen Punkt,
z_0 dasselbe am Mantel des Entnahmebrunnens,
H Höhe des nicht abgesenkten Wasserstands,
Q geförderte Wassermenge aus sämtlichen Entnahmebrunnen,
R Reichweite der Absenkung, gemessen vom Mittelpunkt der Entnahmebrunnen,
x Entfernung der einzelnen Entnahmebrunnen *1*, *2*, *3* usw. von dem jeweiligen Meßrohr (Abb. 360),
A geometrisches Mittel der Entfernungen x des betreffenden Meßrohrs von den einzelnen Entnahmebrunnen;
bei n Entnahmebrunnen wird: $\ln A = \frac{1}{n} \ln(x_1 \cdot x_2 \cdot x_3 \cdot \ldots \cdot x_n)$;
bei einem Entnahmebrunnen ist $\ln A = \ln x$ und am Mantel desselben $x = r =$ Halbmesser des Entnahmebrunnens;
m bei gespanntem Grundwasser = Abstand der Oberkante der grundwasserführenden Schicht von der Unterkante des Entnahmebrunnens,
bei ungespanntem Grundwasser $= \frac{z + z_0}{2}$ bzw. $\frac{H + z_0}{2}$,
k Durchlässigkeitsbeiwert der grundwasserführenden Schicht.

Die Absenkung s erhält man für gespanntes Grundwasser zu:

$$s = H - z = Q \frac{\ln R - \ln A}{2\pi m k} \quad \text{(m)}. \qquad (104\text{a})$$

Dieser Ausdruck gilt nicht mehr für ungespanntes Wasser, da dann m verschieden groß ist. Die Absenkung wird hier:

$$s = H - z = H - \sqrt{H^2 - \frac{Q}{\pi k}(\ln R - \ln A)} \quad \text{(m)}. \qquad (104\text{b})$$

Die Absenkung ist also nicht mehr der entnommenen Wassermenge proportional.

In den Gln. (103) und (104) tritt als Unbekannte der Wasserdurchlässigkeitsbeiwert k auf. Alle übrigen Größen könnten unmittelbar beobachtet werden. Da jedoch die Beobachtung der Reichweite R ungenau ist, betrachtet man sie gewöhnlich ebenfalls als Unbekannte, so daß die Gln. (103b) und (104) die beiden Unbekannten k und R enthalten. Es sind dann mindestens zwei Meßrohre notwendig, um die beiden Unbekannten zu bestimmen, indem für jeden der beiden Pegel die Grundgleichung aufgestellt wird. Meist sind mehr als zwei Meßrohre vorhanden, so daß man eine ganze Reihe von Werten für k und R erhält. Bei einigermaßen gleichartigen Bodenverhältnissen weichen sie nicht allzusehr voneinander ab. Als endgültiges Ergebnis nimmt man entweder ihr arithmetisches Mittel oder gleicht sie nach der Methode der kleinsten Quadrate aus.

Für den Fall gespannten Grundwassers mit bekannter artesischer Druckhöhe vor der Absenkung erhält man bei n Meßbrunnen für den letzteren Fall die folgenden beiden Bestimmungsgleichungen:

$$k = \frac{Q\,[\Sigma^2 \ln x - n\,\Sigma\,(\ln x)^2]}{2\pi m\,(n\,\Sigma\, s \ln x - \Sigma\, s\, \Sigma \ln x)} \qquad (\mathrm{m/s}), \qquad (105)$$

$$\ln R = \frac{\Sigma\, s\, \Sigma\,(\ln x)^2 - \Sigma \ln x\, \Sigma\, s \ln x}{\Sigma\, s\, \Sigma \ln x - n\, \Sigma\, s \ln x} \qquad (\mathrm{m}). \qquad (106)$$

Bei ungespanntem Grundwasser erhält man aus Gl. (103a) für je ein Meßrohrpaar die Gleichung:

$$z_2^2 - z_1^2 = \frac{Q}{\pi k}(\ln A_2 - \ln A_1). \qquad (103\,\mathrm{c})$$

Hierin ist allein k unbekannt. Dadurch, daß man nicht die Absenkungen s, sondern die gemessenen Wasserstände z über der Brunnensohle der Beobachtungsrohre einführt, benötigt man nicht den ungestörten Wasserspiegel vor Beginn der Absenkung, dessen Bestimmung nach den vorausgegangenen Ausführungen mitunter schwierig ist. Die Gleichung wird für sämtliche möglichen Meßrohrpaare aufgestellt. Bei n Rohren erhält man $\frac{1}{2}n(n-1)$ Werte für k, von denen das arithmetische Mittel gebildet wird.

Die Reichweite ergibt sich bei ungespanntem Grundwasser sowohl für die Einbrunnen- als auch die Mehrbrunnenanlage mit genügender Genauigkeit zu:

$$R = 3\sqrt{\frac{k H t}{n}} \qquad (\mathrm{m}), \qquad (107)$$

H Höhe des ungesenkten Grundwasserspiegels, t Zeit,
n Porenvolumen.

Die Reichweite wächst also mit der Zeit. Einfacher ist die nachstehende empirische Näherung von SICHARDT:

$$R = 3000\, s_0 \sqrt{k} \qquad (\mathrm{m}). \qquad (108)$$

R und s_0 (Abb. 356) müssen in m und k in m/s eingesetzt werden.

Bei der Mittelbildung oder dem Ausgleich nach der Methode der kleinsten Quadrate benutzt man oft nicht die Ergebnisse sämtlicher Meßrohre, sondern lediglich diejenigen Pegel, die auf dem gleichen Ast des Achsenkreuzes liegen (Abb. 360). Man erhält dann wegen der Ungleichmäßigkeit des Baugrundes in den verschiedenen Richtungen verschiedene Wasserdurchlässigkeiten und Reichweiten (Abb. 368).

Bei dem Füllverfahren (Abb. 365) läßt sich aus den gemessenen Werten z_1, z_2, T', T'' der Wasserdurchlässigkeitsbeiwert überschläglich nach der Gleichung berechnen (SCHAFFERNAK 1935, S. 166):

$$k = \frac{2l}{T'' - T'}\left(\frac{d}{D}\right)^2 \ln\left(\frac{z_2}{z_1}\right) \qquad (\mathrm{m/s}). \qquad (109)$$

Bei gespanntem Grundwasser kann man den Durchlässigkeitsbeiwert entsprechend aus dem Ansteigen des Wasserstands im Meßrohr ableiten.

Bei dem LUGEON-Verfahren (Abb. 363) ist:

$$q = \frac{2\pi\sqrt{\left(\frac{l}{d}\right)^2 - 1}}{\log\left(\frac{l}{d} + \sqrt{\left(\frac{l}{d}\right)^2 - 1}\right)}\, k h \qquad (\mathrm{m^3/s}), \qquad (110\,\mathrm{a})$$

q in den Boden gepumpte Wassermenge,
l Länge des Versuchshohlraums (Tasche) zwischen Unterkante Packer und Bohrlochsohle,
d Durchmesser des Bohrlochs,
k Durchlässigkeitsbeiwert des Bodens,
h Wasserdruckhöhe der Pumpe.

Bei der zeichnerischen Auftragung muß die Abhängigkeit zwischen q und h eine gerade Linie ergeben, die notfalls näherungsweise durch die Meßpunkte gelegt werden muß. Die Neigung dieser Linie ist:

$$\tan\alpha = \frac{\log\left(\frac{l}{d} + \sqrt{\left(\frac{l}{d}\right)^2 - 1}\right)}{2\pi k \sqrt{\left(\frac{l}{d}\right)^2 - 1}} . \qquad (111)$$

Hieraus ist k leicht zu berechnen.

Bei dem LEFRANC-Verfahren ist der Versuchshohlraum immer der gleiche (Abb. 364) und hängt von dem verwendeten Sporn ab.

Bei $l = 0{,}20$ m, $d = 0{,}075$ m erhält man aus obiger Formel:

$$q = 0{,}7\, kh \qquad (\mathrm{m^3/s}) . \qquad (110\mathrm{b})$$

Wenn q in Abhängigkeit von h gemessen wird, kann k leicht errechnet werden.

Weitere Gleichungen für die Ermittlung von k aus einem Bohrrohr mit der Erdfüllung von der Höhe f (MAAG 1941):

$$k = \frac{r + 4l}{4t} \ln \frac{h_1}{h_2} \qquad (\mathrm{m/s}), \qquad (112)$$

l Durchflußlänge im Rohr, r Halbmesser des Rohrs,
t Zeit zwischen den Wasserständen h_1 und h_2 im Rohr,

und für ein Filterrohr mit der Filterlänge l siehe MIETHE (1960).

Bei Injektionsprüfungen wird an Stelle des Wassers das Injektionsmittel, und zwar durch eine Pumpe, unter Druck in das Rohr eingepreßt. Bei bekannter Durchlässigkeit k kann dann aus dem Injektionsdruck h und der Injektionszeit T der „*Wirkungsradius*" (auch „*Reichweite*") R berechnet werden, innerhalb dessen der Boden getränkt und später verfestigt wird. In gleicher Weise kann nach vollzogener Injektion durch Einpressen von Wasser die erzielte Dichtung gemessen werden („*Wasserabpreßversuch*"; KOLLBRUNNER 1948, S. 37).

Die Filtergeschwindigkeit wird durch elektrische Bodenströme wesentlich erhöht. Hierauf beruht die elektrische Entwässerung feinkörniger Böden. Nach SCHAAD/HAEFELI (1946), siehe auch KOLLBRUNNER (1948), S. 111, ist:

$$v = ki + k_E \varrho j \qquad (\mathrm{m/s}), \qquad (113)$$

k_E elektroosmotische Durchflußziffer $\left(\frac{\mathrm{cm/s}}{\mathrm{Volt/cm}}\right)$ = unter der Feldstärke 1 Volt/cm auftretende Filtergeschwindigkeit bei einem Gefälle $i = 0$,
ϱ spezifischer Widerstand des wassergesättigten Bodens,
j elektrische Stromdichte im Baugrund.

Die Konstante k_E kann durch Feld- oder Laboratoriumsversuche bestimmt werden. Nach anderen Untersuchungen haben bei Anwendung der Elektroosmose fast alle Böden die gleiche Wasserdurchlässigkeit (CASAGRANDE 1948).

Auswertung. In den meisten Fällen verzichtet man auf die direkte Messung der Grundwassergeschwindigkeit und begnügt sich damit, sie aus der Messung der Grundwasserstände abzuleiten. Man muß dazu allerdings den Wasserdurchlässigkeitsbeiwert des Bodens k kennen.

Die Grundlage für alle Überlegungen, die sich mit dem Fließen des Grundwassers beschäftigen, ist das Gesetz von DARCY:

$$v = k\,i = k\,\frac{h_1 - h_2}{x_1 - x_2} = k\,\frac{\Delta h}{l} \qquad (\mathrm{m/s}), \qquad (114)$$

i Grundwassergefälle,
h Grundwasserspiegel in zwei Standrohren *1* und *2*,
x Entfernung der Standrohre *1* und *2* von einem beliebigen Nullpunkt senkrecht zu den Grundwassergleichen.

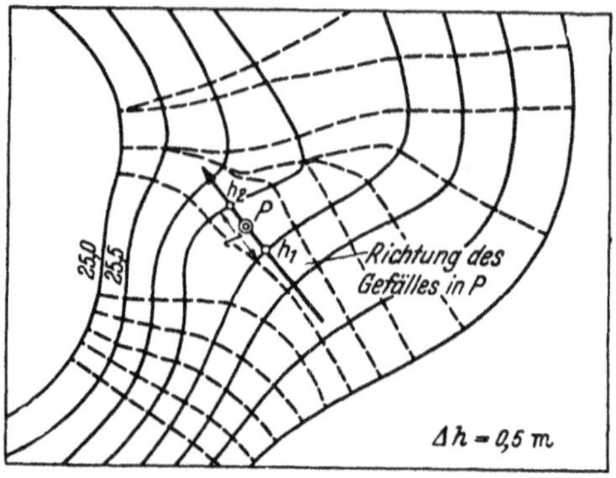

Abb. 369. Ermittlung der Richtung des Grundwasserstroms aus den Grundwasserhöhenlinien.

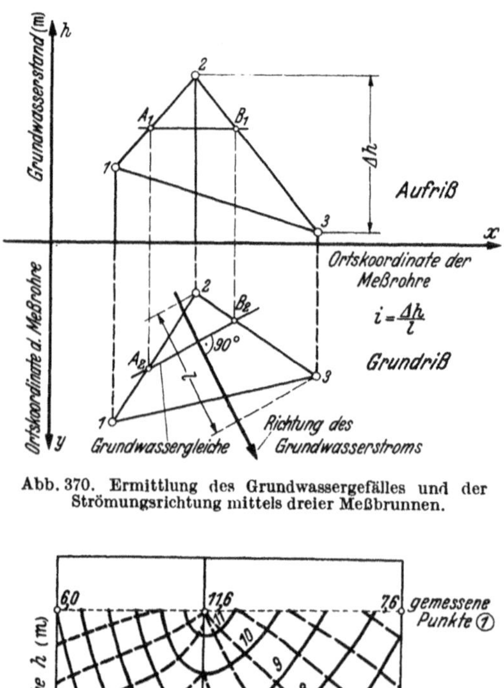

Abb. 370. Ermittlung des Grundwassergefälles und der Strömungsrichtung mittels dreier Meßbrunnen.

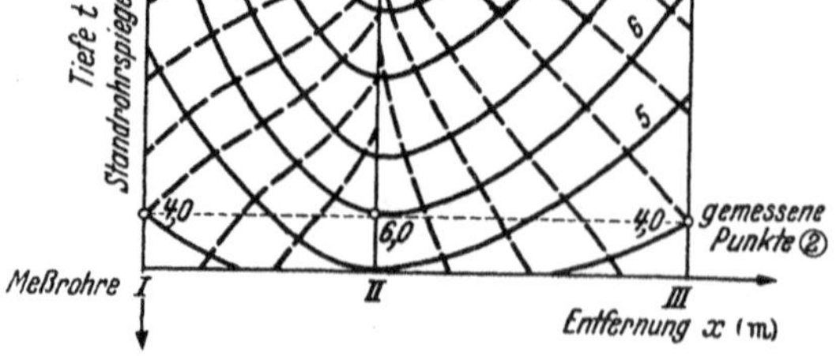

Abb. 371. Ermittlung der Strömungslinien des Grundwassers in der senkrechten Ebene aus den Linien gleicher Standrohrspiegelhöhen in Abb. 336. Nichtvorhandensein einer Potentialströmung.

Das „*Gefälle*" i des Grundwasserspiegels ist durch seine Größe und seine Richtung gekennzeichnet. Die Richtung des Grundwasserstroms fällt mit der Richtung des Grundwassergefälles zusammen. Man erhält sie in der waagerechten Ebene dadurch, daß man in dem Grundwassergleichenplan (Abb. 339) die hierzu senkrechten Linien einzeichnet (Abb. 369). Man kann dann das Gefälle ohne weiteres der Entfernung l zweier Grundwassergleichen sowie dem konstanten Unterschied der durch sie dargestellten Wasserstände Δh entnehmen: $i = \frac{\Delta h}{l}$.

Ist noch kein Grundwassergleichenplan vorhanden, so benötigt man zur Messung von Richtung und Größe des Gefälles mindestens drei Meßbrunnen (Abb. 370), deren Lage in bezug auf ein beliebiges rechtwinkliges Koordinatensystem durch x und y gegeben ist. Zeichnet man dazu im Aufriß die gemessenen Wasserstände h der drei Brunnen, so erhält man die Lage einer Grundwassergleichen, indem man eine beliebige Waagerechte mit dem Aufrißdreieck zum Schnitt bringt und die beiden Schnittpunkte A_1 und B_1 in den Grundriß (A_2 und B_2) projiziert. Die Fließrichtung des Grundwassers steht dann senkrecht auf der Linie A_2B_2. Die Werte Δh und l zur Bestimmung der Größe des Gefälles i lassen sich in der dargestellten Weise aus der Abbildung entnehmen.

Die Netze der Grundwassergleichen und der zu ihnen senkrechten Linien in der waagerechten Ebene (Abb. 369) sind für die Grundwasserbewegung maßgebend, wenn keine wesentliche Strömungskomponente in senkrechter Richtung vorhanden ist. In diesem Fall geben sie den Mittelwert des Gefälles für die gesamte grundwasserführende Schicht an. In gleicher Weise kann man auch vorgehen, wenn die Grundwassergeschwindigkeit der Tiefe nach nicht konstant ist. Nur muß man dann von dem Strömungsnetz für die senkrechte Ebene ausgehen. Den Grundwassergleichen entsprechen dort die Linien gleicher Standrohrspiegelhöhen (Abb. 336). Ergänzt man diese Linien durch ihre Orthogonaltrajektorien, so stellen die letzteren die Richtung des Grundwasserstroms dar (Abb. 371).

Im allgemeinen erhält man wie bei der waagerechten Ebene ein Netz, das aus Quadraten und Rechtecken von verschiedenem Seitenverhältnis besteht. Theoretisch müßte bei einer ebenen Grundwasserbewegung im homogenen Medium eine „*Potentialströmung*" vorhanden sein. Das bedeutet, daß die Rechtecke des Strömungsnetzes alle das gleiche Seitenverhältnis aufweisen. Da man den Abstand der Strömungslinien, die zu den Linien gleicher Standrohrspiegel senkrecht stehen, beliebig groß wählen kann, würde es dann genügen, an einer Stelle des Netzes eine Quadratmasche zu wählen. Damit würden auch alle übrigen Teile des Netzes krummlinig quadratisch.

Diese Forderung ist bei einer beliebig, lediglich auf Grund einiger Meßpunkte eingetragenen Schar von Linien gleicher Standrohrspiegelhöhe (Abb. 336) im allgemeinen nicht erfüllt (Abb. 371). Ein krummlinig quadratisches Netz für die Strömungslinien läßt sich nur zeichnen, wenn bereits die Linien gleicher Standrohrspiegel bestimmten Bedingungen – die nur bei einer reinen Potentialströmung vorhanden sind – genügen. Diese sind nur bei konstanter Durchlässigkeit im ganzen betrachteten Bereich erfüllt. In der Natur jedoch ist infolge der Schichtung des Bodens die Durchlässigkeit in waagerechter Richtung oft eine andere als in senkrechter. Außerdem wechselt die Durchlässigkeit in beiden Richtungen auch innerhalb derselben Bodenart von Punkt zu Punkt. Eine reine Potentialströmung ist deshalb in der Natur höchstens in grober Annäherung vorhanden.

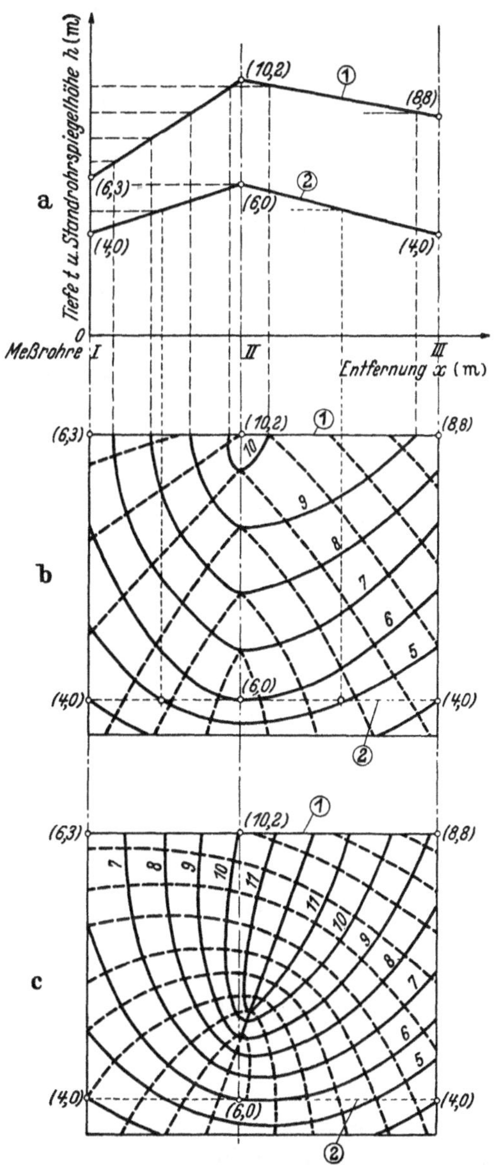

Abb. 372a—c. Ermittlung der Strömungslinien des Grundwassers in der senkrechten Ebene aus den Linien gleicher Standrohrspiegelhöhe in Abb. 336. Vorhandensein einer Potentialströmung.

Um zu prüfen, ob bzw. in welchem Umfang die Bedingungen für eine Potentialströmung erfüllt sind, geht man von den gemessenen Standrohrspiegellinien aus. Da diese Linienschar (Abb. 339) aus wenigen Einzelmessungen durch reichliches Interpolieren entstanden ist, ist sie ziemlich willkürlich. Manchmal besteht die Möglichkeit, die Linien so abzuändern, daß sie annähernd in ein krummlinig quadratisches Netz hineinpassen. Indes dürfen diese Abänderungen nicht so weit gehen, daß die ursprünglich gemessenen Punkte davon betroffen werden. Läßt sich kein krummlinig quadratisches Strömungsnetz mit den Meßwerten in Einklang bringen, so deutet das darauf hin, daß in der Natur keine ebene Potentialströmung vorhanden ist. Dies ist z. B. bei einer Strömung der Fall, wo sich den sechs Meßpunkten kein derartiges Netz zuordnen läßt (Abb. 372). Kann man jedoch mit genügender Genauigkeit mit einer ebenen Potentialströmung rechnen, was aber im Gegensatz zu Modellversuchen, auf die hier nicht eingegangen werden soll, immer zweifelhaft ist, so liefert die Bedingung, daß krummlinige Quadratnetze vorhanden sein müssen, ein Hilfsmittel, um die verhältnismäßig roh eingetragenen Linien gleicher Standrohrspiegelhöhe (Abb. 336) ohne neue Messungen zu verbessern (Abb. 372). In Abb. 372a sind wie in Abb. 336a die sechs gemessenen Werte eingetragen, nur mit etwas anderen Beträgen. Die Konstruktion der Linien gleicher Standrohrspiegelhöhe und der Strömungslinien (Abb. 372b) ist die gleiche wie vorher (Abb. 336 und 371). Abb. 372c zeigt, wie Abb. 372b dadurch verbessert werden könnte, daß man ein quadratisches Netz zwischen die sechs Meßpunkte legt.

Ein Potentialstromliniennetz hat die Eigenschaft, daß zwischen zwei Stromlinien die gleiche Wassermenge q abfließt:

$$q = k\,\Delta h \qquad (\mathrm{m^3/s}), \qquad (115)$$

k Wasserdurchlässigkeitsbeiwert,
Δh konstanter Spiegelunterschied zweier Drucklinien.

Die Wassermenge q bezieht sich auf eine Tiefe *1* senkrecht zur Bildebene.

Der „*Wasserdurchlässigkeitsbeiwert*“ k kann mit Hilfe von Bodenproben nach Kap. 1.411.36 bestimmt werden, wobei man allerdings in Kauf nehmen muß, daß etwaige örtliche Abweichungen der Wasserdurchlässigkeit in der Umgebung der Entnahmestelle der Bodenprobe nicht beachtet werden.

Auf anderem Wege kann der Wasserdurchlässigkeitsbeiwert k bestimmt werden, wenn man die wahre Fließgeschwindigkeit v_w nach dem oben beschriebenen Verfahren ermittelt und das wirksame Porenvolumen n des Bodens kennt. Dann ist nach Gl. (100) und (114):

$$v_w n = v = k i .$$

Wenn außerdem das Gefälle i bekannt ist, erhält man:

$$k = n \frac{v_w}{i} \qquad (\mathrm{m/s}) . \qquad (116)$$

Da aber n ebenfalls nur aus einer Bodenprobe gewonnen werden kann, hat man dann auch die Möglichkeit, an Hand dieser Bodenprobe den Wasserdurchlässigkeitsbeiwert k selbst zu ermitteln. Das ist zwar einfacher, aber auch ungenauer als die unmittelbare Messung von v_w nach dem oben beschriebenen Verfahren und die daran anschließende Bestimmung von k nach Gl. (116), weil das Porenvolumen im Laboratorium genauer als der Wasserdurchlässigkeitsbeiwert bestimmt werden kann.

Dagegen erhält man im Tidegebiet den k-Wert ausschließlich aus Wasserstandsbeobachtungen, wenn mindestens drei Meßbrunnen, möglichst in Richtung des Grundwasserstroms, vorhanden sind und die Bodenverhältnisse zwischen diesen Brunnen sich nicht wesentlich ändern. Der Abstand der Rohre voneinander darf nicht gleich sein. Damit läßt sich dann auch die Geschwindigkeit berechnen (SCHULTZE 1942).

Die Ungenauigkeit der mittelbaren Bestimmung der Geschwindigkeit des Grundwassers, die darin liegt, daß man die k- und n-Werte, die nur für eine begrenzte Bodenprobe gelten, auf die gesamte Schicht beziehen muß, kann außerhalb des Tidegebietes nur dadurch beseitigt werden, daß man die Geschwindigkeit des Grundwassers auf dem Umweg über die den Meßbrunnen zu- oder abfließenden Wassermengen Q bestimmt.

Für die Auswertung einer Probeabsenkung des Grundwassers ist es wichtig, ob die Reichweite unabhängig von der Menge des geförderten Wassers ist.

Nach Gl. (108) ist die Reichweite R von der Absenkung am Entnahmebrunnen s_0 und damit auch von der entnommenen Wassermenge abhängig. Beobachtungen des Grundwasserstands bei Probeabsenkungen (HINDERKS 1938, HOOS 1941) haben weiter gezeigt, daß man die Reichweite R bei *gespanntem* Grundwasser mit genügender Genauigkeit als *unabhängig* von der gepumpten Wassermenge Q ansehen kann. Da alle Werte auf der rechten Seite der Gl. (104a) außer Q dann konstant sind, kann diese Gleichung also auch geschrieben werden:

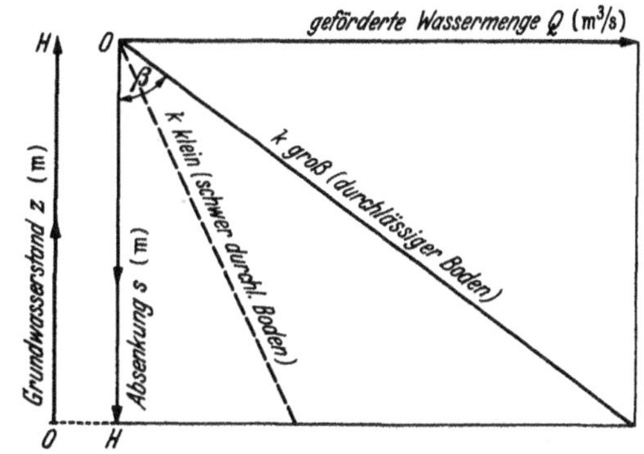

Abb. 373. Abhängigkeit der Absenkung von der geförderten Wassermenge bei Böden verschiedener Durchlässigkeit und gespanntem Grundwasserspiegel.

$$s = CQ \quad \text{(m)}, \tag{117}$$

wobei

$$C = \cot\beta = \frac{\ln R - \ln A}{2\pi m k}. \tag{117a}$$

Stellt man für irgendein Meßrohr (A = const) die im stationären Endzustand gemessenen Absenkungen s in Abhängigkeit von der gepumpten Wassermenge Q dar, so erhält man hiernach eine Gerade (Abb. 373).

Nach SICHARDT ist ferner bei *ungespanntem* Grundwasser in der Nähe des Entnahmebrunnens ($A = x = r$):

$$C_0 = \frac{15}{2\pi r \sqrt{k}}. \tag{118}$$

Die Werte in größerer Entfernung genügen hier dem Gesetz $\frac{s}{Q}$ = const nicht mehr.

Während die Gl. (117) für ein bestimmtes Meßrohr mit gegebenem A gilt, läßt sich auch die Abhängigkeit der Absenkung s von der Entfernung A von den Entnahmebrunnen für verschiedene Meßrohre durch eine Gerade darstellen. Man trägt hierzu die Entfernungen A auf der Waagerechten im logarithmischen Maßstab und den für gespanntes Grundwasser konstanten Wert $C = \frac{s}{Q}$ auf der Senkrechten auf (Abb. 374). Nach Gl. (117a) ist dann:

$$C = \frac{\ln R}{2\pi m k} - \frac{\ln A}{2\pi m k}.$$

Die auf diese Weise erhaltene Gerade $C = a + by = a - b \ln A$, die nach beiden Richtungen des Achsenkreuzes hin dargestellt ist (Abb. 374) und nach den vorhergehenden Ausführungen verschiedene Neigungen annehmen kann, schneidet

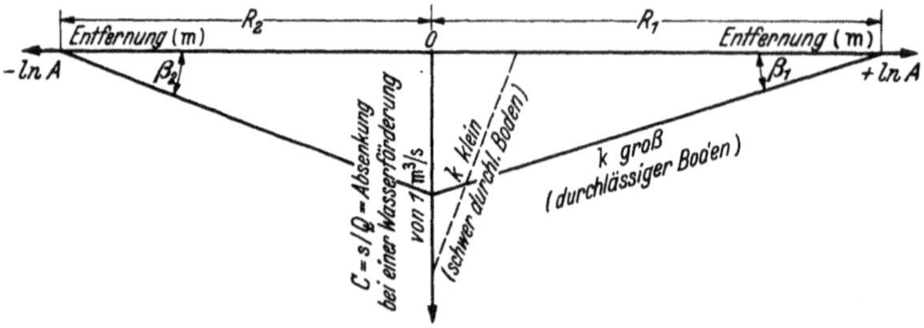

Abb. 374. Abhängigkeit der Absenkung von der Entfernung bei Böden verschiedener Durchlässigkeit und gespanntem Grundwasserspiegel.

die waagerechte Achse in einem Punkt, der gleich der Reichweite R ist. Aus der Neigung der Geraden $\tan\beta_1$ und $\tan\beta_2$ läßt sich ohne Einschaltung eines arithmetischen Mittels oder der Methode der kleinsten Quadrate unmittelbar der Durchlässigkeitsbeiwert k entnehmen. Es ist:

$$k = \frac{1}{2\pi\, m \tan\beta} \quad (\mathrm{m/s})\,. \qquad (119\,\mathrm{a})$$

Die Höhe m [s. Gl. (103a)] läßt sich nicht immer mit der gewünschten Genauigkeit angeben, da sie mit der Schichtstärke unter der betrachteten Achse wechselt. Man verzichtet deshalb auf eine Trennung der Werte k und m und faßt beide unter dem Faktor $e = km$ zusammen. Dies ist bei gespanntem Grundwasser, für das die vorstehenden Betrachtungen allein gelten [Gl. (117)], ohne weiteres zulässig, da nach Gl. (103a) die Abflußmengen von e abhängen. Man kann also schreiben:

$$e = k\, m = \frac{1}{2\pi \tan\beta} \quad (\mathrm{m^2/s})\,. \qquad (119\,\mathrm{b})$$

Um die Grundwasserstandsmessungen zur Ermittlung des Verlaufs der Grundwasserströmung in einem Erdbauwerk oder in der unmittelbaren Nähe eines Beton- oder Stahlbauwerks auszuwerten, müssen möglichst viele Standrohrbeobachtungen aus dem Bauwerk oder seiner Umgebung vorliegen, die nicht nur die Druckspiegel in den einzelnen Schichten und in verschiedener Entfernung vom Bauwerk angeben, sondern möglichst auch die örtliche Veränderung der Spiegelhöhen innerhalb derselben Schicht. Je mehr Beobachtungen vorhanden sind, desto eher ist es möglich, aus ihnen das Strömungsbild des Grundwassers zu zeichnen. Man beschränkt sich hierbei fast stets auf die Darstellung der Druck- oder Spiegellinien [Linien gleicher Standrohrspiegelhöhe (S. 294)] sowie der Linien gleichen Wasserdrucks (Abb. 375 bis 377). Letztere erhält man dadurch, daß man diejenigen Punkte miteinander verbindet, welche die gleiche Differenz zwischen der Standrohrspiegel- und der geodätischen Höhe besitzen. Die Richtung der Grundwasserströmung verläuft senkrecht zu den Spiegellinien (Abb. 369). Ihre Eintragung würde jedoch nur sehr selten zu einem Potentialnetz (Abb. 372) führen, da die Strömungen in der Natur zu mannigfaltig sind, wie man z. B. aus gemessenen Spiegellinien (Abb. 312 bis 314) ersieht.

Die Drucklinienschar reicht immer aus, um den auf das Bauwerk oder einen beliebigen Schnitt ausgeübten Wasserdruck zu erhalten. Man kann so vorgehen (Abb. 375 und 376), daß man sich die Schnittpunkte *1* der Drucklinien *2* des

Strömungsnetzes mit der Bauwerksfläche *3* heraussucht und in ihnen rechtwinklig dazu diejenige Druckgröße *4* aufträgt, die der betreffenden Drucklinie entspricht (Abb. 375). Durch Subtraktion von dem vorhandenen Überdruck *6a*

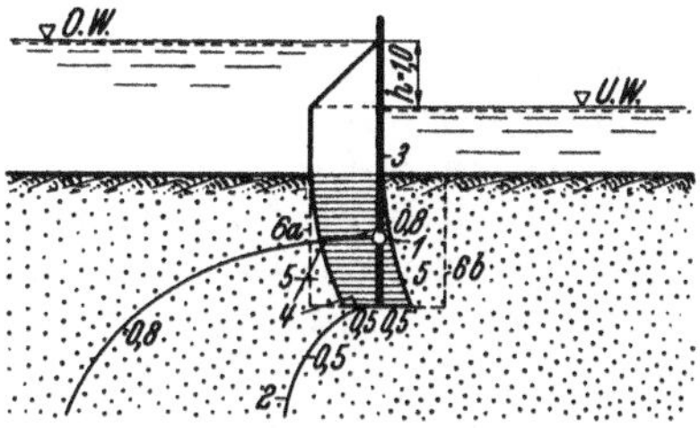

Abb. 375. Ermittlung des Druckverlustes aus dem gemessenen Strömungsnetz bei der Umströmung einer Spundwand.

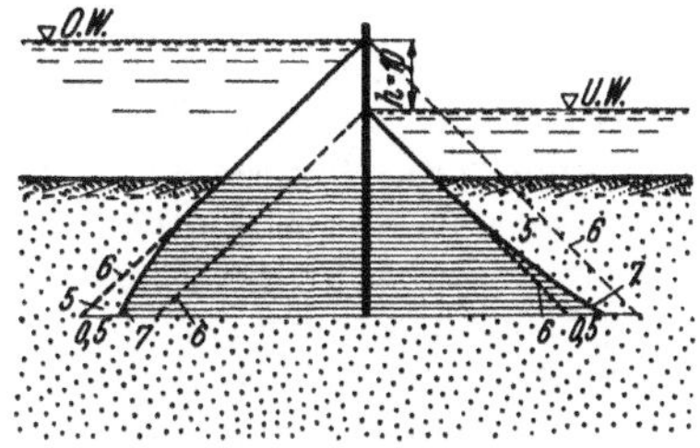

Abb. 376. Ermittlung des Wasserdrucks auf die beiden Seiten einer umströmten Spundwand.

bzw. Unterdruck *6b* bei ruhigem Wasser erhält man den Druckverlust *5* längs der umflossenen Wandflächen.

Um den Wasserdruck *7* bei der Umströmung zu erhalten, muß man die Druckverluste *5* von den Drücken *6* bei ruhigem Wasser abziehen bzw. zu ihnen hinzufügen (Abb. 376). Bei Wänden, wie z. B. Spundwänden, die von beiden Seiten umflossen werden, zieht man die Wasserdruckflächen *7* voneinander ab und erhält damit die resultierende Belastung *8* (Abb. 377). Die auf diese Weise gefundenen Wasserdruckflächen gelten für beliebig geneigte Bauwerksbegrenzungen.

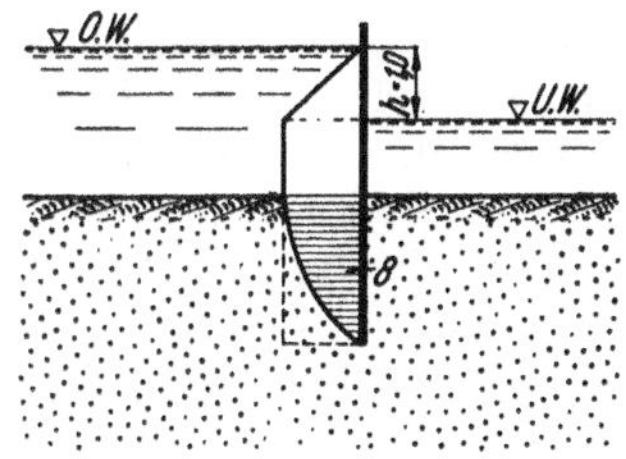

Abb. 377. Aus Abb. 376 ermittelte Wasserüberdruckfläche bei einer umströmten Spundwand.

Zahlenwerte. Die Geschwindigkeit des Grundwassers ist stark von der Bodenart abhängig. Für ein Gefälle $i = 1$ und einen elektrischen Strom $j = 0$ ist $v = k$ (Gl. 113). Die Werte k für die einzelnen Bodenarten sind im Kap. 1.411.36 angegeben. Da das Porenvolumen n der durchlässigen Böden etwa zwischen 25% und 50% schwankt (S. 370), ist die wahre Fließgeschwindigkeit des Grundwassers mindestens 2 bis 4 mal so groß wie die Filtergeschwindigkeit.

Das Gefälle des Grundwassers kann in der Nähe von künstlichen Absenkungsanlagen hohe Werte annehmen (Abb. 351), während es sich beim ungestörten Wasserspiegel, wie die Grundwassergleichenpläne (Abb. 339 und 350) zeigen, in geringen Grenzen hält.

Der Beiwert k_e kann für praktische Zwecke für alle Tonböden etwa in der Größe $5 \cdot 10^{-5} \frac{\text{cm/s}}{\text{Volt/cm}}$ angenommen werden.

Die bei gespanntem Grundwasser beobachteten Reichweiten hängen nur von dem Wasserdurchlässigkeitsbeiwert k ab. Bei Sandböden mit k-Werten von der Größenordnung 10^{-6} m/s wurden Reichweiten von im Mittel $R = 1000$ m beobachtet. Nach der Formel von Sichardt [Gl. (108)] verhalten sich die Reichweiten im ungespannten Wasser bei verschiedenen k-Werten und gleicher Absenkung s_0 wie:

$$R_1 : R_2 = \sqrt{k_1} : \sqrt{k_2} \,. \tag{120}$$

Sie nehmen also weniger stark ab als die Durchlässigkeitsbeiwerte, so daß der Einfluß der einzelnen Bodenarten auf die Reichweite viel geringer ist als auf k.

Der Verlauf der Grundwasserströmung an Bauwerken hängt von den Randbedingungen, den Durchlässigkeitsbeiwerten k der verschiedenen Schichten und dem Druckunterschied bei Wasserständen zu beiden Seiten des Bauwerks ab. Absolute Angaben über die auftretenden Drücke und Geschwindigkeiten lassen sich daher nicht machen. Die Größe der Strömungsgeschwindigkeit wächst mit abnehmender Maschenweite der Quadrate. Gefährdete Stellen sind dort vorhanden, wo das Bauwerk eine scharfe Kante besitzt, z. B. an den Fußpunkten von Spundwänden. Je größer die Durchlässigkeit und der Wasserüberdruck ist, desto größer wird auch die Durchflußgeschwindigkeit und der Strömungsdruck des Grundwassers, während die Verteilung der Wasserdrücke bei einheitlichem Boden ausschließlich von der Formgebung des Bauwerks, sonst aber von dem Verhältnis, dagegen nicht von der absoluten Größe der k-Werte der verschiedenen Schichten abhängt.

Fehler. Die Genauigkeit der Bestimmung der Grundwassergeschwindigkeit hängt von der Genauigkeit der Ermittlung des k-Werts ab, insbesondere davon, wie stark die Verallgemeinerung von einer Bodenprobe auf die Gesamtschicht von der Wirklichkeit abweicht. Streuungen in der gleichen Bodenschicht von $\pm 25\%$ sind keine Seltenheit. Genauer wird die Grundwassergeschwindigkeit mit einer Probeabsenkung bestimmt. Auch die unmittelbare Messung der wahren Geschwindigkeit durch Kochsalzlösungen kann von den wirklich vorhandenen Werten abweichen, weil sich bei nicht gleichartigen Bodenschichten die Bewegungen der Wasserteilchen und der beigemischten Stoffe voneinander unterscheiden können. Die Geschwindigkeit des Grundwassers wird dadurch meist zu hoch angezeigt.

Demgegenüber ist die Angabe der Fließrichtung des Grundwassers aus den Grundwassergleichenplänen für die waagerechte Ebene so lange verhältnismäßig genau, wie in den verschiedenen Tiefen des Grundwasserstroms die Strömungsrichtungen nicht zu stark voneinander abweichen. Diese Bedingung ist meist erfüllt. Im Tidegebiet allerdings, wo die Beschleunigung oder Verzögerung der Strömung erheblich sein kann, brauchen die Strömungslinien des Grundwassers nicht mehr senkrecht zu den Grundwassergleichen zu stehen. Bei den Ungenauigkeiten infolge der Schichtung des Bodens spielen diese geringen Abweichungen jedoch praktisch keine Rolle.

Über die Frage, wieweit die Voraussetzungen für die Potentialströmungen in der Wirklichkeit erfüllt sind, fehlen bisher noch die diese Annahme beweisenden Beobachtungen. Während man am Modell die theoretischen Gesetze der Potentialströmung weitgehend bestätigt gefunden hat, ist die Nachmessung derartiger Strömungserscheinungen in der Natur bisher noch vernachlässigt worden. Das ist zum Teil darin begründet, daß derartige Messungen schwierig durchzuführen sind.

Die Gleichungen für die Probeabsenkung des Grundwassers fußen darauf, daß die Filter der Entnahmebrunnen bis an den unteren Horizont der wasserführenden Schicht reichen. Dies ist meist nicht der Fall. Doch ist der Einfluß des dadurch bedingten Fehlers nur gering.

Der mit Füllversuchen von der Messung erfaßte Bereich des Untergrunds ist meist nicht größer als bei einer Durchlässigkeitsmessung im Laboratorium (Miethe 1960). Erst bei einer Filterlänge von mehr als dem zehnfachen Durchmesser wird ein größerer Bereich untersucht. Das ist aber bei durchlässigeren Böden mit einem großen Wasserverbrauch verbunden. Die Anwendbarkeit des Verfahrens ist daher begrenzt.

Bei der Messung des Standrohrspiegels oder des Porenwasserdrucks unter Bauwerken oder in Erdkörpern ist die Genauigkeit der Untersuchung wegen der im allgemeinen kleinen Zahl der Meßpunkte gering und bedarf der Ergänzung durch theoretische Überlegungen bzw. durch Modellversuche.

Verwendung. Die durch die Grundwassergleichen gegebene Richtung der Grundwasserströmung dient zur Beantwortung der Frage, von wo aus das Grundwasser gespeist wird oder wohin es abfließt. Für Ingenieurbauten ist z. B. oft die Feststellung wichtig, wieweit zwischen einem Wasserlauf und dem Grundwasser Austauschbeziehungen bestehen.

Die Größe der Grundwassergeschwindigkeit spielt für praktische Erwägungen keine große Rolle. Wichtiger sind die Grundwassermengen, die aus ihr abgeleitet werden. Diese geben den Wasserandrang an, der an einer Baustelle oder bei einer Wassergewinnungsanlage zu erwarten ist.

Messungen nach KOZENY (Abb. 365) finden in erweiterter Form Anwendung bei der Untersuchung des Baugrundes auf seine Eignung für Injektionen (KOLLBRUNNER 1948, S. 37).

Die Berechnung des Wasserdurchlässigkeitsbeiwerts und der daraus abzuleitenden Wassermengen, die aus einer Schicht herausgepumpt werden können oder müssen, wenn eine bestimmte Absenkung innegehalten werden soll, finden vor allem Verwendung bei dem Entwurf von Grundwasserabsenkungen für Baustellen und bei der Schätzung der Ergiebigkeit von Brunnen zur Wassergewinnung.

Der Verlauf der Grundwasserströmung in der Umgebung von Bauwerken wird benötigt, wenn man über die Wasserdurchlässigkeit von Bauwerken (Erddämme, Böschungen, Fangedämme und Wehre) und die damit verbundenen Sickerungen Aufschluß erhalten will. Ferner ist die Grundwasserströmung für die Entstehung eines hydraulischen Grundbruchs, der besonders bei Baugrubeneinfassungen und Stauwerken auftreten kann, sowie von Schwimmsanderscheinungen und unter Umständen von Böschungsrutschungen maßgebend.

Beispiele. Zwei Beispiele, die von der Johann Keller GmbH, Frankfurt/Main, mitgeteilt wurden, erläutern die vorangegangenen Ausführungen über die Probeabsenkung des Grundwassers.

1. Für eine an der Küste gelegene *Baugrube von 150 m × 100 m* war das Grundwasser um 6 m abzusenken. Die Größe der Absenkungsanlage konnte zunächst nur auf Grund der Begutachtung von Bodenproben geschätzt werden, wobei nach den Sieblinien des Wasserleiters ein Durchlässigkeitsbeiwert $k = 0{,}0002$ m/s eingesetzt wurde. Daraus ergab sich, daß zur Erreichung des Absenkziels eine Gesamtwassermenge von 63 l/s zu pumpen war, wozu acht Brunnen von 1 m Filterdurchmesser vorgesehen wurden. Die durch die nacheinander in Betrieb genommenen Brunnen hervorgerufene Absenkung wurde durch drei Meßrohre laufend gemessen. Die Wasserstände der drei Meßrohre I, II und III wurden aufgetragen (Abb. 378). Für jedes Meßrohr sind zwei Ganglinien aufgezeichnet, von denen die obere den Grundwasserstand bei Flut und die untere den Grundwasserstand bei Ebbe bedeutet. Neben der Ganglinie ist der Zeitpunkt der Inbetriebnahme der einzelnen Brunnen sowie die geförderte Wassermenge aller jeweils angeschlossenen Brunnen vermerkt. Auch zeitweises Aussetzen einzelner Brunnen ist eingetragen.

Nachdem sieben Brunnen in Betrieb genommen waren, wurde der k-Wert für den 31. 8. als Stichtag nachgerechnet. Die zu diesem Zeitpunkt mit allen Brunnen geförderte Wassermenge betrug 158 l/s. Die mittlere Brunnensohle lag auf Höhe −16,05 ü. NN. Die Absenkungen s wurden aus den Auftragungen (Abb. 378) entnommen, wobei der Mittelwert der beiden Ganglinien jedes Meßrohrs verwandt wurde. Aus den Absenkungen s wurde zunächst die Höhe z des Grundwasserspiegels über der Brunnensohle berechnet:

	Meßrohr I	Meßrohr II	Meßrohr III
Absenkung s auf Höhe	—3,85	—2,40	—4,35
Höhe z des Grundwasserspiegels über Brunnensohle	12,20	13,65	11,70

Nach Einsetzen dieser Werte in Gl. (103c) erhält man bei drei Meßrohren $\frac{1}{2} \cdot 3 \cdot 2 = 3$ Gleichungen für k[1]:

$$z_{II}^2 - z_I^2 = 13{,}65^2 - 12{,}20^2 = \frac{0{,}158}{\pi k \cdot 7}(30{,}55 - 29{,}58)\,,$$

$$z_I^2 - z_{III}^2 = 12{,}20^2 - 11{,}70^2 = \frac{0{,}158}{\pi k \cdot 7}(29{,}58 - 28{,}76)\,,$$

$$z_{II}^2 - z_{III}^2 = 13{,}65^2 - 11{,}70^2 = \frac{0{,}158}{\pi k \cdot 7}(30{,}55 - 28{,}76)\,.$$

Aus den drei Gleichungen ergeben sich folgende Werte für k und das arithmetische Mittel k_m:

$$\begin{aligned} k_{II,\,I} &= 0{,}00019 \text{ m/s}\\ k_{I,\,III} &= 0{,}00049 \text{ m/s}\\ k_{II,\,III} &= 0{,}00026 \text{ m/s}\\ \hline k_m &= 0{,}00031 \text{ m/s} \end{aligned}$$

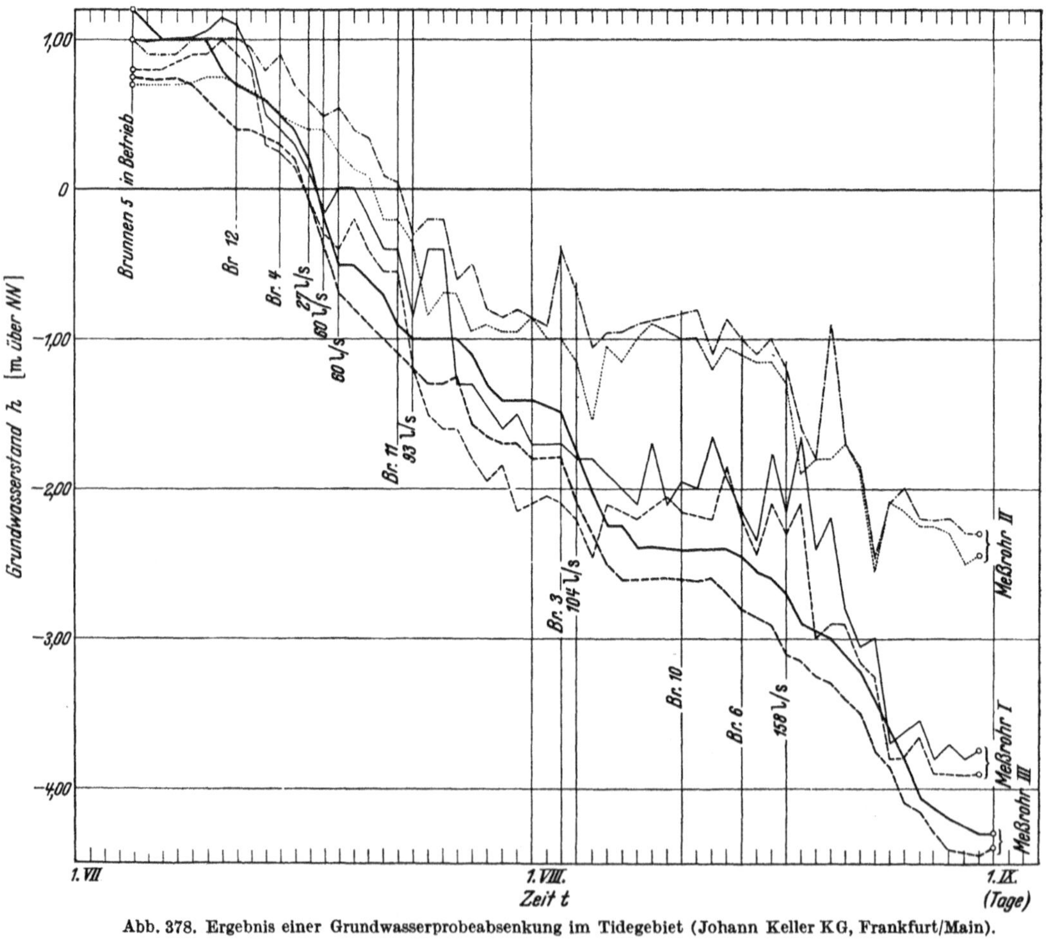

Abb. 378. Ergebnis einer Grundwasserprobeabsenkung im Tidegebiet (Johann Keller KG, Frankfurt/Main).

[1] Für A wurde nicht das geometrische Mittel der Entfernungen x, sondern das arithmetische Mittel eingesetzt. Die Gl. (103c) wurde hierzu entsprechend umgeformt:

$$z_2^2 - z_1^2 = \frac{Q}{\pi k n}\left(\sum \ln x_2 - \sum \ln x_1\right).$$

Daß der errechnete k-Wert etwas größer als der angenommene war, lag daran, daß die an den Meßpegeln beobachteten Werte im Laufe der Zeit noch weiter zum Beharrungszustand hin absanken. Deshalb war auch die gemessene Fördermenge von 158 l/s noch zu groß. Sie enthielt mehr als den laufenden Zufluß. Für den Beharrungszustand, der erst nach Wochen erreicht wurde, hat sich der angenommene k-Wert bestätigt.

2. In einem anderen Beispiel hat sich die Berechnungsannahme des k-Werts nicht bestätigt. Der Grundwasserspiegel einer *Baugrube von 290 m × 135 m* sollte um 7,50 m auf −5,00 m abgesenkt werden. Die Brunnentiefe war durch eine Tonschicht auf 18 m begrenzt. Auf Grund der Kornverteilung zahlreicher Bohrproben wurde $k = 0{,}0004$ m/s geschätzt. Die Vorberechnung ergab eine zu fördernde Wassermenge von 270 l/s.

Schon die ersten Brunnenbohrungen ergaben, daß der Wasserleiter sehr stark mit tonigen Bestandteilen durchsetzt war, was bei Beachtung der ursprünglichen, vollkommen trockenen Bohrproben nicht erkannt werden konnte. Daher wurde eine wesentlich kleinere Wassermenge von nur 60 l/s gefördert, so daß sich eine vollständige Veränderung der Berechnungsgrundlagen ergab. Aus drei Pegelständen, die nach ungefähr fünfmonatigem Betrieb der Anlage in den Beharrungszustand kamen, wurde ein Durchlässigkeitsbeiwert $k = 0{,}000075$ m/s berechnet. Wegen der Art des Untergrundes und der begrenzten Brunnentiefe wurde die Absenkung nicht durch eine Vergrößerung der Brunnenzahl, sondern durch eine Abflachung der Senkungskurve mit Hilfe von Dränagen verbessert.

Literatur

Unmittelbare Messung der Grundwassergeschwindigkeit:

Prinz (1923): Handbuch der Hydrologie. Berlin.

Thiem (1925): Messungsart natürlicher Grundwassergeschwindigkeiten. Meßtechnik 1, S. 77.

Lehr (1927): Ermittlung der Grundwassergeschwindigkeit auf neuer Grundlage. Gesundheits-Ing. 50, S. 5.

Malischewsky (1927): Ein neues Mittel zur Bestimmung der Stärke des Untergrundstromes. Gesundheits-Ing. 50, S. 469.

Kozeny (1931): Über Bodendurchlässigkeit. Wasserwirtschaft 24, S. 555.

Keutner (1933): Die Wasserbewegung in durchlässigen Bodenschichten. Bautechnik 11, S. 285.

Schaffernak (1935): Hydrographie. Wien.

Rossbach (1936): Über Grundwasserströmungen. Dissertation TH Karlsruhe. S. a. Ing.-Archiv 7, S. 41 u. 342.

v. Szily (1937): Gerät zur Bestimmung der Durchlässigkeit von ungestörten Sandproben. Dtsch. Wasserwirtschaft 32, H. 10.

Reisner (1939): Grundwassermessungen. Archiv techn. Messen V 65–10. Berlin/München.

Schweigl/Fritsch (1940): Elektrische Messung kleinster Grundwassergeschwindigkeiten. Gas- u. Wasserfach 83, H. 39 u. 40.

Thiem (1940): Berechnete und beobachtete Grundwassermengen. Gas- u. Wasserfach 83, H. 41.

Schultze (1942): Die Grundwasserbewegung im Tidegebiet. Bautechnik 20, S. 104.

Truelsen (1943): Vereinfachte Bestimmung der Ergiebigkeit von Grundwasserströmungen. Gas- u. Wasserfach 86, H. 19.

Kollbrunner (1948): Fundation und Konsolidation. Zürich. Bd. II.

Mansur (1957): Laboratory and in-situ permeability of sand. Proc. Am. Soc. Civ. Eng. 83, SM 1, Paper 1142.

Chardabellas (1964): Normung der k-Wert-Feldbestimmung durch Standardisierung der Korngrößenverteilungsdiagramme grundwasserhöffiger Lockergesteine. Mitt. Inst. Wasserwirtschaft Berlin H. 20.

Isotopenverfahren:

Moser/Neumaier/Rauert (1957): Die Anwendung radioaktiver Isotope in der Hydrologie. Atomkernenergie 2, H. 6.

Über Elektroosmose:

Schaad/Haefeli (1946): Die Anwendung der Elektrizität zur Entwässerung und Verbesserung feinkörniger Bodenarten. Straße u. Verkehr 32, H. 23/24.

Casagrande (1948): Elektro-osmosis. Proc. II. Int. Conf. Soil Mech. Found. Eng. Rotterdam, Bd. I, S. 218.

Grundsätzliche Ausführungen über die Probeabsenkung:

KYRIELEIS/SICHARDT (1930): Grundwasserabsenkung bei Fundierungsarbeiten. Berlin.
KOLLBRUNNER (1943): Grundwasser und Filterbrunnen. Veröff. Privatges. f. Bodenforschung und Erdbaumechanik Zürich, Bericht Nr. 6.
— (1946): Fundation und Konsolidation. Zürich. Bd. I, S. 64.
GLOSSOP/COLLINGRIDGE (1948): Notes on groundwater lowering by means of filter wells. Proc. II. Int. Conf. Soil Mech. Found. Eng. Rotterdam, Bd. II, S. 320.
KREPS (1953/54): Ein neues Verfahren zur Ermittlung der Grundwassergeschwindigkeit aus einem Pumpversuch. Wasserwirtschaft 44, S. 228.
NAHRGANG (1954): Zur Theorie des vollkommenen und unvollkommenen Brunnens. Berlin.
ABRAMOW (1954): Hydrogeologische Berechnungen des Wasserandrangs in Baugruben und der künstlichen Senkung des Grundwasserspiegels. Schriftenreihe des Verlages Technik SVT 188. Berlin.

Ausführliche Beispiele für die Durchführung und Auswertung von Probeabsenkungen:

SICHARDT/WEBER (1930): Hydrologische Rechnungen für die Grundwasserabsenkung beim Bau der Nordschleusenanlage in Bremerhaven. Bautechnik 8, S. 453.
HINDERKS (1938): Die Grundwasserabsenkung beim Bau des Querhellings im neuen portugiesischen Marinearsenal Alfeite. Bautechnik 16, S. 627.
MAGENS (1939): Die Grundwasserbewegungen beim Bau der Eiderschleuse bei Nordfeld. Westküste 2, S. 1.
HOOS (1941): Die Grundwassersenkung beim Bau des Maastunnels in Rotterdam. Bautechnik 19, S. 517.

Weitere Angaben über Probeabsenkungen:

ARP/DETTMERS (1926): Die Grundwasserabsenkung beim Bau der Doppelschleuse in Wesermünde-Geestemünde. Zbl. d. Bauverw. 76, S. 77.
MARNITZ (1930): Über das Verhalten eines schlickhaltigen Sandes bei Durchfluß von Wasser. Bautechnik 8, S. 679.
OTTO (1931): Die Untersuchung des Baugrundes und die Wasserhaltung für den Bau der Nordschleusenanlage in Bremerhaven. Bautechnik 9, S. 411.
LUDWIG (1932): Neuere Beobachtungen über die Veränderung des Grundwasserstandes in den östlichen Teilen der Provinz Brandenburg. Wasserkraft u. Wasserwirtschaft 27, H. 19.
DACHLER (1936): Grundwasserströmung. Wien/Berlin.
STEINBRENNER (1937): Der zeitliche Verlauf einer Grundwasserabsenkung. Wasserwirtschaft u. Technik 4, S. 27.
BENZEL (1937): Grundbau. Leipzig/Berlin.
FISCHER (1937): Die Wasserhaltung für den Umbau des Weserwehres bei Dörverden. Bautechnik 15, S. 669.
DENNER/KOEHNE (1938): Richtlinien für die Erforschung der Grundwasserverhältnisse. Berlin. 1949 in neuer Bearbeitung herausgegeben von der Forschungsanstalt für Gewässerkunde in Bielefeld.

Füllversuch:

LUGEON (1933): Barrages et géologie. Paris. S. 87.
LEFRANC (1936): Procédé de mesure de la perméabilité des sols dans les nappes aquifères. Génie Civil 56, S. 306.
– (1937): La théorie des poches absorbantes et son application à la détermination du coefficient de perméabilité des terrains en place. Génie Civil 57, S. 409.
MAAG (1941): Methode zur feldmäßigen Bestimmung der Wasserdurchlässigkeit. Straße u. Verkehr 27, S. 335.
Bureau of Reclamation (1951): Permeability tests using drill holes and wells. Denver. Geology Report G 97.
MATSUO/HOUMACHI/AKAI (1953): A field determination of permeability. Proc. III. Int. Conf. Soil Mech. Found. Eng. Zürich, Bd. I, S. 268.
JÄHDE (1953): Injektionen zur Verbesserung von Baugrund und Bauwerk. Berlin.
SCHNEEBELI (1954): La mesure in situ de la perméabilité d'un terrain pluie, évaporation, filtration et écoulement. Grenoble. S. 270.
o. V. (1956): Funderingsproblemen bij de bouw van het PTT-Gebouwcomplex te s'Gravenhage. Mededelingen Lab. Grondmech. Delft 1, S. 63.
MIETHE (1960): Zur Bestimmung der Durchlässigkeit des Baugrundes in situ mit der Zentralbrunnenmethode. Veröff. Inst. Bodenmech. u. Grundbau TH Karlsruhe H. 4.
BRILLANT (1966): La mesure in situ des perméabilités locales. Géotechnique 16, S. 33.

Messungen am fertigen Bauwerk:

WALTHER (1932/33): Beobachtungen über die Grundwasserbewegung hinter einer dichten Uferwand im Tidegebiet. Bautechnik 10, S. 495 u. 11, S. 666.

GRÜNEWALD (1933): Beobachtungen von Staudämmen auf durchlässigem Untergrunde. Bautechnik 11, S. 448.

AGATZ (1936): Der Kampf des Ingenieurs gegen Erde und Wasser im Grundbau. Berlin.

BERNATZIK (1940): Grenzneigung von Sandböschungen bei gleichzeitiger Grundwasserströmung. Bautechnik 18, S. 634.

WALKER/DAEHN (1948): Ten years of pore pressure measurements. Proc. II. Int. Conf. Soil Mech. Found. Eng. Rotterdam, Bd. III, S. 245.

RICHARDSON (1948): Summary of uplift pressures at Bureau of Reclamation dams. Bureau of Reclamation. Denver. Technical Mem. 636.

GLOVER/GIBBS/DAEHN (1948): Deformability of earth materials and its effect on the stability of earth dams following a rapid drawdown. Proc. II. Int. Conf. Soil Mech. Found. Eng. Rotterdam, Bd. V, S. 77.

FRANK (1952): Sohlenwasserdruck bei Talsperren. Bauingenieur 27, S. 127.

Waterways Experiment Station Vicksburg: Review of soil design, construction and perfomance observations: Tom Jankins Dam, Ohio (1958) Technical Report 3–474. Texarkana Dam, Texas (1958), 3–484. Harlan County Dam, Nebraska (1959), 3–501. Lookout Point Dam, Oregon (1959), 3–502. Wister Dam, Oklahoma (1959), 3–508.

CASAGRANDE (1961): Control of seepage through foundations and abutments of dams. Géotechnique 9, S. 161.

1.4 Untersuchungen im Laboratorium

Die in den vorangegangenen Kapiteln beschriebenen Untersuchungen im Gelände, die allgemeine Aufschlüsse über die Zusammensetzung und die Eigenschaften des Baugrundes liefern, sind selten ausreichend genug, um eine Prüfung der durch Bohrungen gewonnenen Bodenproben überflüssig zu machen. Mindestens am Schluß der Außenversuche und nach der Entscheidung über die genaue Lage des Bauwerks wird gewöhnlich auf die Untersuchung von Bodenproben im Laboratorium zurückgegriffen, da meist nur hieraus mit der genügenden Genauigkeit die Eigenschaften bestimmt werden können, deren Kenntnis für die jeweils vorliegende Bauaufgabe notwendig ist.

Mitunter ist es wünschenswert, die Bodenproben bereits auf der Baustelle zu prüfen, um über einzelne Bodeneigenschaften recht schnell Auskunft zu erhalten. Oft sind Untersuchungen an Ort und Stelle auch deshalb notwendig, weil der Charakter der Baustelle eine Behandlung in engster Anlehnung an die örtlichen Verhältnisse erfordert, z. B. bei der laufenden Bauüberwachung einer Bodenvermörtelung für eine Straßenbaustelle oder bei der Kontrolle der Schüttung und Verdichtung des Kerns für einen Staudamm. In solchen Fällen wird auf der Baustelle, oft schon bei Beginn der Bohrungen, ein Feldlaboratorium eingerichtet, dessen Umfang dem jeweiligen Zweck angepaßt sein muß. Es enthält gewöhnlich einige einfache Geräte, mit denen die wichtigsten Versuche, im allgemeinen in vereinfachter Form, durchgeführt werden können. Die Ergebnisse der Versuche müssen später mit den genaueren Protokollen des Fachinstituts verglichen und berichtigt werden.

Während die Versuche im Feldlaboratorium dem entwerfenden Ingenieur möglichst rasch einen ungefähren Anhalt über die Bodeneigenschaften, die er unter Umständen nur für den Vorentwurf benötigt, liefern sollen oder die bei der Verwendung des Bodens als Baustoff der Baukontrolle dienen, bedarf es zur endgültigen Ausarbeitung der Konstruktionspläne bei schwierigeren Bauten in der Regel einer eingehenderen Untersuchung der Bodenproben in der Versuchsanstalt.

Dabei ist die Auswahl des Probenmaterials für den Einzelversuch in den Fällen, wo die Proben aus Bohrlöchern stammen und gestört in Weckgläsern von der Baustelle angeliefert werden, ziemlich einfach, da hier die Probenmenge klein ist und schon deshalb meist nicht sehr unterschiedlich sein wird. Hier hat die wesentliche Arbeit, d. h. die Auswahl charakteristischen Materials, bereits der Bohrmeister geleistet (über die dabei möglichen Fehler s. S. 116). Bei der Anlieferung größerer Probenmengen aus Schürflöchern, wie sie bei der Prüfung von Erdbaustoffen die Regel ist, muß dagegen die für den Einzelversuch dienende Probenmenge sorgfältig durch systematisches Vierteln eines Bodenkegels (Abb. 130) oder besser durch Benutzen eines Geräts nach Abb. 131 ausgewählt werden. Ganz besondere Sorgfalt ist unter Umständen bei der Zerlegung von ungestörten Proben zur Gewinnung der Teilproben für die Einzelversuche aufzuwenden, da über die Länge der Proben von 25 cm oder mehr die Eigenschaften des Bodens verschieden sein können. Vor der Auswahl wichtiger Teilproben ist dann die Bestimmung des Wassergehalts, der Porenziffer und der Plastizitätsgrenzen angebracht, um die Zone mit den wirklich repräsentativen Eigenschaften zu finden (Casagrande/Fadum 1940).

DIN-Bestimmungen über die Versuche zur Bestimmung bodenmechanischer Kennziffern im Laboratorium werden zur Zeit durch den Fachnormenausschuß Bauwesen, Arbeitsausschuß „Versuche und Versuchsgeräte" und die Deutsche Gesellschaft für Erd- und Grundbau vorbereitet und liegen zum Teil im Entwurf (1958) vor (DIN 4016, Blatt 1—4 „Untersuchung von Bodenproben")[1]. Einen kurz gefaßten Überblick enthält DIN 4020 „Bautechnische Bodenuntersuchungen, Richtlinien" aus dem Jahre 1953. Eine ausführliche Beschreibung der einfacheren Versuche bringt auch ein 1963 neu bearbeitetes Merkblatt der Forschungsgesellschaft für das Straßenwesen. In der gesamten englisch sprechenden Welt werden die bautechnischen Bodenuntersuchungen an gestörten Proben nach den Bestimmungen der amerikanischen ASTM[2]- und AASHO[3]-Standards und des British Standard 1377 „Methods of testing soils for civil engineering purposes" durchgeführt. Daneben gibt es — abgesehen von den „Manuals" der großen Baubehörden (z. B. US Bureau of Reclamation 1960) — eine ganze Reihe von Büchern, in denen die Laboratoriumsversuche bis in alle Einzelheiten genau behandelt sind (z. B. Casagrande/Fadum 1940, Lambe 1951, Karol 1960). Über die in Rußland üblichen Versuchsverfahren unterrichtet ausführlich das in deutscher Übersetzung erschienene Buch von Lomtadse (1955).

Literatur

DIN 4020 (1953): Bautechnische Bodenuntersuchungen. Richtlinien.
DIN 4016 Bl. 1—4 (Entwurf 1958): Baugrund. Untersuchung von Bodenproben[1].
Forschungsges. f. d. Straßenwesen (1963): Merkblatt für bodenphysikalische Prüfverfahren im Straßenbau. Köln.
ASTM (1952): Book of ASTM Standards. Philadelphia. S. 1447.
AASHO (1955): Standard specifications for highway materials and methods of sampling and testing. Washington.
Bureau of Reclamation (1960): Earth manual. Denver.
British Standard 1377 (1961): Methods of testing soils for civil engineering purposes.
Casagrande/Fadum (1940): Notes on soil testing for engineering purposes. Harvard Univ. Soil Mech. Series No. 8.
Lambe (1951): Soil testing for engineers. New York.
Lomtadse (1955): Bodenphysikalisches Praktikum. (Übersetzung aus dem Russischen.) Berlin.
Muhs (1957): Die Prüfung des Baugrundes und der Böden. Berlin/Göttingen/Heidelberg.
Karol (1960): Soils and soil engineering. New Jersey.
Siedek/Voss (1960): Die Bodenprüfverfahren bei Straßenbauten. Düsseldorf.

1.41 Normalversuche

Die Ergebnisse von Bodenuntersuchungen können in zwei verschiedenen Formen dargestellt werden (Abb. 2): Entweder als feste Zahlen oder in Kurvenform. Man kann im ersten Fall von einer Beschreibung der Bodenprobe sprechen, die deren Zustand, ohne ihn durch äußere Einwirkungen zu verändern, wiedergibt. Der Zustand der Bodenprobe kann aber auch wechseln, und zwar dadurch, daß man die Bodenprobe Belastungen unterwirft. Damit ändern sich auch die diesen

[1] Inzwischen (1965/67) als DIN (Entwurf) 18121 bis 18123 und 18125 erschienen.
[2] American Society for Testing Materials.
[3] American Association of State Highway Officials.

Zustand kennzeichnenden Festwerte. Man erhält auf diese Weise eine Abhängigkeit der Kennzahlen von der jeweiligen Belastung, die am anschaulichsten und genauesten in Kurvenform dargestellt wird. Voraussetzung für diese Auftragung des Verhaltens der Bodenprobe unter Belastungsänderungen ist die Zustandsbeschreibung der Bodenprobe.

1.411 Zustandsbeschreibung des Bodens

Bei der Zustandsbeschreibung einer Bodenprobe kann man eine Gruppe von Angaben zusammenstellen, die sich mit dem festen Bestandteil des Bodens, also den Bodenkörnern, beschäftigen. Dazu tritt als zweite Gruppe eine Reihe von Angaben, die sich mit dem Hohlraum des Bodens befassen. Die Beschreibung der Bodenprobe wird aber erst vollständig, wenn auch das Verhalten zu dem im Boden befindlichen Wasser durch einzelne Beiwerte, die der dritten Gruppe angehören, näher umrissen wird. Die Zustandsbeschreibung der Bodenprobe zerfällt daher entsprechend den Hauptbestandteilen des Bodens: Festmasse, Hohlraum und Wasser in drei Unterabschnitte. In Sonderfällen kann auch die Luftdurchlässigkeit des Bodens (Wagner 1957) und neuerdings auch seine Öldurchlässigkeit (Krolewski 1959) von Bedeutung sein.

1.411.1 Fester Teil

1.411.11 Spezifisches Gewicht

Definition. Das spezifische Gewicht des Bodens γ_s (Reinwichte) ist das Stoffgewicht seiner festen Bestandteile. Es ist gleich dem mittleren spezifischen Gewicht der Gesteinsminerale, aus denen sich der Boden zusammensetzt. Seine Dimension wird in Deutschland für baupraktische Zwecke gewöhnlich in g/cm³ oder t/m³ angegeben. Im Ausland ist dagegen mehr der Gebrauch als dimensionslose Größe üblich, entsprechend der physikalischen Definition, daß das spezifische Gewicht angibt, wievielmal schwerer ein Stoff ist als die gleich große Menge Wasser bei einer Temperatur von 4 °C.

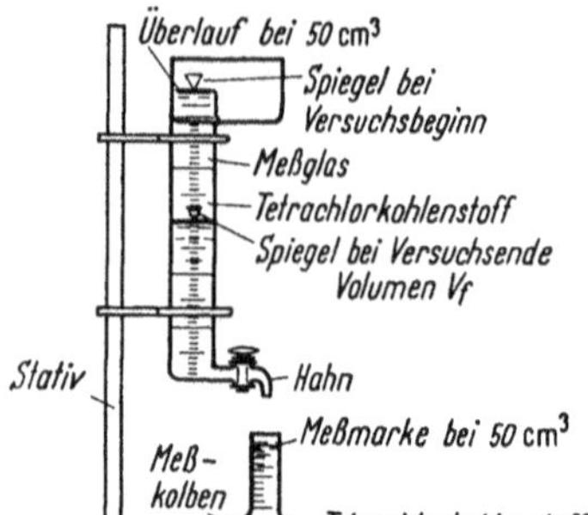

Abb. 379. Versuchsvorgang bei der Bestimmung des spezifischen Gewichts nach Erdmenger/Mann.

Gerät. Das spezifische Gewicht wird entweder mit Pyknometern von 50, 100 oder 250 cm³ Inhalt – im Straßenbau in Ausnahmefällen von 1000 cm³ Inhalt – oder mit Hilfe des Geräts von Erdmenger/Mann bestimmt. Das letztere besteht aus einer Meßglasröhre von 50 cm³ Inhalt, die mit einem Überlauf und einem Hahn versehen ist (Abb. 379). Außerdem benötigt man einen Trockenschrank, eine Feinwaage und ein Thermometer.

Vorgang. Bei der *Pyknometermethode* werden die mit Wasser gefüllten Meßkolben benutzt, um das Volumen der die Probe bildenden Bodenkörner zu ermitteln. Dieses Volumen ist gleich dem Volumen der durch die Bodenkörner verdrängten Wassermenge. Da dieses aber eine Funktion der Temperatur ist, müssen entweder alle Wägungen bei der gleichen Temperatur vorgenommen oder durch Temperaturkorrekturen auf eine gemeinsame Vergleichstemperatur abgestellt werden. Gewöhnlich wird der zweite Weg beschritten und als Vergleichstemperatur aus praktischen Gründen die beim Versuch vorhandene Temperatur t_2 gewählt.

An sich wäre es notwendig, die Messungen auf 4 °C zu beziehen, da nur dann das Wasser die Dichte *1* hat. Der Unterschied ist aber gering ($\Delta G \sim 0{,}002$ g pro cm³) und kann vernachlässigt werden.

Vor dem Versuch müssen die mit destilliertem Wasser gefüllten Pyknometer geeicht, d. h., es muß ihr genaues Gewicht (G_w) festgestellt werden. Hierbei legt man am besten eine Temperatur t_1 von 20 °C zugrunde, die sich von den Versuchstemperaturen t_2 im allgemeinen nur wenig unterscheidet.

Beim Versuch werden bei der üblichen Untersuchung mit dem 100 cm³-Pyknometer schätzungsweise 15 bis 30 g der Bodenprobe bei 105 °C getrocknet, im Pulvermörser zerrieben und auf Zimmertemperatur abgekühlt. Die Bodenprobe vom Gewicht G_t wird in das Pyknometer vom Gewicht T gefüllt und mit diesem zusammen gewogen (Abb. 380, 1. Wägung). Das Pyknometer wird dann mit

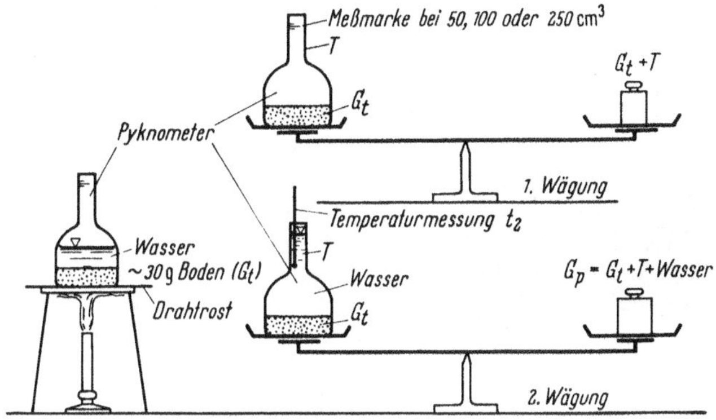

Abb. 380. Versuchsvorgang bei der Bestimmung des spezifischen Gewichts nach der Pyknometermethode.

destilliertem Wasser gefüllt, bis die Bodenprobe gut bedeckt ist, und in ein Wasserbad oder über einen Bunsenbrenner gestellt. Man kocht die im Wasser befindliche Bodenprobe so lange, bis die gesamte Luft aus ihr entwichen ist, d. h., bis keine Luftblasen mehr aufsteigen (etwa ½ Stunde lang), kühlt das Pyknometer anschließend auf Zimmertemperatur ab und gießt so viel destilliertes Wasser nach, bis die Meßmarke erreicht ist. Das Gewicht G_p des mit der Bodenprobe und Wasser gefüllten Pyknometers (Abb. 380, 2. Wägung) und die Temperatur des Wassers t_2 werden gemessen.

Bei nicht organischen oder nicht organisch verunreinigten, nicht zu feinen Böden (Korngröße $> \sim 0{,}02$ mm) kann man das Abkochen der Probe auch dadurch ersetzen, daß man die Boden-Wasser-Mischung im Pyknometer etwa 15 bis 30 Minuten lang einem Unterdruck aussetzt, und zwar entweder mit Hilfe einer Wasserstrahlpumpe oder in einem Vakuumexsikkator.

Die Bestimmung des spezifischen Gewichts kann durch Anwendung der *Tauchwägung* (Spoerel 1952) wesentlich vereinfacht werden, besonders, wenn man den Versuch mit dem erdfeuchten Boden beginnt und das Trockengewicht nach dem Versuch durch Eindampfen des Boden-Wasser-Gemischs ermittelt. Man kann dann das Zerreiben der Proben vermeiden, das meist erst die hohe Luftadsorption herbeiführt, die später im Pyknometer mit vieler Mühe wieder beseitigt werden muß. Bei der Tauchwägung — bei der das Volumen durch Wiegen über und unter Wasser bestimmt wird (s. auch S. 367) — bereitet man die feuchte Probe — notfalls mit Hilfe eines Rührbechers — zu einer Suspension auf, entlüftet diese wie oben im halbgefüllten Pyknometer, wiegt das voll aufgefüllte Pyknometer mit dem Boden unter Wasser (Abb. 381) und später die durch Eindampfen getrocknete Probe (Gewichte G_u und G_t).

Vor Benutzung des *Geräts von* ERDMENGER/MANN (Abb. 379) werden etwa 50 g Boden im Trockenschrank getrocknet, zerrieben und abgekühlt. Dann werden davon genau 15 g abgewogen, zusammen mit Tetrachlorkohlenstoff, der der Meßglasröhre mit bekanntem Inhalt entnommen wird, in einen Meßkolben gegeben, so daß dieser bis zu etwa einem Drittel gefüllt ist. Dann wird die Mischung intensiv durchgeschüttelt. Der Tetrachlorkohlenstoff entzieht hierbei dem Boden die anhaftende Luft und macht dadurch besondere Maßnahmen zu ihrer Entfernung überflüssig. Anschließend füllt man den Meßkolben bis zu einer eingeritzten Meßmarke mit dem gleichen Stoff auf. Da sowohl der Meßkolben als auch die Meßröhre einen Inhalt von 50 cm³ besitzen, gibt der in der Meßröhre verbleibende Rest des Tetrachlorkohlenstoffes den Raum an, den die Bodenkörner im Meßkolben einnahmen.

Abb. 381. Bestimmung des Feststoffvolumens durch Tauchwägung der Probe im Pyknometer.

Meßgrößen. Beim *Pyknometerversuch* sind durch Eichung bekannt: Das Taragewicht T des leeren und das Gewicht G_w des bis zur Meßmarke mit destilliertem Wasser von einer bestimmten Eichtemperatur t_1 gefüllten Pyknometers. Neu bestimmt werden das Gewicht $(G_t + T)$ des allein mit trockenem Boden und das Gewicht G_p des mit Boden und Wasser bis zur Meßmarke gefüllten Pyknometers sowie die Temperatur t_2 bei der letzten Wägung.

Bei Anwendung der *Tauchwägung* muß das Taragewicht des Pyknometers unter Wasser T' (Tauchgewicht) bekannt sein. Neu bestimmt werden das Tauchgewicht des mit der Probe und Wasser gefüllten Pyknometers G_u und das Trockengewicht der Probe G_t.

Beim *Gerät von* ERDMENGER/MANN liegt das Gewicht des in den Meßkolben gegebenen Bodens mit 15 g bei jedem Versuch von vornherein fest. Neu bestimmt wird nur das Volumen V_f der Flüssigkeit, das in der Meßglasröhre des Geräts verbleibt.

Kennziffern. Beim *Pyknometerversuch* ist das Gewicht des durch die Bodenprobe verdrängten Wassers $= G_w + G_t - G_p$. Dieses Gewicht ist nur dann gleich dem Volumen der Bodenprobe, wenn die zweite Wägung, d. h. die Wägung von G_p, bei der gleichen Temperatur t_2 vorgenommen wird wie die von G_w bei der Eichung (t_1). Da dies gewöhnlich nicht der Fall ist, berücksichtigt man die Gewichtsdifferenzen durch Umrechnung auf die Temperatur t_2 mit Hilfe von Temperaturkorrekturen, die aus Tab. 35 entnommen werden können (Einzelheiten siehe im Beispiel). G_t erhält man aus der ersten Wägung als Differenz $(G_t + T) - T$.

Das spezifische Gewicht der Probe für t_2 °C ergibt sich zu:

$$\gamma_{s t_2^\circ} = \frac{G_t}{G_w + G_t - G_p} \qquad (\mathrm{t/m^3})\,. \qquad (121)$$

t_2 liegt meist bei einer Zimmertemperatur von 20 °C. Ist eine sehr genaue Bestimmung erforderlich, so ist $\gamma_{s_{t_2^\circ}}$ auf die Temperatur von 4 °C umzurechnen. Hierzu muß man $\gamma_{s_{t_2^\circ}}$ mit dem Faktor $\frac{\gamma_{w_{4^\circ}}}{\gamma_{w_{t_2^\circ}}}$ multiplizieren, wobei γ_w das bei den beiden Temperaturen geltende spezifische Gewicht des Wassers bedeutet:

$$\gamma_{s_{4^\circ}} = \gamma_{s_{t_2^\circ}} \frac{\gamma_{w_{4^\circ}}}{\gamma_{w_{t_2^\circ}}} \quad (\mathrm{t/m^3})\,. \qquad (122)$$

Tabelle 35. *Temperaturkorrektur ΔG für Pyknometer von 100 cm³ Inhalt; zur Korrektion von $t_1 = 20\,°C$ auf $t_2\,°C$: $G_{20^\circ} + \Delta G = G_{t_2^\circ}$*
Bei Eichung der Pyknometer sind die Vorzeichen umzukehren.

t_2	+					—				
	15°	16°	17°	18°	19°	20°	21°	22°	23°	24°
,0	0,089	0,074	0,057	0,039	0,020	0,000	0,021	0,044	0,067	0,091
,1	0,088	0,072	0,055	0,037	0,018	0,002	0,024	0,046	0,069	0,093
,2	0,086	0,071	0,053	0,035	0,016	0,004	0,026	0,048	0,072	0,096
,3	0,085	0,069	0,052	0,033	0,014	0,006	0,028	0,050	0,074	0,098
,4	0,083	0,067	0,050	0,032	0,012	0,009	0,030	0,053	0,076	0,101
,5	0,082	0,066	0,048	0,030	0,010	0,011	0,032	0,055	0,079	0,103
,6	0,080	0,064	0,046	0,028	0,008	0,013	0,035	0,057	0,081	0,106
,7	0,079	0,062	0,045	0,026	0,006	0,015	0,037	0,060	0,084	0,109
,8	0,077	0,060	0,043	0,024	0,004	0,017	0,039	0,062	0,086	0,111
,9	0,075	0,059	0,041	0,022	0,002	0,019	0,041	0,064	0,089	0,114

Bei Anwendung der *Tauchwägung* ergibt sich das spezifische Gewicht aus den Meßgrößen zu:

$$\gamma_s = \frac{G_t}{G_t - (G_u - T')} = \frac{G_t}{G_t - G_{t_u}} \quad (\mathrm{t/m^3})\,, \qquad (123)$$

wobei G_{t_u} das Tauchgewicht der trockenen Probe ist.

Beim Versuch mit dem *Gerät von* Erdmenger/Mann ist das spezifische Gewicht:

$$\gamma_s = \frac{15}{V_f} \quad (\mathrm{t/m^3})\,. \qquad (124)$$

Zahlenwerte. Das spezifische Gewicht weicht bei den einzelnen Bodenarten nur sehr wenig voneinander ab (Tab. 36). Lediglich bei Böden mit organischen Beimengungen ist es erheblich kleiner und bei Erzbeimengungen größer.

Tabelle 36
Spezifisches Gewicht der Hauptbodenarten

Bodenart	γ_s (t/m³)
Starkbindige Böden	2,67—2,75
Schwachbindige Böden ...	2,65—2,67
Nichtbindige Böden	2,65

Fehler. Es ist üblich, das mittlere spezifische Gewicht der Kornsubstanz in den Versuchsprotokollen bis zur 2. Dezimalen anzugeben. Eine noch größere Genauigkeit ist mit dem geschilderten Verfahren im Normalarbeitsgang nicht zu erreichen und auch für die praktische Verwendung nicht notwendig.

Die bei der Mittelbildung aus mehreren Versuchen erhaltenen mittleren Abweichungen betragen bei der Pyknometermethode höchstens eine Einheit der 2. Dezimalen, also max. ~0,4%.

Bei dem Verfahren nach Erdmenger/Mann, das wesentlich einfacher und schneller ist, sind die Abweichungen größer. Es ergeben sich hier meist geringere spezifische Gewichte, da die Luft durch den Tetrachlorkohlenstoff nicht so gründlich wie durch das Abkochen beseitigt wird.

Verwendung. Das spezifische Gewicht der Bodenkörner ist ein Hilfswert, der in der Hauptsache zur Bestimmung des Porenvolumens, der Porenziffer und des Raumgewichts des Bodens dient und auch bei der Ermittlung der Kornverteilung durch die Schlämmanalyse gebraucht wird.

Beispiel. Ein Beispiel für die Rechnung beim Pyknometerversuch ist in Tab. 37 enthalten. Hierbei ist die Eichung der Pyknometer einheitlich bei $t_1 = 20\,°C$ vorgenommen, was die Rechnung vereinfacht.

Tabelle 37. *Bestimmung des spezifischen Gewichts*

Pyknometer Nr.	13	11	4	Dim.
G_w = Gewicht des Pyknometers + Wasser bei $t_1 = 20{,}0\,°C$	157,942	154,920	143,300	g
ΔG = Temperaturkorrektur	—0,089	+ 0,004	+ 0,089	g
auf $t_2\,°C$	23,9	19,8	15,0	°C
$G'_w = G_w + \Delta G$	157,853	154,924	143,389	g
G_p = Gewicht des Pyknometers + Wasser bei $t_2\,°C$ + Probe	175,016	167,158	157,078	g
G_t + T = Trockengewicht der Probe + Tara	70,867	60,139	53,414	g
T = Tara	43,554	40,665	31,600	g
G_t = Trockengewicht der Probe	27,313	19,474	21,814	g
$G'_w + G_t - G_p$ = Volumen der Probe	10,150	7,240	8,125	cm³
$\frac{G_t}{G'_w + G_t - G_p} = \gamma_{t_2^\circ}$	2,69	2,69	2,69	g/cm³

Literatur

Forschungsges. f. d. Straßenwesen (1963): Merkblatt für bodenphysikalische Prüfverfahren im Straßenbau. Köln.

Casagrande/Fadum (1940): Notes on soil testing for engineering purposes. Harvard Univ. Soil Mech. Series No. 8.

Siedek/Voss (1960): Die Bodenprüfverfahren bei Straßenbauten. Düsseldorf.

Über die Tauchwägungsmethode:

Spoerel (1952): Die Tauchwägung. Straße u. Autobahn 3, S. 329.

Über das Verfahren von Erdmenger/Mann:

Tiedemann (1941): Über Bodenuntersuchungen bei Entwurf und Ausführung von Ingenieurbauten. Bautechnik 19, S. 52.

1.411.12 Kornverteilung

Die Kornverteilung gibt den Anteil der einzelnen Korngrößen, aus denen sich ein Boden zusammensetzt, an der Gesamtmenge der Probe in Gewichtsprozent an. Bei der Bestimmung der Kornverteilung unterscheidet man zwischen der Siebanalyse für die gröberen Bestandteile von etwa 60 bis 0,06 mm (nichtbindige Böden) und der Schlämmanalyse für das Feinkorn von etwa 0,1 bis 0,001 mm (bindige Böden). Schwachbindige Böden mit mehr als 10% Schluff und Ton oder bindige Böden mit einem nennenswerten Anteil (>10%) an Korngrößen >0,06 mm müssen durch eine Schlämm- *und* Siebanalyse („*Kombinierte Analyse*“) untersucht werden. Außerdem gibt es Schnellschlämmverfahren zur beschleunigten Ermittlung des ungefähren Kornaufbaus.

Für die Durchführung der Analysen gilt DIN 4016 (Entwurf 1958)[1] Blatt 2 „Richtlinien für die Bestimmung der Kornverteilung durch den Sieb- und Schlämmversuch“.

1.411.121 Siebanalyse

Definition. Bei der Siebanalyse wird das trockene Korngemisch auf übereinandergestellten Sieben verschiedener Rundloch- oder Maschenweite in seine Einzelfraktionen zerlegt. Die hierbei erhaltenen Größenbezeichnungen gelten für Bodenkörner, die sich beim Durchgang durch die Maschen der Siebe genauso verhalten wie Kugeln mit dem angegebenen Durchmesser.

Gerät. Wenn Handsiebungen zur Ausführung kommen, werden meist quadratische Siebe in Holzrahmen verwendet. Im allgemeinen werden aber Vorrichtungen für Maschinensiebungen bevorzugt (Abb. 382). In die Siebmaschinen werden runde Siebsätze mit einem Durchmesser von 15 oder 20 cm eingesetzt.

Enthält die Probe einen erheblichen Anteil an Korngrößen >2 mm, so ist es notwendig, die Anteile >2 mm (Kies und Steine) und <2 mm (Sand) zu trennen und jeden dieser Anteile getrennt zu untersuchen.

Zur *Siebung der Grobanteile* soll möglichst die gesamte Probenmenge, d. h. unter Umständen eine Menge von mehreren kg, benutzt werden, mindestens aber eine Menge von 400 bis 500 g.

Maschinensiebe sind mit einer Maschenweite von 0,04 bis 25 mm gemäß DIN 4188 „Drahtgewebe für Prüfsiebe“ genormt. Für noch grobere Materialien müssen Rundloch- oder Quadratlochbleche nach DIN 4187 „Lochbleche für Prüfsiebe“ mit Durchmessern bzw. Weiten bis 100 mm verwendet werden. Bei Benutzung von teils Maschensieben (lichter Maschenabstand l), teils Rundlochsieben (Lochdurchmesser d) für ein und dasselbe Material ist eine Korrektur not-

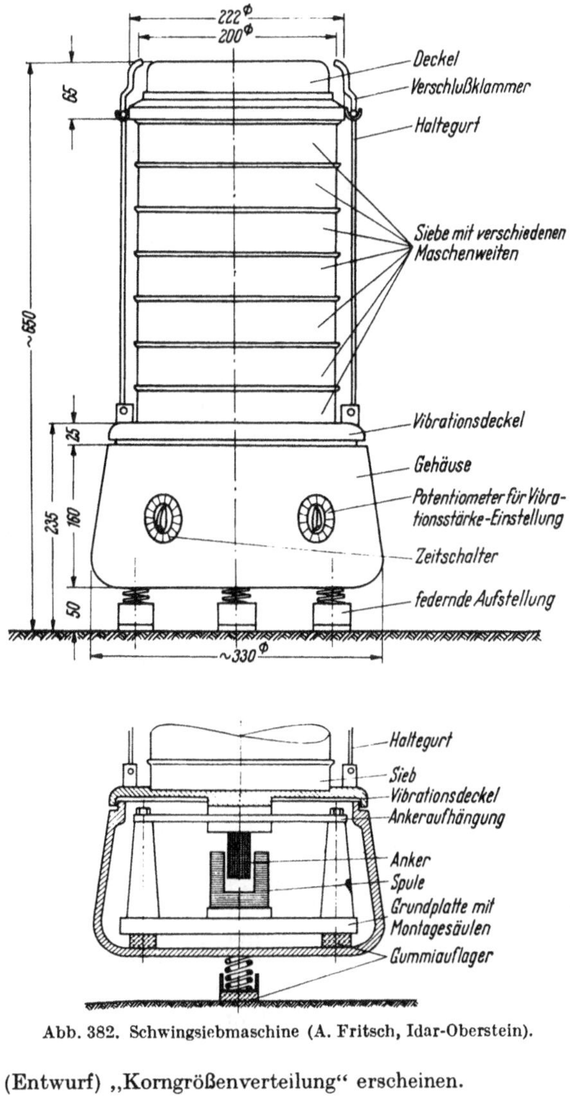

Abb. 382. Schwingsiebmaschine (A. Fritsch, Idar-Oberstein).

[1] Wird (1967) als DIN 18123 (Entwurf) „Korngrößenverteilung“ erscheinen.

wendig, um die Äquivalenz der beiden Siebarten herzustellen. Mit für die Praxis ausreichender Genauigkeit ist $l = 0{,}8\,d$, d. h., das auf einem Rundlochsieb mit z. B. $d = 10$ mm ermittelte Fraktionsgewicht ist dem auf einem Maschensieb mit $l = 8$ mm ermittelten Fraktionsgewicht gleichwertig.

Bei großen Maschenweiten ist der Gebrauch der sonst für Maschinensiebungen üblichen Rundsiebe mit 150 mm oder 200 mm Durchmesser nicht mehr einwandfrei, da dann auf der Siebfläche keine genügend große Maschenzahl mehr vorhanden ist. Für die Korngrößen > 20 mm ist deshalb die Verwendung von Kastensieben (Seitenlänge 50 cm) angebracht.

Durch gemeinsame Verwendung von Maschen- und Rundlochsieben gleicher Weite erhält man einen Anhaltspunkt über die mehr oder weniger gedrungene Kornform des Bodens (SCHIEL 1948).

Zur *Siebung der Feinanteile* eines nichtbindigen Bodens mit einem nur geringen Kiesgehalt genügt eine Menge von 100 bis 200 g und ein Siebsatz mit den Maschenweiten 0,06 mm, 0,1 mm, 0,2 mm, 0,5 mm, 1 mm und 2 mm, notfalls auch noch 5 mm.

Neben der Siebeinrichtung werden ein Trockenschrank und eine Waage benötigt. Für eine schnelle Durchführung der Wägungen sind gedämpfte Schnellwaagen mit Selbstanzeige besonders geeignet.

Vorgang. Bei nicht zu grobem Sand werden 100 oder 200 g, bei gröberem 400 oder 500 g nach Ofentrocknung bei 105 °C auf 0,1 g genau gewogen und in das gröbste der übereinandergestellten Siebe geschüttet (Abb. 383). Im Falle

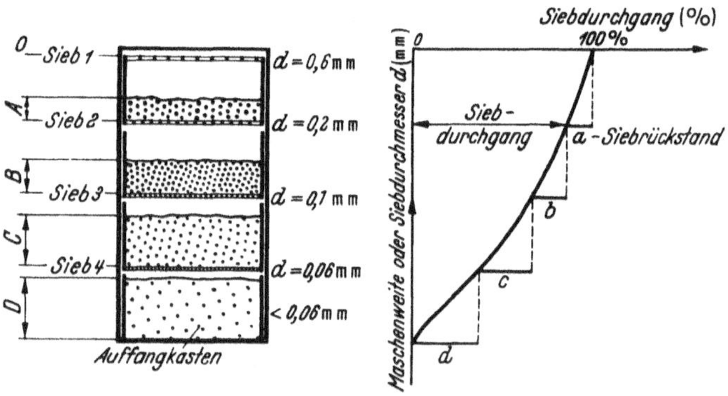

Abb. 383. Versuchsvorgang bei der Bestimmung der Kornverteilung durch Siebanalyse.

$$a = \frac{A}{A+B+C+D} \cdot 100 \qquad b = \frac{B}{A+B+C+D} \cdot 100$$

$$c = \frac{C}{A+B+C+D} \cdot 100 \qquad d = \frac{D}{A+B+C+D} \cdot 100$$

einer Handsiebung werden jeweils drei aufeinanderfolgende Siebe auf einen Auffangkasten gestellt und in einer Aufhängevorrichtung mindestens 15 Minuten durchgerüttelt. Bei Maschinensiebung wird der ganze Siebsatz 10 Minuten lang in die Maschine eingespannt. Anschließend werden die Rückstände auf den einzelnen Sieben auf 0,1 g genau gewogen.

Enthält die Probe offensichtlich Spuren von bindigen Bestandteilen, von denen angenommen werden muß, daß sie beim Trocknen an den Grobbestandteilen festkleben und sich während der Siebung nicht von ihnen trennen, so muß die getrocknete und gewogene Probe auf dem 0,06 mm-Sieb vor dem Sieben sorgfältig gewaschen und alles bindige Feinmaterial ausgespült werden. Ist die

Probenmenge hierfür zu groß, so ist ein größeres Sieb von geeigneter Maschenweite vorzuschalten. Nach erneutem Trocknen der Probe ist der Gewichtsverlust infolge des Waschens festzustellen und dann die Siebung durchzuführen.

Meßgrößen. Gewicht der Gesamtmenge und des auf jedem Sieb befindlichen Rückstandes.

Auftragungen. Der Anteil der Siebrückstände an der Ausgangsmenge wird in Gewichtsprozent bestimmt und die statistische Verteilung der einzelnen Korngrößen in einer Summenlinie, der „*Kornverteilungskurve*", dargestellt. Um die Auftragung, die sich häufig zwischen 0,001 und 60 mm erstreckt und für die kleinen Korngrößen besonders wichtig ist, zusammenzudrängen, ohne sie undeutlich werden zu lassen, wird der Korndurchmesser *d* auf der Abszisse in logarithmischer Teilung aufgetragen (Abb. 384). Man erhält meist S-förmige Kurven.

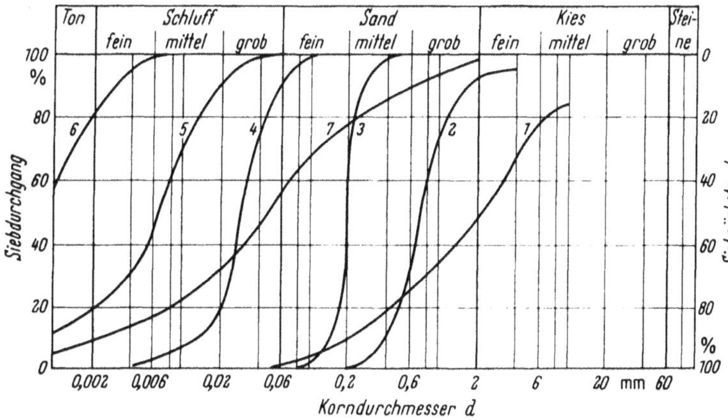

Abb. 384. Kornverteilungskurven häufiger Bodenarten.
1 Sand und Kies; *2* Grobsand, mittelsandig; *3* Mittel- und Feinsand; *4* Grobschluff (Mehlsand, schluffig); *5* Schluff, tonig; *6* Ton; *7* Geschiebemergel.

Hat man den Grob- und Feinanteil getrennt gesiebt, so kann sofort nur der zu dem Grobanteil gehörende Ast der Kornverteilungskurve als Summenkurve der Siebrückstände, bezogen auf die Gesamtprobenmenge G, aufgetragen werden. Zur Auftragung des zu dem Feinanteil gehörenden Teils der Kornverteilungskurve ist zunächst der Durchgang P der Gesamtprobe durch das 2,0 mm-Sieb in Prozent der Gesamtmenge G festzustellen. Dann berechnet man die Siebrückstände des Feinanteils in Prozent der zur Siebung des Feinanteils dienenden Probenmenge G', multipliziert die erhaltenen Werte mit dem Prozentanteil P und vervollständigt mit den so berechneten Werten die Kornverteilungskurve. Die Summenkurve der Siebrückstände des Feinanteils kann außerdem als besondere Kurve aufgetragen werden (s. Beispiel).

Kennziffern. Für die Unterteilung der Abszisse gibt es eine große Zahl von Vorschlägen. Die in Deutschland für Baugrunduntersuchungen in der DIN 4022 festgelegten Grenzen und Bezeichnungen liegen bei den Grenzen $2\cdot$ und $6\cdot 10^n$ (siehe hierzu Fußnote auf S. 15). Näheres hierüber und über andere, heute noch wichtige Einteilungen siehe Kap. 1.221.

Bei der Wiedergabe der Kornverteilungskurve begnügt man sich bisweilen mit einer Kennzeichnung durch den Korndurchmesser d_{10} nach Hazen (1892) — das ist der Korndurchmesser bei 10% Siebdurchgang — oder den „*wirksamen Korndurchmesser* d_w".

Der wirksame Korndurchmesser kann nach einem Vorschlag von Kozeny (1927) ermittelt werden (Abb. 385). Man zeichnet zu der Kornverteilungskurve die Linie mit den reziproken Werten $1/d$. Die mittlere Breite der durch sie gebildeten Fläche, d. h. ihre Verwandlung in ein flächengleiches Rechteck, gibt den reziproken Wert $1/d$, und der entsprechende Wert auf der Kornverteilungskurve liefert den wirksamen Korndurchmesser d_w.

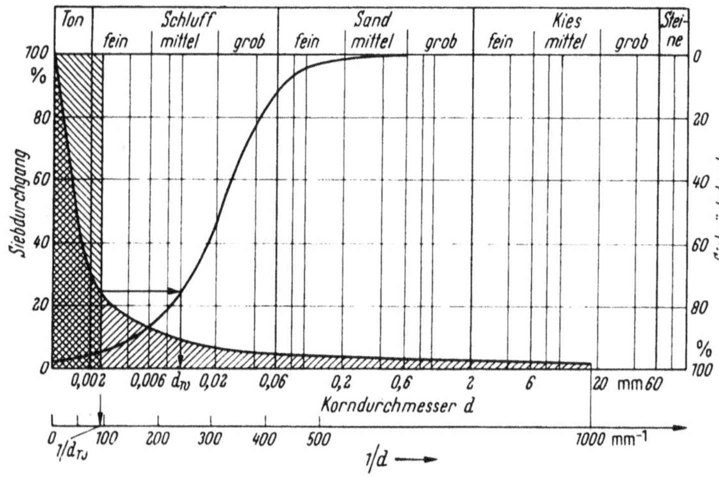

Abb. 385. Ermittlung des wirksamen Korndurchmessers d_w nach Kozeny. Im Beispiel ist $d_w = 0{,}011$ mm.

Gebräuchlicher als die Benutzung von d_{10} oder d_w ist der „*Ungleichförmigkeitsgrad*" $U = \frac{d_{60}}{d_{10}}$ [s. Gl. (2)]. Er gibt die mittlere Neigung des zwischen 60 und 10% Siebdurchgang gelegenen Teils der Kornverteilungskurve an. Je kleiner U ist, desto gleichförmiger ist der Boden. Näheres hierüber und über die Form des Kornaufbaus siehe Kap. 1.223, besonders Gl. (2) und (3).

Für manche Zwecke ist die *Darstellung des Kornaufbaus eines Bodens in einem Dreiecksnetz* angebracht (Abb. 386). Man betrachtet den Boden dann als ein Dreistoffgemisch, entweder als Kies-Sand, Schluff und Ton oder als Kies, Sand und Schluff-Ton. Diese Darstellung ist besonders geeignet, um aus diesen drei Einzelfraktionen geeignete Mischungen, z. B. für den Erdstraßenbau, aufzubauen. Außerdem dient sie zur bequemen Einstufung eines, seinem Kornaufbau nach bekannten Bodens in bestimmte Bodengruppen. Die Grenzen dieser Bodengruppen sind hierzu in das Dreiecksnetz eingetragen.

Jeder Punkt des Netzes entspricht einer Mischung der drei benutzten Einzelfraktionen. Ihre Zusammensetzung wird dadurch abgelesen, daß man durch den Punkt Parallelen zu den Dreiecksseiten zieht. Auf jeder Skala sind die Parallelen zu der durch den jeweiligen Nullpunkt laufenden Dreiecksseite maßgebend. Zum Beispiel stellt in Abb. 386 der Punkt P_1 eine Mischung von 40% Ton, 30% Schluff und 30% Sand dar. Die Kornverteilungskurve c in Abb. 388 entspricht dem Punkt P_2.

Zahlenwerte. Bei nichtbindigem Boden liegt der größte Teil der Kurve in den Klassen Kies bis Grobschluff, während sich die Kornverteilungslinie bei bindigem Boden mit mindestens 10% in die Gruppen Schluff und Ton hinein erstreckt. Der Boden ist desto gröber und nichtbindiger, je weiter die S-förmige Linie im rechten Teil des Diagramms liegt.

Bei nichtbindigem Boden bewegt sich der Ungleichförmigkeitsgrad U meist zwischen *1* und *15*. Seine Kornverteilungslinien sind oft verhältnismäßig steil und neigen daher zur Gleichförmigkeit, während sich bei den bindigen Böden oft Ungleichförmigkeitsgrade bis zu 50 und mehr ergeben. Je nach der Größe von U (<5, 5 bis 15, >5) wird zwischen „*gleichförmigen*", „*ungleichförmigen*" und „*sehr ungleichförmigen*" Böden unterschieden; und je nach der Größe von C in

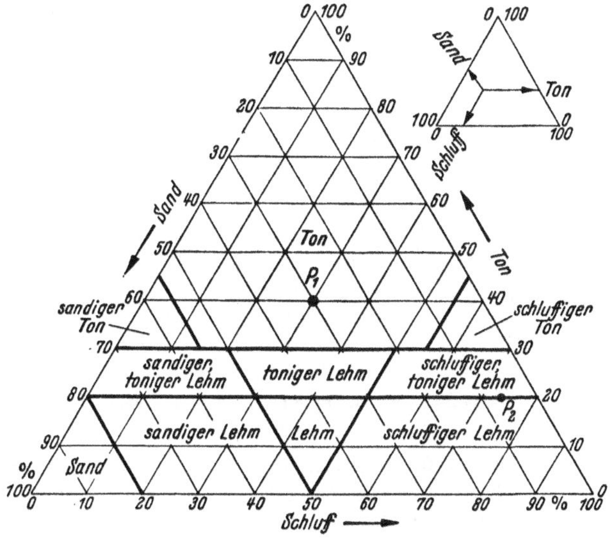

Abb. 386. Darstellung des Kornaufbaus im Dreiecksnetz. Die eingetragenen Grenzen entsprechen einer Klassifikation des US Bureau of Public Roads unter Zugrundelegung der ASTM-Korngrößeneinteilung.

Gl. (3) und je nachdem, ob $U > 4$ (im Kies) oder ob $U > 6$ (im Sand) ist, spricht man von einem „*gut gekörnten*" Kies bzw. Sand (s. Kap. 1.223).

Fehler. Der Verlust an Siebgut soll 1% nicht überschreiten, d. h., die Summe der auf den einzelnen Sieben gewogenen Rückstände soll sich nur bis 1% von dem Gewicht des ursprünglich verwendeten Materials unterscheiden. Diese Forderung läßt sich ohne Schwierigkeiten einhalten.

Verwendung. Die Kornverteilung wird bei fast jeder Bodenuntersuchung bestimmt, da ihre Kenntnis eine der Voraussetzungen ist, um die übrigen Eigenschaften der untersuchten Probe anderen Proben zuordnen zu können. Aus der Lage und Neigung der Kornverteilungskurven kann ferner die Benennung des Bodens, oft ohne Betrachtung der Probe selbst, gefunden werden (Abb. 384). Die Kurve reicht dadurch häufig aus, um durch Vergleich mit den bekannten Eigenschaften gleicher oder ähnlicher Böden eine Reihe von Angaben über die Bodenart geben zu können, bevor die Ergebnisse anderer Versuche vorliegen. Je einheitlicher z. B. das Korn, d. h. je kleiner U ist, desto leichter ist der Boden und desto schwerer läßt er sich verdichten. Bei ungleichförmigen Böden ist gewöhnlich eine größere Dichte vorhanden, da die Körner sich enger ineinander verschachteln. Da sich die feineren Körner in die Hohlräume zwischen den gröberen Körnern hinein verdrängen lassen, sind ungleichförmige Böden trotzdem leichter zu verdichten als gleichförmige Böden.

Die Kornverteilungskurve kann man zur Beurteilung der „*Frostgefährlichkeit*" von Böden heranziehen. Frostgefährliche Böden neigen neben der bei allen Böden vorhandenen Volumenausdehnung beim Gefrieren um $^1/_{11}$ ihres ursprünglichen

Volumens infolge der Verwandlung von Wasser in Eis zu einer zusätzlichen Volumenausdehnung durch kapillaren Wassernachschub und Eislinsenbildung. Letztere führt unter Umständen zu sehr großen und ungleichmäßigen Frosthebungen und dadurch zu Schäden an den darüber befindlichen Bauten.

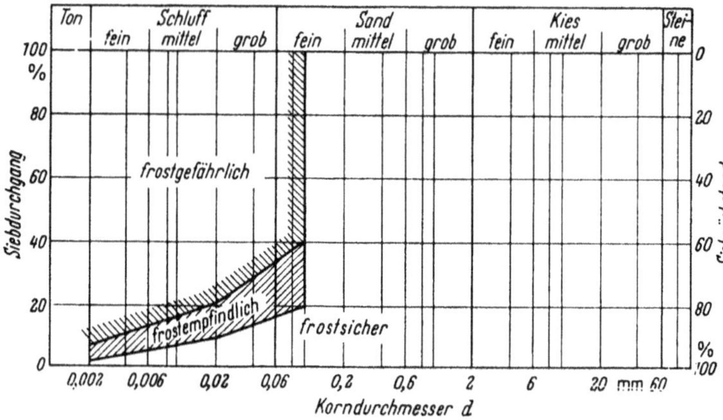

Abb. 387. Frostkriterium nach SCHAIBLE (1957).

Nach A. CASAGRANDE (1934) gelten Böden als frostgefährlich, wenn sie bei großer Ungleichförmigkeit mehr als 3% an Korngrößen mit einem Durchmesser < 0,02 mm besitzen. Bei sehr gleichförmigen Böden erhöht sich der zulässige Gehalt an Korngrößen mit einem Durchmesser < 0,02 mm auf 10%. Gegen das Frostkriterium von CASAGRANDE wird der Einwand erhoben (SCHAIBLE 1955 und 1957), daß es oft zu vorsichtig sei und dann zu unwirtschaftlichen Lösungen bei der Verhinderung von Frostschäden führt. SCHAIBLE hat auf Grund langjähriger Beobachtungen ein anderes Frostkriterium (Abb. 387) vorgeschlagen, wonach auch ungleichförmige Böden mit mehr als 3% an Korngrößen < 0,02 mm noch frostsicher sein können.

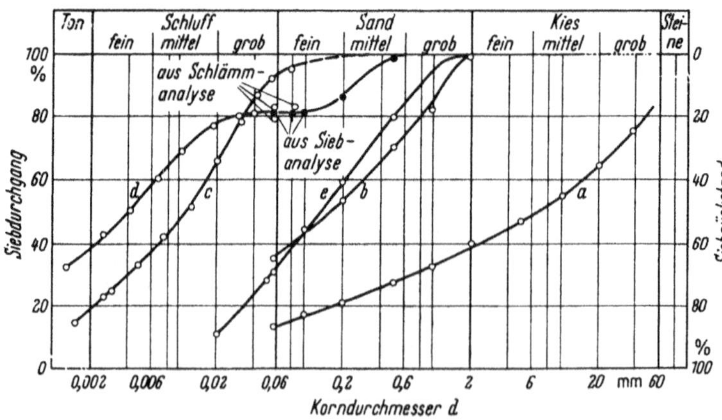

Abb. 388. Kornverteilungskurve eines schwachbindigen Sand-Kies-Gemischs (*a*) und eines tonigen Schluffs (*c*); Kurve *b* gibt den Anteil < 2 mm des Bodens nach Kurve *a* wieder (Versuchsprotokolle zu den Kurven *a* und *b* s. Tab. 38). Kurve *d* stellt den Kurvenverlauf des Beispiels für eine kombinierte Analyse nach Tab. 40 und 41, Kurve *e* für eine Schnellschlämmanalyse nach Tab. 42 dar.

Der Durchmesser d_{10} und der wirksame Korndurchmesser werden vor allem dazu verwendet, um die Durchlässigkeit k eines Bodens formelmäßig zu bestimmen (z. B. TRUELSEN 1961, CHARDABELLAS 1964; s. Kap. 1.411.36).

Beispiel. Die Durchrechnung der Siebanalyse eines schwachbindigen Sand-Kies-Gemischs zeigt Tab. 38. Die zugehörigen Kurven für das Gesamtmaterial (Kurve *a*) und den Feinanteil (Kurve *b*) sind in Abb. 388 eingetragen.

Tabelle 38. *Bestimmung der Kornverteilung eines schwachbindigen Sand-Kies-Gemischs durch Siebanalyse*

Gesamtmenge: 40 kg — Teilmenge: 400 g

	Maschenweite (mm)	Siebrückstände (kg)	Siebrückstände in % der Gesamtmenge	Siebrückstände Summe in % der Gesamtmenge		Maschenweite (mm)	Siebrückstände (g)	Siebrückstände in % der Teilmenge	Siebrückstände Summe in % der Teilmenge	Siebrückstände % Einzelrückstände × P/100	Siebrückstände Summe in % der Gesamtmenge
					Feinsiebung	5	—	—	—	—	—
Grobsiebung	40	9,52	23,8	23,8	Feinsiebung	2	—	—	—	—	—
Grobsiebung	20	4,20	10,5	34,3	Feinsiebung	1	70,8	17,7	17,7	7,1	67,1
Grobsiebung	10	4,04	10,1	44,4	Feinsiebung	0,5	46,8	11,7	29,4	4,7	71,8
Grobsiebung	5	3,04	7,6	52,0	Feinsiebung	0,2	64,0	16,0	45,4	6,4	78,2
Grobsiebung	2	3,20	8,0	60,0	Feinsiebung	0,1	38,0	9,5	54,9	3,8	82,0
					Feinsiebung	0,06	35,2	8,8	63,7	3,5	85,5
						Schale	145,2	36,3	100,0	14,5	100,0
	>2	24,00	60,0								
	<2	16,00	40,0=P			Σ	400,0	100,0		40,0=P	

Literatur

DIN 4188 Blatt 1 u. 2 (1957/62): Drahtgewebe für Prüfsiebe.

DIN 4016 Blatt 2 (Entwurf 1958): Baugrund. Untersuchung von Bodenproben. Richtlinien für die Bestimmung der Kornverteilung durch den Sieb- und Schlämmversuch[1].

ZTVE-Lk (1959): Zusätzliche Technische Vorschriften für Erdarbeiten im Landeskulturbau.

DIN 4187 Blatt 1–3 (1962): Lochbleche für Prüfsiebe.

Forschungsges. f. d. Straßenwesen (1963): Merkblatt für bodenphysikalische Prüfverfahren im Straßenbau. Köln.

HAZEN (1892): Some physical properties of sands and gravels with special reference to their use in filtration. 24. Ann. Report, Mass. State Board of Health. Pub. Document 34, S. 539.

KOZENY (1927): Über die Grundwasserbewegung. Wasserkraft, S. 67 u. 86.

CASAGRANDE (1934): Bodenuntersuchungen im Dienste des neuzeitlichen Straßenbaues. Straßenbau 25, S. 25.

SCHIEL (1948): Bestimmung der Kornform. Abhandlg. ü. Bodenmech. u. Grundbau. Berlin/Bielefeld/Detmold. S. 63.

SCHAIBLE (1955): Über Beobachtungen an Frost- und Tauschäden auf Verkehrswegen. Forsch. Arb. Straßenwesen H. 17, S. 44.

— (1957): Frost- und Tauschäden an Verkehrswegen und ihre Bekämpfung. Berlin.

SIEDEK/VOSS (1960): Die Bodenprüfverfahren bei Straßenbauten. Düsseldorf.

TRUELSEN (1961): Langjährige Erfahrungen und neuere Erkenntnisse im Bohrbrunnenbau. Bohrtechnik – Brunnenbau – Rohrleitungsbau 12, H. 5, S. 213.

BATEL (1964): Einführung in die Korngrößenmeßtechnik. Korngrößenanalyse, Kennzeichnung von Körnungen, Oberflächenbestimmung, Probenahme. Berlin/Göttingen/Heidelberg.

CHARDABELLAS (1964): Normung der k-Wert-Feldbestimmung durch Standardisierung der Korngrößenverteilungsdiagramme grundwasserhöffiger Lockergesteine. Mitt. Inst. Wasserwirtschaft Berlin H. 20.

1.411.122 Schlämmanalyse

Definition. Bei der Schlämmanalyse werden die Korngrößen der Feinbestandteile eines Bodens (etwa 0,1 bis 0,001 mm) mit Hilfe ihrer verschiedenen Sink-

[1] Wird (1967) als DIN 18123 (Entwurf) „Korngrößenverteilung" erscheinen.

geschwindigkeiten im Wasser bestimmt. Diese wächst mit dem Korndurchmesser. Der Zusammenhang kann für äquivalente kugelförmige Bodenkörner nach dem Gesetz von STOKES (1850) ermittelt werden.

Die für die Schlämmanalyse entwickelten Verfahren unterscheiden sich dadurch, daß die Bodenteilchen entweder im aufsteigenden Wasserstrahl bei verschiedener Geschwindigkeit nach ihren Korngrößen zerlegt werden („*Spülverfahren*"), oder daß ihre Korngröße nach der Zeit ermittelt wird, die sie in einem aufbereiteten Boden-Wasser-Gemisch benötigen, um sich an der Sohle des Gefäßes abzusetzen („*Absetzverfahren*").

Im folgenden wird das Verfahren nach BOUYOUCOS (1927) und CASAGRANDE (1934) beschrieben („*Aräometer-Methode*"), das für Baugrunduntersuchungen heute bevorzugt wird. Es arbeitet nach den Absetzverfahren und mißt die sich mit der Zeit infolge des Absetzvorgangs ändernde Dichte des Boden-Wasser-Gemischs (*Suspension*). In den geologischen Anstalten wird oft die „*Pipette-Methode*" benutzt, die auch im British Standard 1377 an erster Stelle behandelt wird und ebenfalls zu den Absetzverfahren gehört. Bei ihr wird mit einer Pipette aus einer bestimmten Tiefe des Boden-Wasser-Gemischs ein bestimmtes Probenvolumen abgehebert und daraus durch Eindampfen die Bodenmenge ermittelt. Aus der zu bestimmten Zeiten wiederholten Entnahme und Wägung lassen sich die Korngrößenanteile angeben.

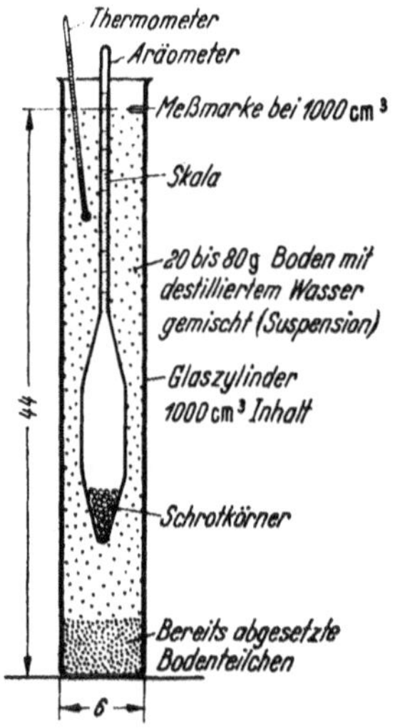

Abb. 389. Versuchsvorgang bei der Bestimmung der Kornverteilung feinkörniger Böden nach der Aräometermethode.

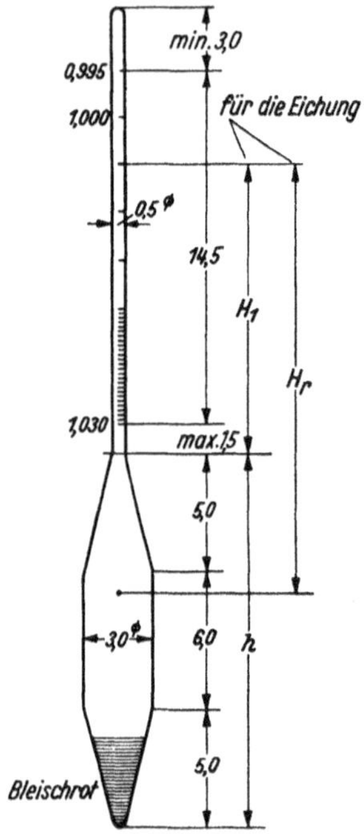

Abb. 390. Aräometer zur Dichtebestimmung von Suspensionen. Maße in cm.

Gerät. Die Meßeinrichtung (Abb. 389) besteht aus einem Glaszylinder von 6 cm Durchmesser und 44 cm Höhe, der bei 1000 cm³ mit einer Marke versehen ist, und dem „*Aräometer*", einer unten erweiterten Glasröhre, die am Fuß durch Schrotkörner beschwert und oben zugeschmolzen ist (Abb. 390). Auf der Glasröhre ist eine Skala so angebracht, daß sich bei Einhängung des Aräometers in destilliertes Wasser von 20 °C die Ablesung *1* ergibt. Etwaige Abweichungen müssen bei der

Eichung berücksichtigt werden. Außerdem sind ein Thermometer, ein elektrischer Rührapparat, ein Trockenschrank, eine Waage und eine Stoppuhr erforderlich.

Vorgang. Etwa 30 bis 75 g, im allgemeinen 50 g des trockenen Bodens, werden aufgeweicht, in dem Becher des Rührgeräts mit destilliertem Wasser vermischt und 10 bis 20 Minuten durchgerührt, bis eine gleichmäßige Suspension entstanden ist. Eine etwaige Flockenbildung während des Absetzvorgangs, die die Einzelkörner zusammenbacken würde, wird durch Beigabe von Antikoagulationsmitteln, wie z. B. Soda (2% des Trockengewichts der Probe), verdünntem Natriumsilikat (etwa 5 g 6%ig) oder Lithiumkarbonat (0,2 g/l), verhindert. Die Suspension wird dann in den Glaszylinder gegossen, dieser bis zur Meßmarke mit destilliertem Wasser aufgefüllt und der Inhalt des Gefäßes nochmals durch Schütteln mindestens 1 Minute lang gut durchgemischt. Dann setzt man den Glaszylinder auf dem Versuchstisch auf, löst die Stoppuhr aus, taucht das Aräometer in die Flüssigkeit ein und läßt es frei schwimmen. Nach $^1/_2$, 1 und 2 Minuten wird die jeweilige Eintauchtiefe an der Skala abgelesen, danach das Aräometer herausgenommen, mit destilliertem Wasser abgespült und abgetrocknet. Nach 5, 15, 45 Minuten, 2, 6 und 24 Stunden muß wieder eingetaucht und abgelesen werden; gleichzeitig mißt man auch die Temperatur der untersuchten Suspension durch Einhängen eines Thermometers. Damit ist die eigentliche Schlämmanalyse beendet.

Da sich bei der ersten möglichen Ablesung nach 15 Sekunden aber die Korngrößen über 0,1 mm bereits abgesetzt haben, können sie durch die Schlämmanalyse nicht erfaßt werden. Um ihren Anteil festzustellen, gießt man die wieder aufgespülte Suspension durch ein Sieb von 0,06 mm Maschenweite und wiegt den getrockneten Rückstand. Beträgt sein Anteil mehr als 10 bis 15% der gesamten Probenmenge, so muß er noch durch eine Siebanalyse in seine einzelnen Korngruppen zerlegt werden („*kombinierte Analyse*").

Dieses Verfahren ist aber nur zulässig, wenn der Anteil $>0{,}06$ mm nicht zu groß ist. Bei mehr als 20% Grobanteil kann das schnelle Absinken dieser Teile das Ergebnis der eigentlichen Schlämmanalyse, d. h. das ungestörte Absinken der Feinanteile, verfälschen. In solchen Fällen ist es notwendig, die Anteile $>0{,}06$ mm und $<0{,}06$ mm *vor* Durchführen der Schlämmanalyse durch Durchspülen auf dem 0,06 mm-Sieb voneinander zu trennen.

Handelt es sich um ein sehr ungleichförmiges Material, z. B. um ein tonigsandiges Kies- und Stein-Gemisch, wie es im Erdstraßen- oder Erddammbau häufig vorkommt, so sind eine Grobsiebung mit dem Material >2 mm, eine Feinsiebung mit dem Material 2 bis 0,06 mm und eine Schlämmanalyse mit dem Material $<0{,}06$ mm notwendig.

Dabei ist der folgende Weg zweckmäßig:

a) 1. Gesamtprobe lufttrocken auf einem 2 mm-Kastensieb durchsieben; 2. Trockengewicht des Durchgangs von (*1*) durch Bestimmung des Wassergehalts einer Teilprobe mit Hilfe von Gl. (87) berechnen; 3. Rückstand von (*1*) auf dem 2 mm-Sieb waschen, trocknen, wiegen und im Grobsiebsatz sieben; 4. Spülflüssigkeit von (*3*) auffangen, eindampfen, Rückstand wiegen und Gesamttrockengewicht des Anteils <2 mm sowie Trockengewicht der Gesamtprobe berechnen.

b) 1. Auswahl einer Teilprobe <2 mm trocknen, wiegen, aufweichen, im Rührbecher rühren und über dem 0,06 mm-Sieb waschen; 2. Rückstand von (*1*) trocknen, wiegen und im Feinsiebsatz sieben; 3. Spülflüssigkeit von (*1*) auffangen, im Rührbecher rühren und durch eine Schlämmanalyse untersuchen.

Bei stärker bindigen Böden, vor allem solchen, die einen größeren Prozentsatz an Tonbestandteilen enthalten, darf das Trockengewicht nicht vor der Schlämmanalyse festgestellt werden. Trocknet man nämlich eine solche Probe bei 105 °C, so backen die einzelnen Bodenteilchen derart zusammen, daß trotz langen Aufweichens und Durcharbeitens die Feinstbestandteile nicht wieder getrennt werden können. Auch können durch die Behandlung im Trockenschrank die Tonkolloide verändert werden. Man schlämmt deshalb in diesem Fall die feuchte Probe ohne Kenntnis des Trockengewichts und wiegt sie anschließend nach Eindampfen der Suspension im Trockenschrank. Vor dem Eindampfen wird die Suspension durch Zugabe von Salzsäure zum Koagulieren gebracht, d. h., die noch in der Schwebe befindlichen feinsten Bodenteilchen werden zur Flockenbildung und damit zum beschleunigten Absetzen veranlaßt. Die bodenfreie Flüssigkeit wird abgehebert und dadurch die einzudampfende Wassermenge vermindert. Ist der Boden außerdem noch sandhaltig, so wird das getrocknete und abgewogene Material erneut aufgeweicht, durch das 0,06 mm-Sieb gespült, der Rückstand noch einmal getrocknet, gewogen und anschließend gesiebt.

In solchen, leider nicht seltenen Fällen dauert die kombinierte Analyse mehrere Tage. Der Nachteil, daß die Kornanalyse nach der Aräometermethode eine gewisse Zeit erfordert, wird aber dadurch wettgemacht, daß mit nur einem Aräometer in besonders eiligen Fällen bei nicht zu ungünstigen Proben von zwei Laboranten pro Tag 10 Analysen neu in Arbeit genommen werden können.

Eine Möglichkeit, das zeitraubende Eindampfen der Suspension zu vermeiden, besteht darin, eine doppelt so große Probe zu verwenden, jedoch nur die eine Hälfte für die Schlämmanalyse, die andere dagegen zur Bestimmung des Trockengewichts durch Wägen der im Trockenschrank getrockneten Probe. Auch kann man das Trockengewicht der für die Schlämmanalyse vorgesehenen Probe ohne Trocknung durch Anwendung der Tauchwägung (SPOEREL 1952) ermitteln; näheres hierüber siehe DIN 4016 (Entwurf) Blatt 2, Ziffer 4.73.

Organisch verunreinigte Böden werden vor dem Einweichen mit etwa 100 g Wasserstoffsuperoxyd behandelt und leicht erwärmt ($\leqq 60\,°C$), um die flüchtigen Bestandteile zu vertreiben. Das überschüssige Superoxyd wird durch kurzes Kochen bei 100 °C beseitigt.

Meßgrößen. Zu den festgelegten Zeitpunkten T werden die Temperatur t der Flüssigkeit – mit Ausnahme der ersten vier Ablesungen – und die Eintauchtiefe R an der Aräometerskala gemessen. Außerdem wird das Trockengewicht G_t der Probe durch Wiegen vor oder nach dem Schlämmversuch festgestellt.

Die Werte R werden nicht unmittelbar abgelesen, sondern die Werte r, die auf der Skala des Aräometers aufgetragen sind. r ist aber durch einfache Kopfrechnung in R zu verwandeln, so daß man r nicht erst zu notieren braucht. Es ist:

$$R = (r - 1) \cdot 10^3.$$

Liest man z. B. am Aräometer $r = 1{,}0205$ ab, so wird in das Versuchsprotokoll sofort der Wert 20,5 übernommen.

Um die Genauigkeit zu erhöhen, liest man außerdem r am oberen Rand des sich an der Glasröhre bildenden Meniskus ab. Da die Skala nach unten zunimmt, muß man zum Ausgleich die für jedes Aräometer konstante Meniskuskorrektur zu der Ablesung hinzuzählen. Auch dies wird stillschweigend nach der Ablesung des Aräometers getan (s. Spalte 5 der Tab. 40). Aus einer tatsächlichen Ablesung r am Meniskusrand von 1,0205 wird also, wenn die Meniskuskorrektur 0,2 beträgt, eine protokollierte Ablesung von 20,7.

Auswertung. Aus den Meßgrößen wird der Korndurchmesser d mit Hilfe einer nomographischen Lösung des STOKESschen Gesetzes von A. CASAGRANDE (1934) bestimmt (Abb. 391). Die Reihenfolge der Skalen ist im Nomogramm angegeben. Man geht von dem spezifischen Gewicht γ_s der Bodenteilchen, das bekannt sein muß, aus und erhält mit Hilfe der gemessenen Temperatur t einen Hilfswert A.

Aus der Aräometerablesung R[1] und der Zeit T gewinnt man die Sinkgeschwindigkeit v. Durch eine Verbindung des Hilfswerts A mit der Geschwindigkeit v ergibt sich der Korndurchmesser d.

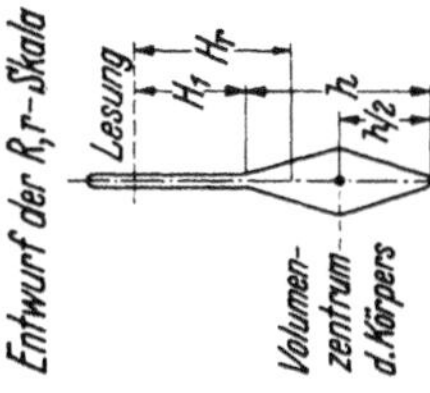

Die den Aräometerlesungen R, r entsprechenden reduzierten Höhen H_r sind aus folgender Gleichung zu errechnen:

$$H_r = H_1 + \frac{1}{2}\left(h - \frac{\text{Volumen der Aräometerbirne}}{\text{Querschnittsfläche des Zylinders}}\right).$$

Die den Höhen H_r entsprechenden Lesungen R, r sind auf der rechten Seite der H_r—R, r-Skala aufzutragen und zu unterteilen.

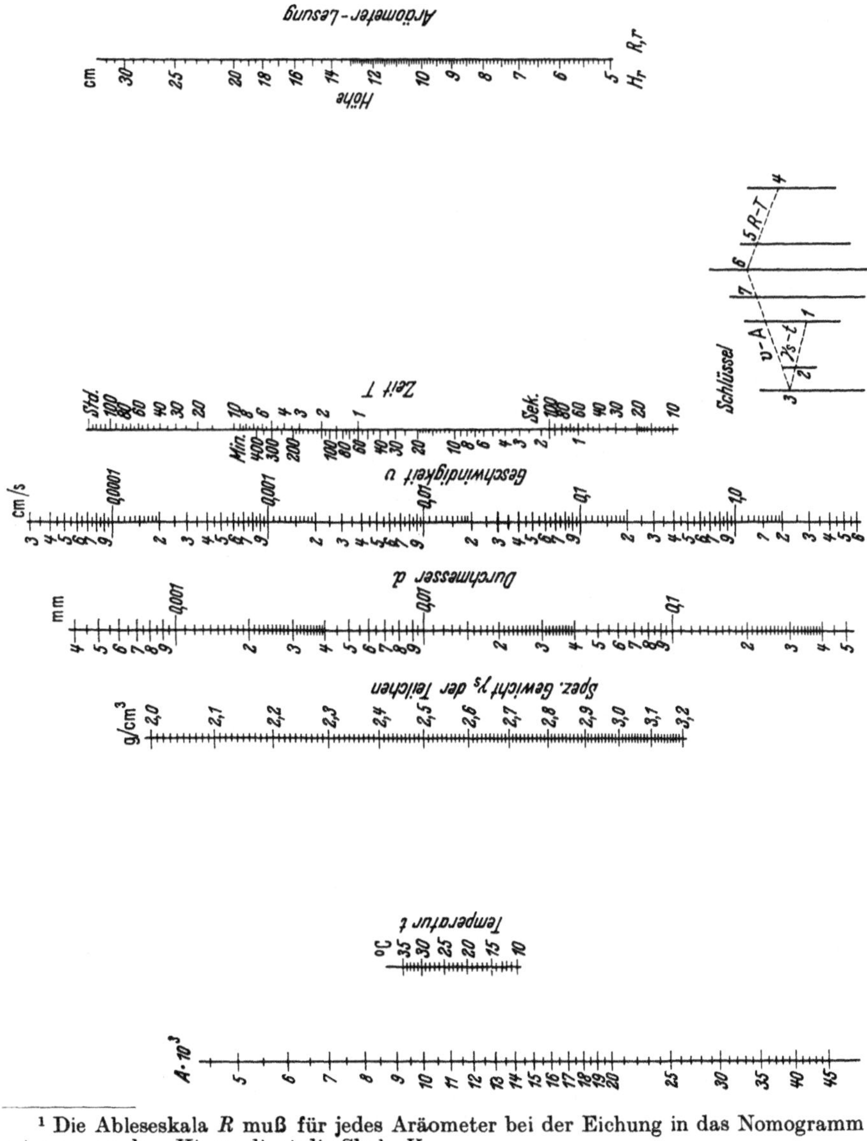

Abb. 391. Nomogramm zur Bestimmung der Kornverteilung feinkörniger Böden nach der Aräometermethode nach A. CASAGRANDE.

[1] Die Ableseskala R muß für jedes Aräometer bei der Eichung in das Nomogramm eingetragen werden. Hierzu dient die Skala H_r.

Von LORENZ ist ein einfacheres Nomogramm entworfen worden (Abb. 392). Bei diesem wird ein einheitliches spezifisches Gewicht (2,65) vorausgesetzt. Es

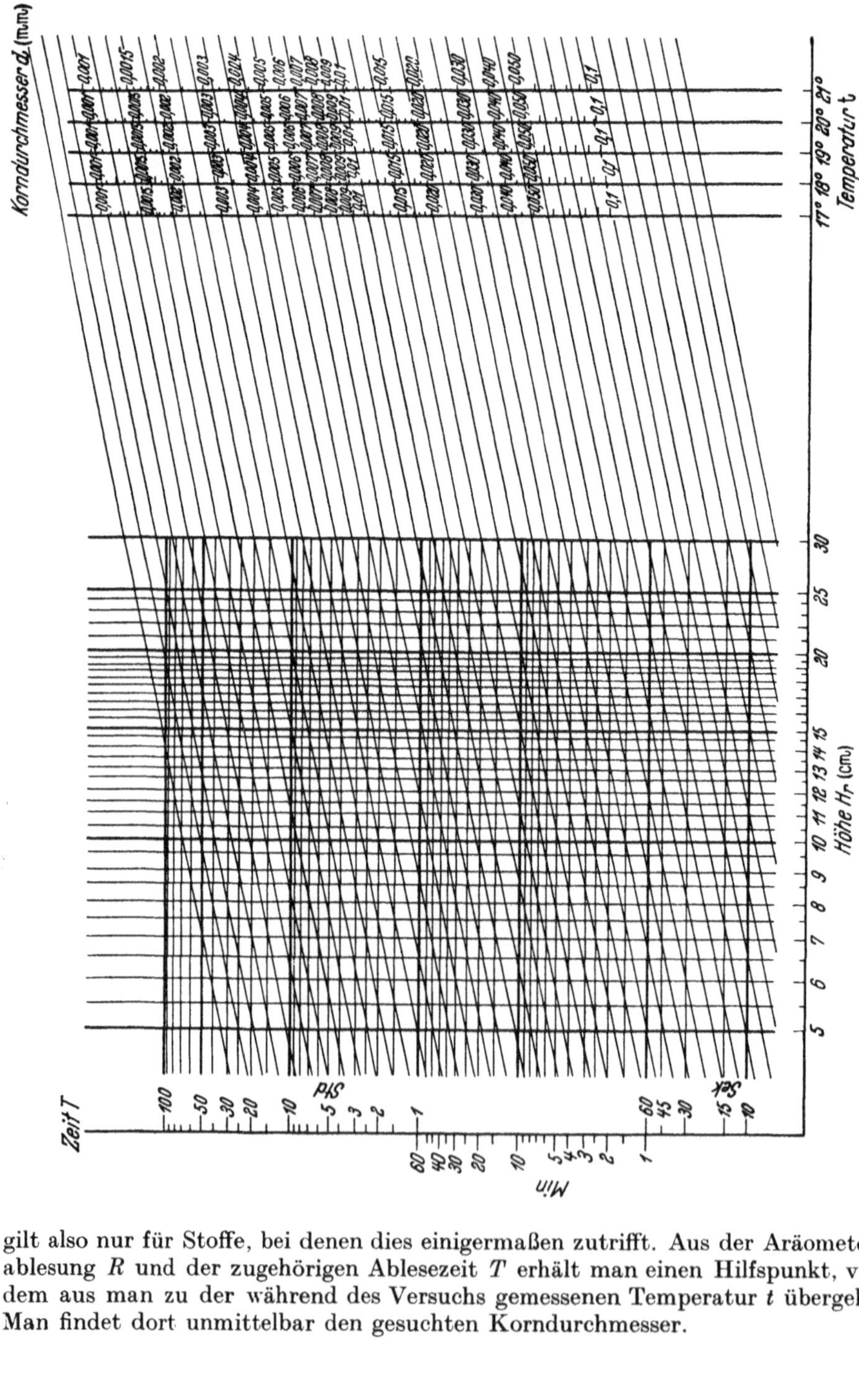

Abb. 392. Vereinfachtes Nomogramm zur Ermittlung der Kornverteilung feinkörniger Böden nach der Aräometermethode für γ_s = 2,65 g/cm³ nach LORENZ.

gilt also nur für Stoffe, bei denen dies einigermaßen zutrifft. Aus der Aräometerablesung R und der zugehörigen Ablesezeit T erhält man einen Hilfspunkt, von dem aus man zu der während des Versuchs gemessenen Temperatur t übergeht. Man findet dort unmittelbar den gesuchten Korndurchmesser.

Für das spezifische Gewicht von 2,65 ist auch eine einfache Auswertung mit Hilfe eines eigens hierfür entwickelten Rechenschiebers möglich (ENDERS 1957).

Den Anteil derjenigen Korndurchmesser, welche ebenso groß oder kleiner als die zu dem betreffenden Zeitpunkt mit dem Nomogramm ermittelten sind, berechnet man nach der Gleichung:

$$G = \frac{\gamma_s}{\gamma_s - 1} \cdot \frac{R}{G_t} \cdot 100 \qquad (\%)\,, \tag{125}$$

γ_s spezifisches Gewicht der Bodenteilchen,
G_t Trockengewicht der Bodenprobe,
R Ablesung an der Skala des Aräometers.

Bei der Berechnung des Korndurchmessers mit Hilfe des Nomogramms wird der Einfluß der Temperaturschwankungen durch die Temperaturskala berücksichtigt. Bei der Berechnung der Gewichtsprozente nach Gl. (125) muß man dementsprechend der Ablesung R eine Verbesserung (Tab. 39) hinzufügen, die den Einfluß der Temperatur berücksichtigt (s. Spalte 6 der Tab. 40).

Tabelle 39. *Temperaturkorrektur c_t für eine Schlämm-Menge von 1000 cm³; bezogen auf 20 °C* (nach A. CASAGRANDE 1934)

	—					+							
	15°	16°	17°	18°	19°	20°	21°	22°	23°	24°	25°	26°	27°
,0	0,77	0,64	0,50	0,36	0,18	0	0,18	0,38	0,58	0,79	1,02	1,27	1,52
,1	0,76	0,63	0,48	0,34	0,16	0,02	0,20	0,40	0,60	0,81	1,05	1,29	1,54
,2	0,75	0,61	0,47	0,32	0,14	0,04	0,22	0,42	0,63	0,83	1,08	1,32	1,56
,3	0,74	0,60	0,46	0,30	0,12	0,06	0,24	0,44	0,65	0,86	1,10	1,35	1,58
,4	0,73	0,58	0,44	0,28	0,10	0,07	0,26	0,46	0,67	0,89	1,13	1,37	1,61
,5	0,71	0,57	0,43	0,27	0,09	0,09	0,28	0,48	0,69	0,91	1,16	1,39	1,63
,6	0,70	0,56	0,41	0,25	0,07	0,10	0,30	0,50	0,71	0,93	1,18	1,41	1,66
,7	0,68	0,55	0,40	0,23	0,06	0,12	0,32	0,52	0,73	0,95	1,20	1,44	1,69
,8	0,67	0,53	0,39	0,21	0,04	0,14	0,34	0,54	0,75	0,98	1,22	1,47	1,72
,9	0,65	0,51	0,37	0,20	0,02	0,16	0,36	0,56	0,77	1,00	1,25	1,50	1,75

Eine erhebliche Vereinfachung des Versuchsvorgangs ergibt sich, wenn man das Gewicht G_u der Probe unter Wasser (Tauchwägung; SPOEREL 1952) bestimmt (s. auch S. 367). Mit Hilfe der Beziehung:

$$G_u = \frac{\gamma_s - 1}{\gamma_s} G_t \tag{126}$$

nimmt Gl. (125) die einfache Form an:

$$G = \frac{R'}{G_u} \cdot 100\,. \tag{127}$$

Auftragungen. Die Ergebnisse der Schlämmanalyse werden wie die der Siebanalyse dargestellt (Abb. 388). Ein Unterschied ergibt sich dadurch, daß bei der Siebanalyse der Sieb*rückstand*, d. h. die Korngrößen, die größer sind als die betrachtete Maschenweite, gezählt werden, während man bei der Schlämmanalyse von den Korngrößen ausgeht, die zu dem betrachteten Zeitpunkt noch nicht zum Absetzen gekommen sind, also kleiner als der ermittelte Korndurchmesser sind. Bei der Siebanalyse müssen die errechneten Prozentzahlen daher in Abb. 388 von oben nach unten, bei der Schlämmanalyse von unten nach oben eingetragen werden.

Kennziffern, Zahlenwerte und Verwendung. Siehe Kap. 1.411.121.

Fehler. Die Ablesegenauigkeit des Ärometers liegt bei $R = \pm 0{,}2$. Jedoch ist die Genauigkeit der Ergebnisse nicht hierdurch, sondern durch die Gültigkeit des STOKESschen Gesetzes für den Absetzvorgang bestimmt. Dieses bezieht sich auf das Fallen runder Kugeln, während es sich bei dem Boden z. T. um schuppenförmige Teilchen handelt. Von ungünstigem Einfluß sind Temperaturschwankungen der Suspension. Sie sollen nicht mehr als $\pm 2°$ betragen, um Fehler von mehr als 2% zu vermeiden. Dadurch, daß bei ungleichförmigen Böden der gröbere Teil der Probe gesiebt, der feinere Teil geschlämmt wird und an der Stelle, wo die beiden Teile der Kornverteilungskurve zusammenstoßen, ein stetiger Übergang vorhanden sein muß, besitzt man ein Mittel, die Genauigkeit des Versuchs zu überprüfen. Im allgemeinen sind Fehler über 5% selten.

Beispiel. Die Durchrechnung einer kombinierten Analyse ist in Tab. 40 und 41 gezeigt. Die Kurve ist auf Abb. 388 als Linie *d* dargestellt.

Tabelle 40. *Ermittlung der Kornverteilung durch Aräometeranalyse*

Trockengewicht der Probe: 50,3 g Spezifisches Gewicht: 2,73 g/cm³

Datum	Temperatur (°C)	Stunde	Verflossene Zeit Δt	Aräometer-Lesung + Men. Korr.	Temperaturverbesserung	Verbesserte Lesung	Korndurchmesser d (mm)	% der Gesamtmenge $< d$
25. 1.	—	9^{38}	15″	26,5		26,72	0,082	83,8
	—	—	30″	26,0		26,22	0,058	82,3
	—	9^{39}	1′	25,8	+0,22	26,02	0,041	81,6
	—	9^{40}	2′	25,4		25,62	0,029	80,4
	21,2	9^{43}	5′	24,5		24,72	0,019	77,6
	21,3	9^{53}	15′	21,9	+0,24	22,14	0,011	69,5
	21,4	10^{23}	45′	18,9	+0,26	19,16	0,0068	60,1
	21,4	11^{38}	2 h	16,0	+0,26	16,26	0,0043	51,1
	21,8	15^{14}	5^{36}	13,4	+0,34	13,74	0,0026	43,1
26. 1.	20,7	8^{40}	23^{02}	10,6	+0,12	10,72	0,00135	33,7

Tabelle 41. *Ermittlung der Kornverteilung durch Siebanalyse*

Gesamtmenge: 50,3 g Teilmenge: 10,6 g

Maschenweite (mm)	Rückstand auf dem Sieb (g)	Rückstand auf dem Sieb (%)	Summe (%)
2,0	0	0	0
1,0	0	0	0
0,5	0,8	1,59	1,59
0,2	6,1	12,10	13,69
0,1	2,6	5,17	18,86
0,06	0,8	1,59	20,45
Schale	0,2	0,40	20,85
	10,5	20,85	

Literatur

DIN 4016 Blatt 2 (Entwurf 1958): Baugrund. Untersuchung von Bodenproben. Richtlinien für die Bestimmung der Kornverteilung durch den Sieb- und Schlämmversuch[1].

Forschungsges. f. d. Straßenwesen (1963): Merkblatt für bodenphysikalische Prüfverfahren im Straßenbau. Köln.

BOUYOUCOS (1927): The hydrometer as a new and rapid method for determining the colloidal content of soils. Soil Science 23, S. 319.

GESSNER (1931): Die Schlämmanalyse. Leipzig.

[1] Wird (1967) als DIN 18123 (Entwurf) „Korngrößenverteilung" erscheinen.

Casagrande (1934): Die Aräometer-Methode zur Bestimmung der Kornverteilung von Böden. Berlin.
—/Fadum (1940): Notes on soil testing for engineering purposes. Harvard Univ. Soil Mech. Series No. 8.
Spoerel (1952): Die Tauchwägung. Straße u. Autobahn 3, S. 329.
Enders (1957): Ein Rechenschieber zur Auswertung des Stokesschen Gesetzes beim Aräometerversuch. Bauingenieur 32, S. 389.
Muhs (1957): Die Prüfung des Baugrundes und der Böden. Berlin/Göttingen/Heidelberg.
Siedek/Voss (1960): Die Bodenprüfverfahren bei Straßenbauten. Düsseldorf.
Batel (1964): Einführung in die Korngrößenmeßtechnik. Berlin/Göttingen/Heidelberg.

1.411.123 Schnellschlämmanalyse

Definition. Die Kornverteilung bindiger Böden ist nur durch Schlämmanalysen zu gewinnen. Wie im vorigen Kapitel gezeigt ist, sind diese jedoch ziemlich zeitraubend. Mitunter genügt es, den Kornaufbau ungefähr zu kennen. Wird Wert darauf gelegt, in möglichst kurzer Zeit ein in großen Zügen kennzeichnendes Kurvenbild zu erhalten, verwendet man Schnellschlämmverfahren.

Nachstehend wird das Verfahren nach Spoerel („*Leitkornverfahren*") besprochen, das bei Baugrunduntersuchungen in gewissem Umfang Eingang gefunden hat. Bei ihm wird die Korngröße und die Menge des zu bestimmten Zeiten in einer Schlämmröhre zum Absetzen gekommenen Probenmaterials mit Hilfe von gefärbten „*Leitkörnern*" bestimmt, die dem Boden beigemengt werden und deren Durchmesser, Absetzgeschwindigkeit und Menge bekannt sind.

Gerät. Das Gerät besteht aus dem Aufgebe-, dem Fall- und dem Absetzrohr mit 15 cm³ Inhalt und Feinteilung ($^1/_{10}$ cm³) (Abb. 393). Zur Kennzeichnung der Korngrößen wird das Leitkorn gebraucht, gewöhnlich in drei Größen, die sich – dem Durchmesser entsprechend – in der Färbung unterscheiden. Das Leitkorn *1* (schwarz) hat Durchmesser von 0,200 bis 0,500 mm, das Leitkorn *2* (rot) von 0,055 bis 0,100 mm und das Leitkorn *3* (schwarz) von 0,045 bis 0,020 mm. Man braucht außerdem einen Trockenschrank, eine Waage und ein Thermometer.

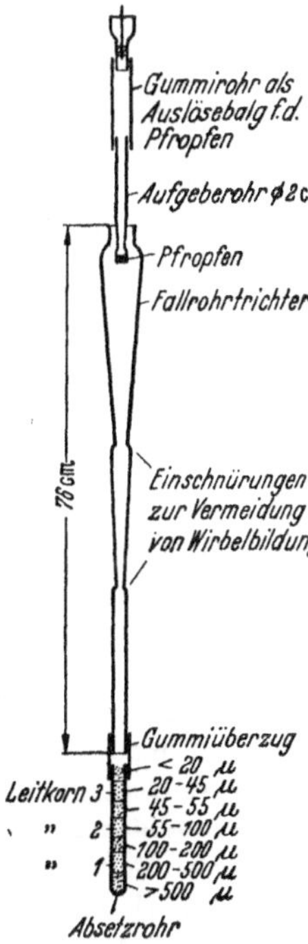

Abb. 393. Schlämmgerät für die Leitkornanalyse nach Spoerel.

Vorgang. Etwa 12 g des zu untersuchenden Bodens werden mit 3 cm³ Leitkorn gemischt, feucht durchgearbeitet und mit einem Antikoagulationsmittel versetzt. Der so aufbereitete Boden wird in das Aufgeberohr gefüllt. Durch Ausstoßen des unten abschließenden Pfropfens gelangt er zunächst in das mit Wasser gefüllte Fallrohr und schlägt sich in dem unteren Absetzrohr nieder. Das Absetzen der feinsten Bodenteilchen wird nicht abgewartet, vielmehr wird der Versuch nach rund 35 Minuten abgebrochen. Alle Teilchen bis 0,02 mm sind dann zur Ruhe gekommen. Von dem in der Schwebe befindlichen Rest werden 50 cm³ abgehebert und in einem Kolben, der die Messung des genauen Volumens V der mit Bodenteilchen unter 0,02 mm durchsetzten Flüssigkeit gestattet, gewogen.

In dem Absetzrohr unterscheidet man infolge der Ablagerung der drei Leitkornschichten folgende sieben Kornfraktionen:

1. Unterhalb von Leitkorn *1*: > als 0,5 mm;
2. durchsetzt mit Leitkorn *1*: 0,2 bis 0,5 mm;
3. im Raum zwischen Leitkorn *1* und *2*: 0,1 bis 0,2 mm;
4. durchsetzt mit Leitkorn *2*: 0,055 bis 0,1 mm;
5. im Raum zwischen Leitkorn *2* und *3*: 0,045 bis 0,055 mm;
6. durchsetzt mit Leitkorn *3*: 0,02 bis 0,045 mm.

Als 7. Fraktion ergeben sich in der verbleibenden Flüssigkeit über dem Absetzraum die Korngrößen < 0,02 mm.

Der Versuch wird auch mit zwei Arten Leitkorn angesetzt, wodurch sich die Zahl der feststellbaren Fraktionen auf fünf ermäßigt. Man kann aber außerdem auch das Absetzen der Korngrößen bis 0,01 mm oberhalb von Leitkorn *3* abwarten, wodurch die Versuchsdauer allerdings von rund 40 Minuten auf rund $2^1/_2$ Stunden verlängert wird. Zur Beschleunigung verwendet man kürzere Fallrohre. Der Versuch kann dann bereits nach rund 15 Minuten abgebrochen werden, wenn man sich mit der Feststellung der Verteilung der Korngrößen > 0,02 mm begnügt.

Besteht der Boden hauptsächlich aus Korngrößen < 0,02 mm, so führt das Verfahren nicht zum Ziel.

Meßgrößen. An der an dem Absetzrohr befindlichen Skala wird das Volumen der einzelnen Fraktionen abgelesen. Außerdem wird das Gewicht *G* der abgeheberten 50 cm³ mit Korngrößen < 0,02 mm gemessen.

Auswertung. Da die Ausgangsmenge bekannt ist, können die Anteile der einzelnen Bodenfraktionen als Volumenprozente bestimmt werden. Sie können gleich den Gewichtsprozenten gesetzt werden, weil angenommen werden darf, daß sich das spezifische Gewicht der einzelnen Kornklassen nicht wesentlich voneinander unterscheidet. Vorausgesetzt ist hierbei allerdings, daß die einzelnen Fraktionen in derselben Dichte abgelagert werden. Versuche haben diese Annahme im großen und ganzen bestätigt.

Die Gewichtsmenge der nicht abgesetzten Bodenteilchen wird aus dem Gewicht der abgeheberten 50 cm³ Bodensuspension ermittelt. Die Differenz dieses Gewichts gegen 50 cm³ reines Wasser gleicher Temperatur wird bestimmt und mit dem Faktor $\frac{\gamma_s}{\gamma_s - 1}$ multipliziert. Man erhält so das Gewicht des in 50 cm³ Suspension enthaltenen Bodens und durch Umrechnung auf die Gesamtmenge der Suspension den Gesamtgehalt an Korndurchmessern < 0,02 mm.

Auftragungen, Kennziffern und Zahlenwerte. Siehe Kap. 1.411.121 und Beispiel.

Fehler. Die Genauigkeit des Verfahrens ist für ein Schnellschlämmverfahren ziemlich groß, und zwar um so mehr, je weniger Korn unter 0,02 mm im Boden vorhanden ist.

Verwendung. Das Leitkornverfahren kann, wenn es sich darum handelt, in kurzer Zeit (etwa 1 Stunde) die Kornverteilungskurve eines nicht sehr tonhaltigens Bodens zu bestimmen, die übliche Schlämmanalyse ersetzen. Es genügt z. B., wenn das Schüttmaterial für einen Staudamm an der Entnahmestelle laufend auf seine Gleichmäßigkeit oder den Gehalt an Körnern unter 0,02 mm überprüft werden soll.

Beispiel.[1] Das Trockengewicht *G* der durch das 2 mm-Sieb gedrückten Probe betrug 11,3 g. Zur Analyse wurden je 1 cm³ Leitkorn *1*, *2* und *3* hinzugefügt. Da sich in der Suspension oberhalb des Absetzrohrs nach etwa 30 Minuten nur eine geringe Trübung zeigte, wurde die Suspension nicht weiter untersucht. Es genügte die Verwendung der am Absetzrohr gewonnenen Ablesungen (Tab. 42).

Unter den angegebenen Voraussetzungen kann aus der letzten Spalte der Tab. 42 die Kornverteilungskurve gezeichnet werden. Sie ist in Abb. 388 als Kurve *e* eingetragen.

[1] Nach Angaben von Herrn Ing. M. Spoerel, Köln.

Tabelle 42. *Ermittlung der Kornverteilung eines schwachbindigen Bodens nach dem Leitkornverfahren*

	Ablesung V (cm³)	Schichtstärke (cm³)	Leitkornabzug (cm³)	Kornklassenvolumen (cm³)	Kornklassenvolumen (%)	Summe Kornklassenvolumen (%)
Unter Leitkorn *1* (0,5 bis 2 mm)	1,40	1,40	—	1,40	20,6	100,0
Mit Leitkorn *1* vermischt (0,5 bis 0,2 mm)	3,80	2,40	1,0	1,40	20,6	79,4
Zwischen Leitkorn *1* und *2*	4,80	1,00	—	1,00	14,7	58,8
Mit Leitkorn *2* vermischt (0,1 bis 0,055 mm)	6,70	1,90	1,0	0,90	13,2	44,1
Zwischen Leitkorn *2* und *3*	7,00	0,30	—	0,30	4,4	30,9
Mit Leitkorn *3* vermischt (0,045 bis 0,020 mm)	9,10	2,10	1,0	1,10	16,2	26,6
Über Leitkorn *3* (<0,020 mm)	9,80	0,70	—	0,70	10,3	10,3
				6,80	100,0	

Literatur

TIEDEMANN (1941): Über Bodenuntersuchungen bei Entwurf und Ausführung von Ingenieurbauten. Bautechnik 19, S. 50.

GANDAHL (1953): Hydrometer analysis. Proc. III. Int. Conf. Soil Mech. Found. Eng. Zürich, Bd. I, S. 123.

1.411.13 Kalkgehalt

Definition. Der Kalkgehalt eines Bodens stellt den Anteil von Kalzium- und Magnesiumkarbonat an der Gesamtmenge des Bodens dar. Er wird auf das Trockengewicht bezogen und in Prozent ausgedrückt.

Gerät. In einfachen Fällen braucht die Menge des Kalks nicht bestimmt zu werden. Die Bodenprobe wird dann lediglich mit verdünnter Salzsäure beträufelt, um festzustellen, ob der Boden überhaupt kalkhaltig ist.

Zur genaueren, quantitativen Untersuchung dient der Apparat von SCHEIBLER (Abb. 394). Er besteht aus zwei am Boden miteinander durch eine gebogene Glasröhre verbundenen Glaszylindern von 28 mm lichter Weite, von denen der eine mit einer Meßskala (cm³) und einem z. T. flaschenförmig ausgeweiteten Anschlußrohr versehen ist. Zu dem Gerät gehören ferner eine mit Wasser gefüllte Flasche mit einem dicht über dem Boden befindlichen Abflußhahn und einige Entwicklungsflaschen, die einen inneren

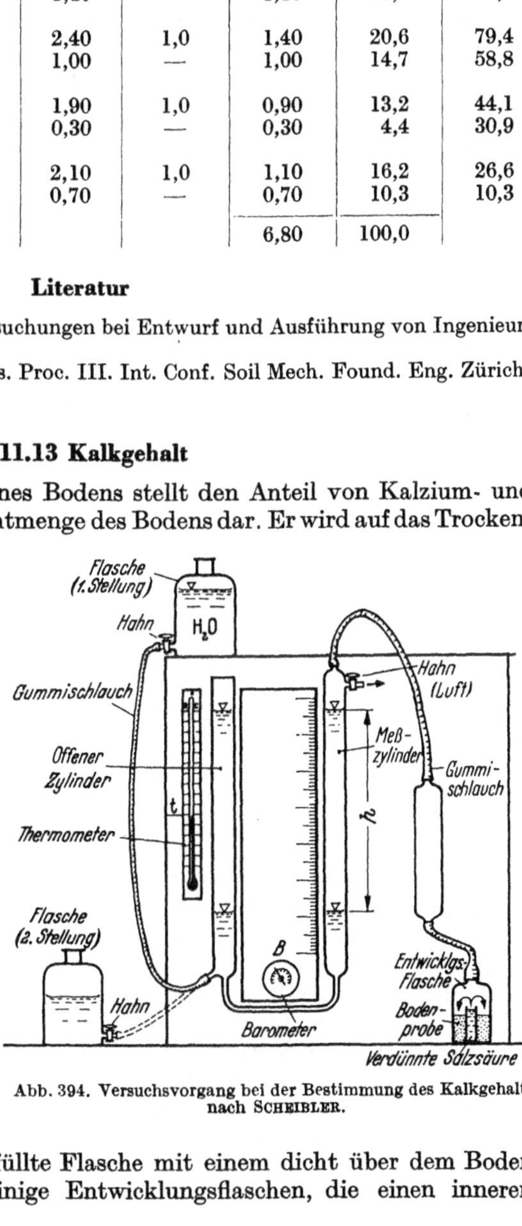

Abb. 394. Versuchsvorgang bei der Bestimmung des Kalkgehalts nach SCHEIBLER.

Zylinder enthalten und die zu untersuchenden Proben aufnehmen. Außerdem braucht man ein Thermometer, ein Barometer, eine Waage sowie einen Trockenschrank.

Vorgang. Etwa 4 bis 8 g des Bodens (je nach Kalkgehalt) werden im Trockenschrank getrocknet, im Mörser zerkleinert, abgewogen und in eine Entwicklungsflasche geschüttet. Der in der Flasche befindliche Zylinder (Abb. 394) wird durch eine Pipette mit 20 cm^3 verdünnter (1:3) Salzsäure gefüllt und die Entwicklungsflasche durch einen Gummischlauch mit dem Anschlußrohr des eigentlichen Untersuchungsgeräts verbunden. Aus der an dem anderen Zylinder mit einem Gummischlauch angeschlossenen Wasserflasche (Stellung *1*) werden beide Zylinder bis zu einer aus der Meßskala ersichtlichen Nullmarke mit Wasser gefüllt. Hierbei ist ein an dem Meßzylinder angebrachter Hahn geöffnet, so daß sich überall der freie Atmosphärendruck einstellen kann. Unmittelbar vor Beginn der eigentlichen Untersuchung wird der Hahn geschlossen und die Salzsäure durch vorsichtiges Umkippen der Entwicklungsflasche auf die Bodenprobe geschüttet. Der Druck des sich entwickelnden Kohlendioxyds drückt das Wasser aus dem Meßzylinder in den offenen Zylinder. Die flaschenförmige Ausweitung in dem Zuleitungsrohr dient dazu, die entwickelte Kohlensäure aufzunehmen, damit sie nicht von dem Wasser im Meßzylinder absorbiert werden kann. Durch Umsetzen der Wasserflasche in die Stellung *2* sammelt sich das Wasser in dieser. Der Hahn zu der Wasserflasche wird so bedient, daß sich in beiden Zylindern derselbe Wasserspiegel einstellt. Die Entwicklungsflasche schüttelt man so lange durch, bis keine Senkung des Wasserspiegels im Meßzylinder mehr eintritt. Dann wird das Gerät etwa 10 Minuten ruhig stehengelassen, noch einmal durchgeschüttelt und der Wasserspiegel durch Ablassen des überschüssigen Wassers in die Wasserflasche erneut ausgeglichen. Abschließend liest man an der Skala die Höhe des Wasserspiegels h im Meßzylinder ab. Außerdem mißt man die Lufttemperatur t und den Luftdruck B.

Meßgrößen. h, B und t.

Auswertung. Aus der gemessenen Absenkung des Wasserspiegels h ist die Menge des durch das Übergießen der Bodenprobe mit Salzsäure gebildeten Kohlendioxyds festgelegt. Unter Berücksichtigung des Luftdrucks und der Lufttemperatur kann die Menge des in der Bodenprobe enthaltenen Kalks aus der Tabelle von FINKENER (Tab. 43) in $^1/_{1000}$ mg abgelesen werden.

Kennziffern. Beim einfachen Baustellenversuch gelten nach Angabe des Schweizerischen Verbandes für Materialprüfungen die folgenden Anhaltspunkte für den Gehalt an $CaCO_3$ (KÖGLER/SCHEIDIG 1938, S. 50):

Kein Aufbrausen	unter 1%
Schwaches, nicht anhaltendes Aufbrausen	1 bis 2%
Deutliches, nicht anhaltendes Aufbrausen	2 bis 4%
Starkes, anhaltendes Aufbrausen	über 5%

Die genaueren Untersuchungen im SCHEIBLERschen Apparat ermöglichen die exakte Prozentberechnung, indem man die festgestellte Kalkmenge auf das Trockengewicht der Probe bezieht (s. dazu Kap. 1.413.1).

Zahlenwerte. Der Kalkgehalt ist nicht an bestimmte Bodenarten gebunden, sondern hängt von der mineralogischen Beschaffenheit und der geologischen Vergangenheit des Baugrundes ab. Angaben für bestimmte Bodengruppen sind deshalb nicht möglich. Geschiebemergel hat z. B. im allgemeinen einen Kalkgehalt von 3 bis 12%, der aber auf 20% und mehr ansteigen kann.

Fehler. Die Fehlergrenze der Untersuchung nach SCHEIBLER liegt etwa bei 1%. Bei Böden, die viel Magnesiumkarbonat enthalten, fällt das Ergebnis zu niedrig aus, da Magnesiumkarbonat durch kalte Salzsäure nicht vollkommen zersetzt wird.

Verwendung. Bei den normalen Bodenuntersuchungen wird stets angegeben, ob ein Boden kalkhaltig ist. Erst diese Feststellung ermöglicht neben der Kornverteilungskurve seine eindeutige Klassifizierung. Kalkhaltige Böden werden als Mergel bezeichnet: Sandmergel, Geschiebemergel, Tonmergel. Bei sehr hohem Kalkgehalt (mehr als 60%) spricht man von Kalkmergel, Faulschlammkalk, Wiesenkalk. Durch die genaue Bezeichnung erhält man Aufschlüsse über die geologische Vergangenheit der einzelnen Schichten.

Die quantitative Bestimmung des Kalkgehalts dagegen ist ziemlich selten. Sie dient meist zur Deutung der Ergebnisse der übrigen bodenmechanischen Versuche, da diese durch den Kalkgehalt des Bodens beeinflußt werden. Doch sind diese Zusammenhänge noch nicht genügend deutlich geworden, was darauf schließen läßt, daß der Einfluß des Kalkgehalts auf die für das Bauwesen wichtigen Bodeneigenschaften gewöhnlich nur gering ist.

Beispiel. Von einer Wiesenkalkprobe wurden 1,5 g des getrockneten Materials im SCHEIBLERschen Apparat untersucht. Bei einem Barometerstand von 760 mm und bei einer Temperatur von 16,0 °C betrug die verdrängte Wassermenge bzw. das entwickelte Kohlendioxyd 262 cm³. Aus Tab. 43 konnte hierfür ein Wert von 4326 entnommen und der Kalkgehalt in Gewichtsprozent zu:

$$\frac{4326 \cdot 262 \cdot 100}{1000 \cdot 1000 \cdot 1,5} = 75,5\,\%$$

bestimmt werden.

Tabelle 43. *Zahlentafel von Finkener zur Berechnung der mit dem Scheiblerschen Apparat gefundenen cm³ Kohlensäure im kohlensaurem Kalk* (aus WAHNSCHAFFE/SCHUCHT 1924). Die Zahlen drücken das Kalkgewicht in 1 cm³ Kohlensäure in Tausendstelmilligramm aus.

Temperatur (°C)	Barometerstand (mm)														
	742	744,5	747	749	751	753,5	756	758	760	762,5	765	767	769	771	774
28	4041	4056	4070	4085	4099	4114	4128	4143	4155	4166	4177	4187	4197	4208	4218
27	4055	4070	4085	4099	4114	4129	4143	4158	4169	4179	4190	4200	4211	4222	4232
26	4059	4084	4099	4114	4129	4144	4158	4172	4183	4193	4204	4214	4225	4236	4247
25	4083	4098	4113	4128	4143	4158	4172	4186	4197	4208	4219	4230	4241	4252	4262
24	4097	4112	4127	4142	4157	4172	4186	4200	4211	4222	4233	4244	4255	4266	4277
23	4111	4126	4141	4156	4171	4186	4200	4214	4226	4237	4248	4259	4270	4281	4292
22	4125	4140	4155	4170	4185	4200	4214	4228	4240	4252	4263	4274	4285	4296	4307
21	4139	4154	4169	4184	4199	4214	4229	4243	4255	4267	4279	4290	4301	4312	4322
20	4153	4169	4184	4199	4214	4229	4243	4257	4269	4281	4292	4303	4314	4325	4336
19	4168	4183	4198	4213	4228	4243	4258	4272	4284	4296	4307	4318	4329	4340	4351
18	4182	4198	4213	4228	4243	4258	4272	4286	4298	4310	4321	4332	4343	4354	4365
17	4197	4212	4227	4242	4257	4272	4286	4300	4312	4324	4335	4346	4357	4368	4379
16	4211	4226	4241	4256	4271	4286	4300	4314	4326	4338	4349	4360	4371	4382	4393
15	4225	4241	4256	4271	4286	4301	4315	4329	4341	4353	4364	4375	4386	4397	4408
14	4240	4256	4271	4286	4301	4316	4331	4345	4357	4368	4379	4390	4401	4412	4423
13	4255	4271	4286	4301	4316	4331	4346	4361	4373	4384	4395	4406	4417	4428	4439
12	4270	4286	4301	4316	4331	4346	4361	4376	4388	4399	4410	4421	4432	4443	4454
11	4285	4301	4316	4331	4346	4361	4376	4391	4403	4415	4426	4437	4448	4459	4470
10	4300	4316	4332	4348	4364	4378	4394	4407	4419	4430	4441	4453	4464	4475	4486

Literatur

WAHNSCHAFFE/SCHUCHT (1924): Wissenschaftliche Bodenuntersuchung. Berlin.
KÖGLER/SCHEIDIG (1938/48): Baugrund und Bauwerk. Berlin. S. 50.
BECHER (1965): Der Einfluß des Kalkgehaltes von Erdstoffen auf ihre Wasserdurchlässigkeit. Mitt. Forschungsanst. Schiffahrt, Wasser- u. Grundbau. Berlin. H. 14, S. 137.

1.411.14 Gehalt an organischen Bestandteilen

Definition. Der Gehalt an organischen Bestandteilen eines Bodens (verweste pflanzliche oder tierische Substanz sowie humusartige Stoffe; eine Übersicht und Einteilung enthält das deutsche Klassifizierungssystem, s. Tab. 4) wird am einfachsten durch den Gewichtsverlust, den er beim Glühen erleidet, gekennzeichnet. Der Gewichtsverlust wird auf das Trockengewicht bezogen und in Prozent angegeben. Er wird als „*Glühverlust*" bezeichnet.

Man geht bei der Bestimmung des Glühverlusts von der Voraussetzung aus, daß die organischen Bestandteile des Bodens im Gegensatz zu den mineralischen verbrennbar sind. Da das spezifische Gewicht der verbleibenden Asche unbedeutend ist, kann der Gewichtsunterschied vor und nach dem Glühen als ein ausreichend genauer Maßstab für die Beimengung organischer Bestandteile angesehen werden.

Bei organischen Sand- und Torfböden ist das Verfahren einigermaßen einwandfrei, bei organischen Tonböden und kalkhaltigen Böden werden durch das Glühen aber auch andere chemische Vorgänge ausgelöst, die das Ergebnis beeinträchtigen (BICZOK 1955). So werden beispielsweise durch die beim Glühen auftretende Wasserabgabe der wasserhaltigen Tonminerale in den bindigen Böden und die Zerstörung des Kalziumkarbonats unter Neubildung von Kalziumoxyd und Entweichen der Kohlensäure in den kalkhaltigen Böden zu große Glühverluste und damit viel zu hohe Humusgehalte vorgetäuscht. In diesen Fällen muß die Humusbestimmung durch Naßoxydation, am einfachsten mit Hilfe von Wasserstoffsuperoxyd, erfolgen. Ein Naßoxydationsverfahren [nach WALKLEY/BLACK (1934)] ist auch in dem British Standard 1377 „Methods of testing soils for civil engineering purposes" als Standardmethode vorgeschrieben. Über ein komplizierteres Verfahren (nach DENNSTEDT), bei dem die Menge der organischen Substanz von den übrigen, von dem Boden ausgeschiedenen Stoffen getrennt werden kann, siehe BICZOK (1955).

Gerät. Zur Glühverlustbestimmung sind eine Feinwaage, ein Trockenschrank, feuerfeste Tiegel und ein Bunsenbrenner erforderlich.

Vorgang. Zur Bestimmung des *Glühverlusts* wird eine Bodenmenge von etwa 15 g Gewicht im Trockenschrank getrocknet. Dabei darf die Temperatur nicht wie sonst üblich auf 105 °C eingestellt werden, da dann bei torfigem Boden bereits die pflanzlichen Bestandteile verbrennen können. Man geht deshalb bei solchen Böden bis auf Temperaturen zwischen 100 und 50 °C herunter. Die getrocknete Probe wird zerrieben, gewogen (Trockengewicht G_t) und in einem feuerfesten Tiegel 1 bis 3 Stunden lang über einer Gasflamme geglüht. Nach erfolgter Abkühlung stellt man erneut das Gewicht der Probe (Glühgewicht G_g) fest.

Zur *Oxydation mit Wasserstoffsuperoxyd* wird die Bodenprobe wie oben getrocknet, gewogen (Trockengewicht G_t) und mit 30%igem H_2O_2 übergossen. Nach Beendigung der Reaktion nach etwa $^1/_2$ bis 2 Stunden wird sie mit Wasser ausgewaschen und anschließend wieder getrocknet und gewogen (Gewicht G_g).

Die Behandlung mit Wasserstoffsuperoxyd ist auch als Schnellprüfung auf das Vorhandensein von Humusbestandteilen in einem Boden geeignet. Bei starkem Humusgehalt beobachtet man nach dem Übergießen der Bodenprobe mit H_2O_2 ein 1 bis 2 Stunden dauerndes Kochen, Schäumen und Verbrennen des Humusanteils, wobei sich der Schalenboden allmählich stark erwärmt. Unbedeutende schwache humose Verunreinigungen lassen sich nur als geringes Knistern abhören und an der Bildung kleiner Blasen erkennen. Eine mit H_2O_2 ausgebrannte Humusbodenprobe bleicht oder verfärbt sich ferner gegenüber dem Originalboden in hellgraue oder hellbraune Aschefarbe.

Ein ähnliches Schnellverfahren zum Erkennen humusartiger Stoffe in nichtbindigen Böden stellt die Behandlung mit verdünnter Natronlauge dar (SIEDEK/VOSS 1960), bei der eine Verfärbung des Bodens nach dunkelgelb bis braunrot hin einen steigenden Gehalt von Humusanteilen kennzeichnet.

Ein organischer Anteil macht sich ferner stets in einer Abnahme des spezifischen Gewichts und in einer Verringerung des Raumgewichts bemerkbar, die allerdings von der, mit den organischen Beimengungen verbundenen Erhöhung des Wassergehalts etwas überdeckt wird. Organische bindige Böden liegen außerdem im Plastizitätsdiagramm nach CASAGRANDE (Abb. 17) unterhalb der *A*-Linie. Man kann also einen stärkeren organischen Anteil in einem Boden auch verhältnismäßig leicht an der Veränderung seiner anderen Kennzahlen erkennen.

Meßgrößen. G_t und G_g.

Kennziffern. Aus der Differenz $G_t - G_g$ erhält man den Verlust an organischen Bestandteilen in g. Bezogen auf das Trockengewicht ergibt sich der Glühverlust g in Prozent zu:

$$\mathrm{g} = \frac{G_t - G_g}{G_t} \cdot 100 \qquad (\%) \,. \tag{128}$$

Zahlenwerte. Organische Bestandteile kommen in größerem Umfang nur bei Böden wie Torf, Faulschlamm, Schlick und Humus oder in organisch verunreinigten Mineralböden vor, außerdem bei Braunkohle. Die Werte, die man für die organischen Beimengungen erhält, schwanken zwischen etwa 0 bis 10% bei schlickigem oder faulschlammhaltigem Sand. Sie können bis zu über 20% in organischen Schluff- und Tonböden und bis zu 100% bei reinem Torf oder bei Braunkohle ansteigen (s. dazu auch Kap. 1.413.1).

Die Beziehungen zwischen dem Wassergehalt und dem Feucht- und Trockenraumgewicht von 123 Proben aus verschiedenen organischen Bodenarten sind von KADO/REUTER (1963) untersucht worden und haben für die Beziehung Feuchtraumgewicht-Trockenraumgewicht eine annähernd lineare Abhängigkeit ergeben.

Fehler. Streuungen der Versuchsergebnisse sind trotz der Einfachheit der Versuchsdurchführung in erster Linie nicht durch diese bedingt, sondern durch die Zufälligkeiten der Verteilung der organischen Bestandteile im Boden. Fehler können allenfalls durch zu hohe Temperaturen beim Trocknen der Probe oder durch das Glühen ungeeigneter Böden überhaupt (s. o.) entstehen.

Verwendung. Die Kenntnis der Höhe der organischen Beimengungen ist wichtig, da diese, selbst wenn sie gering sind, eine bedeutende Verschlechterung des Baugrundes mit sich bringen. Infolge ihres großen Wasseraufnahmevermögens haben Böden mit organischen Bestandteilen stets, d. h. auch bei einem Glühverlust von nur wenigen Prozent, schon einen verhältnismäßig hohen Wassergehalt. Sie besitzen dadurch eine große Nachgiebigkeit, so daß sie als Baugrund nur selten in Betracht kommen. Näheres hierüber siehe BICZOK (1955). Ein geringer Anteil an organischen Bestandteilen macht nichtbindige Böden auch für eine Verfestigung mit Zement ungeeignet.

Literatur

British Standard 1377 (1961): Methods of testing soils for civil engineering purposes.

Walkley/Black (1934): An examination of the Degtjareff method for determining soil organic matter, and a proposed modification of the chromic acid titration method. Soil Science **37**, S. 29.

Biczok (1955): Untersuchung der Böden organischen Gehaltes mit Rücksicht auf den Grundbau. Gedenkb. f. Prof. Jáky. Budapest. S. 63.

Silfverberg (1957): Chemical determination of soil organic matter. A critical review of existing methods. Proc. Swed. Geot. Inst. Nr. 15.

Siedek/Voss (1960): Die Bodenprüfverfahren bei Straßenbauten. Düsseldorf.

Kado/Reuter (1963): Beziehungen zwischen Wassergehalt und Rohdichte bei organogenen Lockergesteinen. Ztschr. f. Angew. Geol. 9, S. 410.

Müller-Vonmoos (1965): Determination of organic matter for the classification of soil samples. Proc. VI. Int. Conf. Soil Mech. Found. Eng. Montreal, Bd. I, S. 77.

1.411.2 Hohlraum

Der Hohlraum des Bodens ist entweder mit Luft oder Wasser gefüllt (Abb. 395). Man bezeichnet deswegen den Boden auch als Dreistoffgemisch oder auch als „*disperses* (von lat. dispergere = ausstreuen) *System*“, in dem die festen Teilchen (die disperse Phase) im Bodenwasser (flüssige Phase) oder in der Bodenluft (gasförmige Phase) verteilt sind. Bei der Beschreibung der Hohlräume des Bodens

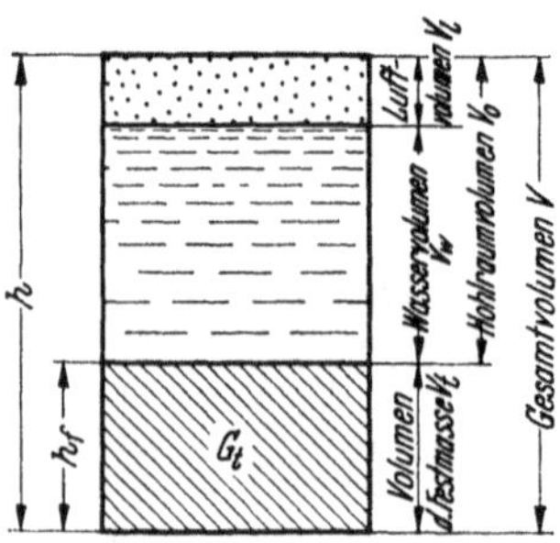

Abb. 395. Verteilung von Luft, Wasser und Festmasse im Boden.

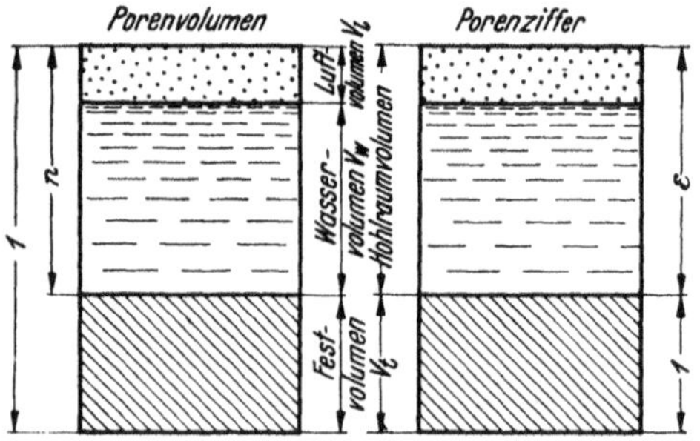

Abb. 396. Zusammenhang zwischen Porenvolumen und Porenziffer.

kommt es daher nicht allein auf deren Größe, sondern auch auf deren Füllung mit Wasser oder Luft an.

1.411.21 Porenvolumen und Porenziffer

Definition. Mit „*Porenvolumen*“ (auch „*Porenanteil*“) eines Bodens wird dessen Hohlraum, geteilt durch den Gesamtraum, bezeichnet. Das Porenvolumen wird mit n und gewöhnlich in Prozent angegeben. Die „*Porenziffer*“ stellt das Verhältnis des Hohlraums zum Raum der völlig dicht gedachten, festen Masse des Bodens dar. Sie wird mit ε gekennzeichnet und stets dimensionslos angegeben. Beim Porenvolumen ist also das Gesamtvolumen der Probe, bei der Porenziffer das Volumen der Festmasse = 1 gesetzt (Abb. 396).

$$n = \frac{V - V_t}{V} \cdot 100 \quad (\%)\,, \tag{129}$$

$$\varepsilon = \frac{V - V_t}{V_t}\,, \tag{130}$$

V Gesamtvolumen der Probe,
V_t Volumen der Festmasse der Probe $= \dfrac{G_t}{\gamma_s}$,
G_t Trockengewicht der Probe,
γ_s spezifisches Gewicht.

Zur Bestimmung von Porenvolumen und Porenziffer müssen also — wenn γ_s bekannt ist oder als konstant gelten kann — nur V und G_t ermittelt werden.

Gerät und Vorgang. Die Bestimmung von V und G_n im Feld ist bereits im Kap. 1.322.6 beschrieben. Im Laboratorium handelt es sich gewöhnlich um die Untersuchung ungestörter Proben (Abb. 397, rechts oben), die in Zylindern mit bekanntem Volumen entnommen worden sind (s. Kap. 1.321.42). Bei ihnen braucht nur das Trockengewicht G_t nach Trocknen bei 105 °C ermittelt zu werden. Ist keine ungestört entnommene Probe vorhanden, so kann der gleiche Versuch auch an größeren Brocken ungestörten Materials durch Ausstechen, Trocknen und Wiegen kleinerer Proben durchgeführt werden.

Abb. 397. Bestimmung des Probenvolumens. *Links*: Durch Tauchwägung. *Rechts*: Durch Ausstechen (*oben*) oder durch Verdrängen von Quecksilber (*unten*) gemäß Abb. 398.

Bei sehr bröckligen Böden oder sehr kleinen Brocken ungestörten Materials ist das Ausstechen einer zylinderförmigen Teilprobe oft nicht möglich. Über die dann möglichen Verfahren zur Bestimmung des Volumens siehe DIN 18125 (Entwurf 1967) „Bestimmung des Raumgewichtes; Labormethoden".

Eine Möglichkeit zur Volumenmessung von unregelmäßig geformten Bodenproben bietet die *Tauchwägung* (Spoerel 1952). Bei ihr wird die Probe mit Schellack überzogen, vorher und nachher (Gewicht G und G') und dann an einem dünnen Draht unter Wasser erneut gewogen (Gewicht G_u, Abb. 397, links). Das Volumen der Probe ergibt sich dann zu:

$$V = G' - G_u - (G' - G) = G - G_u \qquad (\text{cm}^3). \qquad (131)$$

Man kann das Volumen derartiger Proben auch durch *Eintauchen* in eine Flüssigkeit messen. Das Volumen der verdrängten Flüssigkeit ist dann gleich dem Volumen des eingetauchten Körpers. Da die Bodenprobe beim Eintauchen in Wasser ihren Wassergehalt verändern würde, verwendet man zu dem Versuch Quecksilber und drückt die Probe mit einer Platte, die mit drei Spitzen versehen ist, in das Quecksilber ein (Abb. 398, s. auch Abb. 397, rechts unten), wobei darauf zu achten ist, daß keine Luft unter der Probe verbleibt. Die überlaufende Quecksilbermenge

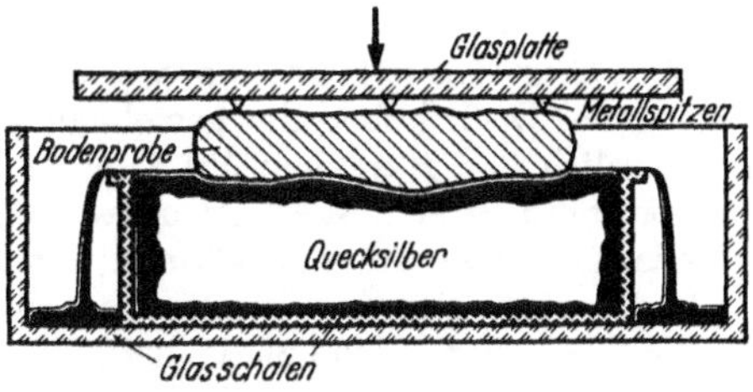

Abb. 398. Bestimmung des Volumens einer ungleichmäßig geformten Bodenprobe.

wird aufgefangen und gewogen (G_Q). Es ist:

$$V = G_Q/\gamma_Q \qquad (\mathrm{cm}^3), \qquad (132)$$

worin γ_Q das spezifische Gewicht des Quecksilbers (= 13,6 g/cm³) ist.

Mit größeren Proben (~100 cm³) kann dieser Versuch sehr einfach auch in Wasser in einem Gefäß nach Abb. 399 nach Überziehen der Probe mit einem Schellacküberzug durchgeführt werden. Der gut in Waage aufgestellte Behälter wird hierzu bis einige Zentimeter über dem Heberauslaß mit Wasser gefüllt; dann wird die Schlauchklemme gelöst, so daß das überschüssige Wasser durch den Heber beseitigt wird. Nach Schließen der Schlauchklemme wird die Probe in den Behälter gelegt, die Schlauchklemme geöffnet und die über dem Heber ausfließende Wassermenge in einem Meßzylinder aufgefangen. Sie ist gleich dem Volumen der Probe einschließlich dem Volumen der Schutzhaut. Letzteres kann durch Wiegen der Probe vor und nach dem Aufbringen des Überzugs und aus dem spezifischen Gewicht des Schellacks (≅ 1) ermittelt werden.

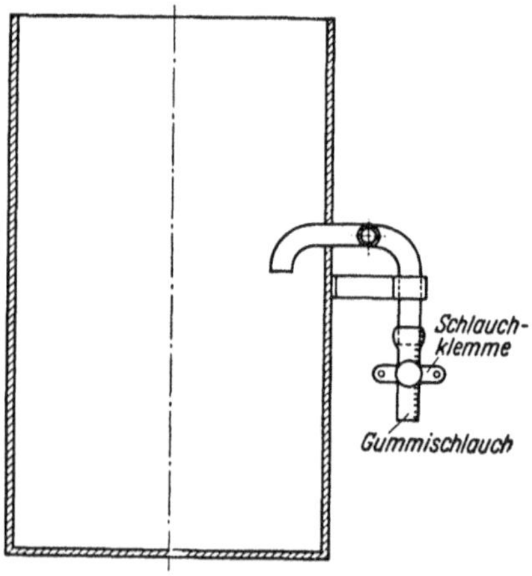

Abb. 399. Bestimmung des Probenvolumens mit Hilfe des Heberprinzips.

Mit kleineren Proben kann das Volumen in ähnlicher Weise auch mit dem *Volumenometer* bestimmt werden, einem mit Volumenteilung versehenen Glasrohr, das in einen mit Wasser gefüllten Behälter eingesetzt ist. Der Anstieg des Wassers im Glasrohr nach Hineintun der Probe entspricht dem Probenvolumen.

Meßgrößen. G_t und V.

Kennziffern. Aus Gl. (129) und (130) erhält man nach Einsetzen von G_t und γ_s:

$$n = 100 - \frac{G_t \cdot 100}{V\gamma_s} \quad (\%), \qquad (133) \qquad\qquad \varepsilon = \frac{V\gamma_s}{G_t} - 1. \qquad (134)$$

Auswertung. Porenvolumen und Porenziffer sind durch folgende Gleichungen miteinander verknüpft:

$$n = \frac{\varepsilon}{1+\varepsilon} \cdot 100 \quad (\%), \qquad (135) \qquad\qquad \varepsilon = \frac{n}{100-n}. \qquad (136)$$

Für $n = 50\%$ wird: $\varepsilon = 1$, für $n = 75\%$: $\varepsilon = 3$. n bleibt also stets kleiner als 100%, während ε bei sehr großen Hohlraumvolumen größer als 1 werden kann (Abb. 396).

Man kann das Porenvolumen und die Porenziffer auch aus dem Raumgewicht berechnen. Doch haben die verschiedenen hierfür gültigen Formeln wenig Wert. Ist nämlich das Raumgewicht γ nicht durch Versuche bestimmt, sondern nur geschätzt, so ist sein Wert zu ungenau, um damit das Porenvolumen n oder die Porenziffer ε errechnen zu können. Ist aber γ durch Versuche festgestellt (Kap. 1.411.23), hat also eine Volumenmessung der Probe stattgefunden, so kann man n oder ε durch eine zusätzliche Trockenwägung und nach Gl. (133) oder (134) besser als auf dem Umweg über das Raumgewicht bestimmen. Denn die Wägung der völlig trockenen Probe ist zwangsläufig genauer als die der feuchten, bei der eine Aufweichung oder Austrocknung nicht ausgeschlossen ist und der Wassergehalt schon im Baugrund örtlich verschieden sein kann. Man sollte deshalb niemals aus dem Raumgewicht das Porenvolumen, sondern umgekehrt aus dem

Porenvolumen und dem Wassergehalt das Raumgewicht berechnen. Die Formeln hierfür sind auf S. 376 angegeben.

Für Böden mit voller Wassersättigung ist:

$$\varepsilon_w = \frac{w_n \gamma_s}{100}, \tag{137}$$

w_n natürlicher Wassergehalt in Prozent des Trockengewichts.

Gl. (137) gibt die Möglichkeit, zu beurteilen, welchen Luftgehalt ein sandiger oder schwachbindiger Boden besitzt, während starkbindige Böden fast stets wassergesättigt sind. Man bestimmt dazu ε versuchsmäßig nach Gl. (134). Von derselben Probe wird hierzu durch vorangehende Feuchtwägung der Wassergehalt w_n festgestellt (Kap. 1.411.31) und mit diesem nach Gl. (137) die Porenziffer berechnet, die vorhanden sein müßte, wenn der Wassergehalt w_n volle Sättigung bedeuten würde. Stimmen die beiden Werte ε nicht überein, so gibt die Größe der Porenzifferdifferenz ein Maß für den in der Probe befindlichen Luftgehalt. Diesen kann man auch als den Unterschied zwischen der Summe des Festvolumens:

$$V_t = \frac{G_t}{\gamma_s} \quad (\text{cm}^3) \tag{138}$$

und des Wasservolumens:

$$V_w = \frac{w_n G_t}{100} \quad (\text{cm}^3) \tag{139}$$

und dem Gesamtvolumen V berechnen (Abb. 395).

Man braucht den Luftgehalt, wenn man beurteilen soll, ob bei der Verdichtung eines geschütteten, schwachbindigen Bodens, z. B. eines sandigen Mergels, schlagartig wirkende Verdichtungsgeräte (Stampfplatte, Delmag-Frosch) eingesetzt werden können. Da das Porenwasser bei der geringen Durchlässigkeit solcher Böden durch plötzliche Stöße oder Drücke allein nicht ausgepreßt werden kann, besteht nur dann Aussicht auf ein erfolgreiches Arbeiten, wenn der Luftgehalt verhältnismäßig groß ist (s. auch Kap. 2.111). Dieses Problem läßt sich in einfacher Weise auch mit Hilfe des Sättigungsgrades untersuchen (s. Kap. 1.411.31).

Für viele Zwecke ist die Berechnung der „*reduzierten Probenhöhe*“ h_f notwendig, d. h. der Höhe, die dem Volumen der Festmasse entspricht. Es ist (Abb. 396):

$$h_f = \frac{h}{1+\varepsilon} = \frac{G_t}{\gamma_s F} \quad (\text{cm}), \tag{140}$$

h Höhe einer Bodenprobe mit der Porenziffer ε,
G_t Trockengewicht der Probe,
F Querschnitt der Probe,
γ_s spezifisches Gewicht.

Ist h_f bekannt, so kann man Gl. (140) benutzen, um bei Belastungsvorgängen (Kompressionsversuch) aus der Änderung der Probenhöhe h die Änderung der Porenziffer ε zu bestimmen (s. Kap. 1.412.1).

Beim Scherversuch tritt die „*kritische Porenziffer*“ auf. Proben mit einer kleineren Porenziffer als der kritischen werden bei Scherbeanspruchungen aufgelockert, Proben mit einer größeren dagegen verdichtet. Wenn Sandböden eine Porenziffer über der kritischen besitzen, stürzt das lockere Korngerüst bei Beanspruchungen der Sandmasse zusammen. Da dies meist bei feinkörnigen Sanden mit geringer Wasserdurchlässigkeit vorkommt, neigen solche Böden im Grundwasser sehr dazu, schon bei kleinen Scherbeanspruchungen zu fließen, weil sich die Volumenverminderung nicht sofort einstellen kann. Die Kenntnis der kritischen Porenziffer ist daher bei nichtbindigen Bodenarten von Nutzen. Die kritische Dichte wird durch Scherversuche (Kap. 1.412.2, Abb. 523) oder durch dreiaxiale Druckversuche (Kap. 1.412.4) bestimmt (FAHMY 1960).

Zahlenwerte. Siehe Tab. 44.

Tabelle 44. *Porenvolumen und Porenziffer der Hauptbodenarten*

Bodenart	Porenvolumen n (%)	Porenziffer ε
Starkbindige Böden	30—75	0,4—3,0
Schwachbindige Böden	25—45	0,3—0,8
Nichtbindige Böden	30—45	0,4—0,8

Zahlenangaben über die kritische Porenziffer sind bisher spärlich und gehen auseinander (TAYLOR 1958, FAHMY 1960, LADANYI 1960). Sie hängt offenbar von der Anfangsporenziffer (GEUZE 1948), der mittleren Hauptspannung des Dreiaxialversuchs (LADANYI 1960) bzw. vom Seitendruck σ_3 (WINTERKORN 1953, FAROUKI/WINTERKORN 1964) und der Versuchsart (TAYLOR 1958) ab.

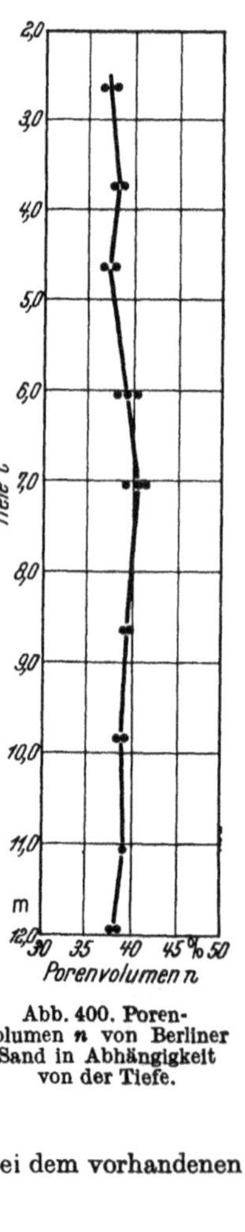

Abb. 400. Porenvolumen n von Berliner Sand in Abhängigkeit von der Tiefe.

Fehler. Die natürlichen Schwankungen übertreffen die durch die Meßapparatur erzielbare Genauigkeit. Es hat deshalb keinen Wert, n und ε mit mehr als drei Stellen anzugeben.

Verwendung. Porenvolumen und Porenziffer sind Bodenbeiwerte, die neben dem Raumgewicht und dem Reibungswinkel am meisten verwendet werden. Man braucht sie bei der Berechnung des Raumgewichts, der Wasserdurchlässigkeit, bei der Auswertung von Kompressionsversuchen und ihrer Anwendung auf Setzungsberechnungen sowie bei allen Fragen, die mit den Lagerungsverhältnissen eines Bodens zusammenhängen. Im besonderen ist dies bei der Nachprüfung künstlich verdichteten Bodens der Fall.

Beispiele. 1. Für die *Gründung eines schweren Gebäudes* sollte untersucht werden, ob innerhalb der, der Körnung nach praktisch homogenen, Gründungsschicht die Lagerungsverhältnisse mit der Tiefe besser werden. Die Entnahme ungestörter Proben aus Schürfgruben bis in 12 m Tiefe ließ erkennen, daß dies nicht der Fall war, sondern daß sich das Porenvolumen des „*Berliner Sandes*" (Mittel- und Feinsand) mit der Tiefe nur wenig und auch nur uneinheitlich änderte (Abb. 400), d. h. nicht etwa mit dem Überlagerungsdruck abnahm.

2. Für die *Wahl eines geeigneten Verdichtungsgeräts* wurde der Luftgehalt des Bodens festgestellt, indem der natürliche Wassergehalt w_n, das Porenvolumen n und das spezifische Gewicht γ_s an einer größeren Zahl von Proben durch Versuche bestimmt wurden. Es war im Mittel:

$$w_n = 10\%,$$
$$n = 40\%,$$
$$\gamma_s = 2{,}65\ \text{t/m}^3.$$

Bei voller Wassersättigung mußte das mit Wasser gefüllte ε nach Gl. (136) sein:

$$\varepsilon_w = \frac{40}{100 - 40} = 0{,}668\ .$$

Bei dem vorhandenen Wassergehalt war aber das wassergefüllte ε nach Gl. (137):

$$\varepsilon = \frac{10 \cdot 2{,}65}{100} = 0{,}265\ .$$

$\Delta\varepsilon$, d. h. der Luftgehalt, betrug also 0,403, bezogen auf die Höhe der Festmasse. Rechnet man diesen Wert auf die Gesamthöhe von (1,000 + 0,668) um, so erhält man den Luftgehalt in Prozent des Gesamtvolumens zu:

$$n_l = \frac{0{,}403}{1{,}668} \cdot 100 = 24{,}1\ \% \,.$$

Da der Luftgehalt verhältnismäßig groß war, wurde gefolgert, daß der Boden schon durch ein einmaliges Abrammen verhältnismäßig gut verdichtet werden würde.

Literatur

DIN 18125 Blatt 1 (Entwurf 1967): Bestimmung des Raumgewichts; Labormethoden.

Geuze (1948): Critical density of some Dutch sands. Proc. II. Int. Conf. Soil Mech. Found. Eng. Rotterdam, Bd. III, S. 125.

Spoerel (1952): Die Tauchwägung. Straße u. Autobahn 3, S. 329.

Winterkorn (1953): Macromeritic liquids. Am. Soc. Test. Mat. Special Techn. Publ. 156, S. 77.

Taylor (1958): Fundamentals of soil mechanics. New York.

Fahmy (1960): Zur Definition der kritischen Dichte von Sanden. Veröff. Inst. Bodenmech. u. Grundbau TH Karlsruhe H. 5.

Ladanyi (1960): Étude des relations entre les contraintes et les déformations lors du cisaillement des sols pulvérulents. Ann. Trav. Publ. Belg. S. 241.

Farouki/Winterkorn (1964): Mechanical properties of granular systems. Princeton Soil Eng., Department of Civil Eng., School of Eng. and Applied Science, Princeton University, Research Series 1.

1.411.22 Lagerungsdichte, relative Dichte und Verdichtungsfähigkeit

Definition. Die „*Lagerungsdichte D*" eines Bodens ist das Verhältnis des Unterschieds zwischen dem Porenvolumen in lockerster (n_0) und natürlicher Lagerung (n) zu dem Unterschied zwischen dem Porenvolumen in lockerster (n_0) und dichtester Lagerung (n_d):

$$D = \frac{n_0 - n}{n_0 - n_d} \,. \tag{141}$$

Die Lagerungsdichte stellt das Verhältnis der in der Natur erreichten zu der im Laboratorium erreichbaren Verdichtung dar.

Die „*relative Dichte* D_r" (auch „*bezogene Dichte*") ist das Verhältnis der entsprechenden Porenziffern:

$$D_r = \frac{\varepsilon_0 - \varepsilon}{\varepsilon_0 - \varepsilon_d} \,. \tag{142}$$

Lagerungsdichte und relative Dichte gibt es wegen der Art der Versuchsdurchführung nur bei rein sandigen und kiesigen Böden. Sie sind durch folgende Gleichungen miteinander verknüpft:

$$D = D_r \frac{1 + \varepsilon_d}{1 + \varepsilon} \,, \tag{143}$$

$$D_r = D \frac{1 - n_d}{1 - n} \,. \tag{144}$$

D_r ist etwas (~5 bis 10%) größer als D, also z. B. $D = 0{,}50$ und $D_r = 0{,}58$ oder $D = 0{,}75$ und $D_r = 0{,}81$. D und D_r geben inhaltlich dasselbe an, so daß es ausreichen würde, nur einen der beiden Ausdrücke zu verwenden. Doch sind beide Ausdrücke im Gebrauch.

Außerdem gibt es den Begriff der „*Verdichtungsfähigkeit*". Hierunter versteht man das Verhältnis des Unterschieds zwischen der Porenziffer in lockerster und dichtester Lagerung zur Porenziffer in dichtester Lagerung:

$$D_f = \frac{\varepsilon_0 - \varepsilon_d}{\varepsilon_d}\,. \tag{145}$$

Je größer die Verdichtungsfähigkeit, desto verdichtungsfähiger ist ein Material. Gl. (145) drückt aus, daß nichtbindige Böden sich um so leichter verdichten lassen, je größer einerseits der Unterschied zwischen den Grenzlagerungen ε_0 und ε_d eines Materials und je kleiner andrerseits seine Porenziffer in dichtester Lagerung ist. Beides trifft für ungleichförmig aufgebaute Sande und Kiese zu, die deshalb eine große Verdichtungsfähigkeit besitzen und sich – gegenüber einem gleichförmigen Material gleicher Lagerungsdichte – leicht verdichten lassen.

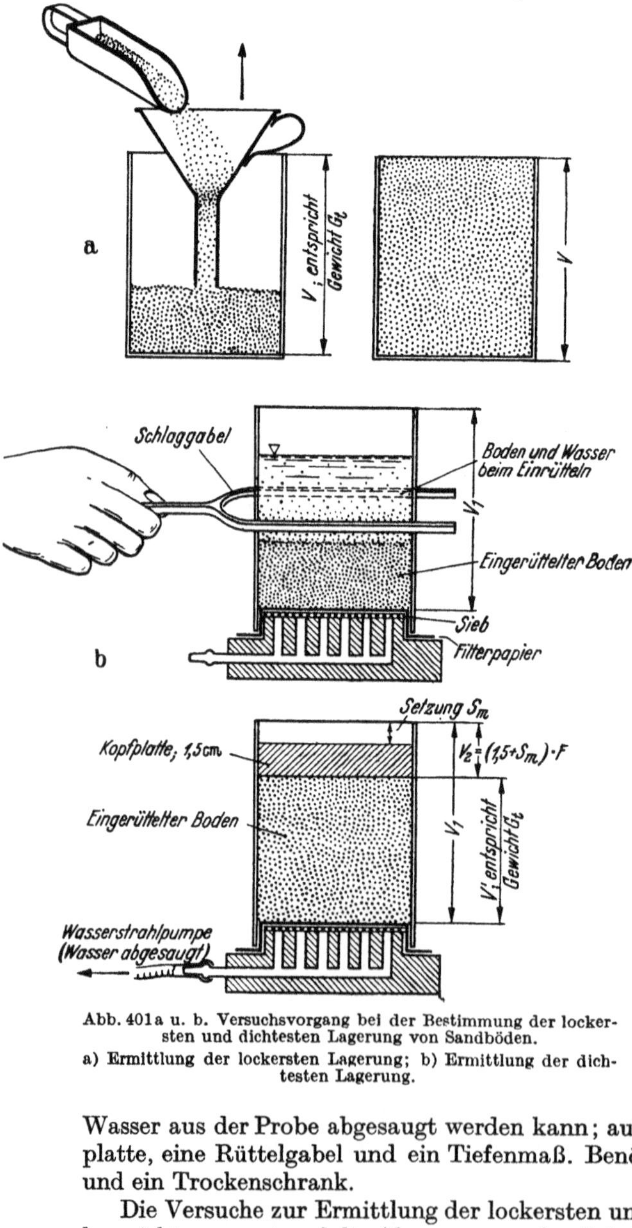

Abb. 401a u. b. Versuchsvorgang bei der Bestimmung der lockersten und dichtesten Lagerung von Sandböden.
a) Ermittlung der lockersten Lagerung; b) Ermittlung der dichtesten Lagerung.

Gerät. Lagerungsdichte, relative Dichte und Verdichtungsfähigkeit werden in gleicher Weise ermittelt, indem die Porenvolumen bzw. die Porenziffern in natürlicher lockerster und dichtester Lagerung bestimmt werden.

Das Porenvolumen n der natürlichen Lagerung wird, wie im Kap. 1.411.21 beschrieben, an ungestörten Proben ermittelt. Man benutzt hierzu am besten die Entnahmezylinder, mit denen die Bodenproben aus den Schürfgruben entnommen werden (s. Kap. 1.321.42). Zur Bestimmung der lockersten Lagerung braucht man einen Zylinder und einen Trichter, zur Ermittlung der dichtesten Lagerung einen weiteren Zylinder, der einen abnehmbaren Boden mit kleinen Bohrungen besitzt, durch die mittels einer Wasserstrahlpumpe Wasser aus der Probe abgesaugt werden kann; außerdem braucht man eine Kopfplatte, eine Rüttelgabel und ein Tiefenmaß. Benötigt werden ferner eine Waage und ein Trockenschrank.

Die Versuche zur Ermittlung der lockersten und dichtesten Lagerung sind bisher nicht genormt und die Abmessungen der dabei zu benutzenden Zylinder nicht festgelegt. Vielfach üblich sind die im Beispiel mit ihren Abmessungen genannten, verhältnismäßig kleinen Zylinder, die nur die Untersuchung von Sand, jedoch nicht von Kies, erlauben. Hierzu sind größere Zylinder erforderlich, in denen aber das Korngemenge durch seitliche Schläge mit einer Schlaggabel nicht mehr wirkungsvoll eingerüttelt werden kann. In solchen Fällen ist die Verdichtung auf einem Rütteltisch nach dem von LEUSSINK/KÜTZNER (1962) entwickelten Verfahren angebracht.

Vorgang. Zur Ermittlung der lockersten Lagerung setzt man den Trichter in den bei diesem Versuch verwendeten Zylinder (Volumen V) so ein, daß die Spitze seinen Boden gerade berührt. Der Trichter wird mit dem getrockneten Sand gefüllt und leicht angehoben, so daß die Körner langsam herausrieseln. Beim Anfüllen des Zylinders wird darauf geachtet, daß die Spitze des Trichters stets die Sandoberfläche berührt. Anschließend streicht man den Zylinder sorgfältig ab und wiegt die Probe (Gewicht G_t, Abb. 401a). Da das Ergebnis sehr empfindlich gegenüber kleinen Unterschieden in der Versuchsdurchführung ist, sollte jeder Versuch dreimal wiederholt und der Mittelwert verwendet werden.

Zur Bestimmung der dichtesten Lagerung wird auf den abnehmbaren Boden des hierfür vorgesehenen Zylinders (Volumen V_1) ein Sieb und darüber Filterpapier gelegt, um beim Absaugen von Wasser ein Ausschlämmen der feinen Bodenbestandteilchen zu vermeiden, und zunächst nur etwa $^1/_5$ der verbrauchten Gewichtsmenge G_t in den Zylinder gefüllt. Dann gießt man Wasser hinzu und rüttelt durch Schlagen mit der Schlaggabel den Boden gründlich ein (30 Doppelschläge). Anschließend wird das nächste Fünftel des Versuchsmaterials in den Zylinder geschüttet und genauso verfahren, bis schließlich die gesamte Bodenmenge in dem Zylinder eingerüttelt ist (Abb. 401b). Nach dem Versuch wird das Wasser durch eine Wasserstrahlpumpe abgesaugt. Dann legt man auf die Oberfläche des Sandes eine Kopfplatte und mißt mit dem Tiefenmaß an drei Stellen den Abstand s zwischen deren oberem Rand und dem oberen Rand des Zylinders.

Meßgrößen. Abstände s_1, s_2 und s_3, außerdem das Trockengewicht G_t der in den Zylinder für die lockerste Lagerung eingebrachten Bodenmenge.

Kennziffern. Da der Rauminhalt des Zylinders für die Feststellung der lockersten Lagerung bekannt ist und für Sand das spezifische Gewicht zu 2,65 t/m³ angenommen werden darf, kann das Porenvolumen n_0 in lockerster Lagerung nach Gl. (133) bestimmt werden.

Das Volumen des zur Ermittlung der dichtesten Lagerung benutzten Zylinders ist ebenfalls bekannt. Zur Bestimmung des von dem eingerüttelten Sand eingenommenen Volumens wird davon das Volumen abgezogen, das zwischen der Oberfläche des Sandes und dem oberen Rand des Zylinders verbleibt. Hierzu mittelt man die drei gemessenen Werte s, zählt die Stärke der Bodenplatte hinzu und multipliziert diese Summe mit der Fläche des Zylinders. Das Bodenvolumen ist dann gleich dem Unterschied zwischen diesem Produkt und dem Gesamtraum. Es ist damit auch das Porenvolumen n_d in dichtester Lagerung nach Gl. (133) bestimmbar.

Mit den Werten für n, n_0 und n_d werden die Lagerungsdichte nach Gl. (141) und — nach Ermittlung der zugehörigen Porenziffern nach Gl. (136) — die relative Dichte mit Hilfe von Gl. (142) und die Verdichtungsfähigkeit mit Hilfe von Gl. (145) berechnet.

Auswertung. Die Lagerungsdichte D und die relative Dichte D_r benutzt man, um die Lagerungsverhältnisse eines Bodens zu beurteilen. Werte von D unter 0,15 kennzeichnen eine „*sehr lockere*“, Werte von 0,15 bis 0,30 eine „*lockere*“, von 0,30 bis 0,50 eine „*mitteldichte*“ und von 0,50 und darüber eine „*dichte*“ Lagerung (Abb. 402). Werte von über 0,70 sind in gleichförmigen Sanden selten anzutreffen; in ihnen sind lockere und mitteldichte Lagerungen häufiger. Normalerweise muß man bei gleichförmigen alluvialen und diluvialen Sanden mit Werten von 0,20 bis 0,50 rechnen. Ungleichförmige Sande sind meist dichter gelagert; bei ihnen kommen auch Lagerungsdichten mit $D > 0{,}50$ oft vor.

In nicht verdichteten Schüttungen können sich auch negative D- oder D_r-Werte ergeben. Der Grund hierfür liegt darin, daß bei der Herstellung von Schüttungen nie ofentrockener Sand oder Kies verwendet wird, sondern stets erdfeuchtes Material, in dem sich wegen des Vorhandenseins von scheinbarer Kohäsion durch Klumpenbildung eine viel lockerere Lagerung ausbilden kann als beim Einlaufenlassen ofentrockenen Sandes in den Versuchszylinder.

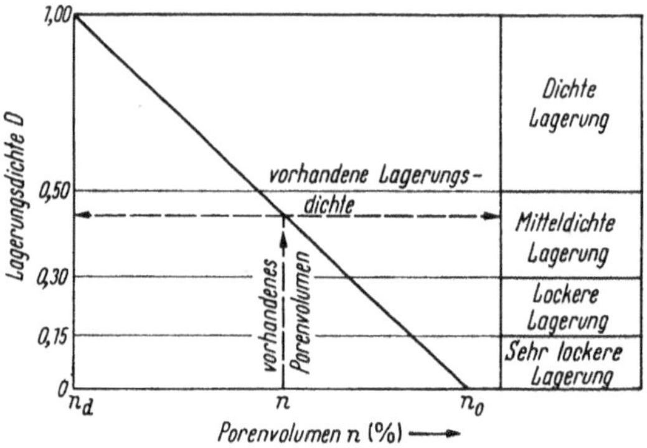

Abb. 402. Zusammenhang zwischen Porenvolumen, Lagerungsdichte und Bezeichnung der Lagerung.

An der Größe der Verdichtungsfähigkeit kann man die Eignung von Sanden und Kiesen als Schüttmaterial beurteilen. Da heute so gut wie immer eine gute Verdichtung verlangt wird, ist bei Vorhandensein mehrerer Materialien das am geeignetsten, das sich am leichtesten, d. h. mit dem geringsten Aufwand an Energie, wirkungsvoll verdichten läßt. Das ist das Material mit der höchsten Verdichtungsfähigkeit.

Zahlenwerte. Da die Lagerungsdichte und die relative Dichte nur bei sandigen Böden festgestellt werden können und auch bei diesen nicht allein von der Korngröße abhängen, sind Angaben über die Abhängigkeit der Lagerungsdichte und der relativen Dichte von der Bodenart nicht möglich. Kugelförmige Körner gleichen Durchmessers besitzen in dichtester Lagerung ein Porenvolumen von 26,0% ($\varepsilon_d = 0{,}35$), in lockerster Lagerung von 47,7% ($\varepsilon_0 = 0{,}91 \cong 1$).

Die Verdichtungsfähigkeit sehr gleichförmiger Feinsande liegt minimal bei $\sim 0{,}55$, die sehr ungleichförmiger Sand-Kies-Gemische maximal bei $\sim 2{,}2$. Für kugelförmige Körner gleichen Durchmessers ergibt sich mit den genannten Werten für ε_0 und ε_d eine Verdichtungsfähigkeit von 1,6.

Fehler. Für das Porenvolumen in natürlicher Lagerung gilt das im vorigen Kapitel Gesagte. Die naturbedingten Streuungen (Schultze 1966) sind meist wesentlich größer als diejenigen, welche sich durch Ungenauigkeiten bei der Versuchsdurchführung einstellen. Die Porenvolumen in lockerster und dichtester Lagerung können dagegen wegen in der Person des Laboranten liegender Unterschiede bei der Versuchsdurchführung geringe Schwankungen aufweisen (Leussink/Kutzner 1962). Aber auch bei ihrer Ermittlung kommen Unterschiede von mehr als 1% kaum vor. Dagegen sind D und D_r gegen Fehler von n, n_0, n_d bzw. den entsprechenden ε-Werten sehr empfindlich, da bei ihnen die Differenzen $(n_0 - n)$ oder $(n_0 - n_d)$ benutzt werden. Zur Feststellung von D und D_r müssen deshalb stets mehrere Proben untersucht werden. Die Entnahme und Untersuchung von nur einer Probe ist fast wertlos.

Es hat sich ferner herausgestellt, daß der Versuch nur dann brauchbare Ergebnisse liefert, wenn der Sand keine schluffigen oder tonigen Bestandteile enthält. Bei der Versuchsdurchführung erkennt man dies daran, ob sich nach der Einrüttlung das Wasser leicht mit der Wasserstrahlpumpe absaugen läßt oder nicht.

Verwendung. Die Lagerungsdichte und die relative Dichte werden verwendet, um bei sandigen Böden einen Rückschluß auf die Tragfähigkeit und andere Eigenschaften zu ziehen (SCHULTZE 1966). Böden mit kleinen D-Werten sind niedriger zu belasten als solche mit hohen D-Werten. Bei Erschütterungen, wie sie z. B. bei Rammungen in der Nähe von Gebäuden oder bei der Gründung von Maschinenfundamenten auftreten, geben D und D_r einen Maßstab dafür, ob unangenehme Auswirkungen auf die Gebäude oder Fundamente infolge von Einrüttelsetzungen des Untergrundes zu befürchten sind. Eine vielseitige Anwendung findet D bzw. D_r bei Verdichtungsnachprüfungen in nichtbindigen Böden, vor allem im Sand (s. Kap. 2.111). Jedoch muß es sich um reine Sande ohne Schluffanteile handeln (s. Abschn. „Fehler"). Im anderen Fall ist die Verdichtungsnachprüfung mit Hilfe des PROCTOR-Verfahrens (s. Kap. 1.411.34) vorzunehmen.

Über den Zusammenhang zwischen der Lagerungsdichte gleichförmiger Sande und dem Spitzendruck beim Sondieren siehe Kap. 1.322.11 (Abb. 186).

Die Verdichtungsfähigkeit wird bei der Beurteilung der Eignung nichtbindiger Materialien für Verdichtungszwecke gebraucht. Nach neuen Untersuchungen ist das Verhältnis $\frac{\varepsilon_d - \varepsilon}{\varepsilon_d}$ auch für die Größe des Sondierwiderstands in nichtbindigen Ablagerungen von Bedeutung (KAHL/MUHS/MEYER 1964). Je kleiner dieses Verhältnis ist, desto größer ist der Sondierwiderstand.

Beispiel. Für ein Bauwerk, das auf schmalen Bankettfundamenten gegründet werden sollte und verhältnismäßig große Bodenpressungen erzeugte, wurden an verschiedenen Stellen des Grundrisses jeweils vier ungestörte Proben bis zu 3 m Tiefe unter der Gründungssohle

Tabelle 45. *Ermittlung der Lagerungsdichte*

Abmessung der benutzten Gefäße:

a) für Entnahme .... $V_1 = 866\ \text{cm}^3$
b) für lose Lagerung .... $V_2 = 437{,}7\ \text{cm}^3$; $F = 39{,}6\ \text{cm}^2$
c) für nasse Einrüttlung..... $V_3 = 443\ \text{cm}^3$; $F = 39{,}6\ \text{cm}^2$

Bodenprobe:

Gewicht trocken + Tara	B =	1702,5 g
Tara	C =	235,6 g
Trockengewicht der Probe	B − C = G_t	1466,9 g

Porenvolumen in (Rechnung gilt für $\gamma_s = 2{,}65\ \text{g/cm}^3$)

a) natürlicher Lagerung:

$$n = 100 - \frac{100}{V_1 \gamma_s} G_t = 100 - \frac{1}{22{,}95} \cdot 1466{,}9 = 36{,}1\%$$

b) lockerster Lagerung: Probemenge $G'_t = 633{,}8$ g

$$n_0 = 100 - \frac{100}{V_2 \gamma_s} G'_t = 100 - \frac{1}{11{,}58} \cdot 633{,}8 = 45{,}4\%$$

c) dichtester Lagerung:

Abstand s_1 = 12,6 mm		$h_s = 1{,}5 + s_m = 2{,}72$ cm	
s_2 = 11,7 mm		$V' = V_3 - h_s F = V_3 - V_4$	
s_3 = 12,2 mm		$V_3 =$	443,00 cm³
Σs = 36,5 mm		$V_4 = 2{,}72 \cdot 39{,}6 =$	107,80 cm³
s_m = 1,22 cm		$V' =$	= 335,20 cm³

$$n_d = 100 - \frac{G'_t}{V'} \cdot \frac{100}{\gamma_s} = 100 - \frac{633{,}8}{335{,}2} \cdot 37{,}7 = 100 - 71{,}2 = 28{,}8\%$$

Lagerungsdichte:

$$D = \frac{n_0 - n}{n_0 - n_d} = \frac{9{,}3}{16{,}6} = 0{,}56$$

entnommen und die Lagerungsdichten ermittelt. Die Ausrechnung von D für eine Probe enthält Tab. 45.

Die Mittelwerte jeder Entnahmestelle schwankten zwischen 0,3 und 0,6 und zeigten, daß keine gleichmäßige Lagerung vorhanden war. Das Gelände wurde daraufhin künstlich verdichtet und die Lagerungsdichte nochmals an einer größeren Reihe von Proben bestimmt. Die D-Werte schwankten jetzt nur noch zwischen 0,75 und 0,78. Außer einer absoluten Verdichtung war also durch die Verdichtungsarbeiten auch erreicht worden, daß der Baugrund viel gleichmäßiger wurde. Eine über die übliche Belastung hinausgehende Bodenpressung wurde daraufhin für zulässig erklärt.

Literatur

CASAGRANDE (1936): Characteristics of cohesionsless soils affecting the stability of slopes and earth fills. Journ. Boston Soc. Civ. Eng. 23, S. 13.

BERNATZIK (1947): Baugrund und Physik. Zürich. S. 127.

SIEDEK/VOSS (1960): Die Bodenprüfverfahren bei Straßenbauten. Düsseldorf.

TERZAGHI/PECK (1961): Die Bodenmechanik in der Baupraxis. Berlin/Göttingen/Heidelberg. S. 117.

SOWERS/SOWERS (1961): Introductory soil mechanics and foundations. New York. S. 66.

LEUSSINK/KUTZNER (1962): Laboratoriumsversuch zur Feststellung der dichtesten Lagerung körniger Erdstoffe. Veröff. Inst. Bodenmech. u. Grundbau TH Karlsruhe H. 8.

MUHS/KAHL/MEYER (1964): Ermittlung der Größe und des Verlaufs des Spitzendrucks bei Drucksondierungen in ungleichförmigem Sand, in Sand-Kies-Gemischen und in Kies. Manuskript.

SCHULTZE (1966): Lockere und dichte Böden. Mitt. Inst. Baumaschinen u. Baubetrieb TH Aachen H. 9, S. 107.

1.411.23 Raumgewicht

Definition. Das Raumgewicht eines Bodens γ (Rohwichte) ist das Gesamtgewicht einer Volumeneinheit einschließlich der darin enthaltenen Hohlräume. Es wird in t/m³ angegeben.

Gerät und Vorgang. Zur Bestimmung des Raumgewichts können alle zur Bestimmung des Probenvolumens notwendigen und im Kap. 1.411.21 beschriebenen Geräte benutzt werden. Der Versuchsvorgang unterscheidet sich allein dadurch, daß außer der Volumenmessung der Probe lediglich die Bestimmung des Feuchtgewichts G_n erforderlich ist, d. h. nicht die Bestimmung des Trockengewichts G_t. Benötigt wird außer den zur Volumenmessung notwendigen Geräten also nur eine Waage. Für die Versuchsdurchführung gilt DIN 18125 (Entwurf 1967) Blatt 1 „Bestimmung des Raumgewichtes; Labormethoden".

Meßgrößen. G_n und V.

Kennziffern. Man erhält das Raumgewicht zu:

$$\gamma = \frac{G_n}{V} \qquad (\mathrm{t/m^3})\,. \tag{146}$$

Auswertung. Das Raumgewicht wird gewöhnlich zusammen mit dem Wassergehalt und dem Porenvolumen n bzw. der Porenziffer ε bestimmt, wozu die betreffende Probe nur noch zusätzlich im getrockneten Zustand gewogen zu werden braucht. Mit Hilfe des Wassergehalts und des Porenvolumens kann man das Raumgewicht bei beliebigem Wassergehalt berechnen. Die hierfür in Frage kommenden Gleichungen lauten:

$$\gamma_t = \left(1 - \frac{n}{100}\right)\gamma_s \qquad (\mathrm{t/m^3})\,, \tag{147}$$

$$\gamma = \left(1 - \frac{n}{100}\right)\left(1 + \frac{w_n}{100}\right)\gamma_s \qquad (\mathrm{t/m^3})\,, \tag{148}$$

$$\gamma_g = \left(1 - \frac{n}{100}\right)\gamma_s + \frac{n}{100}\cdot 1 \qquad (\mathrm{t/m^3})\,, \tag{149}$$

$$\gamma_a = \left(1 - \frac{n}{100}\right)(\gamma_s - 1) = \gamma_g - 1 \qquad (t/m^3), \qquad (150)$$

γ_t Raumgewicht des völlig trockenen Bodens,
γ Raumgewicht des naturfeuchten Bodens,
γ_g Raumgewicht des wassergesättigten Bodens,
γ_a Raumgewicht des Bodens unter Wasser (mit Auftrieb),
n Porenvolumen,
γ_s spezifisches Gewicht,
w_n natürlicher Wassergehalt.

Die Beziehungen zwischen n, ε, w, γ_t und γ_g sind für $\gamma_s = 2{,}65$ t/m³ und volle Wassersättigung in einem Nomogramm wiedergegeben (Abb. 403).

Zahlenwerte. Gl. (147) bis (150) liefern bei Einsetzen der für natürliche Ablagerungen angenommenen Grenzwerte für γ_s, n und w_n die in Tab. 46 angegebenen Raumgewichte.

Bei organischen Böden kommen wegen des geringeren spezifischen Gewichts und des hohen Wasserbindevermögens der Humusbestandteile wesentlich niedrigere Werte vor.

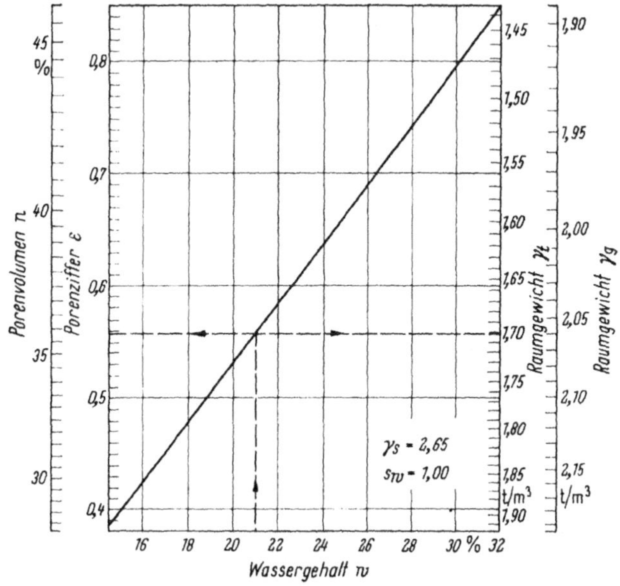

Abb. 403. Nomogramm für die Beziehungen zwischen Wassergehalt w, Porenvolumen n, Porenziffer ε, Raumgewicht γ_t und γ_g für volle Wassersättigung und für ein spezifisches Gewicht $\gamma_s = 2{,}65$ t/m³.

Fehler. Die Genauigkeit des Versuchs ist ausreichend, da durch die in der Natur vorhandenen Ungleichmäßigkeiten des Bodens das Raumgewicht von Punkt zu Punkt mehr oder weniger stark abweicht und eine allzu große Genauigkeit bei dessen Ermittlung daher keinen Sinn hat. Es genügt, das Raumgewicht auf zwei Stellen hinter dem Komma anzugeben.

Verwendung. Das Raumgewicht gehört zu den Bodeneigenschaften, die fast bei jeder Berechnung, sei es für den Erddruck, den Erdwiderstand, die Setzungen oder für sonstige erdstatische Untersuchungen, benötigt werden.

Tabelle 46. *Raumgewichte von Böden bei verschiedenen Werten n, γ_s und w_n*

		n (%)	γ_s (t/m³)	w_n (%)	γ_t (t/m³)	γ (t/m³)	γ_g (t/m³)	γ_a (t/m³)
Starkbindige Böden	dicht	30	2,70	20	1,89	2,27	2,19	1,19
	locker	75	2,70	100	0,68	1,36	1,43	0,43
Schwachbindige Böden	dicht	25	2,67	10	2,00	2,20	2,25	1,25
	locker	45	2,67	20	1,47	1,76	1,92	0,92
Nichtbindige Böden	dicht	30	2,65	2	1,86	1,90	2,16	1,16
	locker	45	2,65	10	1,46	1,60	1,91	0,91

Beispiele. 1. Berechnung des Raumgewichts für eine *staubförmige, trockene Tonschüttung* mit einem Porenvolumen $n = 75\%$ und einem spezifischen Gewicht $\gamma_s = 2{,}70$ t/m³:

$$\gamma_t = \gamma_s\left(1 - \frac{n}{100}\right) = 2{,}70 \cdot 0{,}25 = 0{,}675 \text{ t/m}^3 .$$

Bei völliger Durchnässung kann das Raumgewicht höchstens ansteigen auf:

$$\gamma_g = \gamma_s\left(1 - \frac{n}{100}\right) + \frac{n}{100} = 0{,}675 + 0{,}75 = 1{,}425\ \mathrm{t/m^3}\,.$$

2. Berechnung des Raumgewichts für einen *Geschiebemergel* mit einem Porenvolumen $n = 30\%$, einem spezifischen Gewicht $\gamma_s = 2{,}67\ \mathrm{t/m^3}$ und einem Wassergehalt $w_n = 12\%$:

$$\gamma = \gamma_s\left(1 - \frac{n}{100}\right)\left(1 + \frac{w_n}{100}\right) = 2{,}67 \cdot 0{,}7 \cdot 1{,}12 = 2{,}09\ \mathrm{t/m^3}\,.$$

Bei völliger Wassersättigung kann das Raumgewicht höchstens ansteigen auf:

$$\gamma_g = \gamma_s\left(1 - \frac{n}{100}\right) + \frac{n}{100} = 2{,}67 \cdot 0{,}7 + 0{,}3 = 1{,}87 + 0{,}30 = 2{,}17\ \mathrm{t/m^3}\,.$$

Denselben Wert erhält man, wenn man den Wassergehalt für völlige Wassersättigung nach Gl. (137) berechnet und für ihn γ bestimmt:

$$w_{\max} = \frac{100 \cdot \varepsilon}{\gamma_s} = \frac{100 \cdot n}{\gamma_s(100 - n)} = \frac{100 \cdot 30}{2{,}67 \cdot 70} = 16\%\,,$$

$$\gamma = \gamma_s\left(1 - \frac{n}{100}\right)\left(1 + \frac{w}{100}\right) = 2{,}67 \cdot 0{,}7 \cdot 1{,}16 = 2{,}17\ \mathrm{t/m^3}\,.$$

3. Berechnung des Raumgewichts für einen ungleichförmigen *Sand im Grundwasser* mit einem Porenvolumen von 30% und einem spezifischen Gewicht $\gamma_s = 2{,}65\ \mathrm{t/m^3}$:

$$\gamma_a = (\gamma_s - 1)\left(1 - \frac{n}{100}\right) = 1{,}65 \cdot 0{,}7 = 1{,}16\ \mathrm{t/m^3}\,.$$

Literatur

Forschungsges. f. d. Straßenwesen (1963): Merkblatt für bodenphysikalische Prüfverfahren im Straßenbau. Köln.
DIN 18125 Blatt 1 (Entwurf 1967): Bestimmung des Raumgewichts; Labormethoden.
SIEDEK/VOSS (1962): Die Bodenprüfverfahren bei Straßenbauten. Düsseldorf.

1.411.3 Verhalten zum Wasser

Die Beschreibung des festen Teils und des Hohlraums des Bodens wird durch die Behandlung seines Verhaltens zum Wasser ergänzt. Bei nichtbindigen Böden ist der Unterschied zwischen der trockenen und der mit Wasser gesättigten Bodenprobe bei allen Eigenschaften, die allein von der Scherfestigkeit herrühren, unbedeutend. Demgegenüber verändern sich die Festigkeitseigenschaften bindiger Böden mit dem Wassergehalt stark. Infolge der verschiedenartigen Wirkungen des Wassers auf die festen Teile eines bindigen Bodens gibt es eine größere Anzahl von Bodenbeiwerten, die das Verhalten zum Wasser kennzeichnen.

1.411.31 Wassergehalt

Definition. Der Wassergehalt eines Bodens w ist gleich dem Gewicht G_w des unter verschiedenen Bedingungen in einer Probe enthaltenen Wassers, geteilt durch das Gewicht G_t des getrockneten Versuchsmaterials. Er wird gewöhnlich in Prozent angegeben:

$$w = \frac{G_w}{G_t} \cdot 100 \qquad (\%)\,. \qquad (151)$$

Weniger gebräuchlich ist die Angabe des Wassergehalts, bezogen auf das Gesamtgewicht G_f des natürlichen Bodens, also das Verhältnis Wassergewicht zu Gesamtgewicht:

$$w' = \frac{G_w}{G_f} \cdot 100 \qquad (\%)\,. \qquad (152)$$

Bisweilen wird auch der „*Sättigungsgrad* s_w" gebraucht. Er stellt das Verhältnis des Wasservolumens V_w zum Hohlraumvolumen V_0 des Bodens dar (Abb. 395) und gibt an, bis zu welchem Anteil das Porenvolumen des Bodens mit Wasser gefüllt ist:

$$s_w = \frac{V_w}{V - V_t} = \frac{n_w}{n} . \tag{153}$$

Der natürliche Wassergehalt w_n entspricht dem Zustand, in dem sich die ungestörte Probe in der Natur befindet. Der Wassergehalt w_f an der Fließgrenze, w_a an der Ausrollgrenze und w_s an der Schrumpfgrenze werden durch Hinzufügen oder Entzug von Wasser an gestörten Proben künstlich erzeugt (s. Kap. 1.411.32). Der Sättigungsgrad bezieht sich immer auf den natürlichen Zustand des Bodens.

Gerät und Vorgang. Zur Bestimmung des Wassergehalts, für die DIN 4016 Blatt 1 (Entwurf 1958) „Richtlinien für die Bestimmung des Wassergehaltes" gilt[1], werden bei der herkömmlichen Methode eine Waage, verschließbare Behälter (Uhrglasschalen, Petrischalen, Blechdosen oder ähnliches) und ein Trockenschrank benötigt. Im Bedarfsfall genügt auch ein Ofen.

Die je nach Bodenart und Genauigkeitsanforderung verschieden große, nach Möglichkeit aber mindestens 20 g schwere, feuchte und anschließend im Trockenschrank bei 105 °C etwa 6 Stunden (sandige Böden) bis 12 Stunden lang (tonige Böden) getrocknete Probe wird in dem gegen Verdunsten abgedeckten Behälter vom Gewicht T auf 0,01 g (bei kleinen Proben) bis 0,1 g genau (bei größeren Proben) gewogen. Man erhält das Gewicht der feuchten Probe $(G_f + T)$ und das Gewicht der trockenen Probe $(G_t + T)$ und bildet die Differenzen $(G_f + T) - (G_t + T)$ und $(G_t + T) - T$. Die Gewichte T können aus einer Tabelle entnommen werden. Dann ist:

$$w = \frac{G_f - G_t}{G_t} \cdot 100 \qquad (\%) . \tag{154}$$

Für Schnelluntersuchungen kann man, um das Austrocknen zu beschleunigen, die Probe, die in möglichst zerteilter Form in eine feuerfeste Schale gelegt wird, nach der 1. Wägung mit Spiritus übergießen, anzünden und das Porenwasser dadurch unter stetem Umrühren des Bodens beseitigen.

Ohne Trocknung des Bodens, jedoch bei Schätzung bzw. nach Kenntnis des spezifischen Gewichts, kann der Wassergehalt in ähnlicher Weise wie bei der Bestimmung des spezifischen Gewichts (s. Kap. 1.411.11) mit Hilfe der Pyknometermethode und mit Hilfe der Tauchwägung, außerdem mit dem Luftpyknometer ermittelt werden.

Bei der *Pyknometermethode* (Olpinski 1945, Haedicke 1960) bestimmt man das Gewicht G_w des allein mit Wasser gefüllten Pyknometers, anschließend das Feuchtgewicht G_f der Probe und dann das Gewicht G_p des mit Wasser und der feuchten Probe luftfrei gefüllten Pyknometers (S. 341). Der Wassergehalt des Bodens ist dann:

$$w = \left(\frac{G_f}{G_p - G_w} \cdot \frac{\gamma_s - 1}{\gamma_s} - 1\right) \cdot 100 \qquad (\%) . \tag{155}$$

Bei der *Tauchwägung* (Spoerel 1952) wiegt man die feuchte Probe (Gewicht G_f), bereitet sie möglichst luftfrei zu einer Schlämme auf und wiegt sie dann unter Wasser (Gewicht G_u) (Abb. 404). Es ist dann:

$$w = \left(\frac{G_f}{G_u} \cdot \frac{\gamma_s - 1}{\gamma_s} - 1\right) \cdot 100 \qquad (\%) . \tag{156}$$

[1] Inzwischen (1965) als DIN 18121 (Entwurf) „Bestimmung des Wassergehaltes durch Ofentrocknung" erschienen.

Das *Luftpyknometer* (SPOERÉL 1957) besteht aus einem unteren Kessel von etwa 1000 cm³ Inhalt (V_1), der mit der abgewogenen feuchten Probe (Gewicht G_f) möglichst randvoll gefüllt wird, und einem Deckel, mit dem der Kessel luftdicht verschlossen werden kann (Abb. 405). Der Deckel enthält eine mit einem von außen zu bedienenden Ventil versehene Luftkammer von etwa 250 cm³ Inhalt (V_2), in der mit einer kleinen Luftpumpe und mit Hilfe eines Reduzierventils und eines Feinmeßmanometers ein bestimmter Druck p_1 (2,3 atü) genau eingestellt wird. Durch Öffnen des Ventils gleicht sich der Luftdruck in der Luftkammer und im Kessel aus. Er wird am Manometer abgelesen (p) und erlaubt mit Hilfe des BOYLE-MARIOTTEschen Gesetzes, d. h. mit Kenntnis von V_1, V_2, p_1 und p, die rechnerische Ermittlung des gemeinsamen Volumens V der Festmasse und des in der Probe enthaltenen Wassers (Volumen V_t und V_w in Abb. 395). Aus der Beziehung:

Abb. 404. Bestimmung des Wassergehalts durch Tauchwägung.

$$\gamma = \frac{G_f}{V} = \frac{\gamma_s + \frac{w}{100}\gamma_s}{1 + \frac{w}{100}\gamma_s}$$

kann der Wassergehalt w bestimmt werden, wenn das spezifische Gewicht γ_s bekannt ist oder als bekannt angenommen wird. Es ist:

$$w = \frac{\gamma_s - \gamma}{\gamma_s(\gamma - 1)} \cdot 100 \qquad (\%) . \qquad (157)$$

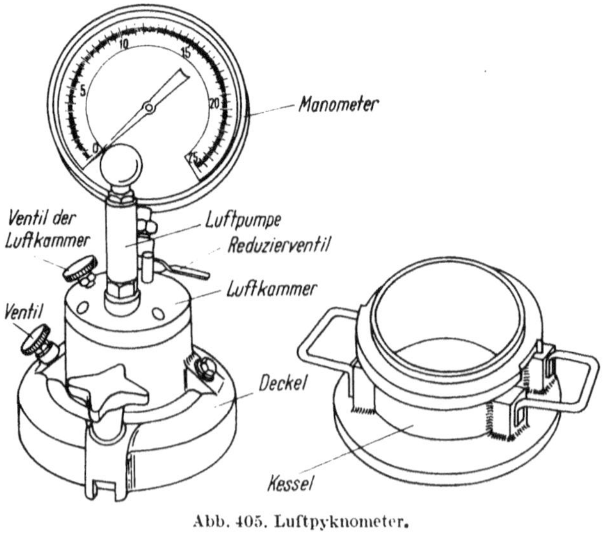

Abb. 405. Luftpyknometer.

Zur Vereinfachung der Auswertung ist für $\gamma_s = 2{,}65$ g/cm³ eine Kurventafel entworfen worden[1] (Abb. 406), mit deren Hilfe man aus dem gemessenen Druck p

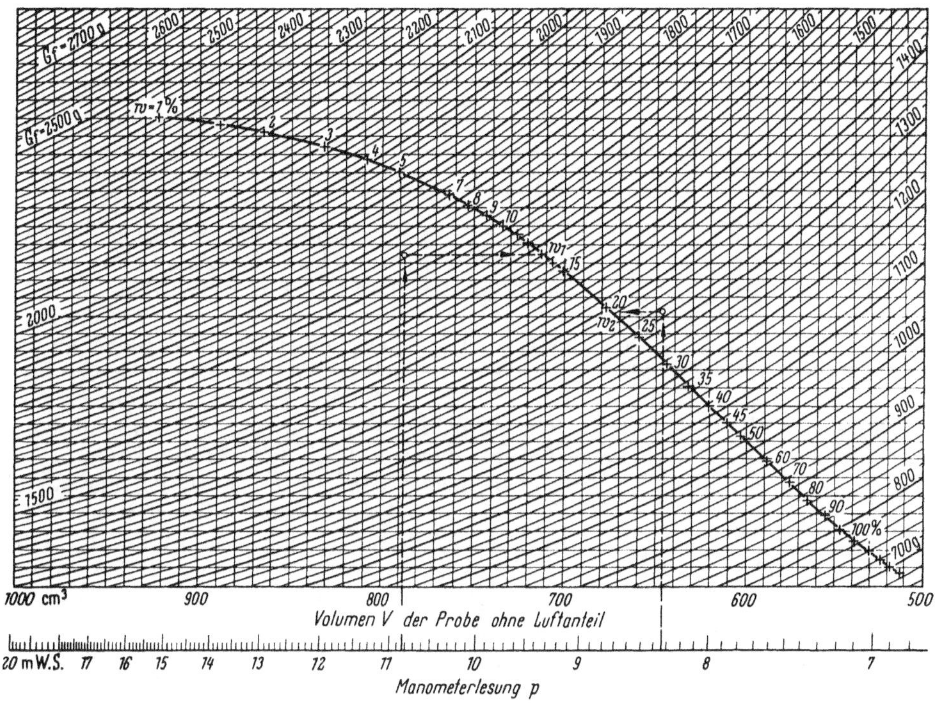

Abb. 406. Nomogramm zur Bestimmung des Wassergehalts mit dem Luftpyknometer. In den Beispielen ist $w_1 = 13{,}0\%$ und $w_2 = 20{,}8\%$.

und dem Feuchtgewicht G_f der Probe sofort den Wassergehalt w erhält (s. Beispiele auf Abb. 406). Über Einzelheiten der Versuchsdurchführung und der Auswertung siehe Siedek/Voss (1960).

Kennziffern. Zur *Bestimmung des Sättigungsgrades* s_w werden zusätzlich zum Wassergehalt w_n noch das Volumen V der Probe bzw. der Porenraum (n oder ε) und das spezifische Gewicht γ_s benötigt. Bei bekanntem Wassergehalt, spezifischem Gewicht und Porenvolumen bzw. Porenziffer wird:

$$s_w = \frac{w_n\,\gamma_s\,(100 - n)}{100 \cdot n} = \frac{w_n\,\gamma_s}{100 \cdot \varepsilon}\,. \tag{158}$$

Auswertung. Ähnlich wie die Lagerungsdichte D (s. Kap. 1.411.22) und die Konsistenzzahl k_w (s. Kap. 1.411.322) benutzt man den Sättigungsgrad s_w, um die Böden nach ihrer relativen Füllung mit Wasser zu unterteilen (Abb. 407).

Zahlenwerte. Erdfeuchter Sand besitzt einen natürlichen Wassergehalt von 2 bis 10%. In bindigen Böden liegt der Wassergehalt normalerweise zwischen 10 und 60%. Er kann aber in Ausnahmefällen bis zu rund 300% ansteigen. In organischen Böden kann der Wassergehalt das Mehrfache hiervon erreichen.

[1] Jedes Luftpyknometer muß hierzu besonders geeicht werden. Dazu dienen die auf dem Nomogramm enthaltenen beiden Skalen für V und p auf der Abszisse. Das Nomogramm bzw. der Versuch mit dem Luftpyknometer kann auch zur Bestimmung des spezifischen Gewichts, des Feuchtraum- und Trockenraumgewichts, des Porenraums sowie des Luftgehalts erweitert werden.

Für den Sättigungsgrad können keine Angaben über die Abhängigkeit von den Bodenarten gemacht werden, da er keine Bodeneigenschaft ist, sondern lediglich angibt, bis zu welchem Anteil die Hohlräume des Bodens mit Wasser gefüllt sind. Im allgemeinen sind nichtbindige Böden oberhalb des Grundwassers feucht, bindige Böden infolge des kapillaren Wassernachschubs und der Volumenabnahme bei Austrocknung naß bis gesättigt.

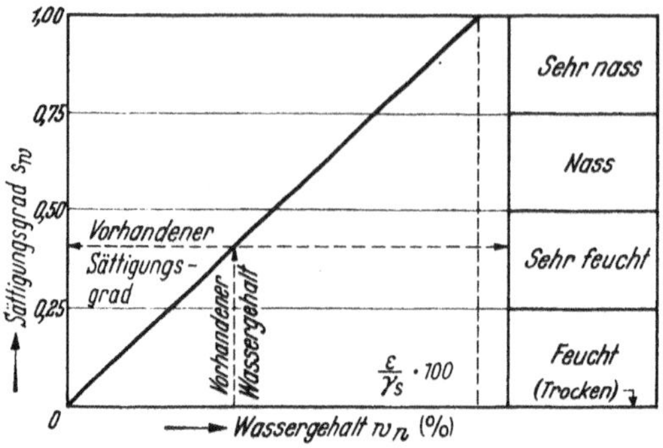

Abb. 407. Zusammenhang zwischen Wassergehalt, Sättigungsgrad und Bezeichnung des Feuchtigkeitszustands.

Fehler. Die Streuung des natürlichen Wassergehalts ungestörten Bodens beträgt im allgemeinen 0,2 bis 2%. Demgegenüber ist eine Bestimmung über die erste Dezimale hinaus, die bei der Ofentrocknung ohne weiteres möglich wäre, sinnlos. Bei den Schnellverfahren sind die Fehler größer, vor allem bei stark bindigen Böden, bei denen sich die Luft in den Poren nicht völlig entfernen läßt oder sich nicht genau dem Druck im Luftpyknometer anpaßt. Doch wird der Fehler z. T. dadurch wieder ausgeglichen, daß bei diesen Verfahren größere Probenmengen untersucht werden können, z. B. der gesamte Inhalt der bei der Entnahme ungestörter Proben aus Schürfgruben üblichen Ausstechzylinder (Abb. 408). Dadurch wird unter Umständen ein besserer Wert für den mittleren Wassergehalt des Bodens erreicht als an einer kleinen Stichprobe mit Ofentrocknung.

Abb. 408. Bestimmung des Wassergehalts einer im Entnahmezylinder nach Abb. 132 ausgestochenen ungestörten Probe im Luftpyknometer.

Verwendung. Der natürliche Wassergehalt dient zu einer allgemeinen Charakteristik des Bodens, da aus seiner Höhe sofort auf die Beschaffenheit des Bodens geschlossen werden kann, besonders dann, wenn er mit den im folgenden Kapitel besprochenen, künstlich erzeugten Wassergehalten verglichen wird. Erst hierdurch wird der natürliche Wassergehalt voll ausgewertet. Abgesehen davon dient er zur Bestimmung des Raumgewichts des Bodens und zur Untersuchung der Unterschiede innerhalb der einzelnen ungestörten Proben, die sehr oft verhältnismäßig groß sind (CASAGRANDE/FADUM 1940, S. 23).

Im Feldlaboratorium wird der Wassergehalt in größerem Umfange bestimmt, wenn bei Verdichtungsarbeiten die erreichte Verdichtung überprüft werden soll oder aus bindigen Bodenarten Dämme geschüttet oder Dichtungen eingebracht werden. In solchen Fällen wird oft vorgeschrieben, daß das Material einen bestimmten Wassergehalt besitzen muß. Dies wird durch Stichproben mit Hilfe der Schnellmethoden laufend nachgeprüft.

Der Sättigungsgrad ist wie der natürliche Wassergehalt zur Charakteristik der

Beschaffenheit eines Bodens geeignet. Da seine Größe im Gegensatz zu diesem aber nach oben hin begrenzt ist, vermittelt er ein anschaulicheres Bild über den Anteil des Wassers im Boden.

Beispiele. 1. Für das auf S. 370 gebrachte Beispiel sollte auch der *Sättigungsgrad* ermittelt und die gestellte Frage dadurch zusätzlich beantwortet werden. Mit $\varepsilon = 0{,}668$ ergibt sich nach Gl. (158):

$$s_w = \frac{10 \cdot 2{,}65}{100 \cdot 0{,}668} = 0{,}398 \quad (\text{„sehr feucht“}).$$

Der Sättigungsgrad betrug also rund 0,4 vom Porenvolumen, d. h.:

$$\frac{0{,}398 \cdot 40}{100} = 0{,}159 = 15{,}9\% \text{ vom Gesamtvolumen.}$$

Der Luftgehalt war danach:

$$100 - 60 - 15{,}9 = 24{,}1\% \text{ vom Gesamtvolumen.}$$

Da der Luftgehalt größer als der auf das gleiche Volumen (Gesamtvolumen) bezogene Sättigungsgrad war, war der Boden besonders für eine Verdichtung durch kurzfristiges Abrammen geeignet.

2. Ein Beispiel für die Bestimmung des Wassergehalts mit Hilfe des Luftpyknometers enthält Kap. 1.411.34 (S. 415).

Literatur

DIN 4016 Blatt 1 (Entwurf 1958): Baugrund. Untersuchung von Bodenproben. Richtlinien für die Bestimmung des Wassergehaltes[1].

Forschungsges. f. d. Straßenwesen (1963): Merkblatt für bodenphysikalische Prüfverfahren im Straßenbau. Köln.

CASAGRANDE/FADUM (1940): Notes on soil testing for engineering purposes. Harvard Univ. Soil Mech. Series No. 8.

OLPINSKI (1945): A rapid field method for the determination of the moisture content of soils on constructional works. The Surveyor and Municipal and County Eng.

SPOEREL (1952): Die Tauchwägung. Straße u. Autobahn 3, S. 329.

— (1957): Ein einfaches Verfahren zur Bestimmung von Wassergehalt und spezifischem Gewicht von Bodenproben im Laboratorium und auf der Baustelle. Straße u. Autobahn 8, S. 386.

HAEDICKE (1960): Wassergehaltsbestimmung mit dem Pyknometer. Wissensch. Ztschr. Hochschule f. Bauwesen Leipzig H. 6, S. 15.

SIEDEK/VOSS (1960): Die Bodenprüfverfahren bei Straßenbauten. Düsseldorf.

SCHON (1963): Les picnomètres à air. Bulletin de Liaison des Laboratoires Routiers Ponts et Chaussées 4, S. 22–1.

NAUJOKS (1964): Untersuchungen zum Nachweis eines spezifischen Sättigungsgrades. Mitt. Bundesanstalt Wasserbau Karlsruhe H. 21, S. 3.

1.411.32 Zustandsform

Mit zunehmendem Wassergehalt wird bindiger Boden immer weicher und flüssiger. Man kann bestimmte Festigkeitszustände des künstlich aufbereiteten Bodens durch die Dosierung des Wasserzusatzes herbeiführen. Man benutzt hierfür drei besonders leicht erkennbare Zustandsformen zwischen fest und flüssig, die „*Konsistenzgrenzen*“ von ATTERBERG (1911). Bei der „*Fließgrenze*“ (auch irreführend untere Plastizitäts- oder untere Elastizitätsgrenze genannt) geht der Boden vom flüssigen in den bildsamen, knetbaren Zustand, bei der „*Ausrollgrenze*“ vom knetbaren in den halbfesten Zustand und bei der „*Schrumpfgrenze*“ in den festen Zustand über.

---

[1] Inzwischen (1965) als DIN 18121 (Entwurf) „Bestimmung des Wassergehaltes durch Ofentrocknung“ erschienen.

Diese drei Zustände des *gestörten* Bodens sind durch genormte Versuche genau definiert. Sie werden durch den bei ihnen angetroffenen Wassergehalt w_f, w_a oder w_s ausgedrückt. Die Untersuchung zerfällt also in die Herbeiführung der vorgeschriebenen Zustandsform durch Wasserzugabe oder -entzug und die Messung des zugehörigen Wassergehalts. Für die Versuchsdurchführung gilt DIN 4016 Blatt 3 (Entwurf 1958)[1]. „Richtlinien für die Bestimmung der ATTERBERGschen Grenzen". Die Versuche werden nur an dem Feinanteil des Bodens mit höchstens 0,4 mm Durchmesser durchgeführt.

Im Unterschied zu den international festgelegten drei Grenzen für die Zustandsform des Bodens nach ATTERBERG ist von OHDE (1950) ein Vorschlag für eine einfache Bestimmung zweier Grenzen gemacht worden, die mit „*Breiwassergehalt*" und „*Einheitswassergehalt*" bezeichnet werden (TIEDEMANN 1941). Der Breiwassergehalt wird in ähnlicher Weise wie die Fließgrenze festgestellt, während der Einheitswassergehalt derjenige Wassergehalt ist, der sich bei Belastung einer mit dem Breiwassergehalt eingebauten Probe in Höhe von 1 kg/cm² ergibt. Jedoch sind diese Grenzen nicht allgemein anerkannt und eingeführt.

Auch bei einem Wassergehalt oberhalb der Fließgrenze geht ein bindiger Boden nicht direkt in den flüssigen Zustand über, sondern es ergibt sich zunächst ein Bereich, in dem ein Flüssigwerden nur durch eine gründliche Störung des Bodengefüges herbeizuführen ist, während anschließend wieder eine Verfestigung des Bodens stattfindet („*Thixotropie*"). Dieser Bereich wird nach ACKERMANN (1948) durch die „*Erstarrungsgrenze*" begrenzt. Erst bei noch höheren Wassergehalten beginnt der Bereich, bei dem der Boden wirklich flüssige Eigenschaften besitzt und nicht durch thixotropes Verhalten vorübergehend quasi-plastische Eigenschaften aufweist.

Neben der Kennzeichnung der Zustandsform durch die Konsistenzgrenzen gibt es zur Beurteilung der Beschaffenheit von Böden noch eine andere Möglichkeit, die ebenfalls von der Zustandsform abhängt, aber darüber hinaus auch Angaben über die Festigkeit des Bodens liefert. Dies ist der „*Kegelwiderstand*" (s. Kap. 1.411.33), der insbesondere in Dänemark und Schweden zur Beurteilung von bindigen Bodenproben herangezogen wird, in erweiterter Form aber auch zur Untersuchung nichtbindiger Böden dient.

1.411.321 Fließgrenze

Definition. Die „*Fließgrenze* w_f" eines Bodens ist der Wassergehalt, bei dem eine in einem genormten Versuchsgerät gezogene Bodenfurche nach einer bestimmten Zahl von Erschütterungen auf eine genau festgelegte Länge wieder zusammenfließt. Sie kann nur in bindigen Böden festgestellt werden.

Gerät. Die Fließgrenze wird in dem Gerät von CASAGRANDE (1932) bestimmt. Es besteht aus einer runden, beweglich gelagerten Metallschale (Abb. 409), die durch eine, mit einem Nocken versehene Kurbel um 1 cm angehoben werden kann und beim Weiterdrehen der Kurbel auf ihre Unterlage zurückfällt. Diese besteht aus einem Hartgummiblock. Zu der Schale gehört ein profilierter Spachtel. In Deutschland wird fast ausschließlich der flache Furchenzieher (Abb. 410b) benutzt, im Ausland häufig auch der gedrungene Furchenzieher (Abb. 410a), der vor allem in körnige Bestandteile enthaltenden Böden angebracht ist, da er das Herausreißen von Einzelkörnern besser vermeidet. Außerdem benötigt man das zur Bestimmung des Wassergehalts notwendige Gerät.

---

[1] Wird (1967) als DIN 18122 (Entwurf) „Bestimmung der Zustandsgrenzen (Konsistenzgrenzen)" erscheinen.

Vorgang. Nach Entfernung aller Körner mit größerem Durchmesser als 0,4 mm wird die feuchte Bodenprobe, die einem Trockengewicht von etwa 150 g entspricht (in einigen Ländern auch eine luft- oder ofengetrocknete Probe), nach

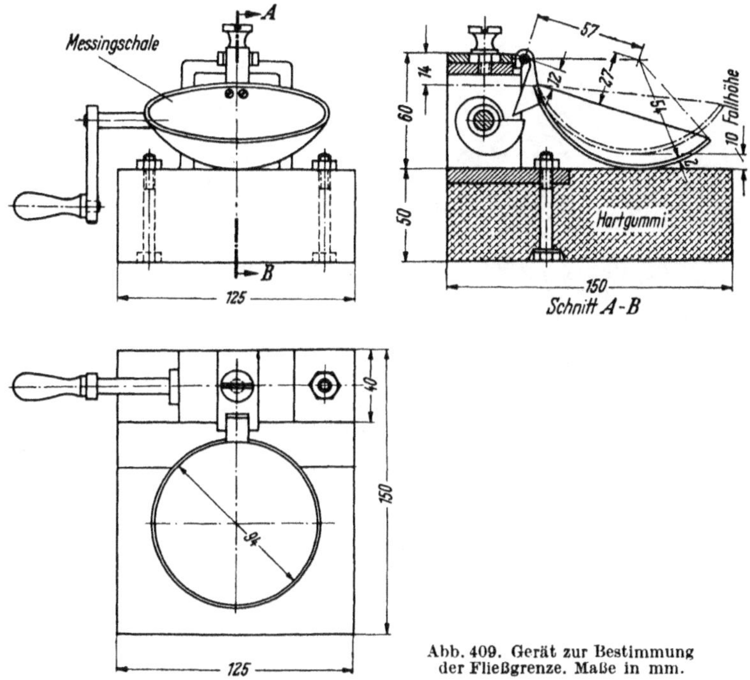

Abb. 409. Gerät zur Bestimmung der Fließgrenze. Maße in mm.

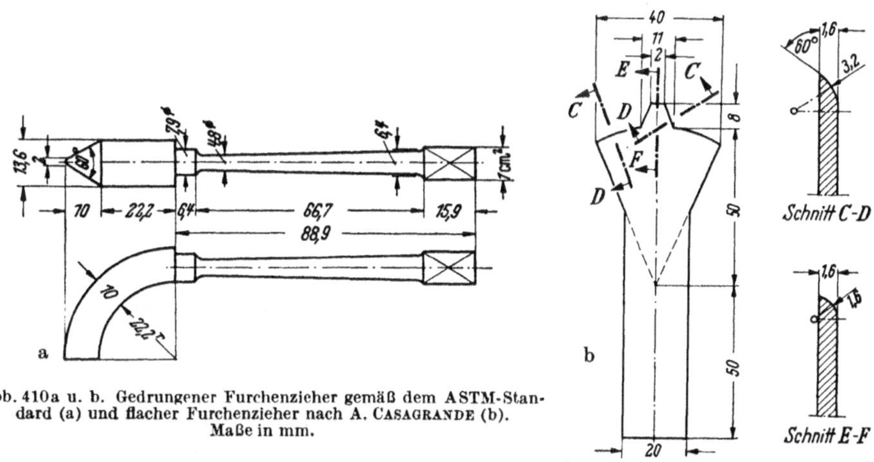

Abb. 410a u. b. Gedrungener Furchenzieher gemäß dem ASTM-Standard (a) und flacher Furchenzieher nach A. CASAGRANDE (b). Maße in mm.

dem Gefühl so stark mit Wasser angereichert und durchgeknetet, bis sie sich im Zustand einer weichen Paste befindet. Dann werden etwa 50 bis 100 g der zubereiteten Mischung in einer Höhe von ungefähr 12 mm in die Schale eingebracht und oberflächlich geglättet. Mit Hilfe des Spachtels wird in der Richtung des zur Nockenwelle senkrechten Durchmessers der Schale eine trapezförmige, bis auf den Grund der Schale reichende Furche mit einer Länge von etwa 40 mm und einer unteren Schnittbreite von 2 mm gezogen (Abb. 411) und die Schale durch Drehen der Kurbel mit einer Geschwindigkeit von zwei Umdrehungen pro Sekunde so oft angehoben und fallengelassen, bis sich die durch die Furche getrennten Flächen des Bodens längs einer Strecke von 10 mm wieder völlig berühren. Nachdem durch drei aufeinanderfolgende derartige Versuche festgestellt ist, daß sich die Schlagzahl nicht ändert, bestimmt man an einem Teil der Probe den Wassergehalt. Wenn die Schlagzahl, die zum Zusammenfließen der Furche benötigt wird, größer als 25 ist, wird der Wassergehalt ein wenig vergrößert, im entgegengesetzten Fall durch Trocknen verringert und der Versuch in der gesäuberten Schale wiederholt. Dasselbe geschieht mit etwas verändertem Wassergehalt noch mindestens zwei weitere Male, wobei die Schlagzahl >10 und <40 sein soll.

Abb. 411. Gefüllter Fließgrenzenapparat mit gezogener Furche.

Zur Abkürzung des Verfahrens sind verschiedene Untersuchungen durchgeführt worden, um mit nur *einem* Versuch, d. h. bei nur *einem* Wassergehalt des Bodens, eine angenäherte Bestimmung der Fließgrenze zu ermöglichen („*Einpunktverfahren*"). Die Schlagzahl zum Schließen der Furche muß hierbei zwischen 20 und 30 liegen und sich ebenfalls dreimal hintereinander ergeben.

Meßgrößen. Der Wassergehalt der Mischung nach jedem Versuch und die Anzahl der Schläge, die notwendig ist, um das Zusammenfließen der Furche hervorzurufen, werden vermerkt.

Auftragungen. Die Ergebnisse der Versuche werden in ein Koordinatensystem (Abb. 412), bei dem der Wassergehalt die Abszisse und der Logarithmus der Schlagzahl die Ordinate darstellen, eingetragen. Sie liegen bei ordnungsgemäßer Durchführung des Versuchs auf einer Geraden.

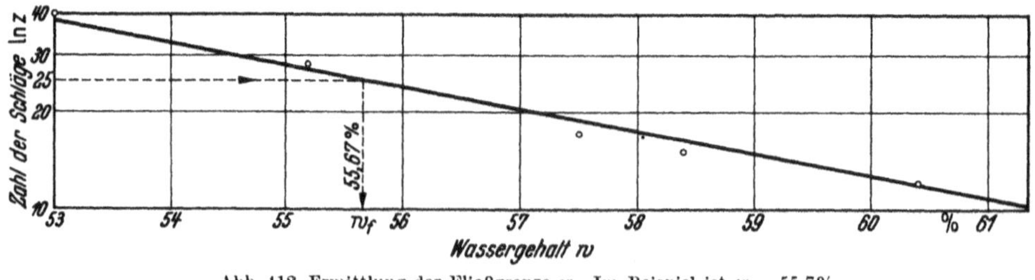

Abb. 412. Ermittlung der Fließgrenze w_f. Im Beispiel ist $w_f = 55{,}7\%$.

Kennziffern. Man interpoliert in Abb. 412 denjenigen Wassergehalt, der einer Schlagzahl von 25 entspricht. Dieser Wassergehalt w_f gibt die „*Fließgrenze*" des Bodens an.

Bei den Einpunktverfahren wird die Fließgrenze auf Grund statistischer Auswertungen über die Beziehung der zum Wassergehalt w gehörigen Schlagzahl N zum Verhältnis w/w_f bei den verschiedensten Bodenarten aus der Gleichung berechnet:

$$\frac{w_f}{w} = \left(\frac{N}{25}\right)^K. \tag{159}$$

Nach den Ergebnissen der verschiedenen Untersuchungen hierüber liegt K zwischen 0,092 und 0,121 (NORMAN 1959).

Über die Beziehung der Fließgrenze zu den in den skandinavischen Ländern statt ihrer häufig benutzten Meßwerten des Kegeldruckversuchs (s. Kap. 1.411.33) siehe KARLSSON (1961) und LANGER (1961).

Zahlenwerte. Die Fließgrenze schwachbindiger Böden liegt zwischen 0 und 30%, die bindiger Böden zwischen 30 und 100%; letztere steigt in Ausnahmefällen bis zu 400% an.

Fehler. Die Genauigkeit der Untersuchung ist danach zu beurteilen, wie weit die Ergebnisse der Versuche auf einer geraden Linie liegen. Bei richtiger Versuchsdurchführung sind die Abweichungen gering.

Verwendung. Böden mit hohen Fließgrenzen sind stets sehr feinkörnig und enthalten in der Regel außer vielen Tonanteilen auch besondere wasserbindende Minerale (ENDELL/MEISCHEIDER/BERG 1938). Solche Böden erfordern wegen ihrer geringen Eignung als Baugrund besondere Vorsicht. Sie besitzen eine kleine Steifezahl und einen geringen Reibungswinkel. Deshalb setzen sie sich stark und neigen zum Rutschen, wenn ihre meist große Kohäsion durch Witterungseinflüsse vermindert wird.

Jedoch weichen auch Böden mit niedriger Fließgrenze leicht auf und werden schnell breiig, da bei ihnen der Abstand vom natürlichen Wassergehalt zur Fließgrenze klein ist und schon eine geringe Zunahme des Wassergehalts genügt, um mit dem natürlichen Wassergehalt in den Bereich der Fließgrenze zu kommen.

Wenn der natürliche Wassergehalt des Bodens bekannt ist, weiß man, wie weit dieser beim gewachsenen oder beim eingebauten gestörten Boden von dem der Fließgrenze entfernt ist und damit, wie groß die Gefahr des Fließens, d. h. des Übergangs in den flüssig-breiigen Zustand, ist. Dabei muß allerdings berücksichtigt werden, daß gewachsener Boden nicht allein durch einen Wassergehalt im Bereich der Fließgrenze weich wird, sondern vorher gestört werden muß (S. 384). Zu dem Wassergehalt w_f muß eine meist durch mechanische Vorgänge herbeigeführte Durcharbeitung kommen (ACKERMANN 1948). Trotzdem ist natürlich auch ein gewachsener Boden im Zustand der Fließgrenze ein sehr unsicherer Baugrund.

Wie bei gewachsenem Boden aus der Lage des natürlichen Wassergehalts zur Fließgrenze auf die Tragfähigkeit geschlossen werden kann, wird im nächsten Kapitel behandelt.

Bei allen Folgerungen, die aus der Fließgrenze bezüglich der Festigkeitseigenschaften eines bindigen Bodens gezogen werden, ist neben der Frage, ob durch Bauarbeiten irgendwelcher Art oder andere Umstände eine Störung des natürlichen Gefüges überhaupt eintreten kann, zu beachten, daß die Fließgrenze nur an dem Anteil $<0{,}4$ mm des Bodens bestimmt wird. Es ist also zu berücksichtigen, ob dieser Anteil groß genug ist, um die Eigenschaften des Gesamtbodens entscheidend beeinflussen zu können.

Die Fließgrenze wird ferner benutzt, um bindige Böden bzw. den Feinanteil gemischtkörniger Böden hinsichtlich ihrer Plastizität zu erkennen (s. Kap. 1.224) und zu klassifizieren (s. Kap. 1.24). Je nach der Höhe der Fließgrenze (<35 oder 50% bzw. >35 oder 50%) werden die bindigen Böden dabei in „*schwach*“, „*mittel*“ oder „*stark plastisch*“ unterschieden. Nach der Größe der Fließgrenze und der Größe der Plastizitätszahl wird entschieden, ob der Feinanteil als Schluff oder als Ton anzusprechen ist.

Beispiel. Bei dem Vergleich des natürlichen Wassergehalts mit der Fließgrenze einer tonigen Schluffschicht, die für die Gründung einer Halle in Betracht kam, ergab sich, daß der Wassergehalt etwa mit der Fließgrenze übereinstimmte. Die Bauleitung wurde daraufhin vor den plastischen Eigenschaften des Schluffs gewarnt, glaubte aber, da eine Schürfgrube mit senkrechter Böschung vorübergehend stehenblieb, diesen Boden nicht ungünstig beurteilen zu müssen. Vor allem wurde der hohe Wassergehalt angezweifelt. In der Schürfgrube wurden daraufhin zur Kontrolle aus dem scheinbar standfesten Schluff einige Proben ausgestochen und in verschlossenen Weckgläsern im Rucksack zu dem etwa $^1/_2$ Stunde entfernten Baubüro gebracht. Die ausgepackten Gläser enthielten zur Überraschung etwa bis zur Hälfte Boden und darüber – vom Boden völlig getrennt – fast ebensoviel Wasser. Durch die Erschütterungen beim Transport hatte sich in dem mit Wasser übersättigten Boden die flüssige Phase von der festen getrennt und ließ anschaulich – besser als es durch Zahlen möglich gewesen wäre – den hohen Wassergehalt des im ungestörten Zustand trotzdem standfesten Bodens deutlich werden. Die Untersuchung einer neu entnommenen Probe ergab einen natürlichen Wassergehalt $w_n = 56\%$ bei einer Fließgrenze $w_l = 46\%$.

Literatur

DIN 4016 Blatt 3 (Entwurf 1958): Baugrund. Untersuchung von Bodenproben. Richtlinien für die Bestimmung der Atterbergschen Grenzen[1].

Forschungsges. f. d. Straßenwesen (1963): Merkblatt für bodenphysikalische Prüfverfahren im Straßenbau. Köln.

Atterberg (1911): Die Plastizität der Tone. Int. Mitt. Bodenkunde 1, S. 10.

Casagrande (1932): Research on the Atterberg limits of soil. Publ. Roads 13, S. 121.

Endell/Meischeider/Berg (1938): Über Zusammenhänge zwischen Wasserhaushalt der Tonminerale und bodenphysikalischen Eigenschaften bindiger Böden. Mitt. Degebo H. 5.

Casagrande/Fadum (1940): Notes on soil testing for engineering purposes. Harvard Univ. Soil Mech. Series No. 8.

Tiedemann (1941): Über Bodenuntersuchungen bei Entwurf und Ausführung von Ingenieurbauten. Bautechnik 19, S. 40 u. 49.

Ackermann (1948): Thixotropie und Fließeigenschaften feinkörniger Böden. Geol. Rdsch. 36, S. 10.

Ohde (1950): Neue Erdstoff-Kennwerte. Bautechnik 27, S. 345.

Casagrande (1958): Notes on the design of the liquid limit device. Géotechnique 8, S. 84.

Norman (1958): A comparison of values of liquid limit determination with apparatus having bases of different hardness. Géotechnique 8, S. 79.

— (1959): The one-point method of determining the value of the liquid limit of a soil. Géotechnique 9, S. 1, 143 u. 10, S. 36.

Siedek/Voss (1960): Die Bodenprüfverfahren bei Straßenbauten. Düsseldorf.

Karlsson (1961): Suggested improvements in the liquid limit test, with reference to flow properties of remoulded clays. Proc. V. Int. Conf. Soil Mech. Found. Eng. Paris, Bd. I, S. 171.

Langer (1961): Vergleichende rheologische und bodenmechanische Untersuchungen an Tonen. Geol. Jahrb. 79, S. 255.

Matschak/Rietschel (1965): Vereinfachte Fließgrenzenbestimmungen an bindigen Bodenarten für ingenieurgeologisch-bodenmechanische Untersuchungen. Ztschr. f. Angew. Geol. 11, S. 135.

1.411.322 Ausrollgrenze

Definition. Die „*Ausrollgrenze* w_a" (auch „*Plastizitätsgrenze*") des Bodens ist derjenige Wassergehalt, den ein bindiger Boden besitzt, wenn er beim Auswalzen in 3 mm dicke Rollen zu zerbröckeln beginnt. In nichtbindigen Böden ist die Ausrollgrenze nicht feststellbar.

Gerät. Außer dem Gerät zur Bestimmung des Wassergehalts wird nur Fließpapier oder eine feinporige Steinplatte benötigt.

Vorgang. Dem gestörten Boden (10 bis 20 g Feuchtgewicht) wird nach Entfernen der Körner >0,4 mm so viel Wasser zugesetzt oder durch Austrocknen entzogen, daß er nach dem Gefühl eine knetbare Form bekommt. Eine Menge von rund 1 cm³ wird auf dem, das Wasser aufsaugenden Fließpapier oder der Stein-

[1] Wird (1966) als DIN 18122 (Entwurf) „Zustandsgrenzen (Konsistenzgrenzen)" erscheinen.

platte unter der Handfläche zu Rollen von 3 mm Durchmesser ausgerollt. Der Boden zerbröckelt hierbei zunächst nicht, da sein Wassergehalt noch so hoch ist, daß er eine ausreichende Plastizität zum Ausrollen besitzt. Die Probe wird dann so oft wieder zusammengeknetet und neu ausgerollt, bis sie bei 3 mm Dicke zerbröckelt. Maßgebend ist nicht der Zustand des ersten Auftretens kleiner Risse, sondern das eindeutige Auseinanderfallen. In diesem Zustand wird die Probe getrocknet und ihr Wassergehalt ermittelt; dabei werden die Gewichte mit einer Genauigkeit von 0,001 g bestimmt. Der Versuch ist dreimal zu wiederholen.

Meßgrößen. Wassergehalt w_a des Bodens beim Zerbröckeln der 3 mm starken Rollen.

Kennziffern. Der Wassergehalt w_a beim Zerbröckeln wird „*Ausrollgrenze*" genannt. Der Unterschied zwischen der Fließgrenze w_f und der Ausrollgrenze w_a heißt „*Plastizitätszahl* w_{fa}" (auch „*Bildsamkeit*"). Ihre Dimension ist die eines Wassergehalts:

$$w_{fa} = w_f - w_a \qquad (\%). \tag{160}$$

Wenn die Fließ- *oder* die Ausrollgrenze nicht bestimmt werden können, wird der Boden als „*nicht plastisch*" bezeichnet. Sind Fließ- und Ausrollgrenze gleich groß, so spricht man von einem Boden mit der Plastizitätszahl Null.

Die „*Zustandszahl* k_w" des Bodens (auch „*Konsistenzzahl*") ergibt sich aus der Fließgrenze, der Ausrollgrenze und dem natürlichen Wassergehalt:

$$k_w = \frac{w_f - w_n}{w_f - w_a}. \tag{161}$$

Der mehr im Ausland gebräuchliche Ausdruck „*Fließindex*" („*Liquidity Index LI*") ist definiert als:

$$LI = \frac{w_n - w_a}{w_{fa}}. \tag{162}$$

Ist $w_n = w_f$, so ist $LI = 1$; ist $w_n = w_a$, so ist $LI = 0$; LI liegt also gewöhnlich zwischen 1 und 0.

Auswertung. Die systematische Auftragung der Plastizitätszahl in Abhängigkeit von der Fließgrenze einer sehr großen Zahl von Böden hat zu der von A. Casagrande (1948) zur Bodenklassifizierung vorgeschlagenen „*A-Linie*" geführt (Abb. 17). Sie ist die empirisch gewonnene Grenze zwischen typischen rein mineralischen, stark bindigen Böden, die gewöhnlich oberhalb, und Schluffböden sowie organischen Ton- und Schluffböden, die — von Böden mit einer Fließgrenze von $<30\%$ abgesehen — gewöhnlich unterhalb der A-Linie liegen. Die A-Linie dient zur Klassifizierung der bindigen Bodenarten (s. Kap. 1.244) und erlaubt die Feststellung, ob der Boden von niedriger oder hoher Plastizität ist. Wie auf S. 12 ausgeführt, kann diese Unterscheidung bisweilen aus der Kornverteilung allein nicht entnommen werden.

Das Verhältnis Plastizitätszahl : Tongehalt (Kornanteil $<0{,}002$ mm in %) wird von Skempton (1953) „*Aktivität*" genannt und gibt einen schnellen Anhalt über die im Ton enthaltenen Tonminerale (S. 9). Eine Aktivität $>1{,}25$ ist ein Beweis für einen „aktiven" Ton mit Mineralen der Montmorillonit-Gruppe.

Die Größe der Konsistenzzahl k_w gibt an, wieweit sich der Wassergehalt eines Bodens von der Fließgrenze bzw. von der Ausrollgrenze unterscheidet (Abb. 413). Ist $k_w = 0$, so besitzt der Boden einen Wassergehalt gleich der Fließgrenze, ist also als „*flüssig-breiig*" zu bezeichnen. Liegt die Konsistenzzahl bei 1, so hat der Boden einen Wassergehalt gleich der Ausrollgrenze, ist also „*halbfest bis steif*". Wird $k_w = 0{,}5$ gemessen, so liegt der Wassergehalt des Bodens in der

Mitte zwischen der Fließ- und Ausrollgrenze und wird gerade noch mit „*weich*" bezeichnet. Die Konsistenzzahl kann auch über 1 liegen, wenn nämlich der natürliche Wassergehalt geringer als die Ausrollgrenze ist. Der Boden ist dann „*halbfest*" bzw. bei Wassergehalten unterhalb der Schrumpfgrenze (s. Kap. 1.411.323) „*fest*". Der größte Wert von k_w wird erreicht, wenn $w_n = 0$ ist. Andrerseits kann die Konsistenzzahl auch negative Werte annehmen. Der Wassergehalt der Probe ist dann größer als der der Fließgrenze. In diesem Fall sind Böden derartig breiig-flüssig, daß sie als Baugrund nicht in Betracht kommen. Ihre Prüfung ist aber unter Umständen von Bedeutung für Erddruckermittlungen, Berechnungen des Absenkens von Gründungskörpern mit und ohne Druckluft u. a.

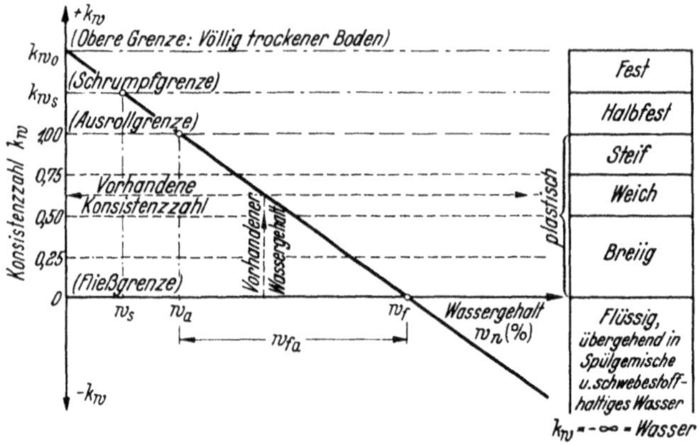

Abb. 413. Zusammenhang zwischen Wassergehalt, Konsistenzzahl und Bezeichnung der Konsistenz.

Bei der Anwendung der Konsistenzzahl ist stets — besonders bei Böden im breiig-flüssigen Zustand — zu beachten, daß die der Konsistenzzahl zugrunde liegenden Wassergehalte der Fließ- und Ausrollgrenze im gestörten Zustand ermittelt werden und daß der Boden im ungestörten Zustand, vor allem bei thixotropem Verhalten (S. 384), eine günstigere Beschaffenheit besitzt, als die mit dem gestörten Boden und unter Umständen nur an dem Feinanteil $< 0{,}4$ mm ermittelte Konsistenzzahl vermuten läßt.

Für die durch k_w gekennzeichneten Bereiche sind in DIN 1054 „Zulässige Belastung des Baugrundes" Angaben für die zulässige Bodenpressung enthalten (Tab. 47). Jedoch sind diese Werte nur sehr überschlägliche Anhaltspunkte, weil hierbei der Zusammenhang mit den Setzungen vernachlässigt ist. Die zulässige Bodenpressung wird meist höher als in Tab. 47 gewählt.

Tabelle 47. *Zulässige Bodenpressung p_{zul} in Abhängigkeit von Konsistenzbereich und Konsistenzzahl k_w* (nach DIN 1054, Ausg. 1953)

Bezeichnung	k_w	p_{zul} (kg/cm²)
Breiig	0 — 0,50	0
Weich	0,50 — 0,75	0,4
Steif	0,75 — 1,00	1,0
Halbfest	1,00 — k_{ws}	2,0
Fest	$> k_{ws}$	4,0

Zahlenwerte. Siehe Tab. 48.

Tabelle 48. *Ausrollgrenze und Plastizitätszahl der Hauptbodenarten*

Bodenart	Ausrollgrenze w_a (%)	Plastizitätszahl w_{fa} (%)
Starkbindige Böden	20—40	10—90
Schwachbindige Böden	0—20	0—10
Nichtbindige Böden	—	—

Die Konsistenzzahl hängt nicht von der Bodenart ab, da sie ein Relativwert ist, der die Lage des betreffenden Bodens zu der für ihn gültigen Plastizitätszahl, die gleich 1 gesetzt wird, angibt (Abb. 413). Im allgemeinen liegen natürliche bindige Böden im „weichen" oder „steifen" Bereich, also zwischen 0,5 und 1.

Fehler. Bei der Bestimmung der Ausrollgrenze lassen sich subjektive Faktoren nicht ganz ausschalten, so die Beurteilung, ob die Rollen gerade die Stärke von 3 mm erreicht haben, und die Entscheidung darüber, wann sie zerbröckeln. Außerdem ist die Wassergehaltsbestimmung wegen der geringen Probemengen ungenau. Deshalb wird der Versuch dreimal ausgeführt; die Abweichungen liegen bei etwa 1 bis 2%.

Die Plastizitätszahl und die Konsistenzzahl sind als Differenzen kleiner Größen weniger genau bestimmbar, besonders in den schwach bindigen Böden, wo der Unterschied zwischen w_f und w_a klein ist.

Verwendung. Die Ausrollgrenze dient in ähnlicher Weise wie die Fließgrenze in Verbindung mit dem natürlichen Wassergehalt dazu, die Beschaffenheit (Zustandsform) bindiger Böden zu kennzeichnen und daraus Schlüsse über bestimmte baupraktische Aufgaben zu ziehen. In Dämmen soll z. B. bindiger Boden mit einem Wassergehalt knapp unter der Ausrollgrenze eingebaut und gewalzt werden, um eine möglichst gute Verdichtung zu erreichen. Auch kann die Eignung bestimmter Arbeitsgeräte beim Lösen oder beim Einbau bindiger Böden durch die Ausrollgrenze und den natürlichen Wassergehalt beurteilt werden.

Ist auch die Fließgrenze des Bodens bekannt, so geben Plastizitätszahl und Fließgrenze mit Hilfe des A-Diagramms von CASAGRANDE (1948) einen Einblick in den Kornaufbau und einen Hinweis auf die chemische Zusammensetzung. Sie wird vor allem aber als Maß für die Plastizität des Bodens angesehen, wobei eine große Plastizitätszahl auf eine hohe Plastizität schließen läßt. Dabei gibt diese Zahl Auskunft darüber, in welchem Maße sich der Boden bei etwaiger Wasseraufnahme verändert: Ist sie gering, so reicht bereits eine kleine Wassermenge aus, um aus einem festen Boden einen breiigen zu machen. Der Boden weicht also bei Regengüssen schnell auf und erstarrt rasch wieder unter der Sonnenbestrahlung. Bei der Anlage von Kippen ist es wichtig, zu wissen, wie empfindlich der abgeladene Boden gegen Veränderungen des Wassergehalts ist. Kippen, die bei jedem Regenguß aufweichen, sind nicht leistungsfähig. Aus ähnlichen Gründen hat die Plastizitätszahl Bedeutung bei der Prüfung von Kies-Sand-Ton-Gemischen für den Erdstraßenbau und von Schüttungen jeder Art.

Ausrollgrenze und Plastizitätszahl erlauben also in erster Linie eine Beurteilung der Verwendbarkeit eines gestörten Bodens als Baustoff. Demgegenüber dient die Konsistenzzahl zur Beschreibung der Zustandsform eines gewachsenen bindigen Bodens und zur Abschätzung seiner Tragfähigkeit.

Beispiel. Bei den Voruntersuchungen für eine Kaimauer wurde bei dem ersten Bohrloch bis etwa 20 m unter Gelände alluvialer Ton gefunden. Die Untersuchung einiger ungestörter Proben aus 5, 6, 12, 15 und 18 m Tiefe ergab Konsistenzzahlen des der Kornverteilung nach überall fast gleichen Bodens von 0,38–0,38–0,45–0,48 und 0,54, ließ also eine geringe Festigkeitszunahme mit der Tiefe erkennen. Zur Kontrolle wurden mit denselben Proben Kompressionsversuche (s. Kap. 1.412.1) durchgeführt, die Steifezahlen E_s (S. 463) von 21,3–21,0–24,0–34,0 und 42,7·p lieferten. Sie bestätigten die Vermutungen, die auf den Konsistenzzahlen beruhten. Die langwierigen Kompressionsversuche wurden daraufhin abgebrochen und die weiteren Untersuchungen der bei den übrigen Bohrungen entnommenen Bodenproben im wesentlichen auf die Bestimmung der Konsistenzzahl beschränkt.

Literatur

DIN 4016 Blatt 3 (Entwurf 1958): Baugrund. Untersuchung von Bodenproben. Richtlinien für die Bestimmung der Atterbergschen Grenzen[1].

[1] Wird (1967) als DIN 18122 (Entwurf) „Zustandsgrenzen (Konsistenzgrenzen)" erscheinen.

Forschungsges. f. d. Straßenwesen (1963): Merkblatt für bodenphysikalische Prüfverfahren im Straßenbau. Köln.
ATTERBERG (1911): Die Plastizität der Tone. Int. Mitt. Bodenkunde 1, S. 10.
CASAGRANDE (1932): Research on the Atterberg limits of soil. Publ. Roads 13, S. 121.
— (1948): Classification and identification of soils. Trans. Amer. Soc. Civ. Eng. 113, S. 901.
VON MOOS (1949): Konsistenzgrenzen schweizerischer bindiger Lockergesteine. Mitt. Versuchsanst. Wasserbau u. Erdbau ETH Zürich Nr. 19.
SKEMPTON (1953): The colloidal "Activity" of clays. Proc. III. Int. Conf. Soil Mech. Found. Eng. Zürich, Bd. I, S. 57.
SIEDEK/VOSS (1960): Die Bodenprüfverfahren bei Straßenbauten. Düsseldorf.

1.411.323 Schrumpfgrenze

Definition. Die „*Schrumpfgrenze* w_s" ist der Wassergehalt, bei dem die Volumenverminderung des Bodens beim Austrocknen abgeschlossen ist. Das Vorhandensein einer solchen Grenze ist darauf zurückzuführen, daß die Kapillarspannungen, die die Schrumpfung hervorrufen, schließlich nicht mehr in der Lage sind, die mit der Austrocknung immer größer werdenden Reibungswiderstände des Bodens zu überwinden und eine weitere Volumenabnahme herbeizuführen.

Gerät. Gebraucht werden die Geräte zur Untersuchung des Porenraums und des Wassergehalts (S. 367 und 379).

Vorgang. Ein Versuchskörper, dessen Form und äußere Abmessungen nicht festgelegt sind, wird an der Luft langsam getrocknet und in beliebigen Zeitabständen gewogen. Sein jeweiliger Rauminhalt wird dabei in gleicher Weise wie bei der Bestimmung des Porenraums gemessen (S. 367). Nach Beendigung des Versuchs wird die Probe im Trockenschrank getrocknet, gewogen und ausgemessen.

Meßgrößen. Das Feuchtgewicht G_f der austrocknenden Probe zu verschiedenen Zeitpunkten, das zugehörige Volumen und das Trockengewicht G_t.

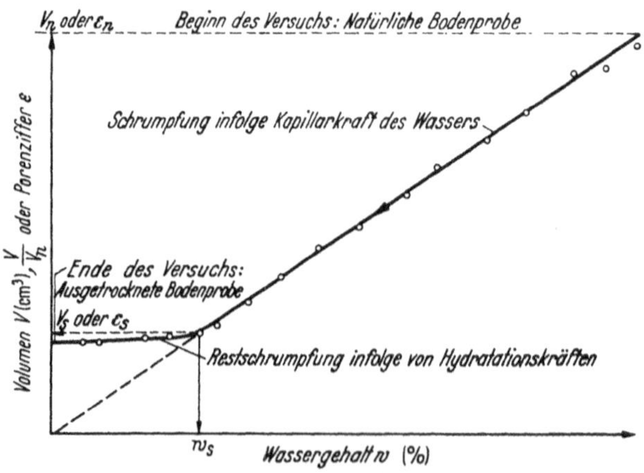

Abb. 414. Ermittlung der Schrumpfgrenze w_s.

Auftragungen. Aus dem Feuchtgewicht G_f und dem Trockengewicht G_t kann der Wassergehalt w zu den verschiedenen Zeitpunkten berechnet werden [Gl. (154)]. Die Rauminhalte V werden in cm³ oder auf das Ausgangsvolumen bezogen in Abhängigkeit von den Wassergehalten w aufgetragen (Abb. 414). Kennt man das spezifische Gewicht γ_s des Bodens, so kann man aus G_t, V und γ_s das Porenvolumen oder die Porenziffer berechnen [Gl. (133) oder (134)] und auf den Ordinaten nicht das Volumen, sondern das Porenvolumen oder die Porenziffer der Probe in Abhängigkeit vom Wassergehalt auftragen.

Kennziffern. Das Gesamtvolumen bzw. der Porenraum nimmt mit schwindendem Wassergehalt stetig ab, da die Kapillarkräfte die Bodenprobe ständig schrumpfen lassen. Von einem bestimmten Wassergehalt an hört jedoch die bis dahin fast geradlinige Abnahme des Volumens oder des Porenraums plötzlich auf. Der diesem Punkt entsprechende Wassergehalt w_s gibt die Schrumpfgrenze sowie das zugehörige Porenvolumen n_s oder die zugehörige Porenziffer ε_s an.

In vereinfachter Form erhält man die Schrumpfgrenze auch dadurch, daß man die Probe an der Luft trocknet und nur eine Wägung G_t und Volumenmessung V_t ausführt, und zwar dann, wenn man das Gefühl hat, daß die Probe völlig trocken ist. Bei Kenntnis des spezifischen Gewichts des Bodens γ_s ist die Schrumpfgrenze dann:

$$w_s = \left(\frac{V_t}{G_t} - \frac{1}{\gamma_s}\right) \cdot 100 \qquad (\%) . \qquad (163)$$

Gl. (163) liegt die Überlegung zugrunde, daß der feuchte, mit Porenwasser gesättigte Boden beim Austrocknen so lange schrumpft, bis ein bestimmtes Volumen V_s erreicht ist. Man nimmt an, daß in diesem Augenblick noch alle Poren mit Wasser gefüllt sind und setzt diesen Wassergehalt, der sich aus dem Hohlraumgehalt nach Gl. (134) und (137) errechnen läßt, gleich der Schrumpfgrenze w_s.

In ganz einfacher Weise ermittelt SCHEIDIG (1937) das „*Schrumpfmaß*". Er bildet aus dem gemessenen V_f der ungestörten Probe und dem nach langsamer Luft- und anschließender Ofentrocknung gemessenen V_t das Verhältnis:

$$S = \frac{V_f - V_t}{V_f} \cdot 100 \qquad (\%) . \qquad (164)$$

S ist das Verhältnis eines Hohlraumvolumens zum Gesamtvolumen, stellt also ein Porenvolumen dar. Trotzdem liegt Gl. (164) die gleiche Annahme zugrunde wie Gl. (163), daß nämlich beim Erreichen der Schrumpfgrenze das Volumen V_t, das sich später nicht mehr verändert, mit Wasser gefüllt ist.

Zu einer ähnlich überschläglichen Beurteilung des Schrumpfverhaltens von bindigen Böden dient die im Ausland benutzte „*lineare Schrumpfung*" („*Lineal Shrinkage*"). Zu ihrer Ermittlung füllt man einen aufgeschnittenen, metallenen Hohlzylinder von etwa 25 cm Länge und $2^1/_2$ cm Durchmesser nach Einfetten seiner Wandung mit Boden, den man vorher ungefähr in den Zustand der Fließgrenze gebracht hat. Man läßt die Probe zunächst an der Luft, später 12 Stunden lang im Trockenschrank (105 °C) trocknen und mißt dann ihre Länge. Die lineare Schrumpfung ist das Verhältnis des Längenverlusts zur Ausgangslänge.

Auswertung. Durch Einführung des Wassergehalts der Schrumpfgrenze in die Gleichung für die Konsistenzzahl k_w [Gl. (161)] erhält man k_w-Werte, die den betreffenden Boden als „*fest*" kennzeichnen (Abb. 413) und ihn nach DIN 1054 „Zulässige Belastung des Baugrundes" für Belastungen von etwa 4 kg/cm² geeignet machen (Tab. 47). Jedoch sind Fälle, wo bindiger Boden einen Wassergehalt unter w_s besitzt, verhältnismäßig selten.

SCHEIDIG ordnet auch dem Schrumpfmaß bestimmte Tragfähigkeiten zu. Ein Boden mit hohem Schrumpfmaß ist sehr bindig und daher ein schlechter Baugrund. SCHEIDIG hat deshalb die Einteilung nach Tab. 49 vorgeschlagen.

Tabelle 49. *Schrumpfmaß S und zulässige Bodenpressung* p_{zul} (nach SCHEIDIG 1937)

S (%)	Baugrund-beschaffenheit	p_{zul} (kg/cm²)
< 5	gut	3,0—6,0
5—10	mittel	1,0—3,0
10—15	schlecht	0,3—0,8
> 15	sehr schlecht	0

Nach Untersuchungen von A. CASAGRANDE ist die Schrumpfgrenze bereits durch die Fließ- und Ausrollgrenze gegeben und kann aus diesen beiden abgeleitet werden. Nach umfangreichen neueren Untersuchungen von KRABBE (1958) kann die Schrumpfgrenze mit großer Annäherung durch die Gleichung berechnet werden:

$$w_s = w_f - 1{,}25\, w_{fa} \qquad (\%). \qquad (165)$$

Zahlenwerte. Die Schrumpfgrenze schwach bindiger Böden liegt bei einem Wassergehalt von etwa 5 bis 15%, die stark bindiger Böden bei einem Wassergehalt von 15 bis 40%. Nichtbindige Böden schrumpfen überhaupt nicht. Über die Größe des Schrumpfmaßes siehe Tab. 49. Die lineare Schrumpfung beträgt bei schwächer bindigen Böden bis etwa 5% und bei fetteren Tonböden etwa 10%.

Abb. 415. Schrumpfrisse in ausgetrocknetem, durch eine Erdaufschüttung verdrängtem und über den Seewasserspiegel hochgedrücktem Faulschlamm.

Abb. 416. Detailaufnahme der Schrumpfrisse von Abb. 415.

Fehler. Das Gewicht der Proben ist sehr genau bestimmbar. Jedoch unterliegt die Volumenbestimmung je nach Meßmethode (Quecksilber-Tauchmethode, geometrische Messung) größeren Fehlern, die aber im Rahmen der Unterschiede des natürlichen Bodens liegen. Es hat deshalb keinen Sinn, die Schrumpfgrenze, das Schrumpfmaß oder die lineare Schrumpfung genauer als auf eine Dezimale zu ermitteln.

Verwendung. Die Schrumpfgrenze findet bei der Beurteilung der Tragfähigkeit eines bindigen Bodens in Verbindung mit der Konsistenzzahl Verwendung. Da aber Böden mit einem Wassergehalt unter der Ausrollgrenze selten vorkommen und dann so fest sind, daß über ihre Tragfähigkeit meist ohnehin kein Zweifel besteht, wird die Schrumpfgrenze in diesem Zusammenhang seltener als die Ausroll- und Fließgrenze gebraucht. Sie wird aber häufig zur Beurteilung des Verhaltens von Einschnitts- und besonders von Dammböschungen herangezogen. Bei hoher Schrumpfgrenze reißt ein Boden bei Sonnenbestrahlung *schnell* auf. Infolge der entstehenden Risse können Luft und Niederschläge leicht in die Spalten eindringen und den Anstoß zu Böschungsrutschungen geben. Auf der anderen Seite bilden sich in Böden mit einer hohen Schrumpfgrenze und einem hohen Schrumpfmaß auch sehr viele, große und breite Risse (Abb. 415 und 416), in die *viel* Niederschlagswasser eindringen kann. Solche Böden eignen sich also nicht als freiliegende Böschung von Dämmen und Deichen.

ie müssen stets möglichst schnell durch eine Schutzschicht vor Hitze bewahrt erden.

Vor allem leistet die Schrumpfgrenze aber gute Dienste bei der Beurteilung es Verhaltens von flachgegründeten leichten Bauten auf stark bindigem Unterrund. In Tonböden, wo der natürliche Wassergehalt immer verhältnismäßig hoch t, ist die beim Austrocknen oder allgemein bei jeder Verminderung des natürchen Wassergehalts eintretende Volumenabnahme unter Umständen recht be:ächtlich und kann zu erheblichen Setzungen und Schäden an Gebäuden, die in olchen Böden flach gegründet sind, führen. Die Untersuchung dieses Problems tellt beim Bau von leichten, eingeschossigen Wohnhäusern in Ländern, wo derrtige Tonböden vorkommen und wo außerem extreme Witterungsbedingungen eine tarke Veränderung des natürlichen Wasergehalts der oberen Bodenschichten hereiführen, die eigentliche Gründungsaufabe dar (Skempton 1954, Vogl 1955). Iierbei dient die Kurve der Abb. 414 als irundlage zum Abschätzen der möglichen ietzungen.

Eine große Bedeutung hat die Schrumpung auch schon bei verhältnismäßig venig bindigen Böden, die bei Absenken es Grundwasserspiegels oder bei jahreseitlichen Schwankungen im Grundwasseraushalt Setzungen und Hebungen erleiden ind dadurch erhebliche Gebäudeschäden erursachen können (Lippmann 1960).

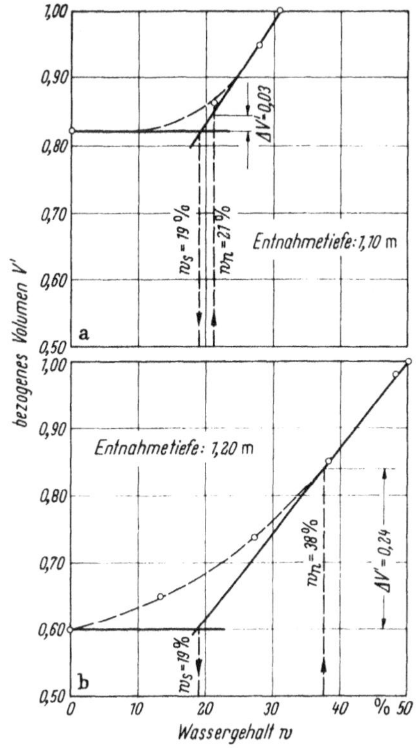

Abb. 417a u. b. Bestimmung der Schrumpfgrenze w_s und ihrer Lage zum natürlichen Wassergehalt w_n. a) w_n und w_s liegen dicht zusammen; b) w_n ist sehr viel größer als w_s.

Beispiele. 1. Bei dem *Abbau eines mit Steien sehr stark durchsetzten mergelartigen Bodens* ntstand ein Streit darüber, ob der Boden als aittlerer Boden oder als fester Boden anzuprechen war. Die Bauleitung vertrat die erste Auffassung. Der Unternehmer beanspruchte eine Vergütung als schwerer Boden. Den Ausschlag ür die Entscheidung des Sachverständigen zuunsten des Unternehmers gab neben anderen Feststellungen über die Lösungsart, Kornvereilung, Größe, Form und Härte der Steine und lie geologischen Verhältnisse der Umstand, daß ler natürliche Wassergehalt des Bodens ungeähr gleich dem der Schrumpfgrenze (rund 10%) var.

2. An mehreren *dreigeschossigen, nicht unterellerten Wohnhäusen* und den zugehörigen Verehrswegen, die auf einer etwa 2,5 m starken Schicht aus schluffigem Lehm gegründet waren, zeigten sich im Laufe von Jahren unterchiedliche Setzungen, die auf starken Schrumpferscheinungen beruhten. Unterhalb des chluffigen Lehms stand Kies an. Als Ursache des Schrumpfens wurde eine Grundwasserbsenkung festgestellt. Teilweise lag der natürliche Wassergehalt w_n nahe bei der Schrumpfrenze (Abb. 417a), teilweise war aber der Schrumpfvorgang noch nicht so weit fortgechritten, weil der Boden unterhalb des Wohnhauses seinen Wassergehalt weniger schnell verringerte (Abb. 417b).

Literatur

Scheidig (1937): Baugrund und Bauwerk. Das Bauwerk 11, S. 109.
Endell/Loos/Breth (1939): Zusammenhang zwischen kolloidchemischen sowie bodenphysikalischen Kennziffern bindiger Böden und Frostwirkung. Forsch. Arb. Straßenwesen 16.

HAEFELI/AMBERG (1948): Contribution on the theory of shrinking. Proc. II. Int. Conf. Soil Mech. Found. Eng. Rotterdam, Bd. I, S. 13.
SKEMPTON (1954): A foundation failure due to clay shrinkage caused by poplar trees. Proc. Inst. Civ. Eng. 3, Part 1, S. 66.
VOGL (1955): Gründungen in schrumpf- und schwellfähigen Böden. Mitt. Franzius-Inst. TH Hannover H. 7, S. 1.
LEIBNITZ (1956): Die Schrumpfgrenze, ein bautechnischer Erdstoff-Kennwert. Bauplanung u. Bautechnik 10, S. 124.
KRABBE (1958): Über die Schrumpfung bindiger Böden. Mitt. Franzius-Inst. TH Hannover H. 13, S. 256.
LIPPMANN (1960): Messungen von Bodenbewegungen infolge zeitlicher Schwankungen im Wasserhaushalt. Ein Beitrag zur Frage der Pseudobergschäden. Diss. TU Berlin.

1.411.33 Kegelwiderstand

Definition. Der „*Kegelwiderstand*" eines Bodens ist der Widerstand, den der Boden dem Eindringen eines Kegels mit festgelegten Abmessungen entgegensetzt. Er wird durch das Gewicht des Kegels und dessen Eindringung gemessen. Der Kegel dringt entweder frei, d. h. mit seinem Eigengewicht, in die Probe ein („*Fallkegel*") oder wird durch Gewichte, die während der Eindringung aufgelegt werden, eingedrückt („*Druckkegel*"). Anstelle des Kegels wird manchmal auch ein Keil verwendet (RENGMARK/ERIKSON 1953).

Gerät. Der aus Schweden stammende Fallkegel („*schwedische Kegelprobe*") hat in seiner Standardausführung ein Gewicht von 60 g und einen Spitzenwinkel von 60°. Daneben werden noch Kegel mit 100 g und 30° sowie mit 10 g und 60° benutzt (CALDENIUS/LUNDSTRÖM 1956, S. 30 und HANSBO 1957, S. 7). Die letzteren werden gebraucht, wenn die Eindringung des Standardkegels unter 3 bis 5 mm bleibt oder über 16 bis 20 mm hinausgeht, weil die Ergebnisse dann ungenauer werden.

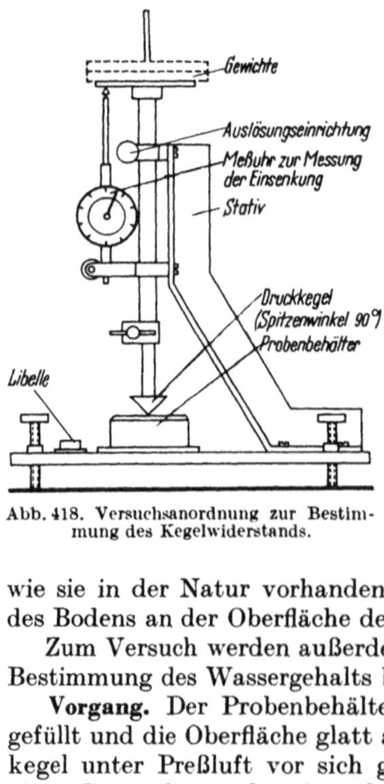

Abb. 418. Versuchsanordnung zur Bestimmung des Kegelwiderstands.

Der Druckkegel, der in Dänemark entwickelt worden ist, besitzt einen Spitzenwinkel von 60 oder 90° und kann mit verschiedenen Gewichten belastet werden (Abb. 418). Er kann auch als Fallkegel benutzt werden. Besonders bei nichtbindigen Böden läßt sich das Gerät dadurch ergänzen, daß die Bodenprobe mit einer Gummihaut oder einer dünnen Schicht bindigen Materials abgedeckt und die ganze Apparatur unter eine dicht abgeschlossene Glasglocke gesetzt wird, die mit Druckluft gefüllt wird (Abb. 419). Diese Anordnung erlaubt es, die Bodenprobe unter den gleichen äußeren Druckverhältnissen zu untersuchen, wie sie in der Natur vorhanden sind, und verhindert ein seitliches Ausweichen des Bodens an der Oberfläche der Probe.

Zum Versuch werden außerdem Meßuhren, ein Manometer und die Geräte zur Bestimmung des Wassergehalts benötigt.

Vorgang. Der Probenbehälter wird mit gestörtem oder ungestörtem Boden gefüllt und die Oberfläche glatt abgestrichen. Wenn der Versuch mit dem Druckkegel unter Preßluft vor sich gehen soll, deckt man nichtbindigen Boden mit einer Gummihaut oder einer dünnen Schicht Ton ab. Bei allen Versuchsanordnungen stellt man dann den Kegel mit Hilfe einer Schraube so ein, daß seine Spitze gerade die Oberfläche der Probe berührt.

Beim Druckluftversuch wird die Glasglocke über die Apparatur gestellt und unter Druck gesetzt. Der Druck wird entweder den natürlichen Verhältnissen angepaßt oder beliebig abgestuft, um die Abhängigkeit des Kegelwiderstands vom äußeren Druck zu erhalten. Sobald keine Zusammendrückung der Probe unter dem Einfluß der äußeren Belastung mehr zu beobachten ist, hebt man ebenso wie bei den einfachen Versuchsanordnungen die Sperrung des unbelasteten oder belasteten Kegels durch die Auslösevorrichtung auf, so daß er in den Boden eindringt. Beim Druckkegel wird er durch Auflegen von Platten, durch die das Gewicht stufenweise erhöht wird, weiter belastet.

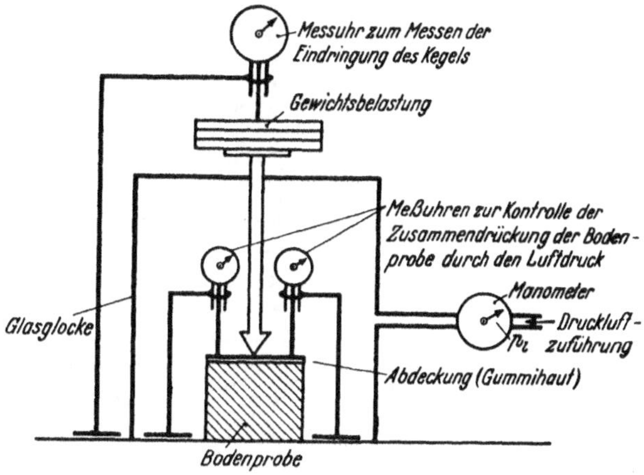

Abb. 419. Versuchsanordnung zur Bestimmung des Kegelwiderstands bei gleichzeitiger Belastung der Probenoberfläche.

Meßgrößen. Die Eindringung wird an einer am Schaft des Kegels angebrachten Skala, Feinmeßuhr oder Mikrometerschraube gemessen und der Wassergehalt des Bodens bestimmt. Ferner sind der Öffnungswinkel und das Gewicht P und beim Versuch unter der Glasglocke der Luftdruck p_l bekannt.

Auftragungen. Beim Versuch mit dem Druckkegel trägt man das Gewicht P auf der Waagerechten und das Quadrat der Eindringtiefe s auf der senkrechten Achse eines Koordinatensystems auf (Abb. 420). Die aus mehreren Versuchen mit verschiedenen Gewichten P und gleichem Luftdruck p_l gewonnenen Punkte liegen auf einer Geraden, die unter dem Winkel α gegen die Waagerechte geneigt ist.

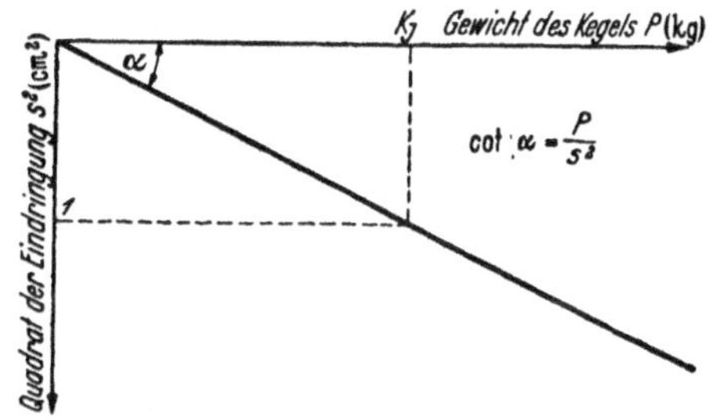

Abb. 420. Abhängigkeit der Kegeleindringung vom Kegelgewicht.

Für den Fallkegel wird gewöhnlich nur die Veränderung des Kegelwiderstands, wie er im Abschn. „Kennziffern" näher beschrieben ist, mit der Tiefe aufgetragen (Abb. 421).

Kennziffern. Die „*Festigkeitszahl H*" der schwedischen Kegelprobe ist gleich 10, wenn die Eindringung des Standardkegels 10 mm beträgt. In anderen Fällen kann man sie sich dadurch erhalten denken, daß der Standardkegel soweit belastet wird, bis er eine Eindringung von 10 mm erreicht. Das dazugehörige Gewicht wird durch 60 g geteilt und ist dann gleich einem Zehntel der Festigkeitszahl. Tatsächlich erhält man letztere aus der gemessenen Eindringung für den betreffenden Kegel aus Tab. 50, welche durch Versuche gewonnen wurde.

Der Wassergehalt, bei dem eine gestörte Probe die Festigkeitszahl 10 besitzt, der Standardkegel also um 10 mm eindringt, wird als „*Feinheitszahl*" be-

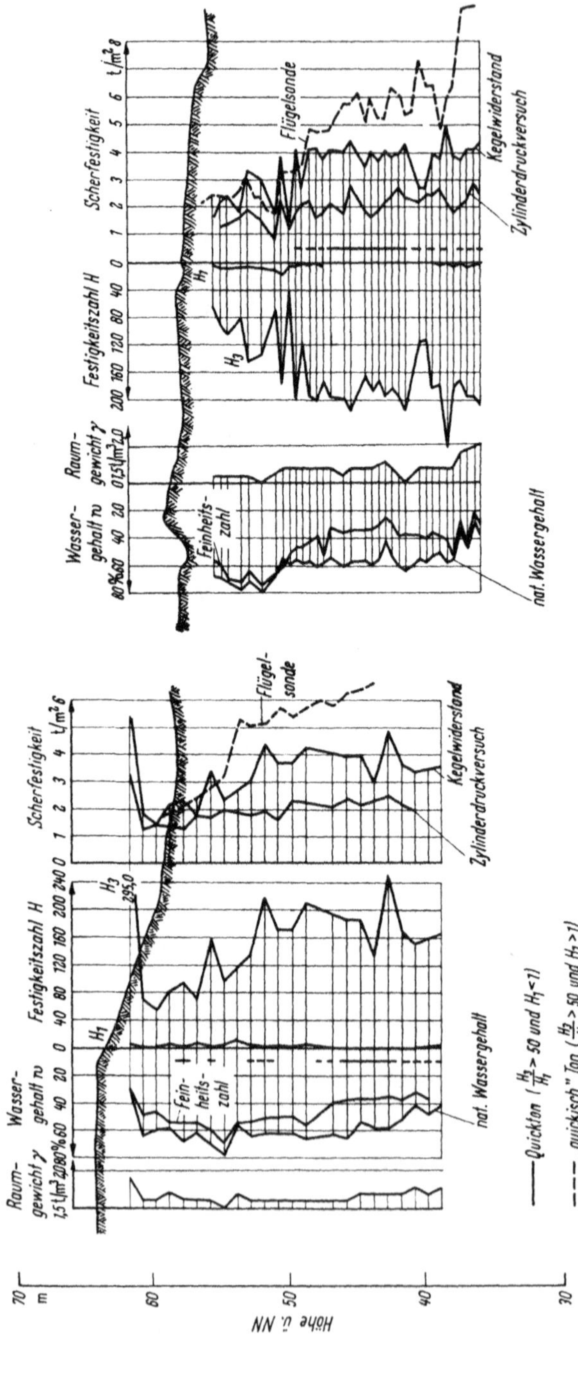

Abb. 421. Beispiel für die Abhängigkeit der nicht entwässerten Scherfestigkeit, der Festigkeitszahlen und der Feinheitszahl von der Tiefe und von Wassergehalt und Raumgewicht (ODENSTAD 1951).

Tabelle 50. *Festigkeitszahlen der schwedischen Kegelprobe* (nach CALDENIUS/LUNDSTRÖM 1956)

Eindringung des 10 g/60° Kegels (mm)	Festigkeitszahl H	Eindringung des 10 g/60° Kegels (mm)	Festigkeitszahl H	Eindringung des 10 g/60° Kegels (mm)	Festigkeitszahl H	Eindringung des 60 g/60° Kegels (mm)	Festigkeitszahl H	Eindringung des 60 g/60° Kegels (mm)	Festigkeitszahl H	Eindringung des 60 g/60° Kegels (mm)	Festigkeitszahl H	Eindringung des 100 g/30° Kegels (mm)	Festigkeitszahl H	Eindringung des 100 g/30° Kegels (mm)	Festigkeitszahl H
		10,0	1,66	15,0	0,70	5,0	36,9	10,0	10,00	15,0	4,20			7,0	104,0
5,2	5,82	2	1,60	2	0,67	2	34,4	2	9,60	2	4,05			2	98,0
4	5,42	4	1,54	4	0,65	4	32,2	4	9,25	4	3,95	1,4	1950	4	92,5
6	5,04	6	1,48	6	0,63	6	30,4	6	8,90	6	3,80	6	1600	6	87,5
8	4,71	8	1,42	8	0,61	8	28,4	8	8,55	8	3,70	8	1350	8	83,0
6,0	4,42	11,0	1,37	16,0	0,59	6,0	26,7	11,0	8,25	16,0	3,60	2,0	1140	8,0	78,5
2	4,17	2	1,32	2	0,57	2	25,1	2	7,95	2	3,50	2	970	2	74,5
4	3,94	4	1,28	4	0,56	4	23,5	4	7,65	4	3,40	4	827	4	70,7
6	3,72	6	1,24	6	0,54	6	22,1	6	7,40	6	3,30	6	705	6	67,4
8	3,52	8	1,20	8	0,52	8	20,7	8	7,15	8	3,20	8	607	8	64,3
7,0	3,32	12,0	1,16	17,0	0,50	7,0	19,6	12,0	6,95	17,0	3,10	3,0	526	9,0	61,4
2	3,14	2	1,12	2	0,49	2	18,6	2	6,70	2	3,02	2	462	2	58,5
4	2,98	4	1,09	4	0,47	4	17,8	4	6,45	4	2,94	4	409	4	55,8
6	2,84	6	1,05	6	0,46	6	16,9	6	6,25	6	2,86	6	365	6	53,2
8	2,70	8	1,02	8	0,45	8	16,2	8	6,05	8	2,78	8	328	8	50,9
8,0	2,57	13,0	0,98	18,0	0,43	8,0	15,4	13,0	5,85	18,0	2,72	4,0	295	10,0	48,8
2	2,45	2	0,94	2	0,42	2	14,7	2	5,65	2	2,65	2	266	2	46,8
4	2,34	4	0,91	4	0,41	4	14,0	4	5,50	4	2,58	4	241	4	44,9
6	2,24	6	0,88	6	0,40	6	13,4	6	5,30	6	2,52	6	220	6	43,2
8	2,14	8	0,85	8	0,39	8	12,8	8	5,10	8	2,46	8	203	8	41,5
9,0	2,05	14,0	0,82	19,0	0,38	9,0	12,2	14,0	4,95	19,0	2,40	5,0	189	11,0	40,0
2	1,96	2	0,80	2	0,37	2	11,7	2	4,80	2	2,34	2	178	2	38,5
4	1,88	4	0,77	4	0,36	4	11,3	4	4,65	4	2,27	4	167	4	37,1
6	1,80	6	0,75	6	0,36	6	10,8	6	4,50	6	2,20	6	158	6	35,7
8	1,73	8	0,72	8	0,35	8	10,4	8	4,35	8	2,14	8	149	8	34,4
				20,0	0,34					20,0	2,07	6,0	140	12,0	33,2
												2	132	2	32,1
												4	124	4	31,0
												6	117	6	30,0
												8	110	8	29,0

zeichnet. Die bei anderen Festigkeitszahlen oder Eindringungen s des Standardkegels und der beiden anderen Kegel vorhandenen Feinheitszahlen können wiederum aus empirisch ermittelten Kurven entnommen werden.

Beim dänischen Gerät kann für den Druckkegel der Kegelwiderstand K_j für die Eindringtiefe $s = 10$ mm interpoliert werden (Abb. 420). Dem Wert K_j entspricht ein auf die Querschnittsfläche F des Kegels an der Erdoberfläche bezogener Druck von:

$$p_{ke} = \frac{K_j}{F} \qquad (\text{kg/cm}^2).$$

Bei einem Öffnungswinkel von 90° ist:

$$p_{ke} = \frac{K_j}{\pi s^2} \qquad (\text{kg/cm}^2).$$

Da für K_j die Eindringung $s = 10$ mm ist, erhält man:

$$p_{ke} = \frac{K_j}{\pi} \qquad (\text{kg/cm}^2). \qquad (166)$$

Da andrerseits (Abb. 420) $\frac{P}{s^2} = \cot\alpha$ ist, wird:

$$p_{ke} = \frac{1}{\pi}\cot\alpha \qquad (\text{kg/cm}^2). \qquad (167)$$

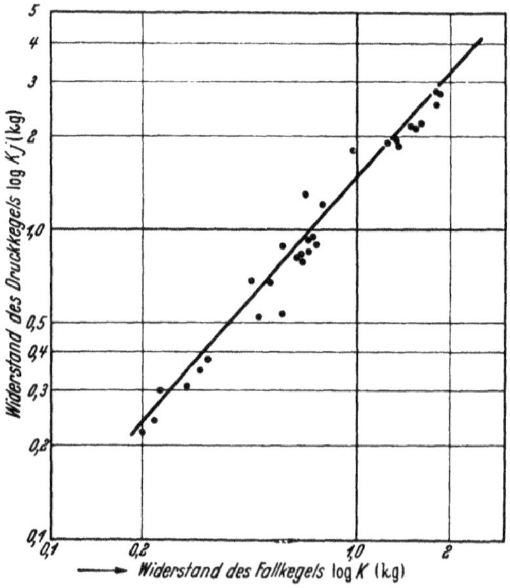

Abb. 422. Zusammenhang zwischen dem Widerstand des Druckkegels Kj und dem Widerstand des Fallkegels K (nach Versuchen der Firma Christiani & Nielsen, Kopenhagen).

Der Kegelwiderstand kann also entweder als Kraft K_j in kg (für eine Eindringung $s = 10$ mm, also genauer in kg/cm) oder als Druck p_{ke} in kg/cm² (genauer in kg/cm³) ausgedrückt werden.

Zwischen den Widerständen K des Fallkegels und K_j des Druckkegels besteht bei gleicher Eindringung und bei doppelt logarithmischer Auftragung eine geradlinige Beziehung (Abb. 422).

Auswertung. Bei der schwedischen Kegelprobe wird nach den Festigkeitszahlen für den ungestörten (H_3) und für den völlig gestörten Boden (H_1) gefragt. Das Verhältnis der beiden Werte, das größer als 1 ist, wird als Maß für die Festigkeitsabnahme („*Sensitivität*") des Scherwiderstands bei einer Störung des Bodens benutzt. Die Größe dieses Wertes wird neben der Entnahmetiefe der Probe aufgetragen (Abb. 421). Der Verlauf gibt nicht nur über die Festigkeit, sondern auch über die Gleichmäßigkeit der untersuchten bindigen Schicht Auskunft.

Der Wert H_3 kann zur Ermittlung der Scherfestigkeit für den nicht entwässerten Zustand verwendet werden. Aus Untersuchungen an gröberen norwegischen und fetten schwedischen Tonen (Skaven/Haug 1931, Hultin 1937, Caldenius 1938) ergab sich als Mittelwert:

$$\tau = \frac{H_3}{36 + 0{,}064\,H_3} \qquad (\text{t/m}^2). \qquad (168)$$

Man kann die Scherfestigkeit aber auch unmittelbar aus der Eindringung s des Kegels mit dem Gewicht P bestimmen (HANSBO 1957):

$$\tau = K \frac{P}{s^2} \qquad (\mathrm{t/m^2}). \qquad (169)$$

Hierin ist K ein Beiwert, der vom Öffnungswinkel des Kegels, dem Entnahmegerät und der Störung des Bodens abhängt. Für ungestörte Proben fand man $K = 0{,}20$ bis $0{,}25$ für den 60°-Kegel und $K = 0{,}8$ bis $1{,}0$ für den 30°-Kegel; für gestörte Proben ergab sich beim 60°-Kegel $K = 0{,}30$.

Einer Eindringung des Standardkegels von 10 mm entspricht eine Festigkeitszahl $H = 10$ und eine Scherfestigkeit von 0,15 t/m² bei gewachsenem und von 0,18 t/m² bei gestörtem Boden.

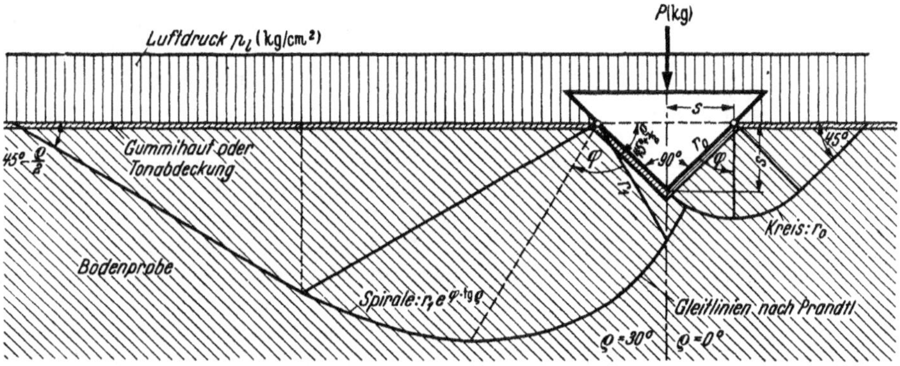

Abb. 423. Kegelabmessung. Kegeleindringung und Gleitflächenbildung bei verschiedenem Reibungswinkel des Bodens.

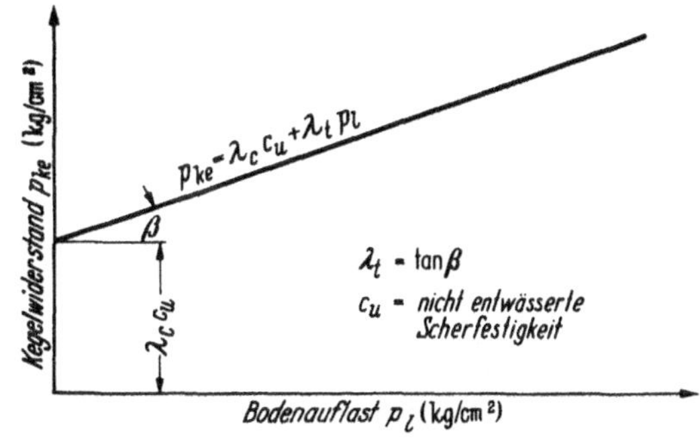

Abb. 424. Abhängigkeit des Kegelwiderstands p_{ke} von der Bodenauflast p_l.

Die Feinheitszahl liefert ein Maß für die Kornzusammensetzung, da ein feinkörniger Boden bei gleicher Festigkeitszahl (10) mehr Wasser enthält als ein grobkörniger. Doch ergibt die Kennzeichnung des Kornaufbaus nur Durchschnittswerte, weil z. B. ein organischer Lehmboden die gleiche Feinheitszahl wie ein reiner Ton besitzen kann. Durch die Feinheitszahl wird in Wirklichkeit in erster Linie das Wasserbindevermögen des Bodens bei einer bestimmten Zustandsform (Festigkeitszahl 10) beschrieben. Die von TERZAGHI stammende Bezeichnung „*Normalwassergehalt*" an Stelle von Feinheitszahl ist deshalb zutreffender.

Bei dem dänischen Versuch mit dem Druckkegel gelten Gl. (166) und (167) für jeden Luftdruck p_l, wenn er während des Versuchs konstant gehalten wird (Abb. 423). Man kann die Abhängigkeit des Kegelwiderstands p_{ke} von der Größe des Luftdrucks ebenfalls durch eine gerade Linie darstellen (Abb. 424). Auf der Waagerechten wird hierzu der Luftdruck p_l und auf der Senkrechten der zugehörige Kegelwiderstand p_{ke} aufgetragen. Für verschiedene Werte von p_l liegen die durch den Versuch gefundenen Punkte auf einer Geraden mit dem Winkel β

gegen die Waagerechte. Es ergibt sich dadurch eine Beziehung zur nicht entwässerten Scherfestigkeit (Kohäsion) des Bodens:

$$p_{ke} = \lambda_c c_u + \lambda_t p_l \qquad (\text{kg/cm}^2), \qquad (170)$$

c_u nicht entwässerte Scherfestigkeit,
λ_c, λ_t Tragfähigkeitsbeiwerte, die vom Reibungswinkel des Bodens abhängen.

Bei dem Versuch ohne Luftdruck ($p_l = 0$) ist hiernach p_{ke} der nicht entwässerten Scherfestigkeit proportional.

Zahlenwerte. Die Festigkeitszahl der schwedischen Kegelprobe liegt zwischen 0,3 und rund 200. Sie kann bei sehr festen Tonböden, bei denen der 100 g/30°-Kegel benutzt werden muß, bis auf 2200 ansteigen (s. Tab. 50).

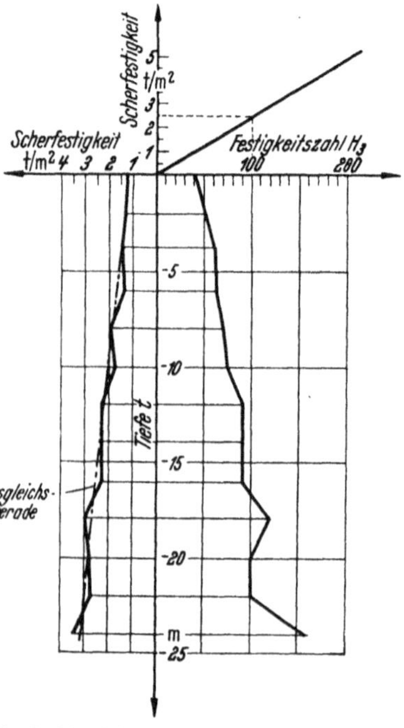

Abb. 425. Ermittlung der nicht entwässerten Scherfestigkeit in verschiedenen Tiefen auf Grund von Versuchen mit der schwedischen Kegelprobe (Petterson 1935).

Ist $H_3/H_1 > 50$ und $H_1 < 1$, so ist ein „*Quickton*" vorhanden, der durch eine Störung flüssig wird. Ist $H_3/H_1 > 50$ und $H_1 > 1$, so spricht man von einem „*quickish*" Ton, der bei einer Störung nicht ganz so weich wird.

Fehler. Um einwandfreie Ergebnisse zu erhalten, muß der Kegel völlig unbeschädigt und profilgenau sein.

Die Ergebnisse der Kegelversuche stimmen im allgemeinen gut mit den Ergebnissen von Flügelsondenversuchen und Zylinderdruckversuchen überein (Hansbo 1957). Jedoch kommen bei manchen Böden auch Abweichungen bis zu 50% vor. Man muß daher damit rechnen, daß die drei genannten Versuche zur Bestimmung der Scherfestigkeit nicht entwässerten Bodens voneinander abweichende Werte liefern. Bei Proben, die aus einer größeren Tiefe als 15 m stammen, ist die Scherfestigkeit nach dem Kegelversuch etwas zu klein.

Verwendung. Die schwedische Kegelprobe dient in erster Linie dazu, mit Hilfe der Festigkeitszahl die Zustandsform von Tonschichten zu verfolgen in ähnlicher Weise, wie es mit der Konsistenzzahl k_w (S. 389) geschieht. Außerdem erlaubt sie Schlüsse auf die Größe der Scherfestigkeit im nicht entwässerten Zustand. Die Feinheitszahl liefert ergänzende Angaben über den Wassergehalt einer bestimmten Zustandsform und gibt ähnlich wie die Fließ- und Ausrollgrenze (Kap. 1.411.32) ein ungefähres Bild über den Kornaufbau und unter Umständen über die chemische Zusammensetzung. Das dänische Verfahren dient den gleichen Zwecken.

Scherversuche werden durch die Kegelprobe nicht überflüssig, da diese nur Auskunft über die Scherfestigkeit im nicht entwässerten Zustand geben. Jedoch wird die Zahl der Scherversuche eingeschränkt.

Die Verfahren sind dort angebracht, wo bindige Böden mit gleicher Kornverteilung, aber verschiedenem Wassergehalt vorkommen. Sie haben sich hauptsächlich in Schweden, Dänemark, Norwegen und Holland bewährt, wo die Untersuchung von verhältnismäßig weichen Alluvial-Tonen an der Küste häufig und wichtig ist, während sie sich für die Länder – wie Deutschland –, wo Ton- und Schluffböden älterer geologischer Formationen überwiegen, weniger eignen.

Beispiele. 1. Für den *Entwurf eines Hafenkais* (PETTERSON 1935), der bis in große Tiefen auf weichem Klei steht, wurden im Abstand von 40 m 25 m tiefe Bohrlöcher niedergebracht und bei einigen von ihnen alle Meter eine Bodenprobe entnommen. Neben Raumgewicht und Wassergehalt wurden von dem tonigen Material die Festigkeitszahl H_1 für den gestörten Boden und die Festigkeitszahl H_3 für den ungestörten Boden mit Hilfe der schwedischen Kegelprobe bestimmt (Abb. 425, unten rechts). Mit den Werten H_3 wurde unter Zugrundelegung einer aus zahlreichen Versuchen bekannten Kennlinie (Abb. 425, oben rechts) die nicht entwässerte Scherfestigkeit des Kleis und ihre Veränderung mit der Tiefe ermittelt (Abb. 425, unten links). Da sich bei allen Bohrlöchern eine gute gegenseitige Übereinstimmung ergab und damit die Untergrundverhältnisse auf der ganzen Baustelle gleichartig waren, konnte bei der Standsicherheitsuntersuchung mit einer gemittelten Linie für diese Scherfestigkeit ge-

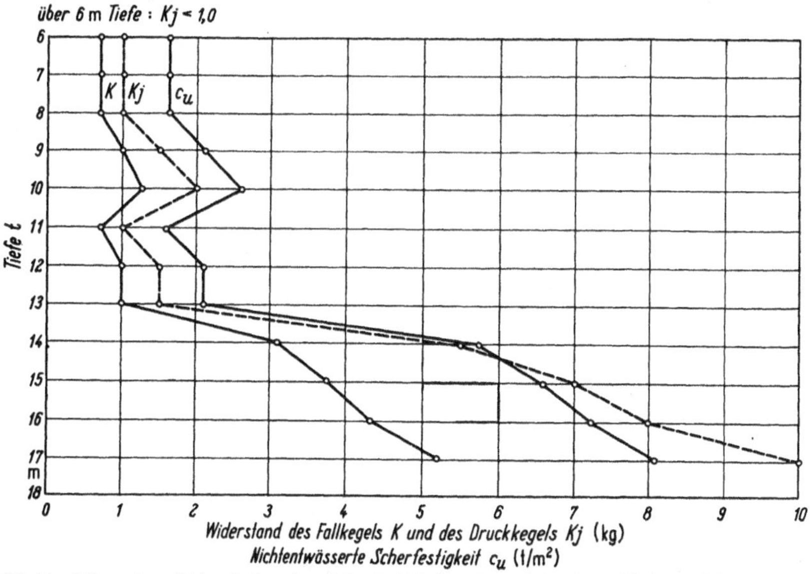

Abb. 426. Ermittlung der nicht entwässerten Scherfestigkeit c_u in verschiedenen Tiefen auf Grund des Widerstands des Fallkegels K und des Druckkegels Kj.

rechnet werden, die sich gut in die Meßwerte bei den einzelnen Bohrlöchern einpaßte. Danach wächst die Scherfestigkeit mit der Tiefe von etwa $\tau = 1{,}3$ t/m² in der Höhe + 5,0 (7 m unter Kaioberkante) auf $\tau = 2{,}5$ t/m² in der Höhe – 15,0 (Unterkante der Gleitkreise). Mit dieser Scherfestigkeit wurde die Standsicherheit der Kaimauer durch Gleitkreise untersucht.

2. Beim *Bau eines Seehafens* wurden von der Firma Christiani & Nielsen in dem dort anstehenden Tonboden bis zu einer Tiefe von 17 m unter Geländeoberfläche in Abständen von je 1 m Bodenproben entnommen und auf ihren Kegelwiderstand mit Hilfe des dänischen Verfahrens untersucht (Abb. 426). Man erhielt bis zu einer Tiefe von 6 m in einem sehr weichen Ton K_j-Werte, die kleiner als 1 kg waren. Zwischen 6 und 14 m Tiefe befand sich ebenfalls eine wenig widerstandsfähige Tonschicht, die etwa bei – 14 m in eine bedeutend konsolidiertere und tragfähigere Tonschicht überging. Man sieht diesen Übergang deutlich an dem Sprung, den die Kurven für den fallenden Kegel K und den eingedrückten Kegel K_j aufweisen (Abb. 426). Außerdem ist an Hand der Beziehung zwischen τ und H_3 die nicht entwässerte Scherfestigkeit der einzelnen Schichten eingetragen. Sie stimmte gut mit den Ergebnissen von Scherversuchen überein.

3. Bei der *Untersuchung von Rutschungen* in Schweden (ODENSTAD 1951, JAKOBSON 1952) wurde das Bodenprofil mit den Ergebnissen der Kegelprobe, des Zylinderdruckversuchs und den Scherwerten der Flügelsonde aufgetragen (Abb. 421). Ein solches Profil zeigt deutlich, wo Quicktone auftreten. Zusammen mit der Sensitivität, den ATTERBERGschen Grenzen und dem natürlichen Wassergehalt und Raumgewicht erhält man recht aufschlußreiche Profile (Abb. 427).

4. In einem *Tagebau* in Westdeutschland wurden die schluffigen Abraummassen, die in gewachsenem Zustand in einer steilen Böschung anstanden, durch Transportbänder auf die

Kippe gebracht. Dort böschten sie sich auch bei trockenem Wetter sehr flach bis 1:10 ab, obwohl der Wassergehalt des Bodens sich nicht geändert hatte. Hierdurch gingen wertvolle Kippflächen verloren.

Um den Einfluß der Störung zu erfassen, den die gewachsenen Böden durch die Entnahme und die Erschütterungen beim Transport und beim Verstürzen und durch eine Wasseranreicherung erleiden, wurde mit ungestörtem Boden und gestörten Bodenproben verschiedener Wassergehalte der dänische Kegeldruckversuch ausgeführt (Abb. 428). Es zeigte sich, daß die Belastungen, die notwendig sind, um einen Kegel mit dem Spitzenwinkel von 90° um

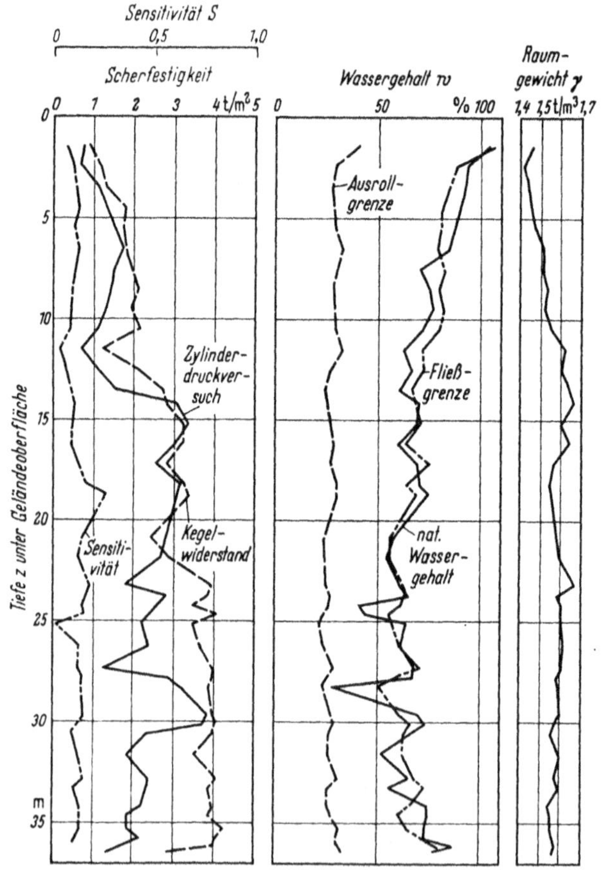

Abb. 427. Ermittlung der nicht entwässerten Scherfestigkeit, Sensitivität und ATTERBERGschen Grenzen sowie des natürlichen Wassergehalts und des Raumgewichts in verschiedenen Tiefen (JAKOBSON 1952).

das gleiche Maß in den Boden eindringen zu lassen, bei den ungestörten Böden erheblich größer als bei gestörtem Boden waren. Für die gleiche Eindringung von 3,15 mm waren bei den ungestörten Böden 8350 g Belastung notwendig, bei dem gestörten Material etwa gleichen Wassergehalts (Linie *5*) nur 2150 g, d. h. nur etwa $^1/_4$. Bei steigendem Wassergehalt (Linien *4*, *3*, *2*, *1*) nahm die zur Eindringung von 3,15 mm notwendige Last bis auf etwa 500 g, d. h. auf etwa $^1/_{17}$ der für den ungestörten Boden erforderlichen Last, ab. Hierdurch ist eine deutliche Abhängigkeit des Grades der Störung von der Höhe des Wassergehalts nachgewiesen: Diejenigen Böden, die den größten Wassergehalt haben, zeigen den geringsten Kegelwiderstand.

Ein Vergleich der Kurve *5* mit den ungestörten Proben, die angenähert den gleichen Wassergehalt besitzen, zeigt aber zudem, daß auch bei konstantem Wassergehalt des Schluffs eine Störung schon allein genügt, um die Eindringung des Standardkegels zu vergrößern. Das bedeutet, daß der Boden auch ohne Zufluß von Wasser durch Niederschläge oder austretendes Grundwasser, also allein durch den Prozeß der Entnahme und des Transports, einen großen Teil (etwa 75%) seiner ursprünglichen Konsistenz verliert (Sensitivität).

Für das weiche Auslaufen der Massen auf den Kippen waren also zwei Ursachen zu unterscheiden: Einmal die Störung des anstehenden Bodens bei gleichbleibendem Wassergehalt, die einen wesentlichen Anteil der Verringerung der Konsistenz ausmacht, wie ein Vergleich der Kurven für ungestörten Boden und der Kurve *5* zeigt; zweitens die Anreicherung mit Wasser, wie aus dem Vergleich der Kurve *5* mit der Kurve *1* hervorgeht. Durch einen Wasserentzug kann bei dem abgekippten Material nicht nur der Unterschied zwischen den Kurven *1* und *5*

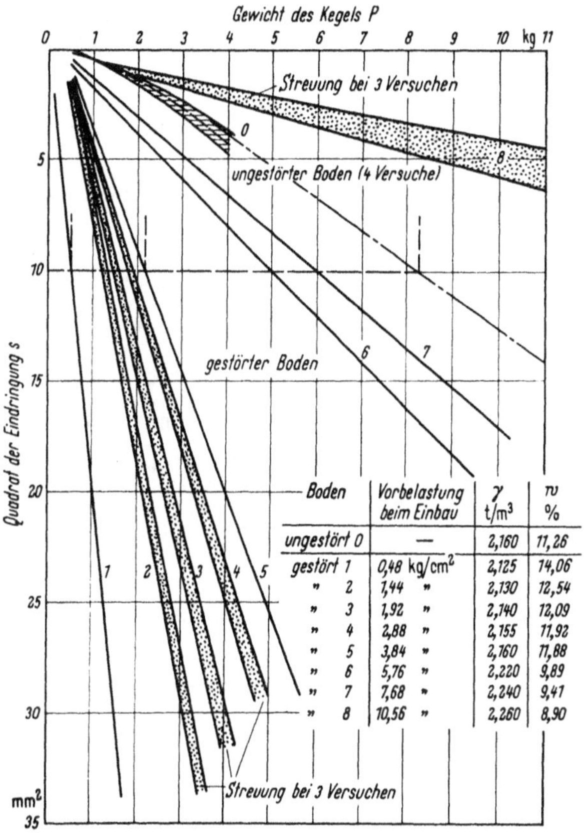

Abb. 428. Abhängigkeit der Kegeleindringung vom Kegelgewicht für gestörten und ungestörten Boden bei verschiedenem Wassergehalt.

wieder rückgängig gemacht, sondern durch eine darüber hinausgehende Entwässerung ($w < 10\%$) auch noch – wie aus den Kurven *6*, *7* und *8* zu entnehmen ist – eine weitere Verfestigung erzielt werden, so daß die ursprüngliche Festigkeit wieder erreicht wird.

Literatur

SKAVEN HAUG (1931): Skjaerfasthetsforsøk med leire. Medd. Norg. Statsb. 6, Nr. 6.

PETTERSON (1935): Neuere Beispiele für die Gründung von Kai- und Schleusenmauern auf schlechtem Untergrund. Einfluß des Grundwasserstandes (Wasserstand hinter der Mauer) und seiner Schwankungen. Beobachtungen und Ergebnisse. XVI. Intern. Schiffahrtskongreß Brüssel, Bericht 113.

BRETTING (1936): Bodenuntersuchungen für den Bau der Storstrombrücke in Dänemark. Vorbericht der Internationalen Vereinigung für Brückenbau und Hochbau. 2. Kongreß Berlin/München, S. 1509. Siehe a. Proc. I. Int. Conf. Soil Mech. Found. Eng. Cambridge (Mass.), Bd. I, S. 314.

HULTIN (1937): Försök till bestämning av Göteborgslerans hållfasthet. Tekn. Samf. Handl. No. 2. Göteborg.
CALDENIUS (1938): Några rön från grundundersökningar i Göteborg rörande fasthetens variation inom lerorna. Tekn. Tidskr. 68, H. 51.
JANSSON/SEMLER (1938): Die bauliche Entwicklung der schwedischen Häfen nach dem Weltkrieg. Jahrb. d. hafenbautechn. Ges. Bd. 17, S. 280.
BRENNECKE/LOHMEYER (1938/49): Der Grundbau. Berlin. Bd. 1, 1. Teil, S. 32.
HASSELBLAD/FUCHS (1939): Die neue Straßenbrücke über den Götaälv in Gothenburg. Bautechnik 17, S. 353.
BUISMAN (1940/44): Grondmechanica. Delft. S. 219.
VAN BRUGGEN (1941): Der Maastunnel zu Rotterdam. Versuche und Untersuchungen. Bautechnik 19, S. 432.
ODENSTAD (1948): Loading tests on clay. Proc. II. Int. Conf. Soil Mech. Found. Eng. Rotterdam, Bd. I, S. 299.
HAEFELI (1950/51): Investigation and measurements of the shear strengths of saturated cohesive soils. Géotechnique 2, S. 166 u. 219.
ODENSTAD (1951): The landslide at Sköttorp. Proc. Swed. Geot. Inst. Nr. 4, S. 18.
JAKOBSON (1952): The landslide at Surte on the Göta River. Proc. Swed. Geot. Inst. Nr. 5, S. 44.
RENGMARK/ERIKSSON (1953): Apparatus for investigation of swelling compression and elastic properties of soils. Proc. III. Int. Conf. Soil Mech. Found. Eng. Zürich, Bd. I, S. 180.
JAKOBSON (1954): Influence of sampler type and testing method on shear strength of clay samples. Proc. Swed. Geot. Inst. Nr. 8, S. 22.
CALDENIUS/LUNDSTRÖM (1956): The landslide at Surte on the River Göta Älv. Sver. Geol. Undersökening Ser. Ca. Nr. 27, Stockholm.
HANSBO (1957): A new approach to the determination of the shear strength of clay by the fallcone test. Proc. Swed. Geot. Inst. Nr. 14.
KALLSTENIUS (1958): Mechanical disturbances in clay samples taken with piston samplers. Proc. Swed. Geot. Inst. Nr. 16.
KARLSSON (1961): Suggested improvements in the liquid limit test with reference to flow properties of remoulded clays. Proc. V. Int. Conf. Soil Mech. Found. Eng. Paris, Bd. I, S. 171.
LANGER (1961): Vergleichende rheologische und bodenmechanische Untersuchungen an Tonen. Geol. Jahrb. 79, S. 255.

1.411.34 Proctor-Dichte und optimaler Wassergehalt

Definition. Der aus den USA stammende und nach seinem Erfinder (1933) benannte Versuch soll eine Beziehung zwischen dem Wassergehalt des gestörten Bodens und seinem Trockenraumgewicht bei einer bestimmten Verdichtungsart liefern. Außerdem kann der Einfluß verschiedener Wassergehalte und Trockenraumgewichte auf die Festigkeit des Bodens ermittelt werden. Der Versuch zerfällt also in zwei Teile: Die Bestimmung der erreichbaren Dichte – ausgedrückt durch das Trockenraumgewicht – bei verschiedenen Wassergehalten und die zu dieser Dichte gehörige Bestimmung des Eindringungswiderstands einer Nadel („*Proctor-Nadel*") von gegebenem Querschnitt. Der letzte Versuch wird aber nur noch selten ausgeführt und unter einem PROCTOR-Versuch heute allein die Ermittlung der Abhängigkeit des Trockenraumgewichts vom Wassergehalt bei festgelegter Verdichtung – und zwar beim freien Fall eines Stößels – verstanden.

Da der Versuch von PROCTOR ursprünglich etwas anders vorgeschlagen war – zur Nachahmung der Wirkung der Dorne der Schaffußwalze empfahl PROCTOR, den Stampfer nicht frei fallen zu lassen, sondern zu stoßen – und erst von der American Association of State Highway Officials (AASHO) in der heute üblichen Form als Standardversuch eingeführt wurde, ist für die durch ihn ermittelte maximale Dichte neben den Bezeichnungen „*Proctor-Dichte*" und „*Standard Proctor-Dichte*" auch die Bezeichnung „*Standard AASHO-Dichte*" üblich. In Deutschland hat sich die Bezeichnung „*Einfache Proctor-Dichte*" eingebürgert.

Die Fallenergie bei diesem Versuch ist so gewählt, daß die dabei erzielbare (PROCTOR-)Dichte der größten Dichte, die mit modernen Verdichtungsgeräten beim Straßenbau herbeigeführt werden kann, ungefähr gleichkommt. Für die beim Erddamm- und Rollfeldbau besonders schweren Verdichtungsgeräte wurde ein Vergleichsverfahren mit höherer Fallenergie vorgeschlagen, und zwar wurde vom US Corps of Engineers die sogenannte „*Modified AASHO-Dichte*" (im Deutschen meist „*Verbesserte Proctor-Dichte*") eingeführt, bei der die gesamte, auf die Probe wirkende Fallenergie über $4^1/_2$ mal so groß wie bei dem ursprünglichen Verfahren ist.

Diese beiden Verfahren sind nicht die einzigen, doch haben die übrigen in Deutschland keinen Eingang gefunden. Gelegentlich wird an Stelle der Verdichtung durch freien Fall auch wieder eine Verdichtung durch statischen Druck angewendet.

Gerät. Bei dem einfachen PROCTOR-Versuch setzt sich die Apparatur (Abb. 429) aus einem Zylinder von 10 cm Durchmesser und 12 cm Höhe mit einem 5 cm hohen Aufsatzring und einer abnehmbaren Grundplatte sowie einem kreisförmigen Stößel aus Metall mit einem Durchmesser von 5 cm zusammen. Sein Gewicht beträgt 2,5 kg. Er kann so bedient werden, daß eine vorgeschriebene Fallhöhe (30 cm) innegehalten und gemessen werden kann. Beim verbesserten PROCTOR-Versuch wiegt der Stößel 4,5 kg und ist für eine Fallhöhe von 45 cm eingerichtet. Außerdem braucht man eine große Schale, eine Waage mit 10 kg Tragkraft u. dgl.

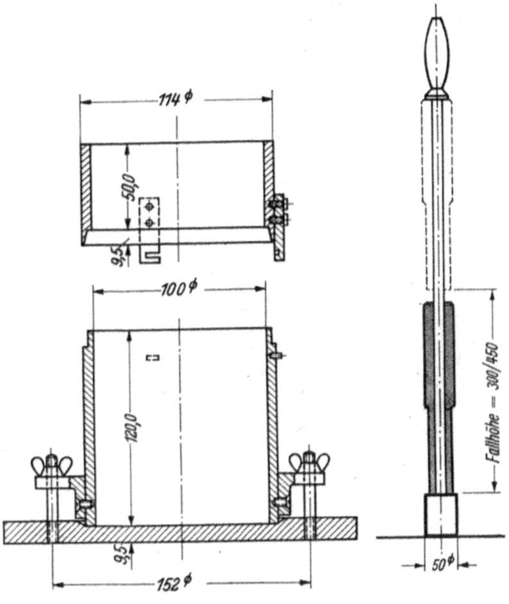

Abb. 429. Zylinder und Fallgewicht für den PROCTOR-Versuch. Maße in mm.

Das Eindringungsgerät („*Proctor-Nadel*") besteht aus einer mit einer Meßfeder versehenen Stange, in die sechs Nadeln mit Querschnitten zwischen 0,16 und 6,45 cm² eingesetzt werden können (0,16—0,32—0,65—1,61—3,22—6,45 cm²).

Vorgang. Eine Menge von 2,0 bis 2,5 kg trockenen Bodens, die durch das 10 mm-Sieb hindurchgeht, wird angefeuchtet und sorgfältig durchgemischt. Es wird so viel Wasser hinzugefügt, daß der Boden in der Hand leicht zusammengeballt werden kann. Zur Erzielung einwandfreier Versuchsergebnisse ist es von größter Wichtigkeit, daß eine völlig gleichmäßige Mischung mit einheitlichem Wassergehalt hergestellt wird.

Der Zylinder wird mit angeklemmter Grundplatte und Aufsatzring auf einen starren Untersatz gestellt und der Boden beim einfachen PROCTOR-Versuch in drei etwa gleich hohen Lagen so eingebracht, daß eine Probe von etwa 13 cm bis höchstens 14 cm Höhe entsteht. Hierbei wird jede Lage mit 25 Schlägen des 2,5 kg-Stößels, die gleichmäßig über den Querschnitt verteilt sein müssen, verdichtet. Die Fallhöhe beträgt hierbei 30 cm. Beim verbesserten PROCTOR-Versuch wird der 4,5 kg-Stößel mit einer Fallhöhe von 45 cm benutzt, der Boden in fünf Lagen eingebracht und wiederum mit je 25 Schlägen verdichtet.

Da die Verdichtung des Bodens eine schwere manuelle Arbeit darstellt und die Versuchsergebnisse auch durch die Versuchsperson beeinflußt werden können, sind automatisch arbeitende Verdichtungsmaschinen entwickelt worden (Abb. 430). Bei ihnen ist eine konstante Fallhöhe und Schlagzahl sowie eine gleichmäßige Verteilung der Schläge über den Probenquerschnitt sichergestellt.

Abb. 430. Automatische Verdichtungsmaschine für PROCTOR-Versuche (Leonard Farnell & Co. Ltd., Hatfield, England).

Ist auf diese Weise eine gleichmäßig verdichtete Probe von 13 bis 14 cm hergestellt, so wird der obere Aufsatzring entfernt, der überstehende Teil der Probe sorgfältig abgetrennt und die Probe gewogen. Von einer Teilprobe [mindestens 100 g, besser aber unter Verwendung eines Luftpyknometers (S. 380) wesentlich mehr] wird der Wassergehalt bestimmt. Anschließend wird der Boden aus dem Zylinder entfernt, aufgelockert und so viel Wasser hinzugefügt, daß der Wassergehalt um 1 bis 2% steigt. Der Verdichtungsversuch wird dann wiederholt. Dies wird bei steigendem Wassergehalt so lange fortgesetzt, bis der Boden entweder sehr naß wird oder ein Absinken des Trockenraumgewichts zu verzeichnen ist. Mindestens sollen fünf Einzelversuche ausgeführt, d. h. für fünf verschiedene Wassergehalte die zugehörigen Feuchtgewichte festgestellt werden.

Wird an den Verdichtungsversuch der Eindringungsversuch angeschlossen, so wird bei jedem einzelnen Verdichtungsversuch die Nadel mit einer Geschwindigkeit von etwa $1^1/_4$ cm/s an drei verschiedenen Stellen in den verdichteten Boden eingedrückt. Sobald eine Tiefe von rund 7,5 cm erreicht ist, wird an der Meßfeder die Kraft abgelesen und der Mittelwert gebildet.

Meßgrößen. Bei jedem einzelnen Verdichtungsversuch wird das Gewicht der Probe gewogen und der Wassergehalt bestimmt. Beim Eindringungsversuch wird die Kraft für eine Eindringung von rund 7,5 cm als Mittelwert von drei Einzelversuchen gemessen und der Querschnitt der Nadel notiert.

Auftragungen. Aus dem Gewicht des Bodens und dem Volumen des Zylinders erhält man zunächst das Feuchtraumgewicht γ und hieraus und dem zugehörigen Wassergehalt mit Hilfe von Gl. (87) das Trockenraumgewicht γ_t des Bodens bei den verschiedenen Einzelversuchen mit unterschiedlichem Wassergehalt.

Aus der gemittelten Kraft und dem Querschnitt der Nadel errechnet man den Eindringungswiderstand der PROCTOR-Nadel in kg/cm².

Die erhaltenen Trockenraumgewichte werden über den zugehörigen Wassergehalten aufgetragen (Abb. 431a). Durch die gemessenen Punkte wird eine ausgeglichene Kurve gelegt. Es ergibt sich meist eine etwa parabelförmige Linie.

Wenn auch die Eindringungswiderstände bestimmt worden sind, werden sie über den zugehörigen Wassergehalten aufgetragen (Abb. 431 b). Es ergibt sich eine fallende, oft fast gerade Linie.

Kennziffern. Aus der Auftragung $\gamma_t = f(w)$ (Abb. 431a) erhält man die Trockenraumgewichte des Bodens, die für eine genormte Art der Verdichtung bei verschiedenem Wassergehalt erreichbar sind, sowie aus dem Höchstwert der Kurve das „*maximale Trockenraumgewicht*“, das in dem untersuchten Boden bei der gewählten Verdichtung überhaupt möglich ist. Dieses Trockenraumgewicht γ_t wird als „*einfache*“ bzw. „*verbesserte Proctor-Dichte*“ (γ_P bzw. γ_{vP}), der zugehörige Wassergehalt, bei dem allein diese Maximaldichte erreichbar ist, als „*optimaler Wassergehalt* w_P“ bezeichnet.

Der durch den PROCTOR-Versuch nachgewiesene Zusammenhang zwischen Trockenraumgewicht und Wassergehalt gilt in erster Linie für die bindigen Böden, für die der Versuch zunächst allein entwickelt worden ist. Bei ihnen ergeben sich bei w_P ausgesprochene Höchstwerte für γ_P und entsprechend gut gewölbte „*Proctor-Kurven*“. In den nichtbindigen Böden – insbesondere bei großer Gleichförmigkeit – ist der Einfluß des Wassergehalts dagegen wesentlich geringer, d. h. die PROCTOR-Kurven besitzen hier nur eine kleine Krümmung, und der Höchstwert γ_P unterscheidet sich von den γ_t-Werten bei anderen Wassergehalten nur relativ wenig (Abb. 432).

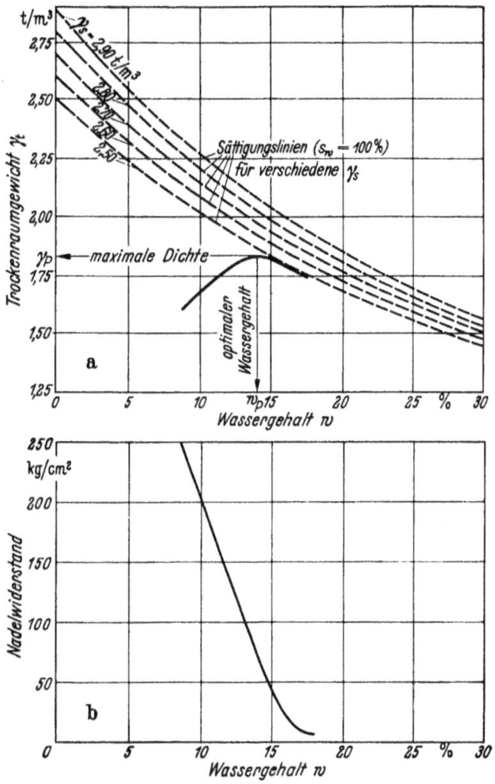

Abb. 431a u. b. Abhängigkeit des Trockenraumgewichts (a) und des Nadelwiderstands (b) vom Wassergehalt beim PROCTOR-Versuch.

Auswertung. Der Höchstwert in der PROCTOR-Kurve ist dadurch zu erklären, daß bei niedrigen Wassergehalten die Reibungswiderstände verhältnismäßig groß sind und eine Verringerung des Porenraums unter dem Einfluß des genormten Fallgeräts erschweren. Der Porenraum ist hier also groß, das Trockenraumgewicht klein. Bei zunehmenden Wassergehalten nimmt das Trockenraumgewicht γ_t wegen der kleiner werdenden Reibungswiderstände zunächst laufend zu, bis der Zustand erreicht ist, wo die Hohlräume im Boden schon so stark mit Wasser gefüllt sind, daß die Verschiebung und Umlagerung der Bodenkörner im Sinne einer Verkleinerung des Porenraums nicht mehr möglich ist. Da das Wasser, das dann an Stelle der Bodenkörner die Hohlräume füllt, rund 2,65mal leichter als der Boden ist, müssen das Raumgewicht und das Trockenraumgewicht von diesem Wassergehalt an wieder abnehmen.

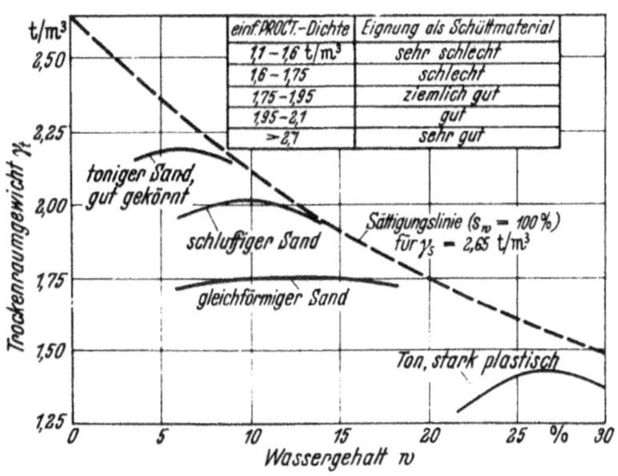

Abb. 432. Abhängigkeit der PROCTOR-Kurven von der Bodenart.

Hieraus folgt, daß bei Wahl eines schwereren Fallgewichts der optimale Wassergehalt kleiner werden muß, weil das wegen der höheren Fallenergie auch größere Umlagerungsbestreben des Bodens schon bei einem niedrigeren Wassergehalt behindert wird. Die erreichten Trockenraumgewichte selbst aber liegen wegen der höheren Fallenergie höher. In ein und demselben Boden ergeben sich deshalb bei verschiedenem Fallgewicht seitlich verschobene Kurven (Abb. 433). Das gleiche (Abb. 434) gilt für steigende Schlagzahlen desselben Stampfgeräts.

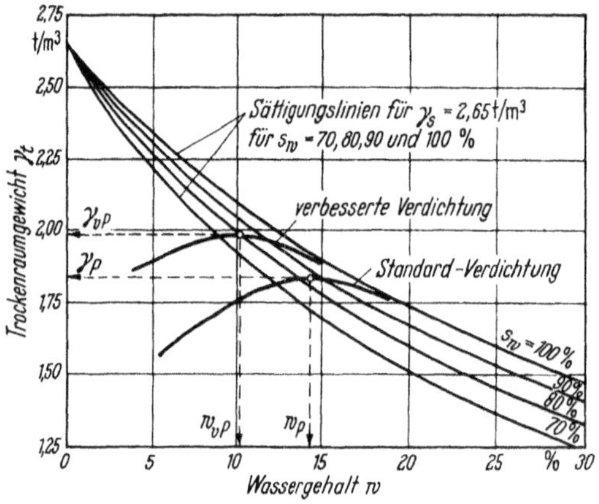

Abb. 433. Abhängigkeit der PROCTOR-Kurven von der Verdichtungsenergie.

Die PROCTOR-Diagramme werden meist durch die Einzeichnung der „*Sättigungslinie*" vervollständigt (Abb. 431 bis 433). Die Sättigungslinie ergibt sich dadurch, daß es nach Gl. (137) für jede Porenziffer ε, d. h. also auch für jedes Trockenraumgewicht γ_t, einen — allein vom spezifischen Gewicht γ_s des Bodens abhängenden — Wassergehalt w gibt, der die volle Wassersättigung des Porenraums kennzeichnet (ist z. B. $n = 30\%$, so wird bei $\gamma_s = 2{,}65$ g/cm³: $\gamma_t = 0{,}7 \cdot 2{,}65 = 1{,}855$ t/m³ [Gl. (147)], $\gamma_w = 0{,}3 \cdot 1{,}0 = 0{,}3$ t/m³, $w = \frac{0{,}3}{1{,}855} \cdot 100 = 16{,}2\%$; für $n = 30\%$ bzw. $\gamma_t = 1{,}855$ t/m³ ist also $w_{\max} = 16{,}2\%$).

Die Trockenraumgewichte bei voller Wassersättigung ($s_w = 1$, s. S. 379), d. h. die Sättigungslinie, erhält man aus Gl. (147), (135) und (137) zu:

$$\gamma_t = \frac{\gamma_s}{1 + \frac{w}{100}\gamma_s} \quad (\text{t/m}^3)\,. \qquad (171)$$

Da für $w = 0: \gamma_t = \gamma_s$ wird, strebt die Sättigungslinie (Abb. 431) für $w = 0$ dem jeweiligen spezifischen Gewicht zu. Bei höheren Wassergehalten ist die Sättigungslinie die Einhüllende aller nur denkbaren PROCTOR-Kurven. Alle PROCTOR-Kurven müssen sich dort theoretisch an die Sättigungslinie anschmiegen und um so mehr in sie übergehen, je mehr sich der Wassergehalt dem Wert für volle Wassersättigung nähert. Praktisch gehen aber die Kurven meist nicht völlig ineinander über. Der Abstand der PROCTOR-Kurve von der Sättigungslinie gibt dann an, daß die volle Wassersättigung noch nicht erreicht ist bzw. wegen eines beim Versuch nicht zu beseitigenden Luftgehalts (S. 369) nicht erreicht werden konnte.

Mit Hilfe der Gleichung:

$$\gamma_t = \frac{\gamma_s}{1 + \frac{w}{s_w}\gamma_s} \quad (\text{t/m}^3) \qquad (172)$$

lassen sich auch die Kurven für jede beliebige Wassersättigung (in %)[1] berechnen (Abb. 433). Die γ_t-Werte für 70, 80, 90 und 100% Wassersättigung bei Wasser-

[1] In Zusammenhang mit dem PROCTOR-Versuch wird der Sättigungsgrad s_w stets in Prozent verwendet.

gehalten zwischen 0 und 30% und für spezifische Gewichte zwischen 2,5 und 2,9 g/cm³ enthält Tab. 51.

Tabelle 51. *Trockenraumgewichte γ_t für eine Wassersättigung s_w von 70 bis 100% bei Wassergehalten w von 0 bis 30% für Böden mit einem spezifischen Gewicht γ_s von 2,5 bis 2,9* g/cm³

w (%)	γ_s	s_w =				γ_s	s_w =			
		70%	80%	90%	100%		70%	80%	90%	100%
0		2,500	2,500	2,500	2,500		2,700	2,700	2,700	2,700
5		2,121	2,162	2,195	2,222		2,264	2,310	2,348	2,379
10	2,5	1,842	1,905	1,956	2,000	2,7	1,948	2,019	2,077	2,126
15		1,628	1,702	1,765	1,818		1,710	1,792	1,862	1,922
20		1,458	1,538	1,607	1,667		1,524	1,612	1,687	1,753
25		1,321	1,403	1,475	1,538		1,374	1,464	1,543	1,612
30		1,207	1,290	1,364	1,429		1,252	1,342	1,421	1,492
0		2,600	2,600	2,600	2,600		2,800	2,800	2,800	2,800
5		2,193	2,237	2,272	2,301		2,333	2,383	2,423	2,456
10	2,6	1,896	1,962	2,017	2,063	2,8	2,000	2,074	2,136	2,187
15		1,670	1,748	1,814	1,870		1,750	1,836	1,909	1,972
20		1,492	1,576	1,648	1,710		1,556	1,647	1,726	1,795
25		1,348	1,434	1,510	1,576		1,400	1,493	1,575	1,647
30		1,230	1,316	1,393	1,461		1,273	1,366	1,448	1,522
0		2,650	2,650	2,650	2,650		2,900	2,900	2,900	2,900
5		2,228	2,273	2,310	2,340		2,402	2,455	2,498	2,533
10	2,65	1,922	1,991	2,047	2,095	2,9	2,050	2,128	2,193	2,248
15		1,690	1,770	1,838	1,896		1,788	1,878	1,955	2,021
20		1,508	1,594	1,668	1,732		1,586	1,681	1,763	1,835
25		1,361	1,450	1,526	1,594		1,425	1,521	1,606	1,681
30		1,241	1,329	1,407	1,476		1,293	1,389	1,475	1,551

Es hat sich gezeigt, daß die einfache PROCTOR-Dichte in bindigen Böden im allgemeinen bei 80 bis 90% Wassersättigung liegt. Bei Kenntnis oder Annahme des spezifischen Gewichts γ_s kann die einfache PROCTOR-Dichte hierdurch mit Hilfe der Gl. (172) geschätzt werden, indem für den Sättigungsgrad s_w [Gl. (158)] ein Wert von 80 bis 90% und für w der optimale Wassergehalt w_P eingesetzt wird. w_P kann dabei gemäß den vorliegenden Erfahrungen etwa 2 bis 4% kleiner als die schnell feststellbare Ausrollgrenze (S. 388) angenommen werden.

Die mit zunehmendem Wassergehalt ständig, d. h. trotz der bei Wassergehalten $< w_P$ anwachsenden Trockenraumgewichte, fallende Eindringungskurve der PROCTOR-Nadel (Abb. 431b) besagt, daß der Nadelwiderstand weniger vom Trockenraumgewicht, sondern vorwiegend vom Wassergehalt abhängig ist. Das Gerät ist deshalb zur Schnellprüfung des Wassergehalts im Felde, d. h. zum Vergleich mit den Sollwerten aus dem Laboratorium, geeignet. Seine Anzeigen sind jedoch recht unterschiedlich, besonders in körnigen Materialien. Sie werden zum Teil auch durch die Art und Weise der Handhabung des Geräts beeinflußt. Die PROCTOR-Nadel wird deshalb nicht in dem Maße wie die PROCTOR-Dichte benutzt.

Bei der Bestimmung der PROCTOR-Dichte ergeben sich Schwierigkeiten, wenn der zu untersuchende Boden mehr als 25% bis höchstens 30% Anteile $>$ 10 mm Korndurchmesser enthält, d. h. von den Korngrößen, die wegen ihrer Größe im PROCTOR-Zylinder nicht mit untersucht werden können und deshalb vor dem Versuch abgesiebt werden („*Überkorn*"). Ist ihr Anteil $<$ 25 bis höchstens 30%, so kann ihr Einfluß auf das maximale Trockenraumgewicht des Gesamtmaterials rechnerisch berücksichtigt werden. Auf Grund theoretischer Überlegungen

(GIBBS 1950, US Bureau of Reclamation 1960) gilt bis zu einem Gehalt von etwa 30% an Überkorn:

$$\gamma'_P = \frac{\gamma_P \gamma_s}{P\,\gamma_P + (1 - P)\,\gamma_s} \qquad (\mathrm{t/m^3})\,, \qquad (173)$$

γ_P PROCTOR-Dichte beim Versuch,
γ_s spezifisches Gewicht des Überkorns,
P Gehalt des Überkorns (als Dezimale).

Bei mehr als 25 bis höchstens 30% Anteil an Überkorn bleibt die im Feld tatsächlich erreichbare Dichte gegenüber der nach Gl. (173) berechneten Dichte zurück. Näheres hierüber siehe SIEDEK/VOSS (1963).

Ist der Anteil an Überkorn > 25 bis höchstens 30%, so muß für den Versuch ein größerer Zylinder verwendet werden. Meist wird hierfür der Topf des CBR-Versuchs (s. Kap. 1.411.35) benutzt, der einen Durchmesser von 15 cm und eine Höhe von 12,5 cm besitzt. Auch hierbei wird der Boden wie beim einfachen PROCTOR-Versuch in drei Lagen, beim verbesserten PROCTOR-Versuch in fünf Lagen eingebaut, jedoch ein Stößel mit einem Durchmesser von 7,5 cm und einem Gewicht von 4,5 kg verwendet. Schlagzahl und Fallhöhe betragen 22 und 45 cm beim „einfachen" Versuch bzw. 55 und 45 cm beim „verbesserten" Versuch. Weiteres hierüber siehe SIEDEK/VOSS (1963).

Zahlenwerte. Die bei verschiedenen Böden möglichen einfachen PROCTOR-Dichten schwanken erheblich (Abb. 432). Die verbesserten PROCTOR-Dichten liegen um etwa 5 bis 10% höher. Bei Erdarbeiten werden je nach der Bedeutung der Schüttung Dichten von 92 bis 103% der einfachen PROCTOR-Dichte verlangt (ZTVE-StB 1965).

Bei einem Vergleich von PROCTOR-Dichten und D-Werten nichtbindiger Böden ist zu beachten, daß bei den sehr häufigen gleichförmigen Sanden ein D-Wert von 0 einem Wert von rund 85% und ein D-Wert von 1,0 einem Wert von rund 105% der einfachen PROCTOR-Dichte entspricht. $D = 0$ bedeutet ein Raumgewicht, das der lockersten Lagerung entspricht, d. h. z. B. einem Raumgewicht von 1,45 t/m³, während eine PROCTOR-Dichte von 0% ein Raumgewicht von Null bedeuten würde.

Der für die Verdichtung günstigste Wassergehalt w_P liegt je nach der Bodenart zwischen einem Wassergehalt von 10 und 35%. In gut bindigen Böden ist der optimale Wassergehalt etwa 2 bis 4% niedriger als die Ausrollgrenze.

Fehler. Fehler ergeben sich vor allem bei nicht genügender Durchmischung und nicht völlig gleichmäßiger Durchfeuchtung des Versuchsmaterials, ferner dann, wenn der Wassergehalt an zu kleinen Teilproben bestimmt wird. Außerdem muß darauf hingewiesen werden, daß der Versuch ursprünglich nur für bindiges, also plastisches Material entwickelt worden ist und daß in nichtbindigem, rolligem Material Fehler dadurch auftreten können, daß dieses einerseits unter der Wucht des Stößels seitlich ausweicht und andrerseits — besonders dann, wenn es in größerem Umfang gröbere Bestandteile enthält — durch die Schläge zertrümmert werden kann und dadurch während des Versuchs seinen Kornaufbau ändert. Bei derartigen Böden soll deshalb auf die Oberfläche der jeweiligen Schüttlage eine dünne Stahlplatte aufgelegt und der Inhalt jedes Zylinders höchstens zweimal verwendet werden.

Das Versuchsergebnis wird im übrigen um so ungenauer, je grobkörniger der Boden, insbesondere je größer der Gehalt an Überkorn ist.

Durch neuere Forschungsarbeiten in den USA (SEED/CHAN 1959, SEED 1959) hat man ferner festgestellt, daß wichtige Eigenschaften von im PROCTOR-Zylinder verdichteten Tonböden nicht allein von der Dichte abhängen, sondern auch von der Struktur, in der sich die plättchenförmig zu denkenden Tonteilchen bei der Verdichtung anordnen. Diese ist verschieden, je nachdem, ob der Boden auf der trockenen oder nassen Seite des optimalen Wassergehalts verdichtet worden ist. Durch eine polarisationsoptische Untersuchung ist der Nachweis gelungen, daß gestörte Tonproben je nach ihrer mechanischen Vorbehandlung unterschiedliche Strukturen zeigen können, die sich durch zwei idealisierte Grenzfälle der Teilchenanordnung, die Zellstruktur (*flocculated arrangement*) und die Schichtstruktur (*dispersed structure*), beschreiben lassen. Während bei den Vergleichsversuchen die mit niedrigem Wassergehalt verdichteten Proben eine scheinbar ungeordnete, sperrige Anordnung der Tonteilchen zeigten, ließ sich bei den mit hohem Wassergehalt verdichteten Proben eine gewisse gerichtete Ordnung mindestens bereichsweise erkennen. Die Neigung zur Schichtung war um so ausgeprägter, je höher der Wassergehalt bei der Verdichtung war. Die daraufhin aufgestellte Hypothese: „Auf der trockenen Seite des PROCTOR-Diagramms hat der Ton Zellstruktur, auf der nassen Seite Schichtstruktur" wurde durch die weitergehenden Untersuchungen über den Zusammenhang zwischen Struktur und Festigkeit, Struktur und Durchlässigkeit und Struktur und Schwellvermögen weitgehend bestätigt. Für die strukturabhängigen Eigenschaften des verdichteten Tons gibt SEED die einleuchtende Hypothese an, daß der für das Formänderungsverhalten maßgebende Faktor nicht der Wassergehalt oder die Dichte an sich sei, sondern das Maß an Scherbeanspruchung, das die Tonprobe während der Verdichtung erfahren hat, weil eine solche Beanspruchung die bei gestörtem Ton zunächst vorhandene Zellstruktur schrittweise abbaut und zu einer wachsenden Orientierung der Tonplättchen in die Gleitrichtung führt (s. auch MUHS/SMOLTCZYK 1963).

Verwendung. Der PROCTOR-Versuch dient zur Überprüfung von Verdichtungsarbeiten und hat sich auf diesem Gebiet, soweit es sich um bindige Böden handelt, eine beherrschende Stellung erobert. Wichtig ist, daß die im Laboratorium aufgewandte Fallenergie zu einer ähnlichen, möglichst gleichen Verdichtung führt wie die der Verdichtungsgeräte im Feld. Für Großuntersuchungen, wie sie bei Erddammbaustellen vorkommen, ist es deshalb notwendig, auf Versuchspisten, deren Wassergehalt wie beim PROCTOR-Versuch im Laboratorium verändert wird, Versuche mit verschiedenem Gewicht und einer wechselnden Zahl von Durchgängen des gewählten Verdichtungsgeräts auszuführen und im Laboratorium festzustellen, welches Verfahren und welche Zahl von Schlägen zu einer Übereinstimmung der im Feld und im Laboratorium gewonnenen Kurven führt (Abb. 434) (WALKER/HOLTZ 1953). Mit den hiernach hergestellten Proben sind dann die Versuche zur Feststellung des Scherwiderstands, der Zusammendrückbarkeit, des Porenwasserdrucks und der Durchlässigkeit vorzunehmen. Das Ziel ist, das Material so einzubauen, daß mit einem minimalen Aufwand eine Schüttung mit einem hohen Scherwiderstand, niedrigem Porenwasserdruck, niedriger Zusammendrückbarkeit und niedriger Durchlässigkeit entsteht (HOLTZ 1948).

Ein Einbauwassergehalt, der nur wenig oberhalb des optimalen Wassergehalts liegt (etwa 2%), liefert ein verhältnismäßig plastisches Material, das leicht zu verdichten ist und das sich, da es schon weitgehend mit Wasser gesättigt ist, bei der späteren Wassersättigung im Erddamm nur noch verhältnismäßig wenig setzt. Der Nachteil liegt aber in den hohen Porenwasserdrücken, die den Scherwiderstand herabsetzen (S. 506) und die Standsicherheit dadurch ungünstig beeinflussen. Bei einem kleineren Einbauwassergehalt als dem optimalen Wassergehalt bedarf der Boden wegen seiner geringen Plastizität einer intensiveren Verdichtungsarbeit, d. h., er muß von den Verdichtungsgeräten öfter passiert werden. Das Material ist dann aber gegenüber Porenwasserdrücken ziemlich unempfindlich und seine Standsicherheit größer. Jedoch sind die bei der späteren Wassersättigung zu erwartenden Setzungen ebenfalls größer. In zu trocken eingebautem Material hat man auch Risse, die dann zu unerwünschten Wasserdurchtritten und Ausspülungen geführt haben, beobachtet (A. CASAGRANDE 1951). Die Ansichten, ob mit einem Wassergehalt oberhalb oder unterhalb — und zwar jeweils plus oder minus 2% — des optimalen Wassergehalts verdichtet werden soll, gehen aus diesen Gründen auseinander (HOLTZ 1948, GOULD 1953).

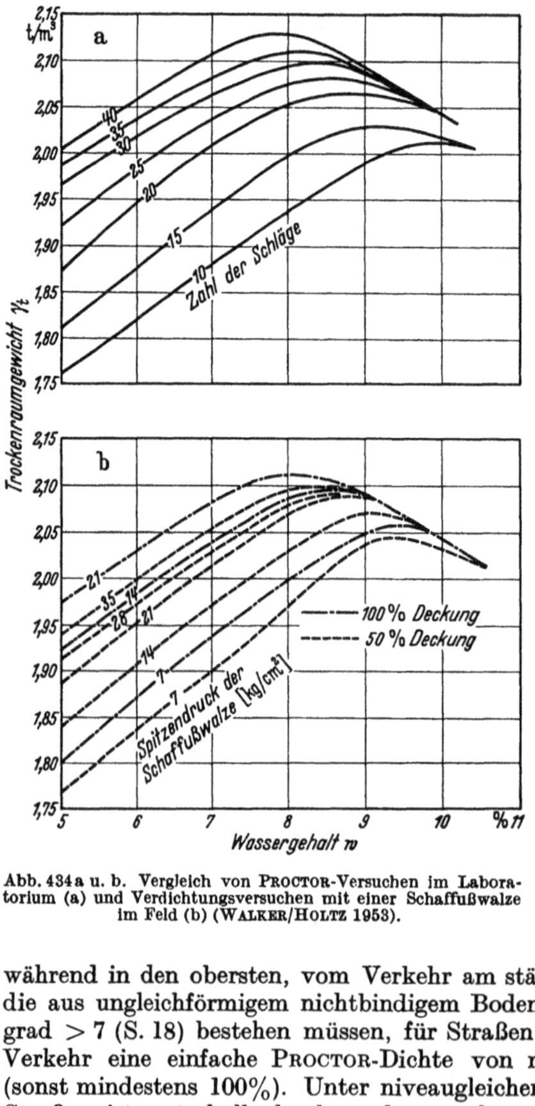

Abb. 434a u. b. Vergleich von PROCTOR-Versuchen im Laboratorium (a) und Verdichtungsversuchen mit einer Schaffußwalze im Feld (b) (WALKER/HOLTZ 1953).

Über die Anwendung des PROCTOR-Versuchs im Straßenbau in Verbindung mit den neuen Richtlinien für den Bau der deutschen Autobahnen siehe VOSS (1956, 1961 und 1962). Um bei Verdichtungsnachprüfungen sich einheitlich stets nur auf *einen* Vergleichswert beziehen zu können, ist hier für alle Böden allein die einfache PROCTOR-Dichte vorgeschrieben worden. Sie soll nach der ZTVE-StB (1965) in dem unteren Teil von Straßendämmen (bis 2 m unter Fahrbahnoberkante) bei bindigem Dammbaustoff mindestens 92%, in Dämmen mit über 6 m Höhe jedoch 95%, bei nichtbindigem Dammbaustoff stets mindestens 95% der einfachen PROCTOR-Dichte betragen. In dem darüberliegenden Teil bis zu 20 cm unter Fahrbahnunterkante bzw. Unterkante Unterbau soll bei bindigen bzw. nichtbindigen Dammbaustoffen eine einfache PROCTOR-Dichte von mindestens 97 bzw. 100% vorhanden sein, während in den obersten, vom Verkehr am stärksten beanspruchten Bereichen, die aus ungleichförmigem nichtbindigem Boden mit einem Ungleichförmigkeitsgrad > 7 (S. 18) bestehen müssen, für Straßen mit mittlerem bis sehr starkem Verkehr eine einfache PROCTOR-Dichte von mindestens 103% gefordert wird (sonst mindestens 100%). Unter niveaugleichen oder in Einschnitten liegenden Straßen ist unterhalb der besonders stark verdichteten, 20 cm dicken Schicht unmittelbar unter der Straße bis in 50 cm Tiefe unter Aushubsohle eine Dichte von mindestens 97% (bei bindigen Böden) bzw. 100% der einfachen PROCTOR-Dichte (bei nichtbindigen Böden) vorgeschrieben.

Mit Hilfe der PROCTOR-Kurve läßt sich in Zusammenhang damit untersuchen, ob ein in der Natur mit einem bestimmten Wassergehalt vorhandenes Bodenvorkommen unmittelbar als Dammbaustoff verwendet werden kann oder nicht. Ist z. B. eine einfache PROCTOR-Dichte von 95% vorgeschrieben, so ergeben die beiden Schnittpunkte der Parallelen zur Abszisse in Höhe $0{,}95\,\gamma_P$ mit der PROCTOR-Kurve (Abb. 435) den Wassergehaltsbereich w_u bis w_0 an, der in dem Boden vorhanden sein muß, um ohne besondere Maßnahmen eine Verdichtung von 95% der einfachen PROCTOR-Dichte erreichen zu können. Ist der natürliche Wassergehalt $w_n < w_u$, d. h., liegt das Material auf der *trockenen Seite*, so ist entweder sein Wassergehalt künstlich zu erhöhen oder auf eine schwerere Verdichtung überzugehen, für die unter Umständen der verbesserte PROCTOR-Versuch maßgebend ist. Bei dieser ist der optimale Wassergehalt $w_{vP} < w_P$ (Abb. 435), so daß der natürliche Wassergehalt w_n unter Umständen größer als der zu w_{vP} gehörige Wassergehalt w_u wird. Liegt der natürliche Wassergehalt auf der *nassen Seite* ($w_n > w_0$), so ist das Material in dem vorhandenen Zustand für eine Verdichtung ungeeignet und muß getrocknet oder durch Zusätze verbessert werden, bis w_n mindestens gleich w_0 ist.

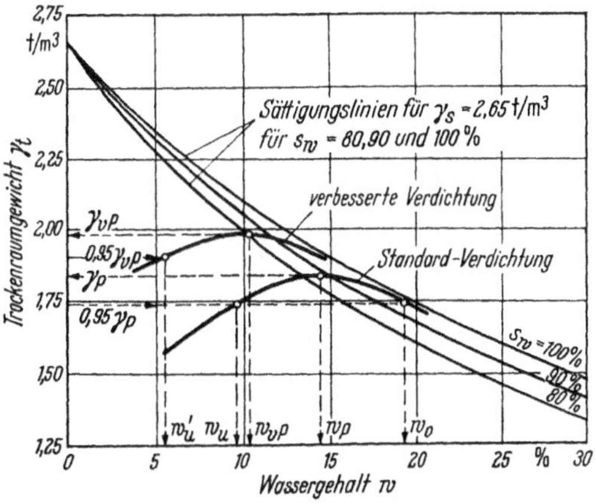

Abb. 435. Beurteilung der Eignung eines mit einem bestimmten Wassergehalt anstehenden bindigen Bodens für Verdichtungszwecke an Hand der γ_t-Kurven für den einfachen und verbesserten PROCTOR-Versuch.

Beispiel. Ein Beispiel für die Ermittlung der einfachen PROCTOR-Dichte eines schluffigen Sandes mit Kiesanteilen (mit 8% Überkorn) zeigt Tab. 52.

Tabelle 52. *Bestimmung der* PROCTOR-*Dichte*

Volumen des PROCTOR-Zylinders: 942,48 cm
Gewicht des PROCTOR-Zylinders: 3000 g
Bodenart: Schluffiger Sand, kiesig
Überkornanteil (> 10 mm) $P = 8\%$

$\gamma_s = 2{,}65$ t/m³

Fallgewicht: 2,50 kg
Schlagzahl: 3×25
Fallhöhe: 30 cm

$$\gamma_t = \frac{\gamma}{1 + \frac{w}{100}} \text{ t/m}^3$$

Versuch Nr.	Probengewicht + Zylinder (g)	Probengewicht (g)	γ (t/m³)	Luftpyknometer WS (m)	G_n (g)	w (%)	γ_t (t/m³)
1	4894	1894	2,010	8,1	1520	6,2	1,890
2	5001	2001	2,123	8,6	1550	8,4	1,958
3	5092	2092	2,220	11,3	1845	10,6	2,007
4	5092	2092	2,220	12,6	1905	12,6	1,972
5	5059	2059	2,185	15,1	2000	15,0	1,900

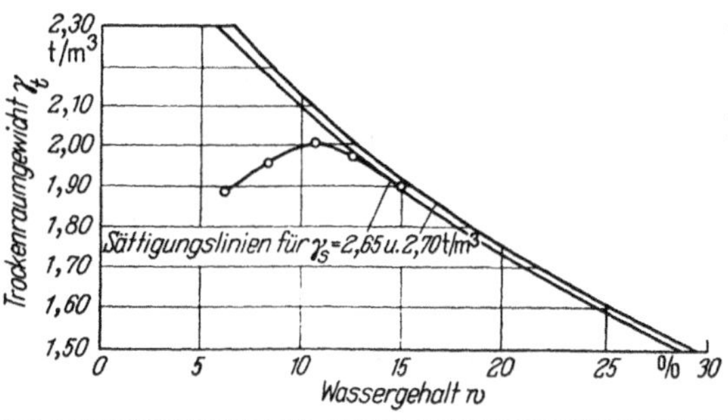

Aus PROCTOR-Kurve:

$\gamma_P = 2{,}01$ t/m³
$w_P = 10{,}6\%$

PROCTOR-Dichte des Gesamtmaterials:

$$\gamma'_P = \frac{\gamma_P \gamma_s}{P\,\gamma_P + (1 - P)\,\gamma_s} = \frac{2{,}01 \cdot 2{,}65}{0{,}08 \cdot 2{,}01 + 0{,}92 \cdot 2{,}65}$$

$$\gamma'_P = 2{,}05 \text{ t/m}^3$$

Literatur

Richtlinien:

Bureau of Reclamation (1960): Earth manual. Denver.
Forschungsges. f. d. Straßenwesen (1963): Merkblatt für bodenphysikalische Prüfverfahren im Straßenbau. Köln.
ZTVE-StB (1965): Zusätzliche Technische Vorschriften und Richtlinien für Erdarbeiten im Straßenbau.

Über die Durchführung des Versuchs:

PROCTOR (1933): Design and construction of rolled earth dams. Eng. News Rec. 111, S. 254.
NELSON/SOWERS (1949): Effect of re-using soil on moisture density curves. 29. Ann. Meet. Highway Res. Board.
SEED (1959): A modern approach to soil compaction. Institute of Transportation and Traffic Engineering. University of California. No. 69, S. 77.
—/CHAN (1959): Structure and strength characteristics of compacted clays. Proc. Am.Soc Civ. Eng. 77, S. 87.
MUHS/SMOLTCZYK (1963): Bodenmechanik und Grundbau in den USA. Wiesbaden. S. 61.
SIEDEK/VOSS (1963): Die Bodenprüfverfahren bei Straßenbauten. Düsseldorf.
NAUJOKS (1964): Untersuchungen zum Nachweis eines spezifischen Sättigungsgrades. Mitt. Bundesanstalt Wasserbau Karlsruhe H. 21, S. 3.

Über Anwendungen im Dammbau:

HOLTZ (1948): The determination of limits for the control of placement moisture in high rolled-earth dams. Proc. ASTM 48, S. 1248.
GIBBS (1950): The effect of rock content and placement density on consolidation and related pore pressure in embankment construction. Proc. ASTM 50, S. 1343.
CASAGRANDE (1951): Notes on the design of earth dams. Harvard Univ. Soil Mech. Series No. 35.
WALKER/HOLTZ (1953): Control of embankment material by laboratory testing. Trans. Am. Soc. Civ. Eng. 118A, S. 1.
GOULD (1953): The compressibility of rolled fill materials determined from field observations. Proc. III. Int. Conf. Soil Mech. Found. Eng. Zürich, Bd. II, S. 239.
POST/LONDE (1955): Der Erdstaudammbau. Amerikanische Praxis. München.
ZELLER/SCHNELLER (1957): Einige bodenmechanische Eigenschaften künstlich verdichteter Lockergesteine. Straße u. Verkehr 43, H. 13.

Über Anwendungen im Straßenbau:

SIEDEK/VOSS (1955): Über die Lagerungsdichte und den Verformungswiderstand von Korngemischen. Straße u. Autobahn 6, S. 273.
VOSS (1956): Die Bodenverdichtung im Straßenbau. Düsseldorf.
— (1961): Lagerungsdichte und Tragwerte von Böden bei Straßenbauten. Straße u. Autobahn 12, S. 115.
— (1962): Das Zusammenwirken von Untergrund, Frostschutz- und Tragschichten. Straße u. Tiefbau 16, S. 586.
BRAND/FLOSS (1965): Der Proctorversuch als Eignungsprüfung und Maßstab für die Güteprüfung. Möglichkeiten und Grenzen. Straße u. Autobahn 16, S. 16.

1.411.35 California-Bearing-Ratio (CBR-Versuch)

Definition. Die „*California-Bearing-Ratio*", abgekürzt „*CBR-Versuch*" genannt, ist ein empirisches Maß zur Ermittlung der relativen Tragfähigkeit des Untergrundes, das durch ein in den USA genormtes Verfahren bestimmt wird. Es ist in Zusammenhang mit systematischen Beobachtungen und Untersuchungen an Straßen mit offensichtlich zu schwachem Unterbau und solchen mit ausreichendem Unterbau vom California State Highways Department ab 1929 entwickelt (1945) und später vom US Corps of Engineers für die Bemessung von Rollfeldern übernommen und verbessert worden.

Bei dem Verfahren wird die Größe einer Last, die notwendig ist, um einen Stempel von festgelegtem Querschnitt in einen mit Boden gefüllten Zylinder von festgelegtem Querschnitt einzudrücken, mit der Last verglichen, die die gleiche Eindringung unter den gleichen Bedingungen in einem genormten Boden erzeugt, der aus sorgfältig abgestuftem zerkleinertem Gestein besteht. Die Lasten werden dabei in der überwiegenden Mehrzahl auf eine Eindringung von 2,5 mm bezogen. Die hierfür erforderlichen Einheitslasten für den Normenboden sind bekannt. Die beim CBR-Versuch erhaltenen Lasten werden in Prozent dieses genormten Maßes ausgedrückt. Hierdurch findet auch der Name ,,Californisches Tragfähigkeitsverhältnis" (California Bearing Ratio) seine Erklärung.

Gerät. Der Versuch kann sowohl im Feld als auch im Labor ausgeführt werden. Im ersten Fall ist der Boden ungestört, im zweiten ungestört oder gestört.

Beim *Feldversuch* (Abb. 436) besteht das Versuchsgerät aus einer Ringscheibe von 25 cm Durchmesser und 5 kg Gewicht, dem Druckstempel von

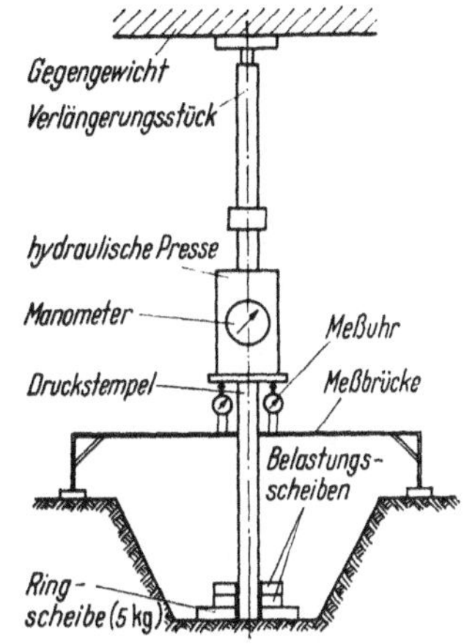

Abb. 436. Versuchsanordnung zur Bestimmung des CBR-Werts im Feld.

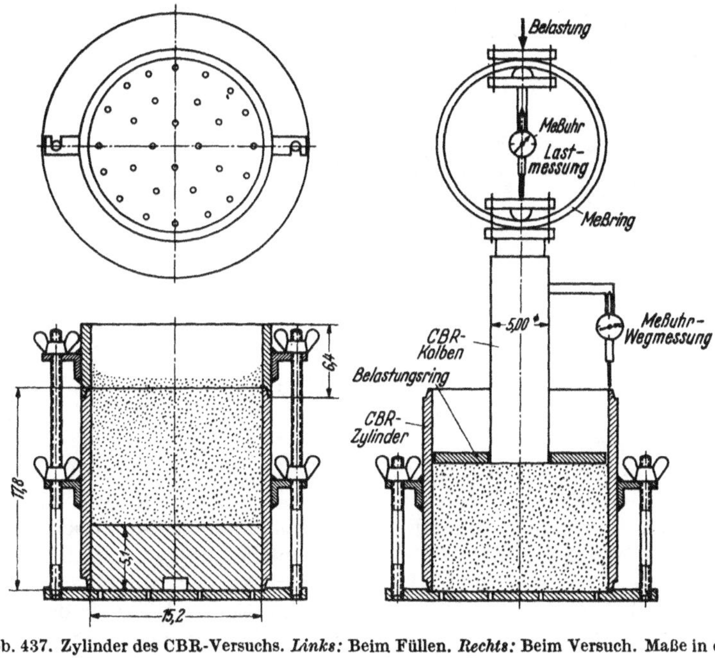

Abb. 437. Zylinder des CBR-Versuchs. *Links:* Beim Füllen. *Rechts:* Beim Versuch. Maße in cm.

5,0 cm Durchmesser (19,6 cm² Querschnitt) und Verlängerungsstücken, mehreren Belastungsscheiben, einer Meßbrücke mit Meßuhren und einem hydraulischen Preßtopf mit Manometer.

Die *Versuchseinrichtung im Laboratorium* (Abb. 437) besteht aus einem Zylinder von 15,2 cm Durchmesser (180 cm² Querschnitt) und 17,8 cm Höhe, in dem die Probe verdichtet wird, und einem Kolben von 5,0 cm Durchmesser (19,6 cm²

Querschnitt), dessen Eindringung man mißt. Zu dem Zylinder gehören ein 6,4 cm hoher Aufsatzring und zwei abnehmbare Grundplatten, von denen eine durchlöchert ist, sowie eine runde, 5,1 cm hohe Einsatzscheibe mit 15,0 cm Durchmesser. Ferner werden eine hydraulische Druckanlage (Abb. 438), mehrere zweigeteilte Belastungsscheiben mit 15,0 cm Durchmesser, eine gelochte Einsatzplatte mit 15,0 cm Durchmesser, ein Tauchbecken, ein Dreifuß mit Meßuhr und eine Waage (Tragkraft 15 kg) sowie das Gerät zur Bestimmung des Wassergehalts benötigt.

Zur Untersuchung ungestörter Proben braucht man außerdem einen Ausstechzylinder, zur Untersuchung gestörten Bodens das Gerät zum Verdichten gemäß dem PROCTOR-Versuch (s. Kap. 1.411.34), d. h. den Stößel zum Herbeiführen der einfachen oder verbesserten PROCTOR-Dichte.

Abb. 438. Belastungsmaschine für CBR-Versuche und dreiaxiale Druckversuche im Laboratorium (Leonard Farnell & Co. Ltd., Hatfield, England).

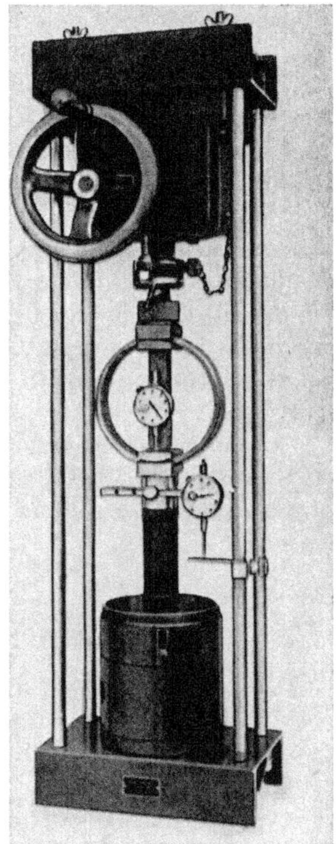

Abb. 439. Belastungsapparat für CBR-Versuche mit ungestörten Proben im Feld. (Wykeham Farrance Engineering Ltd., Slough, England).

Vorgang. Bei dem *Versuch im Straßenplanum*, der gewöhnlich nur dann angewandt wird, wenn das Material zu körnig ist, um eine ungestörte Probe ausstechen zu können, wird ein Schürfloch ausgehoben, eingeebnet und mit der Ringscheibe und notfalls mit weiteren Belastungsscheiben belegt, so daß die Belastung der Bodenoberfläche der unter der Last der Straßendecke ungefähr gleichkommt. Der Stempel wird dann mit Hilfe eines hydraulischen Wagenhebers oder eines Preßtopfes, der sich gegen die Unterfläche eines Lastwagens (Abb. 285) abstützt, 1,25 cm tief in den Boden eingedrückt. Die Vorschubgeschwindigkeit des Stempels soll dabei konstant sein und 1,25 mm/min betragen. Hierzu werden die Setzungen mit Hilfe der an der Meßbrücke angebrachten Feinmeßuhr beobachtet und die Belastungen so geregelt, daß sich zu den nachstehend genannten Zeiten die folgenden Setzungen ergeben:

0,5 min	0,63 mm	1,5 min	1,88 mm	4,0 min	5,00 mm	8,0 min	10,00 mm
1,0 min	1,25 mm	2,0 min	2,50 mm	6,0 min	7,50 mm	10,0 min	12,50 mm

Die zugehörigen Manometerablesungen werden notiert.

Anschließend wird eine Probe zur Bestimmung des Wassergehalts entnommen und nach Entfernen des durch den Versuch gestörten Bodens in dem so entstandenen Loch (mindestens 15 cm tief und 15 cm breit) das Raumgewicht gemäß Kap. 1.322.6 ermittelt.

Für den *Versuch mit ungestörten Proben* werden die Proben mit Entnahmezylindern gemäß Abb. 132, jedoch möglichst mit Abmessungen, die dem CBR-Zylinder ähneln, ausgestochen, an ihren Enden geglättet und zur Bestimmung ihres Raumgewichts gewogen. Es wird dann ein Teil der Probe zum Auflegen der Belastungsplatten entfernt und die Probe unter Umständen sofort an Ort und Stelle in einen Belastungsrahmen (Abb. 439) oder im Laboratorium in eine Belastungsmaschine (Abb. 438) eingebaut und belastet. Unterscheidet sich der Durchmesser der Ausstechzylinder von dem des CBR-Zylinders sehr, so muß die Probe entsprechend verkleinert werden.

Nach dem Versuch wird der Wassergehalt einer Teilprobe aus der Nähe des Belastungsstempels bestimmt.

Bei dem überwiegend angewandten *Laboratoriumsversuch* wird in der Regel mit gestörtem Probenmaterial ($< \sim 20$ mm Korndurchmesser) gearbeitet, das nach dem Proctor-Verfahren künstlich so hoch verdichtet wird, wie es später durch die im Straßen- und Rollfeldbau üblichen Verdichtungsgeräte erwartet werden darf.

Für den Versuch wird der CBR-Zylinder mittels der Zugschrauben mit der Grundplatte und dem Aufsatzstück verbunden (Abb. 437), in den Zylinder die Einsatzscheibe eingesetzt und der meist mit dem optimalen Wassergehalt (S. 409) vorbereitete Boden in fünf Lagen zu je 2,54 cm eingebaut und verdichtet. Die für jede Lage bei dem gewünschten Raumgewicht erforderliche Probenmenge kann vorher ausgewogen werden, so daß nach Einfüllen der Gesamtprobenmenge der CBR-Zylinder genau gefüllt ist und das Aufsatzstück entfernt werden kann. Man kann aber auch jede Lage nach einer bestimmten Verdichtungsvorschrift verdichten, den überflüssigen Boden nach Abnehmen des Aufsatzstücks abschneiden und die Probenmenge nach dem Versuch wiegen. Nach Glätten und Abdecken der Oberfläche mit Filterpapier wird die zweite, durchlöcherte Grundplatte auf dem Zylinder angebracht, die untere Platte gelöst, der Zylinder umgedreht, die Einsatzplatte entfernt und die die Erdauflast nachahmende Plattenbelastung aufgebracht. Der CBR-Zylinder kann dann in die Belastungsmaschine (Abb. 438) eingesetzt und der eigentliche Versuch begonnen werden. Der Versuch kann mit der umgekehrten Probe wiederholt werden, wenn wegen der durch den ersten Versuch verursachten Störung der Probe keine Bedenken hiergegen bestehen.

Das Ergebnis des Versuchs würde den Boden bei der untersuchten Dichte und dem untersuchten Wassergehalt, d. h. also für unter Umständen sehr günstige Bedingungen, kennzeichnen. Diese Bedingungen können zwar durch geeignete Verdichtungsverfahren herbeigeführt werden, doch ist es zweifelhaft, ob sie unter der Straße auch in alle Zukunft erhalten bleiben werden. In feuchten, vielleicht sogar in allen nicht ausgesprochen trockenen Ländern muß meist damit gerechnet werden, daß der Wassergehalt des Bodens erheblich zunimmt. Es ist deshalb üblich, den CBR-Versuch mit wassergesättigtem Boden zu wiederholen.

Zu diesem Zweck wird die fertig vorbereitete, mit der gelochten Einsatzplatte und ringförmigen Belastungsplatten abgedeckte Probe in dem Tauchbecken unter Wasser gesetzt, so daß sie von oben und unten Wasser aufnehmen kann. Ihre Oberfläche wird dabei mit der am Dreifuß befestigten Meßuhr auf etwaige Schwellbewegungen hin nachgemessen. Nach etwa vier Tagen wird das freie

Wasser entfernt und die Probe nach etwa 15 Minuten, währenddessen sie noch weiter Wasser abgeben kann, in die Belastungsmaschine eingebaut, nachdem vorher die gelochte Platte auf der Probe entfernt worden ist.

Meßgrößen. Gemessen werden die Drücke in kg/cm², die notwendig sind, um den Belastungsstempel um die auf S. 418 genannten Beträge in den Boden einzudrücken. Außerdem wird das Maß des Schwellens oder Schwindens festgestellt.

Auftragungen. Die gemessenen Eindringungen des Stempels werden in Abhängigkeit von der Last aufgetragen, um etwaige Störungen während des Versuchs an dem dann unregelmäßigen Kurvenverlauf erkennen und ausgleichen zu können (s. Abschn. „Beispiel"). Oft wird auf das Auftragen der Kurven verzichtet und aus dem Meßprotokoll nur die Belastung bei einer Setzung von gewöhnlich 2,5 mm entnommen.

Kennziffern. Aus der Setzung von $^1/_4$ cm wird der sogenannte „*CBR-Wert*" berechnet, und zwar dadurch, daß man die zugehörige Belastung in Beziehung zu der Belastung setzt, die bei den amerikanischen Eichversuchen in einem sehr festen Material (gebrochener Fels) bei gleicher Versuchsanordnung und gleicher Setzung ermittelt wurde. Der CBR-Wert ist also folgendermaßen definiert:

$$\mathrm{CBR} = \frac{\text{Versuchsbelastung}}{\text{Standardbelastung}} \cdot 100 \qquad (\%) . \qquad (174)$$

Die Standardbelastung beträgt 1000 lbs/in.² (70,3 kg/cm²), wodurch sich für den CBR-Wert (mit $F = 3$ in.²) die sehr einfache Gleichung ergibt:

$$\mathrm{CBR} = \frac{p}{1000} \cdot 100 = \frac{P}{F\,10} = \frac{P}{30} \qquad (\%) \quad (P \text{ in lbs}) ; \qquad (175\text{a})$$

bzw.

$$\mathrm{CBR} = \frac{p}{70{,}3} \cdot 100 = \frac{P}{19{,}6 \cdot 0{,}703} = \frac{P}{13{,}78} \quad (\%) \quad (P \text{ in kg}) . \qquad (175\text{b})$$

Der durch die Setzung von $^1/_4$ cm gegebene CBR-Wert ist im allgemeinen der größte. Ist jedoch der aus der Setzung von $^1/_2$ cm berechnete CBR-Wert größer, so wird dieser als maßgebend angesehen. Die Standardbelastung für eine Setzung von $^1/_2$ cm beträgt 105,5 kg/cm² (1500 lbs/in.²).

Auswertung. Die in einem Boden erhaltenen CBR-Werte werden bisweilen — wenn entsprechende Ergebnisse von Versuchen mit wechselnder Dichte γ_t und wechselndem Wassergehalt w vorliegen — in Abhängigkeit von γ_t und w aufgetragen, um die für einen maximalen CBR-Wert notwendigen Werte für γ_t und w zu finden (s. Abschn. „Beispiel"). Bei beiden Auftragungen wird dabei bisweilen für die Ordinatenachse (CBR-Werte) der logarithmische Maßstab bevorzugt, um annähernd gerade Linien zu erhalten.

Zahlenwerte. Die CBR-Werte liegen für die einzelnen Baugrundgüten in den folgenden Grenzen (Abb. 440):

2– 4%: Sehr schlechter Untergrund;
4– 7%: Schlechter Untergrund;
7– 15%: Mittelmäßiger Untergrund;
15– 40%: Guter Untergrund;
40–100%: Ausgezeichneter Untergrund.

Die Grenzen, in denen die CBR-Werte in den Hauptbodenklassen des Airfield Classification System (S. 21) zu erwarten sind, gehen aus Abb. 440 hervor. Desgleichen besteht eine ungefähre Beziehung der CBR-Werte zu den bei dem Plattendruckversuch (Abb. 440 und 441) ermittelten Bettungszahlen (S. 251). Den

Bettungszahlen liegt eine Setzung von 0,05 in. der 30 in.-Durchmesserplatte bei der Erstbelastung zugrunde (gemäß dem Verfahren des US Corps of Engineers).

Verwendung. Der CBR-Versuch findet bei der Berechnung nachgiebiger Straßen- und Flugplatzbeläge Anwendung. Während der Plattendruckversuch (s. Kap. 1.322.5) vorwiegend für die Bemessung von starren Betondecken, die nur eine geringe Nachgiebigkeit des Untergrundes vertragen, angewendet wird, ist der CBR-Versuch für die Bemessung von Schwarzdecken entwickelt worden, bei denen eine größere Nachgiebigkeit des Untergrundes unter den Radlasten der Fahrzeuge zugelassen werden kann.

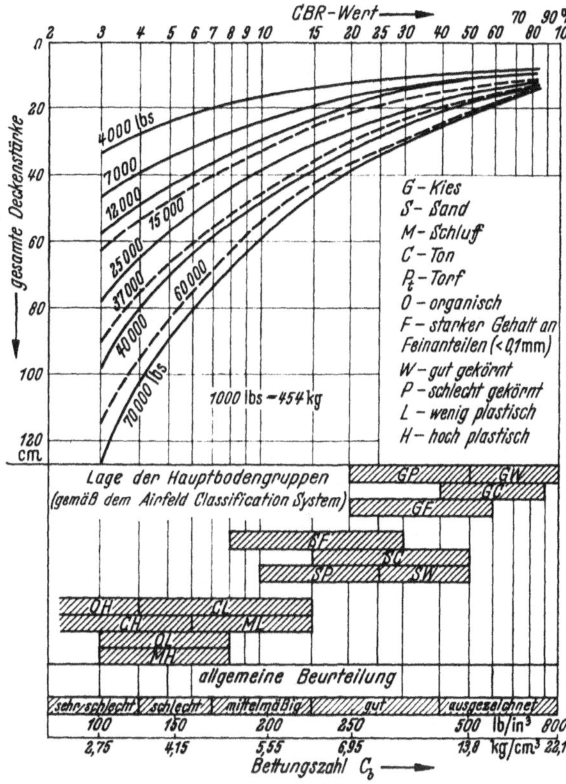

Abb. 440. Beziehung zwischen CBR-Wert und der Stärke von nachgiebigen Straßenbefestigungen gemäß dem Vorschlag des US Corps of Engineers (*oben*) und Diagramme zum Schätzen des CBR-Werts (*unten*).

Wie für den Plattendruckversuch, so sind auch für den CBR-Versuch Nomogramme aufgestellt worden, die für verschiedene Radlasten, Verkehrsdichten und Niederschlagsverhältnisse die erforderliche Dicke der Straßendecke in Abhängigkeit vom CBR-Wert angeben (Abb. 440). Sie sind im Gegensatz zu den Nomogrammen zur Auswertung des Plattendruckversuchs im Hinblick auf die Dimensionierung starrer Decken rein empirischer Natur, gewonnen aus Nachprüfungen mit Hilfe des CBR-Versuchs an einer großen Zahl von Straßen und Rollfeldern, die sich bewährt oder nicht bewährt haben.

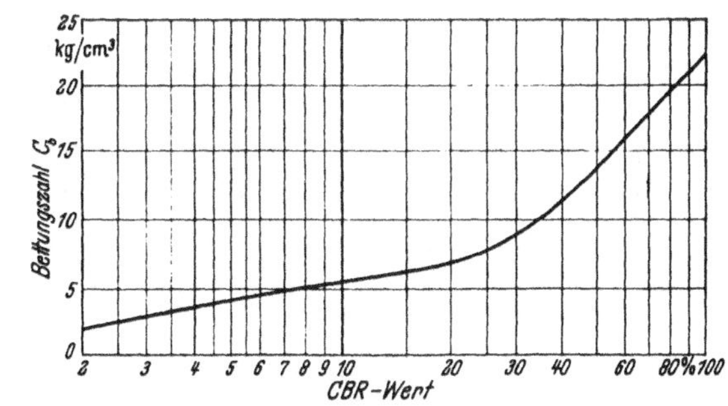

Abb. 441. Beziehung zwischen CBR-Wert und Bettungszahl auf Grund von Versuchen (COCHRANE 1952).

Von vielen Seiten wird das CBR-Verfahren heute als das geeignetste Bemessungsverfahren für nachgiebige Decken angesehen (McFADDEN/PRINGLE 1948). Jedoch ist es für seine erfolgreiche und wirtschaftliche Anwendung immer notwendig, die CBR-Werte für den wirklich unter der künftigen Decke herrschenden Wassergehalt und für die bei der Ausführung durch die Erdbaugeräte herbeigeführte Dichte zu ermitteln. Da der CBR-Wert von diesen beiden Faktoren stark abhängt, sind umfangreiche Untersuchungen über ihre Einflüsse und über die Möglichkeit der Wassergehaltsveränderung des Bodens unter der Decke notwendig, um den im Zusammenwirken mit der gewählten Verdichtung wirklich zutreffenden CBR-Wert zu finden (LOXTON/McNICHOLL/BICKERSTAFF 1952, COCHRANE 1952, CRONEY/COLEMAN 1953). Abgelehnt wird heute vielfach die Bewertung des in bindigen Böden oft sehr schlechten Ergebnisses des CBR-Versuchs mit wassergesättigtem Boden. Ganz allgemein gilt die Bemessung gemäß dem CBR-Verfahren als sicher, doch wird es auch von manchen Stellen (US Navy Department, Canadian Department of Transport) als zu sicher und deshalb unwirtschaftlich angesehen (PALMER 1948, McLEOD 1948). Diese Stellen ziehen die Bemessung gemäß dem Plattendruckversuch vor.

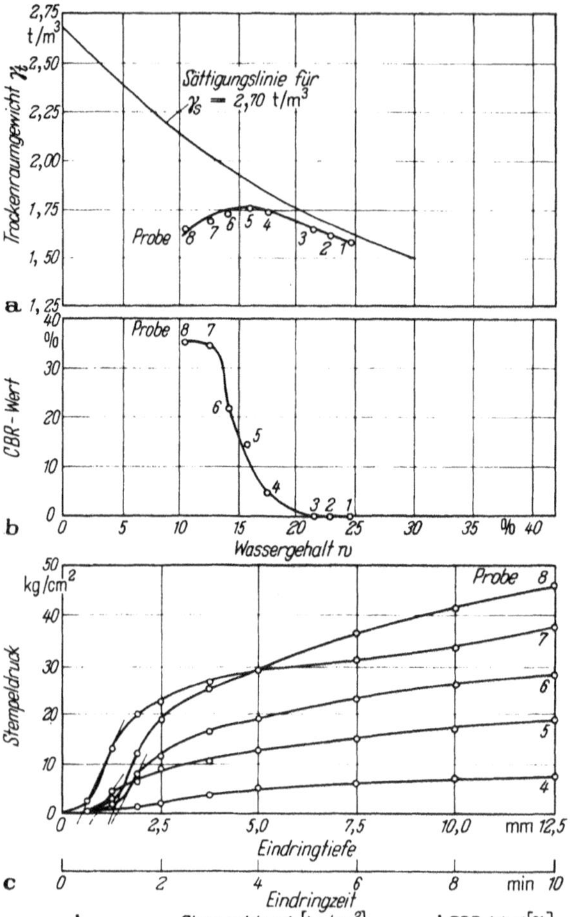

Probe	Stempeldruck [kg/cm²] bei 2,5 mm	korrig. Wert	bei 5,0 mm	korrig. Wert	CBR-Wert [%] bei 2,5 mm	bei 5,0 mm
4	2,0	—	5,0	—	2,9	4,8
5	9,0	10,0	12,5	13,5	14,3	12,9
6	11,5	16,5	19,0	21,5	23,6	20,5
7	22,5	24,9	29,0	29,9	35,5	28,5
8	19,0	25,0	29,0	30,0	36,0	28,5

Abb. 442a—c. Ermittlung der CBR-Werte eines im PROCTOR-Zylinder verdichteten bindigen Bodens bei verschiedenen Wassergehalten und Bestimmung des höchsten CBR-Werts und des zugehörigen Wassergehalts (Bundesanstalt für Straßenbau, Köln).

Beispiel. Für einen tonig-sandigen Schluff mit einem spezifischen Gewicht von 2,70 t/m³ wurde die Abhängigkeit des CBR-Werts vom Wassergehalt unter Zugrundelegung der Verdichtungsarbeit für die einfache PROCTOR-Dichte ermittelt. Hierzu wurde das Material im CBR-Zylinder bei acht verschiedenen Wassergehalten entsprechend eingebaut, verdichtet (Fallhöhe: 45 cm, Fallgewicht: 4,5 kg, Schlagzahl: 22/Lage, Zahl der Lagen: 3) und die dabei erhaltene PROCTOR-Kurve aufgetragen (Abb. 442a). Für alle acht Fälle wurde anschließend ohne Wassersättigung ein CBR-Versuch durchgeführt. Aus den dabei gewonnenen fünf Last-Eindringungslinien (Abb. 442c) – für die bei Wassergehalten > 20% verdichteten Proben war der Druck des CBR-Stempels ~ 0 – wurde für die Eindringungen von 2,5 mm und 5,0 mm der zugehörige Stempeldruck entnommen und nach Gl. (175) der CBR-Wert bestimmt. Dabei wurde bei den Proben 5, 6, 7 und 8, bei denen die Last-Eindringungskurve am Anfang nach oben hohl gekrümmt war, eine Nullpunktkorrektur der Abszissenachse vorgenommen und der Stempeldruck für 2,5 bzw. 5,0 mm Eindringung entsprechend verschoben abgegriffen. Als korrigierter Nullpunkt wurde der Schnittpunkt der an den Wendepunkt der Lasteindringungslinie gelegten Tangente mit der Abszisse eingeführt. Die Auftragung der auf diese Weise erhaltenen CBR-Werte vom zugehörigen Wassergehalt (Abb. 442b) – aufgetragen wurde jeweils der größere der beiden für 2,5 und 5,0 mm erhaltenen Werte – zeigt, daß bei der gewählten Verdichtungsarbeit der größte CBR-Wert bei einem Wassergehalt von 10,6% erreicht wurde.

Literatur

California State Highways Department (1945): The C.B.R. test as applied to the design of flexible pavements for airports. Techn. Memorandum Nr. 213–221.

DAVIS (1949): The California bearing ratio method for the design of flexible roads and runways. Géotechnique 1, S. 249.

Forschungsges. f. d. Straßenwesen (1955): Merkblatt für bodenphysikalische Prüfverfahren im Straßenbau. Köln.

SNV 40330 (1959): Dimensionierung des Oberbaues mit dünnem Belag nach der CBR-Methode. VSS-Kommission 3: Ober- und Unterbau.

Über Anwendungen:

MCFADDEN/PRINGLE (1948): Evaluation of flexible pavements for airfields. Proc. II. Int. Conf. Soil Mech. Found. Eng. Rotterdam, Bd. V, S. 172.

MCLEOD (1948): An investigation of airport runways in Canada. Proc. II. Int. Conf. Soil Mech. Found. Eng. Rotterdam, Bd. IV, S. 167.

PALMER (1948): Pavement evaluation by loading tests at Navel and Marine Corps Air Station. Proc. II. Int. Conf. Soil Mech. Found. Eng. Rotterdam, Bd. II, S. 222.

LEWIS (1948): Tests on subgrade core samples, as applied to the design of road foundations. Proc. II. Int. Conf. Soil Mech. Found. Eng. Rotterdam, Bd. II, S. 213.

— (1948): The investigation of road foundation failures. Proc. II. Int. Conf. Soil Mech. Found. Eng. Rotterdam, Bd. II, S. 275.

LOXTON/BEAVIS/MCNICHOLL (1948): A procedure for evaluating the influence of the moisture content of the subgrade on the thickness required for flexible pavements of airfields. Proc. II. Int. Conf. Soil Mech. Found. Eng. Rotterdam, Bd. II, S. 218.

—/MCNICHOLL/BICKERSTAFF (1952): Procedure for determining the California bearing ratios of soils in unsaturated conditions. Proc. I. Australia-New Zealand Conf. Soil Mech. Found. Eng. Melbourne, S. 164.

COCHRANE (1952): The design of aerodrome pavements. Journ. Inst. Eng. Australia 24, S. 129.

CRONEY/COLEMAN (1953): Soil moisture suction properties and their bearing on the moisture distribution in soils. Proc. III. Int. Conf. Soil Mech. Found. Eng. Zürich, Bd. I, S. 13.

1.411.36 Durchlässigkeit

Definition. Die im Laboratorium bestimmte Wasserdurchlässigkeit eines Bodens wird durch den „*Durchlässigkeitsbeiwert k*" angegeben, d.h. nach Gl. (114) durch die Geschwindigkeit in m/s, mit der Wasser von 20 °C und mit dem Gefälle $\frac{h}{l} = 1$ die in das Versuchsgerät eingebaute Probe von der Höhe l durchfließt. Nach den Ausführungen im Kap. 1.333 ist das nicht die wirkliche Grundwassergeschwindigkeit, sondern die Filtergeschwindigkeit.

Über die Luft- und Öldurchlässigkeit des Bodens siehe Angaben am Schluß des Kapitels (Abschn. „Verwendung").

Gerät. Für Böden mit großer Durchlässigkeit besteht das Gerät aus einem Wasserbehälter, dessen Spiegel durch einen Überlauf unverändert gehalten wird, einem Verbindungsschlauch, der zu einem, unten durch Siebgewebe abgeschlossenen Zylinder führt, in dem sich die Bodenprobe befindet, und einem Glas von etwa 5 bis 10 cm Durchmesser und etwa 30 cm Höhe, in dem die Wassermenge, die die Bodenprobe verläßt, gemessen wird. Die Probe kann entweder von oben nach unten (Abb. 443) oder von unten nach oben (Abb. 444) durchflossen werden. Das letztere ist wegen der Abführung von etwa noch im Boden oder Wasser vorhandenen Luftblasen vorzuziehen.

In sehr durchlässigen Böden können die Strömungsverluste in der Schlauchleitung und dem Eintrittsfilter oder -sieb im Verhältnis zu dem Durchflußwiderstand der Probe unter Umständen recht groß werden. Es ist dann notwendig, das längs des Durchflußwegs l' tatsächlich vorhandene Druckgefälle h_w durch mindestens zwei Piezometerrohre besonders zu messen (Abb. 444).

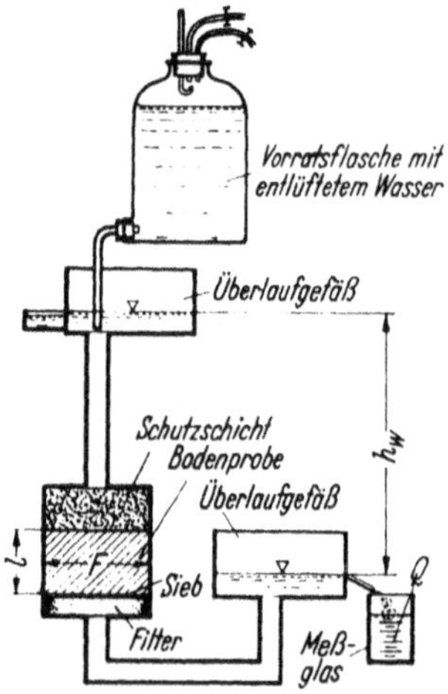

Abb. 443. Versuchsanordnung zur Bestimmung der Durchlässigkeit sandiger Böden bei Durchströmen der Probe von oben nach unten und konstanter Druckhöhe.

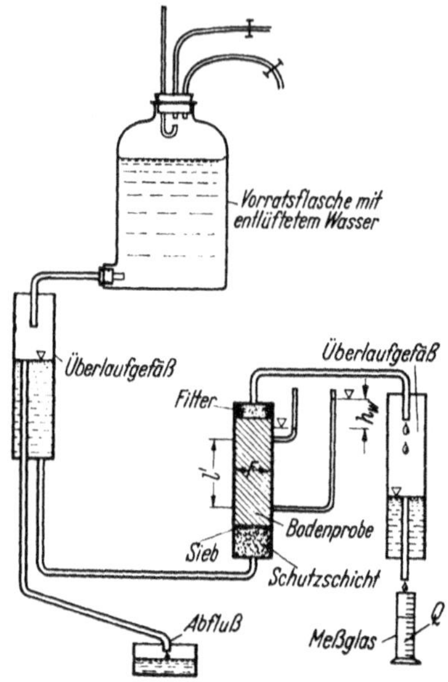

Abb. 444. Versuchsanordnung zur Bestimmung der Durchlässigkeit sandiger Böden bei Durchströmen der Probe von unten nach oben und konstanter Druckhöhe.

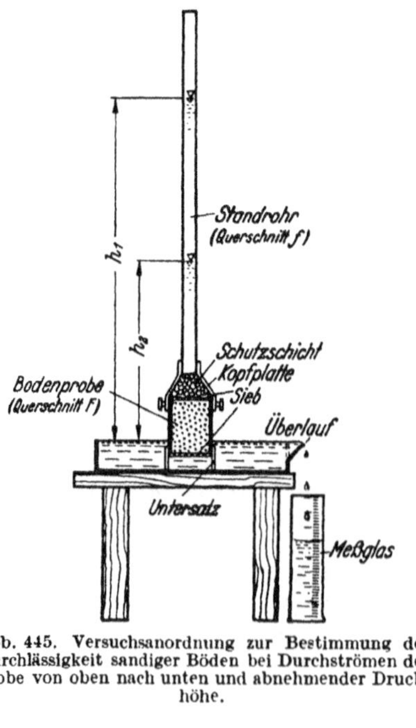

Abb. 445. Versuchsanordnung zur Bestimmung der Durchlässigkeit sandiger Böden bei Durchströmen der Probe von oben nach unten und abnehmender Druckhöhe.

Bei nicht zu wasserdurchlässigen Böden ist die Verwendung eines einfachen Entnahmezylinders (S. 127) praktisch. Er wird in einen am Boden durchlöcherten, mit Siebgewebe ausgelegten Untersatz eingesetzt und mit einer Kopfplatte versehen, auf der ein mit einer Skala versehenes Standrohr vom Querschnitt f angebracht ist (Abb. 445). Der Querschnitt f soll so bemessen sein, daß der Wasserspiegel im Standrohr mit keiner höheren Geschwindigkeit als etwa 1 cm/s absinkt. Die die Probe durchfließende Wassermenge braucht nicht unbedingt aufgefangen zu werden, da sie aus der im Standrohr abgesunkenen Wassersäule berechnet werden kann.

In weniger durchlässigen Böden versagen diese Versuchsanordnungen, da die durch die Proben hindurchsickernde Wassermenge zu gering ist. Man baut den Boden dann in einen Kompressionsapparat (S. 452) ein, verbindet die in diesem befindliche Austrittsöffnung für das Porenwasser mit einem Standrohr von geringem Durchmesser und beobachtet in diesem das Absinken des Wasserspiegels (Abb. 446). Wenn die Durchlässigkeit stark bindiger Böden so gering ist, daß mit den verhältnismäßig kleinen Druckhöhen, die im Standrohr erreicht werden können (etwa 1 bis 2 m), keine meßbare Veränderung des Spiegels zu erzielen ist, wird die Druckhöhe des Wassers durch Preßluft vergrößert, die man von einer Flasche aus auf das Wasser im Standrohr einwirken läßt. Der auftretende Druck wird am genauesten durch ein Quecksilbermanometer gemessen (Abb. 446). Er darf wegen der Gefahr einer Ausspülung von Bodenteilchen etwa $^1/_{20}$ der lotrechten Belastung der Probe nicht überschreiten.

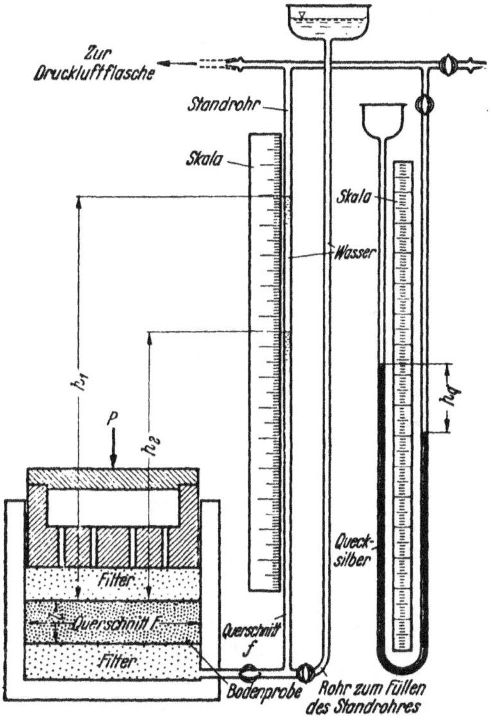

Abb. 446. Versuchsanordnung zur Bestimmung der Durchlässigkeit schwer durchlässiger Böden im Kompressionsapparat.

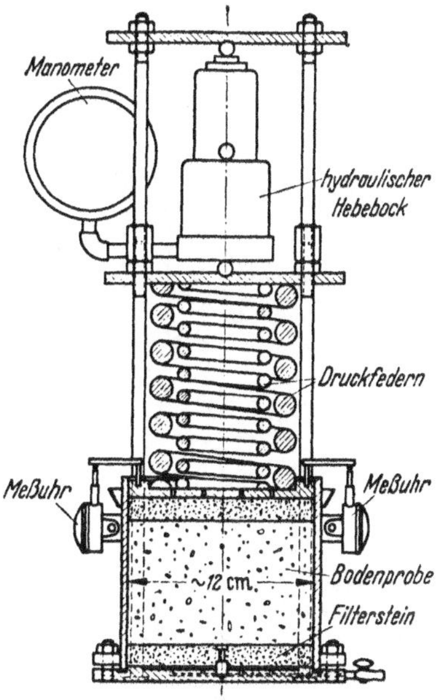

Abb. 447. Gerät zur Bestimmung der Durchlässigkeit grobkörniger, schwer durchlässiger Bodengemische.

Enthält der Boden grobe Bestandteile, die eine Untersuchung im Kompressionsapparat unmöglich machen, so benutzt man ein „*Permeameter*" (Abb. 447), ein Gerät, in dem die Probe mittels eines hydraulischen Wagenhebers über zwei Druckfedern belastet werden kann und das auch den Einbau des Entnahmezylinders gestattet. Die Federn dienen zur Druckmessung; sie verhindern aber auch, wenn sie in ihrer Stellung nach Aufbringen einer neuen Last durch die Muttern an den Zugstangen festgehalten werden, einen zu starken Abfall der Druckbelastung, der bei einer Setzung des Bodens bei rein hydraulischer Belastung eintreten würde.

Die Wasserdurchlässigkeit kann auch mittelbar aus der Zeit-Setzungslinie beim Kompressionsversuch bestimmt werden (s. Kap. 1.412.1).

Der Versuch zur Bestimmung des Durchlässigkeitsbeiwerts ist in Anordnung und Durchführung an sich einfach, wird aber zur Feststellung der sehr wichtigen Abhängigkeit des Durchlässigkeitsbeiwerts vom Hohlraumgehalt und zur einwandfreien Ausschaltung von oft nicht beachteten Fehlerquellen ziemlich umständlich. Die eigentliche Fehlerquelle liegt darin, daß sich die Wasserdurchlässigkeit mit dem Sättigungsgrad s_w des Bodens (S. 379) ändert, und zwar nimmt sie mit fallendem Sättigungsgrad s_w ab, da die Luftbläschen den zum Wasserdurchfluß freien Porenraum verkleinern. So ergab sich z. B. (CASAGRANDE/FADUM 1940) in einem Sand $k = 7 \cdot 10^{-1}$ m/s bei $s_w = 1{,}0$ und $k = 2{,}5 \cdot 10^{-1}$ m/s bei $s_w = 0{,}8$. Es ist also wichtig, den Durchlässigkeitsbeiwert bei völliger Wassersättigung des Probenmaterials zu bestimmen. Hierzu ist es notwendig, die Durchlässigkeitsversuche mit entlüftetem, destilliertem Wasser durchzuführen und die Probe außerdem damit unter einem ziemlich hohen Vakuum zu sättigen. Würde man kein entlüftetes Wasser verwenden, so würde unter dem Einfluß des Vakuums sehr schnell Luft aus dem Wasser ausscheiden.

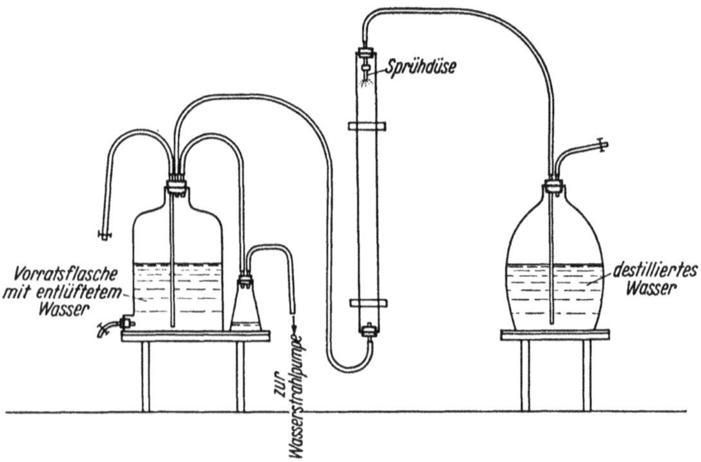

Abb. 448. Anordnung zum Gewinnen von entlüftetem Wasser.

Luftfreies bzw. genügend entlüftetes Wasser erhält man durch Abkochen und anschließendes Abkühlen. Es nimmt, wenn es in geschlossenen Flaschen aufbewahrt wird, nur langsam wieder Luft auf und kann deshalb auch noch einige Tage nach dem Abkochen benutzt werden. Jedoch ist der große Wasserverbrauch bei Versuchen mit stark durchlässigen Böden störend. Zweckmäßiger ist dann die Anordnung eines einfachen Geräts zur laufenden Entlüftung des Wassers (Abb. 448). Hierbei wird destilliertes Wasser durch Unterdruck, der durch eine Wasserstrahlpumpe erzeugt wird, in ein Zylinderrohr gesogen, dort mit Hilfe einer Düse versprüht (etwa 20 l/h) und in einer Vorratsflasche aufgefangen. Das tief in die Flasche hinabreichende Glasrohr dient zur Entnahme vom Boden der Flasche, wo das Wasser besonders frei von gelöster Luft ist.

Abb. 449. MARIOTTEsche Flasche zum Erzeugen einer konstanten Druckhöhe.

Eine *konstante Druckhöhe* kann man außer mit einem Überlauf (Abb. 443 und 444) sehr einfach auch mit einem Wasserbehälter erreichen, der nach dem Prinzip der MARIOTTE*schen Flasche* arbeitet (Abb. 449). Die Druckhöhe des ausfließenden Wassers ist hierbei unabhängig von der Höhe des Wasserspiegels in der Flasche und stets gleich dem Abstand h zwischen dem unteren Ende des Einsteckrohrs und der Ausflußöffnung. Die Druckhöhe in der durchströmten Probe ist also gleich der Summe von h und dem Abstand der Ausflußöffnung der Flasche über der Probe. Da der Luftdruck oberhalb des Wasserspiegels um die Druckhöhe der oberhalb der Spitze des Einsteckrohrs befindlichen Wassersäule kleiner als der Atmosphärendruck ist, perlt beim Ausströmen des Wassers von dem Einsteckrohr aus laufend Luft auf, die für den Luftgehalt des zuvor entlüfteten Wassers natürlich nicht dienlich ist. Man sollte deshalb für den Durchlässigkeitsversuch nur die bei Versuchsbeginn unterhalb des Einsteckrohrs liegende Wassermenge verwenden, d. h., das Einsteckrohr etwa in Flaschenmitte enden lassen.

Das *Gefälle i* wird in nichtbindigen Böden von nicht zu geringer Durchlässigkeit etwa zwischen 5 und 20 gewählt, und zwar umso kleiner, je durchlässiger der Boden ist. In bindigen Böden müssen größere Gefälle und Druckhöhen benutzt werden, um in erträglichen Versuchszeiten (etwa 1 Tag) eine ausreichend große

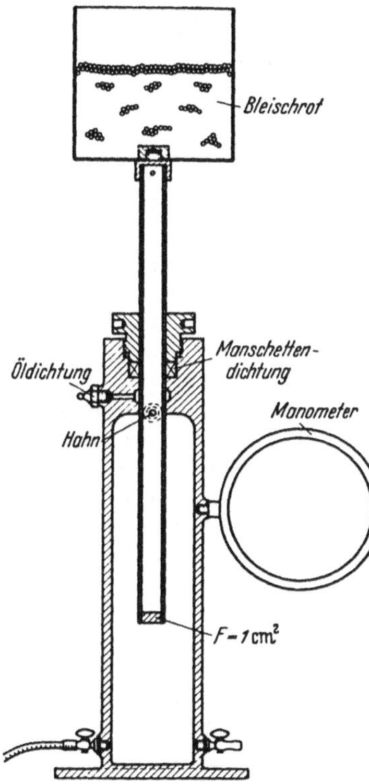

Abb. 450. Hydraulischer Drucktopf zum Erzeugen einer hohen konstanten Druckhöhe.

Abb. 451. Versuchsanordnung zur Bestimmung der Durchlässigkeit mit Hilfe der Geräte nach Abb. 447 u. 450 (Chemisches Laboratorium für Tonindustrie).

Durchflußwassermenge, die im Hinblick auf die Verdunstung eine genügend genaue Messung gestattet, gewinnen zu können. Dies führt dazu, die bei Versuchen mit konstanter Druckhöhe nötigen Überlaufbehälter oder MARIOTTEschen Flaschen möglichst hoch über dem Durchlässigkeitsapparat anzuordnen bzw. bei Versuchen mit fallender Druckhöhe den Standrohren eine große Länge zu geben. Große Druckhöhen sind aber dadurch meist nur schwer zu erreichen. Bei dem Versuch im Kompressionsapparat (Abb. 446) hilft man sich dadurch, daß man auf die Wasseroberfläche eine Preßluftbelastung aufbringt. Bei Gebrauch des Permeameters (Abb. 447). d. h. bei verhältnismäßig großen Proben, erscheint die Verwendung eines hydraulischen Drucktopfs (Abb. 450) am günstigsten. Wird der Druckstempel von z. B. 1 cm^2 Querschnitt mit nur 3 kg belastet, so erzeugt der neben dem Durchlässigkeitsapparat stehende Drucktopf (Abb. 451) eine Druckhöhe von 30 m Wassersäule. Da mit dem hydraulischen Wagenheber des Permeameters auch eine statische Belastung, die einer Erdlast von 30 m Höhe entspricht, leicht herbeigeführt werden kann, erlaubt diese Versuchsanordnung die Prüfung der Durchlässigkeit des Bodens unter Bedingungen, wie sie in oder unter höheren Erddämmen vorkommen.

Vorgang. Die Bodenprobe wird bei bindigem Material möglichst ungestört und bei nichtbindigem Material möglichst in verschiedenen Lagerungsdichten eingebracht und dort, wo das Wasser zuströmt, gegen Aufspülen durch eine grobe Sandschicht geschützt. Auf der Austrittsseite wird ein Sandfilter eingebaut, um das Ausschlämmen von feinen Bestandteilen zu verhindern. Das Filter wird mit einem feinen Siebblech abgedeckt, das an der Wandung befestigt sein muß, um ein Aufbrechen oder Heben des Bodens zu verhindern. Durch Anschließen einer Wasserstrahlpumpe wird oberhalb der Probe ein Vakuum erzeugt und das vorher schon entlüftete Wasser von unten durch die Probe hochgesaugt.

Handelt es sich um schwer durchlässigen Boden, so sticht man eine Probe aus, die einen kleineren Durchmesser als der Versuchszylinder hat, setzt sie in diesen ein und vergießt, um das Hindurchsickern des Wassers an der Wandung zu unterbinden, den Zwischenraum zwischen Probe und Wandung mit Paraffin (mit einem Zusatz von 30% Bienenwachs) oder einer Lösung von Formalin und Leim. Um die die Genauigkeit beeinträchtigende Luft aus den Hohlräumen des Bodens zu verdrängen, läßt man anschließend Wasser von unten her die Probe langsam durchdringen und überfluten, am besten nach vorhergehendem Absaugen der Luft durch eine Wasserstrahlpumpe. Erst dann wird mit dem eigentlichen Versuch begonnen.

In entsprechender Weise verfährt man auch bei dem Versuch im Permeameter (Abb. 447), dessen Hauptvorteil die Möglichkeit ist, eine größere Probenmenge und gröberes Material zu untersuchen. Das Material kann ungestört entnommen sein und im Entnahmezylinder eingebaut werden. Man kann es aber auch lagenweise in das Gerät einbringen und nach einem der Standardverfahren (s. Kap. 1.411.34) oder auf eine vorgeschriebene Höhe hin verdichten. Die Probe wird dann mittels des hydraulischen Wagenhebers stufenweise belastet, nach der ersten Belastung mit Wasser getränkt und nach jeweiliger Konsolidierung auf ihre Durchlässigkeit hin geprüft.

Bei Verwendung eines Wasserbeckens (Abb. 443 und 444) wird der Druckunterschied h_w, unter dem die Bodenprobe durchflossen wird, konstant gehalten. Nach Freigabe des Wasserdurchflusses wird in regelmäßigen Zeitabständen die Skala des Meßglases abgelesen, in dem sich das aus der Probe abfließende Wasser sammelt. Stellt man fest, daß die aufgefangene Wassermenge in der Zeiteinheit gleich bleibt, so mißt man sie nach einer längeren Frist nochmals. Die Zeiten richten sich nach der Durchlässigkeit des Bodens und schwanken zwischen wenigen Minuten und vielen Stunden. Diese Anordnung ist vor allem für gut durchlässige Böden geeignet.

Bei den Geräten mit Standrohr (Abb. 445 und 446) nimmt die Druckhöhe h_w des Wassers, mit der die Probe durchflossen wird, ständig ab. Hier braucht lediglich die Abnahme der Druckhöhe mit der Zeit beobachtet zu werden, vor allem die Höhe h_1 bei Beginn und die Höhe h_2 bei Schluß des Versuchs. Wird zur Vergrößerung der Druckhöhe Luftdruck verwendet, so muß während der eigentlichen Meßperiode der Luftdruck am Quecksilbermanometer unverändert bleiben. Am Standrohr wird wie zuvor das Absinken des Wasserspiegels während einer beliebigen Zeitperiode verfolgt.

Da die Durchlässigkeit vom Hohlraum des Bodens abhängt, ist es notwendig, den Versuch mit verschiedenen Lagerungsdichten zu wiederholen. Sandige Böden werden deshalb außer in der natürlichen wenigstens in einer dichten und einer lockeren Lagerung untersucht (s. Kap. 1.411.22), unter Umständen auch noch in anderen Dichten, deren genauer Wert nach dem Versuch durch Ausmessen des Volumens oder Wiegen des Gewichts der Probe ermittelt wird (s. Kap. 1.411.21). Bei bindigen Böden wird der Versuch unter verschiedenen lotrechten Belastungen nach Konsolidierung der Probe durchgeführt, wobei deren Höhe durch Uhren gemessen und der Hohlraum (n oder ε) wie beim Kompressionsversuch festgestellt wird (s. Kap. 1.412.1).

Meßgrößen. Unmittelbar gemessen werden entweder die Wassermenge Q im Meßglas und die Zeit t oder die Wasserstände h_1 und h_2 im Standrohr und die Zeit t, bei der Verwendung des Quecksilbermanometers außerdem der Spiegelunterschied h_q im Manometer.

Kennziffern. Aus den gemessenen Größen kann der Wasserdurchlässigkeitsbeiwert k nach dem Gesetz von Darcy [Gl. (114)] errechnet werden. Nach Einsetzen von $\frac{Q}{F\,t} = v$ und $\frac{h_w}{l} = i$ sowie Auflösen der Gleichung nach k ist für eine Zeitdauer t:

$$k = \frac{Q\,l}{F\,t\,h_w} \quad \text{(m/s)}\,, \qquad (176)$$

k Durchlässigkeitsbeiwert,
Q Wassermenge, die die Probe in der Zeit t durchströmt hat,
l durchströmte Länge der Probe,
F Querschnitt der Probe lotrecht zur Strömungsrichtung,
t Zeit,
h_w Druckhöhe.

Von diesen Größen sind, wenn Q im Zylinder aufgefangen und t mit der Stoppuhr gemessen wird, alle bis auf k bekannt. Beim Standrohrversuch wird Q aus der Veränderung des Wasserspiegels im Standrohr mit dem Querschnitt f bestimmt. Man erhält:

$$k = \frac{f\,l}{F\,t} \ln \frac{h_1}{h_2} = 2{,}3\,\frac{f\,l}{F\,t} \log \frac{h_1}{h_2} \quad \text{(m/s)}\,. \qquad (177\,\text{a})$$

Verwendet man künstlichen Überdruck, dessen Höhe h_q durch ein Quecksilbermanometer gemessen wird, so geht Gl. (177a) wegen des spezifischen Gewichts des Quecksilbers von 13,6 g/cm³ in die Form über:

$$k = 2{,}3\,\frac{f\,l}{F\,t} \log \frac{h_1 + 13{,}6\,h_q}{h_2 + 13{,}6\,h_q} \quad \text{(m/s)}\,, \qquad (177\,\text{b})$$

h_1 Höhe im Standrohr bei Versuchsbeginn,
h_2 Höhe im Standrohr bei Versuchsende,
h_q Spiegelunterschied im Quecksilbermanometer.

Um vergleichbare Werte zu erhalten, wird bisweilen die Durchlässigkeit k_f für $l = h_f$ berechnet, wobei h_f die reduzierte Probenhöhe (S. 369), d. h. die Höhe der Festmasse ($\varepsilon = 0$), ist.

Auftragungen. Zur Darstellung der Abhängigkeit des Durchlässigkeitsbeiwerts von der Lagerungsdichte trägt man auf der Waagerechten die Porenziffer ε und auf der Lotrechten den Durchlässigkeitsbeiwert k auf, und zwar beide in logarithmischem Maßstab. Man erhält eine annähernd gerade Linie (Abb. 452), die durch die Gleichung wiedergegeben wird:

$$k = A\,\varepsilon^B \quad \text{(m/s)}\,. \qquad (178)$$

Der Faktor A gibt die Größenordnung der Durchlässigkeit bei der betreffenden Bodenart an und entspricht dem Durchlässigkeitsbeiwert bei einer Porenziffer $\varepsilon = 1$, also einer ziemlich lockeren Lagerung. Wegen der großen Unterschiede, die der Durchlässigkeitsbeiwert bei den einzelnen Bodenarten aufweist, ist A ein empfindlicher Maßstab für die Wasserdichtigkeit. Der Faktor B läßt die Stärke der Abhängigkeit zwischen Durchlässigkeit und Hohlraumgehalt erkennen. Er schwankt in geringeren Grenzen.

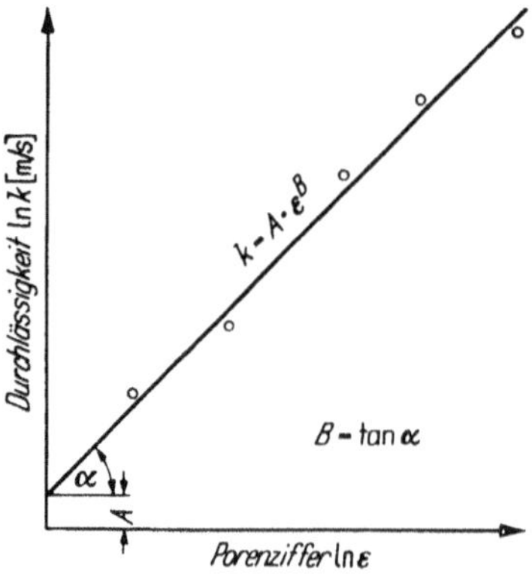

Abb. 452. Abhängigkeit des Durchlässigkeitsbeiwerts k von der Porenziffer ε.

Auswertung. Man hat – unabhängig von der Form der Gl. (178) – versucht, den Faktor A von der Kornverteilung abhängig zu machen, die nach HAZEN (1892) durch den Korndurchmesser d_{10} (S. 347) charakterisiert werden kann. Nach SLICHTER/CHARDABELLAS (CHARDABELLAS 1940) ist:

$$k = 1102\, d_{10}^2 f(n) \qquad (\text{cm/s})\,, \qquad (179)$$

n Porenvolumen.

Schreibt man diese Gleichung auf die Form von Gl. (178) um, indem man die von ε oder n unabhängigen sowie die davon abhängigen Faktoren jeweils einander gleichsetzt, so erhält man:

$$A = 1102\, d_{10}^2\,,$$

$$B = \frac{\ln f(n)}{\ln \varepsilon} = \frac{\ln f(n)}{\ln\left(\frac{n}{100 - n}\right)}\,.$$

Für die Funktion $f(n)$ gibt es verschiedene Ansätze von SLICHTER, ZUNKER, KOZENY, TERZAGHI und CHARDABELLAS (CHARDABELLAS 1940, Abb. 23). Nach ZUNKER erhält man $B = 2$ und nach CHARDABELLAS $B = 3$. Jedoch ergeben die Auftragungen von Durchlässigkeitsversuchen (Abb. 452) Werte von 2 bis 5. Dabei scheint B von der Bodenart abzuhängen und nicht allein von n.

Für genauere Untersuchungen wird der Durchlässigkeitsbeiwert für 10 °C angegeben. Wenn der Versuch nicht in einem Thermostatenraum stattfindet, wird k auf diese Temperatur unter Beachtung des Unterschieds in der Zähigkeit des Wassers bei den verschiedenen Temperaturen umgerechnet. Nach POISSENILLE/CHARDABELLAS (CHARDABELLAS 1940, S. 5) gilt:

$$k_{10} = \frac{1{,}359}{1 + (0{,}0337\; t + 0{,}00022\; t^2)}\, k_t \qquad (\text{cm/s})\,. \qquad (180)$$

Zahlenwerte Siehe Tab. 53 und 54. Ein k-Wert von 10^{-6} m/s wird bisweilen als Grenze zwischen durchlässigen und undurchlässigen Böden angenommen; Böden mit einem k-Wert $< 10^{-8}$ bis 10^{-9} m/s sind als praktisch undurchlässig anzusehen.

Fehler. Die Beiwerte A', B und k' werden gewöhnlich bis zur 2. Dezimalen angegeben, wenn k' und A' die Ziffern bedeuten, die vor den einstelligen Zehnerpotenzen stehen (Tab. 54). Diese Angabe ist für k übermäßig genau und überflüssig, wenn die Abhängigkeit von der Lagerungsdichte nicht berücksichtigt, also k als einfache Zahl und nicht in Form der Gl. (178) angegeben wird.

Fehler entstehen beim Versuch vor allem dadurch, daß die Proben nur schwer ungestört eingebaut werden können, daß bei wenig durchlässigen Böden das Wasser seinen Weg bei nicht einwandfreier Dichtung zwischen der Wandung des Geräts und der Probe sucht und daß es oft nicht gelingt, die Luft aus dem Boden vollkommen zu entfernen. Es hat sich ferner herausgestellt, daß bei längeren Versuchen und Verwendung von Leitungswasser der Luftgehalt die Ergebnisse stören kann. Zur Vermeidung sollte man das Wasser durch Abkochen und andere Maßnahmen (CHARDABELLAS 1940, S. 11) vor dem Durchfluß durch die Bodenprobe stets entlüften. Eine Entlüftung entspricht auch den Verhältnissen in der Natur, da das Grundwasser gewöhnlich bedeutend luftärmer als das Leitungswasser ist. Man kann auf diese Weise die Streuung der Meßwerte, die bei der Verwendung von unentlüftetem Leitungswasser mit der Versuchsdauer immer größer wird, vermindern. Eine weitere Steigerung der Genauigkeit der Versuchsergebnisse kann man durch den Gebrauch von destilliertem Wasser erreichen, da dann die Bildung von freier Kieselsäure vermieden wird, die sonst infolge der Reaktion zwischen dem alkalischen Leitungswasser und dem Glas der Versuchsgeräte bei längerer Versuchsdauer eintritt. Die Übereinstimmung mit der tatsächlichen Durchlässigkeit des Untergrundes ist trotzdem nur gering.

Tabelle 53. *Durchlässigkeitsbeiwert k nach Angaben in der Literatur*

Bodenart	k (m/s)	
	Grenzbereiche	überwiegend
Steingeröll	10^{-1} — 5	
Grobkies	10^{-2} — 1	
Mittelkies		$3{,}5 \cdot 10^{-2}$
Feinkies	10^{-4} — 10^{-2}	$2 \cdot 10^{-2}$ — $3 \cdot 10^{-2}$
Grobsand	10^{-5} — 10^{-2}	10^{-4} — 10^{-3}
Mittelsand	10^{-6} — 10^{-3}	10^{-4}
Feinsand	10^{-6} — 10^{-3}	10^{-5} — 10^{-4}
Sand, lehmig, schluffig	10^{-7} — 10^{-4}	10^{-6}
Schluff	10^{-9} — 10^{-5}	10^{-9} — 10^{-7}
Löß	10^{-10} — 10^{-5}	ungestört: 10^{-5} gestört: 10^{-10} — 10^{-7}
Lehm	10^{-10} — 10^{-6}	10^{-9} — 10^{-8}
Ton	10^{-12} — 10^{-8}	schluffig: 10^{-9} — 10^{-8} mager: 10^{-10} — 10^{-9} fett: 10^{-12} — 10^{-10}

Tabelle 54. *Durchlässigkeitsbeiwert k und Faktoren A und B bei den Hauptbodenarten*

Bodenart	k und A (m/s)	B (o. D.)
Starkbindige Böden	10^{-11} – 10^{-7}	2–5
Schwachbindige Böden	10^{-7} – 10^{-5}	
Nichtbindige Böden	10^{-5} – 10^{-2}	

Die Frage, ob das DARCYsche Gesetz bei sehr feinkörnigen Böden streng zutrifft, ist umstritten. Nach SCHMID (1957) wird in solchen Böden das Porenvolumen durch die an die Bodenkörner gebundenen Wasserhüllen eingeengt. Hieraus ergibt sich ein sogenanntes „*Anfangsgefälle* i_0" — beim Porenwasserdruck „*Restgefälle*" (KRAUSE 1966, S. 105) genannt —, das notwendig ist, um die Durchlässigkeit gemäß dem DARCYschen Gesetz überhaupt in Gang zu bringen. Dieses müßte demgemäß in sehr feinkörnigen Böden also lauten:

$$v = k\,(i - i_0) \qquad \text{(m/s)}\,. \tag{181}$$

Verwendung. Der Wasserdurchlässigkeitsbeiwert wird zur Berechnung des Grundwasserspiegels, insbesondere bei Grundwasserabsenkungen, der Sickerlinie in Dämmen und Deichen und des Grundwasserstands hinter Bauwerken benötigt. Er gibt Anhaltspunkte für die Dauer der Entwässerung von Spülfeldern und ist ein Maßstab für die Eignung des Bodens als Dichtungsstoff. Der Durchlässigkeitsbeiwert k tritt außerdem in den Gleichungen auf, die zur Berechnung des zeitlichen Verlaufs und der Dauer von Setzungen dienen. Umgekehrt ist es möglich, aus einer im Kompressionsversuch beobachteten Zeit-Setzungskurve (S. 465) den Durchlässigkeitsbeiwert zu errechnen (BERNATZIK 1947, S. 251).

In allen Fällen ist zu beachten, daß wegen der Unregelmäßigkeit des Bodens in der Natur die an Bodenproben festgestellten Durchlässigkeitsbeiwerte nur Näherungswerte sind.

In jüngster Zeit hat — wegen der stark zunehmenden Zahl unterirdischer Behälter und Pipelines für Mineralöle — die Frage der Öldurchlässigkeit und — wegen der immer häufigeren Anwendung der Schildbauweise für den Bau unterirdischer Verkehrswege — die Frage der Luftdurchlässigkeit des Bodens stark an Bedeutung gewonnen.

Bei der Untersuchung der *Öldurchlässigkeit des Bodens* wird für das bisher wenig durchforschte Strömungsverhalten von Mineralölprodukten in Sanden und Kiesen notgedrungen, d. h. wegen des Mangels geeigneterer Lösungsvorschläge, wie beim Wasser vom DARCYschen Gesetz ausgegangen. Es wird angenommen, daß der Durchlässigkeitsbeiwert k der verschiedenen Mineralölprodukte allein durch die unterschiedliche kinematische Zähigkeit ν beeinflußt wird und daß für die Mineralöle ebenfalls die für Wasser bei verschiedener Temperatur (und damit verschiedener Zähigkeit) geltende Gleichung von DACHLER (1936):

$$\frac{k_1}{k_2} = \frac{\nu_2}{\nu_1} \tag{182}$$

zutrifft, wonach sich die Durchlässigkeitsbeiwerte umgekehrt proportional zu den kinematischen Zähigkeiten verhalten.

Vom FRANZIUS-Institut der Technischen Hochschule Hannover sind hierüber systematische Versuche durchgeführt worden, bei denen in verschieden aufgebauten Sandböden die Durchlässigkeitsbeiwerte von Heizöl, Benzin und Wasser bei verschiedener Lagerungsdichte und Feuchtigkeit der Sande bestimmt wurden (KROLEWSKI 1959). Es ergaben sich für Heizöl k-Werte im Bereich von $1 \cdot 10^{-6}$ bis $5 \cdot 10^{-4}$ m/s und für Benzin k-Werte im Bereich von $2 \cdot 10^{-5}$ bis $3 \cdot 10^{-3}$ m/s. Die k-Werte des Wassers lagen entsprechend der zwischen der Zähigkeit von Heizöl und Benzin liegenden Zähigkeit des Wassers oft zwischen den genannten k-Werten, oft aber auch in der Nähe der k-Werte des Heizöls. Gl. (182) wurde für Heizöl und Benzin bestätigt gefunden, jedoch nicht für das Verhältnis der k-Werte der Mineralöle zu denen von Wasser.

Geht man auch bei der Frage der *Luftdurchlässigkeit des Bodens* von Gl. (182) aus, so müßte wegen des Verhältnisses der kinematischen Zähigkeit von Wasser und Luft bei 20 °C die Durchlässigkeit von Luft etwa 15mal größer als die von Wasser sein (WAGNER 1957). Bei mit Wasser durchgeführten Durchlässigkeitsversuchen und ihrer Auswertung mit Hilfe des DARCYschen Gesetzes erhält man — entsprechend dem Verhältnis der absoluten Zähigkeit η von Wasser und Luft — für die Luft bei 20 °C jedoch rund 55mal, bei 10 °C rund 75mal größere k-Werte, was sich dadurch erklärt, daß für Luft nicht mehr wie für Wasser die kinematische Zähigkeit $\nu \cong$ der absoluten Zähigkeit η ist und daß die Durchströmung einer körnigen Masse mit konstanter Dichte von der REYNOLDSschen Zahl abhängt, die von ν und nicht von η beeinflußt wird. Die aus Wasserdurchlässigkeitsversuchen mit Hilfe des DARCYschen Gesetzes bestimmten k-Werte für Wasser sind also rund 55 bis 70mal zu klein, wenn sie für Luft gelten sollen.

Dies trifft jedoch nur für den trockenen Boden zu, den es in der Natur nicht gibt. Im feuchten Boden sind die Durchlässigkeitsbeiwerte infolge der den Durchflußquerschnitt behindernden Wasserhüllen und infolge des Porenwinkelwassers kleiner. Im wassergesättigten Boden bedarf es eines bestimmten Luftdrucks, um das Porenwasser zu verdrängen und die Durchströmung des Bodens überhaupt in

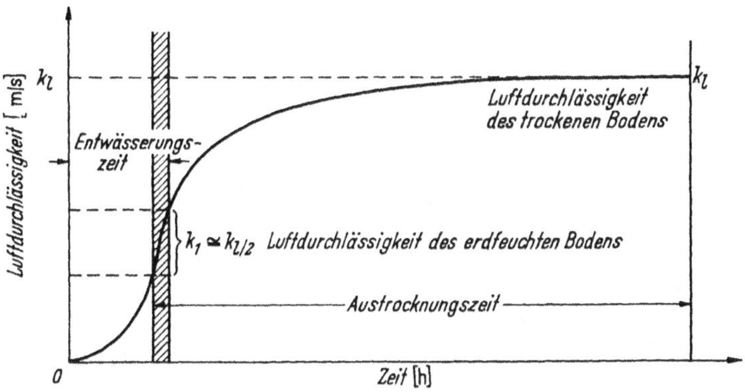

Abb. 453. Schematische Darstellung der Entwässerungs- und Austrocknungszeit bei der Bestimmung der Luftdurchlässigkeit des Bodens (SCHENK ZU SCHWEINSBERG/WAGNER 1963).

Gang zu bringen und bis zur Luftdurchlässigkeit des trockenen Bodens zu steigern (Abb. 453). Näheres hierüber siehe WAGNER (1957), SCHENK ZU SCHWEINSBERG/WAGNER (1963).

Beispiele. 1. Bei den *Vorarbeiten für eine Stauanlage* war die Durchlässigkeit eines Lehmbodens zu bestimmen, der im Dichtungssporn eingebaut werden sollte. Da im Zeitpunkt der Untersuchungen noch nicht feststand, ob der Lehm beim Einbau künstlich verdichtet werden konnte, wurde er im gestörten Zustand sowohl locker als auch eingestampft in die Kompressionsapparate eingebaut und so weit belastet, wie das später bei der Ausführung zu erwarten war. Bei dieser und anschließend bei höheren Belastungen wurde die Durchlässigkeit unter Verwendung von Druckluft ermittelt. Aus den gemessenen Höhen, dem bekannten Probenquerschnitt, dem spezifischen Gewicht des Bodens und dem nach Versuchsende gewogenen Probengewicht wurde die jeweilige Porenziffer bestimmt. Die Auftragung der k-Werte in Abhängigkeit von ε (Abb. 454) zeigt eine starke Abnahme der Durchlässigkeit infolge des Einstampfens: Die bei gleichen Belastungen p gemessenen Werte k liegen bei dichter und lockerer Lagerung um mehr als eine Zehnerpotenz auseinander. Hiernach erwies sich eine Verdichtung des Lehms beim Einbau als Dichtung als zweckmäßig. Die Auftragung zeigt auch, wie schwierig es ist, den Durchlässigkeitsbeiwert für den in der Natur vorhandenen Zustand richtig anzugeben.

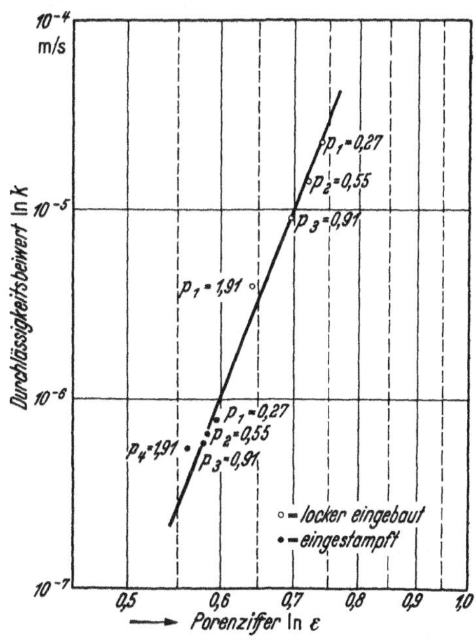

Abb. 454. Ergebnis eines Durchlässigkeitsversuchs mit locker eingebautem und mit eingestampftem Boden.

2. Auf einer Großbaustelle wurde die *Grundwasserabsenkungsanlage* auf Grund von Untersuchungen an Bodenproben mit $k = 40 \cdot 10^{-5}$ m/s entworfen. Bei einer Probeabsenkung ergab sich später $k = 7{,}5 \cdot 10^{-5}$ m/s. Infolge der Verringerung von k wurden die zufließende Wassermenge und die Filterhöhe kleiner. Da die Brunnen auf einer verhältnismäßig hoch liegenden undurchlässigen Schicht standen, mußte eine zusätzliche Dränage angelegt werden, um das verbleibende Wasser abzuführen.

Literatur

Über Wasserdurchlässigkeit:

HAZEN (1892): Some physical properties of sands and gravels with special reference to their use in filtration. 24. Ann. Report, Mass. State Board of Health. Pub. Document 34, S. 539.
WEBER (1932): Beitrag zur Bestimmung der Ergiebigkeit wasserführender Schichten. Gesundheits-Ing. 55, S. 391.
DACHLER (1936): Grundwasserströmung. Wien.
CHARDABELLAS (1940): Durchflußwiderstände in Sand und ihre Abhängigkeit von Flüssigkeits- und Bodenkennziffern. Mitt. Preuß. Versuchsanstalt Wasser-, Erd- und Schiffbau Berlin H. 40.
CASAGRANDE/FADUM (1940): Notes on soil testing for engineering purposes. Harvard Univ. Soil Mech. Series No. 8, S. 32. Ins Deutsche übersetzt von SIEDEK und 1948 als Manuskript vervielfältigt.
GRIGNET (1943): Appareils pour la détermination des lois et coefficients de perméabilité des milieux pulvérulents. Université des Liége, Cours hydraulique 10.
BERNATZIK (1947): Baugrund und Physik. Zürich.
ZUNKER (1953): Boden- und Grundwasserkunde. Berlin. 1. Lehrbrief.
WILKINS (1955): Flow of water through rock fill and its application to the design of dams. New Zealand Engineering 10, S. 382.
LEUSSINK (1956): Durchlässigkeitsversuche mit Steingeröll. Vorträge der Baugrundtagung Köln, S. 232.
SCHMID (1957): The permeability of soils and the concept of a stationary boundary-layer. Princeton University.
BJERRUM/HUDER (1957): Measurement of the permeability of compacted clays. Proc. IV. Int. Conf. Soil Mech. Found. Eng. London, Bd. I, S. 6.
NAUJOKS (1959): Das Permeameter und der Druck-Konstanthalter der Firma Chemisches Laboratorium für Tonindustrie Berlin. Tonindustrie-Ztschr. 83, S. 395.
NISHIDA (1961): Eine einfache Formel zur Abschätzung des Durchlässigkeitskoeffizienten von Tonböden. Bauingenieur 36, S. 461.
CHARDABELLAS (1964): Normung der k-Wert-Feldbestimmung durch Standardisierung der Korngrößenverteilungsdiagramme grundwasserhöffiger Lockergesteine. Mitt. Inst. Wasserwirtschaft Berlin H. 20.
KRAUSE (1966): Das rheologische Verhalten von Schluff beim Kompressionsversuch. Mitt. Inst. Verkehrswasserbau, Grundbau u. Bodenmech. TH Aachen H. 35.

Über Öl- und Luftdurchlässigkeit:

WAGNER (1957): Die Luftdurchlässigkeit wasserhaltiger Böden. Ein Beitrag zum Unterwassertunnelbau im Druckluftverfahren. Mitt. Franzius-Inst. TH Hannover H. 11, S. 178.
KROLEWSKI (1959): Über das Verhalten von Mineralöl im Boden. Mitt. Franzius-Inst. TH Hannover H. 16, S. 191.
SCHENCK ZU SCHWEINSBERG/WAGNER (1963): Luftverbrauch und Überdeckung beim Tunnelvortrieb mit Druckluft. Bautechnik 40, S. 41.
KORECK (1964): Das Gerät „München I" zur Bestimmung der Eindringtiefe von Flüssigkeiten in den Boden. Baumaschine u. Bautechnik 11, S. 251.
BARTZ (1966): Öl- und Benzinversickerungsversuche in der Oberrheinebene. Gas- u. Wasserfach 107, S. 143.

1.411.37 Kapillare Steighöhe

Definition. Die *„kapillare Steighöhe"* gibt an, um welche Höhe Wasser infolge der Oberflächenspannung und der Adhäsion zwischen Bodenkorn und Flüssigkeit aus dem Grundwasser nach oben gesogen und an den Wandungen des Korngefüges festgehalten wird.

Man unterscheidet *„geschlossenes"* und *„offenes Kapillarwasser"*. Das geschlossene Kapillarwasser stellt einen in sich geschlossenen Wasserhorizont ohne irgendwelche Luftbeimengungen dar, während das offene Kapillarwasser keinen geschlossenen Wasserhorizont mehr aufweist, sondern Lufteinschlüsse enthält und nur noch vereinzelte durchgehende Wasseräderchen besitzt (Abb. 457).

Die Steighöhe des geschlossenen wie auch die des offenen Kapillarwassers ist in erster Linie von der Korngröße, in zweiter Linie von dem Hohlraumgehalt des

Bodens abhängig, außerdem aber davon, in welchem Maße der Porenraum vor dem kapillaren Aufstieg des Wassers wassergesättigt war. Ist dies der Fall, handelt es sich also um eine Senkung des freien Wasserspiegels, so ist die kapillare Steighöhe — besonders die des offenen Kapillarwassers — größer, als wenn der Boden trocken oder feucht ist und der freie Wasserspiegel ansteigt. Es gibt hiernach nicht eine einzige, eindeutig festgelegte kapillare Steighöhe eines Bodens, sondern nur Grenzwerte, zwischen denen sie — je nach den Ausgangsbedingungen — in Erscheinung treten kann.

Die Messung der Kapillarität beschränkt sich auf die Steighöhe H_k des geschlossenen Kapillarwassers.

Gerät. Die kapillare Steighöhe kann man in einfacher Weise dadurch bestimmen, daß man in einen mit Wasser gefüllten Behälter einen unten mit einem

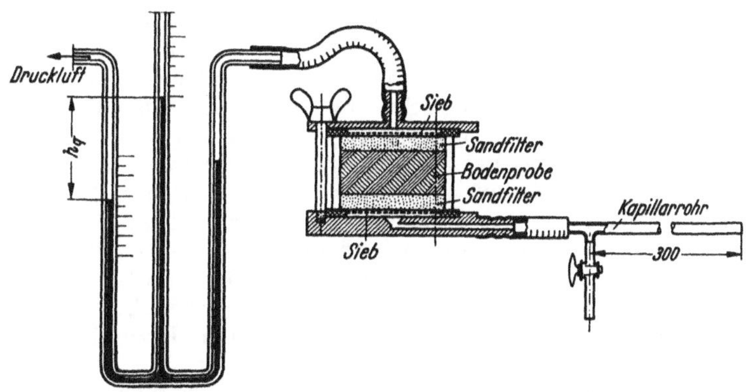

Abb. 455. Versuchsanordnung zum Messen der kapillaren Steighöhe nach JÜRGENSON.

Filter versehenen Zylinder, der die zu untersuchende Probe enthält, einhängt und an der Verfärbung des Bodens feststellt, bis zu welcher Höhe das Wasser aufsteigt. Jedoch wird durch dieses Verfahren der Unterschied zwischen geschlossenem und offenem Kapillarwasser verwischt. Es kann auch nur bei Sand angewendet werden, da bei Böden mit größerer Steighöhe zu hohe Zylinder erforderlich werden.

Zur genaueren Bestimmung der kapillaren Steighöhe benutzt man entweder Geräte, bei denen Luft durch die mit Wasser gesättigte Bodenprobe gedrückt und der Druck gemessen wird, der nötig ist, um die Kapillarkraft des Wassers zu überwinden [Kapillarimeter von JÜRGENSON (Abb. 455)], oder Geräte, bei denen unter der Bodenprobe ein Unterdruck erzeugt und so weit gesteigert wird, bis das gleiche Ziel erreicht ist, so daß von oben her Luft durch die Bodenprobe hindurchdringt [Kapillarimeter von BESKOW (1930) (Abb. 456)].

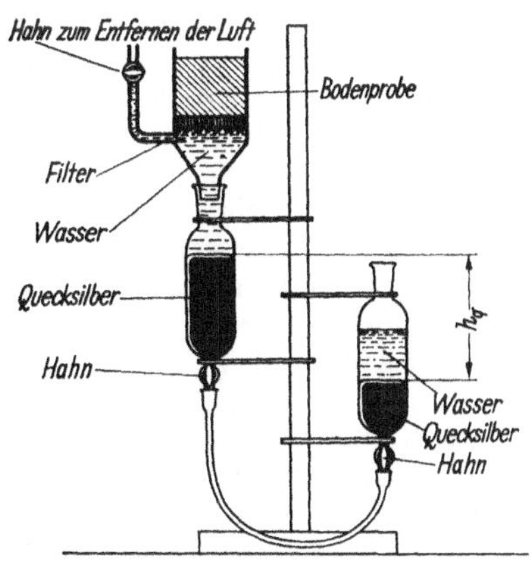

Abb. 456. Versuchsanordnung zum Messen der kapillaren Steighöhe nach BESKOW.

Das Gerät von JÜRGENSON besteht aus einer mit einem Filterstein ausgelegten Zelle für die Bodenprobe und einem darunter angeschlossenen Kapillarrohr. Am Kopf der luftdichten Zelle befindet sich ein Anschluß für den Schlauch zu einer Druckluftflasche und einem dazwischengeschalteten Quecksilbermanometer. Das gebräuchlichere Gerät von BESKOW besteht aus zwei kleinen Glasbehältern, die zum Teil Wasser, zum Teil Quecksilber enthalten und durch einen mit Quecksilber gefüllten Schlauch verbunden sind. Auf dem einen Glasbehälter sitzt ein anderer, unten trichterförmiger Glasbehälter, in dem sich auf einem Glasfilter die Bodenprobe befindet.

Vorgang. Bei dem Gerät von JÜRGENSON (Abb. 455) wird durch den am Kapillarrohr befindlichen Hahn Wasser von unten her in das Gerät gedrückt, bis sämtliche, in den Poren des Filtersteins befindliche Luft verdrängt ist. Sodann schließt man den Hahn, baut die zu untersuchende Probe aufbereitet und mit einem Wassergehalt im Bereich der Fließgrenze (s. Kap. 1.411.321) bis zu einer Stärke von etwa 15 mm in das Gerät ein, ohne daß Hohlräume entstehen. Damit zwischen der Wandung des Geräts und der Bodenprobe kein Luftspalt verbleibt, wird die letztere unter Umständen wie beim Einbau für den Durchlässigkeitsversuch (S. 428) mit einer undurchlässigen Masse vergossen. Dann wird der Deckel aufgesetzt, wobei die Dichtung zwischen Deckel und Untersatz vollkommen sein muß. Das Gerät wird durch einen Schlauch an ein Quecksilbermanometer und eine Druckluftflasche angeschlossen. Man entnimmt aus der Flasche über ein Reduzierventil einen geringen Druck und läßt ihn auf die Bodenprobe einwirken. Der Druck hat ein Ansteigen des Porenwasserdrucks zur Folge. Die dadurch herbeigeführte Wasserverdrängung wird im Kapillarrohr verfolgt. Kommt der Meniskus des ausweichenden Wassers zur Ruhe und zeigt dadurch die Konsolidierung der Probe an, so wird der Druck etwas gesteigert. Diesen Vorgang setzt man so lange fort, bis an dem Aufperlen von Blasen in der Kapillare der Durchbruch der Luft durch die Bodenprobe erkennbar ist.

Bei dem Gerät von BESKOW (Abb. 456) wird durch Heben des rechten Glasbehälters der Wasserspiegel im linken so hoch gedrückt, daß aus dem Gerät alle Luft verdrängt wird. Der gut durchgearbeitete Boden wird im Fließzustand in den oberen Behälter eingebracht, wobei man dafür sorgt, daß sich der Wasserspiegel etwas über der Oberfläche der Probe befindet und dadurch die Bildung von mit Luft gefüllten Hohlräumen verhindert. Danach wird durch Senken des rechten Behälters zunächst die Ausgangsstellung herbeigeführt, bei der der Quecksilberspiegel in beiden Behältern gleich hoch liegt. Durch Absenken des rechten Behälters wird dann ein Unterdruck unter der Bodenprobe erzeugt. Man steigert den Unterdruck nach jeweiliger Konsolidierung der Probe langsam, bis man an dem Auftreten von Blasen unter dem Filter das Durchbrechen der Luft durch den Boden erkennt. Der Versuch ist mißlungen, wenn die Luft an der Wandung durchbricht.

Meßgrößen. Beim Gerät von JÜRGENSON wird der Druckunterschied h_q im Quecksilbermanometer und beim Gerät von BESKOW der Unterschied h_q der beiden Quecksilberspiegel im Augenblick des Durchbruchs von Luft durch die Probe gemessen.

Kennziffern. Beim Kapillarimeter von JÜRGENSON stellt der im Augenblick des Luftdurchbruchs gemessene Druck h_q, in m Wassersäule umgerechnet, die kapillare Steighöhe dar. Beim Gerät von BESKOW gibt entsprechend der gemessene Unterdruck die kapillare Steighöhe an. In beiden Fällen ist bei einem spezifischen Gewicht des Quecksilbers von 13,6 t/m³ also:

$$H_k = 13{,}6\, h_q \qquad \text{(m)}. \qquad (183)$$

Auswertung. Die gemessene Steighöhe gehört zum geschlossenen Kapillarwasser bei fallendem Wasserspiegel. Die des offenen Kapillarwassers ist größer. Sie ist quantitativ nicht genau bestimmbar, da sie zu stark von den Zufälligkeiten des Bodenaufbaus abhängt. Man kann das Vorhandensein der kapillaren Zone nachweisen, indem man in dem Bereich, in welchem lediglich das offene Kapillarwasser vorhanden ist, den Wassergehalt w_n oder den Sättigungsgrad s_w bestimmt (s. Kap. 1.411.31). Sind w_n und s_w größer als in den darüberliegenden Schichten, so befindet man sich im Bereich des offenen Kapillarwassers (Abb. 457).

Durch das geschlossene und das offene Kapillarwasser wird der Boden zusätzlich belastet (Abb. 457). Das geschlossene Kapillarwasser erhebt sich um den Betrag H_k über den Grundwasserspiegel. Die dabei auftretende Spannung („*Kapillardruck*") ist:

$$p_k = \gamma_w H_k \qquad (\mathrm{kg/cm^2}), \qquad (184)$$

γ_w = spezifisches Gewicht des Wassers (1 t/m³).

Das offene Kapillarwasser erhebt sich um den Betrag $H_k + H_k'$ über das Grundwasser, jedoch sind die Kräfte im Bereich des offenen Kapillarwassers geringer

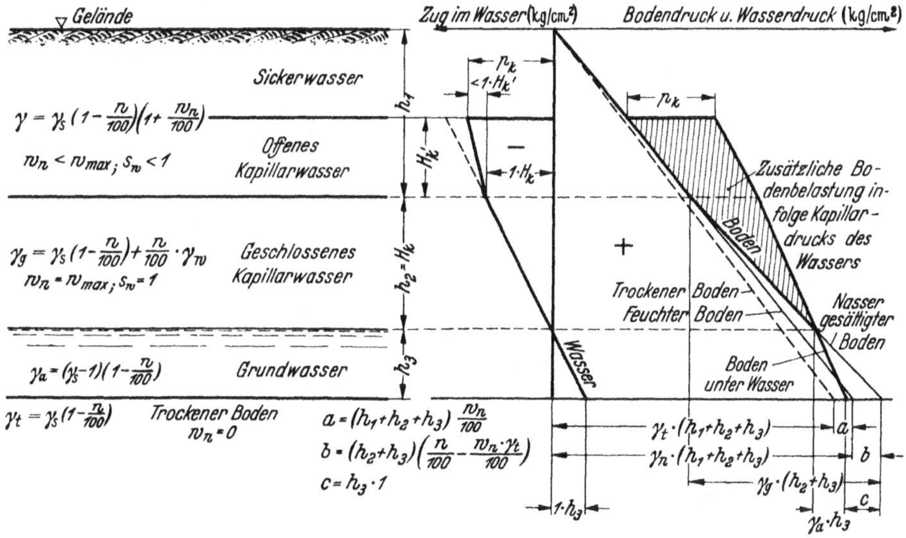

Abb. 457. Belastungsänderungen im Boden infolge des kapillaren Wasseraufstiegs.

als beim geschlossenen Kapillarwasser, da nicht sämtliche Poren mit Wasser gefüllt sind.

Die auftretenden Kräfte wirken im Wasser als Zug, im Boden als Druckbelastung (Abb. 457).

Die durch die Druckbelastung des Kapillarwassers im Boden hervorgerufene Reibungsfestigkeit wird nach Terzaghi „*scheinbare Kohäsion*" genannt. Sie kann bei bindigen Böden zu einer erheblichen Steigerung der Bodenfestigkeit führen und ruft auch bei nichtbindigen Böden eine Zunahme der Tragfähigkeit hervor (Kahl/Neuber 1957, Kutzner 1963). Sie verschwindet jedoch bei durchlässigen Böden im Augenblick der Durchnässung des Bodens infolge des Wegfalls der Kapillarwirkung unter Wasser (s. schraffierte Fläche in Abb. 457, rechts), bei schwer durchlässigen Böden mit einer mehr oder weniger großen Verzögerung.

Der größte, im Boden auftretende Kapillardruck wird durch den Schrumpfversuch (s. Kap. 1.411.323) ermittelt. Da von der Schrumpfgrenze ab das Volumen des Bodens nicht mehr abnimmt, erreicht die Kapillarkraft dort ihren Höchstwert. Entnimmt man also aus Abb. 414 die bei der Schrumpfgrenze vorhandene Porenziffer ε_s und bestimmt aus einem Druck-Porenzifferdiagramm des gleichen Bodens den zu dieser Porenziffer gehörigen Druck, so erhält man die größte Kapillarspannung. Nach diesem Verfahren bestimmte Kapillardrücke liegen bei wenig bindigen Böden zwischen rund 2 und 4 kg/cm². Sie steigen bei fetten Tonen bis zu 12 kg/cm² (ENDELL/LOOS/BRETH 1939). Die nach Überschreiten der Schrumpfgrenze vor sich gehende weitere Verfestigung beruht nicht mehr auf der Kapillarspannung, sondern ist auf die molekulare Anziehung der sich immer mehr nähernden Bodenteilchen zurückzuführen.

Tabelle 55. *Kapillare Steighöhe H_k der Hauptbodenarten*

Bodenart	Korngröße (mm)	H_k
Sand	2–0,6	3–10 cm
	0,6–0,2	10–30 cm
	0,2–0,1	30–100 cm
	0,1–0,06	
Schluff	0,06–0,02	1–3 m
	0,02–0,006	3–10 m
	0,006–0,002	10–30 m
Ton	<0,002	30–(300) m

Über den Unterschied zwischen den Kapillarspannungen und den Porenwasserspannungen bei Konsolidationsvorgängen siehe BOROWICKA (1959).

Zahlenwerte. Siehe Tab. 55. Die Werte von 300 m für Ton sind von TERZAGHI auf Grund der Korngröße der Tonbestandteile *errechnete* Werte. Sie gelten nur für das offene Kapillarwasser. Das geschlossene Kapillarwasser steigt auch bei feinsten Böden nicht über 10 m, da das Wasser bei dem hierbei auftretenden Unterdruck gelöste Luft ausscheidet und in offenes Kapillarwasser übergeht.

Fehler. Die fehlerfreie Durchführung des Versuchs nach JÜRGENSON und BESKOW ist wegen der Schwierigkeit, die Luft völlig aus dem Boden zu entfernen, nicht einfach. Auch ist eine Bestimmung der kapillaren Steighöhe über Höhen von 10 m nach BESKOW nicht möglich, da Wasser bei Unterdrücken von mehr als 1 atm gelöste Luft ausscheidet. Aber auch in den Fällen, wo der Versuch einwandfrei ausgeführt wird, erhält man keine fehlerlosen Ergebnisse. Der Durchbruch der Luft, gleichgültig, ob er durch Druck oder Zug erzwungen wird, geht in *den* Poren vor sich, die den geringsten Widerstand leisten, d. h. in den größten Poren. Für die kapillare Steighöhe ausschlaggebend ist aber die Weite der feinsten Poren. Die in den Versuchsgeräten gemessenen kapillaren Steighöhen sind also stets kleiner als in der Natur.

Verwendung. Für bautechnische Aufgaben ist vor allem die Steighöhe des geschlossenen Kapillarwassers H_k bei fallendem Wasserspiegel von Bedeutung, z.B. bei der Bestimmung des Raumgewichts des Bodens für eine Stützwandberechnung, wo das Raumgewicht des wassergesättigten Bodens [s. Gl. (149)] bis zur Höhe H_k über dem höchsten Grundwasserspiegel einzusetzen ist, oder bei der Standsicherheitsuntersuchung eines Staudamms, wo mit wassergesättigtem Boden bis zu einer Höhe H_k über der Sickerlinie gerechnet werden muß.

Im Straßenbau, wo die Frage eines möglichen kapillaren Wasseraufstiegs vom Grundwasserspiegel bis in den Straßenuntergrund besonders wichtig ist, sind sehr eingehende Verfahren zur Ermittlung der kapillaren Steighöhe in Abhängigkeit von Hohlraumgehalt und Ausgangswassergehalt und für steigenden und fallenden Wasserspiegel entwickelt worden (CRONEY 1952).

Die kapillare Steighöhe wird hierbei vor allem zur Beurteilung der Frostgefährlichkeit von Böden gebraucht. Frostbrechende Schichten, die den Nachschub von Grundwasser in die Gefrierzone verhindern, dürfen nur eine kleine kapillare Steighöhe besitzen und müssen in einer Stärke geschüttet werden, die größer als diese ist.

Bei der Entwässerung von Spülfeldern ist die kapillare Steighöhe ein Merkmal für die Geschwindigkeit der Wasserabgabe. Bei Kippen für feuchten Boden hängt der Zustand der Oberflächenschichten ebenfalls von ihr ab.

Beispiel. Zur Beurteilung der Gefahr von Frosthebungen an dem Plattenbelag einer Denkmalsanlage wurde im Laboratorium die kapillare Steighöhe des schwach schluffigen Mehl- und Feinsandes, auf dem die Platten verlegt werden sollten, nach dem Verfahren von Beskow bestimmt. Sie ergab sich bei einer größeren Anzahl von Proben zu im Mittel rund 0,9 m. Zur Kontrolle wurde auf dem Baugelände an zwei verschiedenen Stellen je eine Schürfgrube ausgehoben. Aus dicht aufeinanderfolgenden Tiefen (Abb. 458) wurden ungestörte Proben bis

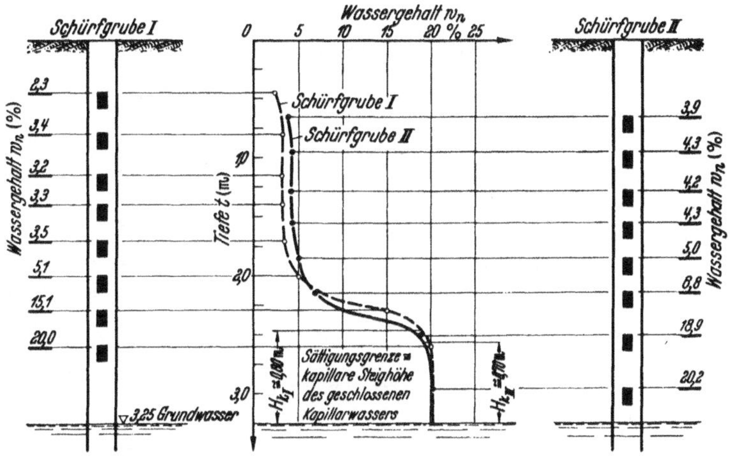

Abb. 458. Bestimmung der kapillaren Steighöhe durch Entnahme ungestörter Proben und Ermittlung der Veränderung des Wassergehalts mit der Tiefe.

nahe über dem Grundwasserspiegel entnommen und die Wassergehalte bestimmt. Letztere wurden neben den zugehörigen Entnahmetiefen aufgetragen (Abb. 458). Die plötzliche Veränderung des oberhalb und innerhalb der kapillaren Steighöhe konstanten Wassergehalts – die Werte von 20,0 bzw. 20,2% der tiefsten entnommenen Proben entsprachen nach Gl. (137) voller Wassersättigung – zeigt den Bereich an, bis zu welchem sich der Boden kapillar aufsättigte, d. h. die Steighöhe des geschlossenen Kapillarwassers. Sie lag für die Schürfgrube I zwischen 0,65 und 0,95 m, schätzungsweise bei 0,8 m, für die Schürfgrube II bei 0,7 m. Dieses Ergebnis stimmt mit dem der Laboratoriumsversuche in Anbetracht der Ungleichmäßigkeit des Untergrundes in der Natur gut überein. Es genügte, um die für die Bauausführung wichtige Antwort zu geben, daß bei den Platten, die in 1,2 m Abstand vom Grundwasserspiegel verlegt werden sollten, mit Frosthebungen zu rechnen war.

Literatur

Terzaghi (1925): Erdbaumechanik. Leipzig/Wien. S. 131.

Beskow (1930): Om jordarternas kapillaritet. En ny metod för betsämning av kapillär kroften. With an English summary. Stockholm. Siehe a. Sverig. Geol. Undersök. Ser. C Nr. 356 und Svenska Väginst. Medd. 25.

Brennecke/Lohmeyer (1938): Der Grundbau. Berlin. Bd. I, 1. Teil: Baugrund, S. 43 u. 112.

Endell/Loos/Breth (1939): Zusammenhang zwischen kolloidchemischen sowie bodenphysikalischen Kennziffern bindiger Böden und Frostwirkung. Forsch. Arb. Straßenwesen 16, S. 31.

Bendel (1944): Ingenieurgeologie. Wien. Bd. I, S. 459.

Bernatzik (1947): Baugrund und Physik. Zürich. S. 25, 69 u. 253.

Krynine (1948): Analysis of the latest American tests on soil capillarity. Proc. II. Int. Conf. Soil Mech. Found. Eng. Rotterdam, Bd. III, S. 100.

Croney (1952): The movement and distribution of water in soils. Géotechnique 3, S. 1.

Peltier (1953): Mesure des caractéristiques capillaires des sols au laboratoire central des ponts et chaussées. Proc. III. Int. Conf. Soil Mech. Found. Eng. Zürich, Bd. I, S. 173.

Manegold (1955/60): Kapillarsysteme. Heidelberg. Bd. 1 u. 2.

KAHL/NEUBER (1957): Beschreibung und Auswertung von Versuchen zur Feststellung der scheinbaren Kohäsion von erdfeuchtem Sandboden. Fortschr. u. Forsch. im Bauwesen, Reihe D, H. 28.

BOROWICKA (1959): Über eine neue Theorie der Scherfestigkeit bindiger Böden. Mitt. Inst. Grundbau u. Bodenmech. TH Wien H. 2, S. 9.

KUTZNER (1963): Betrachtungen über die Größe der Kapillarkohäsion feuchter Sande. Bautechnik 40, S. 354.

LECHER (1964): Kapillarität und Sickerströmung in ungesättigten, nichtbindigen Böden. Mitt. Versuchsanst. Wasserbau u. Erdbau ETH Zürich Nr. 63.

1.411.38 Wasseraufnahmefähigkeit

Definition. Die „*Wasseraufnahmefähigkeit*" ist im weiteren Sinne das Vermögen eines trockenen Bodens, Wasser aufzusaugen. Im engeren Sinne wird hierunter jedoch speziell die Wassermenge verstanden, die die Feinbestandteile unter 0,06 mm eines Bodens aufzusaugen vermögen. Sie wird auf das Trockengewicht bezogen und in Prozent angegeben.

Gerät. Die Wasseraufnahmefähigkeit eines bindigen Bodens wird mit dem Gerät von ENSLIN (1933) bestimmt (Abb. 459). Es besteht aus einem U-förmigen Rohr *R*, das an der einen Seite einen Behälter *T* trägt, in dem sich auf einer Filterplatte *F* die zu untersuchende Bodenprobe befindet. Der andere Schenkel endet in einem Einfülltrichter für Wasser *B*. Unterhalb des Trichters zweigt in der Höhe der Filterplatte eine an ihrem rechten Ende durch eine kleine Öffnung mit der Außenluft in Verbindung stehende Meßpipette *M* (Ablesegenauigkeit 0,002 cm³) ab, die über einen Dreiwegehahn *D* mit dem Einfülltrichter *B* oder dem U-Rohr *R* in Verbindung gebracht werden kann. Unterhalb der Filterplatte befindet sich ein Abflußhahn *H*.

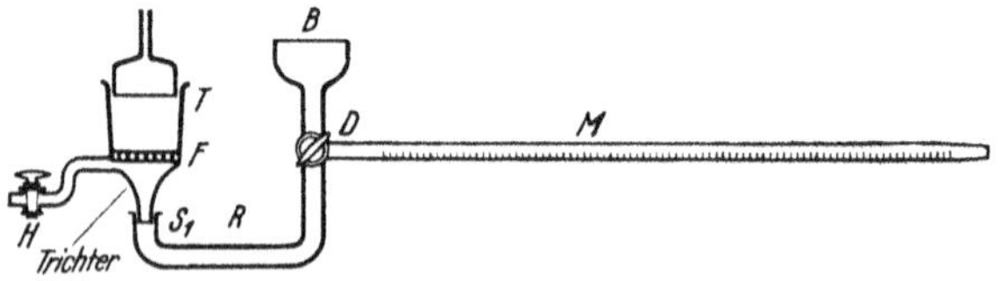

Abb. 459. Versuchsanordnung zum Messen der Wasseraufnahmefähigkeit nach ENSLIN.

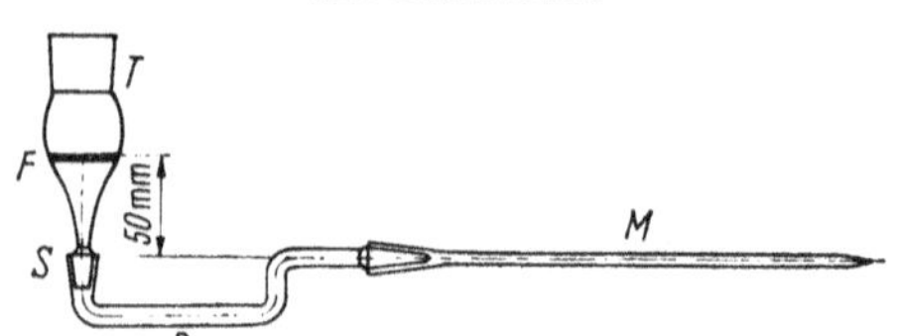

Abb. 460. Verbesserte Versuchsanordnung zum Messen der Wasseraufnahmefähigkeit nach NEFF.

Von NEFF (1959) ist ein verbessertes Gerät vorgeschlagen worden (Abb. 460). Es unterscheidet sich von der alten Ausführung im wesentlichen dadurch, daß Filterplatte *F* und Meßpipette *M* nicht in einer Ebene liegen, sondern einen Höhenunterschied von 50 mm aufweisen. Hierdurch soll erreicht werden, daß die Wasseraufnahme der Probe durch ihr tatsächliches Wasseranlagerungsvermögen (Quellfähigkeit) herbeigeführt wird, nicht aber durch die in allen Böden, z. B. auch in nicht quellfähigem Quarzmehl, vorhandene Kapillarwirkung. Hierzu besitzt die Filterplatte eine solche Kapillarität, daß durch sie die über dem Niveau der Meßpipette befindliche Wassersäule von 50 mm Höhe festgehalten wird.

Außerdem werden eine Feinwaage und ein Trockenschrank gebraucht.

Vorgang. Bei dem alten Gerät füllt das in den Einfülltrichter *B* gegossene Wasser nach Öffnen des Dreiwegehahns *D* das U-Rohr *R* und zum Teil die Meßpipette *M* und den Behälter *T*. Nach einer Drehung des Dreiwegehahns *D* zum Einfülltrichter *B* hin wird durch Öffnen des Ablaufhahns *H* der Wasserspiegel in dem Behälter *T* so weit gesenkt, daß er gerade in Höhe der Oberkante des

Filters F liegt. Dann bringt man 0,3 g der durch das 0,06-mm-Sieb durchgeschlämmten und bei 105 °C getrockneten Feinbestandteile des Bodens mit einem kleinen Trichter kegelförmig auf die Filterplatte. Die Probe saugt sofort Wasser an, dessen Menge an der Skala der Meßpipette nach $^1/_4$, $^1/_2$, 2 und 4 Minuten abgelesen wird. Die Ablesungen setzt man unter Umständen so lange fort, bis der Boden kein Wasser mehr aufnimmt; um ein Verdunsten des Wassers zu verhindern, wird die Probe dabei abgedeckt.

Bei dem verbesserten Gerät werden das U-förmige Rohr R und die Meßpipette M mit Wasser gefüllt, ebenso der umgedreht gehaltene Behälter T, der dann umgestülpt und so bei S in das Rohr R eingesetzt wird, daß keine Luftblasen zur Filterplatte F hochsteigen. Anschließend wird die Probe mit einem Trichter kegelförmig auf die Filterplatte geschüttet und die Abnahme des Wassers in gleicher Weise wie bei dem alten Gerät an der Skala der Meßpipette verfolgt.

Auf Grund zahlreicher Reihenuntersuchungen wird von NEFF eine größere Probenmenge als bei dem alten Gerät für zweckmäßig gehalten, und zwar 1 g des Anteils < 2 mm des getrockneten Bodens. Nur wenn sich eine Wasseraufnahmefähigkeit $> 150\%$ ergibt, sollen Vergleichsversuche mit 0,3 g-Proben durchgeführt werden.

Wegen der kleinen Probenmengen und der dadurch möglichen Fehler ist es angebracht, alle Versuche mit einer Parallelprobe zu wiederholen.

Über Vergleichsversuche mit dem ursprünglichen und dem verbesserten Gerät siehe KÖHLER/HERZOG (1962).

Meßgrößen. Neben dem Bodentrockengewicht G_t, das von vornherein bekannt ist, werden während des Versuchs die Zeit und der zugehörige Skalenstrich der Meßpipette, der die aufgenommene Wassermenge W angibt, gemessen.

Auftragungen. Man rechnet die vom Boden aufgenommene Wassermenge W in Wassergewicht und dieses in Prozent des Trockengewichts des Bodens um:

$$w = \frac{W}{G_t} \cdot 100 \qquad (\%) . \qquad (185)$$

Die Werte w werden auf der Senkrechten eines Koordinatensystems aufgetragen, dessen Waagerechte die Zeit in Minuten angibt (Abb. 461).

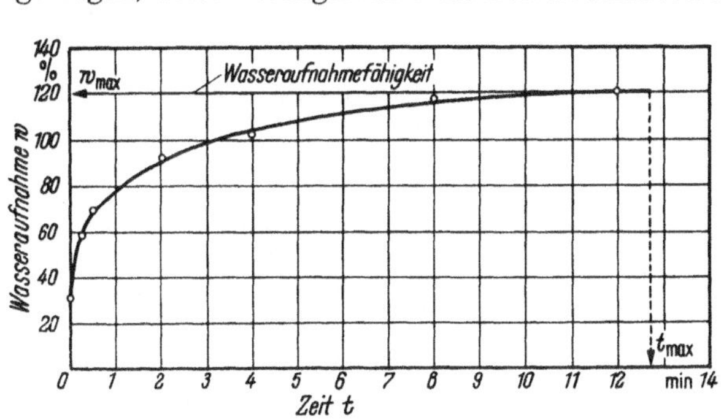

Abb. 461. Ermittlung der Wasseraufnahmefähigkeit.

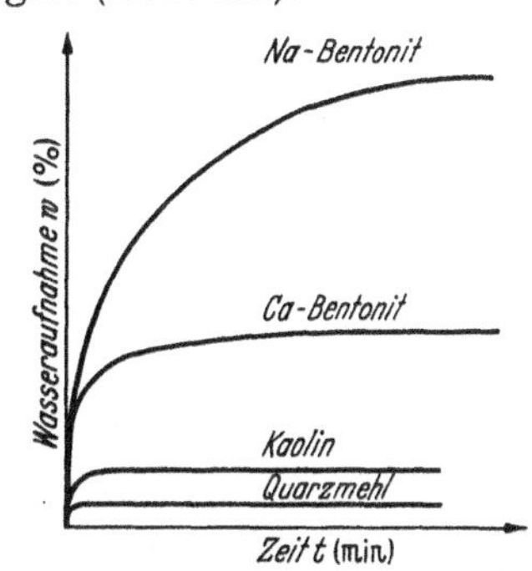

Abb. 462. Abhängigkeit der Wasseraufnahmefähigkeit von dem Tongehalt und von der Art des Tonminerals.

Kennziffern. Aus der Auftragung läßt sich der Endwert, die „*Wasseraufnahmefähigkeit* w_{max}“ („*Enslin-Wert*“) sowie die dazugehörige Zeit t_{max}, durch die die Ansauggeschwindigkeit charakterisiert wird, entnehmen. Die Ansauggeschwindigkeit ist desto kleiner und die Zeit t_{max} um so größer, je größer die aufgenommene Wassermenge w_{max} ist (Abb. 462).

Auswertung. Je größer die Wasseraufnahmefähigkeit eines mineralischen Bodens ist, desto tonhaltiger ist er. Die Wasseraufnahmefähigkeit hängt aber nicht so sehr von der Korngröße, als vielmehr von der chemischen Zusammensetzung der Tonminerale ab. Da bei den stark bindigen Bodenarten die chemische Beschaffenheit der feinsten Bestandteile auch ausschlaggebend für die Eigenschaften der Böden ist (s. Kap. 1.212), kann die Kornverteilungslinie allein keine erschöpfende Auskunft mehr für das Verhalten derartiger Böden geben. Diese können bei gleichem Kornaufbau vielmehr stark abweichende Eigenschaften besitzen. Die Bestimmung der Wasseraufnahmefähigkeit ist ein einfaches Mittel, um die Wirksamkeit der feinsten Bodenteile schnell abzuschätzen und verringert die Vieldeutigkeit des unter 0,002 mm Korngröße gelegenen Abschnitts der Kornverteilungskurve.

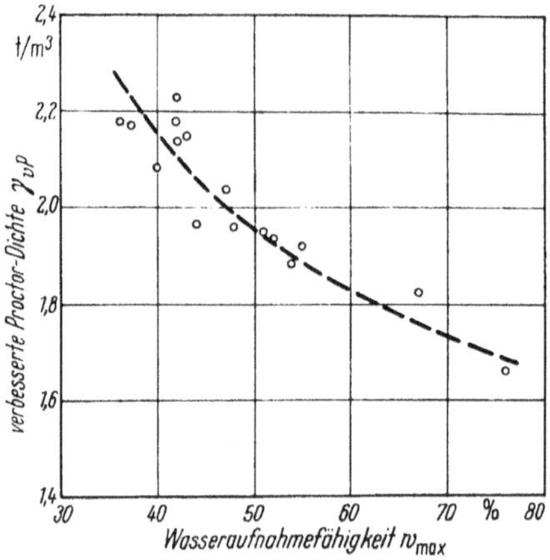

Abb. 463. Abhängigkeit der verbesserten PROCTOR-Dichte von der Wasseraufnahmefähigkeit (NEFF 1959).

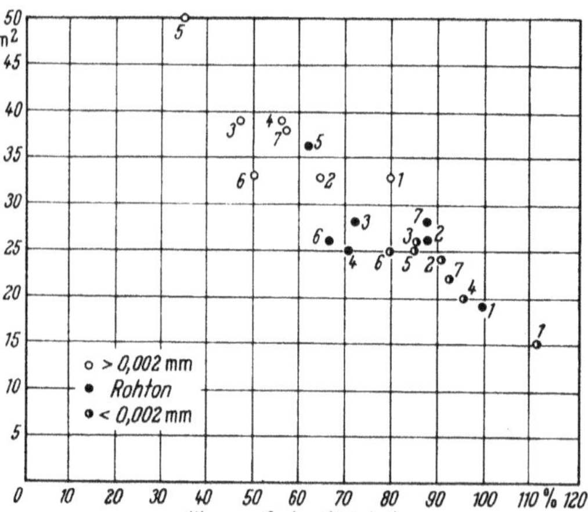

Abb. 464. Abhängigkeit der Steifezahl E_s von der Wasseraufnahmefähigkeit (NEUMANN 1957).

Die Wasseraufnahmefähigkeit w_{max} und die Wasseraufnahmezeit t_{max} für den Endzustand hängen unter anderem mit der Fließgrenze, der PROCTOR-Dichte, der Steifezahl, der Durchlässigkeit und dem Reibungsbeiwert zusammen. Aus den bisherigen Messungen (ENDELL/LOOS/BRETH 1939, NEUMANN 1957, NEFF 1959), läßt sich erkennen, daß zwischen den genannten Größen unabhängig von der Bodenart eindeutige Funktionen bestehen, und zwar werden die PROCTOR-Dichte, die Steifezahl, die Durchlässigkeit und der Reibungsbeiwert kleiner, die Fließgrenze größer, wenn w_{max} wächst (Abb. 463, 464 und 465). Hohe w_{max}- und t_{max}-Werte weisen also darauf hin, daß der Boden Tonminerale enthält, die für den Grund- oder Erdbau gefährlich sind. Quarzminerale nehmen gewöhnlich nicht mehr als 30 Gewichtsprozent Wasser auf, auch wenn es sich um feinstes Gesteinsmehl mit Korngrößen unter 0,02 mm handelt, während die unerwünschten Montmorillonitteilchen je nach ihrem chemischen Aufbau 300 bis 700 Gewichtsprozent Wasser ansaugen. Stellen sich bei der Untersuchung bindiger Böden Werte für w_{max} von mehr als 100 bis 150% heraus, so ist Vorsicht geboten. Man hat es dann mit quellfähigen Tonböden zu tun, die für das Bauwesen in jeder Hinsicht nachteilige Eigenschaften besitzen.

Einen genauen und unmittelbaren Befund über die Art und Menge der Tonminerale liefert die röntgenologische Untersuchung der Kristallgitter (s. Kap. 1.422); einen annähernd zutreffenden Befund, der in vielen Fällen ausreicht, erhält man durch die mineralogische Untersuchung (s. Kap. 1.421).

Zahlenwerte. Siehe Tab. 56.

Fehler. Die Genauigkeit des Verfahrens hängt zunächst von der Art der Aufbringung des Bodens auf die Filterplatte ab. Bei Aufgabe auf deren Mitte wurden Abweichungen von etwa 4%, bei nicht zentrischer Häufung Abweichungen von 25% der aufgenommenen Wassermenge festgestellt. Neben dieser Fehlerquelle, die eine gleichartige Probenaufgabe verlangt, treten dann Streuungen der Meßergebnisse auf, wenn verschieden große Probemengen untersucht werden und der Boden nicht völlig trocken ist. Aus diesen Gründen ist es erforderlich, die Probe bei 105 °C etwa 5 Stunden lang zu trocknen und die Bodenmenge von 0,3 g bzw. 1 g genau einzuhalten. Wieweit durch die Trocknung der Benetzungswiderstand die Wasseraufnahmefähigkeit gegenüber dem natürlichen Boden verändert, bleibt unberücksichtigt, ist aber sicher von Einfluß.

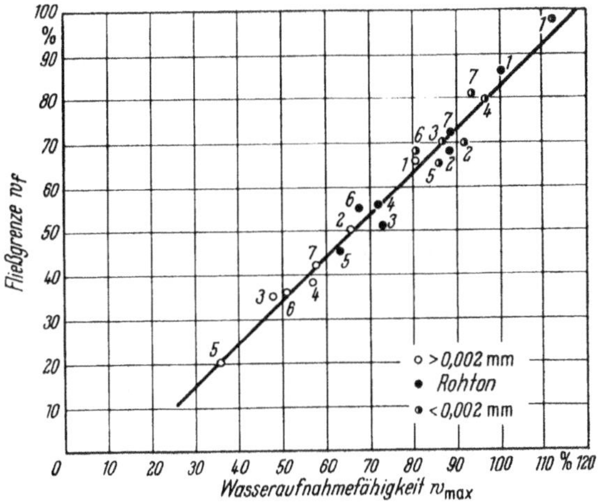

Abb. 465. Abhängigkeit der Fließgrenze von der Wasseraufnahmefähigkeit (NEUMANN 1957).

Tabelle 56. *Wasseraufnahmefähigkeit von Böden und künstlichen Gemischen*

Bodenart	w_{max} (%)
Quarzmehl	30
Ungleichförmige bindige Böden	30–65
Tone	60–150
Kaolin	70–100
Bentonit Ca	300
Bentonit Na	700
Humus	500

Verwendung. In ähnlicher Weise wie die Fließgrenze charakterisiert die Wasseraufnahmefähigkeit die Stärke des Tongehalts, noch mehr aber den chemischen Aufbau bindiger Böden. Infolge des Zusammenhangs zwischen der Wasseraufnahmefähigkeit und der Reibung lassen sich besonders rutschgefährliche Böden leicht erkennen. Der Zusammenhang mit der Steifezahl gibt Auskunft, ob besonders starke Setzungen zu erwarten sind. Die Wasseraufnahmefähigkeit vermittelt ferner ein Urteil über die Frostgefahr eines Bodens, und zwar unterliegen besonders die nicht allzu stark wasseraufnehmenden Tone Frosthebungen. Diese Tatsache ist wichtig, weil derartige Böden sich nicht als Untergrund für Straßen, Eisenbahngleise, Flugplatzrollfelder oder als Baustoff zur Abdeckung von Deichen und Dämmen eignen. Schließlich gibt die Wasseraufnahmefähigkeit auch einen Anhalt über die Eignung eines bindigen Bodens als Dichtungsmaterial. Je größer die Wasseraufnahmefähigkeit eines Bodens ist, desto größer ist sein Quellvermögen und desto stärker preßt er sich zusammen, wenn er eingezwängt ist. Hindert man einen Dichtungston durch Belastung an einer Ausdehnung, läßt aber das Wasser herantreten, so bewirkt die Quellung des Tons eine Selbstdichtung. Die einzelnen Tonmineralien umgeben sich mit einer Wasserhülle, die fest mit ihnen verbunden ist, und vermindern dadurch die Hohlräume, die freies Wasser hindurchlassen. Allerdings haben quellfähige Böden nur eine geringe Reibung, so daß sie nicht zur Dichtung von Böschungen, um so mehr aber für die Dichtung fester Bauwerke und auf waagerechten Flächen, z. B. unter Kanälen, geeignet sind. So verwendet man im Straßenbau quellfähige Tonminerale, z. B. Bentonit, zum Dichten der Fugen zwischen den einzelnen Platten von Betonfahrbahnen. Wenn andrerseits Böden mit großer Wasseraufnahmefähigkeit zum Hinterfüllen verwendet oder sonst durch Stützmauern gehalten werden, läßt ihr Quellvermögen die Erddruckkräfte außerordentlich, unter Umständen bis zur Größe des passiven Erddrucks, anwachsen.

Beispiel. Ein sehr flach geneigter Hang mit tonigem Untergrund rutschte immer von neuem. Man versuchte, die Bewegungen des Erdreichs durch Entwässern aufzuhalten und legte deshalb kleine Gräben an. Da auch diese zerstört wurden, faßte man sie durch starke Betonquadern ein. Trotz der flachen Neigung des Hanges und der geringen Tiefe der Gräben wurden die Quader zur Seite gedrückt (Abb. 466). Die Untersuchung des Tons ergab eine sehr große Wasseraufnahmefähigkeit, die auf das Vorhandensein quellfähiger Stoffe deutete. Die mineralogische Prüfung lieferte den Nachweis, daß der Ton sich zum Teil aus Montmorillonit aufbaute. Er war

Abb. 466a

Abb. 466b

Abb. 466a u. b. Zum Verhindern von Böschungsrutschungen errichtete Mauern nach Zerstörung infolge Fließbewegungen des Tons.

daher stark quellfähig und übte auf die Betonquader Kräfte aus, die über den Erddruck weit hinausgingen. Nach starken Niederschlägen nahm er so viel Wasser auf, daß er sich dann fast wie eine Flüssigkeit verhielt und selbst bei sehr flachen Neigungen ($< \varrho$) ins Rutschen oder Fließen kam.

Literatur

Enslin (1933): Über einen Apparat zur Messung der Flüssigkeitsaufnahme an quellbaren und porösen Stoffen. Chem. Fabrik 6, S. 147.

Endell/Meischeider/Berg (1938): Über Zusammenhänge zwischen Wasserhaushalt der Tonminerale und bodenphysikalischen Eigenschaften bindiger Böden. Mitt. Degebo H. 5.

—/Loos/Breth (1939): Zusammenhang zwischen kolloidchemischen sowie bodenphysikalischen Kennziffern bindiger Böden und Frostwirkung. Forsch.Arb. Straßenwesen 16.

Endell (1941): Die Quellfähigkeit der Tone im Baugrund und ihre bautechnische Bedeutung. Bautechnik 19, S. 201.

Stecher (1944): Einiges über Lehmdichtungen im Wasserbau. Bautechnik 22, S. 81.

Haefner (1944): Die Verwendung plastischer Tone zum Abdichten von Bauwerken gegen Feuchtigkeit und Druckwasser. Bautechnik 22, S. 101.

BERNATZIK (1947): Baugrund und Physik. Zürich. S. 292.
PICHLER (1953): The expansion of soils due to the presence of clay minerals, as determined by the adsorption test. Proc. III. Int. Conf. Soil Mech. Found. Eng. Zürich, Bd. I, S. 43.
NEUMANN (1957): Die Beeinflussung der bodenphysikalischen Eigenschaften bindiger Böden durch die Kornfraktion < 0,002 mm und Wasseraufnahme. Bauingenieur 32, S. 6.
NEFF (1959): Über die Messung der Wasseraufnahme ungleichförmiger bindiger anorganischer Bodenarten in einer neuen Ausführung des Enslingerätes. Bautechnik 36, S. 415.
KÖHLER/HERZOG (1962): Vergleichende Untersuchungen mit zwei verschiedenen Enslingeräten zur Bestimmung der maximalen Wasseraufnahmefähigkeit bindiger Erdstoffe. Ztschr. f. Angew. Geol. 8, S. 144.
LANGER (1964): Untersuchungen zur Theorie der Wasseraufnahmefähigkeit von Tonen. Vorträge der Baugrundtagung Berlin, S. 1.
CASTRO (1964): Soil swelling test. Veröff. Lab. Nac. de Eng. Civ. Lissabon. Technical Paper Nr. 235.
KÖHLER/HERZOG (1965): Die Ermittlung der maximalen Wasseraufnahmefähigkeit, insbesondere mit dem Enslingerät neuer Bauart. Ztschr. f. Angew. Geol. 11, S. 29.
MATSCHAK/RIETSCHEL (1965): Wasseraufnahmefähigkeit und Ansauggeschwindigkeit kohärenter Tagebauböden als Ursache ihrer Konsistenzänderung. Freiberger Forschungshefte A 362, S. 7.

1.412 Verhalten des Bodens unter Belastungsänderungen

Die im Kap. 1.411 behandelte Zustandsbeschreibung des Bodens erstreckt sich auf gestörte oder ungestörte Proben, wobei der Zustand, in dem sich diese befinden, während der Untersuchung nicht geändert wird. Dieses Verfahren ist mit wenigen Ausnahmen bei sämtlichen Bodeneigenschaften, die in den vorigen Kapiteln besprochen wurden, innegehalten worden. Ausnahmen ergaben sich nur da, wo ein konstanter Wassergehalt der Probe einer Feststellung der Bodeneigenschaft entgegenstand. In diesem Fall wurde der Zustand der Probe durch Trocknen oder Hinzugeben von Wasser geändert. Außerdem wurde des Zusammenhangs wegen bei der Wasserdurchlässigkeit deren Abhängigkeit vom Hohlraumgehalt vorweggenommen, obwohl diese erst bei einer Belastungsänderung auftritt.

Aber abgesehen von der zuletzt genannten Beziehung befassen sich die bisher behandelten Eigenschaften ausschließlich damit, den Zustand einer vorgelegten Bodenprobe zu beschreiben. Dieser Beschreibung folgt jetzt eine Darstellung darüber, wie sich die Bodenprobe bei einer Veränderung ihres Zustands verhält, die während der Untersuchung vor sich geht. In der Praxis kommt für eine solche Änderung überwiegend ein Wechsel der äußeren Belastung, jedoch auch eine unmittelbare Wirkung des Wassers, wie Durchfeuchtung, Verdunstung oder Gefrieren, als Ursache in Betracht.

Die äußere Belastung beschränkt sich beim Baugrund auf Druck- und Scherbeanspruchungen, da der Boden Zugkräfte nicht aufnehmen kann und im allgemeinen auch nicht aufzunehmen braucht. Die Aufgabe besteht also darin, festzustellen, wie die in den vorigen Kapiteln beschriebenen Eigenschaften sich bei einem Wechsel dieser beiden Beanspruchungen verändern.

Es ist nicht notwendig, hierbei den Zusammenhang zwischen der Druck- und Scherbeanspruchung und sämtlichen im Kap. 1.411 aufgeführten Bodeneigenschaften zu betrachten, da nur ein Teil von ihnen durch die Belastungsänderungen beeinflußt wird. So werden die Eigenschaften, die den festen Teil der Bodenprobe betreffen (Kap. 1.411.1), durch die äußeren Beanspruchungen nicht geändert. In um so stärkerem Maße ist dies bei den Eigenschaften der Fall, die den Hohlraum des Bodens beschreiben (Kap. 1.411.2), wobei sich die Abhängigkeit der Lagerungsdichte bzw. der relativen Dichte von der Belastung mit derjenigen des Porenvolumens bzw. der Porenziffer deckt. Dasselbe gilt in gewissem Umfang für das Raumgewicht, das jedoch auch noch durch den Wassergehalt beeinflußt wird. Auch ein Teil der Eigenschaften, die das Verhalten des Bodens zum Wasser kennzeichnen (Kap. 1.411.3), verändert sich bei einer Zu- oder Abnahme der Belastung, während einige andere unabhängig von der äußeren Belastung sind, da sie gestörte Bodenproben in einem besonders vorbereiteten Zustand voraussetzen. Die Abhängigkeit der Wasserdurchlässigkeit und der kapillaren Steighöhe von der Belastung kann auf die Veränderung des Hohlraums zurückgeführt werden, so daß sich eine besondere Betrachtung dieser Beziehungen nicht als notwendig erweist. Im Endergebnis werden also von den Belastungsschwankungen unmittelbar nur der Hohlraum und der Wassergehalt sowie der Porenwasserdruck betroffen. Da deren Abhängigkeit von den Beanspruchungen besonders bei den bindigen Bodenarten, wo sie ihre größten Ausmaße annimmt, betrachtet werden muß, so vereinfacht sich die Anzahl der zu untersuchenden Beziehungen noch weiter, da bei diesen Böden oft volle Wassersättigung vorhanden ist und Wasservolumen und Hohlraumvolumen als gleich groß angesehen werden können [Gl. (137)]. Es verbleiben somit als eigentliche Abhängige von den Belastungen nur der Hohlraum und der Porenwasserdruck.

Der Einfluß der Belastung auf Porenwasserdruck und Hohlraum hängt von der Zeit ab, da zu Beginn einer Neubelastung in erster Linie das Porenwasser an der Lastaufnahme beteiligt ist, während nach Verlauf einer mehr oder weniger langen Zeit der Porenwasserüberdruck auf Null zurückgeht (s. Kap. 1.322.8). Da keine festen Angaben über die Veränderung einer Bodeneigenschaft bei Belastungswechsel möglich sind, solange ein zeitlich veränderlicher Faktor das Verhalten der Bodenprobe beeinflußt, setzt man die Beziehungen zwischen den Belastungen und dem Hohlraum entweder – und zwar vorwiegend – für den Fall fest, daß der Porenwasserüberdruck den Wert Null erreicht hat („*Endzustand*"), oder aber für den Fall, daß die Belastung gerade aufgebracht und der Porenwasserüberdruck ebenso groß, wie sie ist („*Anfangszustand*", bei dem die Änderung des Hohlraums infolge der neuen Belastung praktisch noch gleich Null ist). Dieser Fall ist aber nur bei der Scherfestigkeit von Bedeutung. Diesen Betrachtungen geht vollkommen getrennt ein Überblick über die Veränderung des Hohlraums von der Zeit unter einer konstanten Last voraus, in dem der Einfluß des Porenwasserüberdrucks seinen Niederschlag findet.

Es ergeben sich somit die beiden grundsätzlichen Abhängigkeiten:

1. Die Veränderung des Hohlraums (Porenvolumen und Porenziffer) *bei konstanter Belastung* im Laufe der Zeit als Ausdruck für den Einfluß des Porenwasserdrucks.

2. Die Veränderung des Hohlraums *bei wechselnder Belastung* bei einem Porenwasserdruck gleich Null (Endzustand) als Ausdruck für den Einfluß der Belastung.

Indirekt lassen sich aus diesen beiden Funktionen die folgenden Bodeneigenschaften ableiten:

1. Der Wassergehalt, der bei allen Böden unter Wasser und den meisten bindigen Böden gleich dem Hohlraum gesetzt werden kann [Gl. (137)].

2. Die Zustandszahl, die vom Wassergehalt abhängt, also mit dem Hohlraum gegeben ist [Gl. (161)].

3. Das Raumgewicht, das sich nach Gl. (147) bis (150) aus dem Hohlraum und Wassergehalt errechnen läßt.

4. Die Wasserdurchlässigkeit, deren Abhängigkeit vom Hohlraum durch eine versuchsmäßig gefundene Linie (Abb. 452) oder durch Gl. (179) gegeben ist.

1.412.1 Druckbeanspruchung bei behinderter Seitendehnung (Kompressionsversuch)

Definition. Bei der Druckbeanspruchung einer Bodenprobe wird eine scheiben- oder zylinderförmige, meist ungestörte Probe stufenweise in senkrechter Richtung belastet. Beim Normalversuch ist die Probe hierbei durch die starren Wände des Geräts am seitlichen Ausweichen gehindert und wird infolgedessen während des Versuchs verdichtet. Der Versuch wird deshalb als „*Druckversuch mit behinderter Seitendehnung*" oder kurz als „*Kompressionsversuch*" bezeichnet. Durch ihn wird die Zusammendrückbarkeit des Bodens untersucht und die „*Steifezahl bei behinderter Seitendehnung* E_s" ermittelt, die (S. 239) gewöhnlich der Steifezahl des Bodens im Untergrund gleichgesetzt wird und dazu dient, die in ihm bei einer Belastung durch ein Bauwerk auftretenden Formänderungen, vor allem die in senkrechter Richtung verlaufenden Setzungen, zu berechnen. Bei diesen handelt es sich in ganz überwiegendem Maße um nicht umkehrbare (nicht elastische) Formänderungen, für deren Ermittlung mit Ausnahme der Sofortsetzung die Kenntnis des Elastizitätsmoduls des Bodens (S. 239) im allgemeinen nicht erforderlich ist.

Der Versuch kann auch mit ungestützter (*einaxial*) oder allseitig elastisch gestützter (*dreiaxial*) Seitenwandung des Geräts durchgeführt werden („*Druckversuch mit unbehinderter oder teilweise behinderter Seitendehnung*"). Da diese beiden Anordnungen aber in erster Linie nicht der Untersuchung der Zusammendrückbarkeit, sondern der Scherfestigkeit eines Bodens dienen, werden sie — ebenso wie die hierfür entwickelten rheologischen Modelle — erst im Kap. 1.412.4 in Zusammenhang mit den *gleichzeitig* auftretenden Druck- und Scherbeanspruchungen besprochen. Mit der Zusammendrückbarkeit bei unbehinderter Seitendehnung kann die „*Steifezahl bei unbehinderter Seitendehnung* E" bestimmt werden, die dem Elastizitätsmodul der festen Stoffe entspricht und zur Berechnung der sofort auftretenden Setzungen von wassergesättigten bindigen Böden herangezogen werden kann.

Die bei der Druckbelastung eines Bodens auftretenden Erscheinungen sind sehr verschieden, je nachdem, ob es sich um einen bindigen oder nichtbindigen Boden handelt. In beiden Fällen ist theoretisch eine elastische Zusammendrückung vorhanden, jedoch von so geringer Größe, daß sie fast stets vernachlässigt werden kann. Beherrschend für die durch die Belastung ausgelösten Formänderungsvorgänge ist die infolge des verhältnismäßig großen Hohlraums im Boden vorhandene starke Neigung der einzelnen Bodenkörner, in eine neue Lage zu kommen. Hierbei verhalten sich bindige und nichtbindige Böden verschieden.

In einem nichtbindigen Boden stützen sich die einzelnen harten Quarz-, Kalk- oder Feldspatkörner zum Teil starr gegeneinander ab (Abb. 4). Sofern instabile Abstützungen vorhanden sind, fallen sie bei dem Aufbringen der Belastung zusammen, und kleinere, dadurch frei werdende Körner fallen in die Hohlräume zwischen den größeren Körnern. Das eigentliche tragende Korngerüst aber bleibt davon ziemlich unbeeinflußt, es sei denn, die Lagerung ist sehr locker oder die Belastung sehr hoch. Sonst liefern der verhältnismäßig große Reibungsbeiwert des Sandes und die in den Berührungspunkten vorhandenen Normaldrücke einen genügenden Reibungswiderstand, um zu große Verschiebungen und eine umwälzende Umlagerung der Körner im Sinne einer wirklich hohlraumarmen Lagerung zu verhindern. Eine solche kann nur bei einer dynamischen Belastung eintreten. Bei rein statischer Belastung aber ist nichtbindiger Boden gewöhnlich wenig zusammendrückbar und nicht setzungsempfindlich. Dies wird auch durch die Gegenwart von Wasser nicht geändert.

In einem bindigen Boden stützen sich die Bodenteilchen dagegen nicht unmittelbar untereinander ab, sondern sind von Wasserhüllen umgeben (Abb. 8).

Da die Dicke der Wasserhüllen ein Vielfaches der Stärke der Bodenteilchen beträgt bzw. betragen kann, ist bei einer Belastung eine starke Annäherung der Teilchen, d. h. eine große Formänderung des Systems, möglich. Voraussetzung ist nur, daß das Wasser entweichen kann. Da dies wegen der kleinen Durchlässigkeit der bindigen Böden nur sehr langsam möglich ist, wird hierdurch die durch ihren Aufbau bedingte große Zusammendrückbarkeit zwar in ihrer Größe nicht gemindert, jedoch zeitlich unter Umständen sehr stark verzögert. Diese Erscheinung führt zu den Begriffen „Konsolidierung", „Porenwasserdruck" und „Korn-zu-Korn-Druck". Sie können am besten an dem von TERZAGHI, dem die Erkenntnisse über die Vorgänge beim Belasten eines bindigen Bodens zu verdanken sind (TERZAGHI 1925, TERZAGHI/FRÖHLICH 1936, TERZAGHI/JELINEK 1954, TERZAGHI/PECK 1961), hierfür herangezogenen Federmodell erklärt werden (Abb. 467).

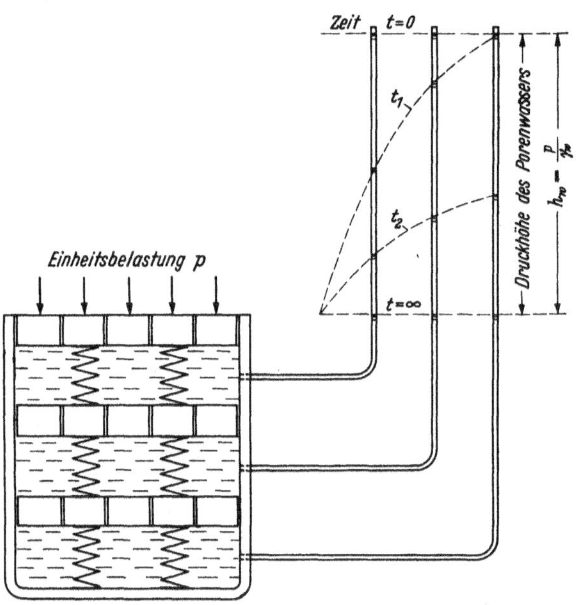

Abb. 467. Modell zur Veranschaulichung der Begriffe Porenwasserdruck, Korn-zu-Korn-Druck und Konsolidierung.

Das Modell besteht aus einer Reihe durchlöcherter Kolben, die durch zwischengeschaltete Federn im Gleichgewicht gehalten werden. Wird der oberste Kolben belastet, verformen sich die Federn sofort entsprechend der aufgebrachten Last und kommen in eine neue Gleichgewichtslage. Ist jedoch der Raum zwischen den einzelnen Kolben mit Wasser gefüllt, so können sich die Federn nur in dem Maße verformen, in dem Wasser durch die in den Kolben befindlichen Löcher abströmt. Unmittelbar bei der Lastaufbringung wird deshalb die Last völlig von dem dadurch druckbelasteten Wasser getragen. Bei einem Abströmen des Wassers vermindert sich die Wasserbelastung, während die Belastung der Federn entsprechend zunimmt. Erst wenn das Wasser wieder völlig entlastet ist, d. h., wenn ein entsprechendes Wasservolumen abgeströmt ist und sich die Federn wie in dem nicht mit Wasser gefüllten Zylinder zusammengedrückt haben, wird die Last völlig von den Federn getragen. Den zeitlichen Verlauf des Drucks im Wasser kann man an Standrohren, die zwischen den einzelnen Kolben eingesetzt sind, verfolgen. Er hängt von dem Durchmesser und der Zahl der Löcher in den Kolben ab, außerdem davon, ob auch eine Entwässerung durch die Bodenplatte des Zylinders möglich ist.

In gleicher Weise hat man sich die Vorgänge vorzustellen, die sich beim Belasten eines wassergesättigten bindigen Bodens abspielen: Die Bodenteilchen übernehmen die Rolle der Federn, das Porenwasser die Rolle des Wassers in dem Modell; die Durchlässigkeit des Bodens entspricht der Abflußmöglichkeit des Wassers durch die durchlöcherten Kolben. Die Druckbelastung des Wassers wird „*Porenwasserdruck*", die der Federn der „*Korn-zu-Korn-Druck*" des Bodens genannt. Der ganze Vorgang, der sich in wenig durchlässigen Tonböden über Jahre erstrecken kann, wird als „*Konsolidierung*" des Bodens bezeichnet. Er tritt in der beschriebenen Form nur in wassergesättigten und wenig durchlässigen Böden auf und verliert in gut durchlässigen Böden, wo der Porenwasserdruck sich sofort ausgleichen kann, seine Bedeutung[1]. Jedoch muß man auch schon in allen gemischtkörnigen, nur schwachbindigen Böden bei Belastungen mit einem Porenwasserdruck rechnen. Die Umwandlung des Porenwasserdrucks in Korn-zu-Korn-Druck geht hier nur verhältnismäßig schnell, der Durchlässigkeit des Materials entsprechend, vor sich.

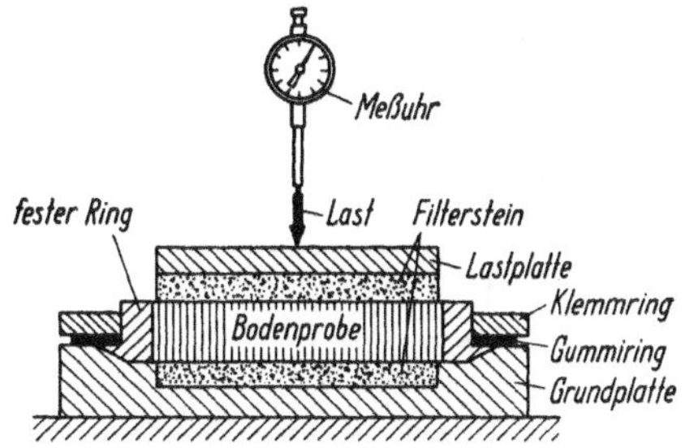

Abb. 468. Versuchsanordnung zur Bestimmung der Zusammendrückbarkeit (Kompressionsapparat).

Gerät. Die grundsätzliche Anordnung des Druckversuchs mit behinderter Seitendehnung (Abb. 468) besteht aus einem starren Behälter, in dem die Bodenprobe zwischen zwei waagerechten Filtern eingebracht ist, damit das beim Druck aus dem Boden gepreßte Porenwasser ungehindert nach oben und unten entweichen kann. Die Bodenprobe wird von oben in senkrechter Richtung belastet. In den meisten Fällen enthält das Gerät zusätzliche Einrichtungen zur Messung der Wasserdurchlässigkeit (Abb. 446) oder des Porenwasserdrucks (Abb. 304).

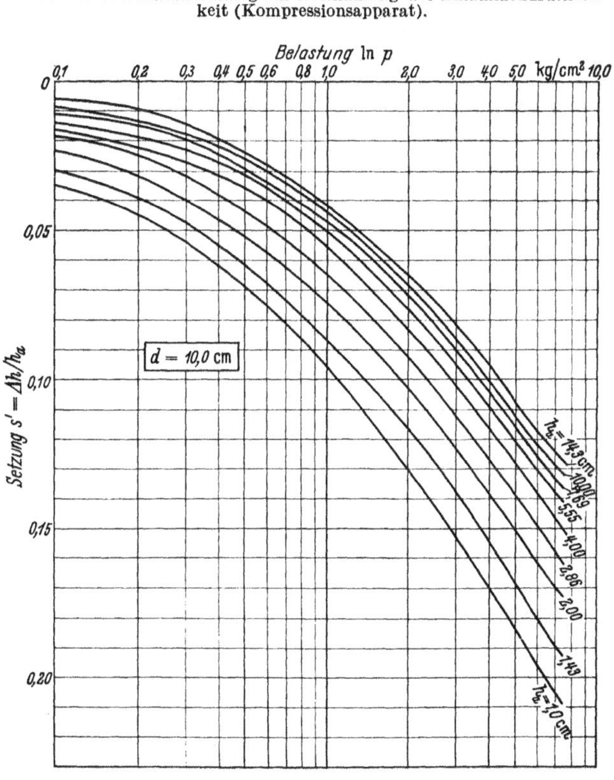

Abb. 469. Ergebnis von Kompressionsversuchen mit Proben verschiedener Höhe. Bodenart: Toniger Schluff.

Die praktische Ausführung der Kompressionsapparate weist je nach den Versuchsanstalten, aus denen sie stammen, verschiedene Formen auf. Am bekanntesten sind von ihnen das „*Ödometer*" von TERZAGHI und der „*Kompressions-Durchlässigkeits-(KD)-Apparat*" von A. CASAGRANDE geworden. Das Ödometer besteht in seiner ursprünglichen Form aus einem Zylinder von 7 cm Durchmesser, in dem die 2 cm starke Boden-

[1] Eine Ausnahme bilden allein dynamische Belastungen wegen ihrer sehr schnellen Aufbringung.

probe durch einen Druckkolben unter Wasser belastet wird[1]. Der KD-Apparat enthielt früher eine Bodenprobe von 10 cm oder 7 cm Durchmesser und 4 cm Höhe (Abb. 472).

Eingehende Versuche (MUHS/KANY 1954) haben aber ergeben, daß die Ergebnisse des Kompressionsversuchs nur bei verhältnismäßig dünnen Bodenscheiben mit einem großen Verhältnis vom Durchmesser d zur Höhe h von der Reibung der Proben an der Wandung einigermaßen unbeeinflußt sind. In allen anderen Fällen nimmt die auf die Probenhöhe bezogene Zusammendrückung mit steigender Probenhöhe oder fallendem Durchmesser stark ab (Abb. 469). Nach Versuchen von LEUSSINK (1954) ist ein großer Durchmesser auch zur Verminderung des Fehlers notwendig, der durch ein nicht vollkommen sattes Anliegen der Probe an der Wandung entsteht. Auf der anderen Seite können aber zu dünne Proben ebenfalls nicht empfohlen werden, da nach Versuchen von VAN ZELST (1948) die Störungen, die beim Glätten der Ober- und Unterfläche der Probe entstehen, unabhängig von der Probenhöhe sind, d. h. bei sehr dünnen Proben einen starken Einfluß haben können.

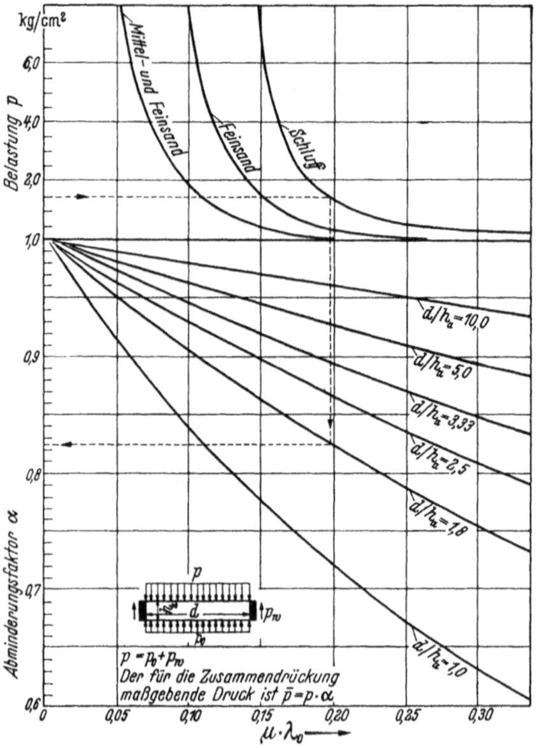

Abb. 470. Ermittlung des Wandreibungsanteils in Abhängigkeit vom Verhältnis d/h_a, vom Produkt $\mu\lambda_0$ und von der Belastung für drei verschiedene Bodenarten.

Die Abmessungen der Probe werden aus diesen Gründen so gewählt, daß ein Verhältnis $d:h_a = 5$ vorhanden ist. In DIN 4016 Blatt 4 (Entwurf 1958) „Richtlinien für die Bestimmung der Zusammendrückbarkeit" ist die Probe mit einer Höhe von 20 mm und einem Durchmesser von 100 mm als Standardgröße eingeführt (Abb. 472), die aus der mit dem Standardentnahmegerät mit einem Innendurchmesser von 114 mm (Abb. 139) entnommenen ungestörten Probe gut ausgestochen werden kann. Sind aus besonderen Gründen nur ungestörte Proben kleineren Durchmessers vorhanden, so soll der Durchmesser mit 70 mm und die Höhe mit 14 mm gewählt werden.

Läßt sich in Ausnahmefällen die Verwendung anderer Verhältnisse nicht vermeiden, so muß u. U. bei der Auswertung die tatsächlich auf die Probe wirkende Belastung gegenüber der aufgebrachten Belastung vermindert werden. Hierzu kann das Diagramm der Abb. 470 benutzt werden, das in dem unteren Teil den Abminderungsfaktor α, mit dem die aufgebrachte Last zu multiplizieren ist, für

[1] Zu beachten ist, daß von manchen Stellen alle Kompressionsapparate als Ödometer bezeichnet werden.

verschiedene Verhältnisse $d:h_a$ enthält. Das Produkt $\mu\,\lambda_0$ [μ = Reibungskoeffizient zwischen Boden und Wandung, λ_0 = Ruhedruckziffer (S. 529)] muß dazu aus dem oberen Teil der Abbildung für die betreffende Bodenart und Belastung an Hand der eingezeichneten, durch Versuche gefundenen Kurven von drei verschiedenen Bodenarten geschätzt werden (MUHS/KANY 1954).

Bei gröberem Boden ist die Versuchsdurchführung in Geräten nach Abb. 468 nicht möglich. Es sind dann Zylinder mit größerem Durchmesser und größerer Höhe angebracht, in denen die Belastung nach Abb. 447 aufgebracht werden kann. Bei sehr groben Materialien, wie Gesteinstrümmer, Flußschotter oder ähnliches, kann es sogar notwendig werden, Zylinder mit 0,5 bis 1,0 m Durchmesser zu benutzen. Zur Erzielung eines einwandfreien Ergebnisses ist es dann erforderlich, die Wandung des Geräts entweder an Meßbügeln aufzuhängen (ALPMAN 1964) oder auf Druckdosen aufzulagern, die in die Wandung eingeleiteten Kräfte zu messen und von der aufgebrachten Last abzusetzen. In Schweden ist ein Gerät entwickelt worden, bei dem die Wandung zur Verhinderung einer Lastaufnahme durch die Seitenreibung aus einer Zahl sich nicht berührender Ringe besteht (KJELLMAN/JAKOBSON 1955).

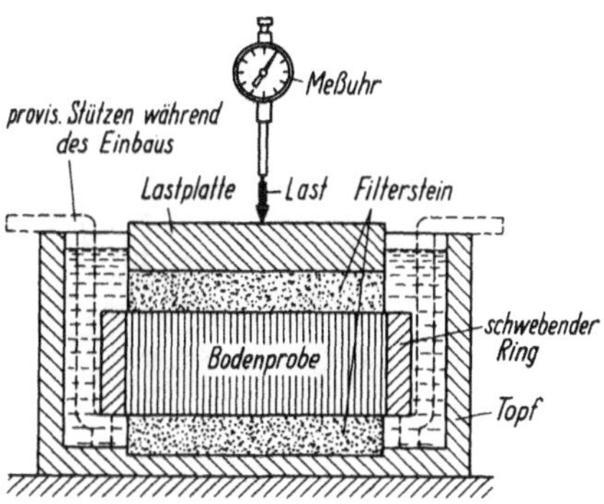

Abb. 471. Kompressionsapparat mit „schwebendem Ring".

Zur Ermäßigung der Reibung des Bodens an der Wandung des ringförmigen Behälters wird dieser bisweilen unten nicht aufgelagert. Das ist aber nur bei festen Proben mit stärkerer Wandreibung angebracht und möglich, bei denen diese groß genug ist, um die Wandung zu tragen. Bei diesen Geräten mit *„schwebendem Ring"* (Abb. 471) wird die Bodenprobe von einem starren Ring zwischen den Filtersteinen gehalten und bleibt während des ganzen Versuchs unter Wasser. Notfalls kann der Boden hierbei mit Hilfe von seitlichen Stützen unter dem Ring eingebaut werden (in Abb. 471 gestrichelt eingezeichnet). Die Stützen werden dann nach dem Abklingen der Setzung aus der ersten Belastung wieder entfernt, damit sich der Ring lotrecht bewegen kann. Jedoch ist der praktische Gewinn nur gering [über das Kräftespiel in beiden Fällen s. MUHS/KANY (1954)]. Auch kann allein der Apparat mit festem Ring für Durchlässigkeitsversuche benutzt werden. Nach DIN 4016 Blatt 4 kann die Probenhöhe bei Verwendung eines schwebenden Rings von 0,2 auf 0,4 d vergrößert werden.

Die Proben werden gewöhnlich über einen Hebel und ein Gehänge, deren Eigenlasten durch Gegengewichte ausgeglichen sind, mit Gewichten belastet. Die Zusammendrückung wird durch Meßuhren angezeigt.

Vorgang. Sandige Böden werden nur selten untersucht, da einerseits ihre Zusammendrückbarkeit gewöhnlich so gering ist, daß sie für baupraktische Zwecke vernachlässigt oder geschätzt werden kann und da andrerseits die Entnahme und Behandlung von Sandproben in ungestörtem Zustand, der fast ausschließlich interessiert, schwierig ist (s. Kap. 1.321.43). Ist ein Einbau im ungestörten Zustand nicht möglich, so hält man die Bodenprobe vor Beginn des Versuchs längere Zeit unter dem gleichen Druck, unter dem sie sich im Untergrund befunden hat, wobei vorher durch Einrütteln dafür gesorgt wird, daß sie wieder den ungefähr gleichen Hohlraum wie in der Natur erhält.

Da ungestörte Proben aus für den Versuch geeigneten bindigen Böden (Näheres hierüber s. Abschn. „Fehler") im Entnahmezylinder, in dem sie versandt und aufbewahrt werden, kein Wasser aufnehmen und sich deshalb und infolge ihres inneren Kapillardrucks (S. 130 und 437) nicht ausdehnen, behalten sie ihre ursprüngliche Porenziffer ohne besondere Vorkehrungen bei. Sie werden so in den Apparat eingebracht, daß sie satt an der Wandung anliegen. Man sticht hierzu aus dem größeren Bodenzylinder, der im Entnahmestutzen geliefert wird, mit einem dünnwandigen Metallzylinder eine Probe von passendem Durchmesser und passender Höhe aus, drückt sie aus diesem in den Kompressionsapparat oder baut sie besser mit dem Ausstechring direkt in den Apparat ein (Abb. 472). Feste Tonböden können auch durch Abdrehen an einer lotrechten Drehbank oder Abfräsen auf den gewünschten Durchmesser gebracht werden, wodurch die Störung der Randzone infolge der Wandreibung, die beim Ausstechen unvermeidbar ist, verhindert wird (McRae 1948, van Zelst 1948). Über weitere Gesichtspunkte für einen möglichst fehlerfreien Einbau siehe Schmidbauer (1954).

Abb. 472. Kompressionsapparat mit einsetzbarem Ausstechring verschiedener Höhe (P. Stenzel, Hamburg).

Gestörte bindige Bodenproben werden meist mit einem Wassergehalt eingebaut, der der Fließgrenze entspricht.

Die Filtersteine werden bei gestörten Proben vorher völlig mit Wasser getränkt, da keine Gefahr besteht, daß der wassergesättigte Boden Wasser aus den Filtersteinen aufnimmt. Bei ungestörten Proben ist die Entscheidung, ob die Filtersteine trocken bleiben oder mit Wasser getränkt werden sollten, schwieriger. Haben die Proben einen verhältnismäßig niedrigen Wassergehalt, so saugen sie unter Umständen Wasser aus den getränkten Filtersteinen auf und schwellen. Dies kann durch eine in entsprechender Höhe aufgebrachte Belastung verhindert werden. Leicht bindige Böden dagegen setzen sich, wenn sie unter Belastung Wasser aufnehmen. Läßt man andrerseits die Filtersteine völlig trocken, so besteht die Gefahr, daß sie Wasser aus der Probe heraussaugen. Allerdings wird die Kapillarkraft der Proben im allgemeinen größer als die des Filtersteins sein, so daß dies verhältnismäßig selten vorkommt. Man sollte daher die Filtersteine eher etwas zu trocken als zu feucht halten. Nur dann, wenn man während des Kompressionsversuchs auch die Durchlässigkeit nach Abb. 446 bestimmen will (s. Kap. 1.411.36), sind die Filtersteine vor dem Einbau der Probe völlig mit Wasser zu tränken, da es sonst nicht möglich ist, die Luft aus den Steinen zu entfernen. Von der früher sehr beliebten Einschaltung von Durchlässigkeitsversuchen ist man aber immer mehr abgekommen, da der Setzungsvorgang davon nicht unbeeinflußt bleibt. Ist es nicht möglich, die Durchlässigkeit des Bodens aus den Zeit-Setzungslinien auf indirektem Wege zu bestimmen (S. 465) und ist ihre Kenntnis notwendig, so wird sie besser gesondert ermittelt.

Nach dem Einbringen der Probe wird die Druckplatte mit der Meßuhr auf den oberen Filterstein gesetzt und schrittweise belastet. Die Stufen werden so gewählt, daß sie immer größer werden, gemäß DIN 4016 Blatt 4 so, daß sie immer doppelt so groß wie die vorhergehenden sind. Jede Belastung bleibt so lange unverändert, wie die Meßuhr noch eine merkliche Zusammendrückung anzeigt, in der Regel jedoch aus betrieblichen Gründen einen Tag. Auch bei Tonböden, bei denen die Zeit bis zur Erreichung des Endwerts sehr lang werden kann, bricht man den Versuch normalerweise nach einem Tag ab und extrapoliert, wenn erforderlich, den Wert der endgültigen Formänderung aus der gefundenen Beziehung zwischen Zeit und Zusammendrückung. Meist ist aber nach einem Tag die Endsetzung bereits erreicht. Nach Versuchen von HAEFELI/SCHAAD (1948) und der Degebo genügt es für die Hauptsetzungen bei vielen Böden sogar völlig, in eiligen Fällen die Lasten nach einer oder zwei Stunden zu steigern (s. Abschn. „Beispiel", S. 481). Nur die Nachsetzungen erfordern Dauerversuche.

Im Laufe der Belastung können Ent- und Wiederbelastungen eingeschaltet werden, aus denen etwaige Störungen bei der Entnahme und beim Einbau erkennbar sind. Bei der Entlastung kann dem Boden durch das Standrohr Wasser zugeführt werden, so daß er zu schwellen vermag. Es kann aber auch ohne Wasserzugabe entlastet werden. Die Ansichten hierüber sind geteilt. Die Schwellkurven, die sich nach beiden Methoden ergeben, weichen voneinander ab, bei den meisten Böden allerdings erheblich nur bei sehr niedrigen Belastungen, wo die Schwellung besonders stark ist. Die eine Kurve charakterisiert den Schwellvorgang bei einem genügenden Vorrat an Wasser und ausreichender Zeit, um die in dem Boden tatsächlich vorhandene Schwellfähigkeit auszunutzen. Die andere Kurve trägt dem Umstand Rechnung, daß beim Ausheben von Baugruben in bindigem Boden, wo diese Frage eine Rolle spielen könnte, meist weder eine genügende Wassermenge noch genug Zeit vorhanden ist, um eine stärkere bindige Bodenschicht zum vollen Schwellen zu bringen.

Die Höchstbelastung, bis zu welcher der Versuch durchgeführt wird, bewegt sich im allgemeinen zwischen 2 und 10 kg/cm². Es besteht gewöhnlich keine Veranlassung, die Probe wesentlich (etwa 50%) über das Maß der späteren Beanspruchung unter dem Bauwerk (Eigengewicht des Bodens + Bauwerkslast) hinaus zu belasten. Anschließend wird die Probe stufenweise entlastet, ausgebaut, getrocknet und gewogen (Gewicht G_t).

Meßgrößen. Bei jeder Laststufe werden die Größe der Belastungssteigerung[1] Δp von p_1 auf p_2 und die Setzungen Δh zu verschiedenen Zeitpunkten t gemessen. Für letztere haben sich als zweckmäßig erwiesen: 6, 15 und 30 Sekunden, 1, 2, 5, 15 und 45 Minuten, 2, 5, 8 und 24 Stunden. Außerdem werden die Anfangshöhe h_a der Probe und ihr Trockengewicht G_t bestimmt.

Auftragungen. Die Auswertung des Kompressionsversuchs erstreckt sich in zwei Richtungen: Einerseits wird — zur späteren Verwendung bei der Berechnung des *zeitlichen* Ablaufs von Bauwerkssetzungen — der zeitliche Verlauf, andrerseits — als Unterlage für die Berechnung der Setzungs*größe* — die Veränderung der Größe der Zusammendrückung betrachtet.

Zur *Wiedergabe des zeitlichen Verlaufs* berechnet und zeichnet man für jede Laststufe die „*Zeit-Setzungslinie*" (s. Beispiel Tab. 60). Die Zusammendrückung wird hierzu auf der Senkrechten und die Zeit t auf der Waagerechten aufge-

[1] Im vorliegenden Kapitel ist — wie bisher meist üblich — für die Belastung das Formelzeichen p verwendet worden, obwohl in jüngster Zeit verschiedentlich angestrebt wird, hierfür im Hinblick auf die international festgelegten Symbole und auf die Scherversuche, bei denen die senkrechte Normalspannung in der Bodenprobe mit σ bezeichnet wird, das Zeichen σ' (wirksame Normalspannung) einzuführen, um den Widerspruch zwischen den Symbolen für die Normalspannung (Belastung) beim Kompressionsversuch und beim direkten Scherversuch zu beseitigen.

tragen (Abb. 473), und zwar die Zusammendrückung entweder mit ihrem absoluten Wert Δh oder aber mit dem auf die Anfangsprobenhöhe h_a oder auf den Maximalwert $\Delta h_{\max}$ bei der betreffenden Laststufe bezogenen Wert $\frac{\Delta h}{h_a}$ bzw. $\frac{\Delta h}{\Delta h_{\max}}$. Hierbei benutzt man für die Zusammendrückung den linearen Maßstab, während für die Zeit meist der logarithmische oder der parabolische Maßstab vorgezogen wird (Abb. 474 und 475).

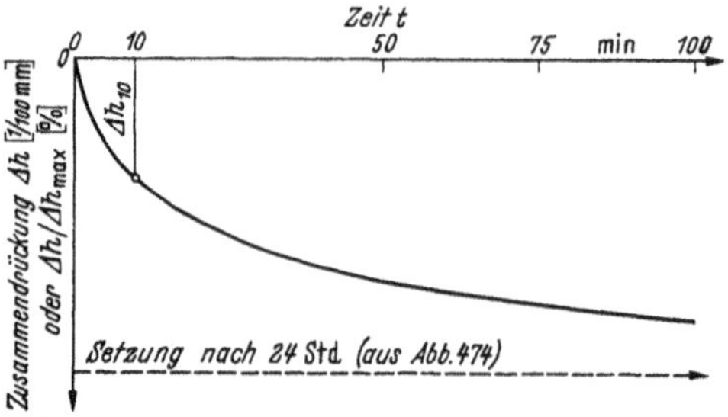

Abb. 473. Zeitlicher Verlauf der Setzungen beim Kompressionsversuch bei linearer Einteilung der Zeitachse.

Bei logarithmischem Maßstab (Abb. 474) ergeben sich nur bei nichtbindigen und vorbelasteten bindigen Böden annähernd gerade oder einfach gekrümmte Linien. Bei nicht vorbelastetem bindigem Boden ist die Zeit-Setzungslinie anfangs S-förmig und geht später nahezu in eine Gerade über. Der durch diese Gerade gekennzeichnete zeitliche Setzungsverlauf wird im Gegensatz zu der durch die S-förmige Kurve gekennzeichneten *„primären Setzung"* als *„sekundäre Setzung"* bezeichnet. Der Beginn der Geraden zeigt sich bei den einzelnen Laststufen nach verschieden langer Zeit. Die Linien verlaufen auch nicht etwa immer parallel.

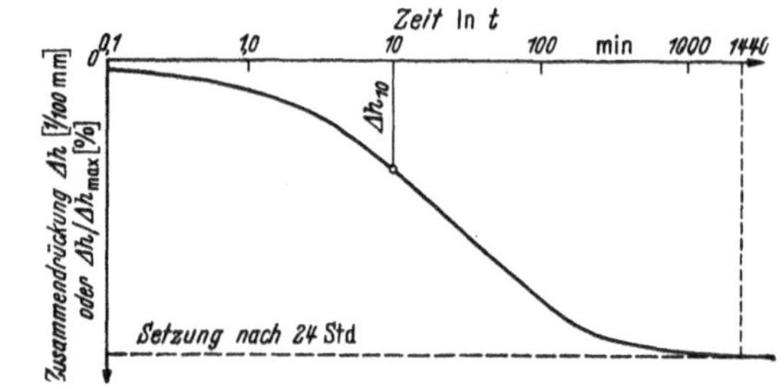

Abb. 474. Zeitlicher Verlauf der Setzungen beim Kompressionsversuch bei logarithmischer Einteilung der Zeitachse.

Besonders übersichtlich wird die Darstellung, wenn man die Zeit-Setzungslinien aller Laststufen untereinander auf einem Blatt zeichnet (Abb. 476), was zur Kontrolle des Versuchs schon während der Belastung geschehen kann und geschehen sollte.

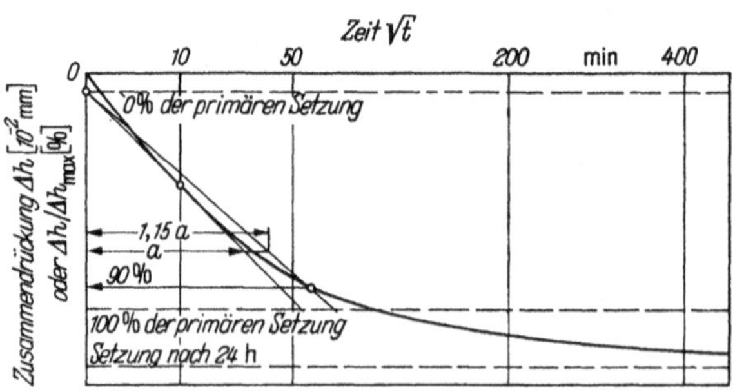

Abb. 475. Zeitlicher Verlauf der Setzungen beim Kompressionsversuch bei Einteilung der Zeitachse im Wurzelmaßstab.

Nur die primäre Setzung entspricht der Konsolidierungstheorie und ist mit dem Auspressen des Porenwassers zu erklären. Die Ursachen der sekundären Setzung sind noch nicht restlos geklärt; wahrscheinlich handelt es sich um ein plastisches Nachfließen (S. 459).

Die Grenze (100% primäre Setzung) zwischen den beiden Setzungsarten findet man dadurch, daß man die Tangente an den Wendepunkt des S-förmigen Teils der Zeit-Setzungslinie mit der Verlängerung der während der sekundären Setzung vorhandenen Geraden zum Schnitt bringt (Abb. 477).

Die primäre Setzung beginnt nicht genau zur Zeit der Lastaufbringung, da auch schon unmittelbar bei der Belastung eine Setzung eintritt. Den Beginn der primären Setzung erhält man dadurch, daß die Zeit-Setzungslinie während der ersten Zeit nach theoretischen Betrachtungen eine Parabel sein muß. Trägt man daher im Abstand $^1/_4\, t_1$ den Ordinatenunterschied $(t_1 - {}^1/_4\, t_1)$ eines Punkts (a) der Zeit-Setzungslinie über ihr auf und verfährt zur Kontrolle für weitere Punkte (b) im ersten Teil der Kurve in gleicher Weise (Abb. 477), so müssen diese Punkte auf einer Waagerechten liegen, die die Nullachse darstellt. Der Unterschied dieser, für die Konsolidierungssetzung geltenden Nullachse zur tatsächlichen Nullachse gibt die „*Sofortsetzung*" an.

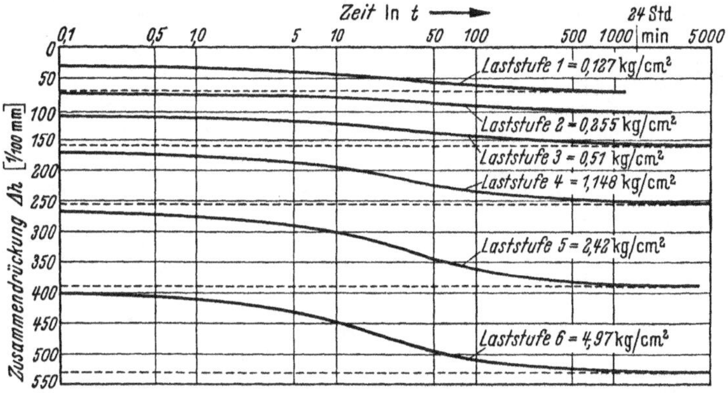

Abb. 476. Auftragung des zeitlichen Verlaufs aller Laststufen eines Kompressionsversuchs gemäß Abb. 474. Bodenart: Toniger Schluff.

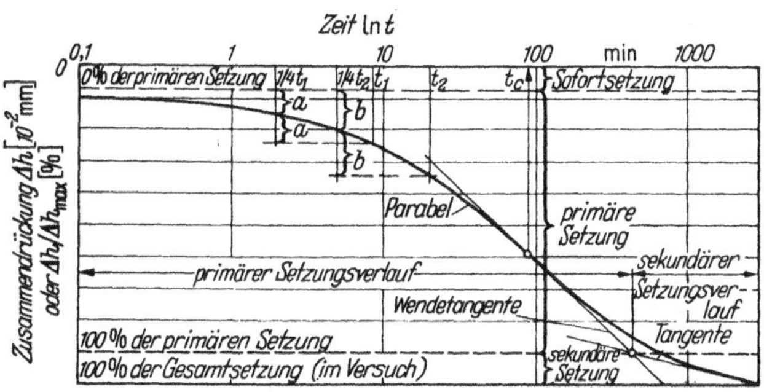

Abb. 477. Ermittlung der primären und der sekundären Setzung aus der Zeit-Setzungslinie.

Statt des logarithmischen Zeitmaßstabs kann auch ein parabolischer gewählt werden, indem die Wurzel aus der Zeit aufgetragen wird (Abb. 475). Der Anfang der Zeit-Setzungslinie ist dann eine Gerade. Wo die gemessene Zeit-Setzungslinie um 15% der Zeit von der Geraden abweicht, ist nach theoretischen Überlegungen 90% der Gesamtprimärsetzung ($s_{90\%}$) erreicht (TAYLOR 1948). Man kann damit die volle Primärsetzung $s_{100\%}$ extrapolieren.

In dem beschriebenen Verlauf der Zeit-Setzungslinien können erhebliche Verzerrungen eintreten, wenn die Lasterhöhung nicht, wie dies üblich ist, in einer Verdoppelung der Belastung der Probe besteht, sondern wenn das Verhältnis $\Delta p/p$ kleiner ist (KÉRISEL 1963, SCHULTZE 1963).

Wichtiger als die zeitliche Wiedergabe des Kompressionsversuchs ist die ***Darstellung der gemessenen Zusammendrückung in Abhängigkeit von der Belastung.*** Bei der Ausrechnung der Druck-Setzungslinie bzw. des Druck-Porenzifferdiagramms werden auch der Wassergehalt, der Sättigungsgrad und der Luft-

Tabelle 57. *Ergebnis eines Kompressionsversuchs.*

Querschnittsfl. der Probe F: 45,4 cm² — Spez. Gew. γ_s: 2,73 g/cm³
Höhe der Probe h_a: 1,90 cm — Trockengewicht G_t: 145,0 g
Letzte Lesung M_e: 0,203 cm

Höhe der Festmasse: $h_f = \frac{G_t}{F\gamma_s} = \frac{145,0}{45,4 \cdot 2,73} = 1,17$ cm $\quad h_a - h_f = 0,73$ cm

	vor dem Versuch		nach dem Versuch	
Natürlicher Wassergehalt	w_{n_1}	12,0 %	w_{n_2}	11,5 %
Porenziffer	$\varepsilon_1 = \frac{h_a - h_f}{h_f}$	0,624	$\varepsilon_2 = \frac{h_a - h_f - M_e}{h_f}$	0,451
Sättigungsgrad	$s_{w_1} = \frac{w_{n_1}\gamma_s}{\varepsilon_1} \cdot 100$	52,6 %	$s_{w_2} = \frac{w_{n_2}\gamma_s}{\varepsilon_2} \cdot 100$	69,6 %
Porenvolumen	$n_1 = \frac{\varepsilon_1}{1+\varepsilon_1} \cdot 100$	38,4 %	$n_2 = \frac{\varepsilon_2}{1+\varepsilon_2} \cdot 100$	31,1 %
Porenvolumen mit Wasser gefüllt	$n_{w_1} = \frac{n_1 s_{w_1}}{100}$	20,2 %	$n_{w_2} = \frac{n_2 s_{w_2}}{100}$	21,7 %
Porenvolumen mit Luft gefüllt	$n_{l_1} = n_1 - n_{w_1}$	18,2 %	$n_{l_2} = n_2 - n_{w_2}$	9,4 %
Höhe der Festmasse	h_f	1,17 cm	h_f	1,17 cm
Höhe des Wasseranteils	$h_{w_1} = \frac{w_{n_1} G_t}{F}$	0,384 cm	$h_{w_2} = \frac{w_{n_2} G_t}{F}$	0,368 cm
Höhe des Luftanteils	$h_{l_1} = n_{l_1} h_a$	0,346 cm	$h_{l_2} = n_{l_2} [h_a - M_e]$	0,159 cm
Letzte Lesung vor Ausbau	—	—	M_e	0,203 cm
$h'_1 \equiv h'_2 \equiv h_a$	$h'_1 = h_f + h_{w_1} + h_{l_1}$	1,900 cm	$h'_2 = h_f + h_{w_2} + h_{l_2} + M_e$	1,900 cm

Laststufe	Belastung p (kg/cm²)	Meßuhr-ablesung M (1/100 mm)	$s' = \frac{M}{h_a}$	$h_a - h_f - M$ (1/100 mm)	$\varepsilon = \frac{h_a - h_f - M}{h_f}$
0	0	0	0	730	0,624
I	0,125	33,2	0,175	696,8	0,596
II	0,25	53,1	0,28	676,9	0,579
III	0,50	80,7	0,425	649,3	0,555
IV	1,25	122,7	0,645	607,3	0,519
V	2,50	159,7	0,84	570,3	0,488
VI	5,00	203,0	0,107	527,0	0,451

gehalt der Probe (S. 369) für den Beginn und das Ende des Versuchs sowie die zugehörigen Probenhöhen berechnet (s. Beispiel Tab. 57).

Man trägt für den Endzustand jeder Belastungsstufe entweder die auf die Probenhöhe h_a bezogenen Endsetzungen[1] $\varDelta h$, d. h.:

$$s' = \frac{\varDelta h}{h_a} \tag{186}$$

oder aber die Porenziffern ε in Abhängigkeit von der jeweiligen Belastung auf (Abb. 478). Im ersten Fall erhält man das „*Druck-Setzungsdiagramm*", im zweiten Fall das „*Druck-Porenzifferdiagramm*". Man sollte dabei stets von der ursprünglichen Höhe h_a der Bodenprobe, die vor Beginn des Gesamtversuchs, also bei der Belastung $p = 0$ vorhanden war, ausgehen. Aus ihr läßt sich mit Hilfe der Gl. (134) die Anfangsporenziffer ε_0 und aus der Zusammendrückung $\varDelta h$ die Verminderung $\varDelta \varepsilon$ der Porenziffer ε berechnen. Da die Festmasse des Bodens beim Versuch unverändert bleibt, ergibt sich $\varDelta \varepsilon$ aus dem verlorenen Hohlraum, d. h. bei konstantem Querschnitt F aus der verlorenen Höhe $\varDelta h$ der Probe. Es ist:

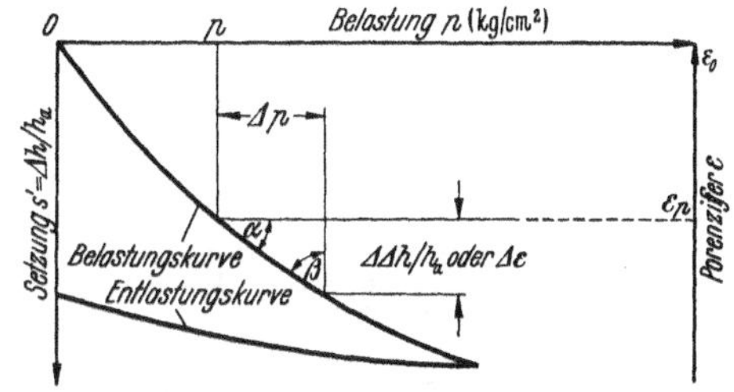

Abb. 478. Zusammendrückungsdiagramm bei linearer Einteilung der Belastungsachse.

$$\varepsilon = \varepsilon_0 - \varDelta \varepsilon = \varepsilon_0 - \frac{\varDelta h}{h_a}(1 + \varepsilon_0) = \frac{h_a - h_f - \varDelta h}{h_f}. \tag{187}$$

h_f stellt hierbei die Höhe der Festmasse dar und ist nach Gl. (140) zu bestimmen. $\frac{h_a - h_f}{h_f}$ ist die Anfangsporenziffer ε_0[2].

Aus Gl. (186) und (187) folgt:

$$s' = \frac{\varDelta \varepsilon}{1 + \varepsilon_0}. \tag{188}$$

Die Setzungen oder Porenziffern werden gewöhnlich linear, die Belastungen manchmal linear, meist aber logarithmisch aufgetragen (Abb. 478 und 479). Auch doppelt logarithmische Auftragungen kommen vor (Abb. 480). In den letzten

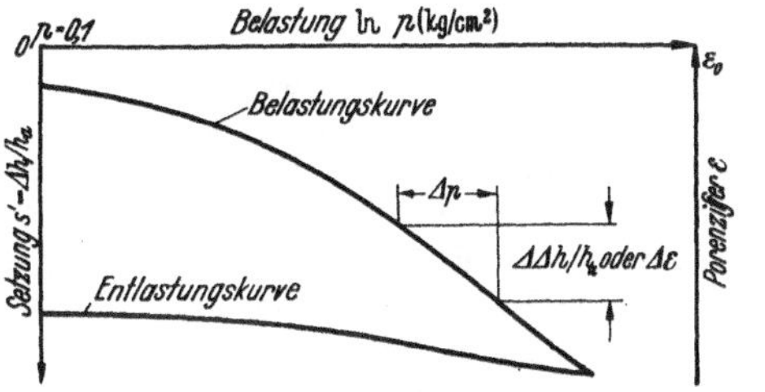

Abb. 479. Zusammendrückungsdiagramm bei logarithmischer Einteilung der Belastungsachse.

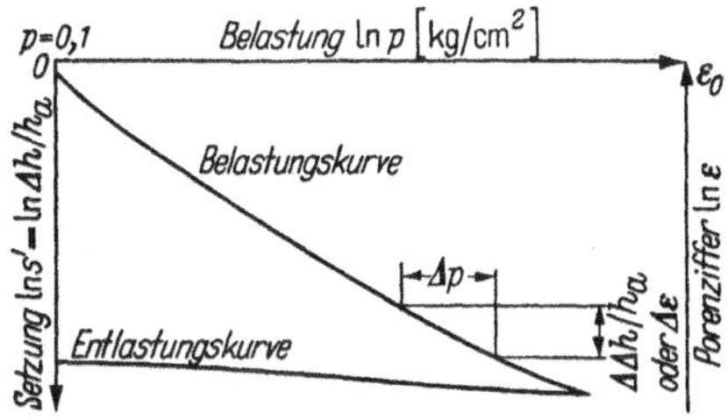

Abb. 480. Zusammendrückungsdiagramm bei logarithmischer Einteilung beider Achsen.

Fällen beginnt die Teilung auf der waagerechten Achse bei einem niedrigen Wert von p, im allgemeinen bei 0,1 kg/cm².

[1] Der Einfachheit halber ist an Stelle von $\varDelta h_{max}$ im folgenden stets nur noch $\varDelta h$ geschrieben.

[2] Oft wird an Stelle von ε_0 die mittlere, dem Lastanstieg $\varDelta p$ entsprechende Porenziffer ε_m eingesetzt. Siehe hierzu den Abschn. „Fehler".

Die Zusammendrückungslinie ist bei der linearen Darstellung (Abb. 478) meist stark nach oben hohl, d. h. konkav, gekrümmt. Bei der halblogarithmischen Darstellung (Abb. 479) ist sie dagegen schwach konvex gekrümmt und geht bei größeren Lasten annähernd in eine Gerade über. Bei Ent- und Wiederbelastungen fallen die Schleifen oft nahe zusammen (Abb. 481 und 482).

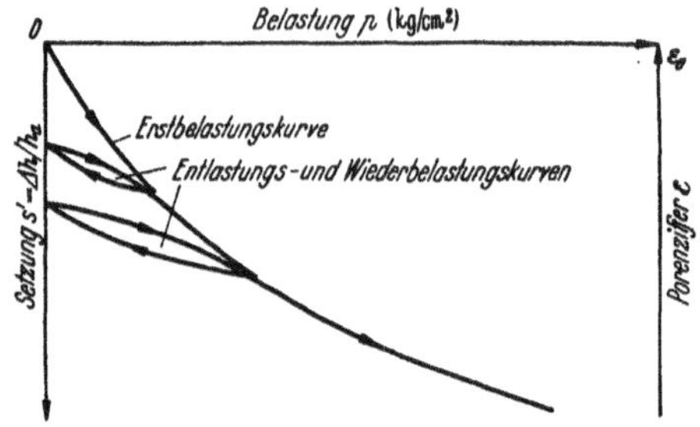

Abb. 481. Verlauf der Zusammendrückungslinie bei Be- und Entlastungen und linearer Einteilung der Belastungsachse.

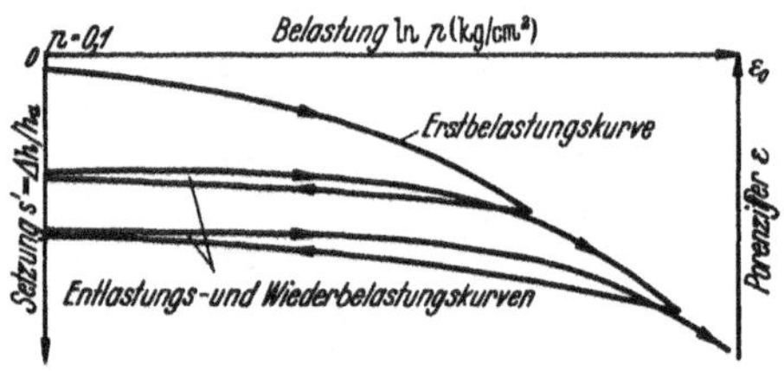

Abb. 482. Verlauf der Zusammendrückungslinie bei Be- und Entlastungen und logarithmischer Einteilung der Belastungsachse.

Kennziffern. Die absolute Setzung jeder Laststufe (oder auch die auf die Anfangshöhe h_a bezogene Setzung s') der Zeit-Setzungslinie kann bei bindigem Boden aus den drei Einzelsetzungen zusammengesetzt werden (Abb. 477):

$$s = s_s + s_k + s_n \qquad \text{(mm)}, \qquad (189)$$

s_s Sofortsetzung,
s_k primäre (Konsolidierungs-) Setzung,
s_n sekundäre (Nach-) Setzung.

Bei wassergesättigtem bindigem Boden, der bei schneller Belastung volumenkonstant ist (Poisson-Zahl $m = 2$, s. S. 240), läßt sich die *Sofortsetzung* aus dem Zylinderdruckversuch (s. Kap. 1.412.4) bestimmen („*volumentreue Gestaltänderung*"). Es ist:

$$s_s = \frac{\Delta p\, h_a}{E} \qquad \text{(mm)}, \qquad (190)$$

h_a Anfangshöhe der Probe,
E Elastitizitätsmodul des Bodens = Steifezahl bei unbehinderter Seitendehnung (S. 533), gewonnen aus der Druck-Setzungslinie des nicht entwässerten Zylinderdruckversuchs.

Beim Kompressionsversuch ist auch bei wassergesättigten bindigen Böden die Sofortsetzung meist durch die mit der Entnahme und der Behandlung der Probe im Laboratorium, insbesondere mit dem Einbau in den Kompressionsapparat unvermeidbar verbundenen Störungen des Bodens mehr oder weniger stark beeinflußt, besonders bei den ersten Laststufen, wo Bettungseffekte und ähnliches auftreten (sattes Anliegen an der Wandung und auf den Filtersteinen, Verdrängen von Bodenluft, Beseitigung von Auflockerungen). Sofortsetzungen entstehen in nicht wassergesättigten und insbesondere in nichtbindigen Böden beim Kompressionsversuch außerdem durch Kornumlagerungen. Es handelt sich hierbei um eine sofort mögliche und sofort eintretende Volumenverringerung („*gestalttreue Volumenänderung*").

Der Anteil der Konsolidierungssetzung s_k in Gl. (189) ist:

$$s_k = \frac{\Delta p\, h_a}{E_s} \qquad \text{(mm)}, \qquad (191)$$

E_s Steifezahl des Bodens = Steifezahl bei behinderter Seitendehnung (S. 459), gewonnen aus der Druck-Setzungslinie des Kompressionsversuchs beim Lastzuwachs Δp.

Die Zeit-Setzungslinie der *Konsolidierungssetzung* setzt sich (Abb. 477) aus dem parabelförmigen Teil, der bis zum Wendepunkt der S-förmigen Setzungslinie reicht (Zeit t_c), und dem anschließenden geradlinigen Teil zusammen, der von der Tangente an den Wendepunkt gebildet wird und bis zum Beginn der sekundären Setzung reicht. Für den geradlinigen Teil gilt die Gleichung:

$$s_k = \Delta p\, h_a [\alpha_p + \alpha_s (\ln t - \ln t_c)] \quad \text{(mm)}, \tag{192}$$

$\alpha_p = \frac{1}{E_s}$,

$\Delta p\, h_a\, \alpha_p$ Setzung bei $t = t_c$ (von 0% Konsolidierungssetzung ab gerechnet),
t gilt von $t = t_c$ bis $t = t_{100\,\%}$ (Ende der Konsolidierungssetzung),
α_s Beiwert, aus der Neigung des geradlinigen Teils der primären Zeit-Setzungslinie (zwischen $t = t_c$ und $t = t_{100\,\%}$) gewonnen.

In entsprechender Weise läßt sich die Gerade für die *sekundäre Setzung* angeben:

$$s_n = \Delta p\, h_a [\alpha_{pn} + \alpha_{sn} (\ln t - \ln t_{100\,\%})] \quad \text{(mm)}, \tag{193}$$

$\Delta p\, h_a\, \alpha_{pn}$ Setzung bei $t = t_{100\,\%}$ (von 0% Konsolidierungssetzung ab gerechnet),
t gilt für $t > t_{100\,\%}$ (Ende der Konsolidierungssetzung),
α_{sn} Beiwert, aus der Neigung des geradlinigen Teils der sekundären Zeit-Setzungslinie (bei $t > t_{100\,\%}$) gewonnen.

Die Größe der sekundären Setzung wird mit $E_n = 1/\alpha_{sn}$:

$$s_n = \frac{\Delta p\, h_a}{E_n} (\ln t - \ln t_{100\,\%}) \quad \text{(mm)}. \tag{194}$$

Für $t \to \infty$ wird hiermit die sekundäre Setzung unendlich groß, was nur insofern zutrifft, als sich in bestimmten Böden über relativ lange Zeiten (mehrere Jahrzehnte) nicht zum Stillstand kommende und logarithmisch fortschreitende Setzungen zeigen, die nicht mehr dem Konsolidationsvorgang entsprechen und als sekundäre Setzungen angesehen werden müssen. Ihre Größe kann für endliche Zeiten t mitGl. (194), d. h. mit dem aus der Zeit-Setzungslinie bestimmten Beiwert α_{sn}, einigermaßen richtig abgeschätzt werden.

Nach Akai (1960, S. 51) tritt für Schluff im Bereich der sekundären Setzung ein Umlagerungsprozeß auf, bei dem die Bodenkörner ihre Lage zueinander verändern. Diese Kornumordnung kann als einfache Verschiebung der Körner untereinander gedeutet werden, wie dies auch für Ton angenommen wird. Die sekundären Setzungen sind also die Folge eines plastischen Verhaltens des Bodens, bei dem die einzelnen Tonteilchen aneinander gleiten, um stabilere Lagen einzunehmen, sowie eines fortschreitenden Bruchs der Bindung zwischen den Bodenteilchen und vielleicht auch der Teilchen selbst (Koppejan 1948, Zeevaert 1957).

Die Sekundärsetzungen betrugen bei Versuchen von Akai mit Schluff etwa 25% der Gesamtsetzung. Gewöhnlich können sie jedoch vernachlässigt werden.

Die aus dem Druck-Setzungsdiagramm (Abb. 478 bis 480) zu entnehmende Neigung der Tangente bei $^1/_2\, \Delta p$ oder der Sehne über den Lastbereich Δp gegen die Lotrechte wird als „*Steifezahl E_s bei behinderter Seitendehnung*“ bezeichnet:

$$E_s = \tan\beta = \cot\alpha = \frac{\Delta p}{\Delta \Delta h} h_a = \frac{\Delta p}{\Delta s'} \quad \text{(kg/cm}^2\text{)}. \tag{195}$$

Der reziproke Wert der Steifezahl ist die „*mittlere Setzungsziffer $\Delta s'_m$*“. Sie gibt die mittlere Setzung des Bodens bei einer Laststeigerung um 1 kg/cm² an:

$$\Delta s'_m = \tan\alpha = \frac{1}{E_s} = \frac{\Delta \Delta h}{h_a \Delta p} = \frac{\Delta s'}{\Delta p}. \tag{196}$$

In der englisch-amerikanischen Fachliteratur ist hierfür der Ausdruck „*Coefficient of Volume Compressibility* m_v“ und auch „*Coefficient of Volume Change*“ im Gebrauch.

Entsprechend erhält man aus dem Druck-Porenzifferdiagramm (Abb. 478 bis 480) die „*Verdichtungsziffer a*“ für die Neigung gegen die Waagerechte:

$$a = \tan \alpha = -\frac{\Delta \varepsilon}{\Delta p} \qquad \left(\frac{1}{\text{kg/cm}^2}\right). \tag{197}$$

Diese Größe wird im Englischen meist mit „*Coefficient of Compressibility* a_v“ bezeichnet.

Zwischen a, E_s und $\Delta s'_m$ bestehen die Beziehungen:

$$a = \frac{1}{E_s}(1 + \varepsilon_0) = \Delta s'_m (1 + \varepsilon_0) \qquad \left(\frac{1}{\text{kg/cm}^2}\right), \tag{198}$$

$$a = \frac{1}{E_s} \cdot \frac{h_a}{h_f} = \Delta s'_m \frac{h_a}{h_f} \qquad \left(\frac{1}{\text{kg/cm}^2}\right). \tag{199}$$

Sowohl die Steifezahl E_s als auch die Verdichtungsziffer a sind mit der Belastung und der Anfangsporenziffer ε_0 veränderlich. Von der Belastung unabhängige Angaben können nur gemacht werden, wenn es gelingt, die Zusammendrückungskurve durch eine Gleichung zu erfassen und die diese Gleichung kennzeichnenden, von p abhängigen Größen zur Bestimmung von E_s oder a heranzuziehen.

Die Zusammendrückungslinie ist eine durch Versuch gefundene Kurve. Wegen ihrer Bedeutung für die Beurteilung des Baugrundes hat man sich mehrfach bemüht, sie analytisch wiederzugeben. Die vorgeschlagenen Gleichungen weichen voneinander ab, da sie auf verschiedenen Voraussetzungen beruhen, über deren Berechtigung lediglich die Übereinstimmung der theoretischen mit den empirischen Kurven entscheidet.

Auf der Voraussetzung, daß in der halblogarithmischen Auftragung (Abb. 479) das Druck-Porenziffer- und das Druck-Setzungsdiagramm bei höheren Belastungen aus einer annähernd geraden Linie bestehen, beruht der Ansatz von TERZAGHI (1936) für die *Druck-Porenzifferlinie*:

$$\varepsilon = -\frac{1}{A}\ln(p + p_0) + C. \tag{200}$$

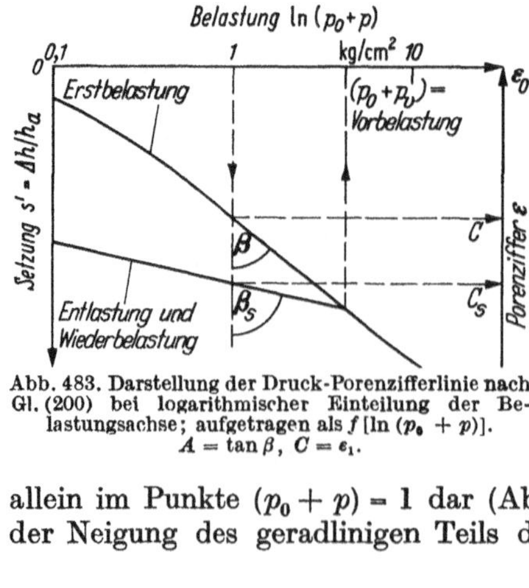

Abb. 483. Darstellung der Druck-Porenzifferlinie nach Gl. (200) bei logarithmischer Einteilung der Belastungsachse; aufgetragen als $f[\ln(p_0 + p)]$. $A = \tan\beta$, $C = \varepsilon_1$.

Hierbei sind die Größen A, p_0 und C von der Belastung unabhängige, jedoch von der Anfangsporenziffer (Ausgangsdichte) und der Bodenart abhängige Werte, die den durch Versuch gewonnenen Kurven zu entnehmen sind (Abb. 483).

Der Wert A wird ebenfalls als Verdichtungsziffer bezeichnet. Er darf nicht mit der Verdichtungsziffer a nach Gl. (197) verwechselt werden. Während a die Neigung der Druck-Porenzifferlinie gegen die *Horizontale* in jedem Punkte angibt, stellt A die Neigung der Druck-Porenzifferlinie gegen die *Senkrechte* allein im Punkte $(p_0 + p) = 1$ dar (Abb. 483). A ist gemäß (Gl. 200) auch gleich der Neigung des geradlinigen Teils des Druck-Porenzifferdiagramms gegen die

Senkrechte bei logarithmischer Teilung der Abszissenachse. Im Englischen wird $1/A$ als „*Compression Index* C_c" bezeichnet.

Durch p_0 wird die Gültigkeit der Gleichung auf den Bereich um $p = 0$ ausgedehnt, wo sonst $\varepsilon = \infty$ werden würde. Den Einfluß von p_0 auf die Gestalt der Kurve zeigt Abb. 484: Je größer p_0, desto mehr weicht die Zusammendrückungslinie von der Geraden ab, die sich nach Gl. (200) bei logarithmisch geteilter Abszisse und $p_0 = 0$ ergibt.

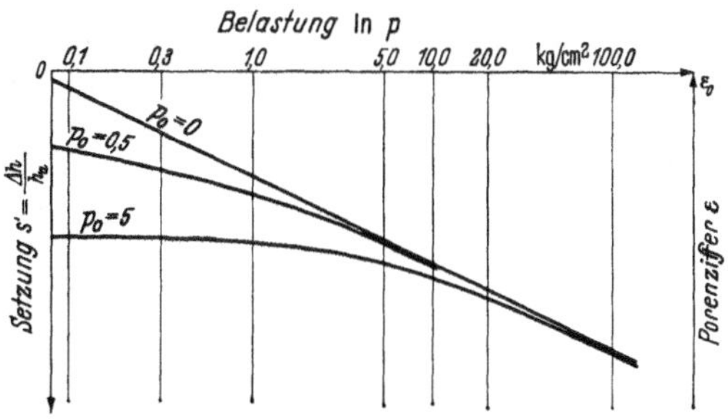

Abb. 484. Einfluß von p_0 auf das Zusammendrückungsdiagramm.

C ist nach Gl. (200) der Wert ε_1 der Porenziffer für $p + p_0 = 1$ bzw. die Ordinate der für $p_0 = 0$ erhaltenen Geraden an der Stelle $p = 1$ (Abb. 483).

In vielen Veröffentlichungen — vor allem im englisch-amerikanischen Schrifttum — wird Gl. (200) in etwas anderer Form angegeben, und zwar wird der in der Klammer erscheinende Summand $(p + p_0)$ durch die Belastung $p_1 = 1$ kg/cm² dividiert. Dies hat den Vorteil, daß der Numerus in der Gleichung dimensionslos, d. h. eine reine Zahl, ist und die Gleichung selbst, da die übrigen Parameter auf der rechten Seite ebenfalls reine Zahlen sind, dimensionsrein wird[1].

Die für die Druck-Porenzifferlinie angegebene Gl. (200) läßt sich für die *Druck-Setzungslinie* durch Einführen von $\frac{h_a - h_f}{h_f} = \varepsilon_0$ umformen in:

$$\frac{\Delta h}{h_a} = s' = \frac{1}{A\,(1 + \varepsilon_0)} \ln (p + p_0) + \frac{\varepsilon_0 - \varepsilon_1}{1 + \varepsilon_0}. \tag{201}$$

Hieraus erhält man durch Umformung:

$$\frac{\Delta h}{h_a} = s' = -\frac{s'_{(p\,=\,1)}}{\ln p_{(s'\,=\,0)}} \ln (p + p_0) + s'_{(p\,=\,1)}\,, \tag{202}$$

$s'_{(p=1)}$ bezogene Setzung der Ersatzgeraden für $p_0 = 0$ bei $p = 1$ kg/cm²,
$p_{(s'=0)}$ Belastung der Ersatzgeraden für $p_0 = 0$ bei $s' = 0$.

$s'_{(p=1)}$ und $p_{(s'=0)}$ können aus der Druck-Setzungslinie nach Einzeichnen der Ersatzgeraden für $p_0 = 0$ leicht entnommen werden (Abb. 485). Die Ersatzgerade ist durch die Versuchskurve bei den höheren Belastungen gegeben. Sie ist außerdem so einzuzeichnen, daß ihr waagerechter Abstand von der Versuchskurve — bei Beachtung des logarithmischen Maßstabs der waagerechten Achse — stets gleich ist. Die Abszisse muß von der Geraden bei dem gleichen Wert geschnitten werden; dies ist der gesuchte Wert p_0. Damit sind alle Werte in Gl. (202) bekannt.

Natürlich können die in Gl. (200) und (201) unbekannten Größen auch durch Aufstellen zweier Gleichungen mit Wertepaaren p und ε bzw. s' erhalten werden, die man aus der Kurve abgreift. C bzw. ε_1 sind jeweils als Ordinate bei $p + p_0 = 1$ bekannt (s. o.).

Aus $E_s = dp/ds'$ [Gl. (195)] wird nach Differentiation von Gl. (201):

$$E_s = A\,(1 + \varepsilon_0)\,(p + p_0) \qquad (\text{kg/cm}^2)\,. \tag{203}$$

[1] In der ursprünglichen Gleichung von TERZAGHI ist $p_1 = p_0$, d. h. $\neq 1$. Dafür hat der Wert C eine andere Bedeutung; er ist gleich der Einbauporenziffer ε_0.

Da [s. Gl. (201) und (202)] $A\ (1 + \varepsilon_0) = -\frac{\ln p_{(s'=0)}}{s'_{(p=1)}} = C_1$ ist und aus der Druck-Setzungslinie nach Einzeichnung der Ersatzgeraden für $p_0 = 0$ ebenso wie p_0 abgegriffen werden kann (s. Beispiel in Abb. 485), ist mit Gl. (203) die Druckabhängigkeit der Steifezahl des Kompressionsversuchs leicht erfaßbar. Die Gleichung kann noch weiter vereinfacht werden, wenn man $p_0 = 0$ setzt, was – wie Abb. 484 zeigt – bedeutet, daß man auf die Wiedergabe der Kurve bei niedrigen Drücken verzichtet. Da p_0 bei bindigen Böden etwa der Kohäsion c' entspricht und diese in den meisten Fällen – in kg/cm² ausgedrückt – nicht sehr hoch ist, kann für die höheren Belastungen die einfache Gleichung benutzt werden:

$$E_s = A\ (1 + \varepsilon_0)\ p = C_1\, p \qquad (\mathrm{kg/cm^2})\,. \qquad (204)$$

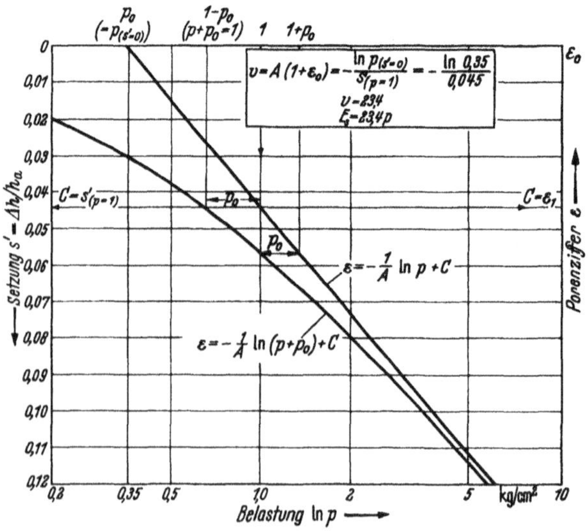

Abb. 485. Halbgraphische Ermittlung der Steifezahl (in Abhängigkeit von p) aus der Druck-Setzungslinie.

Die Steifezahl E_s ist dann also, da A und ε_0 nur von der Bodenprobe abhängen, linear von der Belastung p abhängig.

Von Ohde (1939) wurde eine andere Gleichung für die Steifezahl

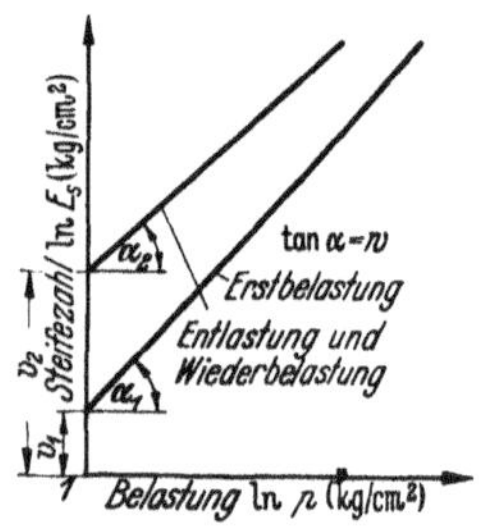

Abb. 486. Ermittlung der Werte v und w nach Gl. (205).

E_s [= „*Tangentenmodul*" (Janbu 1963)] vorgeschlagen. Bildet man die Tangenten an die Druck-Setzungslinie [vgl. Gl. (195)]:

$$\cot \alpha = \tan \beta = \frac{dp}{d\left(\frac{\Delta h}{h_a}\right)} = E_s$$

und trägt sie in Abhängigkeit von der Belastung p in doppelt logarithmischem Maßstab auf (Abb. 486), so erhält man für den Erstverdichtungsast und für die Wiederbelastungs- und Schwelläste mit genügender Genauigkeit gerade Linien mit der Gleichung:

$$\ln E_s = \ln v + w \ln p$$

oder:

$$E_s = v\, p^w \qquad (\mathrm{kg/cm^2}). \qquad (205)$$

Die Werte v und w sind ebenso wie A und p_0 in Gl. (200) Erfahrungszahlen, die den Kurven des Versuchs zu entnehmen und unabhängig von der Belastung sind. Ähnlich wie bei Terzaghi der Wert p_0 in wassergesättigten bindigen Böden und bei nicht zu kleinen Belastungen oft = 0 gewählt werden kann, ist es bei OHDE möglich, den Exponenten $w = 1$ zu setzen. In beiden Fällen kann dann für die Steifezahl E_s die einfache Beziehung aufgestellt werden:

$$E_s = v\,p \qquad (\text{kg/cm}^2). \qquad (206)$$

Während bei OHDE v jedoch ein vom Zustand des Bodens abhängiger Parameter ist, ist in der TERZAGHIschen Gl. (204):

$$v = A\,(1 + \varepsilon_0)\,. \qquad (207)$$

Es sei besonders darauf aufmerksam gemacht, daß Gl. (205) in der von OHDE angegebenen Form nur eine Beziehung zwischen Zahlenwerten darstellt, bei der E_s in kg/cm² erhalten wird, wenn für p der Zahlenwert bei Verwendung der Dimension kg/cm² eingesetzt wird. Die Gleichung ist nicht dimensionsrein, d. h., sie stellt keine echte Größengleichung dar; für $w = 1$ ist z. B. v dimensionslos, während für $w = 0$ — einen allerdings im Boden nur theoretischen Grenzfall (rein elastisches Verhalten; BOUSSINESQ) — v die Dimension kg/cm² haben müßte.

Diese Unkorrektheit, daß ein empirisch gefundener Parameter (v) mit einer Dimension behaftet ist, die von der Größe eines anderen empirisch gefundenen Parameters (w) abhängt, kann man in ähnlicher Weise wie in der TERZAGHIschen Gleichung für ε (S. 461) dadurch beseitigen, daß man den Ausdruck für die Belastung durch Division mit einer speziellen Belastung zu einer reinen Zahl werden läßt, d. h. Gl. (205) in der Form benutzt (z. B. JANBU 1963):

$$E_s = v\left(\frac{p}{p_1}\right)^w \qquad (\text{kg/cm}^2)\,. \qquad (208)$$

Hierin ist p_1 die Einheit der Belastung (1 kg/cm²). Dadurch erhält v durchweg die Dimension kg/cm², wodurch es eine andere Bedeutung besitzt als in der ursprünglichen OHDEschen Gleichung, in der v in mathematisch nicht einwandfreier Weise dimensionslos ist. Gl. (208) ist demgegenüber auch in Hinblick auf die Dimension korrekt.

Die Gleichung für das Druck-Porenzifferdiagramm nach dem OHDEschen Ansatz für E_s ist mit $w \neq 1$ ziemlich kompliziert. Mit $w = 1$ ergibt sich:

$$\varepsilon = \frac{e^{C/v}}{p^{1/v}} - 1\,. \qquad (209)$$

Hierin ist:

$$C = \ln p + v \ln (1 + \varepsilon)\,. \qquad (210)$$

Mit C für $p = 1$ und der zugehörigen Porenziffer ε_1 erhält man:

$$\varepsilon = \frac{1 + \varepsilon_1}{p^{1/v}} - 1\,. \qquad (211)$$

Die Gleichung von OHDE läßt sich nach JELINEK (1949) auf den Ansatz von TERZAGHI zurückführen.

Besonders einfach ist die Gleichung für die Druck-Setzungslinie von HAEFELI (1938). Als Ausgangshöhe (h_1) wird die Höhe der Probe beim Druck $p = 1$ gewählt und die Zusammendrückung Δh darauf bezogen. Die Druck-Setzungslinie hat dann die Gleichung:

$$s' = \frac{\Delta h}{h_1} = Z \ln (\alpha p + 1 - \alpha)\,. \tag{212}$$

Z und α sind Materialkonstanten. Für eine große Zahl gestörter bindiger Böden wurde $\alpha = 1$, so daß gesetzt werden kann:

$$s' = \frac{\Delta h}{h_1} \cong Z \ln p\,. \tag{213}$$

Bezeichnet man mit s'_e die prozentuale Setzung bei $p = 2{,}72\ \mathrm{kg/cm^2} = e$, so wird $Z = s'_e$ und:

$$s' \cong s'_e \ln p\,. \tag{214}$$

Die Zusammendrückungslinie ist hiernach bei halblogarithmischer Auftragung eine Gerade.

Für die Steifezahl E_s gilt nach Differentiation von Gl. (214):

$$E_s \cong \frac{p}{s'_e} \qquad (\mathrm{kg/cm^2})\,. \tag{215}$$

Weitere Gleichungen über die Verformung des Bodens beim Kompressionsversuch und für die hieraus abgeleitete Steifezahl finden sich bei MOUSSA (1961).

Gleichgültig, ob man mit der Verdichtungsziffer a oder der Steifezahl E_s arbeitet oder ob das Verformungsgesetz von TERZAGHI, OHDE oder HAEFELI zugrunde gelegt wird, erhält man für den Erstverdichtungsast eine bedeutend größere Zusammendrückung als für den Wiederverdichtungsast. Man unterscheidet daher zwischen der Steifezahl für die Erstverdichtung und für die Wiederverdichtung und der „*Schwellzahl*". Letztere wird oft nicht nur auf das Schwellen, sondern auch auf die Wiederverdichtung angewandt, da Schwell- und Wiederbelastungslinie meist dicht beieinander liegen. Ihre Größe hängt von den Bedingungen ab, unter denen man die Entlastung stattfinden läßt (mit Wasser oder ohne Wasser; s. S. 453).

Die durch den Kompressionsversuch ermittelten Steifezahlen E_s gelten ferner für Boden mit behinderter Seitenausdehnung. Sie müßten zur Anwendung auf den Baugrund gemäß Gl. (77) mit dem Faktor $\frac{m^3 - m^2 - 2m}{(m-1)^2 (m+1)}$ multipliziert werden. Da die POISSON-Zahl m aber nicht genau bekannt ist und der Faktor $\frac{m^3 - m^2 - 2m}{(m-1)^2 (m+1)}$ bei der Unsicherheit der Größe von E_s mit roher Annäherung $= 1$ gesetzt werden kann, wird diese Umrechnung meist nicht vorgenommen (S. 239).

Auswertung. Die *Zeit-Setzungslinien* eines wassergesättigten Tonbodens können zur indirekten Bestimmung des Durchlässigkeitsbeiwerts k benutzt

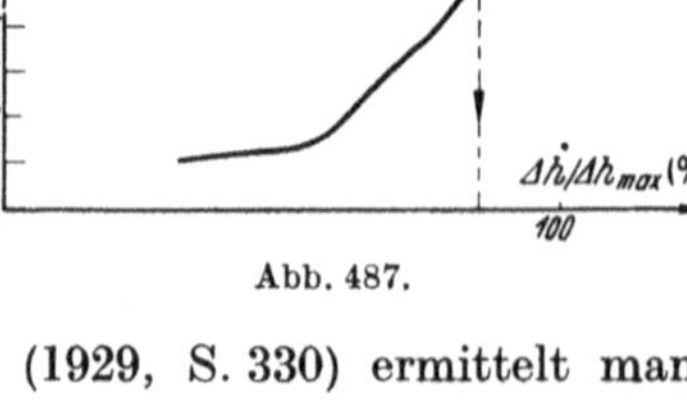

Abb. 487.

werden. Nach TERZAGHI (1929, S. 330) ermittelt man dazu für verschiedene Ordinaten $\frac{\Delta h}{\Delta h_{\max}}$ die zugehörigen Zeiten t_1 sowie die Zeiten t_2 bei den Ordinaten

$\frac{1}{2} \cdot \frac{\Delta h}{\Delta h_{max}}$. Die Quotienten $\frac{t_1}{t_2}$ werden in Abhängigkeit von $\frac{\Delta h}{\Delta h_{max}}$ aufgetragen (Abb. 487). Aus dieser Auftragung wird derjenige Wert $\frac{\Delta h_y}{\Delta h_{max}}$ bestimmt, der bei $\frac{t_1}{t_2} = 5{,}3$ vorhanden ist. Aus Abb. 473, 474 oder 475 wird dann die zu $\frac{\Delta h_y}{\Delta h_{max}}$ gehörige Zeit t_y entnommen. Der Durchlässigkeitsbeiwert k ist näherungsweise:

$$k_x = \frac{h_x^2}{4} \cdot \frac{a_x}{1+\varepsilon_x} \cdot \frac{0{,}85}{t_y} \gamma_w \qquad \text{(cm/s)}, \qquad (216)$$

k_x Durchlässigkeitsbeiwert bei dem Lastanstieg von p_1 auf p_2,
h_x Anfangsprobenhöhe bei der betreffenden Laststufe bei beidseitiger Entwässerung [bei einseitiger Entwässerung muß in Gl. (216) $\frac{h_x}{2}$ eingesetzt werden],
a_x Verdichtungsziffer [Gl. (197)] für den Lastanstieg von p_1 auf p_2,
ε_x Anfangsporenziffer für den Lastanstieg von p_1 auf p_2,
γ_w spezifisches Gewicht des Wassers.

Der Faktor $\frac{0{,}85}{t_y}$ berücksichtigt in Anlehnung an die Differentialgleichung der Porenwasserströmung die Geschwindigkeit, mit der die Verfestigung der Probe infolge des Ausdrückens von Porenwasser vor sich geht. Gl. (216) gilt deshalb nur für stärker bindige Böden, bei denen die Gesetze der Porenwasserströmung zutreffen.

Gl. (216) wird nach A. Casagrande (1940) jetzt meist in anderer Weise zur indirekten Bestimmung des Durchlässigkeitsbeiwerts benutzt. An Stelle von 0,85 tritt ein sogenannter dimensionsloser Zeitfaktor T_v, an Stelle von t_y die dem Zeitfaktor T_v nach der Theorie der Porenwasserströmung entsprechende Zeit t. Im allgemeinen wird für t die Zeit bei einer Zusammendrückung von 50% gewählt, für die $T_v = 0{,}2$ ist, so daß Gl. (216) in die Form übergeht:

$$k_x = \frac{h_x^2}{4} \cdot \frac{a_x}{1+\varepsilon_x} \cdot \frac{0{,}2}{t_{50\%}} \gamma_w \qquad \text{(cm/s)}. \qquad (217)$$

Die Zeit $t_{50\%}$ darf bei diesem Verfahren nicht bei der Ordinate $\frac{\Delta h}{\Delta h_{max}} = 50\%$ abgegriffen werden, und zwar aus dem Grunde nicht, weil Δh_{max} bei der üblichen Versuchsdurchführung fast stets im Bereich der sekundären Setzung liegt (S. 459), bei der die Setzungen nicht mehr durch das Verdrängen von Porenwasser, sondern durch noch nicht völlig geklärte Vorgänge verursacht sind. Δh_{max} kann deshalb nicht zur Ermittlung der Durchlässigkeit nach den Gesetzen der Porenwasserströmung herangezogen werden. Man muß sich vielmehr auf den Teil der Zeit-Setzungslinie beschränken, bei dem die Setzungen durch das Abfließen des überschüssigen Porenwassers hervorgerufen werden, d. h. den primären Setzungsbereich (Abb. 477). Die am Ende dieses Bereichs eingetretene Setzung wird als Ordinate $\frac{\Delta h}{\Delta h_{max}} = 100\%$ angesehen. Die zur Feststellung der in Gl. (217) einzusetzenden Zeit $t_{50\%}$ benötigte 0%-Grenze findet man gemäß Abb. 477 oder 475.

Gl. (217) läßt sich umgeformt auch schreiben:

$$\frac{h^2}{4} \cdot \frac{0{,}2}{t_{50\%}} = \frac{k(1+\varepsilon_0)}{a\,\gamma_w} \qquad \left(\frac{\text{cm}^2}{\text{s}}\right).$$

Der Ausdruck:

$$c_v = \frac{k(1+\varepsilon_0)}{a\,\gamma_w} \qquad (218)$$

wird als „*Verfestigungsbeiwert*“ („*Coefficient of Consolidation*“) bezeichnet. Diese Kennziffer spielt bei der Berechnung des zeitlichen Setzungsverlaufs eine wichtige Rolle, weil der sogenannte „*Verfestigungsgrad U*" („*Degree of Consolidation*"), worunter das Verhältnis der zu einem beliebigen Zeitpunkt t auftretenden Setzung Δh_t zur Gesamtsetzung $\Delta h_{\max}$ verstanden wird, nach TERZAGHI/FRÖHLICH (1936) — abgesehen von den Rand- und Anfangsbedingungen — nur vom Verfestigungsbeiwert c_v abhängt. Es ist:

$$U = f\left(\frac{c_v\, t}{H^2}\right). \tag{219}$$

Hierin ist H der Weg, den das Porenwasser in der beanspruchten Schicht zurückzulegen hat. Beim Kompressionsversuch ist wegen der Entwässerung der Proben an beiden Enden H gleich der halben Probendicke.

Der Klammerausdruck in Gl. (219) ist eine dimensionslose Zahl und wird „*Zeitfaktor* T_v" genannt. Für die Funktionswerte der Gleichung sind von TERZAGHI/FRÖHLICH (1936) für die in der Praxis wichtigsten Spannungsverteilungen nach der Tiefe bei eindimensionaler Strömungsmöglichkeit Lösungen angegeben. Bei beiderseitiger Schichtentwässerung und rechteckiger Lastfläche ist für $U = 0{,}5$ der Zeitfaktor $\cong 0{,}2$, womit Gl. (217) ihre Erklärung findet.

Auch aus der Form der *Zusammendrückungslinie* [$\varepsilon = f(p)$ oder $s' = f(p)$] können — über die Aufschlüsse hinsichtlich der Zusammendrückbarkeit hinaus — wichtige Erkenntnisse über die geologische Vergangenheit des Bodens gezogen werden. Wie Abb. 481 und 482 zeigen, erhält man für den Erstverdichtungsast eine bedeutend größere Zusammendrückung als für den Wiederverdichtungsast. Dies gibt die Möglichkeit, in bindigen Böden an wirklich ungestörten Proben die sogenannte „*Vorbelastung* p_v", d. h. die im Untergrund vorhandene Belastung des Bodens infolge der Erdauflast oder auch eine früher einmal vorhanden gewesene geologische Belastung (z. B. Eisdruck während des Diluviums), festzustellen.

Die Zusammendrückungslinie einer ungestörten bindigen Probe unterscheidet sich von den Linien der Abb. 481 und 482, die das Verhalten gestörten Bodens bei der Möglichkeit der Wasseraufnahme während der Entlastung zeigen, dadurch, daß die Wiederbelastungslinie bis zur Vorbelastung theoretisch fast horizontal verlaufen müßte, da ja die Probe während der Entlastung bei der Entnahme infolge der Kapillarkraft und des Fehlens von Wasser (S. 437) nicht schwellen konnte, die Entlastung von $p = p_v$ auf $p = 0$ also ebenfalls längs einer Horizontalen vor sich gehen müßte (Abb. 488). Praktisch ist die Wiederbelastungslinie allerdings infolge der Einbaufehler nie ganz horizontal. Auch geht sie nicht mit einem scharfen Knick, sondern mit einer leichten Rundung wieder in die Erstbelastungslinie über. Bei logarithmischer Teilung der Abszisse ist eine nicht zu kleine Vorbelastung trotzdem bei einwandfreier Versuchsdurchführung mit einer einwandfreien Probe nach verschiedenen Verfahren mit ausreichender Genauigkeit festzustellen, während der bei linearer

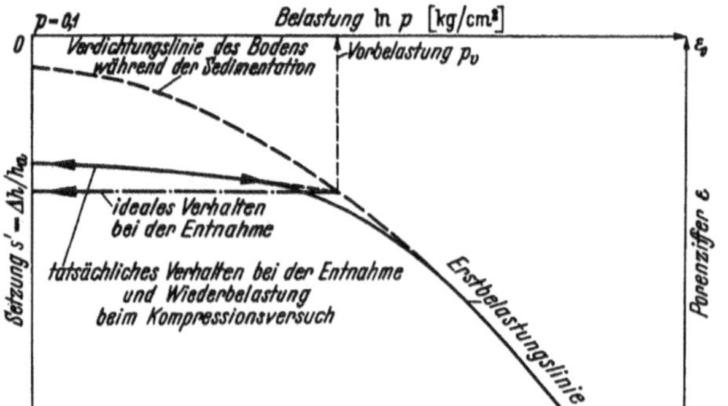

Abb. 488. Einfluß einer Vorbelastung p_v auf die Zusammendrückungslinie einer ungestörten Probe bei logarithmischer Einteilung der Belastungsachse.

Teilung der Abszisse theoretisch erforderliche Wendepunkt meist schwer oder gar nicht zu erkennen ist.

Nach A. CASAGRANDE (1936) erhält man die Vorbelastung als Abszisse des Schnittpunkts der Erstbelastungsgeraden mit der Halbierenden desjenigen Winkels, der von der Tangente an den Punkt der größten Krümmung der Wiederbelastungslinie und der Horizontalen durch diesen Punkt gebildet wird (Abb. 489).

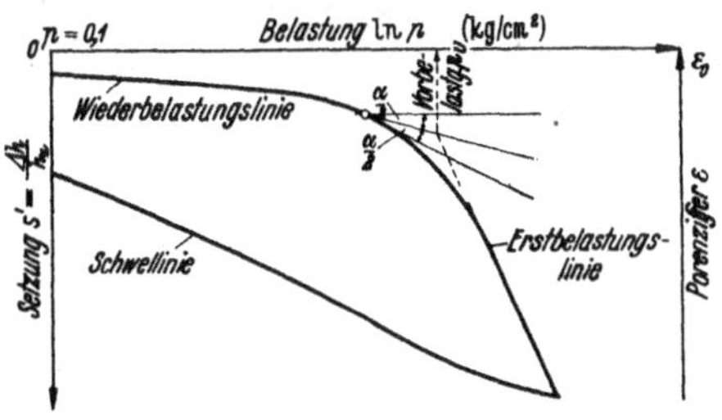

Abb. 489. Ermittlung der Vorbelastung p_v nach A. CASAGRANDE (1936).

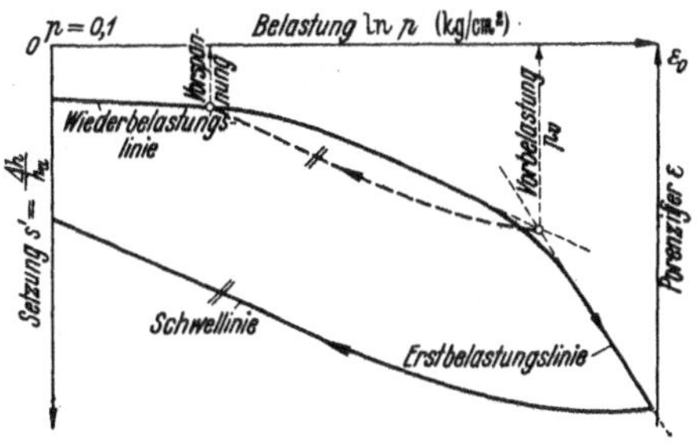

Abb. 490. Ermittlung der Vorbelastung und der Vorspannung nach OHDE (1949).

Nach OHDE (1949) ist es in solchen Fällen auch möglich, neben der Vorbelastung p_v, d. h. der früher einmal vorhanden gewesenen höchsten Belastung, auch die zur Zeit der Entnahme vorhandene „*Vorspannung*" des Bodens zu ermitteln. Sie ist der Kapillardruck, der beim Schwellen eines früher höher belastet gewesenen Bodens dann wirksam ist, wenn das zum Schwellen erforderliche Wasser nicht in genügendem Maße nachgeführt wird. Vorbelastung und Vorspannung ergeben sich nach OHDE aus drei Geraden, durch die sich das Zusammendrückungsdiagramm mit Ausnahme der Ausrundungsbögen ersetzen läßt (Abb. 490). Die Vorbelastung erhält er als Schnittpunkt zweier Geraden, die Vorspannung als Schnittpunkt der Dritten mit der durch den ersten Schnittpunkt gelegten Parallelen zur Schwellinie.

Nach VAN ZELST (1948) gibt der Schnitt der Tangente an den Erstbelastungsast mit der Parallelen zum näherungsweise durch eine Gerade ersetzten Entlastungsast durch den Anfang der Zusammendrückungslinie die Vorbelastung p_v an (Abb. 491), wobei auf der Abszisse zwischen einem maximalen und minimalen Wert gemittelt wird.

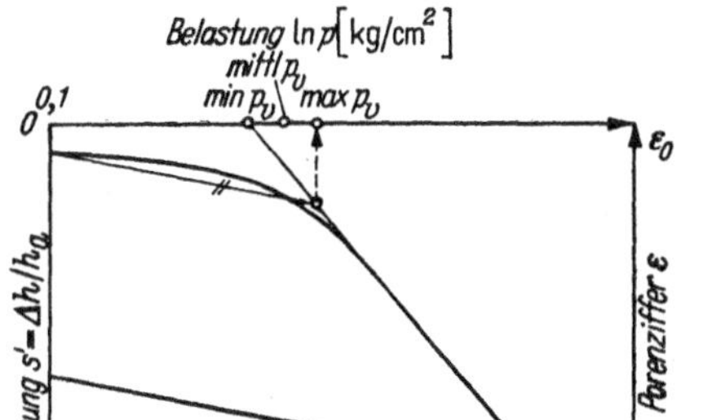

Abb. 491. Ermittlung der Vorbelastung p_v nach VAN ZELST (1948).

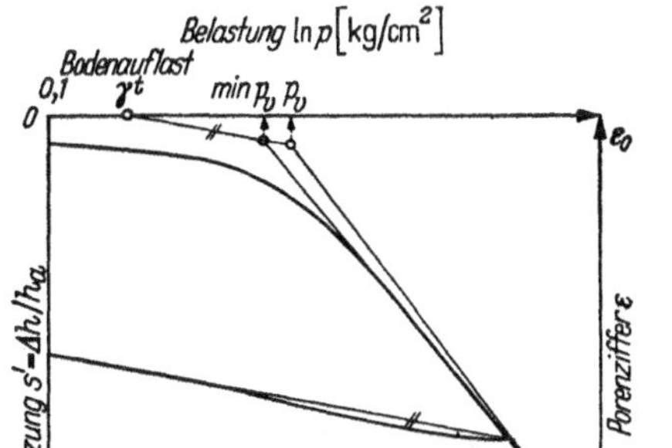

Abb. 492. Ermittlung der Vorbelastung p_v nach RUTLEDGE (1944), HVORSLEV (1949) und SCHMERTMANN (1953).

Nach RUTLEDGE (1944), HVORSLEV (1949) und SCHMERTMANN (1953) wird zunächst eine minimale Vorbelastung ermittelt (Abb. 492). Sie ergibt sich durch den Schnittpunkt der Tangente an den Erstbelastungsast mit der Parallelen zu dem wiederum vereinfachten Entlastungsast durch den Punkt mit der Belastung γt auf der Abszisse. In bestimmten Fällen ist es möglich, diese Vorbelastung noch genauer, d. h. etwas größer, festzulegen.

Nach BURMISTER (1952) wird zur Bestimmung der Vorbelastung beim Kompressionsversuch eine Ent- und Wiederbelastung eingeschaltet (Abb. 493). Die dabei erhaltene Kurve $A—B—C—D$ wird so lange parallel schräg nach oben verschoben, bis die Punkte B', C' und D' auf der Erstbelastungslinie liegen. Die Senkrechte durch A' gibt dann die Vorbelastung an.

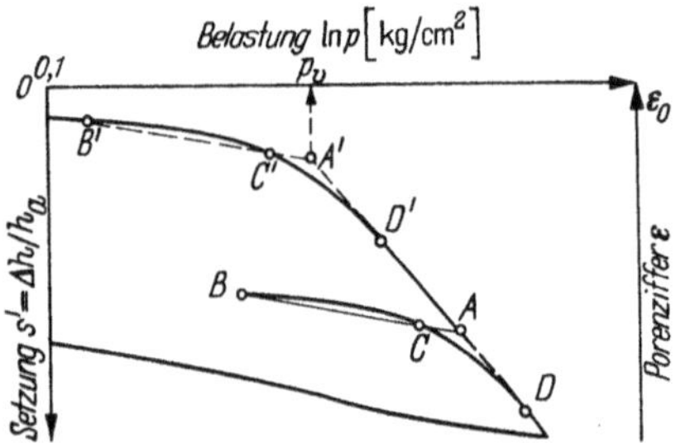

Abb. 493. Ermittlung der Vorbelastung p_v nach BURMISTER (1952).

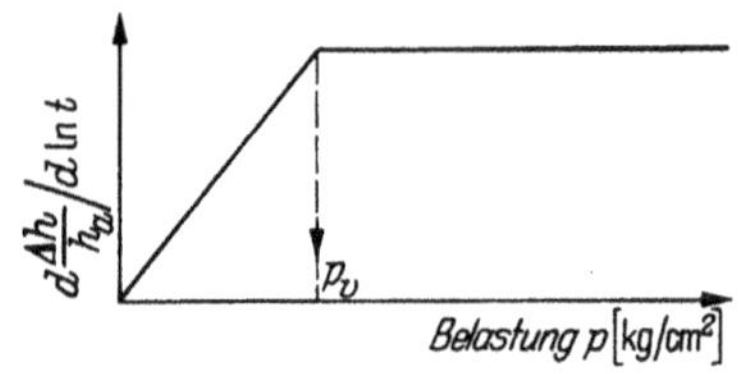

Abb. 494. Ermittlung der Vorbelastung p_v nach MURAYAMA/SHIBATA (1958).

Nach MURAYAMA/SHIBATA (1958) ergibt sich die Vorbelastung aus der Neigung des sekundären Teils der Zeit-Setzungslinie bei halblogarithmischer Auftragung. Trägt man diese Neigung für jede Laststufe in Abhängigkeit von der Belastung auf (Abb. 494), so erhält man die Vorbelastung aus einem eindeutigen Knick, den der sonst geradlinige Linienzug aufweist.

Die vorstehend für Böden, bei denen bei höheren Belastungen ($p > p_v$) $p_0 \cong 0$ bzw. $w \cong 1$ ist (S. 463), geschilderten Verfahren zur Bestimmung der Vorbelastung p_v versagen im Schluff, wo sich beim Kompressionsversuch auch bei Belastungen $p > p_v$ keine geradlinigen Druck-Setzungslinien ergeben (Abb. 495a),

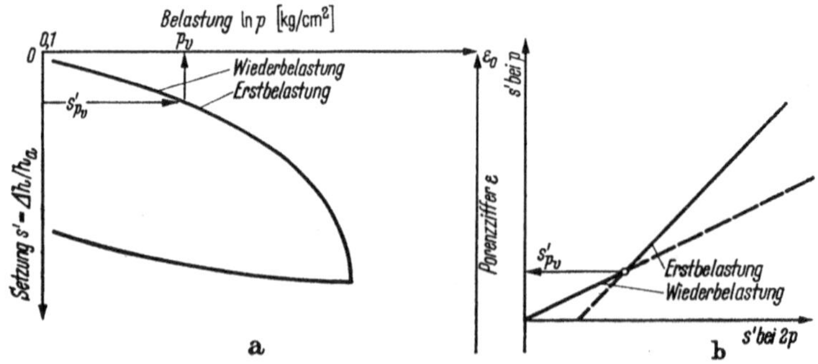

Abb. 495a u. b. Ermittlung der Vorbelastung p_v nach KOTZIAS (1963).

wo also $p_0 \neq 0$ bzw. $w \neq 1$ ist. Nach KOTZIAS (1963) kann man in solchen Fällen die Druck-Setzungslinien punktweise in ein Koordinatensystem umzeichnen, auf dessen waagerechter Achse die jeweilige Setzung bei dem Druck $2p$ und auf dessen lotrechter Achse die jeweilige Setzung bei dem beliebigen Druck p aufgetragen wird (Abb. 495b). Durch diese Punkte lassen sich bei Schluff zwei Geraden legen, von denen die eine für die Erstbelastung, die andere für die Wiederbelastung gilt. Der Schnittpunkt der im Koordinatennullpunkt beginnenden Geraden für die Wiederbelastung mit der Geraden der Erstbelastung ergibt an der lotrechten Achse die bezogene Setzung s'_{p_v}. Die zugehörige Vorbelastung p_v kann dann aus der Druck-Setzungslinie abgelesen werden.

Nach Kenntnis der Vorbelastung p_v läßt sich das „*Verdichtungsverhältnis* α":

$$\alpha = \frac{p_v}{\gamma t} \tag{220}$$

eines bindigen Bodens bestimmen. Es gibt an, um wieviel die geologische Vorbelastung p_v größer als der derzeitige Überlagerungsdruck γt ist. Bei einfach verdichteten Böden ist $\alpha = 1$, bei überverdichteten Böden >1. Ist $\alpha < 1$, so bedeutet das, daß der Boden noch nicht völlig konsolidiert ist. Von der Größe von α hängen die Zusammendrückbarkeit und die Scherfestigkeit in großem Umfang ab: Ein Boden ist um so besser, je höher das Verdichtungsverhältnis ist.

Die Angabe der Zusammendrückungslinie oder der Steifezahl ist der eigentliche Zweck des Kompressionsversuchs. Die Veränderungen der übrigen Bodeneigenschaften (S. 446) infolge einer Druckbeanspruchung lassen sich aus dieser Linie ohne weitere Versuche ableiten.

Das Raumgewicht des Bodens in trockenem Zustand kann nach Gl. (147) und nach Gl. (136) in der Form angegeben werden:

$$\gamma_t = \frac{\gamma_s}{1 + \varepsilon} \quad (\text{t/m}^3)\,. \tag{221}$$

Da das spezifische Gewicht γ_s konstant ist, kann man somit das Raumgewicht des Bodens aus der Porenziffer bestimmen.

Nach Gl. (178) gilt für die Abhängigkeit des Durchlässigkeitsbeiwerts k von der Porenziffer:

$$k = A\,\varepsilon^B \quad (\text{m/s})\,.$$

Setzt man für ε Gl. (200) ein, versieht dort die Konstanten A und C mit dem Index *1* und schreibt:

$$A_2 = \frac{A}{A_1^B} \text{ und } C_2 = A\,C_1^B\,,$$

so erhält man:

$$k = -A_2 \ln (p_0 + p)^B + C_2 \quad (\text{m/s}). \tag{222}$$

Die gleiche Abhängigkeit liefert eine Umzeichnung des Zusammendrückungsdiagramms in doppelt logarithmischem Maßstab. Zusammen mit dem Durchlässigkeits-Porenzifferdiagramm (Abb. 452) kann dann die Abhängigkeit der Durchlässigkeit von der Druckbelastung konstruiert werden (Abb. 496), wobei die Form der einzelnen Linien von der Bodenart abhängt.

Beim Wassergehalt genügt es, sich auf unter dem Wasserspiegel befindliche oder wassergesättigte bindige Böden zu beschränken, bei denen der Porenraum (ausgedrückt durch n oder ε) mit Wasser gefüllt ist. Die Abhängigkeit vom Druck ist dann durch die Druck-Wassergehaltslinie gegeben (Abb. 497). Mit Gl. (137) und (200) wird für $p_0 = 0$:

$$w = -\frac{100}{\gamma_s A} \ln p \frac{C \cdot 100}{\gamma_s} \quad (\%)\,. \tag{223}$$

Setzt man den Wassergehalt der Fließgrenze $w = w_f$ ein, so erhält man den dazugehörigen Druck p_f, den sogenannten „*äquivalenten Druck*" für die Fließgrenze. Entsprechend ergibt sich für die Ausrollgrenze durch Einsetzen von $w = w_a$ der Druck p_a.

Der für die Schrumpfgrenze äquivalente Druck, den man durch Einsetzen von $w = w_s$ zu p_s erhält, gibt die Größe der Kapillarkräfte an, die beim Verdunsten innerhalb des Bodens wirken (S. 437). Man kann aus $p_s = p_k$ die kapillare Steighöhe H_k [Gl. (184)] errechnen.

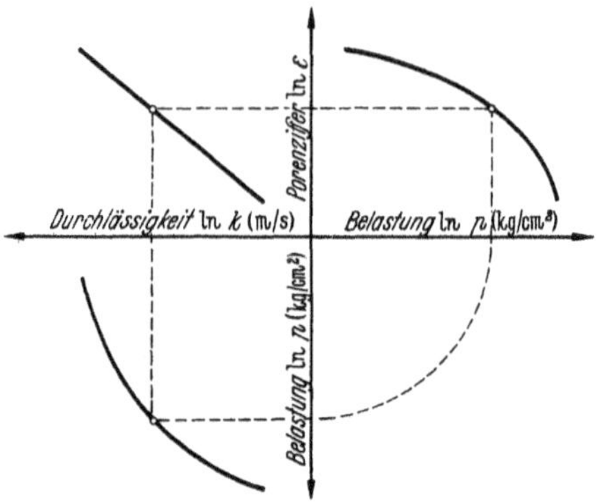

Abb. 496. Beziehung zwischen Belastung, Porenziffer und Durchlässigkeit bei wassergesättigtem Boden.

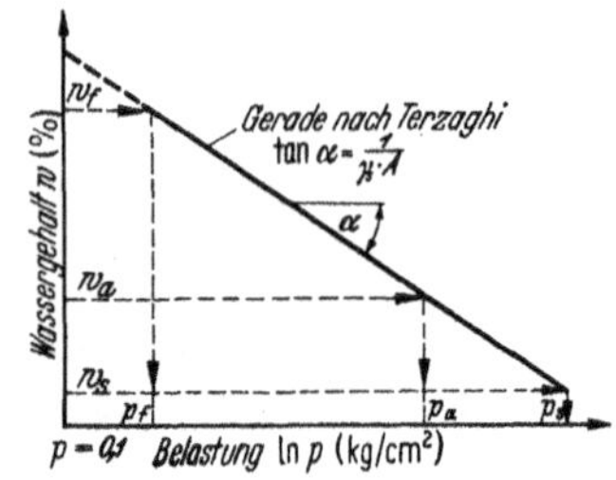

Abb. 497. Abhängigkeit des Wassergehalts von der Belastung bei wassergesättigtem Boden.

Nach KOTZIAS (1963) kann man die Steifezahl von Schluff bzw. den sie bestimmenden Wert v aus einer empirisch gefundenen Gleichung in Abhängigkeit von der Fließgrenze w_f, der Ausrollgrenze w_a und der Anfangsporenziffer ε_0 bestimmen:

$$v = \frac{230 \cdot 10^{1{,}81\, w_a}}{10^{1{,}07\, \varepsilon_0} \cdot 10^{0{,}78\, w_f}}\,. \tag{224}$$

In der Gl. (205) für E_s ist hierbei $w = 0{,}62$ zu setzen.

SKEMPTON (1944) gibt für die überschlägliche Ermittlung von v folgende Gleichungen an:

$$\text{Bindige Böden} \qquad v = \frac{1 + \varepsilon_0}{0{,}9\,(w_f - 10)} \cdot 100 \qquad w = 1{,}0\,, \tag{225}$$

$$\text{gestörte Tone} \qquad v = \frac{1{,}3\,(1 + \varepsilon_0)}{0{,}9\,(w_f - 10)} \cdot 100 \qquad w = 1{,}0\,. \tag{226}$$

Zahlenwerte. Nach OHDE (1951) können v und w für die Hauptbodengruppen nach Tab. 58 geschätzt werden. Die Werte für die Entlastung können bis zur Vorbelastung angenähert auch für die Wiederbelastung benutzt werden.

Tabelle 58. *Größe von v und w für die Hauptbodenarten* (nach OHDE 1951)

	Erstbelastung		Entlastung	
	w	v	w	v
Organische und organisch verunreinigte Böden	0,85 bis 1,0	3 bis 15	1,0	10 bis 60
Starkbindige Böden	0,85 bis 1,0 i. a. 1,0	5 bis 80	1,0	15 bis 400
Schwachbindige Böden	0,8 bis 1,0	25 bis 150	0,75 bis 1,0	100 bis 600
Nichtbindige Böden	0,55 bis 0,8	100 bis 300 (bis 750)	0,55 bis 0,7	650 bis 1100

MOUSSA (1961) fand auf Grund umfangreicher systematischer Versuche mit trockenen und wassergesättigten Sanden unterschiedlicher Verdichtungsfähigkeit und Lagerungsdichte (s. Kap. 1.411.22) den Faktor v zwischen 80 und 1300 und den Exponenten w zwischen 0,3 und 0,8. Für einen überverdichteten Sand lassen sich aus den Untersuchungen von MOUSSA die Werte v und w zu 900 bzw. 0,5 ableiten; siehe auch CHAPLIN (1961). Bei ähnlich umfangreichen Versuchen mit ungestörten Proben aus dem rheinischen Schluff (Löß) fand KOTZIAS (1963) für w den Wert 0,62 (Erstbelastung) und 1,0 (Wiederbelastung); für v ergab sich eine starke Abhängigkeit von der Anfangsdichte und eine geringere Abhängigkeit von der Zustandsform.

Nach JANBU (1963) hängen die Beiwerte v und w der verschiedensten Böden vom Porenanteil ab (Abb. 498). Diese grundsätzliche Abhängigkeit wird durch die Ergebnisse von COESFELD (1959), MOUSSA (1961) und KOTZIAS (1963) bestätigt, die in die Darstellung von JANBU eingetragen sind und sich in den Kurvenverlauf gut einpassen (Abb. 498).

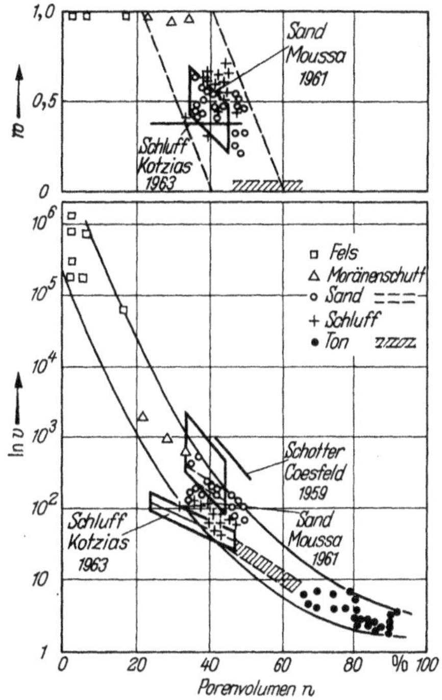

Abb. 498. Abhängigkeit der Beiwerte v und w vom Porenvolumen bei Erstbelastung nach JANBU (1963).

Der Wert A der TERZAGHIschen Gln. (200 und 203) ergibt sich aus Gl. (207). p_0 gleicht in den bindigen Böden etwa der Kohäsion c', ist also im allgemeinen ziemlich klein; für die nichtbindigen Böden wird p_0 zwischen 0,65 und 70 angegeben (MOUSSA 1961). p_0 wird dadurch, daß sich Einbaufehler und Störungen des Bodens bei der Entnahme vor allem bei den ersten Laststufen des Kompressionsversuchs bemerkbar machen, wo p_0 gegenüber p verhältnismäßig groß ist, ziemlich stark durch die Anfangsfehler des Versuchs beeinflußt.

Für die sofortige Verwendung geeigneter als die Gln. (203 bis 206), (208) und (215) ist die Angabe einer konstanten Steifezahl E_s. Sie gilt allerdings stets nur für einen bestimmten Spannungsbereich (Abb. 499). Für Belastungen zwischen 1 und 4 kg/cm² läßt sich die Steifezahl etwa in den in Tab. 59 genannten Grenzen angeben.

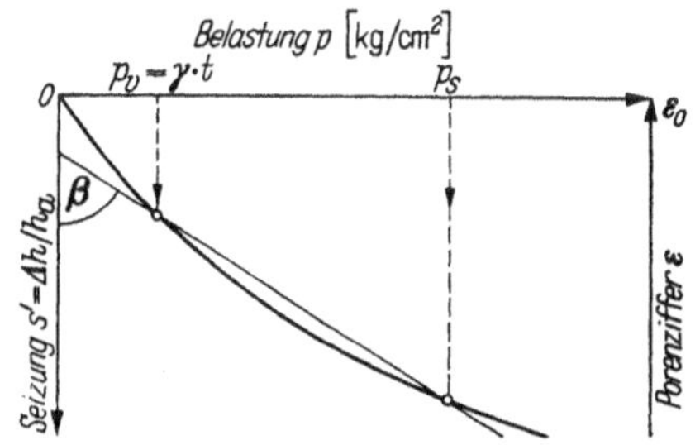

Abb. 499. Entnahme einer über einen bestimmten Lastbereich gemittelten Steifezahl aus dem Zusammendrückungsdiagramm.

Tabelle 59. *Größe der Steifezahl E_s (kg/cm²) für die Hauptbodenarten*

Organische und organisch verunreinigte bindige Böden	1— 30
Starkbindige Böden	10— 150
Schwachbindige Böden	50— 300
Nichtbindige Böden	100—2000

Die Steifezahl E_s der Sandböden hängt neben dem Druck, der Anfangsdichte, den Grenzlagerungen ε_0 und ε_d und dem Kornaufbau auch von der Kornform ab. Bei scharfkantigen Sandkörnern und lockerer Lagerung [$D = 0{,}2$ (S. 374)] wurde z. B. eine um das 3,6fache größere Steifezahl festgestellt als bei runden Sandkörnern. Bei sehr dichter Lagerung des gleichen Sandes ($D = 0{,}9$) betrug der entsprechende Vergleichswert 1,5 (STRAUB 1948).

Bei den vorgenannten Werten ist zu beachten, daß es sich um Angaben für die aus dem Kompressionsversuch ermittelten Steifezahlen E_s handelt. Von Setzungsbeobachtungen an ausgeführten Bauwerken her (s. Kap. 2.211) ist bekannt, daß diese Steifezahlen oft zu klein sind, d. h., die mit ihnen berechneten Setzungen sind oft größer als die tatsächlich eingetretenen Setzungen. Dies ist vor allem bei den nichtbindigen Böden (BRINCH HANSEN 1966) und den vorbelasteten bindigen Böden der Fall (TERZAGHI/PECK 1961). Bei diesen Böden ergeben sich die aus Setzungsmessungen errechneten Steifezahlen E_s' (S. 650) gewöhnlich nicht nur erheblich größer als die bei Kompressionsversuchen gewonnenen Steifezahlen E_s, sondern es zeigt sich auch (Abb. 703) eine deutliche Zunahme der Steifezahl E_s' mit der Flächengröße des Fundaments (MUHS 1961, NEUBER 1961, BRETH/BACK 1963).

Fehler. Die Ergebnisse der Untersuchung — einwandfreie ungestörte Proben vorausgesetzt — hängen von der Größe der verwendeten Bodenprobe ab (S. 450). Dies läßt vermuten, daß die Genauigkeit der Untersuchung nicht allzu groß ist. Wenn schon zwischen den bei den verschiedenen Kompressionsapparaten vorkommenden Maßen von rund 5 bis 10 cm für den Durchmesser und von 1,0 bis 4,0 cm für die Höhe der Proben keine volle Modellähnlichkeit besteht, so ist dies noch weniger zwischen der kleinen Bodenprobe und dem unbegrenzten Baugrund zu erwarten. Der unerwünschte Einfluß der Probenhöhe und des Probendurchmessers erklärt sich daraus, daß die durch das Bearbeiten der Probe entstehenden Störungen am Umfang und an der Ober- und Unterfläche des Probenzylinders sich gemäß dem Verhältnis der betroffenen Flächen und dem Grad der Störung auswirken und daß durch die mit der Mantelfläche zunehmende Mantelreibung die Höhe der Probe begrenzt bleiben muß (VAN ZELST 1948, MUHS/KANY 1954, LEUSSINK 1954, SCHMIDBAUER 1954).

Des weiteren werden die Ergebnisse von der Wasserzugabe während des Versuchs beeinflußt (S. 452). Wichtig ist auch die genaue Messung der Anfangshöhe der Probe sowie deren ebene und parallele Unter- und Oberfläche. Dies gilt vor allem für niedrige Proben, bei denen ein geringer Fehler in der Anfangshöhe zu starken Ungenauigkeiten in der Porenziffer oder in der bezogenen Setzung $\frac{\Delta h}{h_a}$ führen kann.

Trotz dieser Einwände haben die Erfahrungen an ausgeführten Bauwerken gezeigt, daß die im Versuch gewonnene Zusammendrückungslinie bzw. Steifezahl bei geeigneten Böden, d. h. nicht vorbelasteten bindigen und bei organischen Böden, gut für Setzungsberechnungen verwendet werden kann (LEUSSINK 1954 und 1963). Bei stark vorbelasteten bindigen Böden, wie z. B. glazialen Tonen (Geschiebelehm, Geschiebemergel), bei denen das Verdichtungsverhältnis (S. 469) wesentlich größer als 1 ist, haben die Erfahrungen an ausgeführten Bauwerken dagegen dazu geführt, daß stellenweise [z. B. Degebo (MUHS 1959, NEUBER 1961)] für Setzungsberechnungen in derartigen Böden nicht die Steifezahl E_s der Erstbelastungslinie, sondern die Steifezahl der Wiederbelastungslinie verwendet wird (BRINCH HANSEN/LUNDGREN 1960, S. 79, BRINCH HANSEN/TADASHI MISE 1964). Dies ist auch durch eine umfangreiche Untersuchung von HELENELUND (1964) bestätigt worden.

Während Druck-Porenzifferlinien eindeutig sind, unterscheiden sich Druck-Setzungslinien dadurch, daß sie teils auf die zu Beginn des Versuchs vorhandene konstante Probenhöhe h_a, teils auf die während des Versuchs sich einstellende veränderliche Probenhöhe h_p bezogen werden (MUHS 1949). Die prozentuale Setzung ist im ersten Fall s' und im zweiten s''. Zwischen beiden gelten die Beziehungen:

$$s' = \frac{s''}{1 + s''}, \tag{227}$$

$$s'' = \frac{s'}{1 - s''}. \tag{228}$$

Die Steifezahlen verhalten sich bei exakter Differentiation (SCHULTZE 1948):

$$\frac{E'_s}{E''_s} = \frac{1}{(1 - s')^2} = (1 + s'')^2. \tag{229}$$

Gewöhnlich wird im zweiten Fall aber mit einer mittleren Probenhöhe h_m für den Lastzuwachs Δp gerechnet[1], womit sich ergibt:

$$\frac{E'_s}{E''_s} = \frac{1}{1 - s'} = 1 + s''. \tag{230}$$

Die Unterschiede zwischen s' und s'' bzw. E'_s und E''_s nehmen bei weichem Boden beträchtliche Werte an; z. B. wird bei $s' = 30\%$ die Setzung $s'' = 43\%$.

Für die Übertragung auf Setzungsberechnungen ist am besten die Druck-Setzungslinie für konstante Probenhöhe brauchbar, da die Setzung gegenüber dem Zustand vor dem Aufbringen der Belastung gesucht wird (SCHULTZE 1948).

Verwendung. Eine zulässige Druckbeanspruchung des Bodens wird durch den Kompressionsversuch nicht gefunden, da der Boden am seitlichen Ausweichen durch die starren Wände des Geräts gehindert wird und somit nur in Sonderfällen (z. B. bei einer tief liegenden, dünnen weichen Schicht) in angenäherter Form dem Zustand in der Natur entspricht. Ein Versuch mit unbehinderter Seitendehnung führt ebensowenig zum Ziel, da in der Natur immer eine Stützung des Bodens durch den umliegenden Baugrund vorhanden ist. Die durch den Kompressionsversuch gewonnenen Beiwerte sind trotzdem bei allen Setzungsberechnungen sowie auch bei der Ermittlung der Verteilung des Bodengegendrucks unentbehrlich (OHDE 1942), wenn man von der zweifelhaften Verwendung der Bettungszahl Abstand nimmt.

In allen dabei benutzten Gleichungen für die Spannungen oder Setzungen des Bodens tritt zwar die POISSON-Zahl m (bzw. die Querdehnungszahl μ) auf, die Werte von 2 bis ∞ annehmen kann (S. 239). Wenn die Formänderungen für volumenbeständiges Material ermittelt werden, müßte mit $m = 2$ gerechnet werden (z. B. bei der Berechnung der *sofortigen* Setzung von wassergesättigtem bindigem Boden). Bei der Berechnung von *Konsolidations*setzungen bindiger Böden und von Setzungen nichtbindiger Böden muß von einer POISSON-Zahl $m > 2$ ausgegangen werden. Aus Vereinfachungsgründen wird jedoch oft $m = \infty$ gesetzt, d. h. mit der aus dem Kompressionsversuch bei verhinderter Seitendehnung ermittelten Steifezahl E_s ohne Korrektur gerechnet.

Dieser Ansatz besagt, daß das Material keine Querdehnung erfahren dürfte (d. h. $\mu = \frac{1}{m} = 0$). In Wirklichkeit tritt aber gewöhnlich eine Querdehnung auf. Daher ist es besser, bei Setzungsberechnungen nicht von der Vorstellung auszugehen, daß wirklich $m = \infty$ ist, sondern nur davon, daß bei $m = \infty$ allein die vertikale Spannung für die Setzung maßgebend ist. In diesem Fall können die

---

[1] Mitunter wird E_s auch in dieser Weise definiert, z. B. bei JELINEK (1949), wo die Zusammendrückung auf die jeweilige Höhe *vor* der Lastvergrößerung bezogen wird.

Formänderungen bzw. Setzungen nämlich statt mit dem allgemeinen HOOKschen Gesetz:

$$\varepsilon_z = \frac{\sigma_z}{E} - \frac{1}{m E}(\sigma_x + \sigma_y) \tag{231}$$

mit der einfachen Gleichung für den einaxialen Spannungszustand:

$$\varepsilon_z = \frac{\sigma_z}{E} \tag{232}$$

berechnet werden. Der Vergleich der Gln. (231) und (232) zeigt, daß sie — auch wenn σ_x und σ_y verschieden von Null sind — für $m = \infty$ übereinstimmen. Da hierfür $E = E_s$ ist (Abb. 275), ergibt sich daraus die für Setzungsberechnungen übliche Gleichung:

$$\varepsilon_z = \frac{\sigma_z}{E_s}\,. \tag{233}$$

Der Einfluß der POISSON-Zahl auf die Steifezahlen ist für $m > 3$ im übrigen gering (Abb. 275). Für die Umwandlung von E_s in E und von E_s' in E ergeben sich z. B. bei $m = 4$ die Faktoren zu 0,83 bzw. 0,94, also nur wenig kleiner als 1, d. h. als für $m = \infty$.

Doch wäre es inkonsequent, an Stelle von Gl. (233) etwa mit Gl. (232) zu arbeiten, um in der Setzungsberechnung die Verwendung von $m = \infty$ zu vermeiden. Glaubt man, $m \neq \infty$ einführen zu müssen, so bedeutet dies streng genommen, daß man von dem einaxialen Spannungszustand abgeht. Man muß dann Gl. (231) benutzen, d. h. auch die Spannungen σ_x und σ_y berücksichtigen. Hiermit ergeben sich dann theoretisch etwas genauere Werte, und der mit Benutzung der Gl. (233) erhaltene Fehler wird größer. Allgemeingültige Fehlergrenzen lassen sich hierüber allerdings nicht angeben, da das Spannungsverhältnis $\frac{\sigma_x}{\sigma_z}$ bzw. $\frac{\sigma_y}{\sigma_z}$ diese Grenzen erheblich beeinflußt. So erhält man z. B. bei der Berechnung der bezogenen Setzung infolge einer Einzellast auf den elastisch-isotropen Halbraum für einen Punkt in der Nähe der Einzellast mit $m = 4$ einen Fehler von rund 13% und für einen Punkt in größerer Entfernung von der Einzellast einen Fehler von rund 18%.

Wenn man die Zusammendrückbarkeit eines Bodens vollkommen charakterisieren will, ist es notwendig, die Koeffizienten A und p_0 bzw. v und w zu ermitteln, notfalls auch für die Schwellinie. Ist dagegen nur das Verhalten des Bodens innerhalb eines bestimmten Belastungsbereichs festzustellen, was die Regel ist, so genügt es, allein für diesen die Verdichtungsziffer a oder die Steifezahl E_s anzugeben. Hierdurch werden die Untersuchungen sehr vereinfacht. Es braucht dann nur aus dem Druck-Porenzifferdiagramm für den bestimmten Belastungsbereich der Wert $\frac{\Delta\varepsilon}{\Delta p}$ oder aus dem Druck-Setzungsdiagramm der Wert $\frac{\Delta p}{\Delta s'}$ abgelesen zu werden. Man kann die Setzungen aber auch ohne Bestimmung von a oder E_s unmittelbar aus dem Druck-Porenziffer- oder Druck-Setzungsdiagramm berechnen.

Die Zeit-Setzungslinien werden zur Berechnung des zeitlichen Verlaufs der Setzungen von Bauwerken sowie zur Ermittlung der Durchlässigkeit des Bodens auf indirektem Wege gebraucht. Das erstere geschieht entweder mit Hilfe des aus dem Zeit-Setzungsdiagramm ermittelten Durchlässigkeitsbeiwerts gemäß der Konsolidierungstheorie von TERZAGHI/FRÖHLICH (1936) oder aber in grober Annäherung durch unmittelbare Übertragung der Zeiten im Verhältnis der Quadrate der Schichtstärke in der Natur und der Probenstärke im Versuch bei gleichen Setzungsprozenten. Letzteres gilt nur für den Bereich der Konsolidationssetzung, d. h. bis zum Zeitpunkt t_c (Abb. 477).

Beispiel. Eine ungestörte Lößlehmprobe wurde im CASAGRANDEschen Kompressions-Durchlässigkeitsapparat untersucht. Tab. 60 zeigt die Ableseintervalle und die Meßuhrablesungen M während des Versuchs sowie die Berechnung der Zeit-Setzungslinie[1] für die Laststufe von 2,74 auf 4,09 kg/cm²; in der letzten Spalte ist die jeweile Zusammendrückung auf den Größtwert am Ende der Laststufe bezogen.

Tabelle 60. *Aufzeichnungen beim Kompressionsversuch*

$F = 78{,}5\ \text{cm}^2$ Probenhöhe: 4,00 cm = 4000 Teilstriche

Tag	Stunde	Δt	Belastung (kg/cm²)	Meßuhr-ablesung M (¹/₁₀₀ mm)	ΔM (¹/₁₀₀ mm)	Gesamt-setzung (%)
30. III.	9^{02}	24 h	2,740	195	70	100,0
30. III.	9^{05}	0	4,090	195	0	0
		15″		199	4	8,9
		30″		200	5	11,1
		1′		201	6	13,3
		2′		202	7	15,6
		5′		205	10	22,2
		15′		209	14	31,1
		45′		217	22	48,9
		2 h		225	30	66,6
		5 h		233	38	84,5
		8 h		236	41	91,1
31. III.	9^{05}	24 h		240	45	100,0

Die verschiedenen Laststufen und die bei ihnen nach jeweils 24 Stunden eingetretenen Gesamtsetzungen $\Delta h_{\max} = M$ sowie die Berechnung von ε und s' (wiederum in %) enthält Tab. 61. Mit dem Trockengewicht der Probe $G_t = 546{,}3$ g und dem natürlichen Wassergehalt $w_n = 19{,}7\%$ sowie dem spezifischen Gewicht $\gamma_s = 2{,}67$ g/cm² waren:

$$\text{Die Wasserhöhe } h_w = \frac{w_n G_t}{F} = \frac{19{,}7 \cdot 546{,}3}{78{,}5} = 1{,}372 \text{ cm,}$$

$$\text{die reduzierte Höhe } h_f = \frac{G_t}{F \gamma_s} = \frac{546{,}3}{78{,}5 \cdot 2{,}67} = 2{,}610 \text{ cm.}$$

Aus der Summe $h_w + h_f = 3{,}982$ cm $\neq h_a = 4{,}000$ cm läßt sich entnehmen, daß die Probe nicht völlig wassergesättigt war, sondern einen geringen Luftgehalt besaß.

Tabelle 61. *Ermittlung des Druck-Porenzifferdiagramms und des Druck-Setzungsdiagramms*

$h_a = 4000$ Teilstriche $h_f = 2610$ Teilstriche $h_a - h_f = 1390$ Teilstriche

Laststufe	Belastung (kg/cm²)	Meßuhr-ablesung M (¹/₁₀₀ mm)	$h_a - h_f - M$ (¹/₁₀₀ mm)	$\varepsilon = \frac{h_a - h_f - M}{h_f}$	$s' = \frac{M}{h_a} \cdot 100$ (%)
0	0,000	0	1390	0,534	0
I	0,100	10	1380	0,531	0,250
II	0,274	40	1350	0,518	1,000
III	0,911	85	1305	0,501	2,125
IV	1,550	125	1265	0,485	3,125
V	2,740	195	1195	0,459	4,875
VI	4,090	240	1150	0,441	6,000
VII	5,350	280	1110	0,426	7,000
VI′	4,090	270	1120	0,428	6,750
V′	2,740	265	1125	0,431	6,625
IV′	1,550	260	1130	0,436	6,500
III′	0,911	240	1150	0,442	6,000
II′	0,274	210	1180	0,453	5,250
0′	0,000	185	1205	0,463	4,625

[1] Im Beispiel ist die Rechnung hinsichtlich s' zur Vermeidung zu langer Dezimalzahlen in Prozent durchgeführt.

Das Druck-Setzungsdiagramm wurde in linearem Maßstab aufgetragen (Abb. 500). Die Vorbelastung des Bodens p_v wurde aus der halblogarithmischen Darstellung des Druck-Porenzifferdiagramms zu 1,2 kg/cm² ermittelt (Abb. 501). Die doppelt logarithmische Auftragung zeigt Abb. 502.

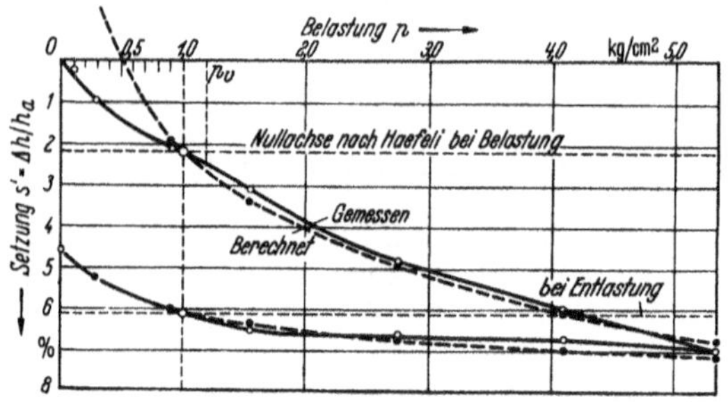

Abb. 500. Druck-Setzungslinie eines Lößlehms bei linearer Einteilung der Belastungsachse. Gestrichelt: Berechnete Druck-Setzungslinie nach HAEFELI.

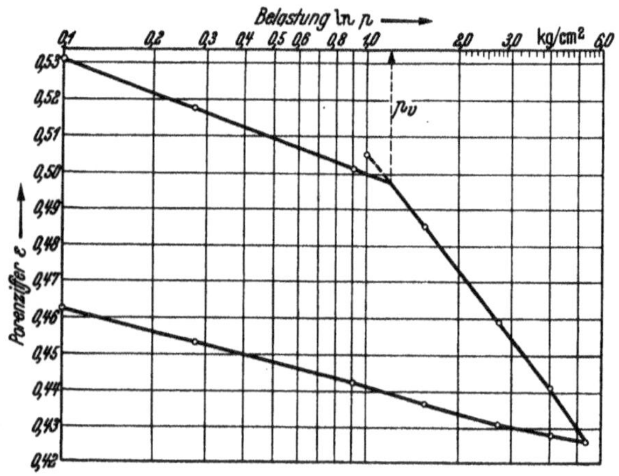

Abb. 501. Druck-Porenzifferlinie eines Lößlehms bei logarithmischer Einteilung der Belastungsachse.

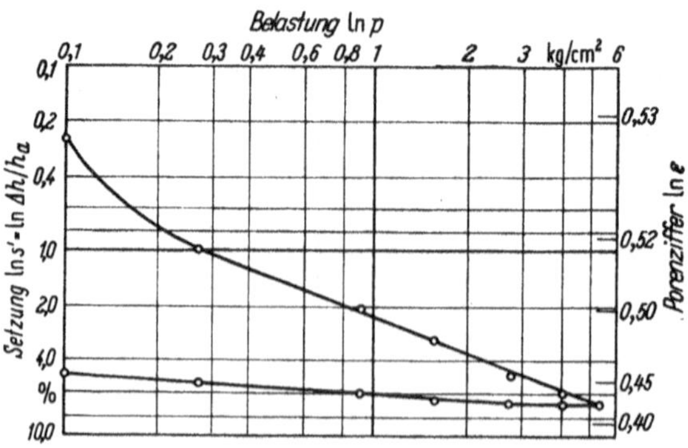

Abb. 502. Druck-Setzungslinie eines Lößlehms bei doppelt logarithmischer Auftragung.

Für die drei auf Abb. 501 erkennbaren Äste der Druck-Porenzifferlinie wurden nach der vereinfachten Gl. (200) A und C bestimmt. Zum Beispiel erhält man für die Wiederbelastungskurve bis 1,2 kg/cm² aus Tab. 61:

$$p = 0{,}1 \ \ \text{kg/cm}^2 \qquad \varepsilon = 0{,}531$$
$$p = 0{,}911 \ \text{kg/cm}^2 \qquad \varepsilon = 0{,}501$$

$$0{,}531 = -\frac{1}{A} \ln 0{,}1 \quad + C$$

$$0{,}501 = -\frac{1}{A} \ln 0{,}911 + C$$

$$0{,}030 = -\frac{1}{A} (\ln 0{,}1 - \ln 0{,}911)$$

$$0{,}030\, A = -\ln \frac{0{,}1}{0{,}911} = -\ln 0{,}11 = 2{,}207$$

$$A = 73{,}5$$

$$0{,}531 = -\frac{1}{73{,}5} \ln 0{,}1 + C$$

$$= 0{,}0314 + C$$

$$C = 0{,}4996 = 0{,}5\,.$$

Nach Abb. 483 muß $C = \varepsilon_1$ sein, was nach Abb. 501 der Fall ist.

In gleicher Weise wurden A und C für die Erstbelastungskurve (von 1,2 kg/cm² ab) und für die Entlastungskurve bestimmt. Es ergibt sich für den:

Erstbelastungsast	$A = 21{,}2$	$C = 0{,}505$,
Entlastungsast	$A = 111$	$C = 0{,}441$.

Die Bedingung $C = \varepsilon_1$ ist auch hier erfüllt (Abb. 501). Die gleichen Ergebnisse hätte man auch bei der Rechnung nach Gl. (202) unter Verwendung des Druck-Setzungsdiagramms erhalten.

Nach Gl. (203) ist bei der bisherigen Annahme $p_0 = 0$:

$$E_s = A\,(1 + \varepsilon_0)\, p = v\, p\,.$$

Da $\varepsilon_0 = 0{,}534$, ist:

$$E_s = 1{,}534\, A\, p\,.$$

Hiernach wird für den:

Wiederbelastungsast	$E_s = 1{,}534 \cdot 73{,}5\ p = 113\, p$ $v = 113$
Erstbelastungsast	$E_s = 1{,}534 \cdot 21{,}2\ p = 32{,}6\, p$ $v = 32{,}6$
Entlastungsast	$E_s = 1{,}534 \cdot 111\ p = 170\, p$ $v = 170.$

Die Werte wurden auf doppelt logarithmischem Papier aufgetragen (Abb. 503). Das Diagramm gestattet die sofortige Ablesung der Steifezahl für beliebige Werte p und darüber hinaus durch Heranschreiben der zu jedem Ast gehörigen Porenziffer ε_1 (bei $p = 1$ kg/cm²) – wie unten gezeigt wird – die Berechnung des gesamten Porenzifferdiagramms.

Für $p = 3$ kg/cm² wird z. B. für den Erstbelastungsast:

$$E_s = 3 \cdot 32{,}6 = 97{,}8 \text{ kg/cm}^2.$$

Das gleiche erhält man aus Abb. 503 oder auch nach Gl. (195) aus dem Druck-Setzungsdiagramm für eine Laststeigerung von 2 auf 4 kg/cm², im Mittel also für $p = 3$ kg/cm²: $s'_{2,0} = 3{,}85\%$; $s'_{4,0} = 5{,}90\%$, d. h. $\Delta s' = 2{,}05\%$ (Abb. 500):

$$E_s = \frac{2{,}0}{2{,}05} \cdot 100 = 97{,}5 \text{ kg/cm}^2\,.$$

Zur Prüfung, inwieweit die berechneten A- und C-Werte stimmen, wurde nach Gl. (211), die auf dem Ohdeschen Ansatz aufgebaut ist, das Druck-Porenzifferdiagramm für die im Versuch gewählten Belastungen nachgerechnet. Die in der Gleichung vorkommenden Konstanten ε_1 und v waren bekannt [$= C$ bzw. $= A\ (1 + \varepsilon_0)$; Gl. (207)]. Für den Wiederbelastungsast und $p = 0{,}274$ kg/cm² ist z. B.:

$$\varepsilon = \frac{1 + 0{,}5}{0{,}274^{1/113}} - 1 = \frac{1{,}5}{0{,}274^{0{,}009}} - 1\,,$$

$$\varepsilon = 1{,}517 - 1{,}000 = 0{,}517\,.$$

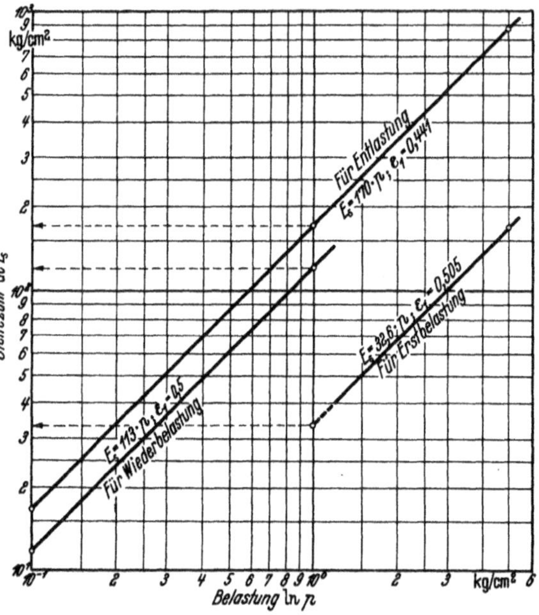

Abb. 503. Abhängigkeit der Steifezahl eines Lößlehms von der Belastung.

Für die auf diese Weise berechneten zwei Punkte jedes Astes des Druck-Porenzifferdiagramms ergeben sich folgende Werte:

p	ε
0,274	0,517
0,911	0,501
1,55	0,485
5,35	0,426
4,09	0,429
0,274	0,452

Wie ein Vergleich mit den Werten der Tab. 61 zeigt, stimmen diese Werte sehr genau mit den Meßwerten überein.

Nach den Gln. (214) und (215) erhält man für die Berechnung der Steifezahl nach HAEFELI, indem man durch Interpolation aus Tab. 61 entnimmt:

p	Δh
1,000	90
2,718	194

$$h_1 = 4000 - 90 = 3910.$$

Die Zusammendrückung $\Delta\Delta h$ gegenüber dem Ausgangszustand bei $p = 1$ kg/cm² bis zum Zustand $p = 2{,}72$ kg/cm² ist: $194 - 90 = 104$. Damit wird:

$$s_e' = \frac{104 \cdot 100}{3910} = 2{,}65\ \%\,,$$

$$E_s = \frac{1}{2{,}65} \cdot 100\,p = 37{,}7\,p \text{ für die Erstbelastung.}$$

Für die Entlastung wird entsprechend:

p	Δh
1,000	243
2,718	265

$$h_1 = 4000 - 243 = 3757$$

$$\Delta\Delta h = 265 - 243 = 22$$

$$s_e' = \frac{22 \cdot 100}{3757} = 0{,}586\,\%$$

$$E_s = \frac{1}{0{,}586} \cdot 100\,p = 171\,p\,.$$

Die Berechnung der Ordinaten der Druck-Setzungslinie nach Gl. (214) enthält Tab. 62. Dabei ist vorausgesetzt, daß der Wiederbelastungsast und der Schwellast die gleiche Steifezahl bzw. das gleiche s_e' besitzen.

Um die gemessenen und berechneten Kurven miteinander vergleichen zu können, sind die Werte in der 4. Spalte der Tab. 62 von der Höhe h_1 auf die Ausgangshöhe h umgerechnet und in Abb. 500 von den Waagerechten aus aufgetragen, die durch den Schnittpunkt der ursprünglichen Druck-Setzungslinien mit der Senkrechten durch $p = 1$ kg/cm² gelegt sind.

Tabelle 62. *Berechnung der Druck-Setzungslinie nach* Haefeli

p (kg/cm²)	$\ln p$	$s' = s_e' \ln p$ (%)	s'_{4000} (%)	
0,100	−2,303	−6,11	−6,25	Erstbelastung; s' bezogen auf h_1 bei $p = 1 := 3910$
0,274	−1,295	−3,43	−3,51	$s'_{4000} = \frac{4000}{3910}\,s'$
0,911	−0,093	−0,25	−0,26	
1,550	0,438	1,16	1,19	
2,740	1,000	2,65	2,71	
4,090	1,410	3,74	3,83	
5,350	1,680	4,45	4,55	
5,350	1,680	0,983	1,048	Entlastung und Wiederbelastung; s' bezogen auf h_1 bei $p = 1 := 3757$
4,090	1,410	0,826	0,880	$s'_{4000} = \frac{4000}{3757}\,s'$
2,740	1,000	0,586	0,624	
1,550	0,438	0,257	0,274	
0,911	−0,093	−0,055	−0,059	
0,274	−1,295	−0,760	−0,810	

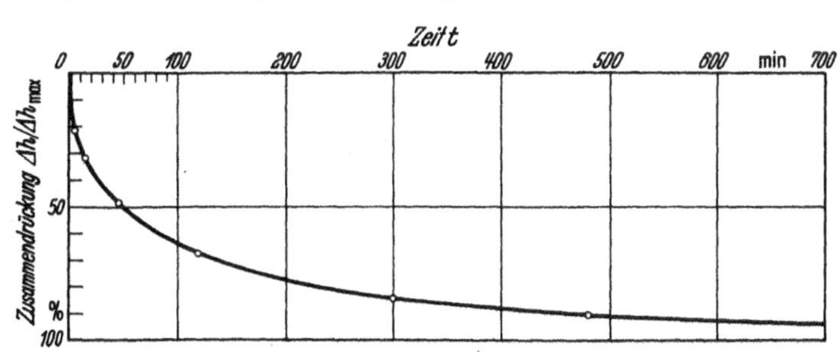

Abb. 504. Zeit-Setzungslinie eines Lößlehms bei einer Belastungssteigerung von 2,74 auf 4,09 kg/cm²; lineare Einteilung der Zeitachse.

Lasterhöhung: von	auf	Setzung $\Delta h_{x\,max}$:	Probenhöhe h_x:
0,000	0,100 kg/cm²	0,10 mm	40,00 mm
0,100	0,274 kg/cm²	0,30 mm	39,90 mm
0,274	0,911 kg/cm²	0,45 mm	39,60 mm
0,911	1,550 kg/cm²	0,40 mm	39,15 mm
1,550	2,740 kg/cm²	0,70 mm	38,75 mm
2,740	4,090 kg/cm²	0,45 mm	38,05 mm

Die Zeit-Setzungslinie ist nach der letzten Spalte der Tab. 60 für die Belastung von 2,74 auf 4,09 kg/cm² in Abb. 504 in linearer, in Abb. 505 in halblogarithmischer Form und in Abb. 506 im Wurzelmaßstab dargestellt. Sie hat in Abb. 505 die typische S-förmige Form nach Abb. 474. Im Bereich zwischen etwa $t = 10$ und 700 Minuten läßt sie sich näherungsweise

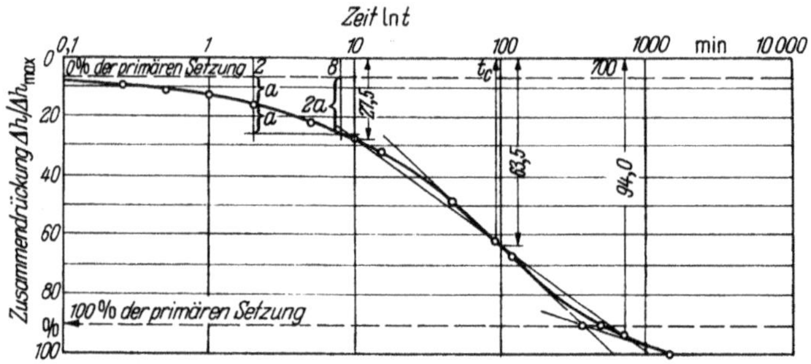

Abb. 505. Zeit-Setzungslinie eines Lößlehms bei einer Belastungssteigerung von 2,74 auf 4,09 kg/cm²; logarithmische Einteilung der Zeitachse. Belastungen, Setzungen und Probenhöhe wie bei Abb. 504.

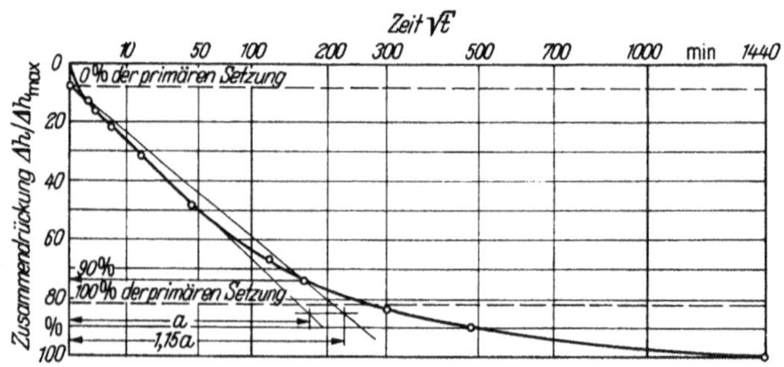

Abb. 506. Zeit-Setzungslinie eines Lößlehms bei einer Belastungssteigerung von 2,74 auf 4,09 kg/cm². Einteilung der Zeitachse im Wurzelmaßstab. Belastungen, Setzungen und Probenhöhe wie bei Abb. 504.

durch eine Gerade ersetzen, die in Abb. 505 zunächst gefühlsmäßig eingetragen ist. Die Gerade schneidet die Kurve bei $t = 10$, 100 und 700 Minuten. Aus den beiden ersten Punkten kann ihre Gleichung mit Hilfe von Gl. (192) berechnet werden[1]. Ihre Neigung ist:

$$\Delta p h_x \alpha_s = s'_{100} - s'_{10} = 63{,}5 - 27{,}5 = 36{,}0\,.$$

Damit wird die Gleichung der Zeit-Setzungslinie zwischen $t = 10$ und 700 Minuten:

$$s' = 27{,}5 + 36{,}0\,(\log t - \log 10).$$

Um festzustellen, wie groß die Porenziffer werden würde, wenn man den Versuch nicht nach 24 Stunden, sondern erst nach einer Woche abgebrochen hätte, wurde die Setzung nach einer Woche unter der Voraussetzung berechnet, daß sie nach obiger Gleichung weiter vor sich geht:

$$\begin{aligned} s' &= 27{,}5 + 36\,[\log(60\cdot 24\cdot 7) - \log 10] \\ &\cong 27{,}5 + 36\,(\log 10000 - \log 10) \\ s' &= 135{,}5\%. \end{aligned}$$

Die errechnete Endzusammendrückung würde dann betragen:

$$\Delta h_{x\,err} = \Delta h_{x\max} \cdot s' = 0{,}45 \cdot 1{,}355 = 0{,}61 \text{ mm}$$
$$= 61 \text{ Teilstriche.}$$

Damit würde sich bei der Belastungsstufe VI eine Meßuhrablesung M (s. Tab. 60) von 256 an

[1] Der bequemeren Rechnung wegen ist im Beispiel statt des natürlichen der dekadische Logarithmus eingeführt worden.

Stelle von 240 ergeben. Die Porenziffer wäre dann nach Gl. (187):

$$\varepsilon = \frac{4000 - 2610 - 256}{2610} = \frac{1134}{2610}$$

$$\varepsilon = 0{,}434.$$

Gegenüber der nach 24 Stunden gemessenen Porenziffer von 0,441 (s. Tab. 61) ist der Unterschied gering. In Wirklichkeit ist er noch kleiner, da die gemessene Zeit-Setzungslinie bei etwa 1000 Minuten schon flacher als die errechnete Gerade verläuft.

Es soll noch untersucht werden, welche Porenziffer sich bei der Belastungsstufe VI ergeben hätte, wenn der Versuch hierbei nicht nach 24 Stunden, sondern schon nach $1^1/_2$ Stunden abgebrochen worden wäre:

$$\begin{aligned} s' &= 27{,}5 + 36\,(\log 90 - \log 10) \\ &= 27{,}5 + 36\,(1{,}954 - 1) \\ &= 61{,}9\,\% \\ \Delta h_{x\,err} &= 0{,}45 \cdot 0{,}619 \\ &= 0{,}28\ \text{mm} \\ &= 28\ \text{Teilstriche} \\ \text{Meßuhrablesung}\ M &= 223\ \text{Teilstriche} \\ \varepsilon &= \frac{4000 - 2610 - 223}{2610} = \frac{1167}{2610} \\ &= 0{,}447\,. \end{aligned}$$

Gegenüber der sich nach 24 Stunden Versuchsdauer ergebenden Porenziffer von 0,441 ist bei diesem Boden der Unterschied also sehr gering.

Literatur

DIN 4016 Blatt 4 (Entwurf 1958): Baugrund. Untersuchung von Bodenproben. Richtlinien für die Bestimmung der Zusammendrückbarkeit.

Über Geräte und Versuchsdurchführung:

CASAGRANDE/FADUM (1940): Notes on soil testing for engineering purposes. Harvard Univ. Soil Mech. Series No. 8.
KJELLMAN/JAKOBSON (1955): Some relations between stress and strain in coarse-grained cohesionless materials. Proc. Swed. Geot. Inst. Nr. 9.
NORTHEY (1955): Rapid consolidation tests for routine investigations. New Zealand Engineering 10, S. 407.

Darstellung der verschiedenen Verformungsgesetze:

TERZAGHI/FRÖHLICH (1936): Theorie der Setzung von Tonschichten. Leipzig/Wien.
HAEFELI (1938): Mechanische Eigenschaften von Lockergesteinen. Erdbaukurs der ETH Zürich. Bericht 5.
OHDE (1939): Zur Theorie der Druckverteilung im Baugrund. Bauingenieur 20, S. 451.
BENDEL (1941): Die Steifezahl des Bodens. Dtsch. Wasserwirtschaft 36, S. 239.
KOLLBRUNNER (1946): Fundation und Konsolidation. Zürich. Bd. I, S. 406.
JELINEK (1949): Die Zusammendrückbarkeit des Baugrundes. Straßen- u. Tiefbau 3, S. 103.
OHDE (1951): Grundbaumechanik. In: „Hütte". Berlin. Bd. III, S. 898.
CHAPLIN (1961): Compressibility of sands and settlements of model footings and piles in sand. Proc. V. Int. Conf. Soil Mech. Found. Eng. Paris, Bd. II, S. 33. Deutscher Auszug: Bauingenieur 38 (1963), S. 408.
JANBU (1963): Soil compressibility as determined by oedometer and triaxial tests. Proc. Europ. Baugrundtagung Wiesbaden, Bd. I, S. 19. Deutscher Auszug: Bauingenieur 39 (1964), S. 246.
BRINCH HANSEN (1966): Simplified stress determination in soils. – Stress-strain relationships for sand. – Improved settlement calculation for sand. Dan. Geot. Inst. Bull. No. 20.

Über die Zeit-Setzungslinie:

REDLICH/TERZAGHI/KAMPE (1929): Ingenieurgeologie. Wien/Berlin.
PETERMANN (1939): Zur Setzungstheorie für zusammendrückbare Böden. Bauingenieur 20, S. 69.

KOLLBRUNNER (1946): Fundation und Konsolidation. Zürich. Bd. I, S. 257.
HAEFELI/SCHAAD (1948): Time effect in connection with consolidation tests. Proc. II. Int. Conf. Soil Mech. Found. Eng. Rotterdam, Bd. III, S. 23.
TAYLOR (1948): Fundamentals of soil mechanics. New York/London.
KOPPEJAN (1948): A formula combining the Terzaghi load-compression relationship and the Buisman secular time effect. Proc. II. Int. Conf. Soil Mech. Found. Eng. Rotterdam, Bd. III, S. 32.
ZEEVAERT (1957): Consolidation of Mexico City volcanic clay. Am. Soc. Test. Mat. Spec. Techn. Publ. 232.
KÉRISEL (1963): Necessité de rapporter les tassements au rayon moyen de la surface chargée et les pressions appliquées aux pressions limites. Proc. Europ. Baugrundtagung Wiesbaden, Bd. I, S. 83.
SCHIFFMANN/LADD/CHEN (1964): The secondary consolidation of clay. Rensselaer Polytechnic Institute. Troy/New York.

Über den Einfluß der Probenhöhe und des Probendurchmessers und den Einbau:

VAN ZELST (1948): An investigation of the factors affecting laboratory consolidation of clay. Proc. II. Int. Conf. Soil Mech. Found. Eng. Rotterdam, Bd. VII, S. 52.
MCRAE (1948): Methods and techniques for the preparation of soil tests specimens. Proc. II. Int. Conf. Soil Mech. Found. Eng. Rotterdam, Bd. VII, S. 42.
BALLA (1953): Problems of compression. Acta Technica – Academiae Scient. Hungaricae, Bd. VI.
MUHS/KANY (1954): Einfluß von Fehlerquellen beim Kompressionsversuch. Fortschr. u. Forsch. im Bauwesen H. 17, S. 125.
LEUSSINK (1954): Das seitliche Nichtanliegen der Bodenprobe im Kompressionsapparat als Fehlerquelle beim Druck-Setzungsversuch. Fortschr. u. Forsch. im Bauwesen H. 17, S. 153.
SCHMIDBAUER (1954): Fehlerquellen und deren Ausschaltung beim Druck-Setzungsversuch (Kompressionsversuch). Fortschr. u. Forsch. im Bauwesen H. 17, S. 161.
ALPMAN (1964): Die Theorien über den Porenwasserdruck im Erddammbau und ihre Beurteilung durch Versuche und Messungen. Berichte a. d. Bauforschung H. 37, S. 57.

Über den Einfluß der Bezugshöhe auf das Zusammendrückungsdiagramm und die Steifezahl:

SCHULTZE (1948): Die Bezugshöhe für die Aufstellung von Druck-Setzungsdiagrammen. Bauplanung u. Bautechnik 2, S. 363.
MUHS (1949): Das Setzungsverhalten von Sandböden verschiedener Dichte (Zuschrift). Bauplanung u. Bautechnik 3, S. 66.

Über die Zusammendrückbarkeit bestimmter Böden:

SKEMPTON (1944): Notes on the compressibility of clays. Quart. Journ. Geol. Soc. C London, S. 119.
WILSON/SUTTON (1948): A contribution to the study of the elastic properties of sand. Proc. II. Int. Conf. Soil Mech. Found. Eng. Rotterdam, Bd. I, S. 197.
STRAUB (1948): Das Setzungsverhalten von Sandböden verschiedener Dichte. Bauplanung u. Bautechnik 2, S. 21.
SALAS/SERRATOSA (1953): Compressibility of clays. Proc. III. Int. Conf. Soil Mech. Found. Eng. Zürich, Bd. I, S. 192.
COESFELD (1959): Die elastischen Eigenschaften von Schotter. Mitt. Inst. Verkehrswasserbau, Grundbau u. Bodenmech. TH Aachen H. 20, S. 35.
AKAI (1960): Die strukturellen Eigenschaften von Schluff. Mitt. Inst. Verkehrswasserbau, Grundbau u. Bodenmech. TH Aachen H. 22.
MOUSSA (1961): Die Zusammendrückbarkeit von Sand. Mitt. Inst. Verkehrswasserbau, Grundbau u. Bodenmech. TH Aachen H. 23.
KOTZIAS (1963): Die Zusammendrückbarkeit von Schluff. Mitt. Inst. Verkehrswasserbau, Grundbau u. Bodenmech. TH Aachen H. 28.

Über Vorbelastung und Vorspannung:

CASAGRANDE (1936): The determination of the preconsolidation load and its practical significance. Proc. I. Int. Conf. Soil Mech. Found. Eng. Cambridge (Mass.), Bd. III, S. 60.
RUTLEDGE (1944): Relation of undisturbed sampling to laboratory testing. Trans. Am. Soc. Civ. Eng. 109, Paper Nr. 2229, S. 1155. Auch abschließende Diskussion, S. 1208.

OHDE (1949): Vorbelastung und Vorspannung des Baugrundes und ihr Einfluß auf Setzung, Festigkeit und Gleitwiderstand. Bautechnik 26, S. 129 u. 163.
HVORSLEV (1949): Subsurface exploration and sampling of soils for civil engineering purposes. Waterways Experiment Station Vicksburg.
DÜCKER (1951): Ein Untersuchungsverfahren zur Bestimmung der Mächtigkeit des diluvialen Inlandeises. Mitt. Geol. Staatsinst. Hamburg H. 20, S. 3.
BURMISTER (1952): The application of controlled test methods in consolidation testing. Symposium on Consolidation Testing of Soils. Am. Soc. Test. Mat. Sp. Techn. Public. Nr. 126.
SCHMERTMANN (1953): Estimating the tone consolidation behaviour of clay from laboratory test results. Proc. Am. Soc. Civ. Eng. 79, Separate 311.
MURAYAMA/SCHIBATA (1958): On the secondary consolidation of clay. Proc. II. Japan. Congr. Test. Mat. Non Metallic Materials, Kyoto, S. 178.

Über Setzungsberechnungen und Vergleich mit den mit der Steifezahl E_s berechneten und beobachteten Setzungen:

v. V. (1959): Flächengründungen und Fundamentsetzungen. Erläuterungen und Berechnungsbeispiele für die Anwendung der Normen DIN 4018 „Flächengründungen; Richtlinien für die Berechnung" und DIN 4019 Blatt 1 „Baugrund; Setzungsberechnungen bei lotrechter mittiger Belastung; Richtlinien". Berlin/Köln.
— (1964): Fundamentsetzungen. 2. Teil. Erläuterungen und Berechnungsbeispiele für die Anwendung der Norm DIN 4019 Blatt 2 „Baugrund; Setzungsberechnungen bei schräg und bei außermittig wirkender Belastung (Verkantung); Richtlinien". Berlin/Köln/München.
— (1964): Empfehlungen des Arbeitsausschusses Ufereinfassungen. 3. Auflage. Berlin/München. S. 16.
TERZAGHI (1925): Erdbaumechanik auf bodenphysikalischer Grundlage. Leipzig/Wien.
OHDE (1942): Die Berechung der Sohldruckverteilung unter Gründungskörpern. Bauingenieur 23, S. 99.
TERZAGHI/PECK (1948): Soil mechanics in engineering practice. New York.
HELENELUND (1951): On consolidation and settlement of loaded soil-layers. Geotech. Department of the Finnish State Railways H. 3.
HAEFELI (1951): Die Zusammendrückbarkeit der Böden. Mitt. Versuchsanstalt Wasserbau u. Erdbau ETH Zürich Nr. 19.
GIBBS (1953): Estimating foundation settlement by one-dimensional consolidation tests. Bureau of Reclamation, Engineering Monographs Nr. 13.
TERZAGHI/JELINEK (1954): Theoretische Bodenmechanik. Berlin/Göttingen/Heidelberg.
LEUSSINK (1954): Die Genauigkeit von Setzungsberechnungen. Vorträge der Baugrundtagung Hannover, S. 23.
MUHS (1959): Neuere Entwicklung der Untersuchung und Berechnung von Flachfundationen. Schweiz. Bauzeitg. 77, S. 265 u. 293.
BRINCH HANSEN/LUNDGREN (1960): Hauptprobleme der Bodenmechanik. Berlin/Göttingen/Heidelberg.
MUHS (1961): Ergebnisse der Setzungsmessungen an den Hochhäusern im Hansaviertel und am Hochhaus „Heilsberger Dreieck" in Berlin. Berichte a. d. Bauforschung H. 18, S. 1.
NEUBER (1961): Setzungen von Bauwerken und ihre Vorhersage. Berichte a. d. Bauforschung H. 19.
SCHULTZE (1962): Probleme bei der Auswertung von Setzungsmessungen. Vorträge der Baugrundtagung Essen, S. 343. Siehe auch: Mitt. Inst. Verkehrswasserbau, Grundbau u. Bodenmech. TH Aachen H. 27.
LEUSSINK (1963): Ergebnisse von Setzungsmessungen an Hochbauten. Veröff. Inst. Bodenmech. u. Grundbau TH Karlsruhe H. 13.
BRETH/BACK (1963): Über die Setzungen von Bauwerken auf Ton. Proc. Europ. Baugrundtagung Wiesbaden, Bd. I, S. 101.
SCHULTZE (1963): Beispiele für Setzungsbeobachtungen in bindigen und nichtbindigen Böden. Proc. Europ. Baugrundtagung Wiesbaden, Bd. I, S. 143. Siehe auch: Mitt. Inst. Verkehrswasserbau, Grundbau u. Bodenmech. TH Aachen H. 29, S. 3.
BRINCH HANSEN/TADASHI MISE (1964): An empirical evaluation of consolidation tests with Little Belt Clay. Dan. Geot. Inst. Bull. No. 17.
HELENELUND (1964): On the bearing capacity of glacial till. State Institut for Technical Research. Helsinki. Rep. Nr. III/83.

1.412.2 Scherbeanspruchung bei behinderter Seitendehnung (direkter Scherversuch)

Definition. Scherbeanspruchungen des Bodens werden im Versuch künstlich hervorgerufen und bis zum Nachgeben der Probe gesteigert, um die „*Scherfestigkeit*" des Bodens zu erhalten. Diese ist der Widerstand des Bodens gegen die Verschiebung in einer Gleit- oder Bruchfläche, die sich unter der Wirkung der äußeren Kräfte bildet. Die Scherfestigkeit setzt sich aus „*Reibungsfestigkeit*" und „*Kohäsion*" (auch „*Haftfestigkeit*") zusammen.

Bei der Beschreibung der Untersuchung wird zuerst die reine Scherbeanspruchung behandelt, bei der an dem Zustand des Bodens, abgesehen von dem Aufbringen und der Steigerung der Scherbeanspruchung selbst, nichts verändert wird („*direkter Scherversuch*"); der senkrechte Druck, unter dem sich die Probe befindet, bleibt also während des ganzen Versuchs bestehen. Hierbei werden Geräte mit starrer Wandung benutzt. Eine Trennung der Scherfestigkeit in die beiden Bestandteile Reibungsfestigkeit und Kohäsion ist durch einen solchen Einzelversuch nicht möglich. Hierzu muß sowohl die Druck- als auch die Scherbeanspruchung verändert werden (Kap. 1.412.3 und 1.412.4). Die nachstehend beschriebene Untersuchung ist daher nur der Teil einer Serie, der allein wenig aussagt.

Gerät. *Direkte Scherapparate* für Routineuntersuchungen bestehen aus einem feststehenden und einem durch eine waagerechte Kraft T verschiebbaren Teil (Abb. 507), zwischen denen sich die Bodenprobe befindet. Letztere leistet der Kraft T so lange Widerstand, bis sich eine waagerechte Gleitfläche zwischen den beiden Teilen des Geräts bildet und damit der Bruch des Bodens eintritt. Wegen der zur Einleitung der Scherkraft über den gesamten Querschnitt der Probe erforderlichen guten Verbindung mit den Platten ist die Probe oben und unten von gezahnten oder ebenen Filtersteinen aus Filterbronze oder aus künstlichem Werkstoff eingefaßt. Bei den ebenen Filtern dienen Zahnroste aus Messing zur gleichmäßigen Verteilung der Scherspannungen (Abb. 508a und 509). Bei den selten durchführbaren Versuchen mit konstantem Wassergehalt werden die Filter durch undurchlässige Platten ersetzt.

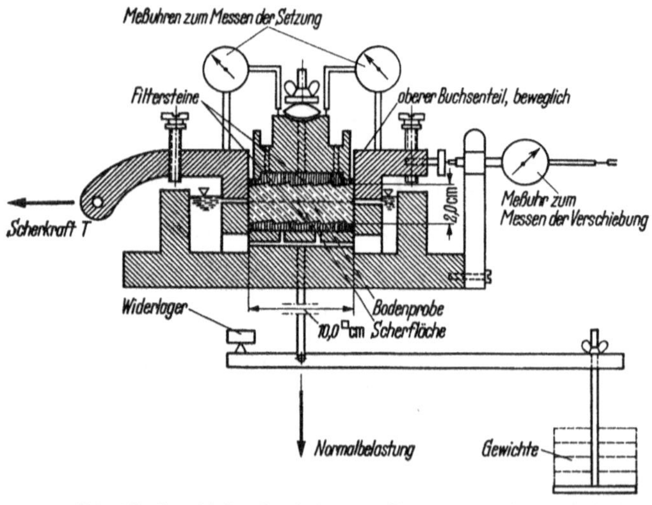

Abb. 507. Scherbüchse für stufenweise Steigerung der Scherbelastung.

Von den zahlreichen Ausführungsformen des Geräts hat diejenige von A. Casagrande (Buchanan 1936) meist Seitenlängen von 10 cm × 10 cm und eine Anfangshöhe der Bodenprobe von etwa 2 cm. Die senkrechte Belastung wird mit Hilfe eines Hebels aufgebracht, dessen Eigengewicht durch ein Gegengewicht aufgehoben ist. Die waagerechte Zugkraft, die an dem oberen Rahmen der Scherbüchse angreift, wird bei der ursprünglichen Form durch ein auf einem zweiten Hebel laufendes Gewicht erzeugt. Bei neueren Konstruktionen wird sie durch einen Wasserbehälter, der an einem Hebel hängt und langsam aufgefüllt wird, durch einen Druckölzylinder oder durch eine Druckspindel hervorgerufen. In den beiden letzten Fällen hat man es nicht mehr mit einer konstanten Scherbelastungszunahme durch Gewichte, sondern mit einer konstanten Scherverschiebungszunahme und einer davon abhängigen Steigerung der Scherbelastung zu tun. Bei Versuchen mit konstanter Scherverschiebung muß die aufgebrachte Scherkraft durch ein Dynamometer oder eine Feder gemessen werden (Abb. 508b und c). Als Dynamometer werden meist Meßringe verschiedener Weichheit verwendet, deren Federkonstante der untersuchten Bodenart angepaßt werden kann. Zur Ausschaltung der scheinbaren Kohäsion kann die Bodenprobe unter Wasser gesetzt werden.

Bei einem direkten Schergerät mit konstanter Verschiebungsgeschwindigkeit nach GOLDER (1942) wird der untere Teil mit einem konstanten Vorschub bewegt (Abb. 508d), welcher durch einen Elektromotor mit einem Vorgelege erzeugt und in Grenzen zwischen 0,0002 und 2 mm/min verändert werden kann. In Sonderfällen kann auch die Spindel mit der Hand betrieben werden. Die Scher-

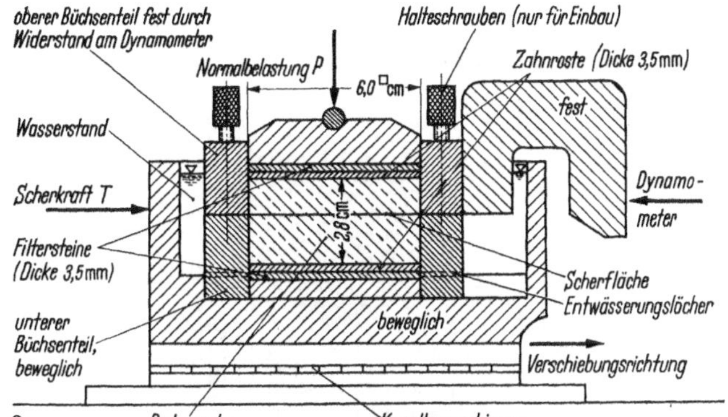

a

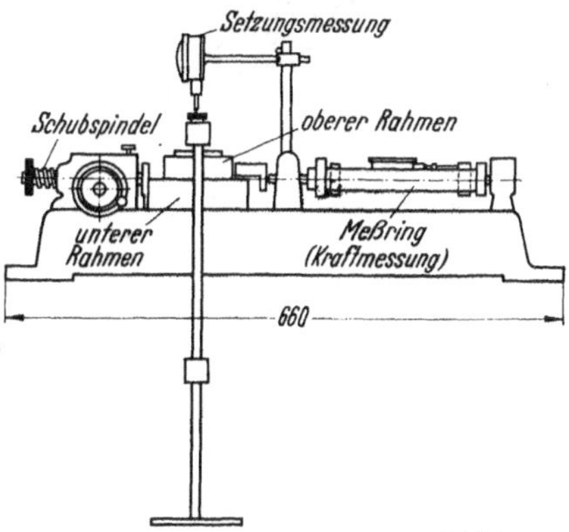

b

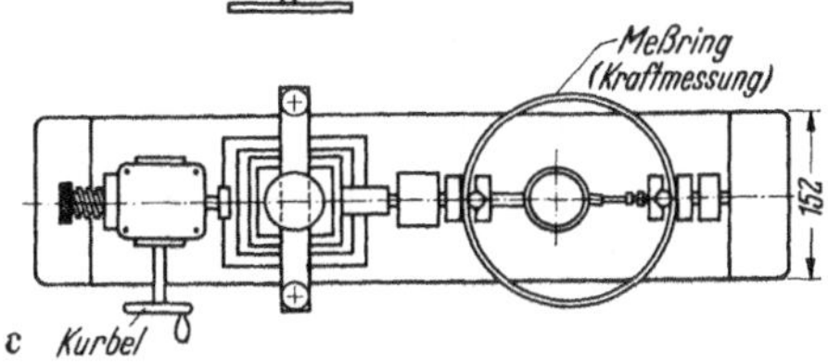

c

d

Abb. 508a—d. Versuchsanordnung zur Bestimmung der Scherfestigkeit bei dem Schergerät mit konstanter Scherverschiebung.
a) Scherbüchse; b) Ansicht des Schergeräts; c) Aufsicht auf das Schergerät; d) Ansicht der gesamten Versuchsanordnung.

büchse hat einen quadratischen Grundriß von 6 cm Seitenlänge. Die Anfangsprobenhöhe beträgt etwa 2,8 cm. Die Scherkraft wird als Widerstand am oberen Teil der Büchse auch noch nach dem Bruch gemessen.

Ein automatisch arbeitendes Schergerät, bei dem die Vorschubgeschwindigkeit im Verhältnis 1:1000 regelbar ist und sowohl eine konstante Belastungs- als auch

Abb. 509. Auseinandergenommene Scherbüchse des selbstregistrierenden vollautomatischen Scherapparats nach Muhs (Chem. Lab. für Tonindustrie, Berlin).

eine konstante Verschiebungsgeschwindigkeit erreicht werden kann, wurde von Muhs entworfen (Maguin 1957). Alle Bewegungen erfolgen maschinell und werden

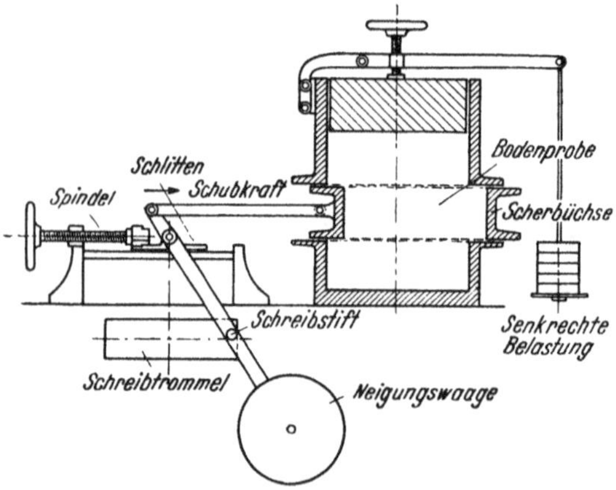

Abb. 510. Versuchsanordnung zur Bestimmung der Scherfestigkeit durch doppeltes Abscheren längs zweier Flächen (Geotechnisches Komitee der Japanischen Staatsbahnen 1931).

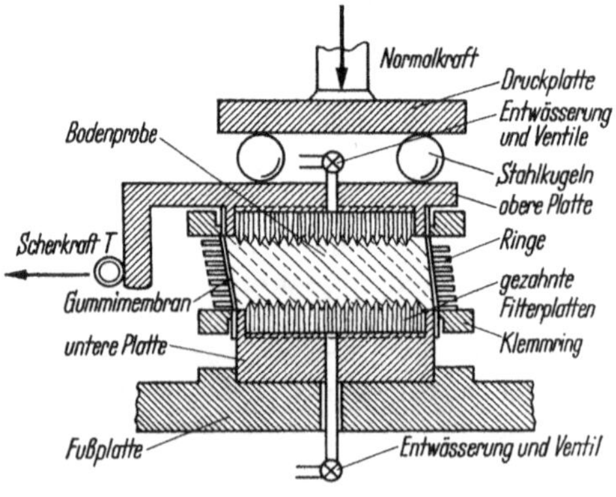

Abb. 511. Versuchsanordnung zur Bestimmung der Scherfestigkeit bei dem Schergerät mit gleichmäßiger Scherverschiebung über die ganze Probe (Waterways Exp. Stat. 1952).

laufend registriert. Die Proben haben einen kreisförmigen Querschnitt von 78,5 oder 100 cm² Fläche (Abb. 509).

Neben diesen üblichen direkten Schergeräten mit einfacher Scherfläche gibt es auch solche mit doppelter Scherfläche (Abb. 510), bei denen von drei mit Boden gefüllten Ringen der obere und untere Ring festgehalten werden und der mittlere bewegt wird (Proctor 1948).

Zur Verbesserung der unklaren Spannungsverteilung ist ein direktes Schergerät mit gleichmäßiger Scherverschiebung über die ganze Probe entwickelt worden (Abb. 511), bei dem der Gleitwinkel über die Probe erhalten bleibt (ROSCOE 1953). Hierdurch lassen sich die Grenzbedingungen, unter denen die Probe abgeschert wird, genauer erfassen.

Scherversuche können — dies ist bei grobkörnigen Böden sogar notwendig — auch im großen Maßstab mit Grundflächen bis zu 1 m×1 m ausgeführt werden. Für Laborversuche ist ein solches Gerät schon 1930 von FRANZIUS gebaut worden (PETERMANN 1939). Häufiger sind derartige Untersuchungen aber im Felde notwendig, z. B. bei der Bestimmung der Scherfestigkeit des gewachsenen Bodens (Abb. 512a). Der obere Teil der gewachsenen Probe wird dann durch einen Rahmen aus

a

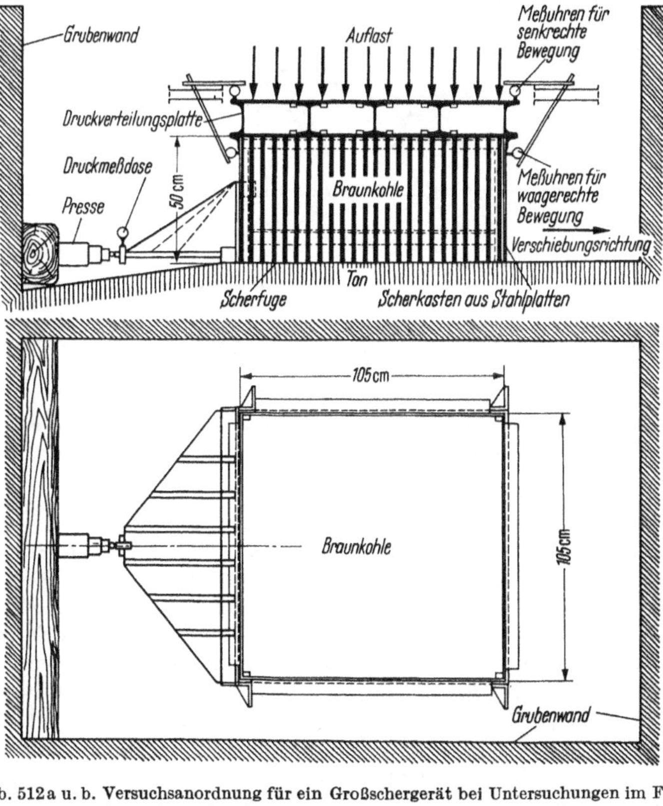

b

Abb. 512a u. b. Versuchsanordnung für ein Großschergerät bei Untersuchungen im Feld. a) Ansicht des Geräts; b) Schnitt und Grundriß des Geräts.

Stahl eingefaßt und durch eine Schneide, welche vor einer hydraulischen Presse liegt, vorgetrieben (Abb. 512b). Schwierig ist die Stapelung der großen Auflasten auf dem Deckel des Kastens. Bis zu 15 t wurden durch Stahlteile wie Laschen, Schienen usw. aufgebracht (LEUSSINK 1948, SCHULTZE 1953, THORFINNSON 1954, KLUGAR 1959, HUTCHINSON/ROLFSEN 1962, BISHOP 1966).

Eine Sonderausführung stellen die *Kreisring-Scherapparate* dar (Abb. 513), bei denen die Proben nicht mit quadratischem Grundriß, sondern als Kreis oder Kreisring von 3 bis 4 cm Breite und 2 cm Höhe eingebracht und durch Torsion abgeschert werden. Die waagerechten Drehkräfte werden durch einen Seilzug

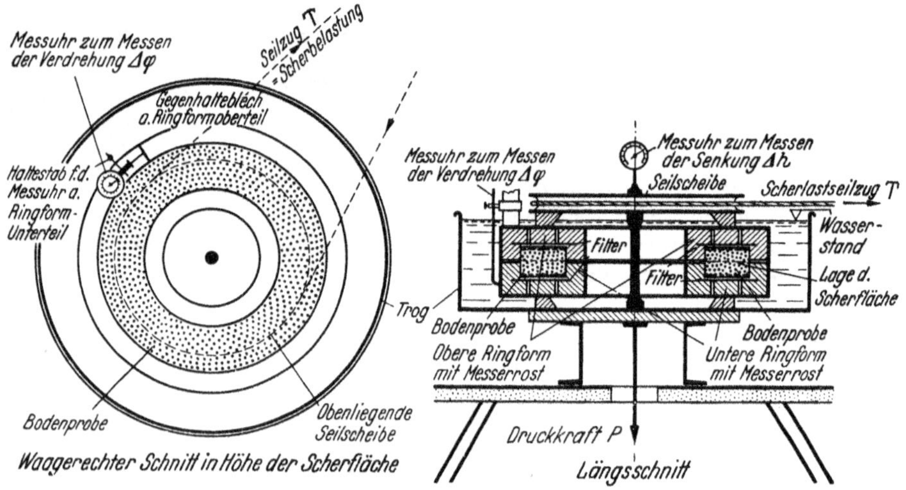

Abb. 513. Versuchsanordnung zur Bestimmung der Scherfestigkeit im Kreisring-Scherapparat.

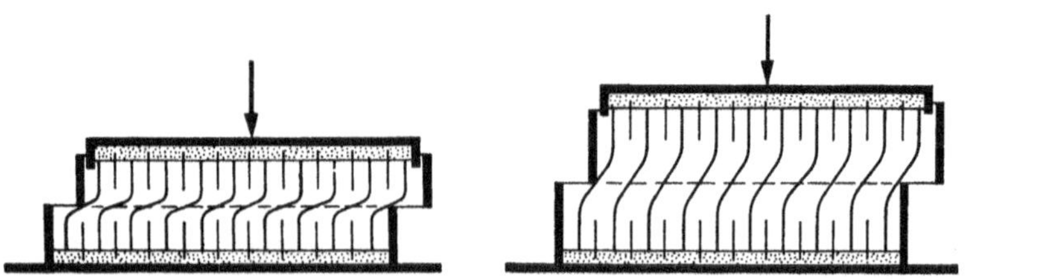

Abb. 514. Veranschaulichung des Einflusses einer zu großen Probenhöhe.

hervorgerufen, der über eine Scheibe läuft und am Ende durch Gewichte belastet wird. Derartige Apparate sind u. a. von TIEDEMANN (1937), HVORSLEV (1937) und HAEFELI (1938) konstruiert worden (NEUFFER/LEIBNITZ 1964). Diese Anordnung hat den Vorteil, daß auch bei größeren Verschiebungen ständig Boden auf Boden gleitet, während der Boden beim gewöhnlichen Scherapparat sich mit wachsender Verschiebung immer mehr auf der metallenen Unterlage bewegt. Die Scherfläche bleibt also beim Kreisring-Scherapparat im Unterschied zum gewöhnlichen Scherapparat stets gleich groß. Der Kreisring-Scherapparat wird deshalb mitunter bei weichen Tonböden mit großen Verschiebungen angewendet, hat jedoch bei den üblichen Untersuchungen keine Vorzüge gegenüber dem Gerät von CASAGRANDE. Im Gegenteil ist der Verschiebungsweg an der Innen- und Außenseite des Kreisrings nicht der gleiche.

Vorgang. Die Höhe der Probe soll möglichst klein sein, etwa 1 bis 1,5 cm, um ein Abscheren in der gewünschten Ebene herbeizuführen und ein etwaiges bloßes Verformen der Probe zu verhindern (Abb. 514).

Bei Benutzung des direkten Schergeräts werden bindige Proben in die Scherbüchsen meist gestört mit einem Wassergehalt, der etwa dem der Fließgrenze entspricht, und nichtbindige Proben mit dem in der Natur vorhandenen Porenvolumen eingebaut und vor Beginn des eigentlichen Scherversuchs auf den gewünschten lotrechten Druck gebracht. Bisweilen geschieht dies in einem besonderen Belastungsgerät. Ohne aus der Scherbüchse herausgenommen zu werden, kommen die Proben dann nach ihrer Konsolidierung in den Scherapparat. Bei solchen Böden, die so wasserdurchlässig sind, daß man sie in kurzer Zeit abscheren kann (etwa $^1/_4$ bis 1 Tag), hat das den Vorteil, daß das Schergerät besser ausgenutzt wird. Die Konsolidation der Proben kann Zeiten bis zu acht Tagen in Anspruch nehmen. Jedoch gibt es viele Böden, bei denen die Konsolidationszeit nur 3 bis 5 Stunden, die Abscherzeit aber 1 bis 2 Tage beträgt. Da beim Umbau auch geringe Störungen unvermeidlich sind, müssen die Proben an Ort und Stelle eine gewisse Zeit nachkonsolidieren.

Der Einbau ungestörter quadratischer Proben ist möglich, aber schwierig. Kreisförmige Proben können leichter ungestört eingearbeitet werden. Oft begnügt man sich aber mit der Untersuchung von gestörten Proben, die bei bindigen Böden so lange mit dem an der Entnahmestelle vorhandenen Druck belastet werden, bis sich der natürliche Wassergehalt eingestellt hat. Zur Ausschaltung der Kapillarspannung wird der Boden durch das unter der Probe angeordnete Filter ständig unter Wasser gehalten.

Die Stufen, mit denen der waagerechte Schub schrittweise bis zum Bruch gesteigert wird, werden der jeweiligen senkrechten Belastung angepaßt. Oft wird der Schub in Einheiten von $^1/_{40}$ der senkrechten Belastung aufgebracht. Da die senkrechten Belastungen beim Abscheren etwa zwischen 0,5 und 3 kg/cm^2 liegen, sind die Stufen der waagerechten Last verhältnismäßig klein.

Über die Geschwindigkeit, mit der die Scherkräfte gesteigert werden, gehen die Auffassungen noch auseinander. Vielfach steigert man die Scherbelastung nach einem genormten Zeitmaß, z. B. bei nicht zu großen und langanhaltenden Verschiebungen nach 60 Sekunden und nur selten nach längerer Zeit (5 Minuten und mehr). Jedoch gibt es auch Fälle, wo der Scherversuch über mehrere Tage ausgedehnt werden muß und die Scherbelastung erst nach Stunden erhöht werden kann.

Man unterscheidet daher grundsätzlich „*schnelles* (*nicht entwässertes*)“ und „*langsames* (*entwässertes*) *Abscheren*“.

In dem letzteren Fall, der anzustreben ist, weil er verläßlichere Versuchsergebnisse liefert, treten in bindigen Böden auch beim Abscheren keine Porenwasserdrücke auf. Für Versuche mit konstanter Verschiebungsgeschwindigkeit wird hierfür ein Vorschub von 0,01 mm/min (GIBSON 1953, GIBSON/HENKEL 1954) bis 0,1 mm/min (HORN 1964) als zweckmäßig angegeben, während für „schnelles Abscheren“ ein Vorschub von 0,25 mm/min bis 1 mm/min vorgeschlagen wird (ZWECK/TÜRKE 1960).

Für die Zeit, welche bei kontrollierter Verschiebung mindestens verstreichen muß, damit beim Abscheren der Porenwasserdruck um den Betrag:

$$P_w = 1 - \frac{p_{w\,\text{entwässert}}}{p_{w\,\text{nicht entwässert}}} \tag{234}$$

$p_{w\,\text{entwässert}}$ Porenwasserdruck beim entwässerten Versuch,
$p_{w\,\text{nicht entwässert}}$ Porenwasserdruck beim nicht entwässerten Versuch,

herabgesetzt wird, kann bei praktischen Untersuchungen näherungsweise:

$$t = 40\, t_{50\%}$$

$t_{50\%}$ Zeit bis zur 50prozentigen Konsolidation der Probe (Abb. 515), gesetzt werden (HORN 1964, S. 140). Es ist hierzu notwendig, die Setzung der Probe beim Konsolidationsvorgang in gewissen Zeitintervallen zu messen, um hieraus $t_{F0\%}$ ableiten zu können.

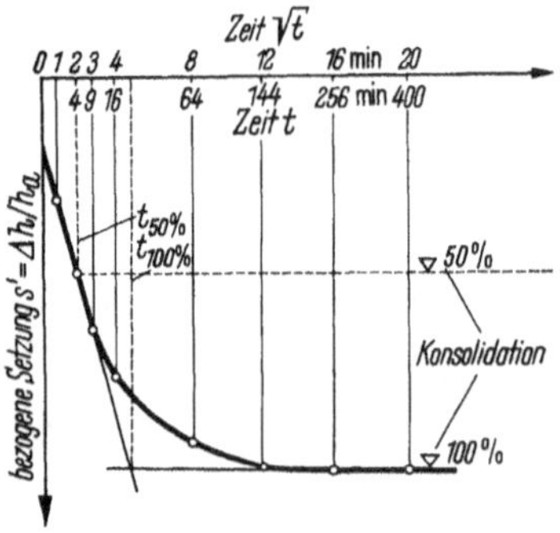

Abb. 515. Konsolidations-Zeitlinie im direkten Schergerät.

Die Untersuchung ist beendet, sobald die Probe infolge Ausbildung einer waagerechten Gleitfläche größere Bewegungen ausführt. Bei kontrollierter Verschiebung werden die Versuche gewöhnlich bis zu dem größtmöglichen Wert ausgefahren. Die Probe wird dann ausgebaut und ihr Wassergehalt bestimmt.

Das Verhalten des Bodens während des Gleitens kann nur bei kontrollierter Verschiebung oder im Kreisring-Scherapparat gemessen werden. Sonst hört die Scherverschiebungslinie mit dem Bruchwert für die Scherspannung auf.

Meßgrößen. Die Auflast, unter der der Boden abgeschert wird, ist gegeben. Die waagerechten Belastungen T und Verschiebungen Δl des beweglichen Teils des Geräts gegen den festen werden gemessen. Wenn das Gerät es erlaubt und wenn man mit kontrollierter waagerechter Belastung arbeitet, werden nicht nur der End-

Abb. 516. Abgescherte ungestörte Probe im Scherapparat nach MUHS mit Muster des oberen Zahnrostes (vgl. Abb. 509).

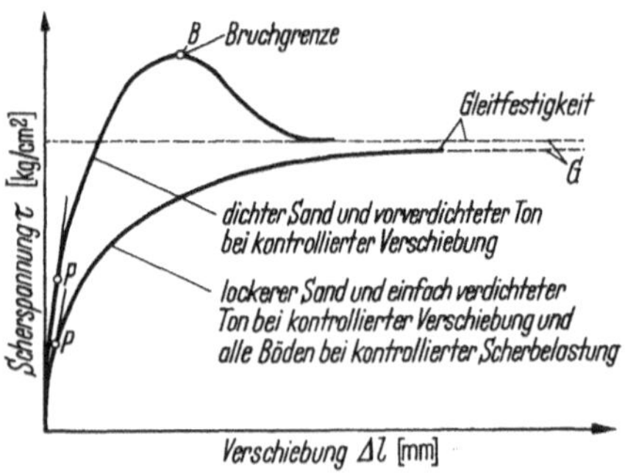

Abb. 517. Scherverschiebungslinien bei konstantem Normaldruck und verschiedener Lagerungsdichte.

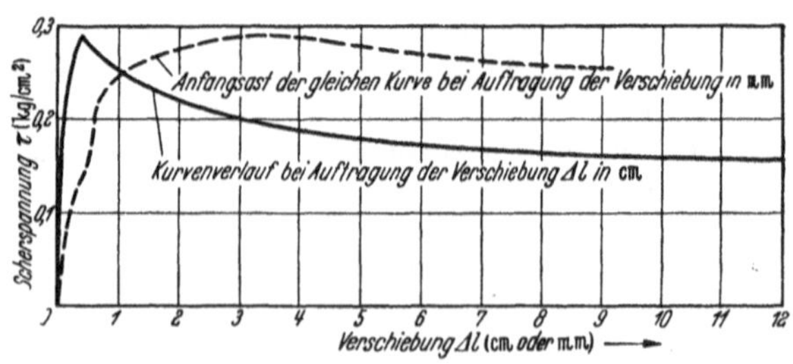

Abb. 518. Untersuchung des Gleitvorgangs nach dem Bruch im Kreisring-Scherapparat.

wert, sondern auch das zeitliche Anwachsen der Verschiebung vermerkt. Im anderen Fall, d. h. bei einem Versuch mit kontrollierter Verschiebung, wird die Zeit gestoppt und die Scherkraft am Meßring abgelesen. Aus der bekannten Abschergeschwindigkeit ergibt sich dann die Verschiebung. Für wissenschaftliche Untersuchungen mißt man auch die Hebung oder Senkung der die Probe abdeckenden Platte. Beim Kreisring-Scherapparat tritt an die Stelle der Verschiebung Δl die Verdrehung $\Delta\varphi$.

Auftragungen. Aus den gemessenen Scherkräften T und der Querschnittsfläche der Probe F wird unter den Voraussetzungen, daß die Beanspruchung und das Abscheren in der erzwungenen Gleitfläche stattfinden und die Scherkraft T über dieser Fläche gleichmäßig verteilt ist (Abb. 516), die Scherspannung $\tau = T/F$ berechnet.

Die Beziehung zwischen Scherspannung und Verschiebung Δl oder Verdrehung $\Delta\varphi$ wird durch die *Scherverschiebungslinie* dargestellt, die jeweils für eine

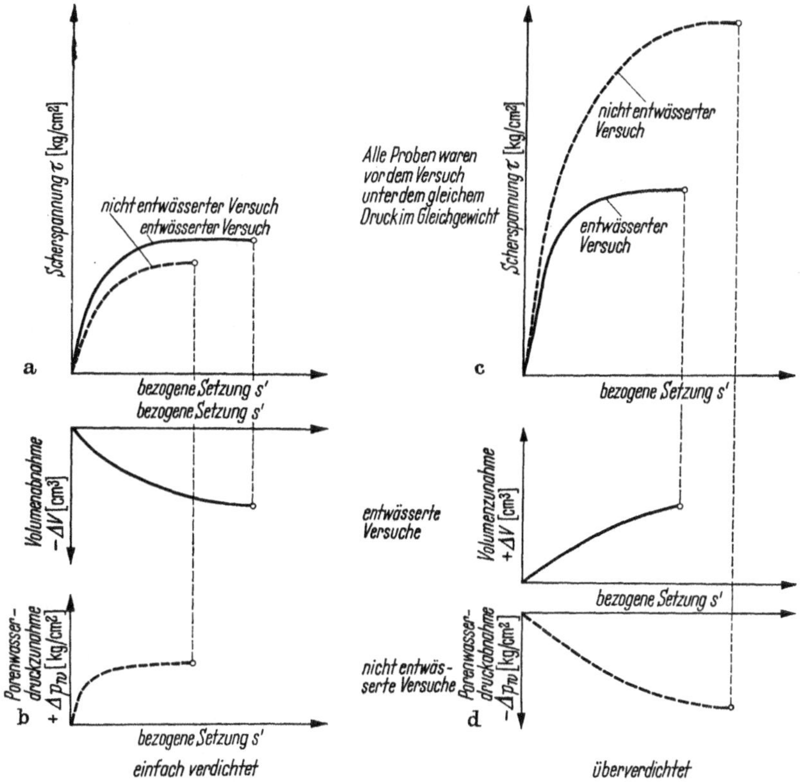

Abb. 519a—d. Scherverschiebungslinien, Volumen- und Porenwasserdruckänderungen mit (a, b) einfach verdichtetem Ton und (c, d) überverdichtetem Ton (SKEMPTON 1955).

konstante Normalspannung gilt (Abb. 517 und 518). Außer der Scherspannung kann man noch die Änderung des Volumens und — unter besonderen Umständen — des Porenwasserdrucks mit der Verschiebung auftragen (Abb. 519).

Man unterscheidet Porenwasserdrücke infolge der aufgebrachten Normalspannung *vor* dem Abscheren („*entwässerter*" oder „*nicht entwässerter Versuch*") und infolge der Zunahme der Spannungen *beim* Abscheren (Ausschaltung durch langsames Abscheren oder durch Messung der Porenwasserdrücke, was beim normalen direkten Scherversuch aber kaum möglich ist).

Bei nicht vorbelastetem („*einfach verdichtetem*") Ton (Abb. 519b) nimmt entweder das Volumen ab (entwässerter Versuch) oder der Porenwasserdruck zu (nicht entwässerter Versuch). Jedoch unterscheiden sich die Scherverschiebungslinien nicht sehr voneinander (Abb. 519a). Beim vorbelasteten („*überverdichteten*") Ton (Abb. 519d) nimmt beim entwässerten Versuch dagegen das Volumen zu, da der Boden entlastet wird und dabei schwellen kann. Entsprechend entstehen beim nicht entwässerten Versuch negative Porenwasserdrücke. Die Scherfestigkeit fällt infolge dieser Zugspannungen im Wasser (= Druckspannungen im Boden) unter Umständen viel größer als im entwässerten Versuch aus (Abb. 519c).

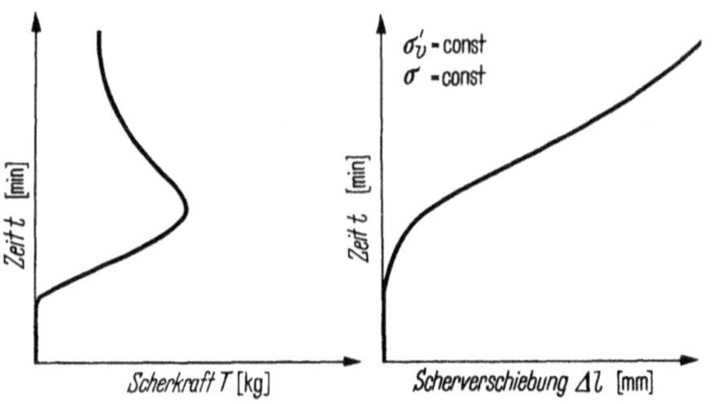

Abb. 520. Auftragung der Last-Zeitkurve (links) und Weg-Zeitkurve (rechts) im selbstregistrierenden Scherapparat nach MUHS.

Bei dem selbstregistrierenden Scherapparat von MUHS erhält man aus dem zeitlichen Verlauf der auftretenden Scherspannungen (Abb. 520 links) und der Scherverschiebungen (Abb. 520 rechts) ein anschauliches Bild über den Versuchsablauf. Eine genauere Auftragung des Bruchstadiums (Abb. 521) zeigt den — im vorliegenden Fall nur geringen — Abfall der Scherkraft nach dem Bruch, die bis dahin praktisch konstante Verschiebungsgeschwindigkeit und die nach dem Bruch etwas größere, aber wiederum praktisch konstante Verschiebungsgeschwindigkeit. Der zickzackförmige Verlauf beider Linien während des Gleitvorgangs läßt erkennen, wie hier nach jeder Überwindung des wieder etwas angestiegenen Scherwiderstands eine plötzliche kleine Scherverschiebung eingetreten ist, daß sich der Boden aber stets sofort wieder „fing", so daß der Scherwiderstand — trotz des allgemeinen Abfalls — erneut etwas zunahm usw. Dieser Verlauf ist für das Verhalten von Sand typisch, wo es bei größeren Verschiebungen zu immer neuen Kornabstützungen kommt.

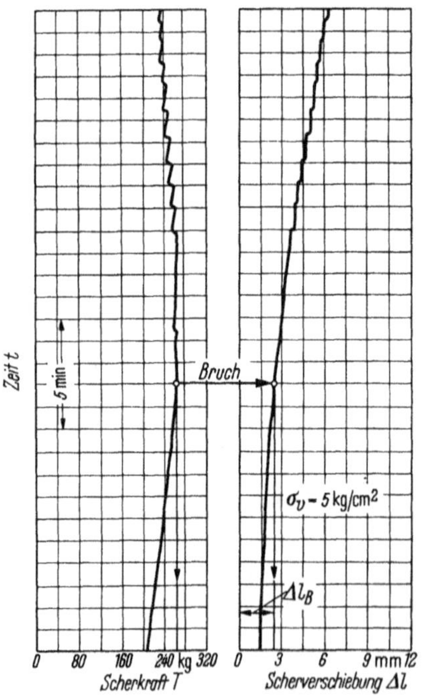

Abb. 521. Last-Zeitkurve und Weg-Zeitkurve bei einem Scherversuch mit mitteldichtem Sand im selbstregistrierenden Scherapparat nach MUHS.

Kennziffern. Bei Versuchen mit kontrollierter Belastung endet die Scherverschiebungslinie nach dem Bruch stets in einer Waagerechten. Sonst ist das nur bei lockerem Sand und einfach verdichtetem Ton der Fall (Abb. 517), während bei dichtem Sand und vorverdichtetem Ton der Scherwiderstand nach dem Bruch wieder abfällt. Genauere Untersuchungen zeigen, daß der fallende Ast noch auf eine längere Strecke gekrümmt sein kann (Abb. 518).

Das Abfallen der Scherspannung setzt eine Verminderung der Scherkraft T nach Erreichen der Höchstlast voraus, die nur bei Versuchen mit kontrollierter Verschiebung, aber nicht bei Versuchen mit kontrollierter Belastung gemessen werden kann, denn die Probe gleitet bei dem letztgenannten Versuchsverfahren unter der Bruchlast weiter. Dadurch erhält man fälschlicherweise immer Scherlinien wie für lockeren Sand oder einfach verdichteten Ton. Für die Höhe der gewöhnlich aber allein wichtigen Bruchlast ist dies jedoch ohne Bedeutung.

Für die praktische Auswertung werden die verschiedenen Formen der Diagramme vereinfacht und vereinheitlicht. Man unterscheidet die folgenden charakteristischen Punkte (Abb. 522):

1. Die „*Bruchgrenze B*", die den Scherwiderstand angibt;
2. die „*Gleitgrenze G*", die den Reibungswiderstand angibt;
3. die „*Proportionalitätsgrenze P*".

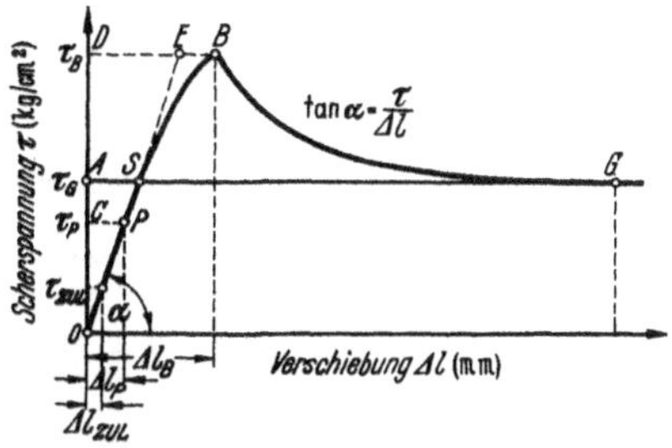

Abb. 522. Kennzeichnende Punkte des Scherdiagramms.

Die letztere ist durch den geradlinigen Teil des aufsteigenden Astes gegeben, doch nur in seltenen Fällen eindeutig erkennbar. Die Gleitgrenze ergibt sich durch Erreichen des waagerechten Astes. Eine ausgesprochene Bruchgrenze ist nur vorhanden, wenn die Linie ein Maximum besitzt. Oft ist dies nicht der Fall. Als Bruchgrenze wird dann entweder die Asymptote der Verschiebungslinie oder die Scherspannung bei einer bestimmten Scherverschiebung angesehen.

Welche von diesen nicht immer ganz eindeutig ausgeprägten Grenzen für die Beurteilung der Scherfestigkeit des Bodens maßgebend sein soll, hängt von der Auffassung der Entwurfsbearbeiter und der Versuchsanstalten ab. Meist wird die Bruchgrenze angegeben. Die Gleitgrenze wird gewöhnlich fortgelassen, da sie bei vielen Böden mit der Bruchgrenze zusammenfällt oder nicht festgestellt werden kann.

Das Scherverschiebungsdiagramm kann durch empirische Gleichungen wiedergegeben werden (PETERMANN 1939, SMOLTCZYK 1960), wobei allerdings nur der Bereich bis zur Bruchgrenze erfaßt wird.

Für die praktische Anwendung genügt eine rohe Wiedergabe durch die Geraden *OSG* und *OEB* (Abb. 522). Der aufsteigende Ast *OP* gibt die Abhängigkeit der Scherspannung von der Scherverschiebung innerhalb des Proportionalitätsbereichs wieder. In der klassischen Erddrucktheorie wird *OP* näherungsweise durch eine Senkrechte ersetzt ($\alpha = 90°$; Linienzüge *OAG* der Abb. 522 mit der Gleitgrenze *G* oder *OCP* mit der Proportionalitätsgrenze *P* oder *ODB* mit der Bruchgrenze *B*). Der volle Scherwiderstand tritt danach schon nach einer unendlich kleinen Verschiebung Δl ein.

Auswertung. Die eigentliche Auswertung des Scherversuchs erstreckt sich auf die Feststellung der Scherfestigkeit der Böden. Diese ist aber in vollkommener Form erst in Verbindung mit einer vor dem Abscheren vorzunehmenden Veränderung der Druckbelastung möglich und wird im nächsten Kapitel behandelt. Die Auswertung des in diesem Kapitel besprochenen reinen Scherversuchs kann aber zur Klärung einiger Fragen von mehr grundsätzlicher Bedeutung dienen.

Ebenso wie bei dem Kompressionsversuch die Längenänderung der Probe entweder in absoluten Maßen oder durch die Porenziffer angegeben werden kann, ist dies — allerdings weniger genau — auch beim Scherversuch möglich, nur mit dem Unterschied, daß sich die Veränderung der Porenziffer nicht aus der waagerechten Verschiebung berechnen läßt, sondern für die einzelnen Zustände durch Versuch bestimmt werden muß. Man mißt hierzu während des Abscherens die Hebung oder Senkung der die Bodenprobe abdeckenden Platte und errechnet die Veränderung des Rauminhalts der Bodenprobe, manchmal daraus auch de jeweiligen Hohlraumgehalt.

Man kann die Abhängigkeit des Hohlraumgehalts von der Scherspannun und Scherverschiebung in einem dreiachsigen Koordinatensystem darstelle

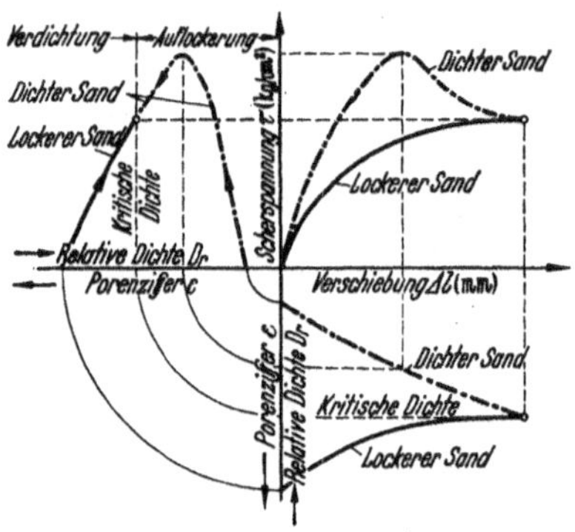

Abb. 523. Verlauf des Scherdiagramms in Abhängigkeit von der Lagerungsdichte bei nichtbindigen Böden.

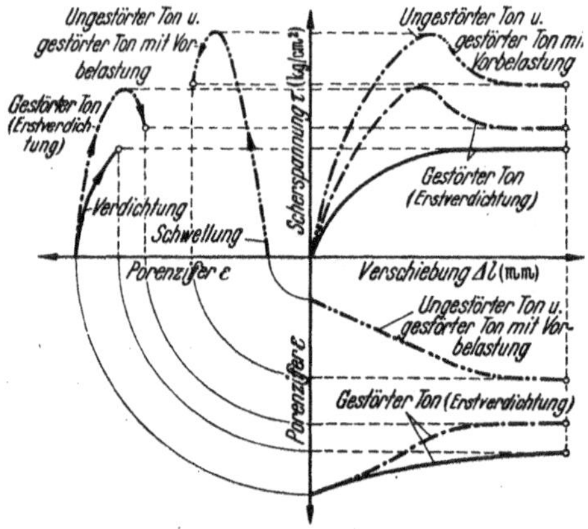

Abb. 524. Verlauf des Scherdiagramms in Abhängigkei von der Porenziffer und der Vorbehandlung (gestört ode ungestört) bei bindigen Böden.

(Abb. 523 und 524). Der rechte obere Quadrant zeigt das Scherdiagramm (Abb 517, 518 und 522). Im linken oberen Quadranten ist die Porenziffer ε in Abhängig keit von der Scherbelastung τ gebracht. Statt der Porenziffer ε kann man nach Kapitel 1.411.22 auch die relative Dichte D_r einführen. Der rechte untere Quadrant gibt an, in welchem Maße sich ε oder D_r mit zunehmender Scherverschiebung verändern. In der Nähe der später entstehenden Gleitfläche findet be nichtbindigem Boden (Abb. 523) je nach seiner Lagerung und bei bindigem Boden (Abb. 524) je nach seiner Störung und Vorverdichtung entweder eine Auflockerung bzw. Schwellung oder eine Verdichtung statt. Zwischen den beiden Zuständen befindet sich bei nichtbindigen Böden eine ganz bestimmte Lagerung bei der weder eine Vergrößerung noch eine Verringerung des Rauminhalts beim Gleiten eintritt. Sie wird „*kritische Dichte*“ genannt.

Die Vorgänge in der Gleitfläche sind also je nach der Bodenbeschaffenheit und -art verschieden. Ihr Verlauf ist wichtig für die Beurteilung der Frage, ob bei einer bestimmten Bodenart mit einer Vergrößerung oder einer Verminderung des Volumens beim Abscheren zu rechnen ist, ob also z. B. Gleitflächen in der Natur auftreten können, wenn ein Boden an einer Volumenvergrößerung künstlich gehindert wird, wie dies z. B. hinter massiven Mauern der Fall sein kann.

Die Form der Scherverschiebungslinien ist insbesondere für die Beurteilung der Sicherheit beim Gleiten wertvoll. So können dichter und lockerer Sand (Abb. 523) den gleichen Reibungswiderstand beim Gleiten besitzen (G nach Abb. 517, 518 und 522[1]). Trotzdem ist die Gleitsicherheit des dichten Sandes größer, da vor Erreichen des Gleitwerts G (= Reibungswiderstand) der höher liegende

[1] Die Verhältnisse sind in der Abbildung etwas vereinfacht. Nach PETERMANN (1939 und 1955) liegt der Reibungswiderstand beim Gleiten (Grenze G) für lockeren Sand bei normaler Druckbelastung etwas niedriger als für dichten Sand, bei geringer Druckbelastung ein wenig höher. BERNATZIK (1947) erhielt aus dreiaxialen Druckversuchen beim Bruch, d. h. zu Beginn des Fließzustands (Grenze B), für dichten Sand einen wesentlich höheren Reibungswinkel als für lockeren Sand, was mit Abb. 523 übereinstimmt.

Bruchwert B (= Scherwiderstand) überschritten werden muß, während beim lockeren Sand der Gleitwert G der höchste überhaupt erreichbare Scherwiderstand ist. Obwohl also an und für sich der Reibungsbeiwert des Sandes beim Gleiten — unabhängig von der Lagerungsdichte — annähernd gleich groß ist (PETERMANN 1939 und 1955, S. 15), kann vor dem Gleiten der Reibungswiderstand des dicht gelagerten Sandes größer als der des lockeren sein.

Bei bindigen Böden wird der Scherwiderstand durch eine hohe Vorbelastung gesteigert (Abb. 524). Vorbelastungen verbessern also nicht nur die Steifezahl des Bodens, sondern auch seine Scherfestigkeit, was durch das verringerte Porenvolumen zu erklären ist. Ein wesentlicher Unterschied zwischen gewachsenem und gestörtem Boden liegt in dem thixotropen Verhalten von bindigen Böden, durch das bei gleicher Porenziffer die Festigkeit im ungestörten Zustand größer ist als im gestörten.

Gleichungen für den Verlauf der Scherverschiebungslinie werden verwendet, um die Abhängigkeit des Erddrucks und Erdwiderstands von der Bewegung der Wand zu beschreiben (KÉZDI 1958, LADANYI 1958).

Zahlenwerte. Werte über die Scherfestigkeit der Bodenarten siehe Kap. 1.412.3. Werte über die Reibung zwischen den Böden und verschiedenen Baustoffen wurden verschiedentlich durch Versuche bestimmt (Tab. 63, s. auch NEUFFER/LEIBNITZ 1964).

Tabelle 63. *Reibung zwischen Boden und verschiedenen Baustoffen* (*nach* POTYONDY 1961)
ϱ = Reibungswinkel, δ = Wandreibungswinkel

Material		Sand		kohäsionsloser Schluff			körniger Boden mit Kohäsion	Ton
		$0{,}06 < d < 2{,}0$ mm		$0{,}002 < d < 0{,}06$			50% Ton + 50% Sand	$d \leqq 0{,}06$ mm
		trocken	gesättigt	trocken	gesättigt		Konsistenz 1,0 – 0,5	Konsistenz 1,0 – 0,73
		dicht		dicht	locker	dicht		
		$\frac{\delta}{\varrho}$	$\frac{\delta}{\varrho}$	$\frac{\delta}{\varrho}$	$\frac{\delta}{\varrho}$	$\frac{\delta}{\varrho}$	$\frac{\delta}{\varrho}$	$\frac{\delta}{\varrho}$
Stahl	glatt (blank)	0,54	0,64	0,79	0,40	0,68	0,40	0,50
	rauh (rostig)	0,76	0,80	0,95	0,48	0,75	0,65	0,50
Holz	parallel zur Faser	0,76	0,85	0,92	0,55	0,87	0,80	0,60
	rechtwinklig zur Faser	0,88	0,89	0,98	0,63	0,95	0,90	0,70
Beton	glatt (Stahlschalung)	0,76	0,80	0,92	0,50	0,87	0,84	0,68
	faserig (Holzschalung)	0,88	0,88	0,98	0,62	0,96	0,90	0,80
	rauh (Bodenoberfläche)	0,98	0,90	1,00	0,79	1,00	0,95	0,95

Fehler. Der direkte Scherversuch ist insofern ungenau, als der Spannungszustand während des Versuchs nicht vollkommen bekannt ist, denn es fehlen dazu Messungen des Porenwasserdrucks und des Seitendrucks auf die Wandungen der Scherbüchse. Auch die Randbedingungen für die Bewegung entsprechen nicht immer der Natur. Der direkte Scherversuch wird deshalb stellenweise abgelehnt und grundsätzlich nicht ausgeführt. Man sollte ihn in Fällen, wo durch Porenwasserdrücke eine erhebliche Beeinträchtigung des Ergebnisses befürchtet werden muß, nur als entwässerten Versuch, bei dem keine Porenwasserdrücke auftreten können, ansetzen.

Tabelle 64a. *Beispiel für einen direkten Scherversuch mit kontrollierter Verschiebung (Vorderseite des Formulars)*

Scherversuch mit kontrollierter Verschiebung

Querschnitt der Scherbüchse: $F = 6$ cm $\times$ 6 cm = 36 cm²

Bodenart: Schluff

Normalspannung in der Probe:

bei Erstbelastung 4,0 kg/cm², bei Entlastung 1,0 kg/cm²,

beim Abscheren 1,0 kg/cm²

Einbau gestört. Abschergeschwindigkeit: $v = 0{,}0486$ mm/min

		Nach dem Einbau		Vor dem Abscheren		Nach dem Abscheren	
Probenhöhe (siehe Rückseite)	(cm)	$h_0 = 2{,}6800$		$h_1 = 1{,}9989$		$h_2 = 2{,}0052$	
Probenvolumen $F\,h$	(cm³)	$V_0 = 96{,}48$		$V_1 = 71{,}96$		$V_2 = 72{,}19$	
Probengewicht + Tara (feucht)	(g)	$G_0 + T = 3266{,}0$		$G_1 + T = $ —		$G_2 + T = $ —	
Tara	(g)	$T = 3096{,}0$		$T = $ —		$T = $ —	
Probengewicht (feucht)	(g)	$G_0 = 170{,}0$		$G_1 = $ —		$G_2 = 148{,}67$	
Bestimmung des Wassergehalts		1	2	3	4	5	6
Tara Nr.		90	92	—	—	105	106
Gewicht (feucht) A	(g)	73,88	84,50	—	—	62,39	66,51
Gewicht (trocken) B	(g)	68,46	78,68	—	—	60,60	64,55
Tara C	(g)	54,13	63,65	—	—	52,03	55,20
A − B	(g)	5,42	5,82	—		1,79	1,96
B − C	(g)	14,33	15,03	—		8,57	9,35
Wassergehalt $w = \frac{A - B}{B - C} \cdot 100$	(%)	37,82	38,72	—		20,89	20,96
Wassergehalt $w = \frac{G - G_t}{G_t} \cdot 100$	(%)	38,27		—		20,93	
Trockengewicht der Probe	(g)			$G_t = 122{,}94$			
Raumgewicht (feucht) $\gamma = \frac{G}{V}$	(t/m³)	$\gamma_0 = 1{,}762$		$\gamma_1 = $ —		$\gamma_2 = 2{,}059$	
Raumgewicht (trocken) $\gamma_t = \frac{G_t}{V}$	(t/m³)	$\gamma_{t0} = 1{,}274$		$\gamma_{t1} = 1{,}708$		$\gamma_{t2} = 1{,}703$	
Spezifisches Gewicht	(t/m³)			$\gamma_s = 2{,}65$			
reduzierte Höhe der Probe $h_f = \frac{G_t}{F\,\gamma_s}$	(cm)			$h_f = 1{,}2886$			
Setzung der Probe	(cm)	$\Delta h_0 = $ —		$\Delta h_1 = 0{,}6811$		$\Delta h_2 = 0{,}6748$	
Porenziffer $\varepsilon = \frac{h - h_f - \Delta h}{h_f}$	(1)	$\varepsilon_0 = 1{,}080$		$\varepsilon_1 = 0{,}551$		$\varepsilon_2 = 0{,}556$	
Porenvolumen $n = \frac{\varepsilon}{1 + \varepsilon} \cdot 100$	(%)	$n_0 = 51{,}9$		$n_1 = 35{,}5$		$n_2 = 35{,}7$	
(Rechenprobe) $n = \left(1 - \frac{100\,\gamma}{(100 + w)\,\gamma_s}\right) \cdot 100$	(%)	$n_0 = 51{,}9$		$n_1 = $ —		$n_2 = 35{,}7$	
Sättigungsgrad $s_w = \frac{w\,\gamma_s}{100\,\varepsilon\,\gamma_w}$	(1)	$s_{w0} = 0{,}939$		$s_{w1} = $ —		$s_{w2} = 0{,}998$	

Tabelle 64b. *Beispiel für einen direkten Scherversuch mit kontrollierter Verschiebung (Rückseite des Formulars)*

Tag	Uhrzeit	Δt	Lesung
Erstbelastung $P = 144{,}0$ kg, $\sigma = 4{,}0$ kg/cm²			
		min	Teilstr.
20. 5.	12^{10}	0	0
		15″	171,0
		30″	174,0
		1′	179,0
		4′	197,0
		9′	221,0
		16′	250,0
		25′	280,5
		36′	314,5
		64′	390,5
		100′	475,0
	15^{30}		521,0
23. 5.	15^{30}		677,0
31. 5.	10^{50}		681,1
Entlastung $P = 36{,}0$ kg, $\sigma = 1{,}0$ kg/cm²			
		min	Teilstr.
31. 5.	10^{50}	0	681,1
		15″	677,4
		30″	677,4
		1′	677,3
		9′	677,0
		16′	675,8
		36′	674,0
		64′	673,1
		100′	672,2
		144′	672,0
		196′	671,3
	16^{30}		670,8
Wiederbelastung $P =$ .... kg, $\sigma =$ .... kg/cm²			

Abscheren

$P = 36{,}0$ kg, $\sigma = 1{,}0$ kg/cm², Ringkonstante $= 0{,}01352 \ \frac{\text{kg}}{\text{cm}^2}$/Teilstrich

Tag	Uhr-zeit	Δt (min)	Dynamometer (Teilstriche)	Setzung (Teilstriche)	Versch. Δl (mm)	Schersp. τ (kg/cm²)	$h_0-h_f-\Delta h$	$\varepsilon = \frac{h_0-h_f-\Delta h}{h_f}$
3. 6.	8^{30}	0	0	200,0	0	0	0,7103	0,551
		10′	44,7	198,0	0,49	0,604	0,7123	0,553
		20′	45,2	195,1	0,97	0,611	0,7152	0,555
		30′	44,0	193,5	1,46	0,595	0,7168	0,556
		40′	41,7	192,2	1,94	0,564	0,7181	0,557
		50′	39,5	191,7	2,43	0,534	0,7186	0,558
		60′	38,1	191,2	2,92	0,515	0,7191	0,558
		70′	37,1	191,1	3,40	0,502	0,7192	0,558
		80′	34,8	190,4	3,89	0,470	0,7199	0,559
		90′	34,5	190,4	4,37	0,466	0,7199	0,559
		100′	34,3	190,6	4,86	0,464	0,7197	0,559
		110′	34,0	190,7	5,35	0,460	0,7196	0,558
		120′	33,8	190,9	5,83	0,457	0,7194	0,558
		130′	33,8	191,0	6,32	0,457	0,7193	0,558
		140′	33,6	191,2	6,80	0,454	0,7191	0,558
		150′	33,4	191,3	7,29	0,452	0,7190	0,558
		160′	33,3	192,0	7,78	0,450	0,7183	0,557
		170′	33,3	192,1	8,26	0,450	0,7182	0,557
		180′	33,3	192,1	8,75	0,450	0,7182	0,557
		190′	33,1	192,1	9,23	0,448	0,7182	0,557
		200′	33,0	192,5	9,72	0,446	0,7178	0,557
		210′	33,0	192,8	10,21	0,446	0,7175	0,557
		220′	32,8	193,7	10,69	0,443	0,7166	0,556

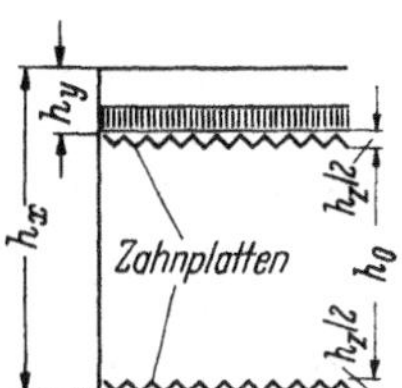

Volumen der zwei Zahnplatten

$$V_z = 53{,}0 - 41{,}0 = 12{,}0 \text{ cm}^3$$

$$h_z = \frac{V_z}{36} = \frac{12}{36} = 0{,}333 \text{ cm}$$

$$h_0 = h_x - h_y - h_z$$

$$h_0 = 3{,}783 - 0{,}770 - 0{,}333 = 2{,}680 \text{ cm}$$

Zusätzliche Bemerkungen:

....

....

....

....

....

Statt dessen werden heute oft die hinsichtlich ihrer Spannungsverteilung und ihrer Randbedingungen wesentlich klareren und genaueren Dreiaxialversuche bevorzugt. Dabei ist aber zu beachten, daß die beim Dreiaxialversuch ausgeübte (räumliche) Beanspruchung unter Umständen weniger als diejenige beim Scherversuch den Beanspruchungen gleichen kann, welche im Innern eines in seiner Standsicherheit gefährdeten Erdkörpers beim normalen „ebenen Fall" in den Gleitflächen vorhanden sind.

Wegen der größeren Einfachheit des der Auswertung zugrunde gelegten Kräftespiels ist die Auswertung des Scherversuchs leichter. Er erfordert auch eine wesentlich einfachere Versuchsapparatur. Wenn trotzdem der dreiaxiale Druckversuch im Laufe des letzten Jahrzehnts dem Scherversuch gegenüber sehr stark an Bedeutung gewonnen hat, so deshalb, weil er die einwandfreie Durchführung von nicht entwässerten Versuchen besser gestattet — beim Scherversuch ist hierbei eine Veränderung des Wassergehalts während des Abscherens kaum ganz zu verhindern — und weil er erlaubt, den Porenwasserdruck und damit den wirklichen Korn-zu-Korn-Druck [Gl. (235)] während des Versuchs laufend zu messen, und weil er schließlich die Möglichkeit gibt, die Veränderung des Probenvolumens während des Versuchs zu verfolgen, was alles beim direkten Scherversuch kaum möglich ist.

Die oft gestellte Frage, ob der Scherversuch oder der dreiaxiale Druckversuch vorzuziehen ist, hängt von den gewünschten Auskünften und der Bodenart ab. Im allgemeinen ist der Routine-Dreiaxialversuch dem direkten Routine-Scherversuch überlegen. Der dreiaxiale Druckversuch ist vor allem bei nicht entwässerten Versuchen mit wassergesättigten bindigen Böden — mit oder ohne Messung des Porenwasserdrucks — angebracht, d. h. stets dann, wenn eine Beeinträchtigung der Scherfestigkeit durch Porenwasserdruckerscheinungen zu erwarten ist und wenn man neben der Scherfestigkeit auch den bei deren Ermittlung vorhandenen Porenwasserdruck kennen will.

Für wissenschaftliche Untersuchungen ist von den direkten Schergeräten vor allem dasjenige mit beweglicher seitlicher Abstützung (Abb. 511) zu empfehlen, bei dem klare Spannungsverhältnisse vorliegen und bei dem — wie grundsätzlich auch bei anderen direkten Schergeräten — die Porenwasserdruckmessung möglich ist. Für praktische Untersuchungen ist dieses Gerät jedoch kaum geeignet, da der Versuchsvorgang sehr schwierig ist.

Bei der Übertragung der Ergebnisse des direkten Scherversuchs auf den Baugrund ist zu beachten, daß die starren Wandungen des Geräts eine Auflockerung nichtbindiger Böden beim Abscheren erschweren. In der Natur wirken sich Auflockerung und Verdichtung dahin aus, daß der Seitendruck auf das Bodenelement verkleinert oder vergrößert wird. Das ist wiederum nicht ohne Einfluß auf die Scherfestigkeit. Hierbei spielen die natürliche Lagerung des Bodens und die Kornform mit.

Ferner wird die Scherfestigkeit ebenso wie die Druckfestigkeit von der benutzten Höhe der Bodenprobe, der verwendeten Versuchsapparatur und von dem zeitlichen Verlauf des Versuchsvorgangs beeinflußt. Da bisher keine von diesen Größen genormt ist, unterscheiden sich die Versuchsergebnisse, die bei dem gleichen Boden, aber in verschiedenen Versuchsanstalten gewonnen sind, bisweilen voneinander, vor allem auch noch dadurch, daß der Auswertung teilweise die Bruchwerte, teilweise die Proportionalitätswerte oder zwischen diesen Grenzen liegende Festigkeiten zugrunde gelegt werden, ohne daß dies besonders angegeben wird. Man muß daher bei der Anwendung der Ergebnisse mit einer gewissen Streuung rechnen (etwa $\pm$ 1,5°).

Verwendung. Der Scherversuch in der vorstehend beschriebenen Form ist hauptsächlich eine Vorstufe für die Aussagen, die über das Verhalten einer Bodenprobe unter einer veränderlichen Druck- und Scherbeanspruchung gemacht werden können und sich auf die Scherfestigkeit erstrecken (s. Kap. 1.412.3).

Verwendet wird der direkte Scherversuch bei der Beantwortung von Sonderfragen, wie der Ermittlung der kritischen Dichte von Sand, insbesondere unter Wasser. Lose gelagerte Böden, die sich beim Abscheren verdichten — in der Natur z. B. dann, wenn sie von Gleitflächen für den Erddruck oder Erdwiderstand durchsetzt werden —, pressen infolge der Hohlraumverminderung ihr Wasser aus. Kann das überschüssige Wasser bei feinen Sanden nicht sofort ausfließen, so schwimmt der Sand und seine Scherfestigkeit kann zu Null werden. Andrerseits kann man es durch künstliche Verdichtung des Sandes erreichen, daß zur Bildung von Gleitflächen eine Vergrößerung des Bodenvolumens notwendig ist. Wenn diese nur durch eine stärkere Bewegung des Bauwerks, z. B. Nachgeben einer Mauer, möglich ist, wird das Gleiten erschwert. Künstlich verdichtete Sande weisen sehr große Böschungswinkel auf, die ebenfalls auf den durch die Verdichtung erhöhten Bruchwert B (Abb. 517) an Stelle des Gleitwerts G zurückzuführen sind.

Die zur Auslösung des vollen Scherwiderstands notwendigen Verschiebungen Δl können bei bindigen Böden solche Maße annehmen (Abb. 518), daß die damit verbundenen Bewegungen des Bauwerks entweder nicht tragbar sind oder, wie z. B. bei Widerlagern, Stollen, Dükern und anderen Rahmenquerschnitten (Schleusen, Docks), überhaupt nicht eintreten können. Dann muß der zulässige Scherwiderstand nach der Größe der zulässigen Verschiebung angesetzt werden.

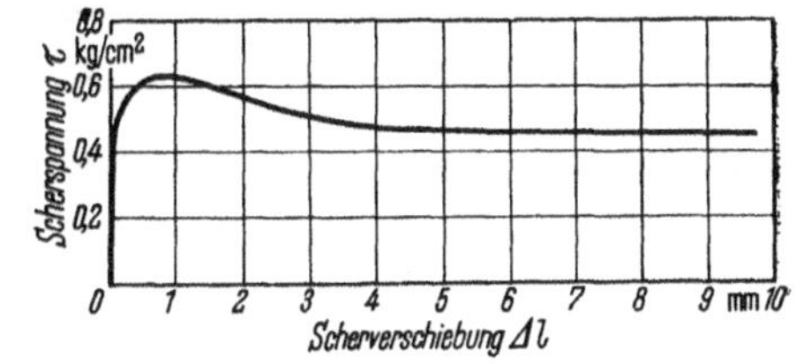

Abb. 525. Scherverschiebungslinie des Beispiels nach Tab. 64.

Beispiel (s. auch Kap. 1.412.3). Ein direkter Scherversuch mit kontrollierter Verschiebung ist auf Formblättern ausgewertet, die sämtliche Angaben über die Abmessungen und die Beschaffenheit der Probe vor und nach dem Versuch (Tab. 64a) und alle Angaben über den Konsolidationsvorgang und das eigentliche Abscheren enthalten (Tab. 64b), nach denen die Scherverschiebungslinie aufgetragen wird (Abb. 525).

Literatur

Über Großversuche:

Bishop (1948): A large shear box for testing sands and gravels. Proc. II. Int. Conf. Soil Mech. Found. Eng. Rotterdam, Bd. I, S. 207.

Leussink (1948): Versuche über die Formänderungen von größeren Bodenkörpern in ungestörter Lagerung bei Scherbeanspruchung. Abhandlg. ü. Bodenmech. u. Grundbau. Berlin/Bielefeld/Detmold. S. 72.

Schultze (1953): Large scale shear tests. Proc. IV. Int. Conf. Soil Mech. Found. Eng. London, Bd. I, S. 193.

Thorfinnson (1954): A large scale field shear test on a bentonite seam. Proc. Am. Soc. Civ. Eng. 80, Paper 549.

Kjellman/Jakobson (1955): Some relations between stress and strain in coarse-grained cohesionless materials. Proc. Swed. Geot. Inst. Nr. 9.

Klugar (1959): Die Bestimmung des Winkels der inneren Reibung von grobkörnigen Böden und Schüttungen bis 50 mm Korndurchmesser. Bauingenieur 34, S. 255.

Smoltczyk (1960): Untersuchung eines Sandes in einem großformatigen Kastenschergerät. Bauingenieur 35, S. 162.

Serafim/Lopes (1962): "In situ" shear tests and triaxial tests of foundation rocks of concrete dams. Ministério das Obras Públicas. Lissabon. Techn. Paper No. 190.

Hutchinson/Rolfsen (1962): Large scale field shear box tests on quick clay. Geologie u. Bauwesen 28, S. 31.

JUST/LEVY/OBRCIAN (1964): Verrazano-Narrows-Bridge: Design of tower foundations and anchorages. ASCE-Structural Eng. Conf. and Ann. Meeting, October 19–23. Preprint 121.
BISHOP (1966): The strength of soils as engineering materials. Sixth Rankine Lecture. Géotechnique 16, S. 91, insbesondere S. 113.
SCHULTZE/HORN (1966): Der Zugwiderstand von Hängebrücken-Widerlagern. Vorträge der Baugrundtagung München, S. 125.

Über die Bestimmung der Scherzeit:

GIBSON/HENKEL (1954): Influence of duration of tests at constant rate of strain on measured "drained" strength. Géotechnique 4, S. 6.
ZWECK/TÜRKE (1960): Direkte Scherversuche zur Ausschaltung des Porenwasserdrucks mit wassergesättigt aufbereiteten bindigen Böden. Bundesanstalt Wasserbau Karlsruhe.
HORN (1964): Die Scherfestigkeit von Schluff. Forschungsberichte d. Landes Nordrhein-Westfalen Nr. 1346.

Über die Schergeräte:

Geotechnisches Komitee der Japanischen Staatsbahnen (1931): Bericht über die Ergebnisse von Scherversuchen mit Boden. Tokio. Bull. Bd. 1, S. 33.
BUCHANAN (1936): The soil mechanics laboratory of the US Waterways Experiment Station Vicksburg, Miss. Proc. I. Int. Conf. Soil Mech. Found. Eng. Cambridge (Mass.), Bd. II, S. 72.
GOLDER (1942): An apparatus for measuring the shear strength of soils. Engineering 153, S. 501.
PROCTOR (1948): Construction and operational details for a simple machine to test soils in double shear. Proc. II. Int. Conf. Soil Mech. Found. Eng. Rotterdam, Bd. VII, S. 61.
Waterways Experiment Station (1952): Torsion shear apparatus and testing procedures. Bull. 38.
ROSCOE (1953): An apparatus for the application of simple shear to soil samples. Proc. III. Int. Conf. Soil Mech. Found. Eng. Zürich, Bd. I, S. 186. Siehe a. Géotechnique 14 (1964), S. 283.
MAGUIN (1957): Erfahrungen mit einem neuen Schergerät mit selbsttätiger Registriervorrichtung. Tonindustrie-Ztschr. 81, S. 403. Siehe a. Mitt. Degebo H. 13.

Über die Versuchsdurchführung:

CASAGRANDE/FADUM (1940): Notes on soil testing for engineering purposes. Harvard Univ. Soil Mech. Series No. 8. Ins Deutsche übersetzt von SIEDEK und als Manuskript vervielfältigt. 1948.
MACNEILL (1948): The shearing resistance of soils as determined by direct shear tests at a constant rate of strain. Proc. II. Int. Conf. Soil Mech. Found. Eng. Rotterdam, Bd. I, S. 211.
GIBSON (1953): Experimental determination of the true cohesion and true angle of internal friction in clays. Proc. III. Int. Conf. Soil Mech. Found. Eng. Zürich, Bd. I, S. 126.
ASTM (1953): Symposium on direct shear testing of soils. Spec. Techn. Publ. Nr. 131.

Über den Kreisring-Scherapparat:

TIEDEMANN (1937): Über die Schubfestigkeit bindiger Böden. Bautechnik 15, S. 400.
HVORSLEV (1937): Über die Festigkeitseigenschaften gestörter, bindiger Böden. Kopenhagen.
HAEFELI (1938): Mechanische Eigenschaften von Lockergesteinen. Erdbaukurs der ETH Zürich, Bericht 5.
HVORSLEV/KAUFMANN (1952): Torsion shear apparatus and testing pocedures. Waterways Experiment Station Vicksburg Bull. 38.
NEUMANN (1954): Die Anwendung von bodenmechanischen Schnellbestimmungsmethoden im Braunkohlenbergbau. Freiberger Forschungshefte A 21, S. 93.

Über die Schertheorie:

PEYNIRCIOGLU (1939): Über die Scherfestigkeit bindiger Böden. Mitt. Degebo H. 7, S. 28.
HAEFELI (1948): Shearing strength and equilibrium of soils shearing strength and water content, a completement to the shearing theory. Proc. II. Int. Conf. Soil Mech. Found. Eng. Rotterdam, Bd. III, S. 38.
BJERRUM (1954): Theoretical and experimental investigations on the shear strength of soils. Publ. Norw. Geot. Inst. No. 5.

OHDE (1955): Über den Gleitwiderstand der Erdstoffe. Veröff. Forsch. Anst. Wasser- u. Grundbau Berlin Nr. 6.
SKEMPTON (1955): Soil mechanics, and its place in the university. Inaugural lecture. Imperial College of Science and Technology. Univ. London.
BOROWICKA (1958): Über die Scherfestigkeit bindiger Böden. Mitt. Inst. Grundbau u. Bodenmech. TH Wien H. 1, S. 4.
— (1959): Über eine neue Theorie der Scherfestigkeit bindiger Böden. Mitt. Inst. Grundbau u. Bodenmech. TH Wien H. 2, S. 9.
MARTIN (1962): Beitrag zum Problem des Scherwiderstands toniger Erdstoffe. Mitt. Forschungsanst. Schiffahrt, Wasser- u. Grundbau Berlin H. 3.
— (1964): Die Scherfestigkeit toniger Erdschichten bei schneller Belastung. Mitt. Forschungsanst. Schiffahrt, Wasser- u. Grundbau Berlin H. 12.
DE BEER (1965): Influence of the mean normal stress on the shearing strength of sand. Proc. VI. Int. Conf. Soil Mech. Found. Eng. Montreal, Bd. I, S. 165.

Über die Anwendung:

CASAGRANDE (1937): Eigenschaften lockerer Böden, die die Festigkeit von Böschungen und Erdschüttungen beeinflussen. Ztschr. d. Intern. Ständ. Verbandes Schiffahrtskongresse 12, S. 23.
SKEMPTON (1948): The $\varrho = 0$ – analysis of stability and its theoretical basis. Proc. II. Int. Conf. Soil Mech. Found. Eng. Rotterdam, Bd. I, S. 72.
GOLDER/SKEMPTON (1948): The angle of shearing resistance in cohesive soils for tests at constant water content. Proc. II. Int. Conf. Soil Mech. Found. Eng. Rotterdam, Bd. I, S. 185.
GOLDER/WARD (1950): The use of shear-strength measurements in practical problems. Géotechnique 2, S. 117.
KÉZDI (1958): Earth pressure on retaining wall. Tilting about the toe. Brussels Conf. Earth Pressure Probl., Bd. I, S. 116.
LADANYI (1958): The mobilization of shear strength in the active Rankine case of earth pressure. Brussels Conf. Earth Pressure Probl., Bd. I, S. 133.

Über die Scherverschiebung, Wand- und Sohlreibung:

PETERMANN (1939): Zusammenhang zwischen Scherverschiebung, Dichte und Scherwiderstand bei nichtbindigen Böden. Dtsch. Wasserwirtschaft 34, S. 441.
BERNATZIK (1947): Baugrund und Physik. Zürich.
GEUZE (1948): Compression an important factor in the shearing test. Proc. II. Int. Conf. Soil Mech. Found. Eng. Rotterdam, Bd. III, S. 139.
PETERMANN (1953): Die innere Verformung als Festigkeitsmerkmal von Sand. Mitt. Franzius-Inst. TH Hannover H. 3, S. 153.
ROWE (1954): A stress-strain theory for cohesionless soil with applications to earth pressure at rest and moving walls. Géotechnique 4, S. 70.
PETERMANN (1955): Bodenmechanik. In: Schleicher, Taschenbuch für Bauingenieure. Berlin. Bd. II, S. 1.
SMOLTCZYK (1960): Untersuchung eines Sandes in einem großformatigen Kastenschergerät. Bauingenieur 35, S. 162.
POTYONDY (1961): Skin friction between various soils and construction materials. Géotechnique 11, S. 339. Discussion: Géotechnique 12 (1962), S. 72.
NEUFFER/LEIBNITZ (1964): Über den Gleitwiderstand zwischen Erdstoffen und Bauwerksflächen. Kurzbericht von ENDERS in Berichte a. d. Bauforschung H. 37, S. 49.

1.412.3 Druck- und Scherbeanspruchung bei behinderter Seitendehnung (direkter Scherversuch und Abrutschversuch)

Definition. Im Gegensatz zu vielen festen Stoffen hängt die Scherfestigkeit bei Böden von der senkrechten Belastung in der Scherfläche ab. Aus diesem Grunde genügt es nicht, sie für einen beliebig herausgegriffenen senkrechten Druck zu bestimmen (s. Kap. 1.412.2), sondern man muß ihre Abhängigkeit von der senkrechten Belastung kennen. Erst auf diese Weise ist es möglich, die Scherfestigkeit in ihre beiden Bestandteile, Reibungsfestigkeit und Kohäsion, zu zerlegen. Die Untersuchung wird in Geräten mit starrer Wandung, also bei behinderter Seitendehnung, ausgeführt.

In einfachen Fällen kann die Reibung unbelasteten Sandes auch mit dem Abrutschversuch durch Messen des Böschungswinkels bestimmt werden.

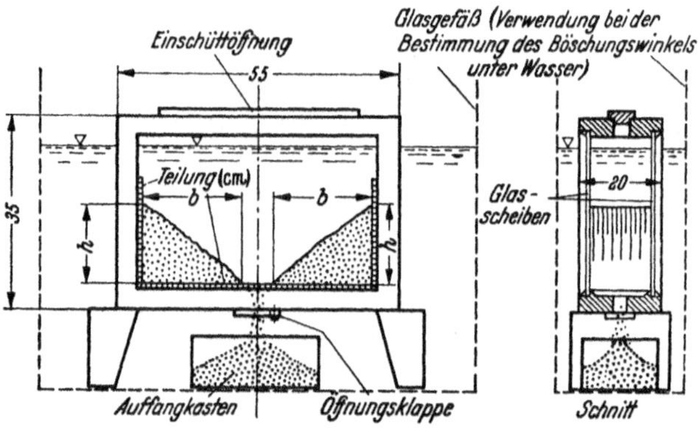

Abb. 526. Gerät zur Bestimmung des Böschungswinkels sandiger Böden.

Gerät. Hinsichtlich des direkten Scherversuchs siehe S. 484.

Das für den Abrutschversuch benutzte Gerät besteht aus einem rechteckigen Behälter (Abb. 526). Er besitzt in der Mitte seines Bodens eine Öffnung, die durch einen Schieber verschlossen ist. Die Außenseiten und die Sohle sind mit Skalen mit cm-Teilung versehen. Für Versuche unter Wasser kann der Behälter in einen anderen, größeren, mit Wasser gefüllten Behälter eingesetzt werden.

Vorgang. In der Art der Aufbringung der senkrechten Belastungen sind zwei verschiedene Versuchsformen zu unterscheiden.

Die erste Form besteht in einer Wiederholung der Scherversuche des vorigen Kapitels für verschiedene senkrechte Auflasten. Dabei haben die letzteren bereits so lange auf den Boden gewirkt, daß keine Setzungen mehr eintreten. Der Wassergehalt muß sich also dem senkrechten Druck vollkommen angepaßt haben. Man bezeichnet diese Anordnung als „*entwässerten Scherversuch*", manchmal auch nicht ganz unmißverständlich als „*langsamen Scherversuch*". Man verwendet auch die Bezeichnung „*offeres System*".

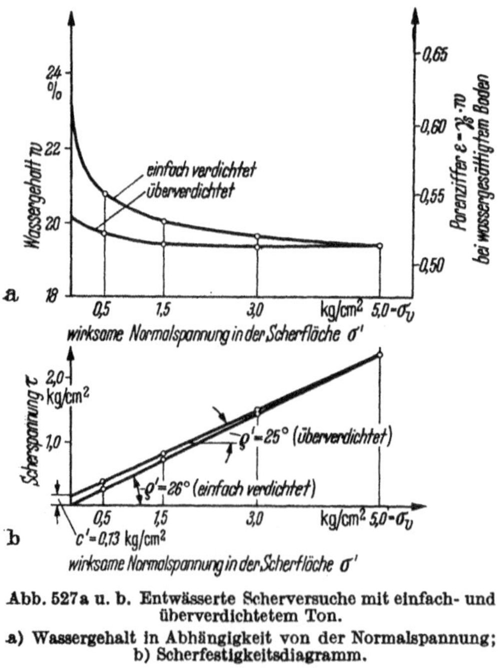

Abb. 527a u. b. Entwässerte Scherversuche mit einfach- und überverdichtetem Ton.
a) Wassergehalt in Abhängigkeit von der Normalspannung; b) Scherfestigkeitsdiagramm.

Dabei unterscheidet man in Anlehnung an die Kompressionsversuche ein Abscheren nach einfacher Verdichtung (Erstbelastungskurve), nach Entlastung (Schwellkurve) und bei Wiederverdichtung [1. und 2. Wiederbelastungskurve (Abb. 481)]. Gewöhnlich wird nur einfach verdichtet. Bei langsamem Abscheren erhält man dann bei der Auswertung meist eine durch den Nullpunkt gehende Gerade mit der Neigung ϱ' (Abb. 527), bei Ent- und Wiederbelastung noch dazu die Kohäsion c'. Bei diesem Versuch ist der Porenwasserdruck gleich Null, die aufgetragenen Normalspannungen sind „*wirksame*" Spannungen, und der Wassergehalt ist während des Versuchs nicht konstant. Bei vorbelasteten Böden kann daher die Kohäsion c' nicht vom Wassergehalt, wohl aber von der Größe der Vorbelastung abhängig gemacht werden.

Die zweite Form besteht aus dem gleichen, am offenen System angebrachten senkrechten Druck *vor* dem Abscheren, der „*Vorbelastung*" σ_v heißt, aber nicht mit der geologischen Vorbelastung des Kompressionsversuchs verwechselt werden darf, wenn sie auch meist ebenso groß wie diese gewählt wird, und einem gleich großen oder davon verschiedenen Druck *während* des Abscherens, der im folgenden „*Versuchsbelastung*" σ genannt wird. Er unterscheidet sich von der Vorbelastung dadurch, daß sich unter ihm die Bodenprobe noch nicht gesetzt oder gehoben hat. Der Wassergehalt des Bodens bei der Versuchsbelastung σ stimmt also nicht mit dem Wassergehalt überein, der dieser Belastung zukommt (w_σ), sondern entspricht der Vorbelastung σ_v (w_{σ_v}). Es wird dafür gesorgt, daß der Wassergehalt w_{σ_v} während des Abscherens nach Möglichkeit unverändert bleibt. Diese Art des Abscherens wird als „*nicht entwässerter Versuch*" („*geschlossenes System*") — im Gegensatz zu der ersten Versuchsform manchmal auch als „*schneller Scherversuch*" — bezeichnet. Bei wassergesättigten bindigen Böden entsteht bei diesem Versuch ein Porenwasserdruck. Die auf die Probe gebrachte äußere Druckspannung ist also eine „*gesamte*" Spannung (σ), welche gleich der *wirksamen* Spannung (σ') plus der „*neutralen*" Spannung (Porenwasserdruck p_w) ist:

$$\sigma = \sigma' + p_w \qquad (\mathrm{kg/cm^2}). \qquad (235)$$

Der theoretische, zu σ gehörige Wassergehalt w_σ kann je nach der Größe von σ größer oder kleiner als der Wassergehalt w_{σ_v} sein. Ist σ größer als σ_v, so ist w_σ kleiner als w_{σ_v}. Das Porenwasser steht unter Überdruck und übernimmt den über σ_v hinausgehenden Lastanteil. Die vom Bodenkorn getragene Last bleibt also nahezu unverändert gleich σ_v, es sei denn, daß der Boden viel Luft oder Gas enthält, daß innere Umlagerungen ohne Volumenverminderung stattfinden oder daß das Bodengerüst durch molekulargebundenes Wasser verkittet und daher sehr starr ist.

Bei allen nichtbindigen und den nicht genügend wassergesättigten bindigen Böden fallen entwässerter und nicht entwässerter Scherversuch zusammen, da keine Porenwasserspannungen auftreten. Man erhält dann nur das Bild des entwässerten Scherversuchs.

Bei wassergesättigten bindigen Böden sollte man nach Möglichkeit darauf verzichten, nicht entwässerte Versuche auszuführen, da während des Abscherens wegen der kurzen Entwässerungswege ein konstanter Wassergehalt kaum eingehalten werden kann. Dagegen tritt bei sehr schnellem Abscheren die Strukturviskosität stark in Erscheinung, die eine zu hohe Scherfestigkeit vortäuscht.

Beim *Wiener Routinescherversuch* (Borowicka 1963) wird die lotrechte Belastung beim ersten Abschervorgang so geregelt, daß die Bodenprobe weder eine Hebung noch eine Setzung erleidet, so daß ihr Volumen beim Abscheren konstant bleibt. Trotzdem muß beim erstmaligen Abscheren der Versuch langsam durchgeführt werden, um den Einfluß zusätzlicher (sekundärer) Porenwasserdrücke auszuschalten. Nach dem erstmaligen Abscheren wird die Scherlast rasch entfernt, wobei gleichfalls das Probenvolumen durch Verringerung der lotrechten Auflast konstant gehalten wird. Sodann wird unter Aufrechthaltung der lotrechten Auflast (also ohne Rücksicht auf etwaige Volumenänderungen) die Probe mehrmals unter Wechsel des Schersinnes schnell abgeschert, bis sich ein konstanter Endwert des Gleitwerts in der Scherfläche ergibt. Für die Durchführung des Wiener Routinescherversuchs eignet sich das Schergerät von Krey besonders gut. Jedoch können andere Schergeräte bei sinngemäßer Änderung der Versuchstechnik gleichfalls Verwendung finden. Der Endwert des Gleitwerts ist wichtig für die Beurteilung der Dauerstandsicherheit von Böschungen, insbesondere in hochplastischen Tonen und Tongesteinen, bei welchen der entsprechende Endwert des Reibungswinkels oft unter 10° liegt (Abb. 528).

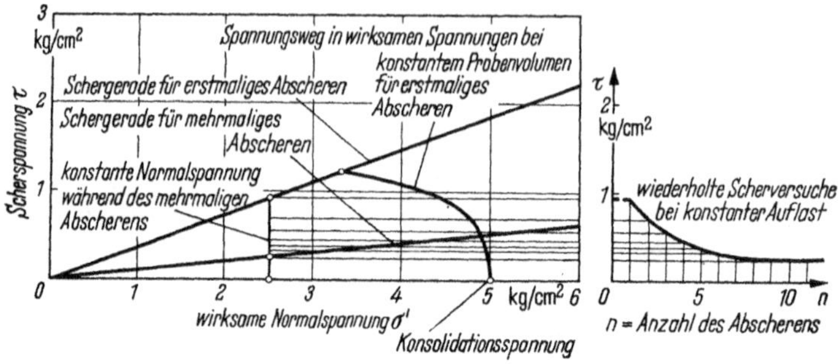

Abb. 528. Ergebnis eines Wiener Routinescherversuchs mit einer gestörten Probe aus rutschgefährlichem Ton (BOROWICKA 1963).

Beim normalen direkten Scherversuch werden bei Verwendung gestörter Proben diese durch die Vorbelastung dem gewachsenen Boden angeglichen, da sich gestörter und ungestörter Boden bei geringer Sensitivität vor allem dadurch unterscheiden, daß der erstere keine Vorbelastung erhalten hat. Wenn dies auch nicht der einzige Unterschied ist, so ist er doch ausschlaggebend. Durch die Verwendung gestörten Bodens vermeidet man unter Umständen zufällige Unregelmäßigkeiten im gewachsenen Erdreich (Einlagerungen von Steinen, kleinen Bodenlinsen, Muscheln u. a.), die bei Benutzung ungestörter Proben stören würden. Man geht also vielfach von der Hypothese aus, die Scherfestigkeit eines vorbelasteten gestörten Bodens zu untersuchen und auf den gleich stark vorbelasteten ungestörten Boden übertragen zu dürfen. Dies ist allerdings bei geologisch hoch vorbelasteten, unter Umständen mit Scherzonen durchsetzten (s. Beispiel im Kap. 1.311) oder gebänderten Tonböden nicht möglich. Auch werden gestörte Proben bei manchen Böden wegen ihres geringeren Strukturwiderstands unter der lotrechten Belastung stärker zusammengedrückt und haben deshalb einen geringeren Hohlraumgehalt als ungestörte Proben.

Werden ungestörte Proben eingebaut, so werden sie möglichst in demjenigen Zustand untersucht, in welchem sie sich in der Natur befinden. Bei ungestörter Entnahme behält die Probe die Porenziffer, die zu der Belastung σ_v im Baugrund gehört, infolge der Unmöglichkeit, im Entnahmestutzen den Wassergehalt zu verändern, noch längere Zeit bei. Man schert ungestörte Proben deshalb unter etwa drei bis fünf verschiedenen Versuchsbelastungen $\sigma < \sigma_v$ entwässert ab, und erhält dann den wirksamen Reibungswinkel ϱ' und die wirksame Kohäsion c' (Abb. 527).

Über den Abschervorgang selbst siehe Kap. 1.412.2.

Es ist üblich, den Boden unter den senkrechten Belastungen $\sigma = 0{,}5 - 1{,}0 - 1{,}5 - 2{,}0 - 2{,}5 - 3{,}0$ kg/cm², unter Umständen auch 4 oder 5 kg/cm² abzuscheren. In vielen Fällen beschränkt man sich jedoch auf drei Versuche. Der Höchstwert richtet sich nach der Belastung des Bodens in der Natur, die in wichtigen Fällen durch einen Kompressionsversuch festgestellt wird (s. Kap. 1.412.1).

Beim *Abrutschversuch* wird der Kasten bis zu einer beliebigen Höhe mit der getrockneten Sandprobe gefüllt. Durch Freigabe der Bodenöffnung läßt man den Sand langsam herausrieseln. In dem Behälter bildet sich eine doppelseitige Böschung aus. Statt dessen kann der Kasten auch gekippt werden, bis der Sand zu rutschen beginnt.

Führt man den Versuch für unter Wasser befindlichen Sand durch, wird beachtet, daß kein Wasser durch die Öffnung fließen darf, da die Böschungen sich sonst abflachen würden. Um dies zu verhindern, wird der Versuchsbehälter in den größeren mit Wasser gefüllten Kasten gesetzt und in beiden Kästen der gleiche Wasserspiegel eingestellt (Abb. 526). Der Versuch wird dann in der gleichen Weise wie bei trockenem Sand durchgeführt.

Meßgrößen. Hinsichtlich des direkten Scherversuchs siehe S. 490. Beim Abrutschversuch wird, da die Breite b der sich bildenden Böschung konstant ist, nur die Höhe h der beiden Seiten des Böschungskegels gemessen.

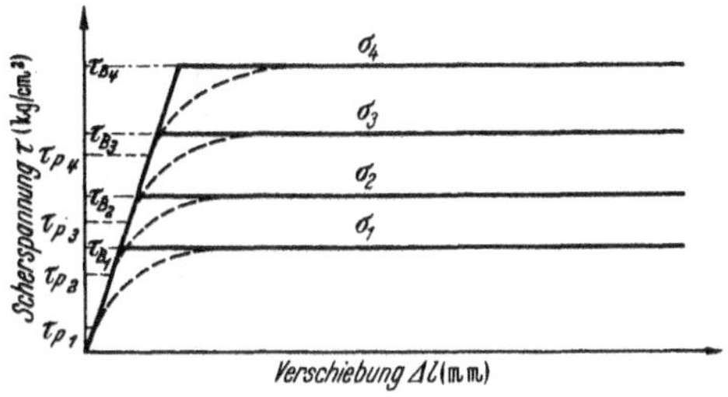

Abb. 529. Vereinfachte Scherdiagramme für verschiedene senkrechte Spannungen σ.

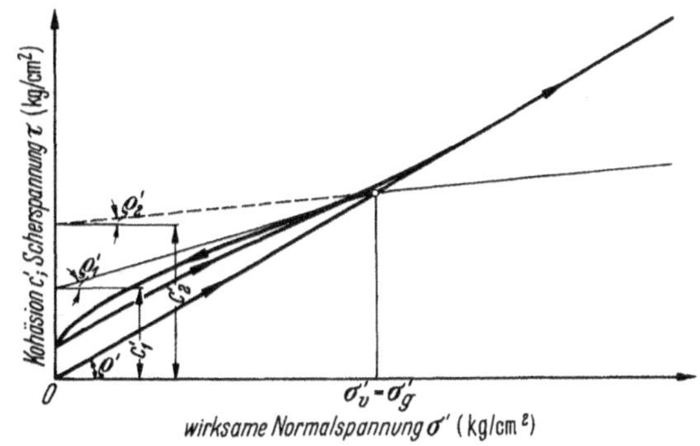

Abb. 530. Scherfestigkeitsdiagramm bei langsamer Belastung, Entlastung und Wiederbelastung.

Auftragungen. Für jeden einzelnen Versuch erhält man ein Diagramm (Abb. 517). Trägt man diese nach der idealisierten Form *OSG* oder *OEB* (Abb. 522) für eine bestimmte Vorbelastung σ_v in einem gemeinsamen Achsenkreuz auf, so erhält man ein vereinfachtes Scherdiagramm (Abb. 529).

Die kombinierte Druck- und Scherbelastung liefert ferner das „*Scherfestigkeitsdiagramm*" (Abb. 530). Für eine bestimmte Vorbelastung σ_v wird die senkrechte Belastung σ etwa im Bereich von 0 bis 3,0 kg/cm² waagerecht und die zugehörige Scherbelastung etwa im Bereich zwischen 0 und 2,0 kg/cm² in gleichem Maßstab senkrecht abgetragen. Jeder Scherversuch liefert einen Punkt über der betreffenden senkrechten Versuchsbelastung σ für den Bruchzustand B, mitunter auch für den Gleitwiderstand G. Die einzelnen Punkte liegen unter normalen Versuchsbedingungen mit nur geringen Streuungen auf einer Geraden (Abb. 527b).

Die Gerade, die vom entwässerten Scherversuch herrührt, geht bei gestörten, einfach verdichteten Proben fast stets durch den Koordinatenanfangspunkt (Abb. 527b). Ihre Neigung ϱ' ist größer als beim Versuch mit überverdichteten Proben, bei denen aber infolge σ_v die Kohäsion c' auftritt (Abb. 527b).

Die Größe der wahren Reibungsfestigkeit und Kohäsion läßt sich aus Abb. 530 nicht ohne weiteres entnehmen. Zu ihrer Ermittlung bestimmt Hvorslev zu der beim Abscheren vorhandenen Porenziffer ε aus der Druck-Porenzifferlinie des ungestörten oder vorverdichteten gestörten und langsam unter Wasserzugabe entlasteten, unter Umständen wiederbelasteten Bodens (Abb. 483 und 488) gemäß S. 469 [Gl. (223)] den „*äquivalenten Verdichtungsdruck* σ_e", d. h. den Druck, der notwendig ist, um den mit dem Wassergehalt der Fließgrenze in den Kompressionsapparat eingebauten Boden auf die Porenziffer ε_e zusammenzudrücken.

Trägt man die bei verschiedenen Versuchsbelastungen σ gefundenen Scherspannungen auf (Abb. 531), so erhält man nach HVORSLEV eine Gerade, die auf der Ordinate den „*Haftfestigkeitsbeiwert* $\varkappa$" abschneidet und unter dem Reibungswinkel ϱ verläuft. Mit σ_e, $\varkappa$ und ϱ sind alle Werte bekannt, um für beliebige Versuchsbelastungen σ zu jedem Punkt der Ent- und Wiederbelastungsschleife die Scherfestigkeit — getrennt nach Reibungs- und Kohäsionsanteil — berechnen zu können.

Zur Kontrolle der Innehaltung der Versuchsbedingungen — konstanter Wassergehalt oder abgeklungene Setzungen (Porenwasserdruck gleich Null) — sollte stets aus den Wassergehalten, die nach dem Abscheren bestimmt werden, der Wassergehalt in Abhängigkeit von der Normalspannung über dem Scherdiagramm auf-

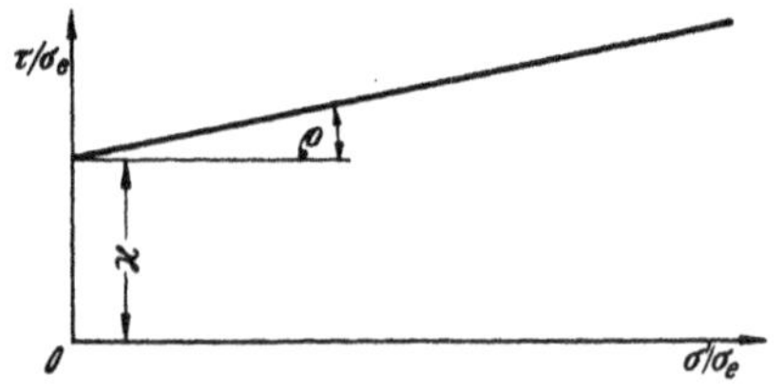

Abb. 531. Ermittlung der Reibungsfestigkeit und Kohäsion nach TERZAGHI/HVORSLEV (τ = Scherspannung, σ' = wirksame Normalspannung, σ_e = äquivalenter Verdichtungsdruck).

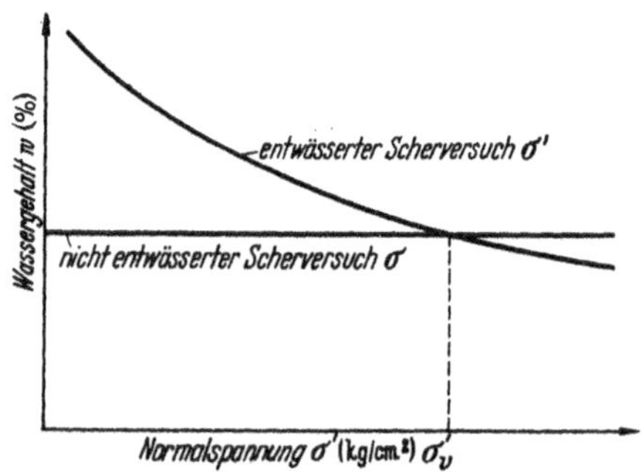

Abb. 532. Veränderung des Wassergehalts beim entwässerten (langsamen) und nicht entwässerten (schnellen) Scherversuch.

getragen werden (Abb. 527a und 533a). Die Auftragung besteht bei einem einwandfreien nicht entwässerten Versuch aus einer Waagerechten (Abb. 532), während sie beim entwässerten Versuch im Falle einer Erstverdichtung wie die Erstbelastungslinie, im Falle einer Entlastung wie die Schwellinie eines Kompressionsversuchs verläuft. Die Porenziffern ε_e werden nach Gl. (137) bestimmt.

Die Durchführung nicht entwässerter Versuche mit wassergesättigten Böden in direkten Schergeräten kann zu Fehlschlüssen führen (Kap. 1.412.2). Daher sollte in solchen Fällen für diese Versuche besser das Dreiaxialgerät eingesetzt werden. Nur ausnahmsweise (S. 488) sollte hierfür heute noch nach dem alten Verfahren von KREY/THIEDEMANN (SCHULTZE/MUHS 1950, S. 282) gearbeitet werden, da hier die beim Abscheren infolge Auflockerung oder Verdichtung des Bodens entstehenden Porenwasserdrücke unbeachtet bleiben.

Kennziffern.

a) Wirksame Scherparameter (Bedingung: $p_w = 0$)

Die Scherlinie (Abb. 527b) läßt sich innerhalb der gewöhnlich vorkommenden Normalspannungen in der Regel genügend genau durch die Gleichung einer Geraden wiedergeben, kann aber sonst parabolische Form annehmen. Für die Gerade gilt:

$$\tau = c' + (\sigma - p_w) \tan \varrho' \qquad (\text{kg/cm}^2), \qquad (236)$$

c' wirksame Kohäsion,
ϱ' wirksamer Reibungswinkel,
τ Scherfestigkeit,
σ gesamte Normalspannung,
p_w Porenwasserdruck.

Da im entwässerten Versuch $p_w = 0$ und damit $\sigma = \sigma'$ die wirksame Normalspannung ist, vereinfacht sich Gl. (236) für diese Versuchsbedingungen zu:

$$\tau = c' + \sigma' \tan \varrho'. \qquad (\text{kg/cm}^2). \qquad (236\,\text{a})$$

Bei normal verdichteten Böden ist $c' = 0$ und somit:

$$\tau = \sigma' \tan \varrho' \qquad (\text{kg/cm}^2). \qquad (236\,\text{b})$$

Bei überverdichteten Böden ist nur c' eine Funktion der Vorbelastung σ_v.

b) Wahre Scherparameter (Bedingung: $p_w = 0$ *und* $w =$ konst.)

Nach dem Verfahren von HVORSLEV (TERZAGHI 1938a) erhält man die wahren Scherparameter ϱ_w und c_w dadurch (Abb. 533), daß alle Scherversuche mit gleichem Wassergehalt durch eine Gerade verbunden werden. Für diese Geraden erhält man die Gleichung

$$\tau = c_w + \sigma' \cdot \tan \varrho_w \quad (\text{kg/cm}^2), \quad (237)$$

c_w wahre Kohäsion,
ϱ_w wahrer Reibungswinkel.

c_w ist hierbei eine reine Funktion des Wassergehalts (vgl. Kap. 1.412.4).

c) Scherparameter des nicht entwässerten Versuchs (Bedingung: $w =$ konst.)

Da keine Porenwasserdrücke gemessen werden können, können die Scherparameter nur in gesamten Spannungen ausgedrückt werden:

$$\tau = c_u + \sigma \tan \varrho_u \quad (\text{kg/cm}^2). \quad (238)$$

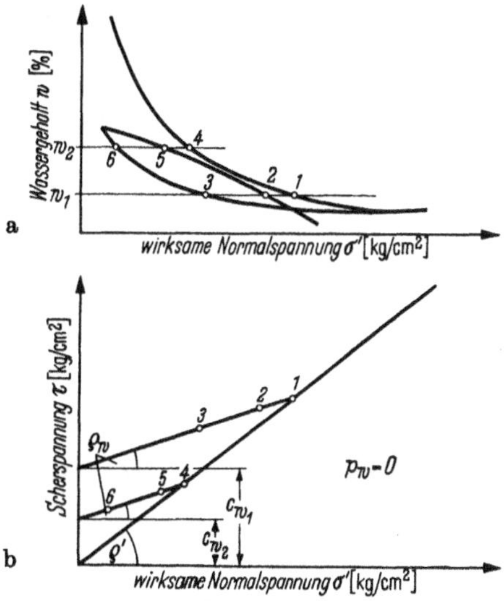

Abb. 533a u. b. Ermittlung der wahren Scherparameter ϱ_w und c_w nach HVORSLEV.
a) Wassergehalt in Abhängigkeit von der Normalspannung; b) Scherfestigkeitsdiagramm.

c_u und ϱ_u sind stark von der Versuchsdurchführung und vom verwendeten Gerät abhängig. Ihnen kann daher in Fällen, wo der Porenwasserdruck von Einfluß ist, d.h. in wassergesättigten bindigen Böden, keine große Bedeutung beigemessen werden (Scherparameter nach KREY/THIEDEMANN siehe SCHULTZE/MUHS 1950, S. 284). In vielen Fällen läßt sich jedoch feststellen, daß bei einer schnellen *Ent*lastung des mit σ_v vorbelasteten Bodens der Porenwasserdruck gleich Null ist, denn der Boden schwillt bei Entlastung weniger als er sich bei der Erstbelastung zusammengedrückt hat, so daß der Wassergehalt praktisch konstant bleibt. Die Scherparameter entsprechen dann näherungsweise, d. h. unter Vernachlässigung der infolge der Volumenänderungen beim Abscheren entstehenden Porenwasserdrücke, bei annähernd volumenbeständigen Böden (in der Nähe der kritischen Dichte) den wahren Scherparametern ϱ_w und c_w; denn die beiden Bedingungen zur Bestimmung der wahren Scherbeiwerte:

1. $p_w = 0$
2. $w = \text{const}$

sind dann ungefähr erfüllt.

Wiederholt man also den nicht entwässerten Scherversuch für verschiedene Vorbelastungen σ_v, so stellt sich im Falle, daß p_w tatsächlich gleich Null ist, heraus, daß ϱ unverändert bleibt und c linear von σ_v abhängig ist.

d) Abrutschversuch

Beim Abrutschversuch erhält man den Böschungswinkel β aus der Gleichung:

$$\tan \beta = \frac{h}{b}. \qquad (239)$$

Auswertung. Die Frage, ob die Bruchgrenze, die Gleitgrenze oder die Proportionalitätsgrenze für die Auftragung des maßgebenden Scherdiagramms gewählt werden soll, läßt sich allgemein nicht beantworten. Gewöhnlich verwendet man jedoch die Bruchwerte, obwohl bei Gleituntersuchungen oft fortschreitende Brüche zu berücksichtigen sind (Borowicka 1963, Skempton 1964, de Beer 1965). Das bedeutet, daß längs der sich bildenden Gleitlinie nur stellenweise die Bruchgrenze gerade erreicht wird, stellenweise aber die niedrigere Gleitgrenze maßgebend ist. Man kann jedoch derartige Umstände bei der Wahl der Sicherheit η berücksichtigen, wobei man setzt:

$$\tan \varrho_{\text{zul}} = \tan \varrho_{\text{Bruch}}/\eta_r, \qquad (240\text{a})$$

$$c_{\text{zul}} = c_{\text{Bruch}}/\eta_c \qquad (\text{kg/cm}^2)\,. \qquad (240\text{b})$$

Hierbei können die Sicherheiten für die Reibungsfestigkeit (η_r) und die Kohäsion (η_c) verschieden groß sein.

Die Frage, ob der entwässerte oder der nicht entwässerte Scherversuch maßgebend ist, ist nach den wirklichen Belastungsvorgängen zu entscheiden. Jede frisch aufgebrachte Last wirkt im ersten Augenblick schnell, wird aber im Laufe der Zeit zu einer langsamen Beanspruchung. Im weiteren Sinne sind alle verhältnismäßig schnell auf schwerdurchlässige Böden aufgebrachten Belastungen als schnell wirkend anzusehen, z. B. eine Dammschüttung oder ein Senkkasten auf Klei- oder Tonboden. Schnelle Belastungen im engeren Sinne sind nur vorübergehende Verkehrslasten oder kurze Schwankungen von Wasserständen.

Wenn der Boden sowohl schnelle als auch langsame Belastungen zu tragen hat, wählt man für die Scherfestigkeit das geringere Wertepaar c, ϱ. Das bedeutet, daß bei einer *Ent*lastung des Baugrundes — etwa durch einen Geländeeinschnitt — der entwässerte Scherversuch (die „*Endfestigkeit*"), bei einer *Be*lastung des Untergrundes durch ein Bauwerk aber der nicht entwässerte Versuch (die „*Anfangsfestigkeit*") maßgebend ist. Dabei bezieht sich die Be- oder Entlastung auf den senkrechten Druck in der untersuchten Gleitlinie. In Zweifelsfällen muß die Untersuchung sowohl mit den Scherbeiwerten für die Anfangs- als auch mit denen für die Endfestigkeit durchgeführt werden.

Die wahren Scherparameter, deren Bestimmung auf Schwierigkeiten stößt, werden gewöhnlich nicht benötigt. Ihre Anwendung wäre nur sinnvoll, wenn man die genaue Größe des Porenwasserdrucks zu den in Frage kommenden Zeitpunkten längs der untersuchten Gleitlinie kennt. Das ist gewöhnlich nicht der Fall. Deshalb verwendet man die für den Anfangs- und den Endzustand modellähnlichen nicht entwässerten bzw. entwässerten Scherversuche. Entscheidend dabei ist, daß die wirklichen Verhältnisse im Versuch gut nachgeahmt werden, was beim nicht entwässerten Versuch im direkten Schergerät auf Schwierigkeiten stößt.

Innerhalb derselben Schicht kann die Kohäsion entweder mit der Tiefe, d. h. der Auflast, zunehmen oder konstant sein, je nachdem, ob es sich um einen erstbelasteten oder einen vorbelasteten Boden handelt.

Bei steifen, gerissenen Tonen muß die Richtungsabhängigkeit der Scherfestigkeit beachtet werden (S. 33). Außerdem sollen solche Böden vor dem Abscheren zum Schwellen unter Wasser gebracht werden, wenn dies in der Natur später vorkommen kann. Ihre Festigkeit fällt dann meist gering aus.

Der aus dem *Abrutschversuch* gewonnene Böschungswinkel kann bei trockenem nichtbindigem Boden (bzw. unter Wasser) gleich dem Reibungswinkel ϱ für lockere Lagerung gesetzt werden, so daß die Bestimmung des Böschungswinkels den Scherversuch in diesem Fall ersetzt. Sie übertrifft den letzteren unter Umständen an Genauigkeit, da bei nichtbindigem locker gelagertem Boden infolge der Umlagerung der sich sperrenden Körner in der Gleitfläche Meßfehler entstehen können, die das Ergebnis verfälschen.

Zahlenwerte.

Tabelle 65. *Scherbeiwerte der Hauptbodenarten*

Bodenart	Endfestigkeit	
	Reibungswinkel ϱ' (°)	Kohäsion c' (kg/cm²)
Starkbindige Böden	10—25	0,1—0,25
Schwachbindige Böden ...	25—30	0 —0,10
Nichtbindige Böden	30—40	—

Siehe auch Empfehlungen des Arbeitsausschusses „Ufereinfassungen“ (1964).

Die Größe des Reibungswinkels hängt bei nichtbindigen Böden vor allem von der Kornverteilung, der Kornform und der Lagerungsdichte ab, doch kann auch die Größe der mittleren Hauptspannung von Einfluß sein. Die Werte für ϱ können im Extremfall zwischen 28 und 45° schwanken; doch ist es im Normalfall nicht angebracht, mit einem Wert $< 30°$ (lockerer Sand) oder $> 37{,}5°$ (dichter Sand) zu rechnen, es sei denn, der Wert ist versuchsmäßig nachgewiesen. Die scheinbare Kohäsion kann in mittel- bis feinkörnigem Sand in der Kapillarzone mit 0,03 kg/cm² angenommen werden (KAHL/NEUBER 1957).

Fehler. Neben der Tatsache, daß es schwierig ist, ungestörte Proben in die direkten Schergeräte einzubauen, ist besonders hervorzuheben, daß der Bruch der Probe in einer erzwungenen Scherfläche eintritt. Manchmal ist auch, besonders bei größeren Probenhöhen, ein progressiver Bruch zu beobachten, der die gemessene Scherfestigkeit herabsetzt. Einwandfrei nicht entwässerte Versuche lassen sich kaum durchführen. Deren Ergebnisse sind daher im Falle wassergesättigter Tonböden nur mit Vorbehalt in erdstatische Berechnungen einzuführen. Das Gerät sollte deshalb bei der Untersuchung wassergesättigter Schluff- und Tonböden, wo mit einem starken Einfluß des Porenwasserdrucks gerechnet werden muß, möglichst auf den entwässerten Versuch beschränkt bleiben.

Reibungsbeiwert und Kohäsion werden oft übertrieben genau angegeben. Diese Genauigkeit entspricht nicht den Streuungen des Versuchs. Die Scherfestigkeitsgerade geht in vielen Fällen nicht durch sämtliche Meßpunkte hindurch. Abweichungen bis etwa 0,1 kg/cm² können nach beiden Seiten hin vorkommen. Außer diesen Streuungen, die bei Verwendung *eines* Geräts auftreten, sind aber noch die Ungenauigkeiten zu beachten, die sich ergeben, wenn dieselbe Bodenprobe in *verschiedenen* Geräten abgeschert werden würde. Der Reibungswinkel kann daher in jeder Richtung um etwa 1 bis 2° schwanken.

Zwischen der Scherfestigkeit des direkten Scherversuchs, des dreiaxialen Druckversuchs (s. nächstes Kapitel) und des natürlichen Baugrundes bestehen unter Umständen erhebliche Unterschiede, wie sich aus Vergleichen zwischen Kleinversuchen und Großversuchen ergibt (s. Beispiel zu Kap. 1.311).

Beim *Abrutschversuch* hängt die Genauigkeit der Untersuchung davon ab, in welchem Zustand der Sand in den Apparat gefüllt wird. Er gilt ohnehin nur für lockere Lagerung. Die Versuche müssen entweder unter Wasser stattfinden oder bei gänzlich lufttrockenem Boden, da sonst die Kapillarkräfte das Ergebnis verfälschen. Aber auch unter diesen Bedingungen wird der Versuch mehrmals wiederholt, um einen Mittelwert bilden zu können. Die Abweichungen der einzelnen Versuche voneinander betragen etwa 2°.

Verwendung. Die Scherfestigkeit ist neben dem Raumgewicht die am meisten verwendete Bodeneigenschaft. Sie wird bei der Feststellung des Erddrucks und

Erdwiderstands, der Grundbruchsicherheit von Flachgründungen, der Gelände- und Grundbruchsicherheit bei Stützbauwerken und der Rutschsicherheit der Böschungen von Dämmen und Einschnitten gebraucht. Außerdem ist die Scherfestigkeit für die Tragfähigkeit von Pfählen und senkrecht belasteten Spundbohlen maßgebend.

Beispiele. 1. Eine *gestörte bindige Bodenprobe* wurde im Zustand der Fließgrenze in die Scherapparate eingebaut, mit 0,5; 1,5; 3,0 und 5,0 kg/cm² vorbelastet (Abb. 527) und unter den gleichen Normalspannungen entwässert abgeschert. Hierfür ergab sich $\varrho' = 26°$ und $c' = 0$ kg/cm². Eine zweite Serie gestörter Proben des gleichen Bodens wurde unter 5 kg/cm² vorbelastet und auf 0,5; 1,5; 3,0 kg/cm² entlastet, wobei den Proben Gelegenheit gegeben wurde, zu schwellen. Dann wurden sie unter diesen Normalspannungen abgeschert. Die Schergerade ist unter dem Winkel $\varrho' = 25°$ geneigt und schneidet auf der τ-Achse $c' = 0{,}13$ kg/cm² ab. In gleicher Weise könnte die wirksame Kohäsion c' für verschiedene Vorbelastungen σ_v ermittelt werden. Die Ergebnisse lassen sich für die Berechnung der Endstandsicherheit von Bauwerken und Böschungen verwenden, wobei stets zu prüfen ist, ob mit den Parametern für vorbelastete oder für normal verdichtete Böden zu rechnen ist.

2. Bei einem *reinen Quarzsand*, dessen Korngröße zwischen 0,1 und 1,0 mm lag, wurde der Reibungswinkel durch Abrutschversuche bestimmt. Als Mittelwert von acht Versuchen ergab sich unter Wasser $\tan\beta = 0{,}764$ und $\beta = 37{,}4°$. Ebenfalls aus acht Versuchen wurde für den lufttrockenen Zustand des Bodens erhalten: $\tan\beta = 0{,}786$ und $\beta = 38{,}1°$. Eine Nachprüfung dieser Versuche durch den direkten Scherversuch ergab für den letzten Fall: $\tan\varrho = 0{,}764$ und $\varrho = 37{,}4°$. Die Übereinstimmung zwischen dem Böschungswinkel über und unter Wasser und dem Reibungswinkel war also fast vollkommen.

Literatur

Die im Kapitel 1.412.2 angegebenen Quellen werden in allgemeiner Hinsicht ergänzt durch:

v. V. (1964): Empfehlungen des Arbeitsausschusses „Ufereinfassungen" (EAU). Berlin/München. S. 16.

Tiedemann (1932): Die Bedeutung des Bodens im Bauwesen. In: Blanck, Handbuch der Bodenlehre. Berlin. Bd. X.

Seifert (1933): Untersuchungsmethoden um festzustellen, ob sich ein gegebenes Baumaterial für den Bau eines Erddammes eignet. Ber. Intern. Talsperren-Komm. Weltkraftkonferenz Stockholm, Bd. III, S. 5.

Kollbrunner (1946): Fundation und Konsolidation. Zürich. Bd. I, S. 228.

Terzaghi (1947): Theoretical soil mechanics. New York. S. 9.

v. V. (1950/51): Proc. conf. measurement of shear strength of soils in relation to practice. London. Géotechnique 2, S. 89.

Habib/Marchand (1951): L'essai de cisaillement rectiligue. Ann. Inst. Tech. Bât. Trav. Publ. 4, Nr. 195.

v. V. (1952): Proc. I. Australia-New Zealand Conf. Soil Mech. Found. Eng. Melbourne.

Habib (1953): La résistance au cisaillement des sols. Ann. Inst. Techn. Bât. Trav. Publ. 6, Nr. 61.

Schubert (1958/59): Einfluß von Lagerungsdichte und Normalspannung auf die Scherfestigkeit von Sand. Wissensch. Ztschr. Hochschule f. Bauwesen Cottbus 2, S. 149.

Skempton (1964): Long-term stability of clay slopes. Géotechnique 14, S. 77.

de Beer (1965): The scale effect on the phenomenon of progressive rupture in cohesionless soils. Proc. VI. Int. Conf. Soil. Mech. Found. Eng. Montreal, Bd. II, S. 13.

Schertheorie:

Terzaghi (1938a): Die Coulombsche Gleichung für den Scherwiderstand bindiger Böden. Bautechnik 16, S. 343.

— (1938b): Einfluß des Porenwasserdrucks auf den Scherwiderstand der Tone. Dtsch. Wasserwirtschaft 33, S. 201.

Casagrande (1939): Über die Scherfestigkeit von Böden. Schriftenreihe d. Straße H. 16, S. 32.

Haefeli (1940): Neue bodenmechanische Forschungen. Schweiz. Bauzeitg. 115, S. 212.

Bendel (1944): Ingenieurgeologie. Wien. Bd. I, S. 427 u. 448.

Schaerer/Schaad/Haefeli (1948): Shearing strength and equilibrium of soils. Contribution to the shearing theory. Proc. II. Int. Conf. Soil Mech. Found. Eng. Rotterdam, Bd. V, S. 12.

OHDE (1949): Vorbelastung und Vorspannung des Baugrundes und ihr Einfluß auf Setzung, Festigkeit und Gleitwiderstand. Bautechnik 26, S. 129 u. 163.
SCHULTZE/MUHS (1950): Bodenuntersuchungen für Ingenieurbauten. Berlin/Göttingen/Heidelberg. 1. Auflage.

Über Scherversuche mit verschiedener Geschwindigkeit:

TURNBULL (1948): The shearing resistance of soils as determined by direct shear tests at a constant rate of strain. Proc. II. Int. Conf. Soil Mech. Found. Eng. Rotterdam, Bd. I, S. 211.

Scherversuche:

STEINBRENNER (1948): Shearing tests on cohesive soils. Proc. II. Int. Conf. Soil Mech. Found. Eng. Rotterdam, Bd. III, S. 150.
KJELLMAN (1950/51): Testing the shear strength of clay in Sweden. Géotechnique 2, S. 225.
BOROWICKA (1963): Der Wiener Routine-Scherversuch. Mitt. Inst. Grundbau u. Bodenmech. TH Wien H. 5, S. 7.

Über Scherfestigkeit und Wassergehalt:

ARIANO (1948): Soil friction coefficient as a function of water content. Proc. II. Int. Conf. Soil Mech. Found. Eng. Rotterdam, Bd. III, S. 144.

Großversuche:

NONVEILLER (1954): Shearing strength of coarse grained cohesionless materials. Proc. Yugoslav. Soc. Soil Mech. Found. Eng. Ljubljana, Nr. 1–9, S. 12.
KAHL/NEUBER (1957): Beschreibung und Auswertung von Versuchen zur Feststellung der scheinbaren Kohäsion von erdfeuchtem Sandboden. Fortschr. u. Forsch. im Bauwesen, Reihe D, H. 28.
BRETH (1960): Die Festigkeit vorbelasteter Böden. Geologie u. Bauwesen 25, S. 177.

1.412.4 Druck- und Scherbeanspruchung bei unbehinderter oder teilweise behinderter Seitendehnung (Zylinderdruckversuch und dreiaxialer Druckversuch)

Definition. Beim mehrseitigen Druckversuch wird die Bodenprobe nicht mehr wie in den vorhergehenden Kap. 1.412.1 bis 1.412.3 durch die Wandungen gestützt. An ihre Stelle tritt ein waagerechter äußerer Druck σ_3, dessen Größe geregelt werden kann. Die Seitenreibung der Probe am Gefäß fällt dadurch fort, und die starre seitliche Stützung wird durch eine je nach der Größe von σ_3 mehr oder weniger nachgiebige ersetzt. Den Sonderfall $\sigma_3 = 0$, d. h. den einaxialen Druckversuch, der sehr einfach ist und besonders häufig verwendet wird, nennt man deshalb „*Druckversuch mit unbehinderter Seitendehnung*" oder „*Zylinderdruckversuch*", während für den Versuch mit allseitigem waagerechtem Druck $\sigma_3 \neq 0$ die Bezeichnung „*dreiaxialer Druckversuch*" gebräuchlich ist.

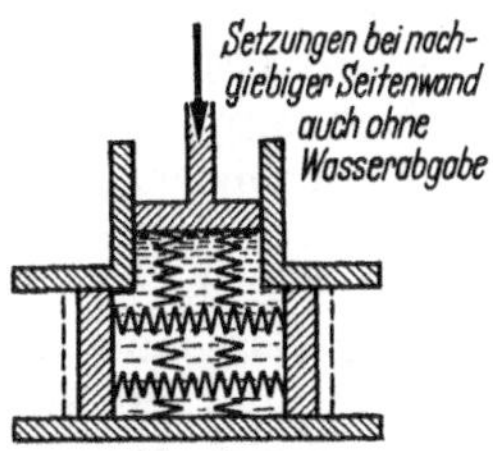

Abb. 534. Modell für die Setzung eines wassergesättigten Bodens im dreiaxialen Druckversuch ohne Entwässerung.

Der Versuch dient in erster Linie der Untersuchung des Scherwiderstands, beginnt sich aber auch als Ersatz für den Kompressionsversuch einzubürgern, weil bei ihm die Störung durch die Seitenreibung wegfällt und der Spannungszustand genau bekannt ist (JANBU 1963).

In ähnlicher Weise wie beim Kompressionsversuch (Kap. 1.412.1) können die Spannungs- und Formänderungsvorgänge durch ein Federmodell veranschaulicht werden (Abb. 534). Es besteht für den *nicht entwässerten* Versuch aus einem *nicht* durchlöcherten Kolben, der auf Federn, die den Boden darstellen, und auf das in dem Gefäß befindliche Wasser drückt. Auch bei voller Wassersättigung erfährt der Kolben bei Belastungsänderung eine Setzung, wodurch die Seitenwände des Geräts nach außen gedrückt werden (*volumentreue Gestaltänderung*). Für den *entwässerten* Zustand erhält der Kolben Löcher, wodurch bei Belastungsänderung ein Teil der Formänderung durch das Nachgeben der Seitenwände, ein Teil durch das mit der Zeit ausgedrückte Wasser dargestellt wird. Zeitlich spielen sich die Vorgänge in ähnlicher Weise ab wie bei dem Modell zum Kompressionsversuch mit behinderter Seitendehnung (Abb. 467).

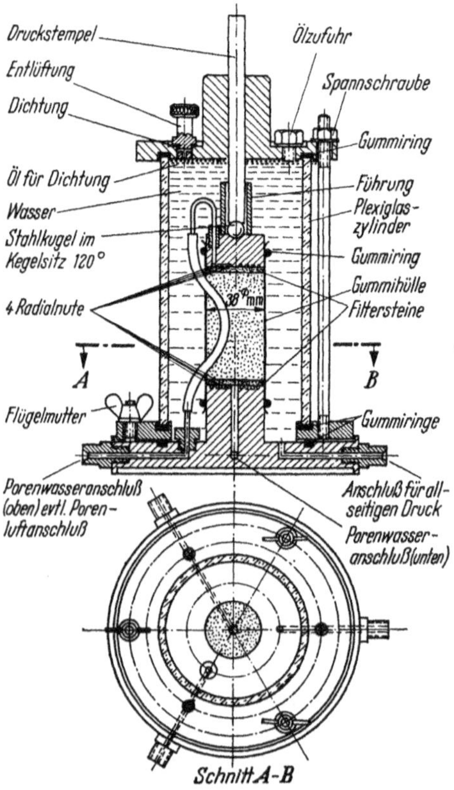

Abb. 535. Dreiaxiales Druckgerät. Probendurchmesser 3,8 cm, $h/d \geq 2$.

Geräte. *Zellen.* Geräte für dreiaxiale Druckversuche sind in verschiedener Form entwickelt worden. Bei allen befindet sich die Bodenprobe in dem mittleren Teil eines zylindrischen Gefäßes, der sogenannten Zelle (Abb. 535). Die Probe wird durch eine Gummihülle abgedichtet. Der restliche Raum des Gefäßes ist mit einer Flüssigkeit (meist Wasser, aber auch wegen der einfacheren Dichtung Glyzerin und Öl, die aber leichter verschmutzen; bei einfachen Feldgeräten auch Luft) gefüllt, deren Druck beliebig eingestellt und gemessen werden kann. Die Wandung des Druckgefäßes besteht aus Stahl, Messing oder einem durchsichtigen Kunststoff. Letzterer ist vorteilhaft wegen der größeren Beobachtungsmöglichkeit der Probe und wird bei Seitendrücken $\sigma_3 < 10$ kg/cm² heute meistens verwandt.

Die Bodenprobe wird durch zwei Filtersteine abgedeckt, von denen der untere, gegebenenfalls auch beide, durch eine Leitung entweder mit einem Standrohr oder einer Meßvorrichtung für den Porenwasserdruck verbunden ist. Durch diese Öffnungen kann die Probe auch Wasser abgeben oder aufnehmen. Die obere Druckkappe enthält einen Anschluß zum Entlüften beim Einbau und für eine Wasserstrahlpumpe, um Wasser durch die Probe zu saugen. Bei nicht wassergesättigten Proben dient der Anschluß auch zur Aufnahme des Porenluftdruckmeßgeräts.

Die Probe wird durch einen Kolben belastet, der unten mit einer Kugelkalotte versehen ist, so daß die Probe auch von oben den Flüssigkeitsdruck erhält (allseitiger Druck σ_3).

Der Durchmesser d der Probe beträgt bei normalen Untersuchungen 3,8 cm (1,5 in.) und die Höhe 2 bis 2,5 d. Für gestört eingebrachte Dammbaustoffe und grobkörnige Böden ist ein Durchmesser $d = 10$ cm zweckmäßig, da das Verhältnis vom Größtkorndurchmesser zum Gerätedurchmesser mindestens 1:5 betragen muß, damit keine Störungen auftreten. Bei noch gröberen Böden verwendet man Großgeräte mit $d = 30$ cm (Breth 1960, Jelinek/Ostermayer 1964) (Abb. 536) oder 50 cm (Abb. 537). Bei dem letzteren Gerät wird der Seitendruck gewöhnlich durch Absaugen der Luft aus der Probe mittels einer Wasserstrahlpumpe erzeugt (Abb. 538). Er kann höchstens 0,9 kg/cm² betragen (SCHULTZE 1957). Noch darüber hinaus geht ein Gerät mit $d = 1$ m und höheren Seitendrücken, das aber schon eine sehr schwere Konstruktion darstellt (LEUSSINK 1960).

Geräte zur Erzeugung des Zellendrucks. Die Druckzellen werden gewöhnlich für einen allseitigen Druck bis etwa 8 kg/cm² bemessen. Der Seitendruck wird vielfach durch einen Kompressor aufgebracht, welcher auf einen kleinen Windkessel wirkt, aus dem Druckflüssigkeit über ein Reduzierventil in die Zelle eintritt. Will man jedoch die

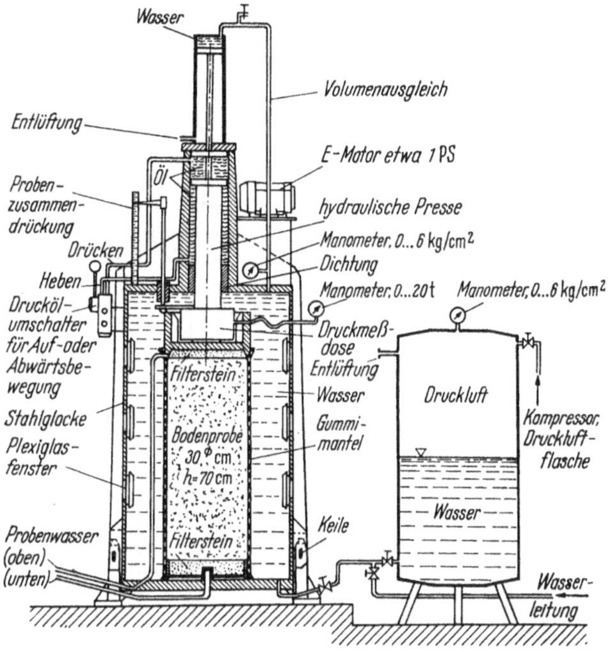

Abb. 536. Dreiaxiales Großgerät. Probendurchmesser 30 cm, h = 70 cm (Johann Keller GmbH, Frankfurt/Main).

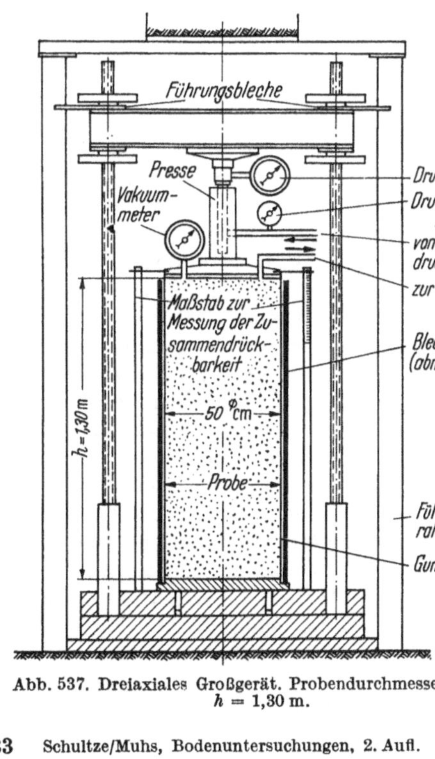

Abb. 537. Dreiaxiales Großgerät. Probendurchmesser 50 cm, h = 1,30 m.

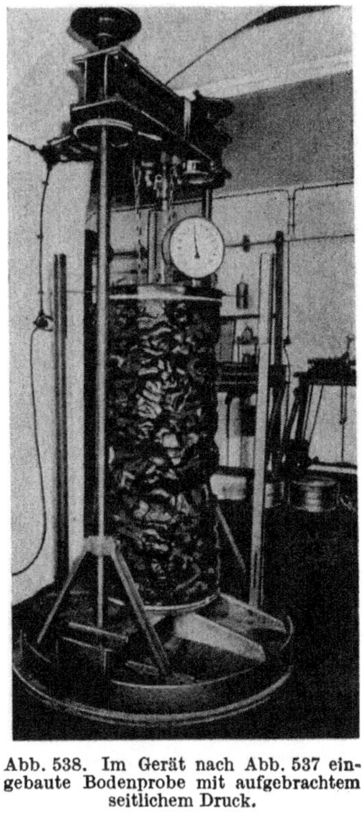
Abb. 538. Im Gerät nach Abb. 537 eingebaute Bodenprobe mit aufgebrachtem seitlichem Druck.

bei längerer Versuchsdauer, besonders nachts ohne Aufsicht, auftretenden Druckschwankungen sicher vermeiden, so verwendet man besser die Druckausgleichs-

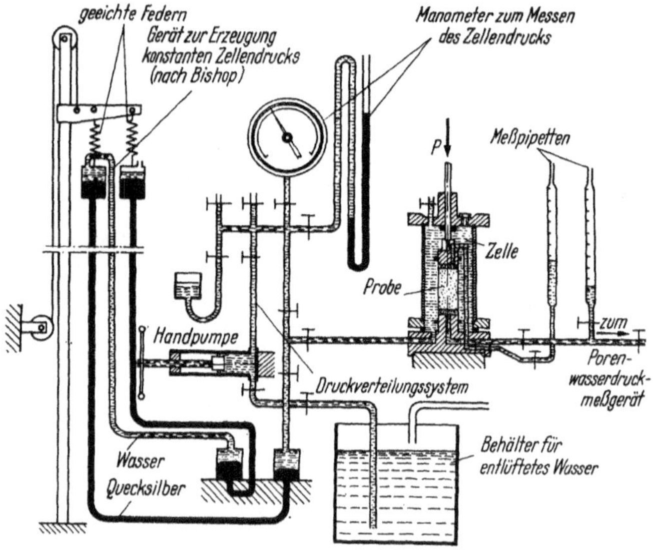

Abb. 539. Gerät zur Erzeugung konstanten Zellendrucks.

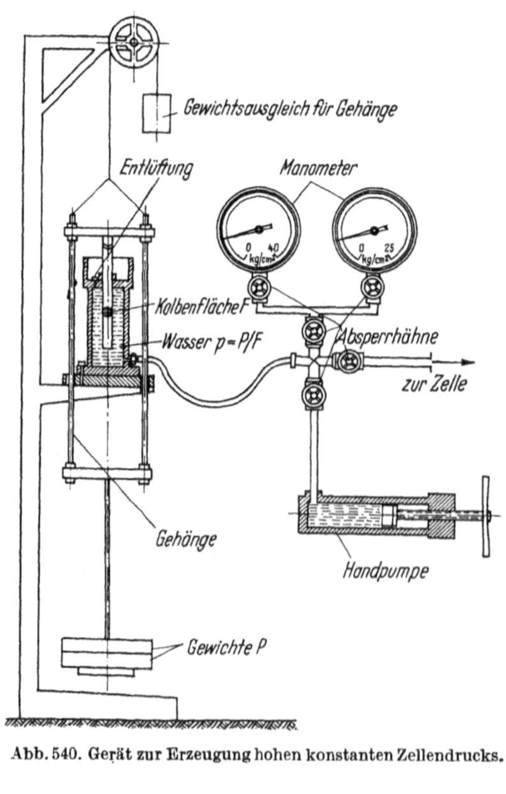

Abb. 540. Gerät zur Erzeugung hohen konstanten Zellendrucks.

behälter von BISHOP (BISHOP/HENKEL 1962, S. 44), die sich selbst kontrollieren (Abb. 539). Strömt infolge Konsolidierung der Bodenprobe oder einer Undichtigkeit im Gerät oder in den Leitungen – diese bestehen aus Kunststoff, z. B. Saran, um unter Druck eine möglichst geringe Dehnung aufzuweisen – etwas Quecksilber aus der Druckflasche, welche an einem Galgen in der gewünschten Höhe aufgehängt ist, so würde normalerweise der Druck absinken. Da aber die Flasche infolge des ausfließenden Quecksilbers leichter wird, wird sie durch eine hierauf geeichte Feder um den gleichen Betrag gehoben, um den das Quecksilber abgesunken ist. Der Druckspiegel wird also auf diese Weise selbsttätig auf derselben geodätischen Höhe gehalten. Um bei größeren Seitendrücken an Raumhöhe zu sparen, können mehrere Quecksilberflaschen hintereinander geschaltet werden. Auch kann zum gleichen Zweck eine nach dem Prinzip der hydraulischen Presse arbeitende Vorrichtung benutzt werden, die stets konstanten Druck garantiert (Abb. 540).

Höhere Seitendrücke kommen bei Lockergesteinen nur ausnahmsweise in Betracht. Für Sonderfälle gibt es Geräte für Zellendrücke bis zu 300 kg/cm²,

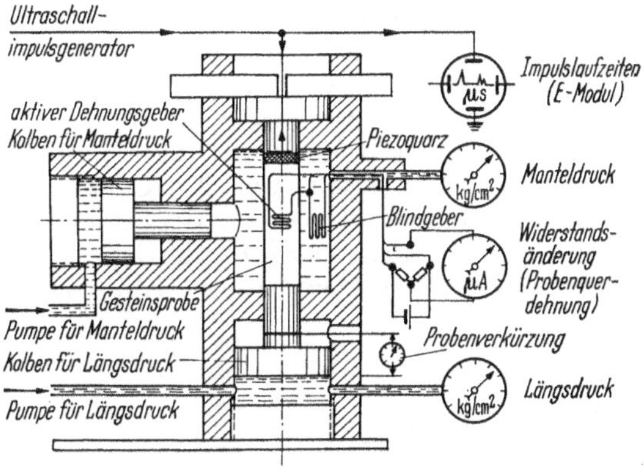

Abb. 541. Gerät zur Prüfung von Gesteinen unter dreiaxialem Druck (EVERLING 1956a).

a

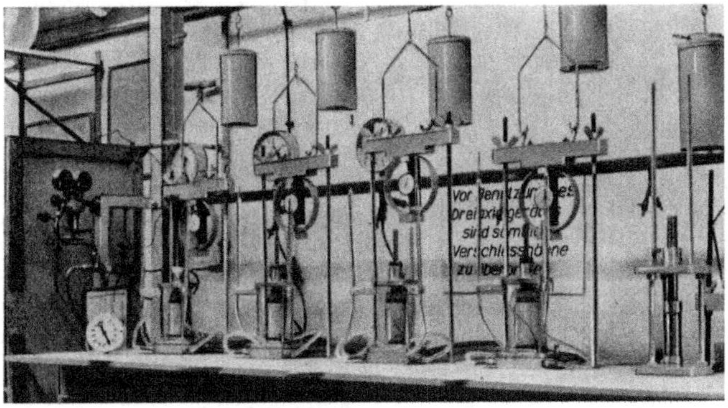

b

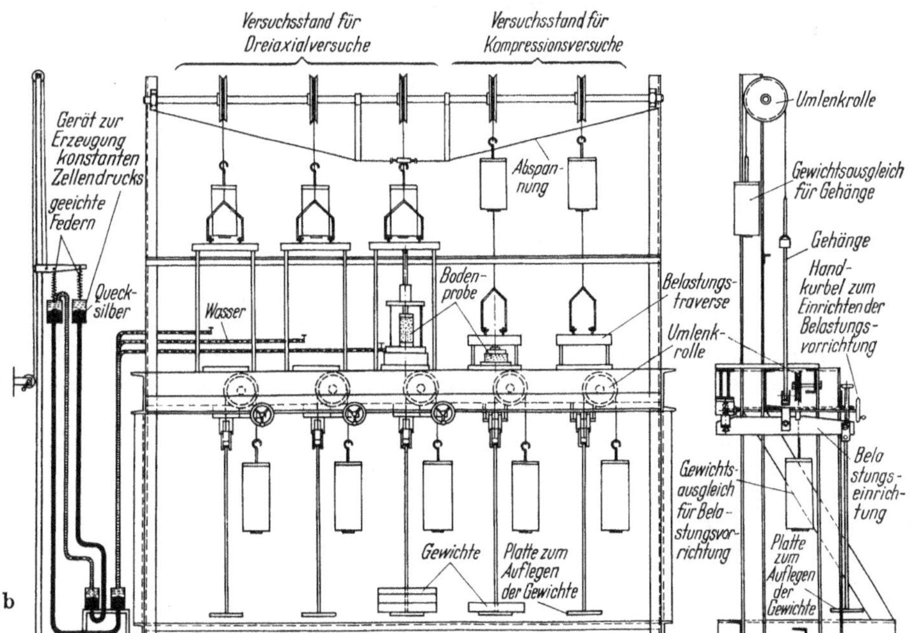

Abb. 542a u. b. Belastungsgestell für fünf kleine Dreiaxialzellen. a) Ansicht; b) Belastungseinrichtung.

wobei als Druckflüssigkeit Wasser oder Öl verwendet wird. Der Plexiglaszylinder ist durch einen solchen aus Stahl ersetzt. Der Zellendruck wird durch eine hydraulische Presse erzeugt. Schwierigkeiten bereiten die Dichtungen der Anschlußleitungen und der Probenhüllen, die unter lang andauernden hohen Drücken leicht durchlässig werden. Häufiger werden hohe Seitendrücke bei echten Gesteinen und Beton angewendet (KARMAN 1911, RICHART/BRANDTZAEG/BROWN 1928, US Bureau of Reclamation 1953). Bei einem Gerät für Gesteinsuntersuchungen, bei dem der Probendurchmesser entsprechend den gewonnenen Bohrkernen $d = 3$ bis 4,5 cm beträgt (Abb. 541), kann der Seitendruck mit Kolben bis zu 8000 kg/cm² gesteigert werden. Die Druckzelle besteht dementsprechend aus Stahl und ist mit Voltol-Gleitöl gefüllt (EVERLING 1956a).

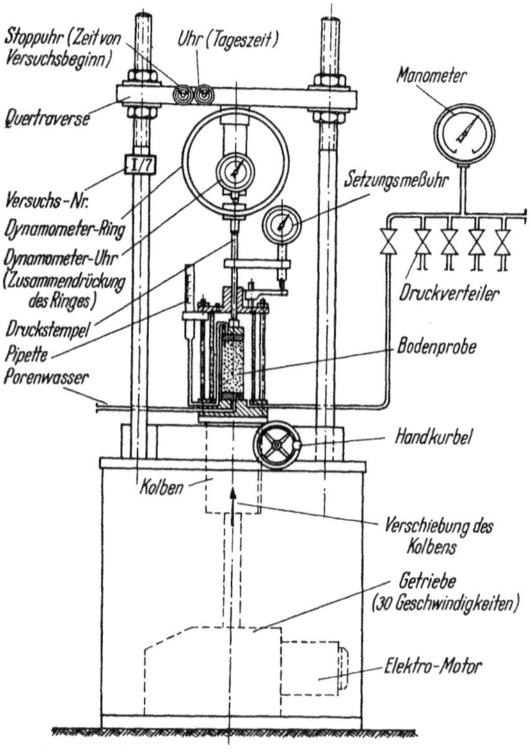

Abb. 543. Belastungsmaschine mit Versuchsanordnung (vgl. Abb. 438).

Geräte für die axiale Belastung. Man unterscheidet Versuche mit kontrollierter Belastung und Versuche mit kontrollierter Verschiebung.

Bei den ersteren wird die axiale Last entweder von Hand durch Gewichte oder aber automatisch in regelmäßigen Zeitabständen durch Aufgabe von Kugelgewichten oder von Wasserlast aufgebracht. Auch Stoßbelastungen können hervorgerufen werden.

Das Belastungsgestell für kontrollierte Lastaufbringung besteht aus durch Gegengewichte austarierten Hebeln (Abb. 542). Der lotrechte Druck σ_1 wird durch die aufgebrachten Gewichte (kontrollierte Belastung) gemessen.

Bei den Versuchen mit kontrollierter Verschiebung werden besondere vollautomatische Universal-Belastungsmaschinen verwendet, die heute meist mit konstanter Vortriebsgeschwindigkeit etwa in der Form eines Vorgeleges arbeiten, das durch einen Elektromotor angetrieben wird, wobei die Geschwindigkeiten in weitem Rahmen eingestellt werden können (Abb. 543). Der lotrechte Druck σ_1 wird hier durch einen Meßring von passender Steifigkeit gemessen.

Geräte zur Messung der Volumenänderung der Probe. Bei wassergesättigtem Boden entspricht die ausgedrückte Wassermenge der Volumenänderung der Probe. Sie kann daher unmittelbar an den Meßpipetten abgelesen werden (Abb. 544), die an die Filtersteine angeschlossen sind. Die geringe Veränderung des Wasserstands im Steigrohr und damit des Porenwasserdrucks in der Probe macht praktisch nichts aus.

Für nicht wassergesättigte Böden treten sowohl im geschlossenen als auch im offenen System Volumenänderungen ein. Sie werden durch das in die Druckzelle eintretende oder aus der Druckzelle entweichende Wasservolumen gemessen. Hier dient ein von Bishop/Henkel (1957/62) entwickeltes Gerät (Abb. 545a) zur Messung kleiner Volumenänderungen, bei dem ein kreisförmiges Glasrohr zur Hälfte mit Quecksilber gefüllt ist. Der rechte Quecksilberspiegel ist mit der Druck-

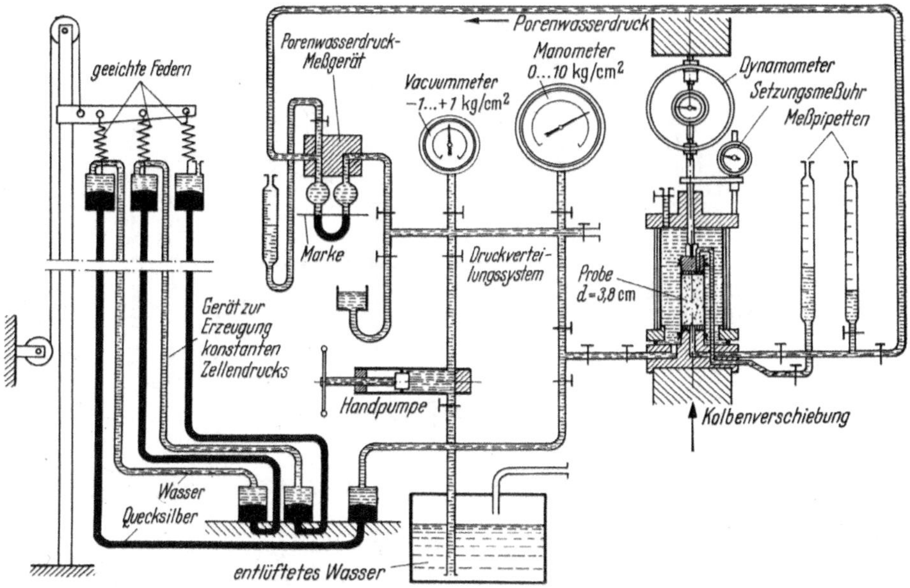

Abb. 544. Anordnung für dreiaxiale Druckversuche.

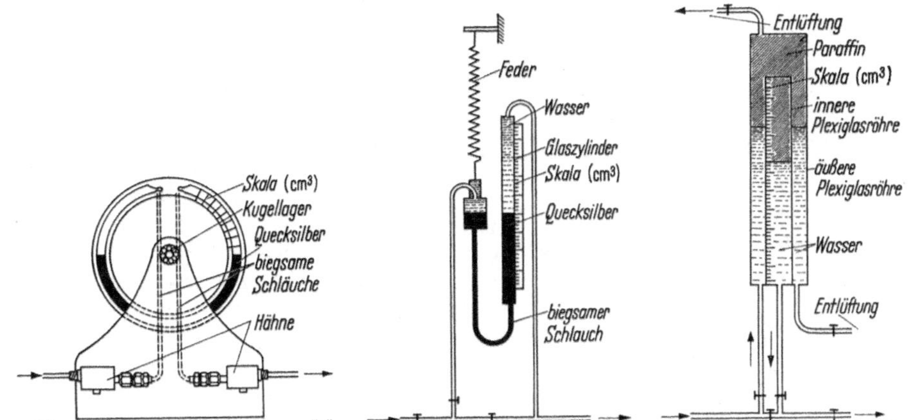

Abb. 545a—c. Geräte zur Bestimmung der Volumenänderung des Inhalts der Dreiaxialzellen. a) und b) nach Bishop/Henkel (1962); c) nach Bishop/Donald (1961).

flüssigkeit in der Zelle, der linke mit dem Seitendruckgerät verbunden. Wenn eine Volumenänderung in der Probe und damit auch in der Zelle eintritt, dreht sich das Kreisrohr um den Mittelpunkt. Die Volumenänderung kann an einer Skala abgelesen werden.

In einem grundsätzlich gleichen Gerät (Abb. 545b) schiebt die Wassersäule den Quecksilberfaden durch eine Röhre, an der die Volumenänderung unmittelbar abgelesen werden kann. Durch eine entsprechend geeichte Feder wird dafür gesorgt, daß der Druck der Quecksilbersäule konstant bleibt, ähnlich wie beim Seitendruckgerät (BISHOP/HENKEL 1962).

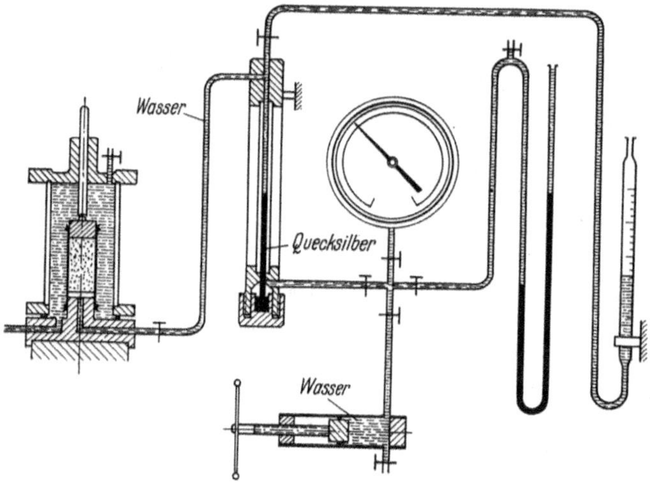

Abb. 546. Porenwasserdruck-Meßgerät nach BISHOP/HENKEL (1962).

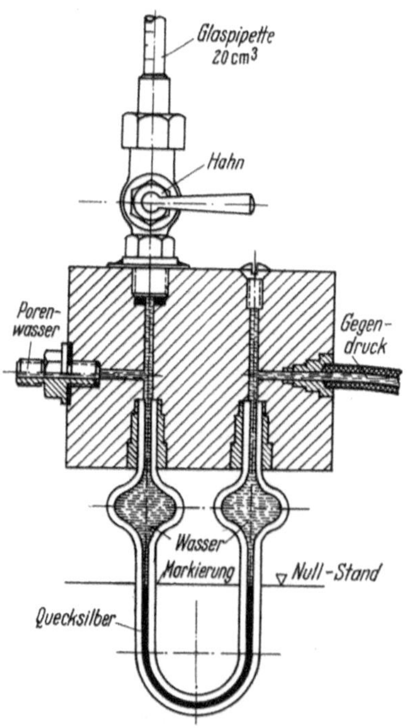

Abb. 547. Porenwasserdruck-Meßgerät in Form einer U-förmigen Kapillare (BISHOP/HENKEL 1962).

Anstelle von Quecksilber kann die Verschiebung der Flüssigkeitssäule auch mit gefärbtem Paraffin gemessen werden (Abb. 545c). Paraffin ist nur wenig leichter als Wasser. Wegen des geringen Gewichtsunterschieds beider Stoffe wird eine Feder zum Druckausgleich nicht benötigt (BISHOP/DONALD 1961).

Porenwasserdruckmeßgeräte. Das zuerst von RENDULIC (1937) entwickelte und heute von mehreren Stellen (BISHOP/HENKEL 1957/62, ANDRESEN/BJERRUM/DI BIAGIO KJAERNSLI 1957) weiter ausgebaute Gerät erlaubt es, den Porenwasserdruck in der Probe ohne Wasserverluste zu messen (Abb. 546). Bei wasserdicht abgeschlossener Probe wird jedes Austreten von Porenwasser in das Meßgerät dadurch verhindert, daß auf einen vom Porenwasser gedrückten Quecksilberfaden mit einer Handpresse soviel Gegendruck aufgebracht wird, daß der Quecksilberspiegel stets an einer Nullmarke bleibt. Praktisch geschieht dies dadurch, daß der Quecksilberspiegel durch ständiges Nachstellen des Handrades konstant gehalten wird. Der hierbei erzeugte Druck wird durch ein BOURDON- und durch ein Quecksilbermanometer gemessen. Wichtig ist die völlige Luftfreiheit aller Leitungen. Vor allem muß luftfreies Wasser verwendet werden.

Um eine bessere Entlüftbarkeit und einfachere Handhabung des Porenwasserdruckmeßgeräts zu erzielen, wurde ein Gerät konstruiert, das in einfacher und übersichtlicher Weise eine vollständige Entlüftung des Systems erlaubt und bei

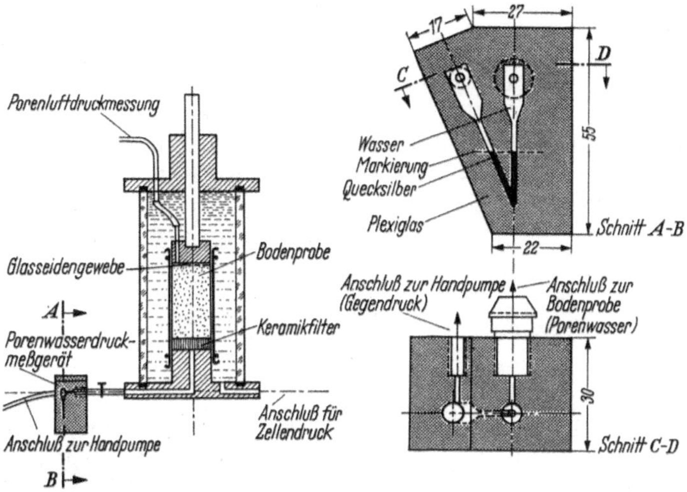

Abb. 548. Porenwasserdruck-Meßgerät, das unmittelbar an den Entwässerungshahn angeschlossen wird.

dem ein „Durchschießen" des Quecksilbers in die Schlauchleitungen unmöglich ist (Abb. 547). Durch eine U-förmige Kapillare mit zwei Ausbauchungen kann entlüftetes Wasser in allen Richtungen durch das Gerät gesogen werden, wobei sich das Quecksilber in den Ausbauchungen zu Kugeln formt und wegen seiner hohen Dichte am Boden liegen bleibt (Horn 1964a). Das Gerät wurde weiter vervollkommnet und, um möglichst kurze Schlauchleitungen zu haben, so gebaut, daß es unmittelbar am Entwässerungshahn der Zelle angeschraubt werden kann (Abb. 548).

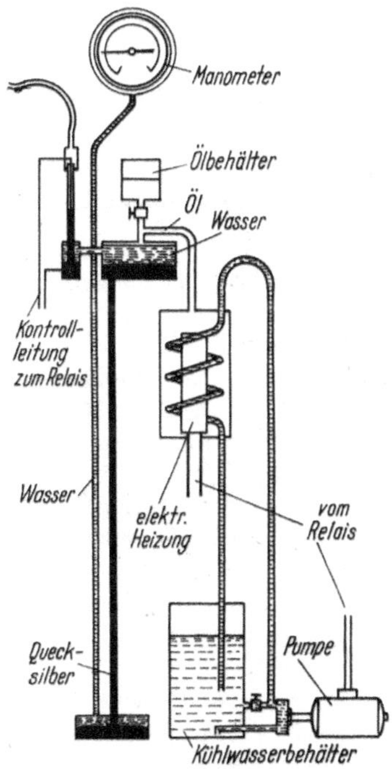

Abb. 549. Automatisches Porenwasserdruck-Meßgerät (Penman 1952/53).

Das Nachstellen der Druckpumpe von Hand wird bei dem automatischen Porenwasserdruckmeßgerät (Penman 1952/53) vermieden (Abb. 549). Bei einem Ansteigen des Porenwasserdrucks wird das Quecksilber von der Nullmarke entfernt. Der dort befindliche elektrische Kontakt wird unterbrochen. Dadurch wird im Ölbehälter mittels eines Relais eine elektrische Heizung eingeschaltet. Das Öl dehnt sich aus und bewirkt einen Druckzuwachs, bis das Quecksilber den Nullkontakt wieder erreicht und die Heizung ausschaltet. Dieser Vorgang wiederholt sich ständig. Wenn die Temperatur im Ölbehälter über 50 °C steigt, schaltet sich eine Wasserkühlung ein. Mit reinem destilliertem Wasser läßt sich die Schwankung des Quecksilberspiegels in der Kapillare auf 0,1 mm beschränken, so daß in der 1 mm-Bohrung nur eine sehr geringe Volumenänderung eintritt. Bei raschem Abfall des Porenwasserdrucks oder bei Porenwasserunterdruck wird die Kühlwasserpumpe zur besseren Kühlung ebenfalls eingeschaltet. Dadurch erreicht man eine schnelle Minderung des Gegendrucks und kann auch einen Unterdruck erzeugen. Die Ölheizung kann auf verschiedene Stufen geschaltet und die Zeit vom Berühren des Kontakts bis zum Einschalten der Pumpe reguliert werden. Das Gerät von PENMAN wurde stetig weiter entwickelt und ist heute in verbesserter und ausgereifter Form auf dem Markt erhältlich.

Ein anderes Verfahren zur selbsttätigen Messung des Porenwasserdrucks besteht in der Verwendung eines DRD-Compadyn-Leistungsverstärkers (Abb. 550).

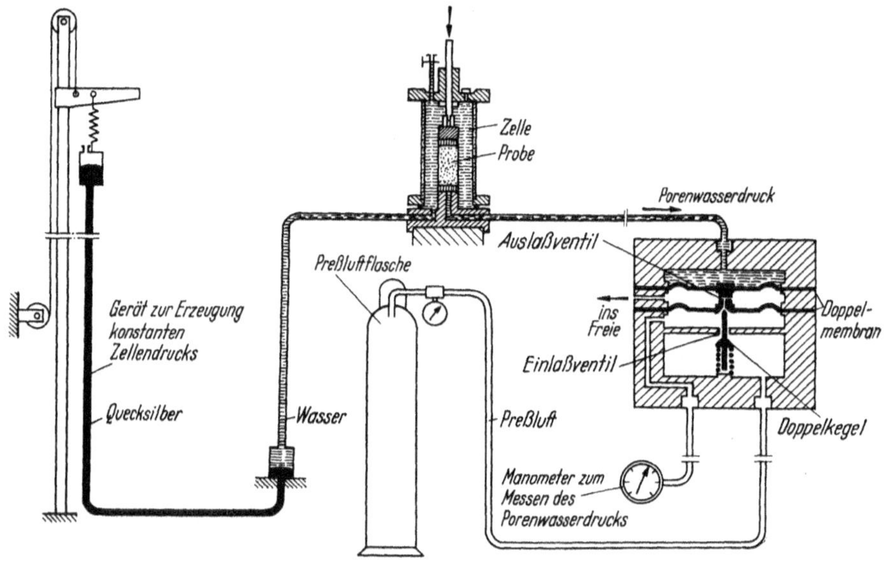

Abb. 550. Automatisches Porenwasserdruck-Meßgerät mit DRD-Compadyn-Leistungsverstärker.

Der Porenwasserdruck wirkt auf die Oberfläche einer Doppelmembran, deren Unterseite unter einem ebenso großen Preßluftdruck steht. Steigt der Porenwasserdruck an, so weicht die Doppelmembran nach unten aus. Der Doppelkegel bewegt sich nach unten und öffnet das Einlaßventil, dadurch strömt Preßluft zum Manometer, bis der Druck wieder ausgeglichen ist. Sinkt der Porenwasserdruck oder steigt der Preßluftdruck zu stark an, so wird das Auslaßventil angehoben, und die Druckluft entweicht durch die Doppelmembran ins Freie. Durch diesen Vorgang stellt sich auf der Unterseite der Doppelmembran stets der gleiche Druck wie auf der Oberseite ein. Er kann am Manometer abgelesen werden. Im Gleichgewichtszustand sind beide Ventile geschlossen. Luft wird dann nicht verbraucht.

In größeren Geräten kann der Porenwasserdruck durch in die gestörte Probe eingebaute Porenwasserdruckgeber, wie sie bei Feldversuchen verwendet werden (JELINEK/OSTERMAYER 1964), oder durch besondere Meßelemente beobachtet werden, welche aus Nadeln oder Filtersteinen (Abb. 551) bestehen, die durch Rohre oder Schläuche mit einem außerhalb der Probe befindlichen Porenwasserdruckgeber verbunden sind (KRAUSE 1966).

Porenluftdruckmeßgeräte. In neuerer Zeit sind auch Vorrichtungen für die getrennte Porenwasser- und Porenluftdruckmessung entwickelt worden (BISHOP/

Donald 1961, Bishop/Henkel 1962). Beide Drücke können wegen der Oberflächenspannung der Luftblasen sehr voneinander verschieden sein.

In der normalen Dreiaxialzelle wird gewöhnlich der Poren*wasser*druck am unteren Filterstein gemessen, der schwer durchlässig sein muß (Keramik-Filter

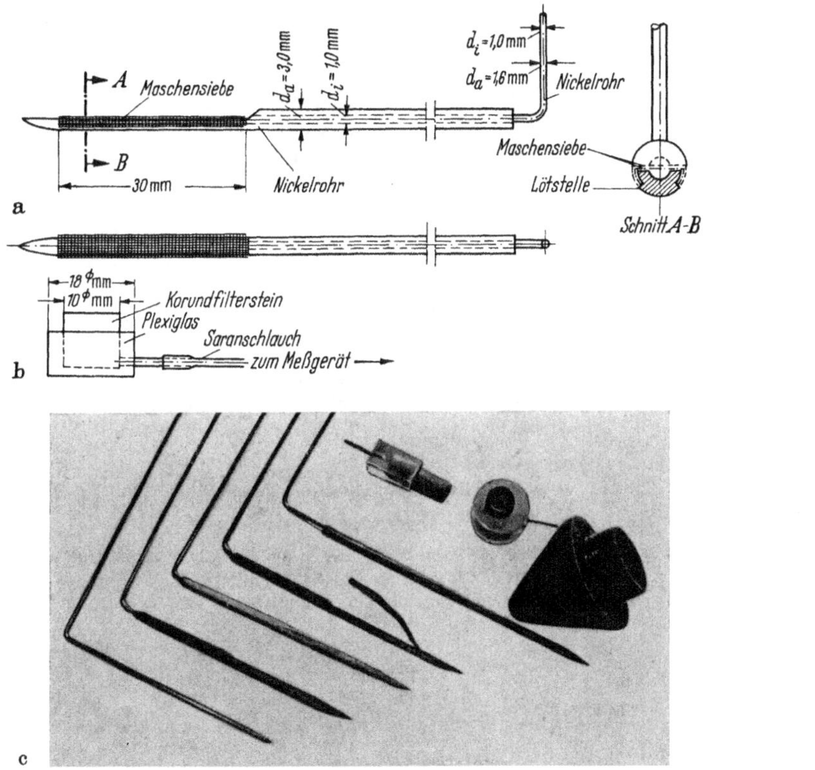

Abb. 551a—c. Meßelemente zum Bestimmen des Porenwasserdrucks.
a) Schema einer Porenwasserdruck-Meßnadel; b) Schema eines Filterstein-Meßelements; c) Ansicht von Porenwasserdruck-Meßnadeln und Filterstein-Meßelementen.

„Aerox Celloton, Grade VI"), um einen Austausch des Wassers im vollgesättigten Filterstein gegen die Porenluft der Probe zu verhindern (Abb. 552). Als Kriterium für die Durchlässigkeit des Filtersteins gilt, daß der Unterdruck, der erforderlich ist, um Wasser aus dem gesättigten Stein zu saugen, größer als der Unterdruck in der Probe sein muß.

Der Poren*luft*druck wird am oberen Probenende über ein Glasseidengewebe gemessen, das eine freie Verbindung zwischen Porenluft und Meßsystem erlaubt, aber gleichzeitig eine geringere Wasseranziehungskraft als die Bodenprobe besitzt, deren Anziehungskraft durch den Unterschied zwischen Porenwasserdruck p_w und Porenluftdruck p_l gegeben ist (Bishop/Henkel 1962). Der Porenluftdruck wird wie beim Porenwasserdruckmeßgerät auf eine Quecksilbermarkierung übertragen (Abb. 552), auf welche von der anderen Seite der Wasserfaden drückt, der zum Manometer führt. Die Markierung wird möglichst nahe an der Probe angeordnet, um nicht durch lange Leitungen infolge der Kompressibilität der Luft falsche Werte zu messen. Der Porenluftdruck p_l wird ebenfalls durch Gegendruck gemessen (Abb. 553).

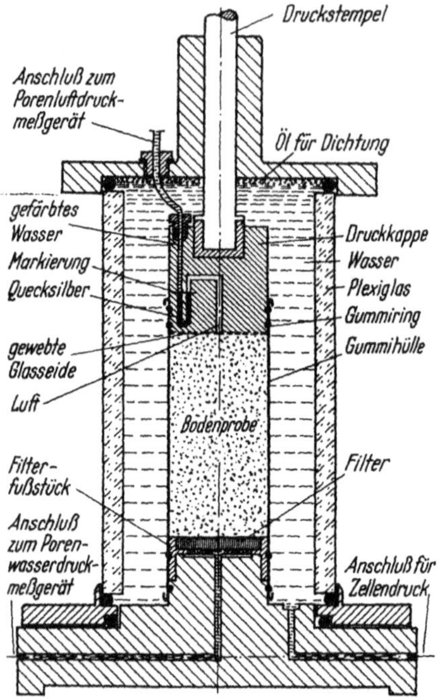

Abb. 552. Dreiaxiales Druckgerät für getrennte Porenluft- und Porenwasserdruckmessung (Probendurchmesser 3,8 cm, $h/d \geq 2$).

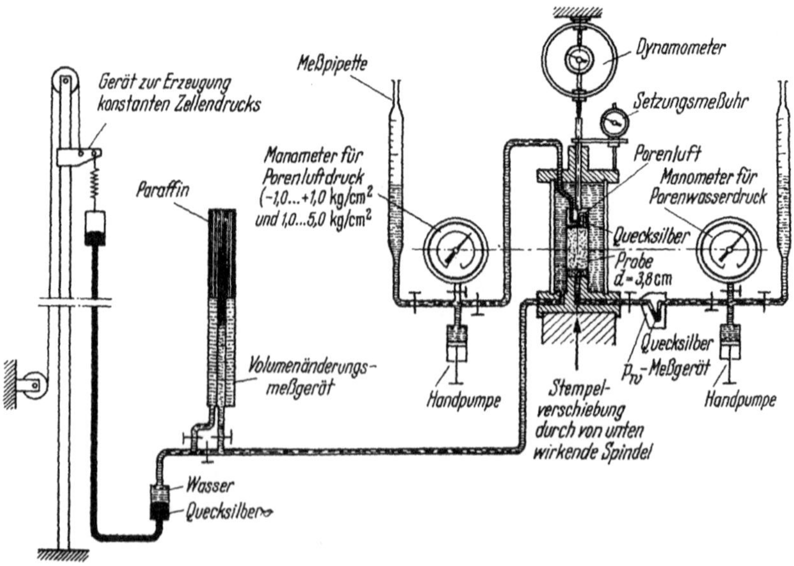

Abb. 553. Versuchsanordnung für Porenluft- und Porenwasserdruckmessung bei dreiaxialen Druckversuchen.

Registrierung der Versuche. Die selbsttätig arbeitenden Geräte ermöglichen eine weitgehende Automatisierung des Versuchs, wenn die Messungen mit einer fotografischen Registrieranlage aufgezeichnet werden (Abb. 554). Diese besteht aus einer fotografischen Kamera, welche in vorher eingestellten Zeitabständen die Meßuhren, erforderlichenfalls unter Auslösung eines Blitzkontakts, mit Hilfe eines Zeitschaltwerks fotografiert. Die Aufnahmen (Abb. 555) werden im Lesegerät ausgewertet.

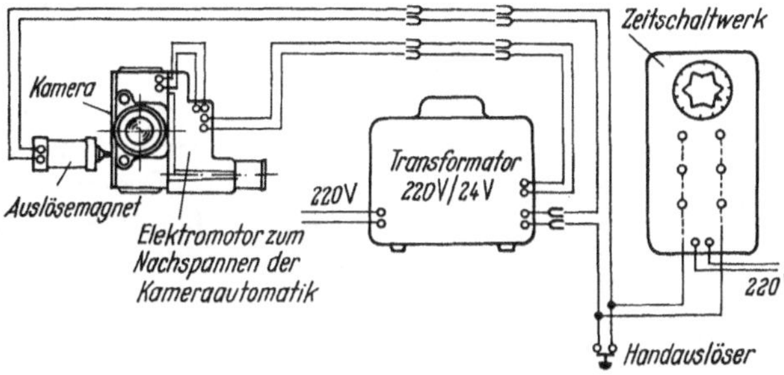

Abb. 554. Schaltbild einer fotografischen Registrieranlage.

.bb. 555. Fotografische Registrier-Aufnahme während eines D-Versuchs. Porenwasserdruck-Messung und Messung der Volumenänderung.

Zellgerät. Eine besondere Form des dreiaxialen Druckgeräts ist das in manchen ,ändern verwendete „*Zellgerät*" (Abb. 556), bei dem die Probe von der Flüssigkeit ıur an den Seiten, nicht aber von oben belastet wird. Der Raum zwischen Probe nd Plexiglaswand wird mit Wasser gefüllt. Bei einer senkrechten Belastung durch en Druckkolben weicht die Probe oben und seitlich etwas aus und drückt Wasser us der Zelle in ein Standrohr, das als Quecksilbermanometer ausgebildet ist. Je weiter sich die Probe seitlich ausdehnt und je mehr der Kolben in die Zelle eindringt, um so größer wird der veränderliche und die Probe stützende Seitendruck, bis sich schließlich der beginnende Bruch dadurch anzeigt, daß eine Volumenverminderung und damit ein Absinken des Seitendrucks eintritt.

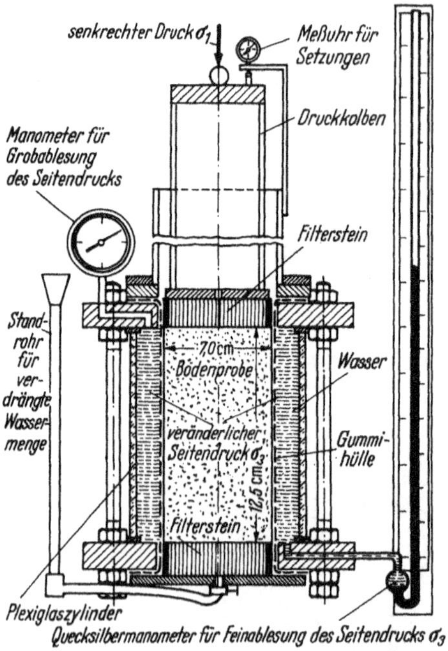

Abb. 556. Versuchsanordnung beim Zellgerät.

Zellgeräte werden auch zur Bestimmung des Ruhedrucks benutzt (Jänke/Martin/Plehm 1955) und sind auch für Großversuche hergestellt worden (Tschebotarioff/Ward/Di Biagio/Watkins/Perinne 1956). Sie sind aber durch die modernen Dreiaxialgeräte ziemlich verdrängt worden.

Zylinderdruckgerät. Für den Sonderfall, daß der Seitendruck gleich Null gewählt wird („*Zylinderdruckversuch*"), genügt eine Untersuchung im sogenannten Zylinderdruckgerät. Druckzelle und Standrohr fallen hier fort, meist auch die Gummihülle. Neben dem Laborgerät, das sonst dem dreiaxialen Druckgerät ähnelt, gibt es Ausführungen für Schnellversuche auf der Baustelle und im Labor mit automatischer Registrierung durch einen Kniehebel, welcher sowohl die Zu-

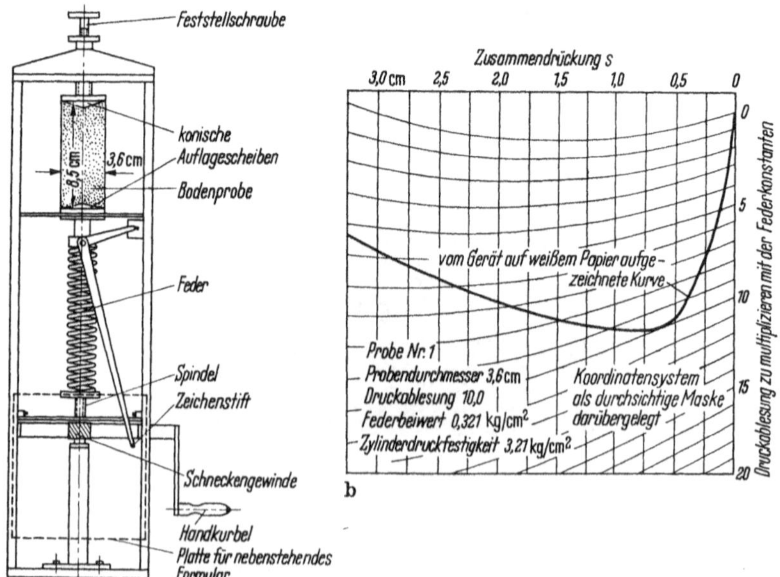

Abb. 557a u. b. Zylinderdruckversuch.
a) Selbstregistrierendes Zylinderdruckgerät; b) Auftragung der Druck-Setzungslinie.

sammendrückung als auch über eine Feder die Druckspannung auf ein Blatt Papier überträgt (Abb. 557).

Der Zylinderdruckversuch kann durch den „*Zylinderzugversuch*", bei welchem die Probe entweder an das Gerät angefroren oder bei einfachen Baustellenversuchen durch Tonwürste angeklebt wird, sowie durch den „*radialen Druck-*

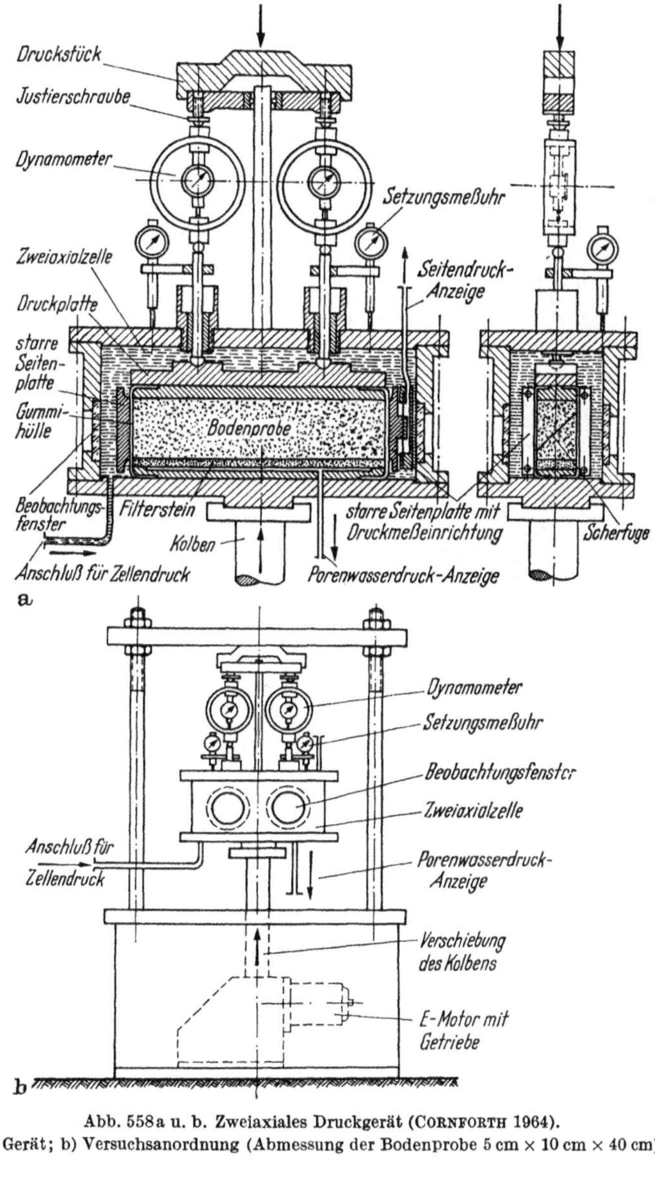

Abb. 558a u. b. Zweiaxiales Druckgerät (CORNFORTH 1964).
a) Gerät; b) Versuchsanordnung (Abmessung der Bodenprobe 5 cm × 10 cm × 40 cm).

versuch", bei dem der Zylinder längs seiner Seitenfläche durch zwei waagerechte Platten bis zum Bruch zusammengedrückt wird, und durch den „*Zylindertorsionsversuch*" ergänzt werden (KYVELLOS 1956).

Zweiaxiales Druckgerät. Für Forschungszwecke sind Zweiaxialgeräte konstruiert worden, bei denen der Spannungszustand in der Probe sowie der Abschervorgang mehr dem *ebenen* Spannungs- und Verformungszustand entspricht (Bjerrum/Kummeneje 1961, Cornforth 1964, Lorenz/Neumeuer/Gudehus 1965, Bishop 1966). Eine quaderförmige Bodenprobe wird oben und unten durch starre Platten und allseitig mit einer Gummimembran umgeben. Bei dem Gerät nach Cornforth sind auch an den zwei Schmalseiten starre Druckplatten angeordnet (Abb. 558). Die Stahlplatten an den kurzen Seitenflächen erhalten Vorrichtungen zum Messen der mittleren Hauptspannung σ_2. Die Probe ist 10 cm hoch, 5 cm breit und 30 bis 60 cm lang. Im übrigen ist das Gerät wie die Dreiaxialzellen ausgebildet. Der Zellendruck wird wie üblich aufgebracht. Es bildet sich eine ebene Scherfläche.

Abb. 559. Aufgestellter Stützzylinder mit eingehängter Gummihaut für einen Großversuch mit dem Gerät nach Abb. 537.

Vorgang. *Einbau.* Der Einbau ungestörter bindiger Proben geschieht durch Abfräsen oder – bei wassergesättigten Böden – durch Ausstechen mittels eines scharfkantigen Zylinders, aus dem die Probe dann herausgedrückt und mit dem Gummimantel überzogen wird.

Beim Einbau gestörter, meist nichtbindiger Proben wird die Gummihülle in der Innenwandung eines Zylinders durch eine Wasserstrahlpumpe festgesaugt. Der Boden wird dann mit dem gewünschten Wassergehalt eingefüllt und durch Stampfen auf das gewünschte Porenvolumen verdichtet. Die Probe steht dabei unten auf einem Filterstein und dem Sockel des Geräts. Sie wird oben durch einen zweiten Filterstein und die Druckkappe bedeckt. Die Gummihülle wird befestigt und die Probe von unten einem Vakuum ausgesetzt. Der Mantel wird nach oben abgezogen und die Zelle zusammengebaut. Sobald die Zelle mit Wasser gefüllt ist, steht die Probe ohne Vakuum. Sicherheitshalber wird aber vor dessen Fortnahme der vorgesehene allseitige Druck aufgebracht. Bindige Proben werden zudem durch das Vakuum eine zeitlang vorverdichtet, bis sie standfest sind. Die erforderliche Zeit kann durch seitliche Pappdränagen wesentlich verkürzt werden.

Beim nicht konsolidierten, nicht entwässerten Versuch ohne Porenwasserdruckmessung können die Filtersteine fortgelassen werden.

Ungesättigte Proben können gesättigt werden, indem der allseitige Druck und der Porenwasserdruck gleichzeitig erhöht werden, bis sich die Porenluft unter dem Druck im Porenwasser aufgelöst hat („*back-pressure*"). Wenn beide Drücke sorgfältig genug aufgebracht werden, so daß sich der äußere und innere Druck zu jeder Zeit das Gleichgewicht halten, wird das Korngerüst nicht belastet. Der ursprüngliche Zustand der Probe wird also durch dieses Verfahren nicht verändert. Anschließend kann der weitere Versuch mit der wesentlich einfacheren Versuchstechnik für gesättigte Proben durchgeführt werden.

Bei Großversuchen (Abb. 536 und 537) wird die Gummihaut in einen in der Länge geteilten Blech- oder Plexiglaszylinder gehängt (Abb. 559), der eingefüllte Boden durch Rütteln oder Stampfen verdichtet, die obere Druckplatte aufgelegt und luftdicht mit einem oder zwei Gummihüllen verbunden, ein Vakuum aufgebracht und der Stützzylinder entfernt (Abb. 538).

Konsolidation. a) *Isotrope Konsolidation.* Bei den Normalversuchen wird mit den beschriebenen Geräten nach dem Einbau der allseitige Druck σ_3 aufgebracht. Er wird bei Großversuchen ohne Druckzelle mit einer Wasserstrahlpumpe durch ein Vakuum im Innern der Probe, bei Versuchen mit Druckzelle (Abb. 536) durch einen Windkessel erzeugt, der durch einen Kompressor den notwendigen Druck bis 8 oder 10 kg/cm² erhält. Bei höheren Seitendrücken wird eine Druckpresse verwendet.

Wenn die Bodenprobe unter dem allseitigen Druck konsolidiert werden soll, was mit Ausnahme des nicht konsolidierten, nicht entwässerten Versuchs (S. 528) eigentlich immer der Fall ist, wird die Entwässerung durch einen oder beide Filtersteine geöffnet (Abb. 535) und die ausgedrückte Wassermenge in Abhängigkeit von der Zeit gemessen, um später die Abschergeschwindigkeit festlegen zu können (Abb. 560). Außerdem kennt man dann bei wassergesättigten Proben das Volumen und das Raumgewicht sowie die daraus abgeleiteten Kennziffern nach der Konsolidierung.

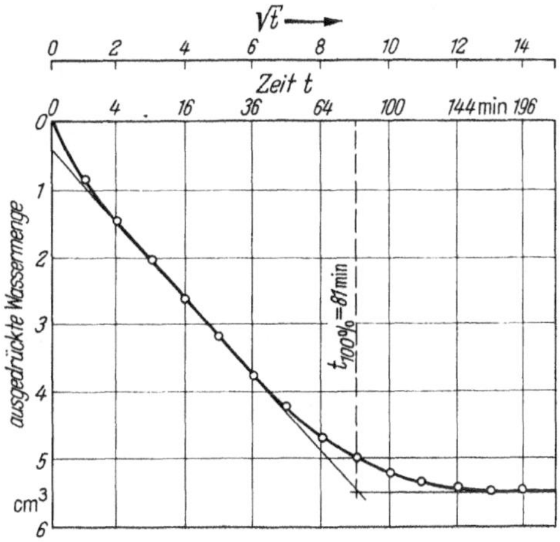

Abb. 560. Beim Konsolidieren einer Dreiaxialprobe aus Schluff ausgedrückte Wassermenge in Abhängigkeit von der Zeit.

b) *Anisotrope Konsolidation* (dreiaxialer Kompressionsversuch). Versuche mit anisotroper Konsolidation dienen zur Messung der Zusammendrückbarkeit nicht allein unter einem allseitigen Druck, sondern unter gleichzeitigem Aufbringen einer lotrechten Spannung durch den Druckkolben. Dabei kann entweder der Seitendruck σ_3 (etwa gleich dem Überlagerungsdruck oder einem Bruchteil davon) oder das Hauptspannungsverhältnis σ_1/σ_3 konstant bleiben, letzteres auch so groß gewählt werden, daß keine seitliche Verformung der Probe eintritt (λ_0-Versuch). Das Hauptspannungsverhältnis muß aber unter dem Bruchwert bleiben. Die Probe wird dabei entweder mit konstanter Verschiebung, sonst mit konstanter Belastung bis zu dem gewünschten Größtdruck konsolidiert. Die Entwässerung kann dabei auch geschlossen werden.

Abscheren. Die Scherbelastung wird gewöhnlich durch Erhöhen des lotrechten Drucks erzeugt. Hierbei können entweder Gewichte aufgelegt oder bei Groß- und Gesteinsversuchen Druckpressen verwendet werden. Man kann auch eine Spindel mit der Hand vortreiben, so daß die Belastungszunahme konstant bleibt (Versuche mit kontrollierter Belastung). Statt dessen kann die Verschiebung der Spindel durch einen Elektromotor mit einem umschaltbaren Getriebe aber auch in der Weise erzeugt werden, daß sich konstante Geschwindigkeiten (etwa zwischen 8 und 0,001 mm/min) einstellen. Das entspricht bei den normalen Geräteabmessungen im Labor Versuchsdauern zwischen etwa 2 Minuten und mehreren Wochen.

In Sonderfällen kann die Probe auch durch lotrechten Zug, durch Verminderung — oder im Zellgerät auch durch Erhöhen — des allseitigen Drucks bei konstantem lotrechtem Druck abgeschert werden. Ferner kann das gleiche durch eine künstliche Erhöhung des Porenwasserdrucks in der Probe erreicht werden.

Während des Abscherens kann die Entwässerung der Probe entweder geöffnet oder geschlossen sein. Im letzteren Fall kann der Porenwasserdruck am Filterstein gemessen werden.

a) *Standardversuche.* Je nach der Anwendung der verschiedenen Möglichkeiten unterscheidet man die drei folgenden Standardversuche:

1. *Nicht konsolidierte, nicht entwässerte Versuche* („*UU-Versuche*" — *u*nconsolidated *u*ndrained) mit dem Sonderfall des Zylinderdruckversuchs (nur für bindige Böden). Alle Proben werden mit dem gleichen (natürlichen) Wassergehalt eingebaut. Die Entwässerung ist stets, auch während des Aufbringens des allseitigen Drucks, geschlossen. Mehrere Proben werden jeweils verschieden hohem allseitigem Druck ausgesetzt und dann etwa mit einer Geschwindigkeit von 1% der Probenhöhe in der Minute abgeschert. Hierbei kann der Porenwasserdruck gemessen werden oder nicht. Das erstere geschieht vielfach bei verdichteten gestörten, nicht wassergesättigten Proben von Schüttstoffen für Dämme. Sonst bringt die Porenwasserdruckmessung für praktische Zwecke nichts.

2. *Konsolidierte, nicht entwässerte Versuche* („*CU-Versuche* — *c*onsolidated *u*ndrained) (für alle Bodenarten). Bei mehreren Proben werden jeweils die verschieden hohen Konsolidationsdrücke σ_3 bei geöffneter Entwässerung aufgebracht. Nach beendeter Konsolidierung wird die Entwässerung geschlossen und dann die Probe mit einer Geschwindigkeit von 0,1% der Probenhöhe pro Minute abgeschert. Meist wird dabei der Porenwasserdruck gemessen, es sei denn, daß die Proben nicht wassergesättigt sind. In diesem Falle empfiehlt sich die zusätzliche Messung des Porenluftdrucks oder aber die Ausführung entwässerter Versuche.

3. *Konsolidierte, entwässerte Versuche* („*D-Versuche*" — *d*rained) (für alle Bodenarten). Sowohl die Konsolidierung als auch das Abscheren finden bei geöffneter Entwässerung statt. Die lotrechte Belastung wird zudem so langsam aufgebracht, daß keine Porenwasserdrücke entstehen können. Die hierfür erforderliche Zeit t_f bis zum Bruchpunkt $(\sigma_1 - \sigma_3)_{\max}$ kann folgendermaßen berechnet werden (GIBSON/HENKEL 1954, BISHOP/HENKEL 1962, S. 125):

$$t_f = \frac{h^2}{\eta\, c_v\, (1 - U_f)} \quad \text{(sec)}\,, \qquad (241)$$

h halbe Probenhöhe vor dem Abscheren,
η Beiwert, der von den Entwässerungsbedingungen der Probe abhängt (Tab. 66),
c_v Verfestigungsbeiwert nach TERZAGHI/FRÖHLICH,
ξ Beiwert (Tab. 66),
$t_{100\%}$ Zeitpunkt der vollen Konsolidierung (Abb. 560), der durch Extrapolation aus der Zeit-Wasserverlustlinie während der Konsolidierung unter dem allseitigen Druck gefunden wird,
U_f Grad der Porenwasserdruckabnahme beim Abscheren $= 1 - \frac{p_{we}}{p_{wn}}$,
p_{we} Porenwasserdruck beim entwässerten Versuch nach der Zeit t,
p_{wn} Porenwasserdruck beim nicht entwässerten Versuch.

Tabelle 66. *Entwässerungsbeiwerte*
(nach BISHOP/HENKEL 1962, S. 125 u. 126)

Entwässerung	ξ	η
Filtersteine an einem Probenende	1	0,75
Filtersteine an beiden Probenenden	4	3,00
Filterstreifen um den Mantel der Probe	64*	32,00
Filterstreifen am Mantel und Filtersteine an beiden Probenenden	100*	35,00

* Für $h = d$.

Gewöhnlich wird die Zeit t_f für $U_f = 0{,}95$ als ausreichend angesehen. Damit wird:

$$t_f = \frac{20 h^2}{\eta\, c_v} \quad \text{(sec)}\,. \qquad (241\,\text{a})$$

Die Abschergeschwindigkeit ist dann:

$$v = h\, s'_B / t_f \qquad \text{(mm/min)}, \qquad (242)$$

s'_B geschätzte bezogene Zusammendrückung der Probe bis zum Bruch in Bruchteilen der Probenhöhe.

Schluff kann bei allseitiger Dränage der 3,8 cm-Proben mit $v = 0{,}01$ mm/min abgeschert werden (HORN 1964a).

Der Versuch benötigt bei schwer wasserdurchlässigen Proben viel Zeit (Tab. 67). Diese kann durch den konsolidierten, nicht entwässerten Versuch mit Porenwasserdruckmessungen abgekürzt werden, der für praktische Zwecke das gleiche Ergebnis liefert, wenn er in wirksamen Spannungen ausgewertet wird.

Tabelle 67. *Bruchverformung und Abscherzeiten für Ton* (D-Versuche, Probenhöhe 7,1 cm) (nach BISHOP/HENKEL 1962, S. 127)

Zustand	Herkunft	w_f (%)	w_a (%)	s'_B	Zeit (Std.)
Ungestört					
Einfach verdichtet	Fluß-ablagerung	103	34	0,24	46
		116	34	0,24	50
	Alluvial	28	18	0,20	10
Überverdichtet	London	80	27	0,04–0,06	30
	Lias	56	24	0,04–0,08	25
	Weald	43	18	0,04–0,08	8
	Geschiebe	30	15	0,04–0,06	8
Gestört					
Einfach verdichtet	London	78	26	0,22	48
	Weald	43	18	0,20	30
Überverdichtet 4fach	London	78	26	0,11	48
	Weald	43	18	0,14	30
24fach	London	78	26	0,5	24
	Weald	43	18	0,7	8

b) *Sonderversuche.* Neben den vorgenannten Standardversuchen gibt es noch die folgenden Versuchsverfahren:

1. *Porenwasserdruckversuche*, bei denen im geschlossenen System der Porenwasserdruck infolge eines Wechsels der aufgebrachten Spannungen gemessen und anschließend, nach Öffnen der Entwässerungsleitungen, der Abbau des Porenwasserdrucks mit der Zeit beobachtet wird.

2. *Ruhedruckversuche* zur Bestimmung des Ruhedruckbeiwerts λ_0 für den Erddruck und der Zusammendrückbarkeit des Bodens bei eindimensionaler Setzung. Da die Ruhedruckzahl sich auf das Verhältnis der wirksamen Spannungen bezieht, müssen etwa auftretende Porenwasserdrücke gemessen werden:

$$\lambda_0 = \frac{\sigma'_3}{\sigma'_1} \quad \text{bzw.} \quad \frac{\Delta\sigma'_3}{\Delta\sigma'_1}, \qquad (243)$$

σ'_3 wirksamer Seitendruck,
σ'_1 wirksamer lotrechter Druck.

Zur Kontrolle der waagerechten Verformung, die während des ganzen Versuchs gleich Null bleiben muß, wird um die Mitte der Probe ein Band mit einem Meßstreifen oder ein Meßring mit Quecksilberindikator (BISHOP/HENKEL 1962) gelegt. Während der Erhöhung des lotrechten Drucks muß von Hand auch die waagerechte Spannung fortlaufend so gesteigert werden, daß der Meßstreifen oder der Ring keine Formänderung anzeigt. Bei nichtbindigen Böden, welche unter Vakuum eingebaut sind, wird die Ruhedruckziffer aus der Zunahme $\Delta\sigma$ der beiden Hauptspannungen berechnet.

3. *Porenwasserdruckfreie Versuche oder Versuche mit konstantem Wassergehalt* (*volumenbeständige Versuche*), bei denen während der Aufbringung der lotrechten Belastung σ_1 durch eine entsprechende seitliche Entlastung dafür gesorgt wird, daß der Porenwasserdruck immer gleich Null oder auf gleicher Höhe bleibt (Brinch Hansen 1958, Brinch Hansen/Lundgren 1960). Die erste Bedingung kann in einfacher Form im Standrohr kontrolliert werden, wobei nur darauf geachtet werden muß, daß der Wasserstand im Steigrohr stets gleich hoch, etwa in der Höhe der Oberkante der Probe, bleibt. Der Versuch hat dadurch gegenüber dem normalen nicht entwässerten Versuch den Vorteil, daß keine Porenwasserdruckmessungen, die besonders bei nicht wassergesättigten Böden noch schwierig sind, notwendig werden.

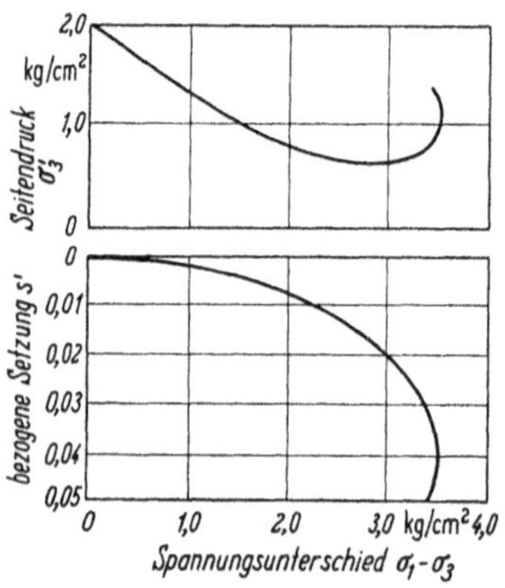

Abb. 561. Ergebnis eines dreiaxialen CU-Versuchs (Brinch Hansen/Lundgren 1960).

Die Probe wird zunächst unter dem allseitigen Druck σ_3 verdichtet. Dann wird bei offenem System und Anschluß des Steigrohrs bei konstantem Porenwasserdruckspiegel σ_1 gesteigert und σ_3 abgemindert (Abb. 561). Die Verringerung $\Delta\sigma_3$ ist dann gleich dem Porenwasserdruck, der bei verhinderter Entwässerung und konstantem σ_3 entstanden wäre. Der Mohrsche Kreis wird um das Maß $\Delta\sigma_3$ nach links verschoben.

Dieser Versuch gehört zur Klasse der konsolidierten, nicht entwässerten Versuche. Die gesamten Spannungen sind gleich den wirksamen. Bei wassergesättigten Böden braucht nicht $p_w = 0$ zu sein, sondern es kann ein beliebig hoher, jedoch konstanter Porenwasserdruck eingehalten werden, der dann noch von den Spannungen σ_3 und σ_1 abgezogen werden muß, um die wirksamen Spannungen zu erhalten.

Da bei diesen Versuchen der Wassergehalt konstant bleibt, liefern sie nicht nur die Scherfestigkeit bezogen auf die wirksamen Spannungen (Dauerstandsicherheit), sondern geben auch die Möglichkeit, die Scherfestigkeit unentwässerter Proben bei dem natürlichen Wassergehalt zu bestimmen (Anfangsstandsicherheit).

4. *Versuche mit konstanter mittlerer Hauptspannung* $\sigma_m = \frac{1}{3}(\sigma_1 + 2\,\sigma_3)$, bei denen unter gleichzeitiger Erhöhung der lotrechten und Verminderung der waagerechten Spannungen abgeschert wird, derart, daß das obige Mittel konstant bleibt. Da bei konstantem σ_m keine Konsolidation eintritt, entsprechen alle Volumenänderungen der „*Dilatation*", d. h., es handelt sich um Volumenänderungen infolge Scherspannungen (Ladanyi 1960 und 1961). Diese Versuche können auch zur Bestimmung der kritischen Dichte ausgewertet werden.

5. *Versuche mit Porenwasserdruckmessungen unter gegebenen äußeren Bedingungen.* Wenn die Bruchfestigkeit des Bodens nicht erreicht wird, weil eine gewisse Sicherheit verlangt wird (Abb. 562), dann können nicht entwässerte Versuche durch Einregulieren der beiden Hauptspannungen so durchgeführt werden, daß die Mohrschen Kreise stets die vorgeschriebene Schergerade berühren (*kontrolliertes Hauptspannungsverhältnis*). Man mißt an den nicht wassergesättigten Proben den Porenwasserdruck und trägt ihn in Abhängigkeit von der größeren wirksamen Hauptspannung auf.

Eine andere in Böschungen vorkommende Bedingung tritt bei plötzlicher Absenkung des Wasserspiegels auf. Beide Hauptspannungen werden dann kleiner, aber ihr Unterschied wird größer. Die Spannungsänderungen, denen der Boden bei der Konstruktion des Damms, der Füllung und der plötzlichen Leerung des Beckens unterliegt, werden im Versuch nachgeahmt. Der Flüssigkeitsdruck wird beim nicht entwässerten Boden auf das Maß bei Fertigstellung des Damms gebracht. Dann wird die Probe entwässert und anschließend der Porenwasserdruck auf dasjenige Maß erhöht, welches einer mittleren Füllung des Beckens entspricht. Seiten- (σ_3) und Porenwasserdruck (p_w) werden auf den Wert einer vollen Beckenfüllung in gleichen Stufen erhöht. Die Spannung σ_3 wird dann auf den für die Füllung des Beckens berechneten Betrag herabgesetzt. Mit dem plötzlichen Fallen des Wasserstands werden beide Hauptspannungen zunächst zusammen, dann die kleinere von ihnen ermäßigt, bis Abscheren eintritt. Der Porenwasserdruck wird während des Versuchs gemessen (Bishop/Henkel 1962, S. 161).

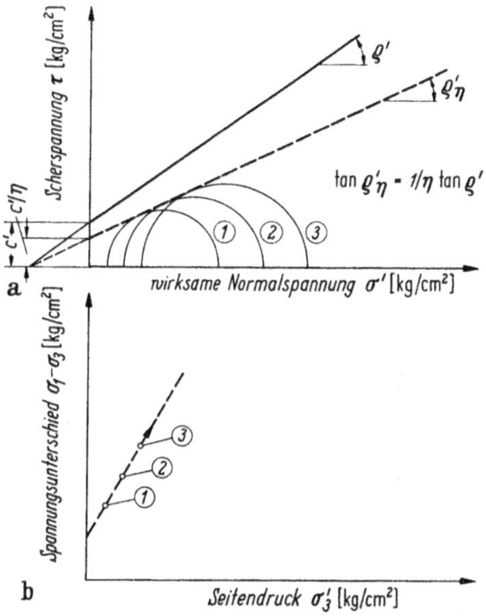

Abb. 562a u. b. Konsolidation mit einem konstanten Sicherheitsfaktor.
a) Tangente an die Mohrschen Kreise für den Bruchzustand und Tangente für einen konstanten Sicherheitsfaktor η; b) Beziehung zwischen Spannungsunterschied $\sigma_1 - \sigma_3$ und Seitendruck σ_3' für einen konstanten Sicherheitsfaktor η (Bishop/Henkel 1962).

6. *Versuche zur Bestimmung der wahren Kohäsion und des wahren Reibungswinkels.* Zur Bestimmung der wahren Scherparameter benötigt man mindestens zwei Mohrsche Kreise für gleichen Wassergehalt (da die wahre Kohäsion sich mit dem Wassergehalt ändert), aber für verschiedene wirksame Spannungen der Probe, da bei Bestimmung des wahren inneren Reibungswinkels der Porenwasserdruck gleich Null sein muß (Skempton/Bishop 1954, S. 470). Man erhält zwei solche Kreise, indem man eine erst- und eine vorbelastete Probe mit gleichem Wassergehalt beim Bruch untersucht. Praktisch geschieht das durch Interpolation zwischen mehreren Versuchen mit verschiedenen Anfangswassergehalten. Verwendet werden können entweder entwässerte oder vorbelastete, nicht entwässerte Versuche mit Porenwasserdruckmessungen. Das Verfahren ist bei Schluff und bei Ton mit geringer Bildsamkeit schwierig, da dort selbst eine hohe Vorbelastung keine deutliche Trennung der Mohrschen Kreise bewirkt. Hier arbeitet man besser mit der Versuchsspur (Spannungsweg, s. S. 536). Bei Böden mit dem Bestreben zur Dilatation (Volumenänderung durch Scherspannungen) hat das den Vorteil, daß man durch Abscheren einer einzigen Bodenprobe im nicht entwässerten Versuch den wahren Reibungswinkel ϱ_w und die wahre Kohäsion c_w für den vorhandenen Wassergehalt erhält. (Horn 1964a und b).

7. *Zellversuch.* Beim Zellversuch läßt man soviel Wasser in die Druckzelle einlaufen, daß die Gummihülle gut gegen die Probe gedrückt wird. Die auf diese Weise seitlich gestützte Probe wird dann lotrecht belastet. Der dabei auftretende Seitendruck wird an einem Quecksilbermanometer abgelesen. Durch Ablassen einiger Tropfen Wasser aus der Zelle kann der Seitendruck bei konstantem lotrechten Druck bis zum Abscheren der Probe vermindert werden.

Andrerseits kann man auch den lotrechten Druck vergrößern und die dazugehörige kleinste waagerechte Hauptspannung bestimmen. Nach einer lotrechten Druckerhöhung verformt sich die Probe ein wenig und erzeugt dadurch einen der Verdrängung des Wassers entsprechenden Seitendruck. Bei Sand wird etwas Wasser ausgepreßt, und eine lotrechte Setzung stellt sich ein. Dabei wird die Probe seitlich etwas auseinander gedrückt. Je weiter sich die Probe seitlich ausdehnt, desto größer wird der stützende Seitendruck. Schließlich wird ein Gleichgewichtszustand erreicht. Für jede Steigerung der lotrechten Belastung erhält man auf diese Weise einen MOHRschen Kreis.

Bei Ton wächst der Seitendruck ebenso rasch und erreicht ein Maximum (nicht entwässerter Scherversuch). Er fällt dann aber im Laufe der Zeit bei Entwässerung langsam auf ein Minimum ab (entwässerter Scherversuch). Jedoch wird gewöhnlich nach Erreichen des Seitendruckmaximums sofort die nächste lotrechte Laststufe aufgebracht. Nur am Schluß des Versuchs wartet man das Seitendruckminimum ab. Bei den ersten Laststufen stellt sich nur das Minimum ein, so daß man aus dem Versuch zwei Scherlinien (für den entwässerten und den nicht entwässerten Zustand) erhält.

Wenn man das Wasser daran hindert, aus der Druckzelle zu entweichen, und dafür sorgt, daß die Zelle sich nicht verformt, kann aus dem Verhältnis des lotrechten Drucks zum Wasserdruck in der Zelle der Ruhedruckbeiwert des Bodens bestimmt werden. Der Seitendruck muß dann mit einem Meßgerät beobachtet werden, bei welchem wie bei den Porenwasserdruckmessern kein Wasser austritt.

8. *Zylinderdruckversuch.* Beim Zylinderdruckversuch entfallen seitliche Belastung und Porenwasserdruckmessungen. Der Versuch wird stets rasch ($v=1\%$/min) ohne Entwässerung der Probe durchgeführt.

Meßgrößen. Bei Versuchen mit kontrollierter Belastung mißt man zu jeder Laststufe, bei Versuchen mit kontrollierter Verschiebung in festgelegten Zeitintervallen, die beiden Hauptspannungen σ_1 und σ_3, die Zusammendrückung der Probe Δh, gegebenenfalls den Porenwasserdruck p_w, die Menge des ausgedrückten Wassers und bei nicht wassergesättigten Proben die Volumenänderung der Probe am Volumenmeßgerät. Bei überverdichteten Tonen, bei denen sich normalerweise eine klare Scherfläche ausbildet, wird auch der Bruchwinkel ϑ der Probe gemessen.

Auftragungen. *Isotrope Konsolidation.* Bei der Konsolidierung unter allseitigem Druck σ_3 trägt man die Abhängigkeit der ausgepreßten Wassermenge von der Zeit auf, wobei zweckmäßigerweise die Zeitachse im Wurzelmaßstab gezeichnet wird (Abb. 560). Bei wassergesättigten Böden entspricht die Wassermenge der Volumenabnahme. Diese Darstellung wird zur Bestimmung der Abschergeschwindigkeit des entwässerten Versuchs benötigt.

Anisotrope Konsolidation (*dreiaxialer Kompressionsversuch*). Bei diesem Versuch, der gegenüber dem Kompressionsversuch bei behinderter Seitendehnung den Vorzug einer bekannten Seitenspannung σ_3' und fehlender Seitenreibung hat, wird die Druck-Setzungslinie im linearen Maßstab für die bezogene lotrechte Setzung s_1' und die lotrechte Hauptspannung σ_1' aufgetragen. Aus der Druck-Setzungslinie kann die Steifezahl $E_d = \frac{d\sigma_1'}{ds_1'}$ (kg/cm²) für beliebige Spannungsbereiche entnommen werden (Abb. 563).

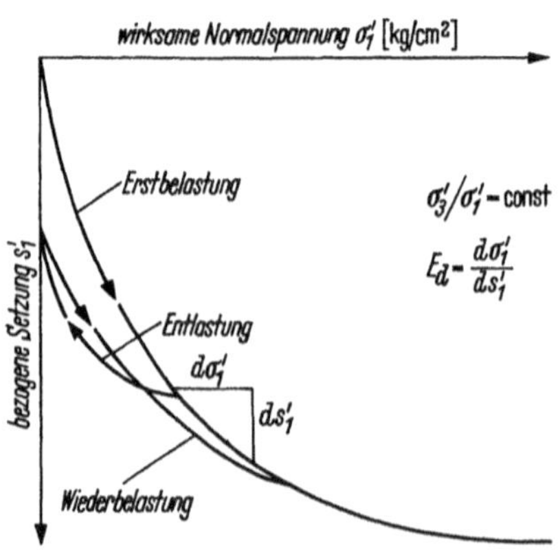

Abb. 563. Druck-Setzungslinie eines dreiaxialen Kompressionsversuchs.

Abscheren. Der lotrechte Druck wird unter Beachtung des durch die Verformung der Probe angewachsenen Querschnitts bestimmt. Diesen erhält man dadurch, daß man das gemessene Volumen der Probe jeweils durch ihre Höhe teilt, also: mittlerer Querschnitt $F_m = V/h$ und $\sigma = P/F_m$. V und h werden hierfür zu jedem Zeitpunkt des Abscherens gemessen.

1. Nicht konsolidierter, nicht entwässerter Versuch (*UU-Versuch*). Die Druck-Setzungslinie wird für den Spannungsunterschied $(\sigma_1 - \sigma_3)$ gezeichnet. Aus ihr kann der Bruchpunkt entnommen werden (Abb. 564). Dann werden für verschiedene Proben aus Boden mit gleichem Wassergehalt, die unter verschiedenen Seitendrücken σ_3 abgeschert worden sind, die Mohrschen Kreise über σ_3 und σ_1 im τ-σ-Diagramm aufgetragen (Abb. 565). Wenn die Porenwasserdrücke während des Abscherens gemessen worden sind, können auch die Mohrschen Kreise für die wirksamen Spannungen gezeichnet werden ($\sigma' = \sigma - p_w$). Bei gleichem Wassergehalt aller Proben fallen sie in einen Kreis zusammen (gestrichelter Kreis in Abb. 565a).

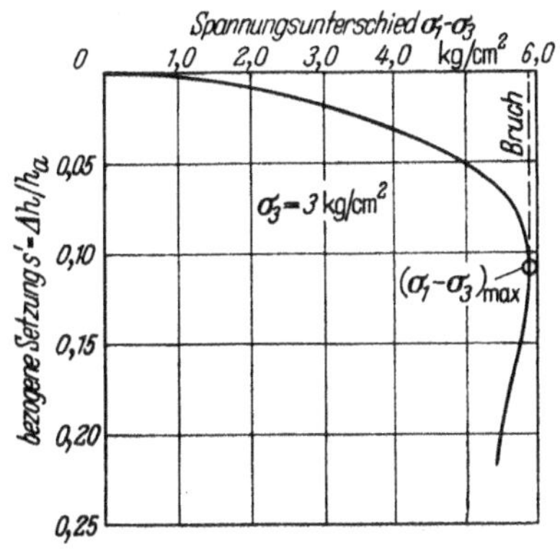

Abb. 564. Druck-Setzungslinie eines UU-Versuchs mit Schluff.

Zur Kontrolle der Versuchsbedingung: konstanter Wassergehalt muß stets die Druck-Wassergehaltslinie gezeichnet werden (Abb. 565b). Sie ist für diese Versuchsart eine Waagerechte.

Für den Sonderfall des Zylinderdruckversuchs ($\sigma_3 = 0$) ergibt sich ein Kreis, der

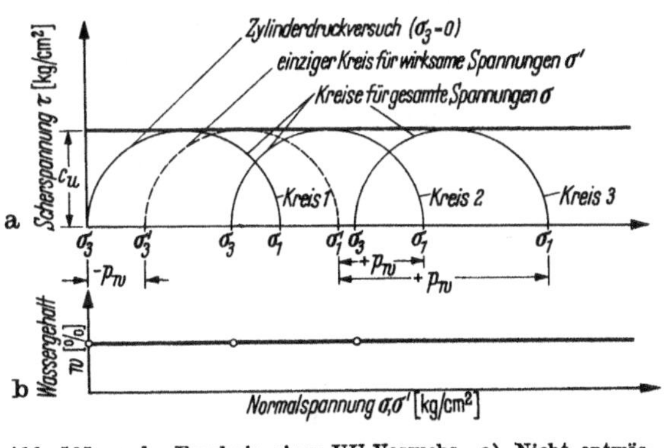

Abb. 565a u. b. Ergebnis eines UU-Versuchs. a) Nicht entwässerte Scherfestigkeit und b) Wassergehalt in Abhängigkeit von der Normalspannung.

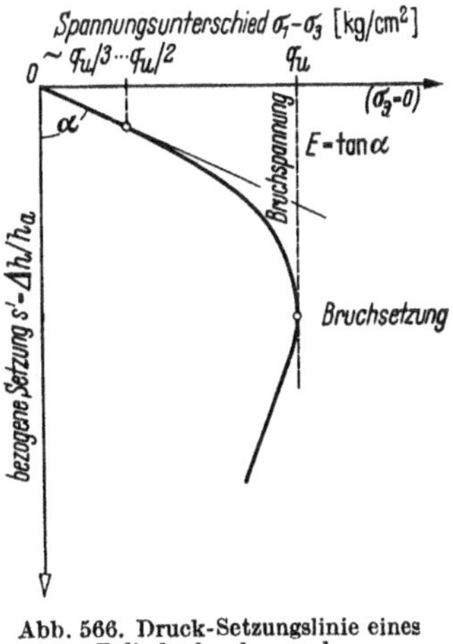

Abb. 566. Druck-Setzungslinie eines Zylinderdruckversuchs.

durch den Ursprung des Koordinatensystems geht (Abb. 565). Aus der Druck-Setzungslinie für den Zylinderdruckversuch kann die Steifezahl E für die Sofortsetzung entnommen werden (Abb. 566).

Wenn der Zylinderdruckversuch hauptsächlich zur Ermittlung der Steifezahl für die Sofortsetzung (Elastizitätsmodul, s. S. 458) ausgeführt wird, empfiehlt es sich, eine oder zwei Entlastungen und Wiederbelastungen in den Versuchsablauf einzuführen (Abb. 567). Die Steifezahl läßt sich dann aus der Sehne durch die Hysteresisschleifen errechnen.

2. Konsolidierter, nicht entwässerter Versuch (CU-Versuch). Porenwasserdruck p_w und Spannungsunterschied $(\sigma_1 - \sigma_3)$ (Abb. 568a), wirksames Hauptspannungs-

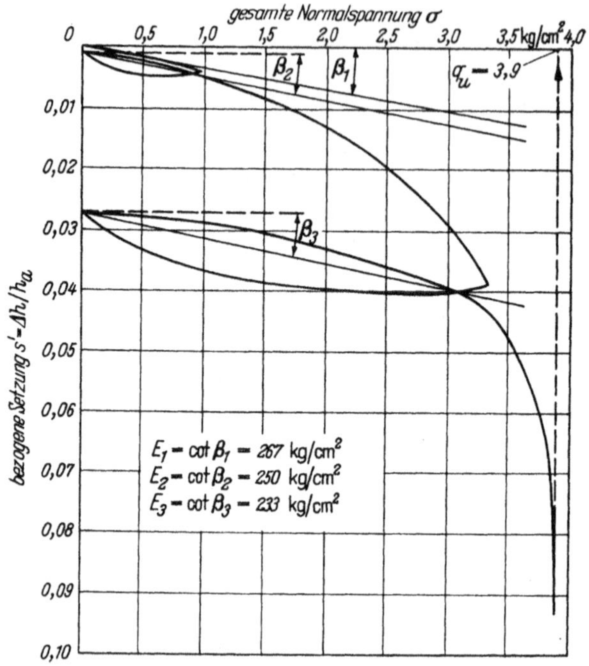

Abb. 567. Ergebnis eines Zylinderdruckversuchs mit mehreren Entlastungen und Wiederbelastungen eines Tons.

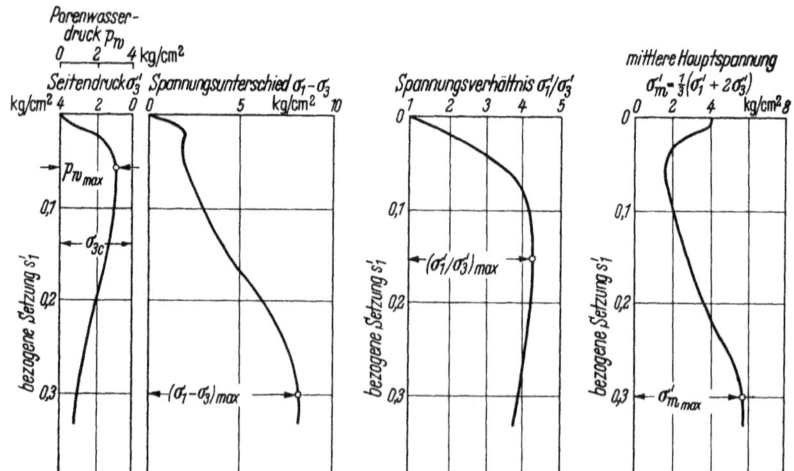

Abb. 568a—c. Ergebnis eines CU-Versuchs mit Schluff.
a) Abhängigkeit des Porenwasserdrucks p_w, des Seitendrucks σ_3' und des Spannungsunterschieds $(\sigma_1 - \sigma_3)$, b) des Spannungsverhältnisses σ_1'/σ_3' und c) der mittleren Hauptspannung σ_m' von der bezogenen Setzung s'.

verhältnis σ_1'/σ_3' (Abb. 568b) und in besonderen Fällen die mittlere wirksame Hauptspannung $\sigma_m' = 1/3\ (\sigma_1' + 2\,\sigma_3')$ werden in Abhängigkeit von der bezogenen

Setzung s' aufgetragen (Abb. 568c). Für die Auswertung genügt es praktisch, wenn man die Spannungskreise in gesamten und wirksamen Spannungen für das Maximum von $(\sigma_1 - \sigma_3)$ (Abb. 568a) zeichnet (Abb. 569) und an die Kreise die gemeinsame Tangente legt.

Bei Böden mit Dilatation wie Schluff (Abb. 575) verläuft der Spannungsweg (S. 537) zwischen den beiden möglichen „*Bruchkriterien*" (Bedingungen für das Eintreten des Abscherens und damit für das Auffinden des Bruchpunkts) $(\sigma_1'/\sigma_3')_{max}$ mit dem kleineren Scherweg, d. h. näher der Bruchgrenze, und $(\sigma_1 - \sigma_3)_{max}$ mit dem größeren Scherweg, d. h. näher der Gleitgrenze, in der wahren Scherlinie (Horn 1964a).

Auch die Druck-Wassergehaltslinie wird wiederum zur Kontrolle gezeichnet (Abb. 569b). Bei wassergesättigtem Boden ist sie nach Umrechnung des Wassergehalts in die Porenziffer oder das Volumen der Probe mit der Druck-Setzungslinie identisch, wenn die Seitendehnung bekannt ist.

3. Konsolidierter, entwässerter Versuch (*D-Versuch*). In ähnlicher Weise wie beim nicht entwässerten wird beim entwässerten Versuch die Beziehung der Setzung s_1' zur Volumenänderung ΔV (Abb. 570a) und zum Spannungsunterschied $(\sigma_1 - \sigma_3)$ (Abb. 570b) aufgetragen. Hier sind die beiden Bruchbedingungen $(\sigma_1 - \sigma_3)_{max}$ und $(\sigma_1'/\sigma_3')_{max}$ identisch, da der Porenwasserdruck $p_w = 0$ ist. Für verschiedene Seitendrücke σ_3 werden die Mohrschen Kreise gezeichnet. Dann wird die gemeinsame Tangente gezogen (Abb. 571). Die Kreise können auch als Punkte

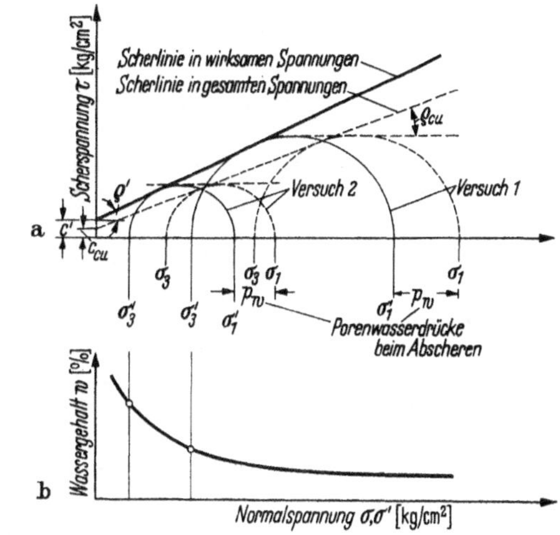

Abb. 569a u. b. Ergebnis eines CU-Versuchs.
a) Scherspannung und b) Wassergehalt in Abhängigkeit von der Normalspannung.

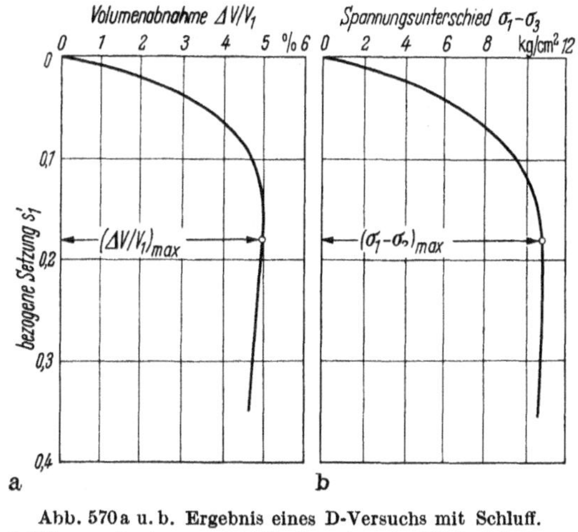

Abb. 570a u. b. Ergebnis eines D-Versuchs mit Schluff.
a) Volumenabnahme und b) Lastzunahme in Abhängigkeit von der bezogenen Setzung.

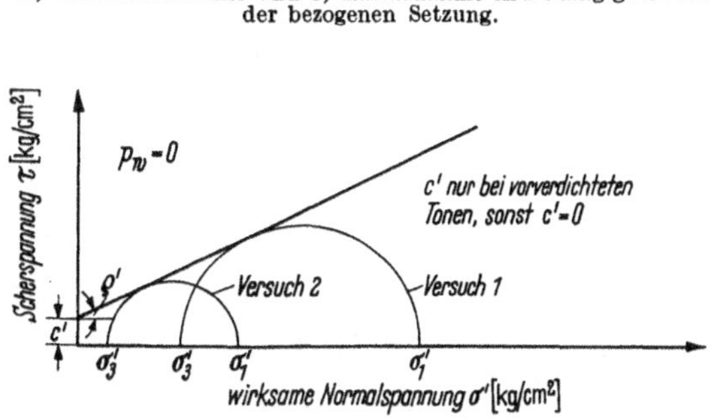

Abb. 571. Schergerade beim D-Versuch.

im $\frac{\sigma_1 - \sigma_3}{2}$, $\frac{\sigma_1' + \sigma_3'}{2}$ — Diagramm wiedergegeben und die wirksamen Scherparameter ϱ' und c' aus der Verbindungslinie errechnet werden. (Abb. 576).

Zwei Kreise erlauben keine Kontrolle der Richtigkeit der Ergebnisse. Mehr als drei Kreise sind erwünscht, aber nicht notwendig. Normalerweise wird zur Erlangung eines Kreises je eine Probe benötigt. Bei nichtbindigen Böden kann man beliebig viele Kreise — und damit die Schergerade — aus einer einzigen Probe erhalten, indem man sie nacheinander mit verschiedenen allseitigen Drücken σ_3 belastet und während der senkrechten Zusammendrückung unter zunehmendem σ_1 bis zum Bruchkriterium $(\sigma_1 - \sigma_3)_{max}$ beansprucht (MEESE/LONG 1959). Das Eintreten des Bruchs wird in diesem Augenblick dadurch verhindert, daß σ_3 rasch erhöht wird. Eine Gleitfläche bildet sich dann nicht aus. Erfahrungsgemäß führen die Wertepaare σ_3 und $(\sigma_1 - \sigma_3)_{max}$ zu MOHRschen Kreisen, welche die richtige Schergerade des nichtbindigen Bodens liefern.

4. Sonderversuche. Bei den Sonderversuchen richten sich die Auftragungen nach deren Zweck. Normalerweise werden immer die Abhängigkeiten zwischen Spannung und Verformung sowie zwischen den verschiedenen Spannungen aufgetragen.

5. Der *Zellversuch* liefert bei Ton zwei Scherlinien mit nur einer einzigen Probe (Abb. 572). Die ersten und der letzte MOHRsche Kreis geben den entwässerten Versuch, die mittleren den nicht entwässerten bzw. ein Zwischenstadium zwischen beiden wieder. Die Anzahl der Kreise ist hier wegen der einfachen Versuchsdurchführung viel größer.

6. Zylinderdruckversuch siehe unter „Nicht konsolidierter, nicht entwässerter Versuch".

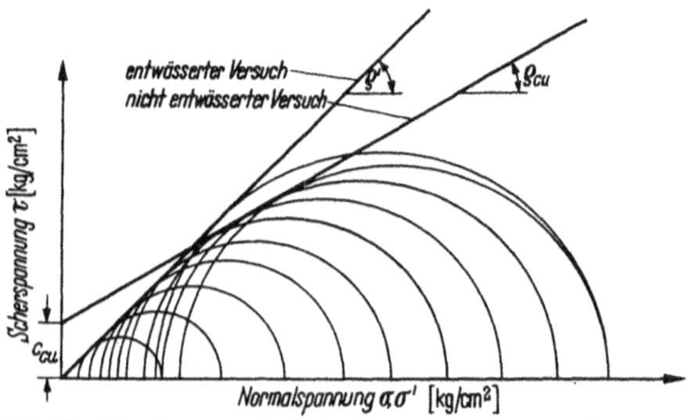

Abb. 572. Scherdiagramm des Zellversuchs mit MOHRschen Spannungskreisen.

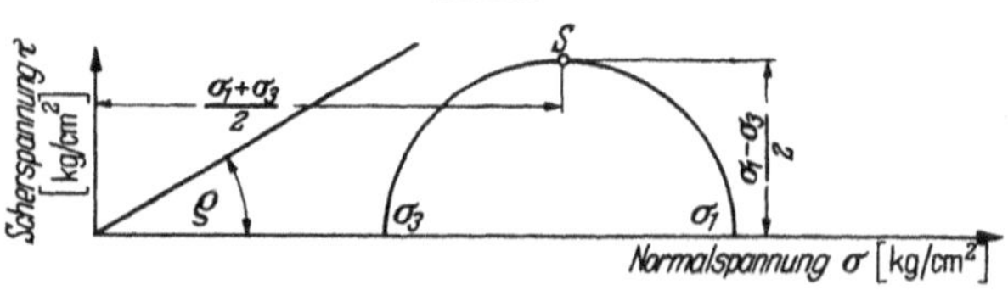

Abb. 573. Darstellung eines Spannungszustands durch einen MOHRschen Kreis.

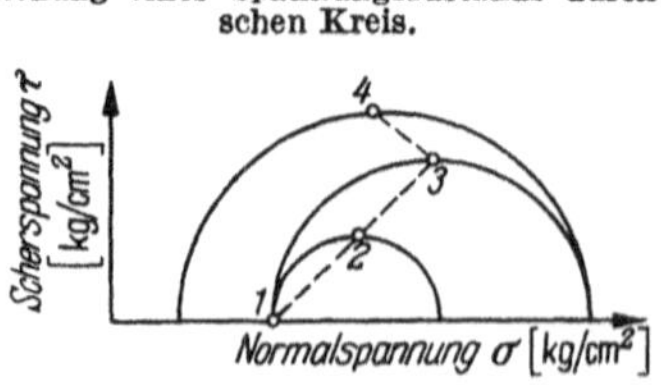

Abb. 574. Spannungsweg, dargestellt an den Scheitelpunkten einiger, während des Versuchs auftretender MOHRscher Kreise.

Auftragungen. *Spannungsweg.* Für wissenschaftliche Untersuchungen und für die Bestimmung der wahren Scherparameter beginnt sich in neuerer Zeit noch eine weitere Auftragungsart durchzusetzen, die den Versuchsablauf durch die Änderung der während des Versuchs auftretenden Spannungen beschreibt. Die auf die Bodenprobe aufgebrachten Spannungen verändern sich während des Konsolidierens und Abscherens. Die Art der Veränderung hängt vom Versuchsvorgang ab. Man kann den letzteren dadurch beschreiben, daß man die stetig aufeinanderfolgenden Spannungsänderungen durch eine dem betreffenden Versuch eigentümliche Linie darstellt, die „*Spannungsweg*" („*stress path*") oder auch „*Versuchsspur*" genannt wird.

Für die Darstellung der einzelnen während eines Versuchs durchlaufenen Spannungszustände werden die zugehörigen MOHRschen Kreise verwendet (Abb. 573). Es genügt dabei, diese durch ihren Scheitelpunkt S wiederzugeben, welcher die Koordinaten $\frac{\sigma_1 + \sigma_3}{2}$ (Kreismittelpunkt auf der waagerechten Achse) und $\frac{\sigma_1 - \sigma_3}{2}$ (Halbmesser auf der senkrechten Achse) hat.

Der Spannungsweg wird durch die stetige Verbindung der zu den einzelnen Versuchszuständen gehörenden Scheitelpunkte gebildet (Abb. 574). Er kann aus geraden Linien, aber auch aus Kurven (Abb. 575) bestehen. Der Spannungsweg

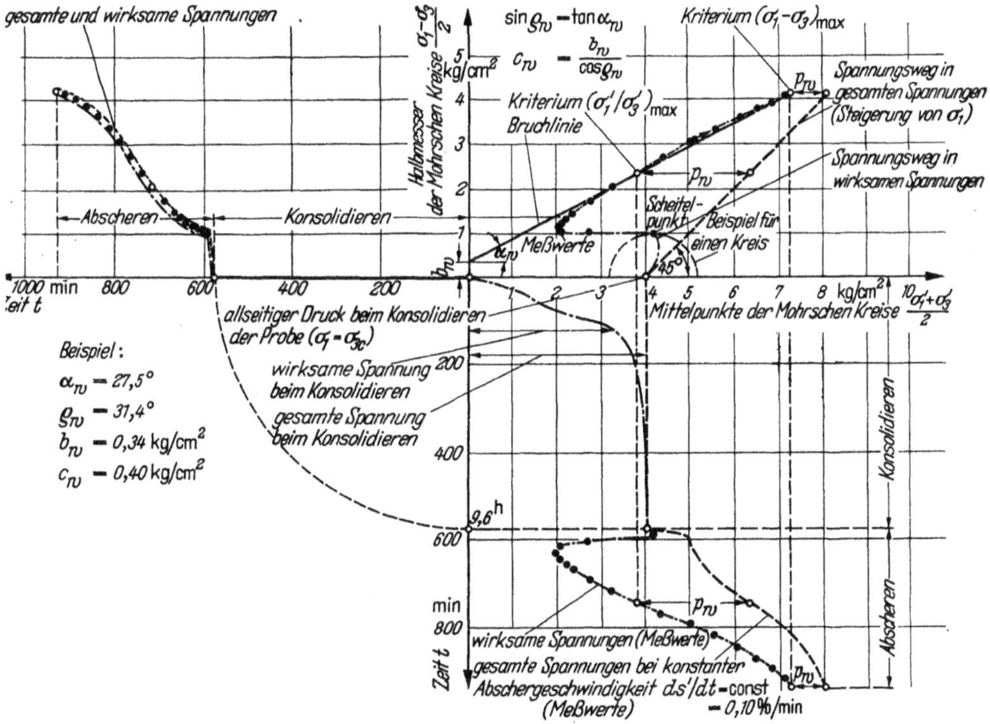

Abb. 575. Spannungsweg eines nicht entwässerten Dreiaxialversuchs mit vorbelastetem Schluff wie in Abb. 584, jedoch mit Porenwasserdruckmessung und zeitlichem Verlauf des Versuchs (nach Versuchsergebnissen von HORN 1964a).

kann sowohl für die wirksamen als auch für die gesamten Hauptspannungen σ_1 und σ_3 gezeichnet werden und ergibt sich stets aus den während des Versuchs gemessenen Hauptspannungspaaren σ_1 und σ_3 bzw. aus σ_x, σ_y und τ. Bei den Auftragungen ist der Zusammenhang der Spannungen im Koordinatensystem zu beachten. Bei den Scherdiagrammen können auf der waagerechten Achse die Normalspannung σ in der Scherfläche, die Hauptspannung σ_3 bzw. $\sigma_3 \sqrt{2}$ (S. 540), die Hauptspannungen σ_1 und σ_3 der MOHRschen Kreise oder die Mittelpunkte $\frac{\sigma_1 + \sigma_3}{2}$ der MOHRschen Kreise, auf der lotrechten Achse die Scherspannung τ in der Scherfläche, die Hauptspannung σ_1 oder die Scheitelpunktkoordinate (Halbmesser) $\frac{\sigma_1 - \sigma_3}{2}$ der MOHRschen Kreise aufgetragen werden. Es muß also jeweils angegeben werden, auf welche Koordinaten sich die einzelnen Linien beziehen.

Gewöhnlich wird der Spannungsweg durch die Koordinaten des Scheitelpunkts $\frac{\sigma_1 + \sigma_3}{2}$ und $\frac{\sigma_1 - \sigma_3}{2}$ ausgedrückt. Die dazugehörige *Bruch*gerade, welche die MOHRschen Kreise im Scheitelpunkt *schneidet*, ist dann im Unterschied zur gewöhnlichen *Scher*geraden, welche die MOHRschen Kreise *tangiert* und die Neigung tan ϱ und die Kohäsion c hat, unter dem Winkel tan $\alpha = \sin \varrho$ geneigt und besitzt den Achsenabschnitt $b = c \cos \varrho$ (Abb. 576).

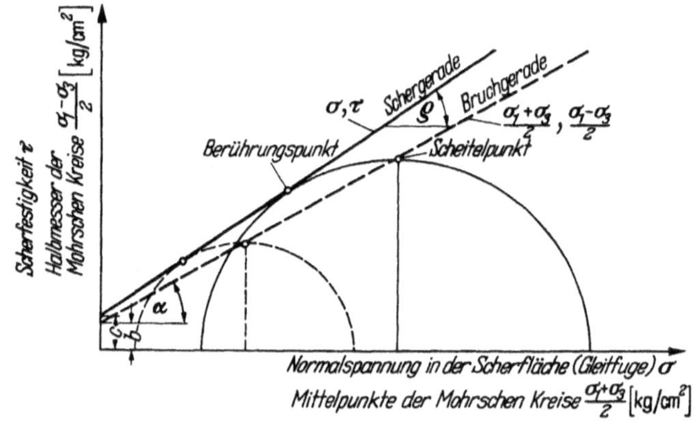

Abb. 576. Zusammenhang zwischen Schergeraden und Bruchgeraden.

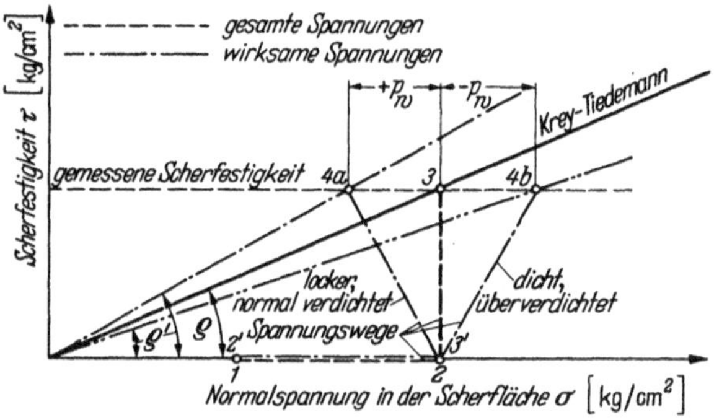

Abb. 577. Angenäherte Spannungswege eines direkten Scherversuchs im σ-τ-System für gesamte und wirksame Spannungen.

1 wirksame Normalspannung vor Beginn des Versuchs; 2 gesamte (aufgebrachte) Vorbelastung; 2' wirksame Spannung nach Aufbringen von 2; 3 Bruchpunkt in gesamten Spannungen; 3' wirksame Vorbelastung; 4 Bruchpunkt in wirksamen Spannungen.

Grundsätzlich bestehen aber keine Bedenken, auch das σ, τ-System (Abb. 577) oder andere Koordinaten wie $\frac{\sigma_v + \sigma_h}{2}$, $\frac{\sigma_v - \sigma_h}{2}$ zu benutzen, wenn das praktisch ist. Dabei sind σ_v und σ_h die lotrechte bzw. waagerechte Hauptspannung etwa im Gelände während eines Versuchs oder einer Belastung durch ein Bauwerk (LAMBE 1964). Eine Beschreibung ausschließlich im σ, τ-System, die ohne MOHRsche Kreise möglich ist, ist naturgemäß unvollständig, genügt aber für manche Zwecke, z. B. zur raschen Darstellung des Ablaufs eines direkten Scherversuchs (Abb. 577).

Der Spannungsweg kann für jede Belastungsart des Bodens, so z. B. für den Dreiaxialversuch, für den direkten Scherversuch und den Kompressionsversuch (für die beiden letzteren vollständig nur, wenn die Seitendruckbeiwerte λ_0 bzw. λ

bekannt sind) sowie für Bodenspannungszustände infolge von Bauwerksbelastungen angegeben werden, sofern der jeweilige Spannungszustand eindeutig gemessen oder berechnet worden ist. Zur vollständigen Beschreibung eines ebenen Spannungszustands gehören z. B. zwei Hauptspannungen; oder zwei Normalspannungen in zueinander senkrechten Ebenen und eine Scherspannung; oder eine Normalspannung σ und die dazugehörige Scherspannung τ sowie die Seitendruckziffer λ; kurz alle Spannungselemente, welche zum Zeichnen eines Mohrschen Kreises notwendig sind.

Als Beispiel sei ein Bodenelement betrachtet, das zunächst mit einem allseitigen Druck $\sigma_1 = \sigma_3$ belastet ist (Abb. 574, Punkt 1). Es wird einem Spannungswechsel unterzogen, wobei zunächst σ_3 konstant gehalten und σ_1 vergrößert (Punkt 2 und 3) und schließlich σ_3 bei konstantem σ_1 verkleinert wird (Punkt 4). In jedem dieser beiden Fälle verschieben sich die Scheitelpunkte der Mohrschen Kreise unter $+45°$ bzw. $-45°$ gegen die Waagerechte (Abb. 578), da entweder der linke oder der rechte Punkt der Halbkreise festgehalten wird (Abb. 574).

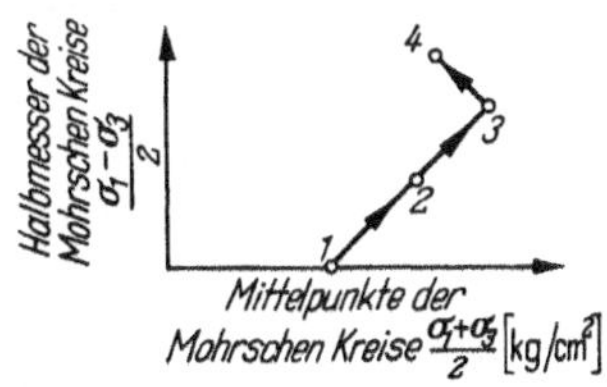

Abb. 578. Darstellung desselben Spannungswegs wie in Abb. 574 ohne Mohrsche Kreise.

Alle Versuche mit Belastungen des Bodens sind ebenso wie die Beanspruchung des Baugrundes unter dem Bauwerk eine Folge von Spannungszuständen, deren Reihenfolge durch die Art der Lastaufbringung und — bei den wirksamen Spannungen — durch den Abfluß des Porenwassers bestimmt wird. Versuche erfassen im allgemeinen nur dann die Verhältnisse in der Natur richtig, wenn in beiden Fällen der gleiche Spannungsweg vorhanden ist (Lambe 1964).

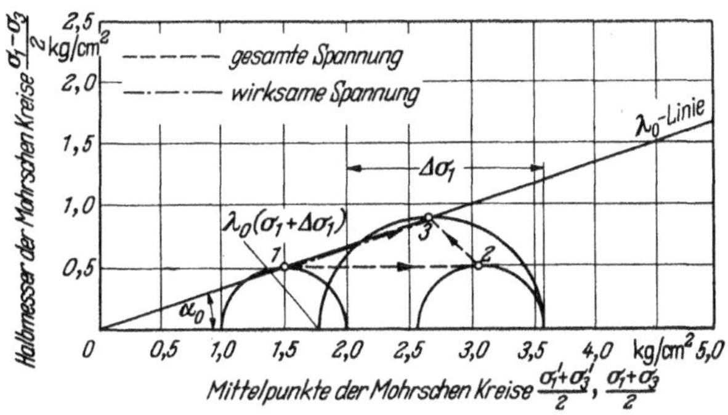

Abb. 579. Spannungswege für einen Kompressionsversuch in gesamten und wirksamen Spannungen.

Für die verschiedenen Versuchsarten ergibt sich im einzelnen folgendes.

Der Spannungszustand einer gesättigten Bodenprobe im *Kompressionsversuch* nach der Konsolidation unter einer beliebigen Laststufe wird durch den Scheitelpunkt 1 des Mohrschen Kreises beschrieben (Abb. 579). Die Probe ist unter der Hauptspannung σ_1 konsolidiert, der Porenwasserdruck ist gleich Null, d. h., der Kreis gilt sowohl für die gesamten als auch für die wirksamen Spannungen. Die waagerechte Hauptspannung ergibt sich zu $\sigma_3 = \lambda_0\,\sigma_1$, wobei λ_0 = Ruhedruckbeiwert des Bodens (S. 555) ist. Alle Kreise, bei denen $\sigma_3 = \lambda_0\,\sigma_1$ ist, haben ihre Scheitelpunkte auf einer Geraden durch den Koordinatennullpunkt, der λ_0-Linie. Ihre Neigung beträgt:

$$\tan\alpha_0 = \frac{\sigma_1-\sigma_3}{\sigma_1+\sigma_3} = \frac{1-\sigma_3/\sigma_1}{1+\sigma_3/\sigma_1} = \frac{1-\lambda_0}{1+\lambda_0}\,; \qquad (244)$$

z. B. bei $\lambda_0 = 1 - \sin\varrho'$:

$$\tan\alpha_0 = \frac{\sin\varrho'}{2-\sin\varrho'} \text{ (Ruhezustand)}$$

gegenüber $\tan\alpha = \sin\varrho'$ im Bruchzustand.

Unmittelbar nach der weiteren Lastaufbringung wird der Lastzuwachs $\Delta\sigma_1$ vom Porenwasser aufgenommen. Der Scheitelpunkt des MOHRschen Kreises für die gesamten Spannungen wandert von Punkt 1 nach Punkt 2, d. h., der Spannungskreis wird um $\Delta\sigma_1 = p_w$ nach rechts verschoben. Bei fortschreitender Konsolidation, d. h. Abfluß des Porenwassers, bleibt die lotrechte Spannung $\sigma_1 + \Delta\sigma_1$, welche der Auflast entspricht, konstant, während sich die waagerechte Spannung σ_3 verringert, bis nach Beendigung der Konsolidation $\sigma_3 = \lambda_0\,(\sigma_1 + \Delta\sigma_1)$ ist (Punkt 3). Der Scheitelpunkt des Kreises muß dann wiederum auf der λ_0-Linie liegen. Die Linie 1, 2, 3 ist der Weg der gesamten Spannungen. Der Weg der wirksamen Spannungen geht durch die Punkte 1 und 3. Er fällt mit der λ_0-Linie zusammen.

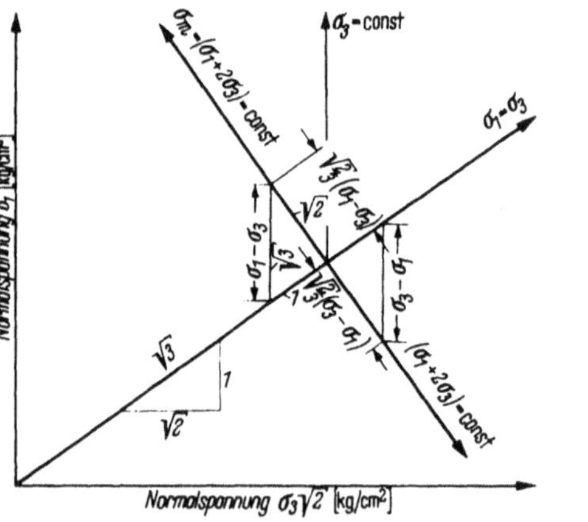

Abb. 580. Spannungsebene für axialsymmetrische Spannungen.

Ferner kann der Versuchsvorgang auf einer Spannungsebene dargestellt werden (Abb. 580), deren waagerechte Ordinate die radiale Seitendruckspannung σ_3 multipliziert mit $\sqrt{2}$ und deren lotrechte Ordinate die axiale Spannung σ_1 ist. Bei der Vorbelastung der Probe mit $\sigma_1 = \sigma_3$ befindet man sich auf der Geraden mit der Neigung $1:\sqrt{2}$. Auf Linien lotrecht dazu ist die mittlere Hauptspannung konstant. Der senkrechte Abstand zwischen irgendeinem Punkt und der hydrostatischen Geraden gibt den Hauptspannungsunterschied an. Oberhalb dieser Geraden liegen die normalen dreiaxialen Druckversuche, unterhalb die dreiaxialen Zugversuche. Die Reihenfolge des Aufbringens der Spannungen im Versuch liefert wiederum die Spannungswege oder Versuchsspuren (Abb. 581).

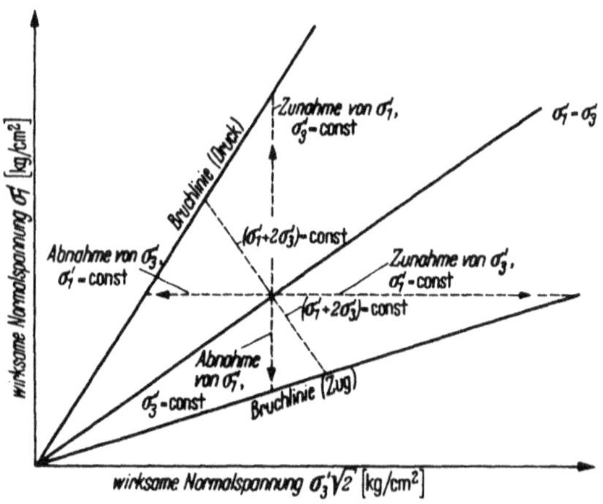

Abb. 581. Spannungswege (Versuchsspuren) im D-Versuch.

Insbesondere lassen sich als Grenzlinien die Bruchgeraden einzeichnen (Spannungen σ_1 und $\sigma_3\sqrt{2}$ beim Abscheren der Probe). Innerhalb des Bereichs der beiden Bruchlinien läßt sich für entwässerte Versuche mit wassergesättigten Proben jeweils der Wassergehalt und damit das Volumen der Probe für gegebene Hauptspannungen σ_1 und σ_3 angeben. Es besteht zwischen diesen Größen eine eindeutige Beziehung. Verbindet man die Punkte gleichen Wassergehalts, so erhält man die Wassergehaltslinien (Abb. 582), welche angeben, welcher Wassergehalt sich bei einer bestimmten Kombination von Hauptspannungen einstellt.

Da nicht entwässerte Versuche mit konstantem Wassergehalt ausgeführt werden, laufen die Spannungswege längs der Wassergehaltslinien. Aus der Darstellung läßt sich dann der Porenwasserdruck ablesen (Abb. 583). Bei einer Wassergehaltslinie OBG, die gleich dem wirksamen Spannungsweg ist, stellt der senkrechte Abstand zwischen G und der hydrostatischen Drucklinie ($\sigma_1' = \sigma_3'$) die Druckfestigkeit der Probe dar. Da diese bei gesamten $(\sigma_1 - \sigma_3)$ und wirksamen $(\sigma_1' - \sigma_3')$ Spannungen gleich groß ist, erhält man mit einer Parallelen zur hydrostatischen Linie durch G den Schnittpunkt F mit dem gesamten Spannungsweg OF. Das ist der Bruchpunkt in gesamten Spannungen. Der Porenwasserdruck ist der Unterschied zwischen den gesamten und den wirksamen Spannungen, also gleich dem senkrechten Abstand zwischen F und G. Entsprechend erhält man für den Zwischenpunkt A des Versuchs den Porenwasserdruck p_{wa}. Die Zylinderdruckfestigkeit für einen gegebenen Wassergehalt erhält man ebenfalls durch eine Parallele zur hydrostatischen Linie durch G, welche die lotrechte Koordinatenachse in Z schneidet. Auf diese Weise kann man für verschiedene Wassergehalte die Zylinderdruckfestigkeiten konstruieren und in Abhängigkeit vom Wassergehalt auftragen. Die nicht entwässerte Scherfestigkeit c_u ist gleich der halben Zylinderdruckfestigkeit. Man erhält auf diese Weise also auch eine c_u-Wassergehaltslinie.

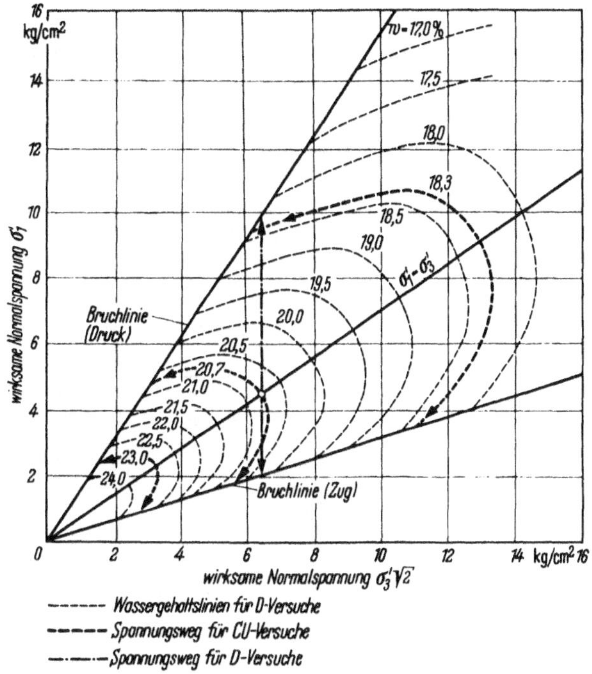

Abb. 582. Wassergehaltlinien bei D-Versuchen und Spannungswege (Versuchsspuren) bei CU-Versuchen für einfach verdichtete Tonproben.

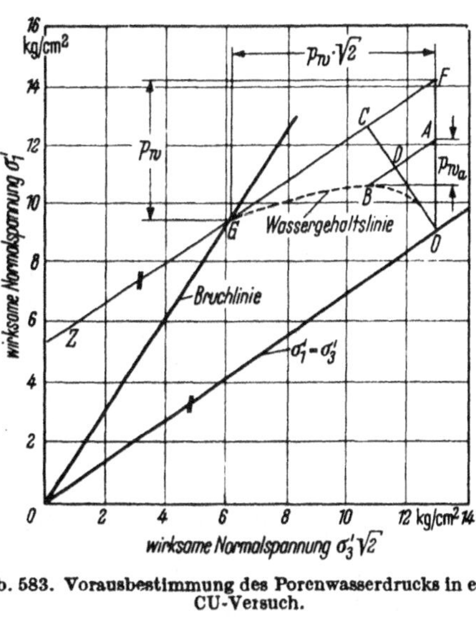

Abb. 583. Vorausbestimmung des Porenwasserdrucks in einem CU-Versuch.

Die Volumenänderung der Probe während eines entwässerten Versuchs erhält man durch Eintragen des Spannungsweges. Die Schnittpunkte mit den Wassergehaltslinien geben dann das jeweilige Volumen an.

Weiter lassen sich die Ergebnisse von anisotropen Kompressionsversuchen als gerade Linie durch den Koordinatennullpunkt eintragen, die steiler als die hydrostatische Linie geneigt ist. Auch mit solchen anisotrop verdichteten Proben ausgeführte Scherversuche passen in das Schema. Die unterschiedlichen Wassergehaltslinien, welche sich für einfach verdichtete und vorbelastete Proben ergeben, lassen sich zur Erläuterung der positiven bzw. negativen Porenwasserdrücke verwenden, welche man bei diesen Proben feststellt.

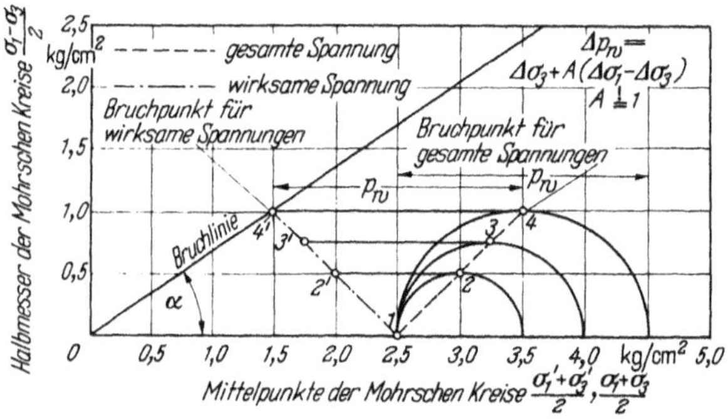

Abb. 584. Spannungswege eines vorbelasteten, nicht entwässerten Dreiaxialversuchs bei Steigerung der lotrechten Belastung in gesamten und wirksamen Spannungen. Der Porenwasserdruck ist für den Beiwert $A = 1$ gerechnet.

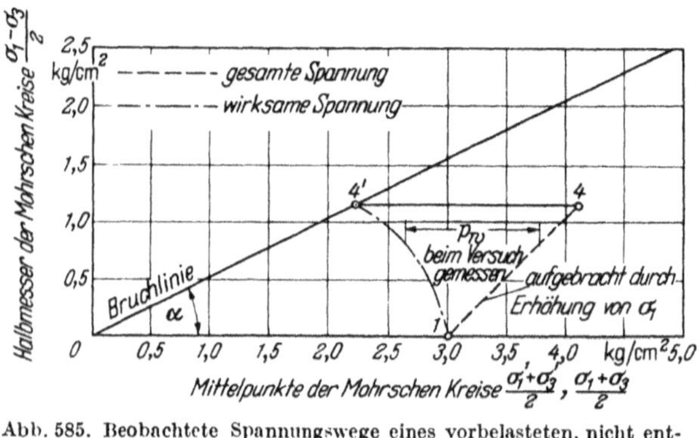

Abb. 585. Beobachtete Spannungswege eines vorbelasteten, nicht entwässerten Dreiaxialversuchs bei Steigerung der lotrechten Belastung in gesamten und wirksamen Spannungen, wobei der Beiwert $A \neq 1$ ist.

Bei Sand werden an Stelle der Wassergehaltslinien die Linien gleicher Porenziffern aufgetragen (Bernatzik 1947, S. 131), die allerdings einen anderen Verlauf nehmen.

Bei der Verwendung der Koordinaten der Scheitelpunkte S wird der Spannungszustand beim vorbelasteten, nicht entwässerten *Dreiaxialversuch* unter der allseitigen Konsolidationsbelastung $\sigma_1 = \sigma_3$ durch den Punkt 1 dargestellt (Abb. 584). Wird bei konstantem σ_3 die lotrechte Hauptspannung σ_1 bis zum Bruch erhöht, so verläuft der Spannungsweg der gesamten Spannungen entlang der 45°-Linie 1–3 (Abb. 574 und 578) bis zum Punkt 4 (Abb. 584). Den Spannungsweg der wirksamen Spannungen erhält man nach Abzug des Porenwasserdrucks, welcher jeweils gleich dem aufgebrachten Druck, also gleich dem Kreisdurchmesser ist. Trägt man diesen im Scheitelpunkt nach links an, so ergibt sich, ebenfalls unter 45°, die Linie 1–4′. Bei dieser Darstellung ist allerdings vorausgesetzt, daß der Porenwasserdruckbeiwert $A = 1$ (S. 550) ist.

Bei Scherversuchen endet der Spannungsweg im Bruchpunkt, der auf der Bruch- bzw. Scherlinie liegt; unter Umständen folgt der Spannungsweg der Bruch- oder Scherlinie eine bestimmte Strecke (Abb. 575), statt sie ausgeprägt zu schneiden (Abb. 585).

Hält man beim gleichen Versuch σ_1 während des Abscherens konstant ($\Delta\sigma_1 = 0$) und verringert σ_3 bis zum Bruch, so läuft der Spannungsweg der gesamten Spannungen entlang der Linie 1–5 (Abb. 586). Da hierbei für einen Porenwasserdruckbeiwert $A = 1$ gemäß Gl. (257) $\Delta p_w = \Delta\sigma_1 = 0$ ist, also keine Porenwasserdrücke auftreten, fällt sie mit dem Spannungsweg für die wirksamen Spannungen zusammen.

Beim *Zylinderdruckversuch* läuft der Spannungsweg für die gesamten Spannungen 1—2 durch den Nullpunkt, da der Seitendruck $\sigma_3 = 0$ ist (Abb. 587). Den wirksamen Spannungsweg 3—4 erhält man, indem man den beim schnellen Abdrücken der Probe entstehenden negativen Porenwasserdruck p_w nach rechts abträgt. Er beträgt $p_w = A\sigma_1$ und im theoretischen Grenzfall bei $A = 1$ ist $p_w = \sigma_1 = q_u$.

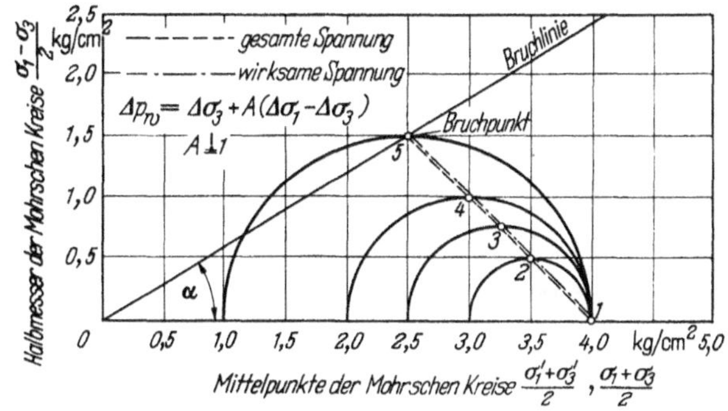

Abb. 586. Spannungsweg eines vorbelasteten, nicht entwässerten Dreiaxialversuchs bei Verringerung der seitlichen Hauptspannung bis zum Bruch. Der Porenwasserdruck ist für den Beiwert $A = 1$ gerechnet.

Beim *direkten Scherversuch* (Abb. 577) liefert die Steigerung der Normalspannung — weniger deutlich — einen Spannungsweg auf der σ-Achse, ein reiner Zuwachs von τ einen senkrechten Spannungsweg und eine gleichzeitige Veränderung von σ und τ (wie sie infolge der Porenwasserdruckänderungen bei den wirksamen Spannungen vorkommt) eine schräge Gerade oder beliebige Kurven. Da aber der Porenwasserdruck beim direkten Scherversuch nicht gemessen werden kann, lassen sich für ihn nur theoretische Grenzwerte einsetzen. Immerhin genügt diese einfache Darstellungsweise oft zur Beschreibung oder Festlegung des Versuchsvorgangs.

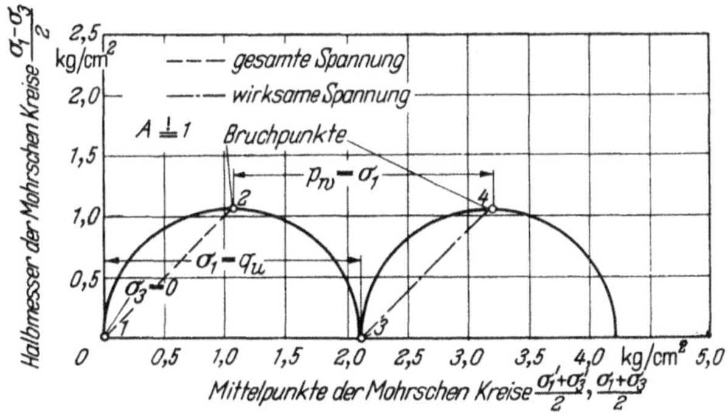

Abb. 587. Spannungswege eines Zylinderdruckversuchs in gesamten und wirksamen Spannungen. Der Porenwasserdruck ist für einen Beiwert $A = 1$ gerechnet.

Wird der Porenwasserdruck während des Versuchs gemessen, so ergibt sich der Spannungsweg für die wirksamen Spannungen durch Absetzen der gemessenen Porenwasserdrücke von den gesamten Spannungen. Man erhält dann für den Spannungsweg gewöhnlich eine Kurve (Abb. 575, 585, 588, 589f, 590e). Das gleiche geschieht, wenn Dreiaxialversuche durch den Verlauf der Spannungswege in der $\sigma_3\sqrt{2}$, σ_1-Ebene (S. 540) dargestellt werden (Abb. 582, 589e, 590d).

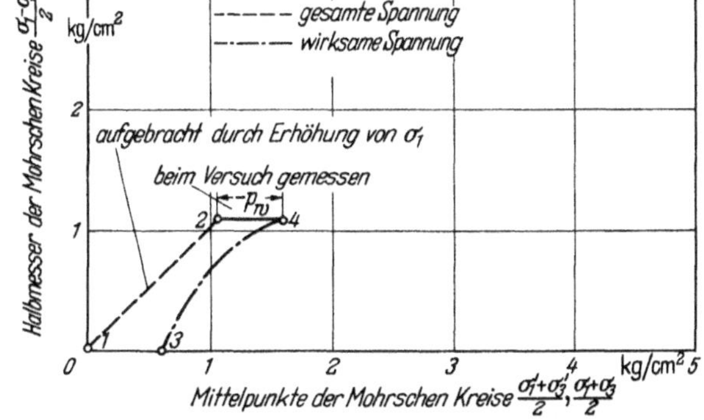

Abb. 588. Beobachtete Spannungswege eines Zylinderdruckversuchs in gesamten und wirksamen Spannungen, wobei der Beiwert $A \neq 1$ ist.

Ergänzt man das Koordinatensystem des Spannungsweges durch eine Zeitachse, so läßt sich der genaue zeitliche Verlauf eines Versuchs durch eine Raumkurve darstellen $\left(\frac{\sigma_1 + \sigma_3}{2}, \frac{\sigma_1 - \sigma_3}{2}, t\right)$, welche in üblicher Weise durch Umklappen in die Koordinatensysteme $\frac{\sigma_1 + \sigma_3}{2}$, t und $\frac{\sigma_1 - \sigma_3}{2}$, t dargestellt werden kann (Abb. 575).

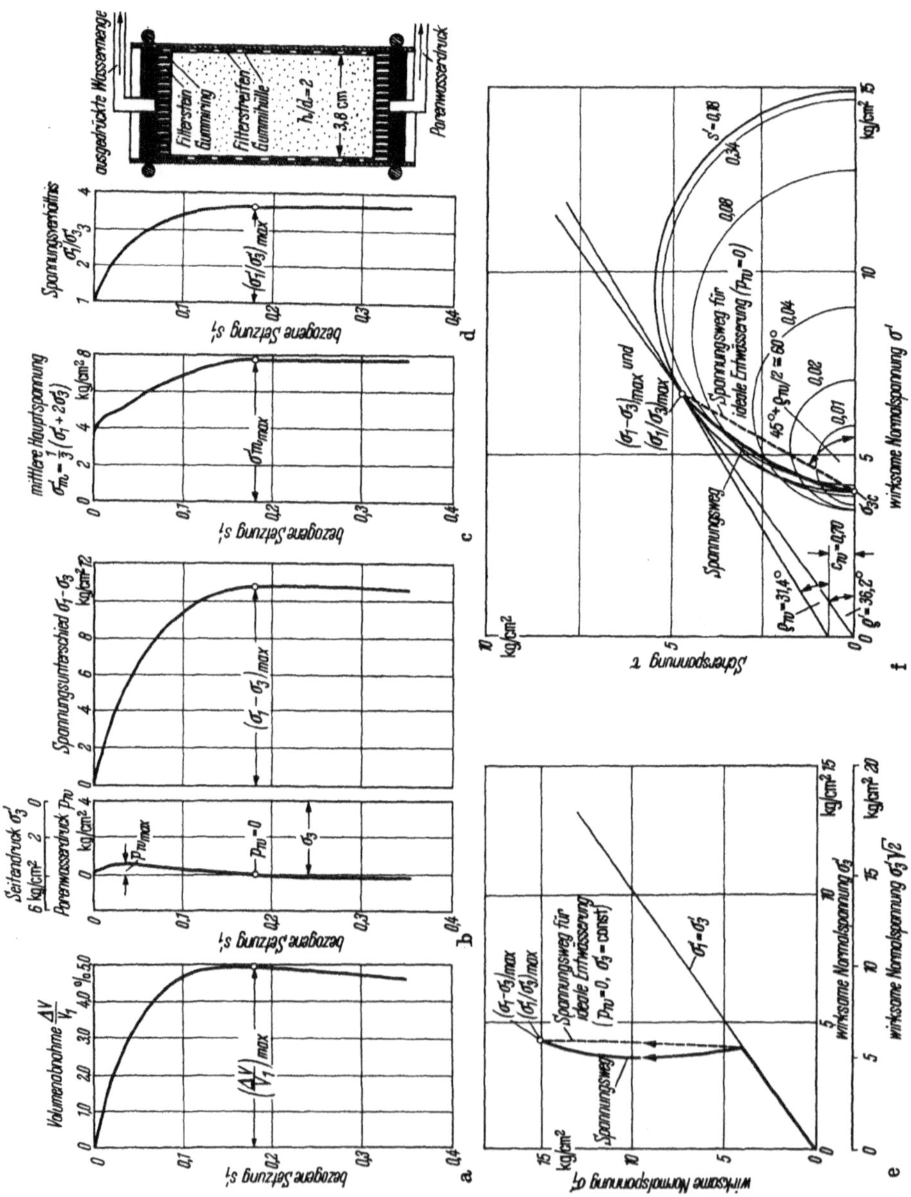

Abb. 589a—f. Ergebnis eines D-Versuchs mit Schluff (konstante Verschiebungsgeschwindigkeit $v = 0{,}00924$ mm/min). a) Beziehung zwischen $\frac{\Delta V}{V_1}$ und s'; b) Beziehung zwischen p_w, σ'_3, $(\sigma_1 - \sigma_3)$ und s'; c) Beziehung zwischen σ'_m und s'; d) Beziehung zwischen σ'_1/σ'_3 und s'; e) Versuchsspur im $(\sigma'_1 - \sigma'_3)$-Diagramm; f) Versuchsspur im τ-σ'-Diagramm.

Umgekehrt kann durch Angabe einer solchen Kurve der Ablauf eines Versuchs vorher genau festgelegt werden, was für einheitliche Versuchsvorschriften von Nutzen ist.

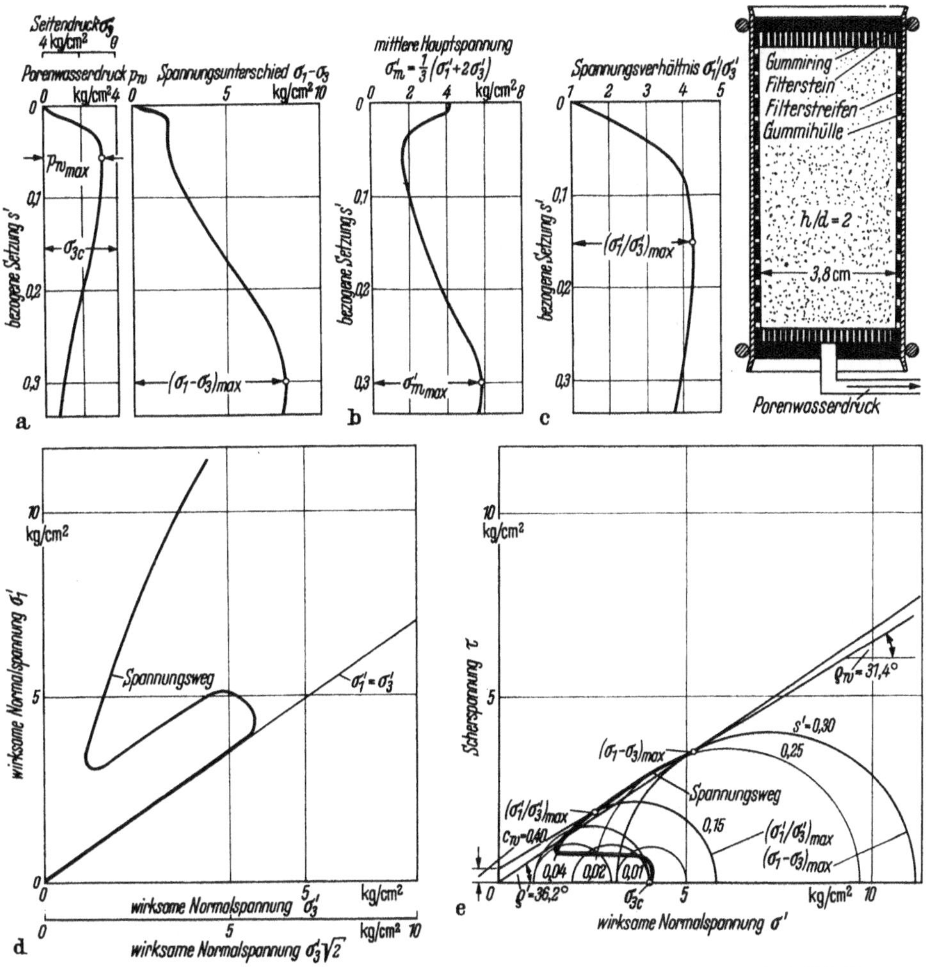

Abb. 590 a—e. Ergebnis eines CU-Versuchs mit Schluff (konstante Verschiebungsgeschwindigkeit $v = 0{,}0770$ mm/min).

a) Beziehung zwischen p_w, σ_3', $\sigma_1-\sigma_3$ und s'; b) Beziehung zwischen σ_m' und s'; c) Beziehung zwischen σ_1'/σ_3' und s'; d) Spannungsweg im σ_1'-σ_3'-Diagramm; e) Spannungsweg im τ-σ'-Diagramm.

Kennziffern. *UU-Versuch.* Aus dem UU-Versuch, der mit wassergesättigtem bindigen Boden gleichen Wassergehalts und damit gleicher Porenziffer ausgeführt wird, erhält man im τ-σ-Diagramm als Scherlinie eine Waagerechte ($\varrho_u = 0$), wobei σ in gesamten Spannungen ohne Abzug des Porenwasserdrucks aufgetragen wird (Abb. 565). Die Gleichung für die Scherfestigkeit lautet in diesem Falle:

$$\tau = c_u = \frac{\sigma_1 - \sigma_3}{2} \qquad (\mathrm{kg/cm^2})\,. \tag{245}$$

Die Gleichung für τ in wirksamen Spannungen $\sigma' = \sigma - p_w$ läßt sich für diesen Fall nicht angeben, da alle Kreise aus gesamten Spannungen dann in *einen* Kreis aus wirksamen Spannungen zusammenfallen.

Beim UU-Versuch mit nicht wassergesättigten Böden (Abb. 591) erhält man in gesamten Spannungen (σ):

$$\tau = c_u + \sigma \tan \varrho_u \qquad (\mathrm{kg/cm^2}) \tag{246}$$

und bei Auftragung der Kreise in wirksamen Spannungen (σ'), was nur bei gemessenem Porenwasserdruck möglich ist:

$$\tau = c' + \sigma' \tan \varrho' \qquad (\text{kg/cm}^2)\,, \qquad (246\,\text{a})$$

c' wirksame Kohäsion,
ϱ' wirksamer Reibungswinkel.

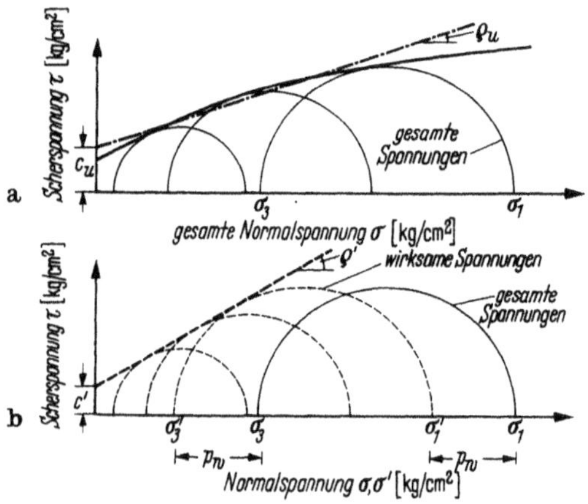

Abb. 591 a u. b. MOHRsche Kreise für UU-Versuche mit teilweise gesättigtem Boden.
a) Gesamte Spannungen; b) wirksame Spannungen.

Beim Sonderfall des Zylinderdruckversuchs ($\sigma_3 = 0$) ist die „*Zylinderdruckfestigkeit des ungestörten Bodens q_u*":

$$q_u = \sigma_1 - \sigma_3 = \sigma_1 \qquad (\text{kg/cm}^2) \qquad (247)$$

und daher bei wassergesättigten Böden:

$$c_u = \frac{q_u}{2} = \frac{\sigma_1 - \sigma_3}{2} = \frac{\sigma_1}{2} \qquad (\text{kg/cm}^2). \qquad (248)$$

Die *Zylinderdruckfestigkeit eines gestörten Bodens* wird mit

$$q_g = \sigma_1 \qquad (\text{kg/cm}^2) \qquad (247\,\text{a})$$

bezeichnet. Aus dem Verhältnis der ungestörten und gestörten Zylinderdruckfestigkeit bei gleichem Wassergehalt erhält man die „*Sensitivität S*":

$$S = \frac{q_u}{q_g}\,. \qquad (249)$$

Die Druck-Setzungslinie des Zylinderdruckversuchs liefert auch den „*Elastizitätsmodul E*" oder „*Steifezahl bei unbehinderter Seitendehnung*" des Bodens (Abb. 566), welcher zur Berechnung der sofortigen Setzung benötigt wird. Man benutzt hierfür die Sehne zwischen dem Nullpunkt und der Hälfte bzw. dem Drittel der Bruchlast. Eindeutiger läßt sich E aus dem Zylinderdruckversuch mit eingelegten Ent- und Wiederbelastungsästen entnehmen. In diesem Fall gibt die Neigung der Sehne durch die Hysteresisschleifen die Größe von E an (Abb. 567).

Genauer ist es, dieses Verfahren auf Versuche mit einem der Natur entsprechenden Seitendruck anzuwenden (dreiaxialer Kompressionsversuch).

CU-Versuch. Bei CU-Versuchen ohne bzw. mit Porenwasserdruckmessung können die Schergeraden auf die gesamten oder auf die wirksamen Spannungen bezogen werden (Abb. 592). In gesamten Spannungen ist:

$$\tau = c_{\text{cu}} + \sigma \tan \varrho_{\text{cu}} \qquad (\text{kg/cm}^2)\,.$$

In wirksamen Spannungen ist:

$$\tau = c' + \sigma' \tan \varrho' \qquad (\text{kg/cm}^2)\,.$$

Bei einfach verdichteten Böden sind c_{cu} und c' gewöhnlich gleich Null. Bedeutung kommt hauptsächlich den wirksamen Scherparametern c' und ϱ' zu, die zur Berechnung von Endstandsicherheiten benötigt werden. Die Parameter c_{cu} und ϱ_{cu} werden nur in Sonderfällen benötigt und sind von der Versuchsdurchführung abhängig (BISHOP/HENKEL 1962).

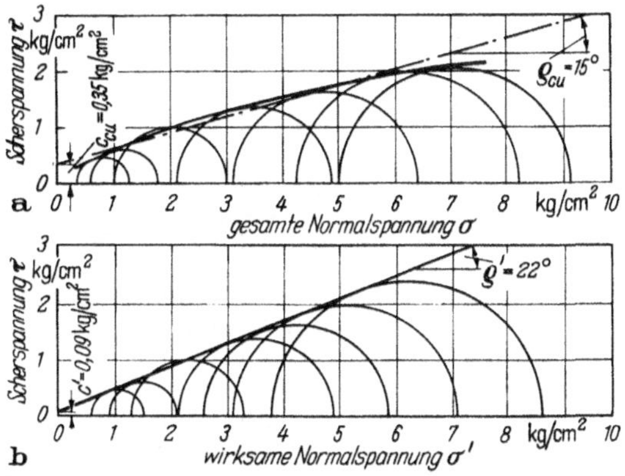

Abb. 592 a u. b. Tangenten an die MOHRschen Kreise für CU-Versuche mit überverdichteten Tonproben. a) Gesamte Spannungen; b) wirksame Spannungen.

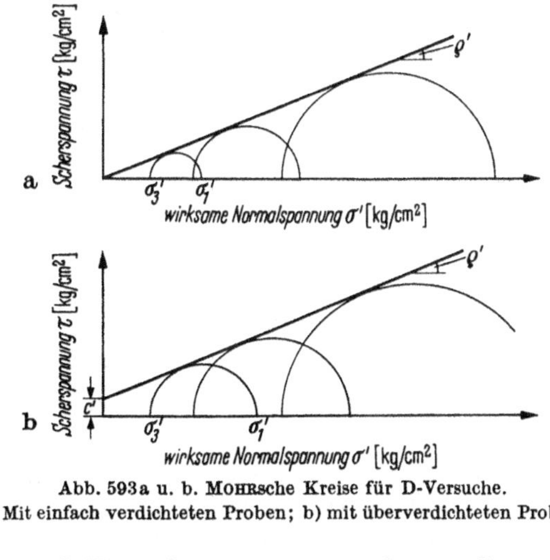

Abb. 593a u. b. MOHRsche Kreise für D-Versuche. a) Mit einfach verdichteten Proben; b) mit überverdichteten Proben.

D-Versuch. Beim D-Versuch treten nur wirksame Spannungen auf. Es ist dann (Abb. 593):

$$\tau = c' + \sigma' \tan \varrho' \qquad (\text{kg/cm}^2)\,.$$

c' und ϱ' entsprechen den Parametern aus dem CU-Versuch und können ihnen für praktische Zwecke bei allen schluffigen Böden gleichgesetzt werden, wenn beim CU-Versuch die Bruchbedingung $(\sigma_1 - \sigma_3)_{\max}$ zugrunde gelegt wird. Bei einigen Tonen kann aber auch die Bruchbedingung $(\sigma_1'/\sigma_3)_{\max}$ maßgebend sein. Der Unterschied ist jedoch gering.

Wahre Scherparameter ϱ_w *und* c_w *aus dem CU- oder D-Versuch.* Die wahren Scherparameter sind dadurch definiert, daß die Scherlinie an solche MOHRschen Kreise gezogen wird, welche aus Proben mit gleichem Wassergehalt, aber verschiedenen wirksamen Spannungen gewonnen wurden. Diese Bedingung kann bei sehr fetten Tonen durch Abscheren von Bodenproben im Erstbelastungs- und Entlastungsbereich herbeigeführt werden (Abb. 594).

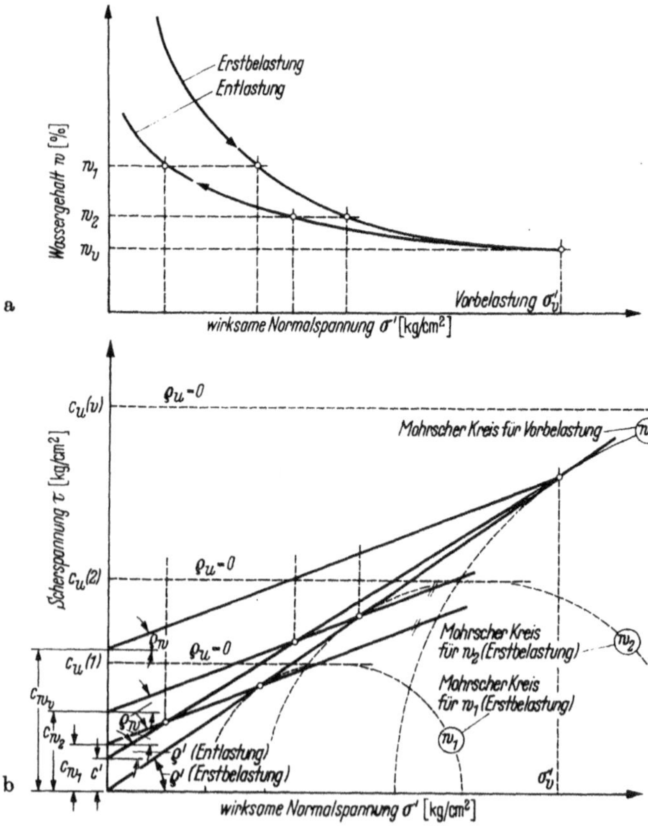

Abb. 594 a u. b. Zusammenhang der Scherparameter beim Dreiaxialversuch. $c' = f(\sigma_v)$; $c_w = f(w)$; $c_u = f(w)$ bei Erstbelastung.
a) Wassergehalt in Abhängigkeit von der Normalspannung; b) Scherspannung in Abhängigkeit von der Normalspannung.

Dabei ist die wahre Kohäsion c_w eine Funktion des Wassergehalts und ϱ_w für eine Bodenart praktisch konstant (HVORSLEV 1937).

Bei schwach plastischen Böden lassen sich ϱ_w und c_w nur aus einer Vielzahl von Versuchen mit gleichem Wassergehalt (Abb. 595) oder aus der Versuchsspur des CU-Versuchs gewinnen, die bei dilatanten Böden zwischen den Kriterien $(\sigma_1'/\sigma_3')_{\max}$ und $(\sigma_1 - \sigma_3)_{\max}$ in der wahren Scherlinie verläuft.

Der Zusammenhang zwischen den wirksamen und wahren Scherparametern und der nicht entwässerten Scherfestigkeit c_u bei $\varrho_u = 0$ (Abb. 594) ist:

$$\tau = c_w + \sigma' \tan \varrho_w \qquad (\text{kg/cm}^2)\,, \qquad (250)$$

wobei $c_w = f(w)$, $\varrho_w =$ konst.; und

$$\tau = c' + \sigma' \tan \varrho' \qquad (\text{kg/cm}^2)\,,$$

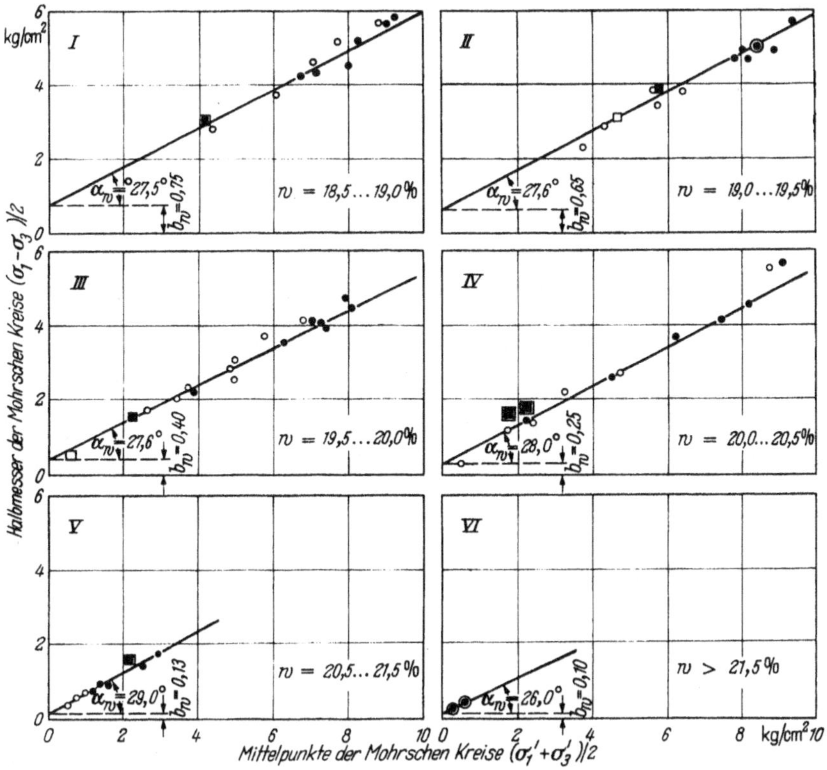

Diagramm Nr.	w [%]	α_w [°]	ϱ_w ($\tan\alpha_w = \sin\varrho_w$) [°]	b_w [kg/cm²]	$c_w = \frac{b_w}{\cos\varrho_w}$ [kg/cm²]
I	18,5…19,0	27,5	31,4	0,75	0,88
II	19,0…19,5	27,6	31,5	0,65	0,76
III	19,5…20,0	27,6	31,5	0,40	0,47
IV	20,0…20,5	28,0	32,1	0,25	0,29
V	20,5…21,5	29,0	33,6	0,13	0,16
VI	>21,5	26,0	29,2	0,10	0,11
Mittel		27,6	31,5		

Abb. 595. Ermittlung der wahren Scherparameter c_w und ϱ_w aus vielen CU-Versuchen mit Schluff.

wobei c' und $\varrho' = f(\sigma_v)$; und

$$\tau = c_u \quad (\text{bei } \varrho_u = 0) \qquad (\text{kg/cm}^2),$$

wobei $c_u = f(w)$.

Näherungsweise kann der wahre Reibungswinkel ϱ_w aus dem Bruchwinkel ϑ_B von Zylinderdruckproben (Abb. 596) ermittelt werden (SKEMPTON/BISHOP 1954, S. 471):

$$\varrho_w = 2\vartheta_B - 90°\,. \tag{251}$$

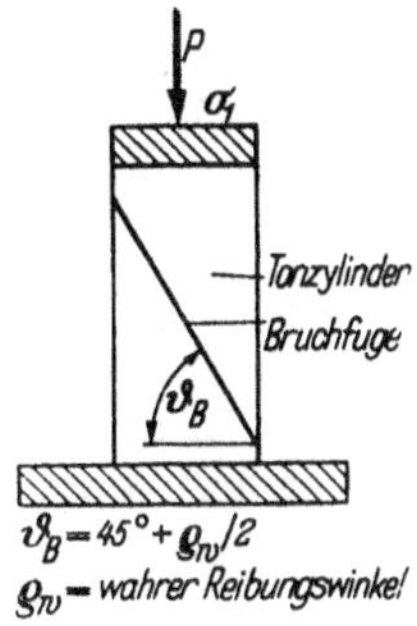

Abb. 596. Bestimmung des Reibungswinkels ϱ_w aus dem Bruchwinkel von Zylinderdruckproben.

Dieser Winkel ist für die in der Natur sich ausbildenden Gleitflächen maßgebend.

Porenwasserdruckbeiwerte, Zusammenhang zwischen Porenwasserdruck im CU-Versuch und Volumenänderung im D-Versuch. Aus den Porenwasserdruckmessungen während der CU-Versuche lassen sich die „*Porenwasserdruckbeiwerte*" (SKEMPTON 1954, BISHOP 1954b) ableiten, mit denen die Porenwasserdrücke in der Praxis in einfachen Fällen vorher berechnet werden können. Bei einer Erhöhung der drei Hauptspannungen ist die wirksame Spannungserhöhung jeweils:

$$\Delta\sigma' = \Delta\sigma - \Delta p_w \qquad (\text{kg/cm}^2)\,. \qquad (252)$$

Die Volumenabnahme des Korngerüsts ist bei Annahme elastischen Verhaltens:

$$-\Delta V = V\,\frac{1-2\mu}{E}\,(\Delta\sigma'_1 + \Delta\sigma'_2 + \Delta\sigma'_3) \qquad (\text{cm}^3)\,, \qquad (253)$$

E Elastizitätsmodul,
μ Querdehnungszahl (0 bis 0,5).

Diese Volumenabnahme kann fast ausschließlich auf eine Verminderung des Hohlraums zurückgeführt werden. Wenn n die Anfangsporenvolumen und $C_w = 1/E_w$ die Zusammendrückbarkeit des Porenwassers sind, erhält man bei fehlender Entwässerung folgende Beziehung zwischen Volumenabnahme und Porenwasserdruck:

$$-\Delta V = n\,V\,C_w\,\Delta p_w \qquad (\text{cm}^3)\,, \qquad (254)$$

so daß:

$$n\,C_w\,\Delta\,p_w = \frac{1-2\mu}{E}\,(\Delta\sigma'_1 + \Delta\sigma'_2 + \Delta\sigma'_3)\,. \qquad (255)$$

Beim dreiaxialen Druckversuch ist $\Delta\sigma'_2 = \Delta\sigma'_3$. Man erhält damit:

$$\Delta p_w = \frac{1}{1 + n\,(C_w/C_c)}\left[\Delta\sigma_3 + \frac{1}{3}\,(\Delta\sigma_1 - \Delta\sigma_3)\right] \qquad (\text{kg/cm}^2)\,, \qquad (256)$$

$C_c = 3\,(1-2\mu)/E$ Zusammendrückbarkeit des Korngerüsts,
$\Delta\sigma_3$ Flüssigkeitsdruck = allseitiger Druck,
$\Delta\sigma_1 - \Delta\sigma_3$ Hauptspannungsunterschied.

Hiernach gibt es bei volumenbeständigen Körpern ($\mu = 0{,}5$) keinen Porenwasserdruck. Ist $\mu < 0{,}5$ (zusammendrückbare Körper), dann entsteht Porenwasserdruck bei fehlender Entwässerung zuerst durch den allseitigen Druck $\Delta\sigma_3$, dann durch den Abscherdruck $\Delta\sigma_1 - \Delta\sigma_3$.

Da der Boden nicht vollelastisch und C_w nur bei Wassersättigung konstant ist, führt man an Stelle von C_c und C_w empirische Beiwerte ein:

$$\Delta p_w = B\,[\Delta\sigma_3 + A\,(\Delta\sigma_1 - \Delta\sigma_3)] \qquad (\text{kg/cm}^2)\,, \qquad (257)$$

A und B Porenwasserdruckbeiwerte von SKEMPTON/BISHOP.

Bei wassergesättigten Böden ist $B = 1$. Der Beiwert A hängt neben der Bodenart davon ab, ob der Boden einfach- oder überverdichtet ist.

Bei nicht wassergesättigten Böden ist B kleiner als 1 und hat beim allseitigen Druck $\Delta\sigma_3$ einen anderen Wert als bei der Scherbelastung $\Delta\sigma_1 - \Delta\sigma_3$. Man schreibt dann besser:

$$\Delta p_w = B\,\Delta\sigma_3 + \bar{A}\,(\Delta\sigma_1 - \Delta\sigma_3) \qquad (\text{kg/cm}^2)\,. \qquad (257\text{a})$$

Wenn man den Porenwasserdruck nicht nur für den Bruchzustand vorherbestimmen will, sondern für Spannungszustände, wie sie beim Bauwerk für gegebene Belastungsänderungen vorkommen, macht man ihn besser von der jeweiligen größeren Hauptspannung abhängig:

$$\Delta p_w = \bar{B}\,\Delta\,\sigma_1 \qquad (\text{kg/cm}^2)\,. \qquad (257\text{b})$$

Dies geschieht z. B. bei den Versuchen mit Porenwasserdruckmessungen unter gegebenen äußeren Bedingungen. Aus diesen kann dann $\bar{B}$ entnommen und für die statische Untersuchung des Bauwerks verwendet werden.

Die Porenwasserdruckbeiwerte werden etwas dadurch beeinflußt, daß man es in der Wirklichkeit meist nicht mit einem axialsymmetrischen, sondern mit einem ebenen Formänderungszustand zu tun hat.

Spannungen in nicht wassergesättigten Böden. Nach theoretischen Überlegungen besteht zwischen dem Porenluft- und Porenwasserdruck im Porenraum eines Dreiphasenbodens ein Druckunterschied. Er ist auf die Oberflächenspannung der Luftblasen zurückzuführen, die es dem Porenwasser und der Porenluft ermöglichen, auch bei verschiedenen Drücken im Gleichgewicht zu sein (BISHOP/BJERRUM 1961).

BISHOP (1959) stellte für die wirksamen Spannungen in einem Dreiphasenboden versuchsweise die seitdem durch zahlreiche andere Untersuchungen (CRONEY/COLEMAN/BLACK 1958, AITCHISON 1960, JENNINGS 1960, COLEMAN 1960, LAMBE 1960) bestätigte Gleichung auf:

$$\sigma' = \sigma - p_l + \chi\,(p_l - p_w) \qquad (\mathrm{kg/cm^2})\,, \qquad (258)$$

σ' wirksame Spannung,
σ Gesamtspannung,
p_w Porenwasserdruck,
p_l Porenluftdruck,
χ Parameter, abhängig vom Sättigungsgrad, Bodenart u. a.

Während die Größe χ für die beiden Grenzfälle eines gesättigten bzw. vollständig ungesättigten Bodens 1 bzw. 0 ist, „ist im augenblicklichen Zeitpunkt eine einfache, allgemeine Beziehung für die dazwischenliegenden Werte noch nicht in Sicht" (BISHOP/HENKEL 1962, S. 181). Der Parameter χ zeigt jedenfalls eine nichtlineare Abhängigkeit vom Sättigungsgrad (Abb. 597a) und ändert sich mit der Bodenart (Abb. 597b) (DONALD 1961, BLIGHT 1960).

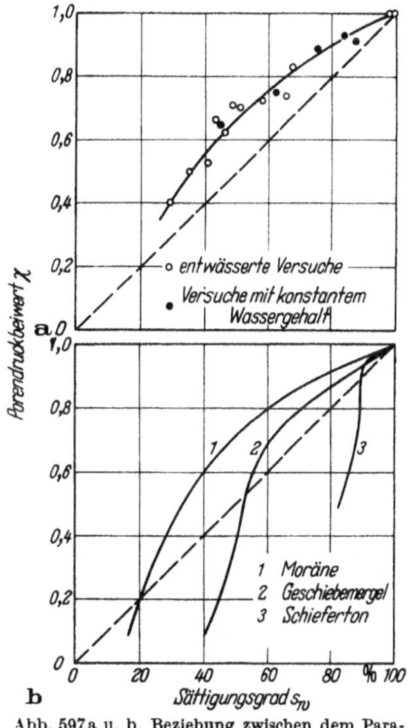

Abb. 597a u. b. Beziehung zwischen dem Parameter χ und dem Sättigungsgrad s_w (BISHOP/HENKEL 1962).
a) Für Schluff ohne Kohäsion; b) für künstlich verdichtete Böden.

Auswertung. *Konsolidation.* Die Beziehung zwischen der Zeit und der Zusammendrückung der Probe (Zeit-Setzungslinie für eine gegebene Spannung σ_1 bei gegebenem Seitendruck σ_3), die meist nicht gemessen und aufgetragen wird, kann dazu benutzt werden, um die *rheologischen Eigenschaften*, insbesondere das Kriechen der Böden im direkten Scherversuch und im dreiaxialen Versuch zu untersuchen (GEUZE/TAN TJONG KIE 1953 und 1954, TAN TJONG KIE 1954, SCHULTZ-GRUNOW 1955, MURAYAMA/SHIBATA 1958 a und b, AKAI 1960).

Die Grundlagen des rheologischen Verhaltens lassen sich an Modellen erläutern. Die Modelle bestehen meist aus drei Elementen: Der Feder, welche eine sofortige, rein elastische Formänderung nach dem HOOKEschen Gesetz bedeutet, dem durchlässigen Kolben in einer Flüssigkeit mit der Viskosität η, bei dem nach NEWTON die Formänderungsgeschwindigkeit der Spannung verhältnisgleich ist, und der

Gleitplatte. Letztere gibt entweder eine bestimmte Spannung (Fließgrenze, untere Streckgrenze) an, unterhalb deren keine Formänderung auftritt, oder eine Spannung, bei welcher sich eine sofortige, aber bleibende Formänderung vollzieht (z. B. sofortige Setzungen).

Tabelle 68. *Formänderungseigenschaften der drei Hauptelemente für rheologische Modelle*

	Feder	Kolben	Gleitplatte
σ	$E s'$	$\frac{ds'}{dt} \cdot \eta$	σ_f
τ	$G \gamma$	$\frac{d\gamma}{dt} \cdot \eta$	τ_f
$\frac{d\sigma}{dt}$	$E \frac{ds'}{dt}$	$-\frac{\sigma}{\lambda}$	0
$\frac{d\tau}{dt}$	$G \frac{d\gamma}{dt}$	$-\frac{\tau}{\lambda}$	0
s'	$\frac{\sigma}{E}$	$\frac{\sigma t}{E\lambda} = \frac{\sigma t}{\eta}$	s'_f
γ	$\frac{\tau}{G}$	$\frac{\tau t}{G\lambda} = \frac{\tau t}{\eta}$	γ_f
$\frac{ds'}{dt}$	$\frac{1}{E} \frac{d\sigma}{dt}$	$\frac{\sigma}{E\lambda} = \frac{\sigma}{\eta}$	0
$\frac{d\gamma}{dt}$	$\frac{1}{G} \frac{d\tau}{dt}$	$\frac{\tau}{G\lambda} = \frac{\tau}{\eta}$	0
–	HOOKE H	NEWTON N	G

E Elastizitätsmodul,
G Schubmodul,
s' bezogene Setzung,
γ Scherung,
η Viskosität,
λ Relaxationszeit.

Die einfachsten Modelle bestehen aus einem NEWTON-Element und einem HOOKEschen Element. Diese können entweder hintereinander oder parallelgeschaltet werden. Im ersteren Fall erhält man das Modell von MAXWELL (Abb. 598), in letzterem das Modell von KELVIN (Abb. 599). Beim Modell von MAXWELL H-N (HOOKE + NEWTON) bzw. bei jeder Reihenschaltung von Elementen ist die gesamte Setzung gleich der Summe der Setzungen der Elemente und die Spannung in allen Elementen gleich der Gesamtspannung:

$$s' = s'_1 + s'_2 ,$$

$$\sigma = \sigma_1 = \sigma_2 .$$

Der Index 1 bezieht sich auf das eine, der Index 2 auf das andere Element. Daraus ergibt sich:

$$\frac{ds'}{dt} = \frac{ds'_1}{dt} + \frac{ds'_2}{dt} , \tag{259}$$

$$\frac{ds'}{dt} = \frac{1}{E} \frac{d\sigma}{dt} + \frac{\sigma}{\eta} , \tag{259a}$$

$$\frac{d\sigma}{dt} = E \frac{ds'}{dt} - \frac{\sigma}{\lambda} = \frac{d\sigma_1}{dt} + \frac{d\sigma_2}{dt} . \tag{259b}$$

Bei σ = konst erhält man die folgende Gleichung für die Zeit-Setzungslinie:

$$s' = \frac{\sigma t}{\eta} + s'_0 , \tag{260}$$

s'_0 elastische Sofortsetzung.

Die Verschiebung hat hiernach eine konstante Geschwindigkeit.

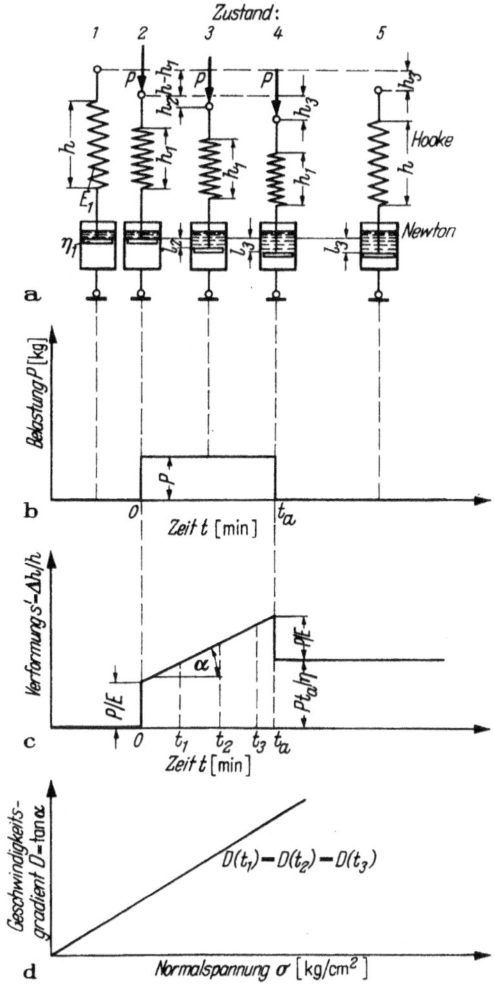

Abb. 598a—d. MAXWELLsches Modell.
a) Mechanisches Modell; b) Belastungs-Zeitdiagramm; c) Kriechdiagramm; d) Kriech-Spannungsdiagramm.

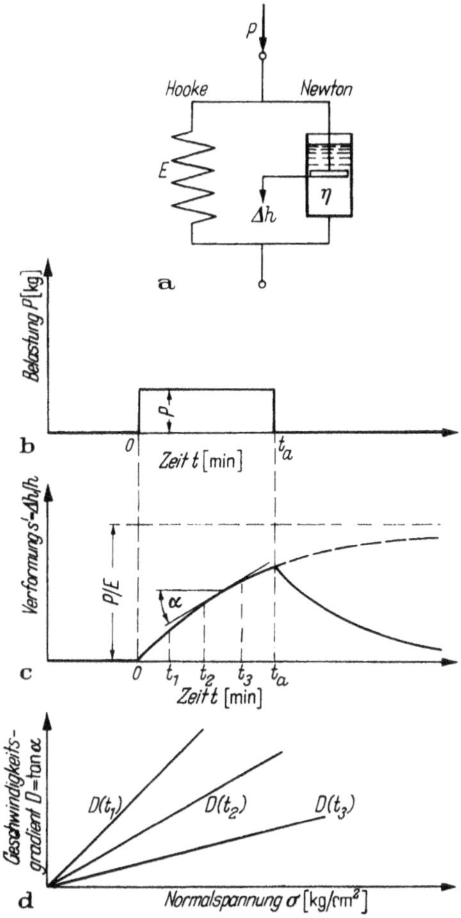

Abb. 599a—d. KELVINsches Modell.
a) Mechanisches Modell; b) Belastungs-Zeitdiagramm; c) Kriechdiagramm; d) Kriech-Spannungsdiagramm.

Bei Entlastung auf Null geht die Feder wieder in ihre Ursprungslage zurück. Die Verformung aus dem Kolben bleibt aber bestehen.

Bei σ = konst ist $d\sigma/dt = 0$ und man erhält aus Gl. (259a):

$$\frac{ds'}{dt} = \frac{\sigma}{E\lambda} = D \tag{261}$$

Beim KELVINschen Modell H-N bzw. bei jeder Parallelschaltung von Elementen ist die Gesamtspannung gleich der Summe der Spannungen der Elemente, dagegen die Gesamtsetzung gleich der Setzung jedes der Elemente, die unter sich gleiche Setzungen haben. Die elastische Formänderung vollzieht sich also ebenso langsam wie das Kriechen:

$$\sigma = \sigma_1 + \sigma_2 ,$$
$$s' = s'_1 = s'_2 .$$

Daraus erhält man die Differentialgleichung der Zeit-Setzungslinie (Tab. 68):

$$\sigma = E s' + \frac{d s'}{d t} \eta . \tag{262}$$

Bei $\sigma =$ konst lautet die Gleichung der Zeit-Setzungslinie:

$$s' = \frac{\sigma}{E} (1 - e^{-t/\lambda}) . \tag{263}$$

Wenn die Gleitplatte hinzugeschaltet wird, so ist $\sigma - \sigma_f$ anstelle von σ zu setzen.

Durch beliebige Kombination der Elemente in Reihenschaltung und Parallelschaltung lassen sich die beobachteten Zeit-Setzungslinien wiedergeben. Das kann allerdings nur durch Probieren geschehen. So fanden MURAYAMA/SHIBATA (1958a) ein Modell für das Verhalten von Ton (Abb. 600a), TAN TJONG KIE (1954) für holländischen schluffigen Ton (Abb. 600b und c) und AKAI (1960) für rheinischen Schluff (Abb. 600d). Weitere Untersuchungen siehe auch „Rheology and Soil Mechanics", Symposium Grenoble (1964).

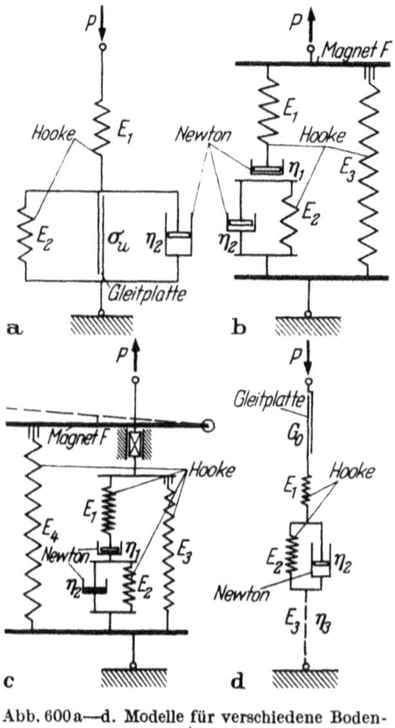

Abb. 600a—d. Modelle für verschiedene Bodenarten.
a) Mechanisches Modell für Ton von MURAYAMA/SHIBATA; b) und c) rheologisches Modell für Ton von TAN TJONG KIE; d) mechanisches Modell für Schluff von AKAI.

Die Modelle werden der Wirklichkeit dadurch weiter angepaßt, daß bei der Feder auch eine nichtlineare Elastizität und beim Kolben keine konstante, sondern eine von den Spannungen abhängige Viskosität eingeführt wird. Außerdem kann man bei der Gleitplatte die Größe der Sperrspannung vom Porenvolumen bzw. der Setzung des Bodens abhängig machen. Dadurch erhält man dann recht verwickelte Gleichungen für die Zeit-Setzungslinie.

Die vorstehenden Ausführungen gelten sowohl für Normalspannungen und Setzungen als auch für Scherspannungen und Verschiebungen (Tab. 68).

Die *Druck-Setzungslinien der dreiaxialen Versuche* liefern im elastischen Bereich Steifezahlen, die die Zusammendrückbarkeit unter den gegebenen Versuchsbedingungen ausdrücken.

Aus den Berichten der Europäischen Baugrundtagung Wiesbaden (1963) geht hervor, daß sowohl für bindige als auch für nichtbindige Böden die Ermittlung der Zusammendrückbarkeit durch den dreiaxialen Versuch an Stelle des Kompressionsversuchs häufiger wird. Dabei kann die Druck-Setzungslinie des Dreiaxialversuchs etwa bis zu einer Spannung verwendet werden, die $^1/_5$ bis $^1/_3$ der Bruchspannung der Probe beträgt.

Den Konsolidationssetzungen, die gewöhnlich in den Setzungsberechnungen allein berücksichtigt werden, gehen bei manchen wassergesättigten Böden erhebliche Sofortsetzungen voraus, die bei konstantem Wassergehalt infolge volumenbeständiger Gestaltsänderung der Bodenteilchen entstehen. So ergaben sich bei lockeren einfach verdichteten Tonen durch seitliches Ausweichen erhebliche Sofortsetzungen bei Öltanks, die auf einer mächtigen Tonschicht standen. Es war möglich, diese Setzungen aus Dreiaxialversuchen vorauszusagen, in welchen der wahre Spannungszustand im Boden nachgeahmt wurde (Šuklje/Sovinc 1963). Dabei wurde mit einer Steifezahl gerechnet, die geradlinig mit der Tiefe zunahm, und die Querdehnungszahl gleich 0,5 gesetzt. Außerdem traten noch

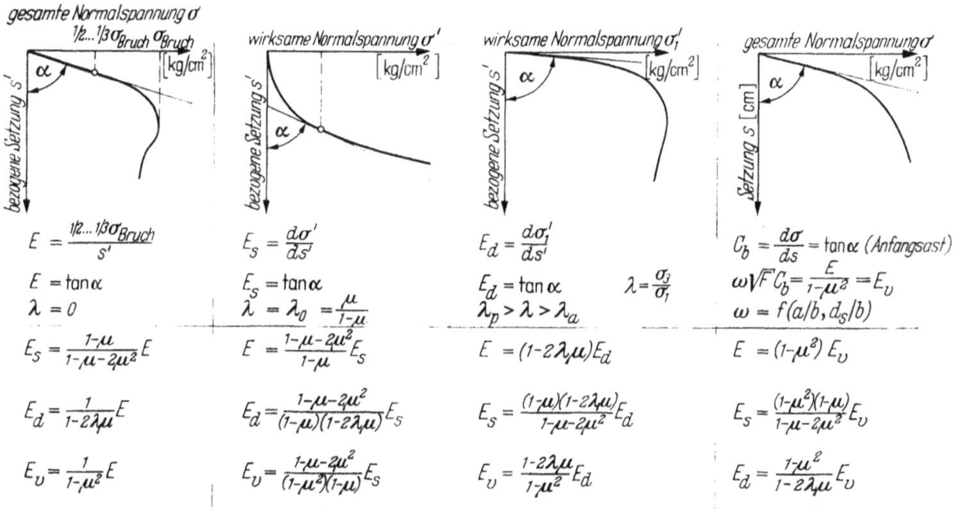

Abb. 601a—d. Zusammenstellung der verschiedenen Steifezahlen.

a) Zylinderdruckversuch (unbehinderte Seitendehnung, $\varepsilon_2 = \varepsilon_3 \neq 0$, $\sigma_2 = \sigma_3 = 0$); b) Kompressionsversuch (behinderte Seitendehnung, $\varepsilon_2 = \varepsilon_3 = 0$, $\sigma_2 = \sigma_3 = \lambda_0 \sigma_1$); c) Dreiaxialversuch (teilweise behinderte Seitendehnung, $\varepsilon_2 = \varepsilon_3 \neq 0$, $\sigma_2 = \sigma_3 \neq 0$); d) Probebelastung, Plattendruckversuch (teilweise behinderte Seitendehnung, $\varepsilon_2 \neq \varepsilon_3 \neq 0$, $\sigma_2 \neq \sigma_3 \neq 0$). Wegen der Einheitlichkeit der Indices für die verschiedenen Elastizitätsmoduli und der Bezeichnungsweise in DIN 4015 ist der Elastizitätsmodul für den räumlichen Zustand hier E_v genannt, während an anderen Stellen des Buches E_s' verwendet wird.

Konsolidations- und sekundäre Setzungen auf. Der nicht entwässerte Dreiaxialversuch hat sich für die Berechnung von Sofortsetzungen stets bewährt, wenn der richtige Seitendruck – etwa entsprechend dem Überlagerungsdruck im Gelände – eingeführt wurde (Simons 1963). Er eignet sich besser als der bisher gern für diesen Zweck verwendete Zylinderdruckversuch (Schultze 1965).

Die Beziehungen zwischen den verschiedenen Steifezahlen hängen bei homogenem Boden ausschließlich von der Querdehnungszahl μ (Poisson-Zahl m) ab (Abb. 601; s. auch Abb. 275).

Diese Beziehungen, welche für elastisch-isotrope Stoffe abgeleitet wurden, gelten nur näherungsweise, da sich der Boden bei der Zusammendrückung verdichtet und infolgedessen E_s vom Druck abhängt. Die Poisson-Zahl m des Bodens wird daher besser nicht aus den beiden Werten E und E_s, sondern aus dem Ruhedruckversuch bestimmt, bei dem durch entsprechende Regulierung des Seitendrucks sie seitliche Ausdehnung der Probe verhindert wird (S. 529). Im elastischen Zustand ist:

$$\lambda_0 = \frac{1}{m-1}, \tag{264}$$

$$m = 1 + \frac{1}{\lambda_0}. \tag{264a}$$

Durch Auswertung der Druck-Setzungslinien für nichtbindige Böden kann deren Abhängigkeit von den Versuchsbedingungen, der Lagerungsdichte usw. dargestellt werden, so daß man in der Lage ist, aus ihnen das Verhalten des Bodens unter anderen Versuchsbedingungen abzuleiten (LADANYI 1960).

Jede Spannungsänderung an einer Probe nichtbindigen Bodens erzeugt eine Veränderung des Volumens infolge der Zusammendrückung und der Dilatation sowie eine Verdrehung, also eine Änderung der Probenform. Bei kleinen Formänderungen ist die Verdrehung („*Gleitung*"):

$$\gamma = s_1' - s_3' , \qquad (265)$$

$$s_1' = -\frac{\Delta h}{h_a} , \qquad (265a)$$

$$s_3' = -\frac{\Delta d}{d_a} , \qquad (265b)$$

h_a Anfangshöhe der Probe, unmittelbar vor dem Beginn des Abscherens,
d_a Anfangsdurchmesser der Probe, unmittelbar vor dem Beginn des Abscherens.

Die Volumenänderung der Probe infolge der Zusammendrückung hängt von der mittleren Hauptspannung ab:

$$\sigma_m = \frac{1}{3}(\sigma_1 + 2\,\sigma_3) \qquad (\mathrm{kg/cm^2}) . \qquad (266)$$

Werden die Versuche mit konstanter mittlerer Hauptspannung (S. 530) ausgeführt, dann können alle Spannungsänderungen nach der Konsolidierung nur noch eine Dilatation hervorrufen. Die Dilatation ist in diesem Fall:

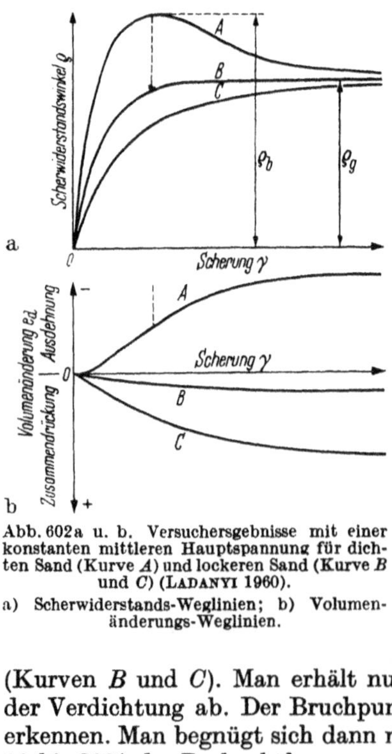

Abb. 602a u. b. Versuchsergebnisse mit einer konstanten mittleren Hauptspannung für dichten Sand (Kurve *A*) und lockeren Sand (Kurve *B* und *C*) (LADANYI 1960).
a) Scherwiderstands-Weglinien; b) Volumenänderungs-Weglinien.

$$D = \frac{d\,e_d}{d\,\gamma} , \qquad (267)$$

$$e_d = -\frac{\Delta V_d}{V_1} , \qquad (267a)$$

V_1 Anfangsvolumen der Probe unmittelbar vor dem Beginn des Abscherens,
ΔV_d Volumenänderung infolge des Spannungsunterschieds $\sigma_1 - \sigma_3$.

Bezeichnet man als jeweiligen Scherwiderstandswinkel:

$$\varrho = \arcsin \frac{\frac{\sigma_1}{\sigma_3} - 1}{\frac{\sigma_1}{\sigma_3} + 1} ,$$

so erhält man zwei verschiedene Scherwiderstands-Weglinien (Abb. 602). Bei einem dichten Sand zeigt die Kurve *A* ein deutliches Maximum mit dem Größtwert ϱ_b beim Bruch und dem kleineren Wert ϱ_g beim Gleiten. Das Volumen der Probe nimmt infolge der Dilatation zu. Bei lockerem Sand zeigt die Scherwiderstands-Weglinie kein Maximum (Kurven *B* und *C*). Man erhält nur ϱ_g. Das Volumen des Bodens nimmt infolge der Verdichtung ab. Der Bruchpunkt $(\sigma_1/\sigma_3)_{\max}$ läßt sich dann meist nicht genau erkennen. Man begnügt sich dann mit einer senkrechten Zusammendrückung von 10 bis 20% der Probenhöhe.

Die gleichen Beziehungen lassen sich für verschiedene mittlere Hauptspannungen darstellen (Abb. 603). Jede mittlere Hauptspannung liefert eine Kurve. Die Konsolidation der Probe:

$$e_c = -\frac{\Delta V_c}{V_1}, \tag{267b}$$

ΔV_c Volumenänderung infolge der Kompression,

läßt sich in Abhängigkeit von der mittleren Hauptspannung σ_m (Abb. 603c) darstellen, letztere in Abhängigkeit von dem Spannungsverhältnis σ_1/σ_3 (Abb.

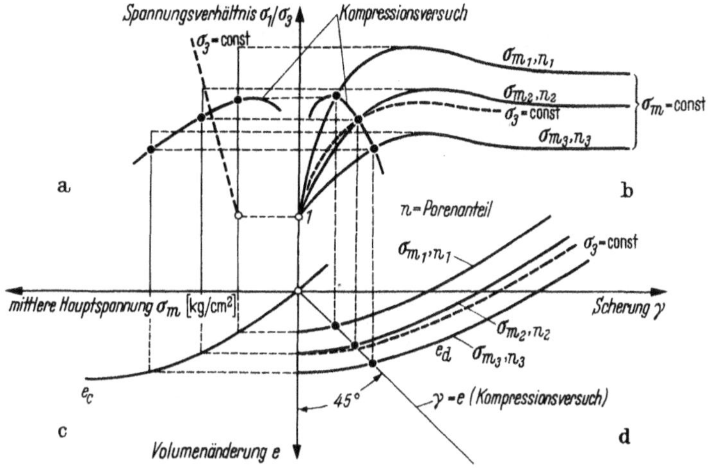

Abb. 603a—d. Versuchsergebnisse mit Sand für verschiedene mittlere Hauptspannungen (LADANYI 1960).
a) Mittlere Hauptspannung in Abhängigkeit vom Spannungsverhältnis σ_1/σ_3; b) Spannungsverhältnis σ_1/σ_3 in Abhängigkeit von der Scherung γ; c) Volumenänderung der Probe in Abhängigkeit von der mittleren Hauptspannung; d) Volumenänderung e in Abhängigkeit von der Scherung γ.

603a). In die Kurven für den Dreiaxialversuch lassen sich die Ergebnisse anderer Versuche hierbei hineinkonstruieren. Der einfache Kompressionsversuch muß z. B. der Bedingung genügen:

$$s_2' = s_3' = 0\,.$$

Daher ist:

$$\gamma = s_1' = e = e_c + e_d\,.$$

Man erhält dann eine Gerade unter 45° (Abb. 603d).

Überträgt man deren Schnittpunkte in Abb. 603d nach oben, so erhält man eine Darstellung der Auslösung des Scherwiderstands in Abhängigkeit von der Gleitung beim Kompressionsversuch. Oben links ergibt sich die Abhängigkeit des Hauptspannungsverhältnisses von der mittleren Hauptspannung, wenn keine Seitenreibung im Kompressionsversuch auftritt. Ähnlich lassen sich Kurven für den üblichen Dreiaxialversuch mit konstantem Seitendruck σ_3 entwickeln.

Abscheren. Die Druckfestigkeit eines ungestörten gesättigten Tons, die man entweder durch den Zylinderdruckversuch, durch den UU-Versuch oder durch die Flügelsonde erhält, hängt mit dem Wassergehalt durch eine Exponentialfunktion zusammen. Da die nicht entwässerte Scherfestigkeit bei diesen Versuchen gleich der halben Druckfestigkeit ($q_u = 2\,c_u$) gesetzt werden kann, gilt der Zusammenhang also auch für die Beziehung zwischen nicht entwässerter Scherfestigkeit und Wassergehalt (Abb. 604). Die Art der Exponentialfunktion ergibt sich daraus, daß man auf der lotrechten Achse eines Koordinatensystems den Wassergehalt in Prozent und auf der waagerechten Achse in logarithmischen Maßstab die Druckfestigkeit des Tons bzw. den Druck im Dreiaxialversuch in kg/cm² aufträgt. Dann ergeben die Versuchspunkte, gleichgültig ob sie vom Zylinderdruckversuch, vom Flügelsondenversuch oder vom dreiaxialen Druckversuch stammen, eine gerade Linie. Die Streuungen sind verhältnismäßig gering. Die Gerade ist parallel zur Druck-Setzungslinie, die man für das gleiche Koordinatensystem aus der allseitigen Kompression für die Erstverdichtung erhält (Abb. 605). Damit ist eine beachtliche Gesetzmäßigkeit zwischen dem Wassergehalt und der nicht entwässerten Scherfestigkeit aufgestellt worden, die unabhängig von der Versuchsart ist.

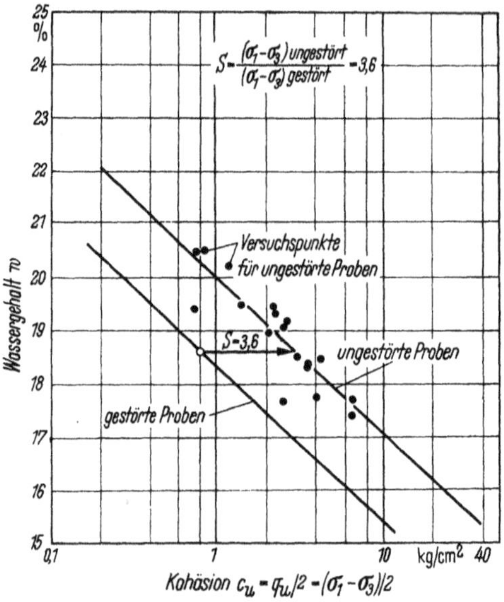

Abb. 604. Abhängigkeit zwischen der nicht entwässerten Scherfestigkeit c_u und dem Wassergehalt w für gestörte und ungestörte Proben mit Schluff.

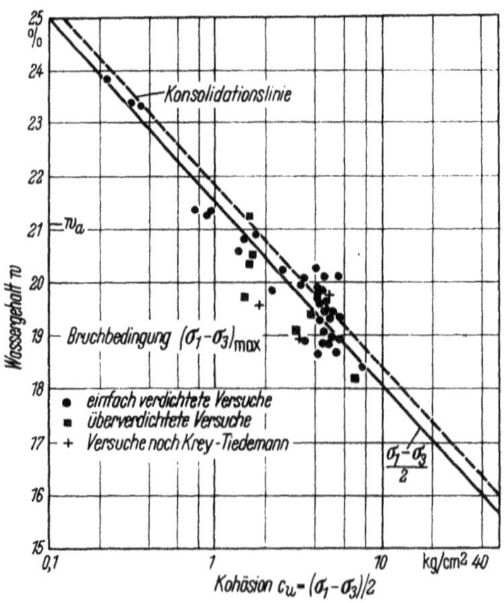

Abb. 605. Beziehung zwischen der nicht entwässerten Scherfestigkeit c_u und dem Wassergehalt w beim CU-Versuch mit Schluff.

Man kann diese Gesetzmäßigkeit dazu benutzen, um aus Zylinderdruckversuchen mit verschiedenen Wassergehalten die Scherlinie unter gesamten Spannungen für den CU-Versuch zu erhalten. Zu diesem Zweck mißt man den Wassergehalt eines Tonzylinders und entnimmt der soeben beschriebenen Beziehung zwischen dem Wassergehalt und der Druckfestigkeit den dazugehörigen Druck. Dieser kann bei Auftragung der Mohrschen Kreise als Seitendruckspannung σ_3 gelten. Addiert man zu dieser die Zylinderdruckfestigkeit als Durchmesser $\sigma_1 - \sigma_3$ des Mohrschen Kreises, so bekommt man für jeden Zylinderdruckversuch einen besonderen Mohrschen Kreis, wenn die Zylinder verschiedene Wassergehalte besitzen. An die Mohrschen Kreise läßt sich eine gemeinsame Tangente legen. Die Tangente ist praktisch identisch mit der Scherlinie, die man bei dem gewöhnlichen Dreiaxialversuch (CU), bei dem die Probe unter einer gewissen Vorbelastung verdichtet, dann aber ohne Dränage abgeschert wird, erhalten würde (Ergebnis: ϱ_{cu}, c_{cu}).

Bei wassergesättigten Tonen bestehen eindeutige Beziehungen zwischen wirksamen Spannungen und Wassergehalt, unabhängig davon, ob entwässerte oder nicht entwässerte Versuche ausgeführt werden (Rendulic **1936a** und b, **1937**,

HENKEL 1959 und 1960). Sie sehen bei vorbelasteten Tonen anders als bei einfach verdichteten aus und erlauben die Vorhersage der Ergebnisse der einen Versuchsart aus der anderen.

Eine vollkommene Darstellung der Scherfestigkeit eines Bodens erhält man im dreidimensionalen Koordinatensystem mit den Ordinaten τ, σ' und w (Abb. 606).

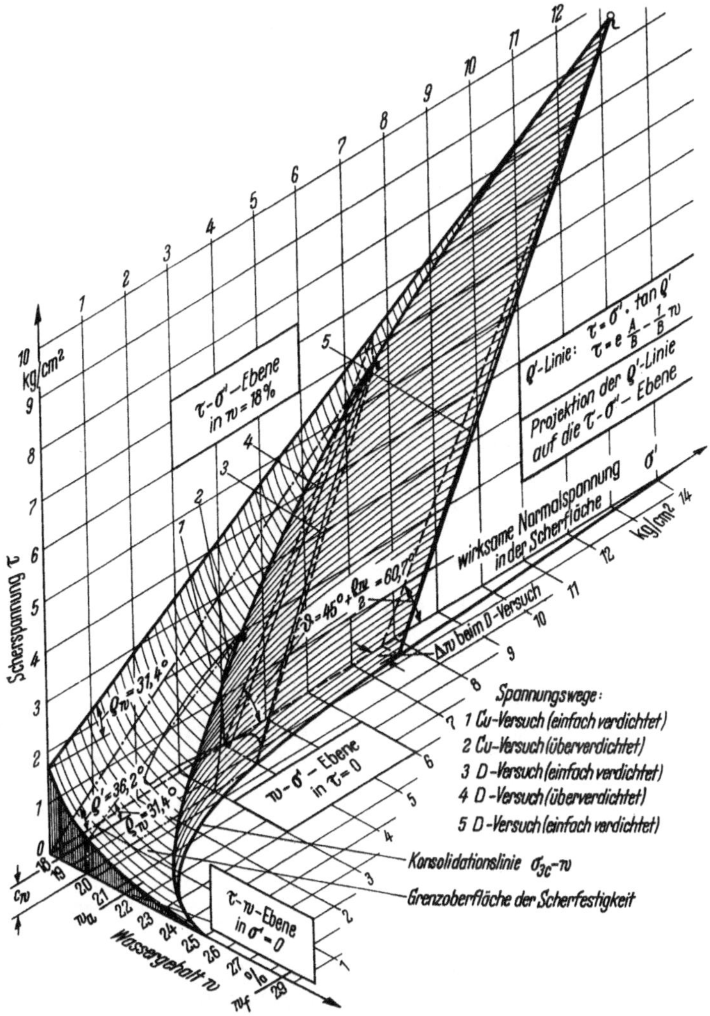

Abb. 606. Darstellung der Scherfestigkeit eines Schluffs im räumlichen τ-σ'-w-Koordinatensystem.

Alle wirksamen Spannungswege berühren im Zustand des Bruchs die Grenzoberfläche der Scherfestigkeit. Alle Wege von CU-Versuchen verlaufen in Ebenen $w =$ konst, also parallel zur τ-σ'-Ebene. Die Schnittlinie einer $w =$ konst-Fläche mit der Grenzoberfläche ergibt die Linie für die wahre Scherfestigkeit, die unter dem Winkel ϱ_w geneigt ist und die in der τ-w-Ebene die wahre Kohäsion c_w angibt. Die Schnittfläche zwischen der τ-w-Ebene in $\sigma' = 0$ und der Grenzoberfläche gibt die logarithmische Beziehung zwischen wahrer Kohäsion und Wassergehalt an. Die Grenzoberfläche der Scherfestigkeit wird im Raum durch die Linie der wirksamen Scherfestigkeit für die Erstbelastung (ϱ'-Linie) begrenzt. Die Projektion der ϱ'-Linie auf die τ-σ'-Fläche ergibt eine unter ϱ' geneigte Gerade durch den Nullpunkt des Koordinatensystems.

Eine andere räumliche Darstellung mit abgewandelten Achsenbezeichnungen stammt von ROSCOE/SCHOFIELD/WROTH (1958).

Die Koordinaten lassen sich in einfacher Form transformieren, wenn man die *Beziehungen am* MOHR*schen Spannungskreis* auswertet. Zum Beispiel ist nach Gl. (246a):

$$\tau = c' + \sigma' \tan \varrho' \qquad (\mathrm{kg/cm^2})$$

oder:

$$\tau = \frac{\sigma_1' - \sigma_3'}{2} \cos \sigma' \qquad (\mathrm{kg/cm^2}) . \tag{268}$$

Die wirksame Normalspannung in der Scherfläche ist:

$$\sigma_n' = \frac{\sigma_1' + \sigma_3'}{2} - \frac{\sigma_1' - \sigma_3'}{2} \sin \varrho' \qquad (\mathrm{kg/cm^2}) . \tag{269}$$

Den Reibungswinkel ϱ' erhält man aus:

$$\sin \varrho' = \frac{\sigma_1' - \sigma_3'}{2 \dfrac{c'}{\tan \varrho'} + \sigma_1' + \sigma_3'} . \tag{270}$$

Die Gleichung muß durch Probieren gelöst werden. Ferner ist:

$$\sigma_1' = 2\, c \tan (45 + \varrho/2) + \sigma_3' \tan^2 (45 + \varrho/2) .$$

Bei $c' = 0$ ist:

$$\sin \varrho' = \frac{\sigma_1' - \sigma_3'}{\sigma_1' + \sigma_3'} , \tag{271}$$

$$\frac{\sigma_1'}{\sigma_3'} = \frac{1 + \sin \varrho}{1 - \sin \varrho} = \tan^2 (45 + \varrho/2) ,$$

$$\frac{\sigma_3'}{\sigma_1'} = \tan^2 (45 - \varrho/2) ,$$

$$\sigma_n' = 2\, \sigma_1' \tan (45 - \varrho/2) = 2\, \sigma_3' \tan (45 + \varrho/2) .$$

Die Kohäsion ergibt sich aus:

$$c' = \frac{\sigma_1' - \sigma_3'}{2 \cos \varrho'} - \frac{\sigma_1' + \sigma_3'}{2} \tan \varrho' \qquad (\mathrm{kg/cm^2}) . \tag{272}$$

Bei $\varrho' = 0$ ist:

$$c' = \frac{\sigma_1' - \sigma_3'}{2} \qquad (\mathrm{kg/cm^2}) . \tag{272a}$$

Ähnliche Beziehungen gelten für die Zusammenhänge zwischen den wahren Scherparametern c_w und ϱ_w und den wirksamen Spannungen sowie für die Scherparameter des UU-Versuchs und die gesamten Spannungen.

Genau gesehen ist die Umhüllende der MOHRschen Kreise eine meist schwach gekrümmte Kurve. Bei Gesteinen und Beton, wo sehr hohe Seitendrücke verwendet werden (BISHOP 1966), ist die Krümmung deutlich erkennbar (Abb. 607). Die Tangente bzw. Umhüllende der Kreise ist die Scherfestigkeitslinie des Betons oder Gesteins. Sie hat die gleiche Bedeutung wie beim Boden.

Zahlenwerte. Die wesentlichen Ergebnisse von Dreiaxial- sowie auch von direkten Scherversuchen sind für die Praxis die wirksamen Scherparameter c' und ϱ' und die Scherparameter c_u und ϱ_u aus dem UU-Versuch, bei denen im wassergesättigten Zustand $\varrho_u = 0$ ist (Tab. 69).

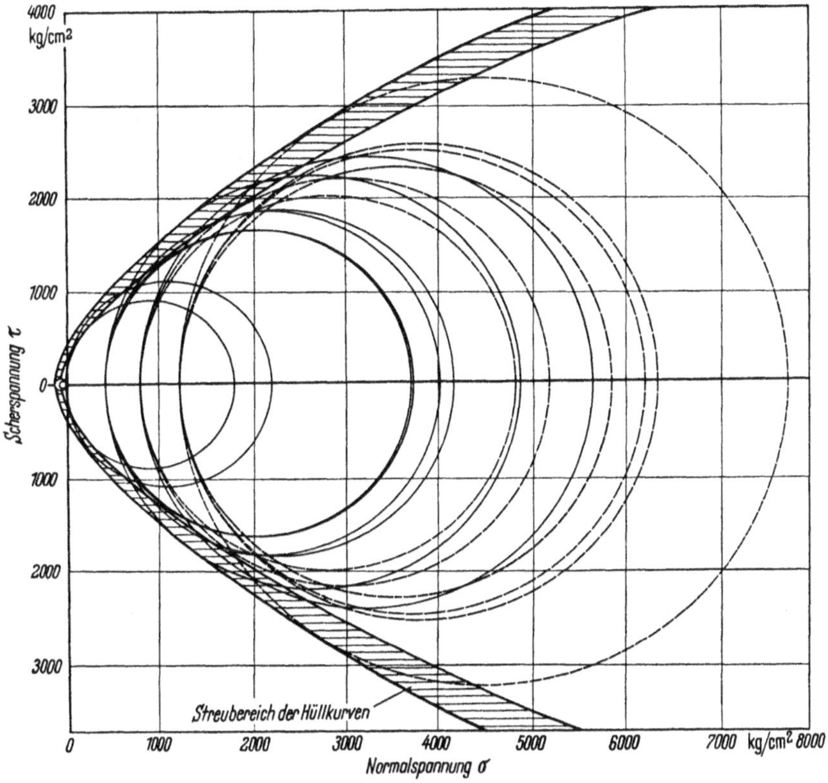

Abb. 607. Umhüllende der MOHRschen Kreise von dreiaxialen Druckversuchen mit Sandstein (EVERLING 1956b).

Tabelle 69. *Mittelwerte für die Scherparameter*

Bodenart	ϱ' (°)	c' (t/m²)	c_u (t/m²)
Organische Böden	5—20	0,5—1,0	0—2,5
Starkbindige Böden	10—25	1,0—2,5	5—70
Schwachbindige Böden	25—30	0—1,0	0—10
Nichtbindige Böden	30—45	0	0

Weitere Angaben siehe Empfehlungen des Arbeitsausschusses „Ufereinfassungen" (1964).

Für den Zusammenhang zwischen dem inneren *Reibungswinkel von Sand* und der Porenziffer gilt (CHEN 1948, BRINCH HANSEN/LUNDGREN 1960):

$$\varrho'^{\circ} + 60^{\circ} \log \varepsilon = \text{konst.} \tag{273}$$

SCHULTZE (1966) gibt für Sand und Kies die Gleichung an:

$$\cot \varrho' = a\, \varepsilon_a + b\,, \tag{274}$$

a, b Konstanten, aus zwei Versuchen mit verschiedenen ε_a, abhängig von der Kornverteilung.

Diese Gleichung ist eine Erweiterung des Ansatzes von CAQUOT/KÉRISEL (1956/66), welcher $a = 1/C$ *und* $b = 0$ setzt, so daß sich ergibt:

$$\tan \varrho' = \frac{C}{\varepsilon_a}\,, \tag{275}$$

C Konstante, abhängig von der mittleren Hauptspannung, ε_a Anfangsporenziffer.

C schwankt nach Versuchen mit gleichförmigem Sand $\left(U = \frac{d_{60}}{d_{10}} < 2\right)$ zwischen 0,50 und 0,60 und liegt im Mittel bei 0,55. VESIĆ (1963) gibt in Abhängigkeit von σ_3 für C Werte von 0,59 bis 0,68 an.

Die Abhängigkeiten gelten nur bei $\varepsilon_a < \varepsilon_k$, da bei lockeren Böden der Einfluß der Lagerungsdichte nur noch gering ist (Abb. 602). Hierbei stellt ε_k die kritische Dichte dar, die meist in der Nähe von ε_0 liegt (CASAGRANDE 1936, BERNATZIK 1947).

MOGAMI (1964) verwendet folgende Beziehung:

$$\sin \varrho' = \frac{k}{1+\varepsilon}, \tag{276}$$

k Versuchsbeiwert, abhängig von der Kornverteilung und Kornform.

Zur Schätzung des Reibungswinkels von Sand gibt HELENELUND (1966) an:

$$\varrho' = 20° \cdot \frac{\gamma_t}{\gamma_w}, \tag{277}$$

mit

$$\gamma_t = \frac{1}{1+\varepsilon} \gamma_s,$$

γ_t Trockenraumgewicht des Bodens,
γ_s spezifisches Gewicht des Bodens,
γ_w spezifisches Gewicht des Wassers.

Die dänische Norm DS 415 (1965) enthält für den Reibungswinkel nichtbindiger Böden die nachstehenden Angaben (Tab. 70):

Tabelle 70. *Grundwerte für ϱ' bei scharfem Sand in Grad*

Kornverteilungskurve	Lagerung		
	locker	mittel	dicht
Steil	27	32	37
Mittel	29	35	41
Flach	30	37	44

Zuschläge

Feinkies: + 1°, bei abgerundetem Korn (z. B. Strandsand): − 3°,
Grobkies: + 2°, bei sehr rundem Korn: − 5°.

Beim ebenen Formänderungszustand kann man mit einem erhöhten Reibungswinkel rechnen:

$$\varrho'_{\text{verbessert}} = 1{,}1\, \varrho'_{\text{dreiaxial}}.$$

Nach BISHOP (1966) ist der Reibungswinkel beim ebenen Formänderungszustand $^1/_2$° (lockerer Sand) bis 4° (dichter Sand) größer als beim Dreiaxialversuch.

Zeichnerisch dargestellte Beziehungen zwischen der Porenziffer bzw. dem Hohlraumgehalt und dem Winkel der inneren Reibung stammen von TAYLOR (1958), LADANYI (1960), BJERRUM/KRINGSTAD/KUMMENEJE (1961), NAUJOKS (1963), HORN (1964a) und BROMS/JAMAL (1965).

Berücksichtigt man bei der Auswertung von Scherversuchen die bei der Volumenänderung der Probe erzeugte Arbeit, so ergibt sich ein von der Lagerungsdichte unabhängiger Reibungswinkel. Die gemessene Scherfestigkeit wird bei Volumenvergrößerung erhöht, bei Volumenverminderung herabgesetzt (TAYLOR 1948, BISHOP 1950 und 1954a, BISHOP/ELDIN 1953, BJERRUM 1961).

Aus der Arbeitsgleichung läßt sich nämlich eine Korrektur der Deviatorspannung $(\sigma_1 - \sigma_3)_v$ ableiten, indem man setzt:

$$dA = dU, \tag{278}$$

A äußere Arbeit, U innere Arbeit.

$$dU = \sigma_3 \, d\,\frac{\Delta V}{V_1},$$

$$dA = (\sigma_1 - \sigma_3)_v \, ds' .$$

Daraus ergibt sich:

$$(\sigma_1 - \sigma_3)_v = \sigma_3 \, \frac{d\,\Delta V/V_1}{ds'} . \tag{279}$$

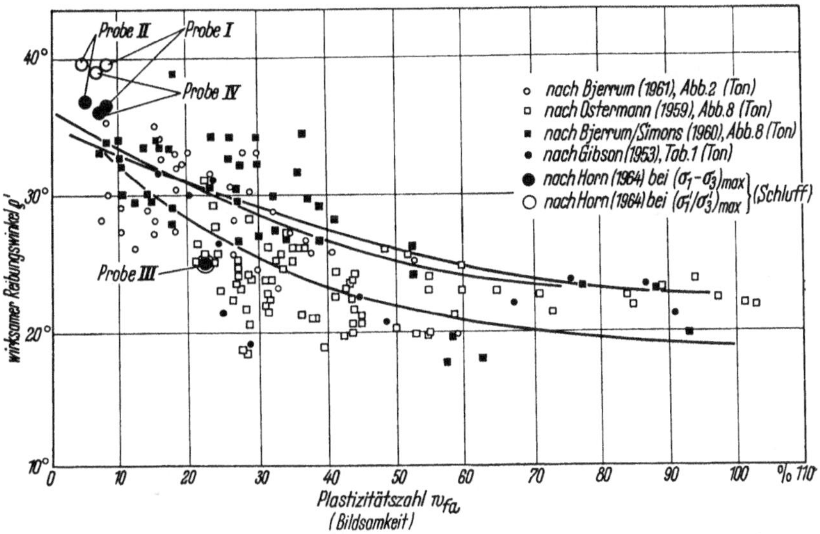

Abb. 608. Beziehung zwischen dem wirksamen Reibungswinkel ϱ' und der Plastizitätszahl w_{fa}.

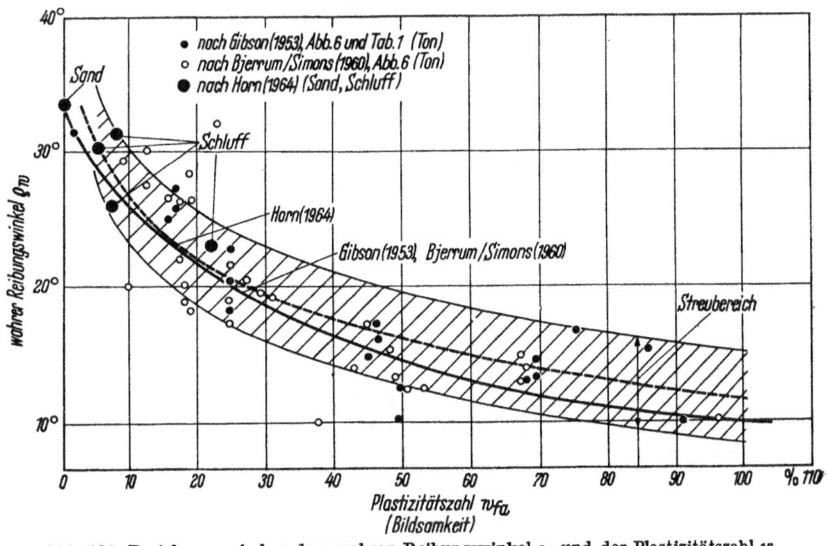

Abb. 609. Beziehung zwischen dem wahren Reibungswinkel ϱ_w und der Plastizitätszahl w_{fa}.

Dieser Wert ist zu $(\sigma_1 - \sigma_3)$ des Versuchs zu addieren (Vorzeichen beachten!). Dadurch werden die Durchmesser der Mohrschen Kreise und damit der Reibungswinkel verändert.

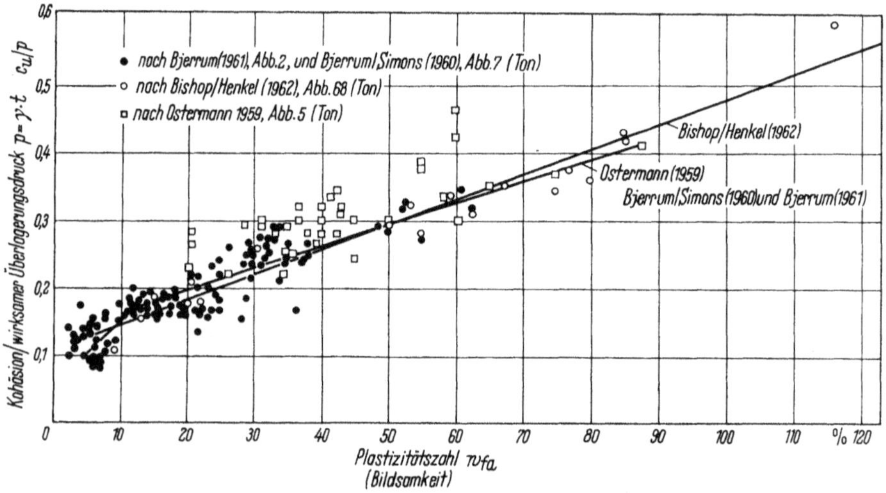

Abb. 610. Beziehung zwischen dem Verhältnis c_u/p (nicht entwässerte Scherfestigkeit des UU-Versuchs zum wirksamen Überlagerungsdruck bzw. zur Vorbelastung) und der Plastizitätszahl w_{fa}.

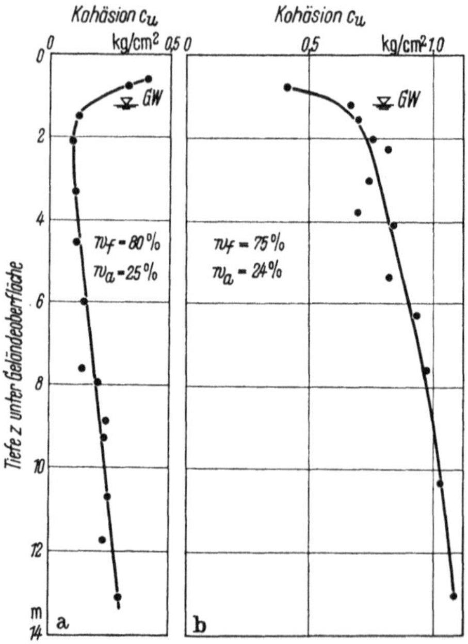

Abb. 611a u. b. Typische Profile für die Abhängigkeit der nicht entwässerten Scherfestigkeit c_u mit der Tiefe. a) Für einfach verdichteten Ton; b) für überverdichteten Ton.

Die Anwendung der Energiekorrektur hat keine Bedeutung für die Praxis, da im Baugrund die gleiche Volumenänderungsarbeit wie im Versuch geleistet werden muß, so daß hier der ursprünglich wirksame Reibungswinkel maßgebend ist (Horn 1964a).

Theoretisch ist die Beziehung zwischen der Porenziffer und dem Winkel der inneren Reibung an Einkorn-Kugelschüttungen (Idel 1960, Wittke 1962, Farouki/Winterkorn 1964) und an Zweikorn-Kugelgemischen (Herbst/Winterkorn 1965) untersucht worden.

Für *bindige Böden* wurden durch statistische Auswertung (Horn 1964a) Beziehungen zwischen ϱ' und der Plastizitätszahl w_{fa} (Abb. 608) und — noch mit weit besserer Korrelation — zwischen ϱ_w und der Plastizitätszahl w_{fa} hergestellt (Abb. 609). Eine sehr enge Beziehung zeigt sich auch zwischen dem Verhältnis c_u/p (nicht entwässerte Scherfestigkeit zum natürlichen Überlagerungsdruck oder der Vorbelastung) und w_{fa} (Abb. 610).

Innerhalb ein und derselben Bodenart wächst c_u mit wachsendem p infolge des abnehmenden Wassergehalts mit der Tiefe (Abb. 611).

Die Scherparameter ϱ' und c' schwanken selbst bei dem gleichen Boden stark. BISHOP/HENKEL (1962) erhielten für Moränenton Werte von ϱ' zwischen 36° und 42°, für Geschiebemergel je nach Tongehalt zwischen 28° und 38°, für tonigen Rückstandsboden 24° bis 31°. GIBSON (1953) gibt Werte (Tab. 71) für den wirksamen Scherwinkel ϱ', den wahren Reibungswinkel ϱ_w und den Beiwert $\varkappa$ der Gleichung $c = \varkappa \cdot \sigma_e$ (wahre Kohäsion in Abhängigkeit vom äquivalenten Verdichtungsdruck σ_e nach HVORSLEV, s. S. 505) an (SKEMPTON/BISHOP 1954).

Tabelle 71. *Scherparameter für typische Bodenarten* (nach GIBSON 1953)

Bodenart	w_f (%)	w_a (%)	Aktivität $= \frac{w_{fa}}{\% \text{ Ton}}$	w_n (%)	ϱ' (°)	ϱ_w (°)	$\varkappa$	$\varrho_w^\circ = 2\vartheta - 90°$
Ungestörter Ton ...	123	87	1,42	52—60	23,0	18,0	0,10	21,0
Gestörte Tone	98	68	1,11	50—60	22,0	13,5	0,11	14,0
	74	49	0,98	29—34	20,5	12,5	0,10	12,5
	73	45	0,90	37—50	22,0	16,3	0,09	16,0
	63	25	0,32	46—50	21,5	21,0	0,02	22,5
	32	16	0,42	20—22	31,5	26,5	0,10	26,0
Sand mit Glimmer (10%)	—	—	—	—	32,0	32,0	0	30,0

Die zuerst genannten Werte für den wahren Reibungswinkel stammen hauptsächlich aus direkten Scherversuchen. Die Werte der letzten Spalte wurden aus den Bruchwinkeln von dreiaxialen Versuchen errechnet. Sie stimmen gut miteinander überein.

Für den *Ruhedruck* ergab sich aus Messungen von BISHOP/HENKEL (1962, S. 143), BISHOP (1958) und SIMONS (1958) eine Bestätigung des empirischen Ansatzes von JAKY (1944):

$$\lambda_0 = 1 - \sin \varrho'. \qquad (280)$$

Die *Porenwasserdruckbeiwerte A* schwanken in den aus Tab. 72 und 73 zu ersehenden Grenzen.

Für die *Empfindlichkeit S* eines Tons (Sensitivität, s. S. 546) erhält man folgende Deutung: Bei $S = 1 - 2$ herrscht geringe, bei 2—4 mittlere und 4—8 hohe Empfindlichkeit. Ein Quickton ist vorhanden, wenn S den Wert 8 überschreitet. Er kann dann bis 1000 ansteigen.

Fehler. Der dreiaxiale Druckversuch erfordert gegenüber den sonst einfachen bodenmechanischen Geräten eine komplizierte Einrichtung. Daher treten bei der Bedienung eine Reihe von Schwierigkeiten auf. Der Einbau der Probe, vor allem das Aufziehen der Gummihülle bei nicht genügend festem ungestörtem Boden, die notwendige genau zentrische Belastung und das Dichthalten des Geräts bei höheren Drücken stellen große Anforderungen an das Personal. Besondere Sorgfalt erfordert die Entlüftung des Wassers in den Porenwasserdruckmeßgeräten. Durch Luftblasen werden die Messungen verfälscht. Die Elastizität der Gummihülle beeinträchtigt etwas die Seitendehnung der Probe. Jedoch ist bei den heute verwendeten Hüllen die Störung gering. Die Reibung des Kolbens kann besonders bei geringem Seitendruck Meßfehler verursachen. Aus diesem Grunde ist man heute bemüht, Vorrichtungen zur Druckmessung innerhalb der Zelle zu konstruieren. Die Reibung kann auch dadurch ausgeschaltet werden, daß der Druckkolben vor Versuchsbeginn mit der gewählten Abschergeschwindigkeit

Tabelle 72
Porenwasserdruckbeiwert A_b beim Bruch aus vorbelasteten, nicht entwässerten Versuchen
(ergänzt nach BISHOP/HENKEL 1962, S. 117)

Überverdichtung σ'_v/σ'	Bodenart	Zustand	w_{fa} (%)	A_b
1	Seeton	ungestört	60	+ 1,30
	Londoner Ton	gestört	52	+ 0,97
	Weald-Ton	gestört	25	+ 0,94
	alluvialer sandiger Ton	ungestört	18	+ 0,47
	Schluff	gestört, ungestört	11	+ 0,20
	Sand	locker	—	+ 0,08
	Sand	dicht	—	− 0,32
> 1	Weald-Ton	ungestört	etwa 25	− 0,62
8	Weald-Ton	gestört	25	− 0,22
8	Londoner Ton	gestört	52	− 0,11

Die negativen Vorzeichen bedeuten, daß sich dichte Sande und vorbelastete Tone beim Abscheren auflockern, so daß ein negativer Porenwasserdruck beim Abscheren entsteht (Abb. 519 d und 602 b).

Tabelle 73
Typische Werte für den Porenwasserdruckbeiwert A für den Spannungsbereich unter Gründungen
(Nach SKEMPTON/BJERRUM 1957 und TSCHENG/VANEL 1965)

Bodenart	A	
	von	bis
Sand	− 0,30	+ 0,50
Schluff	+ 0,50	+ 1,00
Sehr sensitiver weicher Ton	+ 1,00	und größer
Einfach verdichteter Ton	+ 0,50	+ 1,00
Überverdichteter Ton	+ 0,25	+ 0,50
Stark überverdichteter Ton	− 0,60	+ 0,25

gegen den herrschenden Druck σ_3 in die Zelle hineingedrückt wird, ohne daß er auf der Probe aufliegt. Der hierzu erforderliche Druck wird als Nullablesung angesehen. Dieses Verfahren ist bei sich symmetrisch verformenden Proben ebenso genau wie eine Ausschaltung der Kolbenreibung durch Rotation und berücksichtigt zudem den nach oben gerichteten Wasserdruck in der Zelle auf den Kolben.

Die unvermeidliche Störung der Probe bei der Entnahme und dem Einbau wirkt sich auf die Scherfestigkeit aus (CALHOON 1954). Immerhin ist der dreiaxiale Druckversuch genauer und zuverlässiger als der direkte Scherversuch, weil die Gleitfläche nicht festgelegt ist, der Spannungszustand bekannt ist, die Entwässerung der Probe kontrolliert und der Porenwasserdruck gemessen werden kann. Allerdings ist die Messung des Porenwasserdrucks, von deren Richtigkeit die Bestimmung der wirksamen Spannungen abhängt, an die Voraussetzung geknüpft, daß der Druck an den Stirnflächen, wo er üblicherweise gemessen wird, dem Druck im Innern, vor allem im Bereich der Gleitfläche, gleicht. Über weitere Vorteile und Nachteile im Vergleich zum direkten Scherversuch siehe S. 498.

Zellversuche sind sehr empfindlich gegen jede Volumenänderung der Zelle, besonders wenn der Ruhedruck bestimmt werden soll. Dann wirken sich selbst geringe Temperaturschwankungen und Formänderungen der Zelle stark aus. Aus diesem Grunde sind die meisten Ruhedruckversuche mit starken Fehlern behaftet. Da beim Zellversuch nicht bekannt ist, wieweit man bei den Ablesungen vom Bruchpunkt entfernt ist, liegen die Ergebnisse zwar auf der sicheren Seite. Die Größe der Sicherheit hängt aber von dem Verformungsmaß des Bodens ab und ist unbekannt. Wenn möglich, sollen Zellversuche durch Dreiaxialversuche ersetzt werden.

Die Zusammenhänge zwischen dem Zylinderdruckversuch, dem Flügelversuch im Labor und im Feld lassen sich theoretisch darstellen (JAKOBSON 1954, HELENELUND 1965). Insbesondere können die Werte für die nicht entwässerte Scherfestigkeit aus den Flügelversuchen und den Zylinderdruckversuchen bei manchen, besonders steifen gerissenen Tonen erheblich voneinander abweichen (BISHOP 1966).

Verwendung. Die Porenwasserdruckbeiwerte dienen zur Bestimmung des Porenwasserdrucks unter gegebenen äußeren Bedingungen. Besonders bei Schüttungen wird nach dessen Höhe $p_w = r_u \gamma t$ gefragt, wobei der Boden durch die Auflast γt der über ihn geschütteten Massen belastet wird. Für den Anteil r_u am Gesamtgewicht, den das Porenwasser trägt, kann genügend genau gesetzt werden (BISHOP/MORGENSTERN 1960, MORGENSTERN 1963):

$$r_u = \bar{B}\,. \tag{281}$$

Der Porenwasserdruckbeiwert A dient ferner zur Ermittlung der Abminderungsbeiwerte für die aus den Kompressionsversuchen berechneten Hauptsetzungen (SKEMPTON/BJERRUM 1957).

Sobald der Porenwasserdruck bekannt ist, kann man alle Standsicherheitsuntersuchungen ausschließlich mit den aus den wirksamen Spannungen ermittelten Scherparametern c' und ϱ' durchführen. Sonst verwendet man für die *Anfangsstandsicherheit* den nicht entwässerten Versuch mit den Parametern c_u und ϱ_u, für die *Endstandsicherheit* wiederum c' und ϱ'. In manchen Fällen läßt sich voraussagen, ob die erstere oder die letztere maßgebend ist. Durchweg ist die Anfangsstandsicherheit bei allen zusätzlichen schnellen *Be*lastungen des Baugrundes ungünstiger, wie z. B. bei der Berechnung der Tragfähigkeit von Fundamenten auf Grundbruch, die Dauerstandsicherheit dagegen bei allen *Ent*lastungen.

Bei Flachgründungen liegt gewöhnlich ein Erdwiderstandsproblem vor, bei dem keine Entlastungen in der Gleitfläche auftreten. Daher ist bei plötzlich aufgebrachten Lasten der UU-Versuch maßgebend. Es hängt von dem Verhältnis der Bauzeit zur Setzungszeit des Bauwerks ab, ob man es mit plötzlichen Lasten zu tun hat. Bei Sand treten nur „langsame“ Lasten auf. Bei Schluff ist die Errichtung des Bauwerks ebenfalls eine „langsame“ Last, aber es können zusätzlich durch Baumaschinen, Verkehr usw. plötzliche Lasten hinzukommen. Bei Ton handelt es sich immer um „plötzliche“ Lasten. Im Laufe der Zeit steigt dann die Sicherheit, wenn der Ton nicht aufweicht und dadurch an Festigkeit verliert. Das kann aber durch eine Fortnahme von Lasten geschehen.

Bei Tiefgründungen liegt in den möglichen Gleitflächen ebenfalls fast immer eine Belastung vor.

Beim Erddruck auf eine Stützmauer kann je nach der Geländehöhe vor Baubeginn, der späteren Geländeauflast und der Vorbelastung des Bodens im oberen Teil des Bauwerks die Gleitfläche be- und im unteren Teil entlastet werden oder umgekehrt.

Bei steifen und von Rissen durchsetzten Tonen muß die Scherfestigkeit für unter Wasser gebrachte und geschwollene Proben ermittelt werden. Sie fällt meist sehr gering aus.

Beim Aushub einer Böschung herrscht Entlastung vor, bei plötzlicher Absenkung eines Wasserspiegels oder Regengüssen eine „schnelle“ Belastung.

Bei Erddämmen kann die Tragfähigkeit des Untergrundes wie bei Flachgründungen behandelt werden. Das Dammaterial ist gestört und künstlich verdichtet. Es wird belastet, sofern die Verdichtung nicht höher als die spätere Eigengewichtslast war, was wohl meist der Fall sein dürfte. Im übrigen gilt für Grundwasserströmungen infolge plötzlicher Absenkung (oder Regenguß) das gleiche wie für Einschnittsböschungen. Dauernd wirkende Porenwasserströmungen infolge der Durchlässigkeit von Dämmen werden mit wirksamen Scherparametern untersucht. Der Wasserdruck wird aus dem Strömungsnetz bestimmt.

Die Anfangsstandsicherheit wird oft mit dem einfachen Zylinderdruckversuch bestimmt („$\varrho = 0$-*Analyse*"). Die hierbei gewählte Berechnung ausschließlich mit der nicht entwässerten Scherfestigkeit $c_u = q_u/2$ erlaubt eine sehr einfache Lösung von Erddruckaufgaben und Stabilitätsproblemen. Man geht dabei von der Tatsache aus, daß bei schneller Belastung wassergesättigte bindige Böden eine waagerechte Scherfestigkeitslinie ergeben, so daß man zumindest unmittelbar nach dem Aufbringen des Bauwerks mit $\varrho_u = 0$ rechnen darf. Im Laufe der Zeit stellt sich dann allerdings eine Reibung ein. Jedoch ist dieser Belastungsfall meist günstiger und braucht meist nicht untersucht zu werden.

Eine Reihe von Vergleichsuntersuchungen (SKEMPTON 1948, OHDE 1949) hat ergeben, daß die $\varrho = 0$-Analyse bei allen vollgesättigten Tonen sowohl jüngeren Ursprungs, als auch bei harten und rissigen Vorkommen mit Vorbelastung, dagegen nicht bei teilweise gesättigten Tonen angewendet werden darf.

Es kommt jedoch nicht nur darauf an, daß die einzelne Bodenprobe die Scherfestigkeitslinie besitzt, sondern die nicht entwässerte Scherfestigkeit muß auch über die vom Bauwerk in Mitleidenschaft gezogene Tiefe konstant sein. Die theoretisch zu erwartende Zunahme der nicht entwässerten Scherfestigkeit (BRINCH HANSEN/LUNDGREN 1960, S. 52) mit der Tiefe, die die Anwendbarkeit der $\varrho = 0$-Analyse einschränkt, tritt praktisch seltener auf, als man erwarten sollte, woran zum Teil Ungenauigkeiten der Bodenuntersuchungen schuld sein mögen. Vielfach ist in der Natur die Zunahme so unregelmäßig, daß es für praktische Untersuchungen genügt, mit einem festen Mittelwert der nicht entwässerten Scherfestigkeit für die ganze Schicht zu rechnen. Häufig wird auch nur eine Probe aus der Schicht entnommen, und man ist sowieso gezwungen, die dort festgestellte nicht entwässerte Scherfestigkeit auf die ganze Schicht zu übertragen.

Die Steifezahlen E aus nicht entwässerten Versuchen mit unbehinderter Seitendehnung (Zylinderdruckversuche) und E_d für teilweise behinderte Seitendehnung finden neben derjenigen für behinderte Seitendehnung bei Setzungsberechnungen heute mehr und mehr Verwendung, und zwar dient E zur Bestimmung der Sofortsetzungen wassergesättigter bindiger Böden infolge volumenbeständiger Formänderung. Mit der Steifezahl E_d aus dem dreiaxialen Kompressionsversuch mit konstantem oder beliebig veränderlichem Hauptspannungsverhältnis σ_1/σ_3 können die Verhältnisse in der Natur besser nachgeahmt werden als durch den Kompressionsversuch mit behinderter Seitendehnung.

Die Ruhedruckziffer wird bei der Berechnung des Erddrucks auf unverschiebliche Wände wie z. B. Brückenwiderlager, Durchlässe, Kellerwände, Betonkerne von Staudämmen gebraucht.

Die Sensitivität S eines Tons dient zur Bestimmung der Abnahme der Scherfestigkeit durch Störungen.

Die Auswertung und Anwendung der Versuchsergebnisse mit *nicht* wassergesättigten Böden ist bis heute noch nicht vollständig geklärt.

Beispiele. 1. Die Messungen, die Auswertung und die *Ergebnisse eines D-Versuchs* mit zusätzlicher Porenwasserdruckmessung an einer gestörten Schluffprobe, die einfach verdichtet war, wurden in der angegebenen Weise eingetragen (Tab. 74a—c).

Darin bedeuten:

R Ablesung R' abzüglich Stempeldruckkraft, welche durch den allseitigen Druck σ_3 in der Zelle erzeugt wird, und abzüglich der Reibung des Kolbens;

P senkrechte Last, aus R und dem Eichdiagramm des Meßrings errechnet (Konstante C);

L_{red} gemessene Setzung abzüglich Nullablesung der Meßuhr;

F_t mittlere Querschnittsfläche der Probe $= \frac{V}{h}$.

In gleicher Weise wurden die Meßergebnisse eines CU-Versuchs mit Schluff vermerkt (Tab. 75).

Beim D-Versuch wurden zur Setzung s' die Größen $\frac{\Delta V}{V_1}$ (p_w bzw. σ_3' entfällt normalerweise), $(\sigma_1' - \sigma_3')$, σ_m' und σ_1'/σ_3' und die Spannungswege im σ_1'-σ_3'-Diagramm sowie im τ-σ'-Diagramm gezeichnet, aus denen als wesentliches Ergebnis ϱ' entnommen wird (Abb. 589).

Beim CU-Versuch entfällt die Auftragung von $\frac{\Delta V}{V}$ zu s_1' (Abb. 590).

Aus dem Spannungsweg lassen sich durch Verbindung der Bruchbedingungen $(\sigma_1'/\sigma_3')_{max}$ und $(\sigma_1 - \sigma_3)_{max}$ die wahre Kohäsion c_w und der wahre Reibungswinkel ϱ_w bestimmen. Bei dem einfach verdichteten Boden erhält man ϱ' durch die Tangente an den Kreis für $(\sigma_1 - \sigma_3)_{max}$, die durch den Nullpunkt des Koordinatensystems geht.

Beim D- sowie beim CU-Versuch ist $\varrho' = 36{,}2°$, ϱ_w aus dem CU-Versuch 31,4° und $c_w = 0{,}7\ \text{kg/cm}^2$.

Aus der Größe des Porenwasserdrucks beim Abscheren erhält man für die Bruchbedingung $(\sigma_1 - \sigma_3)_{max}$ den Porenwasserdruckbeiwert [Gl. (257)]:

$$\overline{B}_b = \frac{p_w}{\sigma_1} = \frac{0{,}90}{12{,}32} = 0{,}073\,.$$

Da beim Bruch $\Delta\sigma_3 = 0$ und $\Delta\sigma_1 = \sigma_1 - \sigma_3$ ist, wird:

$$\overline{A}_b = \frac{p_w}{\sigma_1 - \sigma_3} = \frac{0{,}90}{8{,}32} = 0{,}108\,.$$

Normalerweise müssen mehrere Proben unter verschiedenen allseitigen Drücken abgeschert werden. Die gemeinsame Tangente an die wirksamen Mohrschen Spannungskreise für die Bruchbedingung $(\sigma_1 - \sigma_3)_{max}$, die um das Maß des Porenwasserdrucks von Mohrschen Kreisen unter gesamten Spannungen beim CU-Versuch nach links verschoben werden müssen, ergibt dann ϱ' und c' (Abb. 569 und 571).

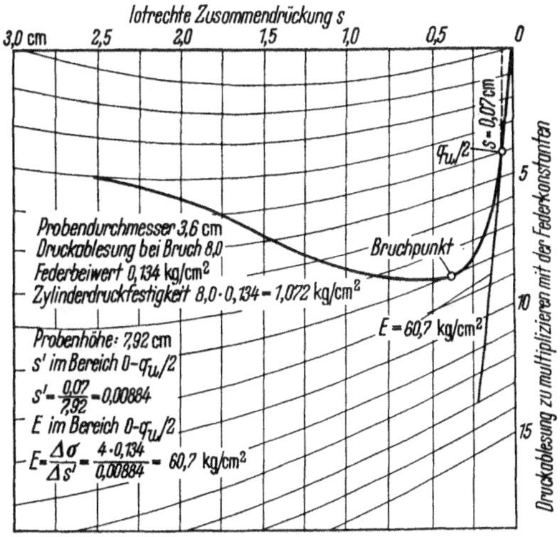

Abb. 612. Ergebnis eines Zylinderdruckversuchs mit Ton.

2. Die selbsttätige Aufzeichnung der *Druck-Setzungslinie eines Zylinderdruckversuchs* in verzerrten Koordinaten (Abb. 612) wurde mit dem selbstregistrierenden Gerät (Abb. 557) gewonnen. Außer der Zylinderdruckfestigkeit q_u kann daraus die zugehörige Setzung der Probe und der Elastizitätsmodul E entnommen werden.

Tabelle 74a. *Beispiel für einen dreiaxialen Druckversuch (D-Versuch). Beschreibung der Probe (Vorderseite des Formulars)*

Dreiaxialer Druckversuch

Kennzeichen: .... Versuchs-Nr.: 7 Bodenart: Su

Eingebaut durch: .... am: 18. 2. 1960 Abgeschert durch: .... am: 1. 3. 1960

Ausgewertet durch: .... Dreiaxialgerät: Platz Nr.: 6 Zelle Nr.: 3 Dynamometerring Nr.: 1

Porenwasserdruckmeßgerät: Typ: automatisches Gerät

G U UU UUp CUp D		Vor dem Versuch = nach dem Einbau	Vor dem Abscheren	Nach dem Versuch = nach dem Abscheren
Probenhöhe h	(cm)	$h_0 = 7{,}30$	$h_1 = 6{,}353$	$h_2 = 4{,}16$
Probendurchmesser d	(cm)	$d_0 = 3{,}60$	$d_1 =$ —	$d_2 = 4{,}70$
Probenquerschnitt $F = \pi \frac{d^2}{4}$	(cm²)	$F_0 = 10{,}17$	$F_1 =$ —	$F_2 = 17{,}35$
Probenvolumen $V = F\,h$	(cm³)	$V_0 = 74{,}2$	$V_1 =$ —	$V_2 = 59{,}5$
Probengewicht + Tara (feucht)	(g)	$G_0 + T = 422{,}0$	$G_1 + T =$ —	$G_2 + T =$ —
Tara	(g)	$T = 283{,}0$	$T =$ —	$T =$ —
Probengewicht (feucht)	(g)	$G_0 = 139{,}0$	$G_1 =$ —	$G_2 = 122{,}6$
Trockengewicht der Probe G_t	(g)	103,2		101,6
Wassergehalt der Probe $w = \frac{G - G_t}{G_t} \cdot 100$	(%)	34,57		20,66

Bestimmung des Wassergehalts		1	2	3	4	5	6
Tara Nr.		28	26		Siehe Rückseite!		
Gewicht (feucht) A	(g)	94,59	66,32				
Gewicht (trocken) B	(g)	88,49	61,77				
Tara C	(g)	70,72	48,70				
A − B	(g)	6,10	4,55		Siehe Rückseite!		
B − C	(g)	17,77	13,07				
Wassergehalt $w = \frac{A - B}{B - C} \cdot 100$	(%)	34,33	34,81				
		34,57					

		Vor dem Versuch	Vor dem Abscheren	Nach dem Versuch
Trockengewicht der Probe $G_t = \frac{G}{100 + w} \cdot 100$	(g)	103,2		101,6
Raumgewicht (feucht) $\gamma = \frac{G}{V}$	(t/m³)	$\gamma_0 = 1{,}873$	$\gamma_1 =$ —	$\gamma_2 = 2{,}061$
Raumgewicht (trocken) $\gamma_t = \frac{G_t}{V} = \frac{\gamma}{100 + w} \cdot 100$	(t/m³)	$\gamma_{t_0} = 1{,}369$	$\gamma_{t_1} =$ —	$\gamma_{t_2} = 1{,}708$
Spezifisches Gewicht	(t/m³)		$\gamma_s = 2{,}64$	
Porenvolumen $n = \left(1 - \frac{100\,\gamma}{(100 + w)\,\gamma_s}\right) \cdot 100 = 1 - \frac{\gamma_t}{\gamma_s}$	(%)	$n_0 = 48{,}1$	$n_1 =$ —	$n_2 = 35{,}3$
Porenziffer $\varepsilon = \frac{n}{1 - n}$; $\varepsilon = \frac{V\,\gamma_s}{G_t} - 1$	(1)	$\varepsilon_0 = 0{,}927$	$\varepsilon_1 =$ —	$\varepsilon_2 = 0{,}546$
Sättigungsgrad $s_w = \frac{w\,\gamma_s}{100\,\varepsilon\,\gamma_w}$	(1)	$s_{w_0} = 0{,}985$	$s_{w_1} =$ —	$s_{w_2} = 0{,}999$

Tabelle 74b. *Beispiel für einen dreiaxialen Druckversuch (D-Versuch). Beschreibung der Probe und der Versuchsbedingungen (Rückseite des Formulars)*

Einbau: gestört / ~~ungestört~~

Konsolidieren: mit / ~~ohne~~ Entwässerung oben + ~~unten~~, mit / ~~ohne~~ Dränagestreifen, unten / ~~oben~~ p_w gemessen

Abscheren: mit / ~~ohne~~ Entwässerung oben + ~~unten~~
mit / ~~ohne~~ Porenwasserdruckmessung ~~oben~~ + unten

Belastungen:

allseitiger Druck beim Konsolidieren	σ_{3c}:	4,0	kg/cm²
allseitiger Druck beim Schwellen	σ_{3s}:	—	kg/cm²
allseitiger Druck beim Abscheren	σ_3 :	4,0	kg/cm²

Senkrechte Lastaufbringung:

konstante Verschiebung	$v =$	0,00924	mm/min
konstante Lastaufbringung	$\Delta p =$	—	kg/cm²
im Zeitinterval	$\Delta t =$	—	min

Bruch der Probe erfolgte durch: kein Bruch; Ausbauchen

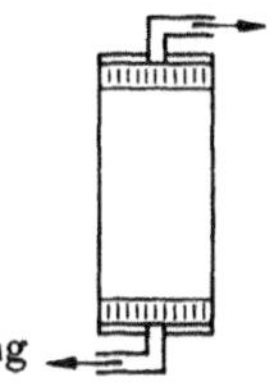

Bestimmung des Wassergehalts nach dem Abscheren:

	1	2	3	4
Tara Nr.	34	35	36	37
Gewicht (feucht) A (g)	66,95	74,66	64,29	77,00
Gewicht (trocken) B (g)	65,52	72,95	61,70	75,07
Tara C (g)	58,46	64,79	49,46	65,55
A – B (g)	1,43	1,71	2,59	1,93
B – C (g)	7,06	8,16	12,24	9,52
$w = \frac{A-B}{B-C} \cdot 100$ (%)	20,25	20,95	21,16	20,27
	20,66			

Angaben über den Bruch:

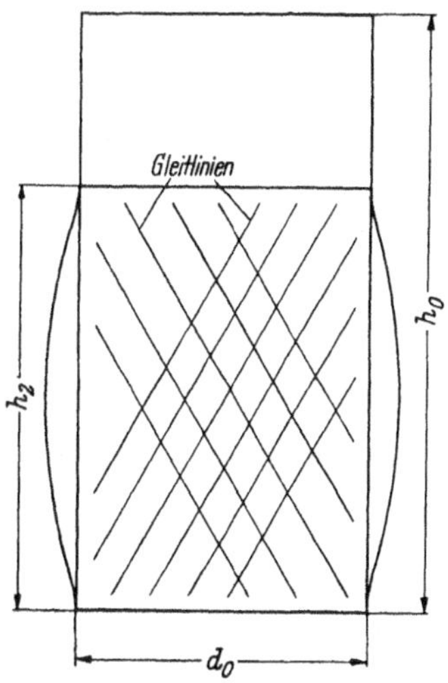

Zusätzliche Versuchsbeschreibung: Einbau am 18. 2. 60, 17⁵⁰, beendet.
Dränagesystem völlig entlüftet. Auf 4,0 kg/cm² belastet. Am 1. 3. 60 ΔV angeschlossen und abgedrückt. Nach dem Einbau kurze Zeit Vakuum (~ 0,9 kg/cm²) angeschlossen.

Erläuterungen:

G gestört

U ungestört

UU nicht konsolidierter, nicht entwässerter Versuch

UUp nicht konsolidierter, nicht entwässerter Versuch mit Porenwasserdruckmessung

CUp konsolidierter, nicht entwässerter Versuch mit Porenwasserdruckmessung

D entwässerter Versuch

Tabelle 74c. *Beispiel für einen dreiaxialen Druckversuch (D-Versuch). Meßergebnisse und Auswertung*

	Dreiaxialer Druckversuch		Datum: 1. 3. 1960	Kennzeichen:	Platz Nr.: 6
	$\sigma_3 = 4{,}0$ kg/cm²	$v = 0{,}00924$ mm/min. — ~~UU~~ ~~UUp~~ ~~CU~~ ~~CUp~~ **D**	Ausgeführt durch:	Bodenart: Su	Zelle Nr.: 3 / Ring Nr.: 1

Tag	Zeit	Δt	Dynamometer Ablesung R'	Dynamometer red. Abl. R	Last P	Setzung L	red. Setzung $L_{red.}$	$L/h_1 = \varepsilon_1'$	$h = h_1 - L$ (h_1=6,353)	$V = V_1 - \Delta V$	$F_i = V_i/h$	$\sigma_1 - \sigma_3 = P/F_i$	Porenwasserdruck p_w	σ_1'/σ_3'	Pipette obere Dränage	Pipette untere Dränage	ΔV *	Bemerkungen
—	—	min	Tlstr.	Tlstr.	kg	Tlstr.	Tlstr.	(1)	Tlstr.	cm³	cm²	kg/cm²	kg/cm²	(1)	cm³	cm³	cm³	—
1	2	3	4	5	6	7	8	9	10	11	12	13	14	15	16	17	18	19
					$P = R \cdot C$					$V_1 = 60{,}9$								C = Ringkonstante = 0,0875 kg/Tlstr.
1. 3.	17^{17}	0	56,0	0	0	7,0	0	0	6353,0	60,90	9,59	0	0	1,00	7,00	—	0	Versuchsbeginn
	18^{56}	99′	318,0	262,0	22,9	47,0	40,0	0,006	6313,0	60,90	9,65	2,37	0,20	1,62	7,00		0	
	20^{28}	191′	454,0	398,0	34,8	106,0	99,0	0,016	6254,0	60,60	9,69	3,59	0,45	2,01	6,70		+ 0,30	
	21^{59}	282′	560,0	504,0	44,1	170,0	163,0	0,026	6190,0	60,30	9,74	4,53	0,55	2,31	6,40		+ 0,60	
	23^{31}	374′	666,0	610,0	53,4	233,0	226,0	0,036	6127,0	60,00	9,79	5,46	0,50	2,56	6,10		+ 0,90	
2. 3.	1^{04}	467′	766,0	710,0	62,1	299,0	292,0	0,046	6061,0	59,80	9,87	6,29	0,45	2,77	5,90		+ 1,10	
	4^{07}	650′	948,0	892,0	78,1	434,0	427,0	0,067	5926,0	59,30	10,01	7,80	0,30	3,11	5,40		+ 1,60	
	7^{08}	831′	1109,0	1053,0	92,1	570,0	563,0	0,089	5790,0	59,10	10,21	9,02	0,20	3,37	5,20		+ 1,80	
	10^{14}	1017′	1246,0	1190,0	104,1	717,0	710,0	0,112	5643,0	59,10	10,47	9,95	0,15	3,58	5,20		+ 1,80	
	13^{22}	1205′	1361,0	1305,0	114,2	870,0	863,0	0,136	5490,0	59,00	10,75	10,62	0,05	3,69	5,10		+ 1,90	
	14^{56}	1299′	1412,0	1356,0	118,7	948,0	941,0	0,148	5412,0	58,90	10,89	10,90	0,00	3,73	5,00		+ 2,00	
	18^{06}	1489′	1493,5	1437,5	125,8	1108,0	1101,0	0,173	5252,0	59,00	11,24	11,19	0,00	3,80	5,10		+ 1,90	
	21^{07}	1670′	1552,0	1496,0	130,9	1266,0	1259,0	0,198	5094,0	59,00	11,58	11,30	−0,02	3,81	5,10		+ 1,90	← $(\sigma_1 - \sigma_3)_{max}$ und
3. 3.	0^{13}	1856′	1594,0	1538,0	134,6	1430,0	1423,0	0,224	4930,0	59,20	12,01	11,20	−0,05	3,76	5,30		+ 1,70	$(\sigma_1'/\sigma_3')_{max}$
	3^{17}	2040′	1641,0	1585,0	138,7	1594,0	1587,0	0,250	4766,0	59,20	12,42	11,16	−0,05	3,75	5,30		+ 1,70	
	6^{21}	2224′	1689,0	1633,0	142,0	1756,0	1749,0	0,275	4604,0	59,30	12,88	11,03	−0,05	3,72	5,40		+ 1,60	
	9^{26}	2409′	1728,0	1672,0	146,0	1922,0	1915,0	0,301	4438,0	59,40	13,38	10,91	−0,05	3,69	5,50		+ 1,50	*
	12^{34}	2597′	1767,0	1711,0	149,7	2091,0	2084,0	0,328	4269,0	59,40	13,91	10,76	−0,05	3,66	5,50		+ 1,50	+ = Volumenabnahme
	14^{41}	2724′	1830,0	1764,0	154,4	2200,0	2193,0	0,345	4160,0	59,50	14,30	10,80	−0,10	3,63	5,60		+ 1,40	− = Volumenzunahme
3. 3.	14^{41}	2724′	1830,0	1764,0	154,4	2200,0	2193,0	0,345	4160,0	59,50	14,30	10,80	−0,10	3,63	5,60		+ 1,40	Versuchsende

Formular zur Auswertung eines D-Versuchs ausgewertet durch: .... am 17. 3. 1960

Tabelle 75. *Beispiel für einen dreiaxialen Druckversuch (CUp-Versuch). Meßergebnisse und Auswertung.*

Dreiaxialer Druckversuch

$\sigma_3 = 4{,}0$ kg/cm² | $v = 0{,}0770$ mm/min | ~~UU~~ ~~UUp~~ ~~CU~~ CUp ~~D~~

Datum: 20. 7. 1960 | Kennzeichen: .... | Platz Nr.: 6 | Zelle Nr.: 4 | Ring Nr.: 1

Ausgeführt durch: .... | Bodenart: Su

Tag	Zeit	Δt	Dynamometer Ablesung R'	Dynamometer red. Abl. R	Last P	Setzung L	red. Setzung $L_{red.}$	$L/h_1 = \varepsilon'_1$	$h = h_1 - L$ $(h_1 = 7{,}43)$	$V = V_1 - \Delta V$	$F_i = V_2/h$	$\sigma_1 - \sigma_3 = P/F_i$	Porenwasserdruck p_w	σ'_1/σ'_3	$\sigma'_3 = \sigma_3 - p_w$	$\frac{\sigma'_1+\sigma'_3}{2}$	Bemerkungen
—	—	min	Tlstr.	Tlstr.	kg	Tlstr.	Tlstr.	(1)	Tlstr.	cm³	cm²	kg/cm²	kg/cm²	(1)	kg/cm²	kg/cm²	
1	2	3	4	5	6	7	8	9	10	11	12	13	14	15	16	17	18
					$P = R \cdot C$					$V_2 = 76{,}5$	$F_i = V_2/h$				$\sigma_3 = 4{,}0$		C = Ringkonstante = 0,0875 kg/Tlstr.
20. 7.	12⁴⁰	0	54,0	0	0	8,0	0	0	7430,0	—	10,30	0	0	1,00	—	—	Versuchsbeginn
	12⁵⁶	16′	289,0	235,0	20,6	82,0	74,0	0,010	7356,0		10,40	1,98	0,82	1,62	3,18	4,17	
	13⁰⁹	29′	294,5	240,5	21,0	182,0	174,0	0,023	7256,0		10,55	1,99	2,29	2,16	1,71	2,70	
	13²²	42′	302,5	248,5	21,7	282,0	274,0	0,037	7156,0		10,70	2,03	2,95	2,93	1,05	2,07	
	13³⁵	55′	321,5	267,5	23,4	378,0	370,0	0,050	7060,0		10,84	2,16	3,09	3,37	0,91	1,99	
	13⁴⁸	68′	348,5	294,5	25,8	470,0	462,0	0,062	6968,0		10,98	2,35	3,11	3,64	0,89	2,06	
	14⁰⁰	80′	384,5	330,5	28,9	560,0	552,0	0,074	6878,0		11,12	2,60	3,14	4,02	0,86	2,16	
	14¹²	92′	422,5	368,5	32,2	651,0	643,0	0,087	6787,0		11,27	2,86	3,09	4,14	0,91	2,34	
	14³⁷	117′	503,0	449,0	39,3	830,0	822,0	0,111	6608,0		11,58	3,39	2,96	4,26	1,04	2,74	
	15⁰²	142′	598,5	544,5	47,6	1005,0	997,0	0,134	6433,0		11,90	4,00	2,78	4,28	1,22	3,22	
	15²⁸	168′	711,0	657,0	57,5	1176,0	1168,0	0,157	6262,0		12,22	4,70	2,57	4,29	1,43	3,78	$(\sigma'_1/\sigma'_3)_{max}$
	15⁵²	192′	828,5	774,5	67,8	1346,0	1338,0	0,180	6092,0		12,56	5,40	2,33	4,23	1,67	4,37	
	16¹⁶	216′	950,0	896,0	78,4	1512,0	1504,0	0,202	5926,0		12,91	6,07	2,07	4,15	1,93	4,97	
	16⁴¹	241′	1071,0	1017,0	89,0	1679,0	1671,0	0,225	5759,0		13,28	6,70	1,80	4,05	2,20	5,55	
	17⁰⁶	266′	1187,5	1133,5	99,0	1850,0	1842,0	0,248	5588,0		13,69	7,27	1,57	3,99	2,43	6,06	
	17³⁰	290′	1286,5	1232,5	107,8	2022,0	2014,0	0,271	5416,0		14,13	7,63	1,33	3,90	1,67	6,49	
	17⁵⁵	315′	1381,5	1327,5	116,2	2194,0	2186,0	0,294	5244,0		14,59	7,96	1,17	3,81	2,83	6,81	
	18¹⁸	338′	1469,0	1415,0	123,9	2365,0	2357,0	0,317	5073,0		15,09	8,21	1,00	3,74	3,00	7,10	
	18³⁶	356′	1526,0	1472,0	128,8	2491,0	2483,0	0,334	4947,0		15,47	8,32	0,92	3,70	3,08	7,24	$(\sigma_1 - \sigma_3)_{max}$
	18³⁸	358′	1527,5	1473,5	128,9	2498,0	2490,0	0,335	4940,0		15,49	8,32	0,90	3,69	3,10	7,26	
	18³⁸	358′	1527,5	1473,5	128,9	2498,0	2490,0	0,335	4940,0	—	15,49	8,32	0,90	3,69	3,10	7,26	Versuchsende

Formular zur Auswertung eines CU-Versuchs

ausgewertet durch: .... am 25. 7. 1960

Literatur

Allgemeines:

v. V. (1950): Proceedings of the conference on the measurement of shear strength on soils in relation to practice. Géotechnique 2, S. 89 u. 185.

Skempton/Bishop (1950): The measurement of the shear strength of soils. Géotechnique 2, S. 90. S. a. Diskussion von Bishop, Géotechnique 2, S. 113.

— (1954): Soils. In: Reiner – Building Materials. Amsterdam. Teil D. S. 418.

Haythornthwaite (1960): Mechanics of the triaxial tests for soils. Proc. Am. Soc. Civ. Eng. 86, SM 5, S. 35.

Brinch Hansen/Lundgren (1960): Hauptprobleme der Bodenmechanik. Berlin/Göttingen/Heidelberg.

Am. Soc. Civ. Eng. (1960): Research conference on shear strength of cohesive soils. Boulder/Colorado.

Bishop/Henkel (1957/62): The measurement of soil properties in the triaxial test. London.

ASTM (1964): Laboratory shear testing of soils. ASTM Spec. Techn. Publ. No. 361.

Horn (1964a): Die Scherfestigkeit von Schluff. Forschungsberichte d. Landes Nordrhein-Westfalen Nr. 1346.

— (1964b): Verfahren zur Bestimmung der Scherparameter des Schluffs. Abhängigkeit der Scherparameter von den Bodenkennziffern. Bautechnik 41, S. 183. S. a. Mitt. Inst. Verkehrswasserbau, Grundbau u. Bodenmech. TH Aachen H. 34.

Bishop (1966): The strength of soils as engineering materials. Géotechnique 16, S. 91.

Theorie:

Rendulic (1938a): Ergebnisse und Deutung von Versuchen an Tonkörpern. Habilitationsschrift TH Berlin.

— (1938b): Eine Betrachtung zur Frage der plastischen Grenzzustände. Bauingenieur 19, S. 159.

Kastner (1947): Betrachtungen zur Mohrschen Theorie der Bruchgefahr. Österr. Ing. Archiv 2, S. 298.

Ohde (1949): Vorbelastung und Vorspannung des Baugrundes und ihr Einfluß auf Setzung, Festigkeit und Gleitwiderstand. Bautechnik 26, S. 129 u. 163.

Bjerrum (1951): Fundamental considerations on the shear strength of soils. Géotechnique 2, S. 209. S. a. Mitt. Versuchsanst. Wasserbau u. Erdbau ETH Zürich Nr. 20.

Habib (1953): La résistance au cisaillement des sols. Ann. Inst. Techn. Bât. Trav. Publ. 6, Nr. 61.

Bishop (1954a): Diskussionsbeitrag. Geotechnique 4, S. 43.

Bjerrum (1954): Theoretical and experimental investigations on the shear strength of soils. Publ. Norw. Geot. Inst. Nr. 5.

Kyvellos (1956): Etudes de la courbe intrinsèque des sols compactès et non saturés. Ann. Inst. Techn. Bât. Trav. Publ. 9, Nr. 101, S. 586.

Balla (1957): Stress conditions in the triaxial compression test. Proc. IV. Int. Conf. Soil Mech. Found. Eng. London, Bd. I, S. 140.

Brinch Hansen (1958): On the shear strength of soils, short term and long term stability. Ingeniøren 12 und Dan. Geot. Inst. Bull. No. 3.

Roscoe/Schofield/Wroth (1958): On the yielding of soils. Géotechnique 8, S. 22.

Meese/Long (1959): Triaxial compression tests on soils using variable lateral pressure. ASTM Spec. Techn. Publ. No. 254, S. 365.

Bjerrum (1961): The effective shear strength parameters of sensitive clays. Proc. V. Int. Conf. Soil Mech. Found. Eng. Paris, Bd. I, S. 23.

Janbu (1963): Soil compressibility as determined by oedometer and triaxial tests. Proc. Europ. Baugrundtagung Wiesbaden, Bd. I, S. 19. Deutscher Auszug: Bauingenieur 39, S. 246.

Spannungswege (Versuchsspuren):

Lambe (1964): Methods of estimating settlement. Proc. Am. Soc. Civ. Eng. 90, SM 5, S. 43.

Über die Laborgeräte:

Stein (1954/55): Untersuchung von Erdstoffen im Seitendruckgerät mit automatischer Druckregelung. Wissensch. Ztschr. TH Dresden 4, S. 783.

Andresen/Bjerrum/Di Biagio/Kjaernsli (1957): Triaxial equipment developed at the Norwegian Geotechnical Institute. Publ. Norw. Geot. Inst. Nr. 21.

Über das Zellgerät:

DE BEER (1950/51): The cell-test. Géotechnique 2, S. 162.

TSCHEBOTARIOFF/WARD/DI BIAGIO/WATKINS/PERINNE (1956): Large-scale triaxial "Cell tests". Princeton University. Deutscher Auszug: Bauingenieur 32, S. 174.

Über die Großgeräte:

HOLTZ/GIBBS (1956): Triaxial shear tests on pervious gravelly soils. Proc. Am. Soc. Civ. Eng. 82, SM 1, Paper 867.

SCHULTZE (1957): Large scale shear tests. Proc. IV. Int. Conf. Soil Mech. Found. Eng. London, Bd. I, S. 193.

BRETH (1960): Die Festigkeit vorbelasteter Böden. Geologie u. Bauwesen 25, S. 177.

LEUSSINK (1960): Bau eines großen dreiaxialen Schergerätes zur Untersuchung grobkörniger Erdstoffe. Veröff. Inst. Bodenmech. u. Grundbau TH Karlsruhe H. 1, S. 31.

JELINEK/OSTERMAYER (1964): Bau einer Anlage für große triaxiale Scherversuche. Bautechnik 41, S. 181.

Über Versuche mit Sand:

CASAGRANDE (1936): Characteristics of cohesionless soils affecting the stability of slopes and earth fills. Journ. Boston Soc. Civ. Eng. 23. S. 13.

BERNATZIK (1947): Baugrund und Physik. Zürich.

CHEN (1948): An investigation of stress-strain and strength characteristics of cohesionless soils by triaxial compression tests. Proc. II. Int. Conf. Soil Mech. Found. Eng. Rotterdam, Bd. V, S. 35.

TAYLOR (1948/58): Fundamentals of soil mechanics. New York.

BISHOP/ELDIN (1950): Undrained triaxial tests on saturated sands and their significance in the general theory of shear strength. Géotechnique 2, S. 13.

— (1953): The effect of stress history on the relation between φ and porosity in sand. Proc. III. Int. Conf. Soil Mech. Found. Eng. Zürich, Bd. I, S. 100.

IDEL (1960): Die Scherfestigkeit rolliger Erdstoffe. Veröff. Inst. Bodenmech. u. Grundbau TH Karlsruhe H. 2.

LADANYI (1960): Etude des relations entre les contraintes et les déformations lors du cisaillement des sols pulvérulents. Ann. Trav. Publ. Belg., S. 241.

— (1961): Etude théorique et expérimentale de l'expansion dans un sol pulvérulent d'une cavité présentant une symétrie spherique ou cylindrique. Ann. Trav. Publ. Belg., S. 105 u. 365.

BJERRUM/KUMMENEJE (1961): Shearing resistance of sand samples with circular and rectangular cross sections. Publ. Norw. Geot. Inst. No. 44.

—/KRINGSTAD/KUMMENEJE (1961): The shear strength of a fine sand. Proc. V. Int. Conf. Soil Mech. Found. Eng. Paris, Bd. I, S. 29. Siehe a. Publ. Norw. Geot. Inst. No. 45.

WITTKE (1962): Über die Scherfestigkeit rolliger Erdstoffe. Veröff. Inst. Bodenmech. u. Grundbau TH Karlsruhe H. 11.

NAUJOKS (1963): Über die Tragfähigkeit von mittig, vertikal belasteten Flachgründungen im Sand. Berichte a. d. Bauforschung H. 32, S. 1.

VESIĆ (1963): Bearing capacity of deep foundations in sand. Ann. Meet. of the Highway Research Board, Washington, Jan. 1963, S. 11.

CORNFORTH (1964): Some experiments on the influence of strain Conditions on the strength of sand. Géotechnique 14, S. 143.

FAROUKI/WINTERKORN (1964): Mechanical properties of granular systems. Princeton Soil Eng. Research Series No. 1.

MOGAMI (1964): A statistical approach to the mechanics of granular materials. Soil and Foundation (Tokio) 5, No. 2.

BROMS/JAMAL (1965): Analysis of the triaxial test-Cohesionless soils. Proc. VI. Int. Conf. Soil Mech. Found. Eng. Montreal, Bd. I, S. 184.

DE BEER (1965): Influence of the mean normal stress on the shearing strength of sand. Proc. VI. Int. Conf. Soil Mech. Found. Eng. Montreal, Bd. I, S. 165.

HERBST/WINTERKORN (1965): Shear phenomena in granular random packings. Princeton Soil. Eng. Research Series No. 2.

LORENZ/NEUMEUER/GUDEHUS (1965): Tests concerning compaction and displacements performed on samples of sand in the state of plane deformation. Proc. VI. Int. Conf. Soil Mech. Found. Eng. Montreal, Bd. I, S. 293.

SCHULTZE (1966): Lockere und dichte Böden. Mitt. Inst. f. Baumaschinen u. Baubetrieb TH Aachen H. 9, S. 107.

HELENELUND (1966): On the bearing capacity of frictional soils. The State Inst. f. Techn. Res. Helsinki, Ser. III, No. 97.
CAQUOT/KÉRISEL (1966): Traité de méchanique des sols. Paris. S. 259.

Über Versuche mit Ton:

RENDULIC (1936a): Porenziffer und Porenwasserdruck in Tonen. Bauingenieur 17, S. 559.
— (1936b): Relation between void ratio and effective principal stresses for a remoulded silty clay. Diskussion. Proc. I. Int. Conf. Soil Mech. Found. Eng. Cambridge (Mass.), Bd. III, S. 48.
— (1937): Ein Grundgesetz der Tonmechanik und sein experimenteller Beweis. Bauingenieur 18, S. 459.
HVORSLEV (1937): Über die Festigkeitseigenschaften gestörter, bindiger Böden. Ing. Vidensk. Skr. A, Nr. 45, Danmarks Natur-Vidensk. Samfund, Kopenhagen.
CASAGRANDE/SHANNON (1947/48): Research on stress-deformation characteristics of soils and soft rocks under transient loading. Harvard Univ. Soil Mech. Series No. 31.
—/WILSON (1951): Effect of rate of loading on the strength of clays and shales at constant water content. Géotechnique 2, S. 251. S. a. Harvard Univ. Soil Mech. Series No. 39.
— (1953): Effect of stress history on the strength of clays. Harvard Univ. Soil Mech. Series No. 43.
GIBSON (1953): Experimental determination of the true cohesion and true angle of internal friction in clays. Proc. III. Int. Conf. Soil Mech. Found. Eng. Zürich, Bd. I, S. 126.
—/HENKEL (1954): Influence of duration of tests at constant rate of strain on measured "drained" strength. Géotechnique 4, S. 6.
HENKEL (1956): The effect of overconsolidation on the behaviour of clays during shear. Géotechnique 6, S. 139.
— (1959): The relationships between the strength, pore water pressure and volume-change characteristics of saturated clays. Géotechnique 9, S. 119.
OSTERMANN (1959): Notes on the shearing resistance of soft clays. Acta Polytechnica Scand. Civ. Eng. Build. Constr. Ser. Ci 2 (Ap. 263).
BJERRUM/SIMONS (1960): Comparison of shear strength characteristics of normally consolidated clays. Proc. Research Conf. on Shear Strength of Cohesive Soils. Boulder/Col. S. 711. Siehe a. Publ. Norw. Geot. Inst. No. 25, S. 13
HENKEL (1960): The relationships between the effective stresses and water content in saturated clays. Géotechnique 10, S. 41.

Über Versuche mit Beton und Gesteinen:

KARMAN (1911): Festigkeitsversuche unter allseitigem Druck. VDI-Ztschr. 55, S. 1749.
RICHART/BRANDTZAEG/BROWN (1928): A study of the failure of concrete under combined compressive stresses. Univ. Illinois, Eng. Exp. Station, Bull. 185.
Bureau of Reclamation (1953): Physical properties of some typical foundation rocks. Concrete Lab. Report SP-39.
GOLDER/AKROYD (1954): An apparatus for triaxial-compression tests at high pressures Géotechnique 4, S. 131.
EVERLING (1956a): Gesteinsmechanische Untersuchungen an Bohrkernen und bearbeiteten Handstücken aus dem Flöz Girondelle und seinem Nebengestein auf der Schachtanlage Neumühl. Glückauf 92, S. 380, 397 u. 412.
— (1956b): Neue Untersuchungen an Karbongesteinen unter dreiaxialem Druck in Rahmen der Gebirgsdruckmessung. Dissertation TH Aachen.

Über Versuche zur Bestimmung des Ruhedrucks:

JÁKY (1944): Anyugalmi nyomás tényezöje (Die Ruhedruckziffer). Budapest, Magyar Mérn. Ép. Egyl. Közlönye No. 22.
ROWE (1954): A stress-strain theory for cohesionless soil with applications to earth pressures at rest and moving walls. Géotechnique 4, S. 70.
JÄNKE/MARTIN/PLEHM (1955): Dreiaxiales Druckgerät zur Bestimmung der Ruhedruckbeiwerte und des Gleitwiderstands von Erdstoffen. Bauplanung u. Bautechnik 9, S. 442.
BISHOP (1958): Test requirements for measuring the coefficient of earth pressure at rest. Brussels Conf. Earth Pressure Probl., Bd. I, S. 2.
SIMONS (1958): Test requirements for measuring the coefficient of earth pressure at rest. Diskussion. Brussels Conf. Earth Pressure Probl., Bd. III, S. 50.

Über den Porenwasserdruck:

TERZAGHI/FRÖHLICH (1936): Theorie der Setzung von Tonschichten. Leipzig/Wien.
PENMAN (1952/53): Shear characteristics of saturated silt, measured in triaxial compression. Géotechnique 3, S. 112.
SKEMPTON (1954): The pore pressure coefficients A und B. Géotechnique 4, S. 143.
BISHOP (1954b): The use of pore pressure coefficients in practice. Géotechnique 4, S. 148.
HILF (1956): An investigation of pore-water pressure in compacted cohesive soils. Bureau of Reclamation. Denver/Col. Technical Memorandum 654.
SKEMPTON/BJERRUM (1957): A contribution to the settlement analysis of foundations on clay. Geotechnique 7, S. 168. S. a. Géotechnique 8, S. 101 u. 9, S. 29.
TSCHENG/VANEL (1965): Pression interstitielle. Ann. Inst. Techn. Bât. Trav. Publ. No. 210, S. 743.

Über den Porenluftdruck:

CRONEY/COLEMAN/BLACK (1958): The movement and distribution of water in soil in relation to highway design and performance. Highway Research Board Washington. Special Report No. 40.
BISHOP (1959): The principle of effective stress. Teknisk Ukeblad 106, Nr. 39, S. 859.
JENNINGS (1960): A revised effective stress law for use in the prediction of the behaviour of unsaturated soils. Proc. Conf. on Pore Pressure and Suction in Soils. London. S. 27.
AITCHISON (1960): Relationships of moisture stress and effective stress functions in unsaturated soils. Proc. Conf. on Pore Pressure and Suction in Soils. London. S. 49.
BLIGHT (1960): Discussion on general principles and laboratory measurements. Proc. Conf. on Pore Pressure and Suction in Soils. London. S. 72.
COLEMAN (1960): Discussion on roads, runways and agriculture. Proc. Conf. on the Pressure and Suction in Soils. London. S. 146.
LAMBE (1960): A mechanistic picture of shear strength in clay. Proc. Research Conf. on Shear Strength of Cohesive Soils. Boulder/Col. S. 555.
BISHOP/DONALD (1961): The experimental study of partly saturated soils in the triaxial apparatus. Proc. V. Int. Conf. Soil Mech. Found. Eng. Paris, Bd. I, S. 13.
—/BJERRUM (1961): Bedeutung und Anwendbarkeit des Dreiaxialversuches für die Lösung von Standsicherheitsaufgaben. Publ. Norw. Geot. Inst. No. 43.
DONALD (1961): The mechanical properties of saturated and partly saturated soils with special reference to negative porewater pressure. Ph. D. Thesis. University of London.

Über die Rheologie:

GEUZE/TAN TJONG KIE (1953): Rheological properties of clays. Paper presented to the III. Int. Conf. Soil Mech. Found. Eng. Zürich by the Delft Soil Mech. Lab.
— (1954): The mechanical behaviour of clays. II. Int. Congr. Rheolg. London. S. 247.
TAN TJONG KIE (1954): Onderzoekingen over de rheologische eigenschappen van klei. s' Gravenhage.
SCHULTZ-GRUNOW (1955): Neuere Ergebnisse und Verfahren der Rheologie. VDI-Ztschr. 97, S. 409.
MURAYAMA/SHIBATA (1958a): On the rheological characters of clay. Disaster Prevention Research Inst., Bull. 26.
— (1958b): On the secondary consolidation of clay. Proc. II. Japan. Congr. Test. Mat. Non-metallic Materials, Kyoto, S. 178.
AKAI (1960): Die strukturellen Eigenschaften von Schluff. Mitt. Inst. Verkehrswasserbau, Grundbau u. Bodenmech. TH Aachen H. 22.
KRAUSE (1966): Das rheologische Verhalten von Schluff beim Kompressionsversuch. Mitt. Inst. Verkehrswasserbau, Grundbau u. Bodenmech. TH Aachen H. 35.
v. V. (1966): Rheology and soil mechanics. Int. Union of Theor. and Applied Mech. Symposium Grenoble 1964. Berlin/Heidelberg/New York.

Über die Fehler:

CALHOON (1954): Effect of sample disturbance on the strength of a clay. Proc. Am. Soc. Civ. Eng. 80, Paper 570.
JAKOBSON (1954): Influence of sampler type and testing method on shear strength of clay samples. Proc. Swed. Geot. Inst. No. 8.
HELENELUND (1965): In situ measurements of the compressibility and the shearing resistance of soils. The State Inst. f. Techn. Res. Helsinki, Ser. III, No. 89.

Über die Anwendung der Versuche:

v. V. (1964): Empfehlungen des Arbeitsausschusses „Ufereinfassungen" (EAU). 3. Auflage. Berlin/München.
DS 415 (1965): Dansk Ingeniørforenings Normer for Bygningskonstruktioner. 6. Fundering. Kopenhagen. Englische Übersetzung: Dan. Geot. Inst. Bull. No. 22.
SKEMPTON (1948): The $\varphi = 0$ analysis of stability and its theoretical basis. Proc. II. Int. Conf. Soil Mech. Found. Eng. Rotterdam, Bd. I, S. 72.
BISHOP/MORGENSTERN (1960): Stability coefficients for earth slopes. Géotechnique 10, S. 129.
MORGENSTERN (1963): Stability charts for earth slopes during rapid drawdown. Géotechnique 13, S. 121.
SIMONS (1963): Settlement studies on a nine storey apartment building at Økernbråten, Oslo. Proc. Europ. Baugrundtagung Wiesbaden, Bd. I, S. 179. Deutscher Auszug: Bauingenieur 39, S. 243.
ŠUKLJE/SOVINC (1963): An applied analysis of distortional displacements of normally consolidated clays. Proc. Europ. Baugrundtagung Wiesbaden, Bd. I, S. 193.
SCHULTZE (1965): Setzungen und Setzungsunterschiede bei Flachgründungen. Mitt. Inst. Verkehrswasserbau, Grundbau u. Bodenmech. TH Aachen H. 33, S. 133.
HAEFELI (1965): Zur Definition und Terminologie der Zusammendrückbarkeit. Schweiz. Bauzeitg. 83, H. 7.

1.413 Chemisches Verhalten

Die chemischen Untersuchungen des Bodens und Wassers beschränken sich im Normalfall für einen Ingenieur auf die Feststellung, ob und wieweit der Boden und besonders das Wasser Bestandteile enthalten, die schädlich für die zu verwendenden Baustoffe sind. Die Untersuchungen werden unabhängig von den sonstigen Bodenprüfungen einem chemischen Laboratorium übertragen. Die Art der Durchführung selbst ist ebenso wie die Versuchseinrichtung für den Bauingenieur ohne Interesse, da die Ergebnisse von ihnen unbeeinflußt bleiben. Beide werden deshalb im folgenden nicht näher behandelt, sondern es wird nur insoweit auf sie eingegangen, wie es zum Verständnis der Ergebnisse und der Zusammenhänge notwendig ist.

1.413.1 Boden

Definition. Die im Boden befindlichen baustoffschädlichen Bestandteile können nur dann wirken, wenn sie durch das Bodenwasser gelöst und dadurch mit dem Bauwerk in Berührung gebracht werden. Die chemische Untersuchung des Bodens hat daher den Zweck, festzustellen, welche Vorräte an schädlichen und zugleich auch wasserlöslichen Stoffen sowie an Mineralien, aus denen durch die Verwitterung solche schädlichen Stoffe neu entstehen können, in ihm enthalten sind.

Die baustoffschädlichen Bestandteile, auf deren Feststellung sich die chemischen Bodenuntersuchungen für Ingenieurbauten beschränken können, sind:

Humus, besonders wenn er sauer reagiert;

aggressive Kohlensäure, d. h. Kohlensäure, die nicht an irgendeine Base gebunden, also frei ist und die außerdem angreifend wirken kann, weil sie unter den vorhandenen Umständen mit dem betreffenden Baustoff in Reaktion tritt;

freie Säuren überhaupt, also Säuren, die nicht an eine Base gebunden und daher nicht abgesättigt sind;

Mineralien, durch deren Zersetzung freie Säuren entstehen können, also hauptsächlich Sulfate, Sulfide und Chloride, die durch ihren Gehalt an Cl Metalle angreifen können;

leicht lösliche Mineralien, die MgO oder NH_3 enthalten. Ein Gehalt an Mg-Verbindungen verstärkt den Angriff des Chlors auf Metalle; außerdem wirken Mg- und NH_3-Verbindungen durch Bildung von Auswitterungen, durch die Mörtel und Beton zerbröckeln können, schädlich auf diese Baustoffe.

Vorgang. Die chemische Untersuchung des Bodens ist verhältnismäßig selten. Die Probeentnahme ist deshalb nur in Sonderfällen notwendig, bei denen verdächtig erscheinende Schichten angetroffen werden. In diesem Fall werden in gleicher Weise, wie im Kap. 1.321.41 bei der Entnahme gestörter Bodenproben besprochen, nach DIN 4030 (1954) „Beton in betonschädlichen Wässern und Böden" je zwei weithalsige Flaschen von je 1 l Inhalt mit frisch ausgestochenem Boden gefüllt, wobei jede Probenmenge mit einem Holz fest eingedrückt wird, so daß Hohlräume möglichst vermieden werden. Die Flaschen werden durch einen passenden Korkstopfen sowie durch Versiegeln luftdicht verschlossen.

Bei der chemischen Untersuchung des Bodens auf baustoffschädliche Bestandteile handelt es sich nicht um eine allgemeine chemische Analyse der Gesamtzusammensetzung des Bodens, sondern lediglich darum, das Vorkommen derjenigen Stoffe, die als baustoffschädlich bekannt sind, mengenmäßig nachzuweisen. Dieser Nachweis richtet sich in seiner Durchführung deshalb jedesmal nach der Art der einzelnen Bestandteile; er erfolgt also nicht in einheitlichem Arbeitsgang.

Meßgrößen. Bei der chemischen Untersuchung eines Bodens auf Baustoffschädlichkeit werden vor allem folgende Werte gemessen:

Der „*Humusgehalt*" nach Überführung in Kohlensäure mittels Oxydation durch Chromschwefelsäure;

die „*Bodenreaktion*" (sauer, neutral, alkalisch), ausgedrückt durch den „p_H-*Wert*" — der p_H-Wert bedeutet die Anzahl Gramm Wasserstoffionen im Liter, ausgedrückt durch die negative Potenz von 10. Ein p_H-Wert von 7 bedeutet also, daß sich in einem Liter Lösung 10^{-7} g Wasserstoffionen befinden. Je kleiner p_H, desto saurer ist der Boden —;

der „*Säuregrad*" nach BAUMANN/GULLY (1910);

der Gehalt an freier Kohlensäure;

die Menge der Sulfate, der Sulfide und der Chloride, von MgO, NH_3, CaO und der gesamten Karbonate.

Die erhaltenen Werte werden entweder in Gewichtsprozenten, in mg/l oder in kg/m³ ausgedrückt.

Auswertung. Bei der Auswertung der Untersuchungen werden nicht nur die oben genannten Bestandteile daraufhin betrachtet, ob sie in solchen Mengen auftreten, daß sie schädlich wirken können, sondern es wird vor allem entschieden, ob gefährliche chemische Prozesse durch diese Bestandteile ausgelöst werden oder ob sie infolge der örtlichen Verhältnisse am Bauwerk nicht zur Entwicklung kommen können. So gehen z. B. die Sulfide des Bodens bei Luftzutritt durch Oxydation in Sulfate über oder können unter Umständen auch freie Schwefelsäure bilden. Eine solche Oxydation ist in größerem Umfange aber nur möglich, wenn der Untergrund hinter dem Bauwerk mit der Luft und mit strömendem Wasser in Berührung kommt. Der Umstand, wie weit und wie tief der Baugrund während des Baus und später der Luft ausgesetzt ist, ist in diesem Fall für die Beurteilung der chemischen Analyse von entscheidender Bedeutung. Ähnlich ist es mit dem Vorhandensein oder Fehlen strömenden Wassers.

Zahlenwerte. Die für die Beurteilung der Böden hinsichtlich Reaktion, Humus- und Kalkgehalt wichtigen Werte gibt die folgende Zusammenstellung an:

Bodenreaktion:	p_H-*Wert*:
Minimum	0
Sauer	unter 7
Neutral	7
Alkalisch	über 7
Maximum	14

Humusgehalt (vgl. Kap. 1.411.14):	*Gewichtsprozente:*
Sehr humusarm	0— 1
Humusarm	1— 2
Humushaltig	2— 5
Humusreich	5—10
Humusüberreich	über 10

Kalkgehalt (vgl. Kap. 1.411.13):	*Gewichtsprozente:*
Kalkfrei	0—1
Sehr kalkarm	1—3
Kalkhaltig	3—5
Kalkreich	über 5

Die für die Aggressivität auf Baustoffe maßgebenden Mindestmengen der schädlichen Bestandteile betragen ungefähr:

Tabelle 76. *Mindestmengen der schädlichen Bestandteile im Boden* (nach HELLMERS)

Bestandteil	Bei Beton	Bei Stahl
Bodenreaktion (p_H)	unter 6	unter 7
Säuregrade	über 20	über 20
Schwefelsäure (als SO_3 berechnet)	200 mg/l	100 mg/l
Sulfate (SO_3)	200 mg/l	300 mg/l
Sulfide (S)	~ 200 mg/l	~ 100 mg/l
Chloride (Cl)	100 mg/l	—
Magnesia (MgO)	300 mg/l	—

Holz ist lediglich gegen eine stärker mineralsaure und besonders gegen alkalische Reaktion empfindlich.

Die angegebenen schädlichen Bestandteile gelten nur bei Gegenwart von Luft und strömendem Wasser. Sie kommen in den einzelnen Bodenarten je nach Art ihrer Entstehung in verschiedener Stärke vor. Besonders gefährlich für Bauwerke sind Torf- und Faulschlammböden, überhaupt humusreiche Böden, sowie Ton- und Kleiböden mit organischen Ablagerungen von Pflanzen- und Tierresten und außerdem kalkhaltige Lehme. Die organischen Stoffe werden zersetzt und führen zu Schwefelverbindungen, freier Schwefelsäure und außerdem unter Umständen zu freier Kohlensäure.

Fehler. Die Menge der schädlichen Bestandteile (in Gewichtsprozenten, in mg/l oder in kg/m³) wird auf volle mg bzw. kg abgerundet. Die Genauigkeit der chemischen Untersuchung beträgt bei einem Gewicht der Bodenprobe von etwa 1 kg mindestens 0,02 Gewichtsprozent bzw. 200 mg auf 1 kg.

Verwendung. Die Ergebnisse der chemischen Untersuchung des Bodens dienen zur Entscheidung darüber, welcher Baustoff in dem betreffenden Fall am vorteilhaftesten verwendet wird. Holz ist chemisch sehr widerstandsfähig. Beton kann gegen chemische Angriffe durch verschiedenartige Anstriche und Vorsatzschichten, zum Teil auch schon durch einen vorbildlichen, zu einer besonders hohen Dichte führenden Kornaufbau geschützt werden. Die Gefahr eines Angriffs ist aber ebenso wie die Korrosion von Stahl mehr durch die Zusammensetzung des Wassers als die des Bodens bedingt, wobei aber auch das Vorhandensein bestimmter Bodenbestandteile eine Rolle spielt.

Von ausschlaggebender Bedeutung ist der chemische Aufbau des Bodens bei der Stabilisierung mit Kalk (BRAND 1962).

Literatur

Allgemeines:

DIN 4030 (1954): Beton in betonschädlichen Wässern und Böden. Richtlinien für die Ausführung.

WAHNSCHAFFE/SCHUCHT (1924): Wissenschaftliche Bodenuntersuchung. Berlin.

BLANCK (1929/31/32): Handbuch der Bodenlehre. Berlin. Bd. V, Bd. VII, Bd. VIII u. Bd. X.

UTESCHER (1934): Über die Anwendung bodenkundlicher Gesichtspunkte bei der Beurteilung zum Fließen neigender Tone. Ztschr. prakt. Geol. 42, S. 57.

BENDEL (1944): Ingenieurgeologie. Wien. Bd. I, S. 344 u. 488.

KLUT/OLSZEWSKI (1945): Untersuchung des Wassers an Ort und Stelle. Berlin.

BRAND (1962): Der Einfluß von Kalziumhydroxyd auf die Eigenschaften schluffiger Böden im Straßenbau. Diss. TH Aachen.

FIEDLER (1964): Die Untersuchung der Böden. Dresden/Leipzig.

FRANK (1964): Einfluß der Bodenkennziffern und der Wärme auf die Verfestigung schluffiger Böden mit Kohlehydrat im Straßenbau. Diss. TH Aachen.

Beispiele:

HERRMANN (1943): Über den physikalischen und chemischen Aufbau von Marschböden und Watten verschiedenen Alters. Westküste 3, S. 72.

Über Baustoffangriffe durch Boden und Wasser:

SCHNEIDER (1937): Baustoffangriffe in Wilhelmshaven. Jahrb. d. hafenbautechn. Ges. 16, S. 56.

MARKOVIĆ (1963): Bodenkorrosion und ihre Verhütung. Forschungsinst. f. Bergbau u. Chem. Technologie, Tuzla. Wiesbaden/Berlin.

Über die Bestimmung der Azidität (des Säuregrads):

BAUMANN/GULLY (1910): Untersuchungen der Humussäuren. Mitt. Bayer. Moorkulturanstalt H. 4.

KAPPEN (1929): Die Bodenazidität. Berlin.

1.413.2 Wasser

Definition. Neben die chemische Untersuchung des Bodens (s. Kap. 1.413.1), der nur mittelbar an den Angriffen auf Baustoffe beteiligt ist, tritt mit der gleichen Zielsetzung die chemische Untersuchung des Wassers. Es wird dabei zwischen dem Grund- oder Thermalwasser, das angriffsfähige Stoffe aus dem Boden enthält, dem freien Süßwasser, das, z. B. in Mooren, dem Boden ebenfalls angriffsfähige Stoffe entnehmen kann, das jedoch auch häufig, besonders in dicht besiedelten Gebieten mit reicher Industriebelegung, durch Einleitung von Abwässern und Chemikalien enthaltenden Wässern verunreinigt wird, und dem Brack- und Salzwasser unterschieden.

Die chemischen Untersuchungen des Wassers erstrecken sich außerdem über einen wesentlich größeren Bereich als die des Bodens. Neben die im vorigen Kapitel bereits genannten Untersuchungen treten noch die Ermittlungen der folgenden Stoffe und Eigenschaften: Sauerstoff, CaO (Härte), Schwefelwasserstoff, Nitrate und Nitrite, Öle und Fette. Weiterhin werden Temperatur, Farbe, Geruch und die Klarheit des Wassers sowie das elektrische Leitvermögen festgestellt. Nähere Angaben enthält DIN 4030 (1954) „Beton in betonschädlichen Wässern und Böden".

Vorgang. Bei der chemischen Untersuchung des Wassers kommt der einwandfreien Entnahme der Proben eine höhere Bedeutung zu als bei der chemischen Untersuchung des Bodens. Die Entnahme muß hier, um zu einem brauchbaren Ergebnis zu führen, gleichsam „ungestört" erfolgen. Nach DIN 4030 wird das Wasser durch Schöpfen oder Abpumpen entnommen und in gut gereinigte Flaschen gefüllt, die aus wasserbeständigem Glas hergestellt sein müssen. Zu jeder vollständigen Wasserprobe gehören:

Zwei Flaschen von je etwa $^1/_2$ bis 1 l Inhalt mit Korkstopfen (Bestimmung von Härte, Sulfatgehalt, Chloridgehalt, Magnesiaverbindungen, Eisenverbindungen, Ammoniumsalzen, Reaktion);
zwei Flaschen mit eingeschliffenem Stopfen von je 250 bis 300 cm³ Inhalt, die je 3 g Marmorpulver enthalten (Bestimmung von aggressiver Kohlensäure);
bei fauligem Geruch zwei weitere Flaschen von je $^1/_2$ bis 1 l Inhalt, die je 1 g Cadmiumazetat enthalten (Bestimmung des Schwefelwasserstoffs).

Bevor die für die Wasseruntersuchung bestimmte Probe aufgefangen wird, ist das Wasser im Bohrloch, in der Schürfgrube oder im Pumpensumpf unmittelbar mindestens 20 Minuten hindurch langsam und gleichmäßig abzupumpen, wobei darauf zu achten ist, daß das ausgepumpte Wasser nicht wieder in die Entnahmestelle zurückläuft. Man muß die absolute Gewähr dafür haben, daß kein „abgestandenes" Wasser mehr gefördert wird und schließlich zur Untersuchung gelangt. Quell-, Fluß- und Teichwässer werden ohne weiteres in die oben näher beschriebenen Flaschen gefüllt. Entnahme aus Schürfgruben mit Gefälle ist in einfachster Weise dadurch zu erreichen, daß man am obersten Ende jedes Schürfgrabens ein höchstens 1 m langes Eisen- oder Tonrohr derart einlegt, daß wenigstens ein Teil des dort aus dem Erdboden austretenden Wassers durch das Rohr abfließen muß.

Um die Betonschädlichkeit infolge aggressiver Kohlensäure festzustellen, spült man die beiden Flaschen dreimal mit dem geförderten Wasser aus und füllt sie dann, indem man zunächst das Wasser zwecks Durchspülung des Schlauchs frei ablaufen läßt, den Schlauch zudrückt und das Schlauchende derart in die eine der Flaschen bringt, daß es fast den Boden berührt. Darauf wird die Flasche durch Öffnen des Schlauchs langsam bis zum oberen Rande gefüllt. Das Schlauchende soll sich dabei stets in der Höhe der Wasseroberfläche befinden, um das Wasser möglichst wenig aufzurühren und Kohlensäureverluste zu vermeiden. Die Flaschen werden mit den dazugehörigen Stopfen verschlossen, und zwar so, daß möglichst keine Luftblasen in die Flasche gelangen.

Bei der Schwefelwasserstoffuntersuchung wird ein sauberer Emailletopf von etwa 3 l Inhalt dreimal gefüllt und das Wasser fortgeschüttet. Nachdem man in die Flaschen das Cadmiumazetat eingebracht hat, wird die vierte Füllung als Probe benutzt. Sobald sich Sand und Schwebestoffe in dem Emailletopf gesetzt haben, spätestens aber nach drei Minuten, wird mit Hilfe des vorsichtig (um den Bodensatz nicht aufzurühren) eingebrachten Schlauchs das möglichst klare Wasser in die Flaschen gehebert. Die Flaschen werden vollkommen gefüllt und mit dem Stopfen ebenfalls so verschlossen, daß keine Luftblasen in den Flaschen bleiben, worauf noch einige Male tüchtig umgeschüttelt wird.

Die Proben werden unter möglichst geringem Zeitverlust an das die Untersuchungen durchführende Laboratorium gesandt, da die Bestimmungen möglichst schon innerhalb von 24 Stunden nach der Entnahme der Proben ausgeführt werden sollen. Ein Teil der chemischen Wasseruntersuchungen kann auch an Ort und Stelle durchgeführt werden. Ebenso wie bei den Untersuchungen im Laboratorium bedient man sich dabei genau festgelegter Methoden der chemischen Analyse (Klut/Olszewski 1945).

Meßgrößen. Zu den im vorigen Kapitel angegebenen Größen tritt als wichtigster Wert der „*Härtegrad*" des Wassers. Die Härte des Wassers wird in „*deutschen Härtegraden*" (°dH) gemessen. 1 Härtegrad entspricht einer Menge von 10 mg CaO in 1 l Wasser oder einem äquivalenten Gewicht an Erdalkalioxyden. Im allgemeinen wird ein Wasser mit einer Härte, die kleiner als 6° dH ist, als „weich" bezeichnet. Die schädlichen Bestandteile des Wassers werden meist in mg/l angegeben.

Auswertung. Bei der Auswertung der chemischen Wasseranalyse muß berücksichtigt werden, ob es sich um fließendes oder stehendes Wasser handelt, da es nicht allein auf die Menge der schädlichen Stoffe ankommt, die mit dem Bauwerk in unmittelbare Berührung kommen, sondern vielmehr auf die Menge, die je Zeiteinheit frisch an das Bauwerk herangebracht wird. Nur die ständige Erneuerung der schädlichen Bestandteile kann eine umfangreiche und nachhaltige Zerstörung eines Bauwerks hervorrufen. Diese ist in einer stets unter Wasser befindlichen Zone, wo die Luftberührung fehlt, nie so stark wie in der Zone des Wasserwechsels und besonders in der Höhe des Grundwasserspiegels, in der das Wasser ständig mit der Luft in Verbindung steht.

Zahlenwerte. Wie für den Boden (Tab. 76) lassen sich auch für das Wasser die für die einzelnen Baustoffe schädlichen Mengen in bestimmten Grenzen angeben (Tab. 77). Die Werte gelten für weiches Wasser (etwa 6° dH). Bei geringerer Härte ist die Betonschädlichkeit der genannten Stoffe größer. Das gleiche ist bei einem p_H-Wert unter 7 der Fall.

Tabelle 77. *Mindestmengen der schädlichen Bestandteile im Wasser* (*in* mg/l)

Beimengung	Beton	Stahl
Sulfate (SO_3)	200	300
Nitrate (N_2O_5)	50	50
Freie Kohlensäure (CO_2)	schon in geringer Menge	
Schwefelwasserstoff (H_2S)	1	—
Chloride (Cl)	—	100
Öle und Fette[1]	—	5–10
Sauerstoff (O)	—	4
Magnesia (MgO)	100	—

[1] Besonders schädlich ist Phenol.

Fehler. Die p_H-Werte und die Härtegrade sollen bis zur ersten Dezimale genau sein. Im allgemeinen schwanken die Werte benachbart entnommener Proben beim Wasser nicht so stark wie beim Boden. Aber auch sie können auf nahe Entfernung erheblich wechseln (Agatz 1936, S. 48).

Verwendung. Die Verwendung der Ergebnisse ist beim Wasser die gleiche wie beim Boden, nämlich die Feststellung der Baustoffschädlichkeit und der unter den gegebenen Verhältnissen zu treffenden Gegenmaßnahmen. Außerdem entscheidet die chemische Untersuchung des Wassers über seine Verwendungsfähigkeit beim Betonieren.

Da Mörtel viel poröser ist, so daß die angreifenden Wässer weit ins Innere dringen und die für chemische Reaktionen zur Verfügung stehende Oberfläche sehr groß ist, wird er leichter als Beton angegriffen, besonders von Ammoniumsalzen und Schwefelwasserstoff in Gasform, aber auch durch aggressive Kohlensäure. Besonders schädlich ist ein Gehalt des Wassers an Sulfaten und Magnesiaverbindungen, da das Sulfat mit dem Kalk des Mörtels Gips oder mit dem Kalziumaluminat des Zements Kalziumsulfoaluminat bildet. Beide Verbindungen nehmen einen erheblich größeren Raum als die Ausgangssubstanzen ein und sprengen daher das Gefüge der beiden Baustoffe. Sehr karbonatarme und mineralstoffarme, also sehr weiche Wässer, sind besonders bei fließendem Wasser schädlich. Das gleiche gilt von stickstoffhaltigen Wässern, wie Jauche und häuslichen Abwässern. Die Bauwerke werden in diesem Fall durch Auswitterungen zerstört. Ebenso wirkt Dünger durch seinen Gehalt an Ammoniumverbindungen. Zum Anmachen des Betons kann man dagegen im allgemeinen Wässer, die sonst betonschädliche Stoffe enthalten, unbedenklich verwenden. Hier schaden nur Humusstoffe und — ein Fall, der für die Praxis nur selten in Betracht kommt — zuckerhaltige Wässer, weil sie das Erhärten des Betons verhindern.

Stahl wird ebenfalls von weichem und lufthaltigem Wasser, auch bei Fehlen von Kohlensäure, stark angegriffen. Von freien Säuren, Schwefelwasserstoff,

Sulfiden und aggressiver Kohlensäure wird er leicht gelöst. Ferner ist er gegen einen hohen Gehalt des Wassers an Chloriden, Sulfaten und Nitraten, also auch gegen Meerwasser, empfindlich. In alkalischen Lösungen – das ist in Wässern mit einem höheren p_H-Wert als 7 – ist Stahl gegen Korrosion geschützt; deswegen rostet er in Stahlbetonbauten nicht. Näheres siehe L'ALLEMAND (1957) und WOLLIN (1963).

Eine bedeutende Rolle kann der Salzgehalt des Porenwassers auf die Empfindlichkeit und die Scherfestigkeit von Tonböden ausüben. So wird die kleine Scherfestigkeit der skandinavischen „Quicktone" auf ihren geringen Salzgehalt zurückgeführt (ROSENQUIST 1953).

Beispiel. Die Schlüsse, die sich aus einer Wasseruntersuchung für ein größeres Bauvorhaben ergaben, werden durch den nachstehenden Befund (Tab. 78) und ein sich darauf stützendes Gutachten des Chemischen Staatslaboratoriums in Bremen erläutert:

Tabelle 78. *Ergebnis einer chemischen Grundwasseruntersuchung*

Klarheit	trübe
Farbe	rötlichbraun
Bodensatz	stark
Geruch	fade
Reaktion gegen Methylrot	alkalisch
Phenolphtalein	sauer
p_H nach TILLMANNS	6,84
Spez. Leitvermögen bei 18 °C	13,10
In einem Liter Wasser sind enthalten:	mg
Abdampfrückstand, berechnet	943,2
Ammonium (NH_4)	0,4
Salpetrige Säure (NO_2)	Spuren
Salpetersäure (NO_3)	0
Choride (Cl)	267,6
Schwefelsäure (SO_4)	160,5
Kohlensäure (CO_2), freie	49,5
angreifende	46,2
gebundene	51,7
Kalzium (Ca)	76,6
entsprechend (CaO)	107,2
Magnesium (Mg)	27,1
entsprechend (MgO)	44,9
Schwefelwasserstoff	0
Eisen (Fe), unfiltriert	22,5
filtriert	0,1
Mangan (Mn)	2,1
Hierauf wurde das Grundwasser wie folgt beurteilt:	
Alkalinität, ccm $\frac{n}{10}$ HCl/l	23,5
Karbonathärte dH	6,6°
Ges. Härte dH, berechnet	16,9°

„Das zur Untersuchung übersandte Baugrundwasser stellt ein stark eisenhaltiges und manganhaltiges Wasser dar, das auch reich an Chloriden, Sulfaten und angreifender Kohlensäure ist.

Als Grundwasser ist es für Bauwerke nicht ungefährlich, da es infolge seines hohen Gehalts an kalkangreifender Kohlensäure lösend auf den Boden wirken kann. Ein endgültiges Urteil in dieser Beziehung kann nur durch systematische Untersuchungen gefällt werden, da die kalklösende Wirkung der angreifenden Kohlensäure auch noch von mechanisch wirkenden Faktoren, wie z. B. der Fließgeschwindigkeit, der Hebung und Senkung des Grundwasserspiegels usw., abhängt. Außerdem kann durch die Bautätigkeit eine Veränderung in der chemischen Zusammensetzung des Wassers eintreten, so daß an Hand einer Probe auf später etwa auftretende Störungen nicht mit absoluter Sicherheit hingewiesen werden kann. Dazu wären laufende Untersuchungen nötig.

Auch der hohe Gehalt an Chloriden kann zur Auslaugung des freien Kalks des Betons führen, hauptsächlich dann, wenn Eisen- und Magnesiumchlorid vorliegen würde. Da aber vermutlich der hohe Chloridgehalt des Grundwassers von vielleicht unterirdisch mit ihm verbundenen Flußwasser herrührt, also überwiegend Alkalichloride gelöst sind, so ist der betonlösenden Wirkung der Chloride unter diesen Voraussetzungen keine so große Bedeutung beizumessen. Sollte dagegen Eisenbeton verwendet werden, so sind die Armierungen durch sorgfältige Abdichtungen oder durch Verwendung dichter Mörtelmischungen vor dem Zutritt der Chloride zu schützen, da letztere leicht zu Rostbildung Anlaß geben.

Weiterhin mahnt der verhältnismäßig hohe Sulfatgehalt des Grundwassers zur Vorsicht, der leicht Treiberscheinungen aller Art hervorrufen kann.

Zusammenfassend empfiehlt sich also, bei der Bauausführung die Schutzmaßnahmen zu treffen, die erfahrungsgemäß gegen angreifende Wasser angewendet werden, um vor unliebsamen Überraschungen sicher zu sein.

Als Gebrauchs- und Trinkwasser ist das Grundwasser infolge seines hohen Eisen- und Mangangehaltes bzw. seiner äußeren unhygienischen Beschaffenheit nicht zu verwenden."

Literatur

Über die Untersuchung des Wassers:

TILLMANNS (1932): Die chemische Untersuchung von Wasser und Abwasser. Halle.
LEICK (1935): Das Wasser in der Industrie und im Haushalt. Dresden/Leipzig.
KLUT/OLSZEWSKI (1945): Untersuchung des Wassers an Ort und Stelle. Berlin.
VAN OETEREN (1952/53): Das Wasser, seine chemische Prüfung und Probleme. Bohrtechnik-Brunnenbau 3, S. 250; 4, S. 152 u. 275.
HÖLL (1960): Wasser. Untersuchung, Bearbeitung, Aufbereitung. Berlin.

Über den Schutz der Baustoffe gegen Angriffe des Wassers:

GRAF/GOEBEL (1930): Schutz der Bauwerke gegen chemische und physikalische Angriffe. Berlin.
KLEINLOGEL (1930): Einflüsse auf Beton. Berlin.
GRÜN (1936a): Beton und Zement. Berlin.
— (1936b): Einwirkung von Kohlensäure auf Zementmörtel und Beton. Zbl. der Bauverw. 56, S. 1373.
RODT (1936): Der Bautenschutz. Berlin.
AGATZ (1936): Der Kampf des Ingenieurs gegen Erde und Wasser im Grundbau. Berlin.
GRÜN (1938): Einwirkung von Salzlösungen auf Zement und Beton. Ztschr. angew. Chemie 51, S. 879.
RICK (1943): Chemischer Bautenschutz. Dresden/Leipzig.
WAGNER (1943): Taschenbuch des chemischen Bautenschutzes. Stuttgart.
BENDEL (1944): Ingenieurgeologie. Wien. Bd. I, S. 336, 491 u. 526.
ROSENQUIST (1953): Considerations on the sensitivity of Norwegian quick-clays. Géotechnique 3, S. 195.
L'ALLEMAND (1957): Korrosionsschutz für Stahl im Erdreich. Bauingenieur 32, S. 227.
v. V. (1957/62): Hütte. Berlin. Bd. IV.
WOLLIN (1963): Korrosion im Grund- und Wasserbau. Bautechnik 40, S. 37.

1.42 Besondere Untersuchungen

Neben die allgemein bei Bauvorhaben üblichen Untersuchungen treten noch einige Versuche, die nur in Sonderfällen notwendig sind und meist vorwiegend wissenschaftliches Interesse haben. Sie werden, da die zu ihrer Durchführung erforderlichen Geräte in den bodenmechanischen Instituten nicht immer vorhanden sind, meist in besonderen Laboratorien von Chemikern, Mineralogen oder Physikern durchgeführt und ausgewertet.

1.421 Mikroskopische und mineralogische Untersuchung

Definition. Die mikroskopischen und mineralogischen Untersuchungen bestehen aus der meist optischen Bestimmung von Mineralien, die in künstlich hergestellten Dünnschliffen, bei losen Bodenarten auch als einzelne Körner, unter das Mikroskop gebracht werden, und deren Auswertung im Hinblick auf den Mineralbestand und das Gefüge des Bodens.

Gerät. Verwendet wird ein *Polarisationsmikroskop* mit 75- bis 300facher Vergrößerung. Die Lichtstrahlen werden durch die Probe je nach der Art des Minerals abgelenkt. Durch Einbettung des Minerals in Flüssigkeiten, deren Brechung bekannt ist, wird der „*Brechungsexponent*“ des Minerals ermittelt und damit ein Merkmal für die Klassifizierung gewonnen.

Für die normale mikroskopische Betrachtung einzelner Bodenkörner, von Muschelresten usw. genügen einfachere Geräte. Als im Gelände zweckmäßig haben sich „*Taschen-Meß-Mikroskope*“ erwiesen, die aus einem zylinderförmigen Körper von etwa 25 mm Durchmesser und 150 mm Länge bestehen und in der Tasche mitgeführt werden können. Sie besitzen eine etwa 20fache Vergrößerung und eine in der Bildebene liegende Teilung mit einer Ablesegenauigkeit von $^1/_{20}$ mm. Man kann mit diesen Geräten also Sand bis zu einer Korngröße von etwa 0,05 mm herab, d. h. bis etwa zum Grobschluff (Mehlsand), untersuchen.

Vorgang. Für die Untersuchungen im Polarisationsmikroskop wird ungestörter Boden verwendet. Aus diesem schneidet man, soweit es sich um bindigen Boden handelt, Parallelepipede von 2,0 cm×1,0 cm×0,5 cm heraus. Bei nichtbindigem Boden wird der Zylinder vorher in eine Schale mit Zaponlack gestellt, bis sich die Bodenprobe mit dieser Flüssigkeit vollgesogen hat und sich eine einheitliche Masse bildet. Die Bodenstückchen werden dann getrocknet und mit einem Kunstharz getränkt, das bei etwa 140° flüssig wird. Sobald die Proben getrocknet und abgekühlt sind, können sie wie Steine geschliffen werden. Die Stärke der Dünnschliffe geht bei normalen Untersuchungen bis auf etwa 0,04 mm herunter.

Die im Mikroskop sichtbaren Dünnschliffbilder können fotografiert und quantitativ ausgemessen werden. Bei einer einigermaßen gleichen Größe der einzelnen Mineralien genügt häufig eine einfache Auszählung der verschiedenen Körner (Hellmers/Udluft 1936).

Über das Verfahren zur Bestimmung der Brechungsexponenten der Einzelmineralien siehe Seemann (1914) und Steinriede (1921).

Auswertung. Während die Schlämmanalyse lediglich Auskunft über die Kornverteilung gibt, kann aus dem mikroskopischen Bild das Gefüge des Bodens, also die Lagerung der einzelnen Körner zueinander, erkannt werden. Deren Kenntnis ist oft wichtig, da die Verschiedenheit des Gefüges sich auch in den sonstigen physikalischen Eigenschaften ausdrückt und damit für das Verhalten des Bodens bei Belastungsänderungen und sonstigen Beanspruchungen maßgebend wird. Je nachdem, ob das Gefüge ausgesprochene Schichtungen oder Risse oder eine gleichmäßige Verteilung der einzelnen Korngrößen aufweist, wechselt z. B. die Wasserdurchlässigkeit. Je nachdem, ob die Sandkörner vom Ton umhüllt sind oder nicht, ergibt sich eine große oder geringe gegenseitige Haftung. In geologisch stark belasteten Tonböden lassen sich unter Umständen durch übermäßige frü-

Abb. 613. Harnischflächen eines tonigen Schluffs, die als spiegelnde Flächen zu erkennen sind.

here Scherbeanspruchungen hervorgerufene alte Scherflächen oder ganze Klüftungssysteme („*Harnischflächen*") erkennen (Abb. 613), die zu einer starken Herabsetzung der Scherfestigkeit führen, wenn der Boden durch Anlegen einer Baugrube oder eines Einschnitts entlastet wird (vgl. Beispiel im Kap. 1.311).

Außer einem Einblick in das Bodengefüge vermittelt das mikroskopische Bild auch einen Einblick in die Form der Einzelkörner. Man kann z. B. unterscheiden, ob ein Sandboden scharfe Kanten hat oder ob seine einzelnen Körner rund abgeschliffen sind, eine Frage, die bei Dammschüttungen von Bedeutung ist. Ein ungestört entnommener diluvialer Sand aus dem Untergrund Berlins zeigt die meist gut abgerundete Form und unregelmäßige Lagerung der einzelnen Körner (Abb. 4), ein Hinweis darauf, daß bei Erschütterungen beträchtliche Setzungen

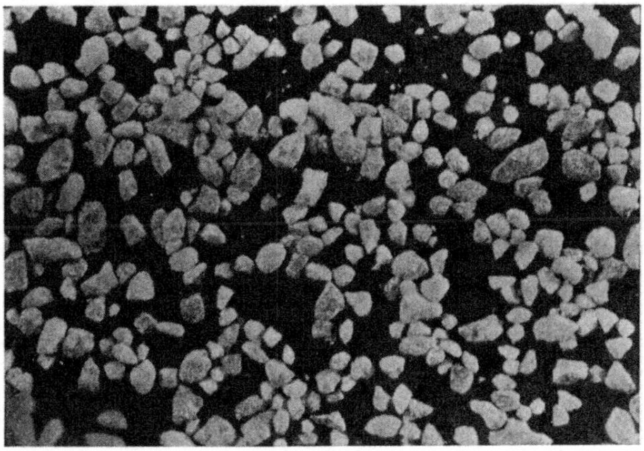

Abb. 614. Mikroskopische Aufnahme der Korngrößen zwischen 0,5 und 1 mm des Schüttmaterials für einen Staudamm.

erwartet werden müssen. Demgegenüber zeigt die Aufnahme der ausgesiebten Korngrößen zwischen 0,5 und 1,0 mm eines Sandes aus dem Alpengebiet, der für die Schüttung eines Staudamms in Aussicht genommen war, ein ganz anderes Bild (Abb. 614): Die ungleich scharfkantigere Ausbildung der Einzelkörner ist unschwer zu erkennen, ein Beweis für die Eignung des Sandes als Schüttgut. (Vgl. hierzu auch Abb. 5 und 6 im Kap. 1.211).

Die Betrachtung des Dünnschliffs ist Sache des Mineralogen. Sie gestattet die genaue Feststellung der einzelnen Minerale und ihrer Beschaffenheit im Boden, eine Frage, deren Beantwortung oft wichtig ist, da durch die Art des Tonminerals die bodenmechanischen Kennziffern der bindigen Böden stark beeinflußt werden (s. Kap. 1.411.38). Jedoch können die Tonmineralien in der Praxis wegen ihrer Kleinheit durch lichtoptische Verfahren kaum identifiziert werden. Die Untersuchung der Brechungsexponenten ist mühsam und langwierig. Vielleicht wird dies eines Tages durch die Phasenkontrastmikroskopie möglich sein (Schwiete 1958).

Fehler. Wegen ihrer geringen Größe ist die untersuchte Probe nur eine Stichprobe. Soweit es sich aber um eine einheitliche Schicht ungestörten Bodens handelt, sind die zu entnehmenden Schlüsse über Gefüge und Struktur trotz der geringen Ausdehnung der Probe durchaus für viele Eigenschaften der betreffenden Bodenart maßgebend.

Die quantitative Auswertung der mikroskopischen Untersuchung, die in einem Auszählen der verschiedenen Korngrößen besteht, ist nur auf den Umfang der

Probe beschränkt. Innerhalb dieses Umfangs kann diese Auszählung aber recht genau vorgenommen werden.

Die mikroskopische und mineralogische Bodenanalyse kann bei sorgfältiger Arbeit der Genauigkeit der chemischen Analyse nahekommen. Die Genauigkeit nimmt allerdings mit der Korngröße ab; bis zu 10 μ (annähernd die untere Grenze der Schlämmanalyse) ist sie recht groß und bis 5 μ zufriedenstellend. Dann wird sie immer geringer. Eine quantitative Untersuchung unter 2 μ ist nicht mehr möglich.

Verwendung. Die Untersuchungsergebnisse dienen zur Analyse der Böden in mineralogisch-chemischer Hinsicht, zur Kontrolle und Ergänzung der Ergebnisse der physikalischen und chemischen Untersuchungen und liefern die Grundlagen für die Aufstellung der Beziehungen zwischen Bodeneigenschaften, Mineralbestand, -größe und -form und dem Gefüge.

Beispiel. Bei der Gründung eines sehr schweren und setzungsempfindlichen Bauwerks tauchten Meinungsverschiedenheiten über die Gründungstiefe und die Gründungsart auf. Von einer Seite wurde vorgeschlagen, die Fundamente bis in die diluvialen Sande hinunterzuführen, die angeblich durch Kalk und Kieselsäure verkittet sein sollten und in der Tiefe, in der sie lagen, verhältnismäßig hoch belastet werden könnten. Von anderer Seite wurde geltend gemacht, daß die Untersuchung des diluvialen Sandes durch ungestört entnommene Bodenproben hinsichtlich der Lagerungsdichte keine nennenswert günstigeren Ergebnisse als die der darüberliegenden alluvialen Sandschicht geliefert hätte, so daß also die Hinabführung der Fundamente bis zum diluvialen Sand nicht als geeignetes Mittel angesehen werden könnte. Es wurde deshalb empfohlen, das Bauwerk in der alluvialen Sandschicht in einer sich aus Fundamentbreite und Belastung ergebenden Tiefe zu gründen und die darunterliegenden Zonen des alluvialen und diluvialen Sandes bis zu 20 m unter Gründungssohle zu verdichten. Gegen diesen Vorschlag wurde von der anderen Seite eingewandt, daß die Verkittung des diluvialen Sandes durch Kalk und Kieselsäure das Einrütteln unmöglich machen würde. Daraufhin wurde eine ungestörte Sandprobe mikroskopisch untersucht. Das Ergebnis (Abb. 4) zeigte, daß alle Körner vollständig lose, zum Teil labil nebeneinander lagen, nicht die geringste Verkittung zeigten und sich daher für eine Verdichtung durchaus eigneten.

Literatur

Grundsätzliche Angaben:

Weinschenck (1912): Anleitung zum Gebrauch des Polarisationsmikroskops. Freiburg.

Seemann (1914): Leitfaden der mineralogischen Bodenanalyse. Wien/Leipzig.

Steinriede (1921): Anleitung zur mineralogischen Bodenanalyse. Leipzig.

Correns (1935): Die Sedimente des äquatorialen Atlantischen Ozeans. 1. Lieferung, A: Die Verfahren der Gewinnung und Untersuchung der Sedimente. Wissenschaftliche Ergebnisse der deutschen Atlantikexpedition auf dem Forschungs- und Vermessungsschiff Meteor 1925–1927. Berlin. Bd. III.

Kubiena (1937): Verfahren zur Herstellung von Dünnschliffen von Böden in ungestörter Lagerung. Zeiss-Nachrichten, 2. Folge. Jena. H. 3, S. 81.

van Rinsum (1940): Verfahren zur Beurteilung des Bodens mit Hilfe von Dünnschliffen. Bautechnik 18, S. 286.

Kubiena (1941): Die Dünnschlifftechnik in der Bodenuntersuchung. Forschungsdienst 16, S. 91.

Schwiete (1958): Die Tonmineralien in Böden und ihre Bestimmung. Mitt. Inst. Verkehrswasserbau, Grundbau und Bodenmech. TH Aachen H. 18, S. 45.

Brewer (1964): Fabric and mineral analysis of soils. New York/London/Sidney.

Lanitz (1965): Anfärbemethoden zur Mineralunterscheidung. Wissensch. Ztschr. Hochschule f. Architektur u. Bauwesen Weimar 12, H. 1, S. 33.

Beispiele:

Hellmers/Udluft (1936): Versuch einer quantitativen mineralogischen Staubanalyse. Zeiss-Nachrichten, 2. Folge. Jena. H. 1, S. 1.

Correns (1938): Die Tone. Geol. Rdsch. 29, S. 201.

Köhler/Hellmers (1938): Bodenphysikalische und mineralogische Beschreibung eines Lößvorkommens aus dem Tal des Wardak in Afghanistan. Ztschr. prakt. Geol. 46, S. 210.

Hellmers/Köhler (1941): Chemische, mikroskopische und bodenphysikalische Untersuchungen zweier tropischer Bodentypen. Ztschr. prakt. Geol. 49, S. 6.
— (1944): Mechanische, mineralogische und chemische Untersuchung eines Savannenbodens aus Kamerun. Bodenkundliche Forschungen 8, S. 169.
Hellmers (1944): Die Böden des südlichen Tschadgebietes. Bodenkundliche Forschungen 8, S. 177.

1.422 Röntgenologische Untersuchung

Definition. Die röntgenologische Untersuchung schließt sich an die mikroskopische für Korngrößen unter 0,002 mm $= 2\mu$ an, wo die erstere versagt. Sie dient gleichfalls zur Bestimmung der Mineralien. Nur werden diese nicht mehr auf Grund ihrer optischen Eigenschaften, sondern nach ihrer verschiedenen Raumgitterstruktur, durch welche die Röntgenstrahlen abgebeugt werden, unterschieden. Das Verfahren ist auf Minerale beschränkt, die Raumgitter besitzen, d. h. auf Kristalle.

Gerät und Vorgang. Wegen der Feinheit der Kristallite (durch einheitliches Gitter ausgezeichnete Kristallindividuen) wird für die Aufnahmen ausschließlich Boden in Pulverform verwendet. Der Versuch für die Aufnahme der Raumgitterstruktur der Mineralien nach dem Verfahren von Debeye/Scherrer ist so angeordnet (Abb. 615), daß aus den Strahlen der Röntgenröhre durch eine Blende

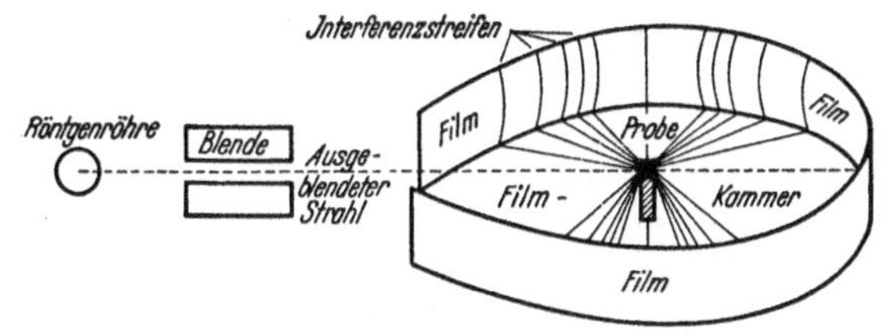

Abb. 615. Versuchsanordnung bei der röntgenologischen Untersuchung.

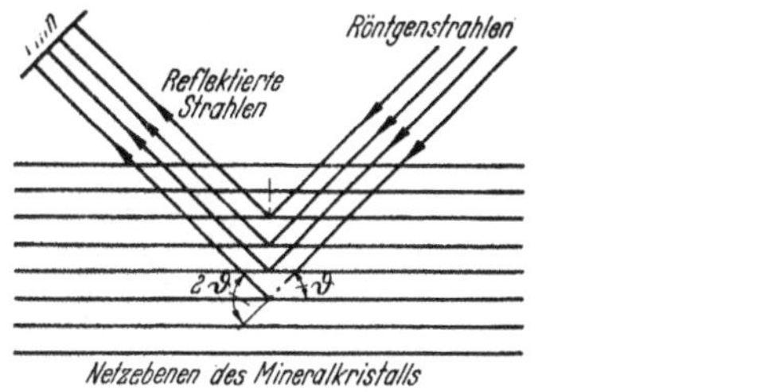

Abb. 616. Reflexion von Röntgenstrahlen an den Netzebenen eines Mineralkristalls.

ein Bündel herausgeschnitten wird, das auf die Probe, die in der Mitte einer kreisförmigen Kammer befestigt ist, auftrifft. Jeder Netzebenenschar eines Kristalls mit festem Abstand entspricht ein bestimmter, von der Wellenlänge der Röntgenstrahlen und dem Netzebenenabstand abhängender Ablenkungswinkel. Da die Probe als feines Kristallpulver, in dem die einzelnen Kristalle vollkommen ungeordnet zueinander liegen, in einem ungefähr 1 mm weiten Glasröhrchen untergebracht ist, nehmen die dem zu untersuchenden Mineral eigentümlichen Netzebenen auch solche Lagen ein, bei denen der richtige Reflexionswinkel für Röntgenstrahlen bestimmter Wellenlänge auftritt. Da ferner alle Netzebenen einer bestimmten Richtung parallel liegen und mit den einfallenden Röntgenstrahlen den gleichen Winkel einschließen, werden von dem Kristall Strahlen reflektiert, deren Abstand sich nach dem der Netzebenen richtet und deren Richtung um den doppelten Einfallwinkel von den durchlaufenden Strahlen abgelenkt wird (Abb. 616). Ihre Zahl ist von der Art der Röntgenstrahlen abhängig, da diese je nach ihrer Härte verschieden tief in das Mineral eindringen und nur eine bestimmte Menge von Netzebenen erfassen.

Die reflektierten Strahlen werden auf einem zylindrisch gekrümmten Filmstreifen fotografisch aufgenommen. Sie erscheinen dort als Punkte verschiedenen Abstands. Um möglichst viele, anders gelegene Netzebenen zu erfassen, wird die Probe um eine Achse in Richtung des Röntgenstrahls langsam gedreht. Hierbei entwickeln sich aus den Punkten Striche, die Interferenzstreifen. Außerdem werden weitere Netzebenen auf dem Film abgebildet (Abb. 615), da bei der Drehung der Probe immer mehr Netzebenen des angestrahlten Minerals reflektieren. Die volle Abbildung jeder Ebene wäre, wenn bei der Drehung der Probe die Möglichkeit zur Reflektion in allen Lagen vorhanden sein würde, ein Kreis. Parallele Netzebenen müßten also konzentrische Kreise liefern. Tatsächlich ergeben sich deutlich nur die beiden um je 180° gegeneinander versetzten Stellungen, die beim Drehen dem Zustand des genauen Reflexionswinkels entsprechen.

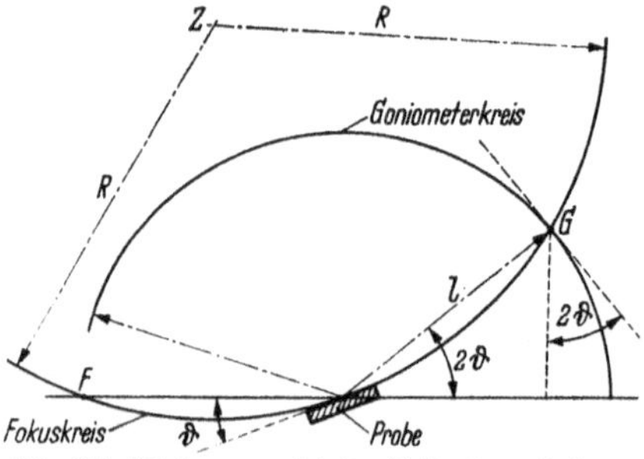

Abb. 617. Röntgenographische Methode nach dem Zählrohrverfahren zur Untersuchung polykristalliner Substanzen (SCHWIETE 1958).

An Stelle des Films tritt in neuerer Zeit ein GEIGER-MÜLLER-Zählrohr (Abb. 617), das sich um die Bodenprobe gleichmäßig dreht. Die Röntgeninterferenzen werden hierbei nacheinander aufgenommen. Die Anzeigen im Zählrohr werden automatisch registriert (Abb. 618).

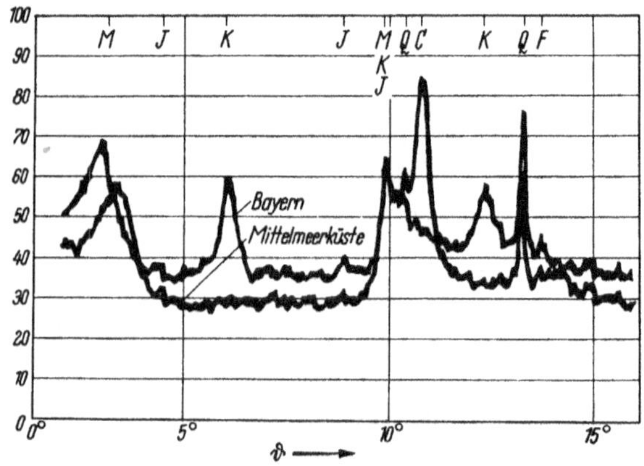

Abb. 618. Zählrohrdiagramm zweier Naturbentonite (SCHWIETE 1958).

Auswertung. Die Abstände der einzelnen Interferenzstreifen werden ausgemessen. Hiernach wird das Raumgitter des Kristalls konstruiert. Aus dem Raumgitter kann dann das Mineral selbst bestimmt werden. Man kann auch die Häufigkeit der Korngrößen zwischen 2μ und $0{,}1\mu$ angeben. Alle Berechnungen, besonders die quantitativer Art, sind aber außerordentlich schwierig. Nur auf Grund sorgfältigster Kenntnis der Einzelminerale ist es möglich, aus dem Liniengewirr, das sich bei gleichzeitiger Untersuchung mehrerer Minerale, d. h. bei der Durchleuchtung eines Mineralgemenges, zeigt, die einzelnen Minerale richtig anzusprechen und mengenmäßig einzuschätzen.

Die Diagramme des Zählrohrs werden nach der Gleichung von BRAGG ausgewertet:

$$n\lambda = 2d\sin\vartheta, \qquad (282)$$

n Ordnung der Beugungen,
λ Wellenlänge der Röntgenstrahlen,
d Netzebenenabstand,
ϑ Glanzwinkel aus der Aufnahme (Einfallwinkel).

Aus den mit dieser Gleichung berechneten Netzebenenabständen lassen sich die Kristallarten entnehmen.

Fehler. Die zahlenmäßige Genauigkeit der Untersuchung nach dem DEBEYE-SCHERRER-Verfahren ist sehr gering. Für Korngrößen von 2μ bis $0,1\mu$ erhält man

Tabelle 79. *Quantitative Bestimmung von Feldspat, Montmorillonit und Kaolinit in einem Vierstoffgemisch mit verschiedenen mineralogischen Verfahren* (*nach* SCHWIETE 1958)

Bearbeiter	Verfahren	Komponenten (%) Quarz	Illit	Feldspat	Mont-morillonit	Kaolinit
Zusammensetzung der künstlichen Mischung		5	—	8	11	76
Institut I D	Röntgen und Elektr.-Mikroskop.	5	—	5	12	78
Institut IIC	Röntgen(Zählrohr)	5	10	10	—	80
Institut III A	Röntgen(Zählrohr)	5	—	10	10	75
Institut IV M	Röntgen(Zählrohr)	7	—	7	6	80
Institut V W	Röntgen(Zählrohr)	5	—	—	5	85
Institut VI D	Dilatometer	5	—	5	10	80
Institut VII T	Dilatometer	5	—	—	5	90
Institut VIII C	Differential-	5–10	—	—	—	80
Institut IX M	Thermoanalyse	—	—	30	10	60
Institut X A	Entwässerung	8	—	10	12	70
Institut XI W	Mikroskopie	7	—	8	7	78

Tabelle 80. *Bestimmung des Mineralbestands eines Tons* (*nach* SCHWIETE 1958)

Bearbeiter	Verfahren	Komponenten (%) Kaolinit	Glimmer bzw. Illit	Mont-morillonit	Quarz	Feldspat
Institut I H	Röntgen (Film)	35	45	—	20	—
Institut II K	Röntgen, Mikroskop.	28	40	—	25	3–5
Institut III L	Röntgen (Zählrohr), Diff.-Thermo-analyse	~30	~20	~20	25–30	—
Institut IV R	Röntgen (Film), Entwässerung, Elektr.-Mikroskop, Mikroskop	~30	~30	—	25–35	—
Institut V S	Röntgen (Zählrohr)	25–30	30–35	—	20–25	<5
Institut VI T	Phasen-Kontrast	2	—	88	10	—
Institut VII L	Diff.-Thermo-	6–7	—	93	<1	—
Institut VIII S	analyse	20	—	18	4	—
Institut IX E	Dilatometer	—	30–40	40	20	?
Institut X H	Dilatometer	v*	v*	w**	w**	—
Institut XI S	Dilatometer	—	~30	~60	~10	—

* vorhanden.
** wahrscheinlich vorhanden.

Mengenangaben der einzelnen Mineralien, wie etwa 10 bis 30%, 30 bis 50%, über 50% usw. Sie wird noch dadurch beeinträchtigt, daß Mineralien ohne Raumgitter nicht mit erfaßt werden. Die Untersuchungsergebnisse sind also höchstens als „halbquantitativ" zu bezeichnen.

Beim Zählrohrverfahren ist die quantitative Ermittlung des Mineralbestands, zu welcher man die Intensitäten der Interferenzen benötigt, viel schwieriger als die qualitative. Die Intensitäten werden bei plättchen- und nadelförmigen Kristallen durch Orientierungseffekte, ferner durch Fehlordnungserscheinungen aller Art, durch das Vorhandensein verschiedener Mineralarten, die unterschiedlich abbeugen, und durch Wirkungen der Teilchengröße verfälscht. Sie können teilweise durch die Versuchstechnik ausgeschaltet werden (Beigabe von Korkmehl und Kunststoffkügelchen, Verwendung von Korngrößen unter 10 μ usw.).

Im Rahmen von Untersuchungsreihen des Tonmineralausschusses der Deutschen Keramischen Gesellschaft wurden von verschiedenen Instituten Mischungen untersucht, bei denen entsprechende Eichsubstanzen zur Verfügung standen (Tab. 79). In einem anderen Fall handelt es sich um einen nicht näher charakterisierten Ton (Tab. 80). Die röntgenologische Untersuchung gibt gute Auskünfte über den Mineralbestand (Tab. 79). Andere Verfahren erlauben eher eine Bestimmung der Mineralarten.

Größere Fehler treten auf, wenn man die Komponenten eines Tons nicht kennt (Tab. 80). Dieser Umstand ist deutlich aus Tab. 81 erkennbar (SCHWIETE 1958).

Tabelle 81. *Fehlerbetrachtung für die Mineralanalysen (Deutsche Keramische Gesellschaft 1958)*

a) bei Kenntnis der Komponenten

Mittlerer absoluter Fehler der Einzelmessung (in Gewichtsprozent)
In Klammern die Zahl der ausgewerteten Einzelbestimmungen

Verfahren	Kaolinit u. Fireclay	Halloysit	Glimmer	Mont-morillonit	Quarz	Feldspat
Röntgen	± 6,9 (48)	± 8,2 (13)	± 9,0 (14)	± 10,1 (22)	± 5,3 (50)	± 6,9 (24)
Diff.-Thermoanalyse	± 7,2 (27)	± 10,1 (7)	± 5,5 (9)	± 7,5 (13)*	± 6,1 (29)	± 12,3 (13)**
Dilatometer	± 11,4 (26)	± 9,3 (7)	± 14,5 (8)	± 13,7 (12)	± 7,0 (31)	± 7,8 (13)
Mikroskop	—	—	—	—	± 4,5 (9)	—
H_3PO_4-Aufschluß	—	—	—	—	± 0,9 (10)	—

* Hier betrug der Wert des systematischen Fehlers −8,2 (in Gewichtsprozent).
** Hier ist zu beachten, daß die Diff.-Thermoanalyse den Feldspat nicht direkt anzeigt und daß deswegen die Gewichtsprozente Feldspat aus der Differenz zu 100% ermittelt wurden.

b) ohne Kenntnis der Komponenten

Mittlerer absoluter Fehler der Einzelmessung (in Gewichtsprozent)
In Klammern die Zahl der ausgewerteten Einzelbestimmungen

Verfahren	Kaolinit und Fireclay	Glimmer	Quarz
Röntgen	± 7,8 (53)	± 5,5 (33)	± 5,3 (56)
Diff.-Thermoanalyse	± 9,2 (29)	± 16,3 (21)	± 12,1 (36)
Dilatometer	± 13,4 (15)	± 16,2 (14)	± 7,5 (28)
H_3PO_4-Aufschluß	—	—	± 1,2 (20)

Diese Fehlerbetrachtungen geben nicht die im Optimalfall erreichbare Genauigkeit der Verfahren wieder. Hier geht außer den Fehlern der Verfahren und dem Grad der Erfahrung der Bearbeiter noch die Schwankungsbreite der Minerale ein.

Die guten Ergebnisse der Mikroskopie müssen aber mit einem besonders hohen Zeitaufwand erkauft werden.

Literatur

ENDELL/HOFMANN/WILM (1934): Röntgenographische und kolloidchemische Untersuchungen über Tone. Ztschr. angew. Chemie 47, S. 539.

CORRENS (1938): Die Tone. Geol. Rdsch. 29, S. 201.

ENDELL/LOOS/BRETH (1939): Zusammenhang zwischen kolloidchemischen sowie bodenphysikalischen Kennziffern bindiger Böden und Frostwirkung. Forsch. Arb. Straßenwesen 16.

FÖRTSCH (1940): Quantitative Bestimmung der Mineralanteile in Tonen und Böden auf röntgenographischem Wege (vorläufige Mitteilung). Straße 7, S. 68.

HELLMERS (1943): Die verschiedenen Formen der Kieselsäure und ihre Bindung an Mineralien. Schriftenreihe Staub. Halle. H. 20, S. 5.

TREY/LEGAT (1954): Einführung in die Untersuchung der Kristallgitter mit Röntgenstrahlen. Wien.

SCHWIETE (1958): Die Tonmineralien in Böden und ihre Bestimmung. Mitt. Inst. Verkehrswasserbau, Grundbau und Bodenmech. TH Aachen H. 18, S. 45.

Deutsche Keramische Gesellschaft (1958): Vergleichende Prüfung der Verfahren zur quantitativen Mineralanalyse bei Tonen und Kaolinen. Fachausschußbericht 12 der Deutschen Keramischen Gesellschaft.

1.423 Kolloidchemische Untersuchung

Während bei echten Lösungen der gelöste Stoff in der Form von Einzelmolekülen in der lösenden Flüssigkeit schwimmt, ballen sich bei einer kolloidalen Lösung die Moleküle zu Klümpchen zusammen. Kolloide besitzen eine Feinheit des Korns, die in der Nähe der Größe der einzelnen Moleküle liegen kann, und weisen mitunter eine Raumgitterstruktur auf. Diese kann aber auch fehlen. Dann versagt das röntgenologische Untersuchungsverfahren, und die kolloidchemische Bodenuntersuchung muß an dessen Stelle treten. Sie findet auf Substanzen mit und ohne Raumgitterstruktur Anwendung, etwa von einer Teilchengröße von $2\,\mu$ ab bis zur Größe der Moleküle. Auf den Vorgang der Untersuchungen, die nach rein chemischen Gesichtspunkten und Richtlinien ausgeführt werden kann, braucht hier nicht eingegangen zu werden (HAGER 1937).

Die Untersuchungen dienen zur Ergänzung der durch die mikroskopischen, röntgenologischen und elektronenmikroskopischen Untersuchungen gefundenen Ergebnisse. Sie machen in erster Linie die Austauschreaktionen (Ersetzen bestimmter Basen, z. B. Ca gegen andere, z. B. K, beim Einwirken bestimmter Lösungen) verständlich, die für viele Fragen des Wasserhaushalts und der Verwitterung der Tone von Bedeutung sind. Auch dienen sie zur Klassifizierung der verschiedenen Tonböden.

Literatur

ENDELL/HOFMANN/WILM (1934): Röntgenographische und kolloidchemische Untersuchungen über Tone. Ztschr. angew. Chemie 47, S. 539.

HELLMERS/KÖHLER (1935): Die Bestimmung von Tonerde- und Kieselsäuregel im Boden auf optischem Wege. Mitt. Laboratorien Preuß. Geolog. Landesanstalt Berlin H. 21, S. 22.

HAGER (1937): Die Kolloidbestandteile des Bodens und die Methoden ihrer Erkennung. In: BLANCK: Handbuch der Bodenlehre. Berlin. Bd. VII.

1.424 Elektronenmikroskopische Untersuchung

Definition. Mit dem *Elektronenmikroskop* kann das Feinkorn bis zu 1:60000 vergrößert werden. Die Untersuchung erstreckt sich, wie auch das röntgenologische Verfahren, nicht mehr auf den Boden als Ganzes, sondern lediglich auf die Form und den Aufbau der einzelnen Kristalle. Sie dringt bis in die letzten Feinheiten der Kristallstruktur ein. Die Korngröße, bis zu der das Verfahren anwendbar ist, reicht bis zur Größenordnung von 2 $m\mu$.

Gerät und Vorgang. Beim Elektronenmikroskop wird der Gegenstand nicht durch Lichtstrahlen, sondern durch Elektronenstrahlen, die eine wesentlich kleinere Wellenlänge haben, abgebildet. Wie schon bei der mikroskopisch-mineralogischen Untersuchung erwähnt wurde, hört die Brauchbarkeit des Lichtmikroskops bei etwa 2 μ auf, weil das Licht nur Gegenstände, die nicht kleiner als die Wellenlänge des Lichts sind, abbilden kann. Verwendet man kleinere Wellenlängen als das sichtbare Licht, so kann man auch kleinere Teilchen erkennen. Die optischen Linsen des Lichtmikroskops sind deshalb durch magnetische oder elektrische ersetzt, durch die an Stelle der Lichtstrahlen die Elektronenstrahlen gesammelt oder zerstreut werden.

Die Probe wird ähnlich wie unter dem gewöhnlichen Mikroskop untersucht, indem sie auf einen Objektträger unter das Mikroskop gebracht wird. Sie muß aber in einen luftleeren Raum geschleust werden (v. ARDENNE 1940). Da das Auge für Strahlen mit kürzerer Wellenlänge als die der Lichtstrahlen unempfindlich ist, muß man den zu betrachtenden Gegenstand fotografieren.

Auswertung. Aus den fotografischen Aufnahmen (Abb. 619) lassen sich die Abmessungen der einzelnen Mineralien unmittelbar bestimmen und ihre Gestalt

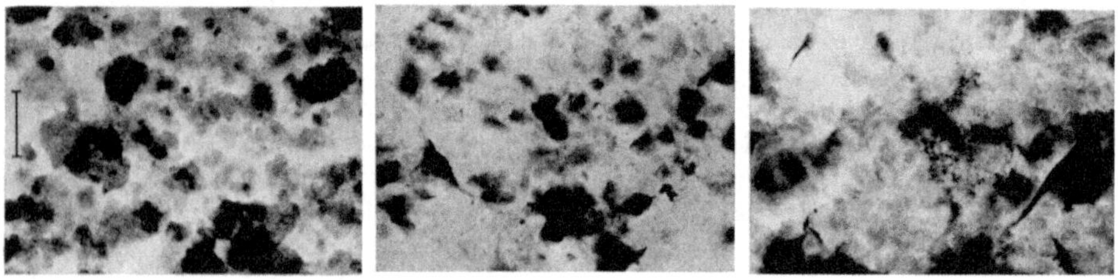

a b c

Abb. 619a—c. Elektronenmikroskopische Aufnahme dreier Tone (RADCZEWSKI, TH. Aachen).
a) Ton, trocken präpariert; b) deutscher Bentonit, in einer Lösung von NH_3 gelöst; c) amerikanischer Bentonit, in einer Lösung von NH_3 gelöst.

durch zahlenmäßige Angabe der Achsenmaße in den verschiedenen Richtungen festlegen. Die Auswertung dient zu einer Erweiterung der Mineralbestimmung bei sehr kleinen Korngrößen, die mit den übrigen Verfahren nicht erfaßt werden können.

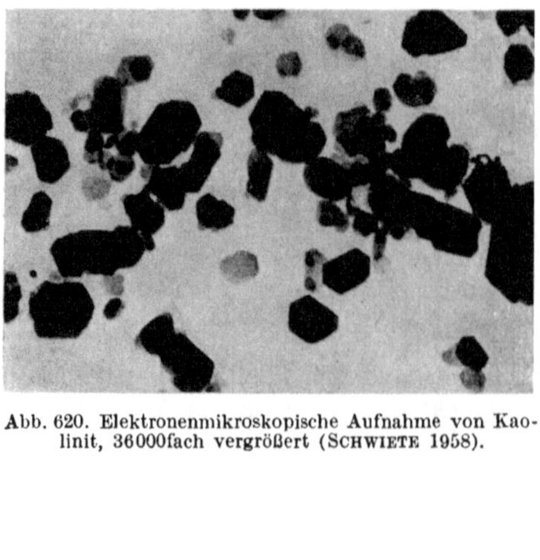

Abb. 620. Elektronenmikroskopische Aufnahme von Kaolinit, 36000fach vergrößert (SCHWIETE 1958).

Im Hinblick auf die für die Baugrundlehre besonders wichtigen Tonminerale Kaolinit und Montmorillonit haben die Untersuchungen ergeben, daß es heute möglich ist, deren Größe durch Längenangaben angenähert zu beschreiben. Insbesondere der Kaolinit läßt sich infolge seiner pseudo-hexagonalen Form gut erkennen (Abb. 620). Die Bestimmung seiner Größe ist durch eine Mittelbildung aus mehreren Aufnahmen möglich. Ganz sichere Merkmale für den Montmorillonit und Illit gibt es allerdings noch nicht. Immerhin sind die feinsten Bestandteile des Tons in den Bereich des Meßbaren gerückt. Für Kaolinit und Montmorillonit kann von den folgenden Werten in Ångström-Einheiten ($= 1 \cdot 10^{-8}$ cm) ausgegangen werden:

	Länge	Breite	Dicke
Kaolinit	1000–50000	1000–50000	200
Montmorillonit	1000– 6000	1000– 6000	10–20

Fehler. Die Genauigkeit entspricht bei guten fotografischen Aufnahmen ungefähr der des lichtmikroskopischen Verfahrens. Sie ist höher als bei der röntgenologischen Untersuchung.

Literatur

EITEL/MÜLLER/RADCZEWSKI (1939/40): Über mikroskopische Untersuchungen an Tonmineralien. Ber. Dtsch. Keram. Ges. 20, S. 166 und Naturwiss. 28, S. 303.

v. ARDENNE (1940): Elektronen-Übermikroskopie. Berlin.

—/ENDELL/HOFMANN (1940): Untersuchungen feinster Fraktionen von Betoniten und Tonböden mit dem Universal-Elektronen-Mikroskop. Berichte Dtsch. Keram. Ges. 21, S. 209.

JACOB/LOOFMANN (1940): Untersuchungen mit dem Elektronen-Mikroskop an einheitlich zusammengesetzten Bodenmineralien $< 2\,\mu$. Bodenkunde u. Pflanzenernährung 21/22, S. 666.

BORRIES (1941): Die Übermikroskopie. Stahl u. Eisen 61, S. 725.

ENDELL (1941): Über die Bedeutung des Elektronen-Mikroskops für den Feinstbau von Tonen. Keram. Rdsch. S. 23, und Tonindustrie-Ztschr., S. 69.

LAMBE (1957): The structure of inorganic soil. Proc. Am. Soc. Civ. Eng. 79, Nr. 315.

SCHWIETE (1958): Die Tonmineralien in Böden und ihre Bestimmung. Mitt. Inst. Verkehrswasserbau, Grundbau u. Bodenmech. TH Aachen H. 18, S. 45.

1.425 Thermochemische Untersuchung

Definition. Die Wärmetönungen, welche beim Erhitzen der Bodenprobe frei oder verbraucht werden, werden durch die Differential-Thermoanalyse oder durch die von SCHWIETE/ZIEGLER (1958) modifizierte dynamische Differenzkalorimetrie gemessen.

Gerät und Vorgang. Bei der Differential-Thermoanalyse (Abb. 621b) wird die Temperatur der Proben exakt im Substanzenzentrum gemessen. Bei der dynamischen Differenzkalorimetrie (Abb. 621a), die vorzuziehen ist, werden die zu untersuchende Bodenprobe und eine Vergleichsprobe in einem gut leitenden Werkstoff, wie z. B. Nickel, untergebracht. Die Temperatur wird beim stetigen Aufheizen kalorimetrisch gemessen (Abb. 621), wobei der Wärmestrom über den Hilfskörper zugeführt wird (SCHWIETE 1958).

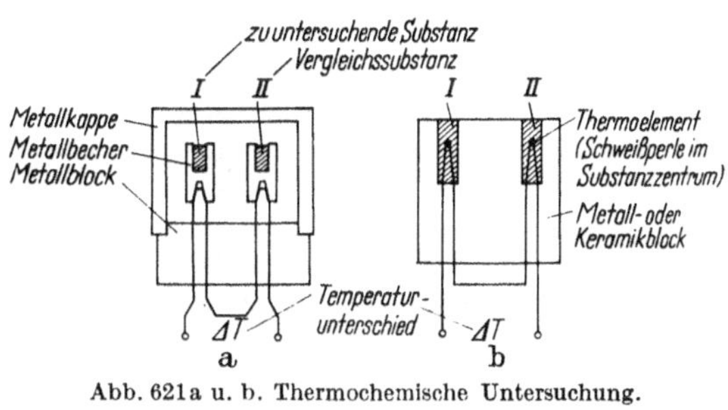

Abb. 621a u. b. Thermochemische Untersuchung. a) Anordnung für die dynamische Differenzkalorimetrie; b) Anordnung für die Differential-Thermoanalyse (SCHWIETE 1958).

Auswertung. Bei den thermischen Zersetzungskurven (Abb. 622) der dynamischen Differenzkalorimetrie ergeben die einzelnen Tonmineralien kennzeichnende Wirkungen, nach denen sie sich auch bei Vorkommen mehrerer Mineralien im Ton identifizieren lassen. Das Verfahren der Differential-Thermoanalyse liefert Kurven (Abb. 623), die sich für die einzelnen Mineralien dadurch unterscheiden, daß die endothermen Wirkungen bei verschiedenen Temperaturen liegen.

Fehler. Die mit der Differential-Thermoanalyse gewonnenen Ergebnisse hängen von der Größe der Einwaage ab, sind also nicht allgemeingültig übertragbar. Das liegt am Verfahren, insbesondere an der Ausbildung des Reaktionskopfes.

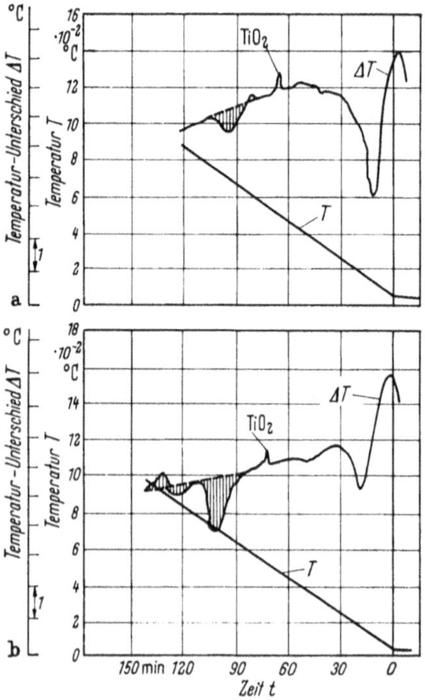

Abb. 622a u. b. Thermische Zersetzung der Bentonite nach der Methode der dynamischen Differenzkalorimetrie. a) Natürlicher Ca-Montmorillonit von Milos; b) natürlicher Na-Montmorillonit von Wyoming (SCHWIETE 1958).

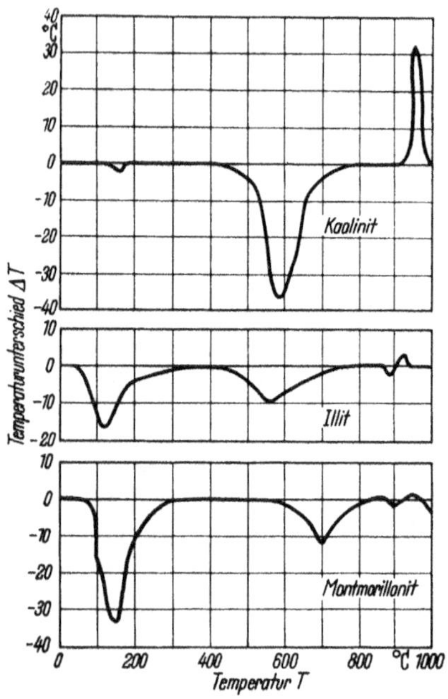

Abb. 623. Differential-Erhitzungskurven von Tonmineralien (ROBERTS 1945).

Die übertragene Wärmemenge hängt von der Wärmeleitfähigkeit der Umgebung, der Wärmeübergangszahl zwischen Umgebung und Probe, der Porosität, der spezifischen Wärme und dem Sinterungsvermögen der Probe ab (SCHWIETE 1958).

Dagegen liegt die Fehlergrenze für die qualitative Bestimmung bei der dynamischen Differenzkalorimetrie bei $\pm 5\%$. Quantitative Ergebnisse sind nur mit gewissen Vorbehalten erreichbar, weil sie von der recht schwierigen Wahl der Eichsubstanz abhängen, die einen großen Einfluß auf die Genauigkeit besitzt.

Literatur

ROBERTS (1945): The constitution of refractory clays. Trans. British Ceramic Soc. 44, S. 82.

SCHWIETE (1958): Die Tonmineralien in Böden und ihre Bestimmung. Mitt. Inst. Verkehrswasserbau, Grundbau u. Bodenmech. TH Aachen H. 18, S. 45.

SCHWIETE/ZIEGLER (1958): Grundlagen und Anwendungsbereich der dynamischen Differenzkaliometrie. Berichte Dtsch. Keram. Ges. 35, S. 193.

2. Untersuchungen am fertigen Bauwerk

Die Messungen und Beobachtungen am fertigen Bauwerk erfüllen nicht nur die Aufgabe, die Richtigkeit der Baugrunduntersuchungen im Gelände oder im Laboratorium zu überprüfen, sondern ermöglichen es auch, die Zulässigkeit der Annahmen und Theorien, die zur Berechnung der Bauwerke benutzt wurden, zu beurteilen. Sie umfassen in erster Linie die Messung der Formänderungen des Bauwerks, denn diese lassen sich am leichtesten bewerkstelligen. Stärkere Setzungen und Risse hat man schon von jeher beobachtet. Die Entwicklung der neuzeitlichen Meßgeräte erlaubt aber auch die Feststellung von äußerst kleinen, mit dem Auge nicht wahrnehmbaren Deformationen. Gerade aus ihnen erhält man einen Eindruck von den wirklichen Vorgängen, da man hierbei das Kräftespiel *vor* dem Bruch des Materials kennenlernt (Thomas 1955).

Über die Formänderungsmessungen hinaus ist man heute auch in der Lage, die Größe der auf das Bauwerk einwirkenden Kräfte, die durch den Boden oder das Wasser hervorgerufen werden, zu erfassen (Ward 1955). Außerdem können Spannungen und Schwingungen gemessen werden. Zu dem Untersuchungsbereich gehört auch die Feststellung der durch das Bauwerk hervorgerufenen Veränderungen im Grundwasser, die aber des Zusammenhangs wegen bereits im Kap. 1.33 behandelt worden sind.

Die Frage, wann und in welchem Umfange am Bauwerk gemessen werden soll, läßt sich nicht allgemein beantworten (Mittelmann 1958). So sind z. B. Nachprüfungen von Verdichtungen bei Erdbauten, Beobachtungen von Setzungen und Rissen und das Verfolgen der Grundwasserstände überaus häufig und gehören fast schon zu den Maßnahmen, die als selbstverständlich angesehen werden. Auch Messungen des Auftriebs und das Augenmerk, das man auf Undichtigkeiten richtet, entsprechen einem praktischen Bedürfnis und werden daher in steigendem Maße angewandt. Weniger häufig sind wegen der kurzen Zeit, während der sie auftreten, Messungen der waagerechten Bewegungen der Bauwerke, der Bodendrücke, der Spannungen in den einzelnen Bauwerksteilen, der Erschütterungen, der Grundwasserströmung und der Korrosion. Die für die Messung von Kräften, Spannungen und Erschütterungen in den letzten zwei Jahrzehnten entwickelten Geräte und Verfahren sind so zahlreich und verschieden, daß ihre Behandlung im Rahmen dieses Buches nicht mehr möglich ist.

Während es im letzten Jahrzehnt gelungen ist, das Vorurteil zu beseitigen, daß Voruntersuchungen unnötige Ausgaben bedeuten, besteht gegen Messungen am fertigen Bauwerk, die über das bisher übliche Maß hinausgehen, aus Furcht vor den etwa damit verbundenen Kosten und vor etwaigen Schwierigkeiten, die durch die Feststellung unwillkommener Erscheinungen hervorgerufen werden könnten, immer noch eine gewisse Abneigung. Es ist aber anzunehmen, daß diese Einstellung im Laufe der Zeit schwinden wird und daß sich die Erkenntnisse über die Auswertung solcher Messungen und damit über ihren Nutzen allgemein durchsetzen werden (Goldstein 1955).

Wie vor Baubeginn können sich auch am fertigen Bauwerk die Untersuchungen auf den Baugrund und auf das Grundwasser erstrecken. Bei den ersteren scheidet man zweckmäßigerweise die Bauten aus Erde, wie Dämme, Deiche und Einschnitte, von denen aus Mauerwerk, Beton, Holz oder Stahl.

Literatur

GOLDSTEIN (1955): Site strain measurements: some philosophical aspects. Proc. Conf. Correlation between Calculated and Observed Stresses and Displacements in Structures. London. Einleitender Band, S. 21.

WARD (1955): Techniques for field measurements of deformation and earth pressure. Proc. Conf. Correlation between Calculated and Observed Stresses and Displacements in Structures. London. Einleitender Band, S. 28.

THOMAS (1955): Some factors in the field testing of structures. Proc. Conf. Correlation between Calculated and Observed Stresses and Displacements in Structures. London. Einleitender Band, S. 9.

MITTELMANN (1958): Warum Messungen an Bauwerken? Bauingenieur 33, S. 196 u. 236.

LEONARDS (1962): Foundation engineering. New York/London.

2.1 Beobachtungen und Messungen an Bauten aus Erde

Die Messungen an Bauten aus Erde erstrecken sich in erster Linie auf Dämme und deren Untergrund. Besondere Verfahren sind für Einschnittsböschungen, Schutthänge und waagerechte Bodenflächen (z. B. Kippen und Spülfelder) entwickelt worden. Das Verhalten der Dämme wird deshalb in besonders großem Umfang beobachtet, weil die Verdichtung des Schüttbodens, die durch die heutigen Verfahren sehr vervollkommnet worden ist, überprüft werden muß. Da das Sackmaß vor allem dann künstlich verringert wird, wenn die Schüttung einen Dichtungskörper oder eine Straßendecke trägt, befassen sich die Beobachtungen in erster Linie mit Stau- und Straßendämmen. Die Meßverfahren sind aber bei Eisenbahn- und Kanaldämmen sowie Deichen die gleichen. Außer der Verdichtung *während* des Baus müssen oft auch die *nach* der Fertigstellung eintretenden Setzungen sowie etwaige waagerechte Bewegungen beobachtet werden. Bei Schüttungen, die durch Verkehr oder andere Schwingungen beansprucht werden, ist ferner deren Wirkung durch Messungen zu untersuchen. Ebenso wichtig ist die Beobachtung von Dämmen bei dem Anschluß an Kunstbauten. Hier muß das Verhalten der Schüttung und des darunterliegenden Baugrundes getrennt voneinander verfolgt werden.

2.11 Nachprüfung der Verdichtung

Geschüttete Dämme werden durch Maßnahmen verdichtet, unter denen die Auswahl infolge der Vielfältigkeit der neuzeitlichen Baumaschinen verhältnismäßig groß ist. Deswegen hat die Prüfung der Wirkung der verschiedenen Geräte eine besondere Bedeutung erlangt. Es handelt sich also oft nicht nur um die Feststellung, ob der Damm die gewünschte Dichte erreicht hat, sondern auch um Vergleiche der Wirksamkeit verschiedener Maschinen bei der gleichen Bodenart.

Bei der Nachprüfung der Verdichtung lassen sich im wesentlichen fünf Verfahren unterscheiden: Die Entnahme und Untersuchung von Bodenproben, die Verwendung von Druck- oder Rammsonden, die Messung mit Isotopensonden, das Schichtennivellement und die Durchführung von Belastungsversuchen. Dazu kommt die im Kap. 2.12 beschriebene Messung der Setzungen. Bei großen Erdarbeiten wird die mittlere Verdichtung außerdem durch einen Vergleich der Aushubmassen mit den daraus hergestellten Aufträgen festgestellt.

Die Verdichtung einer Schüttung auf mechanischem Wege hängt u. a. von der Anzahl der Übergänge der Maschinen und der Schütthöhe ab. Um die letztere veränderlich zu halten, wird bei umfangreichen Bauvorhaben manchmal auch eine

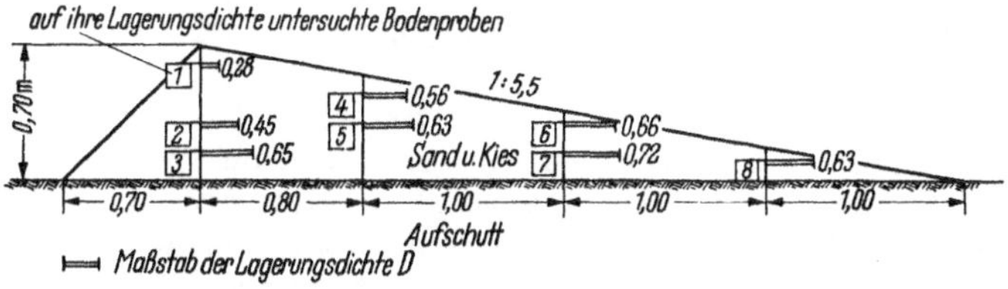

Abb. 624. Versuchsrampe zur Bestimmung der günstigsten Schütthöhe und der günstigsten Anzahl der Übergänge.

Rampe unter einer genügend flachen Neigung bis zu der höchsten in Frage kommenden Schichthöhe geschüttet und mehrere Male befahren (Abb. 624). Die Verdichtung kann dann an verschiedenen Stellen zu verschiedenen Zeitpunkten überprüft werden. Man erhält so die günstigsten Höhen und die günstigste Anzahl der Übergänge.

2.111 Probenentnahme

Definition. Vor und nach der Verdichtung werden aus dem Boden entweder ungestörte oder gestörte Proben entnommen. Im letzteren Fall wird das Volumen des Entnahmelochs gemessen. Aus dem Vergleich des Hohlraumgehalts der Proben mit den Hohlraumgehalten bei dichtester und lockerster Lagerung (s. Kap. 1.411.22) oder mit dem Trockenraumgewicht einer für Verdichtungszwecke festgelegten Vergleichsdichte (Proctor-Dichte, s. Kap. 1.411.34) erhält man ein Maß für die erreichte Verdichtung.

Vorgang. Die Bodenproben werden beim Herstellen der Schüttung aus dem Damm oder aus dem Planum der Baugrube oder aus Schürfgruben nach Möglichkeit ungestört entnommen (s. Kap. 1.321.42). Ist dies wegen vorhandener Grobanteile im Boden nicht möglich, so muß die Nachprüfung durch gestörte Entnahmen und Anwendung des Sanduhrzylinders, des Densitometers oder von Gipsabgüssen erfolgen (s. Kap. 1.322.6).

Bei nichtbindigen Böden stellt man nicht nur das Porenvolumen n, die Porenziffer ε oder das Trockenraumgewicht γ_t *vor* und *nach* der Verdichtung fest (s. Kap. 1.411.21 und 1.411.23), sondern auch die entsprechenden Werte für die überhaupt mögliche lockerste und dichteste Lagerung (s. Kap. 1.411.22).

Bei bindigen Böden kann man an deren Stelle das Porenvolumen n_w, d. h. das auf das Gesamtvolumen bezogene Volumen des im Boden enthaltenen Wassers [Abb. 395 und Gl. (139)] bestimmen. Aufschlußreicher, allerdings auch aufwendiger, ist die allgemein übliche Feststellung der einfachen oder verbesserten Proctor-Dichte (s. Kap. 1.411.34). Im Straßenbau ist dieses Verfahren durch die ZTVE-StB im Jahre 1959 (neue Ausgabe 1965) aus Einheitlichkeitsgründen für alle, d. h. für die bindigen und nichtbindigen, Böden eingeführt worden. Im Grundbau ist zur Beurteilung der Lagerungsverhältnisse nichtbindiger Bodenaufschüttungen dagegen das Verfahren, mit Hilfe der Porenvolumen n, n_0 und n_d die Lagerungsdichte D zu bestimmen, nach wie vor üblich; sie ist hier wegen ihrer einfacheren Versuchsdurchführung und da der Wassergehalt bei der Verdichtung nichtbindiger Böden auch nicht die Bedeutung wie bei der Verdichtung der bindigen Böden besitzt, auch angebrachter als der Proctor-Versuch.

Meßgrößen. Bei der Durchführung von PROCTOR-Versuchen arbeitet man meist mit den Trockenraumgewichten γ_t und erhält aus den Untersuchungen die Werte $\gamma_{t\,max}$, γ_{t_1} (*vor*) und γ_{t_2} (*nach* der Verdichtung). Bei der Ermittlung der lockersten und dichtesten Lagerung nichtbindiger Böden bevorzugt man die Rechnung mit den Porenvolumen n und erhält die Werte n, n_0 und n_d (n jeweils für den unverdichteten und für den verdichteten Boden). Ebenso erhält man bei bindigen Böden die Werte n und n_w (beide jeweils für den unverdichteten und den verdichteten Boden), wenn man auf die Durchführung von PROCTOR-Versuchen verzichtet.

Kennziffern. Die Ausgangsdichte des zu verdichtenden Materials und die erreichte Verdichtung wird im Straßenbau seit 1959 einheitlich auf die einfache PROCTOR-Dichte bezogen und in % angegeben. Das gemessene Trockenraumgewicht wird also mit einem festgelegten Einheitstrockengewicht verglichen und festgestellt, wie weit es den geforderten Prozentzahlen dieses Vergleichswerts entspricht, die je nach der Bedeutung der zu verdichtenden Schicht in verschiedener Höhe festgelegt sind (92 bis 103%). Näheres hierüber siehe Kap. 1.411.34, Abschn. „Verwendung".

Ebenso lassen sich die bisweilen geforderten Dichtewerte, die etwa um -3 bis $+2\%$ vom optimalen Wassergehalt der einfachen PROCTOR-Kurve abweichen dürfen, durch Probenentnahmen kontrollieren.

Bei nichtbindigem Boden berechnet man aus n, n_0 und n_d nach Gl. (141) die Lagerungsdichte D. Je nachdem, ob n_1 oder n_2 für n eingesetzt wird, erhält man D_1 für die unverdichtete oder D_2 für die verdichtete Lagerung. Die erzielte Verdichtung kann durch das „*Verdichtungsmaß* D_3" ausgedrückt werden:

$$D_3 = \frac{D_2 - D_1}{1 - D_1}, \tag{283}$$

$$= \frac{n_1 - n_2}{n_1 - n_d}. \tag{283a}$$

D_3 gibt an, um wieviel die Lagerungsdichte infolge der Bearbeitung der Schüttung gestiegen ist, wenn man die Veränderung ΔD auf den lockeren Boden bezieht. Dieser kann von D_1 auf 1 verdichtet werden. Die Differenz, die im Nenner steht, ist also theoretisch das Maß, um das die Lagerungsdichte im günstigsten Fall zunehmen kann. Der Zähler gibt an, um wieviel die Lagerungsdichte tatsächlich zugenommen hat. $D_3 = 0$ bedeutet also, daß überhaupt nicht und $D_3 = 1$, daß vollkommen, d. h. bis zu der im Laboratorium bei intensivem Einrütteln und gleichzeitigem Einschlämmen erreichbaren dichtesten Lagerung, verdichtet worden ist. In der Ziffer D_3 ist auch berücksichtigt, daß es schwieriger ist, von 0,7 auf 0,8 als von 0,1 auf 0,2 zu verdichten. Dieser Unterschied würde nicht zum Ausdruck kommen, wenn man für D_3 nicht das oben angegebene Verhältnis, sondern — wie es bisweilen auch üblich ist — nur die Differenz $D_2 - D_1$ einführen würde.

Bei bindigem Boden bestimmt man aus der Differenz $n - n_w$ das Porenteilvolumen n_l der im Boden enthaltenen Luft [unter Benutzung von Gl. (133), (139) und (154)]:

$$n_l = 100 - \frac{100}{V}\left[G_f - G_t\left(1 - \frac{1}{\gamma_s}\right)\right] \qquad (\%). \tag{284}$$

Aus den vor und nach der Verdichtung entnommenen Proben erhält man die Werte n_{l_1} und n_{l_2}.

Der Wassergehalt w_n und damit das Porenvolumen des Wassers n_w werden durch die Verdichtung bei schwer durchlässigem Boden kaum verringert. Daher kann man bei Nachprüfungen als kompakteste Lagerung eines bindigen Bodens den Zustand betrachten, wo $n_l = 0$ ist. Das entspricht auch dem Umstand, daß im PROCTOR-Versuch der rechte Ast der PROCTOR-Kurven die Sättigungslinie nur asymptotisch erreicht (vgl. z. B. Abb. 433). Auf dieser Überlegung gründet sich das „*Verdichtungsmaß* D_3'“:

$$D_3' = \frac{n_{l1} - n_{l2}}{n_{l1}}. \tag{285}$$

Dieses Maß entspricht Gl. (283a), wenn man berücksichtigt, daß $n_{ld} = 0$ ist.

Solange der Wassergehalt w_n oder das Porenvolumen des Wassers n_w bei der Verdichtung konstant bleiben, darf man an Stelle des Porenvolumens n von dem Luftvolumen n_l ausgehen, da ja in diesem Fall nur das letztere herabgesetzt werden kann. Da die Verdichtung aber streng genommen nicht immer nur den mit Luft ausgefüllten Porenraum, sondern oft auch — wenn auch nur in geringerem Maße — den Wassergehalt vermindert, reicht Gl. (285) nur dann aus, wenn die Wassergehaltsänderungen sehr klein sind. Das ist bei schwer wasserdurchlässigen Böden der Fall. Sonst ist der Ansatz:

$$D_3'' = \frac{n_{l1} - (n_{l2} + n_{w1} - n_{w2})}{n_{l1}} \tag{286}$$

genauer.

Auftragungen. Bei der Untersuchung der Verdichtung handelt es sich bisweilen auch darum, ihre Tiefenwirkung festzustellen. Aus diesem Grunde werden die Werte D_3, D_3' oder D_3'' waagerecht neben der Tiefe, aus der die Bodenprobe entnommen worden ist, aufgetragen (Abb. 625). Man erhält Kurven, die die Veränderung der Verdichtung mit zunehmender Tiefe darstellen. Wenn es sich hierbei um mehrere Schichten handelt, die lagenweise eingebracht und jede für sich verdichtet wurden, brechen die Kurven mit der Schichtoberkante ab (Abb. 626). Sollen mehrere Geräte miteinander verglichen werden, trägt man die Kurven, die für verschiedene Tiefen der gleichen Schüttung, also bei gleichem Untergrund, gewonnen wurden, in dasselbe Koordinatensystem ein und erhält so eine rasche Übersicht über die Oberflächen- und Tiefenwirkung.

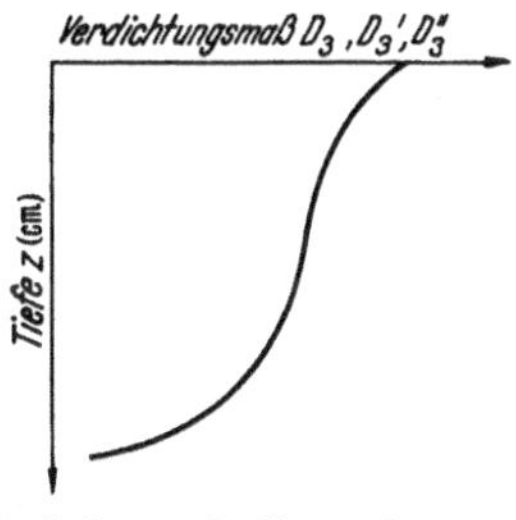

Abb. 625. Veränderung des Verdichtungsmaßes mit der Tiefe.

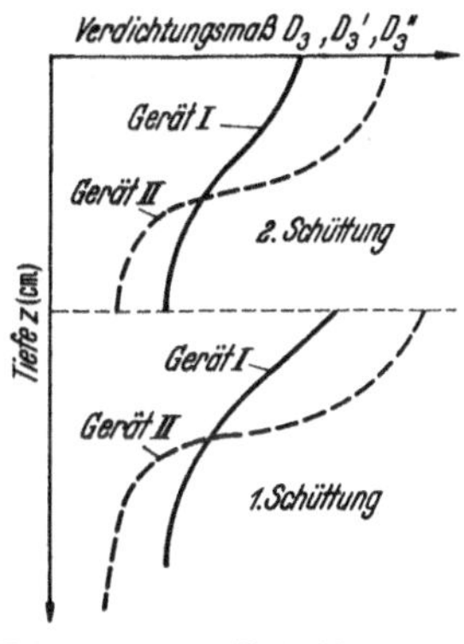

Abb. 626. Veränderung des Verdichtungsmaßes mit der Tiefe bei lagenweiser Schüttung.

Zahlenwerte. Bei gleichförmigen nichtbindigen Böden und Verwendung der für die Verdichtung von Dammschüttungen üblichen Geräte bewegen sich die Werte D_3 etwa zwischen 0 und 0,7. Sie hängen in erster Linie von der Tiefe unter der Arbeitsebene ab. Die Verdichtung von 0,7 wurde bei schweren Rüttelgeräten und Delmag-Fröschen beobachtet, während Walzen und leichtere Geräte im allgemeinen niedrigere Werte zur Folge haben. In ungleichförmigen nichtbindigen

Böden mit höherer Verdichtungsfähigkeit (S. 371) ergeben sich größere D_3-Werte. Wesentlich über 0,7 hinaus gehen auch Verdichtungen des Bodens durch das Rütteldruckverfahren, das jedoch für einen anderen Zweck – der Verdichtung gewachsenen Bodens bis in größere Tiefen – als die üblichen Verdichtungsgeräte angewendet wird. Hier werden D_3-Werte von 1 erreicht.

Bei bindigen Böden und Verwendung von Walzen hat man in den oberen Schichten D_3'- oder D_3''-Werte bis 1 beobachtet. Das bedeutet, daß der Luftraum des Bodens bis auf ungefähr 0 heruntergeht. Über dieses Maß hinaus ist eine Verdichtung nur noch durch Auspressen des Porenwassers möglich, wofür alle nur kurze Zeit auf den Boden einwirkenden Geräte nicht tauglich sind.

Fehler. Die Untersuchung ist ebenso genau wie die Bestimmung der Lagerungsdichte in nichtbindigen bzw. des Porenvolumens und des Wassergehalts in bindigen Böden. Die Tiefenauftragungen der Verdichtungskurven zeigen infolge der Empfindlichkeit von D gegenüber Schwankungen von n (S. 374) bisweilen erhebliche Streuungen. Die Untersuchung einer größeren Zahl von Proben ermöglicht es aber, ohne beträchtliche Abweichungen durch die gemessenen Punkte kontinuierliche Kurven zu legen, so daß die Ergebnisse die Unterschiede zwischen der Wirkung der einzelnen Verdichtungsverfahren gut wiedergeben.

Verwendung. Die Nachprüfung der Verdichtung wird, abgesehen von dem unmittelbaren Zweck, in bestimmten Fällen die erreichte Verbesserung des Bodens auszudrücken, hauptsächlich dazu benutzt, um den Wirkungsgrad und die Tiefenwirkung von Verdichtungsgeräten, wie z. B. Tandemwalze, Schaffußwalze, Schürfwagen, Stampfbagger, Delmag-Frosch, Vibromax, Schwingungsrüttler usw., zu ermitteln.

Beispiele. 1. Ein Beispiel für die *Berechnung der Lagerungsdichte eines gewachsenen Sandbodens* und seine Erhöhung infolge Verdichtens enthält Kap. 1.411.22. Das Verdichtungsmaß D_3 für ein mittleres $D_1 = 0{,}45$ und ein mittleres D_2 von 0,75 würde für den geschilderten Fall nach Gl. (283) betragen:

$$D_3 = \frac{0{,}75 - 0{,}45}{1 - 0{,}45} = \frac{0{,}30}{0{,}55} = 0{,}546.$$

2. Beispiele für die *Berechnung des Luftgehalts* aus der Porenziffer und dem Wassergehalt bzw. dem Sättigungsgrad siehe S. 370 und 383.

3. Zwei Auftragungen der D_3-Werte zeigen das Ergebnis einer *Nachprüfung von vier verschiedenen Verdichtungsgeräten* bei einer

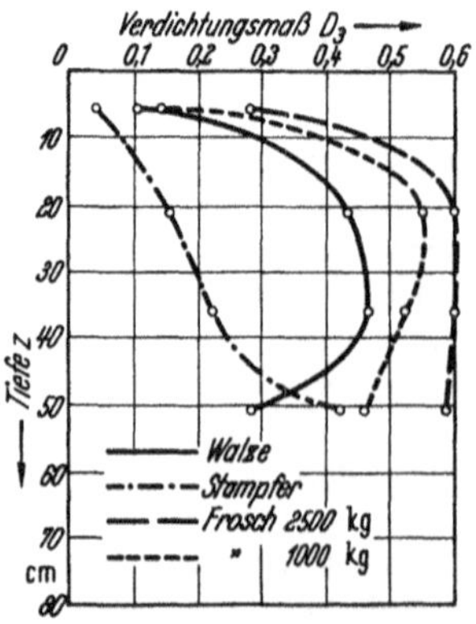

Abb. 627. Veränderung des Verdichtungsmaßes mit der Tiefe für verschiedene Verdichtungsgeräte bei einer Schütthöhe von 0,60 m.

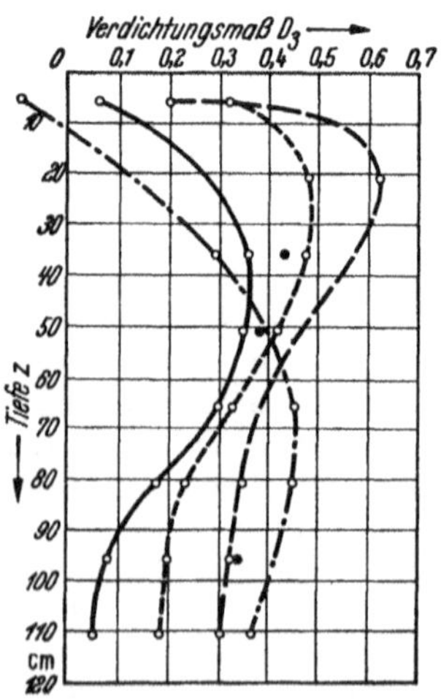

Abb. 628. Veränderung des Verdichtungsmaßes mit der Tiefe für verschiedene Verdichtungsgeräte bei einer Schütthöhe von 1,20 m. Geräte wie in Abb. 627.

Schütthöhe des sandigen Schüttmaterials von 60 cm (Abb. 627) und von 120 cm (Abb. 628). Man erkennt, daß der Stampfbagger bei der kleinen Schütthöhe ungünstig arbeitet, dagegen bei der größeren Schütthöhe die übrigen Geräte hinsichtlich der Tiefenwirkung übertrifft (LANGE 1940a).

Literatur

Forschungsges. f. d. Straßenwesen e.V. Arbeitsgruppe Untergrund (1953): Richtlinien für Schwingungsverdichtung von Untergrund und Unterbau. Abschn. 1.3: Prüfverfahren.

ZTVE-St B 59 und 65 (1959/65): Zusätzliche Technische Vorschriften und Richtlinien für Erdarbeiten im Straßenbau.

LOOS/LORENZ (1934/36): Verdichtung geschütteter Dämme. Nachprüfung der auf Baustellen der Reichsautobahn angewandten Verfahren. 1. Bericht. Straße 1, S. 108 und Schriftenreihe der Straße H. 3, S. 19.

LOOS (1935/36): Verdichtung geschütteter Dämme. 2. Bericht. Straße 2, S. 486 und Schriftenreihe der Straße H. 3, S. 23.

MÜLLER/RAMSPECK (1935/36): Verdichtung geschütteter Dämme. 3. Bericht. Straße 2, S. 648 und Schriftenreihe der Straße H. 3, S. 27.

MÜLLER (1936): Verdichtung geschütteter Dämme. 4. Bericht über die Nachprüfung eines alten Straßendammes in Oberschlesien. Straße 3, S. 520.

LOOS (1936a): Verdichtung nichtbindiger Böden. Straßenbau 27, S. 237.

— (1936b): Verdichtung geschütteter Dämme. 5. Bericht über die Nachprüfung der Wirkung verschiedener Verdichtungsgeräte auf der Reichsautobahn in der Nähe von Ketschendorf bei Fürstenwalde (Spree). Straße 3, S. 562.

—/BRETH (1937): Die Nachprüfung der Verdichtungswirkung von Explosionsrammen auf bindigem Boden. 6. Bericht. Straße 4, S. 350.

LANGE (1940a): Verdichtung geschütteter Dämme. 7. Bericht über die Prüfung verschiedener Verdichtungsgeräte. Straße 7, S. 109.

— (1940b): Über die Nachprüfung der Verdichtung von bindigen Böden. Straße 7, S. 70.

— (1941): Die Verdichtung von Dammschüttungen. Bauindustrie 9, S. 231.

BRANDENBURG (1958): Über die Verdichtungsprüfung von Schüttungen aus gleichförmigen Sanden. Mitt. Franzius-Inst. TH Hannover H. 14, S. 1.

2.112 Sondierungen

Definition. Um einfache Maßstäbe für die Verdichtung von Schüttungen und des Baugrundes zu erhalten, die es erlauben, deren Schwankungen von Punkt zu Punkt zu verfolgen, ist eine Reihe von Spezialgeräten entwickelt worden, die unter der Bezeichnung Sonden, Dichteprüfer, Dichtemesser, Prüfstab u. a. bekanntgeworden sind. Diese Geräte entsprechen zum Teil den in den Kap. 1.322.11, 1.322.12 und 1.322.7 beschriebenen Ausführungen zur Untersuchung der Festigkeit des gewachsenen Bodens. Sie unterscheiden sich von diesen hauptsächlich dadurch, daß sie nur für geringe Tiefen konstruiert sind.

Gerät und Vorgang. Für die Untersuchungen können bei größerer Stärke der verdichteten Schicht alle bei den Druck-, Ramm- und Isotopensondierungen erwähnten Geräte benutzt werden. Meist wird jedoch die erreichte Verdichtung nicht nach Herstellung der gesamten Schüttung, sondern nach Herstellung einzelner Lagen der Schüttung geprüft. Da die Stärke der Lagen im äußersten Fall auf 1,5 m begrenzt ist, genügen zur Nachprüfung der Verdichtungswirkung im allgemeinen Geräte für geringe Tiefen.

In erster Linie werden heute verwendet:

1. Die leichte Rammsonde (KÜNZEL-Stab);
2. die Drucksonde, als maschinen- oder als handgetriebenes Gerät;
3. die Isotopensonden, entweder als Tiefengerät oder bei lagenweiser Schüttung als Oberflächengerät.

Weniger gebräuchlich sind gegenüber früher:

4. Der *Prüfstab* von KEIL;
5. der *Dichteprüfer* von KÖGLER.

Über die leichte Rammsonde siehe Kap. 1.322.12, über die Drucksonde siehe Kap. 1.322.11 und über die Isotopengeräte siehe Kap. 1.322.7.

Der *Prüfstab* von KEIL besteht aus einer 1 m langen und 0,5 cm starken unten zugespitzten Stahlstange. Er wird zusammen mit Blechen von 30 cm × 30 cm Grundfläche angewendet, die vor der Schüttung auf die Bodenoberfläche gelegt werden. Der Prüfstab wird vor und nach der Verdichtung durch Schläge oder Druck in den Boden getrieben, bis seine Spitze auf die Blechplatten stößt. Die Höhe der Schüttung wird auf dem Prüfstab an einer Skala in Zentimeter abgelesen (Abb. 629).

Der *Dichteprüfer* von KÖGLER stellt einen Prüfstempel dar, der aus einer Fußplatte zur Verhinderung

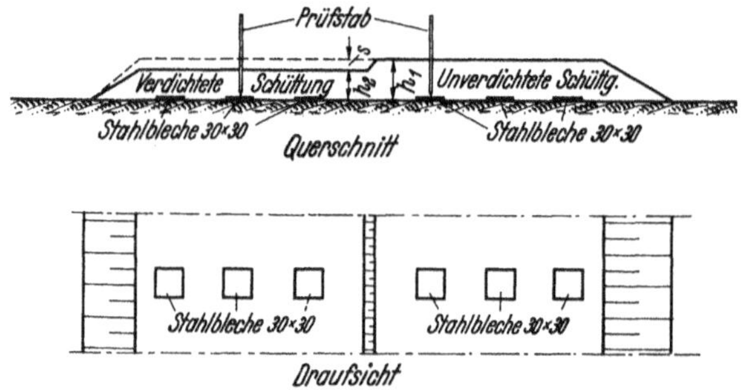

Abb. 629. Meßvorgang bei der Verdichtungsprüfung mit dem Prüfstab von KEIL (1938).

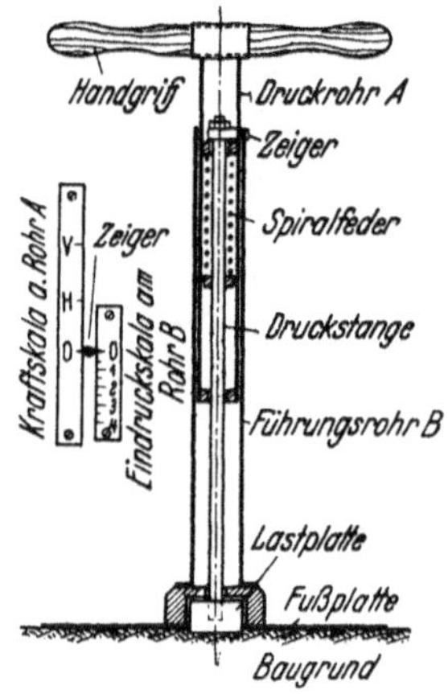

Abb. 630. Dichteprüfer von KÖGLER (1934).

des seitlichen Bodenaufbruchs, der eigentlichen Lastplatte von 8 cm Durchmesser, einer Druckstange mit einer Druckfeder, einem äußeren Führungsrohr *B* und einem inneren Druckrohr *A* sowie einer Anzeigeskala besteht (Abb. 630). Er wird von einem kräftigen Mann auf die Schüttung gestellt und das mit einem breiten Griff versehene Druckrohr *A* dadurch in den Boden gedrückt, daß sich der Mann mit seinem vollen Gewicht auf den Handgriff stützt. Hierbei wird eine Höchstbelastung der Lastplatte von etwa 1 kg/cm² erreicht. Die Feder, die den Druck vom Rohr auf die Stange überträgt, dient gleichzeitig zur Messung der Kraft und der Eindringung. Beide werden bei der Höchstbelastung an einem Zeiger abgelesen, der fest an der Druckstange angebracht ist und sich gegen je eine Skala am belasteten Druckrohr *A* (Kraftmessung) und am unbeweglichen und unbelasteten Führungsrohr *B* (Verschiebungsmessung) bewegt.

Meßgrößen. Bei der leichten Rammsonde: Schlagzahl für eine Eindringung von 10 cm oder Eindringung nach 10 Schlägen. Bei der Drucksonde: Spitzendruck in kg/cm². Bei dem Isotopengerät: Registrierte elektrische Impulszahl pro Zeiteinheit (Impulsrate).

Beim *Prüfstab*: Eindringtiefe des Stabes beim Erreichen der Metallplatte = Höhe der Schüttung.

Beim *Dichteprüfer*: Belastung und Einsenkung der Lastplatte.

Kennziffern. Bei der Ramm- und Drucksonde sind die Meßgrößen gleichzeitig die Kennziffern. Bei den Isotopengeräten erhält man aus den Meßwerten den Wassergehalt in t/m³ und das Feuchtraumgewicht des Bodens in t/m³; beide Kennziffern werden mittels Eichkurven als Funktion der Impulsraten gewonnen (Abb. 293). Aus der Differenz der in gleicher Tiefe gemessenen Werte für Feuchtraumgewicht und Wassergehalt erhält man auch das Trockenraumgewicht.

Beim *Prüfstab* wird der Unterschied s der Schichthöhe h_1 vor und h_2

nach der Verdichtung ausgerechnet und auf die ursprüngliche Schütthöhe bezogen.

Die mit dem *Dichteprüfer* erhaltenen Eindringungen dienen als Vergleichsmaßstab. Bezeichnet s_1 die Eindringung des Stempels im gewachsenen Boden vor seiner Verwendung zur Schüttung und s_2 die Eindringung im verdichteten Boden, so ist die „*Gütezahl W*“ das Verhältnis:

$$W = \frac{s_1}{s_2}. \qquad (287)$$

Die Gütezahl $W = 1$ bedeutet, daß der verdichtete Damm dem gewachsenen Boden gleicht. Ist $W < 1$, so ist die Schüttung lockerer ($s_2 > s_1$); ist $W > 1$, so ist die Schüttung dichter ($s_2 < s_1$) gelagert als der gewachsene Boden.

Auftragungen. Bei den Rammsonden wird die Schlagzahl für 10 oder 20 cm oder auch die Eindringung nach 10 Schlägen, bei den Drucksonden der Spitzendruck nach der Tiefe (Abb. 190 und 191) aufgetragen, bei der Isotopensonde Wassergehalt, Feucht- und Trockenraumgewicht (Abb. 297).

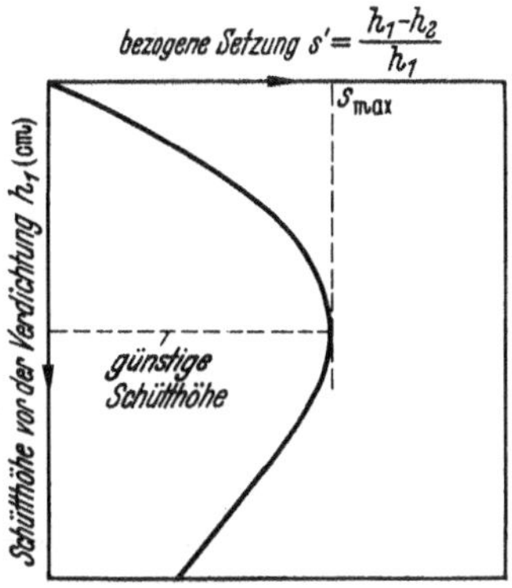

Abb. 631. Ermittlung der günstigsten Schütthöhe mit Hilfe der Ergebnisse einer Prüfstabmessung.

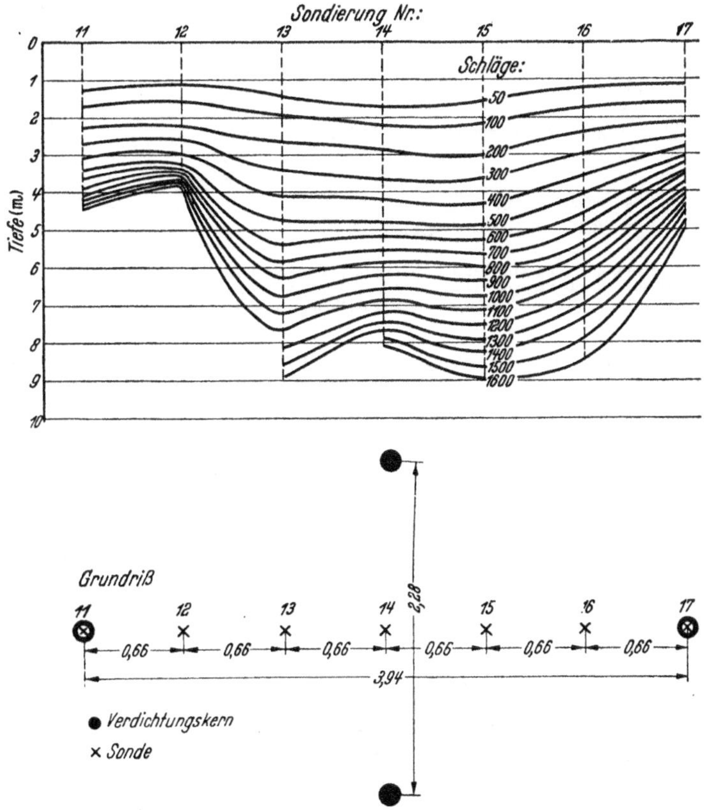

Abb. 632. Linien gleicher Schlagzahl bei der Nachprüfung eines nach dem Keller-Verfahren (Rütteldruckverfahren) verdichteten Feldes durch Schlagsondierungen. Abstand der Verdichtungszentren 2,28 m × 3,94 m.

Wenn man die Untersuchungen für jede Lage wiederholt, kann man beim *Prüfstab* die bei verschiedenen Schütthöhen festgestellten und auf diese bezogenen Zusammendrückungen s' der Schicht in Abhängigkeit von der Schütthöhe auftragen (Abb. 631). Hieraus läßt sich die „*günstigste Schütthöhe*" ermitteln, bei der die Zusammendrückung zu einem Maximum wird.

Beim *Dichteprüfer* trägt man auf der Waagerechten das Meßprofil und auf der Senkrechten die in den verschiedenen Lagen der Schüttung gemessenen Gütezahlen auf. Durch Eintragung der Linien gleicher Werte erhält man ein Kurvenbild, das durch die Regelmäßigkeit seines Verlaufs einen Hinweis auf die Gleichmäßigkeit der Dichte in den verschiedenen Tiefen gibt. Diese Auftragung ist auch beim Prüfstab mit Hilfe der Werte s' möglich.

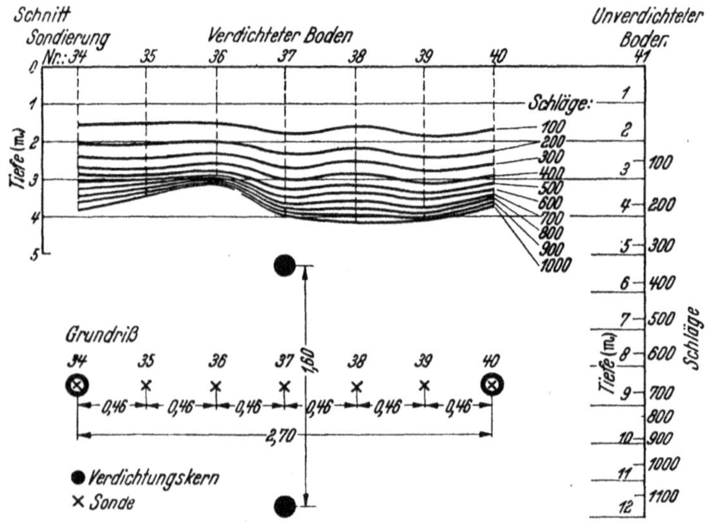

Abb. 633. Linien gleicher Schlagzahl bei der Nachprüfung der Verdichtung eines nach dem Keller-Verfahren (Rütteldruckverfahren) verdichteten Feldes durch Schlagsondierungen. Abstand der Verdichtungszentren 1,60 m × 2,70 m.

Auch die Ergebnisse der Sondierungen können in dieser Weise aufgetragen werden. Für zwei nach dem Rütteldruckverfahren der Johann Keller GmbH verdichtete Versuchsfelder wurden die Linien der bei gleichen Schlagzahlen erreichten Eindringungstiefen gezeichnet (Abb. 632 und 633) (Hoffmann/Muhs 1944). Bei einem Feld schwankten die so gewonnenen Linien stark und nahmen insbesondere zwischen den Verdichtungszentren stark zu (Abb. 632). Dies war ein Zeichen dafür, daß die Abstände der Arbeitszentren zu groß waren. Dagegen läßt sich beim anderen Feld bis auf Punkt *36* ein annähernd waagerechter Verlauf der Linien erkennen (Abb. 633). Hier war der Abstand der Arbeitszentren für eine praktisch gleichmäßige Verdichtung des Untergrundes klein genug.

Zahlenwerte. Rammsonden müssen an Hand des Schüttmaterials vor der Auswertung geeicht werden. Das gilt in verringertem Maße auch für Drucksonden. Hierbei ist zu beachten, daß die Sonden auch bei konstanter Lagerungsdichte erst nach Überschreiten einer kritischen Tiefe, die von der Lagerungsdichte selbst abhängt (Abb. 186) eine konstante Anzeige liefern. Bei der Nachprüfung einer Verdichtung muß daher der zur Beurteilung benutzte Tiefenbereich, für den abgelesen wird, festgelegt werden, z. B. 0,5 bis 1,0 m. Für diesen Bereich wird dann entweder die mittlere Schlagzahl für die gewählte Eindringung (10 oder 20 cm) bzw. die mittlere Eindringung für die gewählte Schlagzahl oder der mittlere Spitzendruck als Maß für die Lagerungsdichte angegeben. Dabei besteht zwischen der maßgebenden Schlagzahl der leichten Rammsonde oder dem Spitzendruck der Drucksonde und dem Verformungsmaß der Lastplattenversuche bzw. der Steifezahl des Bodens ein eindeutiger Zusammenhang.

Das Meßergebnis der Sondierungen innerhalb der untersuchten Schüttung wird dann mit der geforderten Schlagzahl oder dem geforderten Spitzendruck verglichen, die entweder aus Erfahrungen stammen oder durch Eichversuche mit bekannter Lagerungsdichte (Abb. 186) gefunden werden (BRANDENBURG 1958). Diese Werte sind fallweise verschieden.

Auch die bekannt gewordenen Erfahrungswerte mit den anderen Geräten beziehen sich nur auf Einzelfälle.

Bei der Verwendung des *Prüfstabes* ergab sich, daß für die verwendeten Verdichtungsgeräte Schütthöhen von 25 bis 50 cm mit einer prozentualen Verdichtung von 20 bis 25% der losen Schüttung am besten sind. Geringere Werte wurden beim Bau der Autobahnen schon vor dem 2. Weltkrieg als ungenügend angesehen.

Mit dem *Dichteprüfer* wurden im Kiessand bei der unverdichteten Schüttung Gütezahlen von 0,04 und bei verdichteten Schüttungen Gütezahlen zwischen 0,25 und 0,70 gemessen.

Fehler. Über die Fehler der verschiedenen Sonden s. Kap. 1.322.11, 1.322.12 und 1.322.7.

Der *Prüfstab* liefert etwa auf 1 cm genaue Werte.

Der *Dichteprüfer*, bei dem die Druckbelastung des Bodens nur überschläglich bestimmt wird, ist nur als einfaches Baustellengerät zu bewerten.

Allen Verfahren mit Ausnahme des Isotopengeräts ist gemeinsam, daß sie keine Absolut-, sondern nur Vergleichswerte zu geben vermögen. Alle Meßergebnisse hängen ferner stark von den Zufälligkeiten des Bodens ab. Es führt deshalb nur eine größere Zahl von Versuchen zu einem befriedigenden Ergebnis.

Verwendung. Die Untersuchungsergebnisse werden verwendet, um die Größe und Gleichmäßigkeit der Verdichtung unter größeren Flächen nachzuprüfen, um die wirtschaftlichste Schütthöhe zu bestimmen und um die Wirksamkeit verschiedener Verdichtungsverfahren miteinander zu vergleichen. Bei den Verhältnissen auf der Baustelle sind hierfür die im Kap. 1.322.11 und 1.322.12 behandelten Druck- und Rammsonden und die Isotopensonden (Kap. 1.322.7) besonders geeignet. Zur Nachprüfung einer gleichmäßigen Lagerungsdichte bei Laborversuchen in größerem Maßstab eignen sich außer dem Verfahren nach Kap. 2.111 vor allem die Oberflächenisotopengeräte.

Beispiele. 1. Die verschiedenen Verfahren zur *Verdichtungsprüfung von Schüttungen* wurden für gleichmäßigen Sand auf der Baustelle für ein Pumpspeicherwerk, und zwar für die Einfassung des Speicherbeckens durch einen Ringdamm aus nichtbindigen Böden, eingehend untersucht und miteinander verglichen. Dabei wurden auch leichte Rammsonden mit verschiedenen Abmessungen benutzt (BRANDENBURG 1958). Bei einem geforderten Verformungsmaß E_v (S. 251) von 500 kg/cm² ergab sich die geforderte Schlagzahl für einen KÜNZEL-Stab von 10 cm² Spitzenfläche zu 20 je 10 cm Eindringung im Tiefenbereich zwischen 0,5 und 1,0 m. Die Beziehung zwischen Schlagzahl und Verformungsmaß wurde genügend genau als geradlinig herausgefunden.

2. Weitere Beispiele siehe Kap. 1.322.11, 1.322.12 und 1.322.7 sowie Abb. 190, 191 und 632, 633.

Literatur

Übersicht über die Verfahren der Probenentnahme, Lastplattenversuche, Rammsondenversuche, Drehsondenversuche und deren Auswertung.

HOFFMANN/MUHS (1944): Die mechanische Verfestigung sandigen und kiesigen Untergrundes. Bautechnik 22, S. 149.

BRANDENBURG (1958): Über die Verdichtungsprüfung von Schüttungen aus gleichförmigen Sanden. Mitt. Franzius-Inst. TH Hannover H. 14, S. 1.

VAN WAMBEKE (1962): Méthodes d'investigation des sols en place. Etude d'une campagne d'essais comparatifs. Sols-Soils 2, S. 9.

Drucksondierung:

PLANTEMA (1953): The influence of the frequency and of the speed of some compaction apparatus. Sounding as a method for determining the density of a sand fill. Paper presented to the III. Int. Conf. Soil Mech. Found. Eng. Zürich.

Übersicht über den Dichteprüfer und den Prüfstab:

KEIL (1935): Mittel und Wege zur Prüfung geschütteter Dämme. Straßenbau 26, S. 79.

— (1937): Die Nachprüfung verdichteter Dämme. Straßenbau 28, S. 71.

— (1938): Der Dammbau neuzeitlicher Verkehrsstraßen, Auto- und Eisenbahnen. Berlin. S. 83 u. 130.

Über den Dichteprüfer:

KÖGLER (1934): Erdbaufragen der Reichsautobahnen. Bautechnik 12, S. 470.

Siehe auch Literatur zu Kapitel 1.322.1.

2.113 Belastungsversuche

Zur Nachprüfung der Verdichtung können auch Belastungsversuche dienen, mit denen die bei senkrechter Belastung einer Lastplatte eintretenden Setzungen gemessen werden. Versuche dieser Art sind notwendig, wenn das verdichtete Material sehr grobkörnig ist, so daß das Ausstechen von ungestörten Proben oder die Durchführung von Sondierungen sich nicht mehr rechtfertigen läßt und wenn man — über die mit Hilfe der Sandersatzmethode oder einer der ihr verwandten Verfahren (s. Kap. 1.322.6) mögliche Bestimmung des Porenraums hinaus — irgendwelche Zahlenwerte über die Festigkeit der verdichteten Schüttung zu erhalten wünscht. Als Untersuchungsverfahren kommen in Frage:

1. Eine oder mehrere Probebelastungen (s. Kap. 1.322.42);
2. Plattendruckversuche (s. Kap. 1.322.5);
3. CBR-Versuche (s. Kap. 1.411.35).

Probebelastungen sind nur in ganz besonderen Fällen notwendig, z. B. bei sehr groben Materialien, wo auch die größeren Platten des Plattendruckversuchs

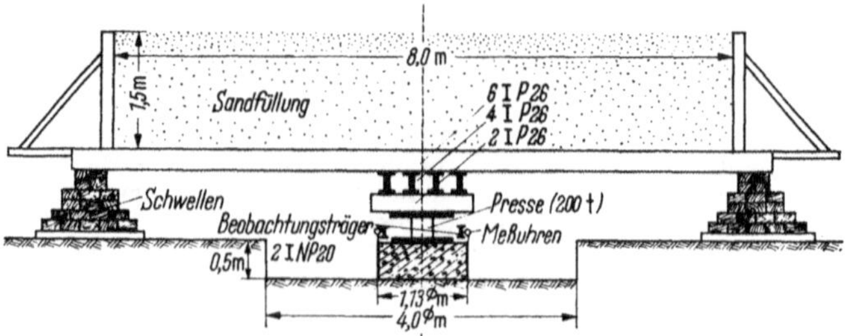

Abb. 634. Aufbau einer Probebelastung zur Prüfung eines nach dem Keller-Verfahren (Rütteldruckverfahren) verdichteten Geländes.

noch zu klein für ein auch nur einigermaßen verbindliches Ergebnis sind. Ein Beispiel hierfür enthält Kap. 1.322.42 (Abb. 277 und 278). Auch zur Abschätzung des Setzungs- und Grundbruchverhaltens des nach dem Rütteldruckverfahren der Johann Keller GmbH verdichteten Untergrundes können Probebelastungen zweckmäßig sein (Abb. 634 und 635). Eine solche Probebelastung ($F = 1\ m^2$) für eine sehr schwere Industrieanlage in — vor der Verdichtung — sehr lockerem, wassergesättigtem Sand zeigte bei einem Versuch auf einem Verdichtungszentrum und einem anderen Versuch zwischen vier Verdichtungszentren (Abstand 1,45 m × 1,73 m) die erreichte Untergrundverbesserung gut an (Abb. 636). Über derartige Versuche in größerer Tiefe siehe HOFFMANN/MUHS (1944).

Abb. 635. Probekörper ($F = 1\ m^2$) für die Belastungseinrichtung nach Abb. 634.

Im Normalfall wird man aber auf die recht teueren Probebelastungen verzichten können und mit dem für den besonderen Fall der Verdichtungsnachprüfung im Straßen- und Rollfeldbau entwickelten Untersuchungsverfahren (Plattendruckversuch) auskommen. Für die Zwecke des Straßenbaus sind hierfür genau definierte Mindestanforderungen formuliert worden, die für die verschiedenen Bereiche des Straßenunterbaus vorhanden sein müssen; siehe Abschn. „Auswertung" im Kap. 1.322.5.

In ähnlicher Weise wird in manchen Überseeländern auch der CBR-Versuch zur Verdichtungskontrolle benutzt, indem Mindest-CBR-Werte als Kriterium für die wenigstens zu erreichende Verdichtung gefordert werden oder indem die Deckenstärke selbst von dem erreichten CBR-Wert abhängig gemacht wird; siehe Abschn. „Verwendung" im Kap. 1.411.35.

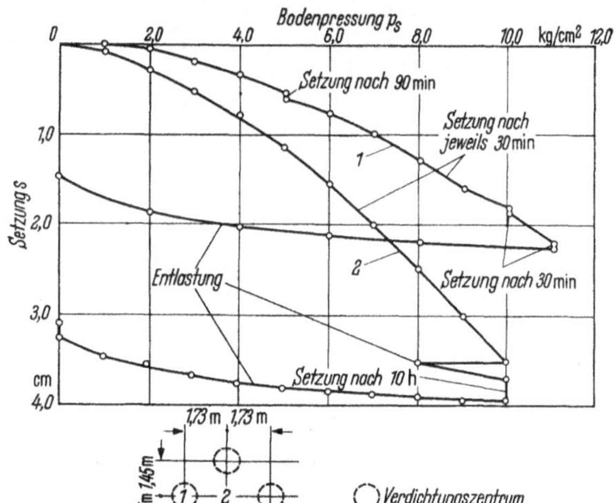

Abb. 636. Ergebnis von zwei Probebelastungen gemäß Abb. 634 und 635.
Kurve 1 auf einem Verdichtungszentrum, Kurve 2 zwischen vier Verdichtungszentren.

Literatur

HOFFMANN/MUHS (1944): Die mechanische Verfestigung sandigen und kiesigen Untergrundes. Bautechnik 22, S. 149.

2.114 Schichtennivellement

Definition. Ein „*Schichtennivellement*" ist die Einmessung der Höhenlage einer Schicht vor und nach der Verdichtung.

Gerät. Zur Ausführung des Schichtennivellements genügen ein Nivellierinstrument mit einer Meßlatte und Bitumenpapierrollen oder Stahlplatten von 20 bis 40 cm Seitenlänge, auf denen die Nummern der Meßpunkte mit Ölkreide aufgeschrieben sind.

Vorgang. Durch die Schüttung werden Gräben von 1,0 m und mehr Tiefe gezogen. Die Gräben werden lagenweise in Schichten von 15 bis 50 cm wieder

Abb. 637. Einlegen von Bitumenpapierstreifen für ein Schichtennivellement vor der Verdichtung.

Abb. 638. In verschiedenen Tiefen für ein Schichtennivellement eingelegte Stahlplatten und Entnahme ungestörter Proben in diesen Tiefen.

verfüllt. Zwischen die einzelnen Schichten wird jeweils ein Streifen Bitumenpapier gelegt (Abb. 637) und vor dem Aufbringen der nächsten Lage einnivelliert. Die für das Nivellement erforderlichen Festpunkte werden in eine so große Entfernung gelegt, daß sie durch die Auflasten der Schüttung nicht beeinflußt werden. Nachdem der Boden verdichtet worden ist, werden die Gräben schichtweise wieder ausgehoben und die markierten Punkte auf dem Bitumenpapier von neuem einnivelliert. Bei Verwendung der Stahlplatten benutzt man an Stelle von Gräben Schürfgruben (Abb. 638).

Meßgrößen. Höhenlage der bezeichneten Punkte vor (h_1) und nach (h_2) der Verdichtung.

Auftragungen. In einem Koordinatensystem bezeichnet die Abszisse die ermittelten Setzungen $s = h_1 - h_2$ und die Ordinate die Tiefenlage der eingemessenen Punkte vor der Verdichtung (Abb. 639). Man kann auch die Setzungen s auf den Höhenabstand h_a der Meßpunkte (z. B. 20 cm) umrechnen: $s' = s/h_a$ (spezifische Setzung). Sie werden dann unabhängig von der Höhe der Gesamtschüttung (Abb. 640).

Auswertung. Ähnlich wie bei den Kurven, die die Veränderung des Verdichtungsmaßes mit der Tiefe angeben (Abb. 625), erhält man auch für die absolute und die spezifische Setzung eine Abnahme mit wachsender Tiefe, da das Sacken des Bodens von der Größe der Verdichtung und damit von dem ausgeübten Druck der Geräte abhängig ist, der mit wachsender Tiefe geringer wird. Da die Setzung s und das Verdichtungsmaß D_3 bzw. D_3' bzw. D_3'' (S. 600) unmittelbar zusammenhängen, stehen die Setzungskurven mit den Verdichtungslinien in Verbindung und können ebenso wie diese zur Beurteilung der Wirkung der Verdichtungsverfahren herangezogen werden.

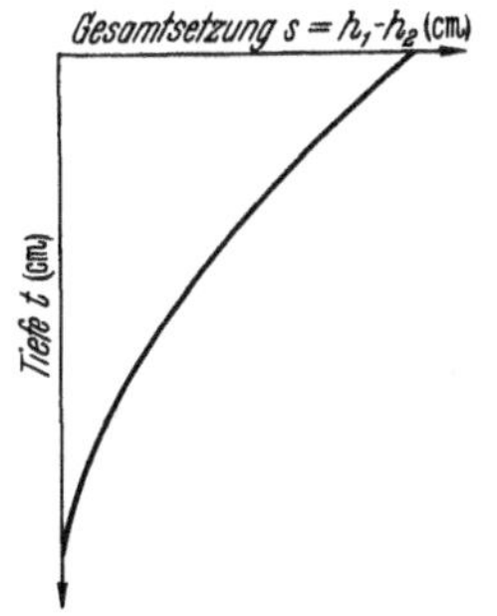

Abb. 639. Veränderung der Gesamtsetzung mit der Tiefe.

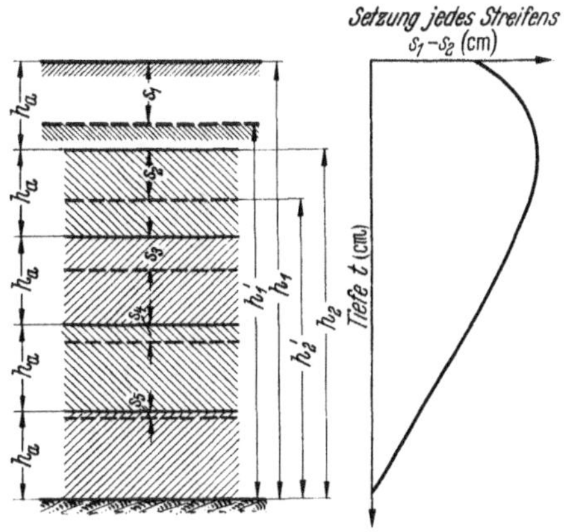

Abb. 640. Veränderung der Setzung jedes Streifens mit der Tiefe.
s_1 = Gesamtsetzung des obersten Streifens = $h_1 - h_1'$, s_2 = Gesamtsetzung des nächstfolgenden Streifens $h_2 - h_2'$ usw., h_a = ursprüngliche Streifenhöhe.

Der Zusammenhang zwischen den beiden Größen ist für nichtbindigen Boden durch Gl. (283a) und die folgende Gleichung gegeben (Abb. 641):

$$s' = \frac{s}{h_a} = \frac{n_1 - n_2}{100 - n_2}. \qquad (288)$$

Das Verhältnis der beiden Größen zueinander hängt von dem versuchsmäßig ermittelten Wert n_d ab, bis zu dem n_2 absinken kann.

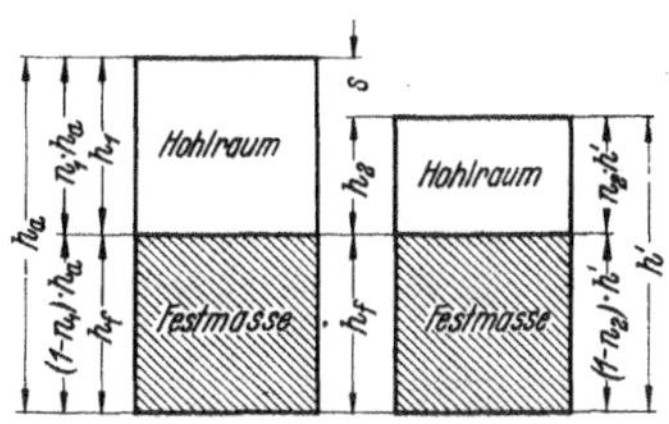

Abb. 641. Zusammenhang zwischen Zusammendrückung und Porenvolumen vor (*links*) und nach (*rechts*) der Verdichtung.

Zahlenwerte. Die Größe der Setzung hängt — abgesehen von der Bodenart — nicht nur von der Art des Verdichtungsverfahrens (Gerät, Anzahl der Übergänge oder Frequenz), sondern auch von der Schütthöhe ab. Allgemeingültige Werte können deshalb nicht gegeben werden. In einem Einzelfall ergaben sich im Sand die Absolutwerte der Setzungen bei Schütthöhen von 1,20 bis zu rund 20 cm. Geht man von einem D_1-Wert von 0,25 aus und nimmt eine Verdichtung auf $D_2 = 0{,}80$ an, so beträgt für einen gleichförmigen Sand die Setzung nach Gl. (288) etwa 10 cm/m.

Fehler. Da die Höhe beim Nivellieren auf Millimeter abgelesen werden kann, ergibt das Schichtennivellement recht zuverlässige Werte für die Zusammendrückung der einzelnen Schichten. Wie bei allen Verdichtungsnachprüfungen muß man aber auch hier mit stärkeren örtlichen Streuungen rechnen, die nicht von der Ungenauigkeit des Meßverfahrens herrühren, sondern von der oft ungleichmäßigen Tiefen- und Flächenwirkung, die mit der Verdichtung verbunden ist.

Verwendung. Die Messungen werden ebenso wie bei der Probenentnahme und der Sondierung zu einer Beurteilung der Güte einer Verdichtung und der Wirksamkeit der verschiedenen Geräte benutzt. Sie sind eine brauchbare Ergänzung und Kontrolle der beiden anderen Verfahren.

Beispiele. 1. Die Ergebnisse eines *Schichtennivellements* (Abb. 642 und 643), das als Ergänzung zu der auf S. 602 geschilderten Verdichtungsnachprüfung (Abb. 627 und 628) ausgeführt wurde, lassen bei einer 60 cm hohen Schüttung (Abb. 642) ebenfalls die im Ver-

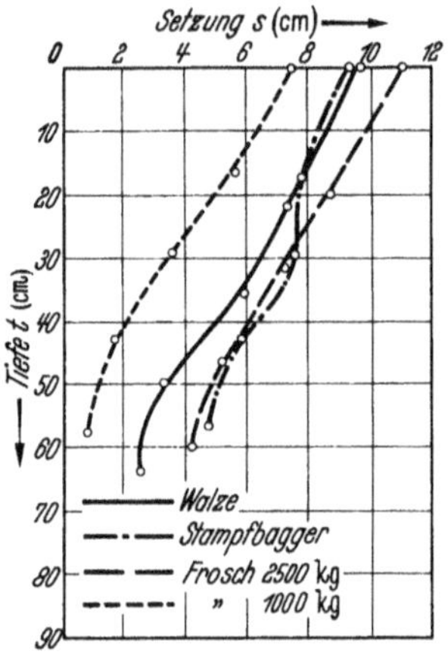

Abb. 642. Veränderung der Gesamtsetzung mit der Tiefe für verschiedene Verdichtungsgeräte bei einer Schütthöhe von 0,60 m.

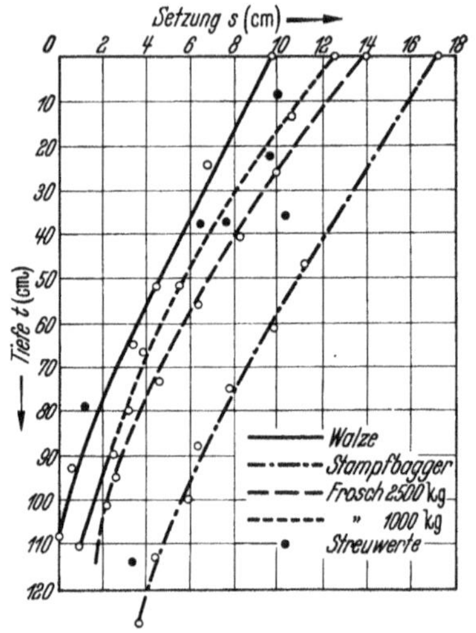

Abb. 643. Veränderung der Gesamtsetzung mit der Tiefe für verschiedene Verdichtungsgeräte bei einer Schütthöhe von 1,20 m.

gleich zu seiner Oberflächenwirkung große Tiefenwirkung des Stampfbaggers erkennen. Bei einer 1,20 m hohen Schüttung (Abb. 643) stellt sich die Überlegenheit des Stampfbaggers noch klarer heraus, der eine größere Setzung als die übrigen Geräte hervorruft. Trotzdem ist seine Wirkung an der Oberfläche ziemlich gering (Abb. 628), weil der Boden dort durch den starken Aufprall der 2,5 t schweren Stampfplatte aufgelockert wird.

Abb. 644. Verdichtung einer Aufschüttung aus Trümmerschutt mit einer Fallplatte.

2. Eine Freibadeanlage sollte auf einem aus *Trümmerschutt aufgeschütteten Gelände* gebaut werden. Der Trümmerschutt wurde in Schüttlagen von 1,3 bis 1,5 m verteilt, auf jede Schüttlage eine 0,3 m dicke Sandschicht zum Einschlämmen in die Hohlräume des Trümmerschutts aufgebracht und nach dem Einschlämmen jede Schüttlage mit einer 2,5 t schweren Fallplatte und einer Fallhöhe von 4,5 bis 5 m in dreimaligem Durchgang verdichtet (Abb. 644).

Zur Nachprüfung der erreichten Verdichtung wurde neben der Bestimmung des Trockenraumgewichts mit Hilfe der Sandersatzmethode (Abb. 289) und der Messung der Eigenschwingungszahl und Setzung des Trümmerschutts unter einer 2,7 t schweren Schwingungsmaschine mit 1 m² Grundfläche ein Schichtennivellement in drei verschiedenen Tiefen jeder Schüttlage vor und nach der Verdichtung vorgenommen. Hierzu wurden in die Löcher, die nach der Verdichtung auch zur Bestimmung der Dichte benutzt wurden, in 0,25, 0,75 und 1,15 m Tiefe unter Schüttoberfläche quadratische Eisenplatten eingelegt und einnivelliert.

Die Auftragung der gemessenen Setzungen neben den Meßtiefen für fünf Schüttlagen, d. h. rund 7 m Schütthöhe, zeigt eine gewisse Unregelmäßigkeit (Abb. 645), die bei der Unterschiedlichkeit des Schüttmaterials und dem rauhen Baubetrieb aber nicht verwundern darf.

Der häufig recht geradlinige Verlauf der erhaltenen Setzungslinien weist nach, daß trotzdem bis in die untersuchte Tiefe jeder Schüttlage eine ungefähr gleichmäßige Setzung herbeigeführt worden ist.

Die in 1,15 m Tiefe jeder Schüttlage gemessenen Setzungen lagen in 80% aller Fälle zwischen rund 2 und 5 cm, im Mittel bei 4,1 cm. Diese Setzung entfällt, wenn man die tiefer liegende Schüttlage zunächst aus der Betrachtung ausschließt, auf den zwischen

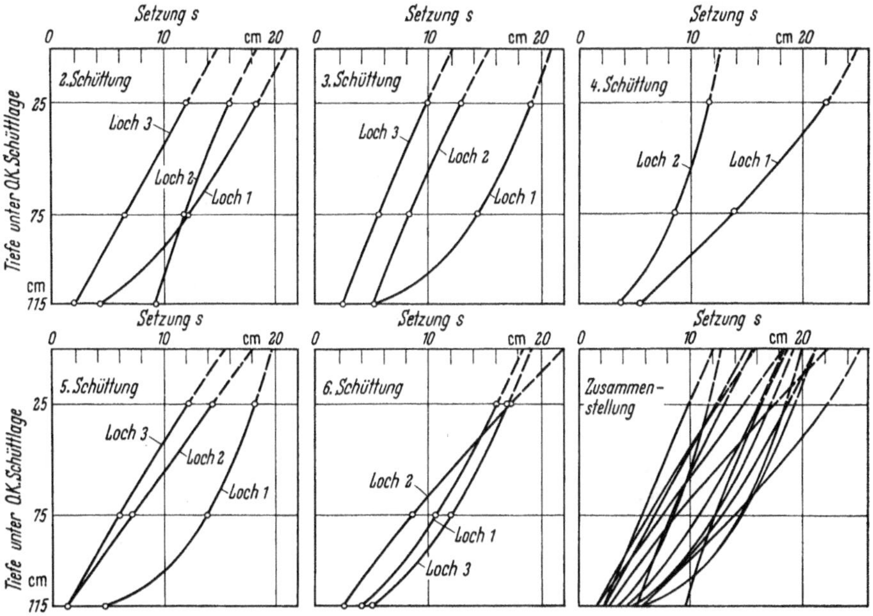

Abb. 645. Ergebnisse der Setzungsmessungen in verschiedenen Schüttlagen und Tiefen für die verdichtete Aufschüttung nach Abb. 644.

1,15 und 1,50 m (im Mittel bei 1,40 m) Tiefe liegenden Teil der Schüttung. Mit dem Mittelwert von 4,1 cm bedeutet dies eine mittlere prozentuale Zusammendrückung dieses Teils jeder Schüttlage von $\frac{4,1}{25} \cdot 100 = 16,4\%$. Aus diesem relativ hohen Wert kann geschlossen werden, daß die gewählte Schütthöhe für die gewählte Art der Verdichtung nicht zu groß war.

Die Verlängerung der durch die drei Meßpunkte gelegten Linien bis zur Oberfläche jeder Schüttlage läßt erkennen, daß jede Schüttlage im allgemeinen um rund 15 bis 22 cm, im Mittel um 18,5 cm, zusammengepreßt wurde. Dies bedeutet eine bezogene Setzung von im Mittel $\frac{18,5}{140} \cdot 100 = 13,2\%$. Bei den ausgeführten sechs Schüttlagen entspricht dies einer durch die Verdichtung herbeigeführten mittleren Setzung von

$$\frac{6 \cdot 140 \cdot 13,2}{100} = 111 \text{ cm} \cong 1,1 \text{ m!}$$

Literatur

Lange (1940a): Verdichtung geschütteter Dämme. 7. Bericht über die Prüfung verschiedener Verdichtungsgeräte. Straße 7, S. 109.
— (1940b): Über die Nachprüfung der Verdichtung von bindigen Böden. Straße 7, S. 70.
— (1941): Die Verdichtung von Dammschüttungen. Bauindustrie 9, S. 231.

2.12 Setzungen

Definition. Zur Überwachung geschütteter Dämme dienen Messungen der Dammsetzung, die über lange Zeiträume hin fortgesetzt werden. Dabei werden nach Möglichkeit nicht nur die lotrechten Bewegungen der Oberfläche, sondern auch verschiedener Punkte im Damminnern und unter Umständen im Untergrund beobachtet. Über Setzungsmessungen im allgemeinen siehe Kap. 2.211.

Gerät. In die Dammoberfläche werden Betonsockel mit Höhenbolzen eingesetzt. Die Sockel reichen mindestens bis in die frostsichere Tiefe, am besten bis 1,5 m hinab (Abb. 667). Die Messungen werden in wichtigen Fällen mit Pegelablesungen verbunden, wodurch man die Veränderung der Höhenlage des Untergrundes und der Punkte im Innern des Damms erhält.

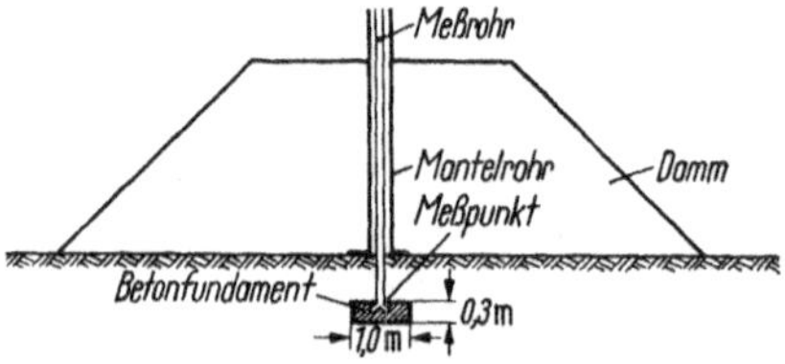

Abb. 646. Anordnung eines Grundpegels zum Beobachten der Untergrundsetzung.

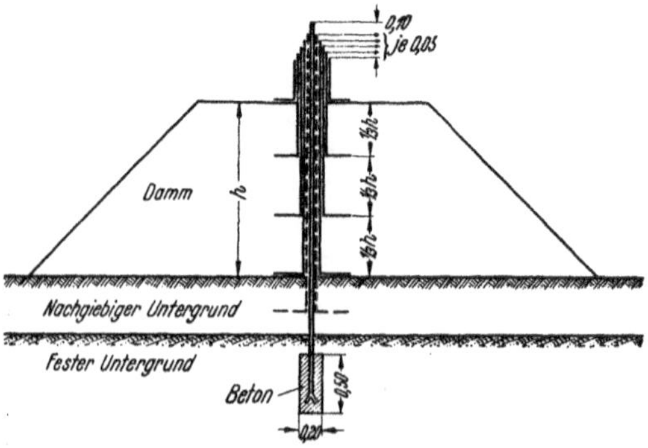

Abb. 647. Anordnung eines Grundpegels zum Beobachten der Untergrundsetzung und der Dammsetzungen in verschiedenen Tiefen.

Bei den Pegeln kommt es darauf an, sie unter Ausschaltung der Mantelreibung bis zu den Tiefen hinabzuführen, in denen die Bewegung des Untergrundes oder Damms gemessen werden soll. Die eigentlichen Meßrohre werden deshalb im Schutze eines besonderen Mantelrohrs angeordnet und auf einem Betonfundament in Höhe des Meßpunkts abgestützt (Abb. 646). Die Auflagerpunkte sollen zur Verminderung der Eigensetzung nicht zu klein sein. Doch werden sie oft in Bohrlöchern hergestellt, so daß die Auflagerfläche beschränkt bleiben muß.

Bei der vorstehend beschriebenen Meßanordnung müssen die Pegel, wenn man die Dammsetzung in verschiedenen Tiefen messen will, nebeneinander, d. h. in gewissem Abstand voneinander, angeordnet werden. Will man die Setzung in verschiedenen Tiefen an ein und derselben Stelle messen, was meist aufschlußreicher ist, so wird das innerste Mantelrohr ebenfalls als Meßrohr ausgebildet und hierzu in der gewünschten Tiefe mit einer etwa 1 m breiten Stahlplatte im Damm verankert. Um dieses Rohr werden mehrere äußere Rohre mit zunehmendem Durchmesser geschoben, die ebenfalls über die Oberfläche des Damms hinausragen und am Fuße jeweils in einer etwa 1 m breiten Platte enden (Abb. 647). Die Platten liegen häufig etwa am Fuß, in den beiden Drittelpunkten der Höhe und auf der Oberfläche des Damms. Bei sehr hohen Schüttungen gibt man ihnen einen gegenseitigen Abstand von 6 bis 8 m. Die Oberkanten der äußeren Rohre sind abgestuft, so daß ihre gegenseitigen Verschiebungen gemessen werden können. Derartige Meßpegelanlagen sind z. B. beim Bau des Bever-Staudamms und des Henne-Staudamms eingebaut worden, im letzten Fall (bei 52 m Höhe) mit siebenfacher Überstülpung der einzelnen Rohrschüsse.

Eine wesentlich vereinfachte und darüber hinaus verbesserte Meßanordnung ist vom US Bureau of Reclamation entwickelt worden. Das Meßsystem besteht hierbei aus einer Serie teleskopartig ineinandergreifender Rohrstücke von 5,1 und 3,8 cm Durchmesser. Das Rohrsystem wird mit dem Hochführen des Damms lotrecht so eingebaut, daß die dünnen Rohrstücke jeweils in die dickeren Rohrstücke hineinragen (Abb. 648). Die dickeren Rohrabschnitte sind 1,5 oder 3,0 m lang und haben beim Einbau einen Abstand von etwa 0,5 m. Die dazwischen angeordneten dünnen Rohrabschnitte haben eine Länge von etwa 1,0 m und sind durch einen 1,5 m langen Querarm aus einem U-Profil in der Dammschüttung verankert. Zwei aufeinanderfolgende Querarme sind jeweils um 90° gegeneinander gedreht. Die Verankerung bewirkt, daß die dünnen Rohrabschnitte jede lotrechte Bewegung im Damminnern mit-

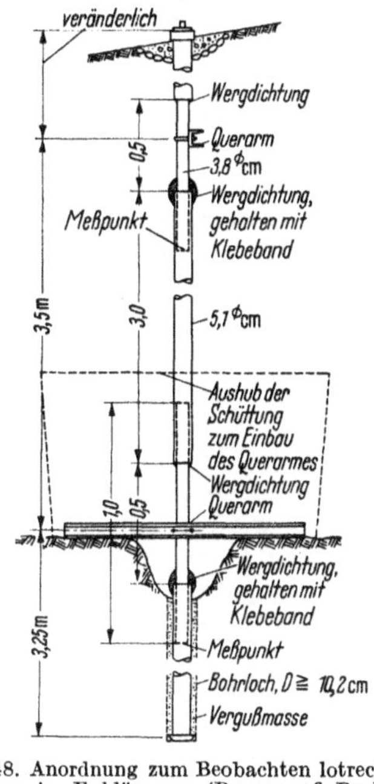

Abb. 648. Anordnung zum Beobachten lotrechter Bewegungen in Erddämmen (Bureau of Reclamation 1960).

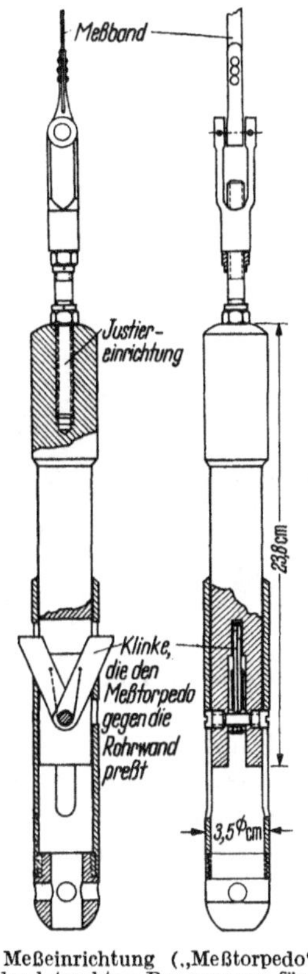

Abb. 649. Meßeinrichtung („Meßtorpedo") zur Bestimmung der lotrechten Bewegungen für die Anordnung nach Abb. 648 (Bureau of Reclamation 1960).

machen, wobei sie sich in die dicken Rohrabschnitte hineinschieben. An der Veränderung ihrer Lage kann also die Bewegung des Damms in lotrechter Richtung gemessen werden.

Gemessen wird mit einem „*Meßtorpedo*", einem torpedoförmigen Körper, der an einem Präzisionsmeßband in das Rohrsystem hinabgelassen wird. Der Torpedo (Abb. 649) ist mit zwei Klinken versehen, die durch eine Feder gegen die Rohrwände gepreßt werden. Die Klinken gestatten das Hinablassen des Torpedos, verhindern aber das Hochziehen, weil sie gegen die Unterkanten der dünnen Rohre anschlagen. Die Unterkanten stellen also feste Meßpunkte dar. Beim Auftreffen des Torpedos auf die Sohle der Rohrsäule klappen die Klinken in den Torpedokörper hinein, so daß dieser wieder hochgezogen werden kann.

Mit dem zur Messung der inneren lotrechten Relativbewegungen der einzelnen Rohrstücke zueinander eingebauten Teleskoprohrsystem können auch die Setzungen der Dammoberfläche gemessen werden. Dazu ist es jedoch notwendig, daß der Fuß der Rohrsäule mit einer Fußplatte auf unnachgiebigem Boden aufsteht. Mit dem Meßtorpedo wird dann die Verschiebung zwischen Kopf und Fuß der Rohrsäule gemessen.

Vom Ruhrtalsperrenverein ist seit 1954 zur Einmessung der Setzungen im Innern von Staudämmen von IDEL ein Meßverfahren entwickelt worden (KOENIG/IDEL 1964), das ebenfalls aus einem System aufeinanderfolgender Rohre besteht. Die aus Kunststoff hergestellten Rohre sind nicht unmittelbar aufeinandergesetzt, sondern werden durch Überschiebmuffen je nach der Größe der voraussichtlichen Setzungen in einem gegenseitigen Abstand von rund 5 bis 15 cm gehalten, so daß die einzelnen Rohrabschnitte Gleitbewegungen und Winkelverdrehungen gegeneinander ausführen können. Um an den Kunststoffrohren Bewegungen messen zu können, sind um diese herum in bestimmten Abständen Metallringe von knapp 1 cm Höhe angeordnet. Zur Vornahme der Messungen wird in die Rohrleitung an einem Meßband eine „*Radiosonde*" (Miniatursender) herabgelassen, deren Frequenz veränderlich ist und von dem Abstand vom Metallring abhängt. Durch Vergleich dieser Frequenz mit einer festen Frequenz im Empfangsgerät (Abb. 650) kann die Höhenlage der Sonde, bei welcher eine Meßmarke erreicht ist, am Meßband abgelesen werden.

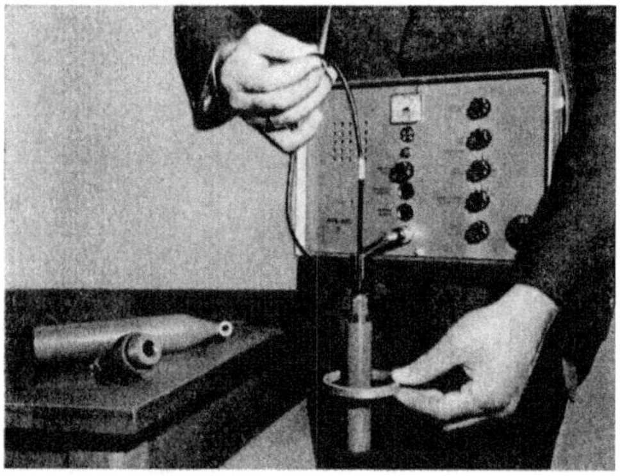

Abb. 650. Miniatursender („Radiosonde") zum Beobachten lotrechter Bewegungen in Erddämmen (KOENIG/IDEL 1964).

Vorgang. Die Pegel werden an denjenigen Stellen untergebracht, wo am ehesten mit Setzungen gerechnet werden muß, z. B. in den höchsten Dammstrecken. Sie werden nach Möglichkeit in der Mittelachse angeordnet und laufend bei der Herstellung des Damms eingebaut. Hierbei wird besonders darauf geachtet, daß im Boden unter der Pegelspitze keine Quellung infolge einer Wasseransammlung entsteht.

Während und nach der Schüttung wird die absolute Höhenverschiebung der Rohre oder ihre relative Höhenverschiebung gegeneinander anfangs in kürzeren, später in längeren Zeitabständen entweder durch Einnivellieren von Skalen, die an den Rohren angebracht werden, oder mit Hilfe von Meßuhren, die an dem inneren Standrohr befestigt sind und sich auf kleine Platten an den weiteren Rohren stützen, abgelesen (Näheres s. S. 635). Bei dem Meßtorpedo und der Radiosonde werden mit dem Meßband die Tiefen, wo diese Geräte die Meßmarken erreicht haben, gemessen.

Meßgrößen. An der Meßuhr werden die Bewegungen der aufeinanderfolgenden Rohre gegeneinander, beim Einnivellieren die Verschiebungen der äußeren Rohre gegen das innere, das wegen seiner Gründung im festen Baugrund als unbeweglich angesehen wird, abgelesen. Die Zuverlässigkeit dieses Bezugspunkts wird durch ein Anschlußnivellement an einen entfernt liegenden Festpunkt nachgeprüft. Die Verschiebungen der äußeren Rohre gegen das innere geben die Setzungen des Damms in den verschiedenen Höhen an. Bei Verwendung des Meßtorpedos oder der Radiosonde erhält man diese aus den Differenzen der Meßbandablesungen für die gleichen Meßmarken zu verschiedenen Zeitpunkten.

Auftragung. Auf der Waagerechten wird die Zeit und auf der Senkrechten nach unten die Dammsetzung aufgetragen. Man bekommt für die verschiedenen

Meßpunkte je eine Zeit-Setzungslinie (Abb. 651, I), die auf einem Blatt aufgetragen wird. Das Bild kann dadurch ergänzt werden, daß man auf der Senkrechten nach oben die Lage der Dammoberkante und der Meßpunkte vermerkt (Abb. 651, II) und im dritten Quadranten die sich aus den beiden ersten ergebende Beziehung zwischen Dammhöhe und Setzung einträgt (Abb. 651, III).

Kennziffern. Aus den Zeit-Setzungslinien lassen sich der Betrag der Endsetzung und die für deren Eintreten notwendige Zeitspanne abschätzen (Näheres s. S. 654).

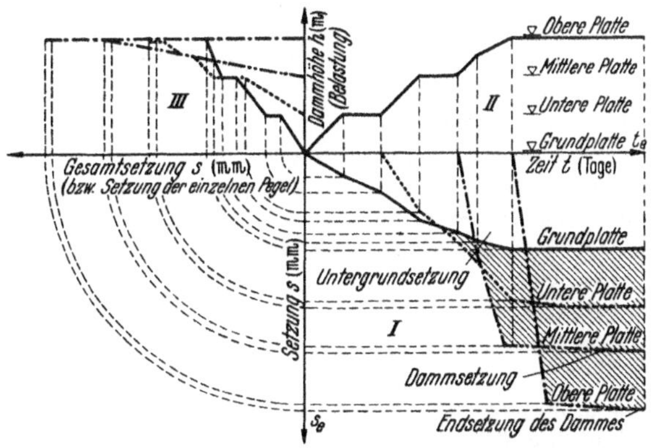

Abb. 651. Darstellung des Ergebnisses von Pegelmessungen in einem Damm.

Auswertung. Die Zeit-Setzungslinien können in drei Zeitabschnitte unterteilt werden (Abb. 652). Der erste erstreckt sich auf die Periode des Dammbaus, der zweite auf die Zeit danach, aber vor dem eventuellen Aufbringen einer Straßendecke oder der Eisenbahngeleise; der letzte Abschnitt zählt von dem Augenblick der Fertigstellung der auf dem Damm aufgebrachten Bauwerke an. Je nachdem, wie sich die Setzungen über die drei Zeiten verteilen, spricht man von einer guten oder weniger guten Verdichtung. „*Sehr gut*" ist eine Verdichtung, wo die Setzung bereits während des Dammbaus abgeklungen ist (Linie *1* in Abb. 652). Sie kann als „*befriedigend*" bezeichnet werden, wenn sie im wesentlichen bei Beginn eines Deckenauftrags beendet ist (Linie *3*). Stärkere Setzungen nach dem Aufbringen einer Straßendecke oder einer anderen baulichen Anlage (Linie *4*) deuten auf eine „*ungenügende*" Verdichtung hin. Voraussetzung hierbei ist, daß die Setzungen ihre Ursache in der Dammschüttung und nicht etwa im Untergrund selbst haben.

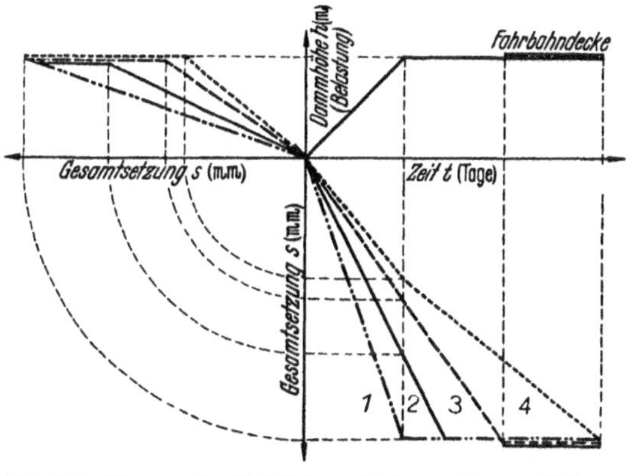

Abb. 652. Formen der Zeit-Setzungslinie von Dammschüttungen je nach der Güte der Dammverdichtung.

1 Sehr gute Verdichtung; *2* gute Verdichtung; *3* befriedigende Verdichtung; *4* ungenügende Verdichtung.

Zahlenwerte. Das „*Sackmaß*" von Dämmen wird mit 5 bis 12% angegeben. Es kann durch geeignete Verdichtungsmaßnahmen während der Schüttung auf 0,3 bis 2,0% ermäßigt werden. Bei sorgfältiger Verdichtung braucht man also nach der Fertigstellung des Damms kaum mehr mit Setzungen zu rechnen. Im allgemeinen kann man durch Verdichtungsmaßnahmen erreichen, daß die Setzungen etwa 2 bis 6 Monate nach Beendigung des Baus vollständig abgeklungen sind, vorausgesetzt, daß durch die Dammlast keine langandauernden Setzungen des Untergrundes hervorgerufen werden.

Fehler. Wenn die Pegelspitze einwandfrei in den Boden eingebaut und gegen Quellungen der Sohle gesichert ist (TERZAGHI 1930) und wenn keine Eigensetzungen des Pegels auftreten, ist bei Dämmen mit mittiger Belastung die Anzeige zuverlässig, so daß die Ablesungen eine Genauigkeit bis zu 1 mm aufweisen können. In Anbetracht der Größe der Gesamtsetzung, die meist Beträge von 25 mm und mehr annimmt, reicht diese Genauigkeit vollkommen aus. Anders ist es jedoch bei höheren Staudämmen, wo während der Dammschüttung und durch die einseitige Wasserbelastung stärkere waagerechte Dammbewegungen eintreten. Nach Vergleichsmessungen des Ruhrtalsperrenvereins (KOENIG/IDEL 1964) führt dies zu starken Verbiegungen der Pegel, so daß die an ihrem Kopf vorgenommenen Messungen der gegenseitigen Höhenverschiebungen viel zu große Setzungen ergeben (z. B. 17 cm anstatt 3 cm!). Von dieser Stelle wird deshalb die übliche Messung der Setzungen mit Pegeln abgelehnt und empfohlen, die Abweichungen der Pegelrohre von der Senkrechten durch Auslotung festzustellen und bei der Auswertung der Setzungsmessungen mit der Radiosonde zu berücksichtigen.

Verwendung. Setzungsmessungen an Dämmen ermöglichen ein Urteil über die Güte des Bauverfahrens bzw. über die Richtigkeit der bei der Entwurfsbearbeitung getroffenen Annahmen und erleichtern das Auffinden von Fehlern. Sie sind bei nachgiebigem Untergrund oder mäßigem Schüttmaterial notwendig, um — in ähnlicher Weise wie die Porenwasserdruckmessungen (s. Kap. 1.322.8) — zu entscheiden, wann man mit den wegen zu starker Setzungen unterbrochenen Bauarbeiten fortfahren oder mit dem Aufbringen der Decke beginnen kann, ohne befürchten zu müssen, daß diese infolge nachträglicher Setzungen überbeansprucht wird. Auch die Inbetriebnahme eines Verkehrs- oder Staudamms wird von den Setzungsbeobachtungen abhängig gemacht.

Literatur

TERZAGHI (1930): Die Tragfähigkeit von Pfahlgründungen. Bautechnik 8, S. 475.

v. GOTTSTEIN (1936): Warum und wie sollen Setzungsbeobachtungen an Dämmen ausgeführt werden? Straße 3, S. 280.

KEIL (1938): Der Dammbau neuzeitlicher Verkehrsstraßen, Auto- und Eisenbahnen. Berlin. S. 140.

PRESS (1952): Grundpegelausbildung. Bautechnik 29, S. 55.

Über Messungen an Staudämmen:

Bureau of Reclamation (1960): Earth manual. Denver. S. 672.

EHRENBERG (1940): Messungen an Staudämmen. VDI-Ztschr. 84, S. 495.

ORTH (1952): Amerikanische Methoden zur Setzungsbeobachtung in Erddämmen. Bauingenieur 27, S. 441.

Waterways Experiment Station Vicksburg: Review of soils design, construction and performance observations. Verschiedene Berichte: Rep. Nr. 3–452 (1957): Benbrook Dam. Rep. Nr. 3–474 (1958): Tom Jenkins Dam. Rep. Nr. 3–484 (1958): Texarkana Dam. Rep. Nr. 3–502 (1959): Lookout Point Dam. Rep. Nr. 3–508 (1959): Wister Dam. Rep. Nr. 3–603 (1962): Grenada Dam.

KOENIG/IDEL (1964): Settlement measurements on a 52 m-high rockfill dam with bituminous surface membrane. Transactions VIII. Int. Congr. Large Dams Edinburgh, Bd. IV, S. 671.

Beispiele:

LOOS (1936): Verdichtung geschütteter Dämme. 5. Bericht über die Nachprüfung der Wirkung verschiedener Verdichtungsgeräte auf der Reichsautobahn in der Nähe von Ketschendorf bei Fürstenwalde (Spree). Straße 3, S. 562.

KEIL (1936): Ergebnisse von Pegelmessungen an künstlich verdichteten Dämmen. Straßenbau 27, S. 333.

KÖGLER/SCHEIDIG (1948): Baugrund und Bauwerk. Berlin. S. 124.

RAEDSCHELDERS (1953): Een belangrijke toepassing van verticale Zandputten bij de aanleg van de autosnelweg Brussel–Oostende. Rijksinstituut voor Grondmechanica Gent/Belgien, S. 23.

2.13 Verschiebungen

Definition. Bei Dämmen mit großer Höhe, schlechtem Schüttmaterial oder nachgiebigem Untergrund treten neben den Setzungen auch Verschiebungen in waagerechter Richtung auf, vor allem in der zur Dammachse senkrechten Richtung. Die Messung dieser Bewegungen gehört bei größeren Bauvorhaben genau so zur Dammüberwachung wie das Verfolgen der Setzungen.

Gerät und Vorgang. Die Einmessung der örtlichen Veränderung von Punkten an der Oberfläche, d. h. auf der Krone und in den Böschungen von Dämmen, wird an einbetonierten Betonsockeln nach den Regeln und mit den für die Aufgabe in Frage kommenden Geräten der Vermessungstechnik vorgenommen. Näheres hierüber siehe Kap. 2.212.

Für die Messung von örtlichen Verschiebungen im Innern von Schüttungen sind in den letzten Jahren ebenfalls Meßverfahren und Geräte entwickelt worden. Vom US Bureau of Reclamation stammt ein Verfahren, bei dem die Messung der waagerechten Verschiebungen mit Hilfe des „*Meßtorpedos*“ (S. 615 und Abb. 649) möglich ist.

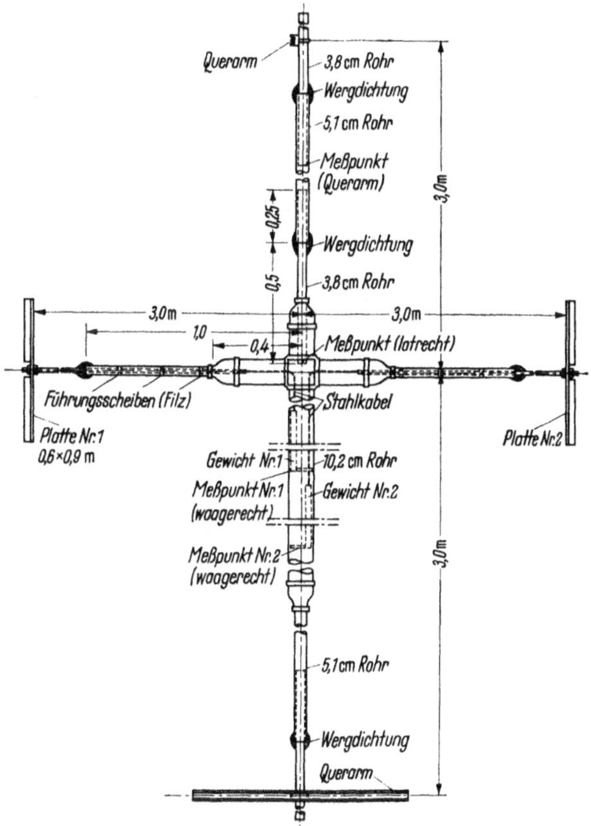

Abb. 653. Anordnung zum Beobachten waagerechter Bewegungen in Erddämmen mit dem Meßtorpedo nach Abb. 649 (Bureau of Reclamation 1960).

Das Meßprinzip ist das gleiche wie bei dem Gerät zum Messen lotrechter Bewegungen. In bestimmten Abständen sind an den lotrechten Rohren jedoch noch waagerechte Rohrstücke von 3 m Länge in beiden Richtungen angeordnet (Abb. 653). Die waagerechten Rohre tragen an ihren Enden Stahlplatten von 60 cm×90 cm. Von den Stahlplatten führen Seilzüge in das lotrechte Rohr, wo sie nach unten umgelenkt und mit Gewichten versehen sind. Die Gewichte hängen nicht in gleicher Höhe und haben Durchlaßöffnungen für den Meßtorpedo. Auf diese Weise werden die waagerechten Bewegungen der Platten in lotrechte Bewegungen der Gewichte umgewandelt. Gemessen wird an der Unterkante der Gewichte die Höhenlage beider Gewichte, die somit die waagerechte Verschiebung der beiden Stahlplatten gegeneinander anzeigt.

Mit dieser Meßeinrichtung sind am luftseitigen Fuß von Staudämmen waagerechte Bewegungen von 1,5 bis 3 cm gemessen worden. In der Dammitte wurden im allgemeinen keine Bewegungen festgestellt. An der Dammkrone haben sich

Werte bis zu 10 cm ergeben, die jedoch wegen der zu großen Krümmung des Standrohrs als fragwürdig bezeichnet werden.

Auch mit der „*Radiosonde*" von IDEL (S. 616 und Abb. 650) ist eine Messung waagerechter Verschiebungen im Damminneren möglich. Hierzu werden die Kunststoffrohre mit den Metallringen von der Dammböschung her waagerecht in das Innere des Damms hineinverlegt. Die Radiosonde wird von der in der Dammböschung angelegten Meßkammer aus an einem Zugseil, das mit einer

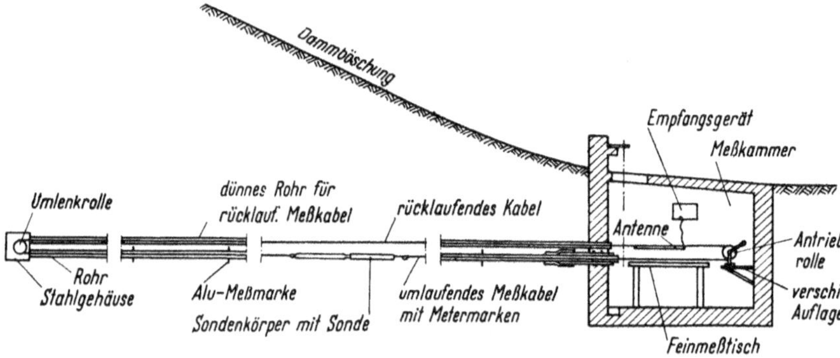

Abb. 654. Anordnung zum Beobachten waagerechter Bewegungen in Erddämmen mit der Radiosonde nach Abb. 650 (KOENIG/IDEL 1964).

Spannvorrichtung gleichmäßig vorgespannt ist, über eine Umlenkrolle im Dammzentrum endlos geführt; die Rückführung des Meßkabels erfolgt in einem zweiten Rohr mit sehr geringem Durchmesser (Abb. 654). Das Zugseil bzw. Meßkabel ist mit Meßmarken in 1 m Abstand versehen, so daß die Messung der Verschiebungen auf einem Feinmeßtisch in der Meßkammer vorgenommen werden kann, nachdem die Radiosonde jeweils so weit geführt worden ist, daß sie gerade in einem der Metallringe liegt.

Literatur

Bureau of Reclamation (1960): Earth manual. Denver. S. 693.

2.14 Rutschbewegungen

Definition. Zur Messung von waagerechten Bewegungen (Kriechen oder Rutschen) im Untergrund bei natürlichen Hängen sowie auch bei sonstigen Erdbauwerken und bei Großversuchen dienen Messungen im Bohrloch über längere Zeiträume. Als Ergänzung zu diesen Messungen soll der obere Endpunkt des Bohrlochs in den Fällen, in denen eine quantitative Aussage über die absolute Größe der Hangbewegung erforderlich ist, trigonometrisch beobachtet werden. Im allgemeinen genügt aber eine laufende Messung über die Beständigkeit der ursprünglich annähernd senkrechten Wandung des Bohrlochs, deren qualitative Ergebnisse die Lage von Gleitfugen oder Rutschzonen eindeutig anzeigen können.

Gerät. Das *Neigungsmeßgerät von* PLANTEMA (1953), das zur Messung der Verformungen von unverrohrten Bohrlöchern dient, besteht aus einem Meßstab (Abb. 655), der mit einem torsionsfreien Schlauch, welcher die elektrischen Kabel aufnimmt, verbunden ist. Der Meßstab paßt genau in einen biegsamen bewehrten Schlauch, welcher sich im Bohrloch befindet und dessen Wandung mit dem Meßstab von oben nach unten abgetastet wird. In dem kardanisch aufgehängten

Meßstab befindet sich ein Pendel, das der Schwerkraft entsprechend immer lotrecht hängt. Den Neigungen des Meßstabs entsprechen Relativverdrehungen zwischen Stab und Pendel in zwei zueinander senkrecht stehenden Ebenen, welche auf elektrische Dehnungsmeßstreifen übertragen und als elektrische Widerstands- und Spannungsänderung mit Hilfe einer WHEATSTONEschen Brückenschaltung gemessen werden. Als Spannungsmeßgerät wird eine Meßbrücke (manueller Kompensator) verwendet, die nach dem Doppelbrückenverfahren arbeitet.

Ähnlich arbeitende Geräte sind auch vom Schwedischen Geotechnischen Institut (KALLSTENIUS/BERGAU 1961) und in den USA von der Slope Indicator Company (WILSON/HANCOCK 1959) entwickelt worden.

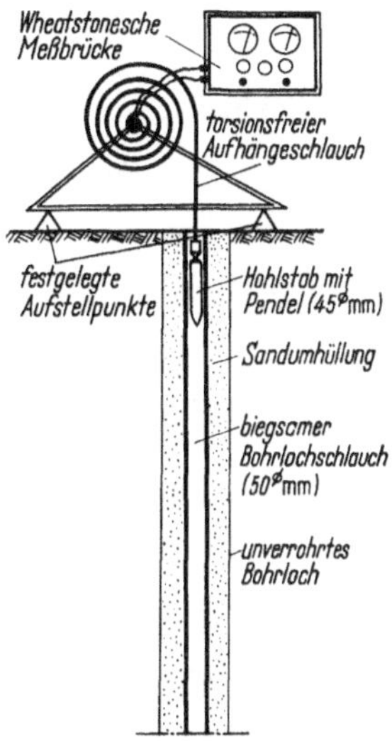

Abb. 655. Anordnung für Messungen mit dem Neigungsmeßgerät im Untergrund.

Vorgang. In dem zu beobachtenden Untergrund wird ein Bohrloch bis in rutschsichere Tiefen abgeteuft und in der Verrohrung ein biegsamer stahlbewehrter Schlauch von 50 mm Innendurchmesser hinabgelassen (Abb. 656 und 657). Der Schlauch wird im Bohrloch mit Sand umschüttet. Anschließend wird die Verrohrung gezogen und das Neigungsmeßgerät herabgelassen. Die bei der ersten Messung (Nullmessung) getroffene Aufstellung des Geräts wird genau fixiert. Die beiden senkrecht zueinander stehenden Meßebenen des Geräts werden dabei mittels Kompaß oder durch genaues Einfluchten auf unbewegliche Bezugspunkte festgelegt. Die Führung des

a b

Abb. 656a u. b. Neigungsmeßgerät.
a) Gesamtes Gerät mit Meßbrücke; b) Einführung des Meßstabs in den Bohrlochschlauch.

Meßstabs im Schlauch entspricht dann der festgelegten Ebene, da der Stab an einem torsionsfreien, auf einer Kabelrolle aufgerollten Schlauch angebracht ist (Abb. 657).

Die eigentlichen Messungen gehen in der Weise vor sich, daß von der Oberfläche des Geländes aus in Tiefenabständen von 20 cm die elektrischen Widerstandswerte für die zwei jeweils aufeinander senkrecht stehenden Meßebenen am manuellen Kompensator abgelesen werden. Zur Kontrolle wird nach Erreichen des Tiefstpunktes die Messung in den gleichen Tiefenabständen von unten nach oben wiederholt.

Bei den zu späteren Zeitpunkten folgenden Messungen wird die bei der Nullmessung fixierte Stellung des Geräts wieder eingenommen und in den gleichen

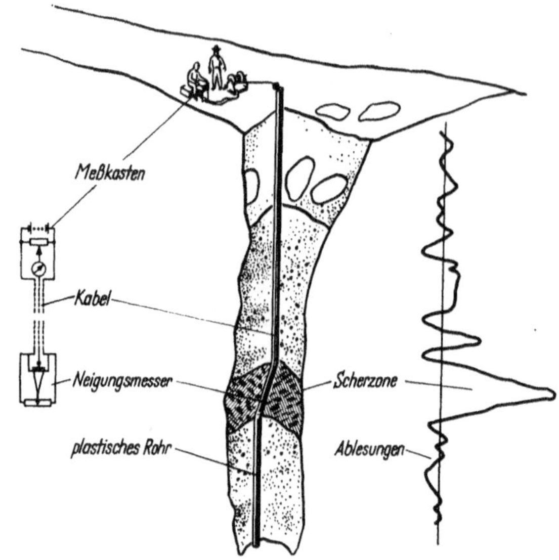

Abb. 657. Anwendung des Neigungsmeßgeräts (TSCHEBOTARIOFF 1961).

Tiefen wie bei der Nullmessung die relative Verdrehung zwischen dem Pendel und dem Meßstab, der sich der Lage des Schlauchs im Bohrloch jeweils anpaßt, bestimmt.

Meßgrößen. An Meßgrößen erhält man die elektrischen Widerstandswerte der Dehnungsmeßstreifen in den jeweiligen Tiefen des Meßstabs für zwei aufeinander senkrecht stehenden Meßebenen.

Auftragungen. Die Nullmessung ergibt die Verkrümmung des Schlauchs in seiner Anfangslagerung. Sie wird als lotrechte Bezugsgrade verwendet (Abb. 658 bis 660). Normalerweise genügt es, die auf die Nullmessung reduzierten

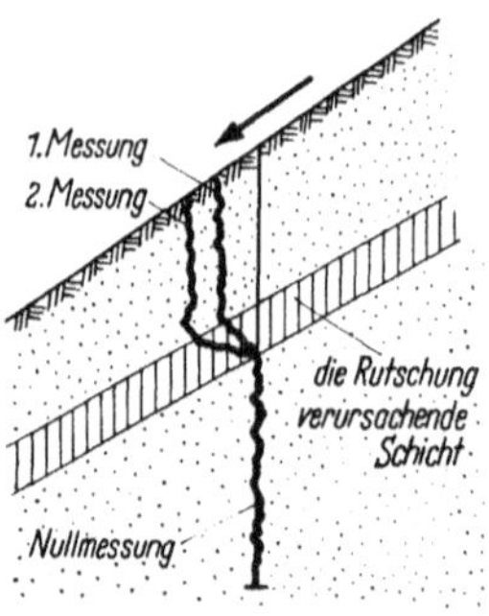

Abb. 658. Ergebnis der Neigungsmessungen bei deutlicher Gleitfuge. Verschiebung hangabwärts.

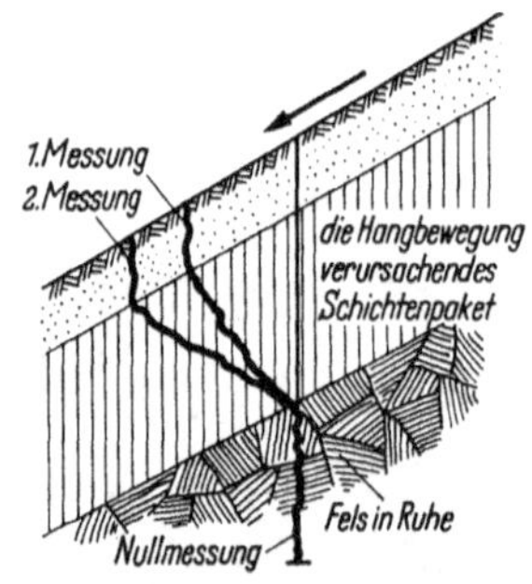

Abb. 659. Ergebnis der Neigungsmessungen bei plastischer Verformung einer größeren Schicht. Verschiebung hangabwärts.

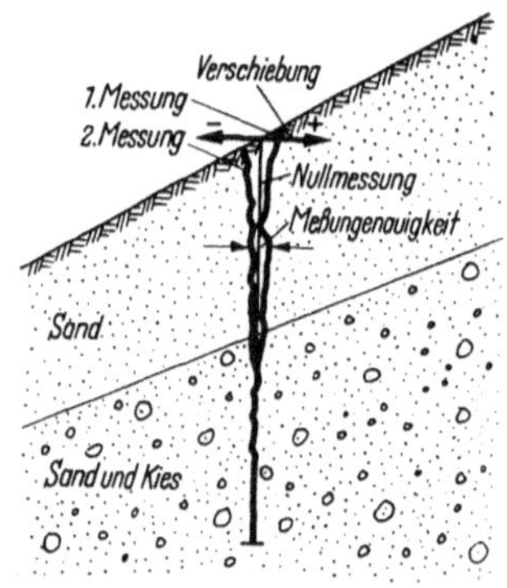

Abb. 660. Ergebnis der Neigungsmessungen bei einem unverschieblichen Hang.

Meßwerte, die den Neigungsänderungen des Meßstabs entsprechen, aufzutragen (Abb. 661 a). Man kann auch, um ein naturgetreues Bild der Verschiebungen zu konstruieren, aus den Neigungswerten die wirklichen Verschiebungen ermitteln, indem man den Sinus des Neigungswinkels mit den jeweiligen Tiefenabständen multipliziert und die Summenlinie bildet (Abb. 661 b). Beide Darstellungen zeigen an, wo sich eine Gleitfuge im Untergrund befindet. Wenn der oberste Punkt des Bohrlochschlauchs nicht trigonometrisch eingemes-

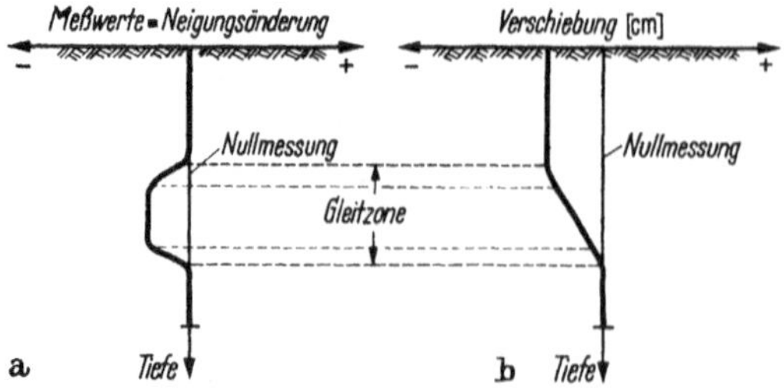

Abb. 661 a u. b. Auf die Nullmessung bezogene Meßwerte von Neigungsmessungen.
a) Neigungsänderung; b) Summenlinie der Verschiebungen.

sen worden ist, können die gemessenen Verschiebungen(Abb. 661 b) nur qualitativ ausgewertet werden, da sie als Summenlinie großen Fehlern unterworfen sind. Wenn der oberste Punkt jedoch eingemessen worden ist, läßt sich die Neigungslinie zwischen dem unteren, als unverschieblich angenommenen Punkt des Bohrlochs und dem oberen Punkt einhängen, wodurch auch quantitative Verschiebungswege im Untergrund ermittelt werden können.

Auswertung. Im allgemeinen genügt eine qualitative Auswertung der Neigungs- bzw. Verschiebungslinien (Abb. 661), um die Lage der Gleitzone im Untergrund zu erkennen. Für den Fall, daß sich eine deutliche Gleitfuge im Hang einstellt, bekommt man ein Ergebnis nach Abb. 658. Für den Fall, daß es sich um eine kriechende Bewegung des Hanges mit plastischem Abrutschen eines größeren

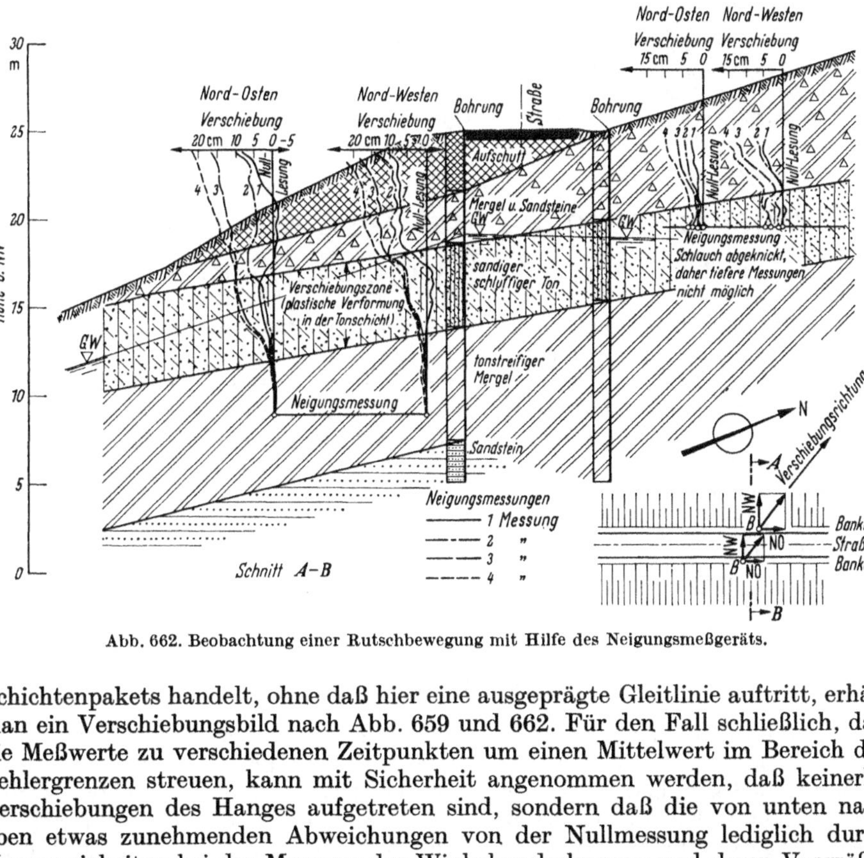

Abb. 662. Beobachtung einer Rutschbewegung mit Hilfe des Neigungsmeßgeräts.

Schichtenpakets handelt, ohne daß hier eine ausgeprägte Gleitlinie auftritt, erhält man ein Verschiebungsbild nach Abb. 659 und 662. Für den Fall schließlich, daß die Meßwerte zu verschiedenen Zeitpunkten um einen Mittelwert im Bereich der Fehlergrenzen streuen, kann mit Sicherheit angenommen werden, daß keinerlei Verschiebungen des Hanges aufgetreten sind, sondern daß die von unten nach oben etwas zunehmenden Abweichungen von der Nullmessung lediglich durch Ungenauigkeiten bei der Messung der Winkelverdrehungen und deren Vergrößerung bei der trigonometrischen Auswertung entstanden sind, ohne daß sie eine wirklich vorhandene Bewegung anzeigen (Abb. 660). Die absolute Verschiebungsrichtung erhält man durch geometrische Addition der Verschiebungen der zwei Meßebenen (Abb. 662, Lageplan).

Beispiel. An einem flach geneigten Hang wurden Verschiebungen nach Nordwesten und Nordosten gemessen, die sich ständig vergrößerten (Abb. 662).

Als Sitz der Rutschung ergab sich mit Hilfe von Neigungsmessungen in zwei Bohrlöchern eine mergelstreifige, sandig-schluffige Tonschicht, die in etwa 10 m Tiefe unter Geländeoberfläche in einem tonstreifigen Mergel übergeht. Die Rutschung reicht etwa bis in diese Tiefen. Die Verschiebungen verlaufen in dem sandig-schluffigen Ton von unten nach oben etwa dreieckförmig. Das bedeutet, daß sich die gesamte Tonschicht plastisch verformt. Die darüber liegende Deckschicht aus Mergel und Sandsteinen hat geringere Verformungen und bewegt sich mit der darunterliegenden Tonschicht, ohne im Inneren ebenso große Verschiebungen zu erleiden.

Die absolute Verschiebungsrichtung ist im Lageplan (Abb. 662, rechts unten) konstruiert.

Literatur

PLANTEMA (1953): Inclinometer for measuring horizontal deformations in the subsoil. Paper presented to the III. Int. Conf. Soil Mech. Found. Eng. Zürich.

WILSON (1958): Detection of landslides. XI. Northwest Conf. Road Building, University of Washington.

WILSON/HANCOCK (1959): Horizontal displacements of clay foundations. Proc. I. Panam. Conf. Soil Mech. Found. Eng. Mexico City, Bd. I, S. 41.

KALLSTENIUS/BERGAU (1961): In situ determination of horizontal ground movements. Proc. IV. Int. Conf. Soil Mech. Found. Eng. Paris, Bd. I, S. 481.

Slope Indicator Company (1961): Katalog 2208. Market Street, Seattle, Washington, USA.

TSCHEBOTARIOFF (1961): Neuere Beobachtungen an Spundwand-Uferbauten. Mitt. Inst. Verkehrswasserbau, Grundbau u. Bodenmech. TH Aachen H. 25, S. 216.

2.2 Beobachtungen und Messungen an Bauten aus Mauerwerk, Beton, Holz oder Stahl

Die Beobachtungen und Messungen an fertigen Bauten erstrecken sich meist auf die Ermittlung der lotrechten und waagerechten Bewegungen des Bauwerks und des benachbarten Bodens sowie auf die Bestimmung einer etwaigen Schiefstellung des Bauwerks. Neben dieser Gesamtbewegung lassen sich bei nachgiebigen Bauten lotrechte Bewegungsunterschiede einzelner Punkte der Gründungsfläche gegeneinander ermitteln. Ferner kommen – hauptsächlich bei Stahlspundwänden und Straßendecken – noch Durchbiegungen in der lotrechten oder waagerechten Ebene in Betracht. Die Wirkung von Durchbiegungen und unterschiedlichen lotrechten oder waagerechten Bewegungen kann sich im Extremfall in einer Beeinträchtigung oder Schädigung des Bauwerks in Form von Rissen äußern. Die Beobachtung von Rissen schließt sich daher an die Messung der Durchbiegungen und Bewegungen an.

2.21 Bewegungen

Ein großer Teil der Ingenieurbauten kann mit guter Annäherung als massiver Klotz betrachtet werden. Bei derartigen Körpern genügt es, die Bewegungen des Gesamtgebildes zu betrachten, die durch die lotrechte und waagerechte Verschiebung und die Schiefstellung des Bauwerks bestimmt sind. Somit ergeben sich drei Beobachtungen, für die verschiedene Verfahren entwickelt worden sind: Die Beobachtung der Setzungen, der waagerechten Verschiebungen und der Schiefstellungen. Kann das Bauwerk nicht als starres Gebilde angesehen werden, so haben die Bewegungsunterschiede Formänderungen zur Folge, deren Bestimmung zusätzliche Messungen erforderlich macht. Auch um zu wissen, ob sich die Konstruktion wie ein starrer Körper verhält oder nicht, ist es notwendig, die Bewegung einer größeren Anzahl von Punkten eines Bauwerks zu verfolgen.

Für die Deutung der Ergebnisse kann wichtig sein, daß alle gemessenen Bewegungen grundsätzlich die Komponenten einer räumlichen Bewegung darstellen können und es bei gedrungenen Bauwerken, wie z. B. Türmen, oder bei ungleichmäßigem Untergrund gewöhnlich auch sind. Im allgemeinen besitzen Bauwerke aber eine bevorzugte Achse, wie z. B. Kaimauern, Spundwände oder langgestreckte Wohngebäude, so daß es sich um ein ebenes Problem handelt. In diesen Fällen, die als Normalfall anzusehen sind, genügt zur Erfassung der Bewegung die Messung der lotrechten Setzung, der waagerechten Verschiebung in einer Richtung und unter Umständen die Messung der Schiefstellung.

2.211 Setzungen des Bauwerks und des benachbarten Bodens

Definition. Die „*Setzung*" eines Bauwerks ist die lotrechte Bewegung beliebig herausgegriffener Punkte der Konstruktion. Je nachdem, ob dabei die Bewegung gegen eine unveränderliche oder veränderliche Höhe angegeben wird, unterscheidet man „*absolute*" und „*relative Setzungen*". Außerdem werden manchmal auch die Bewegungen der Geländeoberfläche in der Nähe und die von tiefer gelegenen Punkten des Baugrundes unter oder neben dem Bauwerk betrachtet.

Die Setzungen sind mit der Zeit veränderlich und streben bei gleichbleibender Belastung im allgemeinen einem Endwert zu. Ihre Größe und ihr Verlauf hängen von der Höhe und Art der Belastung (statisch oder dynamisch), von der Größe und Form der Fundamentflächen und von der Beschaffenheit des Untergrundes ab.

Für die Setzungsmessungen gilt DIN 4107 „Richtlinien für die Beobachtung der Bewegungen entstehender und fertiger Bauwerke"[1].

Gerät. Aus der Begriffsbestimmung folgt, daß Setzungen nur aus der Differenz der Ergebnisse von wenigstens zwei zeitlich auseinanderliegenden Höhenmessungen bestimmt werden können. Da die Setzungen in der Regel nur Größen von einigen Zentimetern erreichen, müssen sie im allgemeinen auf mindestens 1 bis 2 mm genau angegeben werden. Für die Messungen kommen daher von den in der Geodäsie angewandten Verfahren zur Höhenbestimmung gewöhnlich nur diejenigen in Betracht, die eine solche Genauigkeit besitzen. Das sind Feinnivellements und Messungen mit Präzisionsschlauchwaagen.

Bei der Bestimmung relativer Setzungen zwischen Bauwerk und Untergrund mit Hilfe von Pegeln kommt daneben noch die Verwendung von Meßuhren in Frage (Abb. 683). Dieses Verfahren ist in der Geodäsie nicht anwendbar, weil es nicht gestattet, den Höhenunterschied zweier, in waagerechter Richtung weit auseinanderliegender Punkte anzugeben. Man kann damit nur die gegenseitige lotrechte Bewegung von Punkten messen, die genau untereinander liegen.

Beim *Nivellement* werden die Bauwerks- oder Geländesetzungen aus den Höhenänderungen einbetonierter „*Höhenbolzen*" bestimmt (DIN 3008 „Höhenbolzen"[1]). Die Bolzen bestehen aus Metall und sollen so beschaffen sein, daß ihr höchster Punkt, der eigentliche Ort der Messung, eindeutig festliegt (Abb. 663). Gegen Beschädigungen, die bei dem rauhen Baustellenbetrieb leicht auftreten können, sind einschraubbare oder einsetzbare Bolzen, die nach der Messung wieder entfernt werden, gesichert und deshalb unter Umständen zweckmäßig (Abb. 664). Beim Anbringen der Höhenbolzen muß die Stärke des später aufgetragenen Außenputzes, der beim Lattenaufstellen sehr stören kann, berücksichtigt werden.

Zur Erfassung der Anfangsbewegungen, deren Kenntnis zur Beurteilung des Setzungsvorgangs notwendig ist, sollten die Bolzen möglichst nahe der Bauwerkssohle angeordnet werden. Durch Schutzkästen, die bis an die Oberfläche hochgeführt und oben und unten abgedeckt werden (Abb. 665), ist die Fortführung der Beobachtung auch dann noch möglich, wenn die Baugrube wieder zugeschüttet ist. Ist trotzdem die Beobachtung nicht mehr durchführbar, so wird

[1] Die aus dem Jahre 1937 bzw. 1932 stammenden Normen, die 1961 bzw. 1965 zurückgezogen wurden, werden z. Z. neu bearbeitet.

sie rechtzeitig auf höher gelegene, neue Bolzen übertragen, womit jedoch ein Verlust an Genauigkeit verbunden ist. In solchen Fällen ist es zweckmäßig, von vornherein lotrechte I-Träger als Pegel in die Bauwerkssohle einzulassen (Abb. 666) und sie oben mit einem oder zwei Höhenbolzen zu versehen. Doch liefert diese Anordnung nur dann einwandfreie Ergebnisse, wenn der Träger vollkommen fest-

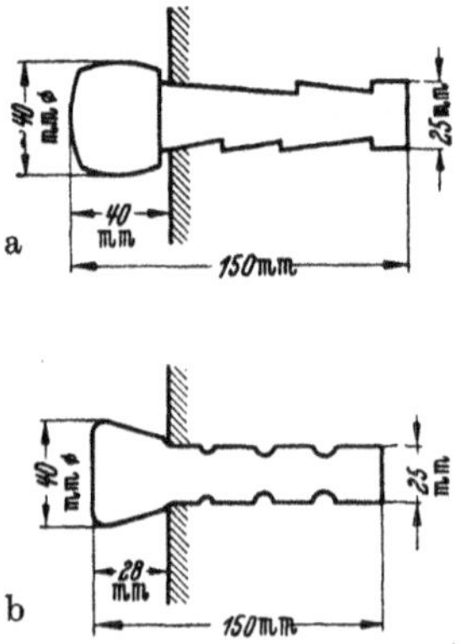

Abb. 663a u. b. Höhenbolzen für Setzungsbeobachtungen.
a) mit wulstförmigem Kopf;
b) mit kegelförmigem Kopf.

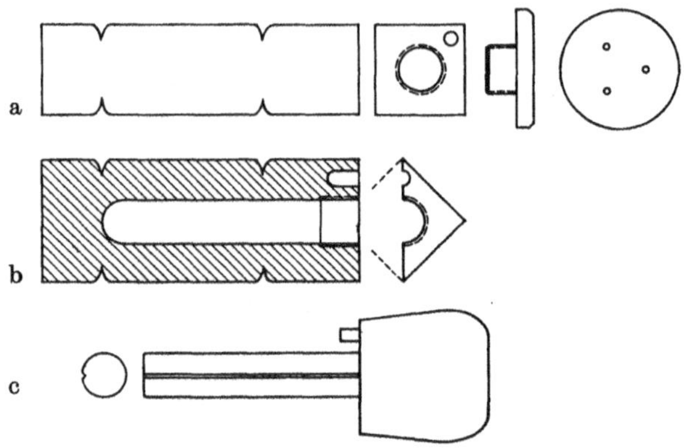

Abb. 664a—c. Abschraubbarer Höhenbolzen für Setzungsbeobachtungen.
a) Hülse mit Verschlußkappe, Ansicht und Draufsicht; b) Hülse, Diagonalschnitt; c) Bolzenkopf mit Schaft, in die Hülse einschiebbar, durch Stift gegen Verdrehung gesichert. Maße ähnlich wie in Abb. 663.

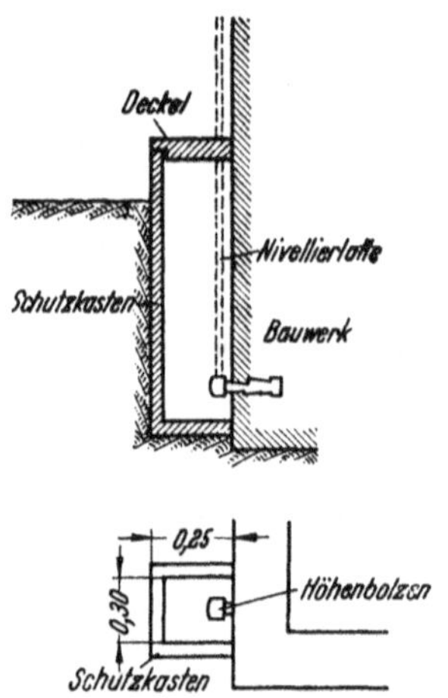

Abb. 665. Anordnung zum Beobachten tiefgelegener Höhenbolzen.

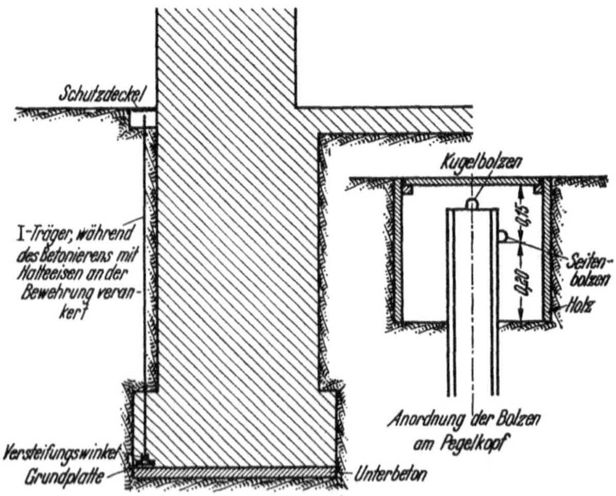

Abb. 666. Anordnung zum Beobachten der Anfangssetzung.

steht, sich nicht durchbiegt und nicht infolge großer Temperaturunterschiede seine Länge ändert.

Sockel, Kanten oder andere Marken am Bauwerk sind für genaue Messungen nicht zu gebrauchen.

Die lotrechten Bewegungen der Geländeoberfläche werden durch die Höhenänderungen von Betonpfeilern mit eingelassenem Kugelbolzen (*„Geländehöhenpunkt“*) ermittelt (Abb. 667). Die Pfeiler werden frostfrei gegründet (etwa 1,0 bis 1,5 m unter Gelände) und zur Vermeidung etwaiger Eigensetzungen möglichst lange (einige Monate) vor Beginn der Messungen hergestellt.

Für die Messung der Setzungen in tiefer gelegenen Bodenschichten unter oder neben dem Bauwerk verwendet man „*Grundpegel*", die aus einem betonierten Fußstück bestehen, in das zwei ineinanderliegende Rohre eingelassen sind (Abb. 668). Das innere Rohr überträgt die Verschiebung des Fußstücks ohne Reibung bis zur Geländeoberfläche, wo die Messung an einem angeschweißten Kopf wie bei den Höhenbolzen möglich ist. Vgl. hierzu Kap. 2.12. Um die Bewegung des äußeren Schutzrohrs, das durch die Bodenreibung an seiner Wandung mitgenommen wird, aufzunehmen und vom Fußstück fernzuhalten, werden Bewegungsmuffen eingebaut (Abb. 669c). In einfach gelagerten Fällen kann darauf verzichtet werden; das Schutzrohr darf dann aber nicht bis auf das Fußstück hinabgeführt werden, sondern muß um das Maß der erwarteten Zusammenpressung darüber enden.

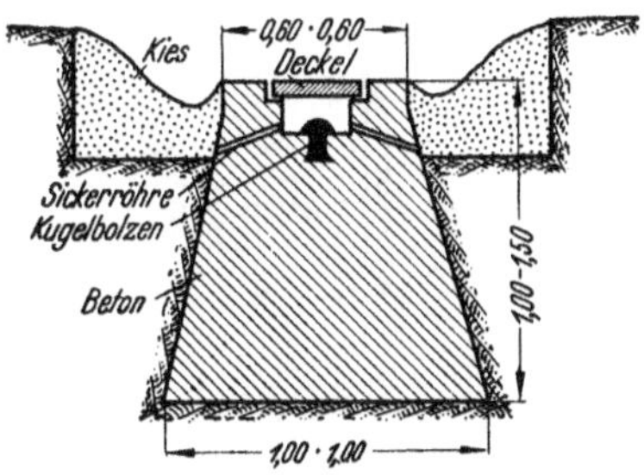

Abb. 667. Höhenfestpunkt oder Meßpunkt zum Beobachten der Geländesetzung.

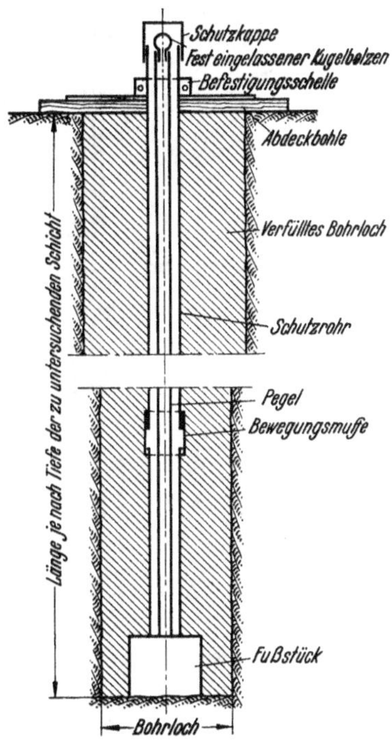

Abb. 668. Anordnung zum Beobachten der Setzung einer tiefliegenden Bodenschicht (Grundpegel).

Bei einem Grundpegel unter der Außenwand eines Bauwerks (Abb. 669a), mit dem die absolute Setzung der Wand und einer etwa 7 m unterhalb der Gründungssohle gelegenen Bodenschicht gemessen werden sollte, war das äußere Rohr unmittelbar über der Gründungssohle zur Vermeidung der Übertragung von Schwindspannungen nur ein kleines Stück (0,2 m) fest im Beton eingelassen und durch zwei Verankerungsplatten noch besonders mit ihm verbunden, so daß es dessen Setzungsbewegungen mitmachte, während das innere Rohr zur Übertragung der Setzungen der unteren Bodenschicht nach oben diente. Beide Rohre waren im Beton in einem Schutzrohr bis in eine kleine, etwa 1,5 m über Gelände liegende Meßkammer hochgeführt (Abb. 669b) und dort mit je einem Glasmaßstab ($^1/_{10}$ mm) versehen, der durch Nivellement beobachtet werden konnte (Muhs 1950).

Als Ausgangspunkt für die Höhenbestimmung der Bolzen und Pegel dient ein „*Höhenfestpunkt*" (Abb. 667). Er muß so weit vom Bauwerk entfernt sein, daß er von den Bewegungen des Untergrundes nicht mehr beeinflußt wird. In Gebieten mit nachgiebigen alluvialen Bodenarten sind „*Rohrfestpunkte*" notwendig, die mit Hilfe einer Bohrung niedergebracht werden und etwa 2 m tief in unnachgiebige, ältere Schichten hinabreichen sollen (Abb. 670). Statt der Rohre können auch einbetonierte I-Träger oder Eisenbetonpfähle mit rundem oder eckigem Querschnitt verwendet werden. Bei sehr setzungsfähigen Bodenarten ist die Verwendung eines Schutzrohrs erforderlich, um ein Aufhängen dieser Schichten an der Pegelwandung und damit eine dadurch verursachte Setzung des Pegels zu verhindern. Die Querschnitte sind bei großen Pfahllängen auf etwaiges

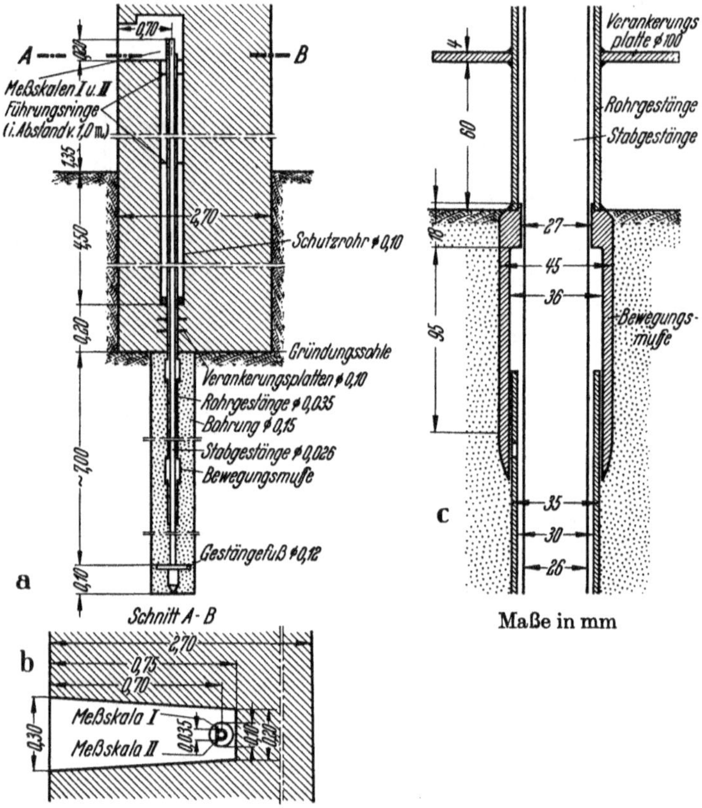

Abb. 669a—c. In einem Fundament eingebauter Grundpegel zum Beobachten der Gesamtsetzung und der Setzung der unter der Spitze des Grundpegels gelegenen Bodenschichten.
a) Gesamtanordnung; b) Schnitt durch die Meßkammer; c) Verankerung und Bewegungsmuffe des Rohrgestänges.

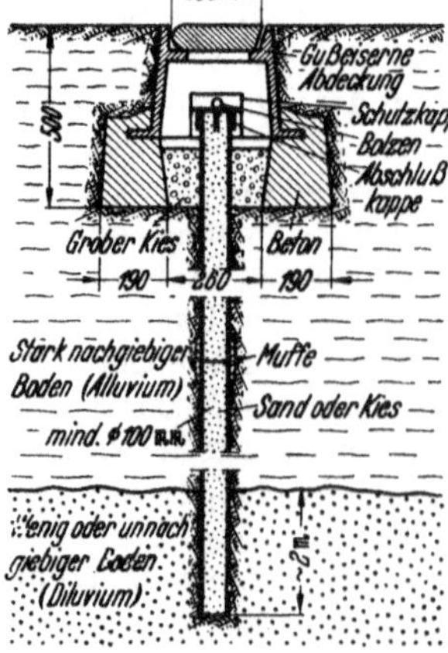

Abb. 670. Höhenfestpunkt in nachgiebigem Untergrund (Rohrfestpunkt).

Ausknicken unter ihrem Gewicht zu bemessen. Mindestquerschnitte sind (OHDE 1941):

Stahlrohre; mittlerer Durchmesser . .	$d_m \approx 0{,}16\sqrt{l^3}$;
Breitflanschträger; Höhe	$h \approx 0{,}24\sqrt{l^3}$;
Gewöhnliche T-Träger; Höhe	$h \approx 0{,}20\, l^2$;
Eisenbetonpfähle mit quadratischem Querschnitt; Seitenlänge	$a \approx 0{,}32\sqrt{l^3}$.

Man erhält d_m, h und a in cm, wenn l in m eingesetzt wird. Werden die Pegel eingerammt, so sind erheblich größere Stabquerschnitte nötig.

Die Rohrfestpunkte müssen ebenso wie die Betonpfeiler so frühzeitig hergestellt werden, daß nach Beginn der Höhenmessungen keine Eigensetzungen mehr auftreten. Befindet sich in nicht zu großer Entfernung des Bauwerks ein unbeeinflußter amtlicher Höhenfestpunkt, so wird am besten dieser als Ausgangspunkt gewählt.

Die meist verlangte Meßgenauigkeit von ~ 1 mm wird dadurch eingehalten, daß man die Höhen der Bolzen durch ein *Feinnivelliergerät* mit sehr empfindlicher Libelle und Präzisionsnivellierlatten bestimmt. An das Feinnivellier werden folgende Forderungen gestellt: Möglichst hohe Lattenablesegenauigkeit; bequeme und schnelle Handhabung wegen der nicht zu vermeidenden Störungen durch den Baubetrieb; höchste Genauigkeit der waagerechten Lage der Ziellinie und der geradlinigen Führung der Fernrohrschaltlinse beim Einstellen auf die oft ungleichen Zielweiten. Besonders vorteilhaft ist die heute bei allen Feinnivellieren vor dem Objektiv kippbar angebrachte planparallele Glasplatte, die durch Einstellung des Nivellierfadens auf Feld- oder Strichmitte einer Lattenteilung bequem eine hohe Lattenablesegenauigkeit gestattet. Von den Nivellierlatten wird neben einer hohen Genauigkeit der Teilung eine nur geringe Beeinflußbarkeit durch Temperatur und Feuchtigkeit verlangt, außerdem eine Teilung, die höchste Einstellgenauigkeit ermöglicht. Aus diesem Grunde ist eine Strichteilung in Verbindung mit einem keilstrichförmigen Nivellierfadenkreuz geeigneter als die sonst übliche Felderteilung.

Im Jahre 1951 haben die Zeiss-Werke, Oberkochen, das Bau- und Ingenieurnivelliergerät Ni 2 erstmalig mit automatischer Waagerechtstellung der Ziellinie herausgebracht. Sogenannte automatische Nivelliere, die sich besonders bei Ingenieurmessungen als sehr handlich und zeitsparend erweisen, werden heute von allen deutschen und auch von ausländischen Firmen hergestellt. Die automatische Waagerechtstellung der Ziellinie erfolgt beim Ni 2 mittels eines im Fernrohr pendelnd aufgehängten Kompensatorprismas mit einer Genauigkeit von $\pm 1{,}5^{cc}$ [1]. Mit einem dem Fernrohr vorgesetzten Planplattenmikrometer läßt sich der Nivellierstrich auf die Feldmitte einer auf Invarband aufgetragenen 5 mm-Felderteilung einstellen. An der Mikrometertrommel können dann Höhenversetzungen der Ziellinie von 0,5 mm abgelesen und von 0,05 mm geschätzt werden. Der mittlere Fehler eines doppelt gemessenen Nivellementszugs von 1 km Länge liegt beim mit Mikrometer ausgerüsteten Nivellier Ni 2 bei $\pm 0{,}7$ bis 1 mm. Auf Baustellen können die von den laufenden Maschinen angeregten Schwingungen des Kompensators die Ablesung an der Latte erschweren.

Eine *Schlauchwaage* besteht in ihrer einfachsten Form aus zwei Glasröhren, die durch einen Schlauch miteinander verbunden sind (Abb. 671). Jede Röhre ist fest in einen Fuß eingelassen und trägt eine Millimeterteilung. Der Skalennullpunkt soll in der Aufsatzfläche liegen oder bei beiden Standgefäßen den gleichen Abstand a_0 haben.

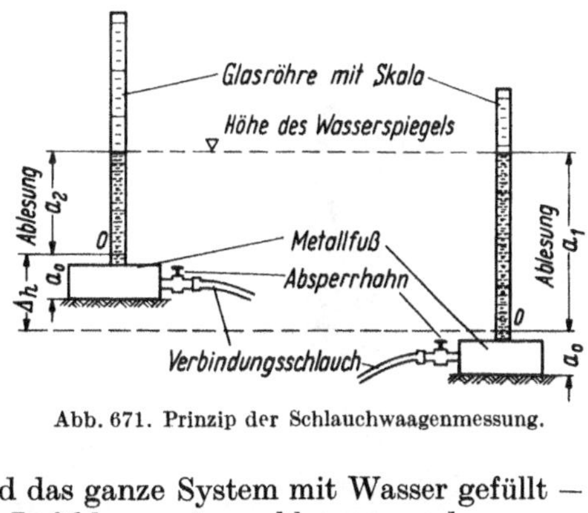

Abb. 671. Prinzip der Schlauchwaagenmessung.

Die Höhenmessung mit der Schlauchwaage beruht auf dem Prinzip der kommunizierenden Röhren. Wird das ganze System mit Wasser gefüllt — dabei ist darauf zu achten, daß keine Luftblasen eingeschlossen werden —, so liegen die Spiegel in den beiden Standrohren auf einer Waagerechten. Liest man die Wasserstände a_1 und a_2 ab, ergibt die Differenz $a_1 - a_2$ den Höhenunterschied Δh der Punkte (Abb. 671).

[1] $1^{cc} = 1$ Neusekunde $= 0{,}32$ Altsekunden.

Die Genauigkeit der Schlauchwaagenmessung ist zunächst von der Genauigkeit der Ablesung abhängig (Abb. 672). TERZAGHI hat sie schon 1933 dadurch gesteigert, daß er eine Tastspitze, die durch einen Mikrometertrieb bewegt wird, auf den Wasserspiegel aufsetzte. Die Verschiebung kann an einer Meßtrommel abgelesen werden. Nach diesem Prinzip sind für Setzungsmessungen seitdem verschiedene Schlauchwaagentypen verwendet worden.

Zur Zeit sind zwei inzwischen erheblich weiterentwickelte *Präzisionsschlauchwaagen* im Handel. Bei der von MEISSER (Hersteller: VVB Freiberger Präzisionsmechanik) entwickelten Schlauchwaage (Abb. 673 und 674) können an der Meßtrommel $^1/_{100}$ mm abgelesen und $^1/_{1000}$ mm recht genau geschätzt werden. Die Schlauchwaage nach NIEMCZYK (Hersteller: Metron, Wärme- und Meßtechnik, Essen) ist mit einer Meßuhr ausgerüstet, die die Ablesung von $^1/_{1000}$ mm gestattet (Abb. 675 und 676). Tatsächlich kann allerdings nur eine wesentlich geringere Genauigkeit erreicht werden. Unter Feldbedingungen ist sie bei beiden Geräten fast gleich und

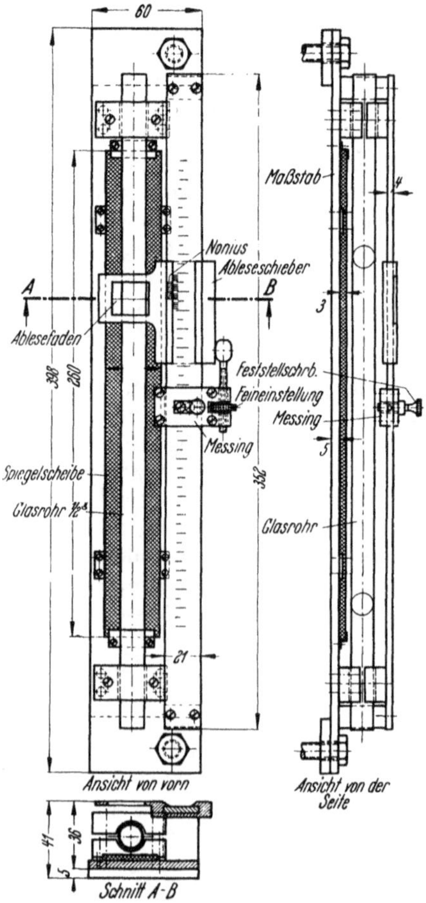

Abb. 672. Für Setzungsbeobachtungen verfeinerte feste Schlauchwaage. Maße in mm.

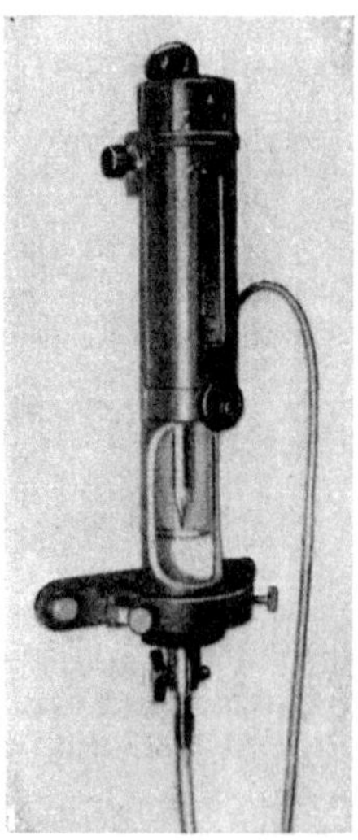

Abb. 673. Bewegliche Präzisionsschlauchwaage nach MEISSER.

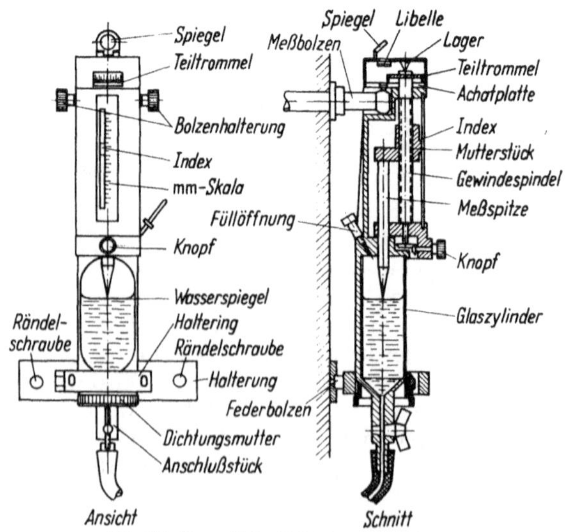

Abb. 674. Bewegliche Präzisionsschlauchwaage nach MEISSER.

liegt – wenn keine Temperaturkorrekturen angebracht werden – nach SPETTMANN (1958) zwischen $\pm 0{,}03$ und $\pm 0{,}05$ mm für die Einzelmessung.

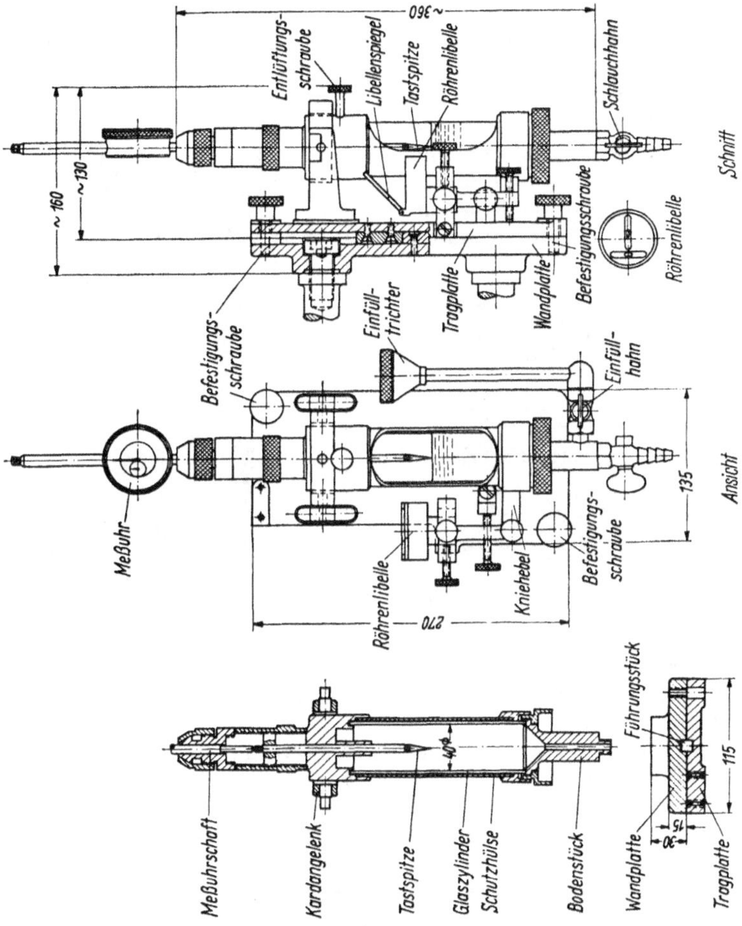

Abb. 676. Bewegliche Metron-Präzisionsschlauchwaage nach NIEMCZYK. Maße in mm.

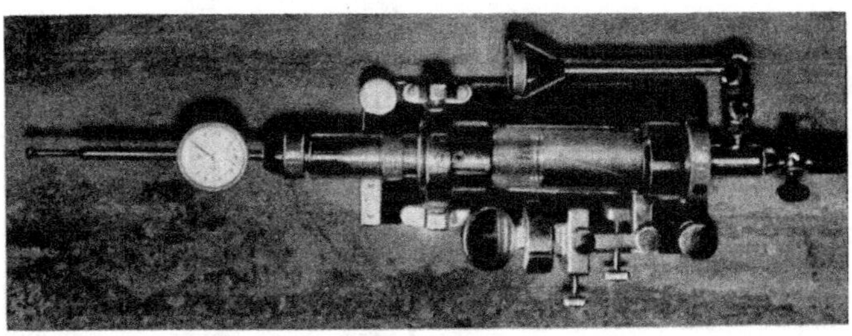

Abb. 675. Bewegliche Metron-Präzisionsschlauchwaage nach NIEMCZYK.

Bei wenigen Beobachtungen in großen Zeitabständen setzt man ein Paar Schlauchwaagen ein, die dann an den jeweils zu beobachtenden Punkten aufgehängt werden („*bewegliche Schlauchwaage*“, Abb. 673 bis 676). Will man nicht nur die gegenseitige Bewegung oder eine etwaige Schieflage des Bauwerks, sondern auch die absoluten Setzungen ermitteln, wird zunächst die Höhe eines günstig gelegenen Schlauchwaagenpunkts durch ein, an einen sicheren Punkt angeschlossenes Nivellement bestimmt. Von dieser Höhe ausgehend, können dann die Höhen der übrigen Punkte durch Addition der mit der Schlauchwaage ermittelten Höhenunterschiede und damit die Setzungen berechnet werden.

Zur Vermarkung der Meßpunkte wird bei der MEISSERschen Schlauchwaage ein Kugelbolzen einzementiert (Abb. 677). Die Schlauchwaage liegt auf der Kugel mit einer Achatplatte auf und ist durch die obere Bolzenhalterung gegen Abrutschen gesichert. In der unteren, an zwei Steinschrauben angeschraubten Halterung (Abb. 717) wird die Schlauchwaage mittels zweier Rändelschrauben horizontiert. Der Kugelbolzen ist zum Schutz gegen Korrosion verchromt oder aus rostfreiem Stahl gefertigt. Eine Verschlußkappe soll Beschädigungen durch Stoß oder Schlag verhüten.

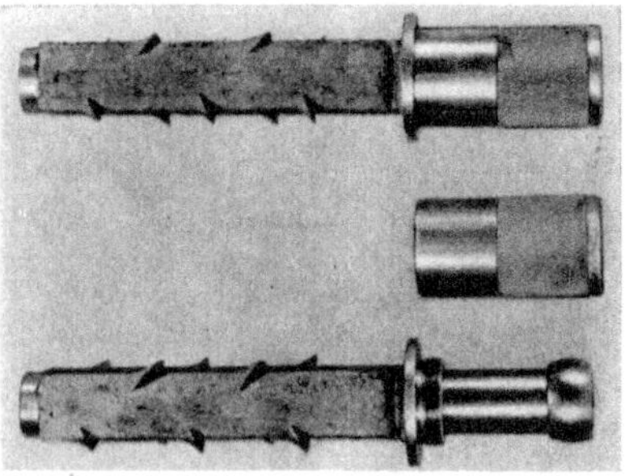

Abb. 677. Aufhängebolzen (mit Verschlußkappe) für die Präzisionsschlauchwaage nach MEISSER.

Abb. 678. Aufhängeplatte für die Metron-Präzisionsschlauchwaage nach NIEMCZYK.

Bei der Metron-Schlauchwaage dient als Punktvermarkung eine auf zwei einzementierten Bolzen fest aufgeschraubte Wandplatte (Abb. 678). Das Meßgerät selbst ist auf einer Tragplatte montiert, die bei den einzelnen Messungen durch zwei Befestigungsschrauben mit der Wandplatte verbunden wird. Während bei der Metron-Schlauchwaage nach Beendigung aller Messungen die Wandplatte durch Lösen der beiden Bolzenschrauben wiedergewonnen werden kann, bleibt der

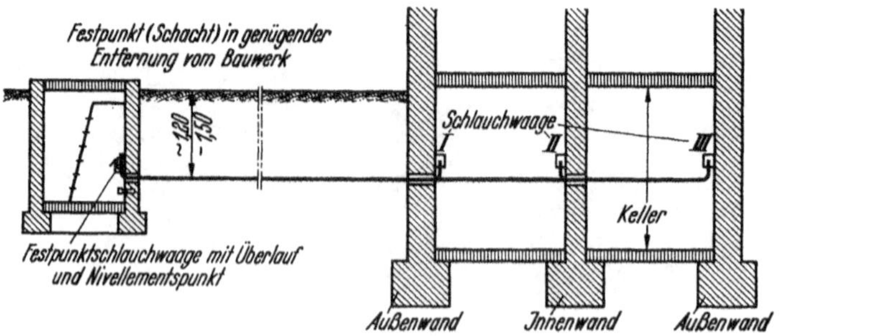

Abb. 679. Anordnung zum Beobachten der Gesamtsetzung mehrerer Meßpunkte mittels fest eingebauter Schlauchwaagen.

Kugelbolzen der MEISSERschen Schlauchwaage im Mauerwerk. Wo er stört, wird der herausstehende Kopf abgeschlagen oder abgebrannt; die unversehrte Wiedergewinnung ist wirtschaftlich selten vertretbar.

Wenn häufig in kurzen Zeitabständen beobachtet und auch nach Fertigstellung des Bauwerks längere Zeit weiter gemessen werden soll, lohnt es sich, mehrere Schlauchwaagen fest einzubauen und durch ein Röhrensystem miteinander zu verbinden („*feste Schlauchwaage*", Abb. 672). Schafft man noch einen außerhalb der Bewegungszone um das Bauwerk gelegenen Festpunkt (Abb. 679), so kann man auch die absoluten Setzungen direkt mit der Schlauchwaage bestimmen (MUHS 1948). Um die Meßgenauigkeit nicht durch Temperaturschwankungen zu beeinträchtigen, soll dieser Festpunkt durch einen unterirdischen temperaturisolierten Gang mit dem Bauwerk verbunden sein. An der Festpunktschlauchwaage befinden sich zweckmäßigerweise ein Wasserbehälter und ein Überlaufkasten (Abb. 680), so daß der Wasserspiegel in dem System immer auf der gleichen Höhe gehalten werden kann. Dies ist zwar nicht unbedingt erforderlich, erleichtert aber die Auswertung. Unmittelbar neben der Festpunktschlauchwaage ist ferner ein Höhenbolzen anzubringen, an dem ihre unveränderte Lage durch ein Nivellement zu weiteren sicheren Punkten überprüft werden kann.

Abb. 680. Schlauchwaagenfestpunkt mit Überlauf und Höhenbolzen (unten rechts) zum Anschluß eines Feinnivellements.

Die hohen Vorbereitungskosten aller dieser Maßnahmen werden durch schnelle Messungen gerechtfertigt, die von dem in den Räumlichkeiten herrschenden Betrieb und auch — bei den grundsätzlich wegen der Frühzeitigkeit der Messungen anzustrebenden Beobachtungen im Kellergeschoß — durch hindernde Kellerwände nicht gestört werden.

Die Frage, ob Setzungsbeobachtungen vorteilhafter mit Schlauchwaagenmessungen oder durch Nivellement ausgeführt werden, muß von Fall zu Fall beantwortet werden. Soll in einem Raum mit geringem Temperaturgefälle gemessen werden und können die Höhenunterschiede zwischen den Meßbolzen mit jeweils nur einer Aufstellung des Nivellierinstruments beobachtet werden, so ist die meist geforderte Genauigkeit von 1 mm mit beiden Verfahren zu erreichen, der Zeitaufwand für die Schlauchwaagenmessung aber wesentlich höher. In solchen Fällen und bei Messungen im Gelände wird man daher das Nivellement vorziehen. Im Inneren von Gebäuden, vor allem bei den oft zum Erfassen der Anfangssetzungen erwünschten Messungen im Kellergeschoß, zwingen dagegen die meist beengten Sichtverhältnisse beim Nivellement zu einer solchen Vielzahl von Instrumentenaufstellungen, daß die geforderte Genauigkeit nicht eingehalten werden kann. Dann empfiehlt es sich, mit der Schlauchwaage zu messen. Selbst wenn der Keller durch türlose Trennwände unterteilt ist, bildet dies kein unüberwindliches Hindernis, da man den Schlauch durch die Kellerzugänge führen kann und so ein bei nur geringer Genauigkeitseinbuße brauchbares Ergebnis erhält.

Da häufig die Meßaufgabe gerade darin besteht, nicht nur die Setzungen der Außenwände zu beobachten, sondern auch die von Wänden nnd Pfeilern im Innern der Gebäude, ist die Schlauchwaagenmessung also oft zweckmäßig. In wichtigen

Fällen kann man auch die Messung mit dem Feinnivellier und der Präzisionsschlauchwaage miteinander koppeln und die Setzungen der Außenwände mit dem Nivelliergerät und die Setzungsunterschiede im Innern des Bauwerks mit der Schlauchwaage messen. In dieser Weise ist z. B. bei der Setzungsbeobachtung beim Wiederaufbau des Hansaviertels in Berlin verfahren worden (MUHS 1961).

Wird eine Genauigkeit von < 0,5 mm verlangt, so ist diese nur durch Messung mit einer Präzisionsschlauchwaage zu erreichen (s. Abschn. ,,Fehler").

Die Schlauchlänge wählt man den jeweiligen Erfordernissen entsprechend. Bei dem hydrostatischen Nivellement zwischen den Inseln Fehmarn und Laaland wurde die gesamte Entfernung von 21 km mit einer Messung (GIGAS 1960) überbrückt. Bei Setzungsmessungen wird man allerdings mit Schlauchlängen bis 50 m auszukommen suchen, weil sonst die Arbeiten zur Sicherung des Schlauchs

Abb. 681. Niveaumesser der Firma Dr. Hans Bockels & Co. Aachen.

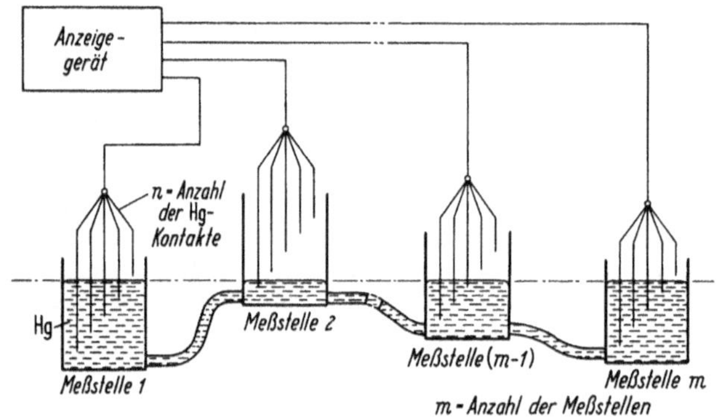

Abb. 682. Meßprinzip bei der Überwachung von Bauwerken auf unterschiedliche Setzungen mit Hilfe des Niveaumessers der Firma Dr. Hans Boekels & Co., Aachen.

gegen mechanische Beschädigung und gegen eine die Meßgenauigkeit beeinträchtigende Wärmeeinstrahlung zu umfangreich würden und der Schlauch selbst für den Transport zu unhandlich wäre. Man verwendet heute meist durchsichtige Kunststoffschläuche (PVC-Schläuche) mit 10 mm Durchmesser, in denen man beim Füllen die sich bildenden Luftblasen leicht erkennen kann.

In jüngster Zeit ist das Prinzip der Schlauchwaagenmessung zur Überwachung von Bauwerken auf nachgiebigem oder bergbaugefährdetem Untergrund im Hinblick auf die im Inneren der Bauwerke auftretenden relativen Setzungen weiter entwickelt worden (BOEKELS 1966). Das Meßsystem besteht aus einer unter Umständen größeren Zahl von Meßgefäßen (,,*Niveaumesser*", Abb. 681), die an den Beobachtungsstellen normalerweise fest mit dem Bauwerk vereint und untereinander mit Schläuchen verbunden sind (Prinzip der festen Schlauchwaagenmessung). Dieses System ist mit einer leitenden, nicht korrodierenden Flüssigkeit (im allgemeinen Quecksilber) gefüllt. Jedes Meßgerät enthält eine Anzahl von in vertikaler Richtung (minimal von 0,5 zu 0,5 mm) gestaffelten Kontaktstiften, von denen einige entsprechend der veränderlichen Höhe der jeweiligen Beobachtungsstelle in die Kontaktflüssigkeit eintauchen (Abb. 682) und dadurch einen elektrischen Stromkreis schließen, was auf einen Anzeigegerät kenntlich gemacht wird. Mit einer Genauigkeit, die dem senkrechten Abstand der Kontaktstifte untereinander entspricht, können also die Relativbewegungen des Bauwerks an den einzelnen Beobachtungsstellen, d. h. je nach Anordnung auch etwaige Längs- oder Querneigungen des Bauwerks, bestimmt werden. Der zusätzliche Einsatz von Registriergeräten gestattet eine lückenlose Aussage über den zeitlichen Verlauf und die Größe der eingetretenen Setzungen oder Hebungen.

Meßuhren können nur für die Bestimmung der Setzungsunterschiede von Punkten, die lotrecht übereinander liegen, mit Hilfe von Grundpegeln verwendet werden (Abb. 683 und 684). Am oberen Ende des fest im Fundament verankerten äußeren Pegelrohrs ist eine Metallplatte befestigt. An dem inneren Rohr sind zwei Meßuhren so angebracht, daß ihre Taster auf der Platte aufsitzen. Bewegt sich das äußere Rohr mit der Metallplatte infolge einer Setzung des Fundaments stärker nach unten als das innere Rohr mit den Meßuhren, so

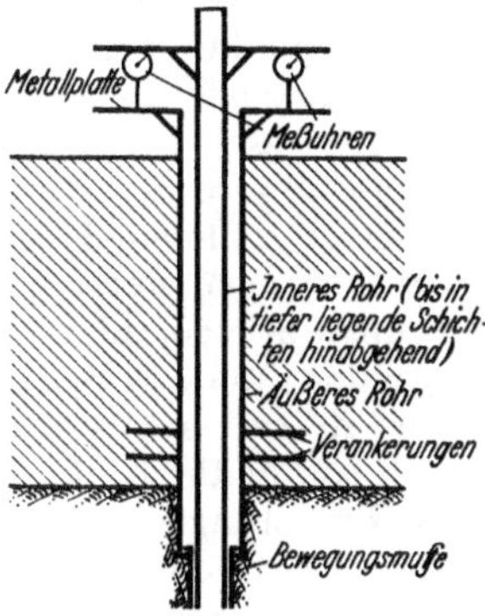

Abb. 683. Anordnung zum Beobachten der Relativsetzung von zwei übereinander liegenden Punkten in verschiedener Tiefe mittels Meßuhren.

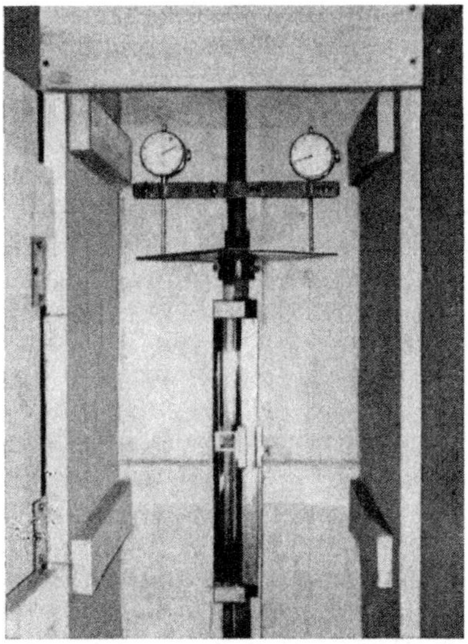

Abb. 684. Meßuhren zum Beobachten der Relativsetzung zwischen Stab- und Rohrgestänge und Schlauchwaage zum Beobachten der Gesamtsetzung des Rohrgestänges.

ergibt sich aus der Differenz zweier Ablesungen die relative Bewegung der beiden Rohre. Die Anbringung zweier Meßuhren ist zum Eliminieren einer Schrägstellung der Platte notwendig. Bei symmetrischer Anordnung zur Rohrachse gibt das Mittel die lotrechte Bewegung an. Siehe hierzu auch Kap. 2.12.

Vorgang. Bei jedem der drei Verfahren (Nivellement, Schlauchwaagen- oder Uhrenmessung) werden die Meßstellen so früh wie möglich hergestellt. Dies gilt insbesondere für alle Festpunkte, damit keine Eigensetzungen, die das Ergebnis der Untersuchung verfälschen, eintreten können. Bei manchen Setzungsbeobachtungen ist es notwendig, auch außerhalb des Bauwerks im Gelände durch Messungen festzustellen, wie sich der Baugrund verhält. Er kann durch die Setzung des Bauwerks nach unten verdrückt oder durch seitliches Ausweichen des Bodens aufgetrieben werden (Abb. 268 bis 270).

Zahl und Lage der Meßpunkte richten sich nach den Bodenverhältnissen, der Größe des Bauwerks und nach der Meßaufgabe selbst. Bei gleichmäßigem Untergrund ordnet man die Punkte symmetrisch zu den Achsen des Bauwerks an. Stellen, wo sich der Untergrund, die Gründungstiefe oder die Belastung wesentlich verändern, werden zusätzlich beobachtet. Für die Zahl und die Lage der Meßpunkte ist ferner von Bedeutung, ob man nur die mittlere Setzung des Bauwerks oder die unterschiedlichen Setzungen seiner einzelnen Teile, seine eventuelle Schiefstellung oder seine Durchbiegung, d. h. bei gleichmäßiger Belastung seine Setzungsmulde, bestimmen will. Beispiele hierfür siehe Muhs (1961).

Der größte Abstand der Meßpunkte vom Bauwerk muß der Entfernung entsprechen, in der noch eine Auswirkung der Baugrundbelastung vermutet wird (im rund 1,0- bis 1,5fachen Abstand der Bauwerksbreite, von der Bauwerkskante aus gerechnet; je nach Größe der Belastung und der Art des Bodens; Abb. 690). Liegen innerhalb dieser Entfernung alte Gebäude, so werden auch an ihnen Meßpunkte angebracht.

Außerhalb der Einflußzone der Belastung wird der Ausgangspunkt gesetzt und seine Unveränderlichkeit von Zeit zu Zeit geprüft, entweder durch ein Anschlußnivellement an einen weiter entfernten Höhenfestpunkt oder durch Vergleich innerhalb einer Punktgruppe. Hierzu werden in der Nähe des Ausgangspunkts mindestens zwei weitere Höhenfestpunkte so festgelegt, daß mit *einer* Instrumentenaufstellung die Unterschiede aller drei Höhen bestimmt werden können. Die Entfernung der Punkte untereinander beträgt hierfür am besten 50 bis 80 m.

Aus Gründen der Genauigkeit werden beim *Nivellement* die Höhen der Meßpunkte am Bauwerk durch möglichst wenig Zwischenpunkte, am besten mit nur einer Instrumentenaufstellung, ermittelt. Da die günstigste Zielweite bei etwa 40 m liegt, so müßte der Ausgangspunkt etwa 80 m vom Bauwerk entfernt sein. In diesem Bereich muß aber bei größeren Bauten noch mit einer Auswirkung der Belastung gerechnet werden. Außerdem ist es auf einer größeren Baustelle wegen der Gerüste, der lagernden Materialien und der Störungen durch den Betrieb meist nicht möglich, das Nivellement zur Einwägung der Meßpunkte in der sonst üblichen Form durch eine Schleife vom Ausgangspunkt um das Bauwerk herum zum Ausgangspunkt zurück durchzuführen. Es wird deshalb am besten möglichst wenig in der Nähe des Bauwerks nivelliert. Jedoch soll dadurch die Genauigkeit nicht nennenswert beeinträchtigt werden. Beide Forderungen werden dadurch erfüllt, daß man in einer Entfernung von höchstens 80 m vom Bauwerk Nivellementspfeiler aus Beton mit Kugelbolzen (Abb. 667) so anordnet, daß von ihnen aus die Meßpunkte am Bauwerk mit möglichst nur einer Instrumentenaufstellung eingewogen werden können. Gleichzeitig werden dadurch die zwischen dem Bauwerk und dem Kranz der Pfeiler liegenden Punkte für die Setzungen des Geländes mit einer annähernd gleich großen Genauigkeit wie die Punkte am Bauwerk eingemessen. Da bei größeren Bauten die Nivellementspunkte in 80 m Entfernung — wie bereits erwähnt — nicht unveränderlich sind, kann in derartigen Fällen ein zweiter Kranz von solchen Punkten in etwa 160 m Entfernung, gegebenenfalls mit dazwischenliegenden Punkten zur Beobachtung des Untergrundes, notwendig werden. Von den Punkten dieses äußeren Kranzes kann einer zum unveränderlichen Ausgangspunkt bestimmt werden.

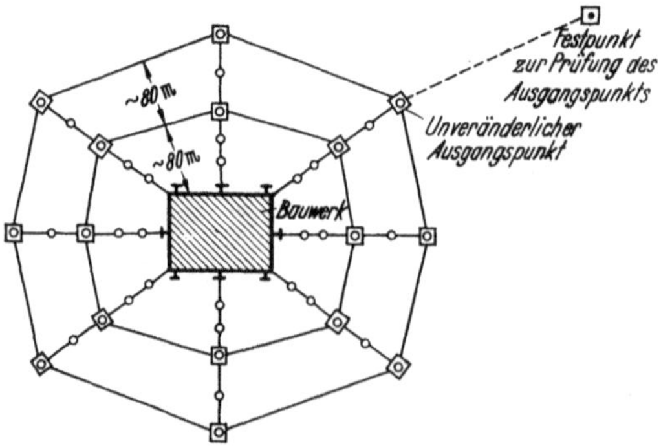

Abb. 685. Anordnung der Meßpunkte am Bauwerk und im Gelände sowie der Nivellementspunkte zum Beobachten der Bauwerks- und der Geländesetzungen.

T Meßpunkt am Bauwerk; o Meßpunkt im Gelände; □ Nivellementspunkt.

Man erhält somit ein Schema (Abb. 685), bei dem an jeder Ecke des Bauwerks ein Meßpunkt und an seinen Seiten mindestens ein Meßpunkt (besser mehrere) vorhanden ist und die Punkte zur Beobachtung der Setzung des Geländes in Richtung der Diagonalen und der beiden Hauptachsen angeordnet sind. Die Nivellementspunkte dienen gleichzeitig zur Messung der Oberflächensetzung des Baugrundes. Da die Verhältnisse auf jeder Baustelle anders liegen, ist eine unveränderte Übernahme dieser Anordnung kaum durchführbar, zur einwandfreien Ausführung der Setzungsbeobachtungen jedoch anzustreben.

Die Lage aller Meßpunkte wird eingemessen, so daß sie auffindbar bleiben. Bei den Höhenbolzen hat es sich als nützlich erwiesen, an besonders gefährdeten Stellen zwei im waagerechten und lotrechten Abstand nur einige Dezimeter voneinander entfernte Bolzen am Bauwerk einzulassen, so daß trotz eventuellen Fortfalls eines Bolzens die Setzungsbeobachtung an der betreffenden Stelle fortgesetzt werden kann.

Ein *Feinnivellement* unterscheidet sich von einem einfachen *technischen Nivellement*, mit dem eine Setzung auf höchstens 5 mm genau bestimmt werden kann, durch meßtechnische Anordnungen, die durch die geforderte hohe Genauigkeit von mindestens 1 bis 2 mm (S. 625) und durch die Besonderheiten des benutzten Feinnivelliers und der Strichlatten bedingt sind.

Bei den hohen Genauigkeitsanforderungen sind wegen einer oft noch vorhandenen geringen Konvergenz zwischen Ziel- und Libellenachse gleiche Zielweiten im Rück- und Vorblick anzustreben. Durch gleiche Zielweiten wird auch der Einfluß der Strahlenbrechung („*Refraktion*"), die eine Ablenkung der Zielstrahlen zur Folge hat, ausgeschaltet, es sei denn, daß die Visuren im Rück- und Vorblick in verschiedenen atmosphärischen Verhältnissen verlaufen. Daher werden Instrumentenaufstellungen vermieden, bei denen eine Visur der Sonnenbestrahlung ausgesetzt ist und die andere im Schatten verläuft. Insbesondere wirkt sich die Strahlenbrechung in den Luftschichten von weniger als 0,5 m Höhe über dem Erdboden aus, da hier verhältnismäßig große Temperaturunterschiede auftreten. Das gleiche gilt für dicht an sonnenbestrahlten Wänden entlanglaufende Visuren.

Nach Möglichkeit wird das Nivellement so angelegt, daß eine fortlaufende Höhenberechnung mit einem Abschluß als Sicherung gegen trotz aller Vorsichtsmaßnahmen eingetretene Fehler vorhanden ist. Eine durchgreifende Kontrolle kann aber nur durch ein zweites Nivellement erfolgen, das sofort an das erste angeschlossen werden muß, da etwaige Unterschiede sonst nicht nur durch reine Beobachtungsfehler, sondern auch durch die inzwischen erfolgte Setzung bedingt sein können. Die auftretenden Unterschiede in den Höhen der einzelnen Meßpunkte liefern ein Bild über die erzielte Genauigkeit.

Bei *Schlauchwaagenmessungen* werden die Beobachtungspunkte nach den gleichen Gesichtspunkten wie bei der Höhenbestimmung mit dem Nivelliergerät verteilt. Eine Einschränkung entsteht lediglich dadurch, daß der Meßbereich selbst einfacher Schlauchwaagen kaum mehr als zwei Dezimeter umfaßt. Der Meßbereich der MEISSERschen Schlauchwaage beträgt 100 mm, der der Metron-Schlauchwaage 50 mm. Bei der Anlage eines Schlauchwaagennetzes dürfen sich daher die Beobachtungsbolzen in ihrer Höhe nur wenig unterscheiden, wenn die Skalenlänge für die Beobachtung der Bauwerksbewegungen ausreichen soll. Natürlich wäre es möglich, ähnlich wie beim Nivellement größere Höhenunterschiede durch staffelförmig hintereinander angeordnete Messungen zu überwinden. Ein solches Verfahren ist aber mit einem beachtlichen Zeitmehraufwand und einem unerwünschten Genauigkeitsabfall verbunden. Man strebt deshalb ein aus möglichst regelmäßigen Drei- und Vierecken gebildetes Vermessungsnetz an, in dem der Höhenunterschied jeder Strecke durch *eine* Messung bestimmt wird. In einem solchen Netz sind grobe Meßfehler leicht zu erkennen. Die unvermeidlichen Beobachtungsfehler werden nach der Methode der kleinsten Quadrate ausgeglichen.

Infolge von Temperaturspannungen und Temperaturnachwirkungen zeigen die bis jetzt entwickelten Präzisionsschlauchwaagen einen veränderlichen Nullpunktfehler. Um ihn auszuschalten, mißt man jede Strecke doppelt mit vertauschten Standgefäßen und bildet aus beiden Ergebnissen das Mittel. Folgen beide Beobachtungen rasch aufeinander, kann man den Gang des Nullpunktfehlers vernachlässigen und das Mittel als fehlerfrei betrachten.

Zur Abschätzung des Nullpunktfehlers berechnet man gewöhnlich sofort die Differenz der beiden Beobachtungen. Sie ist gleich dem zweifachen Nullpunktfehler und vermittelt eine erste Kenntnis von der erreichten Genauigkeit. Messungen, bei denen der Nullpunktfehler einen nicht mit seinem Gang erklärbaren Wert annimmt, sollte man sofort verwerfen und durch neue ersetzen.

Die Genauigkeit der Schlauchwaagenmessung wird durch Luftdruck- und Temperaturschwankungen beeinträchtigt. In jeder Bö treten Druckunterschiede auf, und bei steifem Wind sind zwischen der dem Wind zugewendeten und der abgewendeten Seite der Hausfront infolge Stau und Sog Druckunterschiede bis 10 mm Wassersäule beobachtet worden. Da Baustellen meist gegen Witterungseinflüsse ungenügend abgedichtet sind, wird schon bei nur schwacher Luftbewegung das Meßergebnis beeinträchtigt. Eine vorzügliche Ausschaltung dieser Fehlerquelle ist leicht dadurch möglich, daß man die Entlüftungslöcher der Standgefäße durch einen Luftschlauch verbindet und das ganze System gegen den Außenraum abdichtet.

Wesentlich schwieriger ist der Temperaturfehler auszuschalten. In kommunizierenden Röhren liegt der Wasserspiegel nur dann auf einer Waagerechten, wenn die Flüssigkeit in beiden Röhren die gleiche Dichte hat. Sonst gilt:

$$\gamma_1 h_1 = \gamma_2 h_2, \tag{289}$$

γ Dichte der Flüssigkeit in den Steigrohren,
h Höhe der Flüssigkeit in den Steigrohren.

Wenn γ eine Funktion von h ist ($\gamma = \gamma_{(h)}$), gilt:

$$\int_0^{h_1} \gamma_{1(h)}\, d h = \int_0^{h_2} \gamma_{2\,(h)}\, d h\,. \tag{290}$$

Die Dichte aller bekannten Flüssigkeiten ist aber eine Funktion der Temperatur. Sind also Temperatur oder Temperaturgradient in den beiden Schenkeln der kommunizierenden Röhren verschieden, so muß $h_1 \neq h_2$ sein.

Um den Temperaturfehler klein zu halten, legt man das Netz so an, daß Stellen mit Wärmeeinstrahlung (Sonne, Heizung) vermieden werden. Wo sie sich nicht umgehen lassen, schirmt man den Schlauch durch Blenden ab oder isoliert ihn mit wärmedämmenden Mitteln. Da der Schlauch meist auf den Boden verlegt wird, wo am Kontakt zwischen Untergrund und Luft gerade der stärkste Temperaturgradient herrscht, ist er sorgfältig so zu verlegen, daß er überall den Boden gleichmäßig berührt. Gegebenenfalls ist mit Holzbohlen eine verbesserte Auflage zu schaffen.

Setzt man in Gl. (289) $h_1 = h$ und $h_2 = h + \Delta h$ und löst nach Δh auf, so erhält man:

$$\Delta h = \frac{\gamma_1 - \gamma_2}{\gamma_2}\, h \qquad \text{(mm)}\,. \tag{291}$$

Aus dieser Gleichung läßt sich ablesen, daß der Einfluß des Temperaturfehlers mit der von SCHEEL als „*wirksame Vertikalkomponente*" bezeichneten Größe h wächst. Um h klein zu halten, schlägt SPETTMANN (1958) vor, die Schlauchwaage möglichst niedrig aufzuhängen oder den Schlauch auf einem Gestell in Höhe der Standgläser zu verlegen. Trennwände sind am besten durch ein in passender Höhe gestemmtes Loch zu überwinden.

SCHEEL (1956) und SPETTMANN (1958) haben versucht, den Temperaturfehler rechnerisch zu eliminieren. Es ist aber bis jetzt nicht möglich gewesen, mit vertretbaren Mitteln entlang des Schlauchs zahlreiche Temperaturmessungen durchzuführen. SPETTMANN mißt deshalb in der von ihm verbesserten Metron-Schlauchwaage 57 lediglich die Temperatur in den beiden Standgefäßen. Arbeitet man mit Wasser als Meßflüssigkeit und nimmt an, daß die Temperatur in den beiden Standgefäßen repräsentativ für die Temperatur in den beiden Steigrohren ist, so kann man in Gl. (291) das im Nenner stehende γ_2 gleich 1 setzen und erhält damit als Temperaturkorrektion für die Ablesung am zweiten Standgefäß $\Delta h = (\gamma_1 - \gamma_2)\, h$. Durch Einführung dieser Temperaturkorrektion ist es SPETTMANN gelungen, bei einer wirksamen Vertikalkomponente $h = 0{,}265$ m den mittleren Fehler einer Messung mit der Metron-Schlauchwaage auf $\pm 0{,}02$ mm herabzudrücken.

Nachdem die Hähne an den beiden Standgefäßen geöffnet sind, gleicht sich der Wasserstand in einer stark gedämpften, fast aperiodischen Schwingung aus (Abb. 686 und 687). Trotzdem soll man mit der ersten Ablesung aber warten, bis sich das System der Umgebungstemperatur angeglichen hat und die mit der Temperaturänderung verbundene Volumenänderung abgeklungen ist. Da vollständiger Temperaturausgleich in vertretbarer Zeit nicht erreicht werden kann, beginnt man mit den Ablesungen, sobald der Wasserspiegel nur noch eine langsame, ungefähr linear mit der Zeit ablaufende Veränderung zeigt. Um die Wirkung dieser Bewegung zu kompensieren, hat SPETTMANN bei Messungen mit vertauschten Standgefäßen jeweils zuerst fünf Beobachtungen am Standgefäß *1*, dann zehn Beobachtungen am Standgefäß *2* und dann wieder fünf Beobachtungen am Standgefäß *1* vorgeschlagen.

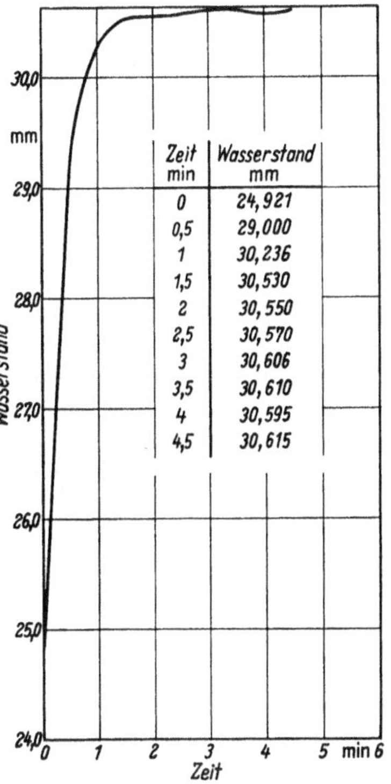

Abb. 686. Einspielen des Wasserspiegels in einem Standgefäß der Metron-Präzisionsschlauchwaage als Funktion der Zeit (SPETTMANN 1958).

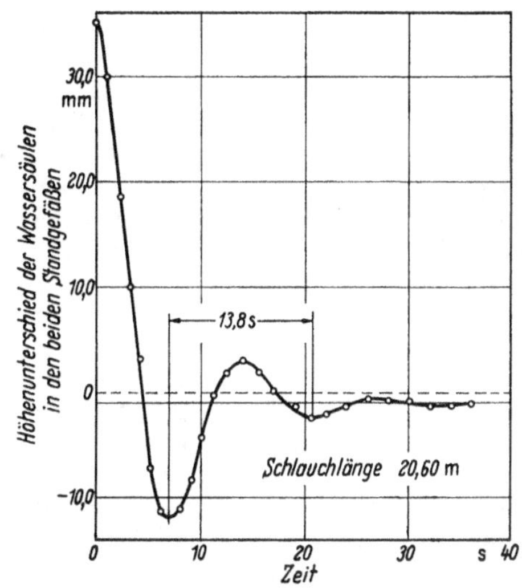

Abb. 687. Ausgleich des Wasserspiegels in den Standgefäßen einer Schlauchwaage nach MARTIN als Funktion der Zeit (MARTIN 1960).

Bei der Messung mit festen Schlauchwaagen fällt der Nullpunktfehler durch den Rechengang heraus. Da feste Schlauchwaagen meist in Kellern massiver Bauwerke angebracht werden, sind sie auch nur geringen Temperaturschwankungen ausgesetzt. Selbst die Änderung des Nullpunktfehlers kann deshalb vernachlässigt werden, zumal das Röhrensystem unter Putz oder im Mauerwerk verlegt werden kann und dadurch gegen kurzzeitige Temperaturschwankungen geschützt ist, so daß die Meßflüssigkeit eine konstante, ausgeglichene Temperatur annimmt. Man muß allerdings die Nähe von Wasser- oder Heizungsleitungen meiden, da sich um diese ein Wärme- oder Kältemantel bildet, der auch das Mauerwerk mit den darin oder daran angebrachten Röhren und Standgefäßen ergreift und einen schwer erkennbaren und kaum zu korrigierenden Temperaturfehler hervorruft.

Die *Messung mit Uhren* besteht darin, den Stand des Zeigers abzulesen.

Unabhängig von der Wahl des Meßverfahrens werden die Höhenmessungen je nach Größe der eintretenden Setzungen in größeren oder kleineren Zeitabständen wiederholt. Während der Bauzeit soll mindestens beobachtet werden, wenn etwa $^1/_4$, $^1/_2$, $^3/_4$ und $^4/_4$ der endgültigen Belastung erreicht sind, sofern nicht durch starke Setzungen kürzere Zeitabschnitte notwendig werden. Nach Fertigstellung sollen die Beobachtungen je nach dem Verlauf der bis dahin eingetretenen Bewegungen wenigstens 1 bis 10 Jahre lang in größeren Zeitabständen fortgesetzt werden.

Meßgrößen. Die mit dem *Nivellier* an der Latte abgelesenen Werte werden für jeden Instrumentenstandpunkt in ein Formular eingetragen, das alle mit der Messung zusammenhängenden Angaben aufnimmt, beispielsweise auch die Werte über die Instrumentenjustierung (Zielachse bei eingespielter Libelle waagerecht). Die Ausrechnung des Nivellements wird wegen ihres Umfangs in üblicher Weise in einem besonderen Formular vorgenommen, wobei der mittlere Lattenfehler und unter Umständen der Nullpunktfehler berücksichtigt werden müssen. Für die Verteilung des Abschlußfehlers reicht im allgemeinen eine einfache Abstimmung aus. Die Ergebnisse werden in einem weiteren Vordruck übersichtlich mit Datumsangabe zusammengestellt. Als Ergänzung werden die wichtigsten Einzelheiten über die Abmessungen und die Gründung des Bauwerks, die jeweiligen Belastungen (Bauzustände), über die Boden- und Grundwasserverhältnisse, die Ergebnisse etwaiger Bodenuntersuchungen notiert. Außerdem wird ein Lageplan aller Meßpunkte angefertigt.

Als Ableseprotokoll für einfache *Schlauchwaagenmessungen* kann ein Formular benutzt werden, wie es auch bei Arbeiten mit Nivellierinstrumenten Verwendung findet. Berechnung und Auswertung erfolgen ebenfalls nach den Verfahren, die bei diesen Geräten üblich sind.

Für Präzisionsschlauchwaagenmessungen empfiehlt sich ein der Tab. 82 entsprechendes Meßprotokoll. In dieses werden die Beobachtungswerte eingetragen und die Höhenunterschiede berechnet. Auf einem besonderen Blatt werden die im Messungsnetz auftretenden Widersprüche nach der Methode der kleinsten Quadrate ausgeglichen und dann die Höhen ermittelt.

Bei einer fest eingebauten Schlauchwaage empfiehlt es sich, das Beobachtungsprotokoll so anzulegen, daß für jede Ablesestelle und für die Zentralstelle eine Spalte zur Verfügung steht. Die Auswertung geschieht in besonderen Tabellen. Dabei sind drei Fälle zu unterscheiden. Der einfachste ist der, bei dem die Zentralstelle ein unveränderlicher Ausgangspunkt ist und mit einem stets gleichen Wasserspiegel in der Festpunktschlauchwaage gearbeitet wird. Die Differenz jeder Ablesung gegenüber dem Anfang gibt dann unmittelbar die Absolutsetzung der Meßpunkte an, während die Differenz der Absolutsetzung der einzelnen Meßpunkte ihre gegenseitige Bewegung liefert. Wird der Wasserspiegel in der Festpunktschlauchwaage nicht konstant gehalten, so wird die Differenz jeder Ablesung an der Festpunktschlauchwaage und den übrigen Schlauchwaagen gegenüber ihrer Anfangsablesung gebildet. Aus dem Unterschied der einander entsprechenden Differenzen an der Festpunkt- und der Meßpunktschlauchwaage erhält man die Absolutsetzung der Meßpunkte und aus diesen wiederum ihre

Tabelle 82. *Beispiel einer Messung mit der Präzisionsschlauchwaage*

Bauobjekt 7
Messung Nr. 5.

	Lage 1			Lage 2			Differenzen gegen Mittelwerte und Quadrate							
	Ablesungen		Höhen-unter-schied	Ablesungen		Höhen-unter-schied								
Lfd. Nr.	Gefäß A Pkt. 1	Gefäß B Pkt. 2		Gefäß B Pkt. 1	Gefäß A Pkt. 2		Gefäß A Pkt. 1		Gefäß B Pkt. 2		Gefäß B Pkt. 1		Gefäß A Pkt. 2	
	mm						V_1	V_1V_1	V_2	V_2V_2	V_3	V_3V_3	V_4	V_4V_4
1	2	3	4	5	6	7	8	9	10	11	12	13	14	15
1	90,221	91,149	0,928	89,865	91,570	1,705	—26	676	— 9	81	—16	256	—3	9
2	90,219	91,152	0,933	89,812	91,569	1,714	—28	784	— 6	36	—26	676	—4	16
3	90,216	91,151	0,935	89,855	91,569	1,709	—31	961	— 7	49	—21	441	—4	16
4	90,218	91,156	0,938	89,860	91,571	1,705	—29	841	— 2	4	—15	225	—2	4
5	90,219	91,159	0,940	89,866	91,572	1,708	—28	784	+ 1	1	—17	289	—1	1
6	90,272	91,161	0,889	89,864	91,573	1,673	+25	625	+ 3	9	+19	361	±0	0
7	90,280	91,160	0,880	89,900	91,574	1,676	+33	1089	+ 2	4	+17	289	+1	1
8	90,278	91,162	0,884	89,898	91,574	1,674	+31	961	+ 4	16	+19	361	+1	1
9	90,272	91,166	0,894	89,900	91,580	1,679	+25	625	+ 8	64	+20	400	+7	49
10	90,278	91,169	0,891	89,901	91,580	1,677	+31	961	+11	121	+22	484	+7	49
	902,473	911,585	9,112	89,903	915,732	16,920	+ 3	8307	+ 5	385	+ 2	3782	+2	146

902,473 — 9,112 = 902,473 (Lage 1); 898,812 — 16,920 (Lage 2)

902,473	898,812	385
9,112	16,920	3782
		146

Mittelwerte:

90,247 91,158 89,881 91,573 (vv): $12620 \cdot 10^{-6} = 0{,}0126\ \text{mm}^2$

1. Mittel: 0,911 mm $\Delta h = 1{,}302$ mm 2. Mittel: 1,692 mm

$2\,k = 0{,}781$

$$(vv) = 0{,}0126\ \text{mm}^2 \quad m = \pm\sqrt{\frac{(vv)}{40-4}} = \pm\,0{,}0187\ \text{mm}$$

gegenseitigen Bewegungen. Der dritte Fall ist der, bei dem kein unveränderlicher Ausgangspunkt vorhanden ist. Unabhängig davon, ob mit konstanter oder veränderlicher Wassermenge gearbeitet wird, lassen sich dann nur die Relativsetzungen bestimmen, wobei in gleicher Weise wie bei Vorhandensein eines festen Ausgangspunkts verfahren wird.

Bei der tabellarischen Niederschrift und Auswertung der *Meßuhrablesungen* erhält man aus den Differenzen der Ablesungen an jeder Uhr gegen die Anfangsablesung die unterschiedliche Bewegung des im Bauwerk und des im tieferen Untergrund verankerten Rohrs, d. h. die Zusammendrückung der zwischen Bauwerkssohle und Pegelspitze liegenden Schicht. Ist die absolute Setzung eines der beiden Rohre bekannt, so läßt sich auch die absolute Setzung der unter der Bauwerkssohle und der unter der Pegelspitze liegenden Bodenschichten berechnen.

Außer den Setzungen wird an jedem Beobachtungstag die bis dahin eingebaute Beton-, Stahl-, Holz- oder Mauerwerksmenge notiert, um die Bodenpressung berechnen zu können.

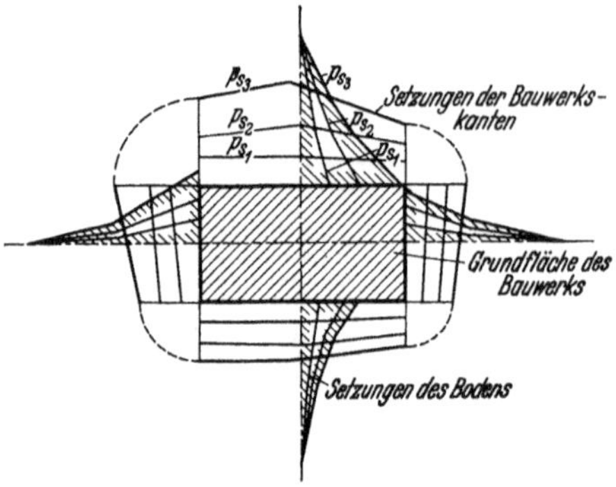

Abb. 688. Darstellung der örtlichen Verteilung der gemessenen Setzungen eines Bauwerks und des umliegenden Geländes zu verschiedenen Zeitpunkten.

Abb. 689. Mit der Schlauchwaage gemessene Linien gleicher Setzungsgeschwindigkeit (in 0,001 mm je Tag) an der Stiftskirche Quedlinburg für einzelne Beobachtungsabschnitte von 1956 bis 1957 (MEISSER 1961).

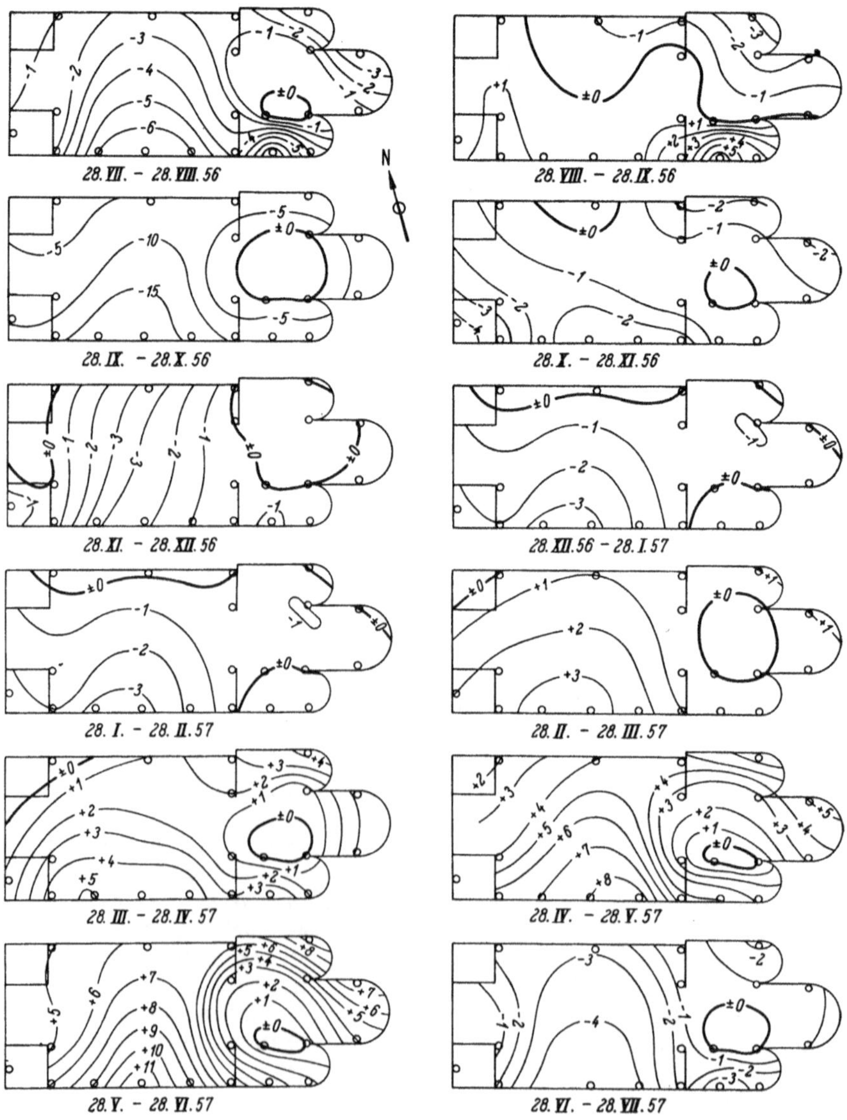

Auftragungen. Um einen Überblick über die Setzungen der verschiedenen Punkte des Bauwerks zu erhalten, können die zu bestimmten Zeitpunkten eingetretenen Setzungen in einem Lageplan rechtwinklig zu den zugehörigen Bauwerkskanten als Strecken aufgetragen und ihre Endpunkte miteinander verbunden werden. Man klappt also die Setzungen in die Ebene der Grundfläche des Bauwerks um (Abb. 688). In diese Darstellung kann auch die Größe der Setzungen an den Meßpunkten im Gelände eingezeichnet und bei einer ausreichenden Zahl von Beobachtungspunkten ein Höhenlinienplan für die Gebäudesetzungen (Abb. 689) oder Geländesetzungen konstruiert werden. Alle Setzungen desselben Zeitraums bzw. gleicher Belastungssteigerung werden durch gleiche Färbung oder Schraffur gekennzeichnet.

Man kann die gemessenen Geländesetzungen auch in Beziehung zu der mittleren Setzung des Bauwerks setzen und diese Verhältniswerte in Abhängigkeit

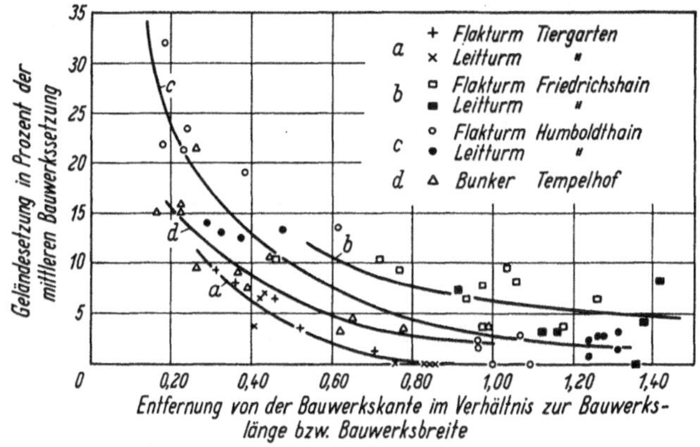

Abb. 690. Abnahme von gemessenen Geländesetzungen mit der Entfernung vom Bauwerk.

von dem Verhältnis der Entfernung des untersuchten Geländepunktes zur zugehörigen Bauwerksabmessung (Länge oder Breite) auftragen (Abb. 690). Man erhält auf diese Weise ein anschauliches (dimensionsloses) Bild über die Abnahme der Geländesetzungen mit der Entfernung. Für starre Bauwerke ist z. B. in einer Entfernung von der halben Bauwerkslänge (bzw. Breite) noch mit einer Setzung von rund 5 bis 10% der mittleren Bauwerkssetzung zu rechnen (Muhs 1950 und 1952).

Für die Untersuchung der Bauwerksverformung ist die Auftragung von Setzungsschnitten (Setzungsmulden) zu den verschiedenen Zeitpunkten unter dem Querschnitt und dem Grundriß des Bauwerks (Abb. 691) zweckmäßig, wobei die Bauzustände zum Zeitpunkt der einzelnen Messungen angegeben sein sollten. Zur Klärung der Verhältnisse trägt ferner ein Bodenschnitt (Abb. 692) bei, aus dem nach Möglichkeit vor allem die Mächtigkeit d_s der zusammendrückbaren Schicht hervorgehen soll.

Der zeitliche Verlauf der Setzungen wird in ein Diagramm eingetragen, dessen waagerechte Achse die Zeit und dessen senkrechte Achse nach oben die Belastung (Bodenpressung in kg/cm²) und nach unten die Setzungen (in cm) enthält. Hierzu können sowohl die Setzungen der einzelnen Meßpunkte oder Bauwerksabschnitte (Abb. 693) als auch — bei mittig belasteten Gründungen — die Mittelwerte der gesamten Setzungen (Abb. 694) verwendet werden.

Die Auftragung ähnelt dem Ergebnis von Probebelastungen, doch unterscheidet sie sich dadurch, daß die Folge der einzelnen Belastungen bei den Setzungsbeobachtungen nicht willkürlich gewählt werden kann, sondern durch die äußeren Umstände des Bauvorgangs gegeben ist. Es ist daher oft nicht möglich, die Be-

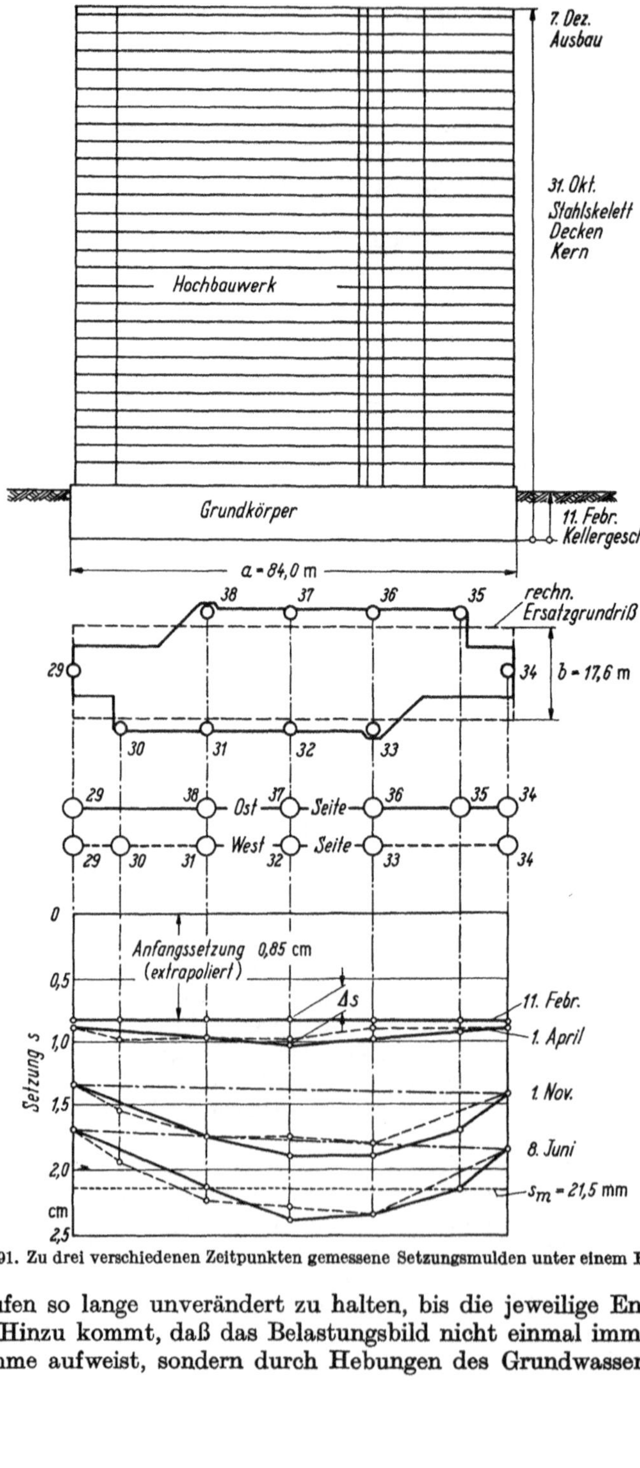

Abb. 691. Zu drei verschiedenen Zeitpunkten gemessene Setzungsmulden unter einem Hochhaus.

lastungsstufen so lange unverändert zu halten, bis die jeweilige Endsetzung erreicht ist. Hinzu kommt, daß das Belastungsbild nicht einmal immer eine ständige Zunahme aufweist, sondern durch Hebungen des Grundwasserspiegels, wie sie z. B. beim Abstellen einer Grundwassersenkung auftreten, zeitweise auch eine Verringerung durchmachen kann. Das Belastungsbild ist also nicht immer voll-

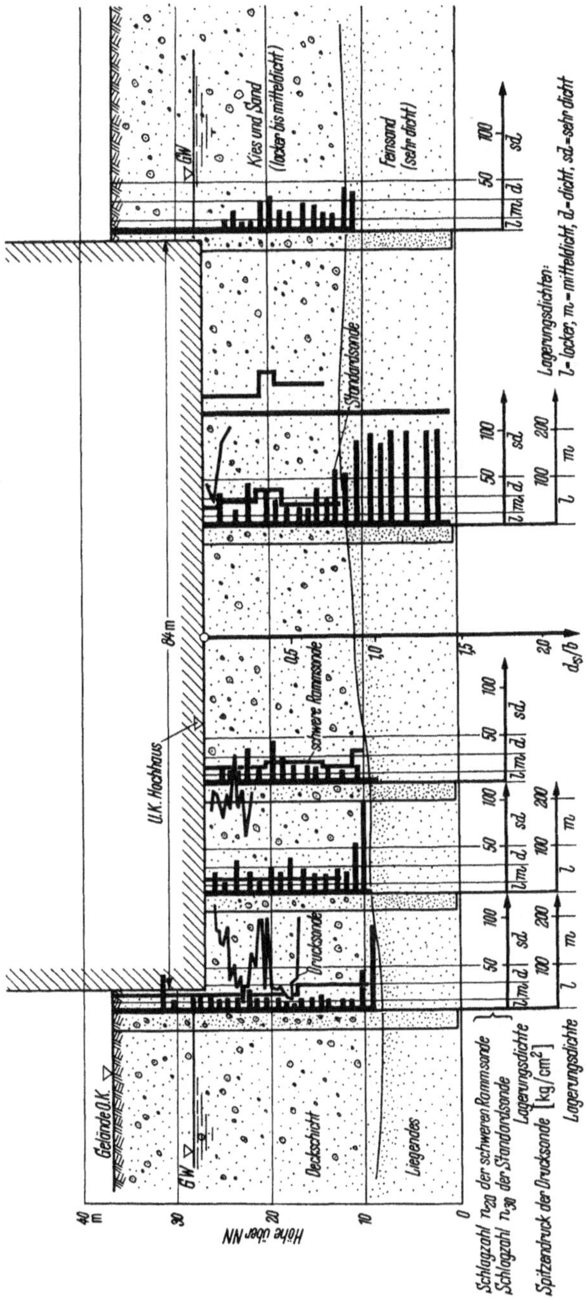

Abb. 692. Untergrundverhältnisse und Untersuchungsergebnisse unter dem Hochhaus nach Abb. 691.

ständig dargestellt, wenn man lediglich die Beanspruchung durch das Bauwerk wiedergibt, sondern man muß außerdem die mit den Grundwasserschwankungen verbundenen Erhöhungen oder Verringerungen des Raumgewichts des Bodens als äußere Belastung auffassen.

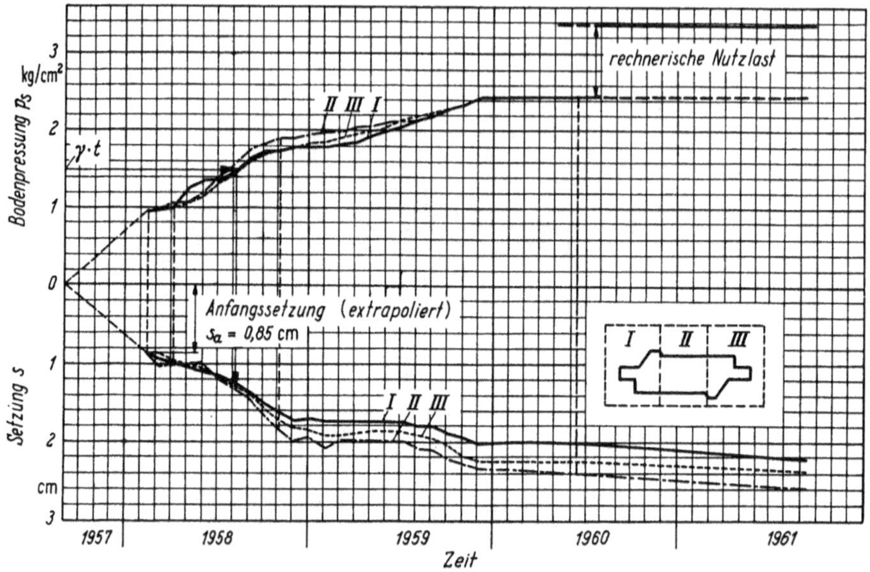

Abb. 693. Zeit-Setzungslinien und Zeit-Belastungslinien unter dem Hochhaus nach Abb. 691.

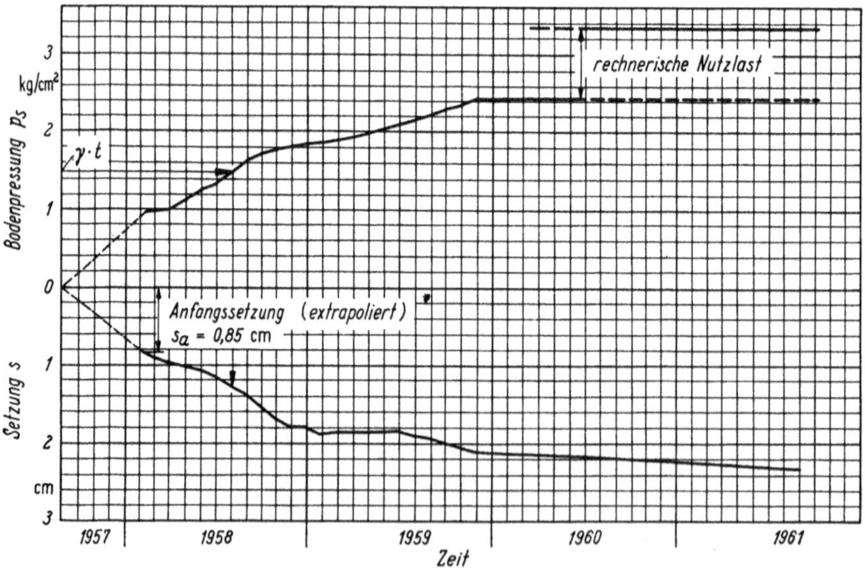

Abb. 694. Mittlere Zeit-Setzungslinie und Zeit-Belastungslinie unter dem Hochhaus nach Abb. 691.

Durch eine Grundwasserabsenkung (Abb. 695) um h' (m) wird der Druck des über der weichen Schicht liegenden Sandbodens mit dem Porenvolumen n bis zum Betrag $\Delta p = h'\,(1 - n/100)\,\gamma_w$ erhöht. Diese Belastung (Linie *2*) muß zu der aufgebrachten Bauwerkslast *1* hinzugezählt werden (Linie *3*). Nach der Fertigstellung des Bauwerks unterliegt die ständige Betriebsbelastung, je nach dem Zweck der Konstruktion, bestimmten Schwankungen, deren Grenzwerte sich manchmal angeben lassen, z. B. bei einem Silo oder Tank durch das Gewicht des gefüllten und des leeren Behälters. Im ganzen sind die Last-Zeit-linie und die Zeit-Setzungslinie unübersichtlicher als bei den Probebelastungen.

Kennziffern. Aus der Darstellung der gleichzeitigen Setzungen unter einem Bauwerk läßt sich der Setzungsunterschied zwischen zwei Punkten entnehmen und erkennen, ob sich das Bauwerk als Ganzes einheitlich bewegt, ob Verformungen innerhalb des Bauwerks vorkommen (Tab. 83) und in welcher Größe sie auftreten. Verkantungen des Bauwerks lassen sich aus den Setzungsunterschieden und Entfernungen der Meßpunkte errechnen.

Aus der Zunahme der Setzungen unter der nach Baubeendigung praktisch konstanten Bodenpressung der meisten Bauwerke kann entnommen werden, ob und in welchem Umfang Nachsetzungen infolge des langsamen Ausdrückens von

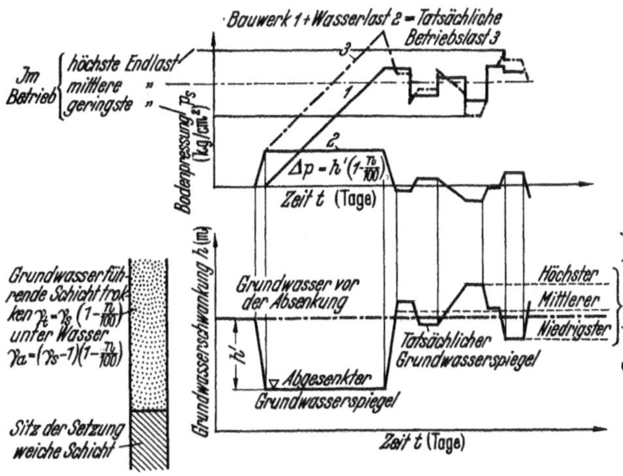

Abb. 695. Abhängigkeit der Belastung von den Schwankungen des Grundwasserspiegels bei vollem Austrocknen des Bodens.

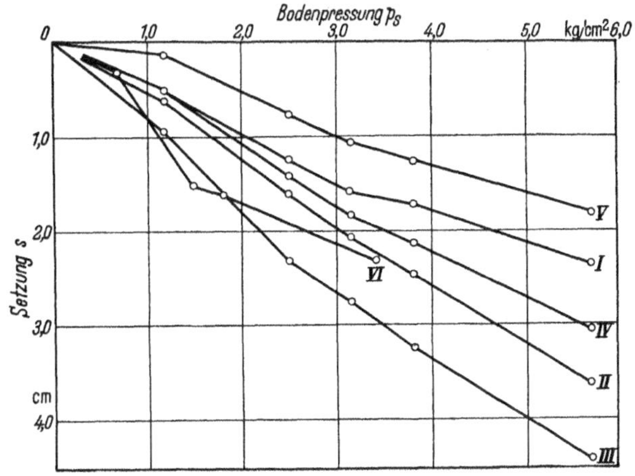

Abb. 696. Belastungs-Setzungslinie für sechs Punkte eines hochbelasteten starren Bauwerks.

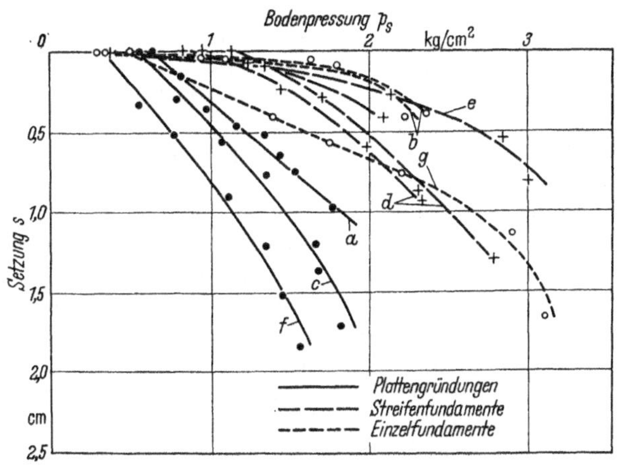

Abb. 697. Belastungs-Setzungslinien für sieben verschiedene, auf Sand gegründete Hochhäuser im Hansaviertel in Berlin.

a Bauobjekt 1; *b* Bauobjekt 7; *c* Bauobjekt 12; *d* Bauobjekt 15; *e* Bauobjekt 16; *f* Bauobjekt 20; *g* Bauobjekt „Heilsberger Dreieck". Vgl. Tab. 83.

Tabelle 83. *Ergebnisse der Setzungsmessungen im Hansaviertel in Berlin* (nach MUHS 1960)

Bau-objekt	Gründungs-art	Fundament-abmessungen	Boden-pressung[2]	Gemessene Setzung bzw. Setzungsdifferenz				
				s_m	s_{max}	s_{min}	Δs_{max}	Δs_m
		m	kg/cm²	cm	cm	cm	cm	cm
1	Platte	23,0×27,0[1]	1,91	1,07	1,18	0,91	0,27	0,077
7	Einzel- u. Streifen-fundamente	1,80×1,80 2,10×2,10 1,35×1,35 Streifen 1,40 m breit	2,30—2,35	0,77	0,90	0,63	0,27	0,175
8	Einzel-fundamente	1,80×1,80 2,00×2,00 2,10×2,10 2,20×2,20 2,30×2,30 2,00×2,55	2,90	0,98	1,08	0,83	0,25	0,081
12	Platte	22,39×33,40	1,82	1,72	1,89	1,56	0,21	0,110
14	Einzel-fundamente	4,80×6,40 4,00×5,60 4,50×5,70	1,49—2,48	0,64	0,74	0,50	0,24	0,0625
15	Streifen	1,00, 1,15, 1,50, 1,60	2,32—2,78	1,18	1,44	0,87	0,57	0,173
16	Streifen	0,70, 0,75, 0,95	3,00	1,095	1,23	0,94	0,29	0,068
18	Streifen	1,80	2,10	1,40	1,70	1,03	0,67	0,112
19	Platte	23,60×26,06[1]	1,70	1,54	1,70	0,90	0,80	0,040
20	Platte	21,65×22,24	1,56	1,84	1,97	1,67	0,30	0,096

[1] Die Platten dieser Bauwerke haben einen unregelmäßigen Grundriß. Dieser wurde in ein möglichst ähnliches flächengleiches Rechteck verwandelt.

[2] Vom Statiker angegebene mittlere Belastung der Fundamente nach Beendigung des Ausbaus, d. h. ohne Nutzlasten.

Porenwasser als „*Primärsetzungen*" oder infolge Kriechens als „*Sekundärsetzungen*" auftreten.

Treten Nachsetzungen nicht auf, was z. B. bei Gründungen in nichtbindigen Böden die Regel ist, so lassen sich Druck-Setzungslinien (Abb. 696) zeichnen, indem man die gleichzeitigen Bodenpressungen und Setzungen einander zuordnet (MUHS 1950 und 1961, SCHULTZE 1962 und 1963). Sie verlaufen bei Plattengründungen fast annähernd geradlinig (Abb. 697), so daß sich aus ihrer Neigung die Bettungszahl C_b des Untergrundes (s. Kap. 1.322.42) ablesen läßt. Da die Setzungsmessungen meist noch nicht im Augenblick der ersten Belastung des Baugrundes durch den Sohlbeton beginnen, sondern aus praktischen Gründen gewöhnlich erst dann, wenn die Bolzen eingesetzt und anvisiert werden können,

d. h. nach Fertigstellung des Kellergeschosses, unter Umständen auch erst nach Ausschalen des Erdgeschosses, kann auch die nicht gemessene Anfangssetzung aus der Druck-Setzungslinie durch Extrapolation gefunden werden (Abb. 698).

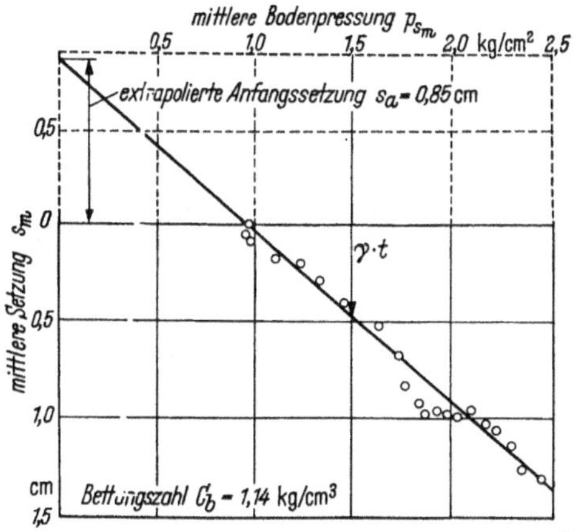

Abb. 698. Belastungs-Setzungslinie eines Bauwerks ohne Nachsetzungen und Bestimmung der Anfangssetzung und der Bettungszahl.

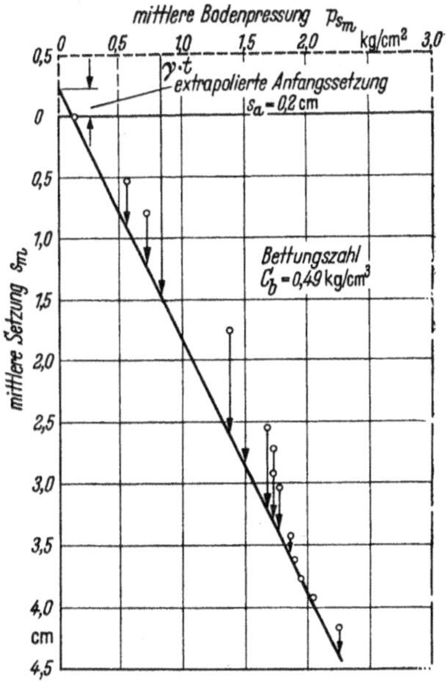

Abb. 699. Ermittlung der Belastungs-Setzungslinie eines Bauwerks mit Nachsetzungen.

Sind Nachsetzungen vorhanden, so läßt sich durch Verlängerung der eingetragenen Punkte bis zur gemeinsamen Maximalgeraden, die besonders gegen Ende oder nach der Bauzeit erreicht wird, meist ebenfalls eine Druck-Setzungslinie zeichnen (Abb. 699).

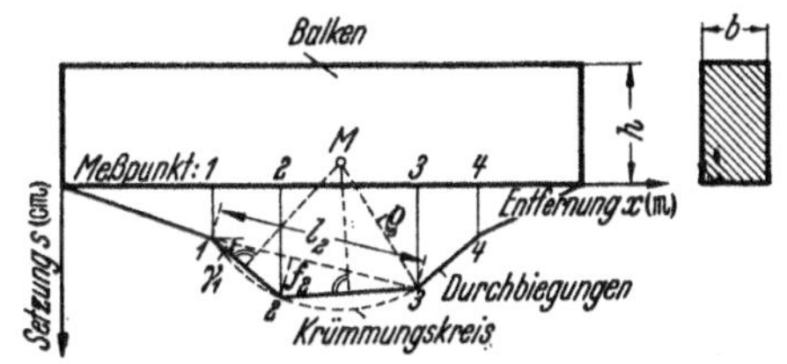

Abb. 700. Ermittlung des Krümmungsradius der Biegelinie aus den gemessenen Setzungen von drei aufeinanderfolgenden Punkten.

Auswertung. Die Linien, die die zu gleichen Zeitpunkten gemessenen Setzungen der verschiedenen Meßpunkte am Bauwerk erkennen lassen (Abb. 688, 691 und 693), geben einen Einblick in die Verformungen und die dadurch hervorgerufenen Schub- und Biegungsspannungen im Fundament. Die letzteren können aus dem Halbmesser ϱ des Krümmungskreises der Biegelinie berechnet werden. Den Halbmesser erhält man aus den Setzungen dreier aufeinanderfolgender Punkte, indem man je zwei von ihnen verbindet und die Mittelsenkrechten errichtet (Abb. 700). Es ist dann:

$$\varrho = \frac{l^2}{8f} \qquad \text{(m)} \qquad (292)$$

und:

$$\sigma = \frac{Eh}{2\varrho} = \frac{4Ehf}{l^2} \qquad (\text{kg/cm}^2). \qquad (293)$$

Näherungsweise ist:

$$\varrho_n = x_{n+1} - x_{n-1} \qquad \text{(cm)}. \qquad (294)$$

Die meist maßgebenden Schubspannungen ergeben sich aus dem Gleitungswinkel (Abb. 700):

$$\tan \gamma_1 = \frac{(s_2 - s_1)}{(x_2 - x_1)} \qquad (295)$$

zu:

$$\tau_1 = \gamma_1 G \qquad (\mathrm{kg/cm^2}). \qquad (296)$$

Hierin ist G der Schubmodul des Fundaments, der etwa mit 0,38 bis 0,40 des Elastizitätsmoduls angesetzt werden kann. Da bei kleinen Winkeln γ der arc statt des tan gesetzt werden darf, erhält man also:

$$\tau_1 = 0{,}4\, E \frac{(s_2 - s_1)}{(x_2 - x_1)} \qquad (\mathrm{kg/cm^2}). \qquad (297)$$

Zu diesen Beanspruchungen treten noch Torsionsspannungen, wenn die Setzungen unter der Vorderkante des Balkens andere sind als unter der Hinterkante (Abb. 691).

Aus der Bettungszahl C_b (kg/cm³) bzw. aus der gemessenen Setzung s und der zugehörigen Bodenpressung p_s läßt sich die mittlere Steifezahl des Baugrundes E_s'

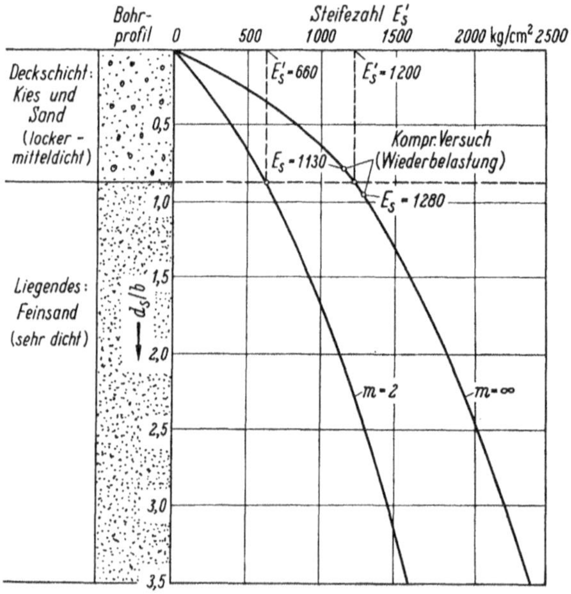

Abb. 701. Abhängigkeit der Steifezahl E_s' von der Mächtigkeit d_s der zusammendrückbaren Schicht für $m = 2$ und $m = \infty$.

(kg/cm²) der zusammendrückbaren Schicht errechnen, wenn deren Mächtigkeit d_s bekannt ist. Häufig ist dies nicht genau der Fall, z. B. bei gleichmäßigem Untergrund. Dann wird zweckmäßigerweise die Steifezahl E_s' in Abhängigkeit von dem Verhältnis d_s/b neben dem Bohrprofil aufgetragen (Abb. 701) und an Hand der Schichtung oder einer geschätzten wirksamen Tiefe von etwa $d_s/b = 2$ bis 3 bestimmt (b = Bauwerksbreite). Sie kann dann mit der Steifezahl E_s aus Kompressionsversuchen verglichen werden.

Läßt sich die Steifezahl E_s' nicht über die aus einer geradlinigen Last-Setzungslinie entnommene Bettungszahl C_b berechnen, so kann man E_s' für jede gemessene Setzung s_x und die zugehörige Belastung p_{s_x} – in umgekehrter Weise wie bei den Setzungsberechnungen, wo p und E_s bekannt sind und s gesucht wird – mit Hilfe der folgenden Gleichung (als Sekante zwischen $p_s = \gamma t$ und $p_s = p_{s_x}$) bestimmen, die für beliebige Rechteckfundamente und beliebige Schichtstärke und Tiefenlage der zusammendrückbaren Schicht gilt[1] [vgl. Gl. (70)]:

$$E'_s = \frac{2p_s\sqrt{F}}{s\sqrt{\pi}}\,\varkappa\,[f(\mu,\beta,\zeta=0) - f(\mu,\beta,\zeta=\zeta)] = \frac{1}{1-\mu^2}\,E \quad (\mathrm{kg/cm^2})\,, \qquad (298)$$

p_s mittlere Bodenpressung unter dem Fundament,
F Fundamentgrundfläche,
s Setzung,
μ Querdehnungszahl, gemäß S. 239 und 473 gewöhnlich gleich Null zu setzen,
$\varkappa$ Faktor zur Berücksichtigung der Fundamentsteifigkeit ($= \pi/4$);
f eine von μ, β und ζ abhängige Funktion (sie ist in Abb. 702 graphisch dargestellt),
$\beta = b/a$ Verhältnis der halben langen zur halben kurzen Fundamentseite,
$\zeta = z/a$ Verhältnis der Schichtstärke (gerechnet von Sohlfuge bis Unterkante der betrachteten Schicht) zur halben kurzen Fundamentseite.

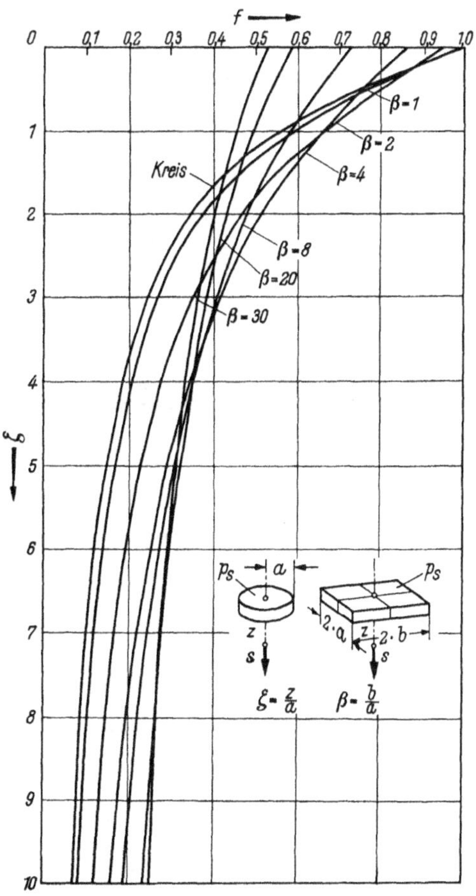

Abb. 702. Funktionswerte f der Gl. (298)[1] zur Berechnung der Setzung bzw. der Steifezahl. Für $\mu = 0$ bzw. $m = \infty$.

Die Berechnung der Steifezahl wird verfeinert und – da man die gemessenen Setzungen den zugehörigen Schichtmächtigkeiten zuordnen kann – vereinfacht, wenn man die Setzungen nicht nur an der Erdoberfläche gemessen hat, sondern deren Größe mit Hilfe von Grundpegeln auf verschiedene Bodenschichten aufteilen kann (Muhs 1948 und 1950, Muhs/Davidenkoff 1952). Der Vergleich der im Baugrund gefundenen Steifezahlen mit den Steifezahlen der einzelnen Schichten, die an der Setzung beteiligt sind und im Laboratorium gefunden wurden, gibt Auskunft über die Übertragbarkeit der an einer kleinen Bodenprobe gefundenen Beiwerte auf die Natur.

Die systematische Auswertung von Setzungsbeobachtungen von in nichtbindigen Böden gegründeten Bauwerken hat ergeben (Muhs 1961, Neuber 1961), daß die Steifezahl E'_s von der Flächengröße des Bauwerks bzw. des Fundaments abhängt (Abb. 703). Untersuchungen von Neuber (1961) und Breth/Back (1963) haben dies auch für Bauwerke mit einer Gründung in bindigen Bodenschichten bestätigt. Die Steifezahl E'_s nimmt hiernach mit der Flächengröße stark zu. Das dürfte im wesentlichen daran liegen, daß mit wachsender Fundamentfläche ein tieferer Bereich des Baugrundes be-

[1] Gl. (298) (Muhs 1961) geht auf die bekannten Arbeiten von Boussinesq (1885, Paris), Schleicher (1926, Bauing. 7, S. 931) und Steinbrenner (1934, Die Straße 1, S. 121) zurück. Neuere Tafeln mit den Funktionswerten f wurden von Kany (1959, Berlin) und Leonhardt (1963, Bau- und Bauindustrie 16, S. 825) aufgestellt.

anspruch wird und daß die Steifezahl E'_s mit der Tiefe zunimmt, da $E_s = v\,p^w$ und $p = \gamma\,t$ ist [Gl. (205)].

Liegt eine deutliche Setzungsmulde vor (Abb. 691), so kann aus deren Biegepfeil bei bekannter mittlerer Steifezahl E'_s das Trägheitsmoment I des Bauwerks

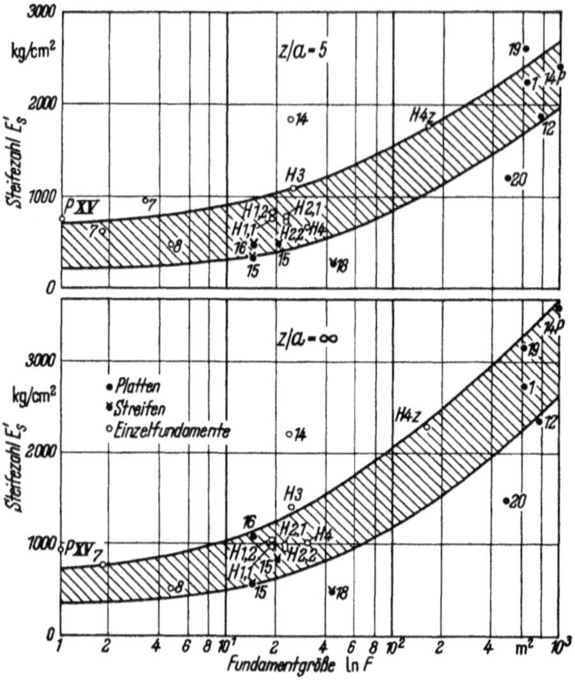

Abb. 703. Abhängigkeit der Steifezahl E'_s von der Fundamentgröße auf Grund der Setzungsbeobachtungen im Hansaviertel in Berlin; für $p_s = 1{,}5$ kg/cm².

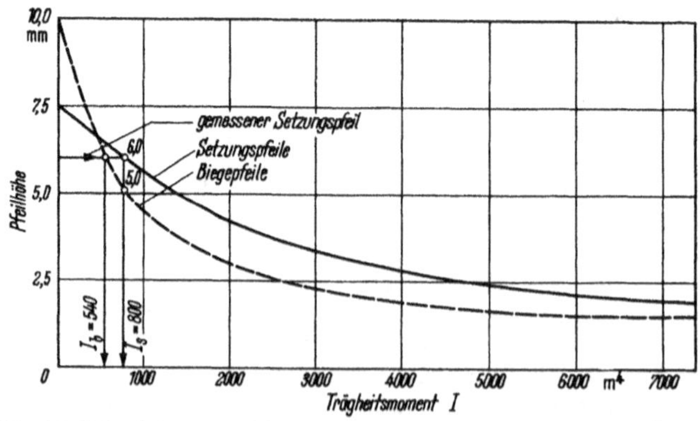

Abb. 704. Abhängigkeit des Setzungs- und Biegepfeils vom wirksamen Trägheitsmoment I des Bauwerks.

und damit die Systemsteifigkeit (SCHULTZE 1964) mit $b/l \leq 1$, $d_s/b \leq 3$ berechnet werden:

$$K = \frac{E\,I}{E'_s\,b\,l^3}\left(\frac{b}{l}\right)\left(\frac{d_s}{3b}\right), \qquad (299)$$

E Elastizitätsmodul des Baustoffs,
I Trägheitsmoment des Bauwerks.

Das Trägheitsmoment wird dadurch gefunden, daß man den Biegepfeil für verschiedene, probeweise angenommene Werte von I nach dem Steifezahlverfahren (DIN 4018 „Flächengründungen") berechnet, bis er mit dem gemessenen übereinstimmt, wobei man entweder von der Biegelinie des Balkens oder der Setzungsmulde ausgehen kann (Abb. 704), die theoretisch einander gleich sein müssen.

Aus dem Vergleich des auf diese Weise gefundenen wirksamen Trägheitsmoments mit dem rechnungsmäßigen Wert des Hochbaus geht hervor, wieviele Geschosse an der Steifigkeit des Bauwerks beteiligt sind (SCHULTZE 1962 und 1963, MUHS/WEISS 1963). Diese Untersuchung kann – wenn genügend Zwischenmessungen vorliegen – nicht nur für den Endzustand, sondern auch für die Zwischenzustände durchgeführt werden (Abb. 705).

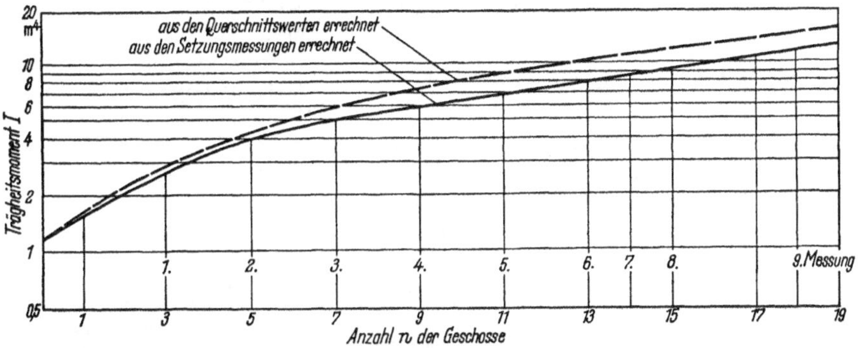

Abb. 705. Abhängigkeit des wirksamen Trägheitsmoments I von der Anzahl der Geschosse eines Wohnhochhauses.

Bei mächtigen Schichten benötigt man zur Ermittlung von E_s' aus C_b (Abb. 698) die *wirksame Schichtdicke* d_s. Diese kann bei homogenem Untergrund entweder überschläglich mit $d_s/b = 2$ bis 3 angesetzt oder genauer in Abhängigkeit von den Abmessungen des Bauwerks nach MUHS/WEISS (1963) aus den Setzungsmessungen abgeleitet werden. Ist gemäß dem Bohrprofil die *wirkliche* Mächtigkeit der zusammendrückbaren Schicht kleiner als dieser Wert, so muß sie der Berechnung zugrunde gelegt werden.

Über die Bestimmung der Querdehnungszahl μ aus Setzungs- *und* Schiefstellungsmessungen siehe S. 677 und 682.

Während die Messung der Setzungen und deren Auftragung seit dem Bestehen der DIN 4107 (1937)[1] „Richtlinien für die Beobachtung der Bewegungen entstehender und fertiger Bauwerke" häufiger geworden sind, hat die Auswertung der Zeit-Setzungslinien damit nicht Schritt gehalten. Sie werden zwar oft im Schrifttum veröffentlicht, jedoch werden Schlüsse aus ihrem Verlauf, die über die üblichen allgemeinen Angaben hinausgehen, meist nicht gezogen. Die Schwierigkeit in der Auswertung der Zeit-Setzungslinien liegt in dem erwähnten unregelmäßigen Verlauf infolge der Verschiedenartigkeit der Belastung während des Bauvorgangs, der Schwankungen der Wasserstände und anderer Beanspruchungen.

Die Zeit-Setzungslinie bei konstanter Belastung (Abb. 706, Linie *1*) strebt einer Asymptoten zu, ähnelt aber im übrigen einer Parabel. Bei plötzlichem Belastungszuwachs etwa auf das Doppelte nach der Zeit T erhält man die Zeit-Setzungslinie durch Überlagerung der Parabel *1* mit einer gleichen Parabel *2*, die nur um die Zeit T verschoben ist (Abb. 707). Bei langsam aufgebrachter Belastung stellt sich während der Bauzeit T eine nach oben durchgebogene Linie etwa mit den $\frac{2t}{3T}$-fachen Setzungswerten der Linie *1* ein (Abb. 708, Linie *3*). Sie hält nach Be-

[1] Siehe Fußnote auf S. 625.

endigung der Bauzeit etwa die Mitte zwischen den Linien *4* und *2*, wobei *2* die gleiche Parabel wie in Abb. 706, jedoch um die Zeit T verschoben, ist.

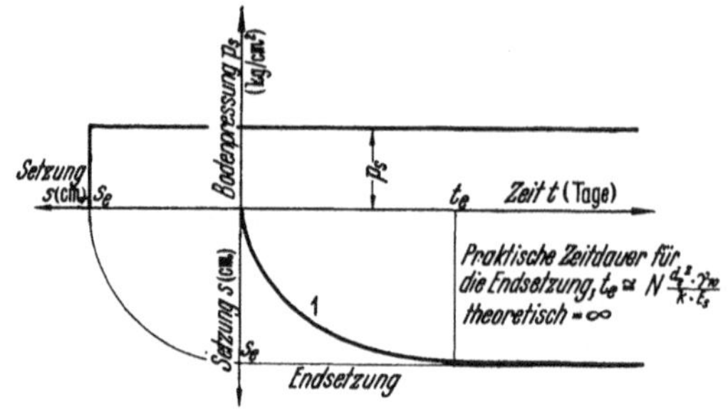

Abb. 706. Theoretischer Setzungsverlauf bei konstanter Belastung p_s.

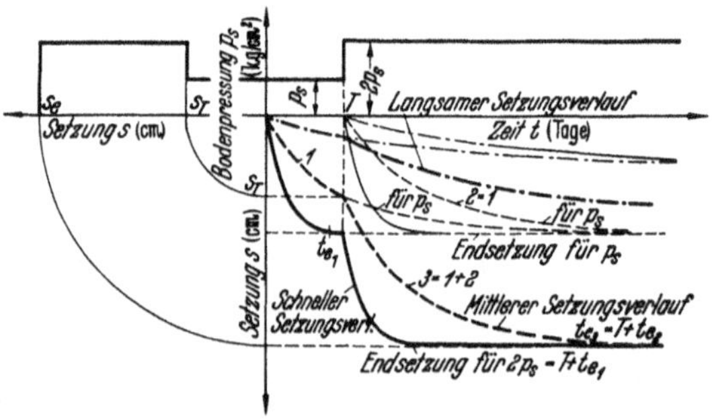

Abb. 707. Theoretischer Setzungsverlauf bei sprunghaft ansteigender Belastung von p_s auf $2\,p_s$ für drei verschiedene Fälle (langsamer, mittlerer und schneller Setzungsverlauf).

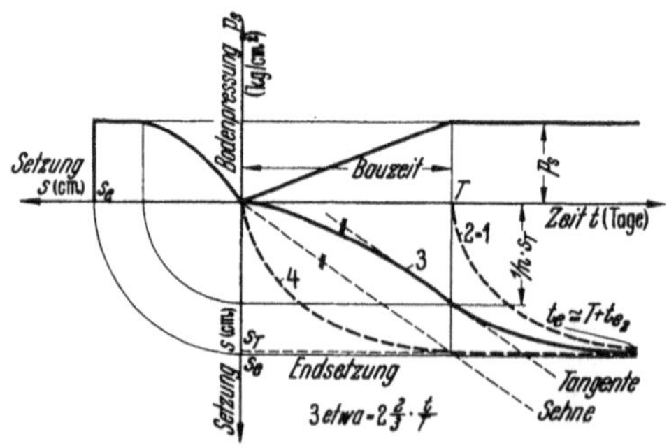

Abb. 708. Theoretischer Setzungsverlauf bei stetig ansteigender Belastung p_s.

Die Zeit t_e, die der Boden braucht, um unter einem bestimmten Belastungszuwachs vollständig zu konsolidieren, ist theoretisch unendlich. Sie ist aber verhältnisgleich dem Quadrat der Stärke d_s der zusammendrückbaren Schicht sowie dem spezifischen Gewicht des Wassers γ_w und steht in umgekehrtem Verhältnis zu dem Wasserdurchlässigkeitsbeiwert k und der Steifezahl E_s' bzw. E_s des Bodens. Für praktische Zwecke kann man die Endsetzungszeit annehmen zu:

$$t_e = N \frac{d_s^2\, \gamma_w}{k\, E_s}\,, \tag{300}$$

N Erfahrungsbeiwert für den praktischen Endpunkt der Setzungen; theoretisch $= \infty$, praktisch meist $= 1$ (bedeutet etwa 95% der Endsetzung).

Nach Kérisel (1963) kann während eines noch nicht beendeten Setzungsvorgangs unter einem Bauwerk die Endsetzung aus der jeweiligen Setzungsgeschwindigkeit $\frac{\Delta s}{\Delta t}$ und der bis dahin seit Baubeginn verflossenen Zeit t errechnet werden. Die Endsetzung s_e ist:

$$s_e = K \frac{\Delta s}{\Delta t}\, t \quad (\text{cm})\,, \tag{301}$$

wobei K von den Belastungs- und Entwässerungsverhältnissen abhängt. Bei plötzlicher Lastaufbringung und rechteckiger Lastfläche mit beiderseitiger Entwässerung erhält man durch Auswertung der theoretischen Zeit-Verfestigungslinie (Terzaghi/Fröhlich 1936, S. 42) nach Kérisel $K = 4{,}35$. Bei stetiger Lastaufbringung ergibt sich $K = 2{,}58$. Dieser Ansatz erleichtert auch die Konstruktion der Druck-Setzungslinie bei Nachsetzungen (Abb. 699).

Der Zusammenhang zwischen dem Belastungs- und Setzungsbild ist also je nach der Schichtstärke, der Wasserdurchlässigkeit und der Steifezahl des Bodens verschieden. Stehen unter dem Bauwerk, wie fast immer, mehrere Schichten an, so wird er außer wegen der verschiedenen Schichtstärken, Durchlässigkeitsbeiwerte und Steifezahlen noch dadurch wesentlich verwickelter, daß die Entwässerung und damit die Konsolidation des Untergrundes davon abhängig ist, wieweit schwerdurchlässige Schichten von leichtdurchlässigen eingefaßt werden, die sozusagen als Dränage das abfließende Wasser rasch fortleiten. Da diese Verhältnisse in jedem Fall anders liegen, ist die Schwierigkeit der Auswertung der Zeit-Setzungslinien verständlich.

Immerhin kann man die Zeit-Verfestigungslinien nach KÉRISEL wenigstens annähernd zwischen 10% und 90% der Endsetzung durch eine Gerade wiedergeben, wenn sie in einem Koordinatensystem $U/\ln T_v$ aufgetragen werden, so daß in diesem Bereich gilt:

$$\frac{\Delta U}{\Delta T_v} = K_1, \tag{302}$$

$U = \frac{s_t}{s_e}$ = Verfestigungsgrad (S. 466),

s_t Setzung zum Zeitpunkt t;

s_e Endsetzung zur Zeit $t = \infty$;

$T_v = \frac{4\,k\,E_s\,t}{\gamma_w\,d_e^2}$ = Zeitfaktor (S. 466),

d_e Stärke der beidseitig entwässerten Schicht.

K_1 kann aus den theoretischen Zeit-Verfestigungslinien ermittelt werden. Ferner ist:

$$K = \frac{1}{0{,}8\,K_1}\,. \tag{303}$$

Die hier aufgezeichnete und verschiedentlich benutzte (KÉRISEL 1963, TASSIOS 1963) Möglichkeit einer Auswertung der Zeit-Setzungslinien liegt darin, daß man nach den Angaben von TERZAGHI/FRÖHLICH (1936) und BUISMAN (1944) den zeitlichen Verlauf der Setzung unter dem Bauwerk berechnet und die errechneten Kurven mit den beobachteten vergleicht. Allerdings ist dieses Verfahren nicht sehr genau, wenn sich ein großer Teil der Setzungen während des Bauvorgangs unter ständigem Wechsel der Belastungen vollzieht. Jedoch sind diese Fälle für die Praxis weniger wichtig, da vor allem der Verlauf der langandauernden Setzungen interessiert, die nach der Fertigstellung des Bauwerks, also bei verhältnismäßig geringen Belastungsänderungen, eintreten.

Zahlenwerte. Die aus Setzungsbeobachtungen gewonnenen Beiwerte sind: Die Bettungszahl C_b des Baugrundes, die Steifezahl E_s', das wirksame Trägheitsmoment des Bauwerks I und die Beiwerte K_1, K und N der Zeit-Setzungslinie. Die Werte E_s' liegen bei nicht vorbelasteten bindigen und bei organischen Böden meist in der Größenordnung der aus dem Kompressionsversuch gewonnenen Steifezahlen E_s; bei vorbelasteten bindigen Böden ist E_s' gewöhnlich größer, unter Umständen sogar sehr viel größer als E_s (NEUBER 1961, HELENELUND 1964). Die Größe von E_s' in den nichtbindigen Böden ist in erster Linie von der Fundamentgröße abhängig (Abb. 703).

Fehler. Die mögliche Abweichung beim *Nivellement* wächst proportional mit der Wurzel aus der Zahl n der Instrumentenaufstellungen. Bei gleichen Zielweiten ist die mögliche Abweichung gleich $\pm 3\,m\,\sqrt{n}$, wobei m der mittlere Fehler des Höhenunterschieds für $n = 1$ ist. Für eine doppelt nivellierte Strecke von 1 km Länge ($n = 10$) ist unter günstigen Umständen und bei Benutzung eines Feinnivelliergeräts ein mittlerer Fehler von $\pm 0{,}3$ mm zu erreichen. Dem entspricht für jede der n (doppelt durchgeführten) *Höhen*bestimmungen nach dem Fehlerfortpflanzungsgesetz $m = \pm \frac{0,3}{\sqrt{10}}$ mm, also für jede *Setzung* $m = \pm \frac{0,3}{\sqrt{10}}\sqrt{2}$ mm $= \pm 0,13$ mm (BRENNECKE/ANSORGE 1949). Dem steht die Forderung gegenüber, die Setzung gewöhnlich mit einer möglichen Abweichung von < 1 mm bei gutem Baugrund und < 1 cm bei schlechtem Baugrund zu bestimmen. Das Feinnivellement genügt bei Setzungsbeobachtungen also selbst hohen Anforderungen.

Mit *Präzisionsschlauchwaagen* können Höhenunterschiede mit einem mittleren Fehler von ±0,03 bis ±0,05 mm – bei Einführung einer Temperaturverbesserung von ±0,02 mm – unabhängig von der Entfernung bestimmt werden. Da es aber mit wachsender Schlauchlänge immer schwieriger wird, den Schlauch waagerecht zu verlegen, die wirksame Vertikalkomponente klein und den Temperaturgradienten längs des Schlauchs gleich Null zu halten, sinkt erfahrungsgemäß die Meßgenauigkeit doch mit der Entfernung, ohne daß sich eine Gesetzmäßigkeit ableiten ließe. Feste Schlauchwaagen mit im Mauerwerk verlegtem Röhrensystem sind gegen Temperaturänderungen unempfindlicher als bewegliche. In Kellerräumen massiver Gebäude untergebracht, sind sie zudem von einem gleichmäßigen Klima umgeben und liefern auch ohne Temperaturkorrektion die Meßwerte auf ±0,02 mm genau. Ist allerdings eine Festpunktschlauchwaage eingebaut, so ist zu beachten, daß diese zwangsläufig in einem, von dem zu beobachtenden Bauwerk räumlich getrennten und damit meist etwas anders temperierten Raum untergebracht ist. Die Berücksichtigung der Temperaturkorrektion ist dann nicht zu umgehen, wenn man den gleichen kleinen mittleren Fehler erhalten will.

Verwendung. Die Verwendung der Setzungsbeobachtungen erschöpft sich neben der Kontrolle und Verfeinerung der Setzungsberechnungen sowie der Feststellung der tatsächlichen Steifezahl des Baugrundes (Abb. 703) im wesentlichen darin, festzustellen, ob ein Bauwerk durch Setzungen gefährdet ist und welche Gegenmaßnahmen getroffen werden können. Weniger als die absolute Größe der Setzungen interessieren die Setzungsunterschiede zwischen den einzelnen Punkten der Grundfläche (vgl. Tab. 83), da nur diese Schädigungen im Bauwerk hervorrufen. Außerdem erlaubt es der Zusammenhang zwischen dem Zeit-Setzungsbild und dem Belastungsbild, Schlüsse über die Ursachen schädlicher Setzungen zu ziehen. Sobald das Belastungsbild nicht unmittelbar aus dem Bauwerk selbst herrührt, sind der Nachweis und die Deutung seines Zusammenhangs mit dem Setzungsbild entscheidend für die Klärung der Schuldfrage an den Setzungen und der damit verbundenen finanziellen Ansprüche (Beweissicherung).

Beispiele. 1. Bei einem *schweren Massivbauwerk* in Berlin (MUHS 1952), das auf einer Platte von 60 m×33 m in diluvialem Sand und sandigem Geschiebemergel gegründet war, dienten als Ausgangspunkt zwei amtliche Höhenpunkte in einer in der Nähe befindlichen Straße, die bei jeder Messung von weiter entfernt gelegenen Höhenfestpunkten aus überprüft wurden. Die Meßpunkte am Bauwerk (Abb. 709) wurden mit Ausnahme der Punkte Nr. 141, 144, 147, 150 durch zwei, im lotrechten und waagerechten Abstand 2 bis 3 dcm voneinander entfernte, über Gelände liegende Höhenbolzen, die Meßpunkte im Gelände durch Betonpfeiler mit eingelassenem Kugelbolzen gekennzeichnet. Um auch die Anfangssetzungen zu erhalten, wurden die Meßpunkte 141, 144, 147, 150 durch T-Träger, die als Pegel in die Bauwerkssohle eingelassen waren, so lange beobachtet, bis die in unmittelbarer Nähe gelegenen Höhenbolzen 101, 104, 107 und 110 an ihre Stelle traten. Bei den übrigen Meßpunkten wurde mit den Setzungsbeobachtungen erst bei einer Belastung von 1,95 kg/cm² begonnen. Die Messungen wurden mit dem Präzisionsnivellier A von Zeiss und zwei Zeissschen Invarlatten durchgeführt. Jedes Nivellement wurde nach Beendigung mit vertauschten Latten wiederholt. Die mittlere Abweichung zweier zusammengehöriger Höhenbestimmungen betrug noch nicht ±0,3 mm.

Die Verteilung der Setzungen unter dem Bauwerk (Abb. 710), die sich auf die Laststeigerung von 1,95 auf 2,90 kg/cm² bezieht, läßt eine Schiefstellung und eine geringe Durchbiegung der Gründungsplatte erkennen. Die Gesamtsetzung an den vier Eckpunkten bei der Lasterhöhung von 0 auf 2,90 kg/cm² betrug fünf Monate nach Beendigung des Rohbaus auf der einen Seite im Mittel 6,3 cm, auf der anderen im Mittel 4,0 cm. Die Ausdehnung des

Setzungstrichters (Abb. 711) reichte bei dem Lastzuwachs von 1,95 auf 2,90 kg/cm² bis in eine Entfernung des rund 1,5fachen der Bauwerkslänge *a*. Zwischen 1,0 und 1,3 *a* waren noch ~ 2% der Setzung am Bauwerk festzustellen (vgl. Abb. 690).

2. In einem *Versuchsbauwerk* (MUHS 1948) mit einer Grundfläche von 100 m² und einem Gewicht von ~ 12630 t (Bodenpressung = 12,63 kg/cm²), das als Probebelastungskörper im Schutze eines Senkbrunnens auf eine in 17 m Tiefe liegende Geschiebemergelschicht gesetzt wurde (Abb. 712), wurden fünf Grundpegel zur Messung der Zusammendrückbarkeit dieser, unter der Gründungssohle (18,2 m) im Mittel noch 5,2 m starken Schicht eingebaut. Drei Pegel wurden 4 m, zwei nur 2 m tief in den Geschiebemergel hinabgeführt, um die Abnahme der Setzung mit der Tiefe verfolgen zu können. Die Anordnung der Pegel entsprach Abb. 669; nur waren an Stelle der Meßskalen Meßuhren angebracht.

Zur frühzeitigen Messung der *unterschiedlichen* Setzungen wurden die Pegel in einer tief gelegenen Kammer durch ein fest eingebautes System von Schlauchwaagen nach Abb. 672 verbunden. Um auch die mittlere Absolutsetzung des Bauwerks schon möglichst frühzeitig messen zu können, wurde ein I-Träger ungefähr in Bauwerksmitte als Hauptpegel dicht über der Gründungssohle im Beton verankert und bis in eine über Gelände liegende Kammer hochgeführt, in der er durch Nivellement beobachtet werden konnte (Abb. 713). Zur Messung der Absolutsetzungen an den fünf anderen Pegelpunkten des Bauwerks und des unter den Spitzen der Grundpegel liegenden Bodens wurde das untere Schlauchwaagensystem an den Hauptpegel angeschlossen. Eine Kontrolle des Nivellements ermöglichte die Verbindung des Hauptpegels mit einem rund 40 m entfernten Meßhäuschen durch eine wiederum feste Schlauchwaage (Abb. 712). Die Bewegungen des Häuschens wurden in das Nivellement des Bauwerks und des umliegenden Geländes einbezogen.

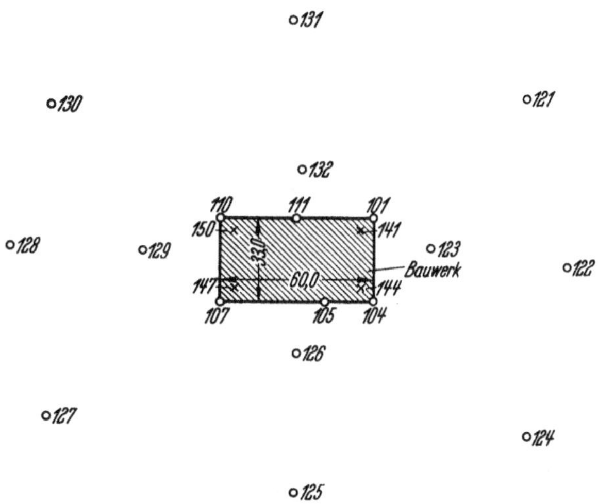

Abb. 709. Lage der Meßpunkte an einem größeren Bauwerk und in seiner Umgebung zum Beobachten der Bauwerks- und der Geländesetzung.

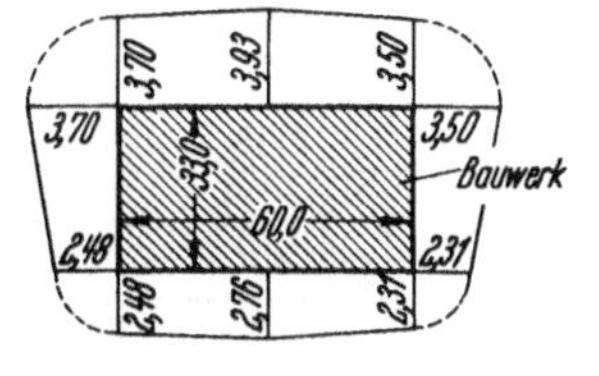

Abb. 710. Verteilung der bei einer Belastungssteigerung von 1,95 auf 2,90 kg/cm² gemessenen Setzungen (in cm) am Bauwerk nach Abb. 709.

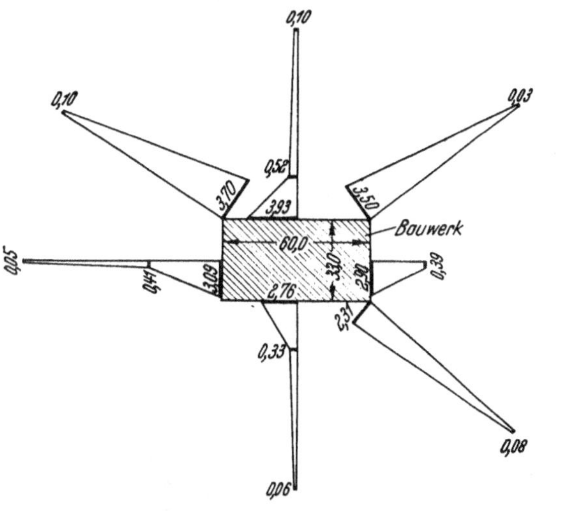

Abb. 711. Verteilung der bei einer Belastungssteigerung von 1,95 auf 2,90 kg/cm² gemessenen Geländesetzungen (in cm) in der Umgebung des Bauwerks nach Abb. 709.

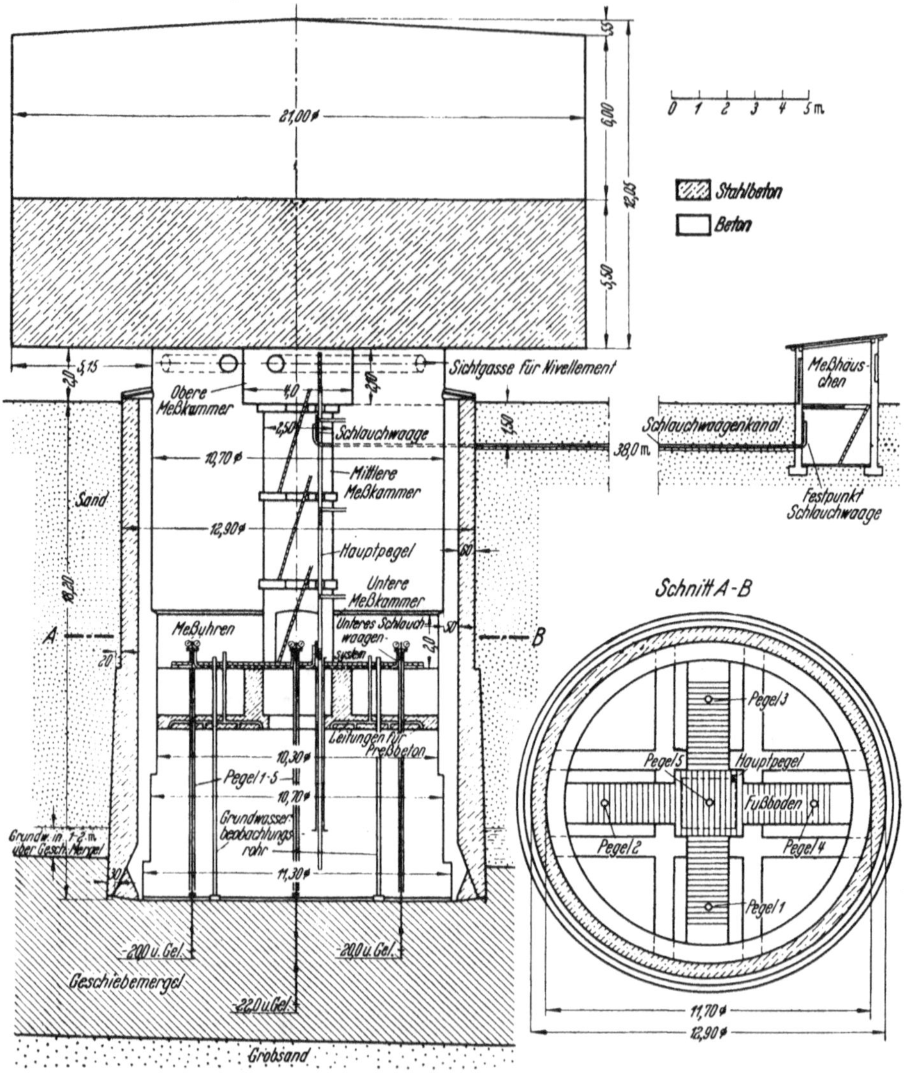

Abb. 712. Querschnitt eines Versuchsbauwerks zur Untersuchung der Zusammendrückbarkeit des tiefliegenden Geschiebemergels bei sehr hoher Belastung.

Abb. 713. Obere Meßkammer in dem Versuchsbauwerk nach Abb. 712 mit Hauptpegel (vorn) und Sichtgassen für das Feinnivellement.

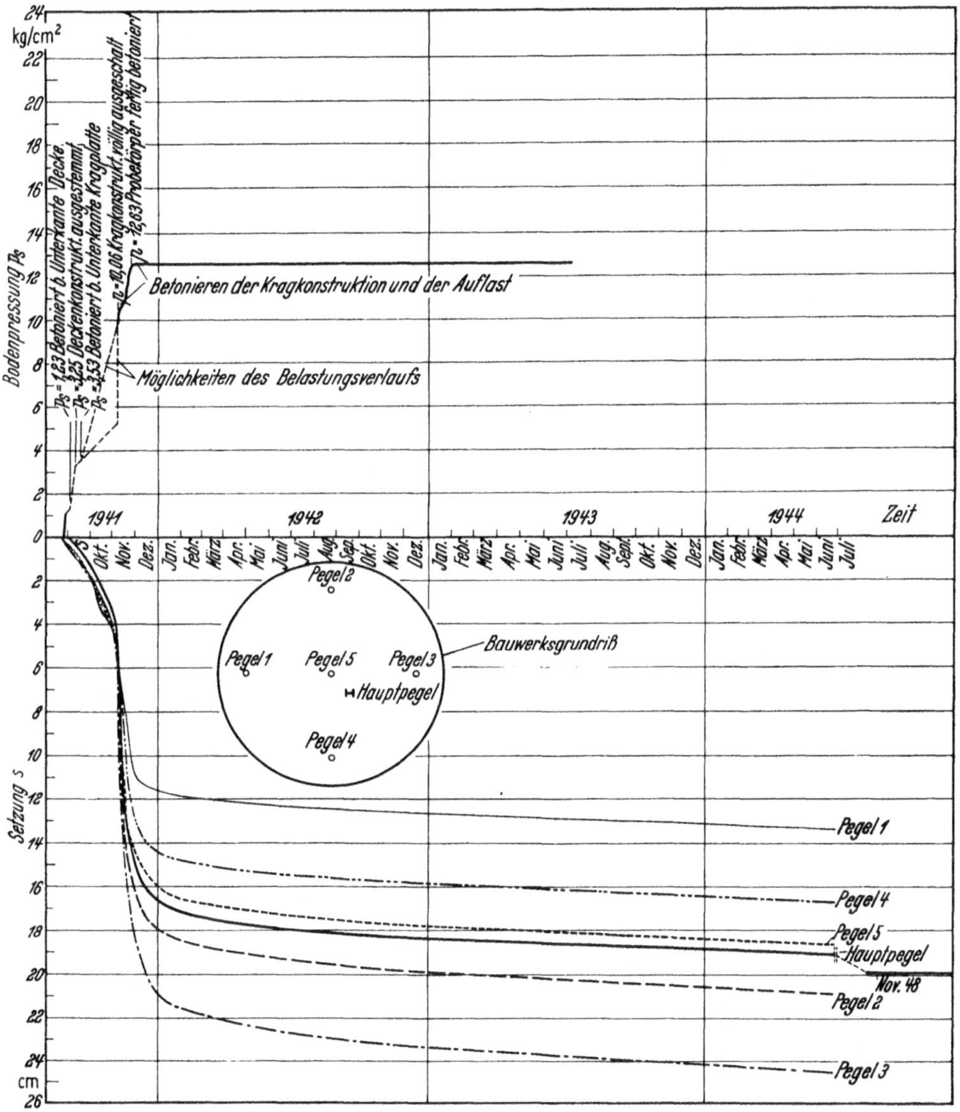

Abb. 714. Zeitlicher Verlauf der Belastung und der Gesamtsetzungen am Hauptpegel und an den fünf Grundpegeln des Versuchsbauwerks nach Abb. 712.

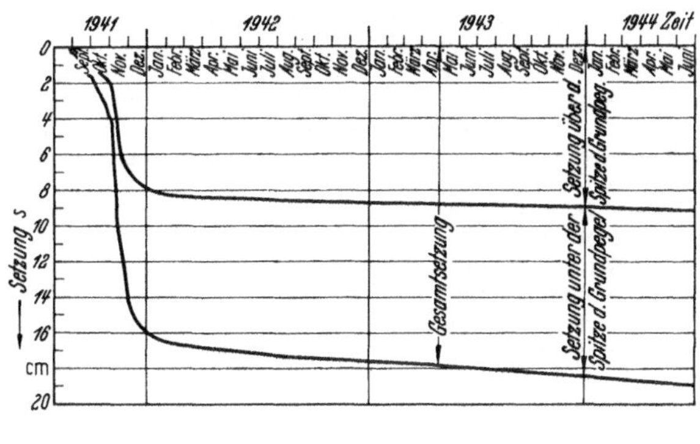

Abb. 715. Zeitlicher Verlauf der Gesamtsetzung und der Untergrundsetzung am Pegel 5 des Versuchsbauwerks nach Abb. 712; Belastung wie in Abb. 714.

Aus dem zeitlichen Verlauf der Gesamtbewegung und der Belastung (Abb. 714) geht eine ziemlich starke Verkippung des Bauwerks hervor. Verteilt man die Gesamtsetzung von rund 19 cm in der Mitte des Bauwerks nach dem Ergebnis der Pegelmessungen auf die zugehörigen Tiefen (Abb. 715), so war bis in 4 m unter Gründungssohle im Geschiebemergel eine Setzung von rund 9 cm, darunter, in 1,2 m Geschiebemergel und den tiefer liegenden Sanden, eine Setzung von rund 10 cm eingetreten.

Der Vergleich der Ergebnisse von Nivellement und Schlauchwaagenmessung führte zu einer fast völligen Übereinstimmung der beiden Verfahren. Bei 28 vergleichbaren Einmessungen des Hauptpegels ergab sich ein mittlerer Unterschied von 0,7 mm. Die graphische Bestimmung des Kippwinkels des Bauwerks aus den mit der Schlauchwaage gemessenen ungleichen Setzungen (Abb. 740) lieferte für einen ausgewählten Zeitraum von fünf Monaten 18,9′ gegenüber dem berechneten Wert von 19,7′ aus dem Nivellement von über der Erdoberfläche gelegenen Punkten an der Wand des Bauwerks. Über die aus den gemessenen Setzungen ermittelte Steifezahl siehe Muhs/Davidenkoff (1952).

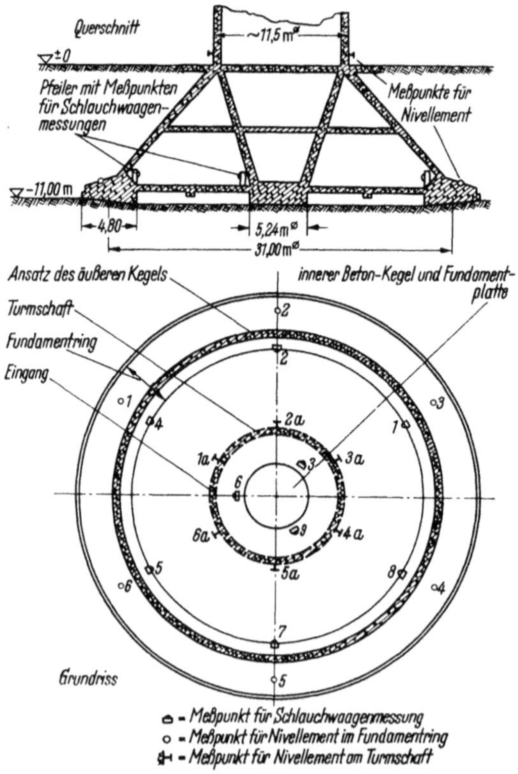

Abb. 716. Gründungskörper eines 187 m hohen Stahlbetonturms.

3. Beim *Bau eines 187 m hohen Fernmeldeturms* aus Stahlbeton wurden – um die aus den Bauwerkslasten zu erwartenden Setzungen bzw. Setzungsunterschiede von eventuellen Ausführungsfehlern klar trennen zu können und um über die Abtragung der Bauwerkslasten in den Untergrund Aufschluß zu erhalten – die Setzungen in verschiedenen Baustadien gemessen.

Der Turm, der in Geländehöhe einen Schaftdurchmesser von 11,5 m besitzt, ist auf einem Kegelstumpf abgesetzt, der in rund 11 m Tiefe unter Gelände auf einem äußeren Kreisringfundament und einer inneren Kreisplatte (Abb. 716) gegründet ist. Die zwischen dem Kreisring und der Kreisplatte befindliche schlaffe Platte ist aus konstruktiven Gründen erforderlich, wird jedoch zur Lastübertragung nicht herangezogen. Die Gründungsschicht besteht bis in größere Tiefe aus sandigen und kiesigen Ablagerungen, die nach den durchgeführten Drucksondierungen (Spitzendruck 150 bis 300 kg/cm^2) dicht gelagert sind.

Da bei der Lastabtragung auf das Kreisring- und Kreisfundament die Belastung der Gründungsschicht und die Setzung des Untergrundes von der Steifigkeit des kegelstumpfförmigen Überbaus abhängen, war es erforderlich, nicht nur die Setzung des Turmschafts in Geländehöhe, sondern auch die Setzung des Kreisrings und der Kreisplatte zu messen, und zwar so früh wie möglich, d. h. unmittelbar nach Betonieren dieser Fundamente. Hierzu wurden auf der Außen- und Innenseite des Kreisrings jeweils sechs und unmittelbar am Umfang der Kreisplatte drei Meßpunkte angeordnet (Abb. 716).

Die außen gelegenen Meßpunkte wurden durch Feinnivellement beobachtet, wobei der Anschluß an die außerhalb der Baugrube gelegenen Festpunkte durch eine Höhenmessung vorgenommen werden mußte. Als Festpunkte wurden drei an schon bestehenden Gebäuden angebrachte Höhenbolzen ausgewählt. Später zeigte sich jedoch, daß nur der entfernteste, rund 40 m außerhalb der Baugrube liegende Höhenbolzen als höhenbeständig angenommen werden konnte, da die näher gelegenen Punkte bei der Verdichtung der Baugrubenverfüllung Setzungen bis 2,6 mm erlitten.

Die im Innern des Turmfußes gelegenen Meßpunkte ließen sich jedoch während der Bauzeit wegen der fehlenden Sichtgassen nicht durch Nivellierbeobachtungen erfassen. Sie wurden daher mit der Schlauchwaage eingemessen. Da die Schlauchwaagenmessungen nicht an einen festen Punkt angeschlossen waren, lieferten sie nur relative Ergebnisse, d. h. die gegenseitigen Setzungen der Meßpunkte und daraus die Schieflage und den Setzungsunterschied zwischen Kreis- und Kreisringfundament.

Die auf der Außenseite des Kreisringfundaments eingesetzten Bolzen konnten nur bei offener Baugrube eingemessen werden. Nach Beginn der Baugrubenverfüllung wurden sie durch sechs Bolzen, die etwa 1 m über dem Gelände in den Turmschaft eingelassen wurden, ersetzt (Punkte *1a* bis *6a* in Abb. 716).

Für jedes Wiederholungsnivellement waren drei Meßgänge erforderlich:

1. Nivellement der Meßpunkte am äußeren Kreisring;
2. Anschlußnivellement eines Beobachtungsbolzens am Turm an den nächstgelegenen Festpunkt;
3. Schlauchwaagenmessung der Meßpunkte im Innern des Kegelstumpfs.

Abb. 717. Pfeiler für Schlauchwaagenmessungen im Gründungskörper nach Abb. 716.

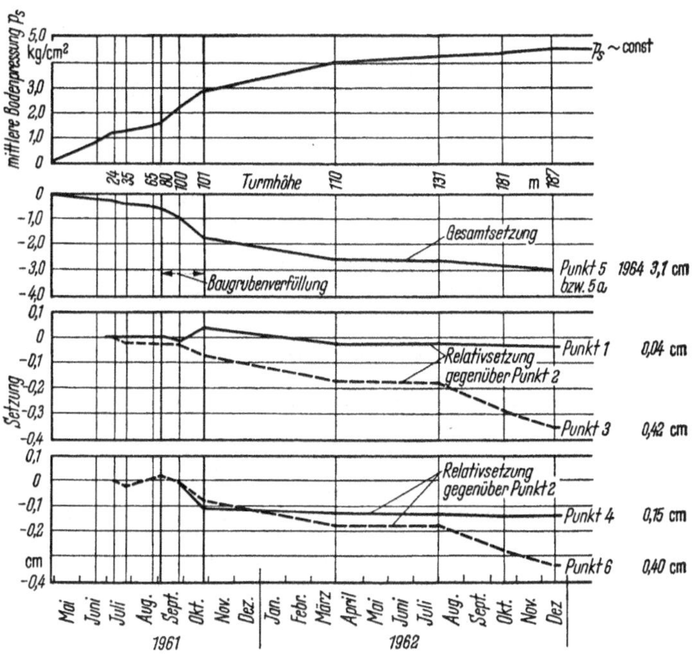

Abb. 718. Zeitlicher Verlauf der Belastung, der Gesamtsetzung und der unterschiedlichen Setzungen des Gründungskörpers nach Abb. 716.

Für die Messung wurden Kompensatornivelliere mit Planplattenmikrometer und Invarlatte eingesetzt, mit denen man eine Genauigkeit von $\pm 0{,}19$ mm für die Höhenzahl eines Punkts erreichte. Für die aus zwei Höhenzahlen abgeleitete Setzung ergibt dies eine Genauigkeit von $\pm\sqrt{2}\cdot 0{,}19 = \pm 0{,}22 \text{ mm} \approx 0{,}2$ mm.

Die Schlauchwaagenmessung wurde mit einem Paar Präzisionsschlauchwaagen nach Meisser durchgeführt (Abb. 673 und 674). Da die Instrumente an den schrägen Wänden nicht aufgehängt werden konnten, wurden auf dem Fundamentring sechs kleine Pfeiler aufbetoniert, in die die Aufhängebolzen und Steinschrauben eingelassen waren (Abb. 717). Drei weitere Pfeiler wurden an dem inneren Kreisfundament angeordnet.

Über die im Innern des Turmfußes gelegenen neun Meßpunkte wurde ein Messungsnetz gelegt. Die sich bei den Messungen ergebenden Widersprüche wurden nach der Methode der kleinsten Quadrate ausgeglichen. Man erhielt als mittleren Fehler der Messung einer Strecke $\pm 43{,}4\ \mu$, der durch die Ausgleichung auf $\pm 34{,}1\ \mu$ verbessert wurde.

Die bis zur Beendigung des Rohbaus durchgeführten Nivellements zeigen, daß der Turm eine Gesamtsetzung von rund 30 mm erfahren hat. Wie aus der Zeit-Setzungslinie von Punkt *5*, der ein der mittleren Setzung nahe kommendes Verhalten aufweist (Abb. 718), hervorgeht, trat während der Baugrubenverfüllung eine stärkere Setzungszunahme ein. Die danach durch die reinen Bauwerkslasten hervorgerufenen Setzungen zeigten nur noch einen geringeren Anstieg und hörten nach Fertigstellung des Turms praktisch auf. Bei einem $1^1/_2$ Jahre nach Bauvollendung durchgeführten Nivellement wurde keine Setzungszunahme mehr festgestellt. Ein Vergleich der an den einzelnen Bolzen gemessenen Setzungen zeigt darüber hinaus, daß sich das Turmfundament um rund 52^{cc} [1] geneigt hat.

Für die Darstellung der relativen Ergebnisse der Schlauchwaagenmessungen sind die Setzungen der äußeren Punkte *1* und *4* sowie der inneren Punkte *3* und *6* gegenüber dem Punkt *2* aufgetragen. Die Wahl des Punkts *2* als Ausgangspunkt ist willkürlich, im vorliegenden Fall aber vorteilhaft, weil sich dadurch alle Setzungsunterschiede mit negativen Vorzeichen ergeben.

Aus dem Vergleich der relativen Setzungen der Punkte *1* und *4* gegenüber denen der Punkte *3* und *6* ist zu erkennen, daß die in der Mitte gelegene Kreisplatte sich um etwa 1,6 mm mehr gesetzt hat als der äußere Fundamentring. Das Gesamtfundament hat sich also tellerförmig leicht durchgebogen.

Literatur

DIN 3008 (1932)[2]: Höhenbolzen.
DIN 4107 (1937)[2]: Richtlinien für die Beobachtung der Bewegungen entstehender und fertiger Bauwerke.

Über meßtechnische Fragen:

TERZAGHI (1933): Verbessertes Verfahren zur Setzungsbeobachtung. Bautechnik 11, S. 579.
TERZAGHI/LANGER (1934): Verbesserte Schlauchwaage zur Setzungsbeobachtung. Bautechnik 12, S. 291.
LÖSCHNER (1936): Genauigkeitsuntersuchung zur Messung von Setzungen nach dem Verfahren von Prof. VON TERZAGHI. Ztschr. f. Instrumentenkunde 56, S. 146.
— (1937): Über die Messung von Setzungen eines Bauwerks. Ztschr. f. Instrumentenkunde 57, S. 1.
SCHEIDIG/LEUSSINK (1938): Gerät für Setzungsmessungen an Bauwerken und Dämmen. Bauingenieur 19, S. 424.
BAENISCH (1938): Der Einfluß wechselnder Wasserstände auf die Höhenlage von Festpunkten und Bauwerken. Ztschr. f. Vermessungswesen 67, S. 385.
NEHM (1939): Die Genauigkeit von Schlauchwaagenmessungen. Glückauf 75, S. 853.
LÜDEMANN (1940): Die Verwendung der Schlauchwaage bei Setzungsmessungen und ihre Genauigkeit. Ztschr. f. Vermessungswesen 69, S. 348.
OHDE (1941): Bohrlochfestpunkte auf nachgiebigem Untergrund. Bautechnik 19, S. 122.
MUHS (1948): Durchführung und Ergebnis einer großen Probebelastung. Abhandlg. ü. Bodenmech. u. Grundbau. Berlin/Bielefeld/Detmold. S. 97.
BRENNECKE/ANSORGE (1949): Meßtechnische Grundlagen bei Setzungsmessungen an großen Bauwerken. Bautechnik-Archiv H. 3, S. 48.
MUHS (1950): Messungen über die Setzungen des Untergrundes unter einem hochbelasteten Bauwerk. Bauingenieur 25, S. 343.
KJELLMANN/KALLSTENIUS/LILJEDAHL (1955): Accurate measurements of settlements. Proc. Swed. Geot. Inst. Nr. 10.
SCHEEL (1956): Systematische Fehler des hydrostatischen Nivellements und Verfahren zu ihrer Ausschaltung. Dtsch. Geodätische Kommission bei der Bayer. Akademie d. Wissenschaften, Reihe B, H. 27.
SPETTMANN (1958): Anwendung und Nutzen der Präzisions-Schlauchwaage auf bautechnischem und bergbaulichem Gebiet. Mitt. a. d. Markscheidewesen 65, S. 145.
GIGAS (1960): Physikalisch-geodätische Meßverfahren. Lieferung 1. Hamburg.
MARTIN (1960): Erfahrungen und Hinweise bei Schlauchwaagenmessungen. Freiberger Forschungshefte, Reihe C, H. 81, S. 7.
MEISSER (1961): Seismische Methode in der Gebirgsmechanik. Abhandlg. d. Dtsch. Akademie d. Wissenschaften Berlin, H. 1. Bericht über das 1. Ländertreffen d. Intern. Büros f. Gebirgsmechanik Leipzig 1959.
COOLING (1962): Field measurements in soil mechanics. Géotechnique 12, S. 77.
BOEKELS (1966): BOEKELS-Niveaumesser zur Überwachung von Bauwerken auf relative Setzungen. Der Tiefbau 8, S. 508.

Beispiele, Theorie und Auswertung:

TERZAGHI/FRÖHLICH (1936): Theorie der Setzung von Tonschichten. Leipzig/Wien.
BUISMAN (1944): Grondmechanica. Delft.

[1] $1^{cc} = 1$ Neusekunde = 0,32 Altsekunden.
[2] Wird (1967) als Entwurf neu erscheinen.

MEINEL (1948): Die Ebertbrücke über das Syratal in Plauen. Bauplanung u. Bautechnik 2, S. 223.
MUHS (1952): Setzungsmessungen an den Flaktürmen in Berlin. Bauingenieur 27, S. 118.
MUHS/DAVIDENKOFF (1952): Untersuchungen über das Setzungsverhalten des Baugrundes – Auswertung der Ergebnisse einer großen Probebelastung. Bautechnik 29, S. 25.
ZIEMER (1952): Untersuchungen über die Lageänderungen des neuen Pier „A“ der Getreideanlage Bremen vom Beginn des Baues im Jahre 1949 bis 1952 und einige Bemerkungen über den dabei festgestellten Einfluß der Gezeiten. Bautechnik 29, S. 289.
MUHS (1960): Baugrunduntersuchungen, Gründungen und Setzungsbeobachtungen der Hochhäuser. Berichte a. d. Bauforschung H. 17, S. 17.
— (1961): Ergebnisse der Setzungsmessungen an den Hochhäusern im Hansaviertel und am Hochhaus „Heilsberger Dreieck“ in Berlin. Berichte a. d. Bauforschung H. 18, S. 1.
NEUBER (1961): Setzungen von Bauwerken und ihre Vorhersage. Berichte a. d. Bauforschung H. 19.
SCHULTZE (1962): Probleme bei der Auswertung von Setzungsmessungen. Vorträge der Baugrundtagung Essen, S. 343.
— (1963): Beispiele für Setzungsbeobachtungen in bindigen und nichtbindigen Böden. Proc. Europ. Baugrundtagung Wiesbaden, Bd. I, S. 143.
BRETH/BACK (1963): Über Setzungen von Bauwerken auf Ton. Proc. Europ. Baugrundtagung Wiesbaden, Bd. I, S. 101.
KÉRISEL (1963): Nécessité de rapporter les tassements au rayon moyen de la surface chargée et les pressions appliquées aux pressions limites. Proc. Europ. Baugrundtagung Wiesbaden, Bd. I, S. 83. Deutscher Auszug: Bauingenieur 39 (1964), S. 242.
TASSIOS (1963): Estimation practique des tassements differés d'une pendant un essai de chargement. Proc. Europ. Baugrundtagung Wiesbaden, Bd. I, S. 95. Deutscher Auszug: Bauingenieur 39 (1964), S. 245.
MUHS/WEISS (1963): Die Berechnung der Bauwerkssteifigkeit von Hochhäusern aus den Ergebnissen von Setzungsbeobachtungen. Bautechnik 40, S. 377.
SCHULTZE (1964): Zur Definition der Steifigkeit des Bauwerks und des Baugrundes sowie der Systemsteifigkeit bei der Berechnung von Gründungsbalken und -platten. Bauingenieur 39, S. 222.
HELENELUND (1964): On the bearing capacity of glacial till. State Institute for Technical Research. Helsinki. Rep. Nr. III/83.

Weitere Beispiele von Setzungsbeobachtungen und ihrer Auswertung siehe in den Proceedings der Internationalen Konferenzen für Bodenmechanik und Grundbau 1936, 1948, 1953, 1957, 1961 und 1965 sowie in den Proceedings der Europäischen Baugrundtagung Wiesbaden 1963.

2.212 Waagerechte Bewegungen des Bauwerks

Definition. Neben den Setzungen beobachtet man bei Bauwerken wie Staumauern, Stützmauern, Widerlagern und Bohlwerken, die waagerechte Kräfte aufzunehmen haben, mitunter auch die waagerechten „*Verschiebungen*“. Sie werden im allgemeinen auf ein waagerechtes Koordinatensystem mit zum Bauwerk parallelen Achsen bezogen. Durch die Messung werden die Koordinaten ausgesuchter Punkte des Bauwerks zu verschiedenen Zeitpunkten festgehalten.

Von den in der Geodäsie gebräuchlichen Verfahren eignen sich hierzu die Polygonmessungen,das Alignement, die unmittelbare Längenmessung und die Einschneideverfahren („*trigonometrische Punktbestimmung*“) mit Richtungsmessungen von dem zu bestimmenden Punkt aus nach unveränderlichen Festpunkten („*Rückwärtseinschnitt*“) oder von diesen Festpunkten aus nach dem zu untersuchenden Punkt am Bauwerk („*Vorwärtseinschnitt*“).

Im Gegensatz zu den Setzungen, die durch *einen* Zahlenwert ausreichend beschrieben werden, erhält man bei den waagerechten Bewegungen zwei Werte, die sich jedoch vielfach, z. B. bei einer langgestreckten Mauer, wo es sich nur um waagerechte Bewegungen in einer bestimmten Richtung handelt, auf *einen* Wert verringern. Hier kann an die Stelle der Koordinatenbestimmung die Messung der Abweichung der Meßpunkte von einer festgelegten Richtung („*Alignementsbeobachtung*“) oder die Messung des Abstands von einem festen Punkt treten.

Gerät. Für die *Festlegung von Bauwerkspunkten nach Koordinaten mittels Längenmessungen* werden sowohl die Festpunkte, von denen die Einmessung aus erfolgt, als auch die Meßpunkte am Bauwerk durch scharfe Marken in Form von Strichkreuzen bezeichnet. Die Kreuze werden in kleine Metallplatten mit 20 bis 50 mm Durchmesser oder Seitenlänge eingeritzt, die in eine waagerechte Fläche am Bauwerk oder auf den Festpunkten so eingelassen werden, daß ein Strich in die Meßrichtung fällt. Die Metallplatten werden durch Deckel vor Beschädigungen geschützt. Die Festpunkte sind Betonpfeiler, ähnlich wie beim Nivellement (Abb. 667). Das Meßgerät muß zur parallaxenfreien Ablesung auf den Fest- und Meßpunkten aufliegen und soll möglichst waagerecht gehalten werden, d. h., die zusammengehörenden Punkte sollen nach Möglichkeit gleich hoch liegen.

Die Entfernungen können mit optischen Entfernungsmessern (Doppelbildentfernungsmesser, Tachymeter) mit einem mittleren Fehler von ± 5 bis ± 15 cm bestimmt werden. Meist sind aber die Genauigkeitsanforderungen wesentlich höher, und man arbeitet mit 5 m-Schneidenlatten oder mit Stahlbandmaßen von 20 bis 100 m Länge. Da diese Bänder ihre Länge infolge ihrer Elastizität mit der Zugspannung ändern, hält man diese mit einem Spannungsmesser konstant. Zur Kompensierung der thermischen Ausdehnung mißt man die Temperatur und bringt an den beobachteten Werten entsprechende Korrekturen an, oder man benutzt Invarbänder oder Invardrähte mit einem sehr kleinen Temperaturkoeffizienten.

Bei der *trigonometrischen Punktbestimmung* werden die Richtungen von den Fest- nach den Meßpunkten, seltener umgekehrt, mit *Theodoliten* gemessen. Diese müssen eine hohe Ablesegenauigkeit besitzen. Da häufig steil visiert werden muß, ist eine feine Reiterlibelle zur genauen Lotrechtstellung der Stehachse des Theodoliten erforderlich. In der Regel kommen nur Theodolite mit optischem Mikrometer in Betracht.

Für die Beobachtungen werden die Theodolite auf den Festpunkten — massiven, genügend tief gegründeten Stein- oder Betonpfeilern — aufgestellt, deren Kopfplatte am Rand meist drei Aussparungen für die Fußschrauben des Theodoliten und in der Mitte eine kleine Messingplatte mit einer Bohrung von 1 mm Weite als Zentrum des Pfeilers enthält. Bei langfristigen Messungen, z. B. an Staumauern, empfiehlt es sich, an Stelle der kleinen Messingplatte eine Bohrung vorzusehen, die eine sowohl am Theodoliten als auch an den Zielmarken angebrachte Zentriervorrichtung aufnehmen kann.

Besonders wichtig ist die Ausbildung der *Zielmarken* am Bauwerk. Meist werden Mauerbolzen mit vorgeschraubten Plättchen benutzt, die auf schwarzem Grund einen weißen Strich besitzen (Abb. 719). Der Vertikalfaden im Gesichts-

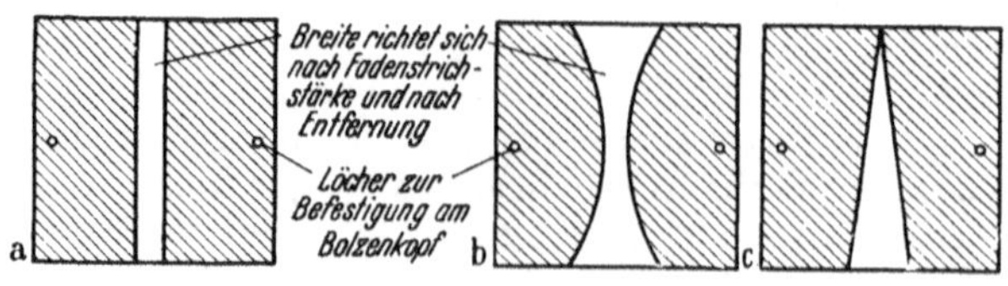

Abb. 719a—c. Zieltafeln zum Beobachten von waagerechten Verschiebungen.

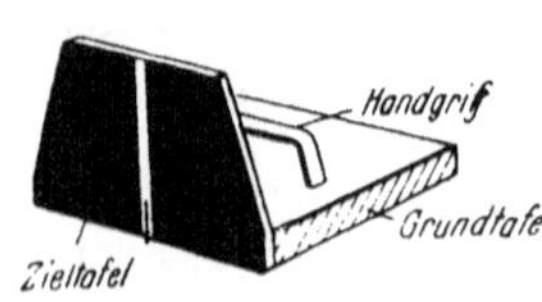

Abb. 720. Bewegliche Zieltafel zum Beobachten von waagerechten Verschiebungen.

feld des Fernrohrs wird auf die Mitte des weißen Streifens eingestellt, wobei sich infolge der symmetrischen Verhältnisse ein Maximum an Genauigkeit ergibt. Die günstigste Breite der Einstellmarke wird für die verschiedenen Entfernungen durch Versuche mit dem benutzten Theodolit gefunden. Um von der Zielweite unabhängig zu sein, werden auch keilförmige (Abb. 719c) und symmetrisch gekrümmte Marken (Abb. 719b) benutzt. Beim Einsetzen ist darauf zu achten, daß der weiße Strich genau lotrecht steht, damit er für Visuren von verschiedenen Seiten brauchbar ist. In der Schweiz werden aus diesem Grunde die Bolzen mit einer Dosenlibelle versehen (LANG 1929).

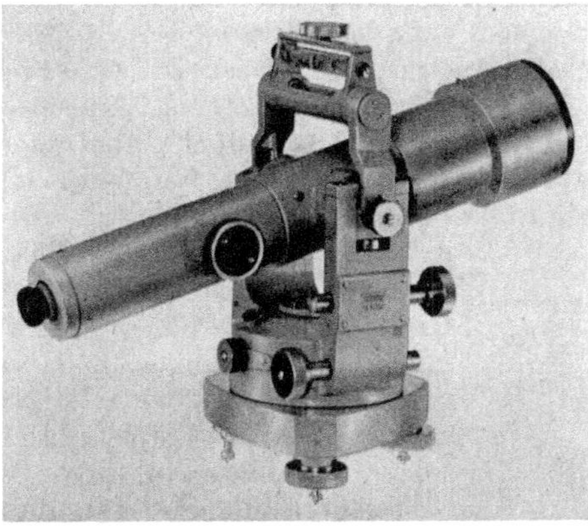

Abb. 721. Beobachtungsgerät für Deformationsmessungen (*Bauprüfgerät*) (Otto Fennel Söhne KG, Kassel).

Abb. 722. Grundplatte für das Bauprüfgerät (Otto Fennel Söhne KG, Kassel).

Zur Sicherung der Beobachtungspfeiler werden weitere Festpunkte angelegt, die von den Beobachtungspfeilern aus anvisiert werden können. Als Einstellmarke dient hier am besten eine *bewegliche Zieltafel*, die nacheinander auf die Metallplatte der Festpunkte aufgesetzt wird (Abb. 720).

Zur Bestimmung der Abweichung einer Reihe von Meßpunkten aus einer festgelegten Richtung „*Alignement*" sind besondere Beobachtungsgeräte für Deformationsmessungen von Bauwerken (sog. „*Bauprüfgeräte*") entwickelt worden (Abb. 721), die zur genauen Horizontalstellung der Kippachse mit einer umsetzbaren empfindlichen Reiterlibelle ausgestattet sind. Sie werden mit einer Grundplatte geliefert, die in das Mauerwerk des Festpunkts eingelassen wird (Abb. 722). Zu jedem Gerät gehören eine bewegliche und eine feste Zieltafel. Erstere (Abb. 723) kann mit einer Schraube senkrecht zur Zielrichtung verschoben und der Verschiebungsbetrag an einem Maßstab abgelesen werden. Die Dreifüße der Zieltafeln und die zu ihnen gehörenden Grundplatten gleichen den entsprechenden Teilen des Bauprüfgeräts.

Abb. 723. Bewegliche Zieltafel für das Bauprüfgerät (Otto Fennel Söhne KG, Kassel).

Neben den bisher genannten Meßverfahren kann man auch, vor allem für eine ständige Überprüfung der Querbewegungen einer langgestreckten Mauer, in einer gewissen Entfernung hinter der Mauer Festpunkte anbringen, die ebenso wie bei den lotrechten Messungen (Abb. 670) bis auf den tragfähigen Untergrund hinuntergeführt werden, wenn oberflächlich nachgiebige Schichten anstehen oder die Festpunkte nicht weit genug von der Mauer entfernt sind. Für den inneren Teil eines solchen Festpunkts haben Breitflanschträger vor Rohren und runden oder quadratischen Vollquerschnitten den Vorteil, daß ihre Steifigkeit in den beiden Hauptachsen verschieden groß ist. Die Achse mit größerer Steifigkeit legt man senkrecht zur Richtung der Bewegung. Am oberen Ende des Breitflanschträgers wird eine bewegliche Rolle angebracht, über die ein *Meßdraht*, der durch ein Gewicht von etwa 10 kg gespannt ist, frei herabhängt (Abb. 724). Das andere Ende des Drahtes ist am Bauwerk angebracht. Der Draht wird entweder in einem Kabelkanal oder durch die Luft zum Festpunkt geführt. Um in letzterem Fall die Fehler infolge von Temperaturänderungen möglichst gering zu halten, verwendet man Invardrähte. Die Bewegungen werden entweder mit einer auf dem Draht angebrachten Millimeterskala, die an einem Zeiger oder Strichkreuz am Festpunktpfahl entlanggleitet, oder mit einer Meßuhr, an der die Länge des über sie abrollenden Drahtes abgelesen werden kann, ermittelt. Eine besonders einfache Möglichkeit zum Messen von *unterschiedlichen* waagerechten Bewegungen bietet die Anwendung des Lots. Näheres siehe im folgenden Kapitel (S. 674).

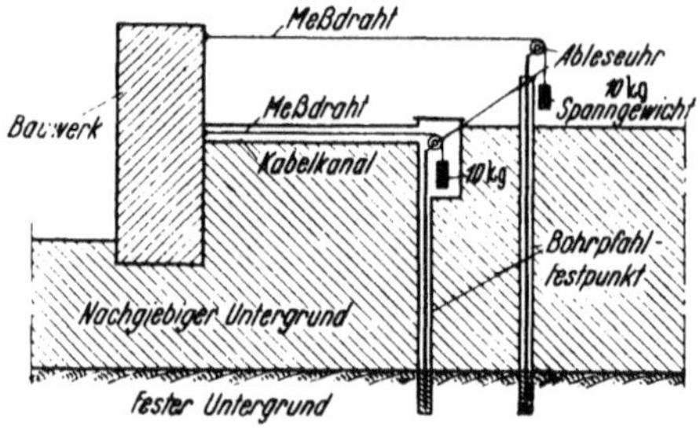

Abb. 724. Anordnung zum Beobachten von waagerechten Verschiebungen mittels Meßdrähten in nachgiebigem Untergrund.

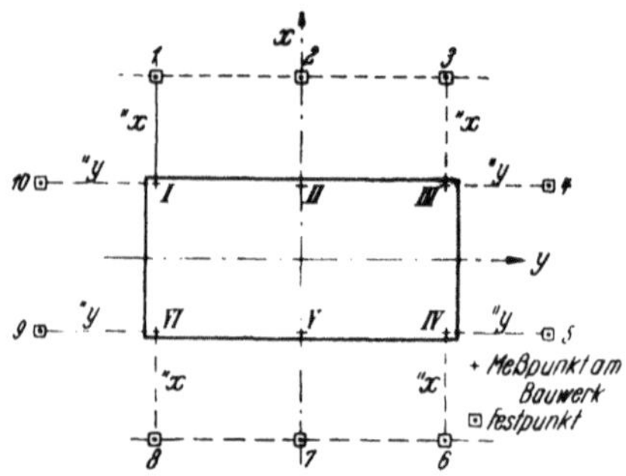

Abb. 725. Anordnung der Meßpunkte am Bauwerk und der Festpunkte im Gelände zum Beobachten von waagerechten Verschiebungen des Bauwerks mittels Meßband.

Vorgang. Bei der *direkten Längenmessung* sollen die Festpunkte so zu den Meßpunkten liegen, daß die Längen in der Richtung der beiden Hauptachsen des Bauwerks, als den gewöhnlich gewählten Koordinatenachsen, gemessen werden können (Abb. 725). Werden die Festpunkte *1* bis *3* und *6* bis *8* genau in einer Geraden angeordnet, so sind Veränderungen dieser Festpunkte in Richtung der x-Achse des Bauwerks leicht durch Überprüfung der Geradlinigkeit der drei Festpunkte festzustellen. Ähnlich können auch die Festpunkte *4* und *5* bzw. *9* und *10* kontrolliert werden, indem in ihre Verbindungsgerade noch ein weiterer Punkt gelegt wird. Die Festpunkte sollen nicht weiter als eine Meßbandlänge, also weniger als 50 m von den Meßpunkten entfernt sein.

Gestatten die örtlichen Verhältnisse eine unmittelbare Längenmessung in Richtung der beiden Koordinatenachsen nicht, so werden die Längen schief zu den Achsen gemessen und umgerechnet, damit alle Verschiebungen einheitlich in den gleichen Richtungen angegeben werden können. Das gleiche gilt für schräg gemessene Strecken, wenn Fest- und Meßpunkt nicht in gleicher Höhe liegen. Zur Umrechnung auf die Horizontale wird der Höhenunterschied durch einen Neigungsmesser oder durch ein Nivellement festgestellt. Bei der Messung wird das Band möglichst in ganzer Länge aufgelegt, bei hoher Genauigkeitsanforderung seine Länge vor und nach der täglichen Messung auf der Prüfstrecke kontrolliert.

Bei der *trigonometrischen Punktbestimmung* wird meist vorwärts eingeschnitten, da das Instrument nur selten auf dem Meßpunkt aufgestellt werden kann. Die Anordnung der Meßpunkte und der Festpunkte hängt von der Art des Bauwerks und den örtlichen Verhältnissen ab.

Das Grundsätzliche hierfür zeigt die schematische Darstellung der Bewegungsmessung an einer kleinen Staumauer (Abb. 726). Die Meßpunkte *1* bis *5* werden gleichmäßig über die Luftseite des Bauwerks verteilt. Sie werden durch Bolzen mit Einstellmarken (Abb. 719) gekennzeichnet und von den beiden Festpunkten *I* und *II* aus durch Richtungsmessungen angeschlossen. Die Lage der Festpunkte *I* und *II* soll so gewählt werden, daß die Zielstrahlen nach den Mauerbolzen sich möglichst unter 60 bis 90° schneiden und daß die Strecke *I* bis *II* etwa parallel zur Verbindungssehne der Enden der Staumauer verläuft. Außerdem sollen die Zielweiten nicht allzu stark voneinander abweichen.

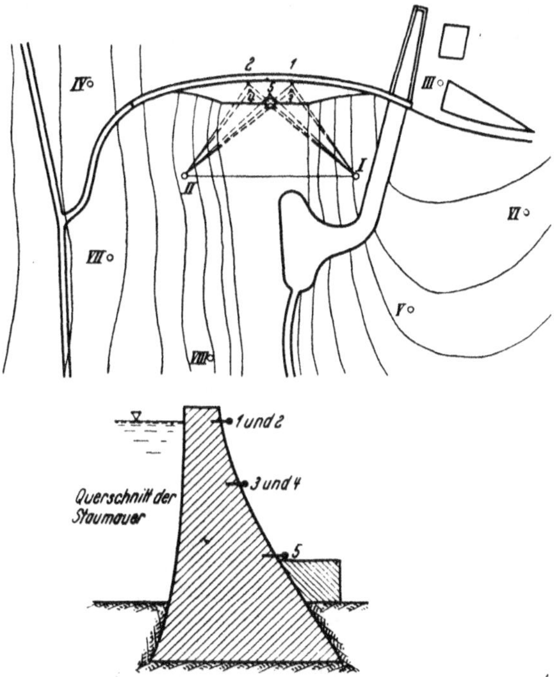

Abb. 726. Anordnung zum Beobachten der waagerechten Verschiebungen einer Staumauer durch Vorwärtseinschnitt.

Zur Orientierung der Richtungen nach den Mauerpunkten werden von den Festpunkten *I* und *II* aus neben der gegenseitigen Visur noch weitere, in der Umgebung durch Pfeiler oder anderweitig vermarkte Festpunkte (*III* bis *VIII* in Abb. 726) angezielt. Die Richtungen nach diesen „*Versicherungspunkten*“ dienen gleichzeitig zur Prüfung der Lage der beiden Beobachtungspfeiler *I* und *II*, da Pfeilerverschiebungen – wie die Praxis gezeigt hat – fast immer auftreten. Wegen der Orientierung sollen die Versicherungspunkte möglichst weit von den einzelnen Beobachtungspfeilern entfernt und außerhalb der Druckzone der Staumauer liegen. Für die Prüfung der Beobachtungspfeiler müssen sie gleichmäßig über den Horizont verteilt sein. Infolge der örtlichen Verhältnisse werden diese Bedingungen in der Praxis nicht immer ganz erfüllt.

Die unmittelbare Bestimmung der Länge der Basis *I* bis *II* ist wünschenswert, sehr häufig aber nicht möglich. Dann wird die Länge einer Hilfsbasis bestimmt und daraus mit Winkelmessungen die eigentliche Basislänge abgeleitet. Die Längen werden in der üblichen Weise mit einem Meßband, mit Schneidelatten, einem Entfernungsmesser oder anderen mittelbaren Verfahren erhalten. Die Anforderungen an die Genauigkeit brauchen nicht übertrieben zu werden, da ein Fehler in der Bestimmung der Basislänge bei dem in der Regel kleinen Verhältnis des Längenfehlers zu ihr praktisch ohne Einfluß auf die Verschiebungen ist. Nur dort, wo die Basismessung noch zur Prüfung der Veränderlichkeit der Festpunkte herangezogen wird, ist höchste Genauigkeit erforderlich. Die Entfernungen zwischen den Festpunkten (*I* und *II*) und den Versicherungspunkten (*III* bis *VIII*) brauchen für die Ermittlung von Festpunktbewegungen nicht genau bekannt zu sein.

Auch für eine *Alignementsbeobachtung* wurde das Beispiel einer Sperrmauer gewählt, da sie hier häufig und mit gutem Erfolg angewandt wird (Abb. 727). Außerhalb der Einflußzone der Sperre wird ein fester Pfeiler *A* für die Aufstellung des Bauprüfgeräts und auf der entgegengesetzten Seite der Mauer ein gleicher Pfeiler *B* für die feste Zieltafel errichtet. In der Verbindungslinie *A* bis *B* werden auf der Staumauer eine Reihe von Meßpunkten festgelegt und mit Grundplatten

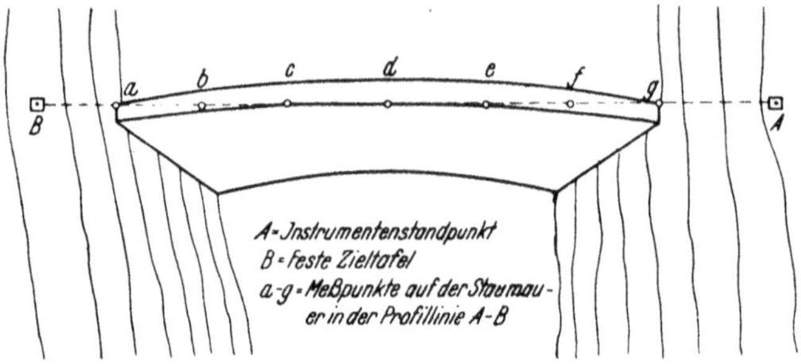

Abb. 727. Anordnung zum Beobachten der waagerechten Verschiebungen einer Staumauer durch Alignement.

für die bewegliche Zieltafel (Abb. 722) versehen. Von *A* aus wird zunächst mit dem Bauprüfgerät die feste Zieltafel anvisiert und dann die bewegliche Zieltafel auf jedem Meßpunkt durch Verschieben der Tafel mit der Feinbewegungsschraube genau eingerichtet. Die Stellung des Schlittens wird am Maßstab abgelesen. Bei den Wiederholungsmessungen wird ebenso verfahren, so daß die Bewegungen der Staumauer senkrecht zu ihrer Längsrichtung verhältnismäßig einfach, aber doch genau erhalten werden.

Bei allen Messungen mit geodätischen Geräten sind diese vor Sonnenbestrahlung zu schützen, die Messungen möglichst in den Morgenstunden auszuführen und zeitlich so festzusetzen, daß keine störenden Einflüsse der Beobachtungen, z. B. infolge der Temperaturausstrahlung einer Sperrmauer, eintreten. Aus diesem Grunde sind Zielungen dicht an der Luftseite von Sperrmauern entlang zu vermeiden.

Bei der Bestimmung der waagerechten Verschiebungen durch *Meßdrähte* werden lediglich die Stellungen des Zeigers am Festpunkt zu der Skala des Meßdrahtes oder der Zeigerstand der Meßuhr abgelesen.

In allen Fällen werden die Messungen begonnen, bevor das Bauwerk seine Hauptbelastung erhält, also im allgemeinen vor der Hinterfüllung oder vor dem Aufstau des Wassers. In Zeiträumen, die bei der Hinterfüllung einer Wand kürzer sind und später größer werden, wird die Lage der ausgesuchten Punkte beobachtet. In den Fällen, wo der Wasserdruck eine entscheidende Rolle spielt, macht man die Zeitpunkte von den Wasserständen abhängig.

Meßgrößen. Die am *Meßband* abgelesenen Längen werden mit Angabe des Datums der Beobachtung in ein Formular eingetragen. Die Differenz des Ergebnisses zwischen der letzten und vorletzten Messung gibt die eingetretene Verschiebung an. Kennt man den Abstand der Festpunkte von den beiden Koordinatenachsen, so können die Ergebnisse bei einer Punktanordnung, bei der die Verbindung jedes Meßpunkts mit seinem Ausgangsfestpunkt einer Koordinatenachse parallel ist (Abb. 725), für jeden Meßpunkt auch in Form von zwei Koordinaten zusammengestellt werden.

Für die Eintragung der Horizontalkreisablesungen bei den Richtungsmessungen der *trigonometrischen Punktbestimmung* werden die üblichen Formulare für Richtungsmessungen benutzt. Als unmittelbar gemessene Größen ergeben sich hier die Winkel auf den beiden Festpunkten, die die Zielstrahlen nach den einzelnen Mauerbolzen mit den Orientierungsstrahlen nach den Versicherungspunkten einschließen. Bei bekannter Basislänge *I—II* können mit den Winkeln zwischen Festpunkt und Meßpunkt, welche aus den Richtungsmessungen hervorgehen, die Koordinaten eines jeden Meßpunkts in einem gewählten Koordinatensystem nach dem Prinzip des Vorwärtseinschnitts berechnet werden, so daß sich die Bauwerksbewegungen aus deren Differenzen gegen die vorhergehende Messung ergeben. Bei umfangreichen Aufgaben ist dies jedoch umständlich. Man benutzt dann ein Strahlendiagramm entweder zur graphischen Ermittlung der Koordinaten (HÜLSEMANN 1939) oder zur unmittelbaren Bestimmung der Verschiebung nach Größe und Richtung (LANG 1929).

Bei der *Alignementsbeobachtung* liefern die Differenzen der einzelnen Messungen untereinander unmittelbar die Verschiebungen quer zur Verbindungslinie Instrument — feste Einstellmarke und, da die Verbindungslinie meist ungefähr parallel zur Längsachse des untersuchten Bauwerks verläuft, auch die Verschiebung des Bauwerks quer zu seiner Längsachse.

Bei der Bestimmung der Bewegungen eines Bauwerks mittels eines *Meßdrahtes* geben die Differenzen zweier Skalen- oder Meßuhrablesungen sofort die Verschiebung an.

Auftragungen. Bei der Auftragung des Meßergebnisses werden zwei waagerechte Koordinaten berücksichtigt, was am besten in einem dreiachsigen Koordinatensystem geschieht. Die Veränderung der Bewegungen längs der waagerechten Achsen kann dann wie bei den Setzungen als Funktion der Zeit dargestellt werden (Abb. 728). Kennt man außerdem die Setzung des Punkts, so können seine räum-

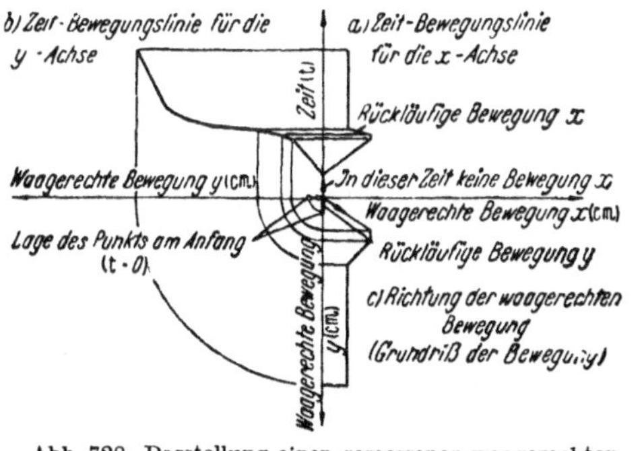

Abb. 728. Darstellung einer gemessenen waagerechten Verschiebung in der x-y-Ebene und in Abhängigkeit von der Zeit.

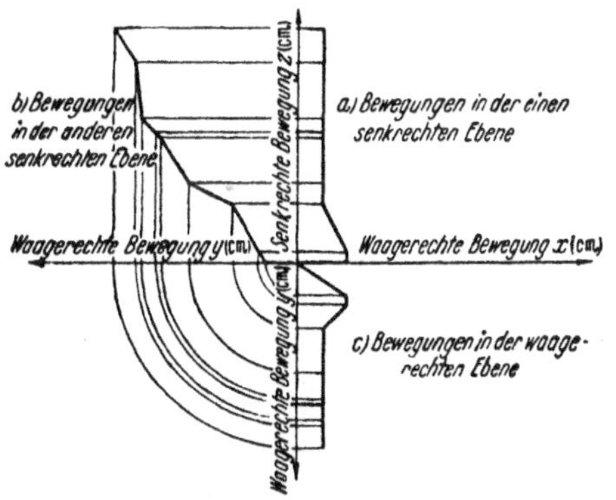

Abb. 729. Darstellung einer gemessenen räumlichen Verschiebung.

lichen Bewegungen auf die drei Koordinatenebenen projiziert und durch Umklappen wiedergegeben werden (Abb. 729). Dieses Bild vereinfacht sich, wenn — was häufig geschieht — die waagerechte Bewegung nur in einer Richtung verläuft bzw. gemessen wird. Man kann dann als dritte Koordinate die Zeit einführen (Abb. 728).

Ebenso wie bei den Setzungen läßt sich auch über den waagerechten Bewegungen der zeitliche Verlauf der waagerechten Belastung auftragen (Abb. 730). Die waagerechten Kräfte verändern sich fast nur bei Stau-, Kai- und Stützmauern und sind bei beweglichen Wasserständen vorwiegend auf einen Wechsel des Wasserüberdrucks auf die Mauer zurückzuführen. Neben diesen Kräften spielen waagerechte Drücke infolge von Auflasten nur dann eine Rolle, wenn sie längere Zeit hindurch wirken. Vorübergehende Verkehrslasten bleiben, mit Ausnahme von Erschütterungen, auf die waagerechten Bewegungen fast immer ohne Einfluß.

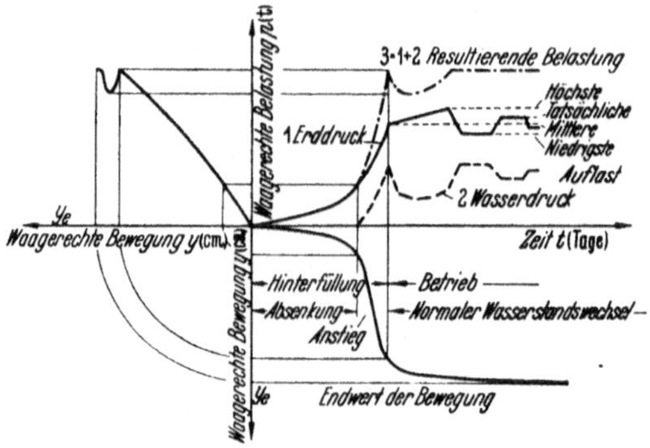

Abb. 730. Darstellung einer gemessenen Verschiebung in Abhängigkeit von der Zeit und der Belastung.

Bei Kai- und Stützmauern ist es ferner üblich, die waagerechte Bewegung längs der Mauerachse zu verschiedenen Zeitpunkten darzustellen (Abb. 731). Man kann

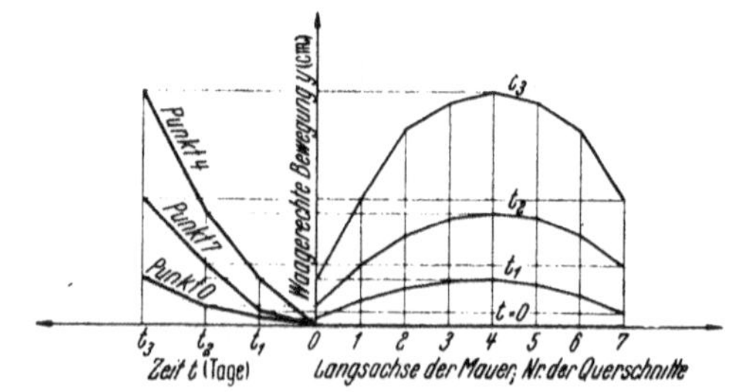

Abb. 731. Darstellung der örtlichen Verteilung der gemessenen Verschiebung einer Mauer zu verschiedenen Zeitpunkten und Zeit-Verschiebungslinien für einzelne Meßpunkte.

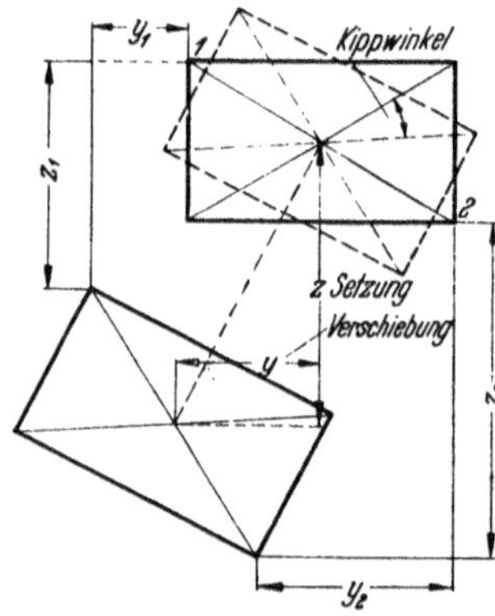

Abb. 732. Darstellung der Gesamtbewegung eines Bauwerks.

auch den Querschnitt der Mauer zeichnen und seine Bewegung nach einer bestimmten Zeit sowohl in der lotrechten als auch in der waagerechten Richtung in stark vergrößertem Maße antragen, so daß man ein übertriebenes Bild der Gesamtbewegung der Mauer erhält (Abb. 732).

Kennziffern. Da die mathematische Erfassung der Auftragungen wie bei den lotrechten Bewegungen schwierig ist [s. Kap. 2.211 (S. 649)] und derartige Messungen verhältnismäßig selten geblieben sind, lassen sich keine charakteristischen Beiwerte angeben.

Auswertung. Während des Bauvorgangs wird darauf geachtet, daß bei der Hinterfüllung einer Mauer oder bei dem Aufstau einer Talsperre die waagerechten Bewegungen in den zulässigen Grenzen bleiben. Nach der Fertigstellung gibt die laufende Beobachtung eine rechtzeitige Warnung, wenn Gefahr für das Bauwerk besteht. Von den kontinuierlichen Bewegungen in Form eines stetigen Fortschreitens mit der Zeit sind die periodischen zu unterscheiden, die z.B. bei Staumauern bzw. Erddämmen oder solchen Mauern vorkommen, die dem Wechsel der Gezeiten ausgesetzt sind. Man kann in letzterem Fall sowohl bei den lotrechten als auch bei den waagerechten Verschiebungen einen rhythmischen Ablauf mit dem Steigen und Fallen des Wasserspiegels beobachten, der mit jeder Tide von neuem beginnt. Die hierbei auftretenden Bewegungen sind elastisch und geben nur dann zu Bedenken Anlaß, wenn ihre waagerechte Schwingweite so groß wird, daß dadurch eine Lockerung der Hinterfüllung oder eine Zerstörung des Gefüges der Konstruktion zu befürchten ist.

In manchen Fällen gibt die Darstellung der Verschiebungen und Verdrehungen nach Abb. 732 Aufschluß darüber, welche Kräfte die Bewegungen verursachen. So kann z. B. bei Pfahlrostbauwerken eine Überlastung der Pfähle durch Zug, Druck oder Biegung (Bruch der Konstruktion) ebenso die Veranlassung zu einer Bewegung sein wie die Bildung von Gleitflächen hinter oder unter dem Bauwerk (Grundbruch). Da man die Verschiebungen ungefähr kennt, die jede dieser beiden Erscheinungen hervorruft, läßt sich aus dem Vergleich mit den wirklich eingetretenen Bewegungen auf die Ursachen schließen.

Hinsichtlich der Biege- und Schubspannungen infolge ungleicher waagerechter Verschiebungen gilt das gleiche wie bei den entsprechenden Spannungen infolge ungleicher Setzungen (S. 650).

Zahlenwerte. Die waagerechten Bewegungen von Stützmauern können beträchtliche Beträge annehmen. So sind z. B. in einem Ostseehafen infolge Vertiefung der Sohle und Verstärkung der Verkehrslasten auf dem Kai bei einem alten Holzpfahlrost Verschiebungen bis zu rund 1,5 m festgestellt worden, ohne daß das Bauwerk eingestürzt ist. Ähnliches ergaben über 50 Jahre andauernde Messungen in Kiel (Kiehne 1926). Die Verschiebungen infolge rhythmischer Bewegungen der Gezeiten schwanken je nach der freien Höhe der Mauer etwa zwischen 1 und 2 cm als Mittelwert. An den Kernmauern von Erddämmen mit 50 bis 70 m Höhe wurden waagerechte Verschiebungen zwischen 30 und 80 cm, in einem Fall (Sorpe-Talsperre) sogar 2 m, gemessen (Ehrenberg 1940, Link 1941). An Schwergewichtsstaumauern in der Schweiz betrugen die Bewegungen dagegen nur etwa $^1/_2$ bis $1^1/_2$ cm, an der Bleiloch- und Hohenwarte-Talsperre bis zu etwa 2 cm.

Fehler. Die Genauigkeit der *Bandmessung* hängt von dem Einfluß der Temperatur und der Spannung ab, mit der das Meßband gezogen wird. Bei einwandfreier Handhabung und Verwendung eines Spannungsmessers kann der mittlere Fehler einer Messung, d. h. die Bestimmung einer Länge unter 50 m, mit etwa ± 1 mm angenommen werden. Im Rahmen einer praktisch durchführbaren Anzahl von Wiederholungsmessungen läßt er sich auf höchstens $\pm 0{,}8$ mm verringern. Schließt man sich der in der herrschenden Lehrmeinung vertretenen Hypothese an, daß die Abweichung eines gemessenen Wertes von seiner wahren Größe das dreifache des mittleren Fehlers mit einer statistisch vertretbaren Wahrscheinlichkeit nicht überschreitet und beachtet, daß zur Bestimmung einer Verschiebung zwei Messungen notwendig sind, so können kleinere Verschiebungen als $\pm 0{,}8 \cdot 3 \cdot \sqrt{2} = \pm 3{,}4$ mm nicht mehr mit Sicherheit von Meßfehlern unterschieden werden.

Die Genauigkeit der *trigonometrischen Punktbestimmung* richtet sich nach derjenigen der Richtungsmessung und nach der Entfernung zwischen den Festpunkten und den Mauerbolzen. Bei Zielstrahlen bis zu etwa 100 m Länge liegt der mittlere Fehler einer Koordinatenangabe zwischen $\pm 0{,}6$ mm und ± 1 mm. Man kann also nur Änderungen der Koordinaten, die größer als $\pm 0{,}6 \cdot 3 \cdot \sqrt{2}$ bis $\pm 1{,}0 \cdot 3 \cdot \sqrt{2} \approx 3$ bis 4 mm sind, als Verschiebungen ansprechen.

Die Genauigkeit des *Bauprüfgeräts* wird bei Verwendung guter Zieltafeln und bei Entfernungen bis zu 500 m mit $\pm 0{,}2$ bis ± 1 mm angegeben, so daß nur Verschiebungen von mehr als $\pm 0{,}6$ bzw. ± 3 mm erkannt werden können.

Bei den *Meßdrähten* ist die erreichbare Genauigkeit ähnlich wie bei der Bandmessung. Gelingt es, den störenden Einfluß der Temperatur auszuschalten, so können Verschiebungen, die größer als $\pm 1{,}5$ bis ± 2 mm sind, gemessen werden.

Aus dieser Gegenüberstellung folgt die Überlegenheit der unmittelbaren Verschiebungsmessungen. Will man die Messungen nicht mehr als drei- bis viermal wiederholen, so können Verschiebungen von rund ± 1 mm im allgemeinen mit

Sicherheit nur durch Alignementsbeobachtungen festgestellt werden. Verschiebungen von weniger als 1 mm sind bei nicht zu großem Meßaufwand nicht mehr mit Sicherheit angebbar. Die waagerechten Bewegungen lassen sich daher bei gleichem Arbeitsaufwand nicht so genau messen wie die lotrechten.

Beispiele. 1. An dem im vorigen Kapitel behandelten *Versuchsbauwerk* (Abb. 712) wurden, als die Schlauchwaagen- und Nivellementsmessungen eine verhältnismäßig starke Verkippung des Bauwerks erkennen ließen (Abb. 714), die in Geländehöhe auftretenden Verschiebungen unmittelbar gemessen. Da anzunehmen war, daß der Senkbrunnen, in dessen Schutz das Bauwerk errichtet wurde, an den Bewegungen nicht teilnehmen würde, wurde auf seinem Rande an vier Stellen eine waagerechte Metallplatte mit einem durchgehenden Strichkreuz eingelassen (Abb. 733). Ungefähr senkrecht darüber wurde an der Unterkante des auskragenden Bauwerkskopfes eine Aufhängevorrichtung für ein Lot angebracht (Punkte 201 bis 204 in Abb. 733) und die Lage der Lotspitze zum Strichkreuz jeder Platte in Koordinaten angegeben, die mit einem Millimetermaßstab ermittelt wurden. Zur genaueren Einmessung der Lotspitze und zur Verfeinerung der Ablesung wurden polierte Metallplatten benutzt, die genau waagerecht lagen und in denen sich die Lotspitze spiegelte.

Das Ergebnis von 18 Messungen (Abb. 733) ist in den Grundriß des Bauwerks vergrößert eingetragen.

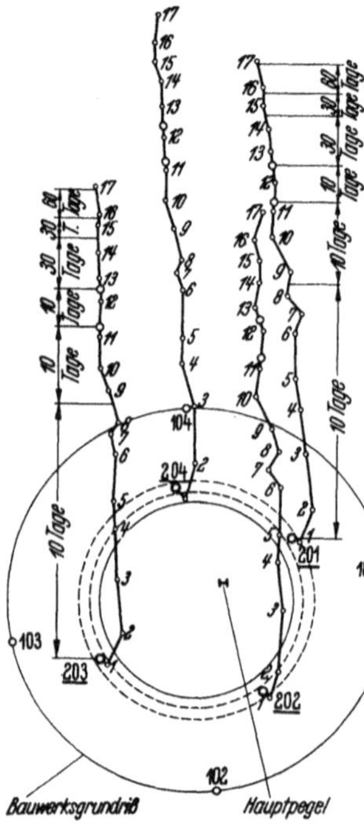

Abb. 733. Gemessene Verschiebungen (in mm) des Versuchsbauwerks nach Abb. 712 zu verschiedenen Zeitpunkten 0 bis 17.

Nr.	Datum	Punkt 201	Punkt 202	Punkt 203	Punkt 204
0	24.11.	—	—	—	—
1	25.11.	— 1,4	— 2,1	— 1,6	— 2,8
2	26.11.	+ 7,4	+ 5,0	+ 6,9	+ 6,6
3	27.11.	+ 22,9	+ 22,0	+ 21,4	+ 22,4
4	28.11.	+ 35,0	+ 34,9	+ 35,4	+ 33,9
5	29.11.	+ 43,7	+ 42,5	+ 43,2	+ 41,0
6	1.12.	+ 56,0	+ 55,5	+ 55,9	+ 54,2
7	2.12.	+ 61,1	+ 60,4	+ 61,5	+ 59,2
8	3.12.	+ 66,2	+ 65,1	+ 64,6	+ 62,7
9	5.12.	+ 72,9	+ 71,6	+ 73,5	+ 71,0
10	8.12.	+ 82,7	+ 80,9	+ 79,6	+ 79,3
11	12.12.	+ 90,0	+ 88,3	+ 88,3	+ 87,4
12	19.12.	+ 97,6	+ 98,7	+ 98,2	+ 96,4
13	29.12.	+ 106,1	+ 105,4	+ 104,4	+ 104,7
14	12. 1.	+ 112,4	+ 112,0	+ 111,6	+ 111,7
15	2. 2.	+ 118,9	+ 118,0	+ 119,2	+ 117,3
16	2. 3.	+ 123,9	+ 123,9	+ 122,1	+ 122,6
17	27. 4.	+ 131,0	+ 131,6	+ 129,8	+ 129,9

Die Nummer jeder Messung steht neben der Verschiebung. Das Datum und die Größe der Gesamtverschiebung befinden sich in der Tabelle zu Abb. 733. Um das Abklingen der Bewegung zu zeigen, ist neben den Kurven der Punkte 201 und 203 die Zeit angegeben.

Eine Nachrechnung der aus den verschiedenen Messungen gewonnenen Werte [s. dazu das Beispiel im vorigen Kapitel (S. 657)] ergab mit großer Genauigkeit, daß die Verschiebungen der Abb. 733 die waagerechten Komponenten der durch Schlauchwaagen und Nivellement festgestellten Verkippung des Bauwerks waren. Die wichtige Frage, ob die in Geländehöhe während der Kippung beobachteten großen waagerechten Verschiebungen nicht etwa von einer, von der Verkippung unabhängigen seitlichen Bewegung herrührten, war demnach zu verneinen (Muhs 1948).

2. Über eine *Verschiebungsmessung zwischen zwei Spundwänden* mit Hilfe von Meßdrähten siehe S. 691, wo diese Messung als Beispiel für die Untersuchung der Durchbiegung beschrieben ist.

Literatur

DIN 4107 (1937)[1]: Richtlinien für die Beobachtung der Bewegungen entstehender und fertiger Bauwerke.

Kiehne (1926): Bewegungen einer Ufermauer auf der Werft Kiel der Deutschen Werke Kiel AG. Bauingenieur 7, S. 952.

[1] Wird (1967) als Entwurf neu erscheinen.

LANG (1929): Deformationsmessungen an Staumauern nach den Methoden der Geodäsie. Bern.
AGATZ (1936): Der Kampf des Ingenieurs gegen Erde und Wasser im Grundbau. Berlin.
HÜLSEMANN (1939): Die Einrichtung zur Beobachtung des elastischen Verhaltens der Sperrmauer der Gothaer Talsperre. Ztschr. f. Vermessungswesen 68, S. 193.
EHRENBERG (1940): Messungen an Staudämmen. VDI-Ztschr. 84, S. 495.
KNOP (1942): Einrichtungen zur Messung der Verformungen, Risse und Spannungen in Talsperren. Dtsch. Wasserwirtschaft 37, S. 537.
Schweizerische Talsperrenkommission (1946): Messungen, Beobachtungen und Versuche an Schweizerischen Talsperren 1919–1945. Veröff. d. Eidgen. Oberbauinspektorats. Bern.
TILLMANN (1948): Failure of a big retainig wall at "Wienfluss" creek-shore in Vienna, VI. Proc. II. Int. Conf. Soil Mech. Found. Eng. Rotterdam, Bd. III, S. 274.
JEPPESEN (1948): The foundation problems of the piers of the little belt bridge. Proc. II. Int. Conf. Soil Mech. Found. Eng. Rotterdam, Bd. IV, S. 5.
HUGGENBERGER (1951): Talsperren-Meßtechnik. Berlin/Göttingen/Heidelberg.
ZIEMER (1952): Untersuchungen über die Lageänderungen des neuen Pier „A" der Getreideanlage Bremen vom Beginn des Baues im Jahre 1949 bis 1952 und einige Bemerkungen über den dabei festgestellten Einfluß der Gezeiten. Bautechnik 29, S. 289.
LEA (1953): Performance of a steel sheet piling bulkhead. Proc. III. Int. Conf. Soil Mech. Found. Eng. Zürich, Bd. II, S. 180.
LÖSCHNER (1954): Das Vermessungswesen in der österreichischen Energiewirtschaft. Ztschr. d. Österr. Ingenieur- und Architektenvereines 99, S. 161.
WACHER (1963): Deformationsmessungen an Staumauern im Schwarzwald. Allg. Vermessungs-Nachr. 70, S. 411.
HENNEBERG (1966): Das GURI-Projekt und die Vermessung großer Sperren. Ztschr. f. Vermessungswesen 91, S. 385 u. 500.

2.213 Schiefstellungen des Bauwerks

Definition. Als Folge von lotrechten und waagerechten Bewegungen erhält das Bauwerk eine „*Schiefstellung*", wenn die Setzungen oder Verschiebungen der Kanten voneinander abweichen. Eine unterschiedliche Setzung bewirkt bei starren Körpern eine „*Kippung*" der Fundamentfläche um eine geneigte oder waagerechte Achse, nämlich um die Schnittlinie der beiden Ebenen der Fundamentgrundflächen vor und nach der Bewegung. Eine unterschiedliche Verschiebung erzeugt eine „*Drehung*" um eine lotrechte Achse. Jede Schiefstellung kann somit – wenn ein Koordinatensystem vorhanden ist – in Kippungen um zwei zueinander senkrechte Achsen in der x-y-Ebene und in eine Drehung um die z-Achse zerlegt werden. Sie ist also eine Folge der in den beiden vorhergehenden Kapiteln besprochenen Bewegungen und läßt sich aus diesen ableiten. In vielen Fällen ist es jedoch wünschenswert, die Schiefstellung eines Bauwerks unmittelbar zu messen. Dies ist aber nur bei den Verkippungen möglich, dagegen nicht bei den Verdrehungen.

Gerät. Am einfachsten werden die Kippungen von Gebäudeteilen mit *Neigungsmessern* („*Klinometer*") festgestellt, die an die Fläche angehalten werden und durch den Libellenausschlag Auskunft über die Lage der geprüften Ebene geben. Der Meßbereich ist aber durch die Anlegelänge begrenzt und deshalb nur klein.

Sehr genaue Ergebnisse liefert die *Setzwaage*. Sie besteht aus einem 2 m langen Stab, der zur Vermeidung von Durchbiegungen U-förmigen Querschnitt hat und an einem Ende eine mit einer Meßtrommel versehene Kippschraube, am anderen Ende zwei Schneiden trägt (Abb. 734). Zur genauen Horizontierung dient eine in der Mitte des Stabs montierte Libelle mit hoher Empfindlichkeit (z. B. 10″ auf 2 mm). Diese Empfindlichkeit erschwert noch nicht den Gebrauch der Waage auf den nie ganz erschütterungsfreien Baustellen, genügt aber im allgemeinen den Genauigkeitsanforderungen.

Soll sich die Neigungsmessung auf eine größere Länge erstrecken, muß man sie mit einem *Theodolit* vornehmen. Da dabei mit dem Theodolit genaue Hinauf- und Herablotungen vorgenommen werden, kommt es besonders darauf an, daß die Kippachse des Instruments mit einer umsetzbaren Reiterlibelle genau waagerecht gestellt und die Ablotung zur Elimination eines etwa vorhandenen geringen Zielachsenfehlers in zwei Fernrohrlagen durchgeführt werden kann. Für die Messung des in der Regel kleinen Winkels zwischen zwei in verschiedener Höhe gelegenen Meßpunkten kommen nur Theodolite mit hoher Genauigkeit der Ablesung am Teilkreis in Frage.

Von der Firma Breithaupt, Kassel, ist ein *optisches Lotgerät* mit lotrecht stehendem Fernrohr entwickelt worden. Eine lotrechte Zielebene läßt sich mit der hohen Genauigkeit von $\pm 0{,}3$ mm auf 100 m auch mit dem Zeiss-Nivellier Ni 2,

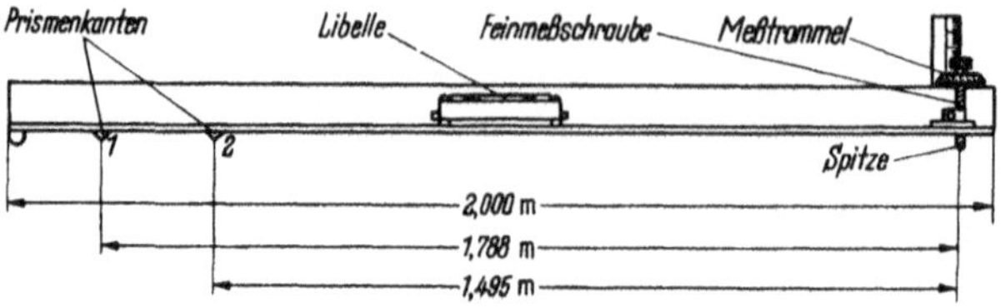

Abb. 734. Setzwaage zur Messung der Schiefstellung der Oberfläche starrer Fundamente nach HILBIG.

dem ein Pentagonprisma vorgesetzt wird, herstellen. Das *Bauprüfgerät* (Abb. 721) kann nur für Neigungsmessungen benutzt werden, bei denen man sich damit begnügt, die Abweichung eines Meßpunkts von der Lotrechten durch einen anderen Meßpunkt an einem Millimetermaßstab abzulesen.

Die Zielmarken am Bauwerk sind Bolzen mit angeschraubten Plättchen (Abb. 719).

Im Innern von Gebäuden kann ebenso wie an vollständig windgeschützten Stellen im Freien ein fest eingebautes *Lot* verwandt werden. Die Lage seiner Spitze wird auf einer waagerechten Metallplatte, die mit einem Achsenkreuz versehen und spiegelblank poliert ist, bestimmt; siehe dazu das Beispiel im Kap. 2.212. Zur Erhöhung der Ablesegenauigkeit kann in dem Lotkörper eine Leuchtvorrichtung angebracht werden, so daß auf der spiegelnden Metallplatte ein heller Punkt erscheint. Man kann auch das Achsenkreuz durch zwei Mikrometerschrauben in zwei zueinander senkrechten Richtungen verschieben und unter die Lotspitze bringen. Von einem vorübergehend angelegten Lot macht man nur in den Fällen Gebrauch, wo es sich darum handelt, schnell die ungefähre Neigung einer Wand zu erhalten.

Neigungsmessungen haben eine besondere Bedeutung bei der Rammung von Spundwänden, weil sie hier zur laufenden Bauüberwachung gehören und den Zweck haben, sofort Gegenmaßnahmen ergreifen zu können, falls die gerammte Wand allzu stark aus der vorgesehenen Neigung herausgeht. Für diesen Zweck sind besondere Geräte entwickelt worden, die aber geschlossen im Kap. 2.22 bei den Verfahren für Durchbiegungsmessungen an nachgiebigen Bauwerksteilen behandelt werden.

Vorgang. Die *Neigungsmesser* können bei entsprechender Konstruktion sowohl für die Bestimmung von Abweichungen aus der waagerechten als auch aus der lotrechten Lage verwandt werden. Um eine Gewähr dafür zu haben, daß man bei den Wiederholungsmessungen dieselben Punkte benutzt, werden Platten mit Markierungen zum Auf- oder Anhalten eingelassen. Um Justierfehler der Libelle auszuschalten, empfiehlt es sich, den Neigungsmesser in zwei symmetrischen Lagen zu verwenden (Umsetzen), was jedoch in der Regel nur beim Auflegen, nicht aber beim Anhalten möglich ist.

Zu der *Setzwaage* gehören Meßbolzen, die in die Oberfläche der zu untersuchenden Bauwerksteile eingelassen und mit Kerbe bzw. Körner versehen werden, so daß die Waage sicher aufgesetzt werden kann. Die Messung erfolgt dann bei einspielender Libelle. Der Höhenunterschied wird direkt an der Kippschraube abgelesen.

Mit einem *Theodolit* werden die Neigungen am einfachsten in der Art gemessen, daß das Instrument höchstens 25 m vom Bauwerk entfernt aufgestellt und der obere, mit einer Zielmarke versehene Meßpunkt bei waagerechter Kippachse auf einen Millimetermaßstab herabgelotet wird, der an den unteren Meßpunkt angehalten wird. Zur Ausschaltung der Instrumentenfehler wird die Messung in der zweiten Fernrohrlage wiederholt.

Mit dem *Bauprüfgerät* werden Neigungen in der gleichen Weise gemessen. Man erhält die Neigung in der zur Zielrichtung senkrechten Ebene. Soll sie auch in einer zweiten Ebene bestimmt werden, dann muß die Messung von einem anderen Standpunkt aus wiederholt werden. Die Zielmarken an den Meßpunkten müssen dafür ausgebildet sein.

Häufig kann wegen der örtlichen Verhältnisse der Maßstab nicht an dem unteren Punkt angelegt werden. Auch ist die Aufstellung des Theodolits manchmal erst in einer Entfernung von mehr als 25 m möglich, so daß die Millimeterteilung nicht mehr deutlich erkennbar ist. Dann kann mit einem vom Institut für Vermessungskunde der Technischen Universität Berlin angewandten Verfahren die Abweichung des oberen Bolzens vom unteren, der der Genauigkeit halber möglichst lotrecht unter dem oberen angeordnet wird, von zwei Standpunkten *I* und *II* aus durch Messen der kleinen Horizontalwinkel δ_1 und δ_2 zwischen oberem und unterem Meßpunkt bestimmt werden (Abb. 735). Die Beobachtungen werden zur Steigerung der Genauigkeit von jedem Standpunkt aus mehrmals in jeder Fernrohrlage wiederholt, wobei die genaue Lotrechtstellung der Stehachse ständig überprüft und der Teilkreis verstellt wird. Unabhängig davon wird auf jedem Standpunkt der Winkel α bzw. β zwischen dem unteren Bolzen und dem anderen Standpunkt gemessen. Außerdem wird mit dem Meßband die gegenseitige Entfernung der Standpunkte und ihr senkrechter Abstand vom Bauwerk bestimmt.

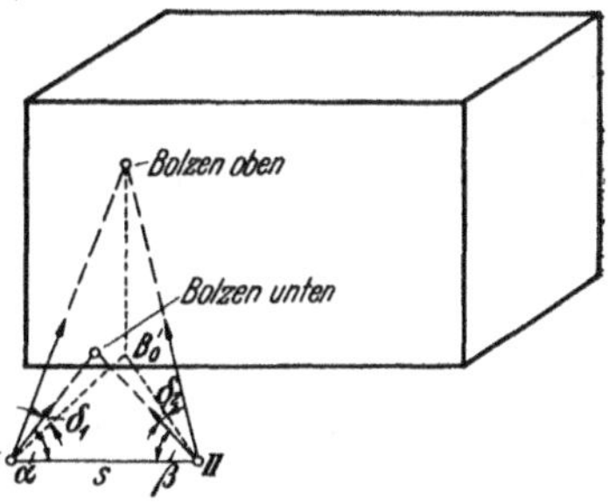

Abb. 735. Meßvorgang beim Beobachten der Verkantungen mittels Theodolit. Beobachten zweier Bolzen von zwei Standpunkten aus.

Bei der Verwendung eines *Lots* wird die Lage seiner Spitze zum Koordinatenkreuz der Metallplatte angegeben.

In allen Fällen, mit Ausnahme der Neigungsmesser, muß auch der Abstand der beiden übereinanderliegenden Meßmarken bekannt sein. Hierzu reicht fast immer ein vom oberen Punkt heruntergehängtes Meßband aus.

Meßgrößen. Bei den *Neigungsmessern* erhält man bei entsprechender Einteilung der Libellenskala die Neigung der Meßstrecke in Gradmaß. Die *Setzwaage* liefert an der Kippschraube den Höhenunterschied der beiden Auflagerpunkte. Wenn die Ganghöhe der Schraube z. B. 0,5 mm beträgt und die Meßtrommel eine Teilung von 100 Strichen besitzt, so entspricht eine Drehung um 1 Strich einer lotrechten Bewegung von 0,005 mm. Bei der Anwendung des *Theodolits* als reines Ablotegerät, beim *Bauprüfgerät* sowie beim *Lot* werden die waagerechte Abweichung eines Meßpunkts von der durch den anderen Punkt gelegten Lotrichtung und der Abstand der beiden Meßpunkte bestimmt, woraus der Neigungswinkel zwischen beiden in einfacher Weise berechnet werden kann.

Die *Winkelmessung mit dem Theodolit* liefert die Winkel δ_1, δ_2, α und β (Abb. 736), die Längenmessung die Strecken s, h_1, h_2 und l. Aus ihnen können teils auf rechnerischem, teils auf zeichnerischem Wege über die Größen s_1, s_1', s_2, s_2', d_1, d_2 und r die Abweichungen p und q des unteren Bolzens von der Lotrichtung des oberen ermittelt und aus dem bekannten Abstand der Bolzen der Neigungswinkel in den beiden Ebenen von p und q berechnet werden.

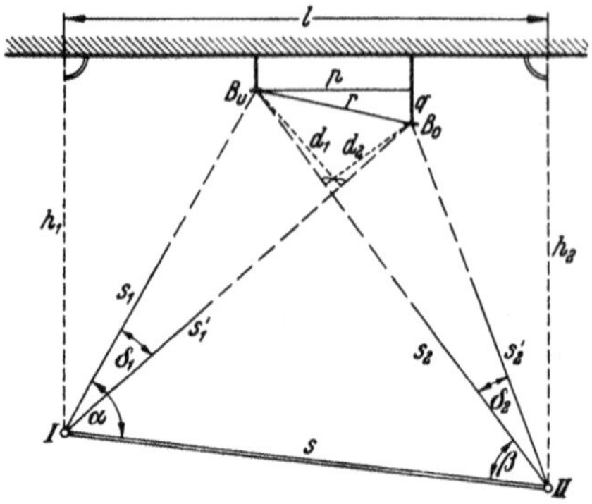

Abb. 736. Auswertung der Verkantungsmessung mittels Theodolit nach Abb. 735.

Auftragungen. Entsprechend den Darstellungen bei der lotrechten und bei der waagerechten Verschiebung kann man den Kippwinkel des Bauwerks als Senkrechte nach unten und die Belastung des Bauwerks — gegebenenfalls getrennt nach lotrechter und waagerechter Beanspruchung — als Senkrechte nach oben auftragen. In beiden Fällen gibt die waagerechte Achse die Zeit wieder. Übersichtlich ist auch eine Auftragung, bei welcher die Setzung und die Schiefstellung in Abhängigkeit von der Zeit (Abb. 742) oder die mittlere Setzung sowie die Setzungen zweier gegenüberliegender Seiten des schief stehenden Bauwerks in Abhängigkeit von der mittleren Sohlpressung (Abb. 743) dargestellt sind.

Auswertung. Aus der Verkippung eines völlig starren Bauwerks läßt sich die Achse, um die sich das Bauwerk dreht, ermitteln. Bei einer reinen Verkippung, d. h. dann, wenn keine waagerechten Verschiebungen auftreten, ergibt sich der Kipp-Punkt eines Bauwerksquerschnitts als Schnitt von der senkrechten Querschnittsachse vor und nach der Bewegung. Ist das Bauwerk starr, so liegen die Kipp-Punkte aller einander parallelen Querschnitte auf einer Geraden, der „*Kippachse*".

Da Verkippungen ungleichmäßige Setzungen bedeuten, kann man die Kippachse starrer Bauwerke hieraus bestimmen. Man klappt hierzu die Setzungen s in die Grundrißebene um (Abb. 737), verbindet die Endpunkte miteinander und sucht die Schnittpunkte der Verbindungslinien mit den zugehörigen Grundlinien auf. Die Schnittpunkte S liegen bei einem starren Bauwerk auf einer Geraden, der Kippachse.

Die gleiche Konstruktion gilt auch für das Aufsuchen der Drehachse bei ungleichen waagerechten Verschiebungen.

Die Neigung des Bauwerks gegen die Lotrechte bzw. die Waagerechte ermittelt man aus den Setzungen s und den senkrechten Abständen l der Meßpunkte von der Kipp- oder Drehachse (Abb. 737). Es ist:

$$\alpha = \frac{s}{l}\,\varrho\,, \tag{304}$$

ϱ Umrechnungsfaktor von Bogenmaß in Grad (bzw. Gon[1]) = 57,3°, 34,38′, 206265″, 63,662^g.

Ist außer der Verkippung auch eine waagerechte Verschiebung vorhanden, so erhält man im Falle einer zur Längsachse parallelen Kippachse und einer Parallelverschiebung die Kippachse, indem auf den Verbindungslinien A—A' und B—B' zweier Punkte des Bauwerks in der alten und der neuen Lage die Mittelsenk-

[1] 1 Gon = 1 Neugrad.

rechten errichtet und zum Schnitt P gebracht werden (Abb. 738). Im Falle einer zur Längsachse nicht parallelen Kippachse und einer ungleichmäßigen Verschiebung muß für jeden durch die Meßpunkte gelegten Querschnitt der Pol P der

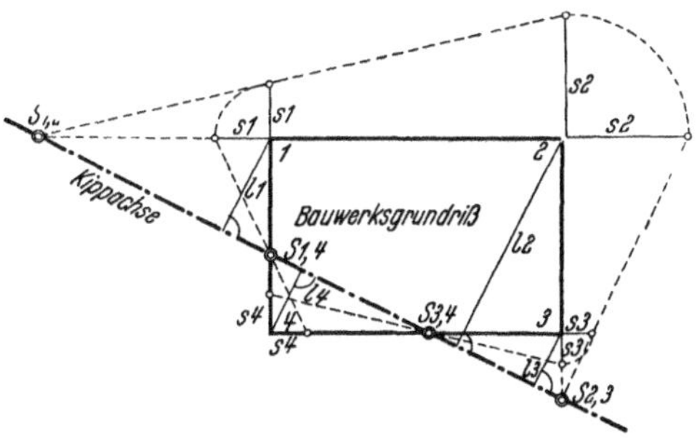

Abb. 737. Ermittlung der Kippachse aus den unterschiedlichen Setzungen eines Bauwerks.

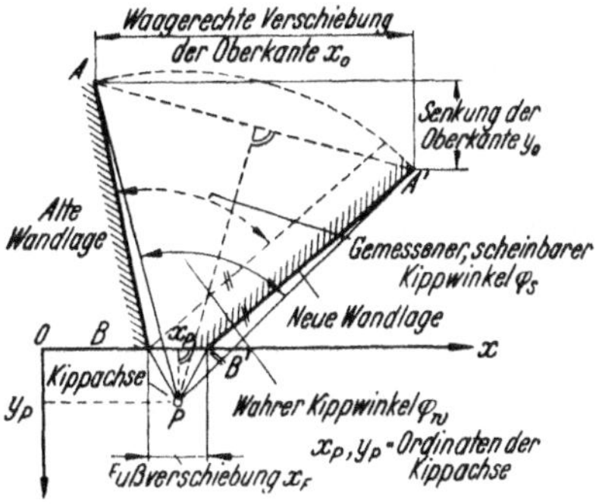

Abb. 738. Ermittlung der Kippachse bei Setzung und gleichzeitiger Verschiebung eines Bauwerks.

Bewegung nach Abb. 738 gesucht werden. Die Verbindungslinie der Pole ist dann die Kippachse. Als Veränderung der Koordinaten x_p und y_p der Kippachse bzw. der Bewegungspole P im Laufe der Zeit läßt sich die Bewegung des Bauwerks einfach beschreiben.

Da Schiefstellungen leichter als absolute Setzungen gemessen werden können, sind sie bei alten Bauwerken oft länger als die Setzungen bekannt (Abb. 742). Mit Hilfe der Gleichungen für die Schiefstellung von Bauwerken oder Fundamenten [siehe z. B. DIN 4019 Blatt 2 „Setzungsberechnungen bei schräg und bei außermittig wirkender Belastung (Verkantung)"] kann die Steifezahl E'_s allein schon aus der Schiefstellung errechnet werden. Bei starren Bauwerken – wie z. B. Türmen – erlaubt die zuverlässig gemessene mittlere Setzung dann auch die Bestimmung der wirksamen Schichtstärke oder, falls diese bekannt ist, der Querdehnungszahl des Baugrundes. Mit Hilfe dieser Werte läßt sich weiter errechnen, ob die durch die Schiefstellung anwachsende Größe des Kippmoments das Bauwerk zum Einsturz bringt oder ob sich die Schiefstellung einem Grenzwert nähert.

Die Gleichung für die Schiefstellung einer starren Kreisplatte bei begrenzter Schichtstärke und Belastung mit einem Moment M lautet nach Fischer (1965, S. 39):

$$\tan \alpha = \frac{M F}{R^3 E} = K_1 M, \tag{305}$$

F Beiwert, abhängig von μ und d_s/R,
R Radius der Kreisplatte,
E Steifezahl des als elastisch-isotroper Halbraum vorausgesetzten Untergrundes.

Das in der Höhe h_s (Schwerpunkt) von der Gründungssohle und im Abstand a von der lotrechten Schwerachse angreifende Gesamtgewicht V des Bauwerks ergibt das Kippmoment $M_i = V a$. Mit der Schiefstellung $\tan \alpha = \frac{a}{h_s} = \frac{e}{h}$ wird die Auslenkung:

$$a = h_s \tan \alpha = h_s \frac{M F}{R^3 E} = K_1 h_s M = K_2 M \qquad \text{(m)} \tag{306}$$

und das Kippmoment:

$$M_i = V K_2 M = K_3 M \qquad \text{(mt)}\,. \tag{307}$$

$$\text{Hierin ist: } K_3 = \frac{V h_s F}{R^3 E}\,. \tag{308}$$

Das Anfangsmoment infolge einer von vornherein vorhandenen äußeren Belastung M_0 liefert die Schiefstellung $\tan \alpha_0' = K_1 M_0$. Dazu kommt unter Umständen die Schiefstellung infolge einer Ungleichmäßigkeit der Schichten (berechnet nach DIN 4019 Blatt 2) und des daraus mit der Konsolidierung der setzungsfähigen Schichten sich ergebenden Setzungsunterschieds der beiden Randpunkte ($\tan \alpha_0''$).

Zu Beginn ist also vorhanden:

$$\tan \alpha_0 = \tan \alpha_0' + \tan \alpha_0''$$

mit der Näherung:

$$\tan \alpha_0' + \tan \alpha_0'' \cong \tan (\alpha_0' + \alpha_0''),$$

die bei kleinen Winkeln zulässig ist.

Bei wachsender Größe der Schiefstellung wird das erste Zusatzmoment:

$$M_1 = K_3 M_0$$

und daraus die zusätzliche Schiefstellung:

$$\tan \alpha_1' = K_1 K_3 M_0 = K_4 M_0 .$$

Die gesamte Schiefstellung beträgt also:

$$\tan \alpha_1 = \tan \alpha_0 + \tan \alpha_1' = \tan \alpha_0 + K_4 M_0 .$$

Allgemein gilt:

$$M_i = K_3 M_{i-1} = K_3^2 M_{i-2} = K_3^3 M_{i-3} = K_3^i M_0 \tag{309}$$

$$\tan \alpha_i = \tan \alpha_0 + K_4 M_0 (1 + K_3 + K_3^2 + \cdots + K_3^{i-1}) \tag{310a}$$

$$\tan \alpha_i = \tan \alpha_0' + \tan \alpha_0'' + K_4 M_0 \sum_{i=1}^{\infty} K_3^{i-1} \tag{310b}$$

Die Reihe $\sum_{i=1}^{\infty} K_3^{i-1}$ konvergiert für $|K_3| < 1$. Die Summe der Reihe hat den Grenzwert:

$$\lim_{i \to \infty} s_i = \frac{1}{1 - K_3} . \tag{311}$$

Wenn die Reihe $\sum_{i=1}^{\infty} K_3^{i-1}$ konvergiert, nähert sich die Schiefstellung einem Grenzwert, und das Bauwerk oder Fundament ist stabil. Die Sicherheit gegen Instabilität ist:

$$\eta = \frac{1}{K_3} = \frac{R^3 E}{V h_s F} . \tag{312}$$

Unabhängig von dieser Untersuchung ist die Sicherheit gegen Grundbruch nachzuweisen. Sie wirkt sich auf die Größe von E aus.

Zahlenwerte. Die Schiefstellungen von Bauwerken können erhebliche Beträge annehmen, wie z. B. beim Schiefen Turm von Pisa. Hier haben die sehr alten Messungen der Schiefstellung bis heute eine Verkantung von 1:9,8, das sind 5,8°, ergeben (Abb. 741). Die absoluten Setzungen sind nicht unmittelbar gemessen worden. Sie betragen etwa 2 m. Der Turm ist gerade noch stabil. Siehe dazu Abschn. „Beispiele".

Es gibt eine große Zahl ähnlicher Fälle, z. B. einen ungleich gesackten Turm in Thorn (Abb. 739). An den herausgebauten Etagen ist der Grad der Verkippung gut erkennbar. Der zulässige Grenzwert liegt etwa bei 1:250 (Polshin/Tokar 1957).

Fehler. Das Arbeiten mit einem Neigungsmesser, der Setzwaage und einem Lot ist theoretisch am genauesten, weil die Libelle und der Lotfaden die Lotrichtung unmittelbar angeben. Jedoch sind die meßtechnischen Bedingungen oft ungünstig. Beim Theodolit und Bauprüfgerät treten Fehler auf, die durch das Instrument

Abb. 739. Schiefer Turm in Thorn.

und die Meßmethode bedingt sind (Libellengenauigkeit, Optik des Zielfernrohrs, Ausgestaltung der Zielmarken, Entfernung des Instruments von den Meßpunkten).

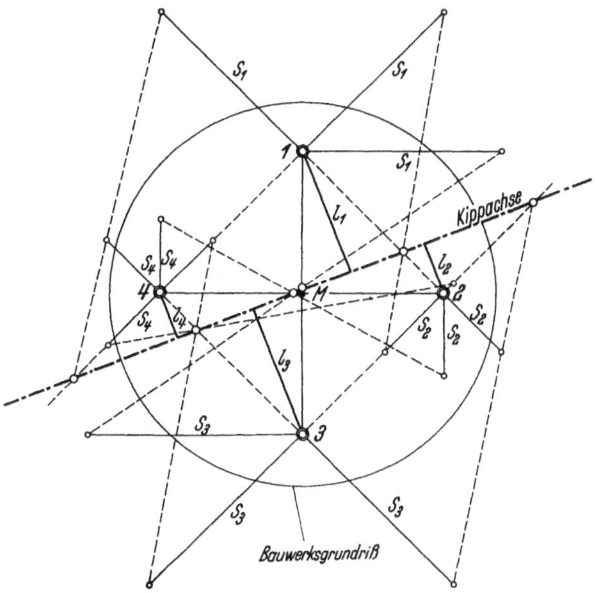

Abb. 740. Ermittlung der Kippachse und der Neigung der Bauwerksachse aus den ungleichen Setzungen des Versuchsbauwerks nach Abb. 712.

Neigung der Bauwerksachse $\alpha = \frac{s}{l}\varrho$; z. B. $\alpha_4 = \frac{2,00}{1,30} \cdot 34,38' = 52,8'$.

Die Verwendung von Neigungsmessern und Setzwaagen hat gegenüber dem Lot den Vorteil, daß die Libelle von Luftbewegungen nicht beeinflußt wird. Dafür ist aber die Meßstrecke von Neigungsmessern wegen der begrenzten Länge des Geräts nur klein, so daß extrapoliert werden muß. Die Lotmessung ist also unter Umständen am genauesten. Ihre Güte hängt von der Luftbewegung, der Lotlänge

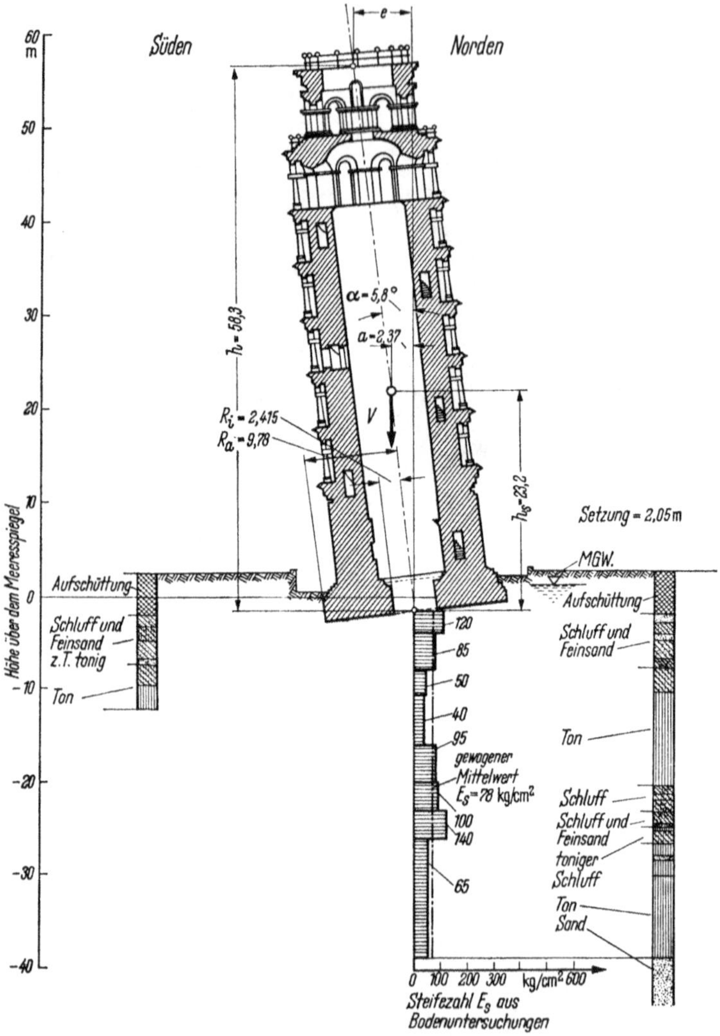

Abb. 741. Schiefstellung, Setzung und Untergrundverhältnisse des Schiefen Turms von Pisa (ergänzt nach SANPAOLESI 1961). (Neue Maße s. S. 682, unten).

und der Feinheit der Ablesevorrichtung ab. Im Innern von Bauwerken kann die Neigung bei einer Lotlänge von 20 m noch mit Sicherheit bis zu rund $\pm 5''$ bestimmt werden. Die Genauigkeit der Neigungsmesser wird durch die Trägheit der Libelle eingeschränkt. Neigungen unter $1'$ können im allgemeinen nicht mehr mit Sicherheit ermittelt werden.

Für die Genauigkeit der Neigungsbestimmung mittels Theodolit oder Bauprüfgerät lassen sich keine allgemeingültigen Werte angeben. Beide sind zwar wegen der Benutzung der Libelle frei von dem Einfluß der Luftbewegungen; man erreicht trotzdem mit ihnen aus den schon angeführten Gründen nicht die Genauigkeit wie mit einem ruhig hängenden Lot.

Verwendung. Schiefstellungen sind besonders bei Maschinenfundamenten, bei den Widerlagern beweglicher Brücken und anderen Auflagern sowie bei beweg-

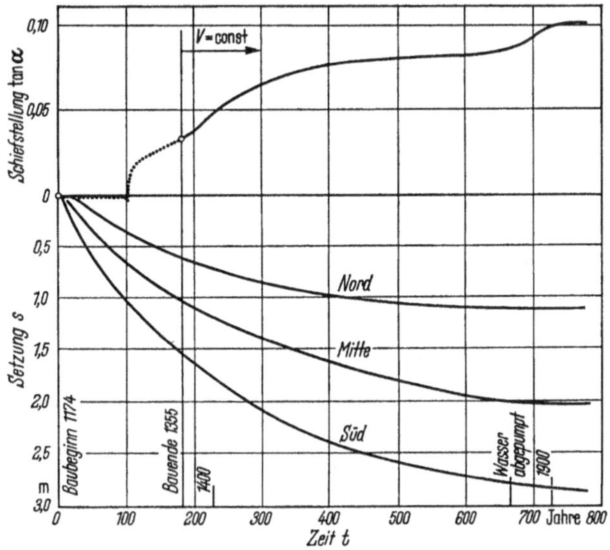

Abb. 742. Zeit-Setzungslinie und Zeit-Schiefstellungslinie des Schiefen Turms von Pisa (SANPAOLESI 1956 u. TERRACINA 1961).

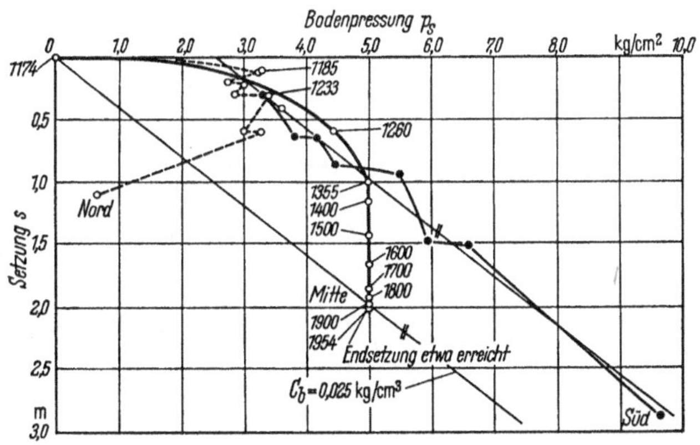

Abb. 743. Belastungs-Setzungslinie des Schiefen Turms von Pisa (ergänzt nach TERRACINA 1961).

lichen Teilen im Stahlwasserbau, wie z. B. Wehrverschlüssen und Schleusentoren, schädlich. Im Hochbau führen Schiefstellungen zum Klemmen von Türen und unter Umständen zu einem Aneinanderlehnen der Bauwerke. Sie müssen daher fast bei allen Bauwerken gering bleiben. Die Untersuchungsergebnisse dienen dazu, die Gefahr der Schiefstellung von Bauwerken rechtzeitig zu erkennen.

Beispiele. 1. Die Kippachse wurde für das in den Beispielen der beiden vorhergehenden Kapitel (S. 657 und 672) behandelte *Versuchsbauwerk* (Abb. 712) nach den Ausführungen im Abschn. „Auswertung" konstruiert (Abb. 740) und die Neigung der Bauwerksachse nach Gl. (304) berechnet. Die mit der Schlauchwaage ermittelten relativen Setzungen der

Pegelstellen *1* bis *4* gegen den im Mittelpunkt des Bauwerks liegenden Pegel *5* sind hierzu für den Endzustand nach Abb. 714 in Abb. 740 eingetragen.

2. Beim *Schiefen Turm von Pisa* wurde in 800 Jahren eine mittlere Setzung von rund 2 m und eine Schiefstellung von 5,8° beobachtet (Abb. 741). Die Setzungen und Schiefstellungen klingen aber ab (Abb. 742 und 743). In der Mitte des Turms hat die Setzung ihren Endwert offenbar erreicht. Daraus ergibt sich die sehr niedrige Bettungszahl von $C_b = 0{,}025$ kg/cm³.

Nach FISCHER (1965, S. 7) ergibt sich der mittlere Elastizitätsmodul E der weichen Deckschicht aus der Gleichung für die *Setzung* einer starren, mittig belasteten Kreisplatte auf geschichteter Unterlage (Deckschicht und festes Liegendes) als Ersatz für den vorhandenen Kreisring zu:

$$E = \frac{V}{R_a\, s_m} f \qquad (\mathrm{kg/cm^2})\,, \qquad (313)$$

V Gesamtlast = 14486 t,
R_a Außenhalbmesser des Ringfundamentes = 9,78 m (Abb. 741),
s_m beobachtete mittlere Setzung = 2,05 m,
f Funktionswert in Abhängigkeit von dem Tiefenverhältnis d_s/R_a und der Querdehnungszahl μ.

Andrerseits erhält man für eine starre, ausmittig belastete Kreisplatte nach FISCHER (1965, S. 39) aus der *Schiefstellung* den mittleren Elastizitätsmodul der weichen Deckschicht zu:

$$E = \frac{M}{R_a^3 \tan\alpha} F \qquad (\mathrm{kg/cm^2})\,, \qquad (314)$$

M Kippmoment = Va = 14486·2,37 = 34332 tm,
a beobachtete Ausmittigkeit = 2,37 m,
$\tan\alpha$ beobachtete Schiefstellung = 0,102,
F Funktionswert in Abhängigkeit von dem Tiefenverhältnis d_s/R_a und der Querdehnungszahl μ.

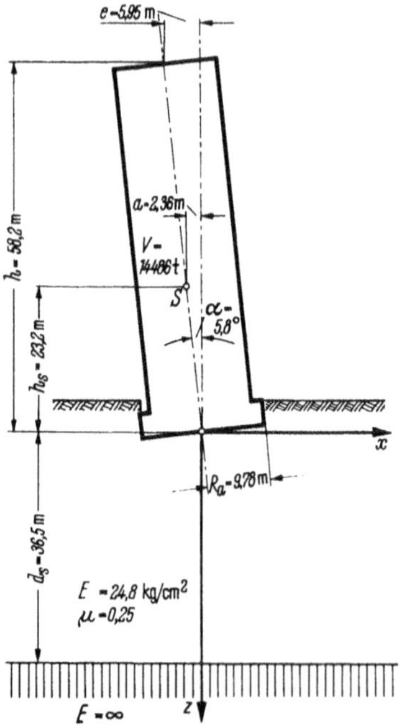

Abb. 744. Systemskizze zur Berechnung der Stabilität des Schiefen Turms von Pisa.

Durch Gleichsetzen der beiden Ausdrücke für E erhält man:

$$f = \frac{a}{R_a^2} \cdot \frac{s_m}{\tan\alpha} F\,. \qquad (315)$$

Setzt man in diese Gleichung die Stärke der zusammendrückbaren Schicht (mit $d_s/R_a = 3{,}74$, Abb. 744) ein, so ergibt sich eine Beziehung zwischen μ und der maßgebenden Schichtstärke d_s. Man erhält hieraus die Querdehnungszahl $\mu = 0{,}25$ und hiermit den Elastizitätsmodul $E = 24{,}8$ kg/cm². Hiermit wird nach Gl. (75) die Steifezahl bei behinderter Seitendehnung $E_s = 30$ kg/cm².

Diese aus dem Verhalten des Bauwerks errechnete Steifezahl E_s ist weniger als halb so groß wie die im Kompressionsversuch gemessenen Werte, deren gewogenes Mittel $E_s = 78$ kg/cm² beträgt (Abb. 741). Vermutlich liegt die Ursache in plastischen Verformungen.

Die Grundbruchsicherheit beträgt bei einem im Labor bestimmten mittleren Reibungswinkel $\varrho' = 20°$ und einer mittleren Kohäsion $c' = 0{,}2$ kg/cm² nach BRINCH HANSEN (1961) $\eta = 1{,}36$ und nach DIN 4017, Blatt 1 und 2 „Grundbruchberechnungen" $\eta = 1{,}48$.

Die Stabilität des Turms läßt sich an Hand der Sicherheit η nach Gl. (312) beurteilen (Abb. 744):

$$\eta = \frac{9{,}78^3 \cdot 248}{14486 \cdot 23{,}2 \cdot 0{,}688} = 1{,}0\,.$$

Der Turm befindet sich also gerade an der Grenze der Stabilität.

Nach den Untersuchungen im Jahre 1966 ändern sich die vorstehenden Zahlen wie folgt: $V = 14454$ t, $R_a = 9{,}80$ m, $s_m = 2{,}03$ m, $M = Va = 14454 \cdot 2{,}16 = 31221$ tm, $a = 2{,}16$ m, $\tan\alpha = 0{,}0983$, $\alpha = 5{,}6°$ (1 : 10), $d_s/R_a = 3{,}60$.

Mit diesen Werten erhält man: $\mu = 0,46$, $E = 19,4$ kg/cm², $E_s = 89,3$ kg/cm².

Die Steifezahl aus den Kompressionsversuchen mit dem gewogenen Mittel $E_s = 78$ kg/cm², hat etwa dieselbe Größe wie die aus dem Verhalten des Bauwerks errechnete.

Grundbruchsicherheit nach Brinch Hansen (1961) $\eta = 1,34$ und nach DIN 4017 Blatt 1 und 2 „Grundbruchberechnungen" $\eta = 1,43$.

Die Stabilität des Turms wird durch die Änderungen nicht beeinflußt, sie beträgt auch mit den neuen Zahlenwerten $\eta = 1,0$.

Literatur

Sanpaolesi (1956): Il Campanile di Pisa. Pisa.

Polshin/Tokar (1957): Maximum allowable non-uniform settlement of structures. Proc. IV. Int. Conf. Soil Mech. Found. Eng. London, Bd. I, S. 402.

Brinch Hansen (1961): A general formula for bearing capacity. Ingeniøren, International Edition 5, S. 38. Siehe a. Dan. Geot. Inst. Bull. No. 11 u. 21.

Terracina (1961): Diskussionsbeitrag. Proc. V. Int. Conf. Soil Mech. Found. Eng. Paris, Bd. III, S. 212.

— (1962): Foundations of the tower of Pisa. Géotechnique 12, S. 336.

Fischer (1965): Beispiele zur Bodenmechanik. Berlin/München.

Über Neigungsmeßgeräte zur Messung der Verbiegung von Spundwänden siehe Kap. 2.22.

2.22 Durchbiegungen

Definition. Durchbiegungen kommen nur an Bauwerksteilen mit geringer Steifigkeit vor. Ihre Messung beruht auf der Ermittlung der unterschiedlichen lotrechten oder waagerechten Bewegungen oder der Neigung an verschiedenen Punkten des Bauwerkteils längs einer Kante oder Fläche (s. Kap. 2.211 und 2.212). Ist die Zahl der über- oder nebeneinanderliegenden Meßpunkte groß genug, so kann aus den erhaltenen Unterschieden die Biegelinie konstruiert werden.

Gerät und Vorgang. Ein einfaches, aber nicht sehr genaues Verfahren besteht darin, daß zur Messung von Durchbiegungen lotrechter Linien in waagerechter Richtung von einem hochgelegenen Punkt ausgegangen wird, dessen Lage zu einem Festpunkt eingemessen wird. Dann wird ein Lot herabgelassen und in verschiedener Höhe die Verschiebung einzelner Punkte der Meßlinie zu diesem bestimmt (S. 674).

Über die mittelbare Feststellung der Durchbiegung einer lotrechten Linie, d. h. der Messung ihrer waagerechten Verschiebungen in verschiedenen Höhen, siehe Kap. 2.212 (insbesondere Abb. 724). Dieses Prinzip wurde als umgekehrtes Niveaulot für die Messung von Verschiebungen und Setzungen von Bauten in der UdSSR weiter entwickelt (Brait 1963). Hiermit können lotrechte und waagerechte Verschiebungen gemessen werden, ohne geodätische oder unmittelbare Lotmessungen durchführen zu müssen. Ein genau lotrecht gespannter Draht läuft hierzu in einem Stahlrohr zwischen der festen Bodenschicht und dem Grundkörper.

Zur laufend wiederholten Messung der Neigung von doppelwandigen Peiner Spundwänden ist ein „*Meßschlitten*" (Abb. 745) entwickelt worden. Er besteht aus einem in senkrechter Richtung beweglichen Wagen, der durch eine Blattfeder mit je zwei Rollen gegen die Schloßeisen der Wand gedrückt wird und dadurch an diesen stets satt anliegt. Aus dem Meßschlitten kragt ein Ausleger heraus, der an seinem Ende ein Meßseil mit sich führt. Das andere Ende des Meßseils ist an einem Gestell befestigt, das über der zuletzt gerammten Spundbohle steht.

Bei der Untersuchung wird zunächst im Innern der doppelwandigen Bohle das Erdreich entfernt und der Schlitten an der Oberkante festgehalten (Abb. 745). Das Gestell wird dann so weit an die Bohle herangeschoben, daß das Seil in der Anfangsstellung senkrecht herabhängt (Abb. 746, Punkt A). Anschließend wird der

Schlitten hinabgelassen. Die in der Endstellung vorhandene Lage B des Meßseils an der Oberkante der Wand und die abgelaufene Länge l werden gemessen.

Eine andere Einrichtung, die auch bei wellenförmigen Spundwänden benutzt werden kann, besteht aus einem 1,5 m langen „*Meßträgergurt*", der oben und unten

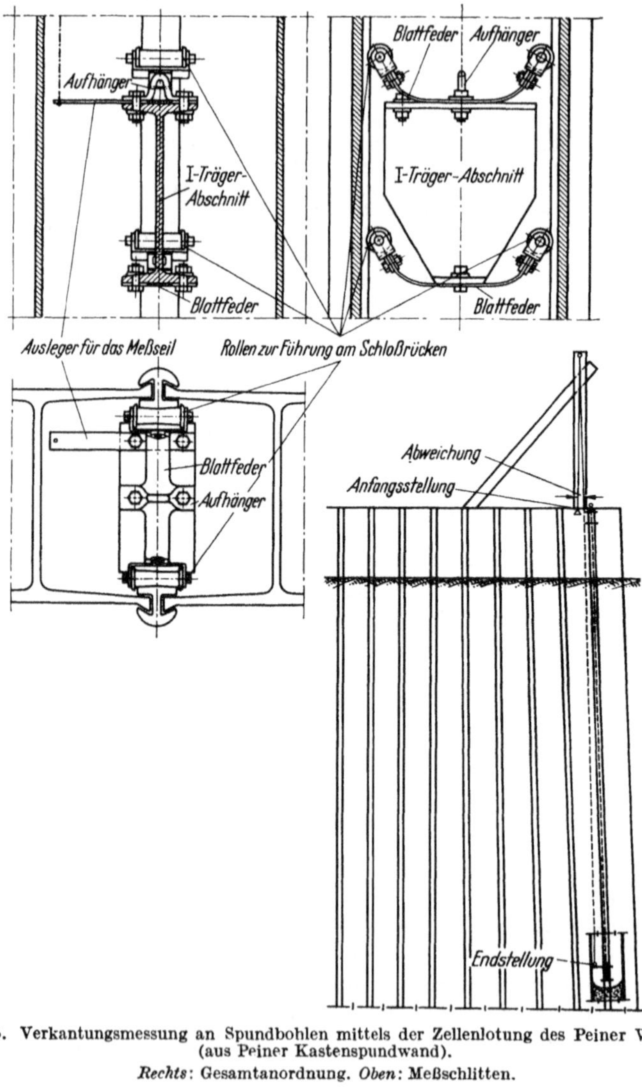

Abb. 745. Verkantungsmessung an Spundbohlen mittels der Zellenlotung des Peiner Walzwerks (aus Peiner Kastenspundwand).
Rechts: Gesamtanordnung. *Oben*: Meßschlitten.

mit einer auskragenden Meßschneide versehen ist (Abb. 747) und etwa in der Mitte eine empfindliche Libelle mit Feineinstellung besitzt. Das Gerät stellt insoweit nur einen großen Meßschlitten dar. Es enthält aber zusätzlich eine Uhr zum Ermitteln der Wanddurchbiegung. Die Null-Lage der Uhrspitze muß sich in *einer* Ebene mit den Schneiden befinden.

Bei der Messung wird der Meßträgergurt nach vorhergehender Justierung mit den Schneiden an die markierte Meßstrecke der Spundbohle angehalten und das Ausweichen der Libelle beobachtet.

Für die Messung der Verformung von Spundwänden wurde ferner der „*Neigungsmesser*“ von WIEGMANN (1953 und 1954) entwickelt, der eine hohe Meßgenauigkeit

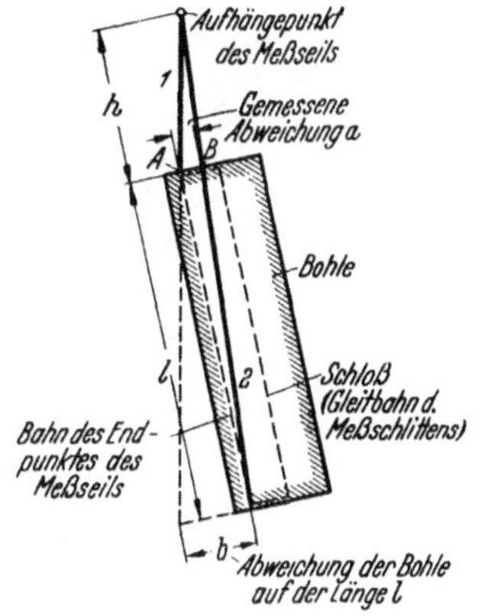

Abb. 746. Meßvorgang beim Beobachten von Verkantungen mittels der Zellenlotung nach Abb. 745.

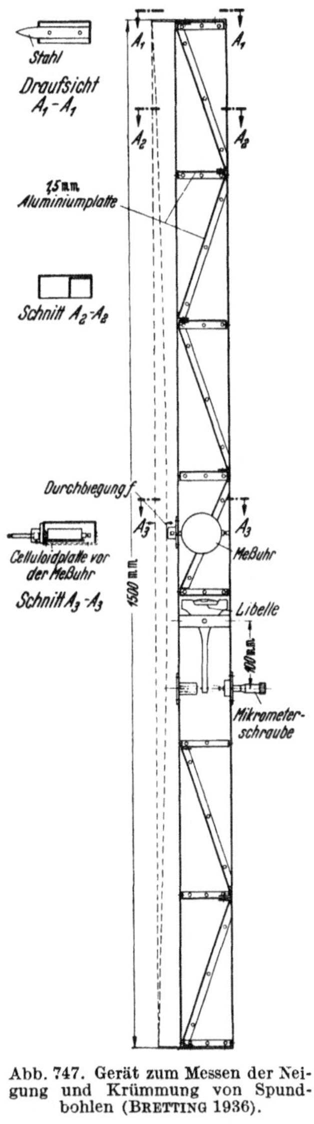

Abb. 747. Gerät zum Messen der Neigung und Krümmung von Spundbohlen (BRETTING 1936).

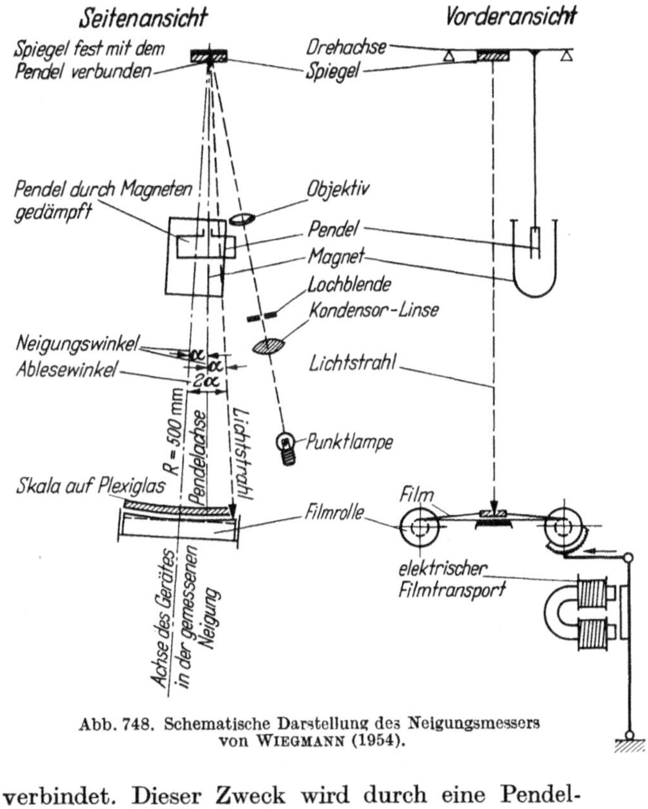

Abb. 748. Schematische Darstellung des Neigungsmessers von WIEGMANN (1954).

mit einfacher Handhabung verbindet. Dieser Zweck wird durch eine Pendelmessung und fotografisch festgehaltene Spiegelablesung erreicht (Abb. 748). Hierzu wird ein Meßwagen durch einen Elektromagneten an die zu messende Stahlspundwand angedrückt. In dem wasserdichten Gehäuse befindet sich ein Neigungsmesser, der aus einem Pendel mit magnetischer Dämpfung, einem daran befestigten Spiegel, einer gebogenen Skala, einem Filmgerät und einer Belichtungsquelle besteht.

Der Drehwinkel des Pendels, welcher die Neigung des Geräts angibt, wird über den Spiegel in doppelter Größe auf den Film projiziert.

Nach der Eichung in einer besonderen Vorrichtung wird das Gerät mit Führungsrollen versehen und an einem Drahtseil auf- und abgespult. Die Lage des Geräts wird mit einem Bandmaß bestimmt. Gemessen wird in lotrechten Abständen von 0,5 m von oben nach unten. Zur Kontrolle werden die Messungen um 0,25 m verschoben wiederholt. Die Spundwand muß vorher von allen Belägen gereinigt werden. Unterhalb der Hafensohle muß ein Meßschacht durch Einpressen einer zusätzlichen Spundbohle geschaffen werden.

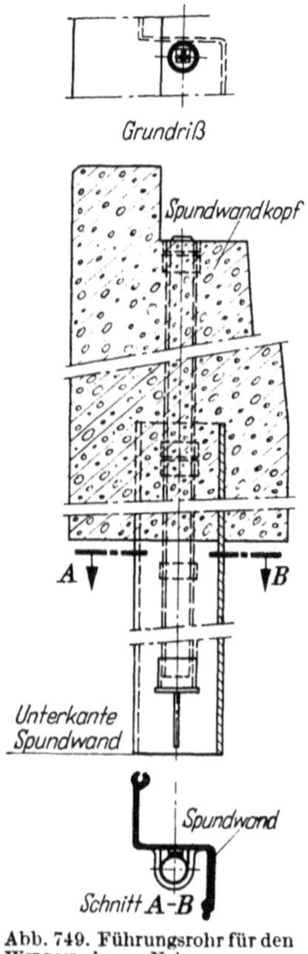

Abb. 749. Führungsrohr für den WILSONschen Neigungsmesser bei Spundwänden (TSCHEBOTARIOFF 1961).

Ein anderes, weniger empfindliches Neigungsmeßgerät, bei dem die Neigung des Pendels nach dem elektrischen Widerstandsverfahren bestimmt wird, wurde in den USA von WILSON entwickelt (THOMPSON/MATICH 1961). Es wurde ursprünglich für die Messung seitlicher Ausweichungen von Hohlpfählen, später auch von Bohrlöchern in Böschungen (vgl. Kap. 2.14) verwendet (Abb. 657). Bei Spundwänden wird es in einem Führungsrohr von 10 cm Durchmesser herabgelassen, das in der Nullachse der Z-förmigen Bohlen angebracht ist (Abb. 749). Das Gerät wird in den USA vermietet, aber nicht verkauft (TSCHEBOTARIOFF 1961).

Ein für *Fernneigungsmessungen* an Spundwänden von der Maihak AG, Hamburg, entwickeltes Gerät (BAER 1952 und 1953) ist später auch für Messungen im Innern von Betonbauwerken oder an anderen Bauwerksflächen und an Felsböschungen umgewandelt worden (SCHMIDT 1964). Die Meßwertgeber (Abb. 750a) werden mit dem zu prüfenden Bauwerksteil fest verbunden, d. h. angeflanscht (Abb. 750b) oder einbetoniert (Abb. 750c). In dem Gebergehäuse ist ein Spezialpendel mit außergewöhnlich kurzer Pendellänge angeordnet und zwischen dem Pendel und dem Gehäuse eine Stahlsaite schwingfähig eingespannt. Lageänderungen des Pendels gegenüber dem Gehäuse ändern die mechanische Spannung und damit die Eigenfrequenz der Meßsaite. Die mechanische Schwingung der Meßsaite wird über ein elektromagnetisches System in eine elektrische Schwingung umgeformt und über ein Kabel dem Empfangsgerät zugeleitet, wo ein Frequenzvergleich mit einer Vergleichssaite bekannter Null-Lage vorgenommen wird.

Lotrechte Durchbiegungen ursprünglich waagerechter Linien können in einfacher Weise an den Sockeln eines Gebäudes, an Gesimsen oder ähnlichen markanten Linien beobachtet werden, die bei der Bauausführung zweifelsfrei waagerecht hergestellt worden sind. Sie geben gerade bei älteren Gebäuden wertvolle Hinweise auf das Verhalten des Untergrundes.

Für die Aufnahme der Durchbiegungen von waagerechten Linien in der waagerechten Ebene kommen alle im Kap. 2.212 angegebenen geodätischen Messungen in Betracht.

Zur Messung der Durchbiegung von Flugplatzbefestigungen unter den Lasten

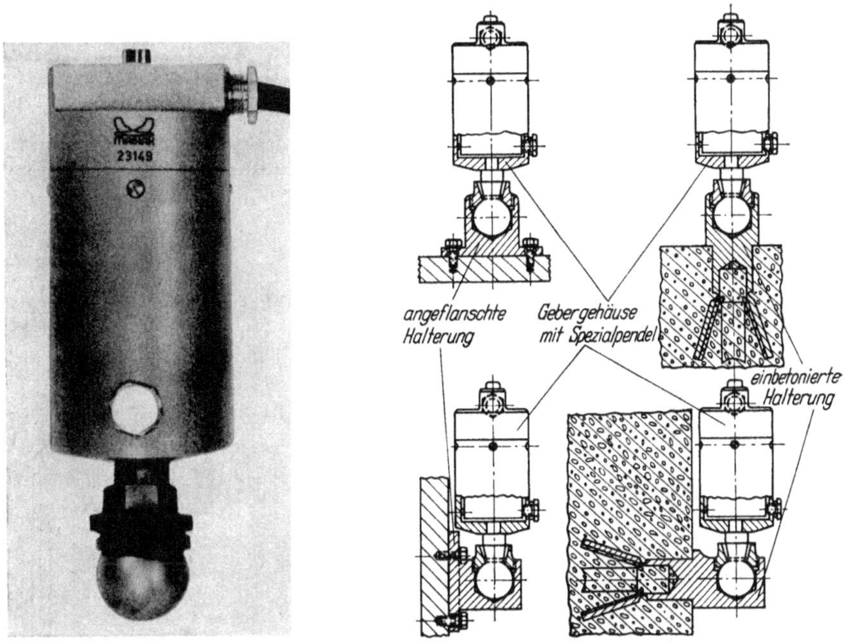

a b c

Abb. 750 a—c. Fernneigungsgeber der Maihak AG, Hamburg.
a) Ansicht; b) angeflanschte Halterung; c) einbetonierte Halterung.

schwerer Flugzeuge sind in den USA zwei Apparaturen entwickelt worden, die sich überall dort vorteilhaft verwenden lassen, wo Formänderungen in der Sohle oder unter einem Bauwerk, d. h. an unzugänglichen Stellen, ermittelt werden sollen. Die Geräte heißen „*Synchronmotorgerät*" und „*Auslegergerät*" (GRIFFITH/WOODMAN 1948).

Das *Synchronmotorgerät* (Abb. 751) beruht darauf, daß ein mit einem zweiten Synchronmotor verbundener Synchronmotor mit der gleichen Drehzahl laufen muß wie der erste. Wird also mit dem einen Motor (*Aufnahmegerät*) durch Bewegen einer Meßschraube die gesuchte Setzung an einer unzugänglichen Stelle eines Bauwerks durchfahren, so muß der zweite Motor (*Meßgerät*), der an einer zugänglichen Stelle aufgestellt ist, eine gleiche Meßschraube um genau das gleiche Maß bewegen, das dort gemessen werden kann.

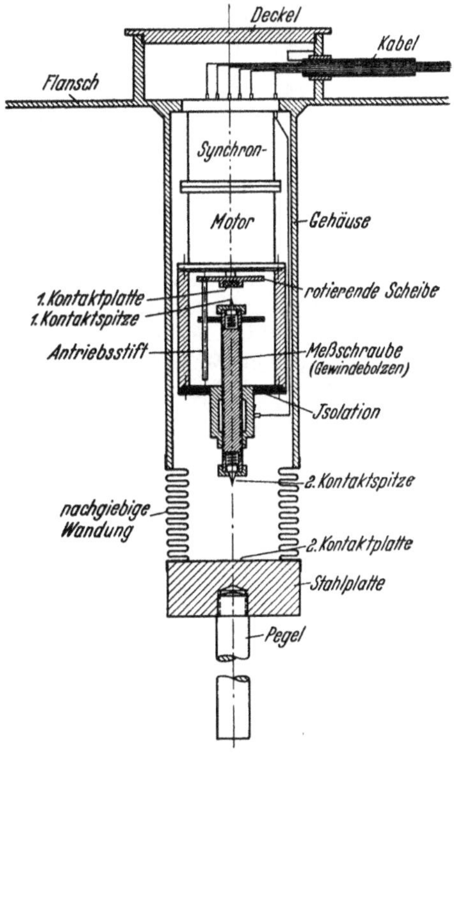

Abb. 751. Synchronmotorgerät zum Messen der Durchbiegung von Bauwerkssohlen (GRIFFITH/WOODMAN 1948).

Das unter dem Bauwerk angeordnete Aufnahmegerät besteht aus dem Synchronmotor, an dessen Achse eine Scheibe mit einem Stift befestigt ist, der durch den Motor in Rotation gesetzt wird und dadurch einen Gewindebolzen bewegt. Das Ganze ist durch ein wasserdichtes Gehäuse geschützt, das oben durch einen runden Flansch verbreitert ist, um in den Sohlenbeton des Bauwerks oder in den darunterliegenden Boden eingelassen werden zu können. Als Gegenpunkt für die

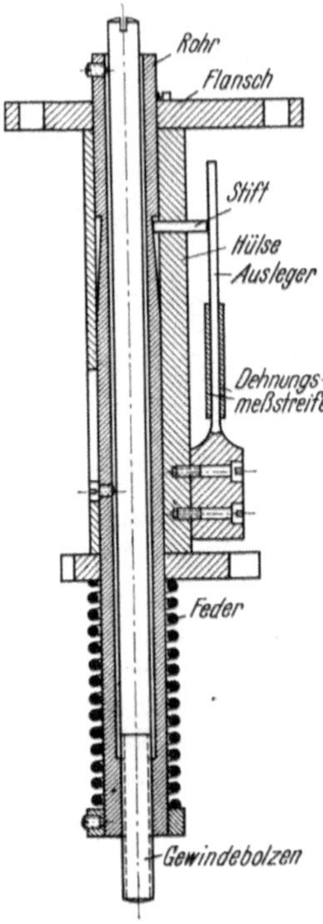

Abb. 752. Auslegergerät zum Messen der Durchbiegung von Bauwerkssohlen (GRIFFITH/WOODMAN 1948).

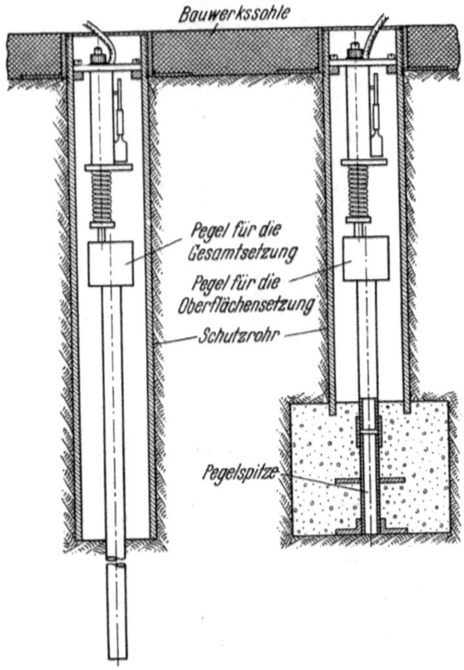

Abb. 753. Zwei unmittelbar nebeneinander unter die Bauwerkssohle eingebaute Auslegergeräte zum Messen von Setzungsunterschieden.

Meßschraube dient eine Stahlplatte, die auf einem in den Untergrund gerammten Pegel so angebracht ist, daß ihr Abstand von der Meßschraube in deren Ausgangsstellung etwa 2,5 cm beträgt.

Das eigentliche Meßgerät besitzt ebenfalls einen Synchronmotor und einen gleichen Gewindebolzen wie das Aufnahmegerät. In der Ausgangsstellung berührt der Gewindebolzen eine Meßuhr, die seine Bewegung auf $^1/_{100}$ mm genau mißt.

Zur Messung werden die Meßschrauben in ihre Anfangsstellung gebracht. Bei dem Aufnahmegerät markiert sich diese durch einen Summerton, der durch das Schließen eines Stromkreises ausgelöst wird. Vor dem Aufbringen der Last wird durch Bewegen der Meßschrauben die Entfernung bis zum Erreichen der Endlage gemessen, die sich wieder durch einen Summerton kennzeichnet. Nach Zurückbringen der Meßschrauben in die Ausgangsstellung wird die Belastung aufgebracht und die Verformung gemessen.

Das *Auslegergerät* (Abb. 752) besteht aus einem zylinderförmigen Rohr, das auf einem Teil seiner Länge, der Meßstrecke, konisch abgedreht ist. Im Inneren des Rohrs befindet sich ein Gewindebolzen, mit dem Rohr und Bolzen auf einen unbeweglichen Pegel aufgeschraubt werden können (Abb. 751). Über dem dadurch starren Rohr ist ein zweites hülsenförmiges Rohr angeordnet, das durch einen runden Flansch mit dem Bauwerk verbunden ist und dessen Bewegung mitmacht. Dabei gleitet ein Stift, der das äußere Rohr durchstößt, auf der konischen Fläche des inneren Rohrs und verbiegt dadurch einen auf dem äußeren Rohr befestigten Ausleger. Auf diesem sind zwei Dehnungsmeßstreifen angebracht, die gestatten, sowohl Spannungsänderungen infolge statischer Lasten (mit Hilfe einer WHEATSTONEschen Brücke) als auch Spannungsänderungen infolge dynamischer Lasten (mit Hilfe eines Oszillographen) zu messen.

Beim Einbau werden die Auslegergeräte gegen das Erdreich durch besondere Schutzrohre abgeschirmt. Meist werden zwei Geräte nebeneinander angeordnet (Abb. 753), die in verschiedene Tiefen reichen. Aus der Differenz der jeweils gemessenen Formänderung erhält man die Formänderung der obersten Schicht, d. h. bei Rollfeldern die Durchbiegung der Betondecke.

Meßgrößen. Der *Meßschlitten* ergibt die Abweichung a und die abgelesene Länge l des Meßseils zwischen der Anfangs- und der Endlage. Hieraus kann die Neigung der Bohle bestimmt werden (Abb. 746):

$$\frac{b}{l} = \frac{h+l}{h\,l}\,a\,. \tag{316}$$

Bei dem *Neigungsmesser* von WIEGMANN werden vom Film die Neigungswinkel der Wand in den verschiedenen Tiefen abgelesen.

Bei dem *Fernneigungsmesser* der Maihak AG wird die auf der Skala des Empfangsgeräts ablesbare Skalenteildifferenz mit dem Eichfaktor des Meßwertgebers multipliziert und die gesuchte Neigungsänderung erhalten.

Beim *Synchronmotorgerät* erhält man aus den Ablesungen an der Meßuhr sofort die Durchbiegung oder Setzung, beim *Auslegergerät* mit Hilfe der WHEATSTONEschen Brücke oder des Oszillographen zunächst nur die Änderung des elektrischen Widerstands bzw. die Dehnung des Meßstreifens. Durch Eichung an einem besonderen Gerät muß vor der Messung die Beziehung zur Formänderung hergestellt werden.

Auftragungen. Durch Auftragung von $arc\ y$ (y = gemessener Neigungswinkel) in Abhängigkeit vom Ort x der Wand erhält man die Stabdrehungslinie (Abb. 754). Die gemessenen Werte werden dabei durch einen stetigen Linienzug $y = f(x)$ ausgeglichen, da Fehler in der Messung unvermeidbar sind.

Kennziffern. Für kleine Winkel (Meßbereich der Geräte 0° bis 2,9°) kann $arc\,y = tan\,y$ gesetzt werden. Da dann die Stabdrehungslinie (x, y) die erste Ableitung der Biegelinie ist, erhält man durch deren Integration die Durchbiegungen. Aus den Durchbiegungsunterschieden von je drei aufeinanderfolgenden Punkten kann der Krümmungshalbmesser innerhalb dieser Strecke der Wand bestimmt werden [S. 642, Gl. (292)].

Auswertung. Über die Auswertung der gemessenen Krümmungshalbmesser siehe S. 650. Durch einmaliges (zeichnerisches) Differenzieren der Stabdrehungslinie erhält man die Biegemomentenlinie (Verschieben der Tangenten $T(x, y)$ in den Polplan und EI-fache Verzerrung) (Abb. 754):

$$M = \frac{\Delta y}{\Delta x}\,E\,I \qquad \text{(tm)}\,, \tag{317}$$

y gemessener Drehwinkel, E Elastizitätsmodul der Wand,
x Abszisse der Meßstelle, I Trägheitsmoment der Wand.

Die Grenzwerte der Momente liegen in den Wendepunkten der Stabdrehungslinie. Diese hat einen Größtwert an der Stelle, wo $M = 0$ ist. Die Belastungsfläche (Erddruck) wird durch weiteres zweimaliges Differenzieren der Momentenlinie erhalten (Zeichnen eines Seilpolygons an die Momentenlinie, Verschieben der Seilstrahlen in den Kräfteplan und Ermittlung von $p(x)$ zwischen den benachbarten Seilstrahlen):

$$\frac{d^2 M}{d x^2} = -p(x) \qquad (\text{tm}) . \tag{318}$$

Die zeichnerische Auswertung ist besser als die rechnerische. Man ersetzt dabei das zweimalige Differenzieren durch Zeichnen des Kraftecks, indem man, mit

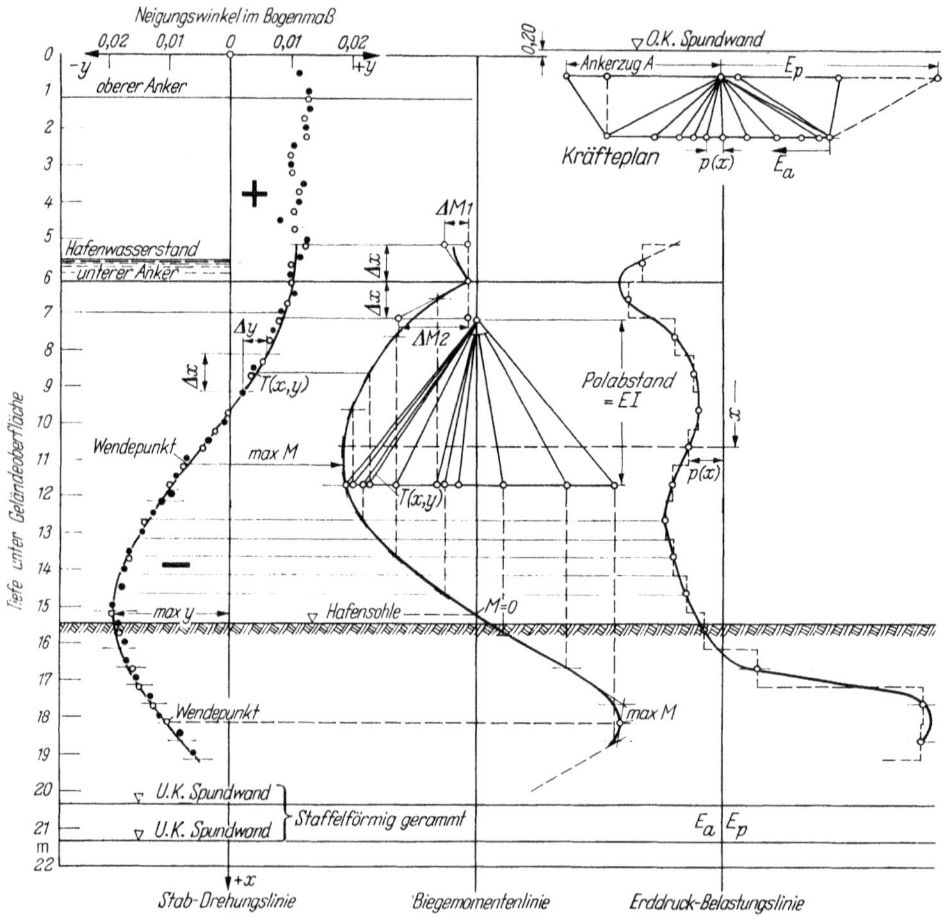

Abb. 754. Stab-Drehungslinie und deren Auswertung (WIEGMANN 1954).

einem zweckmäßig gewählten Polabstand vervielfacht, das Krafteck zeichnet, dessen Seiten der Momentenlinie parallel sind. Sie schneiden dann im Krafteck die gesuchten Größen, die Belastungsordinaten, ab (Abb. 754). Die gefundene Linie wird stetig ausgeglichen (WIEGMANN 1953 und 1954).

Die Ankerzugkraft einer einfach verankerten Spundwand ergibt sich aus den Tangenten an die Biegemomentenlinie im Ankerpunkt:

$$A = \frac{\Delta M_1}{\Delta x} + \frac{\Delta M_2}{\Delta x} .$$

Zahlenwerte. Wenn man den Krümmungsradius durch die Wandhöhe h und die größte Durchbiegung f ausdrückt, erhält man [vgl. Gl. (292)]:

$$\varrho = \frac{h^2}{8f} = \left(\frac{h}{f}\right)\frac{h}{8} \qquad \text{(m)}.$$

Wenn man ferner, wie im Hoch- und Brückenbau üblich, für das Verhältnis $h:f$ einen festen Wert vorschreibt, der bei der Konstruktion nicht überschritten werden darf, so würde immer noch die Größe des Krümmungshalbmessers von der Höhe der Wand h abhängen. Abgesehen davon gibt es im Grundbau keine Vorschriften über das Verhältnis $h:f$, so daß sich weitere Größenangaben über die Durchbiegungen derartiger Bauwerke erübrigen.

Über die Durchbiegung einer Ufermauer siehe S. 671.

Fehler. Über die Genauigkeit der einzelnen Vorrichtungen zur Ermittlung der unterschiedlichen Setzungen, Verschiebungen und Schiefstellungen siehe Kap. 2.211 bis 2.213.

Beobachtungen an Spundwänden (Bretting 1936) haben gezeigt, daß die Meßeinrichtungen außerordentlich empfindlich gegen Temperaturschwankungen, insbesondere gegen unmittelbare Sonnenbestrahlung, sind. Außerdem haben Laboratoriumsversuche gezeigt, daß das einseitige Anhauchen eines Balkens auf zwei Stützen, der aus einem kleinen U-Profil bestand, in Trägermitte bereits eine Durchbiegung von mehreren Teilstrichen an der Meßuhr ergab. Diese Fehler sind oft größer als die zu erwartenden Durchbiegungen. Aus diesem Grunde kann eine einwandfreie Messung nur dann erwartet werden, wenn die Einrichtung unempfindlich gegen Temperatur ist.

Der kleinste meßbare Winkel des Geräts von Wiegmann beträgt $\tan y = 0{,}0001$. Die Empfindlichkeit des Geräts von Wilson liegt bei $\tan y = 0{,}001$.

Die Auswertung der Messungen setzt voraus, daß der E-Modul des Wandbaustoffs genau bekannt ist.

Verwendung. Die Durchbiegungen sind für viele Aufgaben im Grundbau wichtig, z. B. für die Kontrolle der Berechnungsannahmen bei Stahlspundwänden, Gründungsplatten, Sohlen von Tanks, Schleusen oder Docks. Auch im Straßen- und Flugplatzbau werden in zunehmendem Maße die Durchbiegungen nachgiebiger Deckenbeläge gemessen.

Bei ausgesteiften Baugruben geben Messungen unmittelbar vor und nach dem Einsteifen Anhaltspunkte für die Veränderung, die der Einbau der Steifen auf die Erddruckverteilung ausübt.

Aus der Biegelinie eines Bauwerks oder Bauwerkteils lassen sich Schlüsse auf die Spannungen und die statischen Verhältnisse ziehen, die für eine Kontrolle der Annahmen von Bedeutung sind, die der Festigkeits- oder Standsicherheitsuntersuchung zugrunde gelegt werden. Das Biegemoment ist:

$$M = EI/\varrho \qquad \text{(tm)}, \qquad (319)$$

E Elastizitätsmodul des Baustoffs,
I Trägheitsmoment des Bauglieds,
ϱ Krümmungshalbmesser.

Beispiele. 1. Die *Durchbiegung von Spundwänden* wurde an mehreren Stellen mit Neigungsmessern bestimmt und ausgewertet (Wiegmann 1953 und 1954, Tschebotarioff/Ward/Di Biagio/Watkins 1955, Tschebotarioff/Ward/Di Biagio/Watkins/Perinne 1956, Tschebotarioff 1961). Die Meßergebnisse (Abb. 755) wurden zunächst in der Form von Neigungswinkeln punktweise aufgetragen und durch eine stetige Linie miteinander verbunden. Auch die Biegemomente erscheinen zunächst als Punkte, ehe sie durch eine Kurve ausgeglichen werden. Meist werden nur Teile der Momentenlinie erhalten. Aber auch die mit größeren Ungenauigkeiten behaftete Erddrucklinie (Abb. 754) ist für die Überprüfung durchaus noch brauchbar.

2. In einfacherer Weise wurde die Krümmung einer großen Zahl von Spundwänden beim *Bau der Storstrøm-Brücke* in Dänemark mit dem Gerät mit Meßträgergurt (Abb. 747) gemessen (BRETTING 1936). Der Krümmungshalbmesser wurde nach Gl. (292) und das Biegemoment nach Gl. (319) bestimmt. Durch Einsetzen der Werte für E, I und die Länge l erhielt man $M = 12{,}8\,f$, so daß das Moment der Pfeilhöhe proportional war. Die Ergebnisse streuten stark. Da jedoch genügend Messungen vorlagen, konnte ein einigermaßen zuverlässiger Mittelwert gebildet werden.

3. Noch einfacher wurde die Durchbiegung *zweier Spundwände einer Baugrubenaussteifung* gemessen. Die 10 m breite und etwa ebenso tiefe Baugrube wurde in stark bindigem Ton von

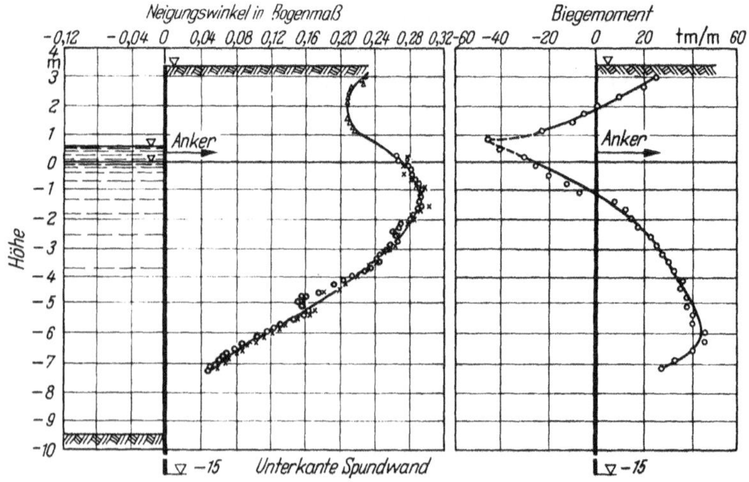

Abb. 755. Meßergebnisse an einer Stahlspundwand und Ermittlung der Momentenlinie (TSCHEBOTARIOFF/WARD/DI BIAGIO/WATKINS/PERINNE 1956).

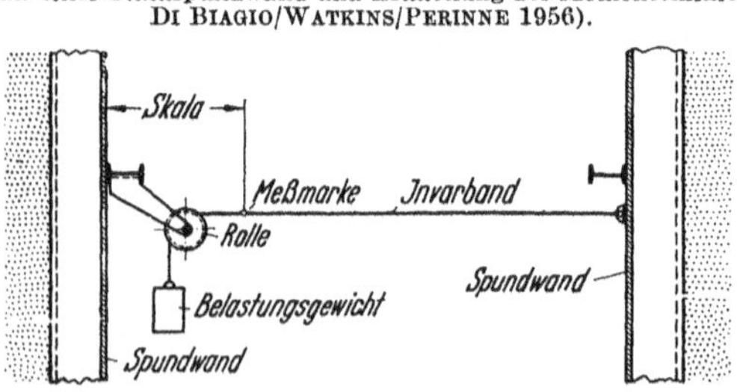

Abb. 756. Anordnung zum Messen des gegenseitigen Abstands zweier Spundwände in einer Baugrube.

zwei gegeneinander abgesteiften Spundwänden eingefaßt. Um die Beanspruchung der Spundwände während des Aushubs vor dem Einziehen der ersten Steife kontrollieren zu können und um Unterlagen für die Erddruckberechnung derartiger Konstruktionen zu beschaffen, sollte die Durchbiegung der Spundwände und die Beanspruchung der Steifen gemessen werden. Ersteres geschah einmal durch unmittelbare Messung des Abstands zwischen einer Bezugslinie, die durch Festpunkte außerhalb der Baugrube festgelegt war, und der einen Spundwand, außerdem durch Beobachtung des Abstands beider Spundwände. Die Entfernung zwischen Spundwand und Bezugslinie konnte mit Hilfe eines 20 m langen Stahlbandes bis auf 0,5 cm genau gemessen werden. Die Lage der Festpunkte der Bezugslinie, die sich auf gerammten Pfählen befanden, wurde ebenso genau im Verhältnis zueinander eingemessen und dauernd kontrolliert. Zur Bestimmung des gegenseitigen Abstands der beiden Spundwände wurden Meßdrähte benutzt (Abb. 756).

Die Lage der Spundwände wurde vor Beginn des Aushubs und während des Aushubs alle 0,5 m bis zum Einbringen der ersten Steife festgestellt. Bei dem weiteren Aushub wurden die gegenseitigen Abstände immer in Höhe der weiteren Steifen kurz vor deren Einbau und am Ende des Aushubs längs der gesamten Wandhöhe auf 1 mm genau gemessen. Zur gleichen Zeit wurde in verschiedenen Höhen die Krümmung und Neigung der Spundwände beobachtet, wobei das Gerät mit Meßträgergurt benutzt wurde (Abb. 747). Die Steifendrücke wurden für jeden Meter Aushub durch ein Extensometer (Setzdehnungsmesser, Abb. 757) aufgenommen.

Literatur

AGATZ (1936): Der Kampf des Ingenieurs gegen Erde und Wasser im Grundbau. Berlin. S. 106.
BRETTING (1936): Bodenuntersuchungen für den Bau der Storstrømbrücke in Dänemark. Vorbericht der Internationalen Vereinigung für Brückenbau und Hochbau, 2. Kongreß Berlin/München, S. 1509. Siehe auch Proc. I. Int. Conf. Soil Mech. Found. Eng. Cambridge (Mass.), Bd. I, S. 314.
WEINBERG/BEGEMANN/LIT/CARSTENS (1948): Determination of the bearing capacity of the new combined rigid-flexible runway construction at Schiphol airport with the aid of loading tests. Proc. II. Int. Conf. Soil Mech. Found. Eng. Rotterdam, Bd. IV, S. 204.
GRIFFITH/WOODMAN (1948): Instrumentation for field measurements of deflections and pressures for airport pavements. Proc. II. Int. Conf. Soil Mech. Found. Eng. Rotterdam, Bd. V, S. 68.
WIEGMANN (1953): Messungen an fertigen Spundwandbauwerken. Vorträge der Baugrundtagung Hannover, S. 39.
— (1954): Der Erddruck auf verankerte Stahlspundwände ermittelt auf Grund von Verformungsmessungen am Bauwerk. Mitt. Franzius-Inst. TH Hannover H. 5, S. 79.
TSCHEBOTARIOFF/WARD/DI BIAGIO/WATKINS (1955): The performance check and the first field measurements with the Wiegmann slope differential instrument. Progress Report, Department of Civil Engineering, Princeton University, New Jersey, USA.
—/WARD/DI BIAGIO/WATKINS/PERINNE (1956): Field measurements with the Wiegmann inclinometer in the harbours of Galveston, Philadelphia, Baltimore and Cleveland. Report, Department of Civil Engineering, Princeton University, New Jersey, USA.
—/WARD (1957): Measurements with Wiegmann inclinometer on five sheet pile bulkheads. Proc. IV. Int. Conf. Soil Mech. Found. Eng. London, Bd. II, S. 248.
ZWECK (1957): Belastungsversuche an der Wellenspundwand der Duisburger Kupferhütte. Bauingenieur 32, S. 123.
GRUHLE (1959): Verformungsmessungen an den Spundwänden der Schleuse Friedrichsfeld. Bautechnik 36, S. 128.
TSCHEBOTARIOFF (1961): Neuere Beobachtungen an Spundwand-Uferbauten. Mitt. Inst. Verkehrswasserbau, Grundbau u. Bodenmech. TH Aachen H. 25, S. 215.
DI BIAGIO/KJAERNSLI (1961): Strut loads and related measurements on contract 63 a of the Oslo subway. Proc. V. Int. Conf. Soil Mech. Found. Eng. Paris, Bd. II, S. 395.
Slope Indicator Company (1961): Katalog 2208. Market Street, Seattle, Washington, USA.
THOMPSON/MATICH (1961): The performance of some steel sheet bulkheads. Proc. XV. Canad. Soil Mech. Conf., S. 80.
BRAIT (1963): Das umgekehrte Niveaulot für die Messung der Verschiebungen und Setzungen von Bauten (in russischer Sprache). Osnov. Fund. Mech. Grunt. 5, S. 23.
HEEB/SCHURR/BONZ/HENKE/MÜLLER (1966): Erddruckmessungen am Baugrubenverbau für Stuttgarter Verkehrsbauwerke. Bautechnik 43, S. 208.

Über Maihak-Fernmeßgeber:

BAER (1952): Ein neues Meßverfahren zur Fernmessung von Neigungen. Bautechnik 29, S. 111.
— (1953): Ein Großversuch mit Maihak-Neigungsmessern. Bautechnik 30, S. 273.
SCHMIDT (1964): Dauermessungen mit Maihak-Fernmeßgeräten zur Beobachtung einer absturzgefährdeten Felswand beim Bau der Staumauer Luzzone (Tessin/Schweiz). Bautechnik 41, S. 43.

2.23 Risse

Definition. Bei Bauwerken aus Beton, Stahlbeton und Mauerwerk treten häufiger, insbesondere als Wirkung ungleichmäßiger Setzungen, größere Spannungsüberschreitungen ein, die zu einem Bruch des Materials führen. Der Bruch äußert sich in der Form von Rissen, die bei der starken statischen Unbestimmtheit vieler Bauwerke bis zu einem gewissen Umfang ungefährlich sind. Da die Risse durch ihren Verlauf aber nicht nur diejenigen Stellen zeigen, an denen die Festigkeit des Materials überschritten worden ist, sondern auch die Richtung der Bruchspannungen angeben, so lassen sich aus ihnen Schlüsse auf den Spannungsverlauf an den meist beanspruchten Stellen ziehen. Die Risse ergänzen damit das Bild, das man aus der Beobachtung der Bewegungen des Bauwerks erhält.

Gerät und Vorgang. Die meisten Risse treten an den Bauwerken unmittelbar in Erscheinung, so daß es zu ihrer Beobachtung keiner besonderen Geräte bedarf. Jedoch zieht man, um nach dem Auftreten eines Risses dessen Fortschreiten kontrollieren zu können, senkrecht zu den Rissen Gipsbänder in die Wand oder Decke ein, indem man eine dünne Schicht von der Oberfläche des Mauerwerks oder des Betons fortstemmt und ein Rechteck aus Gips an die Stelle des beseitigten Materials bringt. Die Gipsbänder gehen bei sorgfältiger Herstellung mit ihrer Unterlage eine so innige Verbindung ein, daß sie bei einer Verbreiterung des Risses ebenfalls aufreißen. Man kann also an dem Reißen der zu verschiedenen Zeitpunkten angebrachten Gipsbänder den Fortschritt der Zerstörung des Bauwerks beobachten.

Daneben ist es zweckmäßig, in das Gipsband zwei Meßmarken einzubringen und mit einem „*Setzdehnungsmesser*" (Abb. 757) ihren Abstand zu bestimmen. Die Dehnungen bzw. Längenänderungen werden hierbei durch Aufsetzen des Geräts auf den Bauteil unmittelbar gemessen. Das Gerät kann also an beliebig vielen Meßstellen benutzt werden. Die Setzdehnungsmesser enthalten einen Übersetzungsmechanismus und vergrößern dadurch die geringen Verschiebungen ihrer Meßstifte bei Längenänderungen der Meßstrecke zwischen den Meßmarken, auf die man einen feststehenden Taster (rechts), der je nach der Länge der zu messenden Strecke durch eine Schraube verschieden eingestellt werden kann, und einen beweglichen Taster (links) aufsetzt. Letzterer überträgt die vergrößerten Abweichungen der Meßstrecke vom eingestellten Maß durch Zahnradübertragung auf den Zeiger der Skala, die durch einen Knopf auf einen beliebigen Nullpunkt gerückt werden kann. Die Meßstrecken des Geräts sind 2 bis 6 cm lang.

Abb. 757. Setzdehnungsmesser der Firma Carl Mahr, Eßlingen, für Dehnungsmessungen.

Man kann durch laufende Beobachtung mit dem Setzdehnungsmesser auf diese Weise auch ohne Erneuerung der Bänder das Fortschreiten der Risse an den markierten Stellen zahlenmäßig verfolgen. In gröberem Maße ist dies auch schon dadurch möglich, daß man in das Gipsband mit einem scharfen Messer zwei Striche zu beiden Seiten des zu erwartenden Risses einritzt und die Entfernung dieser Striche mit einem gewöhnlichen Maßstab abliest.

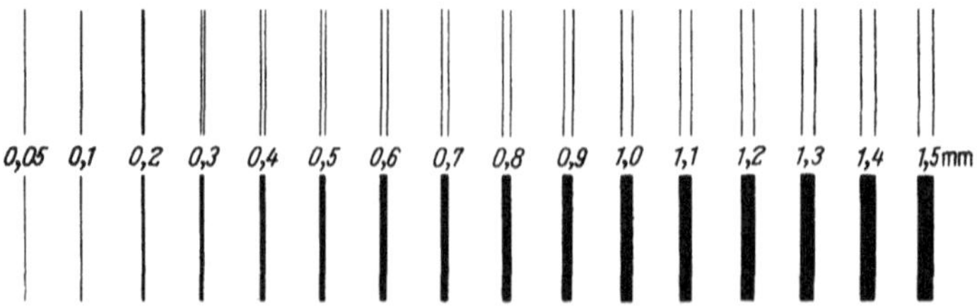

Abb. 758. Fissurometer der Laboratoires du Bâtiment et des Travaux Publics, Paris.

Ein besonderer Maßstab für die Messung von Rißdicken, das „*Fissurometer*" der Laboratoires du Bâtiment et des Travaux Publics, Paris, enthält auf Plexiglas verschiedene Rißstärken (Abb. 758). Es wird über den Riß gelegt. Die zugehörige Stärke wird in $^1/_{10}$ mm abgelesen.

Für eine genauere Beobachtung der Rißbreiten über längere Zeiträume eignen sich besser als Gipsbänder etwa 0,5 bis 1,0 m lange Stahlmeßbänder mit rechtwinkligen Abbiegungen (Abb. 759), welche durch Dübel beiderseits des Risses mit der Wand verbunden werden.

Die Rißbreite wird zwischen den kurzen Schenkeln mit einer Mikrometerschraube gemessen. Die Genauigkeit liegt bei $^1/_{1000}$ mm.

Zur Beobachtung der Risse gehört neben ihrer Skizzierung das fotografische Festhalten ihres Verlaufs auf Wänden und Decken. Besonders wertvoll ist die fotogrammetrische Aufnahme, bei der die Risse von einem genau eingemessenen Standpunkt aus mit ein und derselben Apparatur in beliebigen größeren Zeitabständen fotografiert werden. Im „*Stereo-Komparator*“, in dem die zu verschiedenen Zeitpunkten erhaltenen Bilder gleichzeitig betrachtet werden, erscheinen alle eingetretenen Veränderungen bildhaft und können gemessen werden (Burkhardt 1935).

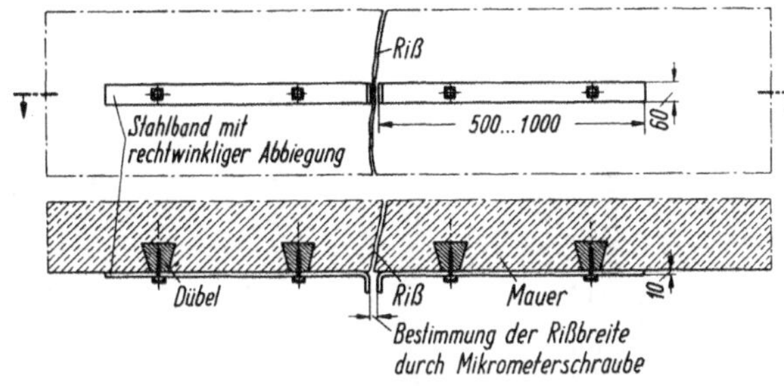

Abb. 759. Stahlmeßbänder mit rechtwinkligen Abbiegungen zur Beobachtung von Rißbreiten.

Meßgrößen. Der Verlauf der Risse wird durch Zeichenskizzen und fotografische Aufnahmen festgehalten. Die Breite der Risse mißt man in $^1/_{10}$ mm durch Beobachtung der Entfernungszunahme der eingearbeiteten Meßmarken oder Anlegen des Fissurometers.

Auftragungen. Die zeitliche Änderung einer Rißbreite (waagerechte Achse) wird anschaulich symmetrisch zu einer lotrechten Achse (Zeitmaßstab) aufgetragen (Abb. 760). Trägt man die jeweiligen Lufttemperaturen daneben auf, so ermöglicht dies ein Urteil darüber, wieweit die Rißbreiten durch deren Schwankungen beeinflußt werden.

Aus den fotografischen Aufnahmen und den Handskizzen der einzelnen Wand- und Deckenflächen trägt man den Verlauf der Risse zu einem Gesamtbild für das ganze Gebäude zusammen, indem man sie in die verschiedenen Bauwerksschnitte einzeichnet (Abb. 761). Das Rissebild besteht aus einer großen Anzahl von unregelmäßig gekrümmten Linien. Man kann in das zunächst unübersichtliche Gewirr von Rissen eine gewisse Ordnung bringen, indem man unbedeutende Putzrisse und Schwindrisse, die über die eigentliche Bewegung des Bauwerks nichts aussagen, fortläßt. Außerdem lassen sich Risse in einem engeren Bereich in ähnlicher Weise wie Klüfte im Fels statistisch erfassen [„*Kluftstatistik*“ (Müller 1963, S. 213)].

Die gemessenen Rißbreiten sowie die Gipsbänder mit dem Datum ihrer Herstellung und dem Vermerk, ob sie gerissen sind oder nicht, werden in besonderen Listen geführt. Die wichtigsten werden in das Rissebild eingetragen. Unter Umständen ist es zweckmäßig, ältere Risse durch eine besondere Markierung von neueren Rissen zu scheiden und dadurch einen Überblick über die Zunahme der Bewegungen des Bauwerks in einem gewissen Zeitraum zu erhalten.

Da man durch ein Bauwerk im allgemeinen wegen der sich rechtwinklig kreuzenden Wände auch eine Reihe von sich rechtwinklig kreuzenden Bauwerksschnitten legen wird, kann man die einzelnen Schnitte dadurch aufeinander abstimmen, daß an den Kreuzungspunkten die Setzungen gleich groß sein müssen.

Man kann also allein aus den Rissen ein ungefähres Bild der Setzungsmulde unter dem Bauwerk konstruieren, das die relativen Verschiebungen der einzelnen Punkte wiedergibt. Allerdings fehlt diesem Bild jedes absolute Maß.

Auswertung. Um die infolge von Setzungsunterschieden in einem Bauwerk entstehenden Risse richtig zu beurteilen, muß man zunächst von einem im wesentlichen homogenen Material ausgehen, bei dem die Festigkeiten in allen Richtungen annähernd gleich sind. Dieser Idealfall erfährt allerdings je nach den zugfesten Elementen, wie Maueranker, Massivdecken, Deckenwandträgern und der Bewehrung in Betonwänden eine mehr oder weniger starke Abwandlung. Im homogenen Mauerwerk fallen die Risse stets mit der Richtung der Haupt*druck*spannungen zusammen, und zwar deshalb, weil diese Richtung die Angriffsfläche der senkrecht zu ihnen verlaufenden Haupt*zug*spannungen ist. Das Material reißt also am ehesten in solchen Flächen, wo es ausschließlich auf Zug beansprucht wird und wo die Zugspannungen ihren größten Wert erreichen.

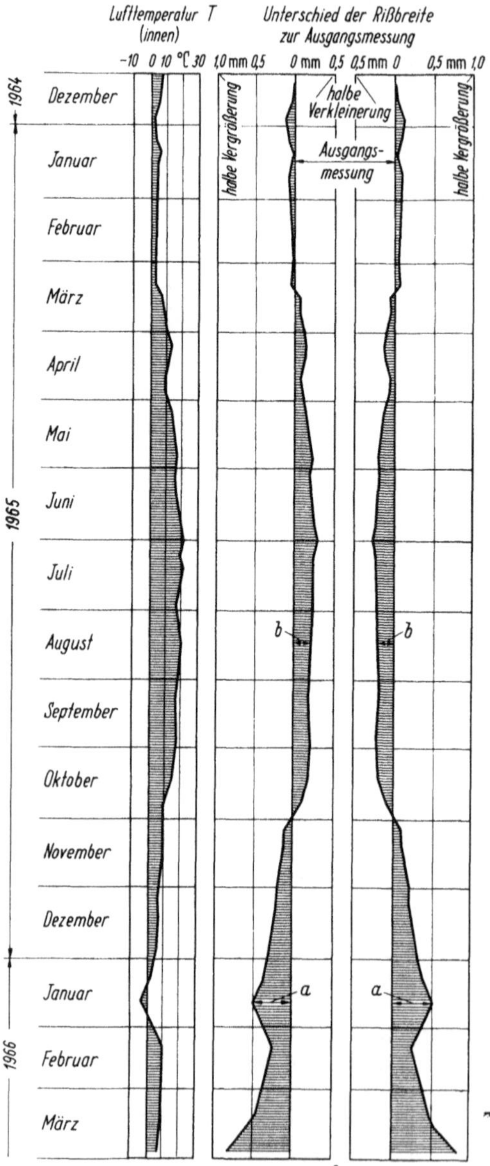

Abb. 760a u. b. Bestimmung der Rißbreite.
a) Zeitliche Abhängigkeit der Temperatur; b) zeitliche Abhängigkeit der Unterschiede der Rißbreite zur Ausgangsmessung. 2a = Vergrößerung der Rißbreite gegenüber der Ausgangsmessung; 2b = Verkleinerung der Rißbreite gegenüber der Ausgangsmessung.

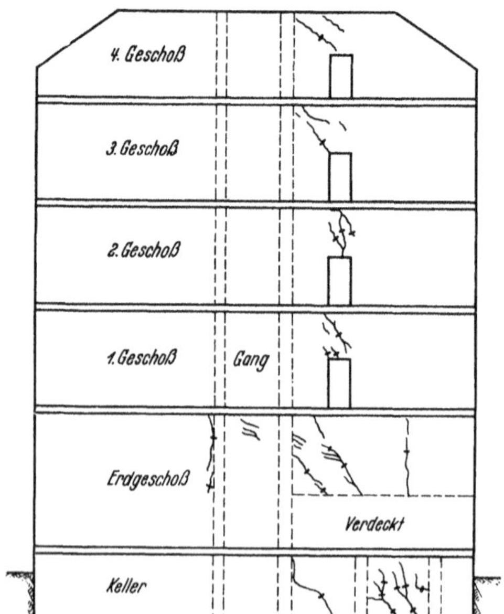

Abb. 761. Darstellung von eingemessenen Rissen eines Gebäudes mit Gipsbändern.

Nach Kap. 1.412.4 müßte man vermuten, daß zunächst in den Ebenen der Hauptscherspannungen Risse auftreten. Diese Ebenen sind bei einem Material, das ausschließlich Kohäsion besitzt, wo also $\varrho = 0$ gesetzt werden kann, nach Gl. (251) unter 45° zu den Richtungen der Hauptspannungen geneigt. Jedoch wird beim Mauerwerk die geringe Zugfestigkeit bedeutend eher überschritten als die Scherfestigkeit, so daß man es als die Regel ansehen kann, daß die Risse immer mit den Druckspannungstrajektorien zusammenfallen.

Hieran ändert auch die etwas mißverständliche Bezeichnungsweise der Risse, die oft zwischen „*Scherrissen*" und „*Zugrissen*" unterscheidet, nichts. Unter Scher-

Abb. 762. Setzungsrisse in einem Gebäude auf ungleichmäßigem Untergrund.

rissen werden gewöhnlich unter 45° ansteigende Risse, sogenannte *Abtreppungsrisse,* verstanden (Abb. 762), die nach der Seite der stärkeren Setzung hin ansteigen und dadurch einen Anhalt darüber geben, zu welchem Teil eines Gebäudes hin die Setzung zunimmt. Sie liegen nichtsdestoweniger in der Richtung der Hauptdruckspannung und sind ihrer Entstehung nach reine Zugrisse.

Als *eigentliche* Zugrisse bezeichnet man in der landläufigen Weise senkrechte oder nahezu senkrechte Risse, wie sie in der Mitte eines Balkens auf zwei Stützen auftreten (Abb. 763). Diese Risse ergeben sich, wenn die Schubspannungen zu Null werden und die Hauptspannungen daher mit den Normalspannungen des Querschnitts zusammenfallen.

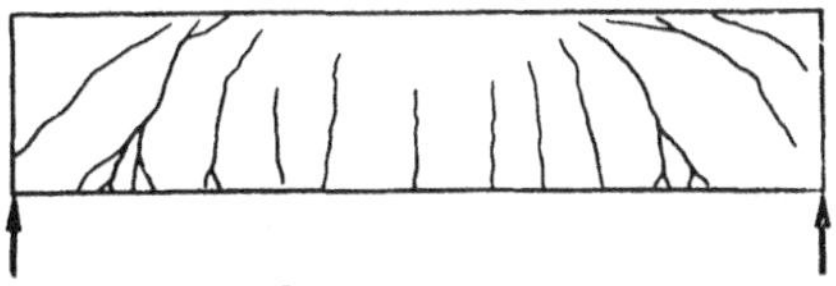

Abb. 763. Verlauf der Risse in einem auf Biegung beanspruchten einfachen Balken.

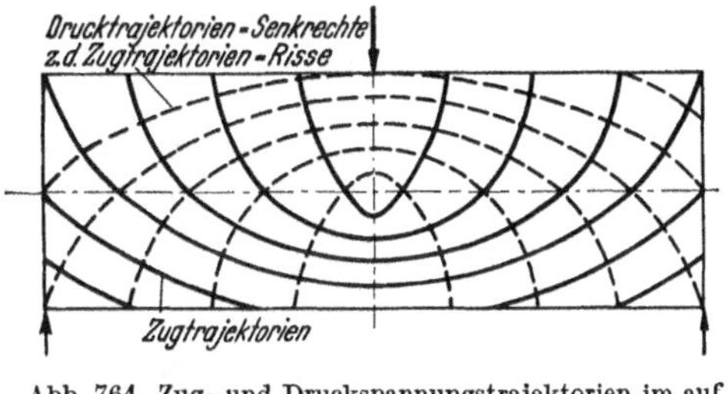

Abb. 764. Zug- und Druckspannungstrajektorien im auf Biegung beanspruchten einfachen Balken.

Eigentliche Scherrisse treten dagegen in solchen Querschnitten auf, wo neben einer geringen Normalspannung eine verhältnismäßig große Scherspannung vorhanden ist.

Das Rissebild, das bei dem Bruch eines Stahlbetonbalkens auf zwei Stützen erhalten wurde (Abb. 763), stimmt mit den Spannungstrajektorien überein, die man für einen ähnlichen Balken auf theoretischem Wege ermittelt hat (Abb. 764), obwohl es sich bei den beiden Abbildungen nicht um genau den gleichen Belastungsfall handelt. Man sieht am Rande die unter 45° ansteigenden sogenannten Scherrisse und in der Mitte die nahezu senkrechten Zugrisse.

Die Zusammenhänge zwischen Spannungen und Rissen werden besonders deutlich, wenn man für einen gleichmäßig belasteten Balken auf zwei Stützen (Abb. 765) die Momenten- und Querkraftlinie sowie die dazugehörigen Normal- und Schubspannungen aufträgt. Die Richtung der Hauptspannungen zur waagerechten Achse ist:

$$\tan 2\,\alpha = \frac{2\,\tau}{\sigma}. \tag{320}$$

Die Druckspannungen erhalten ein positives und die Zugspannungen ein negatives Vorzeichen. Nach Gl. (320) erhält man die Richtung der Hauptspannungen für die einzelnen Punkte des Balkens, indem man die Werte der Normal- und Schubspannung (Abb. 765d und e) einsetzt. Das Verfahren

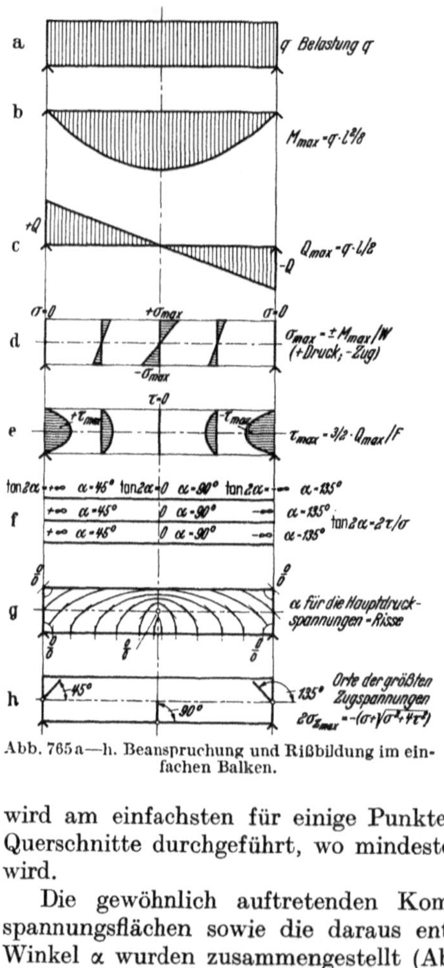

Abb. 765a—h. Beanspruchung und Rißbildung im einfachen Balken.

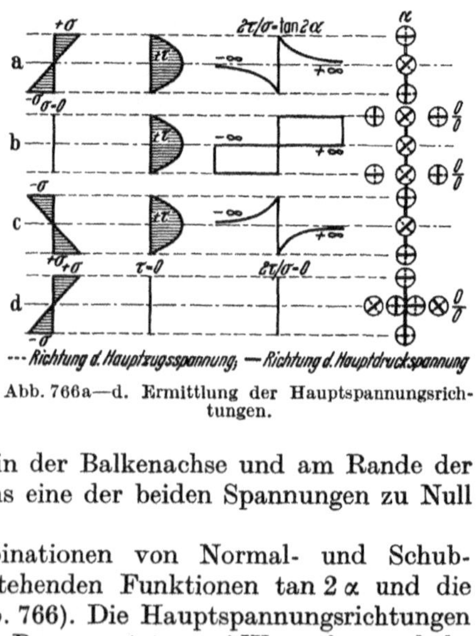

Abb. 766a—d. Ermittlung der Hauptspannungsrichtungen.

wird am einfachsten für einige Punkte in der Balkenachse und am Rande der Querschnitte durchgeführt, wo mindestens eine der beiden Spannungen zu Null wird.

Die gewöhnlich auftretenden Kombinationen von Normal- und Schubspannungsflächen sowie die daraus entstehenden Funktionen $\tan 2\,\alpha$ und die Winkel α wurden zusammengestellt (Abb. 766). Die Hauptspannungsrichtungen findet man hierzu schematisch dargestellt. Da man stets zwei Werte für α erhält, ist die Beachtung der Vorzeichen wichtig, um die Winkel für die Zugspannungen von denen für die Druckspannungen zu unterscheiden. An den Stellen, wo σ und $\tau = 0$ sind, ergeben sich Unstetigkeiten, da je nach dem Grenzübergang von oben nach unten oder von rechts nach links mehrere Wertepaare möglich sind.

Man erhält daraus durch sinngemäße Anwendung die Neigungen $\tan 2\,\alpha$ für die Druckspannungen (Abb. 765f) und kann die zugehörigen Winkel α (Abb. 765g) in die einzelnen Punkte eintragen. Vergleicht man den theoretisch ermittelten Verlauf der Risse (Abb. 765g) mit dem gemessenen (Abb. 763 und 764), so stimmen sie recht gut überein.

Die Risse treten zuerst in denjenigen Druckspannungslinien auf, bei welchen die größten Zugspannungen zu erwarten sind. Es ist:

$$2\,\sigma_{z_{\max}} = -\left(\sigma + \sqrt{\sigma^2 + 4\,\tau^2}\right) \qquad (\mathrm{kg/cm^2})\,. \qquad (321)$$

Die Summe der Zugspannungen am Riß hängt also von der Größe der σ- und τ-Fläche ab.

Größtwerte der τ-Flächen treten an den mit Kreisen bezeichneten Punkten am Rande und Größtwerte der σ-Flächen für Zug an dem in der Mitte des Balkens bezeichneten Punkt auf (Abb. 765h). Die zugehörigen Risse, die näherungsweise entsprechend den gefundenen Richtungen (Abb. 765g) durch gerade Linien wiedergegeben werden, bilden sich zuerst.

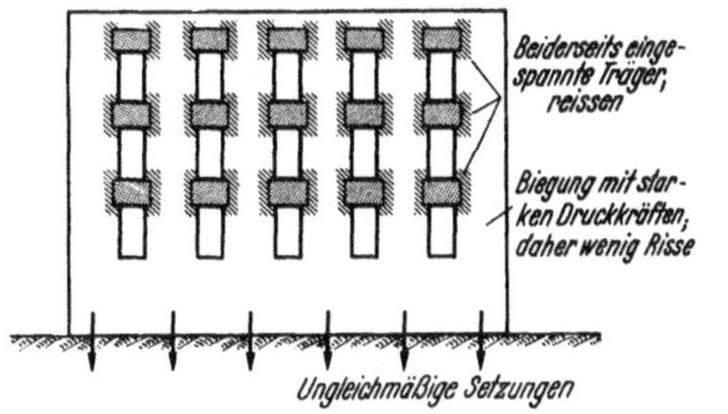

Abb. 767. Verhalten eines starren Gebäudes bei ungleichmäßiger Setzung des Untergrundes.

Bei fertigen Bauwerken kommt der Balken auf zwei Stützen als System für die Rißbildung eigentlich nur dann vor, wenn ein Träger überlastet wird. Durch Fenster- und Türöffnungen durchbrochene Wände (Abb. 767) verhalten sich bei ungleichmäßigen Setzungen wie ein Rahmengebilde mit verhältnismäßig starren Stielen und elastischem Riegel. Die Stiele können deswegen als steif angenommen werden, weil sie infolge ihres Eigengewichts eine hohe Druckkraft erhalten, so daß die Zugspannungen aus der Biegung dadurch rückgängig gemacht werden. Risse treten dort nicht auf.

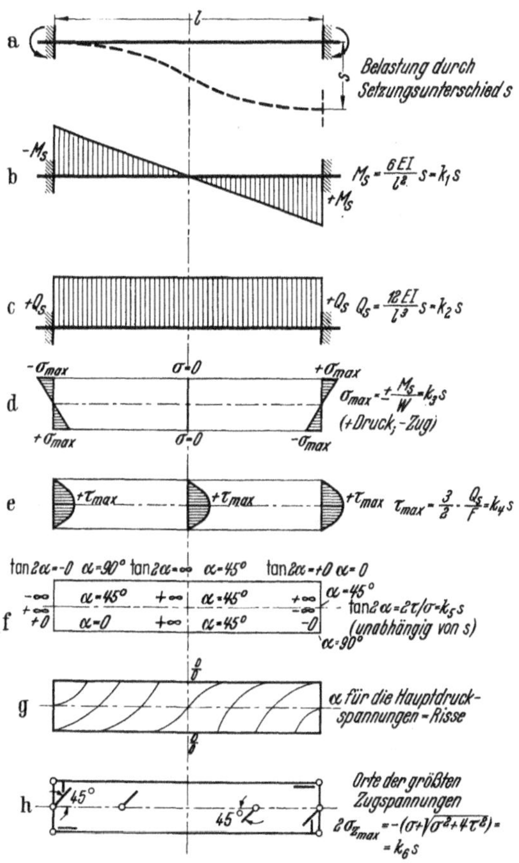

Abb. 768a—h. Beanspruchung und Rißbildung in einem durch einseitige Stützensetzung belasteten eingespannten Balken.

Da es sich bei den ungleichmäßigen Setzungen auch sonst meist um Teile eines Bauwerks handelt, die mit dem übrigen Bauwerk zusammenhängen und an bestimmten Punkten eine Bewegung nach unten erleiden, geht man bei der Betrachtung der Zusammenhänge zwischen Setzungen und Rissen am besten von einem statischen System aus, das aus einem beiderseitig eingespannten Balken besteht, dessen eines Auflager eine Setzung s durchmacht (Abb. 768). Infolge einer solchen Widerlagerverschiebung entstehen die dargestellte Biegelinie (Abb. 768a) und die Momentenfläche (Abb. 768b). Die Momente sind linear von den Setzungen abhängig, und zwar betragen die Einspannmomente:

$$M_s = \frac{6\,E\,I\,s}{l^2} = k_1\,s \qquad \text{(tm)}. \qquad (322)$$

Die Querkraftfläche (Abb. 768c) besitzt eine konstante Querkraft:

$$Q_s = \frac{12\,E\,I\,s}{l^3} = k_2\,s \qquad \text{(t)}. \qquad (323)$$

Aus der Momentenfläche ergeben sich die Normalspannungen nach der Formel (Abb. 768d):

$$\sigma = \pm\,\frac{M_s}{W} = k_3\,s \qquad (\text{kg/cm}^2). \qquad (324)$$

Für die bei der Biegung auftretenden Schubspannungen erhält man parabelförmige Spannungsverteilungen (Abb. 768e). Die größte Schubspannung liegt in der Achse des Balkens und ist:

$$\tau = \frac{3\,Q_s}{2\,F} = k_4\,s \qquad (\text{kg/cm}^2). \qquad (325)$$

Wendet man das gleiche Verfahren wie vorher an (Abb. 765f), so erhält man für die Werte $\tan 2\alpha$ die eingeschriebenen Beträge (Abb. 768f), wobei wiederum die Vorzeichen zu beachten sind. Wesentlich ist, daß $\tan 2\alpha$ von der Größe der Setzung s unabhängig ist. Man kann daher in bezug auf die Abhängigkeit von s schreiben: $\tan 2\alpha = k_5$.

Mit den eingetragenen Werten für $\tan 2\alpha$ (Abb. 768f) ergeben sich die dargestellten Neigungen α der Druckspannungen in den betrachteten Punkten (Abb. 768g). Die dazwischenliegenden Werte können interpoliert werden. Infolge der Widerlagersetzung herrscht eine Spannungsneigung unter 45° fast über den ganzen Balken. Da es sich nur um eine überschlägliche, grundsätzliche Betrachtung handelt, kann man die Druckspannungen mit einer genügend großen Annäherung durch eine Schar von Parallelen ersetzen, die unter 45° zur Waagerechten geneigt sind.

Die Schubspannung ist in jedem Querschnitt gleich groß. Die Zugkräfte werden daher in denjenigen Schrägen unter 45° am größten, wo sich die größten Normalzugspannungen befinden ($= k_6\,s$). Das ist in den eingekreisten Punkten am Rande des Balkens der Fall, so daß man mit einem ersten Reißen in den dick ausgezogenen Linien rechnen muß (Abb. 768h).

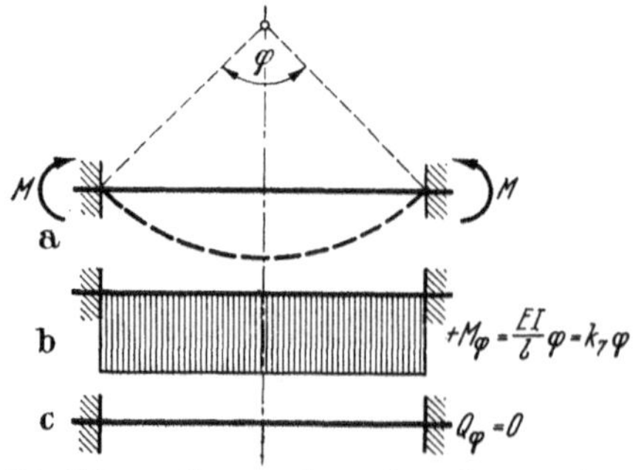

Abb. 769a—c. Beanspruchung eines eingespannten Balkens bei Verdrehung der Einspannstelle.

Die Untersuchungen bestätigen die geläufige Regel, *daß bei Setzungen die Risse stets nach der Seite der stärkeren Setzung hin ansteigen* (Abb. 762).

Bei der Anwendung der gefundenen Beziehung zwischen den Setzungen und den Rissen muß man berücksichtigen, daß die Voraussetzung, wonach sich der untersuchte Teil des Bauwerks wie ein an beiden Seiten eingespannter Balken verhält, im allgemeinen nicht erfüllt ist. Um den Einfluß einer *teilweisen* Einspannung an den Seiten zu verfolgen, ist die Biegelinie sowie die Momenten- und Querkraftfläche für einen Balken gezeigt (Abb. 769), dessen starre Einspannung in den

Seitenwänden dadurch verringert wird, daß sich die ursprünglich parallelen Widerlager um den Winkel φ gegeneinander neigen. Man erhält eine rechteckige Momentenfläche:

$$M_\varphi = \frac{E\,I\,\varphi}{l} = k_7\,\varphi \qquad \text{(tm)} \qquad (326)$$

und eine Querkraft:

$$Q_\varphi = 0\,. \qquad (327)$$

Überlagert man dieser Belastung die Setzungsbelastung (Abb. 768), so lassen sich zwei Fälle unterscheiden, je nachdem, auf welcher Seite sich die beiden Wände nach ihrer Verdrehung schneiden. Liegt der Schnittpunkt oben (Abb. 770),

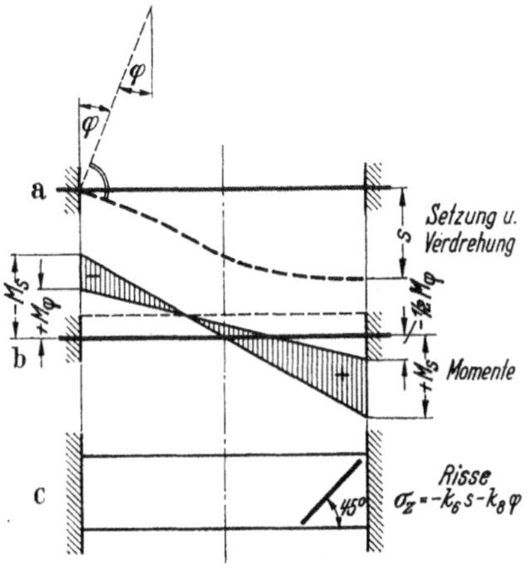

Abb. 770a—c. Beanspruchung und Rißbildung in einem durch einseitige Stützensetzung belasteten eingespannten Balken bei positiver Verdrehung der Einspannstelle.

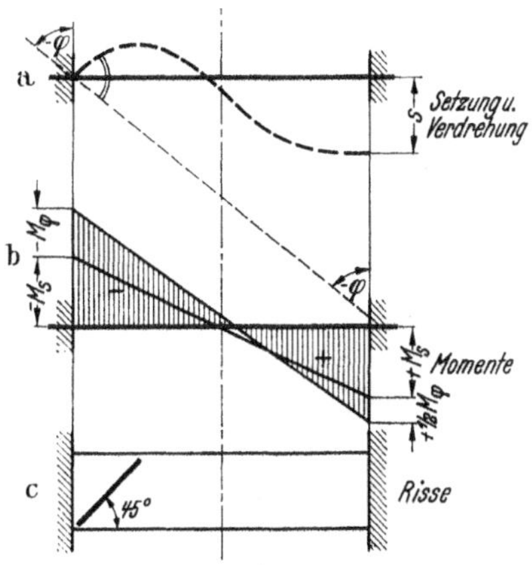

Abb. 771a—c. Beanspruchung und Rißbildung in einem durch einseitige Stützensetzung belasteten eingespannten Balken bei negativer Verdrehung der Einspannstelle.

so wird der linke Einspannpunkt ent- und der rechte belastet. Die Risse treten daher zuerst auf der rechten Seite des Balkens auf (Abb. 770c). Die Größe der Zugspannungen ist:

$$\sigma_z = -(k_6\,s + k_8\,\varphi) \qquad \text{(kg/cm}^2\text{)}\,. \qquad (328)$$

Sie hängt sowohl von der Setzung als auch von der Verdrehung der beiden Wände ab.

Schneiden sich umgekehrt die beiden Widerlager unten (Abb. 771), so liegt die größere Belastung beim linken Einspannpunkt. Dort werden also zuerst Risse unter 45° auftreten (Abb. 771c).

Bei einer gleichzeitigen verschieden großen Verdrehung der beiden Auflager kommen acht Kombinationen zwischen Setzungen und Verdrehungen vor, von denen immer je zwei einander spiegeln (Abb. 772). Die beiden Widerlager verdrehen sich sowohl nach innen als nach außen. Die Überlagerung dieser Bewegungen ist mit den hervorgerufenen Momenten am rechten und linken Einspannquerschnitt dargestellt (Abb. 772a bis d). Die Pfeile geben das Moment M_s infolge der Setzung des Balkens sowie das Moment M_φ infolge der Verdrehung an. Das Moment infolge der Verdrehung eines Einspannquerschnitts am gegenüberliegenden Punkt läuft in entgegengesetzter Richtung und ist nicht eingetragen. Aus den Momentenflächen (Lage der absolut größeren Momente) für die einzelnen Verschiebungen und Drehungen (Abb. 772e) ist ersichtlich, zu welchem Auflager die Risse bei einer Verbindung von Setzung und Verdrehung wandern.

Als Beispiel für die Anwendung diene der einfache Fall einer auf dem Boden aufgelagerten Gründungsplatte (Abb. 773), die in der Nähe des Randes eine ungleichmäßige Setzung *s* erleidet, während sie nach der anderen Seite hin auf einer

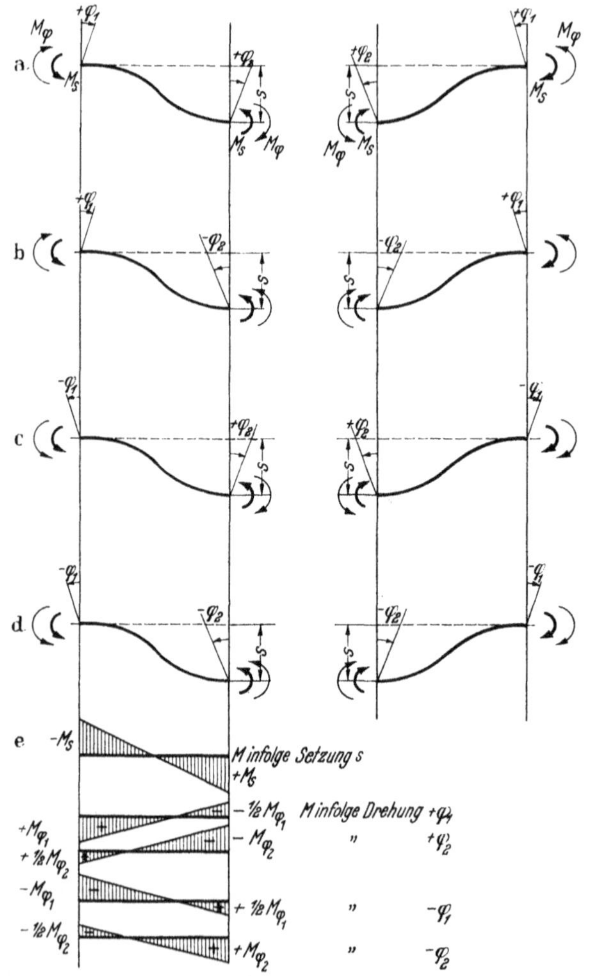

Abb. 772a—e. Möglichkeiten der Stützensetzung und Momentenwirkung in einem eingespannten Balken.

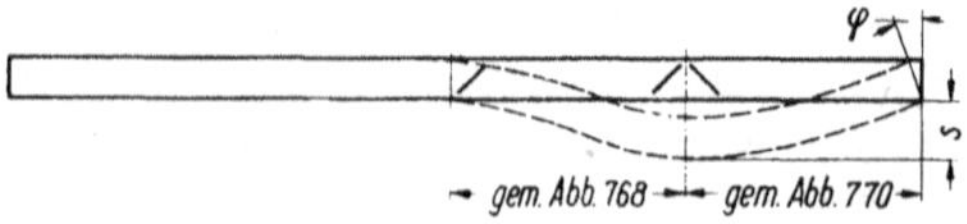

Abb. 773. Beanspruchung und Rißbildung einer Fundamentplatte bei ungleichmäßiger Setzung des Untergrundes.

längeren Strecke in ihrer alten Lage verbleibt. Die Platte wird durch den Punkt der größten Setzung in zwei Abschnitte geteilt, von denen der linke auf beiden Seiten annähernd voll eingespannt ist und daher die dieser Abbildung entsprechenden Risse an beiden Enden erhält (Abb. 768). Dagegen kann sich der Querschnitt am rechten Ende der Platte frei drehen und wird dadurch entlastet. Risse treten daher allein in dem anderen Ende des rechten Abschnitts auf.

Häufiger als in Gründungsplatten werden Risse in den oberen Stockwerken von Gebäuden beobachtet, wo die von Türen und Fenstern durchbrochenen Wände näherungsweise als Balken auf mehreren Stützen aufgefaßt werden können (Abb. 774). Für das eingetragene Setzungsbild erhält man die Verteilung der Risse wiederum nach der Regel, daß die Risse zur größeren Setzung hin ansteigen (Abb. 772). Die Risse treten innerhalb der einzelnen Felder stets an dem Ort auf, wo die Tangente an die Biegelinie ihre positivste Neigung besitzt (Abb. 774a). Die Neigung wird nach unten positiv und nach oben negativ gezählt (Abb. 774b). Man kann diese Beziehung auch dadurch ausdrücken, daß man sagt, *daß sich die Risse stets dort bilden, wo der kleinere Verdrehungswinkel φ an einem Widerlager vorhanden ist.* Die Verdrehungswinkel sind dabei in der angegebenen Weise mit Vorzeichen zu versehen[1]. Man kann dies

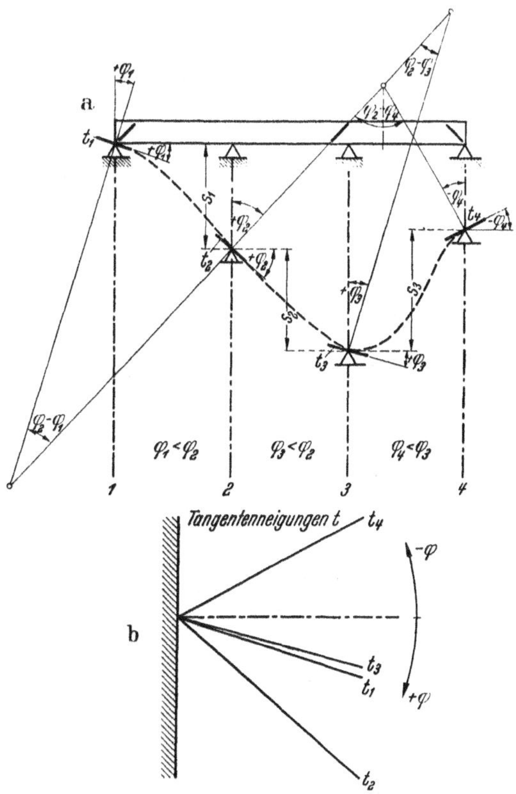

Abb. 774a u. b. Beanspruchung und Rißbildung in einem Balken auf mehreren Stützen bei ungleichen Stützensetzungen.

[1] Der Grund hierfür liegt darin, daß die Risse bei den absolut größeren Momenten zuerst auftreten (Abb. 772). Die Momente aus der gegenseitigen Setzung zweier Auflager sind rechts und links gleich groß, geben also keinen Anlaß zur Bevorzugung einer Seite. Die Verdrehungen können hingegen voneinander abweichen. Es ist (Abb. 772), wenn r = rechts und l = links bedeuten:

$$M_r = -\frac{1}{2} M\varphi_l - M\varphi_r + M' s = M_s - M_\varphi ,$$

$$M_l = +M\varphi_l + \frac{1}{2} M\varphi_r - M' s = -M_s + M_\varphi ,$$

M Moment infolge $\varphi = 1$,
M' Moment infolge $s = 1$.

Setzt man zunächst $M_s = 0$, so ist:

$$\alpha = \frac{|M_{r0}|}{|M_{l0}|} = \frac{0{,}5\,\varphi_l + \varphi_r}{\varphi_l + 0{,}5\,\varphi_r} .$$

Man erhält für: $\varphi_r = \varphi_l$: $\alpha = 1$, also $M_{r0} = M_{l0}$,
$\varphi_r > \varphi_l$ ($\lim \varphi_l = 0$) : $\alpha \to 2$, also $M_{r0} > M_{l0}$,
$\varphi_l > \varphi_r$ ($\lim \varphi_r = 0$) : $\alpha \to 0{,}5$, also $M_{l0} > M_{r0}$.

Da diese Werte von den erheblich *größeren* Momenten aus den Setzungen *abgezogen* werden müssen, ergibt sich bei einer Überlagerung von Setzungen und Verdrehungen schließlich die obige Aussage, wenn man berücksichtigt, daß die Tangentenwinkel für die Neigungen t gleich den Verdrehungswinkeln φ sind (Abb. 774):

Für $\varphi_r = \varphi_l$: $M_s - M_{r0} = M_s - M_{l0}$, also $M_r = M_l$,
für $\varphi_r > \varphi_l$: $M_s - M_{r0} < M_s - M_{l0}$, also $M_r < M_l$,
für $\varphi_l > \varphi_r$: $M_s - M_{l0} < M_s - M_{r0}$, also $M_l < M_r$.

als eine zweite Regel für den Zusammenhang zwischen Rissen und Setzungen ansehen.

Da die Setzungen beim Balken auf mehreren Stützen über demjenigen Auflager auftreten, wo die Tangente an die Biegelinie die schwächere Neigung besitzt (Abb. 774), erhält man aus einer Deutung des Rissebildes also sowohl eine

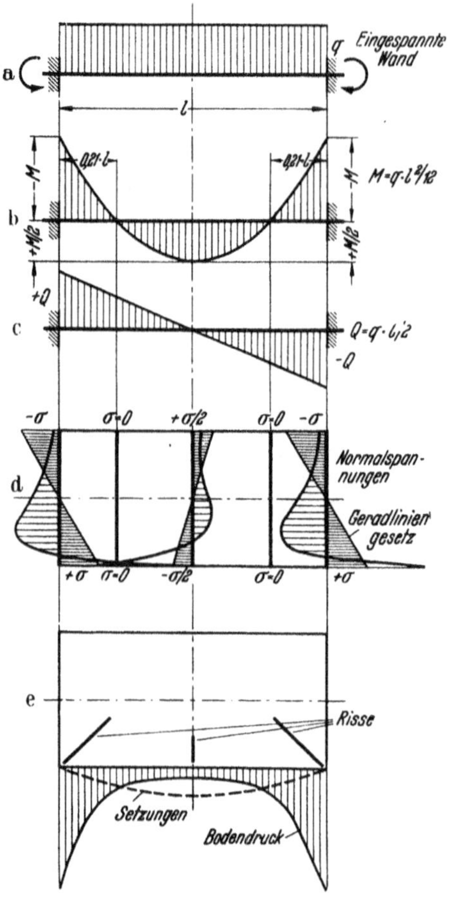

Abb. 775a—e. Beanspruchung und Rißbildung eines eingespannten Wandträgers bei ungleichmäßiger Setzung des Untergrundes.

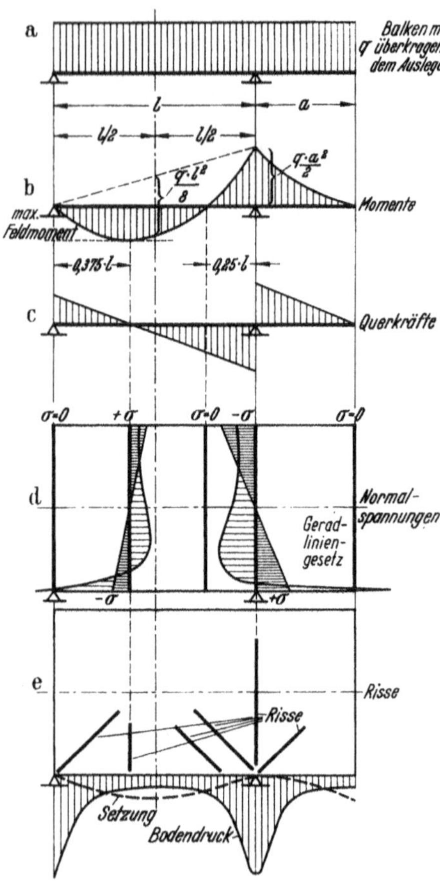

Abb. 776a—e. Beanspruchung und Rißbildung eines Balkens mit überkragendem Ausleger bei ungleichmäßiger Setzung des Untergrundes.

Angabe über die gegenseitigen Verschiebungen einzelner Punkte in einem durch das Bauwerk gelegten Schnitt als auch über das Verhältnis der Neigungen der Biegelinie in diesen Punkten.

Neben dem System der rahmenartig durchbrochenen Wand (Abb. 767) kommen bei vielen Bauwerken volle Wände vor (Abb. 775). Für den allgemeinen Fall einer beiderseitigen Einspannung, die im Grenzfall zu Null wird, gilt bei einem angenommenen Setzungsbild (Abb. 775e) und einer gleichmäßig verteilten Belastung q aus dem Eigengewicht (Abb. 775a) die dargestellte Momenten- (Abb. 775b) und Querkraftfläche (Abb. 775c). Die Verteilung der Normalspannungen weicht bei wandartigen Trägern vom Geradliniengesetz ab (Abb. 775d). Die neutrale Achse rückt nach unten und begünstigt dort die Bildung von

Rissen, insbesondere in der Mitte, wo erhebliche Zugspannungen auftreten. Da sich der Sohldruck unter einem Bauwerk an den Punkten geringer Setzung konzentriert, gehört zu einer parabolischen Bodendruckverteilung (Abb. 775e) eine Biegelinie, die derjenigen eines Balkens auf zwei Stützen ähnelt. Zu ihr gehören besonders bei Fortfall der seitlichen Einspannung die eingetragenen Risse.

Bei einer anderen Setzungs- und Bodengegendruckverteilung (Abb. 776e) erhält man einen überkragenden Träger auf zwei Stützen, der durch sein Eigengewicht gleichmäßig belastet wird. Es entstehen die dargestellten Hauptrisse. Besonders die senkrechten Risse über dem rechten Auflager deuten auf ein Nachgeben des Bodens unter dem Kragarm hin.

Allgemein kann man bei der Verformung einer Wand infolge ungleichmäßiger Setzungen die Mulden- und die Sattellage unterscheiden (Abb. 777). Bei der zahlenmäßigen Erfassung der Beanspruchung des Bauwerks

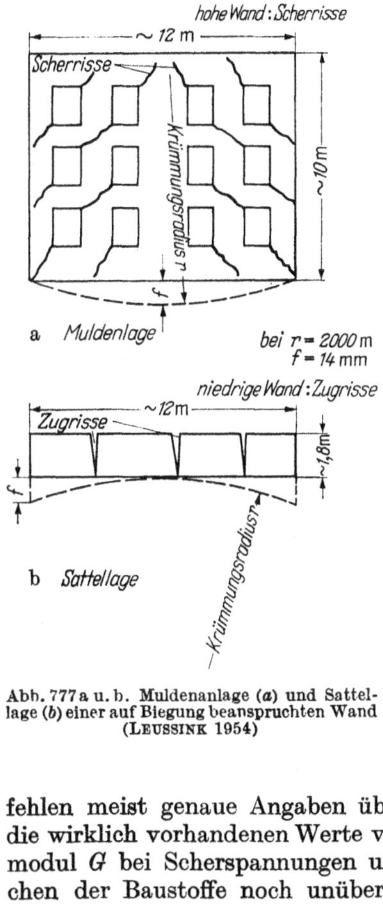

Abb. 777a u. b. Muldenanlage (*a*) und Sattellage (*b*) einer auf Biegung beanspruchten Wand (LEUSSINK 1954)

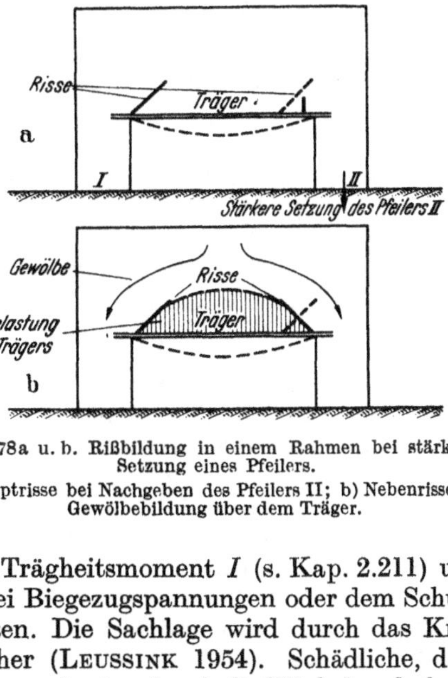

Abb. 778a u. b. Rißbildung in einem Rahmen bei stärkerer Setzung eines Pfeilers.
a) Hauptrisse bei Nachgeben des Pfeilers II; b) Nebenrisse bei Gewölbebildung über dem Träger.

fehlen meist genaue Angaben über das Trägheitsmoment I (s. Kap. 2.211) und die wirklich vorhandenen Werte von E bei Biegezugspannungen oder dem Schubmodul G bei Scherspannungen und -rissen. Die Sachlage wird durch das Kriechen der Baustoffe noch unübersichtlicher (LEUSSINK 1954). Schädliche, d. h. rißerzeugende Scherverformungen werden am besten durch die Winkelverdrehung (= Setzungsunterschied geteilt durch Abstand der betrachteten Punkte) angegeben, deren Grenzwert etwa bei 1:300 liegt (SKEMPTON/MCDONALD 1956, POLSHIN/TOKAR 1957, FIELD 1963, HASWELL 1963, siehe auch Standard TGL 11463 Blatt 1 (1964) „Bauwerksgründungen"). Die Bedeutung des Krümmungshalbmessers tritt demgegenüber zurück.

Neben diesen Rissen infolge Nachgebens der Widerlager können über den Wandöffnungen dadurch sekundäre Risse entstehen, daß sich das Mauerwerk infolge der ursprünglichen Risse nicht mehr selbst trägt und die über den Öffnungen befindlichen Träger zusätzlich belastet. Die sich dann einstellenden Risse (Abb. 775) sind für einen Träger auf zwei Stützen charakteristisch (Abb. 778b). Durch die Nebenrisse (Abb. 778a), die rechts rechtwinklig zu denen erster Ordnung verlaufen, wird über dem Träger ein Gewölbe gebildet, das die Kräfte in die Widerlager leitet. Der Träger übernimmt die unter dem Gewölbe befindlichen Lasten.

Verwendung. Die richtige Deutung von Rissen ist ein wichtiges und vor allem schnelles Mittel für die Beurteilung aufgetretener Setzungen. Sie ermöglicht unter Umständen sofortige Vorschläge zur Verminderung weiterer Schäden. Bei der Setzungsanalyse älterer Bauwerke kann die Auswertung der Risse von Wert sein, da sie einen Schluß erlaubt, wieweit das Setzungsbild mit der Schichtung des Baugrundes oder mit verschiedenen Gründungsarten unter dem gleichen Bauwerk

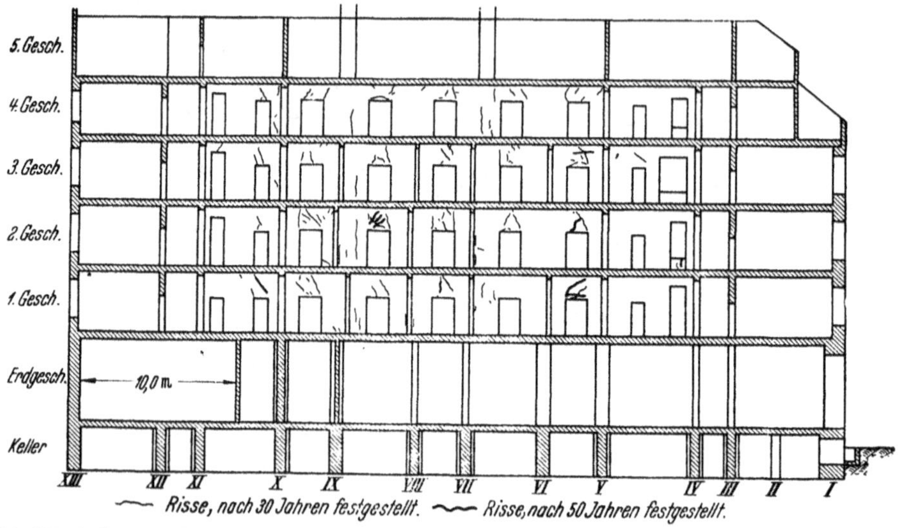

Abb. 779. Auftragung des Risseverlaufs in der Wand eines Gebäudes auf ungleichmäßigem Untergrund; in Achse *11* der Abb. 781 (nach Untersuchungen von AGATZ/LOHMEYER).

oder mit einer verschieden starken Bemessung und Belastung von Gründungsplatten und Pfeilern zusammenhängt. Durch einen Vergleich zwischen Setzungsunterschieden, Baugrundschichtung, Gründungsart und Sohlbelastung läßt sich feststellen, welche Ursachen in früheren Zeiten für die Setzungen maßgebend gewesen sind und ob diese Ursachen noch die gleichen sind wie heute. Beispielsweise können Setzungen zeitweilig durch Grundwasserabsenkungen für Bauzwecke, die in der Umgebung angelegt werden, hervorgerufen werden. Es ist auf dem vorgenannten Wege unter Umständen noch nachträglich möglich, über die Wirkung derartiger Absenkungen allein auf Grund eines früher aufgenommenen Rissebildes Aussagen zu machen.

Beispiel[1]. An einem großen Bürohaus hatten sich im Laufe der Jahre Risse gezeigt, die 30 Jahre nach dem Bau, als sie sich noch in unschädlichen Grenzen hielten, zum erstenmal aufgenommen wurden. Dies geschah zu einer Zeit, wo man Setzungsbeobachtungen noch nicht kannte. 20 Jahre später, also 50 Jahre nach dem Bau des Hauses, nahmen die Risse erheblich zu und wurden von neuem vermessen. Gleichzeitig begann man mit systematischen Setzungsbeobachtungen.

Da es strittig war, ob die Zerstörungen des Gebäudes auf eine unsachgemäße Gründung oder auf eine Reihe von Grundwasserabsenkungen, mit denen man etwa um die Zeit der ersten Aufnahme der Risse in der Nähe des Gebäudes begonnen hatte, zurückzuführen waren, wurde die Art der Verformung der Bauwerksohle, also die Setzungsunterschiede für die beiden Zeitpunkte, 30 und 50 Jahre nach dem Bau, aus den Rissen rekonstruiert.

[1] Nach einem Gutachten (1938) von Prof. Dr.-Ing. E. h. Dr.-Ing. A. AGATZ, Bremen, und Oberbaudirektor a. D. Dr.-Ing. E. h. Dr.-Ing. E. LOHMEYER, Hamburg. Die Analyse der Risse wurde von Prof. Dr.-Ing. E. LACKNER, Bremen, durchgeführt.

Als Beispiel sei die Analyse der Risse einer auf 13 Pfeilern ruhenden Wand (Abb. 779) gebracht. Der Zeitpunkt der Vermessung ist durch verschiedene Markierung gekennzeichnet. Für die ersten 30 Jahre deuten die Risse auf eine starke Zunahme der Setzung von rechts nach links (Abb. 780a). Für den zweiten Zeitpunkt (50 Jahre) ließ sich den wenigen Rissen, die hinzugekommen waren, entnehmen, daß sich die Wand gesetzt hatte (Abb. 780b). Die beiden

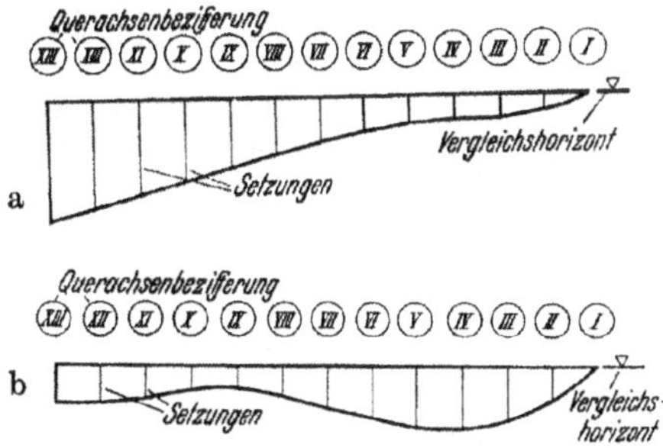

Abb. 780a u. b. Aus den Rissen in Abb. 779 abgeleitete Setzungslinien der Wand (nach Untersuchungen von AGATZ/LOHMEYER).

a) Für den Zustand nach 30 Jahren; b) für den Zustand nach 50 Jahren.

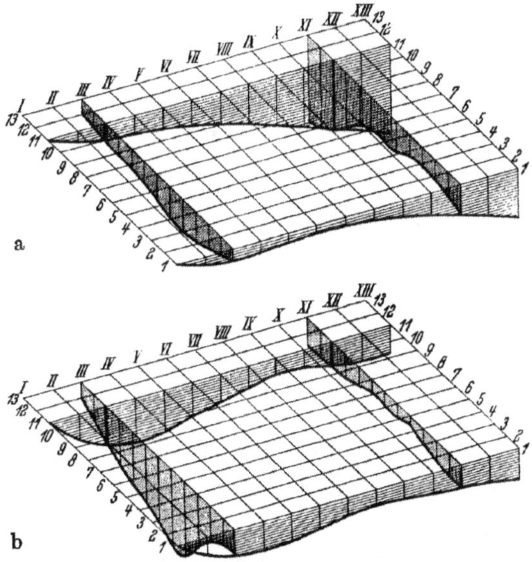

Abb. 781a u. b. Mulde der aus den Rissen abgeleiteten Setzungen nach Abb. 780 in axonometrischer Darstellung (nach Untersuchungen von AGATZ/LOHMEYER).

a) Für den Zustand nach 30 Jahren; b) für den Zustand nach 50 Jahren.

Setzungskurven sahen also völlig verschieden aus. Durch Wiederholung der Untersuchungen für andere Schnitte durch das Bauwerk und gegenseitiges Abstimmen an den Kreuzungspunkten erhielt man die Setzungsmulden unter dem Gebäude (Abb. 781a und b). Die Setzungen sind nicht gemessen, sondern aus den Rissebildern abgeleitet, und zwar nicht in ihrer Größe, sondern nur in ihrem Größenverhältnis zueinander.

Das Ergebnis der Untersuchung war, daß die nach 30 Jahren aufgenommenen Setzungslinien ziemlich genau den Tiefenlinien des unter einer oberen Faulschlammschicht liegenden guten Baugrundes folgten, der gerade unter dem Bauwerk infolge eines alten Urstromtales stark abfiel (Abb. 782).

Da keine Bauzeichnungen vorhanden waren, wurde die Gründung des Gebäudes stellenweise durch Aufgrabungen festgestellt. Sie bestand teils aus hölzernen mit Mauerwerk aus-

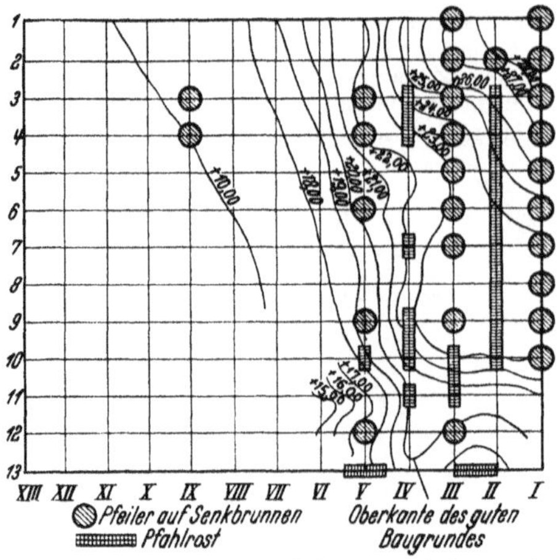

Abb. 782. Untergrund und Gründungsverhältnisse des untersuchten Gebäudes (nach Untersuchungen von AGATZ/LOHMEYER).

gefüllten Senkbrunnen, teils aus Pfahlrosten. Die Pfahlspitzen lagen auf einer Sandschicht in mittlerer Höhe des Kolks, unterhalb derer sich aber nochmals tonige Schichten von sehr schlechter Beschaffenheit befanden.

Die Setzungen hatten also in den ersten 30 Jahren ihre Ursache in einem ungleichen Nachgeben der verschieden starken, wenig tragfähigen oberen Schichten. Dagegen ergab sich aus dem andersartigen Verlauf des Rissebildes nach 50 Jahren, daß die Bewegungen des Bauwerks während der inzwischen verflossenen Zeit durch das Faulen der das Gebäude stützenden, im vorderen Teil liegenden Pfähle verursacht worden waren. Durch mehrere Grundwasserabsenkungen, die einen Fall des Wasserspiegels unter dem Bauwerk um 10 m zur Folge hatten, waren in der zweiten Periode die Köpfe der Pfähle trockengelegt und eine Fäulnis hervorgerufen worden, die anläßlich einer neuen starken Grundwasserabsenkung den Zusammenbruch der Pfahlgründung bewirkte. Diesem Vorgang ist wie in dem ersten Zeitraum eine Bewegung des Bauwerks infolge eines erneuten Nachgebens der weniger tragfähigen Schichten überlagert, die ebenfalls durch das Sinken des Grundwasserspiegels veranlaßt wurde.

Literatur

Standard TGL 11463 Blatt 1 (Entwurf 1964): Bauwerksgründungen. Hoch- und Industriebauten. Abschn. 4.3.

MAYER (1934): Risse im Bau. Bauwelt 25, H. 31.

— (1934/35): Risse in der Hauswand. Bauwelt 25, H. 26, 29 u. 41.

BURKHARDT (1935): Photogrammetrische Aufnahmen zur Festlegung von Gebäudeschäden. Bildmess. u. Luftbildwes. 10, S. 124.

LOOS (1935): Risse in Bauten auf nachgiebigem Untergrund. Bauwelt 26, S. 872.

KÖGLER/SCHEIDIG (1944): Baugrund und Bauwerk. Berlin. S. 225.

ZALEWSKI (1948): Deformation of brick-works due to sinking of foundation. Proc. II. Int. Conf. Soil Mech. Found. Eng. Rotterdam, Bd. IV, S. 75.

BRICE (1954): Etude des conditions de formation des fissures de glissement et de décohésion dans les solides. Travaux, S. 475.

LEUSSINK (1954): Über die Gleichmäßigkeit von Bauwerkssetzungen. Vorträge der Baugrundtagung Stuttgart, S. 79.

RAUSCH (1955): Das Verhalten von Wohnhauswänden bei Bergschäden. Fortschr. u. Forsch. im Bauwesen, Reihe D, H. 22.

SKEMPTON/McDONALD (1956): The allowable settlements of buildings. Proc. Inst. Civ. Eng. London, III 5, S. 727. Deutscher Auszug: Bauingenieur 32, S. 176.

POLSHIN/TOKAR (1957): Maximum allowable non-uniform settlement of structures. Proc. IV. Int. Conf. Soil Mech. Found. Eng. London, Bd. I, S. 402.

NEUBER (1961): Setzungen von Bauwerken und ihre Vorhersage. Berichte a. d. Bauforschung H. 19.

FIELD (1963): Settlement damage to a concrete framed structure. Proc. Europ. Baugrundtagung Wiesbaden, Bd. I, S. 391.

HASWELL (1963): Predicted and actual settlement of selected thermal generating stations. Proc. Europ. Baugrundtagung Wiesbaden, Bd. I, S. 111.

MÜLLER (1963): Der Felsbau. Stuttgart. Bd. I, S. 213.

Grundlegendes Schrifttum zum Thema des Buches

1. Normen und Richtlinien anderer Institutionen

1.1 DIN-Normen

DIN 1054 (1953): Gründungen. Zulässige Belastung des Baugrundes. Richtlinien. Beiblatt: Erläuterungen der Richtlinien. Wird (1967) als Entwurf neu erscheinen.

DIN 1055 Blatt 2 (1963): Lastannahmen für Bauten. Bodenwerte. Raumgewichte, Winkel der inneren Reibung, Kohäsion.

DIN 4014 (1960): Bohrpfähle. Herstellung und zulässige Belastung. Richtlinien. Beiblatt: Erläuterungen der Richtlinien.

DIN 4015 (1958): Erdbau und Grundbau. Formelzeichen.

DIN 4016 Blatt 1 (Entwurf 1958): Baugrund. Untersuchung von Bodenproben. Richtlinien für die Bestimmung des Wassergehaltes.
Ersetzt durch:
DIN 18121 (Entwurf 1965): Baugrund. Untersuchung von Bodenproben. Bestimmung des Wassergehaltes durch Ofentrocknung.

DIN 4016 Blatt 2 (Entwurf 1958): Baugrund. Untersuchung von Bodenproben. Richtlinien für die Bestimmung der Kornverteilung durch den Sieb- und Schlämmversuch.
Wird ersetzt durch:
DIN 18123 (Entwurf 1967): Baugrund. Untersuchung von Bodenproben. Richtlinien für die Bestimmung der Korngrößenverteilung.

DIN 4016 Blatt 3 (Entwurf 1958): Baugrund. Untersuchung von Bodenproben. Richtlinien für die Bestimmung der ATTERBERGschen Grenzen.
Wird ersetzt durch:
DIN 18122 (Entwurf 1967): Baugrund. Untersuchung von Bodenproben. Richtlinien für die Bestimmung der Zustandsgrenzen (Konsistenzgrenzen).

DIN 4016 Blatt 4 (Entwurf 1958): Baugrund. Untersuchung von Bodenproben. Richtlinien für die Bestimmung der Zusammendrückbarkeit.

DIN 4017 Blatt 1 (Vornorm 1965): Baugrund. Grundbruchberechnungen von lotrecht mittig belasteten Flachgründungen. Richtlinien.

DIN 4017 Blatt 2 (Entwurf 1964): Baugrund. Grundbruchberechnungen von schräg und außermittig belasteten Flachgründungen. Richtlinien. Wird (1967) als Entwurf neu erscheinen.

DIN 4018 (1957): Flächengründungen. Richtlinien für die Berechnung.

DIN 4019 Blatt 1 (1958): Baugrund. Setzungsberechnungen bei lotrechter, mittiger Belastung. Richtlinien.

Flächengründungen und Fundamentsetzungen (1959): Erläuterungen und Berechnungsbeispiele für die Anwendung der Normen DIN 4018 und DIN 4019 Blatt 1. Berlin/Köln.

DIN 4019 Blatt 2 (1961): Baugrund. Setzungsberechnungen bei schräg und bei außermittig wirkender Belastung (Verkantung). Richtlinien.

Fundamentsetzungen, 2. Teil (1964): Erläuterungen und Berechnungsbeispiele für die Anwendung der Norm 4019 Blatt 2. Berlin/Köln/München.

DIN 4020 (1953): Bautechnische Bodenuntersuchungen. Richtlinien.

DIN 4021 (1955): Baugrund und Grundwasser. Erkundung, Bohrungen, Schürfe, Probenahme. Grundsätze. Neufassung in Vorbereitung.

DIN 4022 Blatt 1 (1955): Schichtenverzeichnis und Benennen der Boden- und Gesteinsarten. Baugrunduntersuchungen.

DIN 4022 Blatt 2 (1955): Schichtenverzeichnis und Benennen der Boden- und Gesteinsarten. Wasserbohrungen.
Werden ersetzt durch:
DIN 4022 (Entwurf 1967): Schichtenverzeichnis, Benennen und Beschreiben von Bodenarten und Fels bei Baugrunduntersuchungen und Wasserbohrungen.

DIN 4023 (1955): Baugrund- und Wasserbohrungen. Zeichnerische Darstellung der Ergebnisse.
DIN 4026 (Entwurf 1965): Rammpfähle. Herstellung und zulässige Belastung. Richtlinien.
DIN 4030 (1954): Beton in betonschädlichen Wässern und Böden. Richtlinien für die Ausführung.
DIN 4084 Blatt 1 (Entwurf 1965): Baugrund. Geländebruchberechnungen bei Stützbauwerken. Richtlinien.
DIN 4084 Blatt 2 (in Bearbeitung): Baugrund. Berechnung der Standsicherheit von Böschungen. Richtlinien.
DIN 4093 (1962): Grundbau. Einpressungen in Untergrund und Bauwerke. Richtlinien für Planung und Ausführung.
DIN 4094 Blatt 1 (1964): Baugrund. Ramm- und Drucksondiergeräte. Abmessungen und Arbeitsweise der Geräte.
DIN 4094 Blatt 2 (Vornorm 1965): Baugrund. Ramm- und Drucksondiergeräte. Hinweise für die Anwendung.
DIN 4107 (1937): Richtlinien für die Beobachtung der Bewegungen entstehender und fertiger Bauwerke. Wird (1967) als Entwurf neu erscheinen.
DIN 4149 (1957): Bauten in deutschen Erdbebengebieten. Richtlinien für Bemessung und Ausführung.
DIN 4220 Blatt 2 (Vornorm 1963): Richtlinien zur Untersuchung meliorationsbedürftiger Standorte. Beschreibung der Feldmethoden.
DIN 18125 Blatt 1 (in Bearbeitung): Baugrund. Untersuchung von Bodenproben. Richtlinien für die Bestimmung des Raumgewichtes. Labormethoden.
DIN 18196 (in Bearbeitung): Bodenklassifikation für bautechnische Zwecke und Methoden zum Erkennen von Bodengruppen.

1.2 Schweizer Normen

SNV 40311 (1961): Geotechnische Untersuchungen zum Straßenbauprojekt.
SNV 40325 (1957): Frost. Dimensionierung des Oberbaues bei frostgefährlichem Untergrund.
SNV 40330 (1959): Dimensionierung des Oberbaus mit dünnem Belag nach der CBR-Methode.
SNV 40342 (1961): Drainage. Projektierung.
SNV 40372 (1959): Verdichtung. Verdichtungswerte.
SNV 40374 (1959): Verdichtung. Methoden und Geräte.
SNV 70005 (1959): Klassifikation der Lockergesteine. Feldmethode nach USCS.
SNV 70008 (1959): Klassifikation der Lockergesteine. Laboratoriumsmethode nach USCS.
SNV 70120 (1959): Kiessand für die Fundationsschicht. Qualitätsvorschriften.
SNV 70125 (1960): Filtermaterial. Qualitätsvorschriften.
SNV 70312 (1959): Versuche. VSS Gerät (M_E und CBR).
SNV 70315 (1959): Versuche. Feld-CBR-Versuch.
SNV 70317 (1959): Versuche. Plattenversuch.
SNV 70335 (1960): Versuche. Raumgewicht. Sandersatzmethode.
SNV 70337 (1961): Versuche. Raumgewicht. Ballonmethode.
SNV 70340 (1959): Versuche. Wassergehalt.
SNV 70345 (1959): Versuche. Konsistenzgrenzen.

1.3 Richtlinien anderer Institutionen

British Standard 1377 (1948 und 1961): Methods of testing soils for civil engineering purposes.
AASHO (1955): Standard specifications for highway materials and methods of sampling and testing. Am. Ass. State Highway Officials. Washington.
Deutsche Bundesbahn (1957): Richtlinien für die Entwässerung und Festigung der Erdbauten (Erdbaurichtlinien).
ZTVE-LK (1959): Zusätzliche Technische Vorschriften für Erdarbeiten in Landeskulturbau.
ZTVE-StB 65 (1959 und 1965): Zusätzliche Technische Vorschriften und Richtlinien für Erdarbeiten im Straßenbau.
Deutsche Gesellschaft für Erd- und Grundbau e. V. (1962): Empfehlungen für den Bau und die Sicherung von Böschungen. Bautechnik 39, S. 404.
Forschungsgesellschaft für das Straßenwesen (1963): Merkblatt für bodenphysikalische Prüfverfahren im Straßenbau.
ASTM (1964): Procedures for testing soils. Philadelphia.
Hafenbautechnische Gesellschaft und Deutsche Gesellschaft für Erd- und Grundbau e. V. (1964): Empfehlungen des Arbeitsausschusses „Ufereinfassungen" (EAU 1964). Berlin/München.
Forschungsgesellschaft für das Straßenwesen (1965): Vorläufiges Merkblatt für die Bestimmung der organischen Bestandteile im Boden.

DS 415 (1965): Dansk Ingeniørsforenings. Normer for Bygningskonstruktioner. 6. Fundering. (Society of Danish Engineers. Code of practice for foundation engineering. Englische Übersetzung siehe: Dan. Geot. Inst. Bull. No. 22).

2. Bücher über die Durchführung von Labor- und Feldversuchen

Casagrande/Fadum (1940): Notes on soil testing for engineering purposes. Harvard Univ. Soil Mech. Series No. 8.
Hvorslev (1949): Subsurface exploration and sampling of soils for civil engineering purposes. Vicksburg.
Housel (1950): Applied soil mechanics. Laboratory manual soil testing procedures. Univ. Michigan.
Lambe (1951): Soil testing for engineers. New York.
Tiedemann/v. Bülow (1952): Über Bodenuntersuchungen bei Entwurf und Ausführung von Ingenieurbauten. Berlin.
Keil (1954): Ingenieurgeologie und Geotechnik. Halle.
Cambefort (1955): Forages et sondages. Paris. Deutsche Bearbeitung von: Neumeuer/Schaper (1964): Bohrtechnik — Tief-, Gründungs- und Erkundungsbohrungen. Wiesbaden/Berlin.
Karol (1955): Engineering properties of soils. New York.
Lomtadse (1955): Bodenphysikalisches Praktikum. Berlin.
Muhs (1957): Die Prüfung des Baugrundes und der Böden. Berlin/Göttingen/Heidelberg.
Akroyd (1958): Laboratory testing in soil engineering. London.
Dawson (1959): Laboratory manual in soil mechanics. New York/London.
Fuchs (1959): Baugrund und Bodenmechanik. Leipzig.
Bureau of Reclamation (1960): Earth manual. Denver.
Karol (1960): Soils and soil engineering. Englewood Cliffs, N. J.
Kézdi (1961): Talajmechanikai Praktikum. Budapest.
Bishop/Henkel (1962): The measurement of soil properties in the triaxial test. London.
Fiedler (1964): Die Untersuchung der Böden. Dresden/Leipzig.
Sanglerat (1965): Le pénétromètre et la reconnaissance des sols. Paris.
Siedek/Voss (1966): Die Bodenprüfverfahren bei Straßenbauten. Düsseldorf.

3. Veröffentlichungen der Institute der Verfasser nach Erscheinen der ersten Auflage dieses Buches

3.1 Mitteilungen des Instituts für Verkehrswasserbau, Grundbau und Bodenmechanik der Technischen Hochschule Aachen

Heft
1 Das Institut für Verkehrswasserbau, Grundbau und Bodenmechanik.
2 Der Wasserüberdruck hinter Ufermauern (in französischer und englischer Sprache).
3 Die in verschiedenen Ländern zulässigen Bodenpressungen.
4 Der Widerstand des Baugrundes gegen schräge Sohlpressungen.
5 Bodenmechanische Probleme im Bergbau.
6 Die derzeitige Beurteilung der Tragfähigkeit von Pfählen in Deutschland (in französischer Sprache).
7 Die Verwendbarkeit von Beton im Schachtbau.
8 Setzungen und zulässige Bodenpressungen (in englischer Sprache).
9 Die Berechnung von Gründungsplatten.
10 Einfache Baugrunduntersuchungen für Hochbauten.
11 Die Standsicherheit von Verkehrsbauten.
12 Bodenuntersuchungen und Erdstatik im Braunkohlentagebau.
13 Baugrundkursus 1955.
14 Fünf Jahre Baugrundforschung an der Technischen Hochschule Aachen.
15 Auswirkungen von Bodenuntersuchungen auf die Wahl der Gründung von Hochbauten.
16 Großscherversuche (in englischer Sprache).
17 Erfahrungen mit Sonden (in englischer Sprache).
18 Baugrundkursus 1957.
19 Formeln, Tafeln und Tabellen aus dem Gebiet Grundbau und Bodenmechanik.
20 Baugrundkursus 1959.

21 Forschungsberichte aus dem Ausland.
22 Die strukturellen Eigenschaften von Schluff.
23 Die Zusammendrückbarkeit von Sand.
24 Beiträge zur 5. Internationalen Tagung für Bodenmechanik und Grundbau (in englischer und deutscher Sprache).
25 Internationaler Baugrundkursus 1961.
26 Sohldruckverteilung.
27 Probleme bei der Auswertung von Setzungsmessungen.
28 Die Zusammendrückbarkeit von Schluff.
29 Beispiele für Setzungsbeobachtungen in bindigen und nichtbindigen Böden.
Der Einfluß des Baugrundes auf die Bemessung von Gründungsbalken und -platten.
30 Forschungsberichte aus dem In- und Ausland II.
31 Beiträge zur Internationalen Tagung für Bodenmechanik und Grundbau, Budapest 1963.
32 Zur Definition der Steifigkeit des Bauwerks und des Baugrundes sowie der Systemsteifigkeit bei der Berechnung von Gründungsbalken und -platten.
33 Baugrundkursus 1964.
34 Bodenmechanik und Grundbau – Untersuchungen mit Schluff.
35 Das rheologische Verhalten von Schluff beim Kompressionsversuch.
36 Beiträge zur 6. Internationalen Tagung für Bodenmechanik und Grundbau Montreal 1965 (in englischer und deutscher Sprache).
37 Forschungsberichte aus dem In- und Ausland III.

3.2 Mitteilungen der Deutschen Forschungsgesellschaft für Bodenmechanik (Degebo), Berlin

Heft
8 Ergebnisse von Probebelastungen auf großen Lastflächen zur Ermittlung der Bruchlast im Sand (1. und 2. Bericht: Versuche in gewachsenem und geschüttetem dichtem Sand).
9 Einfluß von Fehlerquellen beim Kompressionsversuch.
10 Derzeitiger Stand des Spitzendruck-Sondierverfahrens.
Überblick über die Verfahren der mechanischen Bodenverdichtung.
Die Verdichtung des Bodens beim Verfüllen von Leitungsgräben.
11 Die Prüfung des Baugrundes und der Böden.
12 Ergebnisse von Probebelastungen auf großen Lastflächen zur Ermittlung der Bruchlast im Sand (3. Bericht: Versuche in geschüttetem lockerem Sand).
Beschreibung und Auswertung von Versuchen zur Feststellung der scheinbaren Kohäsion von erdfeuchtem Sandboden.
Auswertung der bei den Probebelastungen auf großen Lastflächen in den Jahren 1952 bis 1954 vorgenommenen Bodenspannungsmessungen.
13 Die Messung des Porenwasserdrucks im Felde, insbesondere in Erddämmen.
Neuere Entwicklung der Untersuchung und Berechnung von Flachfundationen.
Erfahrungen mit einem neuen Schergerät mit selbsttätiger Registrier-Vorrichtung.
14 Über das Verhalten beim Bruch, die Grenztragfähigkeit und die zulässige Belastung von Sand.
Ergebnisse von Probebelastungen auf großen Lastflächen zur Ermittlung der Bruchlast im Sand (4. Bericht: Versuche in wasserführendem Sand).
Ergebnisse von Probebelastungen auf großen Lastflächen zur Ermittlung der Bruchlast im Sand (5. Bericht: Versuche mit ausmittigem Lastangriff).
15 Ergebnisse der Setzungsmessungen an den Hochhäusern im Hansaviertel und am Hochhaus „Heilsberger Dreieck" in Berlin.
Setzungen von Bauwerken und ihre Vorhersage.
16 Über die Tragfähigkeit von mittig, vertikal belasteten Flachgründungen im Sand.
Über die zulässige Belastung nichtbindiger Böden.
17 Beitrag zur Ermittlung der Verteilung der Normal- und Schubspannungen an der Sohle von Streifenfundamenten und zur Bemessung flachgegründeter Streifenfundamente aus unbewehrtem Beton.
18 Die Theorien über den Porenwasserdruck im Erddammbau und ihre Beurteilung durch Versuche und Messungen.
19 Vergleich der Meßergebnisse von Isotopensonde und der Drucksonde.
Die zulässige Belastung von Sand auf Grund neuerer Versuche und Erkenntnisse.
Die Berechnung der Bauwerkssteifigkeit von Hochhäusern aus den Ergebnissen von Setzungsbeobachtungen.

Sachverzeichnis

721/9/66

GPSR Compliance

The European Union's (EU) General Product Safety Regulation (GPSR) is a set of rules that requires consumer products to be safe and our obligations to ensure this.

If you have any concerns about our products, you can contact us on ProductSafety@springernature.com

In case Publisher is established outside the EU, the EU authorized representative is:

Springer Nature Customer Service Center GmbH
Europaplatz 3
69115 Heidelberg, Germany

Batch number: 10704763

Printed by Printforce, the Netherlands